Qualifikationsphase

Biosphäre

Niedersachsen

Biosphäre

Qualifikationsphase Niedersachsen

Herausgeberin:
Prof. Dr. Anke Meisert, Hannover

Autorinnen und Autoren:
Joachim Becker, Dormagen; Daniela Grabenstein, Gifhorn; Prof. Dr. Anke Meisert, Hannover

Teile dieses Buches sind anderen Ausgaben der Lehrwerksreihe Biosphäre entnommen.

Autorinnen und Autoren dieser Werke sind:
Joachim Becker, Friederike Breede, Anke Brennecke, Christian Gröne, Prof. Dr. Jorge Groß, Michael Jütte, Martin Kamann, Jens Kloppenburg, Birgit Krämer, Prof. Dr. Hansjörg Küster, Raimund Leibold, Dr. Karl-Wilhelm Leienbach, Michael Linkwitz, André Linnert, Prof. Dr. Anke Meisert, Delia Nixdorf, Dr. Monika Pohlmann, Martin Post, Marja Cristina Putzer, Dr. Annette Schuck, Harald Seufert, Volker Wiechern

Redaktion: Dr. Peggy Radant

redaktionelle Mitarbeit: Judith Bartels, Aljoscha Metz, Janina Moll

Designberatung: Katharina Wolff-Steininger, Ellen Meister

Gesamtgestaltung und technische Umsetzung: SOFAROBOTNIK GbR, Augsburg & München

Technische Umsetzung der Gefahren- und Gebotszeichen: Atelier G; SOFAROBOTNIK GbR, Augsburg & München

Titelbild: Kaiserpinguin mit Küken *(Aptenodytes forsteri)*

Begleitmaterial zum Lehrwerk

E-Book	978-3-06-015808-9
Lösungen zum Schülerbuch	978-3-06-015809-6
Begleitmaterial auf USB-Stick inkl. E-Book als Zugabe und Unterrichtsmanager auf scook.de	978-3-06-015810-2

www.cornelsen.de

1. Auflage, 1. Druck 2019

Alle Drucke dieser Auflage sind inhaltlich unverändert und können im Unterricht nebeneinander verwendet werden.

Druck: Mohn Media Mohndruck, Gütersloh

ISBN 978-3-06-015807-2

PEFC zertifiziert
Dieses Produkt stammt aus nachhaltig bewirtschafteten Wäldern und kontrollierten Quellen.
www.pefc.de

PEFC/04-31-1033

INHALTSVERZEICHNIS

Evolution — 210

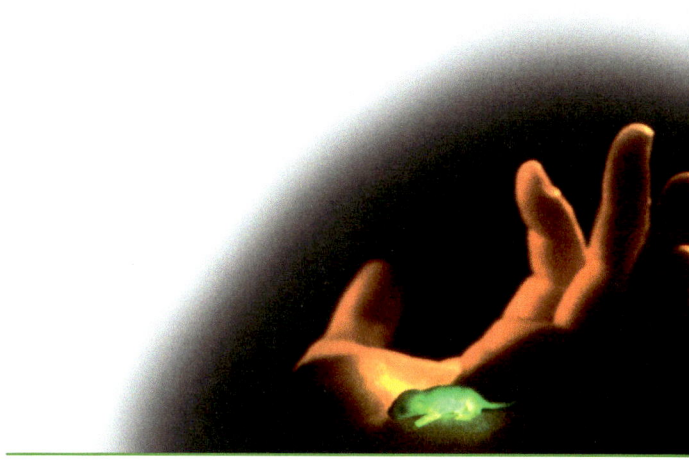

Genetik 320

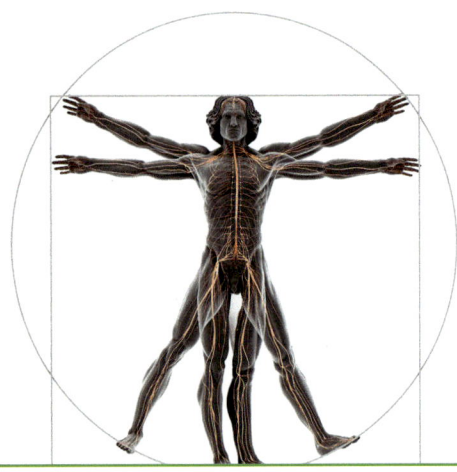

/// BASISKONZEPT STRUKTUR UND FUNKTION //////////////////////////////

Der Sonnentau wächst auf sehr nährstoffarmen Moorböden. Die Blätter sind mit Drüsenhaaren besetzt, die ein klebriges Sekret abgeben. Dieses lockt Insekten an, die daran haften bleiben. Das Blatt rollt sich um die Beute und mithilfe von ausgeschiedenen Enzymen wird das Insekt zersetzt. Auf diese Weise erhält der Sonnentau stickstoffhaltige Nährstoffe, welche die Zellen aufnehmen und das Wachstum auf dem nährstoffarmen Moorboden ermöglicht. Bei der Beobachtung und Untersuchung von allen Lebewesen nutzen Biologen die Vorstellung, dass Strukturen und Funktionen in enger Beziehung stehen und dass das Erfassen von Strukturen und Funktionen für das Verständnis von Lebewesen notwendig ist. Bei dieser Betrachtungsweise spricht man deshalb vom Basiskonzept **Struktur und Funktion.**

01 Blatt einer Sonnentaupflanze mit Drüsenhaaren

/// BASISKONZEPT STEUERUNG UND REGELUNG //////////////////////////////

Auf der Oberfläche einer Kiefernnadel erkennt man mithilfe eines Elektronenmikroskops eingesenkte Spaltöffnungen, über die der Gasaustauch mit der Umgebung und die Abgabe von Wasserdampf stattfinden. Jede Spaltöffnung ist von zwei bohnenförmigen Schließzellen umschlossen, die ihre Form osmotisch verändern können. Diffundieren Wassermoleküle in die Zellen, so wölben sie sich nach außen und der Spalt öffnet sich. Umgekehrt schließt er sich wieder, wenn Wassermoleküle aus den Zellen hinausdiffundieren. Die Bewegung der Spaltöffnungen wird über eine Veränderung der Konzentration von Kalium-Ionen in den Schließzellen aktiv gesteuert. Sie ist ein Beispiel für das Basiskonzept **Steuerung und Regelung.**

02 Oberfläche einer Kiefernnadel (SEM-Aufnahme)

/// BASISKONZEPT STOFF- UND ENERGIEUMWANDLUNG //////////////////////////

Waldkiefern sind wie alle Lebewesen auf eine ständige Stoff- und Energiezufuhr angewiesen. Sie betreiben Fotosynthese, in deren Verlauf die absorbierte Lichtenergie in chemisch gebundene Energie umgewandelt wird. Die Energie ist dann in Form von chemischen Bindungen in organischen Molekülen wie Glukose oder Stärke fixiert. Diese Fotosyntheseprodukte können von den Pflanzen selbst oder von anderen Lebewesen für den Stoffwechsel genutzt werden. In pflanzlichen Zellen sind die Prozesse der Fotosynthese unmittelbar mit denen des Kohlenstoff-, Fett- und Proteinstoffwechsels verknüpft. Weiterhin wird aus den Monosacchariden, die im Verlauf der Fotosynthese entstehen, Saccharose hergestellt, die in Wurzeln oder Samen zu Stärke umgewandelt und gespeichert wird. Ein Produkt des Baustoffwechsels ist Cellulose, die Hauptbestandteil pflanzlicher Zellwände ist. Die beschriebenen Prozesse sind ein Beispiel für das Basiskonzept **Stoff- und Energieumwandlung.**

03 Waldkiefer *(Pinus sylvestris)*

BASISKONZEPT REPRODUKTION

04 Braunbärin mit Jungtieren

Braunbären sind Einzelgänger. Nur im Winter sieht man wild lebende erwachsene Bären zusammen, wenn sich weibliche und männliche Braunbären paaren. Die Jungtiere werden in einem geschützten Versteck geboren und bleiben bis zu drei Jahre bei der Bärin. Dies ist ein Beispiel für die geschlechtliche Fortpflanzung. Die meisten vielzelligen Lebewesen wie der Braunbär pflanzen sich auf diese Weise fort. Bei vielen einzelligen Lebewesen kann man eine Vermehrung durch Zweiteilung beobachten, eine ungeschlechtliche Fortpflanzung. Da alle Lebewesen sich fortpflanzen, handelt es sich um das Basiskonzept **Reproduktion.**

BASISKONZEPT VARIABILITÄT UND ANGEPASSTHEIT

05 Braunbären mit verschiedener Fellfarbe

Die jungen Braunbären sehen auf den ersten Blick aus wie ihre Elterntiere. Bei genauerem Hinsehen kann man jedoch Unterschiede, zum Beispiel in der Fellfärbung, feststellen. Solche Unterschiede werden als Variabilität bezeichnet. Braunbären mit hellem Fell sind in einer offenen Landschaft und solche mit dunklem Fell sind in einer Waldlandschaft gut getarnt. Als Allesfresser jagen Braunbären auch große Beutetiere wie Bisons oder Elche. Im Vergleich zu schlecht getarnten Bären wird der Jagd- und somit der Fortpflanzungserfolg gut getarnter Bären größer sein. Sie sind ihrer Umgebung angepasst. Dies ist ein Beispiel für das Basiskonzept **Variabilität und Angepasstheit.**

BASISKONZEPT GESCHICHTE UND VERWANDTSCHAFT

06 Braunbär und Eisbär

Die Variabilität der Fellfarbe der Braunbären zeigte sich bereits vor mehr als 10 000 Jahren. Ihre Siedlungsgebiete erstreckten sich bis in die eisbedeckte Nordpolregion. Braunbären mit einem helleren Fell hatten in diesem Lebensraum einen Vorteil. Sie jagten erfolgreicher und pflanzten sich häufiger fort als die Bären mit dunklem Fell. So entwickelte sich der Eisbär. Braunbär und Eisbär sind miteinander verwandt, gehören jedoch verschiedenen Arten an. Dies ist ein Beispiel für das Basiskonzept **Geschichte und Verwandtschaft.**

BASISKONZEPT INFORMATION UND KOMMUNIKATION

Die männlichen Raggi-Paradiesvögel locken bei der Balz weibliche Vögel durch laute Rufe an. Sobald sich ein Weibchen nähert, beginnen die Männchen zu tanzen. Dabei spreizen sie ihre Flügel und breiten ihre langen und filigranen Schmuckfedern zu einem großen Fächer aus, den sie schwenken und erzittern lassen. Die rot gefärbten Federn erscheinen dabei wie zuckende Flammen. Rufe, Federkleid und Tanz sind Beispiele für das Basiskonzept Information und Kommunikation.

07 Männlicher Raggi-Paradiesvogel

BASISKONZEPT KOMPARTIMENTIERUNG

Unter dem Elektronenmikroskop wird sichtbar, dass Leberzellen eine vielfältige Unterteilung des Zellinnenraums durch membranumgebene Zellbestandteile zeigen. Besonders auffällig setzt sich der Zellkern ab, der durch eine doppelte Membran, die Kernhülle, begrenzt ist. Diese Kernhülle verhindert, dass DNA-Moleküle aus dem Zellkern in das Plasma treten, und reguliert zugleich, welche Stoffe in den Zellkern gelangen. Bestimmte Prozesse wie beispielsweise die DNA-Replikation finden dementsprechend nur im Zellkern statt. Durch Membranen abgegrenzte Räume bilden durch ihre spezifische Ausstattung mit bestimmten Stoffen wie Nukleotiden oder Enzymen spezielle Reaktionsräume. Solche membranbegrenzten Räume in einer Zelle bezeichnet man als Kompartimente. Weitere Kompartimente in Zellen sind zum Beispiel Vakuolen, Chloroplasten oder Dictyosomen.

Das Prinzip der Abgrenzung spezialisierter Räume, die durch besondere Eigenschaften bestimmte Aufgaben übernehmen können, findet man auch auf anderen Organisationsebenen. So stellen auch Organe wie das Herz oder der Magen nach außen abgegrenzte Räume dar, die hierdurch in ihrem Inneren einen bestimmten Druck oder pH-Wert schaffen können, der bestimmte Prozesse wie Pumpvorgänge beziehungsweise Verdauung ermöglicht. Auch die Struktur von Organen entspricht damit der Abgrenzung von Reaktionsräumen, in denen spezifische Bedingungen geschaffen und hierdurch bestimmte Funktionen erfüllt werden können. Dies sind Beispiele für das Basiskonzept Kompartimentierung.

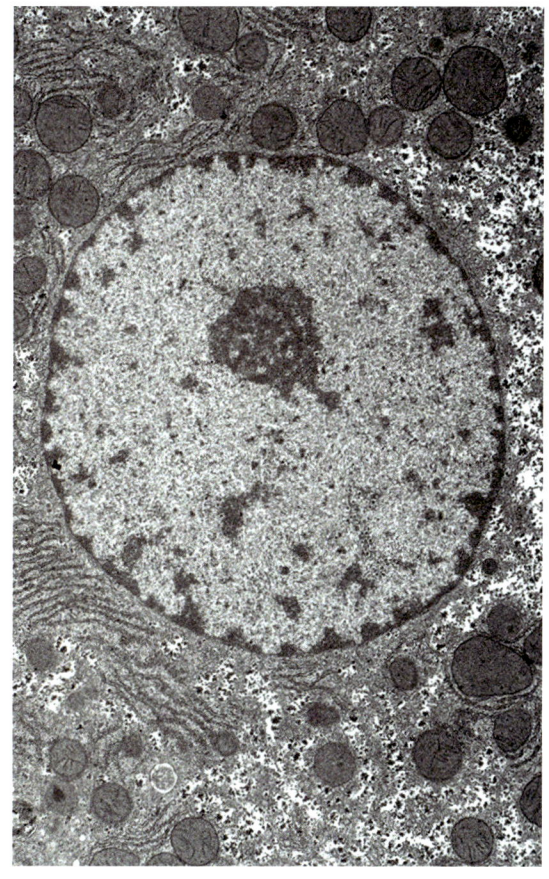

08 Ausschnitt aus einer Leberzelle (SEM-Aufnahme)

Stoffwechsel und Energie

In diesem Kapitel beschäftigen Sie sich mit

- ▶ den Grundlagen biologischer Reaktionen und biologisch bedeutsamen Molekülen;

- ▶ den Enzymen und ihrer Bedeutung für den Stoffwechsel;

- ▶ der Zellatmung, der Fotosynthese und der Gärung als den verschiedenen Formen der Energiebereitstellung in der Zelle;

- ▶ dem Einfluss körperlicher Aktivität auf den Stoffwechsel;

- ▶ dem Bau und der Funktion eines Muskels sowie den Effekten von Training und Doping;

- ▶ der Art und Weise, wie Energie in Lebewesen umgewandelt, für die eigenen Lebensprozesse nutzbar gemacht und dabei schließlich entwertet wird.

Faultiere sind in ihrem Körperbau und Stoffwechsel hoch spezialisiert auf eine energiesparende Lebensweise. Maximales Nichtstun ist aus evolutionsbiologischer Sicht ihr Fitnessvorteil: Sie können sehr nährstoffarme Blätter als Nahrung verwerten.

01 Gepard jagt Antilope

Grundlagen biologischer Reaktionen

Bei der Verfolgung einer Antilope beschleunigt der Gepard in etwa drei Sekunden auf eine Geschwindigkeit von 100 Kilometer pro Stunde und erreicht kurzfristig bis zu 120 Kilometer pro Stunde. In dieser kurzen Zeit erhöht sich seine Körpertemperatur von 38,5 auf 40 Grad Celsius und die Atemfrequenz steigt von 60 auf 140 Atemzüge pro Minute. Nach erfolgreicher Jagd benötigt er eine Erholungspause von 15 bis 20 Minuten, bevor er zu fressen beginnt. Wie ist das zu erklären?

LEBEWESEN ALS OFFENE SYSTEME · Wie der Gepard nimmt jedes Lebewesen Stoffe aus seiner Umgebung auf. Dies sind bei Tieren insbesondere die in der Nahrung enthaltenen Nährstoffe, Wasser und der mit der Atmung aufgenommene Sauerstoff. Außerdem scheiden sie Exkremente, Wasser und mit dem Ausatmen Kohlenstoffdioxid aus. Sie geben somit Stoffe an die Umwelt ab.

In den Lebewesen finden vielfältige Stoffwechselprozesse statt. So werden die in der Nahrung enthaltenen Nährstoffe aufgespalten und für den Aufbau körpereigener Strukturen genutzt. Auch Pflanzen nehmen Stoffe wie Wasser und Kohlenstoffdioxid sowie Mineralstoffe aus der Umgebung auf und nutzen diese zur Bildung körpereigener Strukturen. Sie geben andere Stoffe wie Sauerstoff an die Umgebung ab. Aufgrund des Stoffaustauschs mit der Umgebung werden Lebewesen als *offene Systeme* bezeichnet.

ENERGIE · Sowohl der Gepard als auch die Antilope bewegen sich mit hoher Geschwindigkeit. Je höher ihre Geschwindigkeit und je größer die Masse der Tiere ist, umso höher ist ihre Bewegungsenergie, die *kinetische Energie*. Die für die Bewegung notwendige Energie wird aus *chemischer Energie* bereitgestellt. Dies geschieht beim Abbau der mit der Nahrung aufgenommenen Nährstoffe. Diese Energieumwandlungen führen zur Freisetzung von Reaktionswärme. Sowohl für den Gepard als auch für die Antilope gilt somit, dass ein Teil der nutzbaren Energie in nicht nutzbare Wärmeenergie umgewandelt wird. Die Körpertemperatur steigt, die Reaktionswärme wird an die Umgebung abgegeben.

Biochemische Reaktionen der Energieumwandlung, bei denen Energie freigesetzt wird, bezeichnet man als **exergonische Reaktionen.** Die abgegebene Wärmenergie heißt *Reaktionsenthalpie*. Reaktionen, für die Energie benötigt wird, sind **endergonische Reaktionen.** So nutzen Pflanzen die Energie des Sonnenlichts für die Fotosynthese. Somit sind Lebewesen auch aus energetischer Sicht offene Systeme.

Beim Abbau der Nährstoffe entstehen aus verhältnismäßig großen Molekülen viele kleine Moleküle, die sich in unterschiedlicher Weise bewegen und schwingen. Das führt dazu, dass die Anzahl der möglichen Anordnungen der beteiligten Teilchen zunimmt. Damit nimmt auch ihre Unordnung zu. Man bezeichnet dies als Zunahme der **Entropie.** Die Entropie ist also ein Maß für die Unordnung.

Der amerikanische Physiker Josiah Willard GIBBS erkannte im 19. Jahrhundert, dass es möglich ist, aus den Änderungen der Enthalpie und der Entropie zu berechnen, ob eine chemische Reaktion exergonisch ist, also freiwillig abläuft, oder ob sie endergonisch ist und damit nicht freiwillig abläuft. Er definierte die *Gibbs-Energie* G, die auch als **freie Enthalpie** bezeichnet wird. Wenn ΔG für eine Reaktion negativ ist, läuft sie freiwillig ab, ist ΔG positiv, läuft sie nur unter Energiezufuhr ab.

ENERGETISCH NUTZBARE STOFFE · Die mit der Nahrung aufgenommenen Nährstoffe werden von Gepard und Antilope benötigt, um körpereigene Stoffe aufzubauen. Außerdem sind sie notwendig zur Bereitstellung der Energie, damit sich die Tiere in Bewegung setzen können.

Ein Beispiel für einen Nährstoff ist die Glukose. Der Abbau der Glukose führt zur Bildung von Wasser und Kohlenstoffdioxid:

$$C_6H_{12}O_6 + 6\,O_2 \rightarrow 6\,CO_2 + 6\,H_2O$$

Die Bildung dieser Stoffe ist nur möglich, wenn zunächst die chemischen Bindungen innerhalb der Glukosemoleküle gelöst werden. Dafür wird Energie benötigt. Die Bildung der Kohlenstoffdioxid- und der Wassermoleküle erfordert außerdem, dass Sauerstoffmoleküle an der Reaktion beteiligt sind. Die jeweilige Bindungsenergie

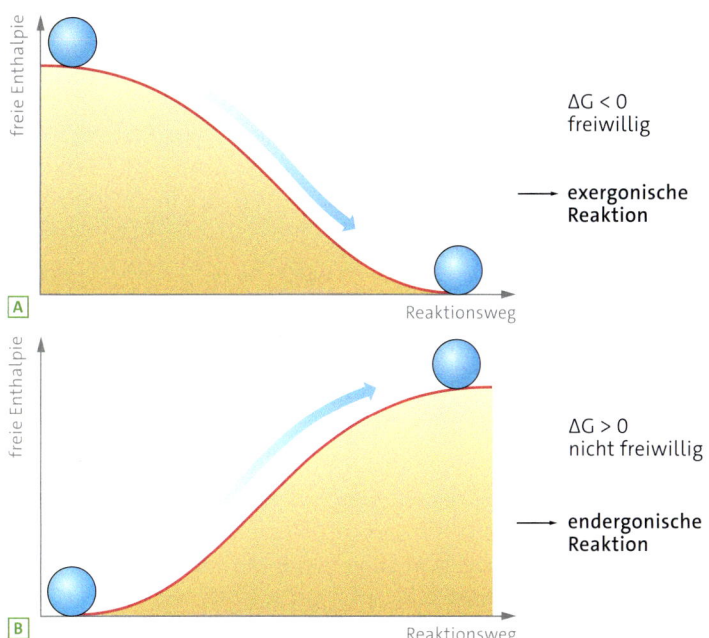

$\Delta G < 0$
freiwillig

— exergonische Reaktion

$\Delta G > 0$
nicht freiwillig

— endergonische Reaktion

02 Modellvorstellung: **A** exergonische und **B** endergonische Reaktion

der entstehenden Moleküle ist größer als die der Ausgangsstoffe. Deshalb wird mehr Energie freigesetzt als für die Spaltung der Glukose- und der Sauerstoffmoleküle erforderlich ist. Der Abbau der Glukose ist daher in Gegenwart von Sauerstoff ein exergonischer Prozess.

Ohne den mit der Atmung aufgenommenen Sauerstoff könnte der Gepard die Nährstoffe nicht zur effizienten Energiebereitstellung nutzen. Daher steigt die Anzahl der Atemzüge beim jagenden Gepard stark an.

ΔG
= Änderung der freien Enthalpie

//// **IM BLICKPUNKT PHYSIK** /////////////////////////////////

Hauptsätze der Thermodynamik

Die Energieumwandlungen der Lebensprozesse beruhen auf zwei Gesetzen der Thermodynamik:

- *Im 19. Jahrhundert wurde aus der Beobachtung vielfältiger Naturphänomene der Satz von der Erhaltung der Energie abgeleitet, der **1. Hauptsatz der Thermodynamik**: Energie kann nur übertragen oder umgewandelt, aber weder erzeugt noch vernichtet werden.*

- *Der **2. Hauptsatz der Thermodynamik** lautet, dass ein chemischer oder physikalischer Prozess in einem abgeschlossenen System stets in die Richtung läuft, in der die Unordnung, also die Entropie, zunimmt. Daraus folgt, dass Wärme von selbst nur von einem Bereich mit höherer Temperatur auf einen Bereich mit niedrigerer Temperatur übergeht.*

03 Verbrennung eines Zuckerwürfels: **A** ohne Asche, **B** mit Asche

KATALYSATOREN · Bei der Verbrennung eines Zuckerwürfels entsteht eine Flamme. Es handelt sich um einen *exergonischen Prozess.* Da die freie Enthalpie dieser Reaktion negativ ist, sind die Voraussetzungen für den freiwilligen Ablauf der Reaktion erfüllt. Dennoch brennt der Zuckerwürfel nicht von selbst. Auch der Versuch, einen Zuckerwürfel mit dem Feuerzeug zu entzünden, gelingt nicht. Das heißt, die zugeführte Wärmeenergie reicht nicht aus. Der Ablauf der chemischen Reaktion ist gehemmt. Gibt man ein wenig Asche auf den Zuckerwürfel, lässt er sich sofort entzünden. Die Energie, die notwendig ist, um eine Reaktion in Gang zu setzen, wird als **Aktivierungsenergie** bezeichnet. Beim Zuckerwürfel wird diese Energie durch die Asche gesenkt. Stoffe, die die Aktivierungsenergie herabsetzen, nennt man **Katalysatoren.**

ENZYME SIND BIOKATALYSATOREN · In den Zellen der Lebewesen laufen vielfältige chemische Reaktionen ab. Dazu gehört auch die Bereitstellung der chemischen Energie bei der Reaktion von Glukose mit Sauerstoff. Die hierfür notwendige Aktivierungsenergie wird soweit abgesenkt, dass dies bei den verhältnismäßig geringen Temperaturen in den Zellen der Lebewesen möglich ist. Die Zellen verfügen über sehr viele spezielle Proteine, die als *Biokatalysatoren* die unterschiedlichen Reaktionen katalysieren, die **Enzyme.** Die Herabsetzung der Aktivierungsenergie durch ein Enzym beschleunigt die Reaktionsgeschwindigkeit, das Enzym wird bei der Reaktion aber nicht verbraucht. Allerdings ist der Reaktionsweg ein anderer als bei der nicht katalysierten Reaktion. Das Enzym bildet mit dem umzusetzenden Molekül, dem Substrat, während der Reaktion einen Übergangszustand, der als **Enzym-Substrat-Komplex** bezeichnet wird. Erst im Folgeschritt kommt es zur Bildung der Produkte.

1 Beschreiben Sie, weshalb man Lebewesen als offene Systeme bezeichnet!

2 Erläutern Sie die Unterschiede zwischen einer chemischen Reaktion ohne Katalysator und einer mit Katalysator!

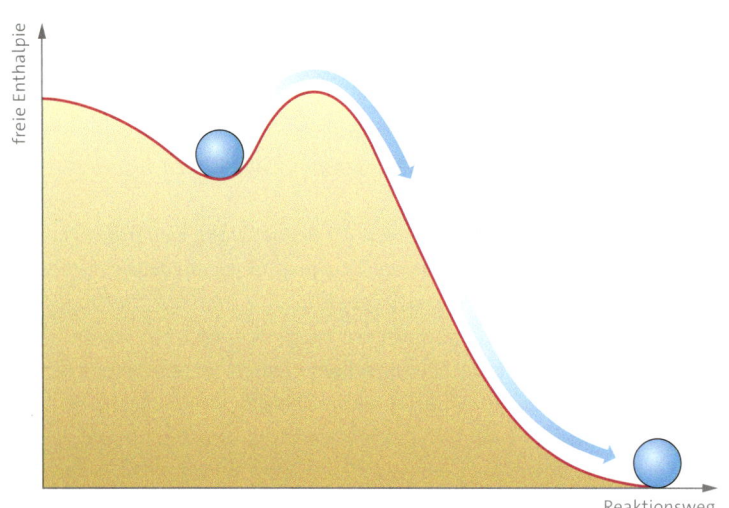

04 Modellvorstellung einer gehemmten Reaktion

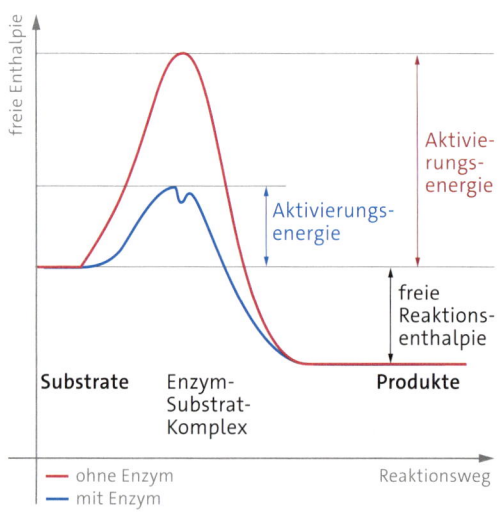

05 Energiediagramm einer katalysierten und unkatalysierten Reaktion

VERSUCH A ► Zersetzung von Wasserstoffperoxid

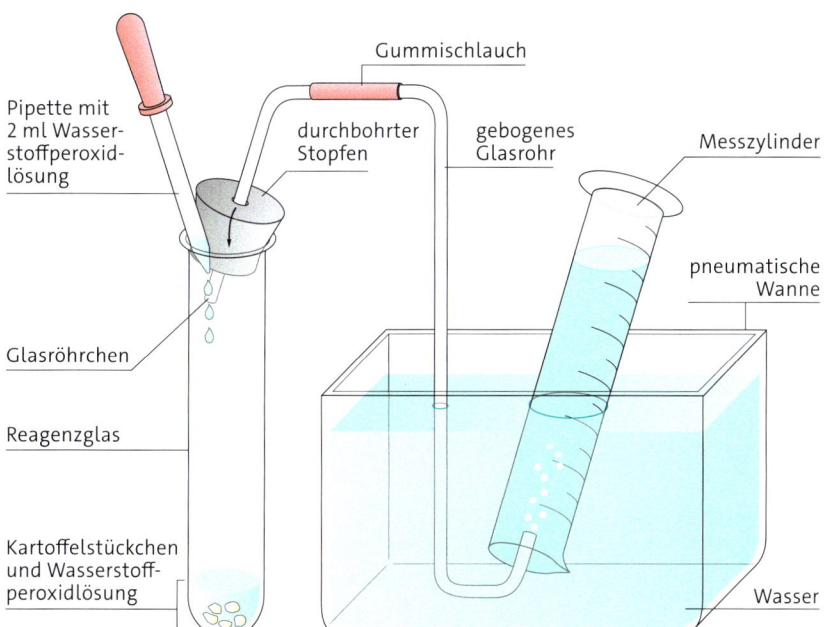

Pipette mit 2 ml Wasserstoffperoxidlösung

Gummischlauch

durchbohrter Stopfen

gebogenes Glasrohr

Messzylinder

pneumatische Wanne

Glasröhrchen

Reagenzglas

Kartoffelstückchen und Wasserstoffperoxidlösung

Wasser

Katalase finden sich in Leber- und in Nierenzellen sowie in Kartoffeln. Wasserstoffperoxid zersetzt sich sehr langsam in Wasser und Sauerstoff: $2 H_2O_2 \rightarrow 2 H_2O + O_2$.
Das Enzym Katalase beschleunigt die Zersetzung enorm. Ein einziges Enzym setzt pro Sekunde bis zu 40 Millionen Wasserstoffperoxidmoleküle um. Die Wirkung der Katalase lässt sich beobachten, wenn man zu rohen Kartoffelstückchen zwei Milliliter einer dreiprozentigen Wasserstoffperoxidlösung (GHS07) gibt. Der entstandene Sauerstoff lässt sich mit der Glimmspanprobe nachweisen.

A1 Führen Sie das Experiment entsprechend der Abbildung durch und erstellen Sie ein Versuchsprotokoll!

A2 Stellen Sie eine Hypothese auf, in welcher Weise sich die Gasentwicklung steigern ließe!

Im Stoffwechsel entsteht zum Beispiel beim Fettsäureabbau als Nebenprodukt Wasserstoffperoxid, H_2O_2. Da Wasserstoffperoxid giftig ist, verfügen sowohl tierische als auch pflanzliche Zellen über ein Enzym, das Wasserstoffperoxid abbaut, die *Katalase*. Besonders hohe Konzentrationen der

---

Material B ► Energiediagramme der Zersetzung von Wasserstoffperoxid

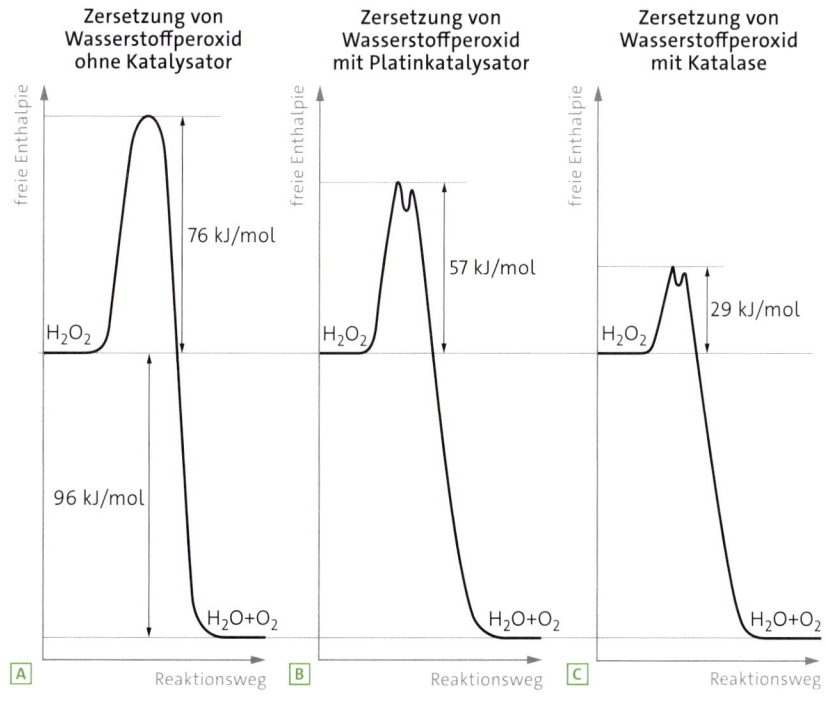

Zersetzung von Wasserstoffperoxid ohne Katalysator

76 kJ/mol

H_2O_2

96 kJ/mol

$H_2O + O_2$

A Reaktionsweg

Zersetzung von Wasserstoffperoxid mit Platinkatalysator

57 kJ/mol

H_2O_2

$H_2O + O_2$

B Reaktionsweg

Zersetzung von Wasserstoffperoxid mit Katalase

29 kJ/mol

H_2O_2

$H_2O + O_2$

C Reaktionsweg

Die abgebildeten Energiediagramme stellen den Reaktionsverlauf für die Zersetzung von Wasserstoffperoxid dar. Die Enthalpie wird in Joule, J, angegeben. Die Stoffmenge wird in Mol, mol, angegeben.

B1 Erläutern und vergleichen Sie die Energiediagramme!

B2 Begründen Sie, welche Bedeutung die geringe Aktivierungsenergie der Reaktion in Gegenwart der Katalase für die Zelle hat!

Proteine

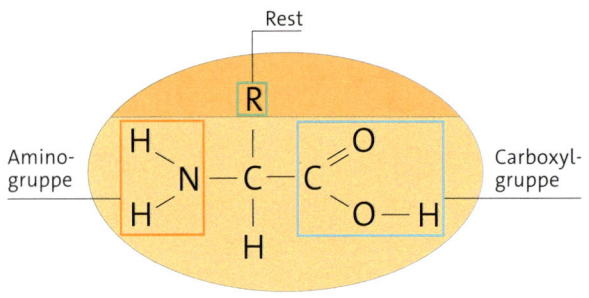

01 Allgemeine Strukturformel der Aminosäuren

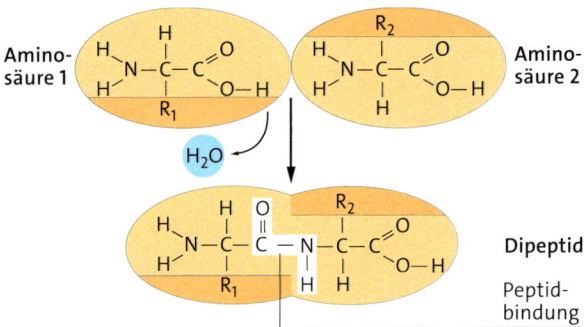

02 Peptidbindung

BAUSTEINE DER PROTEINE · Proteine sind Bestandteile aller Zellen und auf vielfältige Weise für die Funktion von Zelle und Organismus von Bedeutung. Sie regeln zum Beispiel Transportprozesse in Membranen oder sind Grundlage für die Struktur von Muskeln und Haut. Auch das Immunsystem ist auf die Wirkungsweise von Proteinen angewiesen. Zudem bestehen die meisten Enzyme ebenfalls aus Proteinen.

Man schätzt, dass es allein im menschlichen Organismus mehr als 80 000 unterschiedliche Proteine gibt. Trotz dieser Vielfalt sind alle nach dem gleichen Grundprinzip aufgebaut. Als Bausteine dienen 20 verschiedene Aminosäuren, deren Anzahl und Anordnung den Bau und damit die Funktion der Proteine bestimmen.

Aminosäuremoleküle haben eine einheitliche Grundstruktur mit zwei funktionellen Gruppen, einer *Aminogruppe*, $-NH_2$, und einer *Carboxylgruppe*, $-COOH$. Beide sind an ein zentrales Kohlenstoffatom gebunden. An diesem Kohlenstoffatom ist außerdem jeweils eine unterschiedliche Seitenkette, der *Rest R*, gebunden.

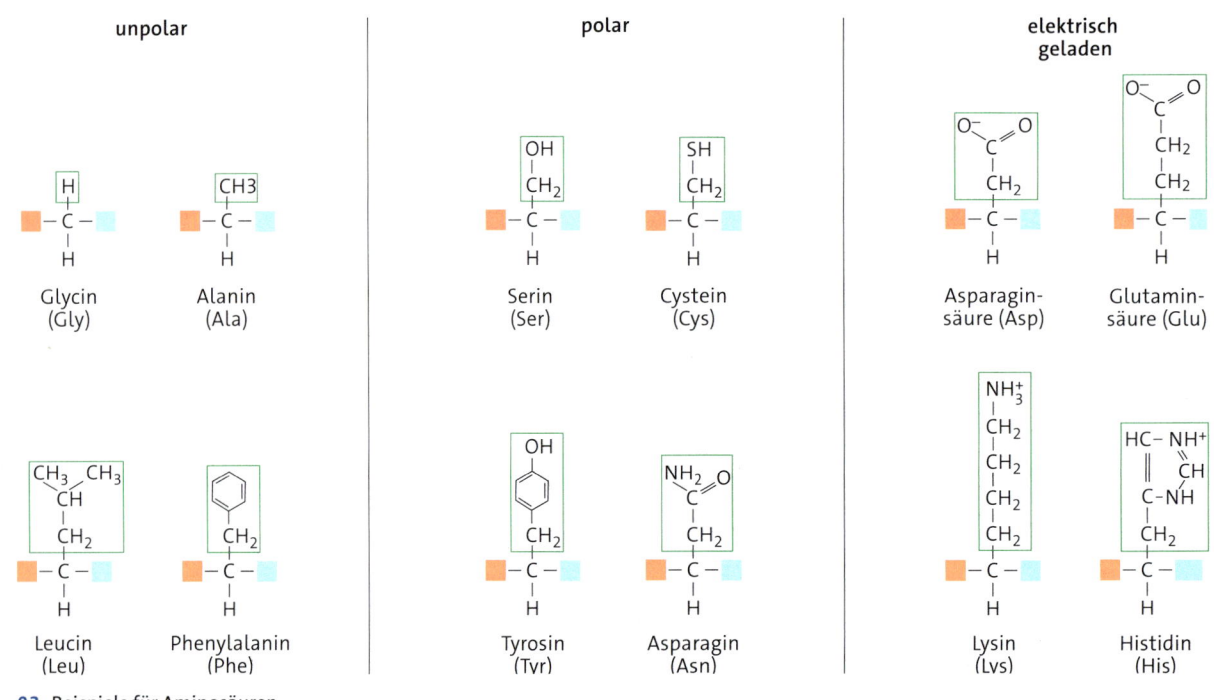

03 Beispiele für Aminosäuren

PRIMÄRSTRUKTUR · Wenn die Aminogruppe eines Aminosäuremoleküls mit der Carboxylgruppe eines anderen Aminosäuremoleküls reagiert, entsteht ein *Dipeptid*. Die entstandene Bindung heißt **Peptidbindung.** Bei dieser Reaktion wird ein Wassermolekül abgespalten. Auf diese Weise werden in der Zelle Aminosäuremoleküle zu langen *Polypeptidketten* verknüpft. Durch die unterschiedliche Zusammensetzung der Aminosäuresequenz erhält jedes Protein seinen charakteristischen Aufbau, seine *Primärstruktur*. Die Reihenfolge der Aminosäuremoleküle wird dabei durch die Basenfolge der DNA bestimmt.

SEKUNDÄRSTRUKTUR · Die Aminosäuremoleküle haben unterschiedliche chemische Eigenschaften und ziehen sich je nach Ladung gegenseitig an oder stoßen sich ab. Dabei kommt es zu Wasserstoffbrückenbindungen, die stellenweise zu sich wiederholenden Mustern führen. Häufig ordnen sich die Aminosäuren zu einer schraubigen Struktur an, der **α-Helix.** In einer anderen Anordnung liegen zwei Aminosäureketten in faltenähnlichen Abschnitten als **β-Faltblatt** vor. Diese beiden Muster bezeichnet man als *Sekundärstruktur*.

TERTIÄRSTRUKTUR · Über die Helix- und die Faltblattstruktur hinaus sind Polypeptidketten durch weitere intramolekulare Wechselwirkungen wie Ionenbindungen und Van-der-Waals-Kräfte zu räumlichen Gebilden geformt. Zwischen positiv und negativ geladenen Resten entstehen Ionenbindungen, zwischen polaren Resten *Wasserstoffbrücken* und zwischen den Seitenketten unpolarer Aminosäuren *Van-der-Waals-Kräfte*. Die endständigen Schwefelwasserstoffgruppen, SH, von zwei Aminosäuren Cystein können innerhalb der Polypeptidkette kovalent miteinander zu einer *Disulfidbrücke* verknüpft sein. Intramolekulare Wechselwirkungen haben somit eine Auswirkung auf die Raumstruktur der Polypeptidkette, die *Tertiärstruktur*.

QUARTÄRSTRUKTUR · In der Zellmembran vieler Bakterien befinden sich Kanäle für den Stofftransport. Sie sind aus drei Polypeptidketten aufgebaut und werden als Porine bezeichnet. Die räumliche Anordnung von Proteinen aus mehreren Polypeptidketten nennt man *Quartärstruktur*.

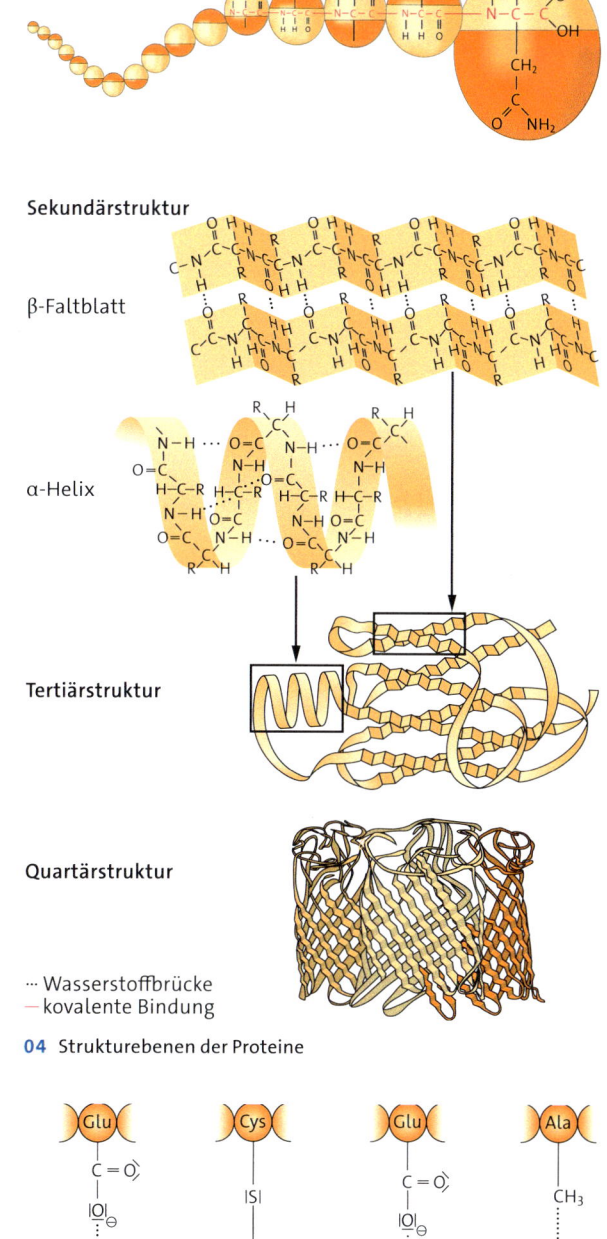

Primärstruktur

Sekundärstruktur

β-Faltblatt

α-Helix

Tertiärstruktur

Quartärstruktur

··· Wasserstoffbrücke
— kovalente Bindung

04 Strukturebenen der Proteine

05 Wechselwirkungen zwischen Aminosäuren: **A** Wasserstoffbrücke, **B** Disulfidbrücke, **C** Ionenbindung, **D** Van-der-Waals-Kraft

01 Bombardierkäfer

Struktur und Funktion von Enzymen

*Die mitteleuropäischen Arten des Bombardier-
käfers sind nur etwa fünf bis sieben Millimeter
groß, haben aber eine eindrucksvolle Vertei-
digungsstrategie. Wenn die Käfer angegriffen
werden, schießen sie explosionsartig eine giftige
und bis zu 100 Grad Celsius heiße Gaswolke aus
ihrem Hinterleib. Wie funktioniert dieser Ab-
wehrmechanismus?*

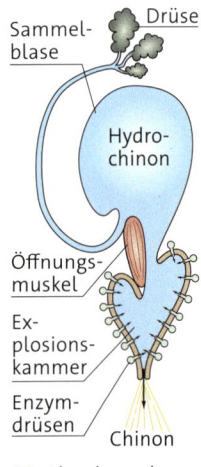

02 Abwehrmecha-
nismus des Bombar-
dierkäfers (Schema)

ENZYM UND SUBSTRAT · Der Bombardierkäfer produziert in Drüsen in seinem Hinterleib
die Substanzen Wasserstoffperoxid und Hydrochinon, die dann in einer Sammelblase gespeichert werden. Bei Gefahr für den Käfer gelangen
die beiden Substanzen in eine Explosions-
kammer. Gleichzeitig werden aus Enzymdrüsen
die Enzyme Katalase und Peroxidase in die
Kammer abgegeben. In der Reaktionskammer
katalysiert die Katalase die Zersetzung des
Wasserstoffperoxids zum Knallgasgemisch aus
Sauerstoff und Wasser. Die Peroxidase oxidiert
mithilfe des frei werdenden Sauerstoffs das
Hydrochinon zu dem Giftstoff 1,4-Benzochinon.
Die Ausgangsstoffe, die von den Enzymen katalysiert werden, heißen *Substrate*.

Bei diesen Reaktionen wird so viel Wärme frei,
dass die Reaktionsprodukte bis zu 100 Grad
Celsius heiß werden und Wasserdampf gebildet
wird. Das Knallgas explodiert und der Giftstoff
schießt aus dem Körper.

Damit ein Enzym die Reaktion eines bestimmten Substrats katalysieren kann, müssen Enzym
und Substrat miteinander in Kontakt treten.
Hierzu ist eine spezielle Region des Enzyms
ausgeprägt, an die das Substrat binden kann. Es
handelt sich meistens um eine taschenartige
Vertiefung der Enzymoberfläche. Sie wird als
das **aktive Zentrum** des Enzyms bezeichnet. Die
Struktur des aktiven Zentrums ist so gestaltet,
dass dort nur ein spezifisches Substratmolekül
oder eine bestimmte Auswahl an spezifischen
Substratmolekülen hineinpasst. Enzyme werden
deshalb als **substratspezifisch** bezeichnet. Obwohl die Struktur der Proteine damals noch nicht
bekannt war, entwickelte der Chemiker Emil
FISCHER bereits im Jahr 1894 eine Modellvorstellung für enzymatische Reaktionen. Demnach
passt das Substrat in das aktive Zentrum wie ein
Schlüssel ins Schloss. Diese Modellvorstellung
nennt man daher **Schlüssel-Schloss-Modell**.

PROZESSE IM AKTIVEN ZENTRUM · Sobald sich ein Substratmolekül an das aktive Zentrum des Enzyms anlagert, tritt es mit diesem in Wechselwirkung, zum Beispiel über Wasserstoffbrücken- oder Ionenbindungen. Es bildet sich ein *Enzym-Substrat-Komplex*. So bewirkt beispielsweise das Enzym Katalase, dass aus Wasserstoffperoxidmolekülen Wasser- und Sauerstoffmoleküle entstehen. Aus dem Substrat entstehen *Produkte*. Das Enzym bleibt dabei unverändert und steht für weitere Reaktionen zur Verfügung. Meistens katalysieren Enzyme nur eine bestimmte chemische Reaktion, sie sind **wirkungsspezifisch.**

Im aktiven Zentrum sind bei der Bildung des Enzym-Substrat-Komplexes verschiedene Abläufe möglich:

- Die Substratmoleküle werden passgenau für die katalytische Reaktion ausgerichtet.
- Das Substratmolekül wird unter Spannung gesetzt, wodurch sich Bindungen leichter lösen.
- Auf das Substrat werden Ladungen übertragen, wodurch instabile Bindungen entstehen.

Diese Abläufe tragen zu einem veränderten Reaktionsweg vom Substrat zum Produkt bei. Hierdurch wird die Aktivierungsenergie für die Reaktion herabgesetzt und damit beschleunigt.

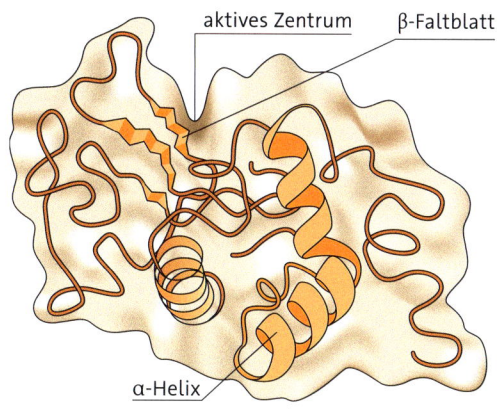

03 Enzym Lysozym

Das Schlüssel-Schloss-Prinzip ist die grundlegende Modellvorstellung des Ablaufs enzymatischer Reaktionen. Erst im Jahr 1965 wurde sie mithilfe der Röntgenstrukturanalyse bestätigt. Bei der Aufklärung der Tertiärstruktur des Enzyms Lysozym entdeckte man eine Vertiefung, in die das Substrat genau hineinpasst.

Im gleichen Zeitraum entdeckte man, dass sich die Struktur von Enzymen verändern kann. Dies gilt insbesondere für das aktive Zentrum. Die Wechselwirkungen mit dem Substrat führen dazu, dass sich seine Gestalt an das Substrat anpasst. Da die Passform durch das Substrat induziert wird, bezeichnet man diese Vorstellung als **Induced-fit-Modell.**

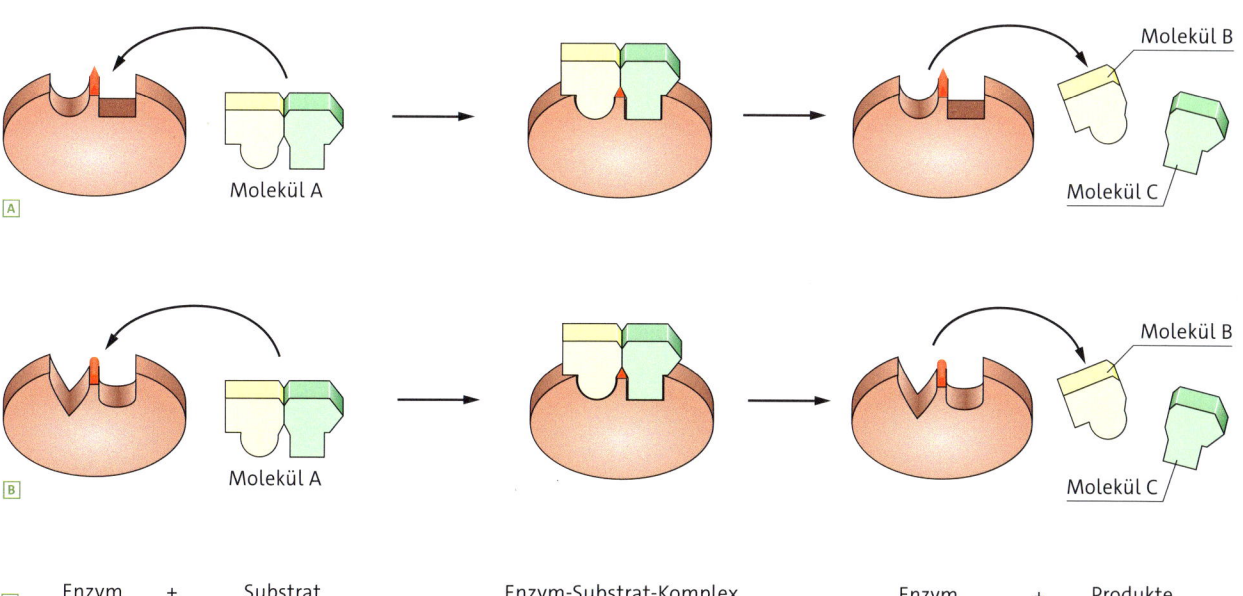

04 Ablauf einer enzymatischen Reaktion: **A** Schlüssel-Schloss-Modell, **B** Induced-fit-Modell, **C** allgemeine Wortgleichung

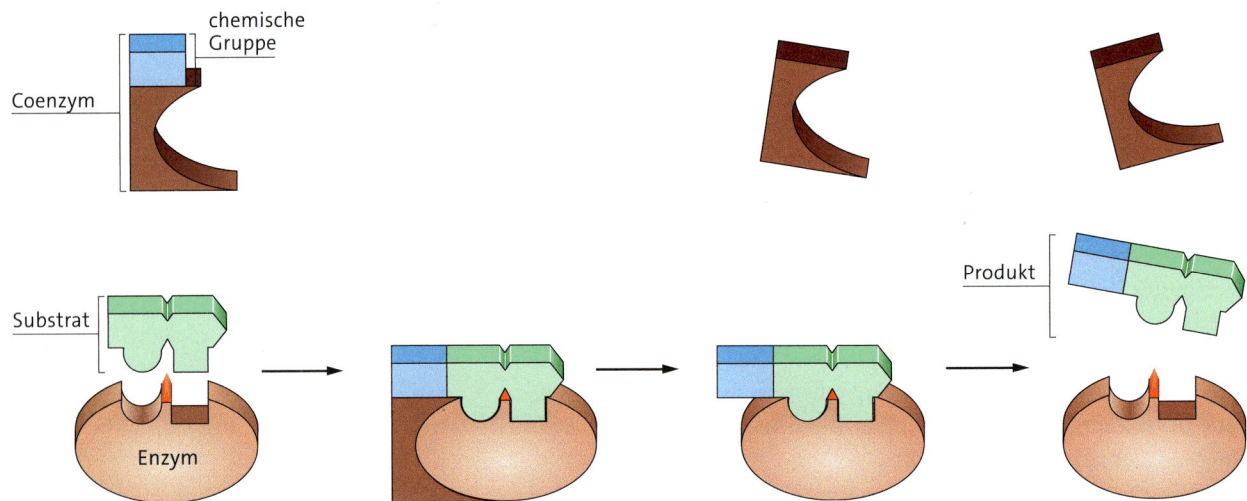

05 Modell zur Wirkung eines Coenzyms

griech. prósthetos = hinzugefügt

MOLEKULARE PARTNER · Viele enzymatische Reaktionen sind von weiteren Reaktionspartnern abhängig. Dabei handelt es sich häufig um organische Moleküle, die während der enzymatischen Reaktion Elektronen, Wasserstoffatome oder chemische Gruppen auf das Substrat übertragen oder entfernen. Sie werden als **Coenzyme** oder auch als Cosubstrate bezeichnet. Coenzyme sind nicht mit dem Enzym verbunden.

Viele mit der Nahrung aufgenommene Spurenelemente wie Zink- oder Eisenionen sind als anorganische Ionen fest an bestimmte Enzyme gebunden und für das Funktionieren des Enzyms notwendig. Ein Beispiel hierfür ist die Urease, an die ein Nickelion gebunden ist. Diese anorganischen Ionen heißen **Cofaktoren.**

Andere Enzyme sind dauerhaft mit organischen Molekülen verbunden. In das Enzym Katalase ist beispielsweise ein Ringsystem mit einem zentralen Eisenion, die Häm-Gruppe, eingebunden. Auch das für den Sauerstofftransport im Blut wichtige Hämoglobin trägt diese Häm-Gruppe. Eine derart dauerhaft mit dem Enzym verknüpfte Molekülgruppe nennt man **prosthetische Gruppe.**

1 ⌡ Beschreiben Sie den Ablauf einer enzymatischen Reaktion nach dem Schlüssel-Schloss-Modell!

2 ⌡ Vergleichen Sie die molekularen Partner enzymatischer Reaktionen!

Wirkgruppen zusammengesetzter Enzyme		
Coenzyme	NAD$^+$	Übertragung von Elektronen und Wasserstoff; Vitaminbestandteil: Niacin
	FAD	Übertragung von Elektronen und Wasserstoff; Vitaminbestandteil: Vitamin B$_2$
	Coenzym A	Übertragung der Acetylgruppe; Vitaminbestandteil: Pantothensäure
	ATP	Übertragung von Phosphat
prosthetische Gruppen	Häm	Übertragung von Elektronen in Cytochrom; Katalyse der Wasserstoffperoxidspaltung in Katalase
	Retinal	Lichtabsorption in Rhodopsin
Cofaktoren	Zn^{2+}	in Carboxypeptidase, Carboanhydrase, Alkoholdehydrogenase
	Ni^{2+}	in Urease

06 Beispiele für molekulare Partner von Enzymen

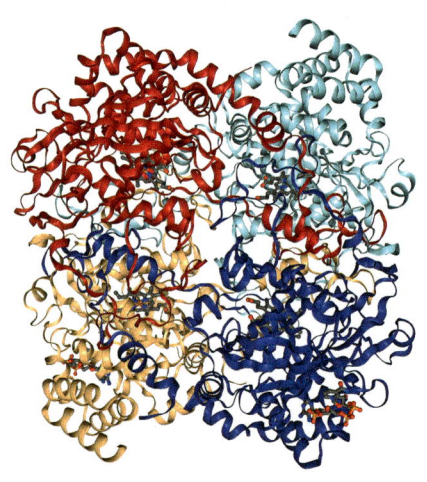

07 Struktur der Katalase

VERSUCH A ▸ Wirkung von Urease

Reagenzglas	1	2	3
Ureaselösung	1 ml	1 ml	–
Phenolphthalein-lösung	2 Tropfen	2 Tropfen	2 Tropfen
Harnstofflösung	5 ml	–	5 ml

Urease ist ein Enzym, das in Pflanzen-samen, Meeresmuscheln, Bakterien und Krebsen vorkommt. Es spaltet Harnstoff in Ammoniak und Kohlen-stoffdioxid. Bodenbakterien tragen auf diese Weise dazu bei, den gebundenen Stickstoff für die Pflanzen nutzbar zu machen. Die Wirkung der Urease lässt sich in einem Experiment beobachten.

Material: Ureaselösung (10 mg in 10 ml Wasser), Harnstofflösung (20 mg in 100 ml Wasser) sowie Phenolphthalein-lösung (0,1%ige, GHS02, 07).

Durchführung: Drei Reagenzgläser werden mithilfe von Pipetten gemäß der Tabelle befüllt.

A1 Führen Sie das Experiment durch und erstellen Sie ein Versuchs-protokoll!

A2 Begründen Sie die Vorgehensweise mit drei Versuchsansätzen!

Material B ▸ Wirkung von Urease auf Stoffe mit ähnlicher Molekülstruktur

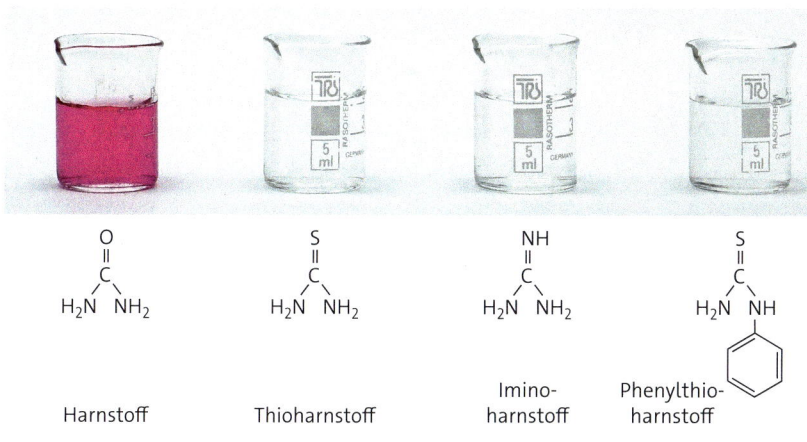

Harnstoff   Thioharnstoff   Imino-harnstoff   Phenylthio-harnstoff

Der Versuch A wird wiederholt, indem man zu der Ureaselösung verschiedene Stoffe gibt, die eine ähnliche Molekül-struktur wie Harnstoff haben.

B1 Erklären Sie die Beobachtungen!

B2 Wiederholt man den Versuch mit N-Methylharnstoff, so beobachtet man einen Farbumschlag des Indikators erst nach mehr als zwei Minuten. Stellen Sie eine Hypo-these auf, worauf dies zurück-zuführen sein könnte!

VERSUCH C ▸ Hydrolyse von Stärke

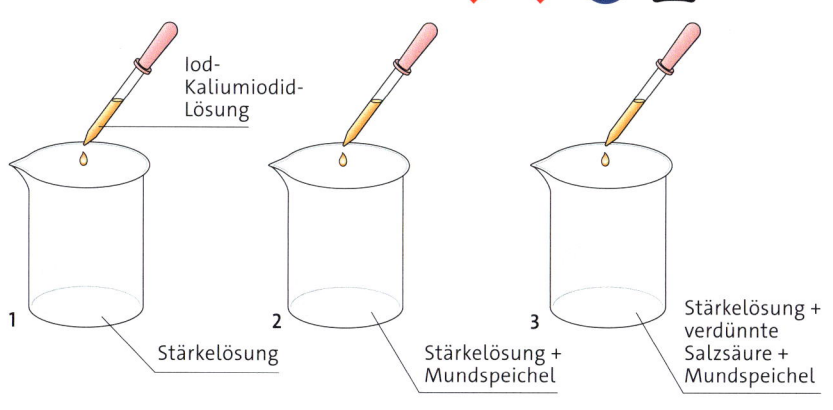

Iod-Kaliumiodid-Lösung

1   2   3

Stärkelösung   Stärkelösung + Mundspeichel   Stärkelösung + verdünnte Salzsäure + Mundspeichel

Durchführung:
Drei Bechergläser werden jeweils mit 30 Milliliter Stärkelösung befüllt.

Zum ersten Becherglas wird kein wei-teres Reagenz hinzugefügt. Zum zwei-ten Becherglas werden einige Milliliter Mundspeichel oder Amylase hinzu-gegeben. In das dritte Becherglas gibt man erst einen Milliliter verdünnte Salzsäure (GHS05, 07) und anschlie-ßend den Mundspeichel. Allen drei Bechergläsern werden zuletzt wenige Tropfen Iod-Kaliumiodid-Lösung zufügt.

C1 Führen Sie das Experiment durch und erstellen Sie ein Versuchs-protokoll!

C2 Deuten Sie das Versuchsergebnis hinsichtlich der Stärkeverdauung beim Menschen!

/// **IM BLICKPUNKT BIOCHEMIE** ///

Einteilung von Enzymen

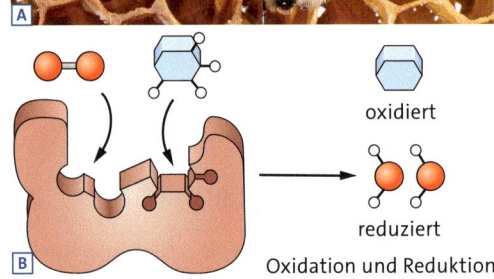

01 Oxidoreduktasen:
A Beispiel,
B allgemeines Prinzip

oxidiert

reduziert

Oxidation und Reduktion

OXIDOREDUKTASEN · Bienenhonig enthält ein Enzym, das für die Konservierung des Honigs wichtig ist. Dieses Enzym ist Bestandteil eines Sekrets, das die Biene dem zuckerhaltigen Nektar bereits beim Transport von der Blüte zum Bienenstock zufügt. Es katalysiert die Reaktion von Glukose und Sauerstoff zu Glukonolakton und dem keimtötenden Wasserstoffperoxid und heißt daher Glukoseoxidase.

Enzyme wie die Glukoseoxidase, welche die Oxidation und die Reduktion zweier chemischer Verbindungen katalysieren, gehören zur Gruppe der *Oxidoreduktasen*. Bei den Reaktionen werden Sauerstoffatome, Wasserstoffatome oder Elektronen übertragen.

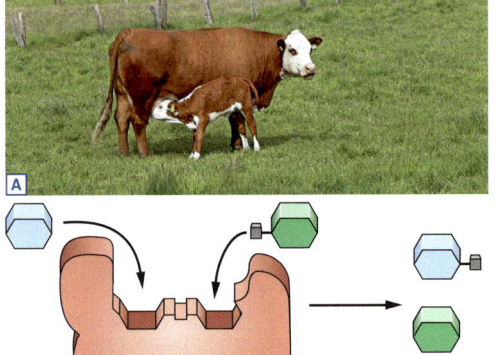

02 Transferasen:
A Beispiel,
B allgemeines Prinzip

Übertragung von Gruppen

TRANSFERASEN · Das wichtigste Kohlenhydrat der Säugetiermilch ist der Milchzucker, die Laktose. Kuh- und Schafsmilch enthalten etwa vier bis fünf Prozent Laktose, die Muttermilch des Menschen etwa sechs bis acht Prozent. Für die Bildung von Laktose ist ein Enzym verantwortlich, das die Übertragung eines Galaktoserests von einem größeren Molekül auf ein Glukosemolekül katalysiert, die Galaktosyltransferase. Enzyme, die funktionelle Gruppen wie Methyl- und Aminogruppen oder Phosphatreste übertragen, werden aufgrund ihrer Wirkung als *Transferasen* bezeichnet.

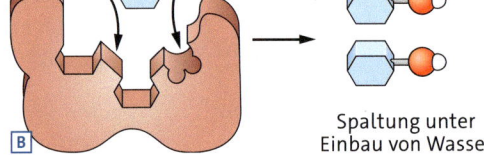

03 Hydrolasen:
A Beispiel,
B allgemeines Prinzip

Spaltung unter Einbau von Wasser

HYDROLASEN · Eine Kreuzspinne hat eine Fliege erbeutet. Nachdem sie die Beute getötet und in Spinnenseide eingewickelt hat, injiziert sie ein Verdauungssekret in deren Körper. Das Sekret enthält Enzyme, die die Nährstoffe spalten und dadurch wasserlöslich machen.

Auch die Verdauungsenzyme der Wirbeltiere und des Menschen spalten die aufgenommenen Nährstoffe in vergleichbarer Weise. Für jede Abspaltung einer Aminosäure aus einem Protein oder eines Einfachzuckers aus einem Stärkemolekül wird ein Wassermolekül benötigt. Aus diesen Hydrolysen leitet sich die Bezeichnung *Hydrolasen* für diese Enzymklasse ab.

LYASEN · Bei der Weinproduktion werden die geernteten Trauben zunächst zerdrückt, es entsteht die Maische. Anschließend wird in großen Edelstahltanks mithilfe einer speziellen Hefe Glukose zu Ethanol abgebaut. Ein wichtiger Schritt dieser alkoholischen Gärung ist die Spaltung von Pyruvat in Kohlenstoffdioxid und Acetaldehyd. Dies wird durch das Enzym Pyruvatdecarboxylase katalysiert.

Im Gegensatz zu den Hydrolasen benötigt die Pyruvatdecarboxylase zur Spaltung der chemischen Bindung keine Wassermoleküle. Solche Enzyme nennt man *Lyasen*.

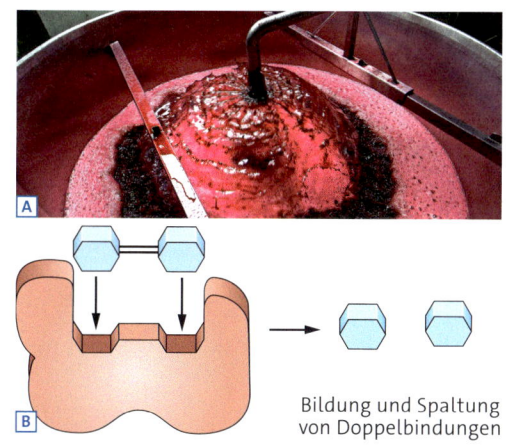

Bildung und Spaltung von Doppelbindungen

04 Lyasen:
A Beispiel,
B allgemeines Prinzip

ISOMERASEN · Die Süße in Limonaden und Süßigkeiten wird in der Industrie häufig durch den Zusatz von Zuckersirup erreicht. Zuckersirup lässt sich preiswert aus Mais oder Weizenstärke herstellen. Er enthält einen hohen Anteil der besonders süßen Fruktose. Für deren Produktion wird Glukose in Fruktose umgewandelt. Fruktose hat die gleiche Summenformel wie Glukose, aber eine andere Strukturformel, sie sind Isomere. Die Umwandlung erfolgt mithilfe eines Enzyms, der Glukose-Isomerase.

Enzyme, die die chemische Struktur des Substratmoleküls verändern, nicht aber dessen Summenformel, werden als *Isomerasen* zusammengefasst.

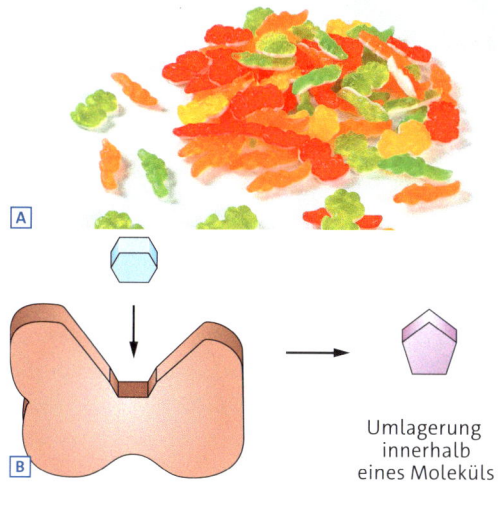

Umlagerung innerhalb eines Moleküls

05 Isomerasen:
A Beispiel,
B allgemeines Prinzip

LIGASEN · Die ultraviolette Strahlung des Sonnenlichts bewirkt nicht nur die Bräunung der Haut oder die Bildung eines Sonnenbrands. Sie führt gleichzeitig dazu, dass die DNA-Moleküle in den Zellen der Oberhaut geschädigt werden. Ein zelleigener Reparaturmechanismus beseitigt die meisten dieser Schäden. Hieran beteiligt ist ein Enzym, das die Bausteine der DNA miteinander verbindet, die DNA-Ligase. Da nicht alle Schäden der DNA repariert werden, erhöht sich mit jedem Sonnenbad das Hautkrebsrisiko. Enzyme, die kleinere Moleküle zu größeren Molekülen verknüpfen, nennt man *Ligasen*. Für ihre Reaktion benötigen sie Energie in Form von ATP.

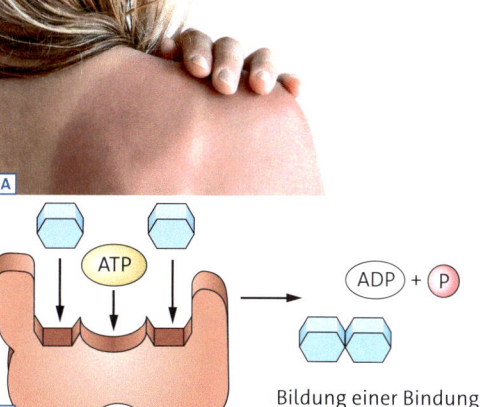

Bildung einer Bindung unter ATP-Verbrauch

06 Ligasen:
A Beispiel,
B allgemeines Prinzip

01 Great-Fountain-Geysir

Einflüsse auf die Enzymaktivität

Der Great-Fountain-Geysir im Yellowstone-Nationalpark bricht etwa alle 9 bis 15 Stunden aus. Seine Fontäne kann bis zu 50 Meter hoch werden. Als Forscher der Indiana University im Jahr 1969 den Geysir untersuchten, stellten sie überrascht fest, dass in den 80 Grad Celsius heißen Quellen Bakterien leben. Sie nannten die Bakterienart Thermus aquaticus. Worauf ist die Besonderheit dieser Bakterien zurückzuführen?

ENZYMAKTIVITÄT UND TEMPERATUR · Bei einer Infektion erhöht sich die Temperatur des Menschen, er bekommt Fieber. Das Fieber hat zur Folge, dass die für die Abwehr der Krankheitserreger notwendigen Stoffwechselprozesse schneller ablaufen. Das lässt sich damit erklären, dass die Reaktionsgeschwindigkeit chemischer Reaktionen mit steigender Temperatur zunimmt. Da sich die miteinander reagierenden Teilchen schneller bewegen, kommt es zu mehr Kollisionen der beteiligten Reaktionspartner. Erhöht sich die Temperatur bei Fieber jedoch auf mehr als 40 Grad Celsius, besteht akute Lebensgefahr. Die Temperaturveränderung führt dazu, dass sich Wasserstoffbrückenbindungen in den aus Proteinen bestehenden

Enzymen lösen. Die Sekundär-, Tertiär- und Quartärstrukturen verändern sich und damit die räumliche Gestalt, die Enzyme *denaturieren.* Ihre Funktion ist deshalb beeinträchtigt. Eine weitere Temperaturerhöhung hat eine tiefer greifende Änderung der Molekülstruktur zur Folge, die Denaturierung ist nicht mehr reversibel. Dies wird zum Beispiel daran deutlich, dass das Eiklar des Hühnereis bei ungefähr 60 Grad Celsius fest wird.

Der starke Anstieg der Enzymaktivität bei steigenden Temperaturen entspricht einer Faustregel, die besagt, dass eine Temperaturerhöhung um 10 Grad Celsius etwa eine Verdoppelung der Reaktionsgeschwindigkeit zur Folge hat. Man bezeichnet sie als *Reaktionsgeschwindigkeit-Temperatur-Regel,* kurz **RGT-Regel.** Für die meisten Lebewesen ist die RGT-Regel auf einen physiologischen Temperaturbereich beschränkt, dessen Untergrenze durch den Gefrierpunkt des Wassers bestimmt ist und dessen Obergrenze bei etwa 40 Grad Celsius liegt.

Aufgrund der Temperaturempfindlichkeit von Enzymen hatte man im Great-Fountain-Geysir keine Lebewesen erwartet. Deshalb war es eine wissenschaftliche Sensation, dort Bakterien anzutreffen. Diese besitzen offensichtlich hitzestabile Enzyme. Die Bedeutung dieser Entdeckung offenbarte sich in den 1980er-Jahren, als es gelang, selbst geringe Mengen DNA mithilfe eines Enzyms aus dem Bakterium *Thermus aquaticus* zu vervielfältigen. Man nennt das Enzym deshalb Taq-Polymerase. Heutzutage ist diese Vervielfältigungsmethode der DNA ein wichtiges Laborverfahren der molekularen Genetik.

Wenn man die Aktivität des Enzyms Pyruvatkinase bei unterschiedlichen Temperaturen in ein Diagramm einträgt, erkennt man den Verlauf einer *Optimumkurve*. Das Optimum der Enzymaktivität ist beim Eisfisch, der in den Gewässern um die Antarktis lebt, jedoch erheblich niedriger als bei der Forelle. Der Vergleich der Temperaturoptima verschiedener wechselwarmer, poikilothermer Lebewesen zeigt die evolutionäre Angepasstheit an die jeweiligen Lebensräume.

Bei gleichwarmen, homoiothermen Lebewesen wie Säugetieren und Vögeln liegt das Temperaturoptimum der Enzymaktivität im Bereich der Körpertemperatur.

ENZYMAKTIVITÄT UND pH-WERT · Bei der menschlichen Verdauung wird die Bedeutung des pH-Werts für die Enzymaktivität deutlich. Die pH-Werte in Magen und Dünndarm unterscheiden sich beispielsweise erheblich. Dieser Befund legt nahe, dass die in den jeweiligen Organen aktiven Enzyme durch den pH-Wert beeinflusst werden. Der pH-Wert des Magensafts liegt zwischen 1,5 und 2 und entspricht etwa dem Optimum des im Magen aktiven Pepsins. Das alkalische Sekret der Bauchspeicheldrüse neutralisiert den Nahrungsbrei, der aus dem Magen in den Dünndarm gelangt. Der pH-Wert steigt bis auf 8. Die hier vorhandenen Enzyme Amylase und Trypsin weisen entsprechend höhere pH-Optima auf als das Pepsin.

Bei unterschiedlichen pH-Werten liegen unterschiedliche H^+-Ionen-Konzentrationen vor, welche die Ladungen von Carboxyl- und Amino-Gruppen innerhalb des Enzyms verändern. Dadurch werden die Wechselwirkungen mit anderen geladenen Gruppen im Enzym so beeinflusst, dass sich dessen Struktur und damit die Aktivität des Enzyms verändert.

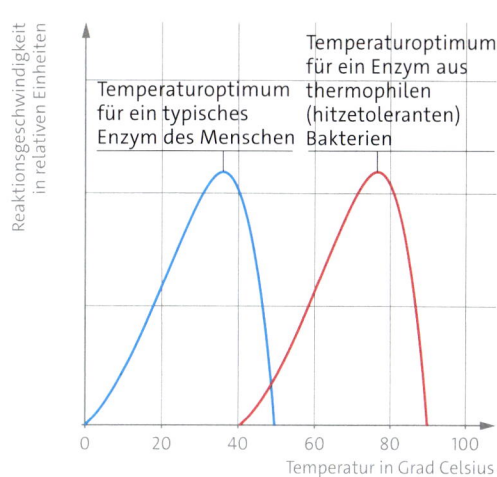

02 Temperaturoptima menschlicher Enzyme und der von *Thermus aquaticus*

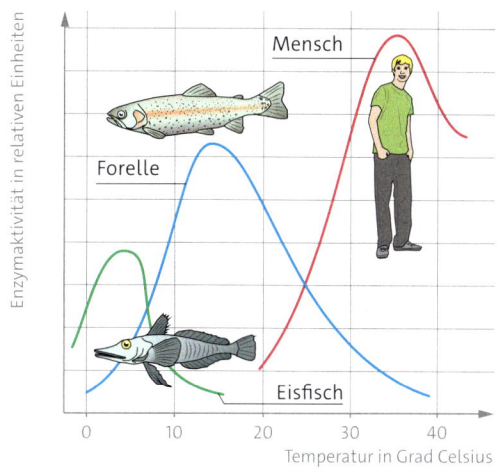

03 Temperaturabhängigkeit des Enzyms Pyruvatkinase, einem wichtigen Enzym beim Glukoseabbau

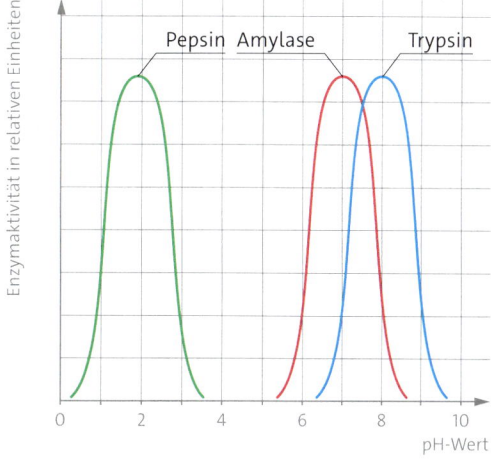

04 pH-Abhängigkeit menschlicher Verdauungsenzyme

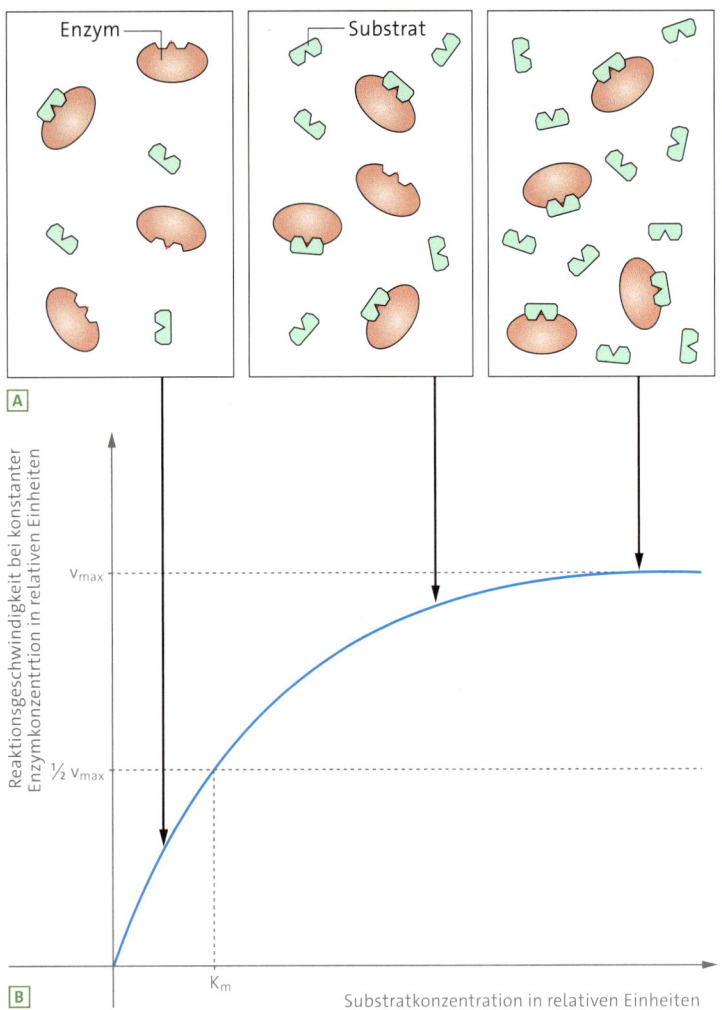

A

B

Reaktionsgeschwindigkeit bei konstanter Enzymkonzentrtion in relativen Einheiten

v_{max}

$\frac{1}{2} v_{max}$

K_m

Substratkonzentration in relativen Einheiten

05 Abhängigkeit der Reaktionsgeschwindigkeit von der Substratkonzentration bei konstanter Enzymkonzentration: **A** Modellvorstellung, **B** Diagramm

Enzym	umgesetzte Substratmoleküle pro Sekunde	Funktion des Enzyms
Lysozym	0,5	Bestandteil des Immunsystems, hydrolisiert aus Zuckern und Peptiden bestehende Makromoleküle
DNA-Polymerase	15–10 000	Synthese von DNA
Chymotrypsin	100	Enzym zur Eiweißverdauung
Laktat-dehydrogenase	1000	katalysiert reversibel die Reaktion von Pyruvat zu Laktat bei der Milchsäuregärung
Urease	3000	setzt Harnstoff in Ammoniak und Kohlenstoffdioxid um
Katalase	40 000 000	setzt Wasserstoffperoxid in Wasser und Sauerstoff um

06 Maximale Wechselzahlen von Enzymen

SUBSTRATKONZENTRATION UND REAKTIONSGESCHWINDIGKEIT · Eine enzymatische Reaktion kann nur stattfinden, wenn ein Substratmolekül auf ein Enzymmolekül trifft. Je höher die Konzentration der Substratmoleküle, umso größer ist die Wahrscheinlichkeit, dass sie mit einem Enzymmolekül reagieren, die Reaktionsgeschwindigkeit steigt. Wenn nach dieser Modellvorstellung die aktiven Zentren aller vorhandenen Enzymmoleküle besetzt sind, führt eine weitere Erhöhung der Substratkonzentration zu keinem weiteren Anstieg der Reaktionsgeschwindigkeit. Trägt man die experimentell ermittelten Reaktionsgeschwindigkeiten bei steigenden Substratkonzentrationen in einem Diagramm auf, erhält man eine Sättigungskurve. Erhöht man in einem weiteren Ansatz die Enzymmenge, können mehr Substratmoleküle umgesetzt werden. Die Sättigung aller Enzymmoleküle erfolgt dann erst bei einer höheren Substratkonzentration. Der Verlauf der Sättigungskurve wird auch durch die Enzymkonzentration beeinflusst.

Die Abhängigkeit der Geschwindigkeit einer enzymatischen Reaktion von der Substratkonzentration wurde von der Medizinerin Maud MENTEN und dem Biochemiker Leonor MICHAELIS im Jahr 1912 untersucht. Dabei bestimmten sie, bei welcher Substratkonzentration die halbe Maximalgeschwindigkeit der Reaktion erreicht ist. Diese Konzentration wird deshalb als **Michaelis-Menten-Konstante, K_M,** bezeichnet. Je kleiner dieser Wert ist, umso stärker erhöht sich die Reaktionsgeschwindigkeit mit zunehmender Substratkonzentration.

Die maximale Reaktionsgeschwindigkeit eines einzelnen Enzymmoleküls hängt davon ab, wie schnell es die Reaktion mit einem Substratmolekül katalysiert, also wie viele Substratmoleküle ein Enzymmolekül bei einer hohen Substratkonzentration maximal pro Sekunde umsetzen kann. Diesen Wert bezeichnet man als *Wechselzahl*.

HEMMUNG VON ENZYMEN · Damit eine enzymatische Reaktion ablaufen kann, muss ein Substratmolekül mit dem aktiven Zentrum des Enzymmoleküls in Wechselwirkung treten. Substanzen, deren Molekülstrukturen denen der Substratmoleküle ähneln, können ebenfalls an

das aktive Zentrum des Enzyms binden und so die Reaktion mit dem Substratmolekül verhindern. Sie wirken als *Hemmstoff,* auch *Inhibitor* genannt. Wenn Substrat- und Hemmstoffmoleküle um das aktive Zentrum des Enzymmoleküls konkurrieren, bezeichnet man diesen Vorgang als **kompetitive Hemmung.** Die Hemmwirkung steigt mit zunehmender Konzentration des Hemmstoffs. Manche Hemmstoffe treten nur sehr kurz mit dem aktiven Zentrum in Kontakt und geben es danach wieder frei, andere binden dort stärker. Somit ist die Hemmwirkung auch von der Affinität des Hemmstoffs zum aktiven Zentrum abhängig. Mit zunehmender Substratkonzentration nimmt die Konkurrenz durch den Hemmstoff und damit die Hemmwirkung ab. Die maximale Reaktionsgeschwindigkeit bleibt erhalten, wird aber erst bei einer höheren Substratkonzentration erreicht als ohne Hemmstoff. Einige Enzyme haben neben dem aktiven Zentrum eine zweite Bindungsstelle. Bindet dort ein Hemmstoff, ändert sich die Struktur des aktiven Zentrums. Es kann dann nicht mehr mit dem Substrat reagieren. Eine Erhöhung der Substratkonzentration beeinflusst die Wirkung des Hemmstoffs nicht. Deshalb reduziert sich die Maximalgeschwindigkeit der enzymatischen Reaktion. Dieser Vorgang heißt **nichtkompetitive Hemmung** oder *allosterische Hemmung.*
In Lebewesen werden enzymatische Reaktionen durch körpereigene, endogene Hemmstoffe reguliert. Zudem können Medikamente gezielt als Hemmstoffe eingesetzt werden. Substanzen, die die Struktur von Enzymen irreversibel verändern, bezeichnet man als *Enzymgifte.* Sie können für den Organismus tödlich sein. Chemische Kampfstoffe blockieren bestimmte, für die Signalleitung wichtige Enzyme des Nervensystems. Cyanide greifen das Enzym Cytochromoxidase in der Atmungskette an. Auch Schwermetalle wie Blei, Cadmium und Quecksilber verändern die Struktur von Enzymen irreversibel.

1 ⌡ Erläutern Sie den Einfluss von Temperatur und pH-Wert auf die Enzymaktivität!

2 ⌡ Begründen Sie den Verlauf der Sättigungskurven enzymatischer Reaktionen mit und ohne Hemmstoffe!

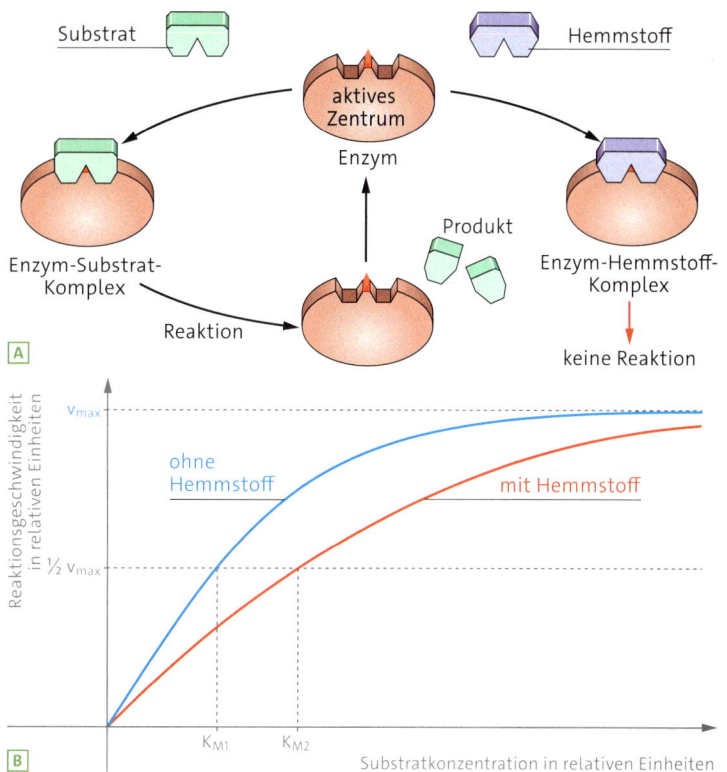

07 Kompetitive Hemmung: **A** Modell, **B** Diagramm

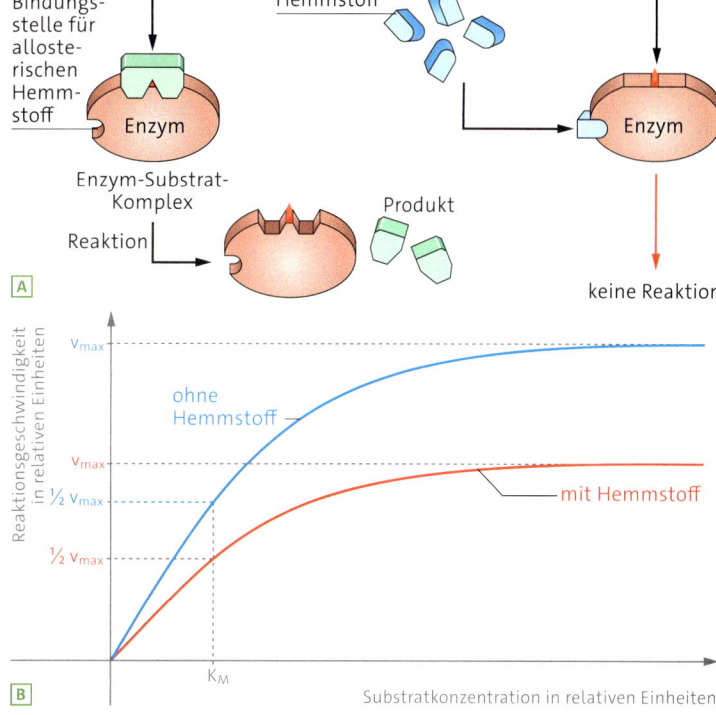

08 Nichtkompetitive Hemmung: **A** Modell, **B** Diagramm

VERSUCH A ▸ Enzymaktivität der Katalase in Abhängigkeit von der Temperatur

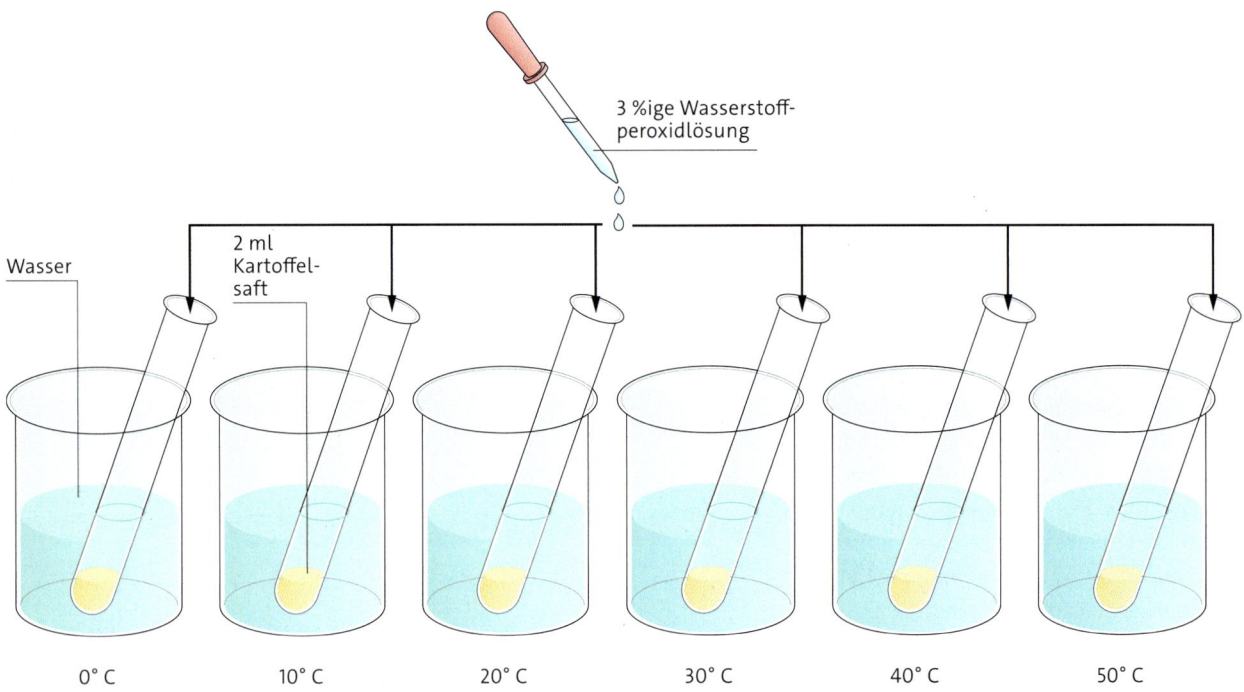

3 %ige Wasserstoff-
peroxidlösung

Wasser

2 ml
Kartoffel-
saft

0° C   10° C   20° C   30° C   40° C   50° C

Vorbereitung:
Zunächst wird eine geschälte und zerkleinerte Kartoffel im Mörser mit ein
wenig Sand und Wasser zerrieben, sodass eine wässrige Kartoffelsuspensi-
on entsteht, die anschließend filtriert
wird. Da Kartoffelzellen das Enzym Katalase enthalten, kann der erhaltene
Kartoffelsaft für die Versuche A und B
verwendet werden.

Durchführung:
Es werden sechs verschieden tempe-
rierte Wasserbäder in 10-Grad-Schritten
von 0 °C bis 50 °C vorbereitet. In die
Wasserbäder wird jeweils ein Reagenzglas mit 2 ml Kartoffelsaft pipettiert
und einige Minuten abgewartet, bis
die Reagenzgläser die Umgebungstemperatur angenommen haben.
Anschließend pipettiert man in jedes

Reagenzglas 5 ml einer 3%igen Wasserstoffperoxidlösung und misst nach
jeweils einer Minute die Höhe der sich
bildenden Schaumkrone.

A1 Stellen Sie Ihre Messwerte in
einem Diagramm dar!

A2 Deuten Sie das Versuchsergebnis!

A3 Bewerten Sie die Messmethode!

VERSUCH B ▸ Enzymaktivität der Katalase im sauren- und im alkalischen Milieu

	Reagenzglas		
	1	2	3
Kartoffelsaft	2 ml	2 ml	2 ml
HCl-Lösung	2 ml	–	–
NaOH-Lösung	–	2 ml	–
H$_2$O	–	–	2 ml
H$_2$O$_2$-Lösung	5 ml	5 ml	5 ml

tes Wasser. Alle drei Reagenzgläser
werden kurz geschüttelt.
Danach pipettiert man in jedes Reagenzglas 5 ml einer 3 %igen Wasserstoffperoxidlösung.

Durchführung:
In drei Reagenzgläser pipettiert man
zunächst jeweils 2 ml Kartoffelsaft.
Danach pipettiert man in das erste

Reagenzglas 2 ml verdünnte Salzsäure
(GHS05 und 07), in das zweite Reagenzglas 2 ml Natronlauge (GHS05) und in
das dritte Reagenzglas 2 ml destillier-

B1 Erstellen Sie eine Materialliste, führen Sie den Versuch durch und fertigen Sie ein Versuchsprotokoll an!

B2 Planen Sie einen weiteren Versuch,
mit dem Sie überprüfen können,
bei welchem pH-Wert die Enzymaktivität ihr Optimum hat!

Material C ▸ Katalasewirkung und Substratkonzentration

Reagenz-glas	Wasserstoff-peroxidlösung	Destilliertes Wasser	Konzentration der Wasserstoff-peroxidlösung in Wasser	Höhe der Schaumkrone
1	6 ml	0 ml	3 %	2,3 cm
2	5 ml	1 ml	2,5 %	2,2 cm
3	4 ml	2 ml	2 %	1,8 cm
4	3 ml	3 ml	1 %	1,2 cm
5	2 ml	4 ml	0,5 %	0,6 cm
6	1 ml	5 ml	0,2 %	0,1 cm

In sechs Reagenzgläser werden jeweils 2 ml Kartoffelsaft und anschließend entsprechend der Tabelle 3%ige Wasser-stoffperoxidlösung und destilliertes Wasser gegeben. Die Höhe der entstehenden Schaumkronen wird gemessen.

C1 Erstellen Sie ein Diagramm, indem Sie auf der x-Achse die Konzentrationen der Wasserstoffperoxidlösung auftragen und auf der y-Achse die Höhe der jeweiligen Schaumkrone!

C2 Erklären Sie den Kurvenverlauf!

C3 Stellen Sie eine Hypothese auf, wie sich eine weitere Erhöhung der Substratkonzentration auf die Schaumhöhe auswirkt!

VERSUCH D ▸ Die Reaktion von Urease mit Harnstoff und mit N-Methylharnstoff

	Reagenzglas				
	1	2	3	4	5
Harnstofflösung (1%ig)	2 ml	2 ml	2 ml	–	–
N-Methylharnstoff-lösung	–	–	2 ml	–	–
Wasser	–	2 ml	–	–	–
Urease-Suspension	–	–	–	1 ml	1 ml
Phenolphthaleinlösung (GHS02, 07, 08)	–	–	–	3 Tr.	3 Tr.

Harnstoff

N-Methylharnstoff

Durchführung:
In die Reagenzgläser eins bis drei werden die in der Tabelle aufgeführten Reagenzien pipettiert.

In die Reagenzgläser vier und fünf pipettiert man jeweils 1 ml 1%ige Urease-Suspension und einige Tropfen Phenolphthaleinlösung (GHS02, 07). Anschließend gießt man gleichzeitig den Inhalt der Reagenzgläser vier und fünf in die Reagenzgläser zwei und drei.
Die Reaktionen lassen sich am besten vor einem weißen Hintergrund beobachten.

D1 Erstellen Sie eine Materialliste, führen Sie den Versuch durch und fertigen Sie ein Versuchsprotokoll an!

Material E ▸ Wirkung von Salzen auf Urease

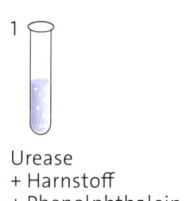

1
Urease
+ Harnstoff
+ Phenolphthalein

2
Urease
+ Harnstoff
+ Phenolphthalein
+ Kupfersulfat-lösung

3
Urease
+ Harnstoff
+ Phenolphthalein
+ Zinksulfat-lösung

4
Urease
+ Harnstoff
+ Phenolphthalein
+ Natriumchlorid-lösung

In einem Versuch wird der Einfluss von Kupfersulfat-, Zinksulfat- und Natrium-chlorid-Lösung auf die Reaktion von Urease mit Harnstoff untersucht. Hierzu werden vier Reagenzgläser entsprechend der Abbildung vorbereitet. Abschließend pipettiert man zwei Tropfen Phenolphthaleinlösung in die vier Reagenzgläser und schüttelt kurz.

E1 Beschreiben Sie die Versuchsbeobachtungen!

E2 Deuten Sie die unterschiedlichen Reaktionen!

01 Energie-
nachschub
beim Marathon

Energiebereitstellung in der Zelle

Bei einem Marathonlauf müssen die Muskeln über mehrere Stunden hohe Leistungen erbringen. Dafür ist eine ausreichende Energieversorgung notwendig. Viele Läufer essen während des Marathonlaufs Bananen oder kohlenhydratreiche Gele. Weshalb ist diese Energiezufuhr in Form von Kohlenhydraten für die Ausdauerleistung der Muskeln notwendig?

ENERGIEBEDARF · Die Bewegungen eines Marathonläufers werden mithilfe von Skelettmuskeln ermöglicht. Der Läufer leistet somit äußerlich erkennbare *mechanische Arbeit*. Alle Organe, Gewebe und Zellen des Körpers benötigen auch in Ruhe eine ausreichende Energieversorgung, zum Beispiel für die Funktion der Muskelzellen, der Drüsenzellen sowie der Zellen in Gehirn und im Nervensystem. Man spricht von *chemischer Arbeit*. Viele andere Prozesse in den Körperzellen erfordern ebenfalls die Bereitstellung von Energie, auch ohne äußerlich erkennbare Bewegung. Die Zellen zum Beispiel verrichten chemische Arbeit beim Auf- und Umbau von Stoffen und machen somit die beteiligten Substrate oder Enzyme reaktionsbereit. Moleküle werden zum Beispiel mithilfe von Carriern gegen ein bestehendes Konzentrationsgefälle durch die Membran transportiert. Die Carrier verrichten *Transportarbeit*.

Der durchschnittliche Energiebedarf eines Marathonläufers beträgt etwa 10 500 Kilojoule. Dieser Energiebedarf wird durch die Nahrung gedeckt. Die in der Nahrung enthaltenen Nährstoffe dienen als Energielieferanten. Da eine Banane einen Brennwert von etwa 400 Kilojoule hat, müsste ein Marathonläufer etwa 26 Bananen essen.

BEDEUTUNG VON ATP · Zellen können durch entsprechende Stoffwechselvorgänge die in den Molekülen der Nährstoffe chemisch gebundene Energie für die Verrichtung von Arbeit verfügbar machen. Als Produkt dieser Abbauprozesse wird letztlich Adenosintriphosphat, abgekürzt **ATP,** gebildet. Damit wird der Energiebedarf für verschiedene Formen der Arbeit gedeckt. ATP dient somit als universeller Energieträger der Zelle.

ATP ist ein Nukleotid aus der organischen Base Adenin, dem Zucker Ribose und drei Phosphatgruppen. Durch die drei Phosphatgruppen befinden sich negative Ladungen dicht gedrängt auf engem Raum. Da sich gleiche Ladungen abstoßen, wird die endständige Phosphatgruppe in einer Reaktion mit Wasser leicht abgespalten und es entstehen Adenosindiphosphat, abgekürzt *ADP,* und *anorganisches Phosphat.* Das durch diese *Hydrolyse* freigesetzte Phosphat kann enzymatisch auf ein anderes Molekül übertragen werden. Dieses Molekül wird phosphoryliert und ist dadurch bereit für Reaktionen, die es im nicht phosphoryliertem Zustand nicht eingehen würde.

Da in der Zelle ein neu gebildetes ATP-Molekül durchschnittlich innerhalb einer Minute verbraucht wird, muss ATP kontinuierlich gebildet werden, damit eine andauernde Leistungsfähigkeit gelingt.

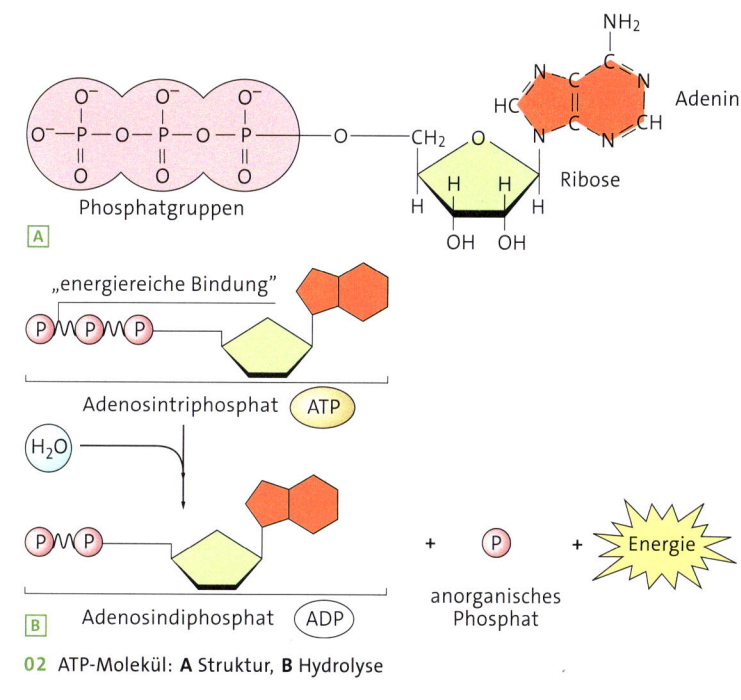

02 ATP-Molekül: **A** Struktur, **B** Hydrolyse

ENERGIESPEICHER DES KÖRPERS · Die aus der Nahrung resorbierte Glukose liegt in geringen Mengen gelöst im Blutplasma vor und kann zur Deckung des unmittelbaren Bedarfs von den Zellen weiterverarbeitet werden. Weitere Energiereserven in Form von Kohlenhydraten liegen als langkettige Verbindungen aus vielen Glukosemolekülen vor, das *Glykogen.* Diese Glykogenspeicher befinden sich vorwiegend in der Leber und in der Skelettmuskulatur. Sie sind allerdings begrenzt und reichen in Ruhe für etwa einen Tag. Der Marathonläufer ist unter Belastung damit maximal für 60 bis 90 Minuten versorgt.

Ein weiterer, großer Energiespeicher sind Proteine, vor allem Muskelproteine. Auch diese kann der Körper zur Energiegewinnung nutzen. Der größte Energiespeicher sind die Lipide in Zellen des Fettgewebes. Da die Prozesse des Fettabbaus mehr Zeit benötigen, werden Fette vor allem bei geringer, lang andauernder Belastung zur Energiebereitstellung für die Muskelarbeit genutzt. Dieser Speicher reicht dann für Wochen, in Ruhe sogar für Monate. Ein gut trainierter Marathonläufer baut allerdings auch unter Belastung schon anteilig Fettreserven ab. Dadurch bleibt sein Glykogenspeicher länger verfügbar. Durch Training kann der Marathonläufer seine Speicher also effektiver kombinieren und nutzen.

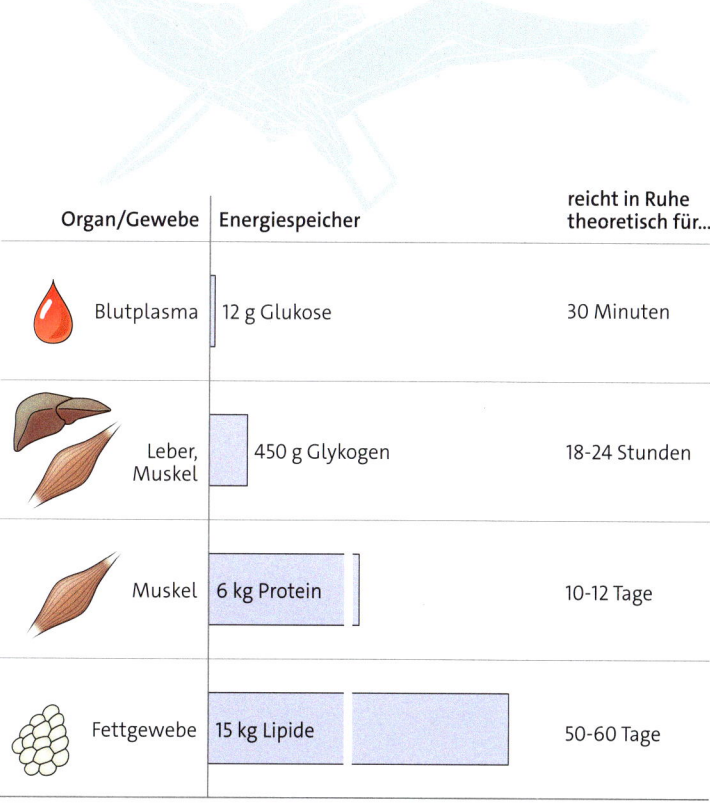

Organ/Gewebe	Energiespeicher	reicht in Ruhe theoretisch für...
Blutplasma	12 g Glukose	30 Minuten
Leber, Muskel	450 g Glykogen	18-24 Stunden
Muskel	6 kg Protein	10-12 Tage
Fettgewebe	15 kg Lipide	50-60 Tage

03 Energiespeicher des Körpers

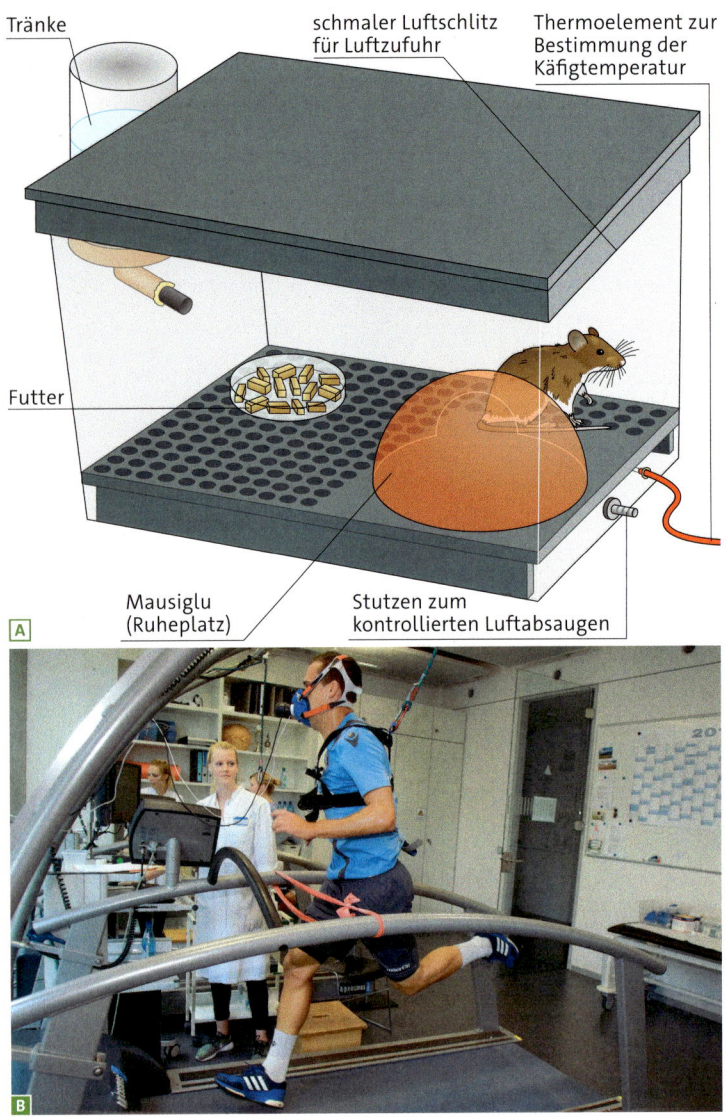

04 Ermittlung des respiratorischen Quotienten: **A** im Tierversuch,
B beim Menschen unter Belastung

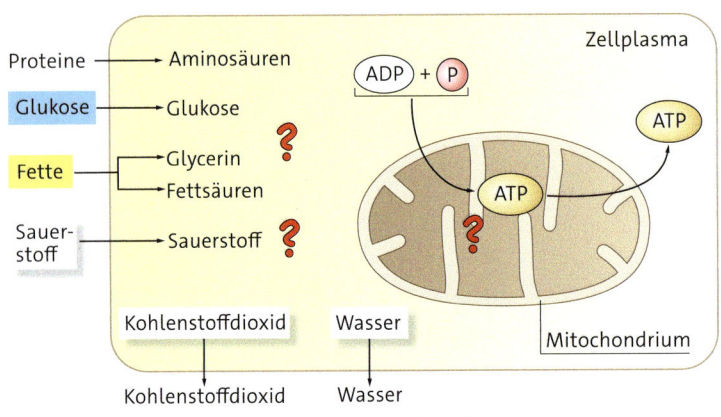

05 Gedankenmodell: Energiebereitstellung in der Zelle

NUTZUNG DER ENERGIESPEICHER · Wie findet man heraus, welcher Energiespeicher vom Körper genutzt wird? Aus den gemessenen Atemgasen kann das Verhältnis aus der Kohlenstoffdioxidmenge der ausgeatmeten und der Sauerstoffmenge der eingeatmeten Luft ermittelt werden, der **respiratorische Quotient,** abgekürzt **RQ**. Im Tierversuch hat man die Atemgase von Mäusen untersucht, die entweder kohlenhydratreich, fettreich oder proteinreich ernährt wurden. Die Ergebnisse zeigen, dass alle drei Nährstoffgruppen vom Körper zur Energiegewinnung verwertet werden können. Dazu ist in allen Ansätzen Sauerstoff erforderlich. Die benötigte Sauerstoffmenge ist abhängig von den verstoffwechselten Nährstoffmolekülen. Der Tierversuch belegt, dass eine Zelle zur Energiebereitstellung nicht nur Kohlenhydrate, sondern verschiedene Ausgangsstoffe nutzen kann. Weil unabhängig von der Substratart Sauerstoff benötigt wird, lässt sich vermuten, dass der Abbau zur Energiegewinnung zumindest anteilig in gleichen Teilreaktionen passiert, die aerob ablaufen.

Auch für den menschlichen Körper lässt sich mithilfe der Atemgase der respiratorische Quotient unter Belastungsbedingungen ermitteln. Im Laufbandtest trägt die Testperson eine über Mund und Nase dicht abschließende Maske mit integrierten Sensoren. Mithilfe der Sensoren lassen sich aus dem eingeatmeten beziehungsweise ausgeatmeten Luftvolumen pro Atemzug die Differenz der beiden Gase im Vergleich zur bekannten Konzentration in der Außenluft messen. Werden ausschließlich Kohlenhydrate abgebaut, beträgt der RQ-Wert genau 1,0. Zum Fettabbau ist mehr Sauerstoff nötig, der RQ-Wert liegt bei 0,7. Der RQ-Wert für Proteine beträgt 0,8. Auf diese Weise lassen sich bei der Muskelarbeit aus dem RQ-Wert ebenso Annahmen über die Art des genutzten Energieträgers treffen. Für den Marathonläufer sind diese Werte wichtig, weil er so herausfindet, ab welcher Belastungsintensität seine Fettverbrennung einsetzt. Mit diesen Methoden konnte eine erste Vorstellung über die Prozesse der Energiebereitstellung in der Zelle gewonnen werden.

1] Beschreiben Sie, wie die Energieversorgung der Muskelzellen gewährleistet wird!

Material A ▸ Bedeutung von ATP

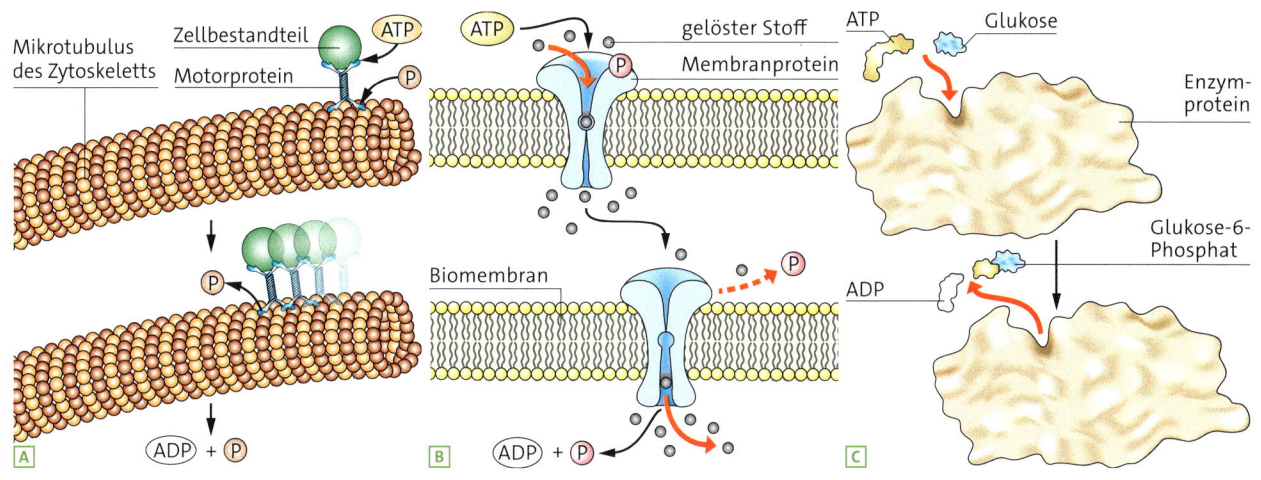

A1 Erläutern Sie die biologische Bedeutung von Motorproteinen und beschreiben Sie anhand der Abbildung A die Bedeutung von ATP für zelluläre Bewegungsabläufe!

A2 Erläutern Sie die Reaktion zwischen ATP und dem Membranprotein mithilfe der Abbildung B! Nennen Sie die geleistete Arbeit und beschreiben Sie deren Bedeutung für die Zelle!

A3 Beschreiben Sie die enzymkatalysierte Reaktion mithilfe der Abbildung C und erläutern Sie das Prinzip der energetischen Kopplung mit ATP als Coenzym einer enzymatischen Reaktion!

Material B ▸ Hungerstoffwechsel

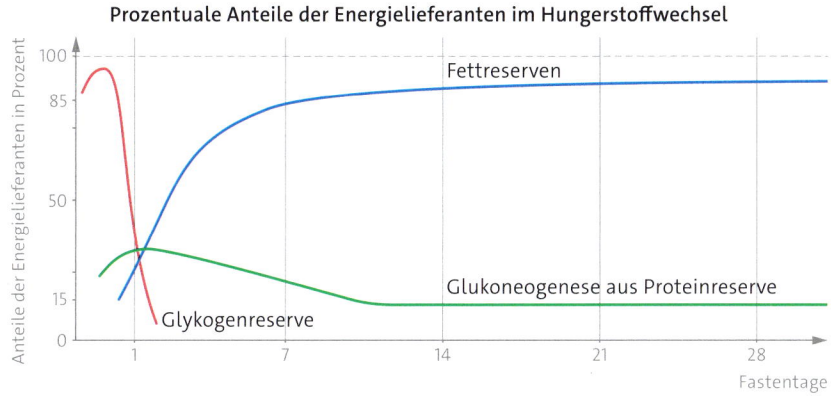

Ein Stoffwechselweg ist zum Beispiel der Umbau körpereigener Proteine, etwa Muskelproteine in Kohlenhydrate, die *Glukoneogenese*. Die Kohlenhydrate können dann zur Energiegewinnung in der Zellatmung genutzt werden.

B1 Beschreiben Sie die typischen Stoffwechselprozesse der drei Phasen des Hungerstoffwechsels als Anpassungen an die fehlende Nahrungsaufnahme!

B2 Beschreiben Sie anhand der Abbildung die zeitliche Abfolge der Nutzung der körpereigenen Energiespeicher!

B3 Leiten Sie die zu erwartenden RQ-Werte für die einzelnen Phasen ab! Begründen Sie, weshalb der Körper in der Anfangsphase des Hungerns stärker auf Proteine zurückgreift als auf Fette und dies erst in einer späteren Phase umgestellt wird!

Bei vollständigem Nahrungsmangel stellt sich der Stoffwechsel um. Man spricht dann von *Hungerstoffwechsel*. Der Hungerstoffwechsel ermöglicht für eine bestimmte Zeit den Erhalt der Energiebilanz und somit ein Überleben aus körpereigenen Energiespeichern. Der Mensch kann etwa 17 bis 75 Tage ohne Nahrung überleben. Das Gehirn steuert mithilfe von Botenstoffen die Umstellung der Stoffwechselprozesse.

Diese Umstellung lässt sich in verschiedene Phasen gliedern, in denen verschiedene Reserven zum Erhalt der Lebensfunktionen genutzt werden. Man unterscheidet unmittelbare Effekte bis zu vier Stunden nach der letzten Mahlzeit, gefolgt von einer frühen Phase bis zum vierten Tag und einer späten Hungerphase nach vier Wochen. Nur die vorhandenen Reserven sind zur Energiegewinnung nutzbar.

Kohlenhydrate

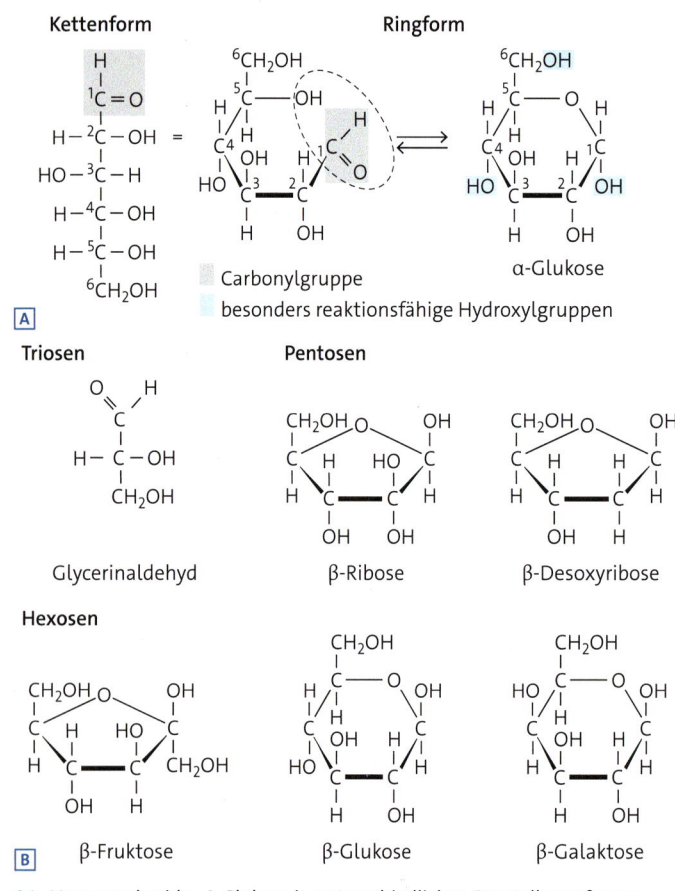

Kettenform **Ringform**

Carbonylgruppe

besonders reaktionsfähige Hydroxylgruppen

A

Triosen **Pentosen**

Glycerinaldehyd β-Ribose β-Desoxyribose

Hexosen

B β-Fruktose β-Glukose β-Galaktose

01 Monosaccharide: **A** Glukose in unterschiedlichen Darstellungsformen, **B** Beispiele

α-Glukose α-Glukose Maltose (α-1,4-glykosidische Bindung)

A

Saccharose (α-1,2-Bindung) Laktose (β-1,4-Bindung)

B α-Glukose Fruktose β-Glukose β-Galaktose

02 Disaccharide: **A** Kondensationsreaktion, **B** Beispiele

Kohlenhydrate sind für alle Lebewesen als Bau- und Gerüstsubstanzen, als Reservestoffe und als Grundlage des Energiestoffwechsels sehr bedeutsam. Sie sind Verbindungen aus Kohlenstoff, Wasserstoff und Sauerstoff und lassen sich anhand ihrer Molekülstruktur in verschiedene Gruppen einteilen.

BAU DER KOHLENHYDRATE · Die einfachsten Kohlenhydrate sind die Einfachzucker oder **Monosaccharide.** Viele von ihnen, beispielsweise solche in Honig oder Obst, schmecken süß, weshalb man sie auch „Zucker" nennt. Ihre Moleküle bestehen aus drei bis sieben Kohlenstoffatomen sowie einer Carbonylgruppe, –C=O, und einer Hydroxylgruppe, –OH. Aufgrund der Polarität der Hydroxylgruppe sind Monosaccharide wasserlöslich. Nach der Anzahl der Kohlenstoffatome unterscheidet man zum Beispiel *Triosen, Pentosen* oder *Hexosen.*

Zu den Hexosen gehört die **Glukose,** auch Traubenzucker genannt. Sie hat die Summenformel $C_6H_{12}O_6$. Die Moleküle liegen entweder als Kettenform oder Ringform vor, wobei das Kohlenstoffgerüst jeweils als durchnummerierte Kette dargestellt wird, die fünf Hydroxylgruppen und eine Carbonylgruppe trägt. Der Ringschluss erfolgt, indem die Carbonylgruppe mit einer Hydroxylgruppe eines anderen Kohlenstoffatoms der Kette reagiert. Im Falle von Glukose reagieren die Gruppen des ersten und des fünften Kohlenstoffatoms miteinander. Bei der räumlichen Ringdarstellung kennzeichnet die dickere Linie die Ansicht von vorne. Je nachdem, ob die Hydroxylgruppe unterhalb oder oberhalb der gedachten Ringebene liegt, unterscheidet man zwischen α- und β-Glukose.

Wenn sich zwei Monosaccharide verbinden, entstehen Zweifachzucker oder **Disaccharide.** Bei dieser Kondensationsreaktion wird ein Wassermolekül abgespalten und es entsteht eine Bindung über ein Sauerstoffatom, eine *glykosidische Bindung.* **Maltose** zum Beispiel entsteht aus zwei α-Glukosemolekülen, deren Hydroxylgruppen an den ersten und vierten Kohlenstoffatomen α-1,4-glykosidisch verknüpft sind.

Mehrere Monosaccharide können zu sehr langkettigen, großen Molekülen verknüpft sein. Diese Verbindungen heißen Vielfachzucker oder **Polysaccharide.**

Die meisten Polysaccharide dienen der Zelle als Baustoffe. Der wichtigste pflanzliche Baustoff ist die **Zellulose.** Sie ist Hauptbestandteil der Zellwände. Zellulosemoleküle bestehen aus β-Glukosemolekülen, die über 1,4-Bindungen zu langen, unverzweigten Ketten verbunden sind. Sie bilden lange Fasern, die zur Zellwandstabilität beitragen. Viele Säugetiere besitzen keine Enzyme zur Spaltung der Zellulosemoleküle, sodass dieser Bestandteil der pflanzlichen Nahrung unverdaut bleibt und somit ein Ballaststoff ist. Andere Polysaccharide dienen als Reservestoffe, da sich aus ihnen leicht wieder Monosaccharide gewinnen lassen. Der wichtigste pflanzliche Reservestoff ist **Stärke.** Sie besteht aus α-Glukosemolekülen, die 1,4-glykosidisch zu schraubig gewundenen Ketten verbunden sind. Unverzweigte, schraubig gewundene Glukoseketten aus mehreren Hundert Glukosemolekülen nennt man Amylose. Stärkemoleküle mit größerer Kettenlänge und mit zusätzlichen Seitenverzweigungen, die durch 1,6-Bindungen entstehen, heißen *Amylopektin.* Der Reservestoff in Tierzellen, zum Beispiel in Muskel- und Leberzellen, und in Pilzzellen heißt **Glykogen.** Glykogen ist ähnlich gebaut wie Stärke, jedoch stärker verzeigt als Amylopektin.

ZELLERKENNUNG · Die Lipide und Proteine einer Biomembran sind mit Kohlenhydratketten verbunden, die man daher als *Glykolipide* beziehungsweise *Glykoproteine* bezeichnet. Die Kohlenhydratketten ragen wie kleine Äste aus der Membran ins Zelläußere. Ihre Zusammensetzung ist für jedes Lebewesen spezifisch, sodass jede Zelle ihren individuellen „Zellausweis" besitzt. Dies ist bedeutsam für die Kommunikation zwischen Zellen mittels Hormonen und anderen Botenstoffe oder auch für die Erkennung durch Zellen des Immunsystems, die dadurch körpereigene von körperfremden Zellen unterscheiden können.

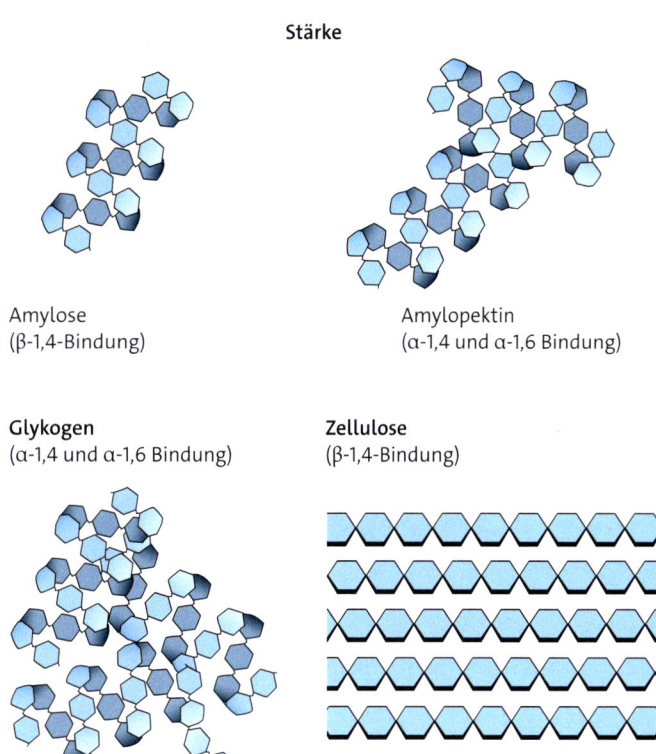

Stärke

Amylose
(β-1,4-Bindung)

Amylopektin
(α-1,4 und α-1,6 Bindung)

Glykogen
(α-1,4 und α-1,6 Bindung)

Zellulose
(β-1,4-Bindung)

03 Polysaccharide

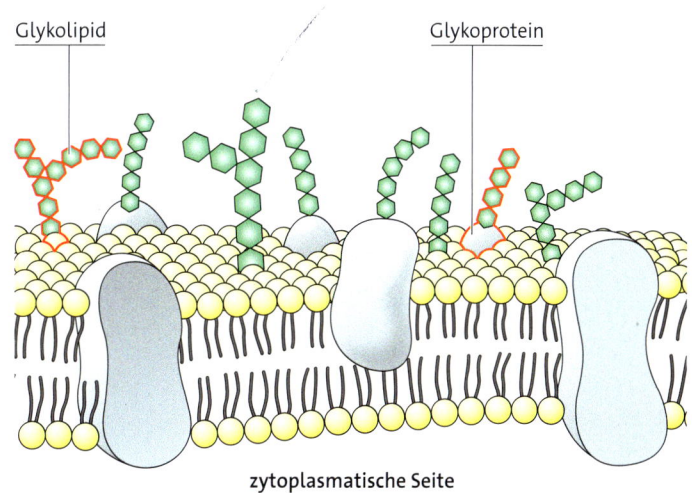

extrazelluläre Seite

Glykolipid

Glykoprotein

zytoplasmatische Seite

04 Schema einer Biomembran

1) Vergleichen Sie die drei Gruppen der Kohlenhydrate in tabellarischer Form!

01 Laborarbeit im Jahr 1930

Glykolyse

Mit relativ einfachen Laborgeräten hat man nach und nach herausgefunden, wie Kohlenhydrate in der Zelle zur Energiebereitstellung genutzt werden. Wie ist das möglich?

ERKENNTNISMETHODEN · Um den Kohlenhydratabbau zu untersuchen, hat man im Mörser zerkleinerte Muskelfasern mit Glukose versetzt. Messungen zeigten, dass dieser Muskelbrei genauso viel Sauerstoff verbraucht, wie er Kohlenstoffdioxid herstellt. Die Bilanz lässt sich in einer Reaktionsgleichung darstellen:
$C_6H_{12}O_6 + 6\,O_2 \rightarrow 6\,CO_2 + 6\,H_2O$.

Daraus lässt sich allerdings nicht schließen, welche Einzelreaktionen in einer Zelle ablaufen. Die Einzelreaktionen wurden in der ersten Hälfte des 20. Jahrhunderts aufgeklärt und in eine sinnvolle Reihenfolge gebracht. Dazu hat man lebende Zellen eines Gewebes mit bestimmten Stoffen versorgt und gemessen, ob die Zellen diese Stoffe aufnehmen und verbrauchen sowie eventuell andere Stoffe wieder abgeben. Bei dieser *Blackbox-Methode* kennt man *Input* und *Output* und versucht daraus zu erschließen, was in der Zelle chemisch geschieht.

Nachdem man einem Muskelbrei Glukose hinzugab, konnte man schon nach kurzer Zeit erhöhte Konzentrationen von Glukose-6-phosphat und Fruktose-6-phosphat nachweisen. Daher hat man dann diese beiden Stoffe in weiteren Versuchen zu einem Muskelbrei gegeben. Dabei zeigte sich, dass sie den Sauerstoffverbrauch genauso steigerten wie die Glukose. Eine mögliche Hypothese ist, dass in Zellen Glukose zu Glukose-6-phosphat und dieses zu Fruktose-6-phosphat umgewandelt wird. Später entdeckte man Enzyme, die solche Umwandlungen katalysieren. Damit wurde die Hypothese bestätigt.

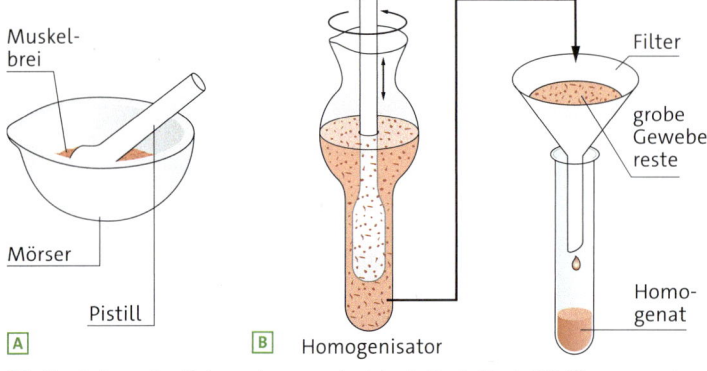

02 Herstellung des Untersuchungsmaterials: **A** Muskelbrei, **B** Zellhomogenat

Alle drei Versuchsansätze starten mit einem Sauerstoffgehalt von 10 Prozent und werden jeweils identisch behandelt.

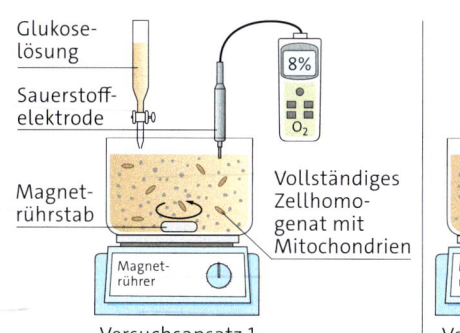

Glukoselösung
Sauerstoffelektrode
8%
O₂
Magnetrührstab
Vollständiges Zellhomogenat mit Mitochondrien
Magnetrührer
Versuchsansatz 1

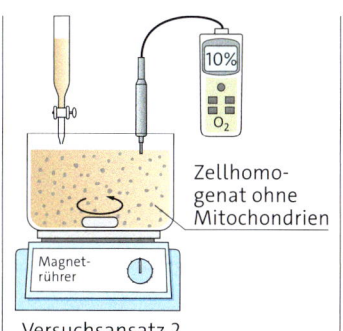

10%
O₂
Zellhomogenat ohne Mitochondrien
Magnetrührer
Versuchsansatz 2

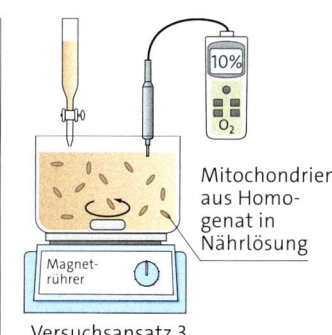

10%
O₂
Mitochondrien aus Homogenat in Nährlösung
Magnetrührer
Versuchsansatz 3

03 Versuchsergebnisse zur Glukoseverwertung in Zellplasma und Mitochondrien

In weiteren Versuchen verwendete man statt eines Muskelbreis Zellhomogenate. Weil ein Zellhomogenat sämtliche Zellbestandteile enthält, hoffte man, dass in ihm die chemischen Reaktionen genauso ablaufen wie in der lebenden Zelle.

Auch bei aus einem Zellhomogenat isolierten Mitochondrien lassen sich chemische Reaktionen beobachten, die wahrscheinlich in intakten Zellen ebenfalls in den Mitochondrien stattfinden. Wenn man zum Beispiel ein vollständiges Zellhomogenat mit Glukose versetzt, wird wie bei intakten Zellen Sauerstoff verbraucht und Kohlenstoffdioxid gebildet. Entfernt man die Mitochondrien durch Zentrifugieren vom Rest des Zellhomogenats, verbraucht dieses Zellhomogenat ohne Mitochondrien bei Glukosezugabe keinen Sauerstoff. Auch die in eine Nährlösung gegebenen Mitochondrien verbrauchen alleine keinen Sauerstoff. Zum Verarbeiten von Glukose und Sauerstoff müssen demnach in lebenden Zellen Zellplasma und Mitochondrien zusammenarbeiten.

Da der Kohlenhydratabbau in den Zellen Energie für weitere Stoffwechselprozesse liefert, indem ATP hergestellt wird, hat man in Zellhomogenaten die ATP-Bildung gemessen. Die Messungen zeigten, dass nur dann größere Mengen ATP gebildet werden, wenn Sauerstoff verbraucht wird. Daraus lässt sich schlussfolgern, dass beim Abbau von Glukose chemische Reaktionen im Zellplasma und in den Mitochondrien zur Bildung von ATP zusammenwirken müssen.

ERGEBNISSE · Bei der Suche nach weiteren Stoffen, die man nach der Zugabe von Glukose in einem Homogenat findet, stößt man unter

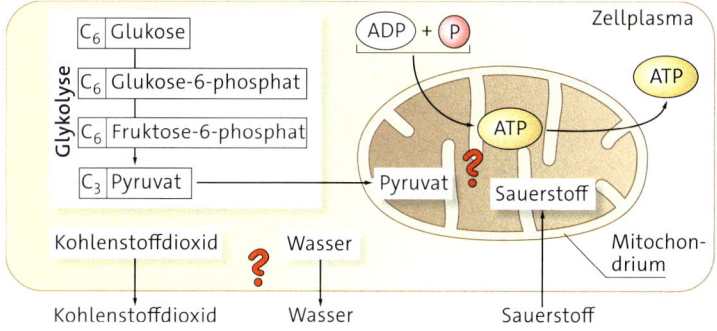

C₆ Glukose
Glykolyse
C₆ Glukose-6-phosphat
C₆ Fruktose-6-phosphat
C₃ Pyruvat
Kohlenstoffdioxid · Wasser
Kohlenstoffdioxid · Wasser
ADP + P
Zellplasma
ATP
ATP
Pyruvat · Sauerstoff
Mitochondrium
Sauerstoff

04 Gedankenmodell zur Zellatmung

anderem auf den Stoff **Pyruvat.** Wenn man statt Glukose Pyruvat zu einer Lösung mit Mitochondrien gibt, wird Sauerstoff verbraucht und ATP gebildet. Nimmt man radioaktiv markiertes Pyruvat, kann man es in den Mitochondrien eines Zellhomogenats nachweisen. Daher nimmt man an, dass die Verwertung der Glukose in einer Zelle in zwei Teilprozessen erfolgt. Zunächst entsteht im Zellplasma nach mehreren Reaktionsschritten aus Glukose Pyruvat. Anschließend wird Pyruvat in den Mitochondrien umgesetzt, wobei Sauerstoff verbraucht wird und ATP entsteht.

Da Pyruvatmoleküle drei Kohlenstoffatome haben, Glukosemoleküle aber sechs, müssen zur Bildung von Pyruvat Glukosemoleküle „zerlegt" werden. Diesen schrittweisen Abbau von Glukose zu Pyruvat bezeichnet man als **Glykolyse.** Diese ersten Ergebnisse lassen sich in einem Gedankenmodell zusammenfassen.

1 Fassen Sie die Erkenntnisse zur Zellatmung als Ergebnisse der Blackbox-Methode zusammen! Berücksichtigen Sie dabei die Untersuchungen von Muskelbrei und Zellhomogenaten!

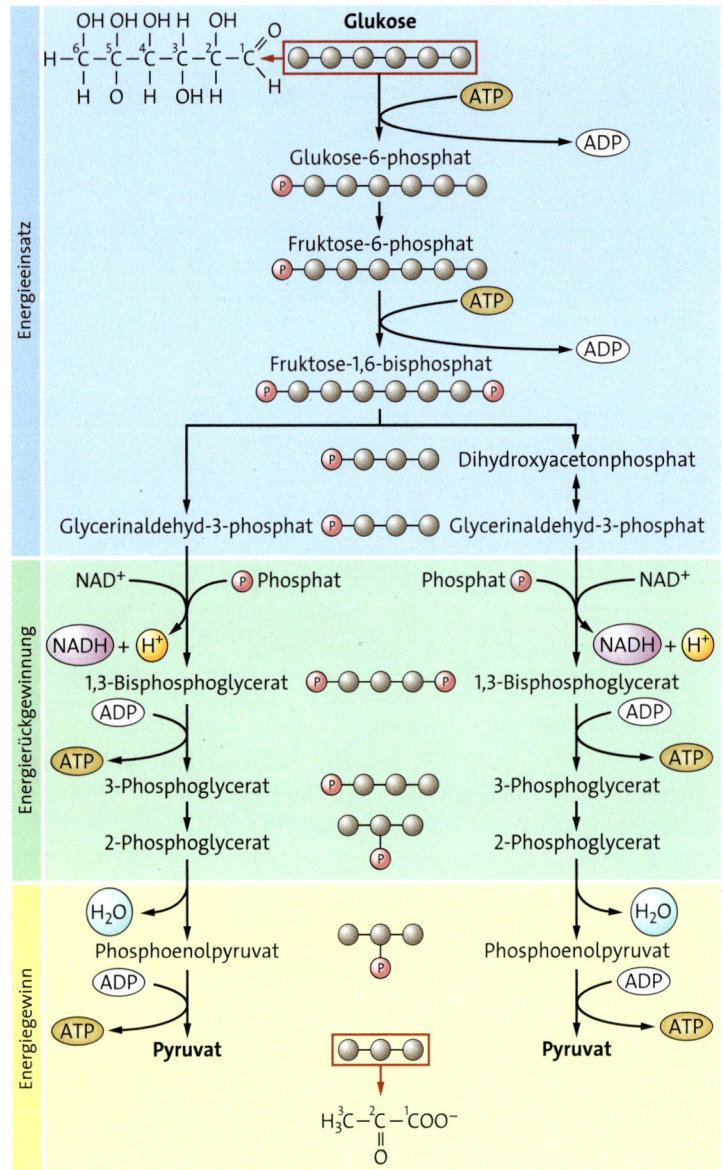

05 Phasen der Glykolyse unter energetischem Aspekt (⬤ Kohlenstoffatom)

Glycerinaldehyd
-3-phosphat
+ Phosphat　　　NAD⁺　　　1,3 Bisphosphoglycerat　　　NADH + H⁺

06 Reduktion von NAD⁺ bei der Reaktion mit Glycerinaldehyd-3-phosphat

ENERGIEBILANZ DER GLYKOLYSE · Es hat etwa drei Jahrzehnte gedauert, bis die Einzelschritte der Glykolyse aufgeklärt waren. Dabei hat man festgestellt, dass die chemische Umwandlung der Glukose in vielen Zellen einem bestimmten Ablauf folgt. Dieser lässt sich unter energetischem Aspekt in drei Phasen gliedern, die die Energiebilanz der Glykolyse beschreiben.

In der ersten Phase wird zunächst ATP verbraucht und damit Energie zur Herstellung von *Fruktose-1,6-bisphosphat* bereitgestellt. Aus seinen Molekülen werden letztlich jeweils zwei Moleküle *Glycerinaldehyd-3-phosphat* gebildet. Dieses wird in der zweiten Phase in *3-Phosphoglycerat* umgewandelt. Dabei wird wieder ATP gebildet und somit die eingesetzte Energie zurückgewonnen. Die dritte Phase liefert Energie für die Zelle, weil beim schrittweisen Abbau zu *Pyruvat* ATP gebildet wird, das dann zur Energieübertragung bei anderen chemischen Reaktionen zur Verfügung steht. Die Glykolyse liefert demnach pro Molekül Glukose 2 Moleküle ATP. Die stoffliche Umwandlung erfolgt so, dass aus einem Glukosemolekül, $C_6H_{12}O_6$, zwei Pyruvatmoleküle, $C_3H_3O_3^-$, und zwei Protonen, H^+, entstehen sowie vier Wasserstoffatome mit zwei NAD^+ zu zwei $NADH + H^+$ reagieren.

REGULATION DER GLYKOLYSE · Bei der Erforschung der Glykolyse fiel schon früh auf, dass zu ihrem Ablauf NAD^+ und ADP benötigt werden. Wenn das in der Reaktion mit *Glycerinaldehyd-3-phosphat* gebildete NADH nicht wieder oxidiert wird, kommt die Glykolyse in der zweiten Phase und damit allgemein zum Stillstand. Wenn in einem Präparat wenig ADP vorhanden ist, weil aus ihm ATP hergestellt wurde, stoppt der Glukoseabbau in der Glykolyse in der dritten Phase. Darüber hinaus hemmt eine hohe ATP-Konzentration das Enzym für den Reaktionsschritt zum *Fruktose-1,6-bisphosphat* und das Enzym für den Reaktionsschritt vom *Phosphoenolpyruvat* zum *Pyruvat*. Daher verlangsamt sich in einer Zelle der Ablauf der Glykolyse, wenn kein weiteres ATP benötigt wird.

2 Erläutern Sie mithilfe der Summenformeln von Glukose und Pyruvat die Bilanz der Glykolyse!

Material A ▸ Versuche mit Mitochondriensuspensionen

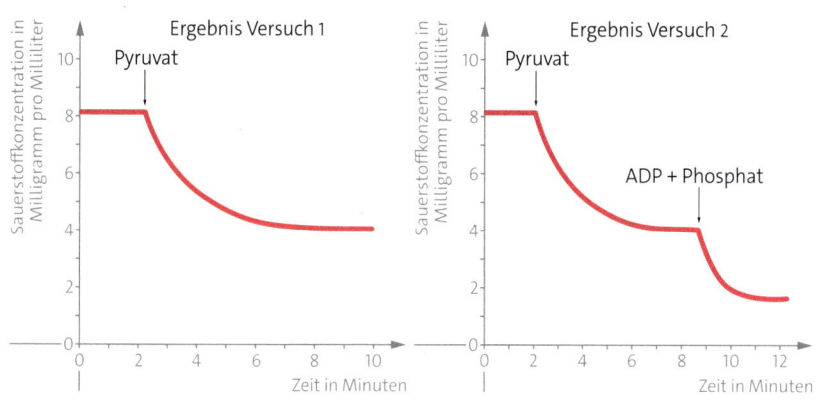

Bei zwei Versuchen hat man zu einer Flüssigkeit mit fein verteilten intakten Mitochondrien, einer *Mitochondriensuspension*, jeweils zu einem bestimmten Zeitpunkt Pyruvat hinzugegeben. Im zweiten Versuch wurden zu einem späteren Zeitpunkt zusätzlich noch ADP und Phosphat hinzugefügt.

A1 Beschreiben und vergleichen Sie die Versuchsergebnisse!

A2 Deuten Sie die Ergebnisse aus dem ersten Versuch!

A3 Stellen Sie eine Hypothese dazu auf, weshalb im zweiten Versuch der Sauerstoffgehalt in der Mitochondriensuspension weiter abnimmt! Begründen Sie mithilfe dieser Hypothese das Ergebnis des ersten Versuchs!

A4 Deuten Sie die Ergebnisse als Möglichkeit, die Glucoseverwertung in einer Zelle zu regulieren!

Material B ▸ Glykolyse bei Hefezellen

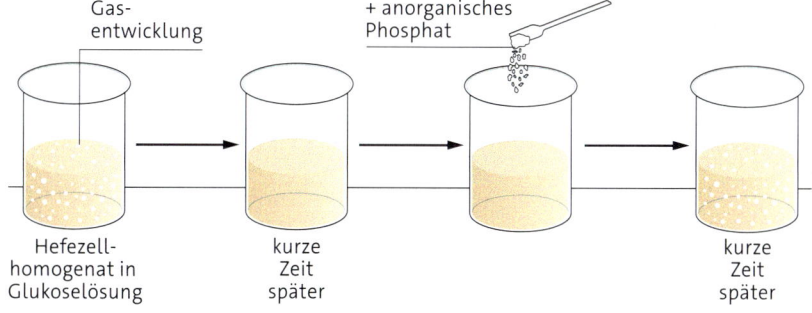

Zur Aufklärung der Glykolyse hat man neben Muskelzellen auch Hefezellen benutzt. Im Hefezellhomogenat findet die Glykolyse ohne Zellatmung statt.

Dennoch wird Kohlenstoffdioxid gebildet, der entweicht. Dieser Vorgang heißt *Gärung*. Er ist mit der Glykolyse verknüpft.

B1 Beschreiben Sie die Durchführung und das Ergebnis des Versuchs!

B2 Begründen Sie das Versuchsergebnis mithilfe der Abbildung 05 auf Seite 38!

Material C ▸ Bedeutung von Enzymen und Coenzymen bei der Glykolyse

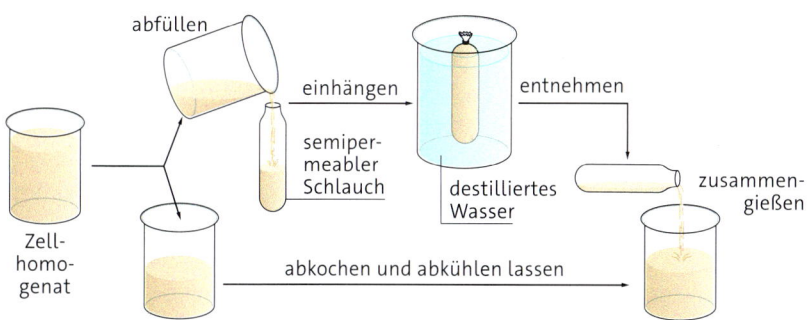

In einem Versuch wurde ein Teil eines glucosehaltigen Zellhomogenats gekocht, sodass alle Enzyme funktionsunfähig waren und damit keine Glykolyse möglich war. Ein anderer Teil wurde in einen Schlauch aus einer semipermeablen Membran gegeben, sodass die kleinen Moleküle, unter anderem ADP, Phosphat, ATP und NAD^+, aus dem Homogenat in die Umgebung diffundierten. Auch in einem solchen Homogenat kann keine Glykolyse stattfinden.
Wenn man nun dieses Homogenat mit dem abgekochten und abgekühlten Homogenat mischt, findet bei Zugabe von Glucose Glykolyse statt.

C1 Deuten Sie das Versuchsergebnis!

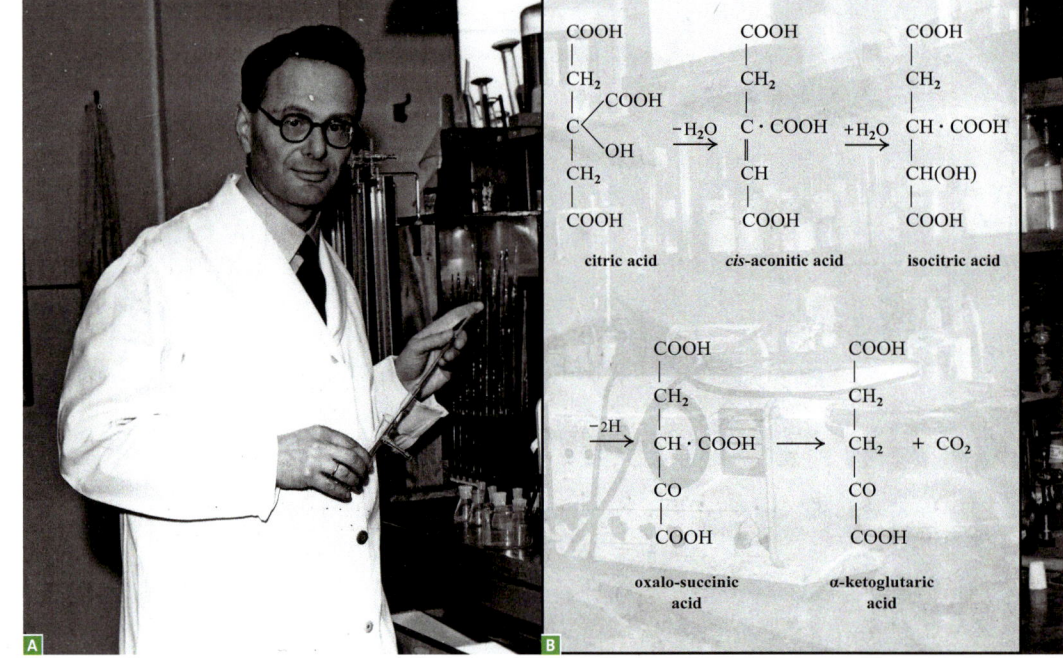

01 Erforschung des Zitratzyklus:

A Hans Adolf KREBS im Labor;

B Auszug aus einer Arbeit von Carl MARTIUS und Franz KNOOP zum Kohlenhydratabbau

Zitratzyklus und Atmungskette

Nachdem die Reaktionen des Abbaus der Glukose bis zum Pyruvat bekannt waren, erforschte man die Sauerstoff verbrauchenden Prozesse des Glukoseabbaus. Der deutsche Mediziner und Biochemiker Hans Adolf KREBS entwickelte dabei eine Hypothese, welche die Ergebnisse der durchgeführten Experimente schlüssig erklärt. Wie gelang ihm dies?

Hans Adolf KREBS 1900–1981, 1953 Nobelpreis für die Hypothese des Zitratzyklus

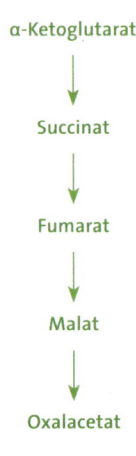

α-Ketoglutarat

↓

Succinat

↓

Fumarat

↓

Malat

↓

Oxalacetat

02 Erste Reaktionskette beim Glukoseabbau

REAKTIONSKETTEN · In den ersten 40 Jahren des 20. Jahrhunderts war noch nicht bekannt, dass Pyruvat in der Mitochondrienmatrix umgesetzt wird. Trotzdem gelang es den Forschern, mithilfe der *Blackbox-Methode* die Reaktionen zu erschließen, die im Mitochondrium stattfinden: Immer, wenn man den untersuchten Präparaten Stoffe hinzugab, bei denen sich der Sauerstoffverbrauch des Präparats erhöhte, konnte man vermuten, dass diese Stoffe am Glukose- oder Pyruvatabbau beteiligt sind. Wenn man Stoffe hinzugab, die einzelne der vermuteten Reaktionen hemmten, häufte sich das zugehörige Edukt im Präparat an, der Sauerstoffverbrauch kam zum Erliegen. So vermutete man, dass in der Zelle Succinat mithilfe eines bestimmten Enzyms zu Fumarat umgesetzt

wird. Das Enzym wird durch Malonat kompetitiv gehemmt. Gab man Malonat zum Präparat, reicherte sich Succinat an, es entstand kein Fumarat. Insgesamt wurden drei Reaktionsketten in den Präparaten bestätigt: α-Ketoglutarat → Succinat → Fumarat → Malat → Oxalacetat ist die erste Reaktionskette. Bei einer zweiten Reaktionskette konnte gezeigt werden, dass das in der Glykolyse entstandene Pyruvat unter Abgabe von Kohlenstoffdioxid an der Reaktion von Oxalacetat zu Zitrat beteiligt ist, die erste Kette also verlängert und mit der Glykolyse verknüpft werden kann.

REAKTIONSKREISLAUF · Bis zum Frühjahr 1937 hatten sich alle Forscher lediglich Reaktionsketten zum Kohlenhydratabbau in der Zelle vorgestellt. Wenn man annimmt, dass Reaktionsketten ablaufen, lässt sich folgendes Versuchsergebnis nicht erklären: Nach der Zugabe von Fumarat zu einem Präparat wird deutlich mehr Sauerstoff verbraucht, als zu seiner chemischen Oxidation nötig ist. Fumarat wird darüber hinaus nur teilweise umgesetzt. Also fördert Fumarat weitere Reaktionen mit Sauerstoff. Welche Reaktionen das sind und wie diese

Förderung zustande kommt, konnte nicht bestimmt werden. Die von den deutschen Chemikern Carl MARTIUS und Franz KNOOP entdeckte dritte Reaktionskette brachte KREBS auf eine neue Idee. Weil Zitrat im Präparat über die Zwischenstufen cis-Aconitat, Isozitrat und Oxalsuccinat zu α-Ketoglutarat umgesetzt wird, beschreiben die drei erforschten Einzelketten einen möglichen Reaktionskreislauf: Oxalacetat reagiert unter Beteiligung von Pyruvat zu Zitrat. Aus diesem wird über Zwischenstufen wieder Oxalacetat. Wenn man einen Reaktionskreislauf annimmt, dann lässt sich das Versuchsergebnis erklären: Wenn man Fumarat zu einem Präparat gibt, erhöhen sich nach und nach alle Stoffkonzentrationen im Kreislauf, wobei die zunächst erhöhte Konzentration des Fumarats leicht sinkt. Wegen der nun erhöhten Konzentration von Oxalacetat kann mehr Pyruvat umgesetzt werden. Somit wird im Präparat mehr Sauerstoff verbraucht.

KREBS nannte den von ihm vorgeschlagenen Reaktionskreislauf **Zitratzyklus.** Heute weiß man, dass seine Reaktionen in der Mitochondrienmatrix stattfinden. Der Zitratzyklus ist ein Gedankenmodell. Einzelne Moleküle werden nicht, wie das Schema suggeriert, von einer Reaktion zur nächsten weitergereicht. Sie bilden eine Reaktionsfolge, weil sie irgendwo in der Mitochondrienmatrix einen Reaktionspartner finden.

ABBAU DER GLUKOSEMOLEKÜLE · Während der Glykolyse entstehen im Zellplasma aus einem Molekül Glukose mit sechs Kohlenstoffatomen zwei Moleküle Pyruvat mit drei Kohlenstoffatomen. In der Mitochondrienmatrix reagiert Pyruvat zunächst mit einem Coenzym, dem Coenzym-A, sodass Kohlenstoffdioxid mit einem Kohlenstoffatom und ein an das Coenzym gebundener Essigsäurerest mit zwei Kohlenstoffatomen, das Acetyl-CoA, entstehen. Bei dieser Reaktion wird NAD^+ reduziert und Pyruvat oxidiert. Diesen Vorgang nennt man daher **oxidative Decarboxylierung** des Pyruvats. Wie anschließend Kohlenstoffdioxid entsteht, hat man durch Vergleichen der Summen- und Strukturformeln von Edukten und Produkten erkannt. Zum Beispiel wird aus Oxalsuccinat

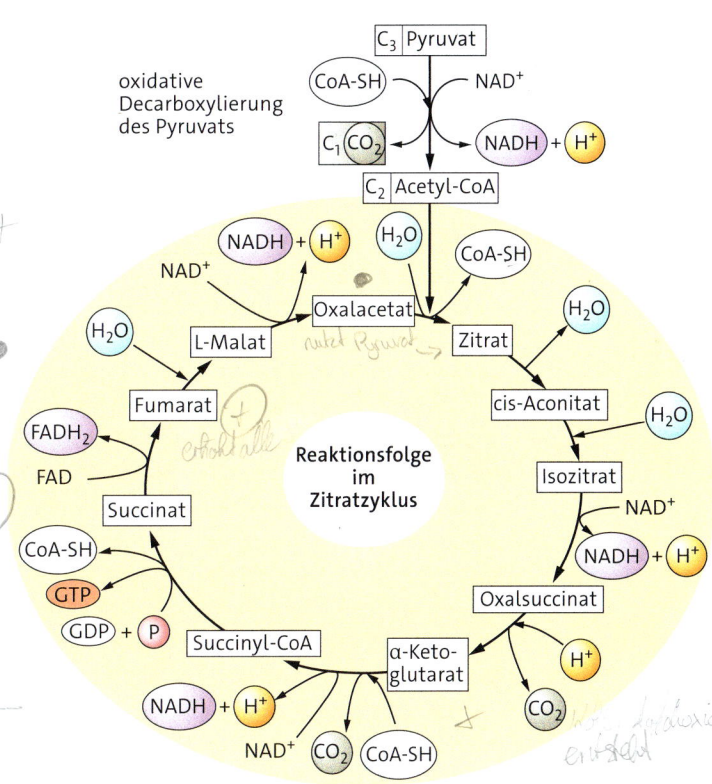

03 Schema zum Gedankenmodell *Zitratzyklus* innerhalb der Mitochondrienmatrix

mit der Summenformel $C_6H_3O_7{}^{3-}$ im untersuchten Muskelzellbrei α-Ketoglutarat mit der Summenformel $C_5H_4O_5{}^{2-}$ und, wie Abzählen der Atome bestätigt, wird Kohlenstoffdioxid, CO_2, gebildet. Aus einem Pyruvatmolekül werden insgesamt drei Moleküle CO_2 gebildet. Zudem entstehen bei einigen Reaktionen $NADH + H^+$. Wasserstoffatome aus Pyruvat- und Wassermolekülen werden hier verwertet, zwei weitere bei der Bildung von Flavin-Adenin-Dinukleotid, $FADH_2$. Außerdem wird Guanosintriphosphat, GTP, gebildet, das anschließend zur Herstellung von ATP genutzt wird.

Der Blick auf die Summenformel der Zellatmung, $C_6H_{12}O_6 + 6\,O_2 \rightarrow 6\,CO_2 + 6\,H_2O$, zeigt, dass bisher erklärt wurde, wie das Kohlenstoffdioxid gebildet, aber nicht, wie der Sauerstoff verarbeitet wird und Wasser entsteht. Dies geschieht in Folgereaktionen, bei denen die bei der Glykolyse und dem Zitratzyklus gebildeten Stoffe $NADH + H^+$ und $FADH_2$ genutzt werden.

1 Erläutern Sie Forschungsschritte und Ergebnisse zum Modell des Zitratzyklus!

Carl MARTIUS
1906–1993

Georg Franz KNOOP
1875–1946

Oxalsuccinat
$C_6H_3O_7{}^{3-}$
↓
α-Ketoglutarat
$C_5H_4O_5{}^{2-}$
+
Kohlenstoffdioxid
CO_2

04 Reaktion mit Kohlenstoffdioxidbildung in Zellen

ATP-LIEFERANT MITOCHONDRIUM · Bei der Glykolyse im Zellplasma entstehen pro Molekül Glukose zwei Moleküle ATP, beim Abbau von Pyruvat im Zitratzyklus zwei Moleküle GTP. Gemessen am Energiegehalt der Glukose ist das sehr wenig. So zeigten weitere Untersuchungen, dass insgesamt etwa 32 Moleküle ATP gebildet werden. Die zugehörigen Reaktionen laufen im Mitochondrium ab, sind aber anders als der Zitratzyklus im Wesentlichen an die innere Mitochondrienmembran gebunden. Diese ist an vielen Stellen in das Innere des Mitochondriums eingestülpt und hat so im Vergleich zur äußeren Membran eine sehr große Oberfläche. Die eingestülpten Bereiche nennt man *Cristae*. Die innere Membran ist nur für Stoffe durchlässig, die durch Carrier transportiert werden. Das ist für die ATP-Synthese entscheidend: Protonen, H^+-Ionen, werden durch die drei Proteinkomplexe I, III und IV aus der Matrix in den Intermembranraum gepumpt. So entsteht zwischen dem Intermembranraum und der Matrix des Mitochondriums ein Konzentrationsgefälle für Protonen, ein **Protonengradient.** Durch spezielle Enzyme in der Membran, die **ATP-Synthasen,** gelangen die Protonen wieder in die Matrix zurück. Dabei wird die Energie des Konzentrationsgefälles für die Bildung von ATP aus ADP und Phosphat genutzt.

Die Hypothese, dass ein Konzentrationsgefälle die Energie für die ATP-Bildung liefert, veröffentlichte der britische Biochemiker Peter D. MITCHELL im Jahr 1961. Sie war zu diesem Zeitpunkt revolutionär, denn bisher kannte man Reaktionen mit ADP als Coenzym, bei denen ATP gebildet wird, wie zum Beispiel bei zwei Schritten der Glykolyse. MITCHELLs Hypothese kann mit folgendem Experiment geprüft werden. Aus einem Zellhomogenat werden Mito-

chondrien isoliert. Sie werden in eine Pufferlösung mit einem pH-Wert von 8, also geringer Protonenkonzentration, gegeben. Nach einiger Zeit stellt sich in der Mitochondrienmatrix ebenfalls der pH-Wert 8 ein. Es wird kein ATP gebildet. Gibt man nun die isolierten Mitochondrien in eine Pufferlösung mit niedrigem pH-Wert, also einer hohen Protonenkonzentration, produzieren die Mitochondrien aus ADP und Phosphat ATP.

Das Ergebnis des Experiments lässt sich mit MITCHELLs Hypothese erklären. Im ersten Schritt des Experiments befördern die Protonenpumpen Protonen aus der Matrix, was den pH-Wert in der Matrix erhöht. Die Pufferlösung behält ihren pH-Wert. Weil kein Konzentrationsgefälle zwischen außen und innen besteht, kann kein ATP gebildet werden. Im zweiten Schritt lassen die ATP-Synthasen Protonen dem Konzentrationsgefälle folgend wieder durch die Membran in die Matrix wandern. Dies treibt die ATP-Bildung an. Damit ist die Hypothese bestätigt.

REDOXREAKTIONEN · Die Protonenpumpen transportieren Protonen gegen ein Konzentrationsgefälle. Die hierzu notwendige Energie wird in einer Reaktionskette, der **Atmungskette,** freigesetzt. Diese läuft in der Mitochondrienmembran ab. Die in der Glykolyse und im Zitratzyklus gebildeten Produkte NADH + H^+ und $FADH_2$ werden an zwei verschiedenen Anfängen der Atmungskette oxidiert. Sie geben jeweils zwei Elektronen und zwei Protonen ab. Die Elektronen werden durch die Proteinkomplexe I bis IV unter Beteiligung der Elektronenakzeptoren Ubichinon und Cytochrom c weitergereicht. Bei diesen Reaktionen werden also von einem Reaktionspartner Elektronen auf den nächsten übergeben. Weil man Elektronenabgabe als Oxidation und Elektronenaufnahme als Reduktion auffasst, laufen hier mehrere *Redoxreaktionen* nacheinander ab. Die Protonen verbleiben zunächst in der Matrix. Sie können durch die Proteinkomplexe I, III und IV in den Intermembranraum gepumpt werden. Bei der letzten Redoxreaktion in der Atmungskette werden die Elektronen auf das Sauerstoffmolekül übertragen, von dem nun ein Atom mit zwei Protonen zu einem Wassermolekül reagieren kann.

GTP reagiert mit ADP zu ATP und GDP.

Peter Dennis MITCHELL 1920–1992 1978 Nobelpreis für Chemie für die Hypothese zur chemiosmotischen Kopplung

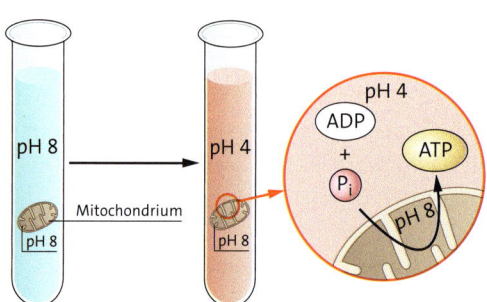

05 Versuch zur Bestätigung von MITCHELLs Hypothese

Weil die Redoxreaktionen die Energie für den Protonentransport und damit für die ATP-Bildung liefern, spricht man von **oxidativer Phosphorylierung** des ADP zu ATP.

BILANZ DER ZELLATMUNG · Die Bilanz der Stoffumwandlungen während der Glykolyse und des Zitratzyklus ergibt, dass pro Molekül Glukose 24 Elektronen aus NADH und FADH$_2$ sowie 12 mal 2 Wasserstoffatome mit 12 Sauerstoffatomen zu 12 Molekülen Wasser reagieren. Die bisher benutzte Summenformel zur Zellatmung muss daher abgeändert werden: $C_6H_{12}O_6 + 6\,O_2 + 6\,H_2O \rightarrow 6\,CO_2 + 12\,H_2O$. Diese Summenformel berücksichtigt nicht die Einzelreaktionen sowie die ATP-Bildung. Sie bleibt daher ein Modell, das die Bilanz der Zellatmung wiedergibt.

2 ⌡ Erläutern Sie ausgehend von Abbildung 06 C die Mechanismen der ATP-Bildung im Mitochondrium!

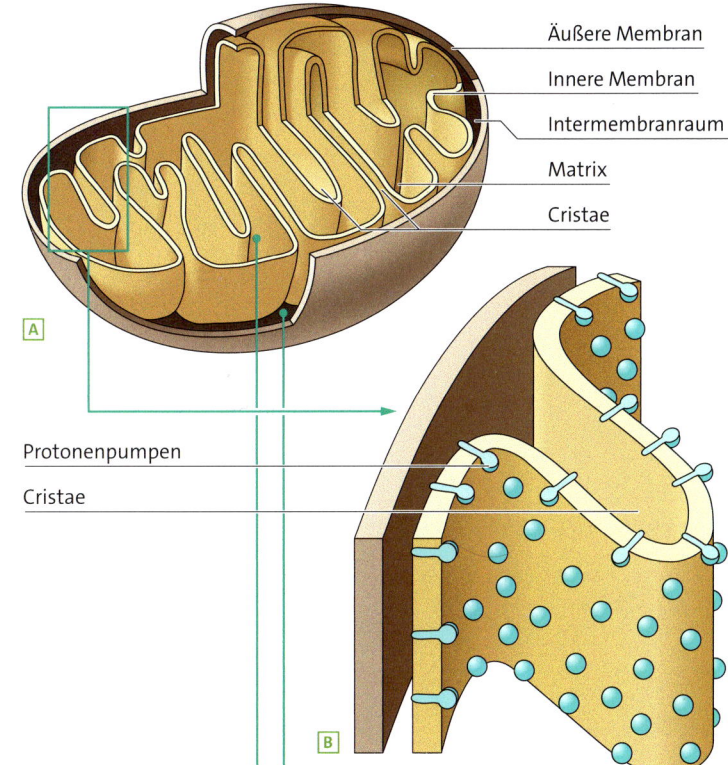

Äußere Membran
Innere Membran
Intermembranraum
Matrix
Cristae

A

Protonenpumpen
Cristae

B

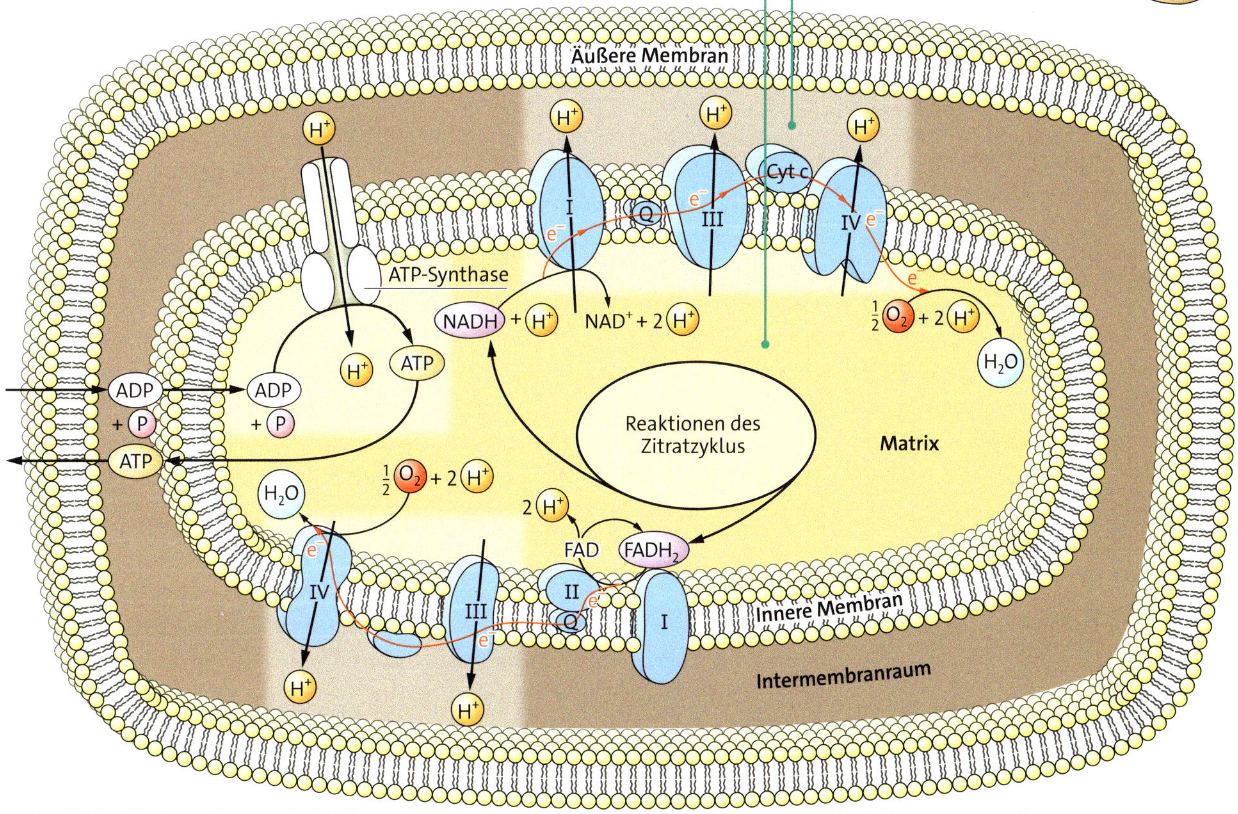

Äußere Membran

ATP-Synthase

NADH + H$^+$ NAD$^+$ + 2 H$^+$

Cyt c

$\frac{1}{2}$ O$_2$ + 2 H$^+$

H$_2$O

ADP + P   ATP

H$_2$O

$\frac{1}{2}$ O$_2$ + 2 H$^+$

2 H$^+$

Reaktionen des Zitratzyklus

Matrix

FAD   FADH$_2$

Innere Membran

Intermembranraum

C I - IV: Proteinkomplexe; Q = Ubichinon, Cyt c = Cytochrom c: Redoxsysteme der inneren Mitochondrienmembran

06 Mitochondrium (Schema): **A** Bau, **B** Lage der Protonenpumpen, **C** ATP-Bildung

Material A ▶ Kompetitive Hemmung der Succinatdehydrogenase

Anfangskonzentration des Succi-nats (in Einheiten)	5	10	50	100	150	200	250
Konzentration des reduzierten Methylenblaus (in Einheiten) ohne Anwesenheit von Malonat	14	24	47	58	62	63	63
Konzentration des reduzierten Methylenblaus (in Einheiten) bei Anwesenheit von Malonat	0	0	8	43	55	58	61

$$
\begin{array}{ccc}
\text{COO}^- & & ^-\text{OOC} \quad H \\
| & \text{Succinat-} & \diagdown \diagup \\
\text{CH}_2 & \xrightarrow{\text{dehydrogenase}} & C \\
| & & \| \quad + \text{ H}_2 \\
\text{CH}_2 & & C \\
| & & \diagup \diagdown \\
\text{COO}^- & & H \quad \text{COO}^-
\end{array}
$$

Succinat   Fumarat

$$
\begin{array}{cc}
\text{COO}^- & \text{Succinat-} \\
| & \xrightarrow{\text{dehydrogenase}} \quad \text{keine Reaktion} \\
\text{CH}_2 & \\
| & \\
\text{COO}^- &
\end{array}
$$

Malonat

In einem Vorversuch wurde geklärt, dass man die Reaktion von Succinat zu Fumarat verfolgen kann, wenn man dem Versuchsgefäß eine definierte Menge Methylenblau hinzugibt. Dieses reagiert mit dem gebildeten Wasserstoff, wird also reduziert, und entfärbt sich immer mehr, je länger die Reaktion läuft. Im eigentlichen Versuch wurde der Abbau von Succinat mithilfe des Enzyms Succinatdehydrogenase untersucht. Es wurden zwei Versuchs-reihen mit unterschiedlichen Konzen-trationen von Succinat hergestellt. Zu jedem Ansatz wurden dieselbe Menge Enzym und Methylenblau gegeben. In die eine Versuchsreihe wurde in jedes Gefäß jeweils dieselbe Menge Malonat gegeben. In die Gefäße der anderen Versuchsreihe wurde kein Malonat ge-geben.

A1 Stellen Sie die Versuchsergebnisse grafisch dar und vergleichen Sie diese!

A2 Begründen Sie, dass Malonat die Reaktion kompetitiv hemmt!

A3 Erläutern Sie, wie man die Hem-mung des Enzyms durch Malonat zur Klärung eines Stoffwechsel-schrittes nutzen kann! Nehmen Sie Seite 40 zu Hilfe!

Material B ▶ Sauerstoffverbrauch von Mitochondrien

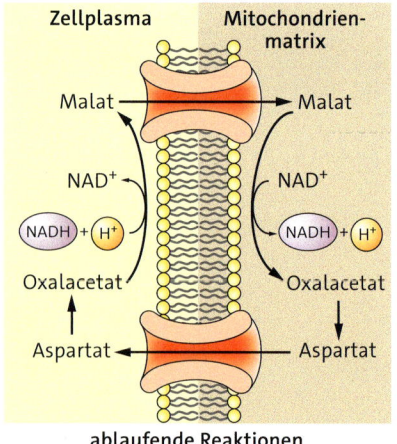

ablaufende Reaktionen

Sauerstoff-elektrode

Mitochondrien-suspension

Magnet-rührer

Versuchsaufbau

Im Zellplasma und in der Mitochon-drienmatrix gibt es miteinander ver-knüpfte Reaktionen. Diese bewirken, dass im Plasma vorhandenes NADH zu NAD^+ oxidiert wird und in der Matrix vorhandenes NAD^+ zu NADH reduziert wird. Im Zellplasma entsteht dabei Malat aus Aspartat, in der Matrix Aspartat aus Malat. Diese beiden Stoffe werden wechselseitig mithilfe von verschiedenen Carriern durch die innere Mitochondrienmembran ge-schleust und damit ausgetauscht. Auch für Succinat und Malonat gibt es eine Transportmöglichkeit aus dem Plasma in die Mitochondrienmatrix.

In einem Versuch wurden zu einer Mito-chondriensuspension im Reaktions-gefäß folgende Stoffe hinzugegeben:
- Ansatz 1: NADH,
- Ansatz 2: Succinat,
- Ansatz 3: Malonat,
- Ansatz 4: NADH + Succinat,
- Ansatz 5: NADH + Malonat,
- Ansatz 6: Succinat + Malonat,
- Ansatz 7: Succinat + Malonat + NADH.

Für jeden Ansatz wurde der Sauerstoff-gehalt über eine bestimmte Zeit ge-messen.

B1 Erläutern Sie, wie man mithilfe von radioaktiv markiertem Malat den beschriebenen Kreislauf zwischen Zellplasma und Mitochondrien-matrix nachweisen kann!

B2 Begründen Sie für jeden der sieben Ansätze, ob Sauerstoff verbraucht wird oder nicht! Gehen Sie dabei auf einzelne Schritte des Zitrat-zyklus und der Atmungskette ein!

B3 Begründen Sie mithilfe der zu er-wartenden Ergebnisse für die Zugabe von NADH, dass die Glykolyse und die Atmungskette im Stoffwechsel miteinander gekoppelt sind!

Material C ▸ ATP-Synthase in künstlichen Lipidvesikeln

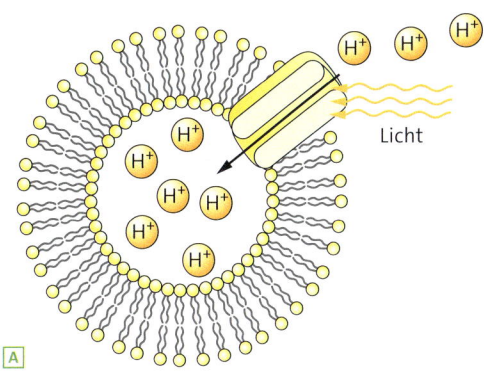

A

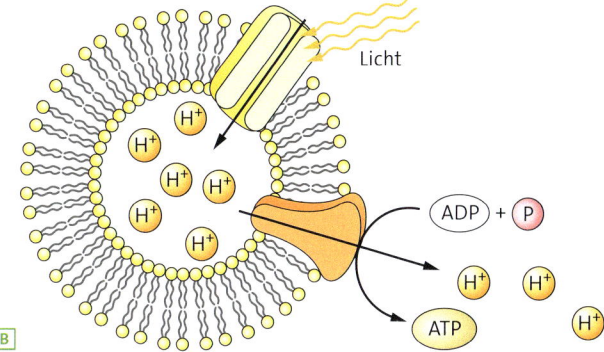

B

In einem Experiment ist es gelungen, künstliche Lipidvesikel, Liposomen, herzustellen. Dazu hat man das Phospholipid Lecithin in Wasser gegeben und kräftig umgerührt. Auf diese Weise entstehen Liposomen, die eine Membran aus einer Lipiddoppelschicht haben.

Darüber hinaus hat man aus Bakterienzellen Proteine isoliert, die in der Bakterienmembran als Protonenpumpen arbeiten. Die Energie für den Protonentransport durch die Membran erhalten diese Pumpen durch das Licht. Ihre Moleküloberfläche ist so beschaffen, dass sie sich bei Zugabe zu einer Liposomensuspension selbstständig in die Lipidschicht integrieren. Wenn man solche Liposomen beleuchtet, reichern sie im Innern Protonen an.

In einem zweiten Schritt ist es gelungen, in die Liposomenmembran zusätzlich zu den Protonenpumpen ATP-Synthase-Moleküle zu integrieren.

Wenn solche Liposomen belichtet werden, stellen sie aus ADP und Phosphat ATP her.

C1 Erläutern Sie, weshalb sich Phospholipide selbstständig zu Liposomen formen können!

C2 Begründen Sie, unter welchen Bedingungen der beschriebene Versuch MITCHELLs Hypothese der ATP-Synthese bestätigt!

Material D ▸ Wärmebildung mithilfe chemischer Reaktionen

Der Dsungarische Zwerghamster lebt in den zentralasiatischen Steppen und ist etwa 85 Millimeter groß. Seine Körpermasse schwankt von 19 bis 45 Gramm, im Winter ist sie am geringsten. In seinem Lebensraum sinken die Temperaturen im Winter bis unter minus 40 Grad Celsius. Auch dann suchen die Tiere an der Erdoberfläche nach Nahrung. Derart kleine Tiere verlieren bei dieser Kälte viel Körperwärme. Einige Besonderheiten sichern ihr Überleben. Der Energiebedarf sinkt bei geringerer Körpermasse, da weniger Körpermasse beheizt wird. Gleichzeitig ist die Fellisolation gut, auch die Fußsohlen sind behaart. Die Tiere fallen täglich in eine Tagesschlaflethargie, bei der sie den Energieumsatz stark absenken. In Aktivitätsphasen haben die Hamster eine hohe Körpertemperatur. Im Winter steigern sie die Zahl der Mitochondrien in den Zellen des braunen Fettgewebes. Diese enthalten in der inneren Membran Proteine, die Protonen vom Intermembranraum an den ATPasen vorbei in die Matrix lassen. Es entsteht Wärme durch den Ablauf chemischer Reaktionen. Beim Abbau von Fettsäuren in diesen Zellen werden Acetyl-CoA, NADH + H$^+$ und FADH$_2$ gebildet.

D1 Erläutern Sie die Merkmale des Zwerghamsters unter energetischen Aspekten!

D2 Erläutern Sie die Wärmebildung im braunen Fettgewebe! Nehmen Sie die Abbildungen 03 auf Seite 41 und 06 auf Seite 43 zu Hilfe!

Überblick: Zitratzyklus im Zellstoffwechsel

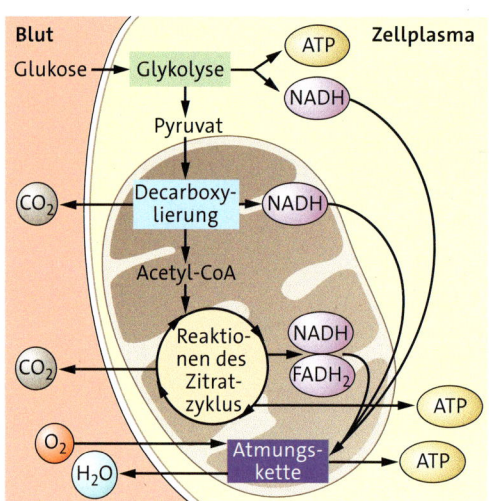

01 Orte der Zellatmung

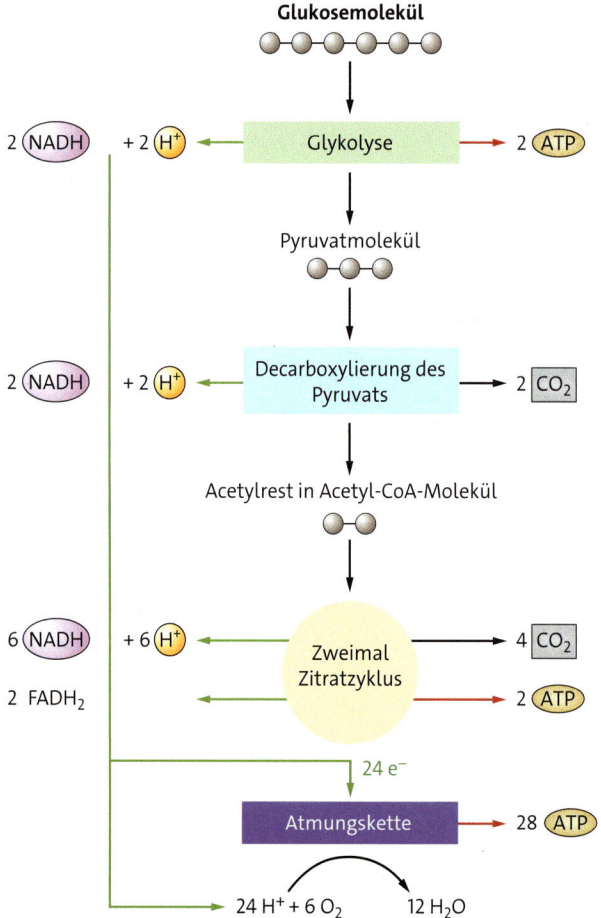

02 Schritte und Ergebnis der Zellatmung (◯ Kohlenstoffatom)

ZELLATMUNG IM ÜBERBLICK · Eine Zelle nimmt Glukose und Sauerstoff beispielsweise aus dem Blut auf und verarbeitet sie in der Zellatmung. Im Zytoplasma wird im Rahmen der *Glykolyse* zunächst *Glukose* zu *Pyruvat* abgebaut. Dieses gelangt in die Mitochondrien und wird dort zu *Acetyl-CoA* decarboxyliert. Dabei wird *Kohlenstoffdioxid* freigesetzt. Acetyl-CoA wird in der Mitochondrienmatrix im *Zitratzyklus* umgesetzt. Letztlich reagieren dabei alle Kohlenstoffatome der Glukose zu *Kohlenstoffdioxid*. Einige *Wasserstoffatome* der Glukose werden während der Glykolyse, die meisten während des Zitratzyklus zur Herstellung von *NADH + H$^+$* und *FADH$_2$* genutzt. Zu Beginn der *Atmungskette* werden diese beiden Stoffe oxidiert. Sie geben H$^+$-Ionen in die Matrix ab, die schließlich mit *Sauerstoff* zu *Wasser* reagieren. Der Sauerstoff ist also der endgültige Wasserstoffakzeptor bei der Zellatmung. Kohlenstoffdioxid und Wasser werden vom Blut aufgenommen.

Der vollständige Abbau der Glukose liefert der Zelle den Energieträger *ATP*. Pro Molekül Glukose werden in der Glykolyse und im Zitratzyklus jeweils 2 ATP gebildet. Weitere 28 ATP entstehen nach Ablauf der Atmungskette. Für ihre Teilreaktionen liefern NADH und FADH$_2$ die Elektronen. Mithilfe der frei werdenden Reaktionsenergie wird ein Protonengradient aufgebaut. Nach aktuellem Forschungsstand wird dieser Gradient für die ATP-Synthese, aber auch für den Transport von ADP und ATP durch die Mitochondrienmembran genutzt. Ein bedarfsgerechter Glukoseabbau wird unter anderem dadurch erreicht, dass hohe ATP-Konzentrationen einzelne Reaktionen des Kohlenhydratabbaus hemmen und damit die gesamte Zellatmung drosseln.

Die Energieausbeute einer Zelle durch die Zellatmung kann man nur schätzen, weil Messungen unter den in der Zelle gegebenen Bedingungen zu schwierig sind. Die Verbrennung von einem Mol Glukose im Labor liefert einen Energiewert von etwa 2880 Kilojoule, die Hydrolyse von ATP 32,3 Kilojoule je Mol. Pro Mol Glukose erbringen dann 32 Mol ATP 1033,6 Kilojoule. Der Rest wird als Wärme frei.

UMSCHLAGPLATZ MITOCHONDRIENMATRIX · Beim Menschen und bei den meisten Tieren liefert die Zellatmung die Hauptmenge an ATP. Zellen können aber nicht nur Glukose und andere Kohlenhydrate zur ATP-Produktion nutzen, sondern auch Fette und Proteine. Einerseits werden diese Stoffe aus der Nahrung zugeführt, andererseits sind sie im Körper vorhanden, wie zum Beispiel Glykogen oder gespeicherte Fette. Der Abbau dieser Stoffe heißt **Dissimilation.**

In Gegenwart von Sauerstoff wird jeder dieser Stoffe zunächst zu Acetyl-CoA abgebaut. Acetyl-CoA wird dann in den Reaktionen des Zitratzyklus weiterverarbeitet. Daher ist die Mitochondrienmatrix eine zentrale Stelle für diese Abbauwege. In ihr wird auch das benötigte ATP gebildet und an alle weiteren Orte in der Zelle exportiert.

Einige Stoffe des Zitratzyklus sind für weitere Stoffwechselreaktionen wichtig. Oxalacetat kann beispielsweise zur Produktion von Nukleotiden verwendet werden. Dabei verringert sich seine Konzentration in der Mitochondrienmatrix. Die Reaktionen des Zitratzyklus laufen dann langsamer ab. Oxalacetat kann aber aus Pyruvat nachgeliefert werden. Dieses entsteht aus aufgenommener Glukose durch Glykolyse. Der Stoffvorrat in der Mitochondrienmatrix wird wieder aufgefüllt. Die in der Matrix vorhandenen Stoffe verknüpfen die Reaktionen des Zitratzyklus mit wichtigen Stoffwechselwegen für den Aufbau und Abbau von Zellbausteinen. Man kann die Mitochondrienmatrix daher als „Stoffumschlagplatz" ansehen.

Wenn mehr Kohlenhydrate in die Zelle aufgenommen werden als zur Energiebereitstellung nötig sind, steigt die Konzentration des durch Glykolyse gebildeten Acetyl-CoA. Es kann dann mit Oxalacetat zu Zitrat reagieren, das aus der Mitochondrienmatrix ins Zellplasma transportiert wird. Hier wird es zur Synthese von Fettsäuren genutzt. Wenn Fette im Überschuss vorliegen, wird Reservefett gebildet. Da Oxalacetat aus Pyruvat nachgebildet werden kann, bleibt der Stoffvorrat für den Zitratzyklus konstant. Weil unsere Nahrung meistens genügend Fette für den Betriebs- und Baustoffwechsel enthält, führt übermäßiger Zuckergenuss zwangsläufig zur Einlagerung von Reservefett.

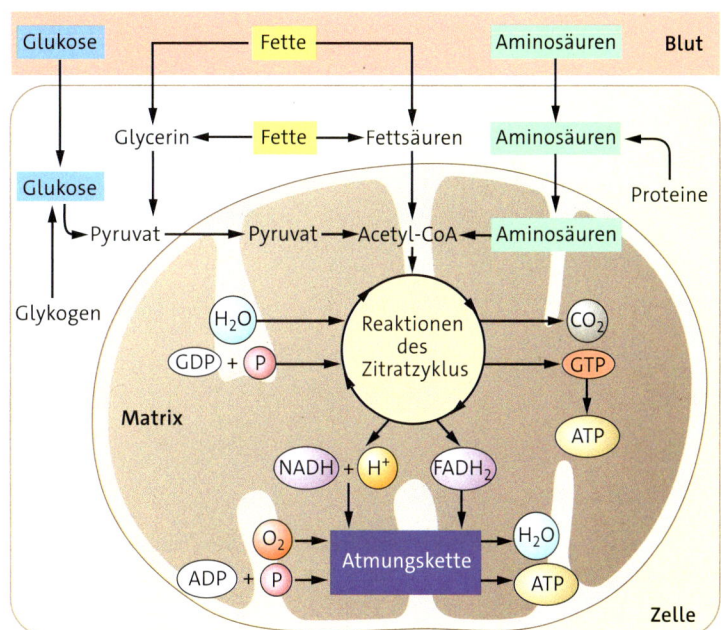

03 Rolle des Zitratzyklus bei der Dissimilation

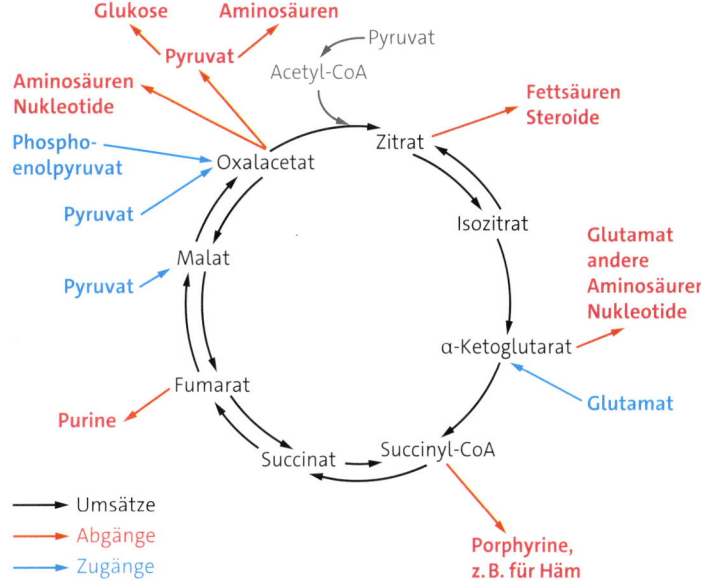

04 Umsätze, Abgänge und Zugänge beim Stoffvorrat für den Zitratzyklus

1 Erläutern Sie die wesentlichen Schritte der Zellatmung!

2 Erläutern Sie die Bedeutung des Zitratzyklus für die Dissimilation!

3 Beschreiben Sie die Bedeutung der Reaktionen in der Mitochondrienmatrix für den Zellstoffwechsel!

01 Karausche über-
lebt im zugefrorenen
See in Finnland

Gärung

*In einem zugefrorenen Gewässer nimmt die
Sauerstoffkonzentration im Winter schnell ab.
Obwohl die Karausche, die zu den karpfenartigen Fischen gehört, unter der Eisdecke leblos
aussieht, übersteht sie den Winter monatelang
in dem sauerstoffarmen Wasser. Wie ist das zu
erklären?*

Laktat
= Säurerest der Milch-
säure

ANAEROBE STOFFWECHSELWEGE · Nicht nur
im Winter, sondern auch bei sommerlicher
Hitze kann der Sauerstoffgehalt im Gewässer
deutlich sinken. Es lässt sich dann zunächst
beobachten, dass die Fische ihre Aktivität reduzieren. Dadurch verringern sie ihren Energiebedarf. Außerdem erhöht sich die Atemfrequenz.
Die Fische schnappen manchmal sogar an der
Wasseroberfläche nach Luft. Der Sauerstoff aus
der aufgenommenen Luft kann so kurzzeitig die
Sauerstoffkonzentration an den Kiemen verbessern. Bei niedrigen Temperaturen jedoch
können Karauschen sogar über 100 Tage in sehr
sauerstoffarmem Wasser überleben.
Vergleicht man den Zellstoffwechsel der Karausche unter sauerstoffreichen und sauerstoffarmen Bedingungen, lassen sich Unterschiede
feststellen. Bei ausreichendem Sauerstoffangebot wird in den Zellen Glukose vollständig zu
Wasser und Kohlenstoffdioxid oxidiert und in

den Mitochondrien ATP synthetisiert. Man
spricht von **aerober Dissimilation.**
Unter sauerstoffarmen Bedingungen wird
ebenfalls Glukose abgebaut, allerdings lässt sich
im Blut nun eine Konzentrationszunahme von
Laktat und Ethanol messen. Laktat und Ethanol
sind Stoffwechselprodukte eines anaeroben
Glukoseabbaus. Diese Form der **anaeroben
Dissimilation** nennt man **Gärung.** Entsteht beim
anaeroben Abbau von Glukose Laktat, spricht
man von **Milchsäuregärung.** Wenn Ethanol
das Endprodukt des Stoffwechselprozesses ist,
handelt es sich um eine **alkoholische Gärung.**
Die Karauschen gewinnen offenbar für eine gewisse Zeit genügend ATP aus einem anaeroben
Abbau von Glukose und können so den Winter
auch bei Sauerstoffmangel und stark reduzier-
tem Stoffwechsel überstehen.
Gärung kommt bei vielen Lebewesen vor, die in
ihrem Lebensraum zeitweise oder dauerhaft
ohne Sauerstoff auskommen, zum Beispiel
Mikroorganismen am Gewässergrund oder in
den Wurzeln überfluteter Reispflanzen.

MILCHSÄUREGÄRUNG · Bei der Milchsäuregärung beginnt der anaerobe Abbau von Glukose
mit der Glykolyse. Glukose wird dabei über mehrere Schritte im Zellplasma zu Pyruvat oxidiert.

Glykolyse
siehe Seite 36 bis 38

Das geschieht durch die Übertragung von H^+-Ionen, Protonen, auf NAD^+, das zu $NADH + H^+$ reduziert wird. NAD^+ wird dabei verbraucht und muss regeneriert werden, damit die Glykolyse weiter ablaufen kann. Bei der Milchsäuregärung erfolgt die Regeneration des NAD^+ durch Reduktion des Pyruvats zu Laktat und die gleichzeitige Oxidation des $NADH + H^+$ zu NAD^+. Pro Molekül Glukose werden dabei zwei Moleküle Laktat und zwei ATP-Moleküle gebildet. Das Laktat wird in die umgebende Flüssigkeit ausgeschieden und kann dort zu einer Veränderung des pH-Wertes führen.

Beim Menschen findet Milchsäuregärung vor allem in den mitochondrienarmen weißen Muskelfasern statt. Bei kurzfristigen hohen Belastungen, zum Beispiel einem Sprint, kann ein Teil des Energiebedarfs durch Milchsäuregärung in den Muskelzellen gedeckt werden. Dadurch steigt die Laktatkonzentration im Muskel und im Blut. Nach der körperlichen Aktivität braucht der Körper eine Erholungsphase, in der das Laktat verarbeitet wird. Es wird entweder in den Muskelzellen zur aeroben Energiegewinnung genutzt oder in der Leber zur Synthese von Glykogen verwendet.

ALKOHOLISCHE GÄRUNG · Auch bei der alkoholischen Gärung erfolgt zunächst die Glykolyse. Von den dabei gebildeten Pyruvatmolekülen wird in einem ersten Reaktionsschritt je ein Kohlenstoffdioxidmolekül abgespalten, das Pyruvat wird zu Acetaldhyd, ein Molekül mit zwei Kohlenstoffatomen, decarboxyliert. In einem zweiten Schritt wird Acetaldehyd zu Ethanol reduziert. Dabei wird $NADH + H^+$ verbraucht und NAD^+ zurückgewonnen. Bei der alkoholischen Gärung werden je Molekül Glukose zwei Moleküle Ethanol, zwei Moleküle Kohlenstoffdioxid und zwei ATP gebildet. Ethanol ist ein Zellgift, das die Zellmembranen schädigt, es wird von den Zellen ausgeschieden.

Bis auf die karpfenartigen Fische sind keine Wirbeltiere bekannt, die Ethanol produzieren. Bei sauerstoffarmen Bedingungen im zugefrorenen Gewässer können die Karauschen das in den Muskeln gebildete Laktat zu Pyruvat umsetzen. Dieses wird über Acetaldehyd zu Ethanol reduziert. Das zu den Kiemen transportierte

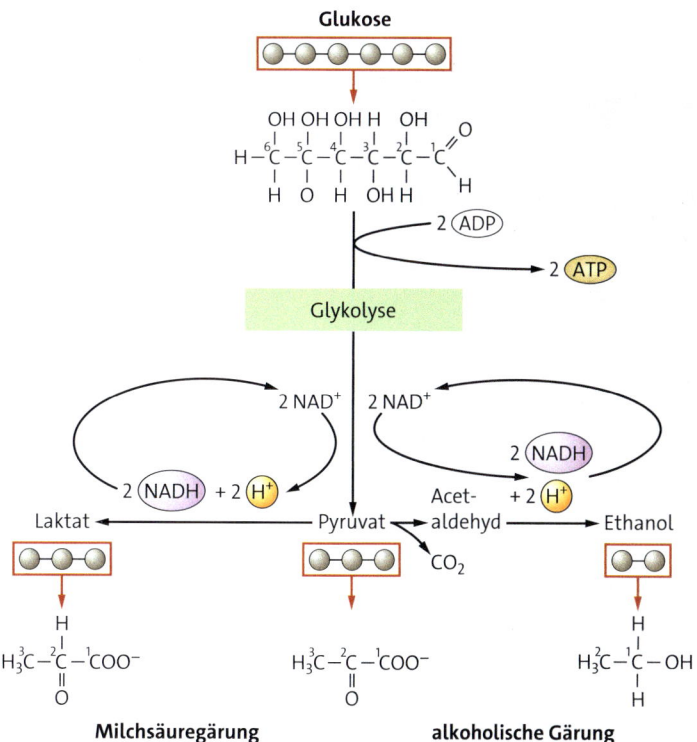

02 Gärungsformen

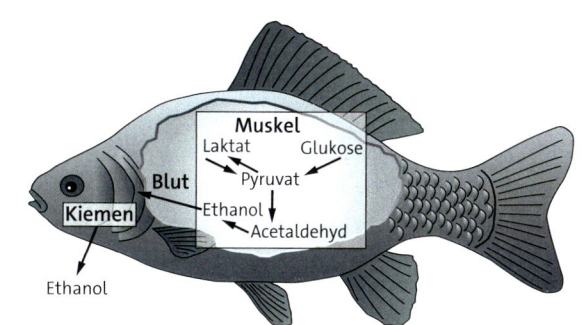

03 Stoffwechselwege bei der Karausche unter sauerstoffarmen Bedingungen im Winter

Ethanol wird dort ausgeschieden. Dadurch wird eine Anreicherung von Laktat im Blut der Karausche verhindert.

1 ⌐ Vergleichen Sie tabellarisch die Phasen und die Bilanz der aeroben und anaeroben Dissimilation!

2 ⌐ Erläutern Sie die Bedeutung der anaeroben Dissimilation für das Überleben der Karausche!

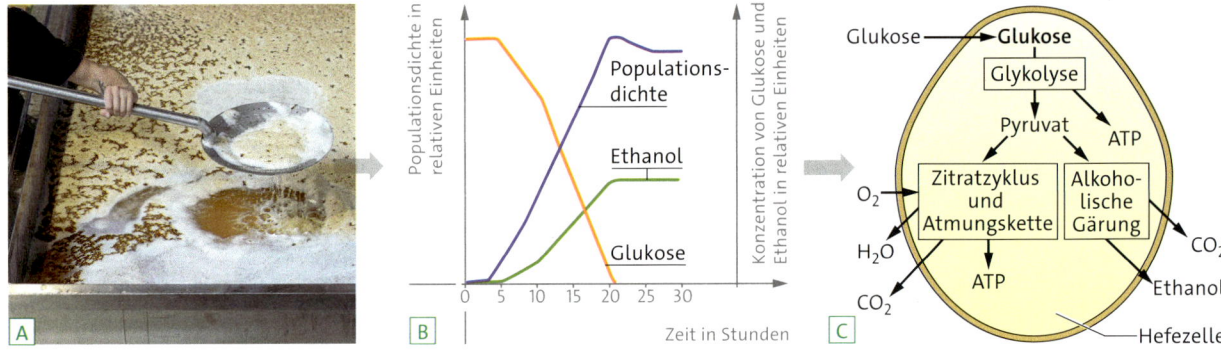

04 Stoffwechsel der Hefe: **A** Versuchsansatz, **B** Versuchsergebnisse, **C** Modell

GÄRUNGSTECHNOLOGIE · Bei der Herstellung, Veredelung und Konservierung von Lebensmitteln werden bereits seit Jahrtausenden Gärungsprozesse genutzt. Im 19. Jahrhundert konnte Louis PASTEUR zeigen, dass Mikroorganismen dabei eine entscheidende Rolle spielen. Die einzellige Hefe *Saccharomyces cerevisiae* wird zum Brotbacken und Bierbrauen eingesetzt. Zur Energiegewinnung nimmt sie Zucker, zum Beispiel Glukose, aus ihrer Umgebung auf, die sie entweder *aerob* zu Wasser und Kohlenstoffdioxid oder *anaerob* zu Kohlenstoffdioxid und Ethanol abbaut. Die Produkte der alkoholischen Gärung scheidet sie ins Umgebungsmedium aus. Das abgegebene Kohlenstoffdioxid sorgt für die Teiglockerung beim Brotbacken, der Ethanol wird zur Herstellung von alkoholischen Getränken und Bioethanol genutzt.

Andere Mikroorganismen, zum Beispiel Milchsäurebakterien der Gattung *Lactobacillus*, vergären die Laktose der Milch. Die entstehende Milchsäure denaturiert das Milcheiweiß und dickt die Milch an. Es entstehen zum Beispiel Joghurt und Kefir.

Hefen können sowohl mit als auch ohne Sauerstoff überleben, sie sind **fakultative Anaerobier.** Wann aber betreiben Hefen Gärung? PASTEUR untersuchte mithilfe von zuckerhaltigem Traubensaft, ob Sauerstoff einen Einfluss auf den bevorzugten Stoffwechselweg hat. Er stellte fest, dass Hefen bei Anwesenheit von Luftsauerstoff deutlich weniger Zucker verbrauchen und sich gut vermehren, die Bildung von Alkohol geht jedoch zurück. Er schloss daraus, dass Sauerstoff die Gärung hemmt. Dieses Phänomen des unterschiedlichen Zuckerverbrauchs in Abhängigkeit von den Sauerstoffbedingungen wird als **Pasteur-Effekt** bezeichnet. Dieser wurde lange als Anpassung der Hefen an die günstigere Energiebilanz der aeroben Dissimilation gedeutet. In Folgeexperimenten im 20. Jahrhundert stellte man allerdings fest, dass Hefezellen auch bei Anwesenheit von Sauerstoff alkoholische Gärung betreiben, insbesondere dann, wenn eine gute Zuckerversorgung vorliegt. Das entspricht auch den Erfahrungen beim Bierbrauen und bei der Weinherstellung. Unterbindet man die Sauerstoffzufuhr vollständig, kommt die Gärung bald zum Erliegen, die Teilungsfähigkeit der Hefen lässt nach. Offenbar beeinflusst nicht nur das Sauerstoffangebot, sondern auch die angebotene Zuckermenge die Umstellung des Stoffwechsels der Hefe von Zellatmung auf Gärung. Bei guter Glukoseversorgung bewirken die Auslastung der Enzyme der Atmungskette in den Mitochondrien sowie die ATP-Konzentration in den Zellen, welcher Stoffwechselweg beschritten wird. Außerdem schädigt die zunehmende Anreicherung des Ethanols als Zellgift die Hefezellen.

Es braucht viel Erfahrung und Wissen, sowohl zu den verschiedenen Hefe- und Bakterienarten als auch zu den unterschiedlichen Umgebungsfaktoren, um die Gärungsprozesse für das gewünschte Produkt optimal zu steuern. Damit Produkte mit der gewünschten Qualität entstehen, werden in den Gäransätzen die Temperatur, die Sauerstoffzufuhr, die Zuckerart und die Zuckermenge genau kontrolliert.

Louis Pasteur 1822–1895, französischer Biochemiker und Mitbegründer der medizinischen Mikrobiologie

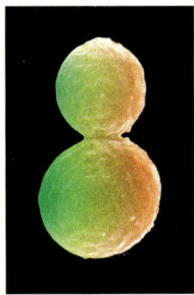

05 *Saccharomyces cerevisiae* (EM-Aufnahme)

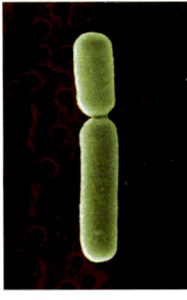

06 *Lactobacillus* (EM-Aufnahme)

3 Erläutern Sie anhand der Abbildung 04 die Ethanolproduktion der Hefe beim Bierbrauen!

Material A ▸ Untersuchung von Gärungsbedingungen

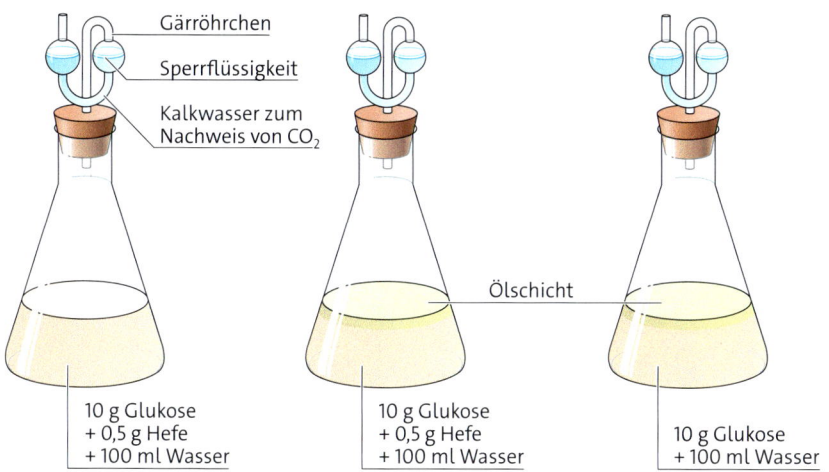

Gärröhrchen
Sperrflüssigkeit
Kalkwasser zum Nachweis von CO_2

Ölschicht

10 g Glukose
+ 0,5 g Hefe
+ 100 ml Wasser

10 g Glukose
+ 0,5 g Hefe
+ 100 ml Wasser

10 g Glukose
+ 100 ml Wasser

Hefeteig lässt sich unterschiedlich zubereiten. Eine Gruppe von Schülerinnen und Schülern möchte verschiedene Rezepturen testen. Zunächst wollen sie überprüfen, unter welchen Bedingungen Hefe ein Gas abgibt, das den Teig lockert. Im Internet haben sie verschiedene Möglichkeiten gefunden, den Versuch durchzuführen. Einen möglichen Versuchsaufbau mit drei Erlenmeyerkolben zeigt die Abbildung.

A1 Gliedern Sie das Anliegen der Schülerinnen und Schüler in Teilprobleme und formulieren Sie experimentell überprüfbare Versuchsfragen und Hypothesen!

A2 Beschreiben Sie anhand des ersten Erlenmeyerkolbens den abgebildeten Versuchsaufbau und erläutern sie die Funktion eines Gärröhrchens!

A3 Diskutieren Sie den abgebildeten Versuchsaufbau kritisch!

A4 Planen und erläutern Sie auf Grundlage dieses Versuchs verschiedene Experimente zum Nachweis der Vergärbarkeit verschiedener Kohlenhydrate oder der Abhängigkeit der Gärungsaktivität von der Temperatur!

Material B ▸ Gärungsbedingungen beeinflussen den Geschmack – Herstellung von Kombucha

A

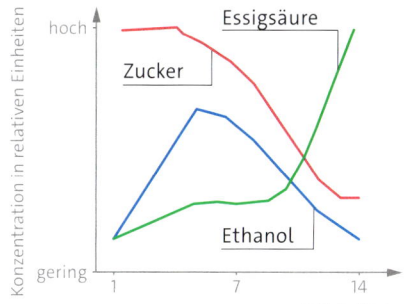

Veränderungen im Gärgefäß bei der Herstellung von Kombucha

Konzentration in relativen Einheiten

hoch

Essigsäure
Zucker
Ethanol

gering

1   7   14

Zeit in Tagen

sehr süß
süßer Tee
pH ~5

sehr sauer
Essig
pH 2,5

B

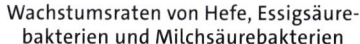

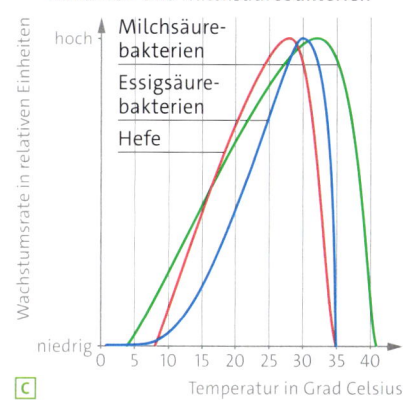

Wachstumsraten von Hefe, Essigsäurebakterien und Milchsäurebakterien

Wachstumsrate in relativen Einheiten

hoch

Milchsäurebakterien
Essigsäurebakterien
Hefe

niedrig

0   5   10   15   20   25   30   35   40

Temperatur in Grad Celsius

C

Kombucha ist ein Erfrischungsgetränk mit geringem Alkoholgehalt. Das Getränk wird mithilfe des gallertartigen Teepilzes hergestellt, der aus Hefepilzen, Milchsäure- und Essigsäurebakterien besteht. Die Essigsäurebakterien oxidieren Ethanol zu Essigsäure.

Für die Zubereitung von Kombucha wird der Teepilz mit gesüßtem schwarzen Tee bei 20 bis 25 Grad Celsius angesetzt. Durch die Stoffwechselaktivität der Mikroorganismen steigt die Temperatur im Gärgefäß. Nach etwa 8 bis 12 Tagen ist der Kombucha fertig. Der Teepilz ist gewachsen und kann für einen neuen Ansatz genutzt werden.

B1 Beschreiben Sie die Veränderungen im Gärgefäß in Abbildung B!

B2 Erläutern Sie die Untersuchungsergebnisse in Abbildung C!

B3 Deuten Sie die Veränderungen im Göransatz, indem Sie die Ergebnisse in Beziehung zueinander setzen!

B4 Fassen Sie zusammen, wovon der Geschmack und die Zusammensetzung des Kombuchas abhängen!

52

01 Jogging

Bau und Funktion von Muskeln

Bei einem Läufer kann man beobachten, wie die Beinmuskeln bei der Bewegung ihre Form verändern, sie sind dick oder dünn. Was geschieht bei diesen Veränderungen im Muskel?

WILLKÜRLICHE BEWEGUNGEN · Alle willkürlichen Bewegungen, wie zum Beispiel das Heben und Senken der Beine beim Laufen, werden durch *Skelettmuskeln* ermöglicht. Die Skelettmuskeln sind über Sehnen mit den Knochen des Skeletts verbunden. Durch Zusammenziehen der Muskeln werden die Knochen bewegt. Dabei wirken gegenüberliegende Skelettmuskeln als Gegenspieler, Antagonisten. Kontrahiert zum Beispiel beim Laufen der Beugemuskel auf der Unterseite des Oberschenkels, wird der Streckmuskel auf der Oberseite beim Heben des Beines passiv gedehnt.

BAU DES SKELETTMUSKELS · Ein Skelettmuskel besteht aus vielen **Muskelfaserbündeln,** die von einer **Muskelhülle** aus Bindegewebe umgeben sind. Innerhalb der Muskelhülle verlaufen die Muskelfaserbündel parallel in Längsrichtung. Jedes einzelne dieser Bündel besteht aus vielen **Muskelfasern.** Diese etwa 50 Mikrometer dicken und mehrere Zentimeter langen Zellen sind während der Embryonalentwicklung durch Verschmelzung einzelner Vorläuferzellen entstanden. Ausgewachsene Muskelfasern enthalten daher im Zellplasma viele Mitochondrien und viele peripher liegende Zellkerne.

Eine einzelne Muskelfaser enthält viele längs verlaufende **Myofibrillen.** In einer Myofibrille befinden sich zahlreiche hintereinander liegende Einheiten, die **Sarkomere.** Diese sind die funktionellen Abschnitte eines Skelettmuskels, die die Kontraktion ermöglichen. Die Sarkomere sind über zwei äußere, aus Proteinen bestehende Flächen verbunden, die **Z-Scheiben.** Innerhalb des Sarkomers verlaufen fädige Proteine, die Filamente. Die dünnen **Aktinfilamente** sind an den Z-Scheiben verankert. Die dicken **Myosinfilamente** liegen in der Mitte eines Sarkomers und sind über sehr dünne elastische Proteine, die **Titinen,** mit den Z-Scheiben verbunden. Die äußeren Bereiche der Myosinfilamente werden von den Aktinfilamenten überragt. Diese Bereiche erscheinen im mikroskopischen Bild als dunkle Querstreifen und heben sich von den hellen Bereichen in der Mitte des Sarkomers und an den Seiten der Z-Scheiben ab. Dadurch entsteht das typische *quer gestreifte Muster* der Skelettmuskulatur.

MUSKELKONTRAKTIONEN · Im entspannten Muskel überlappen die parallel angeordneten Myosin- und Aktinfilamente nur zu einem kleinen Teil. Bei der Muskelkontraktion gleiten sie aneinander vorbei, sodass sie stärker überlappen. Der Abstand zwischen den Z-Scheiben wird kürzer und die hellen Streifen werden schmaler. Wie lässt sich diese Verkürzung auf molekularer Ebene erklären?

Jedes Myosinfilament besteht aus einigen Myosinmolekülen, die eine Schaftregion und einen rundlichen Kopf besitzen. Zunächst ist an jedem Kopf ein ATP gebunden und der Myosinkopf bildet zum Myosinschaft einen 90-Grad-Winkel. Wird das ATP hydrolysiert, entstehen ADP und anorganisches Phosphat und der Winkel des Myosinkopfes wird geändert, der Myosinkopf wird gespannt. Durch Nervenimpulse ausgelöst, geht der Myosinkopf eine Bindung mit dem Aktinfilament ein. Diese Verbindung nennt man **Querbrücke.** Lösen sich ADP und das anorganische Phosphat vom Myosinkopf, knickt dieser bis auf 50 Grad ab. Dadurch wird das Aktinfilament zur Mitte des Sarkomers bewegt. Bindet erneut ein ATP an den Myosinkopf, löst er sich vom Aktinfilament. Damit ist der Ausgangszustand wieder erreicht. Je häufiger dieser Zyklus abläuft, desto kürzer wird das Sarkomer und desto stärker ist die Muskelkontraktion. Die Stärke der Kontraktion hängt von ankommenden Nervenimpulsen ab. Diese Modellvorstellung zur Muskelkontraktion nennt man **Gleitfilamenttheorie.**

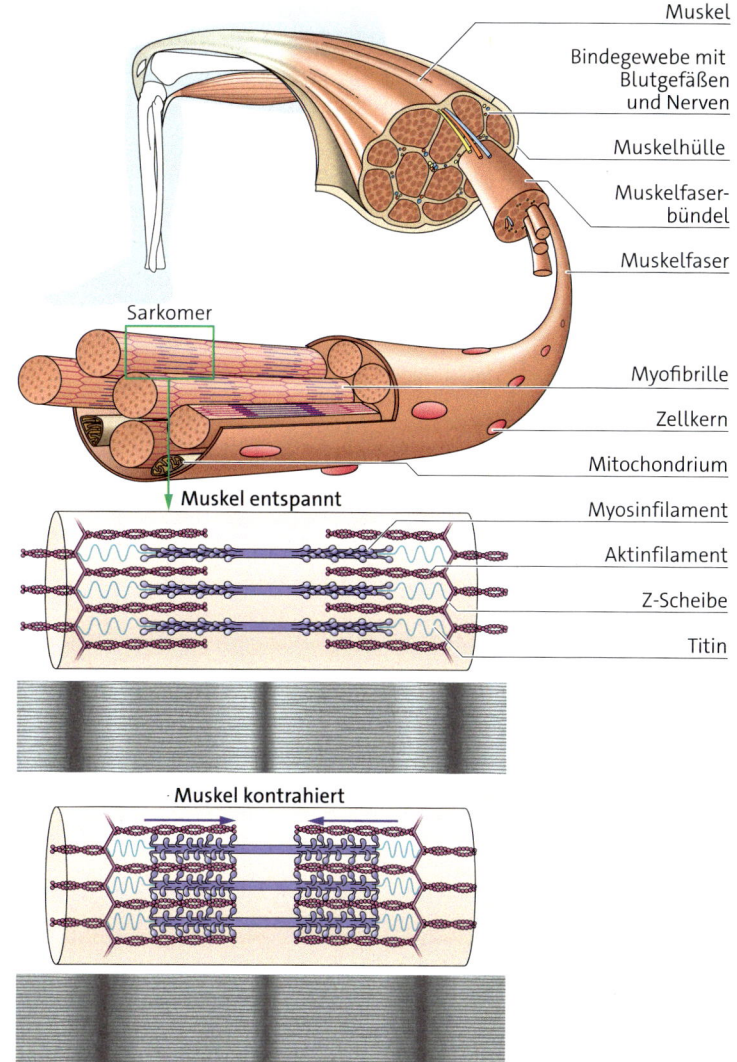

Muskel
Bindegewebe mit Blutgefäßen und Nerven
Muskelhülle
Muskelfaserbündel
Muskelfaser
Sarkomer
Myofibrille
Zellkern
Mitochondrium
Muskel entspannt
Myosinfilament
Aktinfilament
Z-Scheibe
Titin
Muskel kontrahiert

02 Bau eines Skelettmuskels vom sichtbaren Bereich zur Feinstruktur

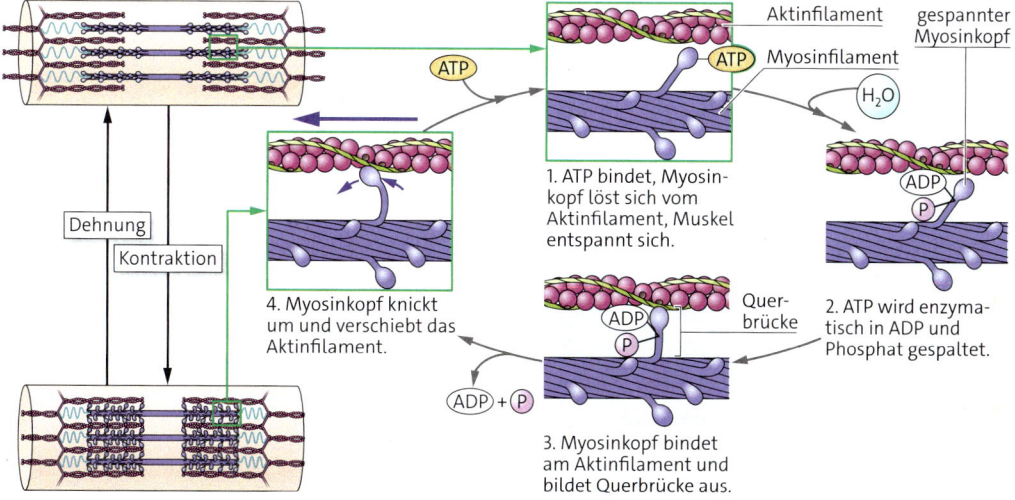

Aktinfilament
gespannter Myosinkopf
Myosinfilament

1. ATP bindet, Myosinkopf löst sich vom Aktinfilament, Muskel entspannt sich.

2. ATP wird enzymatisch in ADP und Phosphat gespalten.

3. Myosinkopf bindet am Aktinfilament und bildet Querbrücke aus.

4. Myosinkopf knickt um und verschiebt das Aktinfilament.

Querbrücke

Dehnung
Kontraktion

03 Molekulare Vorgänge der Muskelkontraktion

MUSKELFASERTYPEN · Die Skelettmuskulatur besteht aus unterschiedlichen Muskelfasertypen. Im Lichtmikroskop lassen sich helle und dunkle Bereiche erkennen, die man als weiße und rote Muskelfasern bezeichnet.

Die **weißen Muskelfasern** enthalten weniger Myoglobin und sind von weniger Blutkapillaren umgeben als die roten Muskelfasern. Daher erscheinen weiße Muskelfasern im Lichtmikroskop heller als die roten. Die weißen Muskelfasern kontrahieren sehr schnell, ermüden jedoch sehr rasch. Der Gehalt an Glykolyseenzymen ist bei ihnen sehr hoch, der Anteil an Mitochondrien hingegen vergleichsweise gering. Dementsprechend nutzt dieser Muskeltyp für die Kontraktionen zunächst den nur wenige Sekunden reichenden ATP-Vorrat der Muskelzelle, den ebenfalls begrenzten Vorrat an *Kreatinphosphat* und bei längerer Muskelbelastung die ATP-Moleküle, die durch anaeroben Abbau von Glukose entstehen. Bei diesem Prozess der Gärung entsteht Laktat.

Die **roten Muskelfasern** enthalten viel Myoglobin und sind von vielen Blutkapillaren umgeben. Daher erscheinen sie im Lichtmikroskop dunkler als die weißen. Im Vergleich zu den weißen Muskelfasern kontrahieren sie langsamer, aber ausdauernder. Zudem ist ihre Mitochondriendichte viel höher. Dadurch kann in ihnen ATP über den aeroben Weg bereitgestellt werden. In der Glykolyse im Zellplasma und in den anschlie-

Das Myoglobin ist ein Protein, das den Sauerstoff vom Hämoglobin des Blutes aufnimmt und in die Muskelzellen transportiert.

Kreatinphosphat + ADP → Kreatin + ATP

ßenden Prozessen der Zellatmung wird mehr ATP pro Molekül Glukose zur Verfügung gestellt. Der erhöhte Glukosebedarf wird aus den Vorräten an *Glykogen* in den Muskel- und Leberzellen gedeckt. Um an Glukose zu kommen, muss Glykogen abgebaut werden. Glykogen besteht aus sehr vielen Glukosemolekülen und dient als Langzeitenergiespeicher. Der Glykogenabbau wird durch Nervenimpulse aktiviert. Zusätzlich kann Glykogen über den Abbau von Fettsäuren und Proteinen geliefert werden. Die Glukose wird zusammen mit dem Sauerstoff über die Blutkapillaren zu den Muskelzellen transportiert.

Für alle aeroben Prozesse, die ATP liefern, benötigen die Muskeln eine intensivere Sauerstoffversorgung, die durch gesteigerte Atmung und einen höheren Puls erreicht wird.

Das vor allem in den weißen Muskelfasern anaerob produzierte Laktat wird nach der Muskelbelastung aerob abgebaut. Das dabei entstehende ATP wird zur Bildung von Kreatinphosphat genutzt und so der Speicher in den Muskelzellen wieder aufgefüllt. Laktat lässt sich nur relativ kurze Zeit nach einer Muskelaktivität wie einem Dauerlauf im Muskel nachweisen.

Der Anteil der Muskelfasertypen variiert in den verschiedenen Muskeln und Organen. Neben den roten und weißen Muskelfasertypen gibt es auch Mischformen. Die Verteilung der Fasertypen in den Muskeln ist größtenteils genetisch bedingt. Sportler trainieren bestimmte Muskelpartien, um ihre Schnelligkeit oder Ausdauer zu steigern. Durch viel Ausdauertraining können Anteile der weißen Muskelfasern in rote umgewandelt werden. Dadurch wird die Ausdauerleistung gesteigert, die Schnelligkeit und Schnellkraft hingegen verringert. Ob auch rote Muskelfasern in weiße umgewandelt werden können, ist wissenschaftlich noch nicht abschließend geklärt.

1 ⌡ Erläutern Sie die mikroskopisch sichtbaren Veränderungen in einem Sarkomer während der Muskelkontraktion!

2 ⌡ Erklären Sie die Funktionsweise einer Muskelfaser unter Berücksichtigung des ATPs!

3 ⌡ Vergleichen Sie tabellarisch die Muskelfasertypen!

Muskel entspannt Muskel kontrahiert

Energie

ATP   ADP + P

Kreatin (K) | Laktat (anaerobe Energiegewinnung) | $CO_2 + H_2O$ (anaerobe Energiegewinnung) | Glukose aus Glykogen + O_2 | Glukose aus Glykogen | Kreatinphosphat (KP)

1 ATP   2 ATP   38 ATP

04 Energiebereitstellung für die Muskelkontraktion

Material A ▸ Muskelfasertypen

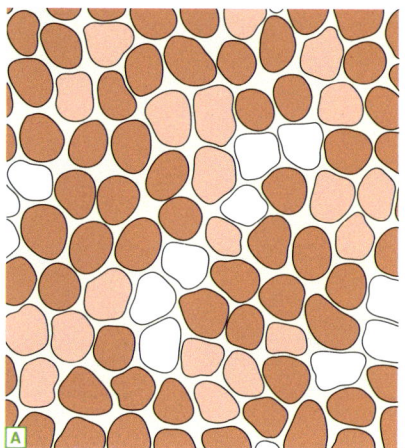

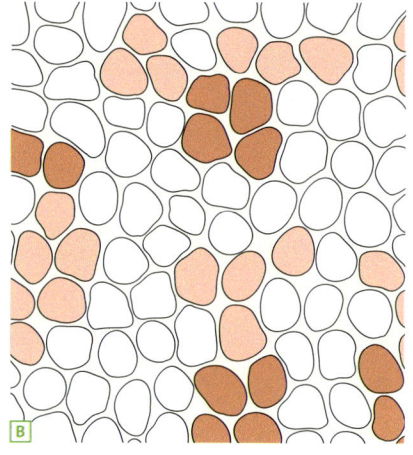

Bei Haushühnern kommen rote Muskelfasern vor allem in den Beinen und weiße Muskelfasern in den Brustmuskeln vor.

A1 Vergleichen Sie die Anteile der Muskelfasertypen in den Muskelquerschnitten A und B und ordnen Sie die Querschnitte begründet den im Text genannten Beispielen zu!

A2 Erklären Sie anhand der anatomischen Merkmalsausprägungen der Muskelfasern die unterschiedliche Leistungsfähigkeit!

Die Verteilung der Muskelfasertypen in den Muskeln ist sehr unterschiedlich. Beim Menschen befinden sich rote

Muskelfasern zum Beispiel in der Rückenmuskulatur und weiße Muskelfasern in den Augenmuskeln.

Material B ▸ Muskelkater

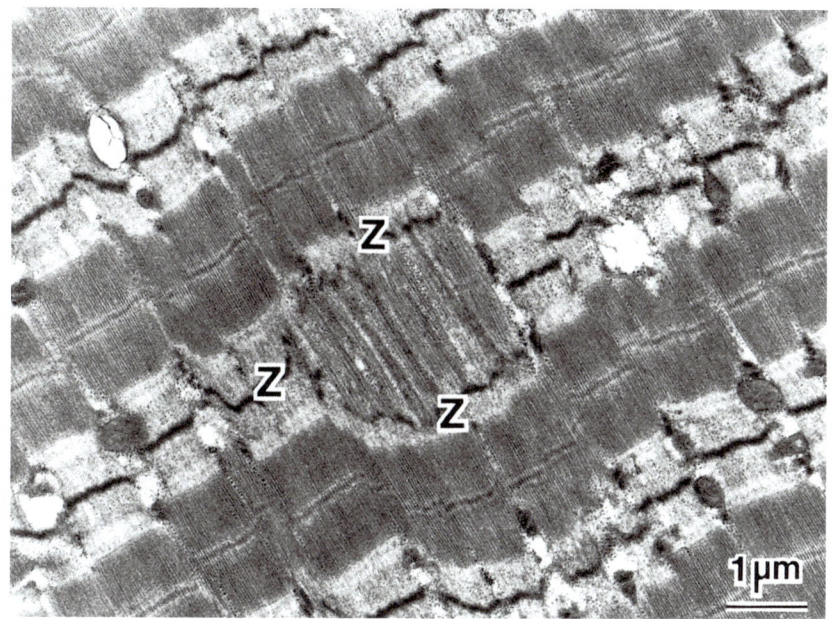

Dadurch werden die Schmerzrezeptoren gereizt, die in dem Bindegewebe um die Muskelfaserbündel eingelagert sind. Sie leiten die Nervenimpulse zum Gehirn weiter und man empfindet Schmerzen. Erst nach sieben bis zehn Tagen sind die Risse in den Muskelfibrillen vollständig abgeheilt. Muskelkater ist also ein Zeichen für Überlastung. Beim Muskelkater werden schnelle weiße Muskelfasern mehr geschädigt als langsame rote Muskelfasern.

B1 Laktat wird schnell aus Muskeln entfernt und in der Leber abgebaut. Erläutern Sie, weshalb diese Erkenntnis im Widerspruch zu der früheren Erklärung von Muskelkater steht!

B2 Formulieren Sie jeweils eine Hypothese, weshalb ein warmes Bad und sehr leichtes Ausdauertraining bei der Heilung von Muskelkater helfen können, eine tiefe Massage und eine direkte Wiederholung des Muskelkaters auslösenden Trainings jedoch nicht!

Nach sportlicher Betätigung und ungewohnten oder untrainierten Bewegungsabläufen tritt gelegentlich nach ein bis zwei Tagen Muskelkater auf. Lange Zeit wurde die Hypothese vertreten, dass die Übersäuerung der Muskeln durch Anreicherung von Laktat die Ursache für Muskelkater sei. Heute

weiß man, dass Laktat schnell aus den Muskeln entfernt und in der Leber abgebaut wird. Außerdem hat man festgestellt, dass bei Muskelkater die Myofibrillen kleine Risse, vor allem in den Z-Scheiben, aufweisen. Diese Risse rufen Entzündungen hervor, durch die Flüssigkeitsansammlungen entstehen.

01 Sportler auf einem Ruderergometer

Energieumsatz bei Belastung

Ein Sportler trainiert mit dem Ruderergometer. Auf dem Display kann er ablesen, mit welcher Intensität und Ausdauer er trainiert. Gleichzeitig errechnet das Gerät einen Durchschnittswert für die umgesetzte Energie. Wie verändert die körperliche Aktivität den Energieumsatz und wie lässt sich das ermitteln?

ENERGIEUMSATZ · Lebewesen sind während ihres gesamten Lebens auf Nahrungszufuhr angewiesen. Sie übertragen die in der Nahrung enthaltene Energie auf die für den Körper nutzbare, körpereigene Energieformen, vor allem ATP. Auch bei völliger Ruhe benötigt ein Lebewesen Energie in Form von ATP zur Aufrechterhaltung aller grundlegenden Funktionen der Organe, wie zum Beispiel Herzschlag, Atmung und Gehirntätigkeit. Die dafür umgesetzte Energie bezeichnet man als **Grundumsatz.**
Jede zusätzliche Beanspruchung des Körpers erhöht den gesamten Energieumsatz. Bereits die Verdauung unterschiedlicher Nährstoffe erhöht den Energiebedarf. Die Thermoregulation des Körpers zur Anpassung an verschiedene Umgebungstemperaturen erhöht den Energieumsatz um etwa fünf bis zehn Prozent. Bei körperlicher Aktivität ist der Energiebedarf am größten. Die dafür zusätzlich benötigte Energiemenge bezeichnet man als **Leistungsumsatz.** Je nach Umfang und Intensität der körperlichen Aktivität kann er 15 bis 50 Prozent des **Gesamtumsatzes**

Gesamtenergieumsatz = Grundumsatz + Leistungsumsatz + nahrungsbedingter und temperaturregulierender Energieumsatz

ausmachen. Der Gesamtumsatz setzt sich somit aus Grundumsatz, Leistungsumsatz und in geringerem Maße aus nahrungsbedingtem und temperaturregulierendem Energieumsatz zusammen.

DIREKTE KALORIMETRIE · Für eine ausgeglichene Energiebilanz des Organismus sollte die Energiezufuhr durch die Nahrung mit dem tatsächlichen Energiebedarf übereinstimmen. Nimmt ein Lebewesen mehr Nährstoffe auf als es tatsächlich benötigt, werden die nicht genutzten Nährstoffe chemisch zu Glykogen und vor allem zu Körperfett umgewandelt und gespeichert. Um die Energiezufuhr zu bestimmen, muss man den für den Organismus verwertbaren Energiegehalt von Nährstoffen und Nahrungsmitteln kennen. Dazu gibt man eine bestimmte Menge eines Nahrungsmittels in die Brennkammer eines *Kalorimeters.* Die bei der Verbrennung des Nahrungsmittels entstehende Wärme erwärmt das Wasser, das die Brennkammer umgibt. Die Temperaturänderung des Wassers wird mit einem Thermometer gemessen und lässt Rückschlüsse auf die Energiefreisetzung der Nahrungsmittelprobe zu. Da zur Erhitzung von einem Gramm Wasser um ein Grad Celsius eine **Kalorie** beziehungsweise 4,2 **Joule** benötigt werden, kann man aus dem Temperaturanstieg den **physikalische Brennwert** des Nährstoffs bestimmen. Dieser beträgt für Fette etwa neun Kilokalorien pro Gramm, das entspricht etwa 39 Kilojoule, für Kohlenhydrate etwa 17 Kilojoule und für Proteine etwa 23 Kilojoule pro Gramm Nährstoff. Da der Organismus zum Beispiel Proteine nicht vollständig oxidiert und Nahrungsmittel nicht vollständig verwertet, ist ihr **physiologischer Brennwert** geringer. Dem französischen Chemiker Antoine de LAVOISIER gelang es, das Prinzip der Kalorimetrie auf die Messung des *Energieumsatzes* eines Lebewesens zu übertragen. Dabei wird die Wärme, die ein Lebewesen bei allen Stoffwechselaktivitäten abgibt, in einer wärmeisolierten Kammer bestimmt. Der Temperaturanstieg in der Kammer wird als direktes Maß für den Energieumsatz gewertet. Dieses Verfahren der **direkten Kalorimetrie** zeigt, dass die Wärmeabgabe eines Menschen bei vollständiger Ruhe durchschnittlich vier Kilojoule pro Kilogramm Körpergewicht und Stunde beträgt. Das entspricht dem minimalen Energiedarf eines Menschen zur Aufrechterhaltung seiner Körperfunktionen, also seinem *Grundumsatz*. Aufgrund der unterschiedlichen Anteile von Muskelmasse und Fettanteile ist er bei Frauen im Durchschnitt etwa zehn Prozent geringer als der von Männern. Der Grundumsatz verändert sich im Tagesverlauf und wird durch die Fitness, den Gesundheitszustand und auch durch Stress beeinflusst.

INDIREKTE KALORIMETRIE · Betrachtet man die Summengleichung der Dissimilation, so erkennt man, dass sich der Energieumsatz auch indirekt aus der Veränderung von Substraten und Edukten bestimmen lässt.
Beim zellulären aeroben Abbau von 1 Mol Glukose mit dem physikalischen Brennwert von

2868 Kilojoule werden 6 Mol – das entspricht in etwa 134 Liter – Luftsauerstoff verbraucht und 6 Mol Kohlenstoffdioxid sowie 32 Mol ATP gebildet. Daraus lässt sich berechnen, dass pro Liter verbrauchtem Sauerstoff 21 Kilojoule Energie freigesetzt werden, wenn die Nahrung ausschließlich aus Kohlenhydraten besteht. Da zur Oxidation von Fetten und Proteinen etwas mehr Sauerstoff nötig ist, liegt der Energieumsatz bei gemischter Kost durchschnittlich bei 20 Kilojoule pro Liter verbrauchtem Sauerstoff. Die Energiemenge, die bei der Oxidation von einem Liter Sauerstoff im Organismus freigesetzt wird, heißt *kalorisches Äquivalent*. Dieses kann man indirekt zur Bestimmung des Energieumsatzes nutzen.
In der Praxis wird mithilfe einer mit Sauerstoff- und Kohlenstoffdioxidsensoren ausgestatteten Atemmaske, eines Spirometers, die Menge an verbrauchtem Sauerstoff und erzeugten Kohlenstoffdioxid in Litern bestimmt. Der mit dieser **indirekten Kalorimetrie** gemessener Sauerstoffbedarf in Ruhe beträgt durchschnittlich 3,5 Milliliter Sauerstoff pro Minute und Kilogramm Körpermasse und kann bei maximaler Belastung auf dem Rudergometer auf 35 bis 42 Milliliter Sauerstoff pro Kilogramm pro Minute steigen. Multipliziert mit dem kalorischen Äquivalent lässt sich der Energieumsatz bestimmen. Diese Werte nutzen zum Beispiel Ergometer und Trackingarmbänder zur Abschätzung des Energiebedarfs.

1 Beschreiben Sie die verschiedenen Methoden zur Bestimmung des Grund- und des Leistungsumsatzes eines Menschen!

Brennwert = Maß für die in einem Stoff chemisch gebundene Energie, die in Form von Wärme bei der Verbrennung pro Kilogramm des Stoffs abgegeben wird.

Antoine de LAVOISIER 1743–1794

Berechnung des durchschnittlichen Grundumsatzes: Frauen: Körpermasse × 24 × 3,8 pro Kilogramm und Tag, Männer: Körpermasse × 24 × 4,2 pro Kilogramm und Tag

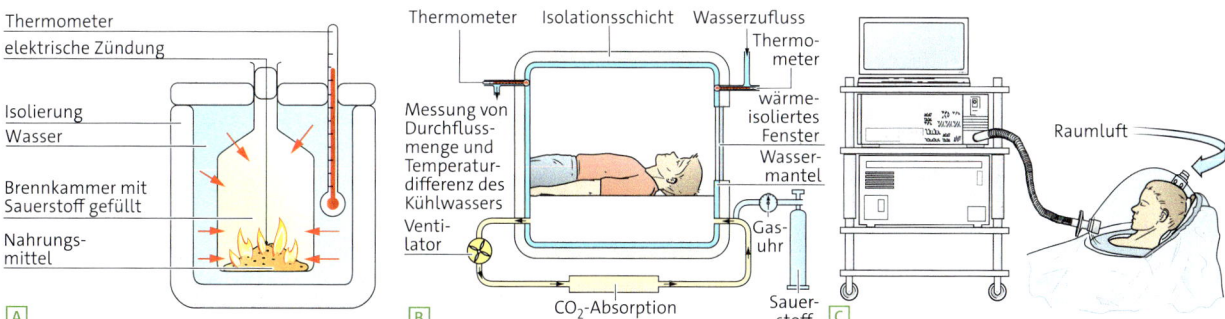

02 Kalorimetrie: **A** Kalorimeter, **B** direkte Kalorimetrie: Versuchsaufbau, **C** indirekte Kalorimetrie

ATP-BEREITSTELLUNG BEI BELASTUNG · Je nach körperlicher Belastung steigt der Energiebedarf der Muskelzellen unterschiedlich stark an. Da für Muskelkontraktionen ATP benötigt wird und der ATP-Vorrat in den Muskelzellen nur für wenige Sekunden ausreicht, hängt die Leistungsfähigkeit des Organismus von der Bereitstellung und Nachlieferung des ATPs ab.

In geringem Umfang wird ATP aus der Spaltung von ebenfalls in den Muskelzellen vorhandenem *Kreatinphosphat* gewonnen. Dabei können größere Mengen ATP ohne Verbrauch von Sauerstoff, also anaerob, für etwa 10 bis 20 Sekunden regeneriert werden. Für länger als eine Minute andauernde körperliche Anstrengungen regeneriert der Körper ATP aus dem anaeroben oder aeroben Abbau von Nährstoffen in den Zellen. Besonders in der ersten Minute der körperlichen Belastung und bei hohen Belastungsintensitäten werden ATP-Moleküle anaerob aus dem Abbau von Glukose in der *Glykolyse* gewonnen. Dabei wird das im Zellplasma gebildete Pyruvat besonders in den mitochondrienarmen weißen Muskelfaserzellen zu Laktat, dem Säurerest der Milchsäure, umgesetzt. Bei dieser *Milchsäuregärung* synthetisieren die Zellen kurzfristig pro Molekül Glukose 2 Mol ATP. Trotz der hohen Umsetzungsraten reicht die *anaerobe Energiebereitstellung* zwar für Spitzenbelastungen aus, dauerhaft jedoch nicht für die Deckung des Grundumsatzes. Aerobe und anaerobe Prozesse ergänzen sich somit in allen Aktivitätsphasen.

Kreatinphosphat siehe Seite 54

Milchsäuregärung siehe Seite 49

Die Energiebereitstellung mithilfe von eingeatmetem Sauerstoff in der *Atmungskette*, also der *aeroben Abbau* von Nährstoffen, braucht etwa 90 Sekunden, bis sie ihr Maximum erreicht hat und pro Mol Glukose 32 Mol ATP liefert. Bei längerer Ausdauerbelastung wird ATP überwiegend aus dem Abbau von Glykogen und nach etwa 20 Minuten besonders aus der Oxidation von Fettsäuren regeneriert. Nach der körperlichen Belastung ist die Atemfrequenz noch erhöht. Mit dem aufgenommenen Sauerstoff wird Laktat in den Mitochondrien der Skelett- und Herzmuskelzellen abgebaut und zur oxidativen ATP-Bildung in den Mitochondrien genutzt. In der Leber dient es außerdem zur Regeneration der Glykogenreserven. Zudem wird durch den zusätzlich eingeatmeten Sauerstoff ATP und Kreationphosphat gebildet und dadurch das Defizit in den Speichern ausgeglichen.

MESSUNG DER BELASTUNGSGRENZE · Um die körperliche Leistungsfähigkeit, die *Fitness*, zu testen, läuft oder radelt die Testperson auf einem *Spiroergometer* bei ansteigenden Belastungsintensitäten, bis sie völlig erschöpft ist. Die ermittelte Sauerstoffaufnahme und Herzschlagfrequenz geben Auskunft über die Sauerstoffversorgung und den Sauerstofftransport. Sie steigen mit zunehmender Belastung weitgehend linear bis zu einem Maximum an. Zum Zeitpunkt des Belastungslimits lässt sich die *maximale Sauerstoffaufnahme* pro Minute bestimmen. Je höher die maximale Sauerstoffaufnahme ist und je später das Belastungslimit eintritt, desto besser ist der Trainingszustand. Die *Laktatkonzentration im Blut* gibt Auskunft über die Anpassungsfähigkeit des Stoffwechsels an Spitzenbelastungen. Laktatbildung und Laktatabbau sind bei mittleren Belastungsintensitäten im Fließgleichgewicht, im *steady state*. Wenn mit steigender Belastung mehr Laktat gebildet als gleichzeitig abgebaut werden kann, steigt der Laktatwert im Blut. Das ist ein Hinweis auf die Kapazitätsgrenze der Mitochondrien zur oxidativen Verarbeitung der Nährstoffe und der Effektivität des Laktatabbaus.

2 Beschreiben Sie die Wege der ATP-Resynthese!

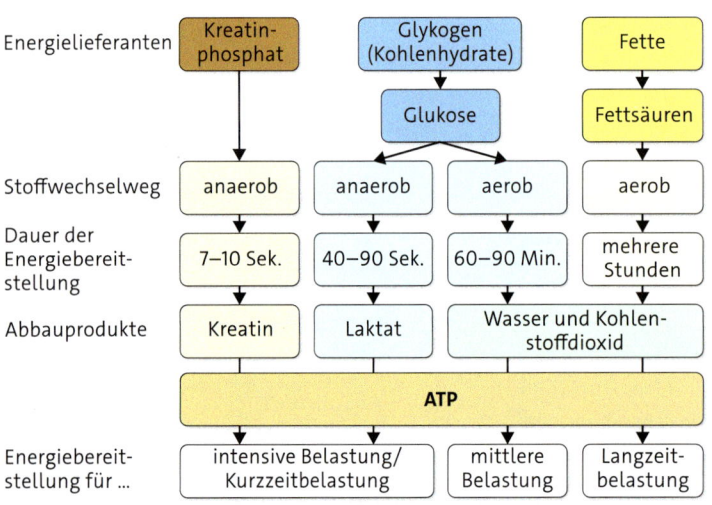

Energielieferanten	Kreatin-phosphat	Glykogen (Kohlenhydrate)		Fette
		Glukose		Fettsäuren
Stoffwechselweg	anaerob	anaerob	aerob	aerob
Dauer der Energiebereit-stellung	7–10 Sek.	40–90 Sek.	60–90 Min.	mehrere Stunden
Abbauprodukte	Kreatin	Laktat	Wasser und Kohlenstoffdioxid	
	ATP			
Energiebereit-stellung für …	intensive Belastung/ Kurzzeitbelastung		mittlere Belastung	Langzeitbelastung

03 Anaerobe und aerobe Regeneration von ATP bei unterschiedlicher Belastung

Material A ▸ Energieumsatz im Alltag

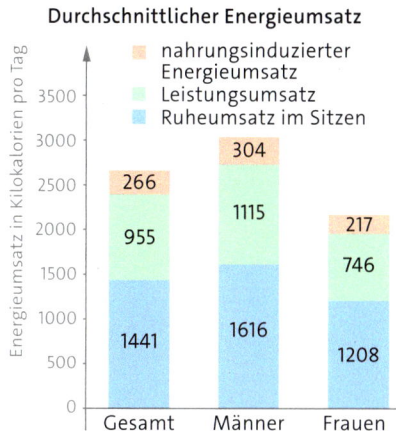

Durchschnittlicher Energieumsatz

- □ nahrungsinduzierter Energieumsatz
- □ Leistungsumsatz
- □ Ruheumsatz im Sitzen

Energieumsatz in Kilokalorien pro Tag

Gesamt: 266 / 955 / 1441
Männer: 304 / 1115 / 1616
Frauen: 217 / 746 / 1208

In einer Untersuchung wurden bei 178 Männern und 154 Frauen der Energieumsatz innerhalb einer Woche und die Durchschnittswerte pro Tag bestimmt. Dazu ermittelte man mithilfe der indirekten Kalorimetrie den Ruheumsatz im Sitzen. Die Dauer, Intensität und Häufigkeit der körperlichen Aktivität wurde mit einem elektronischen Aktivitäts- und Herzfrequenzmesser gemessen, den die Versuchspersonen am Körper trugen. Daraus wurde der Energieumsatz ermittelt.

A1 Fassen Sie die Untersuchungsergebnisse zusammen!

A2 Erläutern Sie an diesem Beispiel das Verfahren der indirekten Kalorimetrie!

A3 Stellen Sie Vermutungen an, weshalb sich der Ruheumsatz bei Frauen und Männern unterscheidet!

A4 Leiten Sie gesundheitsbezogene Empfehlungen für die Teilnehmer der Studie aus den Befunden ab!

Material B ▸ Energiebereitstellung bei unterschiedlichen Laufdisziplinen

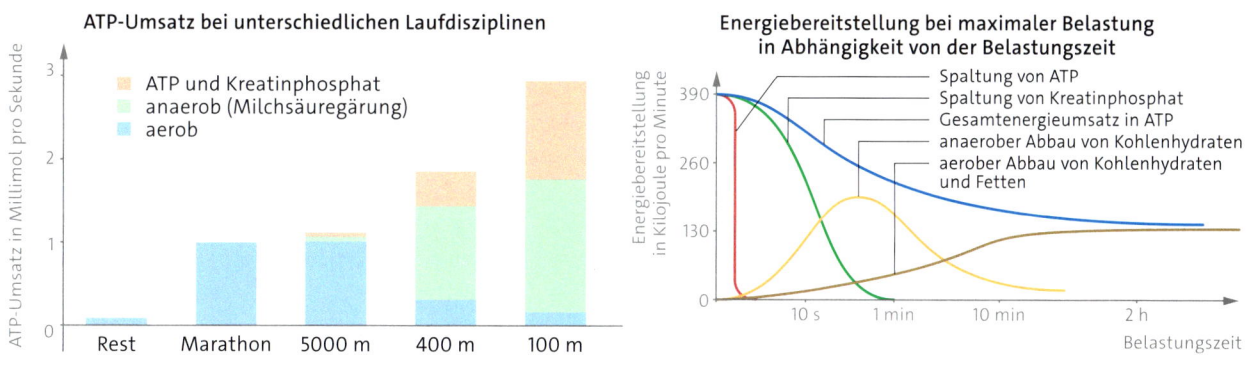

ATP-Umsatz bei unterschiedlichen Laufdisziplinen

ATP-Umsatz in Millimol pro Sekunde

- □ ATP und Kreatinphosphat
- □ anaerob (Milchsäuregärung)
- □ aerob

Rest, Marathon, 5000 m, 400 m, 100 m

Energiebereitstellung bei maximaler Belastung in Abhängigkeit von der Belastungszeit

Energiebereitstellung in Kilojoule pro Minute

- Spaltung von ATP
- Spaltung von Kreatinphosphat
- Gesamtenergieumsatz in ATP
- anaerober Abbau von Kohlenhydraten
- aerober Abbau von Kohlenhydraten und Fetten

10 s / 1 min / 10 min / 2 h — Belastungszeit

B1 Beschreiben Sie die Ergebnisse in der linken Abbildung!

B2 Erläutern Sie die Stoffwechselwege zur Resynthese von ATP!

B3 Interpretieren Sie die Ergebnisse mithilfe der rechten Abbildung!

Material C ▸ Die Bedeutung der Ernährung für eine Ausdauerbelastung

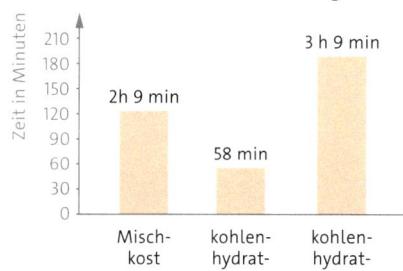

Muskelglykogenkonzentration im Muskelgewebe bis zur Erschöpfung bei unterschiedlicher Ernährung

Muskelglykogenkonzentration in Glykogeneinheiten pro Kilogramm feuchter Muskelmasse

- □ vor dem Ausdauerradfahren
- □ nach dem Ausdauerradfahren

Misch-kost, kohlen-hydrat-arme Ernährung, kohlen-hydrat-reiche Ernährung

Fahrdauer bis zur Erschöpfung bei unterschiedlicher Ernährung

Zeit in Minuten

Mischkost: 2h 9 min
kohlenhydratarme Ernährung: 58 min
kohlenhydratreiche Ernährung: 3 h 9 min

malem Ausdauerradfahren sowie die Zeit bis zur Erschöpfung gemessen.

C1 Beschreiben Sie die Untersuchungsergebnisse zur Wirkung der drei Diäten!

C2 Erläutern Sie die Bedeutung des Glykogens für die Energieversorgung des Körpers bei einer Ausdauerbelastung!

C3 Deuten Sie die Befunde und ziehen Sie Schlussfolgerungen bezüglich einer günstigen Ernährung vor einer Langzeitbelastung!

In einem Versuch wurde untersucht, welche Auswirkungen drei verschiedene dreitägige Diäten auf die Ausdauerleistung haben. Als Maß für die Ausdauer wurde der Glykogengehalt im Muskelgewebe vor und nach maxi-

01 Training

Leistungssteigerung und Sport

> *Es ist noch kein Meister vom Himmel gefallen! Jeder weiß, dass sich durch Training Schnelligkeit, Ausdauer oder Kraft steigern lassen. Was passiert bei der Leistungssteigerung im Körper?*

LEISTUNGSSTEIGERUNG DURCH TRAINING · Um in einer Sportart bessere Leistungen zu erzielen, muss man den Körper systematisch und regelmäßig belasten. Man spricht von sportlichem *Training*. Diese wiederholten Übungen steigern nicht nur die Muskelaktivität, sondern haben positive Auswirkungen auf den gesamten Bewegungsapparat sowie das Herz-Kreislauf-System, das Nervensystem und den Stoffwechsel. Kraft und Ausdauer werden unterschiedlich trainiert.

KRAFTTRAINING · Trainiert man regelmäßig mit dem Ziel, Muskelmasse aufzubauen und die Kraftfähigkeiten zu erhöhen, spricht man von *Krafttraining*. Im Verlauf des Krafttrainings wird relativ schnell die Muskelkraft gesteigert. Das ist darauf zurückzuführen, dass in der ersten Trainingsphase ein motorisches Lernen stattfindet, das sich in einem verbesserten Zusammenspiel von Nerven und Muskeln zeigt. Dadurch werden mehr Muskelfasern gleichzeitig zur Kontraktion gebracht. Erst nach längerer Trainingszeit nimmt die Anzahl der Myofibrillen zu. Dadurch vergrößert sich der Querschnitt der Muskelfasern und somit vergrößern sich die Muskeln. Eine Volumenvergrößerung der Muskeln durch Vermehrung der Muskelfasern ist nicht eindeutig belegt. Während des Krafttrainings wird zusätzlich die Anzahl der glykolytischen Enzyme erhöht. So können die Muskeln mehr ATP in kürzerer Zeit nutzen.

Durch intensives Training mit Gewichten und anderen Kraftübungen kann aus roten Muskelfasern ein Mischtyp zwischen roten und weißen Muskelfasern entstehen. Eine vollständige Umwandlung von roten in weiße Muskelfasern konnte noch nicht belegt werden. Zudem kann durch entsprechendes Krafttraining der Querschnitt eines Muskels vergrößert werden, ohne dass sich das Verhältnis von roten und weißen Muskelfasern ändern muss.

vor dem Training	nach kurzer Trainingszeit	nach längerer Trainingszeit
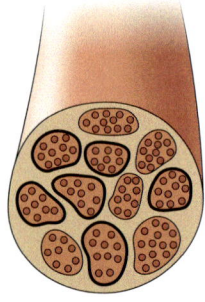	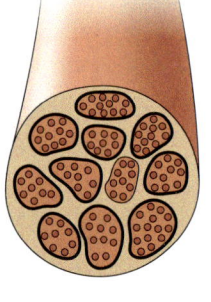	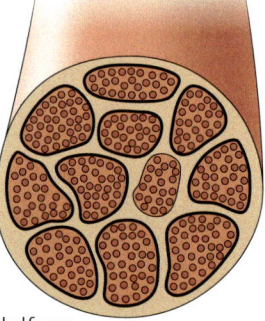

● kontrahierte Muskelfaser   ● entspannte Muskelfaser

02 Muskelfaserveränderung durch Krafttraining

AUSDAUERTRAINING · Ein regelmäßiges Training mit dem Ziel, über einen langen Zeitraum Leistung zu erbringen, bezeichnet man als *Ausdauertraining.* Ausdauertraining ist für alle Menschen gut. Regelmäßiges und intensives Ausdauertraining, zum Beispiel Joggen, wirkt sich positiv auf den Körper aus, vor allem auf das Herz-Kreislauf-System. Dabei vergrößern sich die Herzinnenräume und der Durchmesser der Herzmuskelzellen. Dadurch transportiert das Herz mehr Blut pro Herzschlag und Zeiteinheit, das Schlagvolumen steigt. Zudem wird das Atemvolumen pro Zeiteinheit gesteigert, sodass mehr Sauerstoff aufgenommen und transportiert wird. Außerdem kommt es zu einer Erhöhung der Anzahl an Blutkapillaren in der Muskulatur, sodass die Muskeln mehr Sauerstoff in kurzer Zeit erhalten. Zeitgleich nimmt die Mitochondriendichte zu, sodass eine erhöhte Anzahl von Enzymen der Atmungskette mehr ATP pro Zeiteinheit liefert. Auch die Bildung von Fett abbauenden Enzymen kann gefördert werden.

Durch intensives Ausdauertraining können weiße Muskelfasern in rote umgewandelt werden. Dadurch können sich allerdings Schnelligkeit und Schnellkraft verringern.

TRAININGSSTEUERUNG · Durch optimales Training kann sich der Körper an stärkere Belastungen anpassen. Jede körperliche Belastung führt zunächst zu einem Abbau von Energiereserven, der mit einer Verminderung der Leistungsfähigkeit einhergeht. Nach dem Training braucht der Körper eine Erholungsphase, in der die Energiereserven vorübergehend sogar ein höheres Niveau als vor dem Training erreichen. Man spricht von einer **Überkompensation.** In dieser Phase stehen den Muskeln mehr Energiereserven zur Verfügung als vor der ersten Belastung. Dadurch ist der Körper leistungsfähiger. Folgen in dieser Phase neue Belastungen, kann es zu einer kontinuierlichen Leistungssteigerung kommen. Durch günstig abgestimmte Zeitintervalle von Training und Erholung kann die Leistungsfähigkeit der Muskeln weiter gesteigert werden. Folgen keine weiteren Trainingsreize, geht das Leistungsniveau auf den ursprünglichen Wert zurück. Ungünstig gesetzte Trainingsbelastungen können das Leistungsniveau sogar senken.

Physiologische Messwerte	Untrainierter		Ausdauersportler	
	in Ruhe	maximal	in Ruhe	maximal
Herzvolumen in Milliliter	700		1400	
Herzgewicht in Gramm	300		500	
Schlagvolumen in Milliliter	70	100	140	190
Herzzeitvolumen in Liter pro Minute	5,6	18	5,6	35
Atemzeitvolumen in Liter pro Minute	8,0	100	8,0	200
Sauerstoffaufnahme in Liter pro Minute	0,3	2,8	0,3	5,2

03 Physiologische Messwerte eines Untrainierten und eines Ausdauersportlers im Vergleich

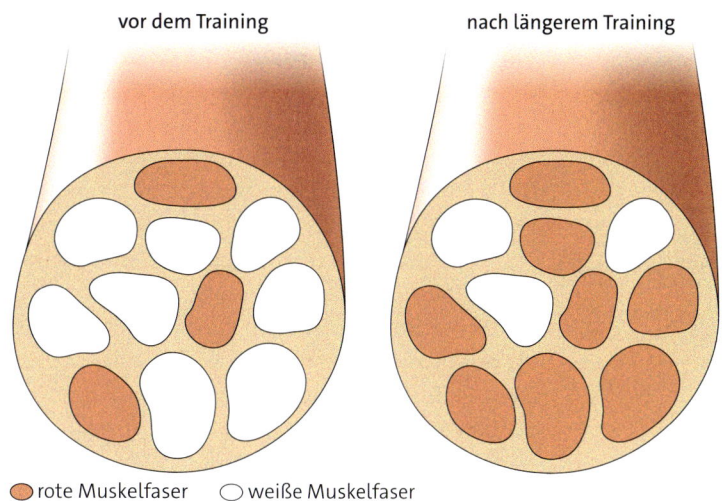

vor dem Training   nach längerem Training

● rote Muskelfaser   ○ weiße Muskelfaser

04 Änderung der Muskelfasertypen durch Ausdauertraining

1 Abnahme der sportlichen Leistungsfähigkeit
2 Wiederanstieg der Leistungsfähigkeit
3 erhöhte sportliche Leistungsfähigkeit

05 Überkompensation: **A** Schema, **B** Nutzen für optimales Training

Muskelaufbaupräparate

z. B. Anabolika, Wachstumshormone

Risiken: Sehnenrisse, Impotenz, schwere Organschäden, Herzinfarkt u. a.

Stimulanzien und Narkotika

z. B. Amphetamine, Methadon

Risiken: hoher Blutdruck, Herzrhythmusstörungen, Kreislaufzusammenbrüche, Abhängigkeit u. a.

Blutmanipulation

z. B. EPO, Blutdoping (Bluttransfusion)

Risiken: Thrombosen, Gefäßverschlüsse, Herzinfarkt u. a.

Dopingverschleiernde Stoffe

z. B. Diuretika

Risiken: hoher Blutdruck, Austrocknung, Nierenschäden u. a.

06 Dopingmethoden und Dopingmittel

Im anabolen Stoffwechsel werden unter Energieverbrauch körpereigene Stoffe aus einfachen Bausteinen aufgebaut.

DOPING · Nicht nur im Leistungssport, sondern auch im Fitnessbereich, im Breitensport und in Alltagssituationen versuchen manche Menschen, ihre Leistungsfähigkeit zu steigern. Die Anwendung von unerlaubten Mitteln oder Methoden heißt *Doping*.

Dopingmittel, die den Muskelaufbau stärken, sind vor allem bei Bodybuildern beliebt. Wenn solche **Muskelaufbaupräparate** den anabolen Stoffwechsel steigern, bezeichnet man sie als *Anabolika*. Sie enthalten künstlich hergestellte Substanzen, die dem männlichen Sexualhormon Testosteron ähneln. Als Nebenwirkungen können schwere Organschäden auftreten.

Ausdauersportler wollen durch Dopingmittel vor allem die Sauerstoffversorgung der Muskelzellen verbessern. Das erreichen sie zum Beispiel dadurch, dass sie sich kurz vor dem Wettkampf Eigenblut oder Fremdblut einer geeigneten Person injizieren lassen oder das körpereigene Hormon Erythropoetin, kurz *EPO*, einnehmen. Durch diese **Blutmanipulation** wird die Anzahl der roten Blutzellen erhöht und die Sauerstoffaufnahme verbessert. Die hohe Anzahl von Blutzellen verdickt das Blut, sodass es zu Gefäßverschlüssen und damit zu Herzinfarkten oder Schlaganfällen kommen kann.

Amphetamine oder *Methadon* beeinflussen das Nervensystem und wirken kurzfristig anregend oder machen den Sportler weniger schmerzempfindlich. Solche Dopingmittel nennt man Aufputschmittel oder **Stimulanzien** beziehungsweise Betäubungsmittel oder **Narkotika**. Neben-

wirkungen können Herzrhythmusstörungen und Kreislaufzusammenbrüche sein.

Bestimmte chemische Substanzen vergrößern die Harnmenge und verdünnen so die Konzentration der Dopingmittel in den Harnproben, sodass es kurzfristig zu Gewichtsverlust kommt. Werden solche **Diuretika** in hoher Konzentration eingenommen, kann es zur Austrocknung des Körpers und zur Schädigung der Nieren kommen.

SPEZIELLE TRAININGSMETHODEN · Viele Spitzensportler trainieren nicht nur intensiv Kraft und Ausdauer, sondern nutzen spezielle Trainingsmethoden zur Leistungssteigerung. Bei der **Kryotherapie** geht der Sportler für zweieinhalb Minuten in eine etwa minus 100 Grad Celsius kalte Ganzkörperkältekammer. Aufgrund der Kälte wird die Haut weniger durchblutet und das Blut in Richtung Muskulatur umverteilt, sodass kurz nach der Anwendung ein Leistungsschub möglich ist. Ein wochenlanges Training von mindestens zehn Stunden pro Tag in einer sauerstoffarmen Kammer, einer **Hypoxiekammer**, führt zu einer Erhöhung der Anzahl roter Blutzellen und somit zu einer Leistungssteigerung. Schnelle Muskelkontraktionen, wie sie beim Fußball oder Boxen benötigt werden, lassen sich durch das **elektrische Muskelstimulationstraining** fördern. Dabei bewirken Elektroden in einer Weste sowie auf Beinen und Armen einen niederfrequenten Reizstrom, der zur Erregung der Nervenzellen im peripheren Nervensystem führt. Dadurch werden Muskeln am ganzen Körper stimuliert. Wird diese Methode regelmäßig angewendet, kann sie den Muskelaufbau fördern. Sie sollte allerdings mit anderen Methoden kombiniert werden. Beim **mentalen Training** werden Bewegungsabläufe vor dem inneren Auge detailliert wiederholt, sodass die Bewegungen besser und präziser ablaufen. Eine **Selbstgesprächsregulation** fördert die Konzentration des Sportlers auf sich. Diese beiden Methoden fördern die mentalen Fähigkeiten und damit die Leistungsfähigkeit.

1) Begründen Sie an konkreten Beispielen, weshalb die speziellen Trainingsmethoden im Vergleich zu den Dopingmethoden ungefährlich für den Körper sind!

Material A ▸ Sollen leistungssteigernde Substanzen im Sport erlaubt werden?

1 Eine Ärztin: „Seit dem Verbot von Anabolika werde ich von manchen Sportlern nach Wachstumshormonen oder Erythropoetin, EPO, gefragt. Wachstumshormone sind ursprünglich körpereigene Hormone, die das Längenwachstum und das Wachstum des Bewegungsapparats bewirken. EPO wird von der Niere produziert und fördert die Bildung von Erythrozyten und damit die Sauerstoffaufnahme. Heute werden beide gentechnisch hergestellt und sind wichtige Medikamente, die bei einigen Krankheiten sehr hilfreich sind. Sportler versprechen sich von den Präparaten eine Steigerung von Muskelmasse und Muskelkraft oder Ausdauer. Für mich kommt es nicht in Frage, ein Medikament, das für Menschen mit Erkrankungen zugelassen ist, zur Steigerung von Leistungen und zur Selbstoptimierung einzusetzen. Als Ärztin habe ich das Wohl des Patienten im Blick. Alle Medikamente haben Nebenwirkungen. Bei Wachstumshormonen zum Beispiel können Allergien, Diabetes, abnormes Wachstum, vor allem der Hände, Füße, Nase, aber auch der inneren Organe auftreten. Sogar Herzversagen ist eine mögliche Nebenwirkung. EPO erhöht das Thromboserisiko und kann zum Kreislaufversagen führen."

2 Ein Radsportprofi nach Karriereende:
„Ich habe mit EPO gedopt. Dadurch habe ich mir gegenüber der Konkurrenz einen Vorteil von bis zu 15 Prozent verschaffen können. Es soll doch jedem selbst überlassen sein, wie er seine Leistung optimiert, ob durch technische Hilfsmittel oder Medikamente. In einer Befragung von Spitzensportlern in der Leichtathletik aus den 1960er- und 1980er-Jahren gaben 31 von 100 Athleten an, Anabolika freiwillig oder unter Druck ihrer Trainer oder der staatlichen oder kommerziellen Sportfunktionäre genommen zu haben."

3 Betreiber eines Fitness-Studios:
„Doping dient der Leistungssteigerung des Körpers der Sportler. Diese Leistungssteigerung wird aber auch durch effektive Bekleidung oder optimierte Laufschuhe und andere Mittel angestrebt. Das wird dann als selbstverständliches Optimierungsbestreben verstanden. Doping greift zwar direkt in den Körper der Sportler ein und kann dadurch zu unerwünschten Nebenwirkungen führen. Das gibt es aber auch im Bereich der Schönheitschirurgie. Und dort dürfen die Betroffenen selbst entscheiden, ob sie dieses Risiko eingehen."

4 Die Ethikkommission der Bundesärztekammer: „Gibt der Arzt den Wünschen nach Leistungsoptimierung durch leistungssteigernde Mittel nach, widerspricht dies den eigentlichen Aufgaben eines Arztes. Durch leistungssteigernde Mittel werden vermeidbare Risiken in Kauf genommen, statt gesundheitliche Risiken zu reduzieren und Menschen zu heilen. Das Mitwirken von Ärzten an Dopingpraktiken steht deshalb im Widerspruch zu der elementaren Pflicht eines Arztes. Außerdem verstoßen Ärzte, die sich an Dopingpraktiken beteiligen, gegen geltendes Recht und sie wirken daran mit, sportliche Fairness zu untergraben. Die gesundheitlichen Folgeschäden müssen letztlich von allen in der Gesellschaft getragen werden."

5 Ein Sportler: „Sportwettkämpfe haben eine lange Tradition und dienten schon immer dazu, die besondere Leistung von Sportlern anzuerkennen und zu ehren. Wenn diese Leistung vor allem durch die Einnahme von Mitteln zustande kommt, wird die Idee von Sportwettkämpfen verraten. Letztlich könnte dies sogar dazu führen, dass das gesellschaftliche Interesse an Sportwettkämpfen völlig verloren geht. Wenn Doping freigegeben wird, gibt es vielleicht schon bald keine Olympischen Spiele mehr. Schließlich erscheint es wenig sinnvoll, dem am besten gedopten Sportler eine Medaille zu verleihen."

6 Eine Sportsoziologin: „Freizeit- und Breitensport ist heute für viele mehr als körperliche Bewegung, Gesundheit und Wettkampf. Es geht auch um Erfolg, Anerkennung, finanziellen Gewinn, Selbstdarstellung und Selbstoptimierung. Gut auszusehen und Anerkennung zu finden, ist für manche ein Ziel, für das sie auch gesundheitliche Risiken eingehen, in dem Glauben, dass sie sonst nicht mithalten könnten. Sie behaupten, es würden doch alle dopen. Etwa 20 % der Fitnessstudiobesucher nutzen leistungssteigernde Substanzen, von denen 15 % durch einen Arzt mit Dopingmitteln versorgt werden."

7 Ein Jurist: „Das Verbot von Doping soll die Athleten im organisierten Sport vor dem Einsatz unfairer Mittel und gesundheitlichen Risiken schützen. Jedes Jahr wird eine Liste der verbotenen Substanzen und Methoden veröffentlicht. Berufssportler werden in Dopingkontrollen auf den Gebrauch solcher Stoffe getestet und im Falle eines normwidrigen Verhaltens vom Wettbewerb ausgeschlossen."

A1 Sammeln Sie als Gruppe stichwortartig Pro- und Kontra-Argumente zur Freigabe von Doping-Mitteln!

A2 Nutzen Sie die Stellungnahmen 1 bis 7, um weitere Argumente zu ergänzen!

A3 Recherchieren Sie im Internet nach einer Zielmat zum Bewerten und übertragen Sie diese auf ein DIN-A3- oder DIN-A2-Plakat! Notieren Sie in den Pro- und Kontra-Feldern die Stichworte der gesammelten Argumente!

A4 Notieren Sie zu den Argumenten Ihre Begründungen, die die Wichtigkeit des jeweiligen Arguments unterstreichen! Durch Drehen der Zielmat kann jedes Gruppenmitglied zu jedem Argument weitere Begründungen ergänzen.

A5 Diskutieren Sie nun in der Gruppe zu jedem Argument, wie wichtig es Ihnen erscheint! Berücksichtigen Sie dabei die zuvor notierten Begründungen!

A6 Markieren Sie anschließend in der zentralen Zielscheibe mit einem Kreuz die Wichtigkeit eines Arguments! Dabei steht ein Kreuz im inneren Ring für „sehr wichtig" und ein Kreuz im äußeren Ring für „unwichtig".

A7 Entscheiden Sie sich als Gruppe, ob Sie für oder gegen eine Freigabe von Doping stimmen!

01 Krone einer Rot-
buche im Gegenlicht

Fotosynthese

Sonnenlicht fällt auf das grüne Blätterdach einer Rotbuche und nur ein geringer Teil kommt auf dem Boden an. Einen Teil des Lichtes benutzen Pflanzen zur Produktion von körpereigenen Stoffen und zum Wachsen. Was geschieht aber in einer Pflanze bei diesem als Fotosynthese bezeichneten Prozess genau?

LICHT UND ABSORPTION · Licht, das auf einen Gegenstand trifft, wird entweder hindurchgelassen, reflektiert oder aufgenommen. Welcher dieser Vorgänge eintritt, hängt von der Wellenlänge des Lichts und von der Struktur des Gegenstandes ab, auf den das Licht fällt. Die Lichtaufnahme bezeichnet man als **Absorption.**
Anhand eines einfachen Modells lässt sich beschreiben, was dabei passiert: Die Elektronen in der Hülle von Atomen haben in der Regel einen bestimmten Energieinhalt, den man **Grundzustand** nennt. Durch Energieaufnahme können sie in einen sogenannten angeregten Zustand „springen". Da der Abstand zwischen Grundzustand und **angeregtem Zustand** je nach Atom- oder Molekülart eine ganz bestimmte Größe hat, ist auch zum „Anheben" eines Elektrons ein ganz bestimmter Energiebetrag erforderlich. Diese Energiemenge kann von Licht bestimmter Wellenlänge stammen. Fällt also weißes Licht auf solche Moleküle, wird aus dem Spektrum genau eine Wellenlänge absorbiert. Die Mischung der nicht absorbierten Farben wird reflektiert und lässt die Stoffe farbig aussehen. Licht trifft also nicht auf grüne Blätter. Vielmehr lässt es Blätter grün erscheinen, weil sie Stoffe enthalten, deren Moleküle bestimmte Wellenlängen aus dem weißen Licht absorbieren.

Das angeregte Elektron fällt meistens wieder zurück in den Grundzustand und gibt dabei die aufgenommene Energie in Form von Wärme oder Licht ab. Im Fall von Chlorophyll jedoch können Elektronen auf andere Verbindungen übertragen werden. Diese Elektronenübertragung setzt eine Kette von Folgereaktionen in Gang, bei denen organische Stoffe produziert werden. Alle diese Prozesse, die mit der Lichtabsorption beginnen, sind Bestandteile der **Fotosynthese.**

1 Erklären Sie mithilfe des Modells, weshalb Laubblätter grün, Tomaten rot oder Bananen gelb gefärbt sind!

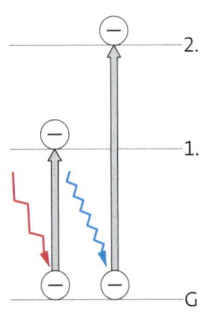

02 Elektronen „springen" aus dem Grundzustand in angeregte Zustände

WIRKUNGSSPEKTREN · Um herauszufinden, bei welchen Wellenlängen des Lichtes Fotosynthese besonders gut abläuft, führte Theodor Wilhelm ENGELMANN bereits in den 1980-er Jahren einen klassischen Versuch durch: Er bestrahlte einen Algenfaden, *Spirogyra spec.*, mit Licht, das er mit einem Prisma in die Spektralfarben zerlegt hatte. Danach konnte er beobachten, dass sich Bakterien, die Sauerstoff zum Leben benötigen, besonders an den Stellen der Alge aufhielten, auf die blaues und rotes Licht fiel. Auch wenn man zum Beispiel Blau-, Gelb-, Grün- oder Rotfilter in den Lichtstrahl einer starken Lampe hält und damit Wasserpestsprosse belichtet, kann man anhand der jeweils entstehenden Gasbläschen auf die Sauerstoffproduktion bei der Fotosynthese schließen. Wertet man diese Versuche grafisch aus, erhält man das **Wirkungsspektrum** der Fotosynthese. Daraus geht hervor, dass blaues und rotes Licht für die Fotosynthese besonders wirksam sind.

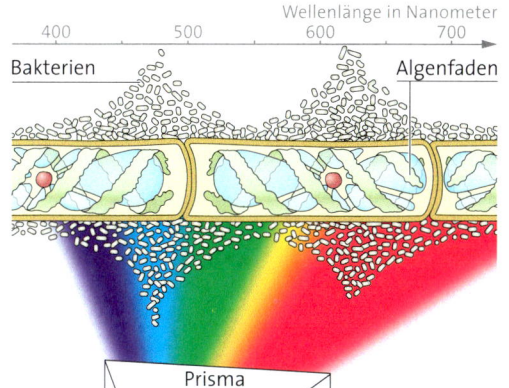

03 ENGELMANN-scher Versuch

ABSORPTIONSSPEKTREN · Die Licht absorbierenden Stoffe in den Laubblättern nennt man **Blattpigmente.** Fotosynthetisch aktiv sind vor allem Chlorophyll a und b sowie Carotinoide und Xanthophyll. Man kann sie aus den Blättern extrahieren und durch chromatografische Verfahren isolieren.

Bestrahlt man nun die Lösung eines Blattpigments mit Licht einer bestimmten Wellenlänge, so kann man messen, wie viel des eingestrahlten Lichts (I_0) durch die Probe hindurchgeht *(I)* und wie viel absorbiert wird. Der Logarithmus des Quotienten aus I_0 und I ergibt einen Wert, den man als **Extinktion** *(E)* bezeichnet. Sie ist ein Maß für die Absorption. Eine Apparatur, mit deren Hilfe man diese Messung mit sich ändernden Wellenlängen durchführen und gleichzeitig die jeweilige Extinktion grafisch darstellen kann, heißt **Spektralfotometer.** Das Ergebnis einer solchen Messung ist das sogenannte **Absorptionsspektrum** des jeweiligen Pigments. Aus ihm kann man ablesen, bei welchen Wellenlängen das Pigment besonders gut absorbiert. Die Absorptionsspektren der beiden Chlorophylle zeigen, dass dies vor allem im roten und im blauen Spektralbereich der Fall ist.

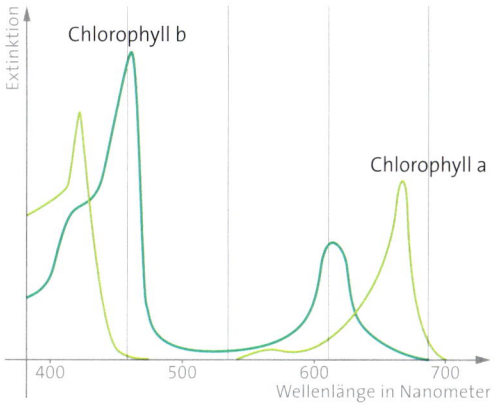

04 Absorptionsspektren von Chlorophyll a und b

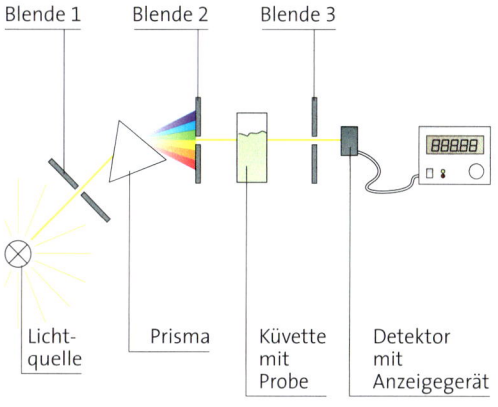

05 Spektralfotometer: Strahlengang

Aus diesen Beobachtungen geht also hervor, dass Fotosynthese vor allem bei denjenigen Wellenlängen stattfindet, bei denen die Blattpigmente Chlorophyll a und b Licht absorbieren. Das Wirkungsspektrum der Fotosynthese stimmt demnach mit dem Absorptionsspektrum von Chlorophyll überein.

$$E = \lg \frac{I_0}{I}$$

2 Erläutern Sie, worauf man beim Kauf einer Gewächshausbeleuchtung achten sollte!

//// **IM BLICKPUNKT CHEMIE** ///

Chromatografie

Die Chromatografie ist eine der wichtigsten Methoden zur Trennung von Stoffgemischen. Sie wurde Anfang des 20. Jahrhunderts von dem russischen Botaniker Michael TSWETT entdeckt, der damit zum ersten Mal Blattfarbstoffe trennte. Heute versteht man darunter eine ganze Reihe von Verfahren, die nach dem gleichen Prinzip arbeiten. In der Biologie ist der Fortschritt der physiologischen Forschung eng mit der Anwendung und Weiterentwicklung der Chromatografie verbunden.

Wird ein Stoffgemisch durch eine feinporige oder poröse Trägerschicht bewegt, können die Komponenten getrennt werden. Dabei wird eine Flüssigkeit oder ein Gas, die sogenannte **mobile Phase,** an einem Feststoff, der sogenannten **stationären Phase,** vorbeitransportiert. Eine chromatografische Trennung des Stoffgemisches ist immer dann erfolgreich, wenn die verschiedenen Bestandteile des Gemisches

- unterschiedlich fest an die stationäre Phase binden und/oder
- sich unterschiedlich gut in der mobilen Phase lösen.

Ein Stoff wird also umso weiter transportiert, je besser er sich in der mobilen Phase löst und je weniger gut er an der stationären Phase adsorbiert. Dieses Wechselspiel von **Löslichkeit** und **Adsorption** sorgt somit dafür, dass die Stoffe aus dem Gemisch unterschiedlich weit „wandern". Der Trennvorgang lässt sich bei Farbstoffgemischen direkt beobachten. Farblose Stoffe können – nach der chromatografischen Trennung – mit speziellen Farbreagenzien oder mithilfe von UV-Licht sichtbar gemacht werden.

Nach der eingesetzten mobilen Phase unterscheidet man Gas- und Flüssigkeitschromatografie. Die Flüssigkeit wird auch **Laufmittel** oder Fließmittel genannt. Je nach verwendeter stationärer Phase gibt es Papier-, Dünnschicht-, Säulen- und Gel-chromatografie. Bei der Dünnschichtchromatografie werden Folien eingesetzt, die mit einer dünnen Trägerschicht, zum Beispiel Kieselgel oder Cellulose, beschichtet sind.

Führt man eine Dünnschichtchromatografie, kurz DC, eines Aceton-Extrakts aus grünen Blättern auf Kieselgelplatten durch und verwendet man ein Laufmittel aus 100 Milliliter Petroleumbenzin, 10 Milliliter Isopropanol und einem Tropfen (!) Wasser, so erkennt man nach etwa 40 Minuten neben der Start- und Frontlinie die aufgefächerten Zonen der einzelnen Pigmente. Man erhält ein Chromatogramm.

Zu den Kenngrößen eines Chromatogramms zählt der **R_f-Wert.** Dieser gibt die Laufstrecke eines bestimmten Stoffes im Verhältnis zum Abstand zwischen Start- und Frontlinie wieder. Er ist jedoch von sehr vielen standardisierten Bedingungen abhängig. Da diese nur schwer reproduzierbar sind, lässt man in der Praxis zur Identifizierung bestimmter Substanzen oft den bekannten Stoff mit dem Stoffgemisch mitlaufen. Dann lässt sich der gesuchte Stoff einfach zuordnen.

3 Erläutern Sie, weshalb Carotin unter den angegebenen Bedingungen weiterläuft, also einen größeren Rf-Wert hat als Chlorophyll a oder Chlorophyll b!

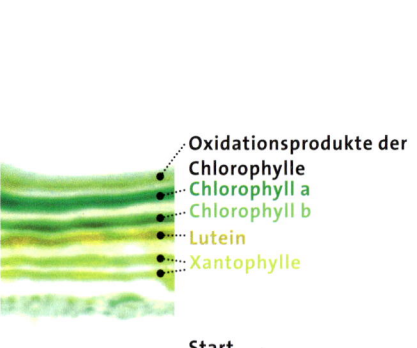

06 Chromatogramm von Blattpigmenten

ORT DER FOTOSYNTHESE · Alle grünen Pflanzenteile besitzen Zellen, in denen bis zu 100 **Chloroplasten** enthalten sein können. Die Chloroplasten in den Zellen des Palisadengewebes von Laubblättern sind linsenförmig und haben eine Größe von etwa fünf bis zehn Mikrometern. Auch Moose und Algen verfügen über Chloroplasten, jedoch von abweichender Form und Größe. Elektronenmikroskopische Untersuchungen zeigen, dass diese Zellbestandteile von einer Hülle umgeben sind, die einen als *Stroma* bezeichneten Bereich einschließt. Die innere Membran der Hülle geht in ein zusammenhängendes, in sich geschlossenes Membransystem über. Diese **Thylakoidmembran** durchzieht das Stroma als *Stromathylakoid*. Sie weist aber auch Abschnitte auf, die geldrollenartig gestapelt aussehen und Grana heißen (Singular: Granum).

Wie alle Membranen besteht die Thylakoidmembran aus einer etwa sechs Nanometer dicken Lipiddoppelschicht mit integrierten Proteinen. Von anderen Membranen unterscheidet sie sich durch einen überdurchschnittlich hohen Proteinanteil und den Gehalt an Pigmenten. Diese fotosynthetisch wirksamen Farbstoffe, vor allem Chlorophyll a und b sowie Carotin und Xanthophyll, sind an spezielle Proteinkomplexe gebunden, die man insgesamt als **Fotosysteme** bezeichnet.

In einem Fotosystem stehen sich zwei Chlorophyllmoleküle gegenüber. Sie sind von mindestens einhundert anderen Pigmentmolekülen umgeben. Die äußeren Chlorophyll- und Carotinmoleküle wirken dabei als Antennenpigmente, die Energie aus Licht bestimmter Wellenlänge absorbieren und diese den beiden zentralen Chlorophyllteilchen zuleiten. Ausschließlich diese Chlorophylle können angeregte Elektronen auf andere Nichtpigmentmoleküle übertragen. Das Chlorophyllmolekül besteht aus einem flächig ausgerichteten Porphyrinring mit einem Magnesium-Ion im Zentrum. Ein langer Kohlenwasserstoffrest verankert das Chlorophyll in der Thylakoidmembran.

4 Beschreiben Sie die Struktur der Thylakoidmembran und erläutern Sie die Funktionsweise der Fotosysteme!

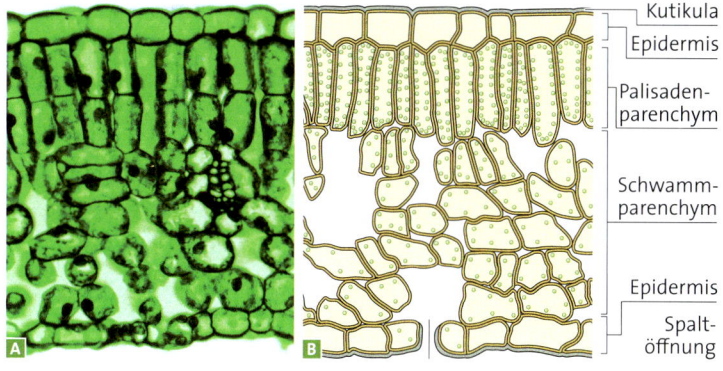

07 Querschnitt eines Laubblatts: **A** Foto, **B** Schema

Kutikula
Epidermis
Palisadenparenchym
Schwammparenchym
Epidermis
Spaltöffnung

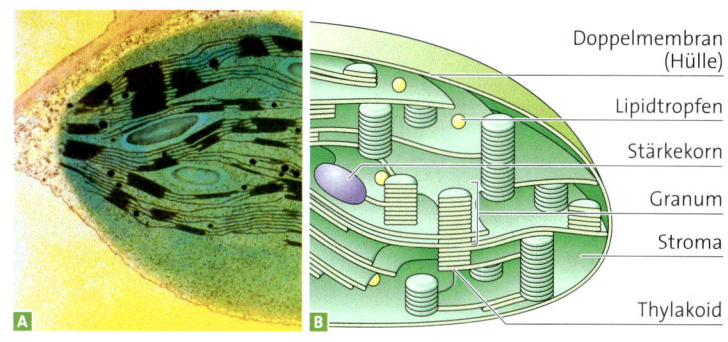

08 Chloroplast: **A** EM-Bild, **B** Schema

Doppelmembran (Hülle)
Lipidtropfen
Stärkekorn
Granum
Stroma
Thylakoid

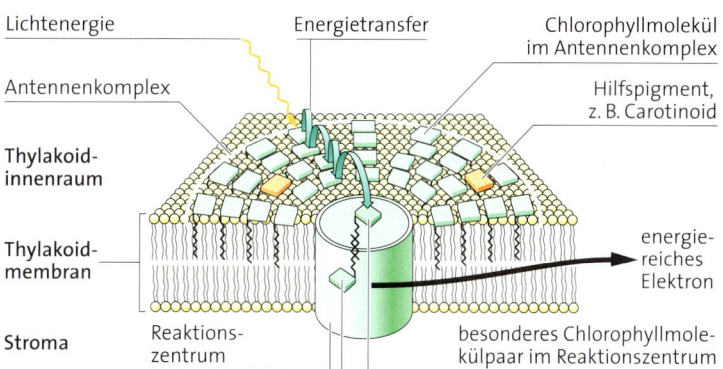

09 Fotosystem in der Thylakoidmembran (Schema)

Lichtenergie
Energietransfer
Chlorophyllmolekül im Antennenkomplex
Antennenkomplex
Hilfspigment, z. B. Carotinoid
Thylakoidinnenraum
Thylakoidmembran
energiereiches Elektron
Stroma
Reaktionszentrum
besonderes Chlorophyllmolekülpaar im Reaktionszentrum

10 Fotosynthesepigmente

LICHTABHÄNGIGE REAKTION · Der bei der Fotosynthese zu beobachtende Verbrauch von Kohlenstoffdioxid und Wasser sowie die Produktion von Sauerstoff und Kohlenhydraten erfolgen innerhalb der Chloroplasten in zwei verschiedenen Reaktionen: Auf eine lichtabhängige **Primärreaktion** folgt eine lichtunabhängige **Sekundärreaktion.** Im Jahr 1937 konnte der britische Chemiker Robert HILL zeigen, dass isolierte Chloroplasten bei Belichtung künstliche Farbstoffe reduzierten, wobei gleichzeitig Sauerstoff entstand. In den 1950-er Jahren wurde durch weitere Experimente bewiesen, dass dabei die zelleigenen Stoffe NADP$^+$ zu NADPH + H$^+$ reduziert und ADP und P in ATP umgewandelt wurden. NADP$^+$/NADPH + H$^+$ ist ein Redoxsystem, das Elektronen aufnimmt oder abgibt. ADP + P/ATP ist ein System, das Energie aufnehmen, transportieren und abgeben kann. P steht dabei für Phosphat. Untersuchungen an isolierten Thylakoiden belegten schließlich, dass die lichtabhängige Reaktion an die Thylakoide gebunden ist, während die lichtunabhängige Reaktion im Stroma abläuft.

Das grundlegende Problem bei der lichtabhängigen Reaktion besteht darin, fest gebundene Elektronen aus dem Wassermolekül auf NADP$^+$ zu übertragen und es somit zu reduzieren. Da Elektronen energetisch nur „abwärtsfließen" können, müssen sie vorher Energie aufnehmen. Der Energiebedarf ist jedoch so groß, dass zwei hintereinandergeschaltete Fotosysteme angeregt werden müssen. Erst diese von dem amerikanischen Biologen Robert EMERSON im Jahr 1957 herausgefundene zweifache Energieaufnahme reicht für die Reduktion des NADP$^+$ aus. An der Primärreaktion sind neben den Fotosystemen weitere Redoxsysteme und das Enzym ATP-Synthase beteiligt. Die Redoxsysteme sind über eine zweistufige **Elektronentransportkette** miteinander verbunden. Die dabei transportierten Elektronen stammen aus dem Wasser. Bei dessen Spaltung mithilfe eines Enzymkomplexes werden außerdem H$^+$-Ionen, also Protonen, und elementarer Sauerstoff freigesetzt. Diesen Vorgang nennt man **Fotolyse des Wassers.**

Gleichzeitig mit den Elektronentransporten werden vom Redoxsystem Plastochinon H$^+$-Ionen in das Innere der Thylakoide transportiert. Diese erzeugen zusammen mit den aus der Wasserspaltung stammenden H$^+$-Ionen einen Protonengradienten zwischen Thylakoidinnenraum und Stroma. Die Diffusion von H$^+$-Ionen ins Stroma liefert Energie für die ATP-Synthese, die durch die ATP-Synthase katalysiert wird. Dieser Prozess heißt **Fotophosphorylierung.** Er

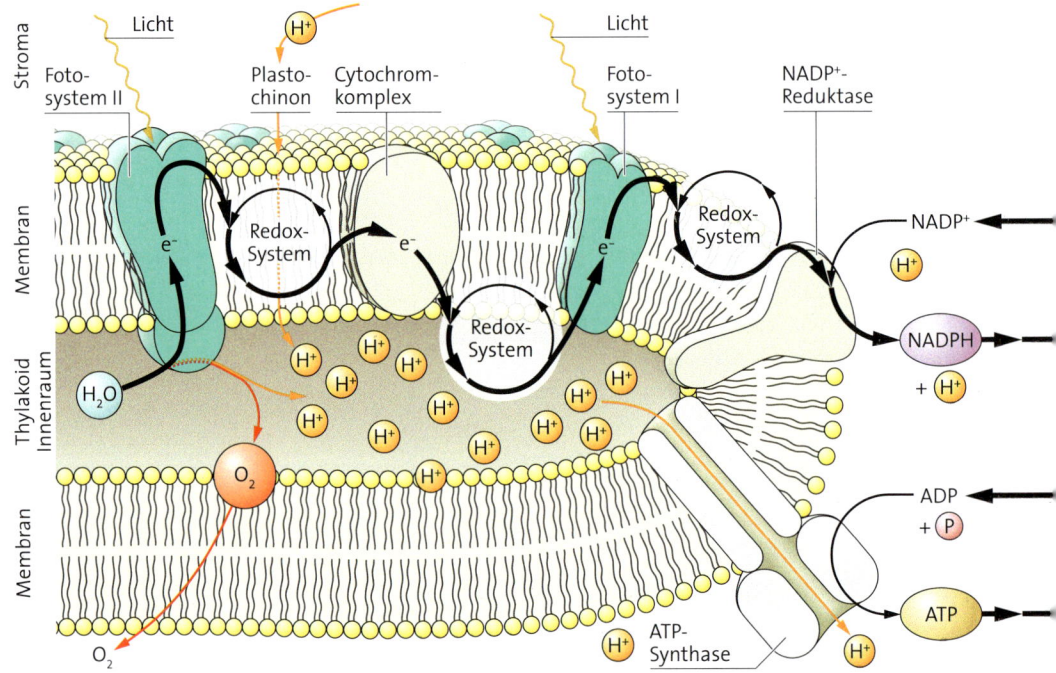

11 Lichtabhängige Reaktion (Schema mit Elektronentransport) → Protonenfluss

liefert die erforderlichen H^+-Ionen zur Komplettierung des NADPH + H^+. Durch Wiederholung der Reaktionsfolgen entsteht in der Primärreaktion aus Wasser, $NADP^+$ und ADP+P Sauerstoff, NADPH + H^+ und ATP. Das reduzierte Kosubstrat NADPH + H^+ und der Energieträger ATP sind Ausgangsstoffe für die nachfolgenden Reaktionen.

LICHTUNABHÄNGIGE REAKTION · Kern der lichtunabhängigen Reaktion der Fotosynthese ist ein zyklischer Reaktionsablauf, der nach seinen Entdeckern Calvin-Benson-Zyklus oder kurz **Calvin-Zyklus** genannt wird. In diesem Zyklus, der ohne Licht auskommt, werden die vorab in der lichtabhängigen Reaktion gebildeten Stoffe NADPH + H^+ und ATP zur Reduktion von Kohlenstoffdioxid verwendet. Er besitzt einen Eingang für Kohlenstoffdioxid und einen Ausgang für Produkte. Sein Reaktionsablauf lässt sich in drei Phasen gliedern:
In der **Carboxylierung** reagiert Kohlenstoffdioxid unter Wirkung des Schlüsselenzyms Ribulose-1,5-bisphosphat-Carboxylase, kurz Rubisco, mit dem C_5-Zucker Ribulosebisphosphat. Das entstehende Produkt zerfällt sofort in zwei Moleküle 3-Phosphoglycerat, kurz 3-PGS.
Die **Reduktion** wird eingeleitet mit der Reaktion von 3-PGS mit ATP zu Bis-Phosphoglycerinsäure

und ADP. Diese „energiereiche" 3-PGS kann nun von dem in der lichtabhängigen Reaktion gebildeten NADPH + H^+ zu 3-Phosphoglycerinaldehyd (3-PGA) reduziert werden. Das dabei entstehende $NADP^+$ und das ADP stehen für die lichtabhängige Reaktion wieder zur Verfügung. Wenn hinreichend 3-PGA entstanden ist, findet in einer komplexen Reaktionsfolge die **Regeneration** des Ribulosebisphosphats statt: Zehn Moleküle 3-PGA reagieren zu sechs Molekülen Ribulosebisphosphat. Gleichzeitig kann aus zwei 3-PGA-Molekülen ein Glukosemolekül entstehen.

Für die lichtunabhängige Reaktion lässt sich demnach folgende Gleichung formulieren:
$$6\ CO_2 + 12\ NADPH + H^+ + 18\ ATP$$
$$\rightarrow C_6H_{12}O_6 + 6\ H_2O + 12\ NADP^+ + 18\ ADP + P$$

Die Produkte der lichtabhängigen Reaktion gehen also als Edukte in die lichtunabhängige Reaktion ein. Es besteht jedoch nur formal ein Glukosemolekül, denn ein großer Teil des 3-PGA fließt sofort in andere Stoffwechselwege.
Die Ergebnisse führen zu einer Gesamtgleichung der Fotosynthese, in der die Herkunft des Sauerstoffs erkennbar ist:
$$12\ H_2O + 6\ CO_2 \rightarrow C_6H_{12}O_6 + 6\ O_2 + 6\ H_2O$$

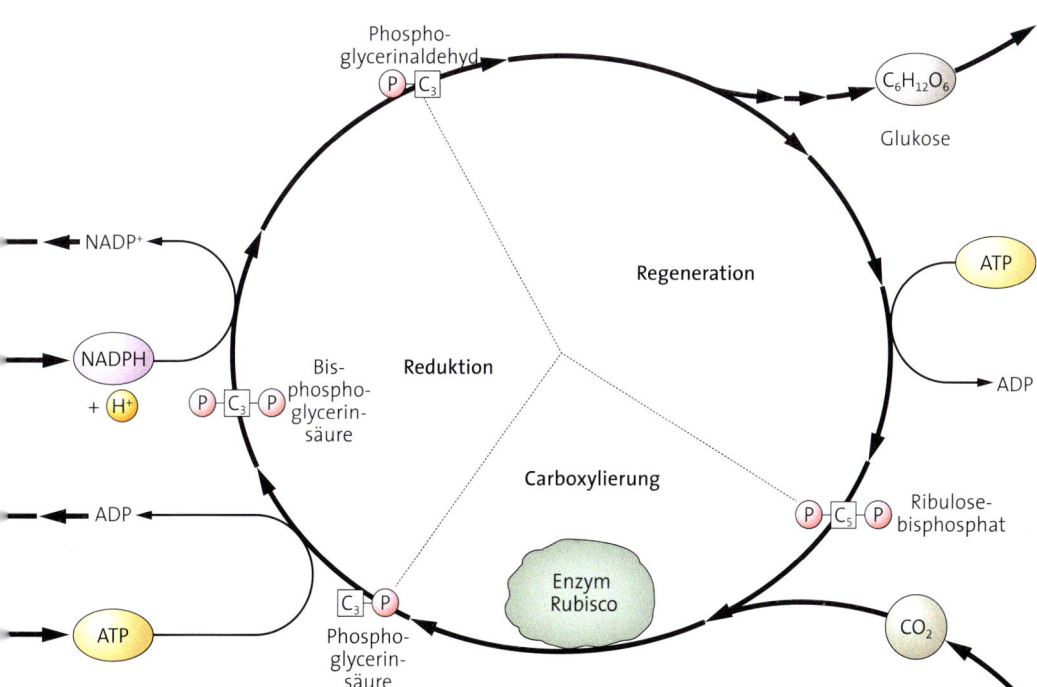

12 Lichtunabhängige Reaktion (Calvin-Zyklus), stark vereinfacht

Material A ▸ Fluoreszenz in einer Rohchlorophylllösung

Man stellt eine Rohchlorophylllösung her, indem man grüne Blätter mit Seesand und Aceton im Mörser zerreibt, den entstehenden Extrakt mit Aceton verdünnt und die Lösung in ein Becherglas dekantiert. Anschließend bestrahlt man die Lösung mit blauem Licht, indem man einen Blaufilter in den Strahlengang einer starken Lampe hält.

A1 Beschreiben Sie das beobachtete Ergebnis!

A2 Deuten Sie die Beobachtungen mithilfe des Modells zur Absorption von Licht!

A3 Stellen Sie Vermutungen darüber an, was bei Bestrahlung mit grünem Licht geschieht!

Material B ▸ Fotosyntheserate unter Starklicht und Schwachlicht

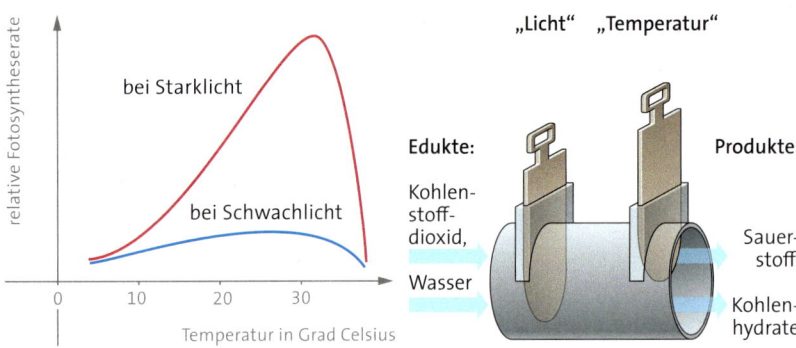

Das Diagramm zeigt die Temperaturabhängigkeit der Fotosynthese unter Starklicht- und unter Schwachlichtbedingungen. Die Abbildung stellt modellhaft ein Reaktionsrohr dar, in dem Stoffe umgewandelt werden können. Mithilfe von zwei Verschlusseinrichtungen lässt sich der Durchfluss kontinuierlich regulieren.

B1 Beschreiben Sie die Versuchsergebnisse! Vergleichen Sie dabei die grafisch dargestellten Werte!

B2 Erläutern Sie die modellhafte Abbildung, indem Sie erklären, welche Konsequenzen verschiedene Positionen der Verschlusseinrichtungen auf den Durchlass der Stoffe haben!

B3 Erläutern Sie die Einflüsse von Licht und Temperatur auf die Fotosyntheserate und vergleichen Sie diese mit den Aussagen des Modells!

Material C ▸ Fotosyntheseleistung in Abhängigkeit von Kohlenstoffdioxid und Lichtintensität

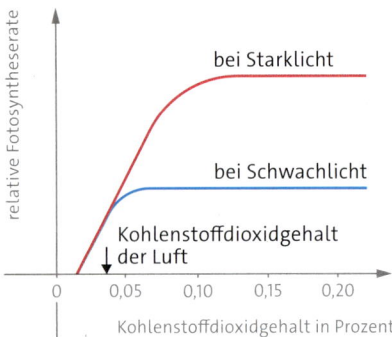

Das Diagramm zeigt die idealisiert gezeichneten Ergebnisse einer Versuchsserie mit einer Laborpflanze. Starklicht entspricht etwa Tageslicht, Schwachlicht etwa dem Zehnfachen der Lichtintensität, die an einem Schülerarbeitsplatz vorliegen muss.
In einigen Gewächshäusern wird der Kohlenstoffdioxidgehalt zur Produktionssteigerung auf etwa 0,08 Prozent erhöht. Der Kohlenstoffdioxidgehalt der Luft ist von 1965 bis 2018 von etwa 0,032 auf 0,041 Prozent gestiegen. Trotz des erhöhten Kohlenstoffdioxidgehalts der Luft hat man keine erhöhte pflanzliche Biomassenproduktion in der Biosphäre messen können.

C1 Beschreiben Sie die Versuchsergebnisse und skizzieren Sie eine mögliche Versuchsdurchführung!

C2 Begründen Sie, weshalb man in einem Gewächshaus den Kohlenstoffdioxidgehalt der Luft erhöht!

C3 Begründen Sie die Versuchsergebnisse! Nutzen Sie die Abbildungen auf Seite 68 und 69!

C4 Entwickeln Sie eine Hypothese zur unveränderten pflanzlichen Biomassenproduktion!

Material D ▸ Fotosynthese bei Schwefelpurpurbakterien

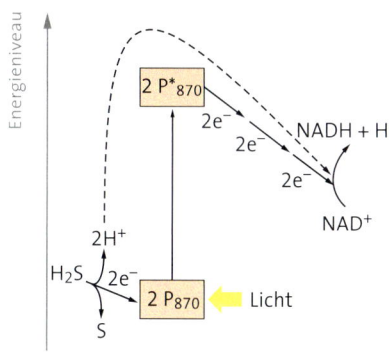

Lichtabhängige Reaktionen bei
Schwefelpurpurbakterien (Schema)

Die Abbildung zeigt schematisch, wie die Elektronenanregung und der Elektronentransport in der lichtabhängigen Reaktion bei den zu den Archaeen gehörenden Schwefelpurpurbakterien ablaufen. Nicht dargestellt sind Protonenfluss und ATP-Synthese. Beide finden analog zu den entsprechenden Vorgängen bei Pflanzen statt. Dies gilt auch für die lichtunabhängige Reaktion, die praktisch in gleicher Weise wie bei den grünen Pflanzen verläuft.

D1 Vergleichen Sie die lichtabhängige Reaktion bei Schwefelpurpurbakterien und bei Pflanzen!

D2 Formulieren Sie die Gesamtgleichung der Fotosynthese bei Schwefelpurpurbakterien!

D3 Begründen Sie, weshalb die Fotosynthese bei Schwefelpurpurbakterien die Erkenntnis unterstützt, dass bei Pflanzen der Sauerstoff aus dem Wasser entsteht!

Material E ▸ Fotosynthese bei Schwefelpurpurbakterien

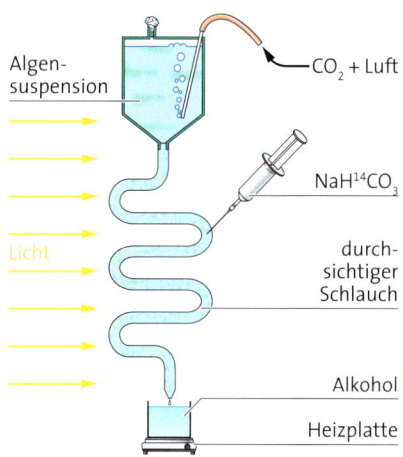

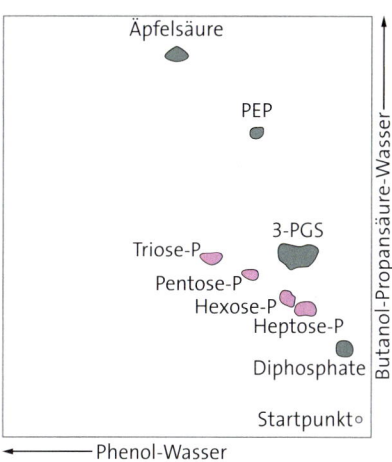

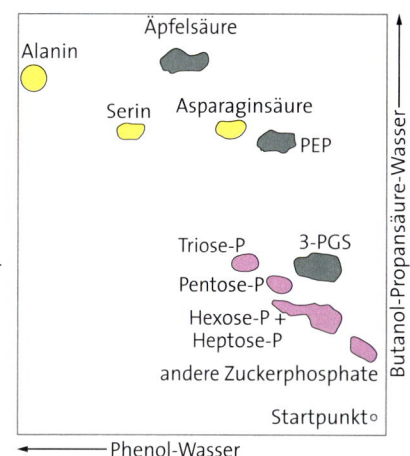

A Algenkultur mit $NaH^{14}CO_3$ behandelt

B Fotosyntheseprodukte 0,5 Sekunden und 2 Sekunden nach Zugabe von $^{14}CO_2$

Zur Aufklärung der lichtunabhängigen Reaktion wurde eine $NaH^{14}CO_3$-haltige Lösung in eine Algenkultur gespritzt. Aus $NaHCO_3$ wird CO_2 freigesetzt.

Durch Ablassen der Algenkultur nach definierten Zeitspannen wurden die Algen in siedendem Alkohol abgetötet und die entstandenen radioaktiven Produkte analysiert. Da radioaktive ^{14}C-Isotope genauso reagieren wie andere Kohlenstoffatome, kann man den Weg des Kohlenstoffs im Stoffwechsel verfolgen. Dazu wurde der Algenextrakt punktförmig auf Papier aufgetragen und im ersten Fließmittel

chromatografiert. Nach dem Trocknen wurde das Chromatogramm um 90 Grad gedreht und in einem zweiten Fließmittel chromatografiert. Danach wurde dieses zweidimensionale Chromatogramm im Dunkeln auf eine Röntgenplatte gelegt. Die dabei entstandenen Bilder mit Schwärzungen der Fotoplatte zeigen die Abbildung B. Dieses Verfahren heißt Autoradiografie.

E1 Beschreiben Sie den Versuchsablauf und erläutern Sie, auf welche Weise verschiedene Reaktionszeiten für den Einbau des Kohlenstoffdioxids erreicht werden!

E2 Beschreiben Sie die Ergebnisse, die man aus Abbildung B gewinnen kann, und erläutern Sie das experimentelle Verfahren!

E3 Erläutern Sie anhand des durchgeführten Versuchs den Begriff „Tracerexperiment", indem Sie von der Wortbedeutung (engl. trace = Spur) ausgehen!

E4 Werten Sie die Autoradiogramme aus und leiten Sie anhand der Schwärzungen die Reihenfolge der Bildung von Stoffen im Calvin-Zyklus begründet ab!

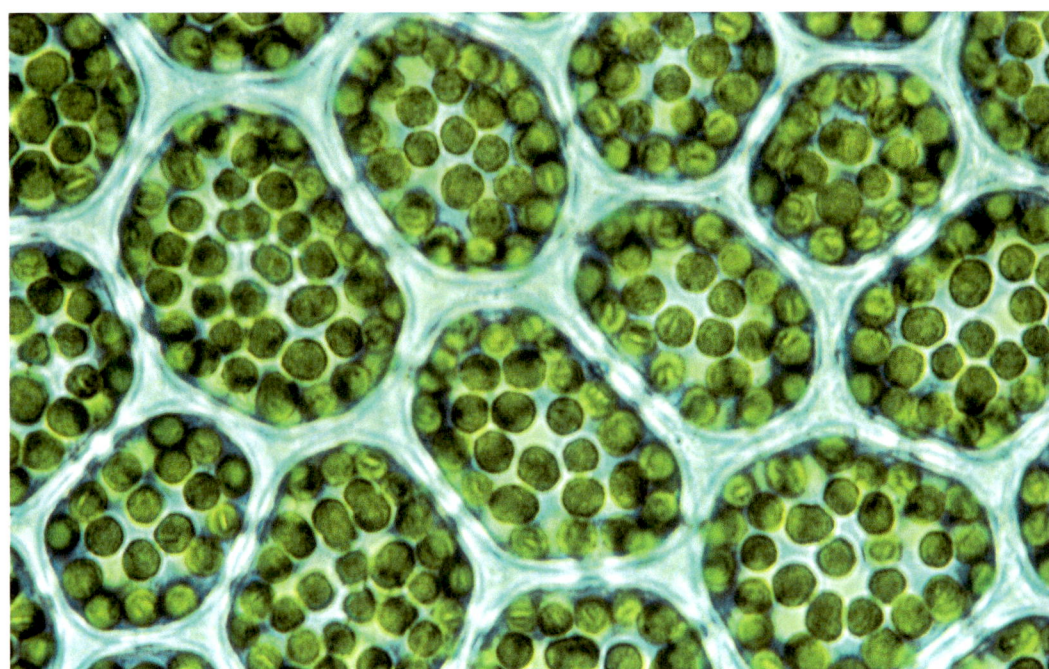

01 Mikroaufnahme eines Moosblättchens (500-fache Vergrößerung)

Fotosynthese im Zellstoffwechsel

In grünen Pflanzenzellen findet unter günstigen Bedingungen Fotosynthese statt: Aus anorganischen Stoffen werden organische Stoffe hergestellt und Sauerstoff wird freigesetzt. Welche Bedeutung haben diese stoffaufbauenden Prozesse der Fotosynthese für den weiteren Stoffwechsel?

BEDEUTUNG DER FOTOSYNTHESE · Viele Menschen sehen den Sauerstoff als wichtigstes Fotosyntheseprodukt an. Auch wenn heutiges Leben auf der Erde Sauerstoff voraussetzt, so ist doch die entscheidende Leistung der Fotosynthese die Produktion von organischen Stoffen. Das kann man auch daran erkennen, dass es andere Fotosyntheseformen gibt, bei denen kein Sauerstoff produziert wird. Allen Fotosyntheseformen gemeinsam ist jedoch die Bildung von organischen Stoffen, vorwiegend Kohlenhydraten. In ihnen ist Lichtenergie in Form chemischer Bindungen gespeichert. Pflanzen, aber auch andere Lebewesen nutzen diese energiereichen Stoffe für den eigenen Stoffwechsel. Daher ist die Fotosynthese die entscheidende treibende Kraft des Lebens auf der Erde.

FOTOSYNTHESE UND ZELLATMUNG · Bereits in den fotosynthetisch aktiven Pflanzenzellen kommt es zu einem erheblichen Ab- und Umbau des primären Fotosyntheseprodukts 3-PGA. Ein großer Teil dieses im Calvin-Zyklus entstandenen Stoffes wird ins Cytoplasma der Zelle transportiert und in Pyruvat umgewandelt. Pyruvat gelangt in Mitochondrien und wird dort in den Zitratzyklus eingeschleust. Dieser zentrale Stoffwechselprozess liefert einerseits reichlich Reduktionsmittel NADH + H$^+$ und FADH$_2$ für die Zellatmung und damit für die ATP-Synthese. Andererseits gehen aus dem Pyruvat und Bestandteilen des Zitratzyklus auch die Ausgangsstoffe für den Aminosäure- und Fettstoffwechsel hervor. An dieser Stelle ist der Kohlenhydratstoffwechsel mit dem Protein- und Fettstoffwechsel verknüpft. Auch die Synthesewege anderer Pflanzeninhaltsstoffe haben hier ihren Ursprung.

Die Zellatmung läuft nicht nur nachts ab, wenn kein Licht für die Fotosynthese zur Verfügung steht, sondern auch tagsüber. So bleibt die Konzentration von ATP in den Zellen immer relativ hoch, auch wenn es dauernd für viele andere Reaktionen benötigt wird.

TRANSPORT UND SPEICHERUNG · Ein anderer Teil des 3-PGA wird noch im Stroma der Chloroplasten in Fruktosephosphat und Glukosephosphat umgebaut. Aus diesen energiereichen Monosacchariden kann das Disaccharid Saccharose oder auch Cellulose gebildet werden. Cellulose ist als Hauptbestandteil pflanzlicher Zellwände die häufigste organische Verbindung. Saccharose ist bei den Pflanzen analog zur Glucose bei Tieren die Transportform für Zucker. Sie wird über die Siebzellen der Gefäßbündel aus den Blättern in solche Pflanzenzellen befördert, die – wie die Zellen von Wurzel, Spross oder Knospen – keine Chloroplasten besitzen und somit keine Fotosynthese betreiben können. Die Zuckerkonzentration in den Siebröhren kann dabei 25 Prozent betragen und die Transportgeschwindigkeit bis zu einem Meter pro Stunde. In Speicherorganen wie Knollen oder Samen wird die Saccharose in das Polysaccharid Stärke umgewandelt, die man dann **Reservestärke** nennt. Sie wird in Leukoplasten gelagert. Stärke ist als Makromolekül osmotisch praktisch unwirksam.

Auch das in den Chloroplasten verbleibende 3-PGA wird im Stroma zum größten Teil in Stärke umgewandelt, die dann als **Assimilationsstärke** bezeichnet wird. Bei hoher Fotosyntheseaktivität entstehen große Stärkekörner, die nachts teilweise wieder abgebaut werden.

ÜBERSCHUSSPRODUKTION · Die Stoffproduktion in der Fotosynthese geht meistens über den Bedarf der Zelle für den eigenen Bau- und Betriebsstoffwechsel hinaus. Die Überschüsse werden von verschiedenen Pflanzen sehr unterschiedlich verwendet:

Einjährige Pflanzen nutzen günstige Bedingungen zu schneller Produktion und investieren die Überschüsse anfangs in Blätter, später in Blüten und Samen. Mehrjährige Kräuter sammeln Überschüsse häufig in unterirdischen Speicherorganen an und bilden dann erst Blüten aus. Bäume und Sträucher lagern ihre Überschüsse vorwiegend in Sprosse und Stämme ein. Einzellige Algen setzen überschüssige Produktion unmittelbar in Zellteilung und Zellwachstum um.

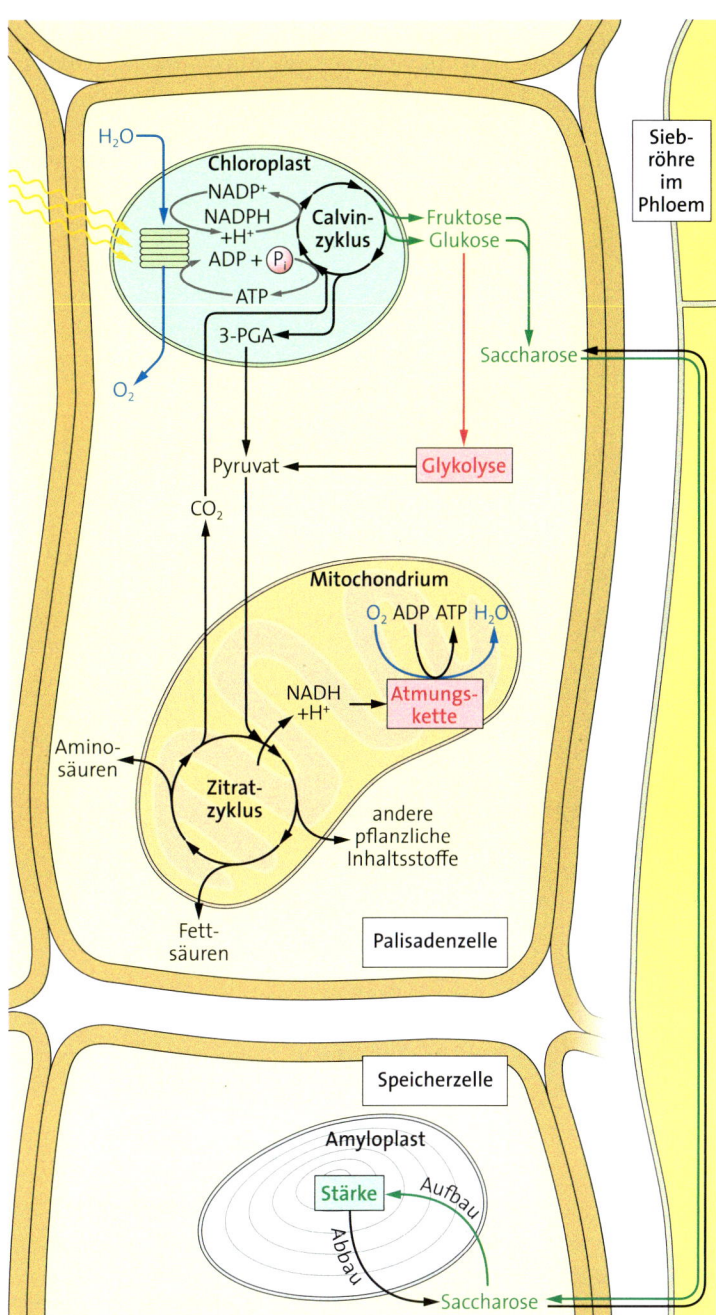

02 Reaktionen des primären Fotosyntheseprodukts

Die pflanzliche Produktion ist in ihrer Gesamtheit Lebensgrundlage für Pflanzen- und Allesfresser und damit Ausgangspunkt der Nahrungsketten.

1 ↓ Erläutern Sie die verschiedenen Reaktionswege des primären Fotosyntheseprodukts 3-PGA!

C_4-PFLANZEN · Viele Pflanzen binden das Kohlenstoffdioxid für die Fotosynthese in einer Reaktion, bei der sie *3-Phosphoglycerinsäure* bilden. Deren Moleküle enthalten drei Kohlenstoffatome. Zur Unterscheidung von Pflanzen mit anderen Stoffwechselwegen bei der Fotosynthese nennt man sie **C_3-Pflanzen.** Bei anderen Pflanzen, wie beim Mais, entsteht dagegen beim Einbau von Kohlenstoffdioxid zunächst *Oxalacetat,* ein Stoff mit vier Kohlenstoffatomen je Molekül. Man bezeichnet sie deshalb als **C_4-Pflanzen.**

Palisadengewebe
Bündelscheide
Schwammgewebe

Mesophyll
Bündelscheide

Phospoglycerinsäure, C_3 · Calvinzyklus
CO_2 · Zucker

Oxalacetat, C_4 · Malat · Calvinzyklus
PEP, C_3 · Pyruvat · Zucker
CO_2 · Mesophyll · Bündelscheide

03 Blattaufbau und Stoffwechselweg:
A C_3-Pflanze,
B C_4-Pflanze

relative Fotosyntheserate

C_3-Pflanze

C_4-Pflanze

Kohlenstoffdioxidgehalt der Luft

0,02   0,04   0,06   0,08   0,10

Kohlenstoffdioxidgehalt in Prozent

04 Fotosyntheseleistung bei einer C_3- und einer C_4-Pflanze im Laborversuch

CO_2 CO_2 CO_2 CO_2 CO_2 CO_2

CO_2 + H_2O ⇌ HCO_3^- + H^+
Phosphat   NADH   NAD$^+$
PEP → Oxalacetat → Malat
Stärke
Transportprotein
Vakuole
Malat + $2H^+$ $2H^+$ ATP   ADP + Phosphat

ADP   ATP
PEP → Oxalacetat
CO_2 Calvinzyklus   NADH
Fotosyntheseprodukte   NAD$^+$
Vakuole   Malat
Malat + $2H^+$ $2H^+$

05 Fotosynthesestoffwechsel bei CAM-Pflanzen

In Laborversuchen wachsen C_4-Pflanzen bei geringen Kohlenstoffdioxidkonzentrationen in der Luft besser als C_3-Pflanzen. Diese haben allerdings eine höhere maximale Fotosyntheserate. An natürlichen Standorten ist der Kohlenstoffdioxidgehalt der Luft so hoch, dass C_4-Pflanzen, im Unterschied zu C_3-Pflanzen, ihre maximale Fotosyntheseleistung erreichen können.

An trockenen Standorten verengen C_4-Pflanzen tagsüber ihre Spaltöffnungen, sodass die Verdunstung verringert wird. Dadurch gelangt nur sehr wenig Kohlenstoffdioxid in ihre Zellen. In den Mesophyllzellen arbeitet ein Enzym, das Kohlenstoffdioxid und Phosphoenolpyruvat, PEP, miteinander reagieren lässt. Das entstandene Oxalacetat wird in Malat umgewandelt. Malat gelangt über Plasmodesmen in Bündelscheidezellen, wo es das Kohlenstoffdioxid wieder abgibt. Dieses reichert sich hier an. Mithilfe des Enzyms *RuBisCo* kann jetzt *3-Phosphoglycerinsäure* hergestellt werden. Der Calvinzyklus läuft ab. So werden bei einer C_4-Pflanze die Kohlenstoffdioxidfixierung in der Zelle und die Weiterverarbeitung räumlich getrennt.

CAM-PFLANZEN · Bei einigen Pflanzen trockener Standorte, wie dem Geldbaum erfolgt die Trennung zeitlich. Sie öffnen ihre Spaltöffnungen nachts und speichern Kohlenstoffdioxid durch die Bildung von Malat, das sie in ihren Vakuolen anreichern. Auch H^+-Ionen werden in die Vakuole transportiert. Der Vakuolensaft wird stärker sauer. Bei Licht betreiben diese Pflanzen Fotosynthese. Gespeichertes Malat und H^+-Ionen verlassen die Vakuole. Der Vakuolensaft wird wieder weniger sauer. Aus Malat wird Kohlenstoffdioxid freigesetzt. Der Calvinzyklus kann ablaufen. Da dieser Stoffwechsel zunächst bei Dickblattgewächsen, Crassulaceen, beobachtet wurde, nennt man ihn englisch *Crassulacean Acid Metabolism,* CAM. Der in der Fotosynthese gebildete Sauerstoff reichert sich dabei an und mindert die Fotosyntheseleistung. CAM-Pflanzen haben allerdings an Standorten mit extremem Wassermangel einen ökologischen Konkurrenzvorteil gegenüber C_3- und C_4-Pflanzen.

2 Vergleichen Sie die Fotosynthese von C_3-, C_4- und CAM-Pflanzen!

Material A ▸ Temperaturoptima von C_3-, C_4- und CAM-Pflanzen

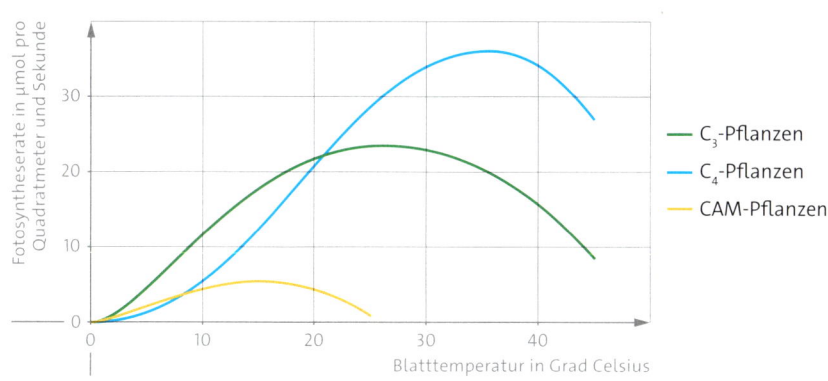

In einem Versuch wurde die Fotosyntheserate bei C_3-, C_4- und CAM-Pflanzen in Abhängigkeit von der Blatttemperatur anhand der Menge der Kohlenstoffdioxidfixierung gemessen.

A1 Beschreiben Sie das Versuchsergebnis mithilfe des Diagramms!

A2 Deuten Sie das Versuchsergebnis als Angepasstheit an die jeweils typischen Standortbedingungen!

Material B ▸ Sukkulenz als Angepasstheit an trockene Standorte

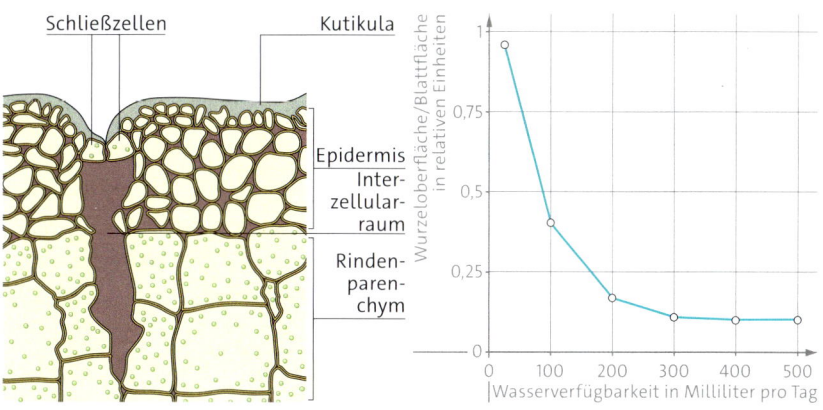

Laufe der Evolution zurückgebildet. Das Innere der Sprossachsen besteht aus großlumigen, wasserreichen Rindenparenchymzellen. Nur die nah an der Epidermis liegenden Zellen dieses Gewebes besitzen Chloroplasten.

B1 Erläutern Sie die Angepasstheit von Säulenkakteen an trockene Standortbedingungen!

B2 Beschreiben und deuten Sie das Verhältnis von Wurzeloberfläche und Blattfläche in Anhängigkeit zur Wasserverfügbarkeit!

Säulenkakteen der Gattung *Cereus* sind in südamerikanischen Trockengebieten verbreitet. Diese CAM-Pflanzen bilden stark verdickte Sprossachsen und werden daher als Stammsukkulenten bezeichnet. Ihre Blätter haben sich im

Material C ▸ Der tägliche Säurewechsel bei CAM-Pflanzen

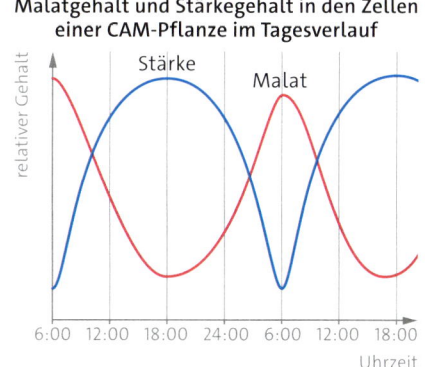

Malatgehalt und Stärkegehalt in den Zellen einer CAM-Pflanze im Tagesverlauf

Blätter werden in einer Plastikdose in den Kühlschrank gestellt. Andere Blätter belichtet man in einer durchsichtigen Dose für dieselbe Zeit. Zur Auswertung zermörsert man ein wenig Blattgewebe. Man misst den pH-Wert des Presssafts und schätzt so die Menge des gespeicherten Kohlenstoffdioxids ab.

C1 Erstellen Sie ein vollständiges Versuchsprotokoll zum pH-Wert!

C2 Werten Sie die im Diagramm dargestellten Messergebnisse aus!

Der Geldbaum, *Crassula ovata,* ist eine CAM-Pflanze, deren Blätter man für den Nachweis des Säurewechsels in den Zellen benutzen kann: Einige

Chemosynthese und Stickstoffkreislauf

CHEMOSYNTHESE · Der russische Mikrobiologe Sergej WINOGRADSKY veröffentlichte 1887 Erkenntnisse über Bakterien, die zwar wie Pflanzen Kohlenstoffdioxid zum Aufbau körpereigener Stoffe fixieren, aber dabei nicht das Licht als Energiequelle nutzen. Bei ihnen liefert die Oxidation von anorganischen Stoffen wie Methan, Ammoniak und Schwefelwasserstoff die notwendige Energie. Dieser Weg, körpereigene Stoffe zu bilden, heißt daher analog zur Fotosynthese **Chemosynthese.** Er kommt ausschließlich bei Prokaryoten vor. Sie sind *chemolithotroph*. Die meisten chemolithotrophen Bakterien leben in Grenzbereichen zwischen aerobem und anaerobem Milieu, zum Beispiel im Boden oder in den obersten Sedimentschichten

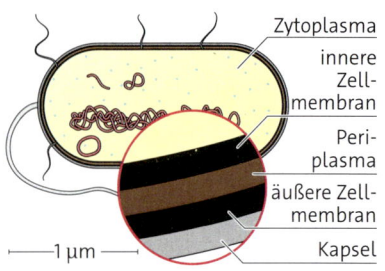

01 Bau eines Bakteriums

Labels im Bild: Zytoplasma, innere Zellmembran, Periplasma, äußere Zellmembran, Kapsel, 1 μm

von Seen. In der Tiefsee in der Nähe heißer Quellen hängen ganze Lebensgemeinschaften von schwefeloxidierenden Bakterien ab. Nur wenige Arten können solche Lebensräume besiedeln, Chemolithotrophie macht sie konkurrenzlos.

CHEMOSYNTHESESTOFFWECHSEL · Die im Boden lebende Bakterienart *Nitrospira* oxidiert Nitrit, NO_2^-, zu Nitrat, NO_3^-. Diese Oxidation liefert auf der Periplasmaseite der Zellmembran H^+-Ionen. Die Reaktion von Sauerstoff mit H^+-Ionen verringert die Konzentration der H^+-Ionen auf der Zytoplasmaseite. So entsteht ein Protonengradient. Er liefert, ähnlich wie bei der Fotosynthese, die Energie für die Bildung von ATP und, anders als bei der Fotosynthese, auch für die Bildung von $NADPH + H^+$. Sowohl bei der Fotosynthese als auch bei der Chemosynthese führen die Reaktionen des Calvinzyklus zur Bindung von Kohlenstoffdioxid und zur Bildung körpereigener Stoffe. Daher sind alle Lebewesen, die einen der beiden Stoffwechselwege haben, *kohlenstoffautotroph* oder *autotroph*. Die meisten Chemolithotrophen leben

am Übergang vom anaeroben zum aeroben Milieu, weil sie einerseits den Sauerstoff für die Oxidation anorganischer Stoffe benötigen und andererseits diese Stoffe brauchen, die aus anaeroben Stoffwechselvorgängen stammen und von solchen Organismen hergestellt werden, die im anaeroben Milieu leben. Durch Diffusion gelangen die Stoffe in die Grenzschicht.

NITRIT- UND NITRATBAKTERIEN · Bakterien, die chemische Energie aus der Oxidation von Stickstoffverbindungen gewinnen, sind ökologisch sehr bedeutsam. Sie stellen dabei Nitrat aus Nitrit her und geben es an die Umwelt ab. Nitrat ist die wichtigste Stickstoffquelle für Pflanzen. Die Pflanzen nehmen Nitrat auf und bauen den Stickstoff dann zum Beispiel in Aminosäuren ein.

Im Boden kommen drei Bakteriengruppen gemeinsam und häufig vor. Die erste oxidiert Ammonium, NH_4^+, zu Nitrit, NO_2^-, die zweite Nitrit zu Nitrat, NO_3^-, die dritte erledigt beide Schritte in einer Zelle. Man nennt sie *Nitrifizierer.* Häufig sind Arten der Gattungen *Nitrosomonas, Nitrobacter* und *Nitrospira.*

Die energieliefernden Reaktionen sind die Ammoniumoxidation: $NH_4^+ + 1{,}5\,O_2 \rightarrow NO_2^- + H_2O + 2\,H^+$ + Energie und die Nitritoxidation: $NO_2^- + 0{,}5\,O_2 \rightarrow NO_3^- + H_2O$ + Energie. In der Zelle wird die Energie zum Aufbau des Protonengradienten genutzt.

1 ⌡ Erläutern Sie die physiologischen und ökologischen Besonderheiten der chemolithotrophen Bakterien!

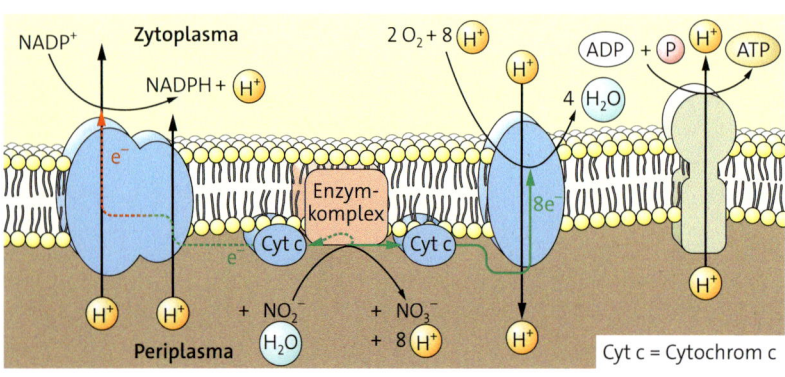

02 Aufbau eines Protonengradienten bei *Nitrospira*

Labels im Bild: $NADP^+$, Zytoplasma, $2\,O_2 + 8\,H^+$, ADP + P, ATP, $NADPH + H^+$, $4\,H_2O$, H^+, Enzymkomplex, e^-, 8e, Cyt c, $+\,NO_2^-$, $+\,NO_3^-$, H_2O, $+\,8\,H^+$, Periplasma, Cyt c = Cytochrom c

STICKSTOFFKREISLAUF · Stickstoffatome sind Bestandteile lebenswichtiger Moleküle, besonders von Aminosäuren, Proteinen und Nukleotiden. Sie sind häufig in Aminogruppen an Kohlenstoffatome gebunden, $-\overset{|}{\underset{|}{C}}-NH_2$. Einige Lebewesen beziehen Stickstoff aus anorganischen Stoffen. Sie sind *stickstoffautotroph.* Nur ganz wenige Bakterienarten verwerten dabei den Luftstickstoff, N_2. Einige leben frei im Boden. Knöllchenbakterien leben symbiontisch, zum Beispiel in den Wurzeln von Schmetterlingsblütlern. Einige Cyanobakterien binden ebenfalls Luftstickstoff.

Pflanzen und viele Mikroorganismen nehmen dagegen Ammonium, NH_4^+, oder häufiger Nitrat, NO_3^-, auf. Nitrat wird dabei reduziert. In der Zelle entsteht zunächst die Aminosäure Glutamin, die an alle Stellen einer Zelle oder des Lebewesens transportiert werden kann. Aus Glutamin können letztlich alle körpereigenen Stoffe gebildet werden, die Stickstoffatome enthalten. Der Stickstoff wird dabei in die körpereigene Substanz eingebaut, also **assimiliert.** Tiere, Pilze und viele Bakterien ernähren sich von organischen Stoffen und nehmen den Stickstoff daher mit verdauten Nährstoffen auf. Deren Umbau zu körpereigenen Stoffen heißt ebenfalls **Assimilation.**

Der Abbau von Proteinen in lebenden oder toten Lebewesen liefert Stoffe mit kleineren Molekülen. Bestimmte Bakterien und Pilze verwerten die Abbauprodukte und zersetzen sie bis zum Ammonium. Dieses kann nun direkt wieder assimiliert werden oder durch chemolithotrophe Bakterien zu Nitrat umgewandelt werden.

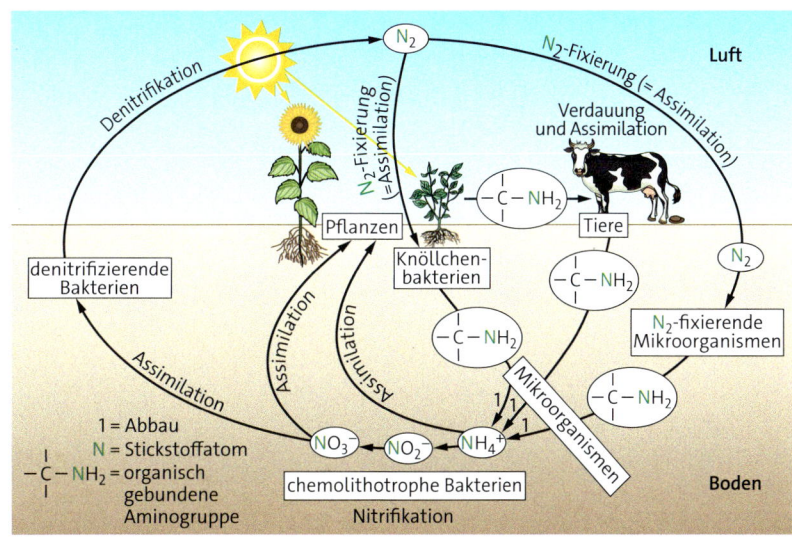

03 Stickstoffkreislauf in der Biosphäre

Diesen Vorgang nennt man **Nitrifikation.** Nitrat ist gut wasserlöslich und gelangt daher leicht zu den Pflanzenwurzeln.

Staunässe im Boden führt zu Sauerstoffarmut. Hier leben Bakterien, die bei der Zellatmung die Elektronen aus der Atmungskette nicht auf Sauerstoff übertragen, sondern auf Nitrat. Mit dieser Nitratatmung produzieren sie ATP. Aus dem Nitrat wird dabei zum größten Teil Luftstickstoff, N_2, gebildet. Diesen Vorgang bezeichnet man als **Denitrifikation.** In kleineren Mengen entstehen auch die Gase Stickstoffmonoxid, NO, und Distickstoffoxid, N_2O.

Erfasst man alle geschilderten Teilreaktionen in einem Schema, zeigt sich, dass Stickstoffatome Kreisläufe beschreiben können. Sie durchlaufen dabei Stoffwechselprozesse in Lebewesen und werden im Boden und in der Luft transportiert. Man spricht vereinfacht vom **Stickstoffkreislauf.** Im Schema wurden einige für den

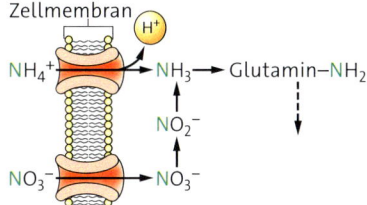

04 Stickstoffassimilation

Kreislauf bedeutsame Vorgänge nicht erfasst. Nitrat kann ausgewaschen und stickstoffhaltiger Humus kann abgelagert werden. Wenn Stickoxide in der Luft zu Salpetersäure reagieren, kann Nitrat neu gebildet werden. Der Kreislauf hat Zugänge und Abgänge. Pflanzen können auch organisch gebundenen Stickstoff aufnehmen: Viele Bäume nehmen durch die Wurzeln Aminosäuren auf, fleischfressende Pflanzen verdauen Nährstoffe.

2 ⌡ Beschreiben Sie mithilfe der Abbildung 03 den Stickstoffkreislauf!

78

01 Raupe am Blatt

Energieumwandlungen

Wenn im Frühling die ersten Blätter sprießen, kann man schon bald vielerorts Raupen beobachten, die von dem frischen Grün fressen. Mit der Nahrung nehmen sie energiereiche Stoffe auf, die sie zum Leben benötigen. Was passiert eigentlich mit der Energie, wenn die Stoffe verdaut, umgewandelt und schließlich abgebaut werden?

ZELLSTOFFWECHSEL UND ENERGIE · Schmetterlingsraupen fressen unaufhörlich Blätter und verdauen die darin enthaltenen energiereichen Stoffe. Dabei nehmen einige von ihnen in nur acht Tagen von 7 auf 45 Gramm zu. Diese Gewichtszunahme ist die Folge von Stoffwechselvorgängen, die in den Zellen ablaufen. Alle diese Prozesse benötigen Energie. Quelle der Energie ist die Sonnenstrahlung, die Pflanzen zur Fotosynthese nutzen. Aus den energiearmen anorganischen Stoffen Wasser, Mineralstoffe und Kohlenstoffdioxid entstehen energiereiche organische Stoffe wie Kohlenhydrate, Fette und Proteine. Ursprünglich im Licht enthaltene Strahlungsenergie wird in Form von chemischer Bindungsenergie in diesen Stoffen fixiert.

In Zellen aller Lebewesen sind diese energiereichen Stoffe Basis für alle weiteren Um- und Abbauvorgänge. Sie liefern sowohl das Material als auch die Energie für den gesamten Stoffwechsel, der in allen Lebewesen prinzipiell gleich abläuft.

Die Gewinnung körpereigener Substanz nennt man **Assimilation,** ihren Abbau **Dissimilation.** Pflanzen und einige Bakterienarten können ihre Biomasse aus anorganischen Verbindungen herstellen. Man nennt sie *autotroph.* Tiere oder Pilze hingegen müssen energiereiche organische Verbindungen mit der Nahrung aufnehmen. Sie werden als *heterotroph* bezeichnet. Unabhängig davon, ob Biomasse auf autotrophem oder heterotrophem Weg aufgebaut wird, ist es für den Energiehaushalt aller Lebewesen typisch, dass die Energie an Stoffe gebunden ist. Was nun in Lebewesen mit dieser chemisch gebundenen Energie passiert, lässt sich erst mit einem Blick auf Prozesse in der Zelle erläutern. Am Beispiel der Zellatmung wird deutlich, wie Energie umgewandelt und für den Stoffwechsel verfügbar wird: Glukose reagiert in einer ganzen Reihe von Einzelreaktionen mit Sauerstoff und es entstehen schließlich Kohlenstoffdioxid und Wasser. Aus energetischer Sicht sind bei diesen Reaktionen zwei Prozesse von entscheidender Bedeutung:

Der erste Prozess ist die Übertragung von Elektronen auf Stoffe, die diese aufnehmen und bei anderen Reaktionen wieder abgeben können. Diese **Redoxsysteme** stellen die für chemische Reaktionen erforderlichen Elektronen zur Verfügung oder nehmen sie auf. Bei der Zellatmung ist dies das $NAD^+/NADH+H^+$-System. Als Elektronendonator wird das $NADH+H^+$ dabei für viele weitere Vorgänge in der Zelle benötigt.

Der zweite Prozess ist die Synthese von ATP aus ADP und Phosphat, abgekürzt P_i. Diese Reaktion kann nur erfolgen, wenn sie mit einer Energie liefernden, also *exergonischen* Reaktion verknüpft ist. Da das gebildete ATP eine energiereiche Verbindung ist, kann die Spaltung von ATP zu ADP und P_i nun eine Energie benötigende, also *endergonische* Reaktion ermöglichen. Mithilfe von ATP werden also endergonische Reaktionen an vorausgegangene exergonische Reaktionen gekoppelt. Dies bezeichnet man als **energetische Kopplung.**

Bei allen Reaktionen wird ein Teil der in den Stoffen enthaltenen Energie in Wärme umgewandelt. Wärme lässt sich jedoch nicht direkt für Stoffwechselvorgänge nutzen, sondern wird an die Umwelt abgegeben. Einen weiteren Teil der Energie benötigen Lebewesen für ihre Bewegung. Auch diese Energie ist für den weiteren Stoffwechsel des Lebewesens verloren. Zudem werden einige der durch die Nahrung aufgenommenen Stoffe unverdaut ausgeschieden. Für die Raupen bedeutet das, dass ihre Biomasse deutlich geringer ist als die Biomasse der gefressenen Blätter.

TROPHIESTUFEN UND ENERGIE · Bei der Betrachtung von Stoffwechselvorgängen in Lebewesen wie der Raupe können grundlegende energetische Prozesse auf zellulärer und organismischer Ebene geklärt werden. Die Lebewesen mit ihrem Stoffwechsel sind allerdings auch in Ökosysteme eingebunden. Eine für energetische Betrachtungen wichtige Verknüpfung von Lebewesen geschieht durch die Nahrungsaufnahme. Dabei kann man verschiedene Lebewesen in Trophiestufen zusammenfassen. Diese sind sinnvolle Bezugspunkte für Energieumwandlungen in Ökosystemen, weil der Energieumsatz dadurch bilanziert werden kann.

In Mitteleuropa trifft eine Globalstrahlung von etwa 12 000 Kilojoule pro Quadratmeter und Tag auf die Erde. Diese Strahlungsenergie wird ungefähr je zur Hälfte reflektiert und absorbiert. Ein großer Teil der absorbierten Energie wird ohne Beteiligung biologischer Prozesse in Wärme überführt. Nur einen sehr kleinen Anteil von etwa 300 Kilojoule können Pflanzen für die sogenannte **Bruttoprimärproduktion** nutzen. Davon wird etwa die Hälfte von ihnen wieder veratmet. In der **Nettoprimärproduktion** ist letztlich nur noch etwa 1 Prozent der Energie der Globalstrahlung enthalten. Die produzierte Biomasse und die in ihr enthaltene Energie sind Nahrungsgrundlage für Tiere aller nachfolgenden Trophiestufen. In Mitteleuropa stehen damit etwa 120 Kilojoule pro Tag und Quadratmeter zur Verfügung.

Die in der pflanzlichen Biomasse enthaltene Gesamtenergiemenge kann allerdings nicht mit in nachfolgende Trophiestufen gelangen. Von der als 100 Prozent gesetzten Energie, die in den

$NAD^+/NADH+H^+$ = Nicotinamid-Adenin-Dinukleotid

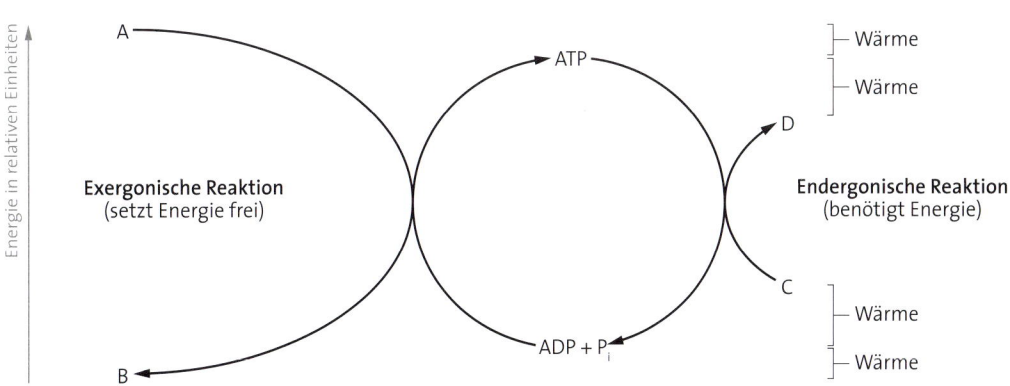

02 Energetische Kopplung

Produzenten vorhanden ist, bleibt für die zur zweiten Trophiestufe gehörenden Pflanzenfresser, die Primärkonsumenten, nur ein Teil für den Biomasseaufbau übrig: Etwa 50 Prozent der Nahrung wird nicht verdaut und zum Beispiel als Kot abgegeben. Wenn zudem etwa ein Drittel der Energie durch Stoffwechselprozesse in Form von Wärme abgegeben wird, beträgt die nutzbare Energiemenge in der zweiten Trophiestufe, also der Stufe der Sekundärkonsumenten, nur noch etwa 15 Prozent. Der Energiegehalt der jeweiligen Biomasse nimmt nun in gleicher Weise mit jeder Trophiestufe ab. Daher gibt es nur wenige Trophiestufen in Ökosystemen. Als Faustregel merkt man sich eine Abnahme des Energiegehalts um den Faktor 10.

Da schließlich alle Stoffwechselprodukte abgebaut werden, lassen sich Konsumenten und Destruenten für die Betrachtung des Energieflusses zusammenfassen.

Der Abbau erfolgt so lange, bis das organische Material keine energiereichen Verbindungen mehr enthält. Erreicht wird dieser Zustand aber erst, wenn nur noch Wasser, Kohlenstoffdioxid und Mineralstoffe vorhanden sind. Es bleiben also schließlich diejenigen Stoffe zurück, die zuvor in der Fotosynthese fixiert wurden. Sie stehen später wieder den Primärproduzenten zur Verfügung. Als finale Energie entsteht immer Wärme, die für den Stoffwechsel der Lebewesen nutzlos geworden ist. Daher benötigt das Leben eine stetige Zufuhr von verwertbarer Energie aus der Sonnenstrahlung.

ENERGIEFLUSS UND ENERGIEENTWERTUNG ·

Vergleicht man nun, was in einem Ökosystem mit den beteiligten Stoffen und mit der jeweiligen Energie geschieht, so stellt man fest, dass Stoffe auf-, um- oder abgebaut werden. Sie befinden sich in einem dauernden Stoffkreislauf und gehen nicht verloren. Auch Energie geht nicht verloren. Ihre Summe bleibt ebenfalls immer gleich. Die Strahlungsenergie der Sonne wird in chemische Bindungsenergie umgesetzt. Bei allen weiteren Stoffumwandlungen wird ein Teil der chemischen Bindungsenergie übertragen. Der andere Teil der Energie wird in Wärme umgewandelt. Da auf allen Trophiestufen Stoffwechsel stattfindet, entsteht schließlich aus der gesamten verfügbaren Energie Wärme. Aus der verwertbaren Sonnenenergie ist letztlich über die Stufen chemischer Bindungen eine Energieform entstanden, die von Lebewesen für weitere Stoffwechselprozesse nicht mehr zur Verfügung steht. Man spricht daher von **Energiefluss** oder **Einbahnstraße der Energie**. In Bezug auf den „Wert" der Energie für Lebensvorgänge verwendet man auch den Begriff **Energieentwertung**.

03 Energiefluss im Ökosystem

1) Erläutern Sie auf zellulärer Ebene, weshalb Schmetterlingsraupen mehr fressen müssen, als sie an Gewicht zunehmen können!

Material A ▸ Assimilation und Dissimilation

1 Gt (Gigatonne) = 940 m Kantenlänge
Maßstab 1 : 60000

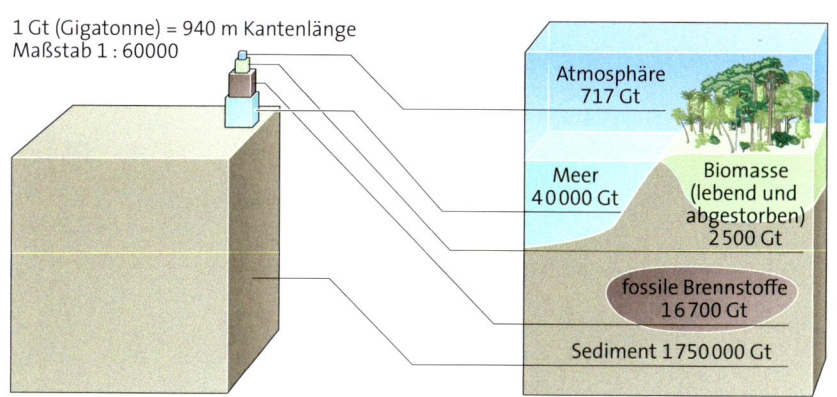

Atmosphäre
717 Gt

Meer
40 000 Gt

Biomasse
(lebend und
abgestorben)
2 500 Gt

fossile Brennstoffe
16 700 Gt

Sediment 1 750 000 Gt

Fotosynthese und Zellatmung sind gegenläufige Prozesse: Bei der Zellatmung entsteht genau die gleiche Menge Kohlenstoffdioxid und Wasser, wie bei der Fotosynthese benötigt wird. Vor der Evolution von grünen Pflanzen gab es keinen freien Sauerstoff in der Atmosphäre.

A1 Erläutern Sie anhand der Fotosynthesegleichung, wie Sauerstoff in der Atmosphäre angereichert wurde!

A2 Erklären Sie mithilfe der Abbildung, wie die Massen von Kohlenstoffverbindungen im Laufe der Zeit entstehen konnten!

A3 Erläutern Sie aus energetischer Sicht, was passiert, wenn die Massen an Kohlenstoffverbindungen durch den Menschen abgebaut werden!

VERSUCH B ▸ Energieausbeute von C_4-Pflanzen

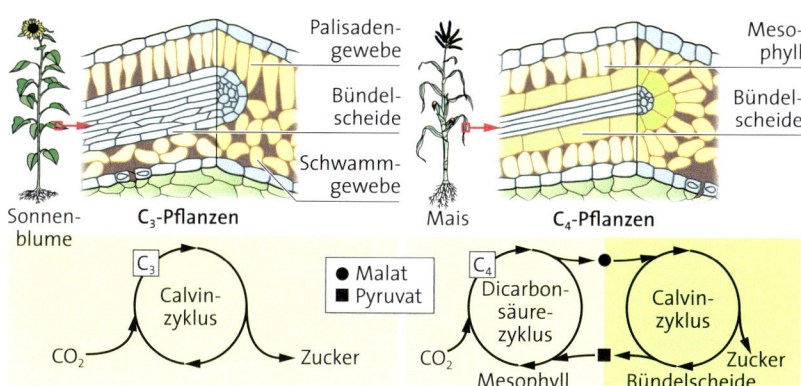

Palisadengewebe
Bündelscheide
Schwammgewebe

Mesophyll
Bündelscheide

Sonnenblume C_3-Pflanzen

Mais C_4-Pflanzen

C_3 → Calvin-zyklus

● Malat
■ Pyruvat

C_4 → Dicarbonsäurezyklus — Calvin-zyklus

CO_2 → Zucker

CO_2 — Mesophyll — Bündelscheide → Zucker

$CO_2 + 2NADPH + 3ATP \rightarrow [CH_2O] + 2NADP^+ + 3ADP + P_i$ $CO_2 + 2NADPH + 5ATP \rightarrow [CH_2O] + 2NADP^+ + 5ADP + P_i$

	C_3	C_4
optimale Temperatur in °C	15 – 25	30 – 45
Lichtsättigung in µmol Photonen pro m² und s	1 000 – 11 500	< 1 500
CO_2-Aufnahme in mg pro dm² und Stunde	15 – 35	40 – 80
Wasserbedarf in ml pro g Trockensubstanz	450 – 950	230 – 250

C_4-Pflanzen, zum Beispiel Mais und Hirse, sind an trockene, heiße und sonnige Standorte angepasst. In ihren Mesophyllzellen wird Kohlenstoffdioxid an Pyruvat gebunden. Dabei entsteht Malat, ein C_4-Körper. Da diesen Zellen das Enzym Rubisco fehlt, findet der Calvin-Zyklus erst in den Bündelscheidenzellen statt und wird von dem Malat aus den Mesophyllzellen gespeist, das dabei wieder zu Pyruvat reagiert. Diese Hin- und Rückreaktion von Pyruvat und Malat erfordert zusätzliche Energie. Um das Wachstum von C_3- und C_4-Pflanzen zu vergleichen, wird der

folgende Versuch durchgeführt: Eine etwa 20 Zentimeter hohe Sonnenblume und eine Maispflanze werden jeweils unter einer luftdicht abschließbaren Glasglocke eingepflanzt und mit einer Starklichtlampe belichtet. Zur Kontrolle verfährt man mit je zwei Sonnenblumen- und zwei Maispflanzen in gleicher Weise und belichtet sie getrennt unter je einer Glasglocke. Für ausreichend Bewässerung ist zu sorgen. Die Temperatur soll gleichbleibend etwa 25 Grad Celsius betragen. Nach 10 Tagen werden Länge und Masse der Pflanzen bestimmt.

B1 Vergleichen Sie den Blattaufbau und den Stoffwechsel von C_3- und C_4-Pflanzen!

B2 Formulieren Sie Argumente, die für ein besseres Wachstum von C_3- oder C_4-Pflanzen sprechen!

B3 Vergleichen Sie Ihre Messergebnisse mit Ihren Argumenten und erörtern Sie die Bedeutung der Kontrollansätze!

B4 Deuten Sie Ihre Ergebnisse hinsichtlich der Energieverwertung!

Training A ▸ Regulierende Faktoren der Glykolyse

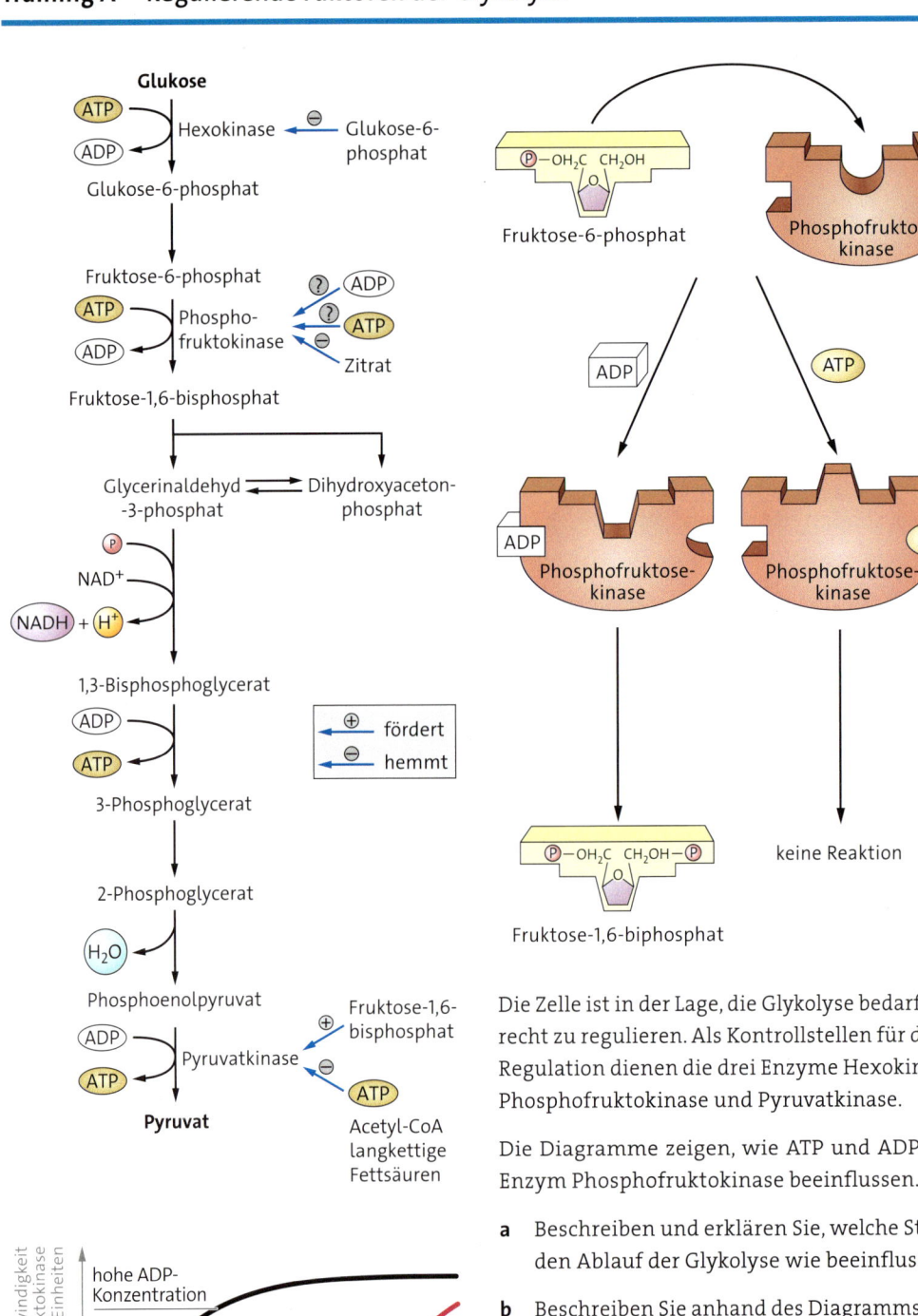

Die Zelle ist in der Lage, die Glykolyse bedarfsgerecht zu regulieren. Als Kontrollstellen für diese Regulation dienen die drei Enzyme Hexokinase, Phosphofruktokinase und Pyruvatkinase.

Die Diagramme zeigen, wie ATP und ADP das Enzym Phosphofruktokinase beeinflussen.

a Beschreiben und erklären Sie, welche Stoffe den Ablauf der Glykolyse wie beeinflussen!

b Beschreiben Sie anhand des Diagramms den Einfluss von ATP und ADP auf die Glykolyse!

c Erklären Sie den Einfluss von ATP und ADP auf die Glykolyse!

d Erklären Sie das im Diagramm dargestellte Ergebnis anhand der Modellvorstellung zur allosterischen Hemmung und Aktivierung!

Training B ▸ Leistungsdiagnostik und Trainingserfolge

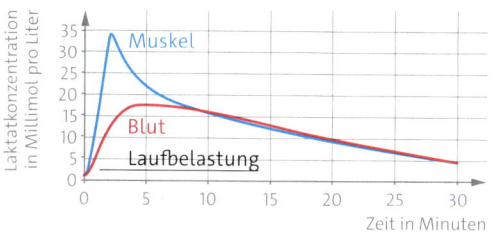

Während und nach einer intensiven körperlichen Belastung, zum Beispiel einem 400-Meter-Lauf, verändert sich die Laktatkonzentration im Blut und in den Muskeln. Mithilfe der veränderten Laktatwerte werden im Leistungssport der Trainingszustand und Trainingserfolg bestimmt.

Eine Spitzensportlerin im Mittel- und Langstreckenlauf führte jährlich einen Leistungstest durch. Dazu lief die Sportlerin auf einem Laufband. Die Geschwindigkeit des Laufbands wurde stufenweise in festgesetzten Zeitintervallen von jeweils drei Minuten erhöht, bis die Sportlerin ihre maximale Leistungsfähigkeit erreichte und die Belastung abbrach. Am Ende jeder Belastungsstufe wurden die Laktatkonzentration im Blut und die Herzfrequenz bestimmt.

a Beschreiben Sie die Veränderungen der Laktatkonzentrationen in Blut und Muskel während und nach einem 400-Meter-Lauf!

b Stellen Sie die im Schema gezeigten Stoffwechselwege der Energiebereitstellung für eine Muskelkontraktion dar!

c Deuten Sie die Veränderungen der Laktatkonzentration mithilfe des Schemas!

d Beschreiben Sie die Ergebnisse des Leistungstests der Sportlerin in den Jahren 2014 und 2015!

e Stellen Sie Vermutungen an, welche Trainingseffekte die Veränderungen der Laktatkonzentration und der Herzfrequenz erklären könnten!

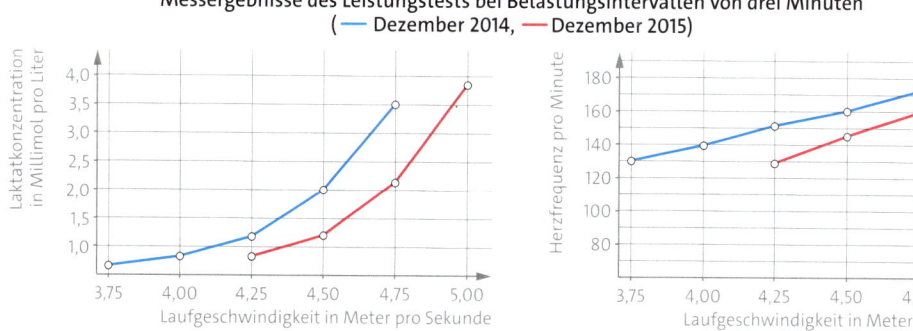

Messergebnisse des Leistungstests bei Belastungsintervallen von drei Minuten
(— Dezember 2014, — Dezember 2015)

Enzymatik

exergonische Reaktion: biochemische Reaktion, bei der Energie freigesetzt wird. Sie läuft freiwillig ab.

endergonische Reaktion: biochemische Reaktion, die Energie benötigt. Sie läuft nicht freiwillig ab.

Entropie: ist ein Maß für die Unordnung eines Systems.

freie Enthalpie: auch Gibbs-Energie G. Ihre Änderung gibt an, ob eine Reaktion freiwillig ($\Delta G < 0$) oder unter Energiezufuhr abläuft ($\Delta G > 0$).

Aktivierungsenergie: ist die Energie, die benötigt wird, um eine Reaktion in Gang zu setzen.

Katalysatoren: Stoffe, die die Aktivierungsenergie herabsetzen.

Enzyme: spezielle Proteine, die als Biokatalysatoren die Aktivierungsenergie herabsetzen.

Enzym-Substrat-Komplex: ein Übergangszustand, den ein Enzym mit dem umzusetzenden Molekül, dem Substrat, vorübergehend bildet.

Substrat: Ausgangsstoffe, die von Enzymen katalysiert werden.

aktives Zentrum: taschenartige Vertiefung der Enzymoberfläche, die so gestaltet ist, dass nur spezifische Substrate hineinpassen.

Substratspezifität: Ein Enzym kann nur ein Substrat oder eine bestimmte Anzahl an spezifischen Substraten in seinem aktiven Zentrum aufnehmen.

Schlüssel-Schloss-Modell: Modellvorstellung für enzymatische Reaktionen, nach der das Substrat in das aktive Zentrum des Enzyms passt wie ein Schlüssel ins Schlüsselloch.

Wirkungsspezifität: Ein Enzym kann nur eine ganz bestimmte Veränderung des Substrates bewirken und damit nur eine bestimmte chemische Reaktion katalysieren.

Induced-fit-Modell: Modellvorstellung für enzymatische Reaktionen, nach der sich das aktive Zentrum des Enzyms in seiner Gestalt an das Substrat anpasst.

Coenzyme, auch **Cosubstrate:** organische Moleküle, die während der enzymatischen Reaktion Elektronen, Wasserstoffatome oder chemische Gruppen auf das Substrat übertragen oder entfernen.

Cofaktoren: anorganische Ionen, die fest an ein Enzym gebunden sind.

prosthetische Gruppe: organische Moleküle, die dauerhaft mit einem Enzym verknüpft sind.

Oxidoreduktase: Enzym, das einen Reaktionspartner oxidiert und einen anderen reduziert. Dabei werden Sauerstoffatome, Wasserstoffatome oder Elektronen übertragen.

Transferase: Enzym, das eine funktionelle Gruppe wie Methyl- und Aminogruppen oder einen Phosphatrest auf andere Moleküle überträgt.

Hydrolase: Enzym, das Nährstoffe spaltet und dabei ein Wassermolekül benötigt.

Lyase: Enzym, das ein Substrat spaltet, ohne ein Wassermolekül zu benötigen.

Isomerase: Enzym, welches die chemische Struktur des Substratmoleküls, nicht aber die Summenformel verändert.

Ligase: Enzym, das kleinere Moleküle zu einem größeren verknüpft.

Reaktionsgeschwindigkeit-Temperatur-Regel, RGT-Regel: ist eine Faustregel, die besagt, dass eine Temperaturerhöhung um zehn Grad Celsius etwa eine Verdoppelung der Reaktionsgeschwindigkeit einer chemischen Reaktion zur Folge hat.

Michaelis-Menten-Konstante, K_M: Substratkonzentration, bei der die halbe Maximalgeschwindigkeit einer Reaktion erreicht ist.

kompetitive Hemmung: Vorgang, bei dem das Substrat- und das Hemmstoffmolekül um das aktive Zentrum des Enzymmoleküls konkurrieren.

nichtkompetitive Hemmung: auch allosterische Hemmung genannt. Vorgang, bei dem ein Hemmstoff an einer zweiten Bindungsstelle des Enzyms bindet. Dadurch ändert sich die Struktur des aktiven Zentrums. Dies reduziert die maximale Geschwindigkeit der Reaktion.

Stoff- und Energieumwandlung

Adenosintriphosphat, ATP: ein Nukleotid aus der organischen Base Adenin, dem Zucker Ribose und drei Phosphatgruppen, das als universeller Energieträger der Zelle dient.

Glykogen: in Tier- und Pilzzellen vorliegende Speicherform der Kohlenhydrate, die aus vielen Glukosemolekülen besteht.

respiratorischer Quotient, RQ: Verhältnis aus der Kohlenstoffdioxidmenge der ausgeatmeten Luft und der Sauerstoffmenge der eingeatmeten Luft.

Glykolyse: Folge von einzelnen chemischen Reaktionen, bei der die Glukose schrittweise zu Pyruvat abgebaut werden.

NAD^+, Nicotinamidadenindinukleotid: Coenzym, das bei Redoxreaktionen Wasserstoffionen und Elektronen aufnimmt und dabei zu **NADH + H^+** reduziert wird.

Zitratzyklus: Reaktionskreislauf in der Mitochondrienmatrix, durch den das Pyruvat über mehrere Schritte vollständig zu Kohlenstoffdioxid oxidiert wird. Er ist der zentrale Abschnitt der Zellatmung und dient vor allem zur Bildung von NADH + H^+ sowie als Ausgangspunkt verschiedener Biosynthesewege.

oxidative Decarboxylierung: chemische Reaktion, bei der Kohlenstoffdioxid aus Verbindungen abgespalten und das restliche Molekül oxidiert wird.

Proton, auch **Wasserstoffion** oder **H^+-Ion:** ein stabiler, elektrisch positiv geladener Bestandteil der Atome.

Protonengradient: Konzentrationsgefälle für Protonen an einer Membran. Der Protonengradient ist die Grundlage der Energiegewinnung durch oxidative Phosphorylierung.

ATP-Synthase: spezielles Enzym in der Membran, durch das Protonen entlang des Konzentrationsgefälles durch eine Membran transportiert werden. Dabei wird die Energie des Konzentrationsgefälles für die Bildung von ATP aus ADP und Phosphat genutzt.

Redoxreaktion: Reaktion, bei der ein Reaktionspartner oxidiert wird, also Elektronen abgibt, und ein anderer gleichzeitig reduziert wird, also Elektronen aufnimmt.

Atmungskette: Kette von Redoxreaktionen in der inneren Mitochondrienmembran, in deren Verlauf der Wasserstoff des NADH mit dem Sauerstoff zu Wasser oxidiert wird. Diese Redoxreaktionen liefern die Energie für den Protonentransport und damit für die ATP-Bildung.

Oxidation: Abgabe von Elektronen.

Reduktion: Aufnahme von Elektronen.

oxidative Phosphorylierung: Prozess, bei dem die Redoxreaktionen in der Atmungskette die Energie für den Protonentransport und damit für die ATP-Bildung liefern.

Zellatmung: aerobe Form des Energiestoffwechsels, bei dem die Glykolyse im Zytoplasma und der Zitratzyklus in den Mitochondrien abläuft.

Dissimilation: abbauender Stoffwechsel, bei dem Kohlenhydrate, Fette, Aminosäuren oder andere Stoffe zur ATP-Bildung genutzt werden.

aerobe Dissimilation: vollständiger Abbau von Glukose zu Wasser und Kohlenstoffdioxid, bei dem ATP synthetisiert wird.

anaerobe Dissimilation, auch **Gärung:** Abbau von Glukose zu Laktat oder Ethanol unter sauerstoffarmen Bedingungen.

fakultative Anaerobier: Zellen oder Lebewesen, die optimal in Gegenwart von Sauerstoff leben, aber auch in Abwesenheit von Sauerstoff leben können und ihren Stoffwechsel auf Gärung oder anaerobe Atmung umschalten.

Pasteur-Effekt: Zuckerverbrauch in Abhängigkeit von den Sauerstoffbedingungen.

Sport und Stoffwechsel

Muskelfaser: lange, dünne Zellen mit vielen Zellkernen und Mitochondrien, die aus der Verschmelzung von Vorläuferzellen entstanden sind. Mehrere Muskelfasern bilden ein **Muskelfaserbündel.**

Myofibrille: Bestandteil der Muskelfaser, der aus zahlreich hintereinanderliegenden Sarkomeren besteht.

Sarkomer: funktionelle Einheit einer Myofibrille und somit eines Skelettmuskels, die die Kontraktion ermöglicht.

Z-Scheibe: aus Proteinen bestehende, äußere Fläche, die zwei Sarkomere miteinander verbindet.

Aktinfilament: dünnes, fädiges Protein des Sarkomers.

Myosinfilament: dicker Proteinfaden, der mittig im Sarkomer liegt und über Titin mit den Z-Scheiben verbunden sind.

Querbrücke: Verbindung eines Myosinkopfs mit einem Aktinfilament bei der Muskelkontraktion.

Gleitfilamenttheorie: Modellvorstellung zur Muskelkontraktion, nach welcher Aktin- und Myosinfilamente durch die Beweglichkeit des Myosinkopfs aneinander vorbeigleiten.

weiße Muskelfaser: Muskelfasern mit wenig Blutkapillaren, die sehr schnell kontrahieren, jedoch auch schnell ermüden.

rote Muskelfaser: Muskelfaser mit vielen Blutkapillaren, die langsamer kontrahieren, jedoch sehr ausdauernd sind.

Energieumsatz: Übertragung der in Nahrung enthaltenen Energie auf die für den Körper nutzbaren, körpereigenen Energieformen, vor allem ATP.

Grundumsatz: Energie, die zur Aufrechterhaltung der grundlegenden Funktionen eines Organismus bei völliger Ruhe benötigt wird.

Leistungsumsatz: bei körperlicher Aktivität zusätzlich benötigte Energiemenge, die über den Grundumsatz hinausgeht.

Gesamtumsatz: setzt sich aus Grundumsatz, Leistungsumsatz und in geringem Maße aus nahrungsbedingtem und temperaturregulierendem Energieumsatz zusammen.

Brennwerte: ein Maß für die in einem Stoff enthaltene Wärmeenergie. Er wird in Kilojoule (KJ) oder Kilokalorie (Kcal) pro Gramm Nährstoff angegeben.

physikalischer Brennwert: gibt den Energiegehalt eines Stoffes an und wird durch den vollständigen Abbau des Stoffes ermittelt.

physiologischer Brennwert: gibt die spezifische Energie eines Stoffes an, die bei deren Verstoffwechselung im Körper eines Organismus verfügbar gemacht werden kann. Da der Körper Stoffe nicht vollständig oxidieren kann, ist dieser Wert geringer als der physikalische Brennwert.

direkte Kalorimetrie: Verfahren zur Messung der Wärmeenergie, die bei Stoffwechselaktivitäten der Lebewesen frei wird und über die vom Körper abgegebene Wärme direkt ermittelt wird.

indirekte Kalorimetrie: Verfahren zur Messung der Wärmenergie, die bei Stoffwechselaktivitäten der Lebewesen frei wird und über den Sauerstoffverbrauch indirekt ermittelt wird.

Überkompensation: Energiereserven, die nach einer Trainingseinheit höher liegen als vor dem Training.

Doping: Anwendung von unerlaubten Mitteln oder Methoden zur Steigerung der Leistungsfähigkeit.

Fotosynthese und Chemosynthese

Absorption: Aufnahme von Strahlungsenergie durch Anregung von Elektronen.

Absorptionsspektrum: grafische Darstellung der Absorption in Abhängigkeit von eingestrahlten Wellenlängen. Absorptionsspektren werden mit einem Spektralfotometer aufgenommen.

Fotosynthese: Umwandlung von Lichtenergie in chemische Energie und Aufbau von organischer Substanz aus anorganischen Stoffen. Besteht aus lichtabhängiger Primär- und lichtunabhängiger Sekundärreaktion.

Blattpigmente: Licht absorbierende Farbstoffe in Blättern, beispielsweise Chlorophyll.

Chromatografie: Methode zur Trennung eines Stoffgemisches, bei der Stoffe aufgrund unterschiedlicher Löslichkeit in einem Fließmittel und unterschiedlicher Adsorption an einem Träger getrennt werden.

Chloroplast: von Chlorophyll grün gefärbter Zellbestandteil, Ort der Fotosynthese.

Thylakoidmembran: Membransystem der Chloroplasten.

Fotosysteme: fotosynthetisch wirksame Farbstoffe, die an Proteinkomplexe gebunden sind.

Elektronentransportkette: Reaktionskette von Redoxsystemen, in der Elektronen transportiert werden.

Fotolyse des Wassers: fotochemische Spaltung von Wasser, bei der Elektronen, Protonen und elementarer Sauerstoff freigesetzt werden.

Fotophosphorylierung: Aufbau von ATP aus ADP und P durch Nutzung absorbierter Strahlungsenergie.

Calvin-Zyklus: zyklischer Reaktionsablauf der lichtunabhängigen Reaktion der Fotosynthese, in dem CO_2 reduziert und in organische Substanz eingebaut wird.

Reservestärke: aus Saccharose gebildete Kohlenhydrate, die in Leukoplasten gespeichert werden.

Assimilationsstärke: in Stärke umgewandeltes 3-PGA, die in den Chloroplasten verbleibt.

C_3-Pflanzen: Pflanzen, bei denen das Kohlenstoffdioxid in der Fotosynthese zunächst zu einem Molekül mit drei Kohlenstoffatomen reagiert. Dies ist bei den meisten heimischen Pflanzen der Fall.

C_4-Pflanzen: Pflanzen, bei denen das Kohlenstoffdioxid in der Fotosynthese zunächst zu einem Molekül mit vier Kohlenstoffatomen reagiert. Dieses wird gespeichert, sodass die Pflanzen auch bei geschlossenen Spaltöffnungen Kohlenstoffdioxid für die Fotosynthese zur Verfügung haben.

CAM-Pflanzen: Pflanzen, bei denen das Kohlenstoffdioxid für die Fotosynthese zunächst zu Malat reagiert. In einem speziellen Stoffwechselweg, dem Crassulace-

an Acid Metabolism, wird über das Malat Kohlenstoffdioxid zumeist nachts gespeichert und steht tagsüber auch bei geschlossenen Spaltöffnungen zur Fotosynthese zur Verfügung.

Chemosynthese: Stoffwechselweg bestimmter Prokaryoten, für den die Oxidation von anorganischen Stoffen wie Methan, Ammoniak und Schwefelwasserstoff die notwendige Energie zum Aufbau körpereigener Stoffe liefert.

chemolithotroph: Bezeichnung der Lebewesen, die Chemosynthese betätigen.

Assimilation: schrittweise erfolgende Stoffumwandlung körperfremder in körpereigene Stoffe.

Nitrifikation: Oxidation von Ammoniak, NH_3, beziehungsweise Ammoniumionen, NH_4^+, zu Nitrat, NO_3^-.

Denitrifikation: Umwandlung des im Nitrat, NO_3^-, gebundenen Stickstoffs zu Luftstickstoff, N_2, und Stickoxiden.

Stickstoffkreislauf: beschreibt die zyklisch verlaufende Umwandlung von Stickstoff in seine verschiedenen Erscheinungsformen in der Biosphäre.

Energieumwandlung

Trophiestufe: zusammenfassende Einordnung von Lebewesen zu Gruppen entsprechend ihrer Ernährung.

Energetische Kopplung: Verknüpfung von endergonischen mit exergonischen Reaktionen. Dabei dient das $ADP+P_i$/ATP-System als Akzeptor, Transportmittel und Donator von Reaktionsenergie.

Energiefluss: Umwandlung von Strahlungsenergie der Sonne in Wärmeenergie über die Energie chemischer Bindung.

Energieentwertung: Eingrenzung des Begriffs Energiefluss in Bezug auf die Verwertbarkeit von Energie für Stoffwechselprozesse. Im Gegensatz zur Strahlungsenergie oder der Energie chemischer Bindung können Lebewesen die Wärmeenergie für Stoffwechselvorgänge nicht nutzen.

Ökologie

In diesem Kapitel beschäftigen Sie sich mit

- dem Einfluss der Umgebungstemperatur und des Lichts auf die Lebensprozesse von Pflanzen und Tieren;

- dem Vorkommen von Pflanzen und Tieren in Abhängigkeit vom Zusammenspiel abiotischer Faktoren;

- dem Wachstum von Populationen und seinen Grenzen;

- den Vor- und Nachteilen des Zusammenlebens von Lebewesen der gleichen Art und verschiedener Arten;

- den arttypischen Eigenschaften von Lebewesen und ihrer Angepasstheit in Bezug zur Umwelt und zu anderen Arten;

- den Nahrungsbeziehungen verschiedener Organismengruppen;

- den Merkmalen und Lebensbedingungen der Ökosysteme Wald, Wiese, See, Meer, Fließgewässer und Moor;

- dem Kreislauf von Kohlenstoff-, Sauerstoff- und Stickstoffatomen durch die Organismen im Ökosystem;

- dem exponentiellen Wachstum der Weltbevölkerung sowie der enormen Zunahme des Ressourcenverbrauchs und der Energienutzung;

- den Ursachen und Folgen von Klimaveränderungen in Vergangenheit und Zukunft sowie möglichen Klimaschutzmaßnahmen.

Der Schwarzmilan *Milvus migrans* nutzt als weltweit häufigster Greifvogel für den Nestbau und die Nahrungssuche sehr verschiedene Ökosysteme.

01 „Badetag" bei den Rotgesichtsmakaken

Tiere und Temperatur

Im Norden der japanischen Insel Honshu liegt mehrere Monate im Jahr meterhoch Schnee. Eine Gruppe der hier lebenden Rotgesichtsmakaken hat im Laufe der Zeit eine außergewöhnliche Möglichkeit gefunden, in der kalten Jahreszeit zu überleben: Sie verbringen viele Stunden der kalten Wintertage in dem 35 bis 40 Grad Celsius heißen Wasser der Thermalquellen von Yukanaka, wo sie sich aufwärmen, ausruhen oder soziale Fellpflege betreiben. Wie lässt sich dieses Verhalten erklären?

TEMPERATUR UND STOFFWECHSEL · Alle Lebensvorgänge sind an temperaturabhängige physikalisch-chemische Prozesse gebunden. Eine Temperaturerhöhung um zehn Grad Celsius steigert dabei die Stoffwechselleistung um das Zwei- bis Dreifache. Ein Absenken der Temperatur auf null Grad Celsius führt dagegen zu einer Verlangsamung der Stoffwechselprozesse. Diesen Zusammenhang bezeichnet man als *Reaktionsgeschwindigkeits-Temperatur-Regel* oder **RGT-Regel.** Aufgrund der chemischen Zusammensetzung der Lebewesen ergibt sich jedoch ein begrenzter Temperaturbereich, in dem Stoffwechselprozesse ablaufen können. So kommt es bei hohen Temperaturen zu einer Denaturierung der Proteine. Sie verlieren ihre räumliche Struktur und damit ihre Funktion im Stoffwechsel. Sinkt die Temperatur deutlich unter null Grad, so gefriert das Wasser in den Zellen und es kommt zu irreversiblen Gewebeschäden. Lebewesen können die Ausprägung einzelner Umweltfaktoren mehr oder weniger gut ertragen: Sie besitzen eine unterschiedliche **Toleranz** gegenüber einzelnen Umweltfaktoren wie beispielsweise der Temperatur.

Der Intensitätsbereich eines Umweltfaktors, bei dem die Individuen einer Art besonders gut gedeihen, wird als **physiologisches Optimum** bezeichnet. Je stärker die Intensität des Faktors vom Optimum abweicht, umso mehr wird die Lebensaktivität eingeschränkt. So kann zum Beispiel das Wachstum vermindert oder die Nachkommenschaft verringert sein.

Tiere können bei ungünstigen Bedingungen solche Bereiche ihres Lebensraumes aufsuchen, in denen die jeweiligen Faktoren günstiger sind. So halten sich beispielsweise die meisten Marienkäfer in einem Temperaturgradienten bei Werten zwischen 15 und 21 Grad Celsius auf.

In der grafischen Darstellung ergeben sich entsprechende **Toleranzkurven,** die meistens den typischen Verlauf einer Optimumskurve zeigen. Die Grenzwerte stellen das **Minimum** beziehungsweise **Maximum** dar, die von einem Lebe-

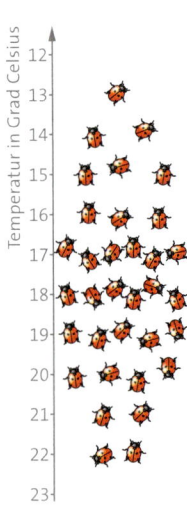

Temperatur in Grad Celsius

12
13
14
15
16
17
18
19
20
21
22
23

02 Temperaturorgel

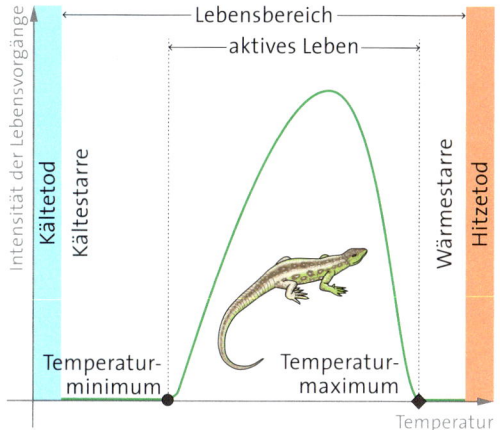

03 Temperaturtoleranzkurve von Poikilothermen

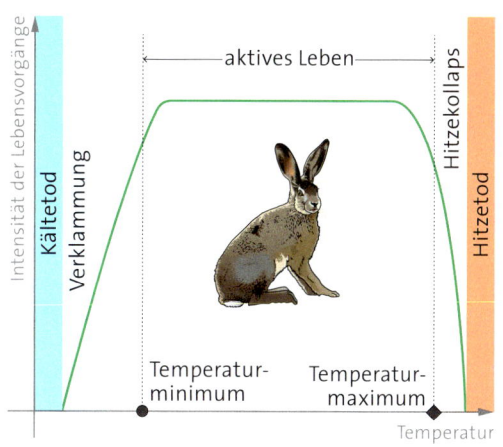

04 Temperaturtoleranzkurve von Homoiothermen

wesen gerade noch ertragen werden. Ein Über- oder Unterschreiten der jeweiligen Temperaturwerte schwächt den Organismus und führt schließlich zum Tod. Die Spanne zwischen Maximum und Minimum entspricht dem **Toleranzbereich.** Dieser Toleranzbereich kann enger oder weiter sein. Ein Beispiel sind Bachforellen, die ihre optimalen Lebensbedingungen bei einer Wassertemperatur zwischen 14 und 17 Grad Celsius haben. Im Gegensatz dazu zeigen Karpfen einen Toleranzbereich von 15 bis 32 Grad Celsius. Tierarten wie die Bachforelle, die nur geringfügige Temperaturschwankungen in ihrem Lebensraum tolerieren, werden als **stenotherm** bezeichnet. **Eurytherme** Arten wie die Karpfen ertragen hingegen auch größere Temperaturschwankungen in ihrem Lebensraum.

POIKILOTHERME TIERE · In den kühlen Morgenstunden eines Sommertages suchen Zauneidechsen immer wieder sonnige Plätze auf. Dort liegen sie fast regungslos, während die Sonnenstrahlen den Körper der Eidechsen langsam aufwärmen. Erreicht die Körpertemperatur etwa 35 Grad Celsius, so entfalten die Tiere schließlich ihre volle Aktivität. Steigt die Körpertemperatur jedoch weiter an, ziehen sich die Eidechsen in den Schatten zurück. Tiere wie die Zauneidechse, deren Körpertemperatur passiv der Umgebungstemperatur folgt, heißen wechselwarm oder **poikilotherm.** Zu den poikilothermen Tieren zählen alle Wirbellosen sowie Fische, Amphibien und Reptilien. Diese Tiere steuern tagsüber ihre Körpertemperatur durch

ihr Verhalten, indem sie beispielsweise sonnige beziehungsweise schattige Bereiche aufsuchen. Überschreiten die Außentemperaturen jedoch die unteren beziehungsweise oberen Toleranzgrenzen, so fallen poikilotherme Tiere in eine **Kältestarre** beziehungsweise **Wärmestarre.** Somit hängt auch die Aktivität dieser Tiere unmittelbar von der Umgebungstemperatur ab.

HOMOIOTHERME TIERE · Vögel und Säugetiere sind in der Lage, ihre Körpertemperatur weitgehend unabhängig von der Außentemperatur in einem physiologisch optimalen Bereich von etwa 36 bis 40 Grad Celsius zu halten. Sie werden daher als gleichwarm oder **homoiotherm** bezeichnet. Auf sinkende Umgebungstemperaturen reagieren gleichwarme Tiere mit einer Erhöhung der Stoffwechselrate, das heißt, es wird mehr chemisch gebundene Energie in Wärme umgewandelt. Zudem verfügen homoiotherme Tiere über eine Reihe von Regulationsmechanismen, die ihre Körpertemperatur weitgehend konstant halten. So wirken bei zu hohen Temperaturen bestimmte Kühlmechanismen wie zum Beispiel das Schwitzen oder Hecheln oder das aktive Aufsuchen von Schatten. Bei niedrigen Temperaturen helfen hingegen ein gut isolierendes Fell oder Federkleid und eine Speckschicht, die zudem als Energiespeicher dient.

1 Erklären Sie, weshalb Homoiotherme im Gegensatz zu Poikilothermen auch in Lebensräumen mit einem weiten Temperaturspektrum aktiv leben können!

griech. homoio = gleichartig

griech. stenos = eng
griech. eurys = breit
griech. thermos = warm

griech. poikilos = abweichend

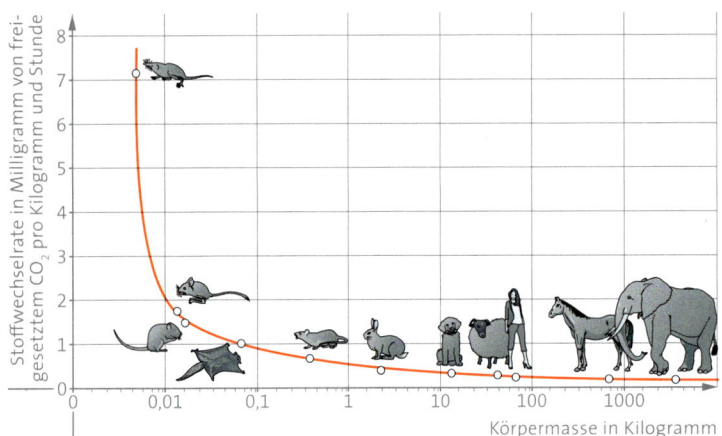

05 Energieumsatz verschiedener Säugetiere

NUTZEN UND KOSTEN DER TEMPERATUR-REGULATION · Poikilotherme Tiere nehmen Wärmeenergie über ihre gesamte Körperoberfläche auf. Dabei ist das Verhältnis zwischen Körperoberfläche und Körpervolumen ausschlaggebend für die Aufrechterhaltung der Körpertemperatur. Somit ergibt sich also eine Obergrenze in der Körpergröße poikilothermer Tiere. Dies ist auch der Grund, weshalb das Verbreitungsgebiet größerer Poikilothermer wie Alligatoren und Anakondas im Wesentlichen auf die Tropen und Subtropen begrenzt ist.

Weiterhin haben wechselwarme Tiere eine relativ niedrige Stoffwechselrate, die weitgehend von der Umgebungstemperatur bestimmt wird. Sie benötigen daher zur Aufrechterhaltung des Wärmehaushaltes nur wenig Energie. Aus diesem Grund können einige poikilotherme Tierarten auch Lebensräume mit sehr eingeschränkten Nahrungs- und Wasserressourcen besiedeln.

Homoiotherme Tiere können ihre Körpertemperatur und damit auch die Intensität der Lebensvorgänge weitgehend unabhängig von der Außentemperatur konstant halten. Hierdurch können sie länger im Bereich ihrer höchsten Aktivität bleiben und sind leistungsfähiger bei der Nahrungssuche sowie bei der Flucht vor Räubern.

Homoiothermie verursacht jedoch hohe Energiekosten, denn je weiter die Umgebungstemperatur vom Wert der Körpertemperatur entfernt ist, umso höher ist der Energiebedarf. Vögel und Säuger müssen daher viel Nahrung aufnehmen. Nur ein geringfügiger Anteil der darin enthaltenen Energie wird in Wachstumsprozesse investiert, während der Großteil zur Erzeugung von Körperwärme beziehungsweise der Kühlung dient.

Auch bei Säugetieren und Vögeln hängt der Energiebedarf in erster Linie von dem Verhältnis zwischen Körpergröße und -oberfläche ab. Da bei ihnen jedoch die Körperwärme dem Stoffwechsel entstammt, stellt sich das Problem der Körpergröße anders dar: Je kleiner ein Organismus ist, desto größer wird seine relative Oberfläche, über die Wärme verloren geht. Kleinere homoiotherme Tiere wie zum Beispiel Spitzmäuse müssen daher täglich eine Nahrungsmenge aufnehmen, die etwa ihrem Eigengewicht entspricht. Nur so können sie den Wärmeverlust durch die hohe Stoffwechselaktivität ausgleichen. Spitzmäuse verbringen daher den größten Teil des Tages mit Futtersuche und Fressen. Weiterhin müssen kleine Tiere zur Erhaltung ihrer Körpertemperatur den Winter über aktiv bleiben und Nahrung aufnehmen.

ANGEPASSTHEIT AN DIE JAHRESZEITEN · Wenn im Spätherbst die Außentemperaturen sinken, fallen poikilotherme Tiere in eine **Winterstarre,** die sie nicht aktiv unterbrechen können. Bei Homoiothermen beobachtet man dagegen andere Strategien, die kalte Jahreszeit zu überstehen. So schützt ein isolierendes Winterfell oder Federkleid winteraktive Tiere vor Wärmeverlusten. Eichhörnchen, Dachse und Braunbären setzen zudem den Nahrungsbedarf im Winter durch lange Schlafphasen herab, die von seltenen Aktivitätsphasen unterbrochen werden. Sie halten **Winterruhe.** Beim echten **Winterschlaf** sinkt die Körpertemperatur stark, die Atmung und die Kreislaufaktivität werden reduziert, der Energiebedarf wird minimiert. Im Gegensatz zu den Poikilothermen wird die Körpertemperatur auch im Winterschlaf weiterhin reguliert und bei zu niedrigen Außentemperaturen aktiv erhöht. Typische Winterschläfer sind vor allem Insektenfresser, zum Beispiel Fledermäuse, oder Nagetiere, zum Beispiel der Siebenschläfer. Sie finden im Winter keine oder nur sehr wenig Nahrung.

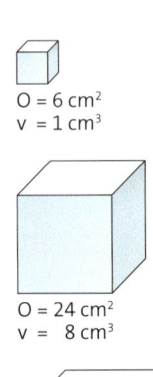

O = 6 cm²
v = 1 cm³

O = 24 cm²
v = 8 cm³

O = 96 cm²
v = 64 cm³

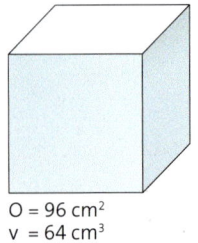

06 Zusammenhang zwischen Volumen und Oberfläche

TIERGEOGRAFISCHE REGELN · Wüstenfüchse wie der Fennek erreichen nur eine durchschnittliche Körpergröße von etwa 65 Zentimetern, Polarfüchse hingegen bis zu 90 Zentimetern. Diese und andere Beobachtungen führten den Physiologen BERGMANN zu der Hypothese, dass homoiotherme Tiere, die in kalten Gebieten leben, in der Regel größer sind als nah verwandte Arten aus wärmeren Gebieten. Dies lässt sich mit der Feststellung erklären, dass bei einer Vergrößerung des Körpers die Oberfläche weniger stark zunimmt als das Volumen. Mit verringerter relativer Körperoberfläche nimmt somit auch der Wärmeverlust ab. Verallgemeinernd wird dieser Zusammenhang als **BERGMANNsche Regel** bezeichnet. Als Beispiele dienen Tiere mit großer geografischer Verbreitung, zum Beispiel verschiedene Pinguinarten. Der Adéliepinguin, der seinen Lebensraum mit dem Kaiserpinguin teilt, zeigt jedoch mit einer Körpergröße von etwa 70 Zentimetern, dass der passive Wärmeverlust nicht allein für das Vorkommen einer Art ausschlaggebend ist. Auch das Nahrungsangebot im Lebensraum spielt eine entscheidende Rolle: Adéliepinguine gleichen den Wärmeverlust mit der Aufnahme energiereicher Nahrung aus.

Innerhalb der Verwandtschaftsreihe der Arten Fennek (Wüste), Rotfuchs (gemäßigte Breiten) und Polarfuchs (Tundra) nimmt die Länge der Ohren und Beine ab. Auch Körperanhänge tragen zu einer Vergrößerung der Körperoberfläche bei. Kleine Ohren und Beine reduzieren dagegen den Wärmeverlust und stellen somit eine besondere Angepasstheit der Tiere in kalten Zonen der Erde dar. Im Gegensatz dazu haben Tiere heißer Regionen besonders große Ohren, die eine Abgabe überschüssiger Wärme ermöglichen. In kalten Regionen ist die relative Länge der Körperanhänge bei homoiothermen Lebewesen geringer als bei verwandten Arten in wärmeren Gebieten. Verallgemeinernd bezeichnet man dies als **ALLENsche Regel.** Das Beispiel Fennek zeigt jedoch auch, dass die Außentemperatur nicht allein ausschlaggebend ist. Fenneks sind nachtaktiv, das heißt, sie gehen nur in den kühlen Nachtstunden auf Nahrungssuche. Die großen Ohren erhöhen die Sinnesleistung der Tiere bei der Jagd und tragen so auch zum Schutz vor Feinden bei.

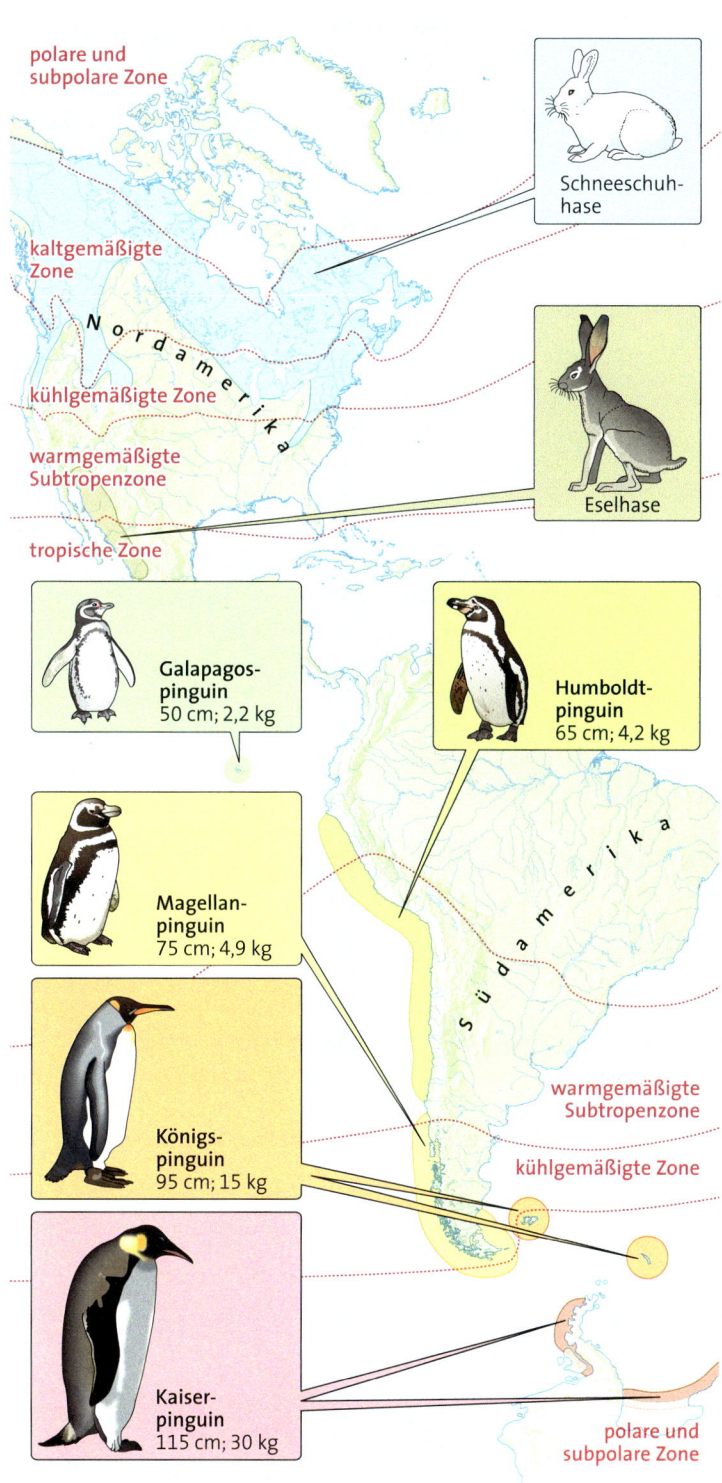

07 Tiergeografische Regeln

2 Begründen Sie, weshalb die BERGMANNsche Regel nicht auf Poikilotherme zutreffen kann!

AN DEN GRENZEN DES LEBENS · Grundsätzlich kann es Leben nur in einem abgegrenzten Temperaturbereich geben. Dies ist darauf zurückzuführen, dass bei niedrigen Temperaturen die Stoffwechselaktivität eingeschränkt ist, während hohe Temperaturen zu einer Denaturierung von Enzymen und anderen Proteinen führt. Dennoch ertragen Kaiserpinguine in der Antarktis Temperaturen bis minus 60 Grad Celsius, während einige Archaebakterien bei plus 105 Grad Celsius leben. Die Besiedlung von Lebensräumen mit extremen Temperaturen ist durch eine Vielzahl verschiedener morphologischer und physiologischer Angepasstheiten möglich. So besitzen viele homoiotherme Tiere der kaltgemäßigten und arktischen Zonen ein **dichtes Fell** oder **Federn** und zusätzliche **Fettschichten,** die sie vor übermäßigem Wärmeverlust schützen. Letzteres gilt auch für arktische Schweinswale. In den Vorder- und Schwanzflossen der Tiere verzweigen sich die Arterien und Venen stark und bilden so ein eng vernetztes Kapillarnetz, das auch als **Rete mirabile** bezeichnet wird. Über dieses Wundernetz findet ein Wärmeaustausch zwischen arteriellem und venösem Blut nach dem **Gegenstromprinzip** statt. Dabei gibt das warme arterielle Blut, das in die Flossen gelangt, seine Wärme an das kalte Blut ab, das zurück in den Körper fließt. Dieses Prinzip, das einen übermäßigen Wärmeverlust verhindert, zeigt sich auch in einer ähnlichen Anordnung der Gefäße in den Extremitäten des arktischen Wolfes oder den Füßen von Pinguinen. Auch das Gehirn ostafrikanischer Spießböcke wird von einem Rete mirabile umschlossen. Unter Ausnutzung des Gegenstromprinzips wird so das lebenswichtige Organ – trotz der hohen Umgebungstemperaturen – relativ kühl gehalten.

Einige poikilotherme Tiere nutzen ebenfalls das Gegenstromprinzip zur Regulation ihres Wärmehaushaltes. Thunfische haben zum Beispiel ähnliche Kapillarnetze in bestimmten Abschnitten ihrer Flossen. Hier erhöht der Wärmeaustausch zwischen dem warmen venösen und dem kalten arteriellen Blut die Muskelkraft und damit die Leistungsfähigkeit der Tiere auch bei niedrigen Wassertemperaturen.

Nur wenige Poikilotherme überleben in den polaren Regionen der Erde. Ein besonders faszinierendes Beispiel ist der Antarktische Eisfisch: Salzhaltiges Meerwasser gefriert bei minus 1,8 Grad Celsius, das Blut vieler Fische jedoch bereits bei minus 0,8 Grad Celsius. Die Temperatur des Wassers befindet sich also oftmals unterhalb des Gefrierpunkts des Fischblutes. Wie überleben die Eisfische dennoch? Das Blut und die Gewebeflüssigkeit der Eisfische enthalten Substanzen, die dem Gefrieren entgegenwirken. Es handelt sich dabei um Polypeptide, die – ähnlich wie ein Frostschutzmittel – den Gefrierpunkt des Wassers herabsetzen, ohne dass lebenswichtige Strukturen zerstört werden. Umgebungstemperaturen von bis zu minus 1,8 Grad Celsius überleben Antarktische Eisfische daher ohne Problem. Ähnliche Strategien findet man auch bei einzelnen Amphibien- und Insektenarten kalter Klimaregionen.

lat. rete mirabile = Wundernetz

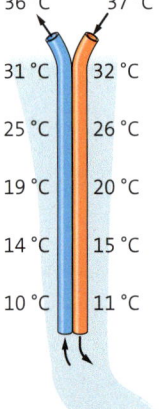

36 °C   37 °C

31 °C   32 °C

25 °C   26 °C

19 °C   20 °C

14 °C   15 °C

10 °C   11 °C

08 Gegenstromprinzip am Beispiel des Arktischen Wolfes

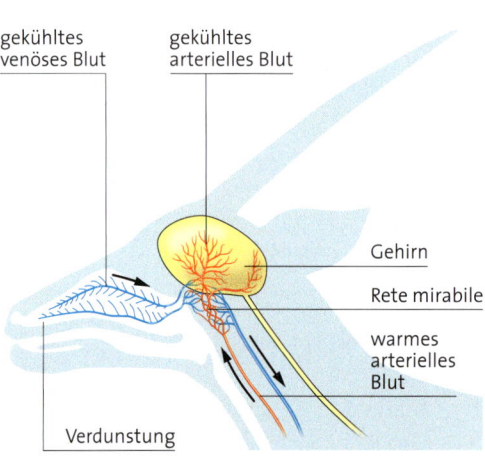

gekühltes venöses Blut

gekühltes arterielles Blut

Gehirn

Rete mirabile

warmes arterielles Blut

Verdunstung

09 Ostafrikanischer Spießbock mit Rete mirabile

10 Antarktischer Eisfisch

VERSUCH A ▸ Modellversuch zur BERGMANNschen Regel

Versuchsmaterial:

- 2 verschieden große Rundkolben
- 2 passende Stopfen
- Alufolie
- Thermometer
- Watte
- Kordel oder Gummibänder
- Stative mit Klemmen und Muffen
- Wasserkocher
- Wasser

A1 Entwickeln Sie mit den Materialien einen Modellversuch zur BERG-MANNschen Regel! Begründen Sie Ihre Planung! Überlegen Sie auch, welche Messmethode Sie einsetzen möchten und wie häufig beziehungsweise wie lange Sie messen möchten!

A2 Führen Sie den von Ihnen entwickelten Versuch durch und notieren Sie die Messdaten!

A3 Stellen Sie die Messwerte grafisch dar!

A4 Deuten Sie die Ergebnisse Ihres Versuches und stellen Sie Bezüge zu den realen Verhältnissen her!

A5 Erklären Sie, weshalb kleine Säuger und Vögel in Polargebieten kaum vertreten sind!

VERSUCH B ▸ Modellversuch zur ALLENschen Regel

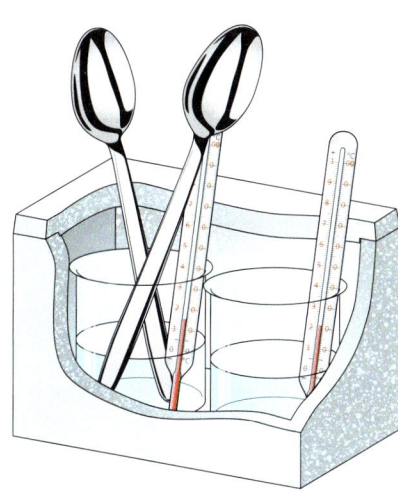

Versuchsmaterial:

- zwei Filmdöschen oder kleine Bechergläser
- zwei Edelstahllöffel oder Spatel
- zwei Thermometer
- eine Styroporbox

B1 Führen Sie den Versuch wie abgebildet durch und notieren Sie die Wassertemperaturen zu Beginn, nach zwei, fünf, zehn und fünfzehn Minuten!

B2 Übertragen Sie die Messwerte in ein Koordinatensystem!

B3 Werten Sie die Ergebnisse aus und erläutern Sie an mindestens einem Beispiel die zugrunde liegenden ökologischen Sachverhalte!

B4 Beurteilen Sie die Übertragbarkeit des Modellversuches auf die realen Verhältnisse!

Material C ▸ Embryonalentwicklung der Schildwanze

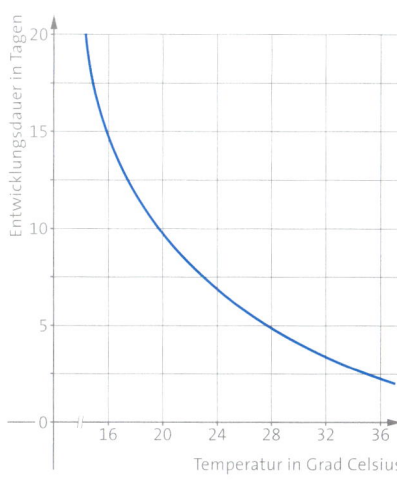

C1 Beschreiben Sie die Versuchsergebnisse!

C2 Erklären Sie den Kurvenverlauf unter Einbezug der zugrunde liegenden Stoffwechselprozesse!

C3 Entscheiden Sie begründet, ob die RGT-Regel auf die vorliegende Untersuchung angewendet werden kann!

01 Großes
Alpenglöckchen

Pflanzen und Temperatur

> *Weit oben in den Alpen erwacht der Frühling. Mit den steigenden Temperaturen erwacht auch das Leben. Einige Frühblüher, wie das Große Alpenglöckchen, können noch im Schnee austreiben. Wie ist dies trotz der niedrigen Außentemperaturen möglich?*

EINFLUSS AUF LEBENSVORGÄNGE · Alle Stoffwechselprozesse sowie Wachstumsvorgänge der Pflanzen sind in hohem Maße von der Temperatur abhängig. Die Temperaturen im Lebensraum haben also unmittelbar Einfluss auf Fotosynthese und Zellatmung. Dabei steigt die Fotosyntheserate mit zunehmender Temperatur anfänglich schneller an als die Zellatmungsrate. Die Fotosyntheserate erreicht schließlich ein Maximum, das in erster Linie durch die Temperaturabhängigkeit der Aktivität des Enzyms Ribulose-1,5-bisphosphat-carboxylase, kurz **Rubisco,** bestimmt wird. Dieses Enzym katalysiert die Bindung von Kohlenstoffdioxid im Calvin-Zyklus. Der Optimumsbereich dieses Enzyms liegt zwischen 15 und 25 Grad Celsius. Bei höheren Temperaturen nimmt die Fotosyntheserate wieder ab. Die Zellatmungsrate hingegen steigt zunächst bis zu einem kritischen Wert von etwa 60 Grad Celsius weiter an, fällt dann jedoch bis auf null ab.

Die Differenz zwischen der Kohlenstoffdioxidaufnahme bei der Fotosynthese und der Abgabe bei der Zellatmung entspricht der sogenannten **Nettofotosyntheserate.** Eine grafische Darstellung der Temperaturabhängigkeit dieser Nettofotosynthese ergibt eine Toleranzkurve, die den typischen Verlauf einer Optimumskurve zeigt. Minimum und Maximum geben dabei die Werte an, bei denen kein Kohlenstoffdioxid mehr gebunden werden kann. Der Optimumsbereich zeigt den Temperaturabschnitt mit der höchsten Nettofotosynthese an.

Grundsätzlich ist zu beachten, dass nicht die Umgebungstemperatur, sondern vielmehr die Blatttemperatur ausschlaggebend für die Nettofotosyntheserate ist. Pflanzen nutzen nur einen geringfügigen Anteil der Lichtenergie, die sie absorbieren. Die restliche Energie erwärmt die Blätter, wobei die Blatttemperatur an sonnigen Tagen die Außentemperatur übersteigen kann.

PHYSIOLOGISCHE ANGEPASSTHEIT · Im Gegensatz zu Tieren sind Pflanzen standortgebunden. Sie können ihrer Umwelt und den dort herrschenden abiotischen Faktoren daher nicht ausweichen. Vergleicht man die Fotosyntheserate verschiedener Landpflanzen, so lassen sich große Unterschiede hinsichtlich der

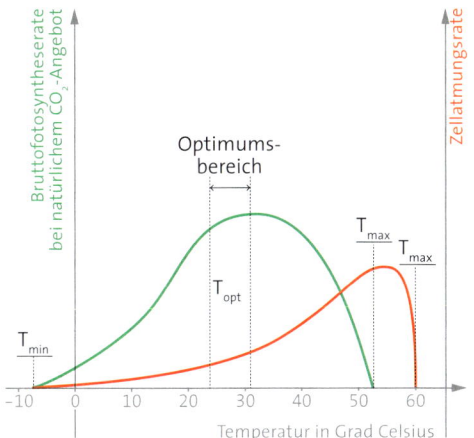

02 Temperaturabhängigkeit von Fotosynthese und Zellatmung

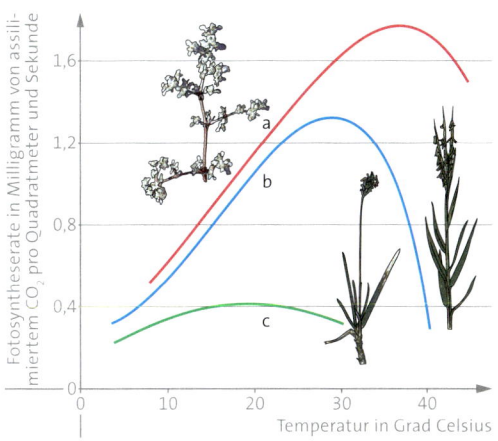

03 Fotosyntheseraten in Abhängigkeit von der Temperatur: **a** Tidestromia (C_4-Pflanze), **b** Salz-Schlickgras (C_4-Pflanze); **c** Blaugras (C_3-Pflanze)

Temperaturoptima feststellen: Eine Pflanzenart wie das Große Alpenglöckchen, die Standorte mit niedrigen Jahresmitteltemperaturen besiedelt, weist auch ein niedriges Temperaturoptimum auf. Dies liegt für die beschriebene Art bei Werten von 15 bis 18 Grad Celsius. Umgekehrt zeigen Kakteen als Bewohner heißer und trockener Lebensräume einen Optimumsbereich zwischen 30 und 45 Grad Celsius. Es besteht also ein Zusammenhang zwischen dem Optimumsbereich einer Art und den Umgebungstemperaturen am Standort.

Besonders deutliche Unterschiede im Hinblick auf das Temperaturoptimum gibt es bei C_3- und C_4-Pflanzen: Die meisten heimischen Pflanzen zählen zu den **C_3-Pflanzen.** Sie stehen für den „Grundtypus" der Fotosynthese, wobei das Produkt der Kohlenstoffdioxidfixierung ein Molekül mit drei C-Atomen ist. Zu den **C_4-Pflanzen** zählen vor allem Arten, die wärmere und trockenere Standorte besiedeln. Bekannte C_4-Pflanzen sind Hirse, Mais und Zuckerrohr. Alle C_4-Pflanzen besitzen Enzyme mit einer hohen Bindungskraft gegenüber Kohlenstoffdioxid. Sie können daher auch bei geringerer Öffnungsweite der Stomata noch ausreichend Kohlenstoffdioxid binden. Bei höheren Umgebungstemperaturen weisen sie daher eine höhere Nettofotosyntheserate auf als C_3-Pflanzen. Sehr starke Hitze führt bei allen Lebewesen zur irreversiblen Denaturierung von Proteinen und damit zu tödlichen Schädigungen. Pflanzen müssen daher über besondere Angepasstheiten verfügen, die sie vor Überhitzung schützen. Einen entsprechenden Kühleffekt erreichen Landpflanzen vor allem durch die Verdunstung von Wasser, das sie bei der **Transpiration** abgeben. Da bei hohen Temperaturen das Wasserangebot jedoch limitiert ist, erfolgt die Transpiration häufig nur eingeschränkt.

Andere Pflanzenarten hingegen sind auf hohe Temperaturen angewiesen, wie sie zum Beispiel infolge von Feuer entstehen können. So keimen die Samen mancher südafrikanischer Proteen-Arten erst, wenn die Samen einem Buschfeuer ausgesetzt waren. Die Pflanzen selbst sind durch eine dicke Borke feuerresistent.

Frost kann zu irreversiblen Gewebeschäden führen. Pflanzenarten, die Lebensräume mit jahreszeitlich bedingten extremen Kälteperioden besiedeln, lagern daher Saccharose, Glukose oder Glycerin im Gewebe ein. Diese Verbindungen wirken wie ein „Frostschutzmittel", wodurch der Gefrierpunkt des Zellwassers erniedrigt und somit die Bildung von Eiskristallen im Gewebe verhindert wird. Auch die Blüten vieler Winter- oder Frühblüher wie Primeln weisen derartige Substanzen auf, die jedoch erst mit Blühbeginn in den Zellen angereichert werden.

04 Protea-Blüte

1 Erläutern Sie die Bedeutung des Enzyms Rubisco für die Temperaturabhängigkeit der C_3-Pflanzen!

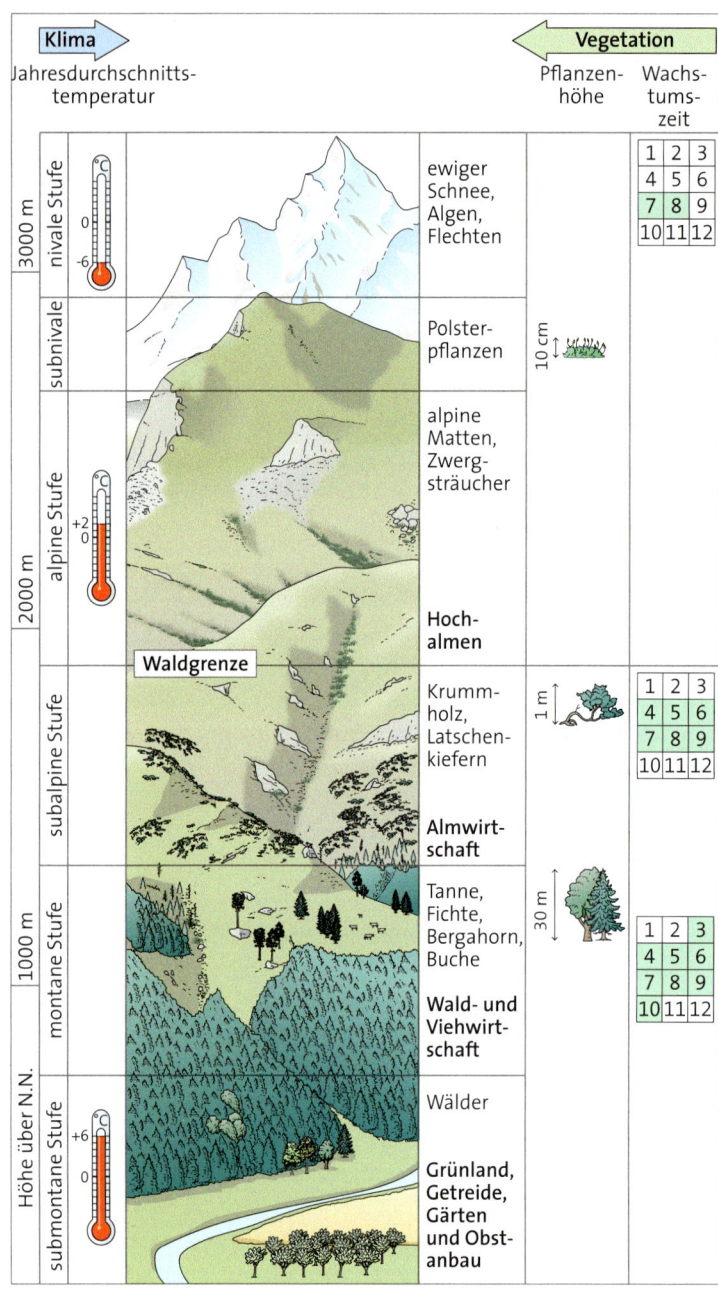

Klima · Jahresdurchschnittstemperatur

Vegetation · Pflanzenhöhe · Wachstumszeit

Höhe über N.N.			Vegetation	Wachstumszeit
3000 m	nivale Stufe		ewiger Schnee, Algen, Flechten	1 2 3 / 4 5 6 / 7 8 9 / 10 11 12
	subnivale		Polsterpflanzen	
2000 m	alpine Stufe		alpine Matten, Zwergsträucher	
		Waldgrenze	**Hochalmen**	
	subalpine Stufe		Krummholz, Latschenkiefern	1 2 3 / 4 5 6 / 7 8 9 / 10 11 12
			Almwirtschaft	
1000 m	montane Stufe		Tanne, Fichte, Bergahorn, Buche	1 2 3 / 4 5 6 / 7 8 9 / 10 11 12
			Wald- und Viehwirtschaft	
	submontane Stufe		Wälder	
			Grünland, Getreide, Gärten und Obstanbau	

05 Höhenstufen der Alpen

griech. *phainómai* = mir erscheint

griech. *logos* = Lehre

Regionalklima ausgewertet werden. Über die Jahrzehnte entstanden so *phänologische Karten* oder *Kalender,* die vor allem in der Land- und Forstwirtschaft die saisonal bedingten Arbeiten steuern. In diesen Kalendern kennzeichnet der Beginn der Apfelblüte den *phänologischen Frühling,* während der Spätherbst vor allem durch die Laubverfärbung und den Laubwurf gekennzeichnet ist. Im Winter sind die meisten Laubbäume blattlos und es herrscht eine Vegetationsruhe.

VERBREITUNG · Untersucht man die Vegetation in verschiedenen Lebensräumen der Erde, so lassen sich verschiedene Zonen unterscheiden. Diese verlaufen nahezu parallel zu den Breitengraden und entsprechen ungefähr den *Klimazonen.* Innerhalb dieser Zonen herrschen bestimmte Pflanzengesellschaften vor, wie zum Beispiel die der tropischen Regenwälder oder der sommergrünen Laubwälder in den gemäßigten Zonen. Das Vorkommen der Arten wird dabei hauptsächlich durch die Temperatur bedingt.

HÖHENZONIERUNG · Während sich die verschiedenen Vegetationszonen nahezu gürtelförmig über die Oberfläche der Erde erstrecken, lassen sich in den Hochgebirgen auch in der Vertikalen verschiedene **Höhenzonen** oder **Höhenstufen** unterscheiden. Innerhalb dieser Stufen nimmt die Durchschnittstemperatur etwa 0,5 Grad Celsius pro 100 Meter Höhe ab. Aufgrund des Zusammenspiels der genannten abiotischen Faktoren verkürzt sich die Vegetationszeit mit zunehmender Höhe. Die verschiedenen Höhenstufen sind durch charakteristische Pflanzengemeinschaften gekennzeichnet, deren Vertreter spezifische Angepasstheiten aufweisen. Dabei markiert die natürliche Waldgrenze die Höhe, ab der die Umgebungstemperaturen für ein ausreichendes Wachstum von Bäumen nicht mehr ausreicht.

JAHRESZEITLICHE ANGEPASSTHEIT · In den meisten Lebensräumen der Erde unterliegt die Temperatur jahreszeitlichen Schwankungen. Diese bedingen die Zeitpunkte des Blühens, der Fruchtreife, der Laubverfärbung und des Laubfalls der Pflanzenarten im jeweiligen Lebensraum. Die Entwicklung der Pflanzen spiegelt somit den jahreszeitlichen Temperaturgang wieder und kann als Indikator für das jeweilige

2 ⌡ Informieren Sie sich über die Höhenstufen in den Anden und vergleichen Sie diese mit denen der Alpen!

3 ⌡ Erklären Sie, weshalb die Sträucher der alpinen Stufe oftmals sehr klein sind und dicht am Boden wachsen!

VERSUCH A ▸ Wachstum von Weizensprossen

Versuchsmaterial

Samenkörner, zum Beispiel von Radieschen oder Weizen, Kunststoffschalen, Watte oder Zellstoff, Thermometer

A1 Entwickeln Sie mit den Materialien einen Versuch zur Untersuchung der Temperaturabhängigkeit der Keimung! Begründen Sie Ihre Planung!

A2 Führen Sie den von Ihnen entwickelten Versuch durch und notieren Sie die Messdaten!

A3 Erstellen Sie ein vollständiges Versuchsprotokoll einschließlich grafischer Darstellung der Messwerte!

A4 Erklären Sie die Ergebnisse!

Material B ▸ Atmungstätigkeit von Kartoffelblättern

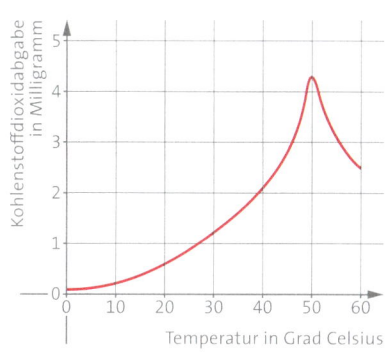

B1 Beschreiben Sie die Versuchsergebnisse!

B2 Deuten Sie die dargestellten Ergebnisse mithilfe der zugrunde liegenden Stoffwechselprozesse!

Material C ▸ Apfelblüte als Umweltindikator

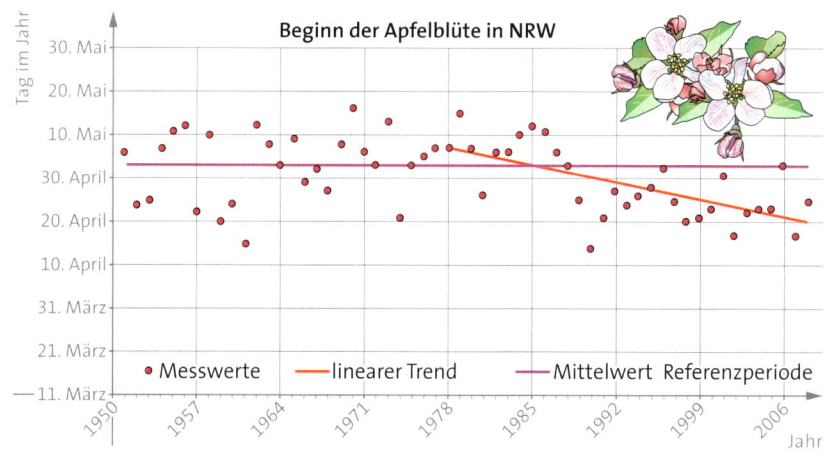

C1 Beschreiben Sie die Grafik!

C2 Werten Sie die Grafik aus!

C3 Diskutieren Sie, inwieweit Wissenschaftler die Apfelblüte als „Fingerabdruck" für den fortschreitenden Klimawandel nutzen könnten!

C4 Erklären Sie, weshalb phänologische Beobachtungen trotz modernster Methoden weiterhin wichtig für die Klimaforschung sind!

01 Sonnen-
blumenfeld

Der Einfluss von Licht auf Tiere und Pflanzen

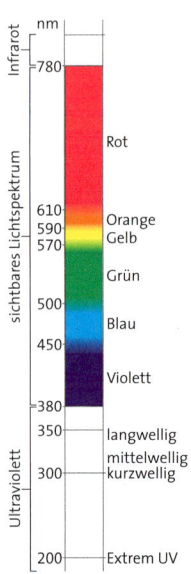

02 Spektrum
elektromagnetischer
Strahlung

Goldgelb strahlen die Blüten der Sonnenblumen im Licht der Sommersonne. Dabei fällt auf, dass die Pflanzen sich alle in eine Richtung orientieren – offenbar immer dem Sonnenlicht entgegen. Und so lautet der französische Name der Sonnenblume auch „tournesol", was so viel bedeutet wie „die sich zu der Sonne dreht". Aber ist dies wirklich so und wenn ja, welche Faktoren spielen dabei eine Rolle?

LICHT ALS ENERGIEQUELLE · Die Sonne ist trotz ihrer großen Entfernung die wichtigste Energiequelle für das Klima und das Leben auf der Erde. Der Anteil der Sonnenstrahlung, der auf der Erdoberfläche ankommt, bezeichnet man als *Globalstrahlung*. Sonnenlicht ist elektromagnetische Strahlung. Das Spektrum dieser elektromagnetischen Strahlung umfasst das sichtbare Licht mit Wellenlängen zwischen 400 und 760 Nanometern. Hinzu kommen das unsichtbare ultraviolette Licht und die infrarote Wärmestrahlung.

Licht, das auf ein Objekt wie zum Beispiel ein Blatt trifft, kann reflektiert, absorbiert oder durchgelassen werden. Energetisch wirksam ist jedoch nur absorbiertes Licht. Die Absorption von Strahlung zu Beginn der Fotosynthese erfolgt mithilfe von Pigmenten wie Chlorophyll oder Carotin in einem Wellenlängenbereich von 380 bis 710 Nanometern. Diesen Bereich bezeichnet man daher auch als **fotosynthetisch aktive Strahlung**. Im Verlauf der Fotosynthese wird die absorbierte Lichtenergie in chemisch gebundene Energie umgewandelt. Sie ist dann in organischen Molekülen wie Glukose oder Stärke fixiert und steht so allen Lebewesen für die weiteren Lebensprozesse zur Verfügung. Licht ist somit ein entscheidender abiotischer Faktor für das Leben auf der Erde.

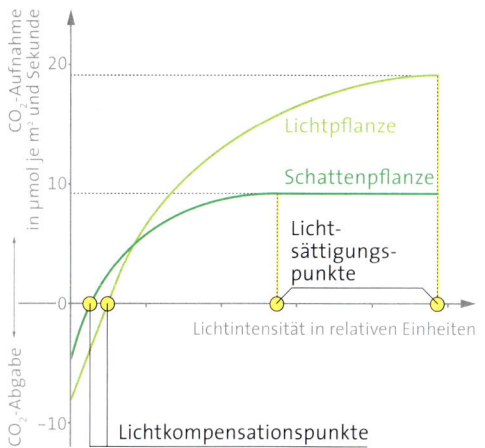

03 Einfluss verschiedener Lichtintensitäten auf die Fotosyntheseleistung bei Licht- und Schattenpflanzen

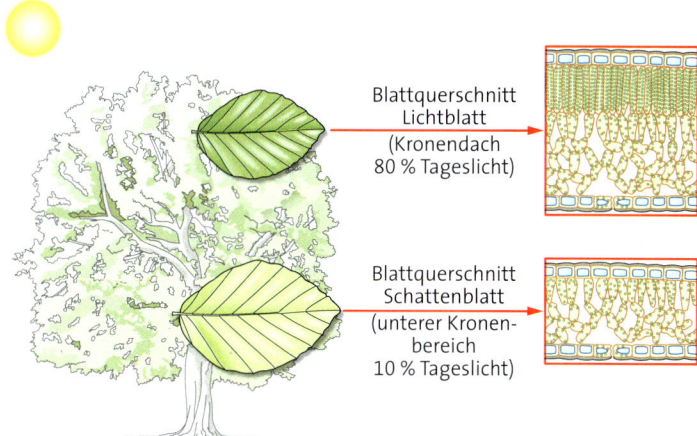

04 Blattquerschnitte einer Rotbuche

EINFLUSS VON LICHT AUF PFLANZEN · Das Vorkommen einer Pflanzenart wird im Wesentlichen durch die Intensität der Sonneneinstrahlung am Standort bedingt. So ist der Boden in einem Laubwald im Frühjahr noch dicht mit einer Vielzahl von Pflanzen besiedelt. Mit dem Blattaustrieb gelangt jedoch immer weniger Licht in die tieferen Schichten. In dichten Mischwäldern sind dies beispielsweise nur etwa zwei Prozent der Lichtintensität, die auf die oberen Blätter fällt. Viele krautige Pflanzen, die an höhere Strahlungsintensitäten angepasst sind, können unter diesen Bedingungen nicht mehr existieren. Arten wie der Waldsauerklee und der Aronstab erreichen jedoch auch bei wenig Licht eine positive Fotosynthesebilanz und werden daher als **Schattenpflanzen** bezeichnet. Rotklee oder die Waldkiefer gedeihen hingegen nur an Standorten mit hoher Lichtintensität und werden daher als **Lichtpflanzen** bezeichnet. Betrachtet man ihre Fotosyntheseaktivität in Abhängigkeit von der Lichtintensität, so erkennt man, dass sie einen höheren Lichtkompensationspunkt als Schattenpflanzen haben. Licht- und Schattenpflanzen zeigen eine Reihe physiologischer und morphologischer Angepasstheiten. So hat der Wurmfarn als typische Schattenpflanze oft große und dünne Blätter mit einschichtigem Palisadengewebe und lockerem Schwammgewebe. Dieser Blattaufbau ist charakteristisch für Pflanzen an lichtarmen Standorten und entspricht dem eines **Schatten**blattes. Die Blätter des Rotklees entsprechen dagegen dem Aufbau eines **Lichtblattes**. Beide Blatttypen findet man auch in der Krone dicht belaubter Bäume wie der Rotbuche. Hier herrschen ebenfalls unterschiedliche Lichtverhältnisse, die zur Ausbildung verschiedener Blattformen führen.

Licht beeinflusst nicht nur die Gestalt vieler Pflanzenarten, vielmehr ermöglicht es auch die Orientierung in Raum und Zeit und steuert Wachstums- und Entwicklungsprozesse. So richten sich die Blätter und Knospen der Sonnenblume nach der Sonne aus. In diesem Fall handelt es sich um eine Reaktion, die als **Fototropismus** bezeichnet wird. Ungleiche Belichtung führt dabei zu einer erhöhten Konzentration des Wachstumshormons *Auxin* in den Zellen auf der lichtabgewandten Seite. Infolgedessen wachsen diese Zellen schneller in die Länge und richten so Blätter und Knospen zum Licht aus.

griech. phos = Licht

griech. trepein = wenden

1 ⌋ Erklären Sie den Einfluss verschiedener Lichtintensitäten auf die Fotosyntheseleistung von Licht- und Schattenpflanzen anhand der Abbildung 03!

2 ⌋ Beschreiben und erklären Sie den unterschiedlichen Aufbau von Sonnen- und Schattenblättern am Beispiel der Rotbuche!

Gartenrotschwanz

Rotkehlchen

Amsel

Zaunkönig

Kuckuck

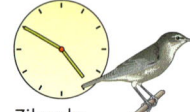
Kohlmeise

Zilpzalp

Buchfink

Haussperling

Star

05 Vogeluhr

EINFLUSS VON LICHT AUF TIERE · Einzelne Singvogelarten wie der Gartenrotschwanz oder das Rotkehlchen beginnen zu unterschiedlichen Zeitpunkten in den frühen Morgenstunden mit ihrem Gesang. Der genaue Zeitpunkt hängt dabei von der jeweils vorhandenen Lichtintensität ab. Da der Sonnenaufgang wiederum von der Jahreszeit und dem geografischen Ort abhängig ist, ergibt sich für verschiedene Gebiete auch eine andere Taktung der sogenannten *Vogeluhr*. Sie ist das Ergebnis aus dem Zusammenspiel verschiedener physiologischer Faktoren wie Körpertemperatur und Hormonausschüttung. Diese werden jedoch durch die Tageslänge oder **Fotoperiode** beeinflusst. Fotoperiodische Aktivitäten wie zum Beispiel der Vogelgesang werden ausgelöst, wenn der Anteil der hellen Stunden eines Tages eine bestimmte Schwelle unter- oder überschreitet. Diese **kritische Tageslänge** ist genetisch festgelegt und weitgehend artspezifisch. Die Kontrolle tages- oder jahreszeitlicher Aktivitäten durch den täglichen Licht- und Dunkelwechsel wird auch als **Fotoperiodismus** bezeichnet. Ein anderes Beispiel dafür ist die Entwicklung des Landkärtchens, eines in Mittel- und Osteuropa beheimateten Tagfalters. Hier steuert die Dauer der Fotoperiode während der Larvenentwicklung das spätere Farbmuster der Falter. So ergibt sich ein von den Jahreszeiten abhängiges unterschiedliches Aussehen der Falter, was als **Saisondimorphismus** bezeichnet wird.

Auch beim Menschen sind die wichtigsten Körperfunktionen wie Körpertemperatur, Hormonausschüttung oder der Schlaf-Wach-Rhythmus von der Tageslänge abhängig. Dabei unterliegen diese Prozesse einem regelmäßigen Rhythmus mit einer Periodizität von etwa 24 Stunden. Dieser **circadiane Rhythmus** ist genetisch gesteuert und benötigt das Sonnenlicht als Taktgeber für die *innere Uhr*. Ihre Funktion wird durch das Hormon **Melatonin**, das in der Zirbeldrüse oder Epiphyse des Gehirns produziert wird, geregelt. Bei Dunkelheit schüttet die Epiphyse mehr Melatonin aus als bei Helligkeit: Wir werden müde. Nachtaktive Tiere wie Fledermäuse hingegen werden aktiv. Licht, das über das Auge wahrgenommen wird, wirkt dabei als Informationsträger.

Wie intensiv die inneren Zyklen menschliche Aktivitätsmuster steuern, wird besonders dann deutlich, wenn durch äußere Einflüsse der Rhythmus aus dem Takt gerät. Ein Beispiel dafür ist der sogenannte *Jetlag*. Dieses Symptom umfasst körperliche und auch psychische Beschwerden, die als Folge von Flugreisen in andere Zeitzonen auftreten.

3 Erläutern Sie die Rolle des Hormons Melatonin für die Regelung der inneren Uhr!

4 Erklären Sie, weshalb der Übergang in die Nachtarbeit oftmals mit körperlichen und psychischen Beschwerden verbunden ist!

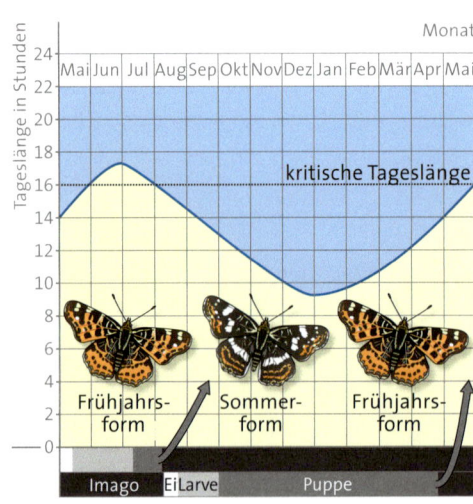
06 Saisondimorphismus beim Landkärtchen

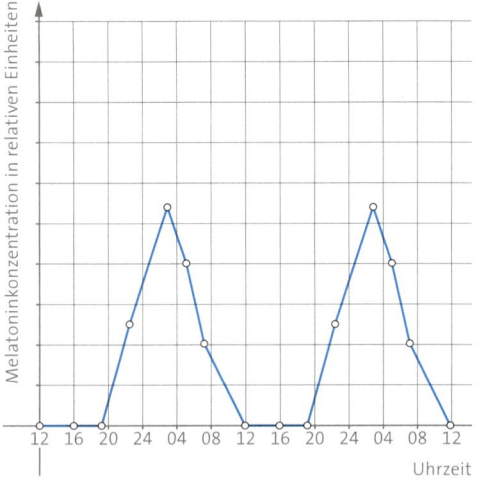
07 Melatoninkonzentration im Tagesverlauf

Material A ▸ Fotoperiodismus bei Pflanzen

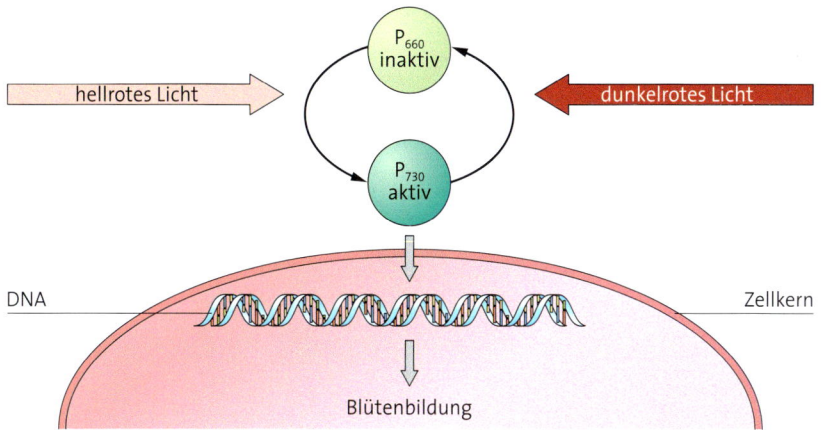

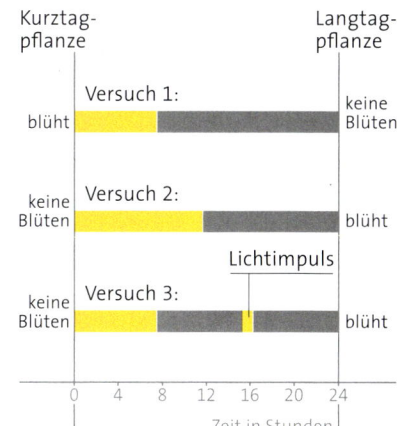

Bei vielen Pflanzenarten hängt die Blütenbildung vom Verhältnis der Nacht- zur Tageslänge ab. Hierbei kann man zwischen *Kurztag-* und *Langtagpflanzen* unterscheiden. Die fotoperiodische Steuerung der Blütenbildung erfolgt über das Pigment *Phytochrom*, dessen Moleküle leicht zwischen zwei ineinander überführbaren Strukturformen P_{660} (inaktiv) und P_{730} (aktiv) wechselt. Die Qualität des Lichtes bestimmt dabei, welche Form gerade vorliegt.

A1 Beschreiben Sie anhand der Versuche 1 und 2 die Wirkung von Hell- und Dunkelphasen auf Lang- und Kurztagpflanzen!

A2 Bewerten Sie auf der Basis des Versuches die Aussage: „Die Blütenbildung wird bei Pflanzen mit Fotoperiodismus durch die Länge der Dunkelperiode gesteuert."!

A3 Erklären Sie, weshalb Gärtner Langtagpflanzen, die im Winter blühen sollen, kurzzeitig einen Lichtimpuls geben, statt sie durchgehend zu beleuchten!

A4 Erläutern Sie die Steuerung der Blütenbildung durch das Pigment Phytochrom, wenn der Lichtimpuls nur hellrot oder nur dunkelrot ist!

VERSUCH B ▸ Orientierung durch Licht bei Daphnien

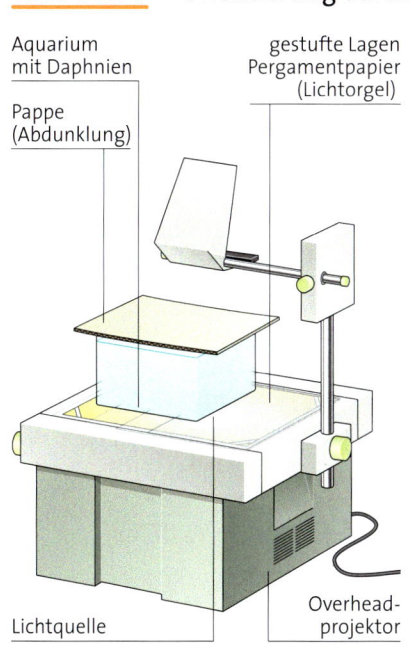

Versuchsmaterialien:
- Wasserprobe mit Daphnien
- kleines Glasbecken
- Pergamentpapier
- Pappe zur Abdunklung

Versuchsdurchführung:
Stellen Sie den Versuch wie in der Abbildung dargestellt zusammen. Die Lichtorgel erhalten Sie dabei durch das Aufeinanderlegen unterschiedlich vieler Schichten Pergamentpapier auf einer durchsichtigen Folie. Diese Folie legen Sie zu Beginn des Versuches auf den Overheadprojektor.

B1 Schätzen Sie die Anzahl der Daphnien in den Bereichen unterschiedlicher Lichtintensität und stellen Sie die Ergebnisse grafisch dar!

B2 Deuten Sie die Reaktion der Daphnien in der Lichtorgel und ziehen Sie Schlüsse daraus hinsichtlich der biologischen Bedeutung der Reaktion!

B3 Planen Sie ein Experiment zur Untersuchung des Einflusses verschiedener Lichtqualitäten auf das Verhalten der Daphnien! Führen Sie das Experiment durch und werten Sie es aus!

01 Larve der Eintagsfliege *Ecdyonurus venosus*

Wirkungsgefüge der Umweltfaktoren

Flach an den Stein gedrückt, weidet die Larve der Eintagsfliege den Algenbewuchs im Bachbett ab. Ihr stromlinienförmiger Körper und ihre geduckte Haltung schützen sie davor, von der Strömung mitgerissen zu werden. Doch ist tatsächlich nur die Strömung ausschlaggebend für das Vorkommen der Tiere?

WIRKUNGSGEFÜGE · Eintagsfliegenlarven kommen vor allem in den oberen Abschnitten von Fließgewässern vor. Im Sommer herrschen hier eine mittlere Wassertemperatur von etwa zehn Grad Celsius und eine starke Strömung, die das Wasser umwälzt und mit Sauerstoff anreichert. In breiteren Flussabschnitten ist die Strömung hingegen nur schwach und der Sauerstoffgehalt niedrig. Die Wassertemperatur steigt über 20 Grad Celsius. Infolgedessen nimmt der Sauerstoffgehalt ab, da die Löslichkeit von Gasen in Wasser mit steigender Temperatur sinkt. Die Umweltfaktoren Strömung, Wassertemperatur und Sauerstoffgehalt tragen gemeinsam zum Vorkommen der Eintagsfliegenlarven in einem Bachabschnitt bei. Wie bei den Larven der Eintagsfliegen ist die Um-

welt jedes Lebewesens von einer Vielzahl abiotischer Faktoren gekennzeichnet. Diese beeinflussen physiologische Prozesse und damit auch die Verbreitung der verschiedenen Arten. Die Umweltfaktoren wirken jedoch nicht isoliert. Vielmehr ist die Reaktion eines Lebewesens das Ergebnis aus dem **Wirkungsgefüge** der Einzelfaktoren.

GESETZMÄSSIGKEITEN · Die Purpurrose ist eine Seeanemone, die man unter anderem an der Nordseeküste findet. Als Bewohner der Gezeitenzone ist sie hinsichtlich des Salzgehaltes und der Temperatur euryök. Die Art wächst jedoch nur in wenigen Metern Tiefe, in dieser Hinsicht ist sie stenök. Für das Überleben der Purpurrose ist also nicht jeder Umweltfaktor im Lebensraum gleich bedeutsam. Für alle relevanten Faktoren einer Art gilt das **Wirkungsgesetz der Umweltfaktoren:** *Die Faktoren, die am weitesten vom Optimum entfernt sind, bestimmen das Überleben und die Häufigkeit einer Art in einem Lebensraum.*
Historisch betrachtet geht das Wirkungsgesetz auf die Arbeiten des deutschen Chemikers

02 Purpurrose

Justus VON LIEBIG zurück. Seine Untersuchungen zeigten, dass das Pflanzenwachstum von dem Faktor bestimmt wird, der in ungenügender Menge vorhanden ist. Dieser wird als **Minimumfaktor** oder **limitierender Faktor** bezeichnet. Ist zum Beispiel Phosphat im Minimum, kann eine Zugabe anderer Substanzen das Wachstum nicht steigern. Eine Düngung mit Phosphat steigert das Wachstum allerdings nur, bis wieder ein anderer Mineralstoff im Minimum ist. LIEBIG verallgemeinerte seine Erkenntnis 1855 zu einer These, die er das **Minimumgesetz** nannte: *Die Wirkung eines Faktors ist umso größer, je mehr er sich im Minimum befindet.* Als Modell für die Aussage des Gesetzes gilt die **Minimumtonne.** Das Minimumgesetz ist jedoch nur eingeschränkt gültig. Erhöht man im Versuch die Konzentration eines Minimumfaktors, so steigt der Ertrag nicht linear mit dem Faktor an. Vielmehr steigert der Minimumfaktor den Ertrag umso stärker, je weiter die anderen Faktoren im Optimum sind.

DARSTELLUNG DER WIRKUNGSGEFÜGE · Ökologische Studien beruhen vor allem auf der sorgfältigen Beobachtung der Populationen verschiedener Arten in ihrem natürlichen Lebensraum. Dabei werden das Zusammenspiel der verschiedenen Umweltfaktoren und ihr Einfluss auf die Reaktionen der Lebewesen untersucht. Das Wirkungsgefüge im Freiland ist jedoch zu komplex, um den Einfluss eines Einzelfaktors bestimmen zu können. Neben Freilandversuchen sind daher auch kontrollierte Laborversuche notwendig. Für die Auswertung wird das Zusammenspiel von zwei Faktoren im Flächendiagramm wiedergegeben. So wird zum Beispiel deutlich, dass die Entwicklungsdauer der Eier des Luzerneblattnagers bei 24 Grad Celsius und einer Luftfeuchtigkeit von 80 Prozent etwa neun Tage beträgt. Zur Darstellung von drei Faktoren benötigt man eine dreidimensionale Grafik. Das gesamte Wirkungsgefüge im Lebensraum lässt sich quantitativ nicht mehr erfassen.

1 ⌡ Erläutern Sie das Wirkungsgesetz der Umweltfaktoren mithilfe der Minimum-Tonne!

Justus VON LIEBIG (1803 – 1873)

Justus VON LIEBIG wurde 1803 in Darmstadt geboren. Bereits 1824 wurde er als Professor für Chemie und Pharmazie an die Universität Gießen berufen. Nach 28 Jahren wechselte er nach München, wo er bis zu seinem Tod arbeitete. LIEBIG erkannte die Bedeutung der Mineralstoffe für die Pflanzenernährung. Er verbesserte die Analyse organischer Stoffe und entwickelte den ersten phosphathaltigen Dünger zur Ertragssteigerung. Zu seinen vielfältigen Entwicklungen zählen weiterhin das Backpulver und der LIEBIGsche Fleischextrakt als Ersatznahrung für die arme Bevölkerung. LIEBIG gilt als bedeutendster Chemiker seiner Zeit.

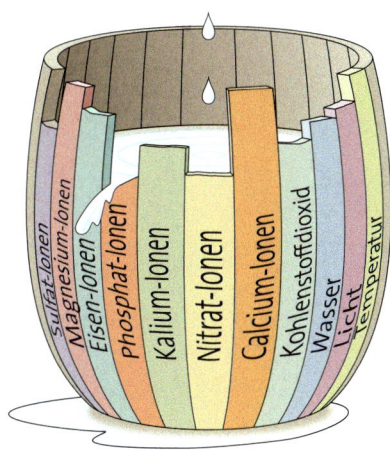

03 Minimumtonne

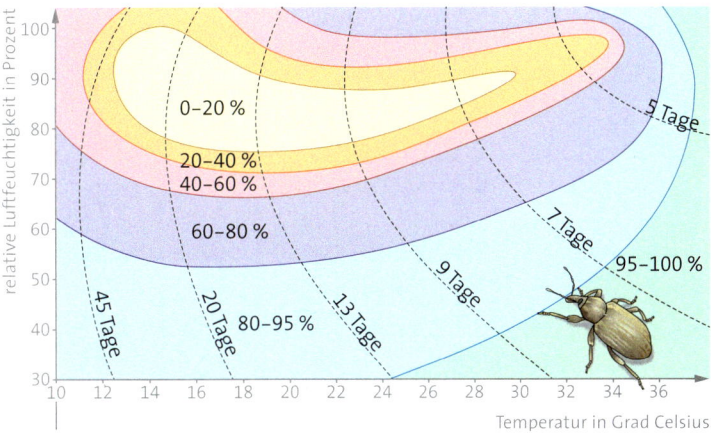

04 Mortalität der Eier und Dauer der Embryonalentwicklung beim Luzerneblattnager in Abhängigkeit von Temperatur und Luftfeuchtigkeit

sauer

Heidelbeere

Mauer-
pfeffer

Sumpfdotter-
blume

basisch

feucht   trocken

05 Zeigerarten

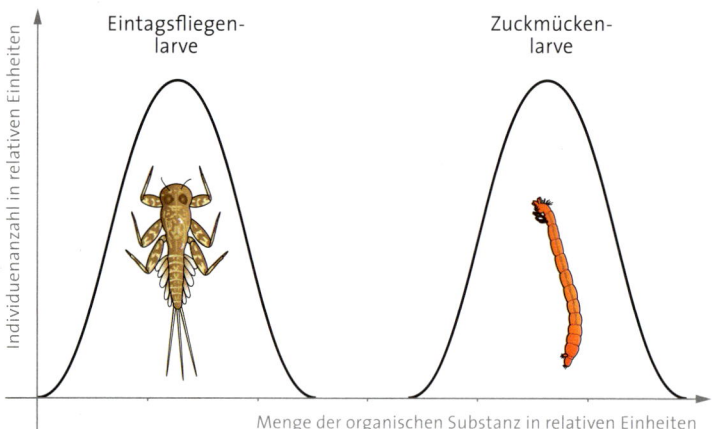

Eintagsfliegen-
larve

Zuckmücken-
larve

Individuenanzahl in relativen Einheiten

Menge der organischen Substanz in relativen Einheiten

06 Insektenlarven als Bioindikatoren

07 Pompeji-Wurm

2 Erklären Sie den Einfluss der Temperatur auf Organismen und leiten Sie ab, über welche physiologischen Angepasstheiten der Pompeji-Wurm verfügen muss!

BIOINDIKATOREN · Organismen reagieren innerhalb eines genetisch festgelegten Toleranzbereiches auf abiotische Faktoren. Aus den jeweiligen Wirkungsgefügen ergeben sich dabei für manche Organismen sehr eng begrenzte Bereiche. So findet man Heidelbeeren an Standorten mit einem Boden-pH-Wert von drei bis vier. Sumpfdotterblumen wachsen bevorzugt auf nassen Böden, der Mauerpfeffer hingegen auf trockenen. Findet man nun an einem Standort die genannten Arten, so kann auf die Werte der dort herrschenden abiotischen Faktoren geschlossen werden. Arten wie die Heidelbeere werden daher als **Bioindikatoren** oder Zeigerarten bezeichnet.

Das Vorkommen oder Fehlen von Bioindikatoren lassen auf den ökologischen Zustand eines Lebensraumes schließen. So lässt sich in Fließgewässern ein hoher Gehalt an organischer Substanz mithilfe von Zeigerarten bestimmen. Rote Zuckmückenlarven weisen dabei auf einen hohen Gehalt hin, während Eintagsfliegenlarven Indikatoren für unbelastete Gewässerabschnitte sind.

EXTREMBIOTOPE · Pompeji-Würmer sind bis zu 15 Zentimeter lange Tiere, die in papierdünnen Wohnröhren an den Wänden sogenannter Black Smoker leben. Dies sind meterhohe vulkanische Kamine am Meeresboden, aus denen Wasser mit Temperaturen von bis zu 350 Grad Celsius in schwarzen Wolken ausgestoßen wird. In den Röhren der Würmer herrschen oft Temperaturen von etwa 80 Grad Celsius. Der Mensch empfindet solche hohen Umgebungstemperaturen als „extrem". Aus der Perspektive des Pompeji-Wurms sind diese Lebensbedingungen jedoch „günstig". Er ist an solche hohen Temperaturen besonders angepasst. Was „günstig" oder „extrem" ist, hängt also davon ab, welche physiologischen Eigenschaften und Toleranzbereiche ein Lebewesen hat.

Lebensräume mit solchen „extremen" Umweltbedingungen, die nur von wenigen Spezialisten mit besonderen physiologischen und morphologischen Angepasstheiten besiedelt werden können, bezeichnet man als **Extrembiotope**.

Material A ▸ Wirkungsgefüge zweier Laufkäferarten

Agonum assimile   Pterostichus nigrita

Temperatur in Grad Celsius	5	10	15	20	25	30	35	40
A. assimile	13	62	12	7	4	2	k.A.	k.A.
P. nigrita	11	14	11	21	24	13	4	2

Helligkeit in Lux	10	200	500	700	1 200	1 450	2 500
A. assimile	69	14	k.A.	9	k.A.	4	4
P. nigrita	32	22	13	9	8	8	8

Relative Luftfeuchtigkeit in Prozent	45	55	70	90	100
A. assimile	15	62	21	2	k.A.
P. nigrita	10	22	41	23	4

Die Werte geben den prozentualen Anteil der Tiere an, die sich im jeweiligen Bereich im Durchschnitt aufhielten.
k. A. = keine Angaben

In drei Laborversuchen wurden die Temperatur-, Helligkeits- und Feuchtigkeitspräferenzen der zwei Laufkäferarten *Agonum assimile* (Putzkäfer) und *Pterostichus nigrita* (Grabkäfer) untersucht. Grabkäfer findet man in feuchten, kühlen und dunklen Laubwäldern. Sie leben aber auch auf feuchten Wiesen, die nicht beschattet sind. Putzkäfer hingegen bevorzugen lediglich feuchte, kühle und dunkle Laubwälder als Lebensraum.

A1 Erstellen Sie zu jeder Tabelle ein Säulendiagramm!

A2 Werten Sie die Diagramme aus!

A3 Vergleichen Sie die Laborergebnisse mit den Angaben zur Verbreitung der beiden Arten im natürlichen Lebensraum!

A4 Erläutern Sie am vorliegenden Beispiel die Vorgehensweise der Wissenschaftler zur Darstellung von Wirkungsgefügen!

Material B ▸ Extrembiotop Gezeitentümpel

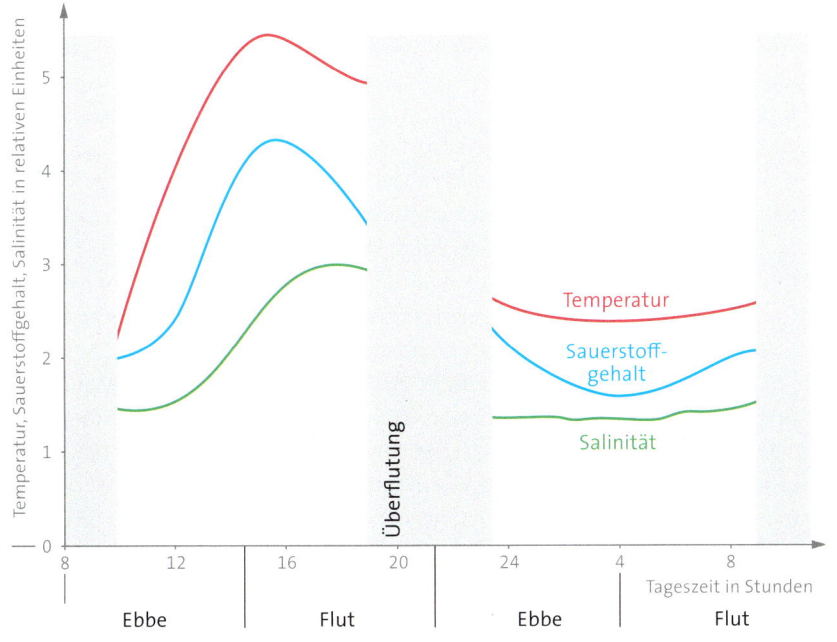

Gezeitentümpel sind Kleinstlebensräume in natürlichen Vertiefungen im Gestein an Felsküsten. Bei Niedrigwasser bleiben diese mit Meerwasser gefüllt, eine Verbindung zum Wasserkörper des Meeres fehlt jedoch. Lebewesen, die diesen Lebensraum besiedeln, sind in besonderer Weise den hier herrschenden abiotischen Faktoren ausgesetzt.

B1 Beschreiben Sie die Abbildung!

B2 Erklären Sie die Kurvenverläufe!

B3 Stellen Sie begründet dar, welchen Einfluss heftige Regengüsse während des Niedrigwassers auf die Lebensbedingungen der Biozönose hätten!

01 Pinguinkolonie

Wachstum von Populationen

Pinguine sind an das Leben im Wasser angepasste Vögel, die im Meer nach Fischen und Krebstieren jagen. Von den 17 bekannten Arten ist der Kaiserpinguin mit einer Körpergröße von über einem Meter und einer Masse von bis zu 45 Kilogramm der größte. Zur Fortpflanzung wandern die Tiere auf das antarktische Festland beziehungsweise auf die feste Packeisschicht. Zwei Wochen nach der Paarung legt jedes Weibchen ein Ei, das es an das Männchen übergibt. Dann kehren die Weibchen ins Meer zurück und suchen Nahrung, während die Männchen das Ei in einer großen Brutkolonie ausbrüten.

POPULATIONEN · Eine Gruppe artgleicher Lebewesen, die eine Fortpflanzungsgemeinschaft bilden und zur gleichen Zeit in einem bestimmten Areal leben, nennt man **Population.** Wie das Beispiel der Kaiserpinguine zeigt, heißt dies jedoch nicht, dass alle Tiere dauernd an einem Ort zusammen in einem Gebiet leben müssen.

Zu den Kennzeichen einer Population gehören die **Populationsgröße,** womit die Gesamtzahl aller Individuen im Siedlungsgebiet gemeint ist, sowie die Populationsdichte, die die Individuenzahl pro Flächeneinheit angibt. Außerdem sind für die Beschreibung einer Population die räumliche Verteilung und die Altersstruktur der Mitglieder von Bedeutung. Die **Geburtenrate** und die **Sterberate** geben an, wie viele Lebendgeburten beziehungsweise Sterbefälle auf zum Beispiel 1 000 Individuen pro Zeiteinheit auftreten. Die **Zuwachsrate** ergibt sich aus der Differenz dieser beiden Zahlen. Sie ist im Fall eines Geburtenüberschusses positiv und führt zu Populationswachstum.

Auch Zuwanderungs- und Abwanderungsbewegungen beeinflussen die Populationsgröße. So standen zum Beispiel im Jahr 2005 in Deutschland 707 000 Zuwanderungen an Menschen rund 628 000 Abwanderungen gegenüber.

Entscheidend für die Größe einer Population sind die Umweltgegebenheiten in einem Lebensraum. Diese bestimmen durch ihre An- oder Abwesenheit die **Umweltkapazität:** Sie gibt die maximale Anzahl der Individuen an, die in einem Lebensraum langfristig vorkommen kann.

VERSCHIEDENE FORMEN DES WACHSTUMS · In einer langfristig stabilen Population, wie der der Kaiserpinguine, bewegt sich die Populationsgröße um den Wert der Umweltkapazität. Ändern sich die Umweltbedingungen, wie zum Beispiel durch das Abschmelzen der Packeisschicht, so ändert sich die Umweltkapazität und damit die Populationsgröße.

Bei der Neubesiedlung von Lebensräumen sind die Verhältnisse jedoch anders, weil zunächst keine begrenzenden Faktoren für das Wachstum vorhanden sind. Am einfachsten lässt sich ein solches Populationswachstum an Bakterien nachvollziehen, die in einer Flüssigkultur herangezogen werden. Zu bedenken ist, dass es sich hierbei um Laborversuche unter kontrollierten Bedingungen handelt: Nach einer Phase langsamen Wachstums im frischen Nährmedium, der *lag-Phase*, geht die Kultur in ein **exponentielles Wachstum** über, die *log-Phase*. Dabei verdoppelt sich die Populationsgröße in gleichen Zeitintervallen. Mit der rasant wachsenden Anzahl der Bakterien ist aber auch eine Nahrungsverknappung verbunden, sodass die Wachstumsrate sinkt. Schließlich findet keine äußerlich sichtbare Vermehrung mehr statt. In dieser *stationären Phase* liegen Vermehren und Absterben im Gleichgewicht. Eine solche *Sättigungskurve* ist charakteristisch für **logistisches Wachstum.** Der erreichte Zustand entspricht der Umweltkapazität. Da das Medium jedoch allmählich erschöpft ist und zusätzlich Ausscheidungsstoffe die Lebensbedingungen verschlechtern, sinkt die Umweltkapazität und es sterben mehr Zellen ab, als durch Teilung neu entstehen. Grafisch zeigt sich diese *Absterbephase* an einem abfallenden Kurvenverlauf.

Auch Populationen anderer Arten sind infolge der Begrenztheit der natürlichen Ressourcen wie Nahrung, Brut-, Versteck- oder Ruheplätze in ihrem Wachstum beschränkt. Ferner können weitere Umweltfaktoren, wie zum Beispiel klimatische Einflüsse, das Populationswachstum beeinflussen.

1 Begründen Sie, bei welcher Populationsgröße eine logistisch wachsende Population die höchste Zuwachsrate hat!

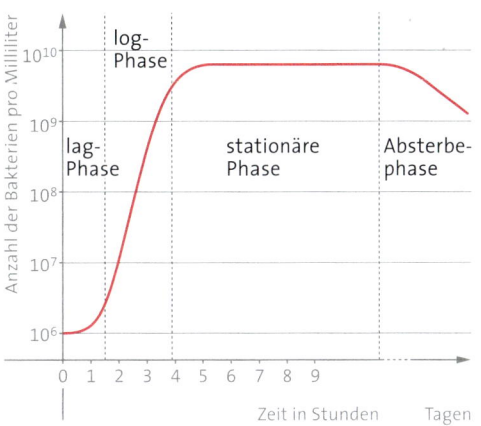

02 Wachstum in einer Bakterienkultur

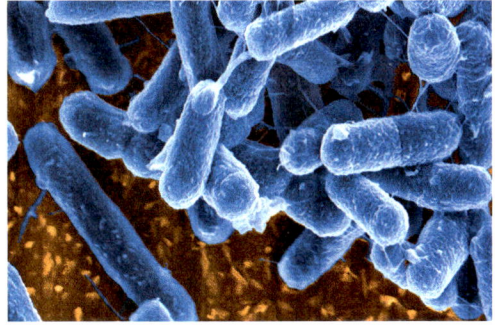

03 REM-Bild von *Escherichia coli*

IM BLICKPUNKT MATHEMATIK

Aus der Differenz der Geburtenrate (b) und der Sterberate (m) ergibt sich die Zuwachsrate (r).

Für exponentielles Wachstum gelten folgende Abhängigkeiten:

1. $r = b - m$
2. $b = N_b : (N \cdot \Delta t)$
3. $m = N_m : (N \cdot \Delta t)$
4. $r = (N_b - N_m) : (N \cdot \Delta t)$
5. $N_b - N_m = \Delta N$
6. $r = \Delta N : (N \cdot \Delta t)$
7. $r \cdot N = \Delta N : \Delta t$

Dabei bedeuten N = Gesamtzahl der Individuen einer Population, N_b = Anzahl der Geburten, N_m = Anzahl der Sterbefälle und $\Delta N : \Delta t$ = Änderung der Individuenzahl im Zeitabschnitt Δt.

Da die Zuwachsrate (r) von Generation zu Generation immer jeweils einen bestimmten Anteil der vorhandenen Population ausmacht, wachsen diese Populationen exponentiell. Nach einer bestimmten Zeit führt dies zu einer Verdopplung der ursprünglichen Individuenzahl. Das Darmbakterium Escherichia coli hat unter optimalen Bedingungen eine Verdopplungszeit von 20 Minuten.

Für die mathematische Beschreibung des logistischen Wachstums wird die Gleichung für das exponentielle Wachstum so korrigiert, dass N nicht dauerhaft größer ist als die Umweltkapazität K. Dies geschieht durch Einfügen des Faktors $(K - N) : K$ in Gleichung (7):

8. $r \cdot N (K - N) : K = \Delta N : \Delta t.$

04 Feldmaus

05 Rothirsche

FORTPFLANZUNGSSTRATEGIEN · Die Feldmaus ist das häufigste einheimische Säugetier. Feldmäuse sind etwa zehn Zentimeter lang und wiegen ungefähr 35 Gramm. Sie leben in verzweigten Gängen dicht unter der Erdoberfläche. Das Weibchen bringt meistens fünf- oder sechsmal pro Jahr jeweils fünf bis zehn Jungtiere zur Welt, die bereits nach zwei Wochen geschlechtsreif sind. Lebewesen, die wie die Feldmaus viele Nachkommen erzeugen, nennt man **r-Strategen.** Typisch für r-Strategen sind eine hohe Vermehrungsrate, kurze Geburtenabstände, eine kurze Individualentwicklung und eine kurze Lebensspanne. Bei einem frühen Fortpflanzungsbeginn ist die Wurfgröße, aber auch die Sterblichkeit der Jungtiere meistens hoch. Ihre Populationsdichte schwankt und kann schlagartig abfallen. Solche Arten können variable Umweltbedingungen gut ertragen, sich rasch ausbreiten und neue Lebensräume besiedeln. Man bezeichnet dies auch als *opportunistische Habitatnutzung.*

Weitere Beispiele für r-Strategen sind die meisten Mikroorganismen, Kleinkrebse, Blattläuse oder Sperlinge sowie soziale Insekten wie Bienen und Ameisen. Zu den pflanzlichen r-Strategen zählen Pionierpflanzen, die zum Beispiel Brachflächen besiedeln.

Der Rothirsch ist in Mitteleuropa das größte frei lebende Wildtier. Bei einer Kopf-Rumpf-Länge von knapp zwei Metern wiegen die männlichen Tiere etwa 200 Kilogramm. Hirschkühe sind etwa halb so schwer. Die meiste Zeit des Jahres leben Rothirsche in Rudeln. Nach einer Tragzeit von 230 Tagen gebären die Weibchen ein Kalb, das bis zu 14 Kilogramm wiegen kann und ein halbes Jahr gesäugt wird. Männliche Rothirsche sind nach sieben, weibliche nach fünf Jahren geschlechtsreif.

Lebewesen, die wie der Rothirsch wenige Nachkommen haben, nennt man **K-Strategen.** Merkmale von *K-Strategen* sind eine langsame Individualentwicklung, eine lange Lebensspanne und eine geringe Vermehrungsrate. Die Geburtenabstände sind lang, Wurfgröße und Sterblichkeit der Nachkommen meistens gering. Die Populationsgröße bewegt sich nahe der Umweltkapazität. K-Strategen leben unter weitgehend konstanten Umweltbedingungen und nutzen gegebene Ressourcen auch unter starker Konkurrenz. Unsichere Lebensräume werden eher nicht besiedelt. Diese Lebensweise wird auch als *konsistente Habitatnutzung* bezeichnet. Weitere Beispiele für K-Strategen sind Bären, Biber, Wale, Elefanten und Primaten sowie große Greifvögel wie Adler, Geier und Uhu. Zwischen den beiden unterschiedlichen Strategien gibt es viele Übergänge. So ist es für den Menschen als K-Stratege auch typisch, neue Lebensräume zu erschließen.

2 ⌡ Vergleichen Sie die beiden Fortpflanzungsstrategien und setzen Sie sie in Beziehung zu dem Begriff „Angepasstheit"!

3 ⌡ Stellen Sie für beide Strategien den Zusammenhang zwischen Lebensalter (0 – 100 %, *x*-Achse) und relative Anzahl der überlebenden Individuen einer Population (*y*-Achse) grafisch dar!

Material A ▸ Exponentielles Wachstum

1. *Escherichia coli* ist ein Bakterium, das im Darm von Menschen, Säugetieren und Vögeln vorkommt und dort zum Beispiel Vitamin K produziert. Gleichzeitig dient *E. coli* auch als Indikator für fäkale Verunreinigungen im Wasser und in Lebensmitteln. Es hat Stäbchen-form und teilt sich unter günstigen Bedingungen alle 20 Minuten.

2. Die Erde hat eine Oberfläche von etwa $510 \cdot 10^6$ Quadratkilometer.

A1 Berechnen Sie die Dicke der *E.-coli*-Schicht auf der Erde nach 36 Stun-den ungehinderten Wachstums (vereinfachende Annahme: *E. coli* ist kugelförmig und hat einen Durchmesser von 3 µm)!

A2 Diskutieren Sie die Gründe, wes-halb dieses Szenario nicht eintritt!

Material B ▸ Bevölkerungswachstum der Menschheit

1. Weltbevölkerung: Bei Christi Geburt lebten rund 100 Millionen Menschen, 1650 waren es etwa 500 Millionen. Um 1830 gab es 1 Milliarde Menschen. 1925 waren 2 Milliarden und 1965 3 Milliarden erreicht. 1970 lebten etwa 3,6 Milliarden und 1990 ungefähr 5,3 Milliarden Menschen. Nach Prog-nosen werden im Jahr 2100 zwischen 12 und 18 Milliarden Menschen auf der Erde leben.

2. Bevölkerung in verschiedenen Ländern:
- Die Hälfte der 100 Millionen Men-schen Bangladeschs ist jünger als 20 Jahre.
- In Nigeria werden im Jahr 2030 ver-mutlich 1 Milliarde Menschen leben.
- In Deutschland beträgt die Kinder-zahl pro Frau durchschnittlich 1,35.
- Nach Schätzungen sind in Deutsch-land derzeit etwa 35 Prozent der Frauen zwischen 25 und 50 Jahren gewollt oder ungewollt kinderlos.

B1 Zeichnen Sie anhand der Daten aus 1. die Bevölkerungsentwicklung in ein halblogarithmisches Diagramm (x-Achse: Zeit/linear; y-Achse: An-zahl der Individuen/logarithmisch) und erklären Sie diese!

B2 Nehmen Sie Stellung zu den Informationen aus 2.!

Material C ▸ Altersstruktur der deutschen Bevölkerung in den Jahren 1910, 1950 und 1999

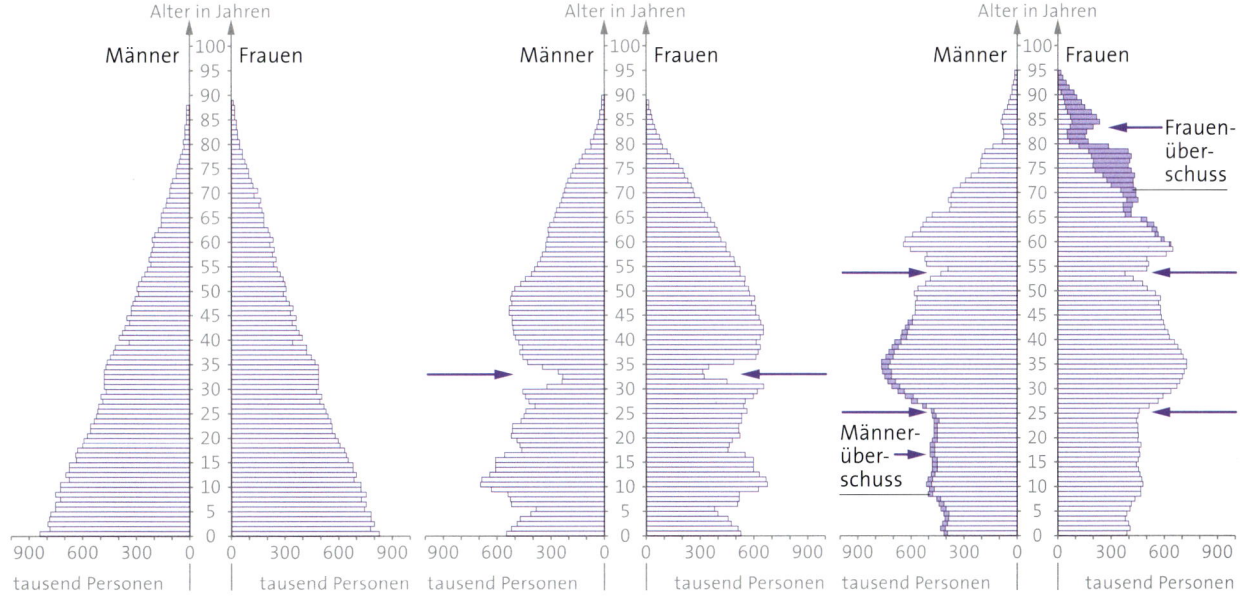

C1 Beschreiben und vergleichen Sie die drei Alterspyramiden! Geben Sie zusätzlich die Ursachen für die Gestalt der Grafik an den mit den Pfeilen versehenen Stellen an!

C2 Bewerten Sie die derzeitige Alters-struktur im Hinblick auf biologi-sche und sozialpolitische Folgen!

01 Weißstörche

Intraspezifische Beziehungen

Weißstörche sind Zugvögel, die ihre afrikanischen Winterquartiere entweder auf westlicher Route über Gibraltar oder östlicher Route über den Bosporus erreichen. Im Frühjahr kehren zunächst die Männchen in die Brutgebiete zurück und besetzen in der Regel den vorjährigen Horst. Die später eintreffenden Weibchen wählen ein Männchen aus, sodass es zu Paarbindungen kommt, die eine Fortpflanzungsperiode andauern. Aufgrund festgelegter Flugrouten treffen sich jedoch häufig gleiche Paare.

BEZIEHUNGEN ZWISCHEN DEN GESCHLECHTERN · Das Beispiel des Weißstorchs zeigt, dass die Beziehungen zwischen den Geschlechtern im Jahresverlauf nicht stabil bleiben müssen: Während die Sexualpartner einen Sommer lang zusammenleben, sich paaren und die Jungtiere aufziehen, leben sie im Winter und während des Vogelzuges in Männchen- und Weibchengruppen. Auch Haussperlinge bilden eine Fortpflanzungsperiode lang ein Paar. Man bezeichnet dieses Phänomen als **Saisonehe.**
Dagegen verbringen Weißkopfseeadler oder Graugänse ihr gesamtes Leben in **Dauerehe.**

Grundsätzlich lassen sich verschiedene solcher Paarungssysteme unterscheiden. Diese können infolge unterschiedlicher ökologischer Bedingungen sogar bei ein und derselben Art variieren: So sind zum Beispiel männliche Neuntöter je nach Nisthöhlenangebot entweder polygam oder monogam.
Beim Zusammenleben der Geschlechter handelt es sich um Beziehungen zwischen Individuen einer Art. Sie sind ein Beispiel für **intraspezifische Beziehungen.**

TIERVERBÄNDE · Wenn Eltern ihren Nachwuchs in Form von Füttern, Säugen oder Reinigen pflegen, entsteht aus einer Paarbeziehung eine Beziehung zu den Nachkommen. Eine solch energieaufwendige *Brutpflege* betreiben vor allem Vögel und Säugetiere. Werden Leistungen nur vor dem Schlüpfen oder der Geburt erbracht, spricht man von *Brutfürsorge*. Eine ausgeprägte Brutfürsorge findet man zum Beispiel bei den meisten Insekten. Eine derartige Tätigkeit verbessert zwar die Entwicklungschancen der Nachkommen, eine direkte Beziehung zwischen Eltern und Kindern entsteht dadurch jedoch nicht.

Bleibt der Nachwuchs länger als zur Aufzucht erforderlich mit Eltern und Geschwistern zusammen, entstehen größere soziale Gruppen, deren Mitglieder sich untereinander kennen. Primaten, Löwen, Wölfe oder Elefanten bilden solche **individualisierten Verbände.** Sie heißen im Fall von naher verwandtschaftlicher Beziehung **Familien.** Leben auch entferntere Verwandte im Verband und sind die Gruppen größer, spricht man von **Sippen.** Das Zusammenleben innerhalb der Gruppe wird in einer Rangordnung geregelt.

Ein Vogel- oder Fischschwarm ist dagegen ein **offen anonymer Verband,** deren Mitglieder sich in der Regel nicht individuell kennen. Ratten wiederum leben in einem **geschlossen anonymen Verband,** in dem sich die Gruppenmitglieder am Geruch erkennen und fremde Artgenossen ausschließen. Einen besonderen Typ der Vergesellschaftung bilden **Tierstaaten,** wie man sie bei Bienen, Ameisen, Wespen oder Termiten findet. Ihre Abhängigkeit voneinander beruht auf genetischer Verwandtschaft und ist so groß, dass Einzeltiere selbst kürzere Zeiträume nicht allein überleben können.

INTRASPEZIFISCHE KONKURRENZ · Wenngleich das Zusammenleben von Tieren in Gruppen einen erheblichen Schutz und somit einen Überlebensvorteil für den Einzelnen bietet, können damit aber auch Nachteile verbunden sein. Das Angebot an Raum, Nahrung, Tränken oder Nist- und Ruheplätzen in einem Biotop ist begrenzt, sodass zwischen den Mitgliedern der Gruppe eine Konkurrenz um diese **Ressourcen** entsteht. So konkurrieren beispielsweise Austernfischer um möglichst meernahe

Brutplätze in den Dünen, Frischlinge um die milchreichste Zitze der Bache oder Vogeljunge um den größten Nahrungshappen. Die innerartliche Konkurrenz ist abhängig von der Populationsdichte.

Bei sehr vielen Tierarten wird die Konkurrenz durch die **Territorialität** reduziert. Dieses bei allen Wirbeltierklassen, aber auch bei Spinnentieren und Insekten vorkommende Verhalten führt zu einer Aufteilung des Gesamtlebensraumes in **Reviere.** Ein Revier sichert seinem Inhaber exklusive Nutzungsmöglichkeiten und vermeidet andauernde Auseinandersetzungen um knappe Ressourcen.

Auch die unterschiedliche Größe von Greifvogelweibchen und -männchen oder die verschiedenartige Gestalt und Lebensweise von Larvenform und Imago bei Libellen, Käfern oder Schmetterlingen dient der Vermeidung von Konkurrenz: Das jeweilige Nahrungsspektrum ist sehr verschieden.

Bei Pflanzen ist die innerartliche Konkurrenz um die Ressourcen Licht, Wasser und Mineralstoffe des Bodens besonders hoch. Sie führt zum Beispiel in jungen Baumbeständen dazu, dass sich im Verlauf des Wachstums die stabilsten und vitalsten Bäume durchsetzen und an Größe zunehmen, während die weniger konkurrenzfähigen absterben.

02 Maikäfer:
A Engerling,
B Imago

03 Kohlweißling:
A Raupe,
B Imago

1 ⌡ Recherchieren Sie Körpergröße und -masse von Habichtweibchen und Habichtmännchen und geben Sie das jeweilige Beutespektrum an!

2 ⌡ Diskutieren Sie die Vor- und Nachteile eines Reviers für seinen Besitzer!

04 Tierverband Wolfsrudel

05 Revierkampf des Alaskaschafes

06 Konkurrenz bei Buchen um Sonnenlicht

07 Tupaia
(Spitzhörnchen)

Schwanzsträubwert (%)	Beobachtetes Verhalten
bis 5	harmonisches Zusammenleben
10	langsames Wachstum
20	Weibchen verhalten sich männlich
30	Weibchen fressen ihr Jungtier
40	–
50	Weibchen werden unfruchtbar
60	Weibchen wehren Männchen ab
70	Männchen werden unfruchtbar
80	–
90	Tod durch innere Vergiftung

08 Schwanzsträubwerte und Verhalten bei Tupaias [Angabe in Prozent der beobachteten Zeit]

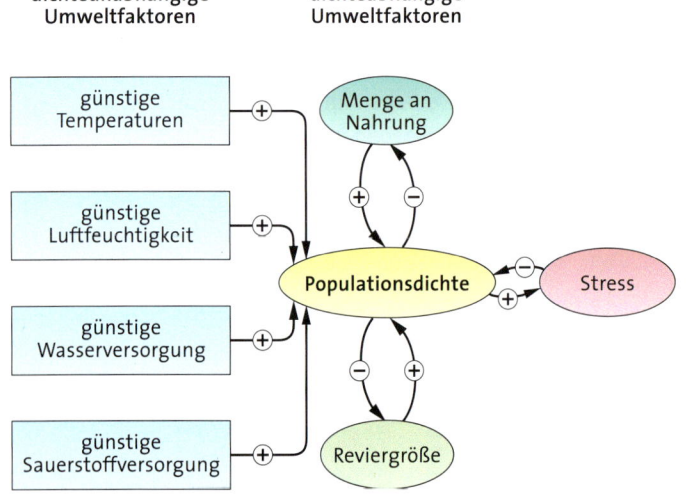

09 Zusammenwirken von dichteabhängigen und dichteunabhängigen Faktoren bei der Regulation der Populationsdichte (Modell). Es bedeuten:

⊕→ beeinflusst positiv

⊕→ je größer ... desto größer / je kleiner ... desto kleiner

⊖→ je größer ... desto kleiner / je kleiner ... desto größer

REGULATION DER POPULATIONSDICHTE ·

Tupaias sind eichhörnchengroße Baumbewohner Südostasiens. In Stresssituationen sträuben sie die ansonsten glatt anliegenden Schwanzhaare zu einer buschigen Bürste. Ursache dafür ist eine Absonderung von Adrenalin und Corticoiden durch die Nebennieren. Die Hormone bewirken eine Erhöhung von Herzschlag und Blutdruck, eine Mobilisierung von Energiereserven, eine Verminderung der Durchblutung von Nieren und Darm und eine Unterdrückung der Keimdrüsenaktivität.

Stressindikator sind die „Schwanzsträubwerte", die den relativen Zeitraum angeben, in dem sich die Tupaias einem Beobachter mit aufgebauschtem Schwanz zeigen. In Gemeinschaften mit hoher Populationsdichte liegen diese Werte bei etwa 50 Prozent mit der Folge, dass die Jungtiere nicht geschlechtsreif werden. Bei Werten ab 80 Prozent verlieren Tupaias rasch an Gewicht und sterben bald an Nierenversagen.

Beim europäischen Reh werden in dünn besiedelten Gebieten weniger männliche als weibliche Kitze geboren, die bereits nach einem Jahr geschlechtsreif werden können. Bei hoher Populationsdichte dagegen ist die Geburtenrate für Böcke dreimal höher als für Ricken und die Geschlechtsreife zögert sich um Jahre hinaus.

Die Dichte von Populationen kann also auch ohne den Einfluss von Fremdlebewesen über den Hormonhaushalt reguliert werden: Hohe Individuenzahlen bewirken starke Konkurrenz. Diese führt zu Stress und zu eingeschränkter Fortpflanzung. Ist die Populationsdichte klein, entsteht kaum Stress und die Fortpflanzung erfolgt weitgehend ungehindert.

Neben diesen **dichteabhängigen Faktoren** beeinflussen auch klimatische Bedingungen und abiotische Gegebenheiten die Populationsdichte. Solche Größen nennt man **dichteunabhängige Faktoren.** Im Extremfall kann eine durch Stress geschwächte Population regelrecht zusammenbrechen: Einen strengen Winter oder eine lange Dürreperiode überleben die meisten Individuen dann nicht.

3 ⌡ Vergleichen Sie die Bestandsregulation bei Tupaias und Rehen und erläutern Sie Vorteile für die Populationen!

Material A ▸ Wachstum und Zusammenbruch einer Rentierpopulation auf der St.-Matthew-Insel in der Beringsee

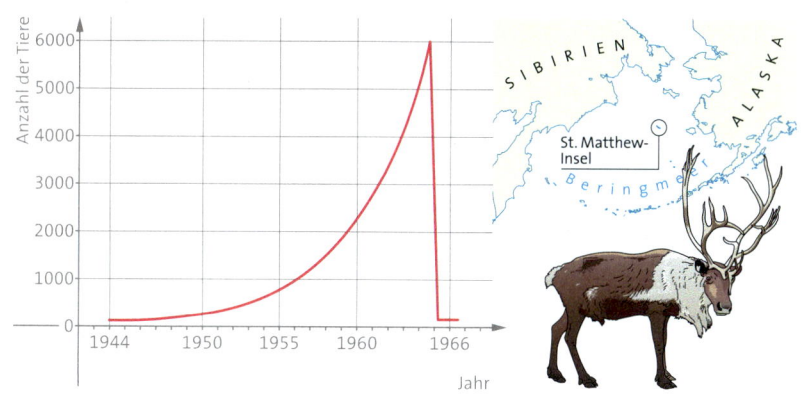

Messungen im Jahr 1963 zeigten, dass die Wuchshöhe der Flechten von ursprünglich etwa zwölf Zentimeter auf einen Zentimeter abgenommen hatte und dass die Rentiere eine deutlich geringere Körpergröße aufwiesen. Nach dem strengen Winter 1963/64 starben nahezu alle 6000 Tiere. Im Jahr 1966 gab es nur noch 42 magere Exemplare ohne Jungtiere.

A1 Erläutern Sie, weshalb sich die Rentierpopulation wie beschrieben entwickelte!

A2 Diskutieren Sie Ursachen für diese „katastrophale" Entwicklung und stellen Sie Maßnahmen vor, die einen solchen Zusammenbruch verhindern könnten!

Im zweiten Weltkrieg brachte die amerikanische Marine 24 weibliche und fünf männliche Rentiere auf die unbewohnte, etwa 360 km² große St. Matthew-Insel in der Beringsee 300 Kilometer vor Alaska. Sie sollten als Reservenahrung für Soldaten dienen.

Nach Kriegsende zogen die Soldaten ab und ließen die Rentiere zurück. Die Population, die sich fast ausschließlich von Flechten und Gräsern ernährte, konnte sich nun mangels natürlicher Feinde ungestört vermehren. Im Jahr 1957 wurden bereits 1350 Tiere gezählt.

Material B ▸ Intraspezifische Konkurrenz um Licht und Mineralstoffe bei der Prachtwinde (*Ipomoea tricolor*)

Nachfolgend sind die Ergebnisse einer Versuchsreihe zum Wachstum der Prachtwinde in Abhängigkeit vom Licht- und Mineralstoffangebot dargestellt. Alle anderen Parameter blieben konstant. Gemessen wurde das Trockengewicht nach gleicher Wachstumszeit (angegeben sind die prozentualen Durchschnittswerte):

a eine Pflanze, die einzeln in einem Gefäß mit einer senkrechten Stange wuchs;

b acht Pflanzen, die einzeln in einem Gefäß, aber mit nur einer Stange wuchsen;

c acht Pflanzen, die in einem Gefäß, aber mit acht getrennten Stangen wuchsen;

d acht Pflanzen, die in einem Gefäß mit nur einer Stange wuchsen.

Außerdem konnte beobachtet werden, dass die Pflanzen bei **b** sehr unterschiedlich groß waren, während die Pflanzen bei **c** und **d** alle ähnlich klein blieben.

B1 Erläutern Sie den Versuchsaufbau und geben Sie an, unter welcher konkreten Fragestellung die Versuche durchgeführt wurden!

B2 Deuten Sie die erhaltenen Ergebnisse! Stellen Sie Vermutungen an, weshalb die Pflanzen bei **b** unterschiedlich groß waren, während sie bei **c** ähnlich klein blieben!

Versuchsansatz	a	b	c	d
Wachstum (Trockengewicht in Prozent)	100	75	20	20

01 Hyänen und Geier konkurrieren um einen Gnu-Kadaver

Interspezifische Konkurrenz

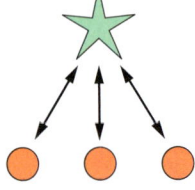

02 Intraspezifische Konkurrenz

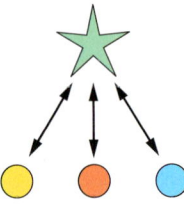

03 Interspezifische Konkurrenz

In der afrikanischen Savanne finden sich Hyänen und Geier bei einem Gnu-Kadaver ein. Bei diesem handelt es sich anscheinend um ein Überbleibsel einer Löwen-Mahlzeit. Hyänen jagen ebenso wie Löwen in der Regel lebende Tiere. Im Bedarfsfall fressen sie aber auch Tierleichen und konkurrieren dann mit Geiern, die obligatorische Aasfresser sind.

INTERSPEZIFISCHE KONKURRENZ · Wie das obige Beispiel zeigt, können auch Angehörige verschiedener Arten in Konkurrenz zueinander stehen. Diese **interspezifische Konkurrenz** tritt immer dann auf, wenn gleiche Ressourcen beansprucht werden. Oft sind nah verwandte Arten Rivalen, wie zum Beispiel Habicht und Sperber oder Kohlmeise und Blaumeise. Aber auch sehr verschiedene Arten können miteinander in „Wettstreit" treten: In Wüstengebieten etwa konkurrieren Ameisen mit Kleinnagern um Samen, die dort die einzige Nahrungsquelle sind.

KONKURRENZ BEI PANTOFFELTIERCHEN · Im Jahr 1934 führte der sowjetische Biologe Georgii F. GAUSE Untersuchungen zum Konkurrenzverhalten von drei verschiedenen Pantoffeltierchen-Arten durch: Wurden *Paramecium aurelia* und *Paramecium caudatum* in getrennten Gefäßen gezüchtet, ergaben sich die erwarteten logistischen Wachstumskurven. Wurden beide aber gemeinsam in einem Gefäß gehalten, überlebte *P. caudatum* nicht. Zog man hingegen *P. aurelia* und *P. bursaria* in einem Gefäß heran, konnten beide Arten überleben.
Erklärbar wird das Ergebnis, wenn man die Umweltansprüche der drei Pantoffeltierchenarten betrachtet: *P. aurelia* und *P. caudatum* besitzen völlig gleiche Anforderungen an Nahrung, Sauerstoffgehalt, Licht und Temperatur. Beide Arten treten in **totale Konkurrenz,** was dazu führt, dass eine der beiden in Anwesenheit der anderen nicht überleben kann. Dieser Sachverhalt gilt allgemein und wird als **Konkurrenzausschlussprinzip** bezeichnet. Es

besagt, dass Arten, die die gleichen ökologischen Ansprüche stellen, nicht nebeneinander überleben können. Demgegenüber sind die Umweltansprüche von *P. aurelia* und *P. bursaria* nicht völlig gleich. Bei gemeinsamer Zucht tritt die eine Art vor allem am oberen Rand des Mediums auf, während die andere eher in tieferen Bereichen anzutreffen ist. Werden beide Arten jedoch isoliert gehalten, besiedeln sie das Medium gleichartig.

Aufgrund ihrer unterschiedlichen ökologischen Potenzen zur Nutzung von Nahrungsressourcen ist die eine Art in den oberen Bereichen des Wassers konkurrenzstärker, während die andere Art die Ressourcen in den tiefer gelegenen Bereichen besser nutzen kann. Da beide jedoch bezüglich einer Ressource konkurrenzstärker sind, kommt es nicht zum Konkurrenzausschluss, die Arten können trotz Konkurrenz nebeneinander leben.

KOEXISTENZ · Auf dem ehemaligen Grenzstreifen zwischen der Bundesrepublik und der DDR kann man Schafherden beobachten, die von Ziegen begleitet werden. Sie sollen die Lebensräume dieses „grünen Bandes" erhalten, die vorwiegend aus Mager-, Feucht- und Nassweiden sowie aus Heideflächen bestehen. Während die Schafe vor allem den Grasbewuchs abweiden, halten die Ziegen aufkommende Gehölze kurz. Das Nahrungsspektrum der beiden Tierarten ist also nicht völlig gleich: Ziegen fressen zum Beispiel auch Disteln, Brombeerranken oder Brennnesseln. Ebenso ist ihr Fressverhalten anders als das der Schafe. Baumlaub und kleine Äste von Bäumen erreichen sie, indem sie auf den Hinterbeinen stehend das Geäst mit den Vorderbeinen herunterdrücken.

Aufgrund dieser Unterschiede in Nahrung und Fressverhalten können Schafe und Ziegen gemeinsam in einem Gebiet leben. Dies bezeichnet man als **Koexistenz.**

Sowohl das Beispiel von Schaf und Ziege als auch das Nebeneinander zweier Pantoffeltierchen-Arten zeigt, dass Koexistenz möglich ist, wenn trotz Konkurrenz Unterschiede in der Fähigkeit zur Nutzung von Ressourcen bestehen. Diese Koexistenz wird häufig missverständlich

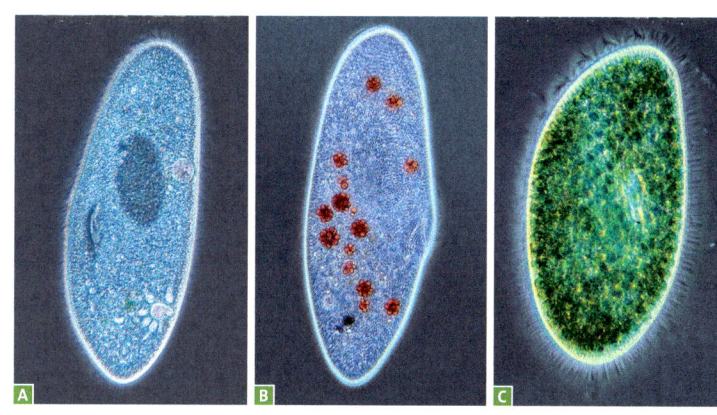

04 Paramecien-Arten: **A** *P. aurelia,* **B** *P. caudatum,* **C** *P. bursaria*

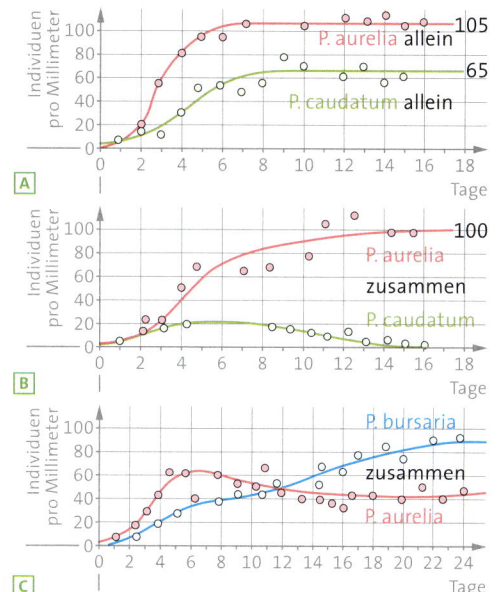

05 Ergebnisse von Kulturversuchen mit Paramecien-Arten:

A *P. aurelia* und *P. caudatum* getrennt,

B *P. aurelia* und *P. caudatum* zusammen,

C *P. aurelia* und *P. bursaria* zusammen

als Konkurrenzvermeidung bezeichnet. Dieser Begriff legt die Vorstellung nahe, dass die Organismen hierbei gezielt ausweichen. Dies ist jedoch nicht der Fall. Koexistenz ist vielmehr dadurch möglich, dass Arten unterschiedliche Konkurrenzstärken haben. Wenn sie hierdurch jeweils ausreichend Ressourcen nutzen und sich entsprechend erfolgreich fortpflanzen können, dann ist Koexistenz möglich.

1 Erklären Sie die Begriffe Konkurrenzausschluss und Koexistenz!

2 Kommentieren Sie die folgende Aussage: „Die Arten haben sich den Lebensraum aufgeteilt"!

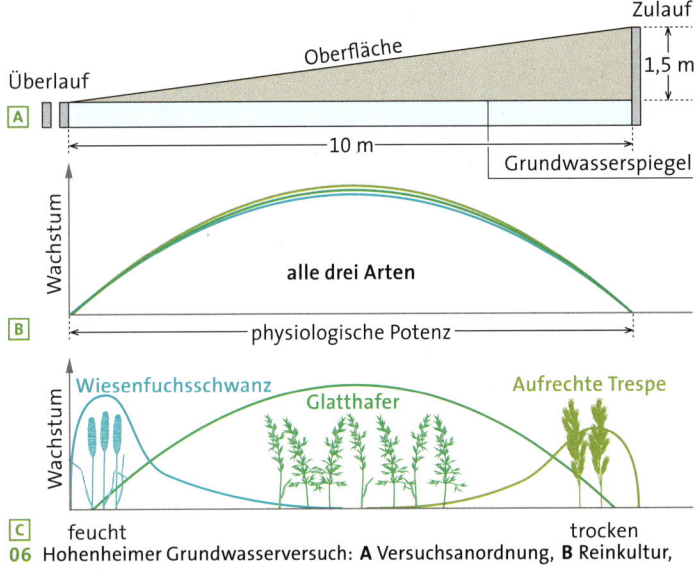

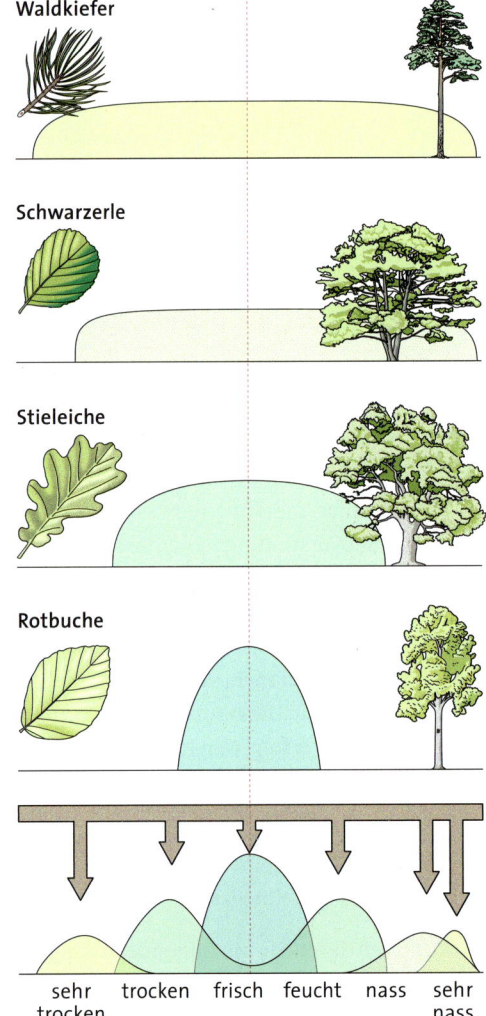

06 Hohenheimer Grundwasserversuch: **A** Versuchsanordnung, **B** Reinkultur, **C** Mischkultur

07 Physiologische und ökologische Potenz einiger Baumarten

KONKURRENZ UND PHYSIOLOGISCHE POTENZ · In dem historischen „Hohenheimer Grundwasserversuch" untersuchte im Jahre 1952 H. ELLENBERG die drei Grasarten Glatthafer, Wiesenfuchsschwanz und Aufrechte Trespe auf ihre Ansprüche an die Bodenfeuchte. Dazu legte er Saatbeete so an, dass die Bedingungen zwischen trocken, frisch und feucht variierten. Dann besäte er drei Beete mit nur einer Grasart sowie ein viertes mit allen drei Gräsern. Am Ende der Vegetationsphase stellte er fest, dass alle drei Gräser auf den Reinsaatbeeten am besten bei mittlerer Bodenfeuchte wuchsen, dort also ihr *physiologisches Optimum* besitzen. Auf trockenem oder feuchtem Boden war ihr Wachstum nur mäßig. Unter den Konkurrenzbedingungen der Mischsaatkultur dominierte bei mittlerer Feuchte der Glatthafer, während der Fuchsschwanz vor allem im feuchten und die Aufrechte Trespe vorwiegend im trockenen Bereich wuchsen. Beide lieferten jedoch weniger Ertrag als auf den Reinsaatbeeten. Fuchsschwanz und Aufrechte Trespe wurden also vom Glatthafer aus ihrem physiologischen Optimum „verdrängt".

Ähnlich verhält es sich bei den einheimischen Waldbäumen Rotbuche, Waldkiefer, Schwarzerle und Stieleiche. Alle vier bevorzugen eine mittlere Bodenfeuchte, wobei Schwarzerle und Waldkiefer eine breitere *physiologische Potenz* besitzen als die Rotbuche. In Mitteleuropa findet man Waldkiefern hingegen fast ausschließlich auf trockenen, manchmal auch auf sehr nassen Böden. Die Art wächst also nicht im Bereich ihres physiologischen Optimums, sondern nur dort, wo die Rotbuche nicht wachsen kann. Ebenso kommt die Schwarzerle nur auf nassen oder sehr nassen Böden vor, die Rotbuche hingegen im mittleren Feuchtigkeitsbereich. Sie ist also gegenüber den anderen Baumarten wettbewerbsstärker. Die durch Konkurrenz eingeschränkte physiologische Potenz wird auch als **ökologische Potenz** bezeichnet und beschreibt das Vorkommen unter den natürlichen Gegebenheiten.

3 Erklären Sie, weshalb das Vorkommen der Stieleiche nicht mit ihrem physiologischen Optimum übereinstimmt!

Material A ▸ Untersuchungen an pflanzenfressenden Großsäugern und zwei Hörnchenarten

Thomsongazelle

Leierantilope

Eichhörnchen

Grauhörnchen

1. Untersuchungen des Mageninhalts pflanzenfressender Großsäuger der afrikanischen Savanne zeigten: Im Magen der Thomsongazelle fanden sich vorwiegend Gräser und zweikeimblättrige Pflanzen der unteren Krautschicht, im Magen des Gnus vor allem Blätter von Gräsern aus mittlerer Höhe und in Zebra-Mägen überwiegend Stängel von Gräsern der oberen Schicht. Im Magen von Leierantilopen fand man anteilig alle Pflanzenteile.

2. In Italien wurde vor etwa 35 Jahren das aus Nordamerika stammende Grauhörnchen ausgesetzt. Seither hat es sich stark verbreitet, während das Eichhörnchen hier kaum noch vorkommt.

A1 Erklären Sie die in Punkt 1 gemachten Beobachtungen unter dem Aspekt, dass die genannten Säugetiere in großen Herden die Savanne durchwandern!

A2 Vergleichen Sie die beiden in Punkt 1 und in 2 dargestellten Sachverhalte!

Material B ▸ Reiherente und Löffelente

Reiherente

Löffelente

1. Nahrungszusammensetzung (in Prozent)

	Reiherente	Löffelente
Pflanzen	10	50
Schnecken/Muscheln	60	50
andere Kleintiere	30	0

2. Orte der Nahrungssuche

Reiherente

Löffelente

3. Brut- und Aufzuchtzeiten

Monate	April	Mai	Juni	Juli	Aug
Reiherente			Brut	Aufzucht	
Löffelente		Brut	Aufzucht		

Die beiden Entenarten Reiherente und Löffelente leben in gleichen Ökosystemen.

B1 Beschreiben Sie die beiden abgebildeten Entenarten in Bezug auf Gestalt-, Nahrungs-/Ernährungs- und Fortpflanzungsmerkmale!

B2 Erklären Sie, weshalb die beiden Arten im gleichen Gebiet nebeneinander leben können!

01 Flunder

Die ökologische Nische

Die Flunder ist ein Plattfisch, der am Boden von europäischen Küstengewässern lebt. Sie laicht im Meer und kommt bevorzugt im Brackwasser vor; sie verträgt aber auch Süßwasser. Für gewöhnlich sind Flussmündungen, Fjorde und Buchten ihr Lebensraum. Wovon hängt der Aufenthaltsort der Flunder ab?

BEZIEHUNGEN ZUR UMWELT · Die Flunder wird von einer Vielzahl von Umweltfaktoren beeinflusst: Temperatur, Salz- und Sauerstoffgehalt, pH-Wert, Untergrundbeschaffenheit oder Strömungsverhältnisse im Wasser. Aber auch Wechselbeziehungen zwischen dem Fisch und seiner belebten Umwelt gehören dazu, wie zum Beispiel Konkurrenten, Beute, Beutegreifer, Parasiten und Symbionten. Alle Beziehungen, die zwischen einer Art und ihrer Umwelt bestehen, werden unter dem Begriff **ökologische Nische** zusammengefasst. Ob eine Art in einem Lebensraum existieren kann oder nicht, hängt von der Kombination dieser Beziehungen ab. Kann eine Population die vorhandenen Ressourcen ohne Einfluss von Feinden oder von Konkurrenz nutzen, wird sie sich in einem

Lebensraum in den Grenzen ihrer physiologischen Möglichkeiten verbreiten. Diesen Fall nennt man **Fundamentalnische**. Sie entspricht der ökologischen Gesamtbeschreibung einer Art, die aber nur unter optimalen Bedingungen beispielsweise im Labor darstellbar ist. Sie hängt nur von abiotischen Faktoren ab. Da es in der Realität aber Konkurrenz, Beutegreifer oder Parasiten gibt, kann nur ein Teil aller Angebote genutzt werden. Diese eingeschränkte Nutzung der einzelnen Faktoren wird auch als **realisierte Nische** bezeichnet. Der Aufenthaltsort der Flunder entspricht dieser realisierten Nische.

ÖKOLOGISCHE NISCHE ALS ARTMERKMAL · Beobachtet man an der Nordseeküste bei Ebbe Wattvögel, so kann man große Unterschiede bei der Nahrungssuche feststellen: Die Individuen verschiedener Arten suchen unterschiedliche Wattbereiche ab, Sand- oder Schlickflächen, Prielränder, Seichtwasser oder Muschelbänke. Sie spüren ihre Nahrung in unterschiedlicher Bodentiefe durch Ablesen, Stochern, Einbohren, Säbeln oder Gründeln auf. Jede Art hat ihr eigenes Nahrungsspektrum, das nach Art, Größe,

Alter oder Entwicklungsstadium der Nahrung variiert. Schnabelform und -länge, Sinnesfunktionen, Verhaltensweisen und Verdauung der Vögel sind an die jeweilige Nahrung angepasst. Somit nutzt jede Art die Nahrung des Lebensraumes auf ganz spezifische Weise.

Auch für Brutplätze, Aufenthaltsorte bei Flut, Überwinterungsquartiere, Aktivitätszeiten und alle weiteren Faktoren gelten ähnliche ökologische Spezialisierungen. Zusammen genommen ergeben sie die spezifische ökologische Nische einer jeden Art. Umgekehrt gilt: Jede Art *bildet* eine spezielle ökologische Nische und ist gleichermaßen dadurch spezifisch charakterisiert. Die ökologische Nische bezeichnet demnach keinen Raum. Während der Standort oder das Habitat die „Adresse" einer Art angibt, so entspricht die ökologische Nische eher ihrem „Beruf" oder ihren biologischen Beziehungen.

MEHRDIMENSIONALITÄT · Oft lässt sich die Koexistenz oder der Ausschluss zweier ähnlicher Arten erklären, indem man nur einen einzigen Faktor wie zum Beispiel die Nahrung betrachtet. Ein genaueres Ergebnis erhält man jedoch, wenn man mehrere ökologische Faktoren heranzieht und vergleicht. Man spricht dann von *Nischendimensionen*. Zur Veranschaulichung von zwei oder drei solcher Dimensionen kann man die Existenzbereiche der Arten als Flächen oder Quader darstellen. Wo diese überlappen, besteht bei identischen anderen Umweltansprüchen totale Konkurrenz. Nur die konkurrenzstärkere Art könnte einen solchen Lebensraum besiedeln. Mehr als drei Dimensionen lassen sich in einem Diagramm nicht mehr visualisieren. Die abstrakte Weiterführung dieser Überlegung führt zu einer Vorstellung der ökologischen Nische einer Art als einem *n*-**dimensionalen Raum.** Dabei kann man je eine Dimension einem Umweltfaktor zuordnen, der für die Lebensfähigkeit der jeweiligen Art Bedeutung hat.

Allerdings lässt sich die vollständige ökologische Nische selbst für gut erforschte Tier- und Pflanzenarten nur schwer erfassen. Daher beschränkt man sich meistens auf die Beschreibung einer einzigen Dimension wie der am Beispiel der Wattvögel beschriebenen „Nahrungsnische".

02 Wattvögel und die Orte ihrer Nahrung: **A** Sandregenpfeifer, **B** Knutt, **C** Austernfischer, **D** Brachvogel, **E** Brandente

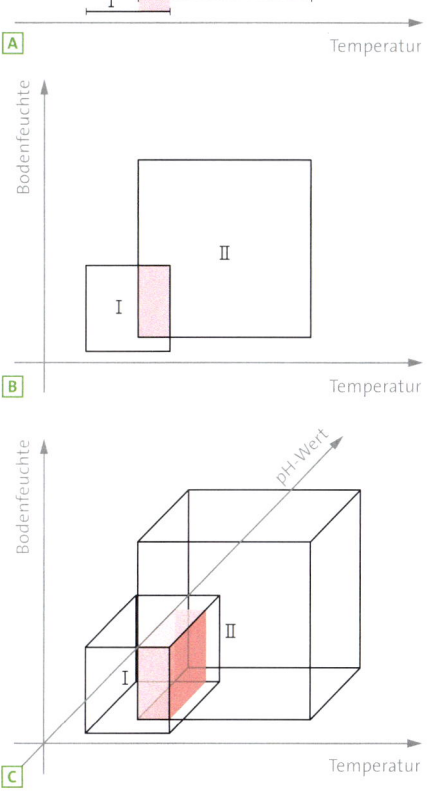

03 Dimensionen ökologischer Nischen zweier Arten (I und II): **A** Temperatur, **B** Temperatur und Bodenfeuchte, **C** Temperatur, Bodenfeuchte und pH-Wert

1 ⌡ Erklären Sie, weshalb die Formulierung „Besetzung einer ökologischen Nische" nicht verwendet werden sollte!

BILDUNG ÖKOLOGISCHER NISCHEN · Wenn die ökologische Nische ein Artcharakteristikum ist, so ist ihre Ausbildung eng mit der Artentstehung durch Evolution verbunden. Bei heute lebenden Arten hat sich diese **Einnischung** in der Vergangenheit ereignet. Dieser Prozess läuft aber weiter. Seine lange Dauer verhindert meistens eine direkte Beobachtung. Nur bei Arten mit ähnlichen Umweltansprüchen lässt sich manchmal nachvollziehen, wie Spezialisierung die Konkurrenz untereinander verringerte.

Zwei auf verschiedenen Galapagosinseln heimische Grundfinkenarten liefern dafür ein Beispiel: *Geospiza fuliginosa* lebt auf Santa Cruz und Los Hermanos, *Geospiza fortis* auf Santa Cruz und Daphne major. Während die Schnabeldicke der beiden Vogelarten auf Los Hermanos und Daphne major sehr ähnlich ist, sind die Unterschiede auf Santa Cruz erheblich. Hier weisen *G. fortis* dickere und *G. fuliginosa* schmalere Schnäbel auf als ihre jeweiligen Artgenos-

sen, die allein auf einer Insel leben. Die Konkurrenzbedingungen auf Santa Cruz führen also zu einer Spezialisierung auf unterschiedliche Nahrung und haben damit die Ausbildung verschiedener ökologischer Nischen zur Folge. Diese Form der Konkurrenzvermeidung durch Arten, die im gleichen Gebiet leben, bezeichnet man als **Kontrastbetonung.**

ÖKOLOGISCHE „PLANSTELLEN" · Als Bodenwühler werden Säugetiere bezeichnet, die Gänge im Erdreich graben und überwiegend darin leben. Hierzu zählen die Insektenfresser Sternmull (Nordamerika), Maulwurf (Europa) und Goldmull (Südafrika), die Nagetiere Graumull (nördliches Südafrika) und Blindmaus (Kaukasusgebiet) sowie der zu den Beuteltieren gehörende Beutelmull (Australien). Alle haben die walzenförmige, vorne zugespitzte Körperform und die kurzen Extremitäten gemeinsam, obwohl sie nicht zur selben taxonomischen Gruppe gehören. Solche Lebewesen, die an die konkreten Bedingungen ihrer Umwelt besonders angepasst sind und diese in entsprechender Weise nutzen, fasst man unter dem Begriff **Lebensformtypen** zusammen.

In unterschiedlichen Regionen der Erde mit ähnlichen Umweltbedingungen gibt es vergleichbare Umweltangebote, die man auch mit „*Lizenzen*" vergleichen kann. Diese Umweltangebote führen zur Ausbildung entsprechender ökologischer Nischen. Werden die Lizenzen von verschiedenen, oft nicht verwandten Arten in vergleichbarer Weise genutzt, spricht man von **Stellenäquivalenz.**

2 ⌡ Recherchieren Sie Lebensweise und Nahrung der beschriebenen Bodenwühler!

04 Schnabeldicke und Verbreitung von *Geospiza fortis* und *Geospiza fuliginosa*

05 Beispiele für Bodenwühler: **A** Sternmull, **B** Graumull, **C** Beutelmull

Material A ▸ Nischen von vier mitteleuropäischen Eulenarten

	Schleiereule	Steinkauz	Waldkauz	Waldohreule
Lebens-raum	Halboffene Kulturland-schaft	Offene Kultur-landschaft	Mischwälder bis Steppe	Offene Kultur-landschaft
Haupt-nahrung	Feld- und Wühlmäuse	Mäuse, Insekten	Mäuse, Kleinsäuger	Feld- und Wühlmäuse
Nistplatz	Scheunen, Kirchtürme, Ruinen	Kleinere Baumhöhlen, Gebäude	Größere Baumhöhlen	Verlassene Greifvogel-horste
Jagdzeit	Fast nur in der Nacht	Dämmerung, Nacht	Dämmerung, Nacht	Dämmerung, Nacht
Länge (cm)	35	23	42	36
Masse (g)	350	250	600	370

In der Tabelle sind vier Nischendimensionen von vier mitteleuropäischen Eulenarten zusammengefasst. Die Daten geben nur die Hauptaspekte der jeweiligen Nischendimension an und sind, zum Beispiel bezüglich der Nahrung, nicht vollständig.

In den beiden unteren Zeilen sind die ungefähren Werte für Körperlänge (in Zentimeter) und Körpermasse (in Gramm) der Weibchen angegeben. Männchen sind durchschnittlich etwas kleiner und leichter als Weibchen.

A1 Beschreiben und vergleichen Sie anhand der Angaben die ökologischen Nischen der aufgeführten Eulenarten!

A2 Zeichnen Sie für die vier Arten ein zweidimensionales Nischendiagramm für Lebensraum (Ordinate) und Jagdzeit (Abszisse) und erläutern Sie die daraus hervorgehenden Zusammenhänge! Beziehen Sie in Ihre Überlegungen die anderen Daten der Tabelle mit ein!

A3 Erläutern Sie, weshalb die vier Eulenarten in Mitteleuropa nebeneinander existieren können, obwohl sie eine ähnliche Hauptnahrung besitzen!

A4 Erklären Sie, weshalb in diesem Fall die Betrachtung einer einzigen Nischendimension für die Charakterisierung einer Art nicht reicht!

Material B ▸ Kakteen-, Wolfsmilch- und Schwalbenwurzgewächse

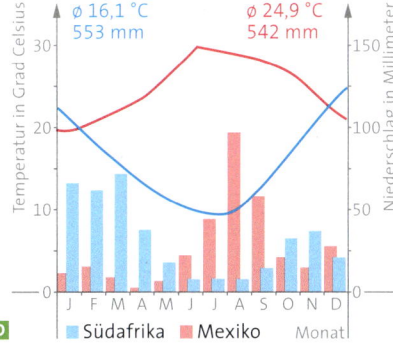

Die Abbildungen zeigen: **A** Das Kakteengewächs *Astrophytum asterias* (Mexiko), **B** das *Wolfsmilchgewächs Euphorbia obesa* (Südafrika) und **C** das Schwalbenwurzgewächs *Larryleachia cactiformis* (Südafrika).
In **D** sind die durchschnittlichen Jahrestemperaturen und Jahresniederschläge in Mexiko und in Südafrika angegeben.

B1 Beschreiben und vergleichen Sie die Wuchsform der drei Pflanzenarten und erläutern Sie ihre jeweiligen Umweltbedingungen!

B2 Erklären Sie die Ähnlichkeiten im Erscheinungsbild trotz Zugehörigkeit zu verschiedenen Pflanzenfamilien!

B3 Nennen Sie weitere Beispiele für das beschriebene Phänomen!

01 Fressen und gefressen werden

Nahrungsbeziehungen

Der Austernfischer ist ein typischer Vogel der Nordseeküste. Anders als der Name vermuten lässt, ernährt er sich überwiegend von kleineren Muscheln, Würmern, Krebsen und Insekten. Eine beliebte Nahrung sind Miesmuscheln. Diese sind Filtrierer und ernähren sich von Kleinstlebewesen, die im Wasser schweben. Dabei handelt es sich vorwiegend um Kieselalgen, die in großen Mengen das Watt besiedeln und organische Substanz durch Fotosynthese aufbauen.

NAHRUNGSKETTEN · Am Beispiel von Kieselalgen, Miesmuscheln, Austernfischern und Seeadlern, die im Ökosystem Wattenmeer leben, lässt sich eine einfache Form von Nahrungsbeziehungen zeigen. Hierbei werden analog der Vorstellung einer Kette die sich jeweils fressenden Lebewesen hintereinander aufgereiht. Deshalb werden solche Darstellungsformen als **Nahrungsketten** bezeichnet.

Kieselalgen sind *autotrophe* Organismen. Im Prozess der Fotosynthese bauen sie aus anorganischen Stoffen energiereiche organische Stoffe auf. Die dazu notwendige Energie gewinnen Algen mithilfe des Sonnenlichts. Kieselalgen werden deshalb **Produzenten** genannt. Kleinkrebse wie die Wasserflöhe sind *hetero-*

trophe Organismen und ernähren sich von Algen. Sie werden als **Konsumenten 1. Ordnung** bezeichnet. Ihre Biomasse wird also aus der Biomasse von anderen Organismen produziert. Kleinkrebse werden wiederum von kleinen Fischen gefressen, die sich den **Konsumenten 2. Ordnung** zuordnen lassen. Je nach Größe des Ökosystems können weitere Konsumenten höherer Ordnung vorkommen. Am Ende einer solchen Nahrungskette steht in jedem Ökosystem in der Regel ein **Endkonsument.** So kann ein Austernfischer beispielsweise von einem Seeadler gefressen werden. Der Seeadler kann in diesem Fall als Endkonsument bezeichnet werden, weil er im erwachsenen Alter keine direkten Fressfeinde mehr hat.

NAHRUNGSNETZE · Im Ökosystem Wattenmeer wurden bisher über 450 Arten von Kieselalgen gefunden. Diese können beispielsweise von Wattschnecken gefressen werden, die wiederum als Nahrung für Wattvögel wie dem Knutt dienen können. Kieselalgen sind aber auch die Nahrungsgrundlage vieler Muscheln wie Miesmuscheln, die wiederum von Seesternen gefressen werden. Miesmuscheln können aber auch zahlreichen Vögeln, wie zum

Beispiel Austernfischern und Eiderenten, als Nahrung dienen. Letztendlich nutzen zersetzende Bakterien im Wattboden die organischen Stoffe, bauen diese ab und führen so anorganische Bestandteile wieder in das System zurück. Die Nahrungsbeziehungen in einem Ökosystem sind also sehr verzweigt: Einzelne Nahrungsketten stehen miteinander in Verbindung und bilden **Nahrungsnetze.**

TROPHIESTUFEN · Lebewesen werden aufgrund ihrer Ernährungsweise bestimmten Stufen zugeordnet. Alle Organismen, die zu einem Glied der Nahrungskette gehören, fasst man zu einer **Trophiestufe** zusammen. Produzenten bilden die erste Stufe. Die einzelnen Stufen der Konsumenten schließen sich an. In Ökosystemen wie dem Wattenmeer sind in der Regel nur zwei oder drei Trophiestufen ausgeprägt. Eine übliche Form der Veranschaulichung von Trophiestufen sind **ökologische Pyramiden.** Je nach gewünschter Aussage werden diese nach der kennzeichnenden Größe dargestellt. Am gängigsten sind die Darstellungen von Verhältnissen der Faktoren *Biomasse* (Masse pro Fläche), *Produktion* (Masse pro Fläche × Zeit) oder *Flächenbedarf* (Fläche pro Individuum) jeweiliger Trophiestufen. Ökologische Pyramiden sind grafische Darstellungen bestimmter ökologischer Verhältnisse zwischen den Trophiestufen.

BIOMASSEPRODUKTION · Die Nahrungsbeziehungen lassen sich auf Grundlage der umgesetzten Biomasse abschätzen. Biomasse besteht aus organischen Verbindungen, in denen Energie gespeichert ist. Dabei entspricht ein Gramm Biomasse (Trockengewicht) einem Energiegehalt von etwa 20 Kilojoule. Der Zugewinn an Biomasse pro Fläche und Zeiteinheit wird als **Produktion** verstanden. Auf dem Weg vom Produzenten zum Endkonsumenten kann aber jeweils nur ein gewisser Teil der chemisch gebundenen Energie in neue Biomasse umgebildet werden. Grund dafür ist, dass ein großer Teil dieser Energie für die Atmung genutzt und dabei schließlich in Wärme umgewandelt wird. Außerdem werden unverdauliche organische Substanzen ausgeschieden und stehen zur weiteren Produktion nicht mehr zur Verfügung.

Schätzungsweise verringert sich der Energiegehalt von Glied zu Glied der Nahrungskette um den Faktor 10.

PRODUKTIVITÄT IN TROPHIESTUFEN · Im Ökosystem Wattenmeer nimmt die Biomasse ausgehend von den Algen als Produzenten über die verschiedenen Stufen der Konsumenten wie Wattschnecken, Wattvögel und Seeadler ab. Biomassenpyramiden verdeutlichen in der Regel, dass die produzierte Masse meist geringer ist als diejenige der darunterliegenden

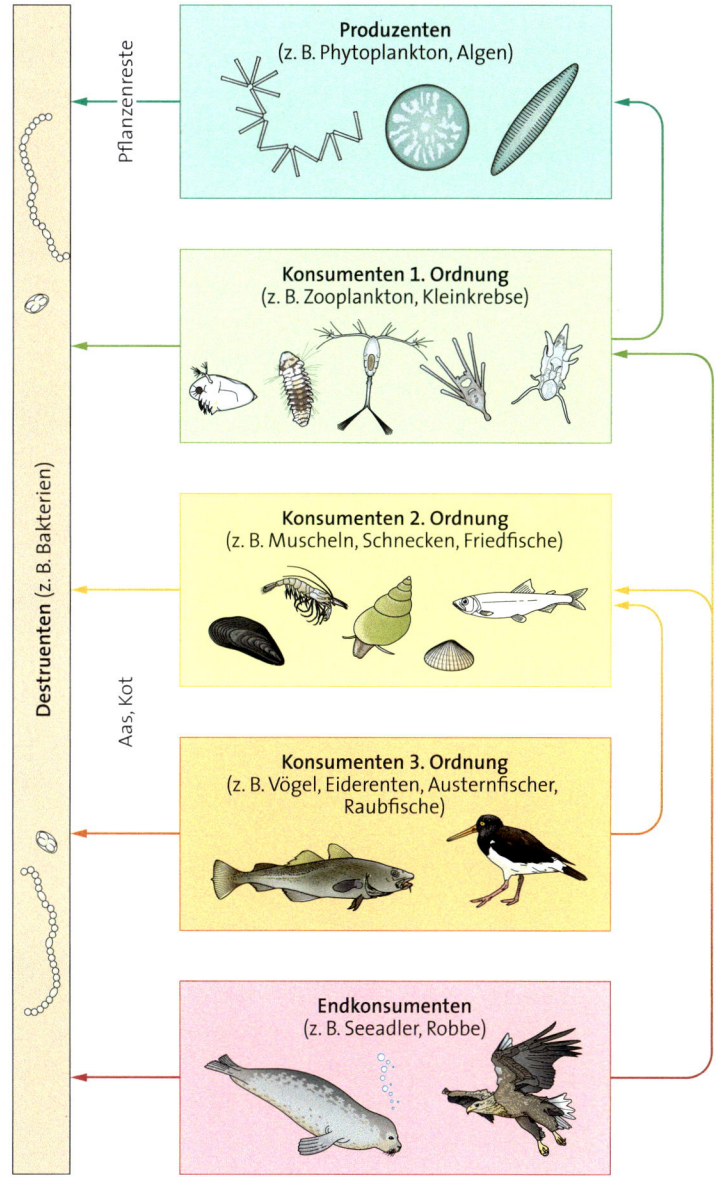

02 Nahrungskette und Nahrungsnetz

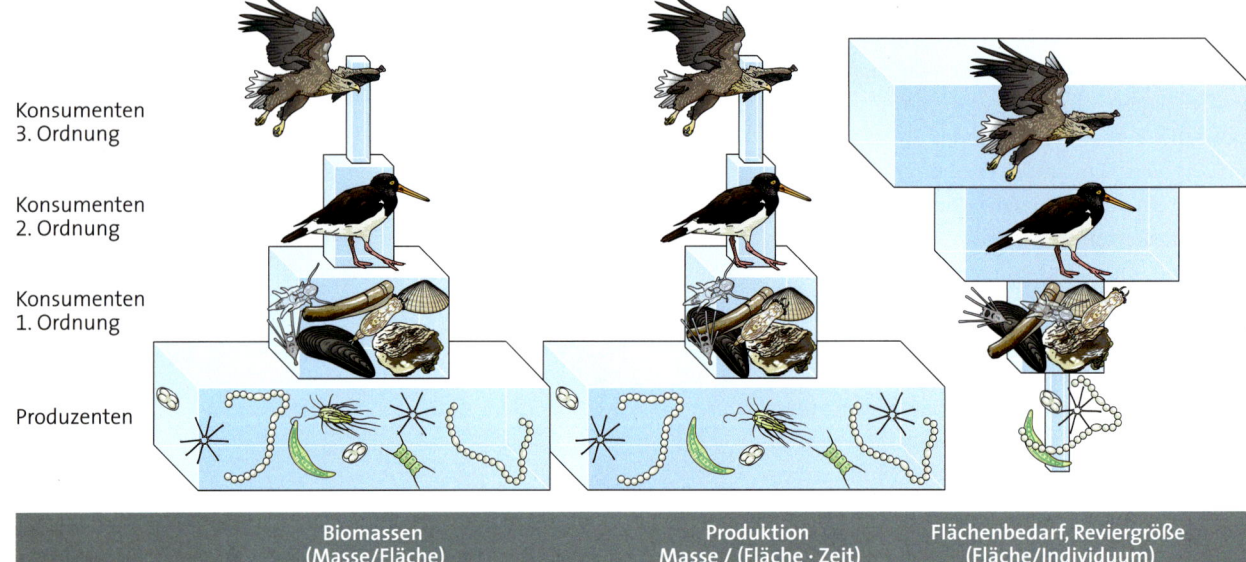

Biomassen (Masse/Fläche)	Produktion Masse / (Fläche · Zeit)	Flächenbedarf, Reviergröße (Fläche/Individuum)

Konsumenten 3. Ordnung

Konsumenten 2. Ordnung

Konsumenten 1. Ordnung

Produzenten

03 Beispiele für drei ökologische Pyramiden am Beispiel des Ökosystems Wattenmeer

Trophiestufe. Auf gleicher Fläche erreichen Pflanzenfresser höhere Biomassen als Fleischfresser. In diesem Fall nimmt die Biomasse von Stufe zu Stufe ab. Zellatmung, Wachstum und Reproduktion der jeweiligen Individuen wirken sich zusammen auf die Produktion in der jeweiligen Trophiestufe aus. So zeichnen sich Konsumenten „höherer" Ordnung oft dadurch aus, dass sie nur wenige Nachkommen hervorbringen. Die aufgenommene Biomasse entspricht also nicht der Produktion einer höheren Trophiestufe.

04 Biomasse-Pyramide im Ökosystems See

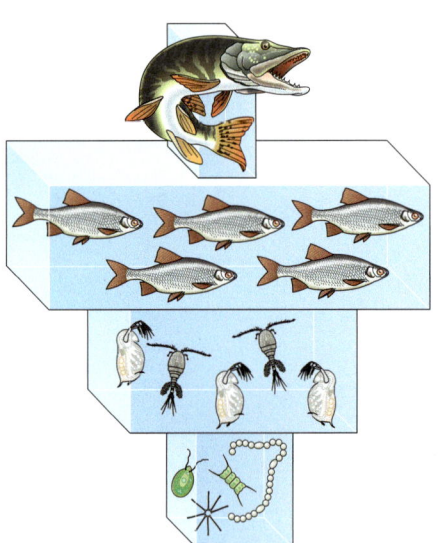

Ein ganz anderes Bild einer ökologischen Pyramide zeigt sich im Ökosystem See: Scheinbar finden sich hier bei mehrstufigen Darstellungen abweichende Verhältnisse, denn die Biomassen des tierischen und pflanzlichen Planktons bilden eine umgekehrte Pyramide. Es ist in manchen Fällen möglich, dass sich Produzenten – wie insbesondere kleine Algen – bei guter Versorgung am Tag mehrfach teilen. Sie können so ein Vielfaches ihrer Biomasse herstellen und eine viel höhere Produktion aufweisen, als es die Konsumenten höherer Ordnung vermögen. Für die Beurteilung von Ökosystemen ist also die Produktion von entscheidender Bedeutung und weniger die Biomasse selbst. Auch jahreszeitliche Einflüsse sind zusätzlich zu berücksichtigen. Eine typische pyramidenartige Form weisen daher auch nur Produktionspyramiden auf, da Produzenten immer eine höhere Produktion als Konsumenten aufweisen.

1 Begründen Sie, weshalb in Ökosystemen in der Regel nur vier Trophiestufen ausgebildet sind!

2 Erörtern Sie mithilfe der Abbildungen Vor- und Nachteile der Darstellung von ökologischen Verhältnissen in Form von Pyramiden!

Material A ▸ Bioakkumulation

Marine Lebensräume sind durch menschlichen Einfluss mit zahlreichen Schadstoffen und Derivaten, Schwermetallen, radioaktiven Substanzen oder Krankheitskeimen belastet.

Einige dieser Stoffe verteilen sich im Wasser nicht, sondern lagern sich an Partikel und kleinere Lebewesen an. Im freien Meerwasser ist deshalb ihre Konzentration so gering, dass sie für den Stoffwechsel dieser kleinen Lebewesen ungefährlich sind.
Zu den Schadstoffen zählen zum Beispiel polychlorierte Biphenyle, kurz PCB, die in vielen technischen Verfahren Anwendung finden. PCB sind lipophil und lagern sich deshalb vorwiegend in Fettgeweben ein. In höherer Konzentration blockieren sie im Organismus unter anderem die Bildung von Vitamin A und schwächen das Immunsystem.
Sie haben daher negative Auswirkungen auf die Überlebensrate und die Entwicklung des Nachwuchses.

Bei Untersuchungen an gestrandeten Großen Tümmlern wurden zum Teil extrem hohe PCB-Werte gemessen. Diese sind wahrscheinlich mitverantwortlich für die gesunkene Reproduktionsrate oder sogar für den Tod der Tiere.

A1 Ordnen Sie Heringe, Kieselalgen, Zooplankton, Sardinen, Große Tümmler, Meerforellen und Krill den verschiedenen Trophieebenen des Ökosystems zu!

A2 Stellen Sie die Nahrungsbeziehungen dieser Lebewesen in Form eines Nahrungsnetzes als Pfeildiagramm dar!

A3 Erklären Sie mithilfe des Textmaterials, wie es zu der Bedrohung des Großen Tümmlers kommen konnte!

Material B ▸ Landnutzung und Getreideproduktion

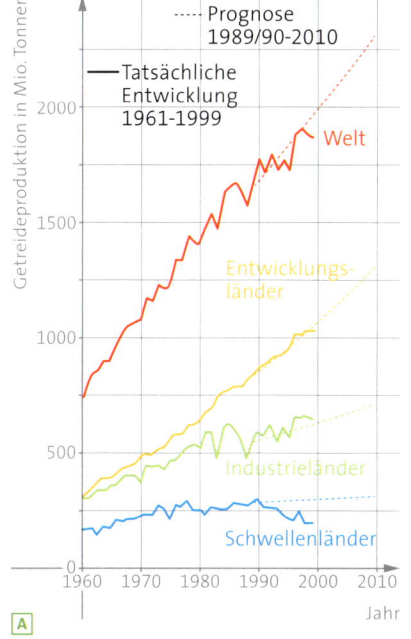

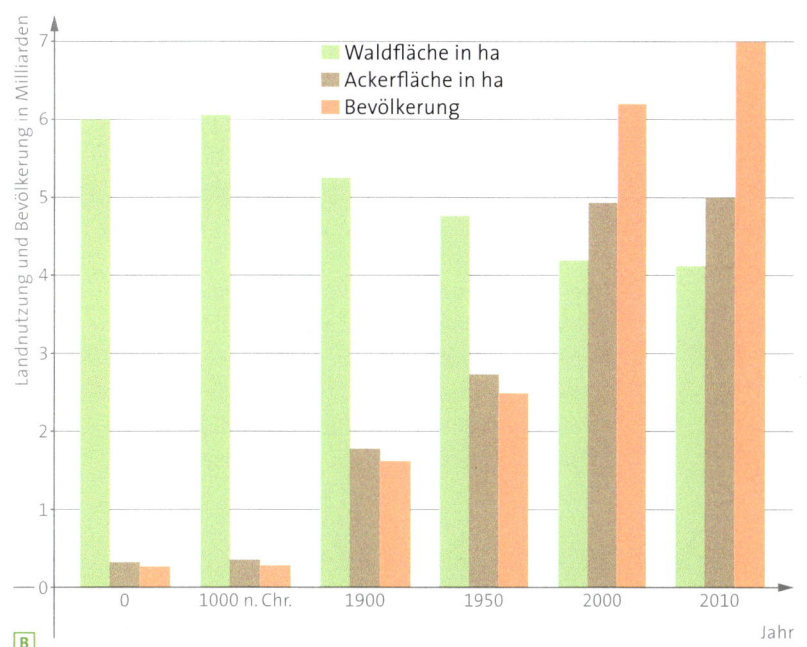

B1 Beschreiben Sie die Diagramme und setzen Sie sie miteinander in Beziehung!

B2 Diskutieren Sie Schlussfolgerungen über die ökologischen Folgen aus der Getreideproduktion für Entwicklungs-, Industrie- und Schwellenländer!

01 Löwin bei
der Jagd

Räuber-Beute-Beziehungen

> *Der Betrachter dieses Bildes ist emotional berührt, weil er weiß, dass die Löwin im nächsten Augenblick das Zebra zu Boden reißen und dann töten wird. Allerdings sollte er sich auch in die Situation der Löwin versetzen, die mit dieser Aktion Nahrung erwirbt und so ihr eigenes Überleben und das ihrer Nachkommen sichert.*

RÄUBER UND BEUTE · Zebras sind für Löwen die Beute, umgekehrt sind Löwen die Beutegreifer oder Räuber der Zebras. Eine solche zwischenartliche Beziehung heißt **Räuber-Beute-Beziehung.** Tiere wie Löwen, Hyänen oder Wölfe, die sich als echte Räuber fast ausschließlich von Fleisch ernähren, sind **Fleischfresser** oder Carnivore. Rehe oder Kaninchen hingegen ernähren sich rein pflanzlich und heißen demnach **Pflanzenfresser** oder Herbivore. Braunbären, Raben oder Wildschweine zählen zu den **Allesfressern** oder Omnivoren, weil sie pflanzliche und fleischliche Nahrung zu sich nehmen. Wie auf dem Bild zu sehen, töten echte Räuber ihre Beute und fressen sie. Dies hat — auf verschiedenen Ebenen — Konsequenzen sowohl für die Räuber als auch für die Beute: Bezogen auf die Individuen sollten Beutetiere die Begegnung mit einem Räuber vermeiden, sonst könnten sie dies mit dem Leben bezahlen. Der Räuber indessen muss nicht unbedingt jedes Beutetier, das er verfolgt hat, auch erlegen. Entkommt ihm ein Beutetier, kann er in der Regel ein schwächeres finden und töten. Stark vereinfacht und nicht generell übertragbar spricht man von dem **Überleben-Abendessen-Prinzip.** Es besagt in etwa: Ein Hase läuft schneller als der Fuchs, weil er um sein Leben rennt, der Fuchs jedoch um sein Abendessen.

Auf der Ebene der Population jedoch hängt das Überleben der Räuber direkt von der Populationsdichte der Beute ab. Wenn viel Beute vorhanden ist, können mehr Räuber satt werden. Wenn es jedoch keine Beute mehr gibt, hat auch der Räuber keine Lebensgrundlage mehr. Räuber- und Beutepopulationen stehen also im einfachsten Fall in einem Verhältnis der **negativen Rückkopplung** zueinander: Je mehr Beute, desto mehr Räuber und je mehr Räuber, desto weniger Beute beziehungsweise je weniger Beute, desto weniger Räuber und je weniger Räuber, desto mehr Beute.

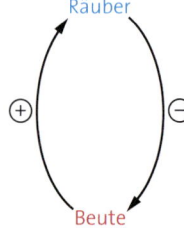

02 Räuber-Beute-Schema

LUCHS UND SCHNEESCHUHHASE · Das bekannteste Modell für die Beschreibung der Abhängigkeit zwischen Räuber- und Beutepopulationen basiert auf der Abgabe von Luchs- und Hasenfellen durch Trapper bei der kanadischen Hudson Bay Company zwischen 1845 und 1935. Stellt man diese Zahlen grafisch dar, ergibt sich ein Kurvenverlauf, der die negative Rückkopplung zu bestätigen scheint.

Die ermittelten Daten waren auch Grundlage für ein mathematisches Modell, das 1925/26 von A. J. LOTKA und V. VOLTERRA unabhängig voneinander formuliert wurde und als **Lotka-Volterra-Regeln** in die Literatur Eingang gefunden hat:

- *Erste Regel:* Die Zahlen von Beute- und Räuberindividuen schwanken periodisch, wobei Maxima und Minima der Räuber denen der Beute phasenverzögert folgen.
- *Zweite Regel:* Trotz der Schwankungen bleiben die Mittelwerte beider Populationen langfristig konstant, wobei die Zahlen der Beute durchschnittlich höher liegen.
- *Dritte Regel:* Werden Räuber und Beute gleich stark vermindert, so erholt sich die Population der Beute schneller als die der Räuber.

Diese Regeln gelten aber nur für idealisierte Ein-Räuber-eine-Beute-Systeme. Ihre Gültigkeit ist für jeden Einzelfall zu prüfen, denn selbst dort, wo die Luchspopulation ausgerottet war, wurden dichteabhängige Schwankungen der Hasenpopulation beobachtet. Unter natürlichen Bedingungen sind die Zusammenhänge komplexer: Viele Räuber wie Rotfüchse oder Wölfe haben ein breiteres Beutespektrum. Für solche **Nahrungsgeneralisten** besteht keine direkte Abhängigkeit, da sie auf andere Nahrung ausweichen können. Man sagt, die Dynamik von Räuber und Beute ist entkoppelt. Selbst bei **Nahrungsspezialisten** sind die Verhältnisse komplizierter: Nach Beobachtungen von B. SITTLER ernähren sich Schnee-Eulen in Grönland zu 97 Prozent von Lemmingen, die alle vier bis fünf Jahre eine spektakuläre Massenvermehrung, auch **Gradation** genannt, durchlaufen. Danach bricht die Population zusammen. Eine Gradation tritt auf, wenn es nur wenige Hermeline gibt, die auch Lemminge erbeuten. Im nächsten Sommer finden Schnee-Eulen dann leicht Nahrung und viele Brutpaare können ihre Jungtiere großziehen. Da aber auch Polarfüchse und Raubmöwen von Lemmingen leben, ist das Nahrungsangebot bald erschöpft und Schnee-Eulen ziehen ab. Die Periodik der Schnee-Eulen-Population hat also viele Ursachen.

Untersuchungen des Zoologen P. ERRINGTON zeigen, dass die Populationsdichte von Bisamratten nur von ihrer Territorialität und nicht von ihrem Beutegreifer Mink abhängt. Minke leben zwar vorwiegend von Bisamratten, erbeuten aber praktisch nur alte und kranke sowie junge Tiere, die noch kein Revier besitzen.

Die Regulation der Beutedichte kann also auch unabhängig vom Räuber erfolgen. Nur wenn die Räuberpopulation in ihrer Vermehrung an die Beutepopulation gekoppelt ist, folgt ihre Dynamik den Schwankungen der Beutepopulation.

05 Mink

06 Bisamratte

1 | Erläutern Sie, inwiefern die Trapper Einfluss auf die Beziehung zwischen Luchsen und Schneeschuhhasen hatten!

03 Luchs jagt Schneeschuhhasen

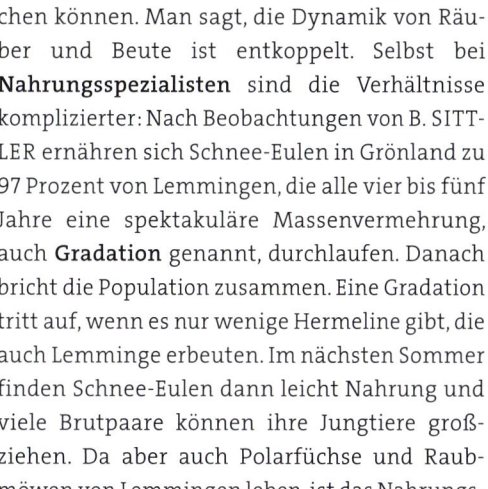
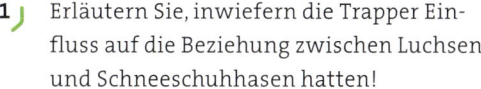

04 Von Trappern abgelieferte Felle

07 Chamäleon fängt Insekt

08 Schützenfisch schießt Insekt ab

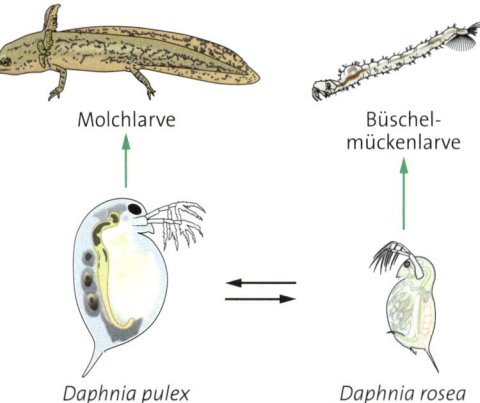

Molchlarve

Büschel-mückenlarve

Daphnia pulex

Daphnia rosea

09 Einfluss eines Räubers auf die Konkurrenz zwischen Beuteorganismen

erbeuten Insekten mit ihrer Schleuderzunge. Netzbauende Spinnen sind Fallensteller, während Fledermäuse ihre Beute mit Ultraschall orten und im Flug fangen. Schützenfische schießen Insekten oder Spinnen auf Blättern der Uferzone mit einem scharfen Wasserstrahl ab. Solche Spezialisierungen auf bestimmte Beutefangmethoden sind Folge von Konkurrenzvermeidung und Einnischung.

Nicht jeder Angriff eines Räubers ist erfolgreich. So beträgt der Jagderfolg europäischer Greifvögel zum Beispiel nur etwa zehn Prozent. Außerdem setzen sich die Gejagten oft zur Wehr: Zebras traktieren die Verfolger mit Huftritten und Trampeltiere bespucken die Angreifer. Wacholderdrosseln bespritzen Nestfeinde gezielt mit Kot. Bienen und Wespen wehren sich durch Stechen. Eine japanische Bienenart umschließt angreifende Hornissen in einer Traube und erzeugt durch Muskelkontraktion so viel Wärme, dass die Hornissen durch Überhitzung sterben.

HERABSETZUNG VON KONKURRENZ · Bei Untersuchungen von Kleingewässern in Colorado stellte der Ökologe S. DODSON fest, dass die Anwesenheit eines Räubers ein Ökosystem erheblich beeinflussen kann: Die Wasserflohart *Daphnia pulex* ist mit drei Millimetern etwa doppelt so groß wie *Daphnia rosea*. Sie wird bevorzugt von Tigerzahnmolchlarven gefressen, während die kleinere Art von Büschelmückenlarven konsumiert wird. In Gewässern mit Tigerzahnmolchlarven lebten auch Büschelmückenlarven, *D. pulex* trat nur in geringer und *D. rosea* in höherer Individuenzahl auf. In Gewässern ohne Molchlarven gab es weder *D. rosea* noch Büschelmückenlarven, während die Individuendichte von *D. pulex* hoch war. Tigerzahnmolchlarven beeinflussen also offenbar die Konkurrenz zwischen den beiden Daphnienarten.

2 ┘ Recherchieren Sie Lebensweise, Vermehrung und Vorkommen von Daphnien!

3 ┘ Erklären Sie den Einfluss, den die Tigerzahnmolchlarven auf das Verhältnis der beiden Daphnienarten ausüben!

BEUTEERWERB UND FEINDABWEHR · Löwen jagen je nach Deckung allein oder in Rudeln. Da sie keine ausdauernden Läufer sind, aber sehr gut beschleunigen können, hängt ihr Jagderfolg oft vom Überraschungseffekt ab. Andere Räuber besitzen andere spezifische Angepasstheiten an ihre Beute in Bezug auf Mundwerkzeuge, Greif- und Fangapparate, Sinnesorgane, Verdauungssysteme oder Verhaltensweisen: Bartenwale zum Beispiel filtrieren das Wasser. Chamäleons

Material A ▸ Räuber-Beute-Beziehung zwischen Marienkäfer und Blattlaus

Der Siebenpunktmarienkäfer ist als Larve und als Imago der größte Blattlausvertilger. Blattläuse bohren die Leitungsbahnen von Pflanzen an und ernähren sich von deren Zuckersaft. Da sie sich im Sommer ohne vorherige Befruchtung, also parthenogenetisch, fortpflanzen, können ihre Populationen sehr schnell anwachsen.

A1 Zeichnen Sie ein schematisiertes Diagramm zur Populationsentwicklung für beide Arten und begründen Sie die Kurvenverläufe!

A2 Erklären Sie anhand einer zusätzlichen Skizze, welche Folgen ein Insektizideinsatz hätte, der sowohl Räuber als auch Beute zu je 95 Prozent eliminieren würde!

A3 Bewerten Sie den Insektizideinsatz!

A4 Beurteilen Sie, ob der Einsatz von Marienkäfern in einem Gewächshaus zur Bekämpfung von Blattläusen empfehlenswert ist!

Material B ▸ Eicheln, Wildschweine und Eichhörnchen

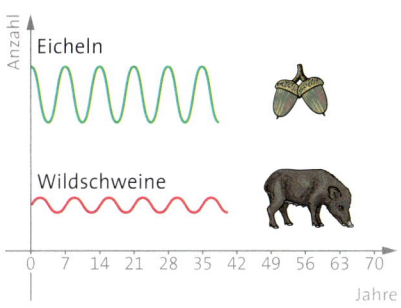

Etwa alle sieben Jahre tritt ein sogenanntes Mastjahr auf, in dem Eichen sehr viele Früchte produzieren. Im Jahr darauf ist die Eichelproduktion entsprechend geringer. Eicheln sind eine Hauptnahrung von Wildschweinen und Eichhörnchen. Die Abbildung zeigt schematisch die Beziehung zwischen Eicheln und Wildschweinen.

B1 Vergleichen Sie die Beziehung zwischen Wildschweinen und Eicheln mit einer klassischen Räuber-Beute-Beziehung!

B2 Erklären Sie das Verhältnis zwischen Wildschweinen und Eichhörnchen sowie den Einfluss eines Mastjahres auf ihre Populationen!

Material C ▸ Pisaster und die Artenvielfalt

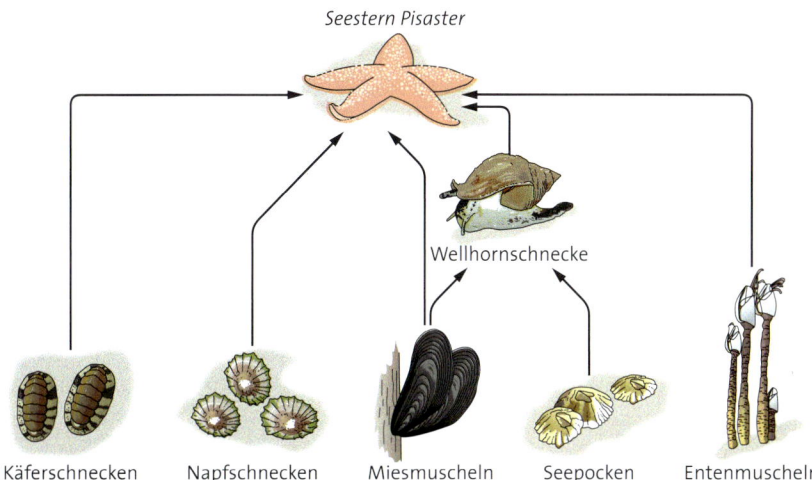

In Nordamerika ist die Gezeitenzone der felsigen Nordpazifikküste Lebensraum zahlreicher Arten. Innerhalb dieser Lebensgemeinschaft ernährt sich der Seestern *Pisaster* von einer Vielzahl wirbelloser Tiere. In einem Experiment entfernte man *Pisaster* aus den Versuchsflächen. Danach änderte sich die Zusammensetzung der Lebensgemeinschaft und die Vielfalt der Arten ging zurück: Von den anfangs 15 Arten blieben nur 8 übrig und die Miesmuschel gewann die Oberhand.

C1 Erläutern Sie die Beziehungen der verschiedenen Wirbellosen-Arten a) in Anwesenheit und b) in Abwesenheit des Seesterns *Pisaster*!

C2 Stellen Sie Vermutungen an, weshalb in Abwesenheit von *Pisaster* die Miesmuschel im Lebensraum dominiert!

01 Blattschneider-
ameisen

Symbiose und Parasitismus

*Unermüdlich tragen Abertausende von Blatt-
schneiderameisen klein geschnittene Laubblätter in ihr Nest. Dabei transportiert ein Volk etwa
35 Tonnen Blattmaterial pro Jahr. In manchen
Regenwaldgebieten „verschwinden" so bis zu
15 Prozent der Blattmasse. Welche Bedeutung
hat dieses auffällige Verhalten der Ameisen?*

*griech. sym/syn
= zusammen*

*griech. bios
= Leben*

*obligat
= verpflichtend*

ZUSAMMENLEBEN VON LEBEWESEN · Blatt-
schneiderameisen kommen in den tropischen
und subtropischen Gebieten Amerikas vor. Alle
40 bekannten Arten besitzen eine gemeinsame
Eigenschaft: Sie schneiden Blätter ab, die sie ins
Nest tragen, dort zerkauen und für die Zucht
eines Pilzes verwenden. Der Pilz wird über eine
festgelegte Folge von Arbeitsgängen angebaut,
die von bis zu 29 verschiedenen Gruppen von
Arbeiterinnen, den Kasten, ausgeführt werden.
Die dazu angelegten Pilzgärten werden belüftet,
gepflegt, gedüngt und gesäubert. Da die Ameisen die Enden der Pilzhyphen abbeißen, unterbleibt die Bildung der Fruchtkörper und der Pilz
ist alleine nicht mehr lebensfähig. Stattdessen
bilden sich proteinreiche, knollenartige Ver-
dickungen, von denen sich die Ameisen
ernähren. Ein solches Zusammenleben von

Lebewesen zweier Arten, das für beide Partner
nützlich oder gar notwendig ist, nennt man
Symbiose.

OBLIGATE SYMBIOSEN · Da symbiontische
Beziehungen in allen Lebensgemeinschaften
eine herausragende Bedeutung haben, sind ihre
Ausprägungen entsprechend vielfältig.
Sehr eng leben zum Beispiel Wiederkäuer wie
Rinder oder Schafe mit Bakterien und Protozoen
zusammen. Wiederkäuer ernähren sich von
Pflanzen, deren Hauptbestandteil das Polysaccharid Cellulose ist. Sie können, wie alle
pflanzenfressenden Tiere, Cellulose jedoch
nicht verdauen. Diese Aufgabe übernehmen die
Kleinstlebewesen in ihrem Pansen, der Wohn-
raum und ein günstiges Mikroklima bietet.
Allerdings wird der größte Teil der Mikroorganismen nach dem Wiederkäuen als eiweiß-
reiche Nahrung verdaut. Lebt ein Symbiose-
partner wie die Mikroorganismen im Inneren
des anderen, so spricht man von **Endosymbiose.**
Dabei wird der größere Partner in der Regel als
Wirt und der kleinere als **Symbiont** bezeichnet.
Das Ausmaß ihrer Tätigkeit wird deutlich, wenn
man bedenkt, dass pflanzliche Trockenmasse zu

*griech. endo
= in, innerhalb*

etwa 50 Prozent aus Cellulose besteht. Die Endosymbionten von Termiten können sogar den
chemisch sehr stabilen Holzstoff Lignin abbauen.
Sehr eng ist auch die Symbiose zwischen Bakterien der Gattung *Rhizobium* und Schmetter-
lingsblütlern: Sie leben in den Zellen der
Wurzeln von Lupinen, Soja oder Bohnen, die
eigens dafür **Wurzelknöllchen** ausbilden. Die
Bakterien können Luftstickstoff in Ammonium-
Ionen umwandeln, die von den Pflanzen für die
Protein- und Nukleinsäuresynthese verwendet
werden. Somit sind die Pflanzen von stickstoffhaltigen Mineralstoffen des Bodens unabhängig. Allerdings „bezahlen" sie dafür mit
etwa zwölf Prozent ihrer ATP-Synthese.
Eine obligate Symbiose liegt auch bei **Flechten**
vor: Hier lebt eine Pilzart mit einer oder
mehreren Arten von Grünalgen oder Cyanobakterien zusammen. Während mehrere Algen-
arten vorhanden sein können, besteht eine
Flechte immer nur aus einem Pilz. In der Symbiose profitiert der Pilz von den Fotosyntheseprodukten. Die Algen und Cyanobakterien
werden im Gegenzug mit Wasser und Mineralstoffen versorgt und vor zu starker UV-Strahlung geschützt. Beide Partner haben einen
Vorteil durch die gemeinsame Vermehrungs-
strategie. Erst das enge Zusammenleben führt
zu den typischen Wuchsformen der weltweit
etwa 25 000 Arten. Flechten können Farbstoffe
und Säuren produzieren, die die Einzelorganis-
men nicht herstellen können. Sie gehören zu
den Pionierpflanzen, die auf Steinen leben oder
extreme Temperaturen ertragen können.
Eine ähnlich enge Symbiose gibt es zwischen
Pilzen und Wurzeln von Pflanzen. In dieser
Mykorrhiza versorgen die Pflanzen den Pilz mit
Assimilaten und Sauerstoff, während der Pilz
entscheidend zum Wasser- und Mineral-
stoffhaushalt der Pflanze beiträgt. Etwa 95 Prozent aller Samen- und Farnpflanzen leben in
einer solchen Symbiose. Ohne sie zeigen die
betreffenden Pflanzen oft erhebliche Mangelerscheinungen.

1 Vergleichen Sie den Querschnitt einer
Flechte mit dem Querschnitt durch ein
Buchenblatt! Nehmen Sie dazu Abbil-
dung 04 auf Seite 101 zu Hilfe!

griech. mykes = Pilz

griech. rhiza = Wurzel

02 Wurzelknöllchen bei der Bohne

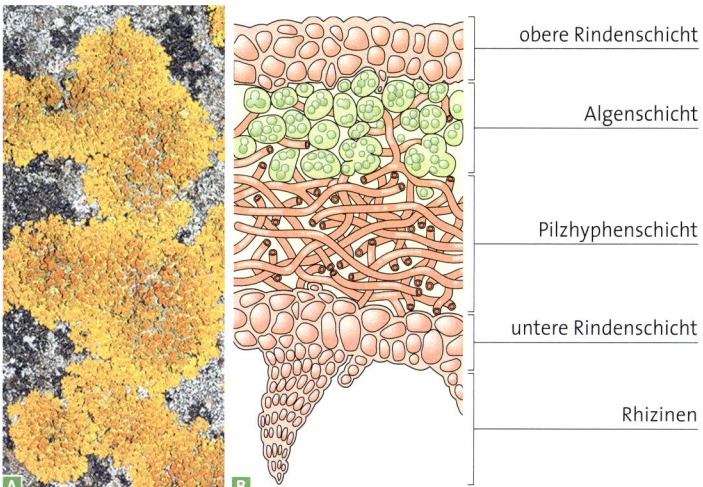

obere Rindenschicht
Algenschicht
Pilzhyphenschicht
untere Rindenschicht
Rhizinen

03 Gewöhnliche Gelbflechte: **A** auf Stein, **B** Querschnitt

Wasser und Mineralstoffe
Assimilate (Zucker)
Baumwurzel (Querschnitt)
Pilzhyphen

04 Mykorrhiza: **A** Habitus, **B** Schema

05 Symbiose: **A** Putzerfisch, **B** Madenhacker

*fakultativ
= freiwillig*

*griech. ekto
= außen, außerhalb*

FAKULTATIVE SYMBIOSEN · Es gibt auch Symbiosen, in denen die Partner weniger eng oder nur temporär miteinander kooperieren. Madenhacker zum Beispiel befreien das Fell von Büffeln oder Gnus von Maden. Putzerfische säubern das Maul größerer Fische von Speiseresten. In beiden Fällen profitieren die größeren Tiere von den „Hygienemaßnahmen" und die kleineren finden leicht Nahrung.

Eine ähnliche Beziehung besteht zwischen Einsiedlerkrebs und Seeanemone. Einsiedlerkrebse stecken ihren Hinterleib in leere Schneckengehäuse, auf die sie dann das Blumentier setzen. So wird ein sonst sesshaftes Tier mobil und der Krebs genießt Schutz. Da in diesen Beziehungen beide Partner außerhalb des anderen bleiben, spricht man von **Ektosymbiose.**

Von besonderer Bedeutung ist die Ektosymbiose zwischen Blütenpflanzen und ihren Bestäubern, die in den vergangenen etwa 100 Millionen Jahren durch Koevolution entstanden ist. Dabei haben sich bei den Blüten spezielle Lockmittel wie Form, Farbe oder Duft und aufseiten der Bestäuber spezifische Mundwerkzeuge oder „Sammelkörbchen" entwickelt. Die Fremdbestäubung erhöht bei den Pflanzen die Variabilität der Nachkommen. Die Bestäuber erhalten als Gegenleistung überschüssigen Pollen oder Nektar als Nahrung.

2) Erläutern Sie, welche Eigenschaften der Mykorrhizapilze der Pflanze nützen!

///// **IM BLICKPUNKT EVOLUTION** //

Die Endosymbiontentheorie
Die Endosymbiontentheorie basiert auf den Beobachtungen, dass Chloroplasten und Mitochondrien besondere Baumerkmale besitzen. Dazu gehören die Struktur der inneren und äußeren Membran, die ringförmige DNA und die Beschaffenheit ihrer Ribosomen im Vergleich zu den Ribosomen des Zellplasmas. Diese Sachverhalte lassen sich am besten dadurch erklären, dass in der Frühzeit der Erdgeschichte große prokaryotische Zellen kleinere bakterienähnliche Zellen durch Phagocytose aufgenommen, aber

nicht verdaut haben. Stattdessen nutzten die Zellen die Fähigkeiten der aufgenommenen Prokaryoten, Fotosynthese zu betreiben beziehungsweise Zellatmung durchzuführen. Die Beziehung wurde schließlich so eng, dass Mitochondrien und Chloroplasten allein nicht mehr lebensfähig waren. Als Modell für diese Theorie lassen sich bestimmte Amöben auffassen, die in ihren Zellen endosymbiontisch Grünalgen besitzen, die – wie die Chloroplasten – fotosynthetisch aktiv sind und die Amöben mit den Fotosyntheseprodukten versorgen.

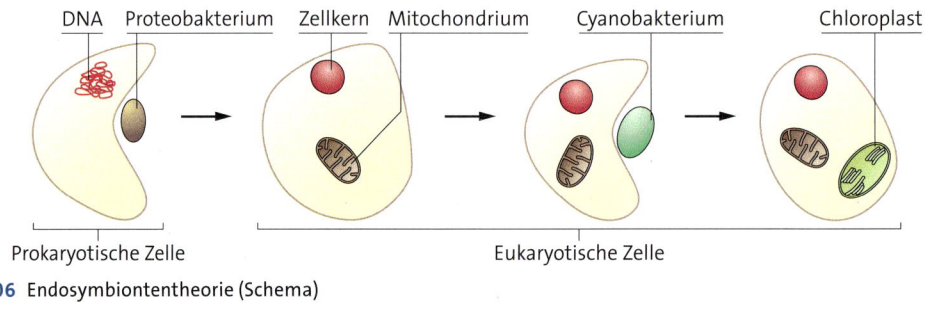

06 Endosymbiontentheorie (Schema)

PARASITISMUS · Wenn eine Art auf Kosten der anderen einseitig Nutzen zieht, nennt man diese Form des Zusammenlebens **Parasitismus** oder Schmarotzertum. Der Nutznießer heißt **Parasit.** Der Wirt erleidet dabei Nachteile, wird aber in der Regel nicht getötet. Auch die parasitische Lebensweise ist außerordentlich vielgestaltig.

Eine einseitige Beziehung liegt bereits vor, wenn Aasfresser der Savanne von Nahrungsresten der Großräuber leben. Dieser **Kommensalismus** ist sozusagen die passive Variante des Verhaltens von Raubmöwen, die Seeschwalben oder anderen Möwen ihre Beute abnehmen. Kuckucke lassen von anderen Singvögeln ihre Eier ausbrüten und die Jungtiere großziehen. Dabei wirft der Jungvogel seine Stiefgeschwister aus dem Nest, die dann sterben.

Auch bei Pflanzen gibt es Parasiten. Misteln zum Beispiel leben auf verschiedenen Baumarten. Sie treiben Saugorgane, sogenannte Haustorien, in deren Holz und entziehen ihnen Wasser und Mineralstoffe. Da sie grüne Blätter besitzen, sind sie zur Fotosynthese befähigt und somit **Halbparasiten.** Ähnliches gilt für Wachtelweizen und Augentrost, die auf Wurzeln anderer Pflanzen schmarotzen. Nesselseide hingegen ist ein **Vollparasit,** weil ihre wurzel- und blattlosen Stängel sich um Brennnesseln und andere krautige Pflanzen winden und ihnen Nährstoffe, Wasser und Mineralstoffe entziehen.

Tiere wie Bettwanzen, Flöhe oder Bremsen, die ihre Wirte nur zur Nahrungsaufnahme aufsuchen, nennt man **temporäre Parasiten.** Kopfläuse oder Bandwürmer jedoch, die ständig in oder auf ihrem Wirt leben, sind **permanente Parasiten.** Kopfläuse sind flügellos, der Körper ist abgeplattet und die Extremitäten haben sich zu Klammerorganen entwickelt. Da sie außerhalb des Wirtskörpers leben, gehören sie zu den **Ektoparasiten.**

Noch spezieller sind die Angepasstheiten beim Rinder- oder Schweinebandwurm, die im Darm von Menschen leben und deshalb zu den **Endoparasiten** gehören. Beide Arten besitzen einen „Kopf" mit Hakenkranz, der der Befestigung im Darm dient, und viele Einzelglieder, die praktisch nur die Geschlechtsorgane sowie unzählig viele Eier enthalten. Bandwürmer sind resistent

altgriech. *para* = neben

altgriech. *siteo* = mästen, sich ernähren

07 Nesselseide

lat. *mensa* = Tisch

08 Kuckuck wird von Teichrohrsänger gefüttert

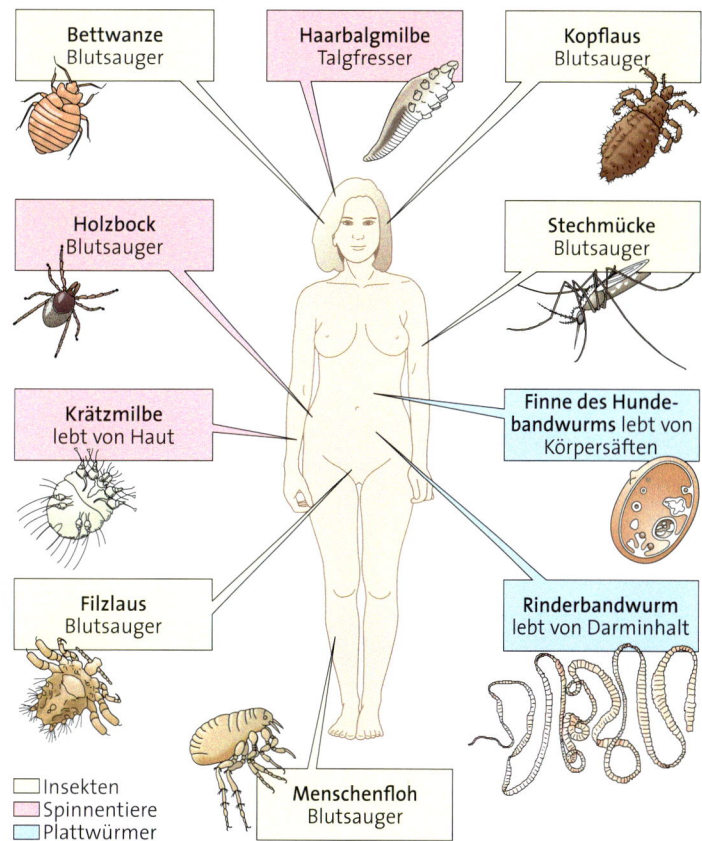

Bettwanze
Blutsauger

Haarbalgmilbe
Talgfresser

Kopflaus
Blutsauger

Holzbock
Blutsauger

Stechmücke
Blutsauger

Krätzmilbe
lebt von Haut

Finne des Hundebandwurms lebt von Körpersäften

Filzlaus
Blutsauger

Rinderbandwurm
lebt von Darminhalt

Krätzmilbe
lebt von Haut

☐ Insekten
☐ Spinnentiere
☐ Plattwürmer

Menschenfloh
Blutsauger

09 Parasiten des Menschen

gegen Verdauungssäfte und können Nährstoffe aus dem Darm resorbieren. Die befruchteten Eier gelangen mit dem Kot ins Freie und können unter bestimmten Bedingungen von Rindern oder Schweinen aufgenommen werden. Dort entwickeln sie sich zu Larven und setzen sich als sogenannte Finnen in den Muskeln fest. Die Finnen gelangen mit rohem Fleisch wieder in den menschlichen Darm. Bei diesem **Wirtswechsel** ist der Mensch **Endwirt,** weil in seinem Körper die sexuelle Fortpflanzung stattfindet. Rind oder Schwein sind **Zwischenwirte.** Beide Arten weisen eine enge Bindung an ihre Wirtstiere auf, was **Wirtsspezifität** genannt wird. Rinder- und Schweinebandwurm wurden im letzten Jahrhundert durch Hygienemaßnahmen und Fleischuntersuchungen nahezu völlig ausgerottet.

Beim Fuchsbandwurm ist der Fuchs Endwirt und Mäuse oder Ratten sind Zwischenwirte.

Allerdings kann der Mensch Fehl-Zwischenwirt sein. Da die Finnen in Leber, Lunge und Gehirn knospen und so umliegendes Gewebe verdrängen können, kann die Infektion tödlich sein.

Die Tropenkrankheit **Malaria** hat sich infolge der Erderwärmung weiter verbreitet. Jährlich werden rund 250 Millionen Menschen infiziert, von denen etwa eine Million sterben. Die Symptome einer Malariaerkrankung ähneln anfangs denen einer Grippe. Bei zwei Formen der Malaria sind periodische Fieberschübe typisch. Später treten Blutarmut sowie Herz-, Nieren-, Lungen-, Magen- und Darmschädigungen auf. Malariaerreger können fünf verschiedene *Plasmodium*-Arten sein. Dies sind Einzeller, die einen Wirtswechsel durchlaufen, bei dem Menschen Zwischenwirte und Stechmücken der Gattung *Anopheles* Endwirte sind. Mit dem Stich einer infizierten Mücke gelangen die Einzeller in die Blutbahn von Menschen. Die Erreger setzen sich in der Leber fest und vermehren sich. Dabei entstehen andere Entwicklungsstadien, die erneut ins Blut gelangen und sich nun in roten Blutzellen vermehren. Drei oder vier Tage später platzen die Erythrozyten nahezu gleichzeitig und weitere rote Blutzellen werden infiziert. Dieser Zyklus wird mehrfach durchlaufen und schließlich entwickeln sich einige Einzeller zu Vorstufen von Geschlechtszellen, den Gametozyten. Diese verwandeln sich nach einem erneuten Mückenstich im Darm der Mücke zu Geschlechtszellen. Im Anschluss an die Befruchtung entstehen aus einer Zygote durch mehrfache Zellteilungen viele neue Erreger, die in die Speicheldrüse einwandern und bei einem weiteren Stich eine Neuinfektion bewirken können.

Eine sogenannte **parasitoide** Lebensweise kommt bei Grab- und Schlupfwespen vor. Sie legen ihre Eier bevorzugt an oder in Larven von Schmetterlingen ab. Die Eier entwickeln sich in den Raupen, wobei zunächst lebenswichtige Organe geschont werden. Spätestens bei der eigenen Verpuppung werden die Raupen jedoch getötet.

10 Entwicklungszyklus und Wirtswechsel bei *Plasmodium vivax*

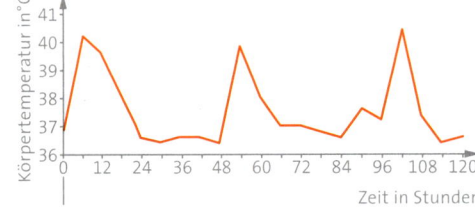

11 Fieberkurve bei *Malaria tertiana*, hervorgerufen durch *Plasmodium vivax*

3 Beschreiben Sie den Entwicklungszyklus von *Plasmodium vivax* und erläutern Sie den Verlauf einer Malariaerkrankung!

Material A ▸ Steinkorallen brauchen Zooxanthellen

Korallenriff

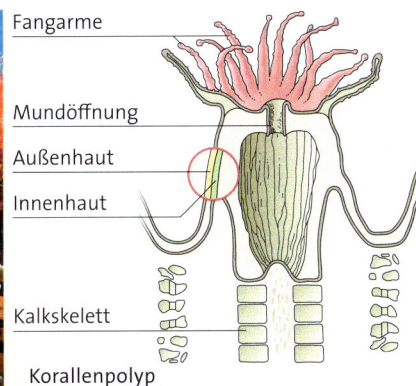

Fangarme
Mundöffnung
Außenhaut
Innenhaut
Kalkskelett

Korallenpolyp

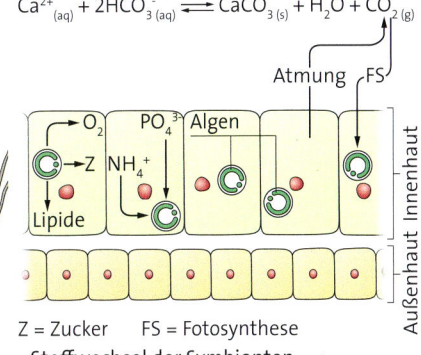

$$Ca^{2+}_{(aq)} + 2HCO_3^-{}_{(aq)} \rightleftharpoons CaCO_{3(s)} + H_2O + CO_{2(g)}$$

Atmung   FS

O_2 PO_4^{3-} Algen

Z NH_4^+

Lipide

Z = Zucker   FS = Fotosynthese
Stoffwechsel der Symbionten

Die meisten Korallen benötigen Wassertemperaturen über 20 Grad Celsius. Sie ernähren sich von Plankton, das sie mithilfe der Nesselzellen ihrer Fangarme fangen. Sie brauchen aber auch Sonnenlicht, da in ihren Zellen endosymbiontisch Algen leben. Diese Zooxanthellen liefern den Korallenpolypen zusätzliche Nahrung und begünstigen die Kalkabscheidung.

Sie fördern also wesentlich das Wachsen der Riffe. Höhere Wassertemperaturen und andere Umwelteinflüsse können die Zooxanthellen schädigen. Sie stellen dann die Fotosynthese ein und werden daraufhin von den Korallenpolypen ausgestoßen, die absterben, sodass nur noch das weiße Kalkskelett als sogenannte *Korallenbleiche* übrig bleibt.

A1 Erklären Sie das Wechselspiel zwischen Polyp und Symbiont und erläutern Sie, wie die Zooxanthellen die Kalkbildung fördern!

A2 Erklären Sie die Bedeutung der Korallen für das Ökosystem Riff!

A3 Diskutieren Sie die Folgen der Korallenbleiche für den Lebensraum Riff!

Material B ▸ *Euhaplorchis californiensis* manipuliert das Verhalten von Killifischen

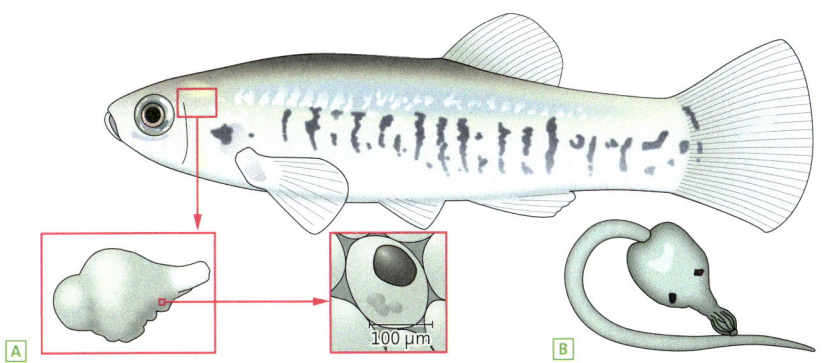

A

100 µm

B

Die in südkalifornischen Salzmarschen lebenden Killifische **(A)** sind sehr scheu. Manche jedoch machen durch heftige Schwimmbewegungen, bei denen ihr silbriger Bauch blinkt, scheinbar auf sich aufmerksam. Bei Untersuchungen fand man im Gehirn solcher Fische Larven des Saugwurms *Euhaplorchis californiensis* **(B)**. Gleichzeitig war der Gehalt an Dopamin und Sero-

tonin stark erhöht. Beides sind Botenstoffe, die an der Steuerung von Bewegungsabläufen sowie der Auslösung von Stressreaktionen beteiligt sind. Killifische werden von Wasservögeln erbeutet, in denen die Saugwürmer geschlechtsreif werden, sich paaren und Eier produzieren. Die mit dem Vogelkot ausgeschiedenen Eier werden von Hornschnecken gefressen.

In ihnen entwickeln sich die Parasitenlarven, die die Schnecken verlassen, sich an den Kiemen der Killifische festsetzen und in ihr Gehirn vordringen. Bei Freilanduntersuchungen stellte man fest, dass Wasservögel bis zu 30-mal häufiger infizierte Fische erbeuten als nicht infizierte.

B1 Entwerfen Sie ein Schema des Entwicklungszyklus von *E. californiensis* und vergleichen sie seine Entwicklung mit der von *Plasmodium vivax*!

B2 Stellen Sie Zusammenhänge her zwischen dem Parasitenbefall und der Verhaltensänderung der Killifische!

B3 Erläutern Sie Vor- und Nachteile eines Wirtswechsels im Lebenslauf eines Endoparasiten!

01 Buchenwald

Vom Wald zum Forst

„Jahrtausende standst du schon,
O Wald, so dunkel kühn,
Sprachst allen Menschenkünsten Hohn
Und webtest fort dein Grün."

So dichtete in der Romantik Friedrich Schlegel.
Aber der Wald, wie wir ihn heute kennen, ist
nicht von „Menschenkünsten" unberührt. Er ist
vielmehr das Ergebnis geplanter, intensiver
Nutzung. Seit Jahrtausenden sind Wälder die
am einfachsten zugängliche Quelle für Energie,
Baustoffe und Nahrung.

WALDGESCHICHTE · Bis weit in das 20. Jahrhundert war Holz auch in Europa der Hauptenergie- und Baustofflieferant. Es wurde aber nicht nur direkt zum Kochen, Heizen und Bauen verwendet, sondern auch von Köhlern zu Holzkohle verarbeitet. Diese diente in den ersten industriellen Anfängen als Energiequelle zum Beispiel bei der Herstellung von Glas. Im Bergbau wurden ebenfalls große Mengen Holz zum Abstützen der Stollen und Holzkohle zum Befeuern der Schmelzöfen verbraucht. Außerdem wurde Vieh in dorfnahe Wälder getrieben,

wo es Bucheckern, Eicheln und Blätter fraß. Das Laub der Wälder diente Bauern als Einstreu im Viehstall und auch als Füllung für Kissen und Bettbezüge. Des Weiteren wurden Pilze, Kräuter und Beeren im Wald gesammelt. Für solche Formen der Kleinnutzung hatten die Menschen freien Zugang zum Wald, auch wenn dieser ihnen nicht gehörte. Der Holzeinschlag und die Jagd waren dagegen den oft adligen Besitzern vorbehalten.

FORSTWIRTSCHAFT · In Europa existieren nur noch wenige Urwaldreste. Die meisten unserer heutigen Wälder sind das Ergebnis jahrhundertelanger, intensiver und vor allem geplanter Nutzung. Es handelt sich also um Wirtschaftswälder, die man als **Forst** bezeichnet. Rund 11 Millionen Hektar, ungefähr ein Drittel der Fläche Deutschlands, sind heute bewaldet. Fast die Hälfte der deutschen Wälder ist in Privatbesitz, etwa 35 Prozent gehören dem Staat. Der Rest ist Kircheneigentum, im Besitz von Körperschaften des öffentlichen Rechts, wie Städte, Gemeinden oder Universitäten, oder befindet sich noch im Prozess der Privatisierung des

Volkseigentums der damaligen DDR. Die örtlichen Forstämter überwachen die Bewirtschaftung der Wälder nach streng festgelegten ökonomischen und ökologischen Richtlinien.

Durch unterschiedliche Bewirtschaftung entstehen unterschiedliche Waldtypen. Im sogenannten **Niederwald** werden alle 10 bis 25 Jahre Bäume abgesägt. Bei geeigneten Arten wie Hasel, Esche oder Ahorn schlagen die Baumstümpfe wieder aus. Dieser Stockausschlag diente früher zum Korbflechten. Reisig diente zum Anfeuern und Rinde wurde zum Gerben verwendet. Durch ständige Nutzung entstehen so im Niederwald strauchartige Bäume von drei bis zehn Meter Höhe.

Dagegen kennzeichnet ein mehr oder weniger geschlossenes Baumkronendach den **Hochwald**. Die Bäume können durch Pflanzung gleichaltrig oder durch natürliche Verjüngung über Samenanflug ungleichaltrig sein. Heute sind in Deutschland fast alle Wälder Hochwälder.

Ein **Mittelwald** steht in der forstlichen Nutzung zwischen Hoch- und Niederwald. Ein Teil der Bäume oder deren Stockausschläge werden im Mittelwald immer wieder genutzt, während man einzelne Bäume mit einer dem Hochwald entsprechenden Umtriebszeit, also der Zeit von der Pflanzung bis zur Ernte von 80 bis 120 Jahren, hochwachsen lässt. Während es Anfang des 20. Jahrhunderts noch viele Nieder- und Mittelwälder gab, ist ihr Anteil heute auf etwa 4 Prozent gesunken.

INTENSIVIERUNG DER NUTZUNG · Die Forstwirtschaft wurde ab dem 19. Jahrhundert intensiviert. Technische Geräte wie Kettensägen und Traktoren ersetzten Handsägen und Pferde. Auf großen Flächen wurden schnell wachsende Nadelbäume in Monokultur angepflanzt. Nach etwa 80 Jahren erntete man alle Bäume mit Kahlschlag und forstete die freie Fläche wieder auf. Monokulturen haben jedoch einige schwerwiegende Nachteile. Sie sind relativ artenarm und anfällig für Schädlinge und Sturmschäden. Daher geht man heute wieder vermehrt zu Mischwaldwirtschaft mit standortgerechten Bäumen über.

Schnell wachsende Plantagenwälder mit Monokulturcharakter werden heute vor allem zur

02 Köhlerei

Nutzung von Holz als kohlenstoffdioxidneutraler Energiequelle in Form von Holzchips und Pellets angepflanzt.

In naturnah bewirtschafteten Wäldern kommen hingegen alle Altersklassen von Bäumen vor. Die Nutzung erfolgt meist durch die Entnahme einzelner Bäume und so entsteht ein naturnaher **Stockwerkbau:** Die oberste *Baumschicht* besteht aus den Hauptbaumarten des Standorts, die eine Gesamthöhe von etwa 40 Meter erreichen. Darunter befindet sich eine zweite, niedrigere Baumschicht mit jüngeren Bäumen und Begleitbaumarten. Als Nächstes folgt die *Strauchschicht* und in Bodennähe die *Kraut-* und die *Moosschicht.*

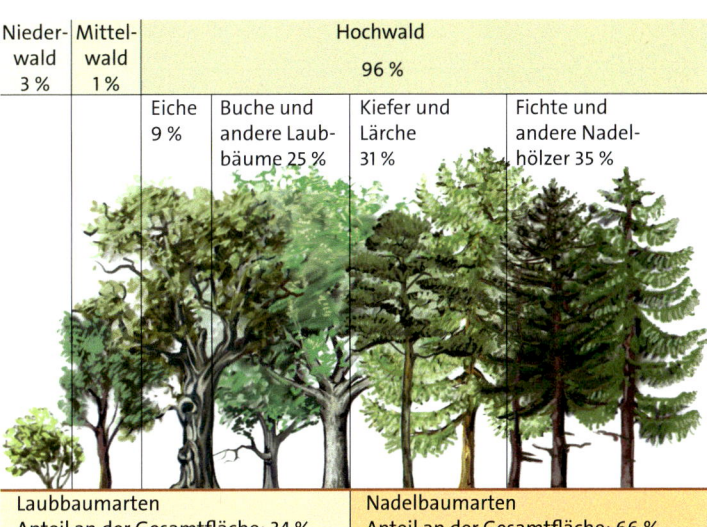

03 Nieder-, Mittel-, Hochwald

NUTZUNGSKONFLIKTE · Bereits im Jahr 1713 verfasste Hans Carl VON CARLOWITZ ein Manifest zur nachhaltigen Nutzung der Wälder, das die Grundlage der deutschen Forstwirtschaft bildet. Diesem Prinzip verdanken wir, dass auch heute noch weite Teile von Deutschland bewaldet sind. Zunächst beinhaltete der Begriff der Nachhaltigkeit rein ökonomische Überlegungen. Seit den 1980er-Jahren wurde das Prinzip um die ökologische und soziale Dimension erweitert und damit viel komplexer. Denn neben den bereits genannten Nutzungsmöglichkeiten erfüllt der Wald noch viele andere Bedürfnisse. Er ist ein Ökosystem und bietet Lebensraum für etwa ein Fünftel aller in Deutschland heimischen Arten. Als Kohlenstoffdioxidspeicher kommt den Wäldern in der Klimawandeldebatte eine völlig neue Bedeutung zu.

Die Vielseitigkeit der Nutzung führt jedoch häufig zu Konflikten zwischen ökonomischen, ökologischen und sozialen Ansprüchen an die Waldbewirtschaftung. Dies bedeutet, dass der Wert des Waldes heute nicht nur im potenziell zu erwirtschaftenden Gewinn durch Nutzung des Holzes gemessen wird. Auch der finanziell schwer festlegbare Wert als Ort der Erholung, für sportliche Aktivitäten aller Art oder als Lebensraum für gefährdete Arten wird indirekt berücksichtigt. Wichtig ist, möglichst viele Interessengruppen an einen Tisch zu bringen und eine breite Basis von Zustimmung für die Konfliktlösung zu erreichen.

///// **STECKBRIEF** /////////////////////////////////////

Hans Carl VON CARLOWITZ (1645–1714)

gilt als Begründer des Prinzips der Nachhaltigkeit. Als Oberberghauptmann war er für verschiedene Erzbergwerke und Schmelzhütten zuständig. Der akute Holzmangel infolge des Dreißigjährigen Krieges war damals eines der größten Probleme. Der Bergbau, für den große Mengen Holz und Holzkohle benötigt wurden, war dadurch in seiner Existenz bedroht. CARLOWITZ erkannte, dass sich kurzfristiges Streben nach Profit im Wald, dessen Bäume mehrere Jahrzehnte zum Wachsen brauchen, besonders zerstörerisch auswirkt. Er schrieb 1713 in seinem Buch Sylvicultura Oeconomica, dass man mit Verkauf von Holz in kurzer Zeit „ziemlich viel Geld heben" kann, aber sind die Wälder erst einmal zerstört, „so bleiben auch die Einkünfte daraus auff unendliche Jahre zurücke … sodaß unter dem scheinbaren Profit ein unersetzlicher Schade liegt". Er empfahl daher, „daßwegen sollten wir unsere oeconomie … dahin einrichten, daß wir keinen Mangel daran [an Holz] leiden, und wo es abgetrieben ist, dahin trachten, wie an dessen Stelle junges wieder wachsen möge".

1 ❯ Stellen Sie die verschiedenen Funktionen des Waldes in einer Übersicht dar!

2 ❯ Diskutieren Sie anhand der Fotos die Wichtigkeit des Waldes. Berücksichtigen Sie dabei die drei Dimensionen der Nachhaltigkeit!

3 ❯ Geben Sie begründet zwei weitere Bereiche menschlicher Aktivitäten an, für die das Prinzip der Nachhaltigkeit zentral ist!

04 Nutzungsmöglichkeiten des Waldes: **A** Forstmaschine, **B** schlafende Wildkatze, **C** Mountainbiker

Material A ▸ Pollenanalyse

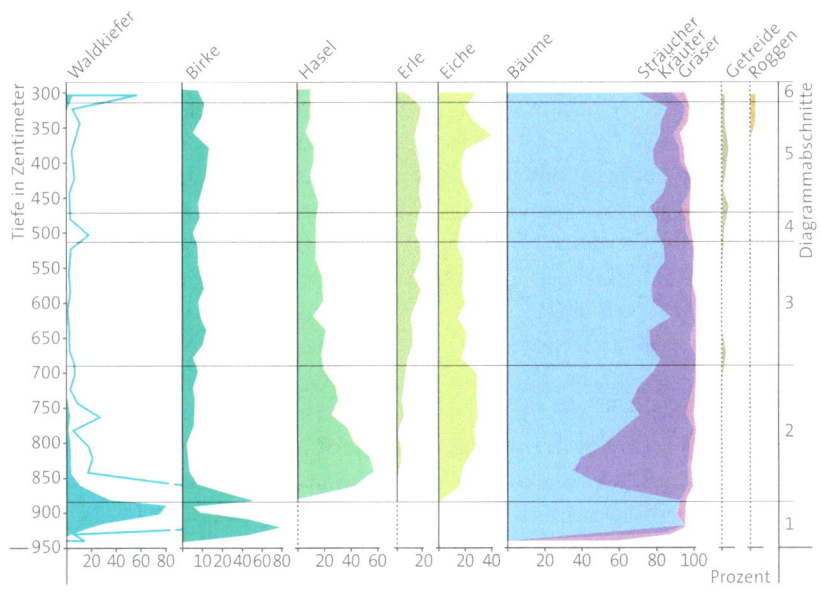

meist in Form eines Bohrkerns entnommen wird, findet man ein charakteristisches Mengenverhältnis von Pollenkörnern. Diese lassen Rückschlüsse auf die Häufigkeit verschiedener Baumarten und damit auch indirekt auf die früher vorhandenen Standorteigenschaften zu.

A1 Beschreiben Sie das nebenstehende Pollendiagramm und werten Sie aus, was es über die Geschichte des Standorts aussagt!

A2 Stellen Sie begründete Vermutungen an, wie sich Ihrer Meinung nach der derzeitige Klimawandel in zukünftigen Pollenanalysen bemerkbar machen könnte!

Seen oder Moore sind gewissermaßen historische Archive, weil in ihren Sedimenten Pollenkörner konserviert wurden. Die Sedimentschicht, in der die Pollenkörner gefunden werden, entstand in derselben Zeit, in der die Pollenkörner liefernden Bäume wuchsen. In jeder Schicht eines Profils, das

Material B ▸ Holzproduktion

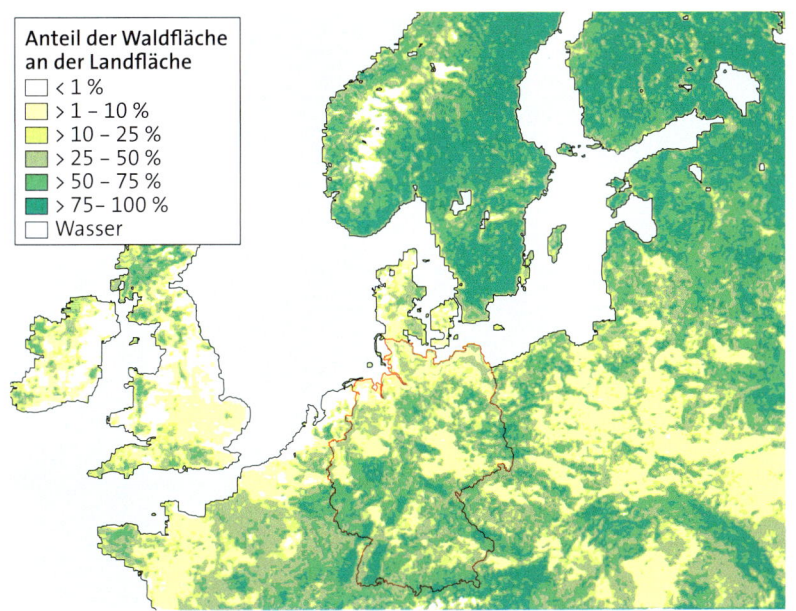

(GIS) erstellt. Raumbezogene Daten, wie zum Beispiel Satellitenbilder oder Statistiken, werden so digital erfasst, analysiert und grafisch präsentiert.

B1 Recherchieren Sie, welche Baumarten bei der Papierherstellung genutzt werden und wo diese hauptsächlich wachsen!

B2 Analysieren Sie die Karte und begründen Sie, wo im geografischen Europa Sie diese Fabrik bauen würden! Berücksichtigen Sie auch politische und wirtschaftliche Zusammenhänge sowie Transportwege!

B3 Präsentieren Sie Ihre Ergebnisse und versuchen Sie die anderen Kursteilnehmer von Ihrem Vorschlag zu überzeugen!

Stellen Sie sich vor, Sie sind ein Manager, der den Bau einer neuen Papierfabrik plant. Für Ihre Entscheidungen nutzen Sie Bilder wie die Abbildung oben. Sie werden mit sogenannten Geografischen Informationssystemen

Wälder der Erde

BEDEUTUNG · Die Wälder der Erde haben eine Gesamtfläche von 35 bis 40 Millionen Quadratkilometern. Das entspricht etwa einem Viertel der Landfläche. Ein Teil davon befindet sich noch in einem urwüchsigen Zustand und heißt **Primär-** oder **Urwald**. Andere Wälder wurden vom Menschen mehr oder weniger stark verändert. In einigen solchen **Sekundärwäldern** kommen noch ursprüngliche Gehölzarten vor, in Deutschland zum Beispiel die Rotbuche und in einigen Gebirgen auch die Weißtanne. Einige Wälder, zum Beispiel viele Fichtenwälder, wurden vom Menschen vollständig verändert und bestehen nur aus Baumarten, die dort von Natur aus nicht wachsen würden.

NUTZEN DER WÄLDER · Holz ist ein sehr wichtiger Rohstofflieferant. Es dient als *nachwachsender Rohstoff* zum Bauen, zur Herstellung von Werkzeug und Papier sowie zum Heizen. Wälder speichern große Mengen an Kohlenstoff und Wasser. Sie regulieren das Klima, auch in ihrer Umgebung. Im Gebirge schützen Wälder Siedlungen vor Lawinen und Erdrutschungen. Viele Menschen schätzen den Erholungswert eines Waldes.

WALDZONEN · Es gibt drei Waldzonen auf der Erde: tropische Regenwälder entlang des Äquators, Wälder der gemäßigten Zonen auf der Nord- und der Südhalbkugel. Zu ihnen zählen boreale Nadelwälder in kälteren und trockenen Gebieten, nemorale Laubwälder, die sich bei mildem Klima ausbilden, und mediterrane Hartlaubwälder in warmen und trockenen Regionen. In den noch trockeneren Gebieten zwischen den Tropen und den gemäßigten Zonen wachsen keine Bäume. Auch in arktischen Breiten gibt es keine Bäume, weil Bäume zu Eis gefrorenes Wasser nicht aufnehmen können.

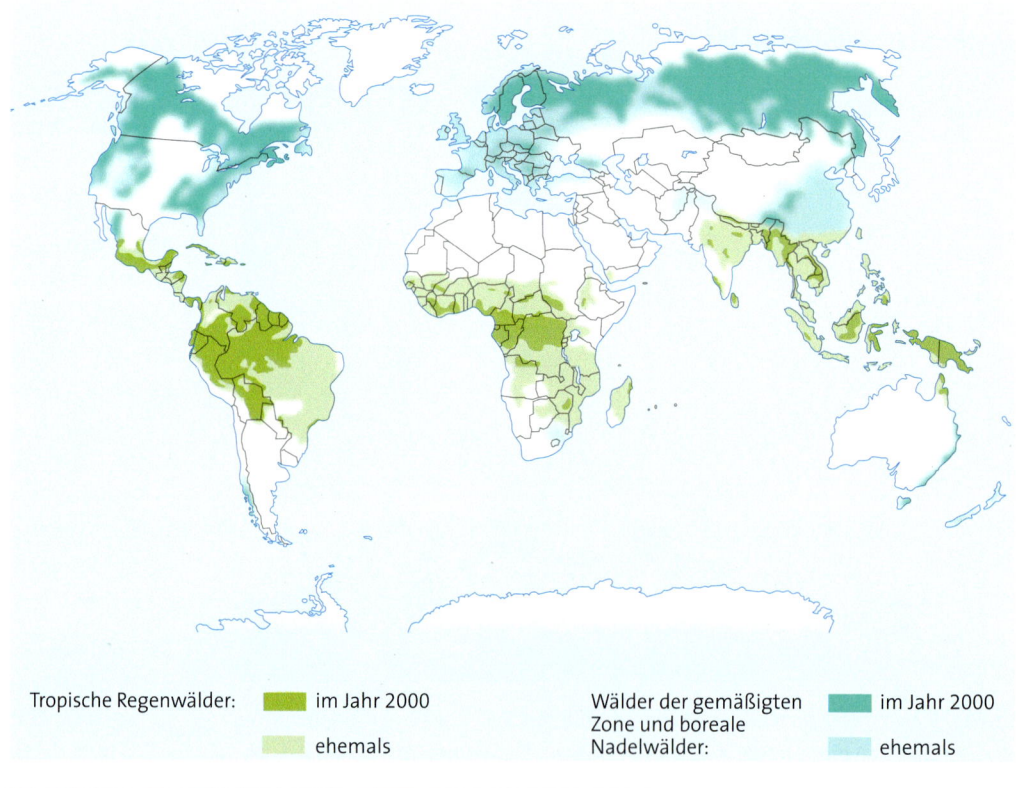

01 Wälder der Erde

Tropische Regenwälder:	▬ im Jahr 2000	Wälder der gemäßigten Zone und boreale Nadelwälder:	▬ im Jahr 2000
	▬ ehemals		▬ ehemals

LAUBWALD

Vorkommen: *Laubwälder der gemäßigten Zonen, die nemoralen Laubwälder, sind auf der Nordhalbkugel weit verbreitet. Dort gibt es im Gegensatz zur Südhalbkugel große Landmassen mit günstigem Klima.*

Erscheinungsbild: *Die oft recht artenarmen Wälder sind im Sommer dicht belaubt. Die Bäume verlieren im Herbst ihre Blätter.*

Lebensbedingungen: *Nemorale Laubwälder gibt es nur im Bereich des ozeanischen Klimas, in dem weder die Sommer extrem heiß noch die Winter extrem kalt sind.*

Flora und Fauna: *Auf der Nordhalbkugel sind Buchen und Eichen verbreitet, auf der Südhalbkugel die Südbuche. In den Wäldern leben vor allem zahlreiche Arten kleiner Tiere.*

NADELWALD

Vorkommen: *Nadelwälder der kühlgemäßigten Zonen, die borealen Nadelwälder oder Taiga, sind in Nordeuropa, Sibirien und Nordamerika sowie in einigen Gebirgen verbreitet.*

Erscheinungsbild: *Die meisten Nadelbäume sind immergrün, die Wälder artenarm.*

Lebensbedingungen: *Die Blattflächen der Nadelbäume sind klein, die Bäume überstehen daher Trockenperioden: im Sommer, wenn es wenig regnet und heiß ist, und im Winter, wenn Wasser zu Eis gefroren und ebenfalls nicht verfügbar ist.*

Flora und Fauna: *Fichten und Kiefern sind besonders weit verbreitet. In lichteren Wäldern kommen Großsäuger vor, beispielsweise Elche.*

HARTLAUBWALD

Vorkommen: *Hartlaubwälder wachsen am Mittelmeer und in anderen Gebieten mit einem mediterranen Klima, beispielsweise in Kalifornien und Teilen Australiens.*

Erscheinungsbild: *Die Blätter der immergrünen Gehölze haben eine dicke Kutikula, die vor Austrocknung schützt.*

Lebensbedingungen: *Hartlaubwälder gedeihen in Winterregengebieten. Sie können lange Trockenperioden im Sommer überstehen.*

Flora und Fauna: *Es gibt artenreiche und artenarme Hartlaubwälder. Typisch sind auf der Nordhalbkugel Lorbeer- und auf der Südhalbkugel Eukalyptuswälder. Aus dem Gebiet stammen wichtige Haustiere wie das Schaf.*

TROPISCHER REGENWALD

Vorkommen: *Tropische Regenwälder kommen nur in den inneren Tropen vor, wo es niemals Frost und kaum jahreszeitliche Unterschiede gibt. Hier herrscht ein Tageszeitenklima mit täglichem Regen.*

Erscheinungsbild: *Die sehr vielfältigen Wälder sind immergrün. Unterschiedlich hohe Bäume bilden verschiedene Stockwerke, es gibt zahlreiche Lianen.*

Lebensbedingungen: *Das Tropenklima ist ganzjährig heiß und feucht. Der geringe Mineralstoffgehalt des Bodens wird durch raschen Stoffumsatz kompensiert.*

Flora und Fauna: *Tropische Regenwälder sind sehr alte Ökosysteme. Ihr Reichtum an Tier- und Pflanzenarten ist durch Abholzung bedroht.*

01 Moos in einem schattigen Wald

Ökologie des Waldes

Im Schatten des Waldes entwickeln sich aus-
gedehnte Moospolster. Nicht nur große Bäume,
sondern auch die ausgesprochen kleinen Moos-
pflänzchen sind kennzeichnend für dieses
Ökosystem. Welche Zusammenhänge bestehen
zwischen ihnen und weiteren Lebewesen?

WALDBINNENKLIMA · Wenn Bäume Laub
tragen, dringt nur wenig Sonnenlicht bis zum
Waldboden vor. Im Inneren des Waldes wird die
Luft daher weniger stark erwärmt als außerhalb. Es verdunstet weniger Wasser, sodass es
im Wald relativ feucht ist. Vom offenen Land
wird bei Nacht Wärme an die Atmosphäre
abgegeben. Im Wald dagegen wird wärmere
und feuchte Luft unter dem Blätterdach
zurückgehalten. Dadurch entsteht ein aus-
geglichenes und feuchtes **Waldbinnenklima.**
Luftströmungen aus dem Wald stabilisieren
auch das Klima in seiner Umgebung: Wenn über
dem offenen Land die von der Sonne erwärmte
Luft aufsteigt, wird kühlere Luft aus dem Wald
nachgesaugt.

MOOS ALS WASSERSPEICHER · Das feuchte
Waldbinnenklima begünstigt die Fortpflanzung
vieler Moose. Sie haben nämlich einen besonderen Entwicklungszyklus. Die Spermatozoide
gelangen im Wasser zu den weiblichen Fortpflanzungsorganen. Moose können sich also
nur dann fortpflanzen, wenn Wasser zwischen
ihren zarten Blättchen durch Adhäsion festgehalten wird.

Moose erfüllen im Wald eine besonders wichtige ökologische Funktion: Sie halten Wasser
zurück, das von den Blättern tropft. Wasser
steht deshalb Pflanzen und Tieren im Wald
auch lange nach einem Regen noch zur Verfügung. Es gelangt nicht sofort, sondern nur
allmählich in die Bäche. Daher kommt es in
einem Waldgebiet seltener zu Hochwasser als
in einer waldarmen Gegend. Dieses Speichern
von Wasser wird als **Retention** bezeichnet.
Wenn man moosreiche Wälder aufbaut und
pflegt, kann man Hochwasser verhindern. Eine
zu dicke Moosdecke kann jedoch die Belüftung
des Bodens und der Baumwurzeln behindern.

AUFBAU DES WALDBODENS · Gräbt man im Wald ein Loch von etwa einem Meter Tiefe, erkennt man den Aufbau des Waldbodens. Unter der mehr oder weniger dicken Streu mit Laubresten stößt man auf weitere, unterschiedlich gefärbte Schichten, die **Bodenhorizonte.** Im Boden werden sowohl abgestorbene pflanzliche und tierische Substanz als auch Gestein abgebaut. Als Resultat davon bildet sich ein charakteristisches **Bodenprofil** heraus. Es besteht aus dem meist dunkleren Oberboden oder **A-Horizont,** dem oft helleren Unterboden oder **B-Horizont** und dem von Gesteinsbrocken durchsetzten **C-Horizont.**

BODENBILDUNG · Pflanzenwurzeln, die in den Boden vordringen, geben Wasserstoff-Ionen ab. Im Austausch nehmen sie Mineralionen auf. Im Boden reichern sich dadurch Wasserstoff-Ionen an. Infolgedessen sinkt der pH-Wert und der Boden wird saurer. Die Säuren des Bodens greifen das Ausgangsgestein an. Weitere Mineralionen werden freigesetzt. Diese stehen dann den Pflanzen zur Verfügung. Weil Wurzeln bei ihrem Wachstum weiter in den Boden vordringen, können Wasser und Mineralstoffe aus immer neuen Bereichen aufgenommen werden. Gelangen Wurzeln ausdauernder Pflanzen bis in die Risse und Spalten im Gestein, können sie dieses durch ihr Dickenwachstum sprengen.

Zahlreiche kleine Bodenorganismen, die insgesamt das **Edaphon** bilden, ernähren sich von den Überresten abgestorbener Pflanzen und Tiere, die sich an der Bodenoberfläche ansammeln. Ein Teil der organischen Substanz wird dabei mineralisiert, also in anorganische Stoffe überführt. Diese Mineralstoffe können erneut von Pflanzenwurzeln aufgenommen werden und so wieder in die Nahrungskette gelangen. Beim Abbau organischer Substanz entstehen weitere Säuren, unter anderem Huminsäure. Gemeinsam mit anderen organischen und anorganischen Bestandteilen bildet sie den **Humus.**

Da sowohl durch den Ionenaustausch an den Pflanzenwurzeln als auch beim Abbau organischer Substanz Säuren entstehen, nimmt ihre Menge im Boden zu. Man sagt, dass der Boden versauert. In einem sauren Boden ist die Aktivität des Edaphons eingeschränkt. Der Abbau organischer Substanz wird dann verlangsamt, sodass sich an der Bodenoberfläche nicht oder nur wenig zersetzter **Rohhumus** ansammelt. Außerdem kommt es zu einer Auswaschung von Tonmineralien aus dem Ober- in den Unterboden. Im Bodenprofil ist dies daran zu erkennen, dass der A-Horizont ausbleicht, der B-Horizont aber eine dunklere Farbe annimmt.

Die Ausgangsgesteine, auf denen sich die Böden entwickeln, haben unterschiedliche Zusammensetzungen. Wenn sie ausreichend Kalk enthalten, kann die Wirkung der Säuren abgepuffert werden, sodass die Lebensbedingungen für die Organismen des Edaphons optimal bleiben. Allerdings vermindert ein hoher Kalkgehalt des Bodens die chemische Verwitterung und die Freisetzung von Mineral-Ionen aus dem Ausgangsgestein und den Tonmineralstoffen.

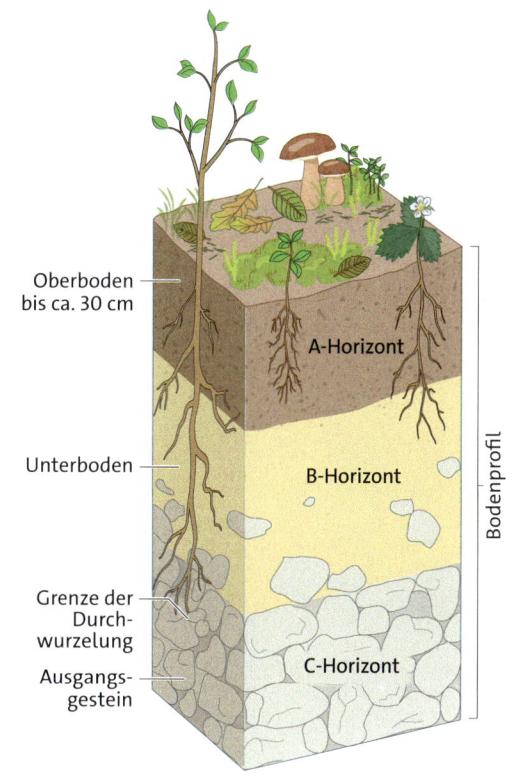

02 Profil eines Waldbodens

Oberboden bis ca. 30 cm

A-Horizont

Unterboden

B-Horizont

Grenze der Durchwurzelung

Ausgangsgestein

C-Horizont

Bodenprofil

03 Beispiele für einen Austausch von Ionen an der Wurzel

H^+ $2H^+$ K^+ Mg^{2+}

1 Erläutern Sie, weshalb ein leicht saurer Boden besonders günstige Bedingungen für das Edaphon und die Pflanzen bietet!

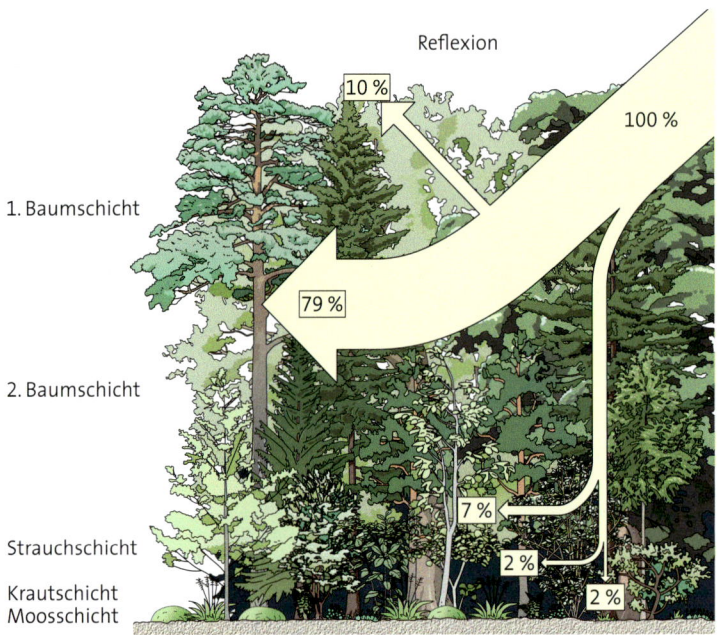

04 Die Schichten des Waldes und die Lichtmengen, die zu ihnen gelangen

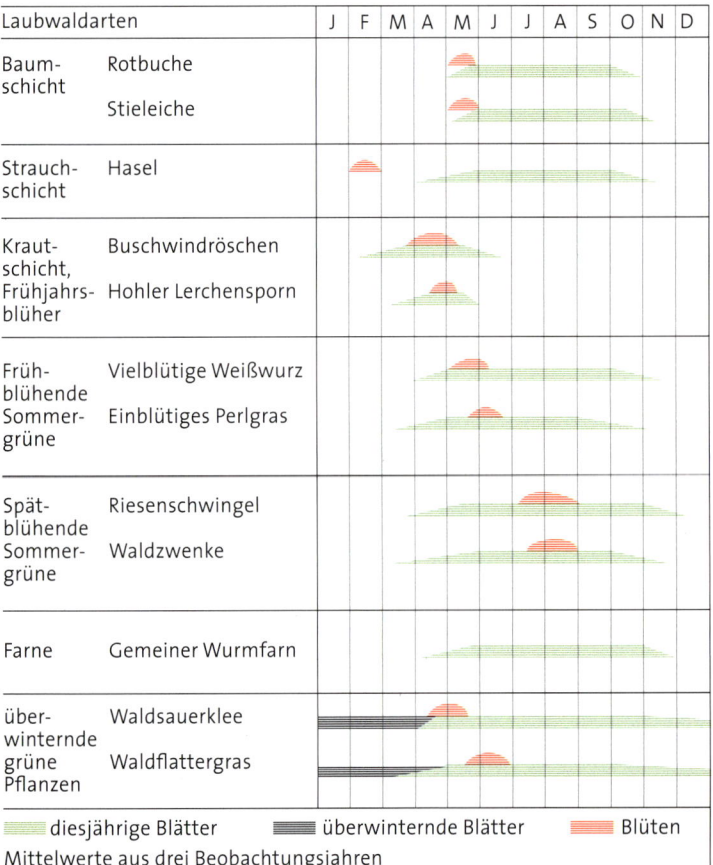

Laubwaldarten		J	F	M	A	M	J	J	A	S	O	N	D
Baum-schicht	Rotbuche												
	Stieleiche												
Strauch-schicht	Hasel												
Kraut-schicht, Frühjahrs-blüher	Buschwindröschen												
	Hohler Lerchensporn												
Früh-blühende Sommer-grüne	Vielblütige Weißwurz												
	Einblütiges Perlgras												
Spät-blühende Sommer-grüne	Riesenschwingel												
	Waldzwenke												
Farne	Gemeiner Wurmfarn												
über-winternde grüne Pflanzen	Waldsauerklee												
	Waldflattergras												

▬▬ diesjährige Blätter   ▬▬ überwinternde Blätter   ▬▬ Blüten
Mittelwerte aus drei Beobachtungsjahren

05 Blüten- und Blattentwicklung einiger Laubwaldpflanzen

SCHICHTENAUFBAU DES WALDES · Die Pflanzen eines Waldes kann man einzelnen Schichten oder **Stockwerken** zuordnen. In der obersten **ersten Baumschicht** dominieren beispielsweise Buchen oder Eichen. In der **zweiten Baumschicht** gibt es Jungpflanzen dieser Baumarten sowie in vielen Wäldern Hainbuchen. Darunter befindet sich die **Strauchschicht** mit Haselbüschen, Holunder und Vogelbeere. Auch in der Strauchschicht stehen Jungpflanzen von allen genannten Baumarten. Weil junge Bäume jeglichen Alters allmählich nachwachsen, kann man viele von ihnen nicht klar einer bestimmten Baumschicht zuordnen. Am Boden sind schließlich die **Kraut-** und die **Moosschicht** ausgebildet.

Allen Pflanzen im Wald stehen Wasser und Mineralstoffe zur Verfügung. Die Lichtmengen, die zu ihren Blättern gelangen, sind aber sehr verschieden. Blätter in den Baumkronen erhalten viel mehr Licht als beschattete Blätter. Lange von der Sonne beschienene Blätter geben bei der Transpiration mehr Wasser ab und können eher unter Trockenschäden leiden als Blätter, die sich im Schatten befinden. Daher sind die Blätter in den Außenbereichen der Baumkronen oft schmaler als im Innenbereich. Sie haben auch als Außenhaut eine dickere Kutikula, die sie vor Trockenschäden bewahrt.

In Laubwäldern dringt nur dann viel Licht bis zum Waldboden vor, wenn die Bäume und Sträucher noch kahl sind. Im März und April kann man in vielen Wäldern ganze Teppiche von Buschwindröschen finden, dazu Scharbockskraut und Lerchensporn. Wenn es wärmer wird, treiben diese Pflanzen dann aus dicht an der Oberfläche liegenden Wurzelstöcken oder Zwiebeln rasch Blätter und Blüten aus. Diese oberirdische Entwicklung ist begünstigt durch das Licht und wird bereits beendet, wenn sich Buchen und Eichen belauben. Man nennt diese Waldbodenpflanzen Frühblüher oder gemäß ihrer Lebensform **Frühjahrsgeophyten.**

Im Sommer wachsen im Wald nur solche Kräuter, die auch im Schatten Fotosynthese betreiben können. Zu ihnen zählen Perlgras, Sauerklee, Flattergras, Riesenschwingel und Waldzwenke.

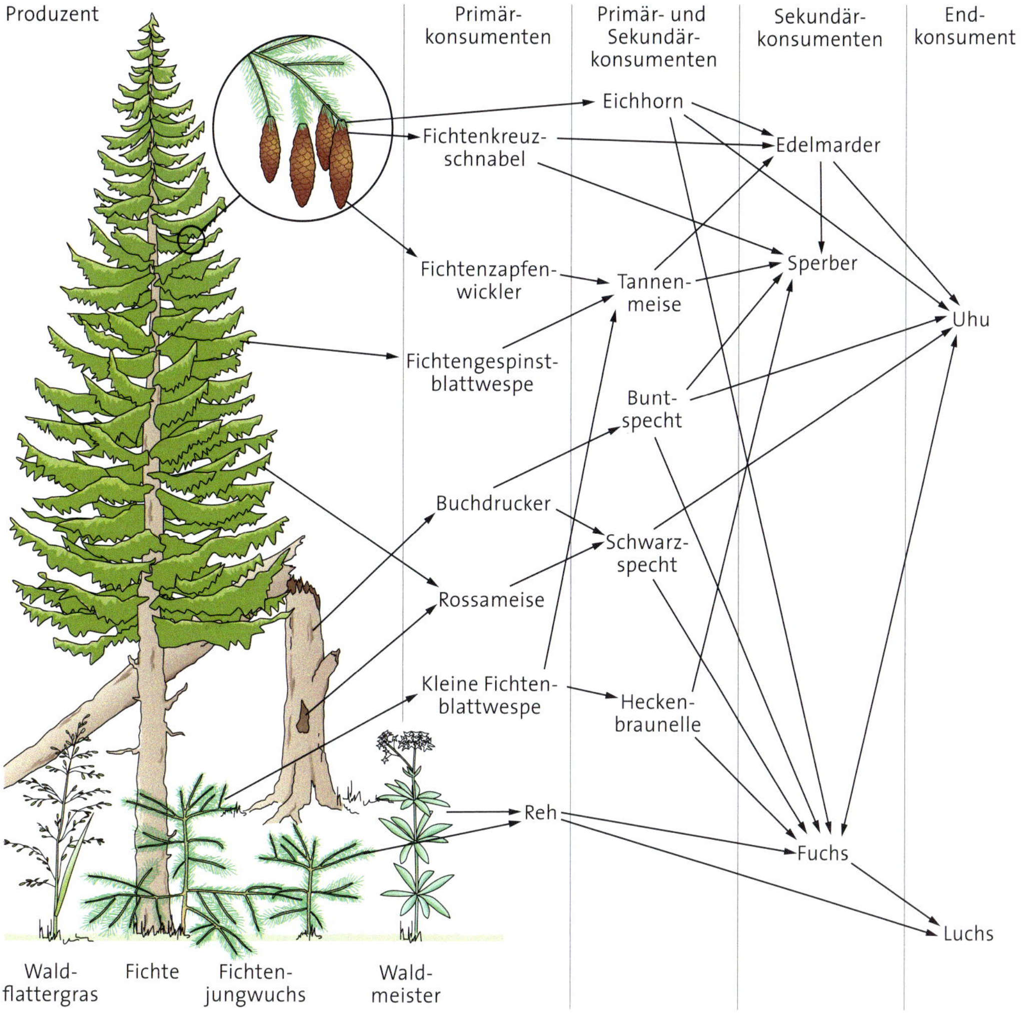

Produzent

| Primär-konsumenten | Primär- und Sekundär-konsumenten | Sekundär-konsumenten | End-konsument |

Eichhorn

Fichtenkreuz-schnabel

Edelmarder

Fichtenzapfen-wickler

Sperber

Tannen-meise

Uhu

Fichtengespinst-blattwespe

Bunt-specht

Buchdrucker

Schwarz-specht

Rossameise

Kleine Fichten-blattwespe

Hecken-braunelle

Reh

Fuchs

Luchs

Wald-flattergras   Fichte   Fichten-jungwuchs   Wald-meister

06 Nahrungs-beziehungen im Wald

NAHRUNGSBEZIEHUNGEN · In einem dichten Wald gibt es nur wenig Nahrung für große Tiere: Wildschweine ernähren sich von Eicheln, Bucheckern, Pilzen und Insektenlarven. Viele Tiere, die wir für Waldbewohner halten, beispielsweise Rehe und Hirsche, ernähren sich vor allem von Pflanzen, die außerhalb des Waldes wachsen. Im Wald finden diese Tiere Schutz. Außerdem verbeißen sie dort junge Gehölztriebe. Weil Knospen und junge Blätter im Vergleich zu älteren weniger Zellulose enthalten, können sie von den Tieren besser verdaut werden.

Im Wald sieht man viele kleine Tiere, die ausschließlich an bestimmten Pflanzenarten oder sogar nur an bestimmten Teilen dieser Pflanzen fressen. Die Fichtengespinstblatt-wespe beispielsweise ernährt sich ausschließ-

lich von Fichtennadeln. Insekten gehören zur Nahrung zahlreicher Vogelarten des Waldes wie Meisen und Spechten. Größere Vögel und kleine Säugetiere fressen zwar auch Insekten, erbeuten aber ebenso kleinere Vögel oder deren Eier. Edelmarder sind typische Nesträuber. Uhu und Luchs, die auch größere Tiere oder deren Jungtiere erbeuten, sind ausgesprochen selten. Marder und Füchse können sich unter natürlichen Bedingungen gut entwickeln. Allerdings reicht dann häufig das Nahrungsangebot im Wald nicht mehr aus, sodass diese Tiere ebenso wie Wildschweine in Siedlungen auf Nahrungssuche gehen.

2 ⌡ Erläutern Sie Konsequenzen, die sich aus dem Fehlen von Luchsen in Waldökosystemen ergeben!

07 Verbissschaden

08 Schadbild des Buchdruckers an Fichte

09 Schwammbefall an einer Buche

LEBENSRAUM BAUM · Viele kleine Tiere, die an einem Baum leben, können ihn auch derart schädigen, dass er schließlich abstirbt. Dies ist beim Buchdrucker der Fall. Dieser kleine Käfer legt seine Eier in die Leitbahnen in der Rinde von Fichten. Die Larven ernähren sich von den Assimilaten, die im Phloem von den Blättern zu den Wurzeln transportiert werden. Sie gelangen durch Gänge, die sie allmählich anlegen, an weitere Leitbahnen mit Assimilaten. Wenn nur noch wenige Kohlenhydrate in den Wurzelraum der Fichte gelangen, wird diese geschädigt und kann schließlich absterben. Die Gänge der Buchdruckerlarven sehen wie Schriftzeichen aus. Von ihnen erhielten die Käfer ihren Namen. Spechte legen die Fraßgänge durch Klopfen mit ihren Schnäbeln frei. Die Buchdruckerlarven dienen ihnen als Nahrung. Sie werden also gefressen, bevor sie größeren Schaden anrichten. Spechte werden daher als Nützlinge bezeichnet. Verlassene Spechthöhlen können von anderen Tierarten genutzt werden, beispielsweise von bestimmten Fledermausarten, Spinnen und weiteren Wirbellosen.

Wo das Pflanzengewebe zerstört wurde, können Pilze zwischen dessen Zellen eindringen. Sie lösen Pektin in den Mittellamellen zwischen einzelnen Zellen auf und bauen daraus ihre eigenen Körper auf. Mit langen Zellfäden, sogenannten Hyphen, durchziehen sie schließlich immer weitere Bereiche des Holzgewebes. Der Kontakt der Zellen wird dabei gelöst: Holz wird auf diese Weise morsch. Erst nach längerer Entwicklung bilden die Pilze Fruchtkörper. Wenn sie zu erkennen sind, ist der Baum meistens nicht mehr zu retten: Morsche Äste brechen ab, Bäume fallen um.

Vor allem an der Bodenoberfläche und in den obersten Bodenschichten werden die einzelnen Zellen weiter zersetzt. Mikroorganismen bauen Zellulose und Lignin ab. Sie leben entweder frei im Boden oder als Symbionten in Tieren, beispielsweise in Insekten. Sie vermehren sich im Verdauungstrakt ihrer Wirtstiere, denen sie anschließend als Nahrung dienen.

3 Erklären Sie, wie Holz morsch wird!

Material A ▸ Bodenfunktion

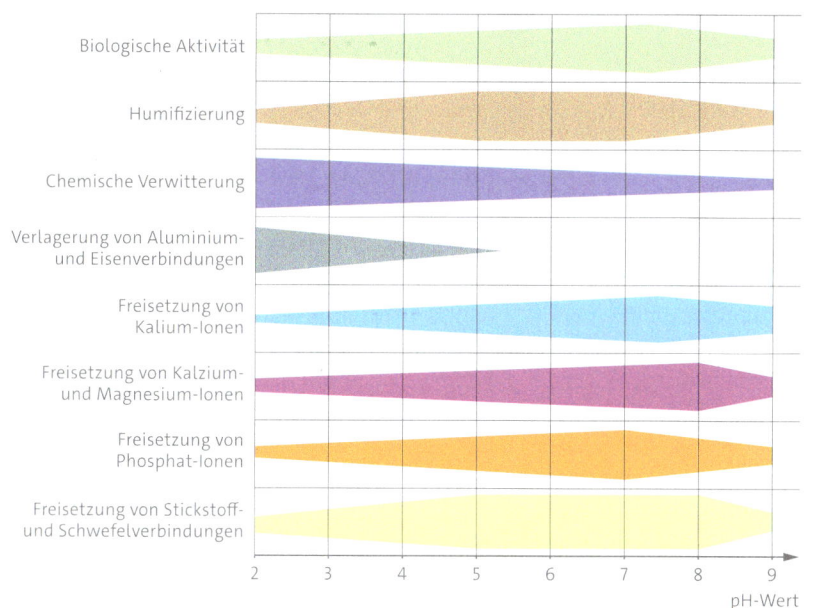

Die Abbildung zeigt den Einfluss der Bodenreaktion auf die Bodenfunktion.

A1 Beschreiben Sie die in der Grafik dargestellten Messergebnisse!

A2 Erläutern Sie, wie sich die Prozesse in einem Boden unter dem Einfluss der Bodenversauerung verändern!

A3 Erschließen Sie, welchen Einfluss eine Kalkung auf einen Boden mit pH 4 hat!

A4 Begründen Sie, weshalb ein leicht saurer Boden für das Pflanzenwachstum am günstigsten ist!

Material B ▸ Fotosyntheseraten

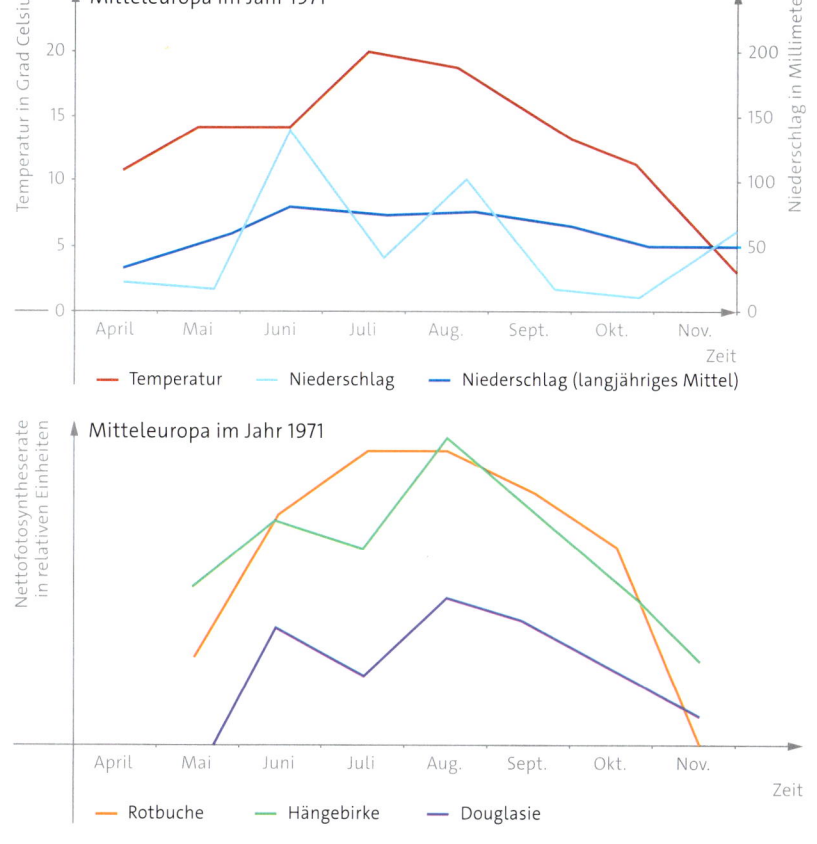

Die Nettofotosyntheseraten von Rotbuche, Hängebirke und Douglasie im Sommerhalbjahr wurden bestimmt und zu Temperaturen und Niederschlägen in Beziehung gesetzt.

B1 Beschreiben Sie die in den Diagrammen dargestellten Ergebnisse!

B2 Begründen Sie, für welche Baumart eher Temperatur und für welche eher Niederschläge wachstumsentscheidend sind!

B3 Erläutern Sie, weshalb unter den angegebenen Verhältnissen Laubbäume langfristig den Nadelbäumen überlegen sind!

Waldschäden

DER SCHOCK „WALDSTERBEN" · In den frühen 1980er-Jahren ging eine Schreckensmeldung durch die Medien: Der Wald wird von Rauchgasen bedroht, die bei der Verbrennung von Erdöl und Kohle in Heizungs- und Industrieanlagen sowie in Autos freigesetzt werden. Die schwefel- und stickstoffhaltigen Bestandteile der Rauchgase werden in der Atmosphäre in Wasser gelöst. Es bilden sich Säuren, die mit dem Regen auf die Erdoberfläche und damit auf die Bäume gelangen. Dieser Niederschlag wird als *„saurer Regen"* bezeichnet.

Umfassende Forschungsprojekte wurden gestartet, in denen man Waldökosysteme und deren Schädigungen untersuchte. Dabei stellte man fest, dass es tatsächlich sowohl zu einer direkten Schädigung von Blättern in Form einer Verätzung kam als auch zu einer stärkeren Versauerung der Böden. In den versauerten Böden war die Aktivität des Edaphons eingeschränkt, daher wurden weniger organische Substanzen mineralisiert.

Es zeigte sich, dass das „Waldsterben" noch zahlreiche weitere Ursachen hatte. An Fichten stellte man zunächst besonders heftige Schäden fest. Viele dieser Bäume standen auf Flächen, die erst seit dem 18. Jahrhundert wieder zu Wald wurden. Solche Flächen waren oft arm an Mineralstoffen, die ihnen zuvor während lang andauernder landwirtschaftlicher Nutzung entzogen wurden. Auf den unfruchtbaren Böden wuchsen die Fichten zunächst recht gut, im Alter zeigten sie aber Mangelerscheinungen. Die alt und anfällig gewordenen Bäume wurden zudem häufiger vom Buchdrucker befallen. Viele Ursachen wirkten zusammen. Vor allem in den Hochlagen von Schwarzwald, Erzgebirge und Harz starben ganze Nadelwälder ab. Dieses Phänomen bezeichnet man als **Waldsterben.**

REAKTIONEN AUF DAS WALDSTERBEN · Sehr unterschiedliche Schäden lassen sich auch heute noch an zahlreichen Baumarten feststellen. Sie können vielfältige Ursachen haben, beispielsweise Grundwasserabsenkung, Bodenversauerung oder das Fehlen wichtiger Mineralstoffe. Nur ein Teil dieser Ursachen geht auf eine unmittelbare Schädigung durch den Menschen zurück.

Vor allem in Deutschland, wo es seit langer Zeit ein besonderes Verhältnis zwischen Bürgern und Wald gibt, war man davon überzeugt, dass massiv gegen das Waldsterben vorgegangen werden müsse. In Verbrennungsanlagen wurden Filter eingebaut und neue Heizungen entwickelt. Innerhalb von wenigen Jahren nahmen die Konzentrationen an Stickoxiden und schwefliger Säure in der erdnahen Atmosphäre erheblich ab. Davon profitierten nicht nur die Wälder, sondern auch alle anderen Lebewesen, nicht zuletzt der Mensch. Der gefürchtete Smog, ein Gemisch aus Nebel und Rauchgasen, trat dort nicht mehr auf, wo auf die Reinhaltung der Luft geachtet wurde.

Das Phänomen Waldsterben wirkte auch auf die Verschiebung politischer Schwerpunkte ein. Es war eine von mehreren Ursachen für die Neugründung von Umweltparteien, die in zahlreiche Parlamente einzogen. Umweltministerien wurden eingerichtet und Umweltschutzgesetze verschärft.

DER SPIEGEL C 7007 C · Nr. 47 · 35. Jahrgang · DM 3,50 · 16. November 1981
Saurer Regen über Deutschland
Der Wald stirbt

01 Titelbild des Spiegels (1981)

Schadstufe 0 · Schadstufe 1 · Schadstufe 2 · Schadstufe 3

02 Gesunde und geschädigte Bäume:
A Fichte,
B Eiche

ERKENNEN VON WALDSCHÄDEN · Gesunde Bäume sind voll belaubt oder voll benadelt. Je stärker Fichten, Buchen oder andere Baumarten geschädigt sind, desto stärker sind ihre Kronen ausgelichtet, und man erkennt kahle Triebe. Bei Laubbäumen färben sich die Blätter bereits im Sommer und fallen vorzeitig zu Boden. Nach der Stärke der Blattverluste lassen sich vier Schadstufen unterscheiden: Bäume der Schadstufe 0 sind ungeschädigt, solche der Schadstufe 3 stark geschädigt.

In den vergangenen Jahren wurde ein Bewertungsschema für Waldschäden entwickelt. Schädigungen an Bäumen abzuschätzen ist allerdings kompliziert. Man braucht dafür viel Erfahrung. Zudem kann nicht mit absoluter Sicherheit zwischen einzelnen Schadstufen unterschieden werden, weil erstens Bäume im Wald dicht beieinanderstehen und zweitens Waldschäden mit Altersmerkmalen der Bäume verwechselt werden können.

Trotz dieser Einschränkungen ist es aber notwendig, die Wuchsbedingungen der verschiedenen Waldbäume weiter zu verbessern.

WALDZUSTANDSBERICHT · Jährlich wird von der Bundesregierung ein Waldzustandsbericht herausgegeben. Er wurde früher auch als Waldschadensbericht bezeichnet. In ihm ist der Zustand der Bäume dokumentiert. Im Jahr 2010 hatten 23 Prozent der Bäume deutliche und 39 Prozent leichte Schäden; 38 Prozent der Bäume wiesen keine Schäden auf. Vergleicht man verschiedene Waldzustandsberichte, lassen sich Trends der Verbesserung oder Verschlechterung für einzelne Baumarten erkennen. Die Berichte geben Förstern wichtige Hinweise für den derzeitigen und künftigen Umgang mit Wäldern.

1) Beurteilen Sie die Objektivität der Beobachtungen im Waldzustandsbericht!

Praktikum A ▸ Charakterisierung des Untersuchungsgebietes

A1 Bestimmung von Baumhöhe, Baumumfang und Baumalter

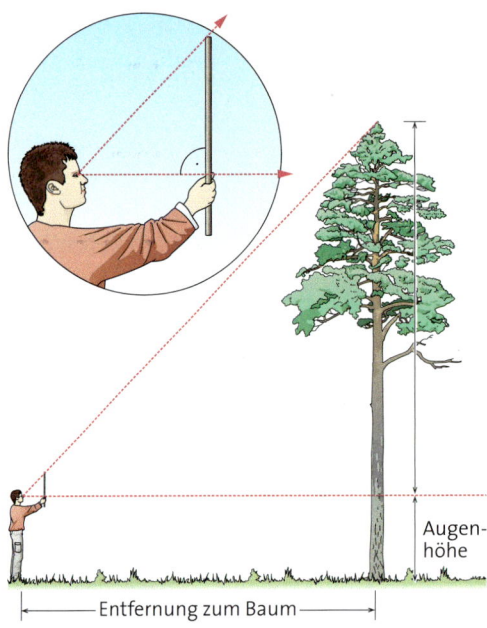

Bestimmung der Baumhöhe hält man eine Stange mit ausgestreckter Hand senkrecht vor sich. Man sucht den Ort, von dem man die Stangenspitze und den Wipfel des Baumes auf einer Linie sieht. Die mit einem Bandmaß gemessene Strecke vom Standpunkt zum Baum, zu der man die Augenhöhe addiert, entspricht der Höhe des Baumes. Der Holzvorrat eines Waldes wird dann mit der Formel $V \approx D^2 \cdot L \cdot 0{,}8$ bestimmt. Das Alter eines Baumes kann man abschätzen, indem man die Jahresringe an einem Baumstumpf zählt, der etwa gleich dick ist.

a Messen Sie die Höhe ausgewählter Bäume nach der angegebenen Methode!

b Erklären Sie die Messmethode!

c Berechnen Sie den Holzvorrat Ihres Waldstückes!

d Zählen Sie bei einem etwa gleich dicken Baumstumpf die Jahresringe und schätzen Sie danach das Alter danebenstehender Bäume!

Um den Holzvorrat in einem Wald zu bestimmen, ermittelt man Anzahl, Höhe (L) und Durchmesser (D) von Bäumen in Brusthöhe. Zur

A2 Entwicklung des Waldes

Verschiedene Keimlinge

Um einen Eindruck von der Entwicklung eines Waldes zu bekommen, schätzt man die Gehölzzusammensetzungen der ersten und zweiten Baumschicht sowie der Strauch- und Krautschicht ab. Auch Kcimlinge werden erfasst.

a Stellen Sie die relative Häufigkeit der Pflanzen in den einzelnen Schichten in einer Tabelle zusammen!

b Entwickeln Sie auf dieser Basis Hypothesen zur künftigen Entwicklung des Waldes!

c Diskutieren Sie die Ergebnisse mit der zuständigen Forstbehörde!

Praktikum B ▸ Untersuchung von Pflanzen am Standort

B1 Untersuchung eines Transektes

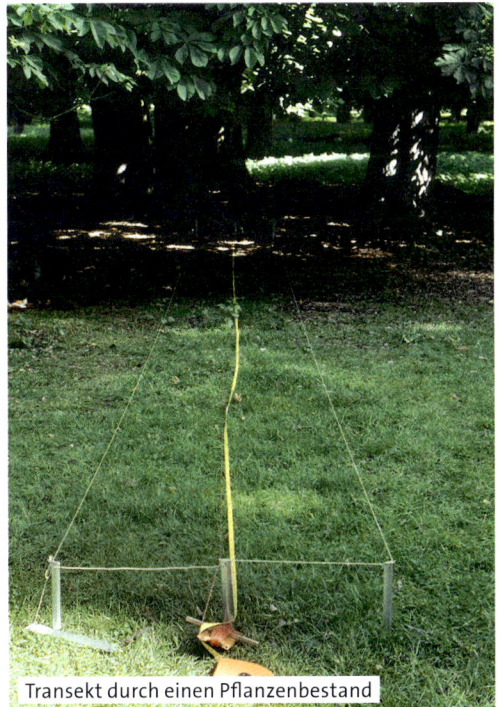

Transekt durch einen Pflanzenbestand

Von einem Ort, an dem eine bestimmte Pflanzenart massenhaft vorkommt, bis dort, wo sie selten ist, wird eine in Meterabschnitte unterteilte Schnur gespannt. Die abgesteckte Strecke nennt man *Transekt*. Gut geeignet für die Untersuchung sind Bestände von Brennnesseln am Waldrand oder Bärlauch.

a   Messen Sie die Lichtmengen, die auf die Blätter treffen! Vergleichen Sie die Lichtwerte auf einer Freifläche mit denen an den Blättern der Pflanzen des Transekts! Errechnen Sie, welcher Prozentanteil der vollen Lichtmenge jeden Ort des Transekts erreicht! Wiederholen Sie die Messungen mehrmals am Tag!

b   Messen Sie die Lufttemperatur und die Luftfeuchtigkeit!

c   Ermitteln Sie die Häufigkeiten der Pflanzen in den verschiedenen Abschnitten des Transekts! Berücksichtigen Sie jeweils einen Bereich von maximal 50 Zentimeter rechts und links der Schnur!

d   Stellen Sie Korrelationen zwischen den Häufigkeiten der Pflanzen und den Standortbedingungen her!

B2 Reaktion auf Schwankungen abiotischer Faktoren

Kleines Springkraut im Schatten

Kleines Springkraut in der vollen Sonne

Das Kleine Springkraut verliert viel Wasser, wenn seine Blätter von der vollen Sonne beschienen werden. Lässt die Lichteinstrahlung nach, füllen sich die Pflanzenzellen wieder mit Wasser.

a   Messen Sie mit einem Geodreieck die Winkel zwischen Sprossen und Blättern bei unterschiedlich starker Sonneneinstrahlung!

b   Vergleichen Sie Pflanzen an verschiedenen benachbarten Standorten!

c   Fassen Sie die Ergebnisse zusammen!

d   Stellen Sie Korrelationen zwischen Lichteinstrahlung und Blattstellung her!

B3 Vegetationsaufnahme mit Zeigerwerten

Vegetationsaufnahme					
1. Waldart:	Buchenwald:				
2. Fundort:	Elm-Reitlingstal, Messtischblatt 3730, Mulde am Südwesthang des Herzberges		Schicht	Höhe	Deckung
3. Funddatum:	25. 5. 1975		Bäume	28 m	75 %
4. Höhe über NN:	220 m				
5. Hanglage und Neigung:	Mulde, von Rinnsal durchzogen		Sträucher	–	–
6. Größe der Probefläche:	100 m²		Kräuter	40 cm	100 %

Artenliste:	Zeigerwerte:			
	F	R	N	L
Bärlauch	6	7	8	2
Scharbockskraut	7	7	7	4
Großblütiges Springkraut	7	7	6	4
Winkel-Segge	8	x	x	3
Ruprechtskraut	x	x	7	4
Blutroter Ampfer	8	7	7	4
Wald-Ziest	7	7	7	4
Große Brennnessel	6	6	8	x
Kriechender Hahnenfuß	7	x	x	6
Riesen-Schwingel	7	6	6	4
Busch-Windröschen	x	x	x	x
Aronstab	7	7	8	3
Wald-Segge	5	7	5	2
Gewöhnliches Hexenkraut	6	7	7	4
Esche	x	7	7	4
Rotbuche	–	–	–	–
Wald-Sauerklee	6	4	7	1
Wald-Zwenke	5	6	6	4
Frauenfarn	7	x	6	4
Hohe Schlüsselblume	6	7	7	6
Waldmeister	5	x	5	2
Summe der Zeigerwerte:	110	92	114	65
Zahl der bewerteten Arten:	17	14	17	18
Mittlere Zeigerwerte:	~6,4	~6,6	~6,7	~3,6

An feuchten und trockenen, sauren und neutralen, mineralstoffreicheren und -ärmeren, warmen und kühleren Standorten wachsen unterschiedliche Pflanzenarten. Auf der Grundlage dieser Erkenntnisse wurden neun Stufen von *Zeigerwerten* für jede Pflanzenart festgelegt: Zum Beispiel erhielten Pflanzen heller Standorte hohe Lichtzahlen, Gewächse extrem dunkler Standorte die Lichtzahl 1. Zeigerwerte sind keine Messwerte. Sie gelten nur unter aktuellen Konkurrenzverhältnissen. Wenn sich weitere Pflanzenarten an einem Standort ausbreiten, gelten die Zeigerwerte nicht mehr. Dann verändern sich die Verbreitungsschwerpunkte aller Pflanzenarten.

In einer Vegetationsaufnahme werden zunächst in der angegebenen Weise geografische Angaben zusammengestellt. Darunter werden alle nachgewiesenen Pflanzenarten aufgeschrieben. Hinzugefügt werden die Feuchtezahl F, die Stickstoffzahl N, die Lichtzahl L und die mit dem pH-Wert des Bodens zusammenhängende Reaktionszahl R.

In der hier als Beispiel präsentierten Tabelle gibt es Pflanzen dunkler Standorte (Lichtzahl 1 beim Sauerklee) und hellerer Wuchsorte (Lichtzahl 6 vom Kriechenden Hahnenfuß und von der Hohen Schlüsselblume). Auch bei anderen Zeigerwerten gibt es Abweichungen.

a Stellen Sie in einer Tabelle zusammen, welche Pflanzenarten in dem von Ihnen untersuchten Waldstück wachsen!

b Ermitteln Sie die Zeigerwerte der gefundenen Pflanzenarten, beispielsweise über Internetseiten des Bundesamtes für Naturschutz!

c Bilden Sie Durchschnittswerte der Zeigerwerte und charakterisieren Sie auf diese Art und Weise den von Ihnen untersuchten Standort hinsichtlich Feuchtigkeit, Mineralstoffgehalt (Stickstoffgehalt), Helligkeit und Bodenreaktion!

d Erklären Sie, weshalb Pflanzen mit sehr unterschiedlichen Zeigerwerten dennoch nebeneinander vorkommen können!

Praktikum C ▸ Monitoring von Tieren

C1 Untersuchung der Laubstreu

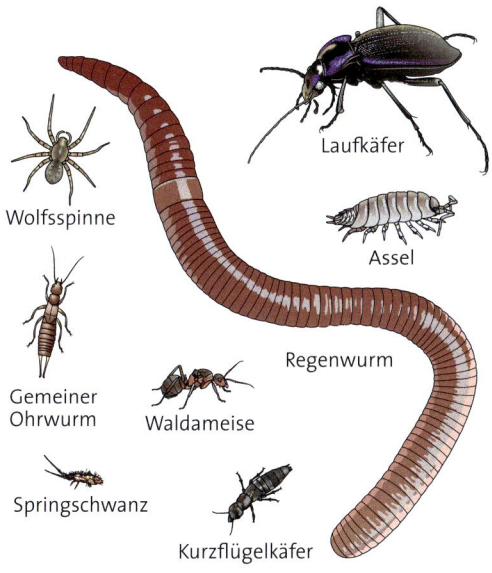

Laufkäfer

Wolfsspinne

Assel

Regenwurm

Gemeiner Ohrwurm

Waldameise

Springschwanz

Kurzflügelkäfer

Bei der Untersuchung der Laubstreu findet man eine große Anzahl von Tieren, die an einem Waldstandort vorkommen.

a Graben Sie Plastikbecher in die Streuschicht ein und geben Sie zerkleinerte Laubstreu in die Becher! Holen Sie sie nach einem Tag wieder aus dem Boden heraus und entleeren Sie ihren Inhalt in Plastikschalen! Bestimmen Sie alle Tiere so genau wie möglich und zählen Sie sie! Setzen Sie die Tiere nach der Untersuchung am Waldboden wieder aus!

b Informieren Sie sich über die Ernährung der nachgewiesenen Tiere und entwerfen Sie ein Nahrungsnetz!

C2 Direkte und indirekte Tierbeobachtung

Gewölle der Schleiereule

Fraßspuren Maikäfer

Fuchs Eichhörnchen Reh Wildschwein Kaninchen

Das Monitoring oder die Erfassung von Tieren im Wald ist nur bei solchen Arten einfach, die man direkt zu Gesicht bekommt.

Viele Tiere lassen sich nur über indirekte Spuren nachweisen, zum Beispiel über Fraßspuren an Pflanzen oder Spuren im Schnee. Wildschweine durchwühlen den Boden auf der Suche nach Kleintieren und Pilzen. Vögel identifiziert man über ihren Gesang.

Zerlegt man Gewölle von Schleiereulen, kann man an den dort nachgewiesenen Knochen und anderen Resten feststellen, welche Tiere von den Eulen erbeutet wurden.

a Protokollieren Sie die nachgewiesenen Tiere und ordnen Sie diese nach systematischen Gruppen!

b Erläutern Sie Chancen und Grenzen des indirekten Nachweises von Tieren im Ökosystem Wald!

c Erläutern Sie, wie sich Ihre Erfassungsdaten in einem längerfristigen Monitoring von Waldtieren verwenden lassen!

Ökosystem Wiese

01 Artenreiche Wiese

Viele Wiesen zeigen in Frühling und Sommer eine reiche Blütenpracht mit weißen Margeriten, gelben Hahnenfußgewächsen und lilafarbenen Glockenblumen. Sie dienen vielen Insekten und Vögeln als Lebensraum und erscheinen mit dieser Artenvielfalt als besonders wertvoller Lebensraum. Doch die meisten Wiesen existieren nur durch das Eingreifen des Menschen. Inwieweit hängt ihre Entwicklung vom Menschen ab?

KULTURLANDSCHAFT WIESE · Als Wiese bezeichnet man eine Fläche, die von Gräsern und anderen krautigen Pflanzen bewachsen ist. Wiesen sind damit frei von verholzten Gewächsen wie Büschen oder Bäumen. Sie bilden sich spontan auf neu entstandenen Flächen, die durch Waldbrände, Erdbewegungen oder ähnliche Ereignisse entstanden sind. Die Samen für die schnell wachsenden, krautigen Pflanzen sind meist bereits im Boden vorhanden und gelangen zusätzlich durch Wind und Tiere auf die neu zu besiedelnden Flächen. Ohne weitere Eingriffe wachsen innerhalb von wenigen Jahren aber auch Jungbäume und Sträucher auf diesen Flächen heran, die dann den krautigen Pflanzen zunehmend das Licht zum Wachsen nehmen. Diese Entwicklung führt schließlich dazu, dass ein Wald entsteht, man spricht von *Sukzession*. Werden die Pflanzen jedoch regelmäßig durch *Mahd* oder Weidetiere gekürzt, können sich Bäume und Sträucher nicht etablieren. Das Ökosystem Wiese bleibt dann langfristig als Lebensraum bestehen. Da diese Wiesen nur durch den Einfluss des Menschen existieren, bezeichnet man sie als *Kulturlandschaft*.

BIODIVERSITÄT · Viele Wiesen sind durch eine große Artenvielfalt gekennzeichnet. Diese *Biodiversität* ist jedoch von der Nutzung durch den Menschen abhängig und wird erstens durch die Häufigkeit der Mahd und zweitens durch die Intensität der Düngung bestimmt. Durch sehr häufiges Mähen können viele Wiesenpflanzen ihre Entwicklung vom Keimling bis zur Samenbildung nicht abschließen. Dadurch reduziert sich die Artenvielfalt. Die Abnahme der Artenvielfalt betrifft hierbei nicht nur die Flora, sondern auch die Fauna. Werden Wiesen erst spät im Sommer gemäht, können viele Vogelarten bis dahin im hohen Gras geschützt brüten und Insekten als Nahrung suchen. Entscheidend für die Artenvielfalt ist somit nicht nur die Häufigkeit, sondern auch der Zeitpunkt der Mahd.

02 Intensiv genutztes Grünland mit geringer Artenvielfalt

Einen hohen Einfluss auf die Artenvielfalt hat zudem die Düngung, die den Ertrag der Heu-Ernte steigert. Ist der Boden durch Düngung sehr reich an Mineralsalzen, dominieren einige wenige Pflanzenarten, die diese Bedingungen besonders gut nutzen können. Viele bedrohte Blütenpflanzen, wie zum Beispiel einheimische Orchideen, sind hingegen an nährsalzarme Standortbedingungen angepasst. Je nach Düngung etablieren sich somit unterschiedliche Kombinationen aus Pflanzenarten, die *Wiesengesellschaften*. Dadurch leistet der Erhalt nährsalzarmer Rasenflächen, der **Magerrasen,** einen hohen Beitrag zum Artenschutz.

URWIESEN · Obwohl die meisten Wiesen Kulturlandschaften darstellen, gibt es auch einige wenige Wiesen, die ohne das Eingreifen des Menschen entstehen. Zu diesen *Urwiesen* zählen Bergwiesen oder die an der Küste liegenden Salzwiesen. Bergwiesen können nicht durch Bäume oder Sträucher besiedelt werden, da dort die klimatischen Bedingungen kein Baumwachstum mehr zulassen. Ähnliches gilt für die Salzwiesen. Dort verhindern die regelmäßigen Überschwemmungen mit Salzwasser und die geringe Festigkeit des Bodens das Wachsen von Bäumen. Durch die besonderen Bedingungen dieser Lebensräume weisen Urwiesen ein besonderes Artenspektrum mit extremen Angepasstheiten auf.

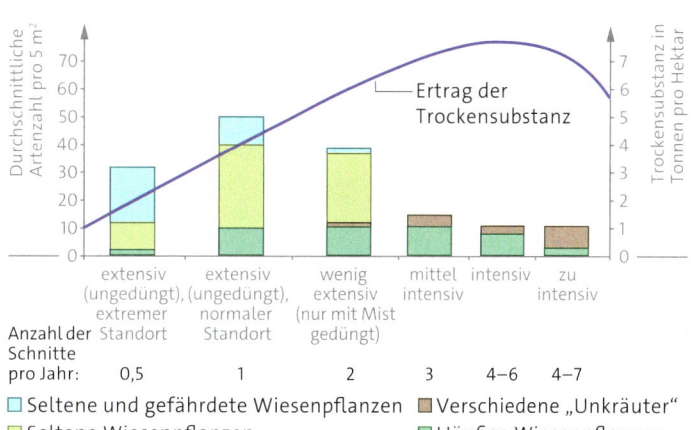

03 Zusammenhang zwischen Nutzungsintensität, Ertrag und Artenvielfalt

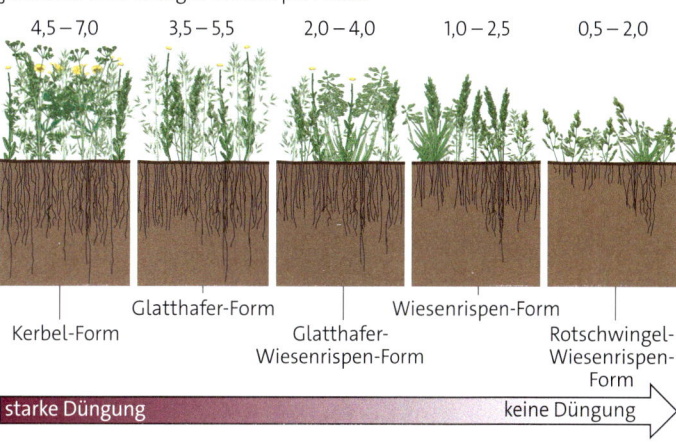

04 Unterschiedliche Wiesengesellschaften und ihr Heu-Ertrag in Abhängigkeit von der Düngung

05 Magerrasen mit Orchideen

06 Salzwiese an der Nordseeküste

01 Badespaß

Der See im Jahresverlauf

> *Im Sommer lädt mancher See zum Baden ein. Das warme Wasser freut die Badegäste. Beim Schwimmen stellen sie allerdings fest, dass die Wassertemperatur im See nicht überall gleich ist. Etwas entfernt vom Ufer können sie im tieferen Wasser sogar kalte Füße bekommen, während ihr Oberkörper angenehme Temperaturen verspürt. Wie entstehen solche Temperaturunterschiede?*

SCHICHTUNG UND ZIRKULATION · Die Temperaturen im See ändern sich mit der Wassertiefe und im Jahresverlauf. An manchen Tagen im Frühjahr und Herbst beträgt die Temperatur überall im Wasser vier Grad Celsius. Im Winter und Sommer hingegen weist das Wasser eine Temperaturschichtung auf. Die oben liegende Schicht, das **Epilimnion,** ist im Sommer wärmer und im Winter kälter als darunter befindliche Schichten. Die Tiefenschicht, das **Hypolimnion,** hat ganzjährig eine Temperatur von vier Grad Celsius. Im Sommer gibt es eine zusätzliche Schicht zwischen Epilimnion und Hypolimnion, das **Metalimnion.** In dieser fällt die Temperatur

auf wenigen Metern erheblich ab. Daher bezeichnet man sie auch als **Sprungschicht.**
Ursachen für die beschriebenen Beobachtungen sind die schlechte Wärmeleitfähigkeit des Wassers und seine von der Temperatur abhängige Dichte: Vier Grad warmes Wasser sinkt immer nach unten und zwischen verschiedenen Wasserschichten erfolgt der Wärmeaustausch fast ausschließlich durch Strömung. Diese wird vom Wind erzeugt.

Das im Herbst und Frühjahr überall gleich warme Wasser kann der Wind jeweils in eine **Vollzirkulation** versetzen. Unter einer Eisdecke wird das Wasser dagegen nicht bewegt. Es herrscht **Winterstagnation.** Wasser unterschiedlicher Dichte kann lediglich von starken Winden umgewälzt werden. Im Sommer schwimmt leichtes, warmes Wasser oben. Dieses wird nur bis zur Sprungschicht durchmischt. Darunter steht das Wasser. Man spricht von **Sommerstagnation.** Wenn die Sprungschicht bereits in sehr geringer Wassertiefe liegt, kann man beim Baden kalte Füße bekommen.

griech. epi = auf

griech. meta = zwischen

griech. hypo = unter

griech. limnion = Tümpel

lat. stare = stehen

EINFLUSS DES LICHTS · Sonnenstrahlung erwärmt das Wasser und ist für das Pflanzenwachstum notwendig. Die Wärmewirkung der Strahlung reicht zwar nicht tief, aber das an der Oberfläche erwärmte Wasser wird durch den Wind im Epilimnion verteilt.

In tiefen und trüben Seen dringt Licht nicht bis zum Boden vor. Dadurch entstehen unterschiedliche Lebensbereiche für verschiedene Lebewesen. Sie werden in einer Wassertiefe getrennt, in der das Licht so weit abgeschwächt ist, dass Pflanzen gerade noch leben können. Weil in dieser Tiefe der Stoffaufbau durch Fotosynthese den Stoffabbau genau ausgleicht, heißt sie **Kompensationstiefe.** Mithilfe der Fotosynthese werden oberhalb der Kompensationstiefe organische Stoffe im Überschuss gebildet. Sie sind eine wesentliche Grundlage für die Ernährung aller Lebewesen im See. Dieser Bereich wird daher als Nährschicht oder **trophogene Zone** bezeichnet. Analog nennt man die untere Schicht wegen überwiegender Zersetzung organischer Stoffe Zehrschicht oder **tropholytische Zone.**

Da am Seeboden, dem **Benthal,** und im Freiwasser, dem **Pelagial,** unterschiedliche Arten leben, unterscheidet man insgesamt vier Lebensbereiche: das obere und untere Pelagial sowie das ufernahe **Litoral** und den tiefen Seeboden, das **Profundal.**

Die Lebewesen des Pelagials schwimmen oder schweben. Diejenigen, die dies hauptsächlich

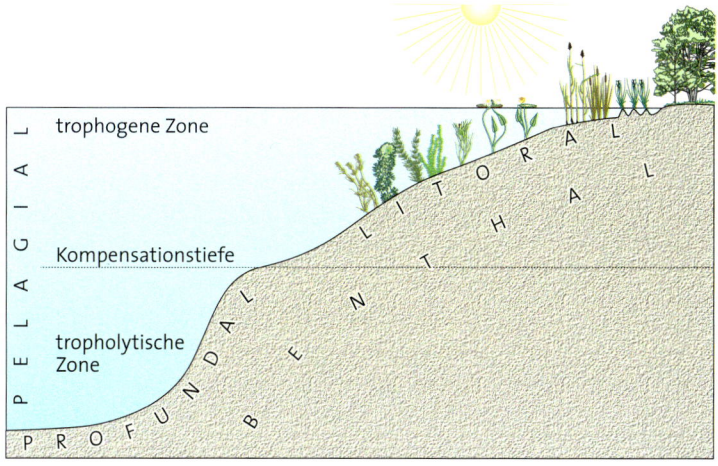

03 Durch Licht erzeugte Gliederung eines Sees

passiv erreichen, bezeichnet man in ihrer Gesamtheit als **Plankton.** Man unterscheidet das pflanzliche *Phytoplankton* und das tierische *Zooplankton.* Phytoplankton kommt zwar auch im Litoral vor, seine Lebensmöglichkeit wird aber durch höhere Pflanzen eingeschränkt, die das Wasser beschatten. Damit sorgt Licht indirekt für eine Trennung von Litoral und Pelagial.

griech. plankton = das Umhergetriebene

griech. trophe = Ernährung

1 ┘ Erläutern Sie, weshalb im Sommer eine Sprungschicht entsteht!

griech. pelagos = hohe See, Meer

2 ┘ Erläutern Sie die Lebensbedingungen für das Phytoplankton im Pelagial, wenn die Kompensationstiefe deutlich oberhalb des Metalimnions liegt!

lat. litus = Ufer

lat. profundus = tiefgründig

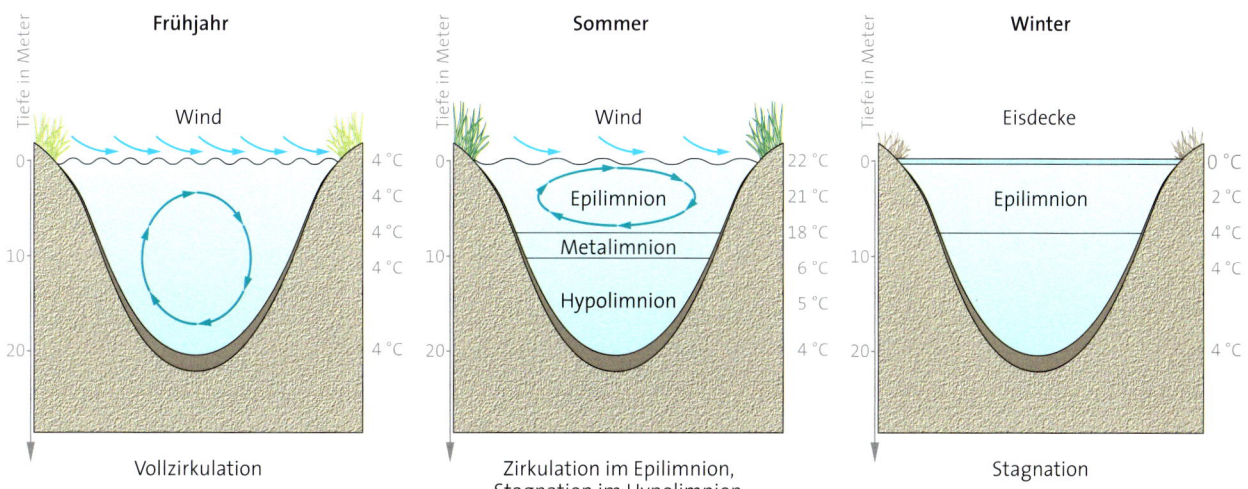

02 Durch Wind und Wassertemperatur erzeugte Gliederung eines Sees

EINFLUSS DES SAUERSTOFFS · Lebensvorgänge im See bewirken, dass am Ende der Sommerstagnation eine Sauerstoffverteilung vorliegt, die deutlich unterscheidbare Lebensbereiche erzeugt. Licht und Temperaturschichtung sind dabei wesentliche Einflussfaktoren.

Während der Frühjahrszirkulation ist Sauerstoff noch gleichmäßig im See vorhanden. Nach Ausbilden des Metalimnions wird er überwiegend im Epilimnion produziert und ausschließlich hier verteilt. Dagegen wird unter der Kompensationstiefe mehr Sauerstoff verbraucht als hergestellt. In Bereichen, wo er wegen fehlender Wasserbewegung nicht transportiert wird, nimmt seine Konzentration ab. Folglich enthält das untere Hypolimnion im Sommer die geringste Sauerstoffmenge, weil es schon am längsten von der Zirkulation ausgeschlossen ist. Lebewesen, die viel Sauerstoff benötigen, können hier nicht mehr leben.

Das Sauerstoffminimum im Metalimnion ist etwas anders zu erklären: Im Pelagial lebende Bakterien und Zooplankton sammeln sich hier an, weil sie wegen der steigenden Dichte des Wassers gebremst werden, wenn sie aus dem Epilimnion nach unten sinken. Sie verbrauchen Sauerstoff.

EINFLUSS DER GEWÄSSERTIEFE · In einem See besiedeln Pflanzen das Litoral in Abhängigkeit von der Wassertiefe. Die Armleuchteralge *Chara* wächst nahe der Kompensationstiefe. Die dadurch gebildete, vom Pelagial aus gesehen erste Uferzone heißt entsprechend **Characeengürtel**. Die landwärts nächste Zone beginnt dort, wo höhere Pflanzen trotz Wasserdrucks noch leben können, also bei maximal acht Meter Tiefe. Der Grund ist, dass solche Pflanzen für den Gasaustausch zwischen den Zellen besonders große Interzellularen benötigen. Bei zu hohem Druck fallen diese zusammen und können kein Gas mehr leiten. Reine Unterwasserpflanzen dringen am tiefsten vor. Sie bilden den **Laichkrautgürtel**. Auf diesen folgt uferwärts ein **Seerosengürtel** mit Schwimmblattpflanzen. Daran schließt sich der **Schilfgürtel** an. Das Schilf ist an seinem Standort sehr konkurrenzstark, kann sich aber erst dort durchsetzen, wo das Wasser flacher als 1,5 Meter ist. Der folgende Uferbereich, der bei niedrigem Wasserstand trockenfällt, heißt **Seggengürtel**. Es kann sich ein Erlenbruchwald anschließen.

In einem flachen stehenden Gewässer, einem **Weiher** oder **Teich,** können fast überall Pflanzen wachsen. Damit ist es ein idealer Laichplatz vieler Tierarten. Besonders kleine periodische Gewässer heißen **Tümpel.** Hier überleben Arten, die an die Gefahren der Überwärmung, des Austrocknens und Einfrierens angepasst sind, wie zum Beispiel die Kreuzkröte.

04 Sauerstoffverteilung im Sommer

3 Stellen Sie die sommerlichen Temperatur-, Licht- und Sauerstoffverhältnisse im Pelagial und Litoral tabellarisch gegenüber!

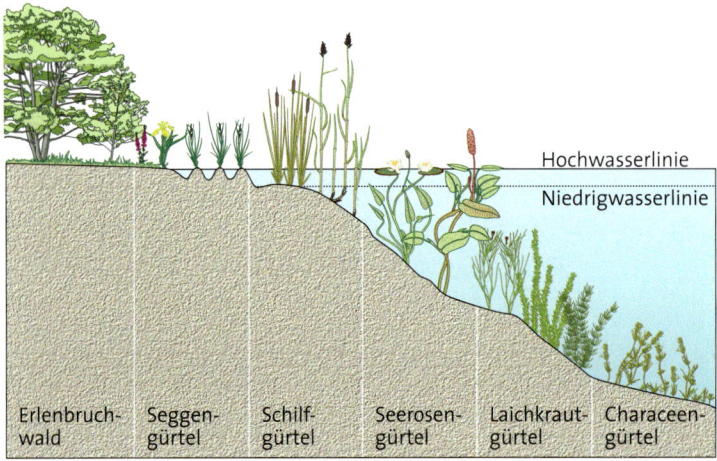

05 Gliederung des Litorals durch Pflanzen

Material A ▸ Temperatur im Jahresverlauf

Tiefe	26.3.	19.4.	2.6.	31.8.	31.10	6.12.
0 m	5,0 °C	14,8 °C	19,0 °C	18,2 °C	8,3 °C	4,2 °C
2 m	4,2 °C	11,0 °C	18,8 °C	18,0 °C	8,2 °C	4,2 °C
3 m	4,0 °C	7,4 °C	14,5 °C	18,0 °C	8,2 °C	4,2 °C
4 m	4,0 °C	5,7 °C	9,6 °C	16,5 °C	8,2 °C	4,2 °C
5 m	4,0 °C	5,3 °C	8,0 °C	13,0 °C	8,1 °C	4,2 °C
6 m	4,0 °C	5,1 °C	6,6 °C	9,2 °C	8,0 °C	4,2 °C
7 m	4,0 °C	5,0 °C	5,8 °C	7,2 °C	8,0 °C	4,2 °C
8 m	4,0 °C	5,0 °C	5,6 °C	6,7 °C	7,0 °C	4,2 °C

Die Temperatur kann in einem kleinen, flachen See am Seeboden Werte über vier Grad Celsius erreichen, weil es Phasen gibt, in denen der Wind auch etwas wärmeres Wasser bis zum Grund durchmischt. In tiefen, großen Seen befindet sich in acht Meter Tiefe das Epilimnion.

A1 Veranschaulichen Sie die Daten in einem dreidimensionalen Diagramm! Benutzen Sie ein Tabellenkalkulationsprogramm!

A2 Ermitteln Sie aus der Tabelle für jedes Datum die Tiefen, zwischen denen der größte Temperatursprung stattfindet!

A3 Erklären Sie anhand Ihrer Ergebnisse die Entwicklung der Sprungschicht im Jahresverlauf!

Material B ▸ Sauerstoffprofile in drei Seen

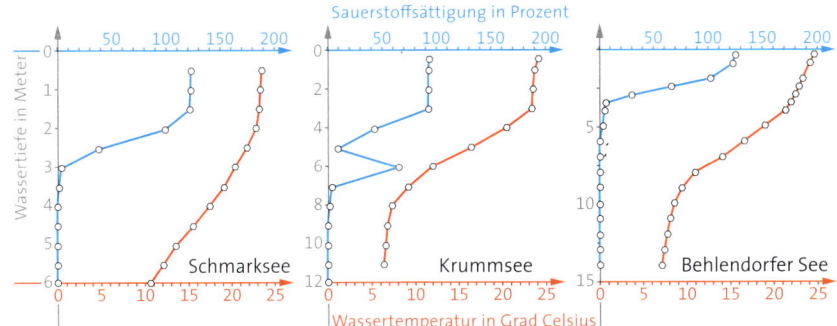

Temperatur und Sauerstoffgehalte dreier Seen am Ende der Sommerstagnation

drei Seen liegen in Schleswig-Holstein, haben also eine klimatisch ähnliche Umgebung.

B1 Beschreiben Sie die drei Temperatur- und Sauerstoffprofile im Vergleich. Beachten Sie die unterschiedliche Seetiefe!

B2 Erläutern Sie für jeden See, in etwa welcher Seetiefe sich die Kompensationstiefe befinden muss!

B3 Entwickeln Sie Hypothesen, die den jeweiligen Verlauf der Sauerstoffkurven im Krummsee und im Behlendorfer See erklären!

Durch die Fotosyntheseleistung kann das Wasser kurzfristig mehr Sauerstoff enthalten, als es eigentlich gemäß seiner Temperatur lösen könnte. Daher erhält man Werte über 100 Prozent Sättigung mit Sauerstoff. Alle

Material C ▸ Schweben

Planktonorganismen wie das Schwebesternchen *Asterionella* haben eine größere Dichte als Wasser. Obwohl Phytoplankter nicht dauerhaft unter die Kompensationstiefe geraten dürfen, sinken Schwebesternchen in unbewegtem Wasser pro Tag etwa 58 Zentimeter ab. Bezüglich ihrer Gestalt wurde folgendes Modellexperiment durchgeführt:

Aus jeweils 2,2 Gramm Plastilin wurden eine Kugel, ein Kegel, ein Stern und ein rundes Plättchen geformt. Anschließend wurde die Sinkgeschwindigkeit in 66-prozentiger Zuckerlösung gemessen:

Kegel   →   26 cm/s
Plättchen →   7 cm/s
Stern   →   9 cm/s
Kugel   →   27 cm/s

C1 Leiten Sie aus der Beobachtung zur Form der Plankter und der beschriebenen Versuchsdurchführung eine Frage für das Modellexperiment ab!

C2 Werten Sie die Ergebnisse aus und erörtern Sie das Problem der Übertragbarkeit auf die Realsituation!

01 Algenblüte

Nahrungsbeziehungen und Stoffkreisläufe im Ökosystem See

Idyllisch gelegen ist er ja schon, aber als schön empfindet man den See trotzdem nicht. Zu viele Algen schwimmen im ufernahen Wasser. Infolge massenhafter Vermehrung ist es zu einer sogenannten Algenblüte gekommen. Wie entsteht sie, und kann man sie verhindern?

PFLANZLICHES WACHSTUM IM SEE · Algen sind Primärproduzenten, die für ihr Wachstum neben Sonnenenergie auch Mineralstoffe benötigen. Diese gelangen direkt als gelöste Stoffe über Regen oder Zuflüsse und indirekt durch organisches Material wie Falllaub oder Abwässer in einen See. Im Wasser vorhandene Cyanobakterien können Luftstickstoff in organische Moleküle einbauen. Destruenten remineralisieren die organische Substanz. Die so entstandenen Mineralstoffe stehen sowohl den höheren Pflanzen als auch dem Phytoplankton für das Wachstum zur Verfügung. Wenn insgesamt ein hoher Mineralstoffgehalt erreicht wird, kann dies zur Massenvermehrung von Algen führen, was man als **Algenblüte** bezeichnet.

ALGENBLÜTEN · Bei der Frühjahrszirkulation werden sämtliche gelösten Stoffe gleichmäßig im See verteilt. Unter diesen befinden sich auch die im Vorjahr im Hypolimnion remineralisierten Stoffe. Insbesondere gelangt Phosphat, das in den meisten Seen Minimumfaktor ist, in die trophogene Zone. Außerdem steigen Wassertemperatur und Lichteinstrahlung. Diese Bedingungen fördern Algenblüten, die weitreichende Folgen haben. So führt zum Beispiel die Zersetzung großer Algenbiomasse zu starkem Sauerstoffverbrauch im See. Dieser findet häufig schon im Epilimnion statt, sodass der Lebensraum für viele Tiere stark beeinträchtigt wird. Sichtbar wird dies, wenn Fische in dem fast sauerstofffreien Wasser sterben.

Ursache für eine Algenblüte ist also eine durch intensive Fotosynthese erzeugte Primärproduktion. Einen See, in dem die Primärproduktion niedrig ist, bezeichnet man als **oligotroph**. Bei höheren Stufen möglicher Produktivität spricht man von **mesotroph** und **eutroph**. Stark eutrophe Seen neigen zu Algenblüten.

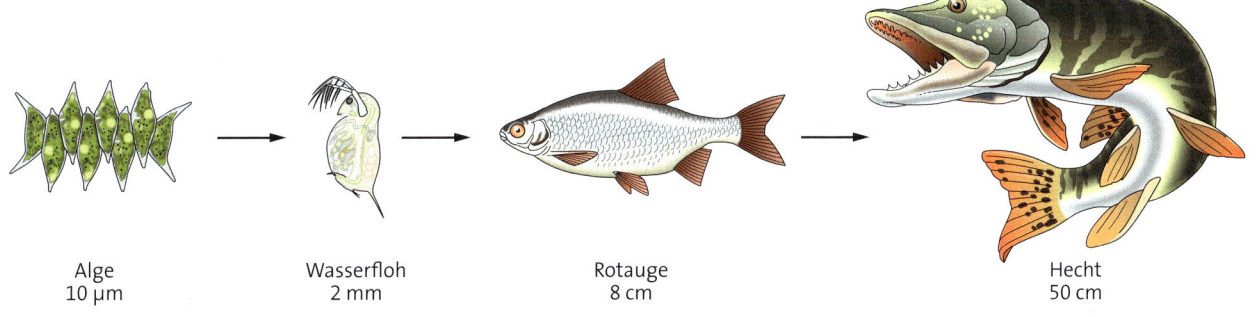

Alge
10 µm

Wasserfloh
2 mm

Rotauge
8 cm

Hecht
50 cm

02 Eine Nahrungskette im See

NAHRUNGSKETTEN · In jeden See gelangen ständig von außen Stoffe hinein. Dadurch verbessern sich mit der Zeit die Produktionsbedingungen für das Phytoplankton, der See wird **eutrophiert.** Folglich erhöht sich auch die Biomasse der Konsumenten, sodass man beim Angeln und Fischen höhere Erträge erwarten kann. Unter ökonomischen Gesichtspunkten wäre also ein eutropher See einem oligotrophen See vorzuziehen.

Allerdings beeinflusst Eutrophierung die Arten in einem See unterschiedlich. Zunächst verändern sich die Dichte und die Zusammensetzung des Phyto- und Zooplanktons. Hiervon profitieren meistens Weißfische wie die Rotaugen, die große Wasserflöhe dezimieren. Daraufhin steigt die Dichte des Phytoplanktons deutlich an. Wenn nun viele Algen aufgrund von Selbstzersetzung, auch **Autolyse** genannt, sterben, werden kleine Zooplankter gefördert, die von den erzeugten Produkten der Algen leben. Rotaugen, die lediglich kleine Zooplankter fressen, bleiben klein.

In einigen Voralpenseen führte dieser Vorgang dazu, dass Felchen oder Renken, die als wertvolle Speisefische gelten, immer mehr von kleinen Rotaugen aus dem Pelagial verdrängt wurden. Es wurde also eine Fischpopulation erzeugt, die nicht lukrativ zu vermarkten ist. Außerdem trübte das dichte Phytoplankton das Wasser, sodass der Pflanzenbestand des Litorals abnahm und Laichplätze verloren gingen. Um dieser Entwicklung entgegenzuwirken, wurden der Phosphateintrag in die Seen reduziert und dadurch eine weitere Eutrophierung verhindert. Da die erhofften Veränderungen jedoch nur langsam eintraten, versuchte man die Nah-

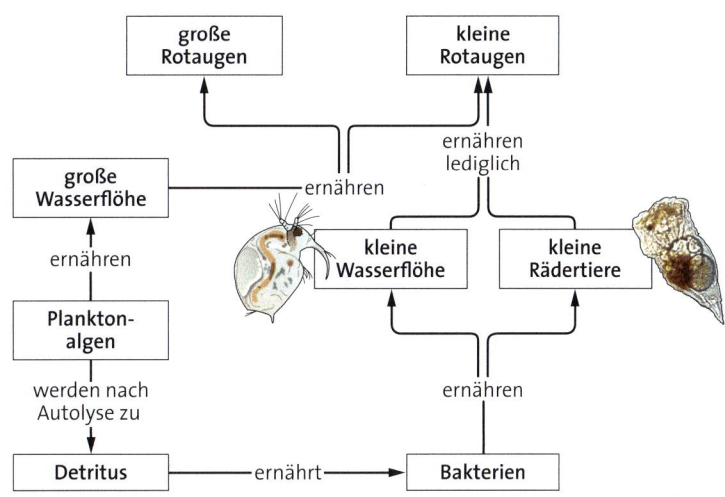

03 Ein Wirkungsgefüge im Pelagial eines Sees

rungsketten in den Seen zu beeinflussen. Dieses Vorgehen bezeichnet man als **Biomanipulation.** Dabei wurden vor allem erhebliche Mengen an kleinen Rotaugen entfernt. In kleineren und flachen Seen hatte man Erfolg: Es gab weniger Rotaugen, große Wasserflöhe konnten die planktischen Algen zu einem großen Teil fressen und das Wasser wurde wieder klarer. Die Felchen konnten sich vermehren und Pflanzen des Litorals breiteten sich wieder aus. Es ist damit in einigen Seen durch Eingriff in die Nahrungsketten gelungen, Algenblüten vorzubeugen und gleichzeitig ökonomischen Erfolg zu haben.

1 ⌋ Fassen Sie zusammen, welche Bedingungen in einem See eine Algenblüte begünstigen!

2 ⌋ Erläutern Sie die Wirkung von Maßnahmen, die zur Vorbeugung von Algenblüten dienen können!

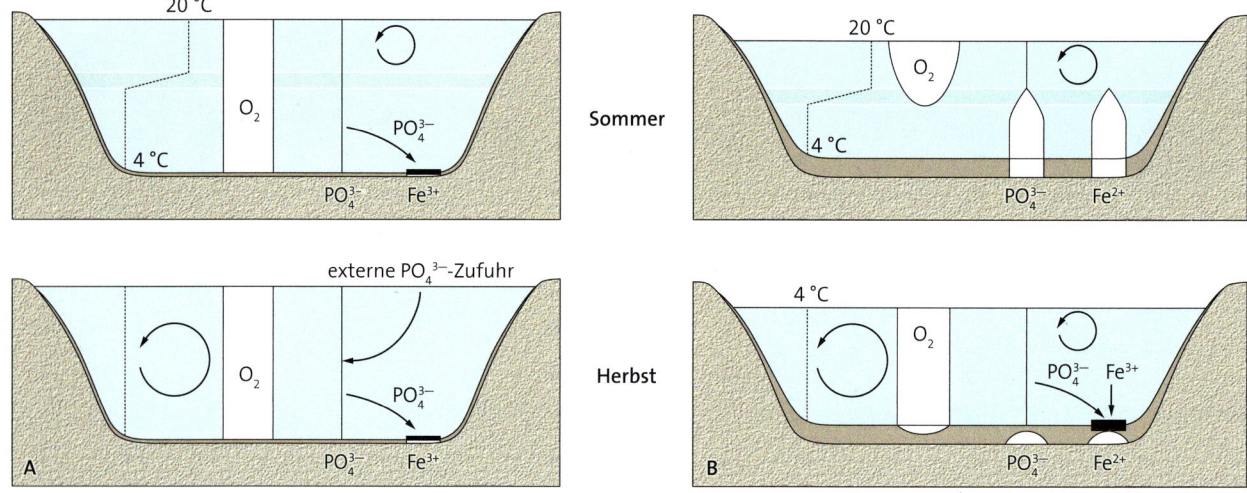

04 Phosphat im **A** oligotrophen und **B** eutrophen See

STOFFKREISLÄUFE · In einem See werden eingetragene Stoffe gesammelt. Diese nehmen dann entweder an verschiedenen Stoffumsätzen teil oder werden im Seeboden abgelagert. Die Stoffkreisläufe im See müssen also mit Einträgen und Verlusten beschrieben werden. Stoffverluste aus einem See sind meistens gering. Beim Stickstoff entstehen sie zum Beispiel durch *Denitrifikation*, bei der gasförmiger Stickstoff entweicht, sowie durch Entnahme von eiweißreicher Biomasse, die als Nahrung von Tieren oder Menschen außerhalb des Sees dient. Da einige wesentliche Stoffumsätze besonders vom Sauerstoffgehalt des Wassers beeinflusst werden, sind Art und Intensität dieser Umsätze in eutrophen und oligotrophen Seen unterschiedlich.

OLIGOTROPHER SEE · Die meisten Seen in Mitteleuropa entstanden nach der letzten Eiszeit. Aufgrund des fortlaufenden Stoffeintrags sind viele Seen inzwischen eutroph geworden. Einige von ihnen sind jedoch immer noch oligotroph geblieben. Diese haben meist kleine Einzugsgebiete, kaum Uferbewuchs und ein tiefes Seebecken. Ihr Gehalt an Mineralstoffen im Wasser ist gering. Insbesondere der Phosphatgehalt steigt auch dann nicht an, wenn Phosphat von außen in den See gelangt. Ursache dafür ist, dass im Wasser vorhandene Eisen-Ionen als Fe^{3+}-Ionen vorliegen, wenn das Wasser sauerstoffhaltig ist. Diese Ionen reagieren mit Phosphat-Ionen zu sehr schlecht löslichem

Eisen(III)-phosphat, das sich am Seegrund sammelt. Der See fungiert damit als **Phosphatfalle.** Da in einem oligotrophen See die Primärproduktion gering ist, können die Konsumenten und Destruenten nur wenig Biomasse umsetzen. Sie verbrauchen also ganzjährig wenig Sauerstoff. Daher ist auch das Tiefenwasser stets sauerstoffreich. Dies verhindert in jeder Jahreszeit, dass sich Phosphat in Lösung hält oder aus dem Sediment in Lösung geht. Also bleibt Phosphat Minimumfaktor. Ein solcher See produziert keine Algenblüte.

EUTROPHER SEE · In Zirkulationsphasen ist auch im eutrophen See überall ein hoher Sauerstoffgehalt vorhanden. Dieser bewirkt, dass Phosphat genauso wie im oligotrophen See im Seeboden fixiert wird. Im Sommer ist dagegen lediglich das Epilimnion sauerstoffreich, das Hypolimnion aber wegen intensiver Abbauprozesse sauerstoffarm. Herrschen im Hypolimnion und im Bodenschlamm anaerobe Bedingungen, so werden Fe^{3+}-Ionen zu Fe^{2+}-Ionen reduziert. Diese können Phosphat nicht mehr binden, sodass Phosphat freigesetzt wird. Das im Hypolimnion mineralisierte Phosphat bleibt ebenfalls gelöst. Starke sommerliche Winde bringen schließlich Phosphat in die Nährschicht, sodass die Primärproduktion stark gefördert wird. In einem solchen See drohen Algenblüten.

Auch einige Stickstoffumsätze sind vom jewei-

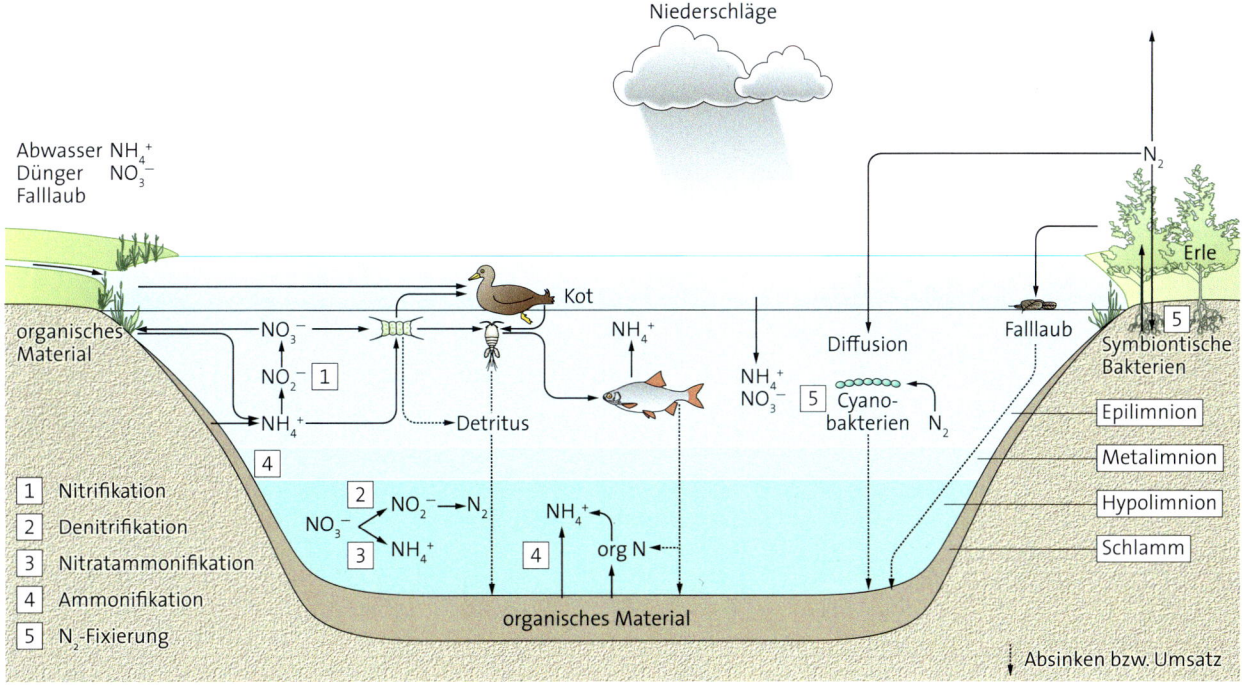

Niederschläge

Abwasser NH_4^+
Dünger NO_3^-
Falllaub

N_2

Erle

organisches Material

Kot

NH_4^+

Diffusion

Falllaub

5
Symbiontische Bakterien

NO_3^-

NO_2^- 1

NH_4^+

Detritus

NH_4^+
NO_3^-

5 Cyano-bakterien N_2

Epilimnion

Metalimnion

4

2
NO_2^- → N_2
NO_3^-
3
NH_4^+

NH_4^+
org N

4

Hypolimnion

Schlamm

1 Nitrifikation
2 Denitrifikation
3 Nitratammonifikation
4 Ammonifikation
5 N_2-Fixierung

organisches Material

Absinken bzw. Umsatz

05 Stickstoffumsatz in einem eutrophen See im Sommer

ligen Sauerstoffgehalt des Wassers abhängig. In Anwesenheit von Sauerstoff wird Stickstoff oxidiert. Deshalb erfolgt im Sommer die Reaktion von Ammonium zu Nitrat, die *Nitrifikation*, nur im Epilimnion. Im Hypolimnion findet dann bei fehlendem Sauerstoff die Reduktion des Stickstoffs durch Bakterien statt. Diese betreiben je nach Art *Denitrifikation* bis zur Bildung von molekularem Stickstoff oder *Nitratammonifikation*, bei der Ammonium entsteht. Es gibt für jeden Sauerstoffgehalt Bakterienarten, die als Destruenten *Ammonifikation* betreiben. Viele im Wasser lebende Tiere können Ammonium ausscheiden. Dies ist bemerkenswert, weil Ammonium ein Zellgift ist, das landlebende Tiere unter Energieaufwand in organische Stoffe einbauen, weil sie es nicht direkt an die Umwelt abgeben können.

Algen und höhere Wasserpflanzen nutzen sowohl Ammonium als auch Nitrat zur Assimilation. Im Sommer ergibt sich daraus im Epilimnion ein Mangel an diesen Mineralstoffen. Der Stickstoff aus diesen Verbindungen ist jetzt in der aus Phytoplankton, Konsumenten und Destruenten gebildeten Biomasse enthalten. Viele Plankter sind im Sommer schließlich ins

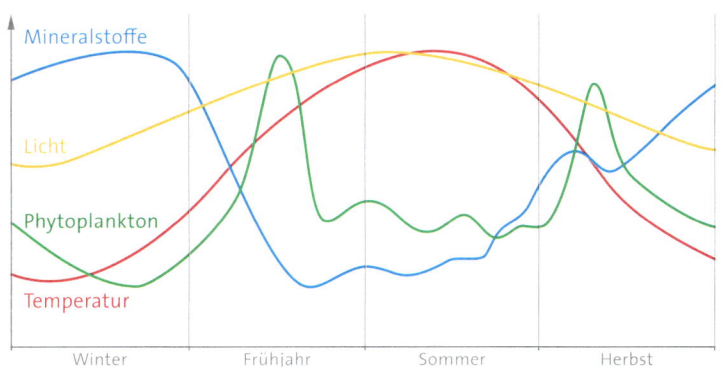

Mineralstoffe

Licht

Phytoplankton

Temperatur

Winter   Frühjahr   Sommer   Herbst

06 Phytoplankton und Mineralstoffe im Epilimnion eines eutrophen Sees

Hypolimnion abgesunken. Daher ist auch keine Remineralisierung im Epilimnion möglich.

3 ⌡ Begründen Sie, dass die Phosphatfixierung im Seeboden ein Selbstreinigungsmechanismus gegenüber Stoffeintrag ist!

4 ⌡ Beschreiben Sie die Stickstoffumsätze im See als einen auf das Jahr bezogenen Stoffkreislauf, der Einträge und Verluste einbezieht! Fertigen Sie dabei zur Veranschaulichung ein Begriffsdiagramm an!

Material A ▸ Sauerstoff, Kohlenstoffdioxid und einige Mineralstoffe zur Zeit der Sommerstagnation in zwei Seen

Tiefe \ Parameter	See A am 24.6.					See B am 16.6				
	O_2	CO_2	NO_3^-	NH_4^+	PO_4^{3-}	O_2	CO_2	NO_3^-	NH_4^+	PO_4^{3-}
0 m	9,30	0,50	0,16	0,00	< 0,01	9,60	1,20	0,21	0,00	< 0,01
10 m	8,50	k. A.	k. A.	0,00	< 0,01	10,30	k. A.	k. A.	0,00	< 0,01
20 m	0,60	14,00	0,21	0,20	< 0,01	10,30	2,00	0,26	0,00	< 0,01
30 m	0,00	k. A.	< 0,01	2,50	0,17	k. A.	k. A.	k. A.	k. A.	k. A.
40 m	0,00	54,80	< 0,01	4,50	0,47	k. A.	k. A.	k. A.	k. A.	k. A.
55 m						9,20	2,20	0,25	0,00	< 0,01

Alle Angaben in mg/l; k. A. = keine Angabe

A1 Ordnen Sie die Seen begründet dem oligotrophen beziehungsweise eutrophen Typ zu!

A2 Begründen Sie die Verteilung des Kohlenstoffdioxids in beiden Seen!

A3 Erklären Sie das Vorkommen und die Verteilung der Mineralstoffe in beiden Seen!

Material B ▸ Lebensraum Schilfgürtel

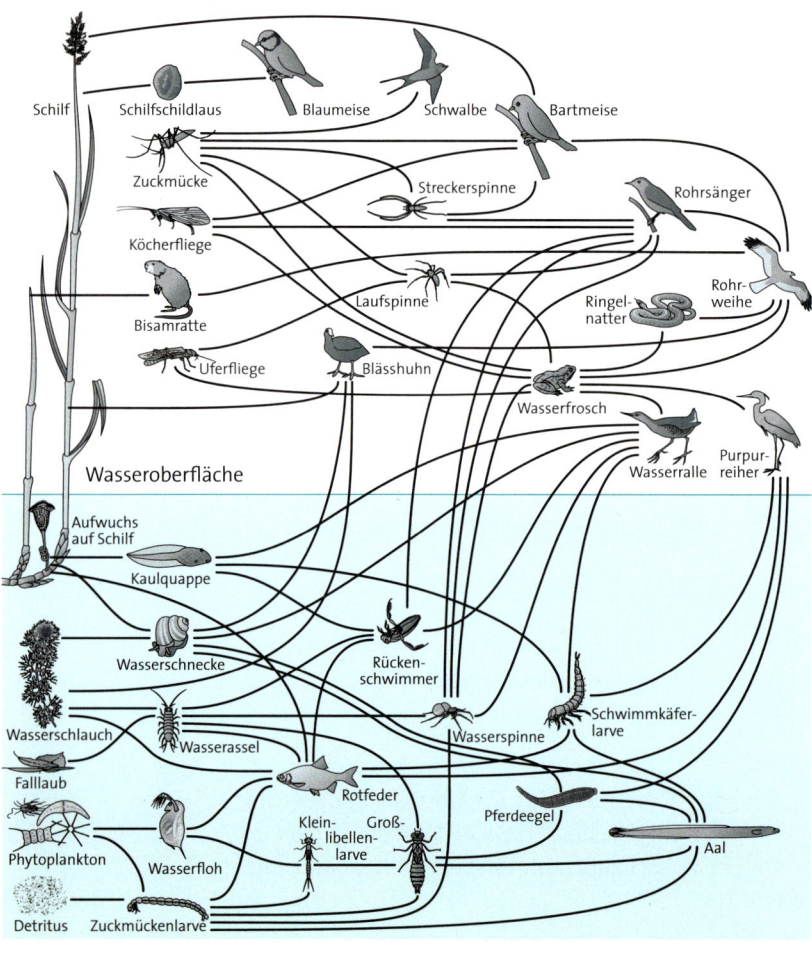

In einem See mit flachem Ufer kann das Schilf ausgedehnte Bereiche bedecken. Nur wenige Pflanzen anderer Arten wachsen zwischen dem Schilf. Der Wasserschlauch zum Beispiel schwimmt zwischen den Stängeln und umgeht die Konkurrenz mit dem Schilf um Mineralstoffe, indem er auch tierische Nahrung nutzt: Er fängt und verdaut beispielsweise Wasserflöhe. Sowohl oberhalb der Wasseroberfläche als auch darunter bilden die Schilfstängel die Grundstruktur des Lebensraums. Tiere leben in dieser Uferzone zwischen, in und auf den Schilfpflanzen.

B1 Beschreiben Sie, welche Arten unmittelbar und welche mittelbar vom Schilf abhängen!

B2 Vergleichen Sie, wie viele Beziehungen der Unterwasserbereich im Schilf zu den Lebensräumen seiner Umgebung hat!

B3 Beurteilen Sie die Aussage, dass Pelagial und Litoral im See getrennte Lebensräume sind!

Material C ▸ Sukzession

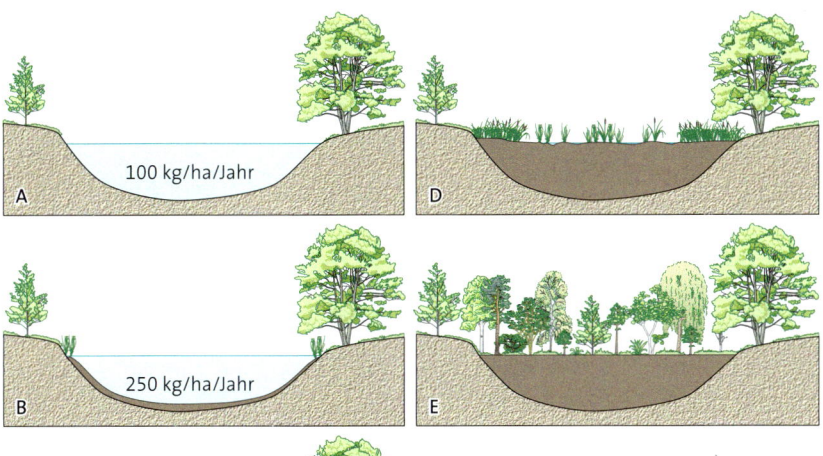

Jeder neu entstandene See entwickelt sich natürlicherweise von einem oligotrophen zu einem eutrophen Gewässer. Diese Seenalterung führt zu einem Weiherstadium. Bei der anschließenden Verlandung des gesamten Sees können unterschiedliche Lebensräume entstehen.

Ein typischer Verlandungslebensraum ist ein Bruchwald. Es kann aber auch besonders bei kühlgemäßigten Klimabedingungen und hohen Niederschlägen ein Moor entstehen.

A Oligotropher See
B Eutropher See
C Weiherstadium
D Sumpfwiese
E Übergang zum Wald

C1 Beschreiben Sie die natürliche Alterung und Verlandung eines Sees!

C2 Begründen Sie die unterschiedlichen Ablagerungsmengen in den Stadien A bis C!

C3 Erläutern Sie, wie die Einleitung von Abwässern und landwirtschaftlichen Düngern die Seenalterung beschleunigt!

Material D ▸ Bakterien im See

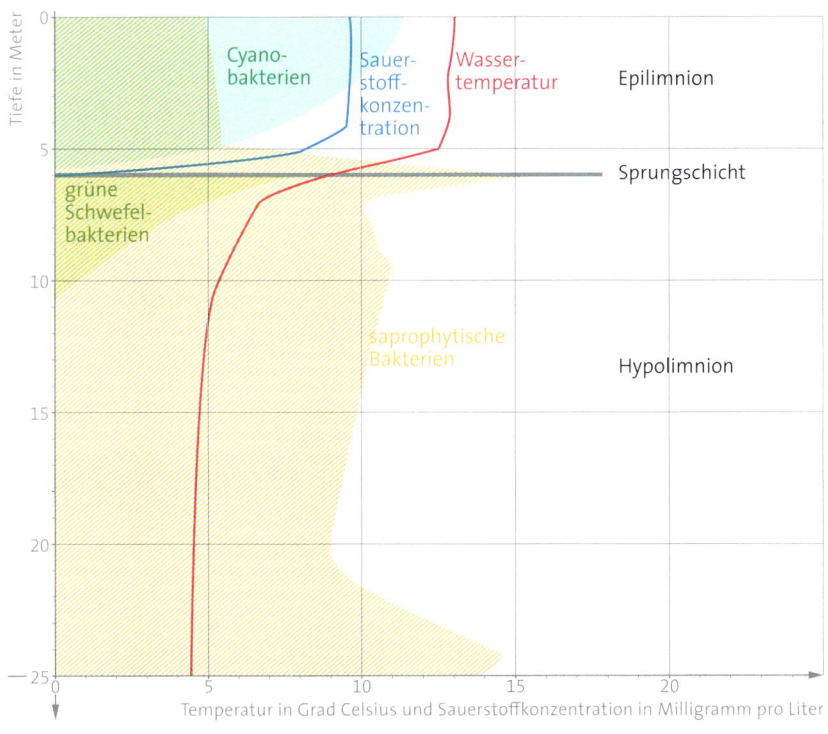

In einem eutrophen See wurde während der Sommerstagnation die Verteilung verschiedener Bakterien festgestellt:

- **Cyanobakterien,** die Fotosynthese betreiben
- **saprophytische Bakterienarten,** die organisches Material mineralisieren; sie sind also Destruenten
- **grüne Schwefelbakterien,** die Licht zur Energiegewinnung benötigen, sie entziehen dem Schwefelwasserstoff Wasserstoff-Ionen und leben streng anaerob

D1 Beschreiben Sie die Verteilung der Bakterien in Korrelation mit dem Sauerstoffgehalt im See!

D2 Begründen Sie die Verteilung der saprophytischen Bakterien und der grünen Schwefelbakterien!

Praktikum A ▸ Charakterisierung des Untersuchungsgewässers

A1 Gliederung des Gewässers

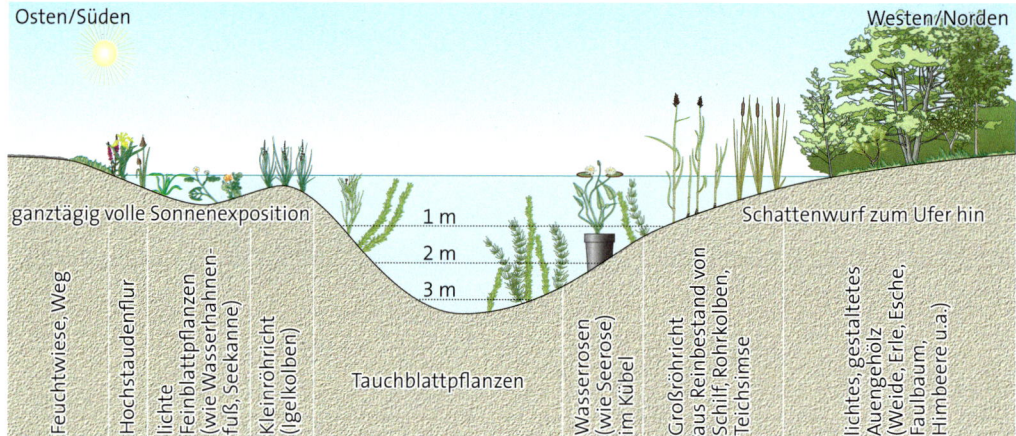

Osten/Süden · Westen/Norden

ganztägig volle Sonnenexposition · 1 m · 2 m · 3 m · Schattenwurf zum Ufer hin

Feuchtwiese, Weg · Hochstaudenflur · lichte Feinblattpflanzen (wie Wasserhahnenfuß, Seekanne) · Kleinröhricht (Igelkolben) · Tauchblattpflanzen · Wasserrosen (wie Seerose) im Kübel · Großröhricht aus Reinbestand von Schilf, Rohrkolben, Teichsimse · lichtes, gestaltetes Auengehölz (Weide, Erle, Esche, Faulbaum, Himbeere u.a.)

Der Entwurf dieser Teichanlage hat die Lebensraumansprüche diverser Arten berücksichtigt.

a Fertigen Sie eine entsprechende Querschnittzeichnung des von Ihnen untersuchten Gewässers an!

b Vergleichen Sie Ihr untersuchtes Gewässer mit dem abgebildeten Schema in Bezug auf Gestalt und Bewuchs!

c Entwickeln Sie aus diesem Vergleich Hypothesen zu den Ursachen der charakteristischen Ausprägung Ihres untersuchten Gewässers!

d Führen Sie nachfolgende Untersuchungen und Experimente durch und erläutern Sie deren Bedeutung für die Charakterisierung Ihres Gewässers!

A2 Wassertemperaturen im Modellaquarium

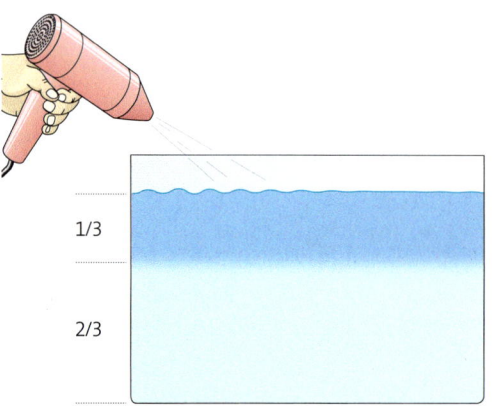

1/3

2/3

Ein Aquarium wird zu zwei Dritteln mit kaltem Leitungswasser gefüllt. Das kalte Wasser wird mit etwa 50 Grad Celsius heißem und mit Tinte angefärbtem Wasser überschichtet, indem man

ein Becherglas mit heißem Wasser eintaucht und an der Oberfläche ausgießt.

a Messen Sie die Temperaturen des Wassers in unterschiedlichen Tiefen!

b Blasen Sie mit einem Föhn seitlich von oben auf die Wasseroberfläche und beobachten Sie die Trennschicht zwischen den Wasserkörpern! Beobachten Sie bei ausgeschaltetem Föhn weiter!

c Messen Sie nach Ausschalten des Föhns die Wassertemperaturen erneut!

d Deuten Sie die Versuche als Modellexperimente zur Temperaturschichtung im See!

A3 Mineralstoffe im Wasser von Modellaquarien

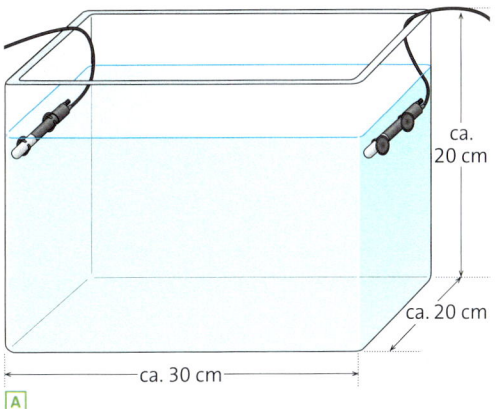

ca. 20 cm

ca. 20 cm

ca. 30 cm

A

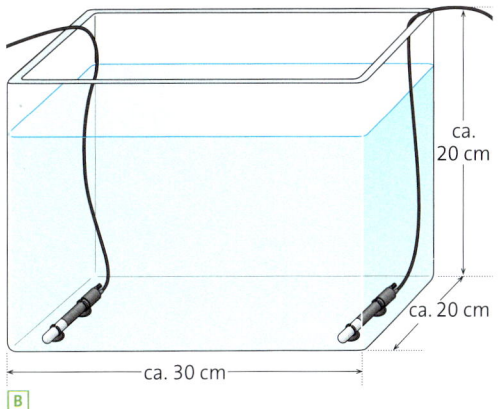

ca. 20 cm

ca. 20 cm

ca. 30 cm

B

Dieser Versuch veranschaulicht die Verwendung von Mineralstoffen in einem See zur Zeit der Sommerstagnation (A) sowie in einem bis auf den Grund erwärmten flachen See (B).

Die Temperaturverhältnisse kennzeichnen dabei den jeweiligen Lebensraum. Die zu messende Leitfähigkeit zeigt den Mineralstoffgehalt an, der pH-Wert den Kohlenstoffdioxidgehalt des Wassers, der Sauerstoffgehalt die Fotosyntheseleistung der Algen und die Sichttiefe die Dichte der Algen.

Material je Aquarium:

- 2 5-Watt-Heizstäbe oder regelbare Heizstäbe
- 2 50-Watt-Halogenstrahler
- Wasser, möglichst demineralisiert
- 3 Gramm Natriumhydrogencarbonat
- 100 Milliliter einer vorbereiteten Planktonkultur
- 10 Milliliter Flüssigdünger oder 50 Gramm Langzeitdünger in Tablettenform
- Messgeräte für Temperatur, Leitfähigkeit, pH-Wert, Sauerstoffgehalt und Sichttiefe

Durchführung:

In jedes Aquarium gibt man 11 Liter demineralisiertes Wasser mit 3 Gramm darin gelöstem Natriumhydrogencarbonat. Man schaltet die Heizstäbe ein und wartet etwa 24 Stunden, bis sich die gewünschten Temperaturverhältnisse eingestellt haben.

Dann fügt man jeweils 100 Milliliter einer Planktonkultur hinzu. Diese erhält man, indem man mit einem Netz gefangenes Plankton so lange in einem Gefäß aufbewahrt, bis sich das Wasser deutlich grün färbt. Schließlich wird der Mineralstoffdünger mit einer langen Pipette oder einer langen Pinzette am Boden der Aquarien ausgebracht. Man beobachtet die Entwicklung der zu messenden Parameter. Zur Bestimmung der Sichttiefe wird ein bedrucktes Blatt Papier laminiert und eingetaucht, bis man die Schrift nicht mehr sieht.

a Messen Sie Temperaturen, Leitfähigkeiten, Sauerstoffgehalte und pH-Werte in verschiedenen Wassertiefen, bevor Dünger zugegeben wird! Formulieren Sie Hypothesen zur Veränderung dieser Werte im weiteren Verlauf des Versuchs!

b Fügen Sie Flüssigdünger hinzu und messen Sie über einen Zeitraum von zwei Wochen etwa alle drei Tage!

c Wiederholen Sie den Versuch mit den Düngetabletten und stellen Sie alle Ergebnisse grafisch dar!

d Werten Sie die Messungen mit Blick auf flache beziehungsweise tiefe Seen aus!

e Vergleichen Sie die Messwerte mit den unter Aufgabe a erstellten Hypothesen!

Praktikum B ▸ Untersuchung des Lebensraumes See

B1 Nutzung der Oberflächenspannung des Wassers

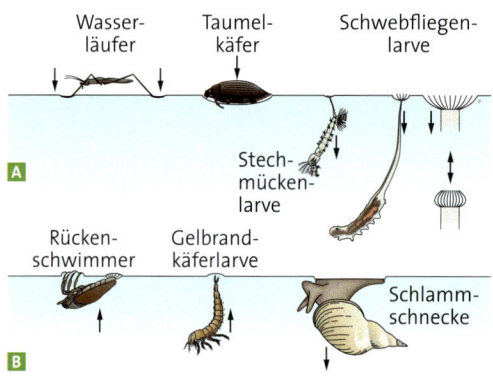

↓↑: Dichte größer oder kleiner als Wasser

a Fangen Sie in einem Teich einige der abgebildeten Lebewesen und beobachten Sie in einem Aquarium, wie die Tiere die Wasseroberfläche nutzen!

b Informieren Sie sich zusätzlich in Bestimmungsbüchern über die Tiere!

c Erläutern Sie mithilfe Ihrer Beobachtungen, der eingeholten Informationen und der Abbildung, wie das spezifische Gewicht der Lebewesen zu der jeweiligen Nutzung der Grenzschicht von Wasser und Luft passt!

B2 Nutzung verschiedener Bereiche des Wasserkörpers und Einnischung

Rückenschwimmer, Ruderwanzen und Wasserläufer sind im Schulteich problemlos zu fangen. Gelegentlich lassen sich auch einzelne Wasserskorpione, Schwimmwanzen und Stabwanzen fangen. Die notwendigen Futterorganismen, beispielsweise Wasserflöhe und Büschelmückenlarven, sind im Aquarienhandel erhältlich.

a Informieren Sie sich über Lebensraumansprüche, Ernährung und Ernährungsverhalten der abgebildeten Arten! Richten Sie ein größeres Aquarium so ein, dass die Lebensraumansprüche der abgebildeten Arten eingehalten werden!

b Besetzen Sie das Aquarium mit einigen der abgebildeten Arten. Beobachten und protokollieren Sie deren Ernährungsverhalten!

c Erläutern Sie auf Grundlage Ihrer Beobachtungen die Benennungen der Lebensformtypen „Lauerjäger", „Pirschjäger" und „Detritusfresser"!

d Erläutern Sie unter Einbezug der beobachteten Verhaltensweisen die Konkurrenzvermeidung der räuberischen Wanzen!

B3 Planktonorganismen im Stadtparkteich und ihre möglichen Nahrungsbeziehungen

1,2 - 1,5	0,7	0,5	0,3	0,2	0,1	0,07	≤ 0,05 mm

Die Abbildung zeigt typische Planktonorganismen eines Stadtparkteiches, nach Größenklassen geordnet, nicht immer maßstabsgerecht.

Im Zooplankton sind unter den Wasserflöhen die Großwasserflöhe 1, 2, 3 und 4 effektive Filtrierer, die man nur im Herbst findet. 5 ist ein ganzjährig vorkommender Filtrierer. 6 und 7 ernähren sich als Weidegänger und sind kleine Wasserflöhe des Uferbereiches. Der Hüpferling 8 ist ein großer Filtrierer, 9 ist seine Larve. Unter den Rädertierchen lebt 10 räuberisch. 11, 12, 13, 14 und 15 sind ebenfalls Rädertierchen, aber Filtrierer. 16, 17, 18, 19 sind einzellige Wimperntierchen, 20 und 21 einzellige Sonnentierchen.

Als Phytoplanktonarten findet man die Zieralgen 22, 23, 24 und 25, die Grünalgen 26, 27, 28, 29 und 30, die Augentierchen 31 und 32, die Feueralgen 33 und 34, die Goldalgen 35 und 36, die Kieselalgen 37, 38, 39, 40, 41, 42, 43, 44 und 45 sowie die Cyanobakterien 46, 47, 48, 49, 50.

Welches Lebewesen welche anderen Lebewesen frisst, ist häufig von den Größenverhältnissen abhängig: Große Lebewesen fressen kleinere, aber nicht zu kleine Lebewesen. Zum Beispiel fressen Weißfische große Filtrierer. Diese fressen größere Planktonalgen, aber nicht die ganz kleinen. Außerdem gibt es Nahrungsspezialisten.

a Mikroskopieren und bestimmen Sie die Lebewesen einer Wasserprobe, die mit dem Phytoplanktonnetz aus einem flachen eutrophen See oder Teich gewonnen wurde!

b Werten Sie Ihre Funde aus, indem Sie diese entsprechend den oben stehenden Angaben nach Größenklassen und Lebensformtypen sortieren!

c Begründen Sie anhand Ihrer Planktonfunde, ob Weißfische im Teich vorhanden sein könnten! Überprüfen Sie Ihre Vermutung!

01 Lodden-Schwarm
(Mallotus villosus)

Ökosystem Meer

Die Erdoberfläche ist zu 71 Prozent von Meerwasser bedeckt. 97 Prozent des globalen Wasservorrats liegen als Meerwasser vor. Millionen Arten besiedeln das Meer, von denen erst etwa 250 000 wissenschaftlich beschrieben sind. Riesige Fischschwärme mit einer Größe von bis zu 4,8 Kubikkilometer sind zu beobachten. Die Meeresflora produziert 70 Prozent des gesamten Sauerstoffs der Erdatmosphäre. Was zeichnet diesen weltweit größten und artenreichen Lebensraum aus?

ZONEN DES MEERES · Riesige Schwärme von Lodden sind im Arktischen Ozean zu beobachten. Fast 15 Meter lange Buckelwale fressen sich an diesen Schwärmen satt. Sie nehmen pro Tag ein bis zwei Tonnen Nahrung zu sich. Neben Fischen ernähren sie sich hauptsächlich von Krill, den sie aus dem Wasser filtrieren. Krill gehört zum **Zooplankton.** Als Plankton bezeichnet man Lebewesen, deren Schwimmrichtung von der Wasserströmung bestimmt wird. Einige Arten des Zooplanktons ernähren sich von **Phytoplankton.** Dabei handelt es sich um kleinste Organismen wie Algen oder Cyanobakterien, die Fotosynthe-

se betreiben und sich somit *autotroph* ernähren. All diese Lebewesen leben in einer Zone des Meeres, in die noch ausreichend Licht für die Fotosynthese dringt. Man nennt diese Zone, die bis zu einer Tiefe von 200 Metern reicht, **Epipelagial.** Sie ist Teil des **Pelagials,** das die gesamte uferferne Freiwasserzone bezeichnet. Unter 200 Metern nimmt das Sonnenlicht stark ab. Es ist keine Fotosynthese mehr möglich, sodass hier nur noch Tiere leben, die sich von der absinkenden Biomasse oder anderen dort lebenden Tieren ernähren. Man bezeichnet diese Zone von 200 bis 1000 Meter Tiefe als **Mesopelagial.** Darunter beginnt die eigentliche Tiefsee, in die kein Sonnenlicht mehr dringt. Die einzige vorhandene Lichtquelle ist die Biolumineszenz von Organismen wie Bakterien oder Fischen. Sie erzeugen diese Lichtsignale als Lock- oder Kommunikationsmittel bei Beute- und Partnersuche. Der Tiefseeanglerfisch, dessen weibliche Vertreter eine Angel mit Leuchtorgan besitzen, die mit lumineszierenden Bakterien gefüllt ist, nutzt die Biolumineszenz beispielsweise als Beuteattrappe. Tiefseeanglerfische leben überwiegend im **Bathypelagial,** das bis 4000 Meter Tiefe reicht. Auch Kalmare, Kraken und Wale sind hier anzufinden. Durchschnittlich ist das Meer 3800 Meter tief. Der Meeresgrund ist von Gebirgen, Riffen, Erdspalten und Gräben durchzogen. Die tiefste Stelle des Meeres mit 11 000 Meter ist der Marianengraben im Pazifischen Ozean.

Von der Freiwasserzone grenzt man die Bodenzone, das **Benthal,** ab. Den Bereich bis zu einer Tiefe von 200 Metern nennt man **Litoral.** Oberhalb des direkten Einflusses von Meerwasser bezeichnet man die Umgebung der Küsten und den Bereich der Dünen als **Epilitoral.** Der Einfluss des Meeres zeigt sich hier durch salzhaltiges Grundwasser und Salzwasserstaub in der Luft. Das tiefer liegende **Supralitoral** umfasst die Spritzwasserzone, die von Springtiden und Spritzwasser bei Sturmflutereignissen erreicht wird und somit regelmäßig, aber nur kurzzeitig von Wasser bedeckt ist. In diesen beiden Bereichen entstehen die *Salzwiesen.* Hier wachsen an den hohen Salzgehalt des Lebensraums angepasste Pflanzen, die man **Halophyten** nennt. Hierzu gehören beispielsweise der Queller, die Strandmelde und der Strandflieder, dessen Blü-

ten den Salzwiesen ihre charakteristische violette Farbe verleihen. In Niedersachsen gibt es etwa 8400 Hektar Salzwiesen vor den Küstendeichen und an der Südseite der Ostfriesischen Inseln. Die Salzwiesen sind besonders für Vögel wie den Austernfischer ein wichtiges Rast-, Nahrungs- und Brutgebiet. Über 100 000 Brutpaare werden pro Jahr in den Salzwiesen der Nordseeküste gezählt. Aber auch Hunderte Insektenarten leben hier. Das sich unterhalb der Salzwiesen anschließende **Eulitoral** umfasst die Gezeitenzone zwischen Hochwasser- und Niedrigwasserlinie. Der Tidenhub verschiedener Meere ist sehr unterschiedlich: In der Nordsee beträgt er im Durchschnitt zwei Meter, in der Ostsee nur 40 Zentimeter. Je nach Tide ist das Eulitoral also von Wasser umspült oder es liegt trocken. Der bei Niedrigwasser freiliegende Meeresboden wird *Watt* genannt. Hier leben zahlreiche, speziell an den Wechsel von Wasser und Trockenheit angepasste Organismen wie der Wattwurm, die Herzmuschel oder der Queller. Die auf das Eulitoral folgende Zone, das **Sublitoral,** ist durchgehend von Wasser bedeckt.

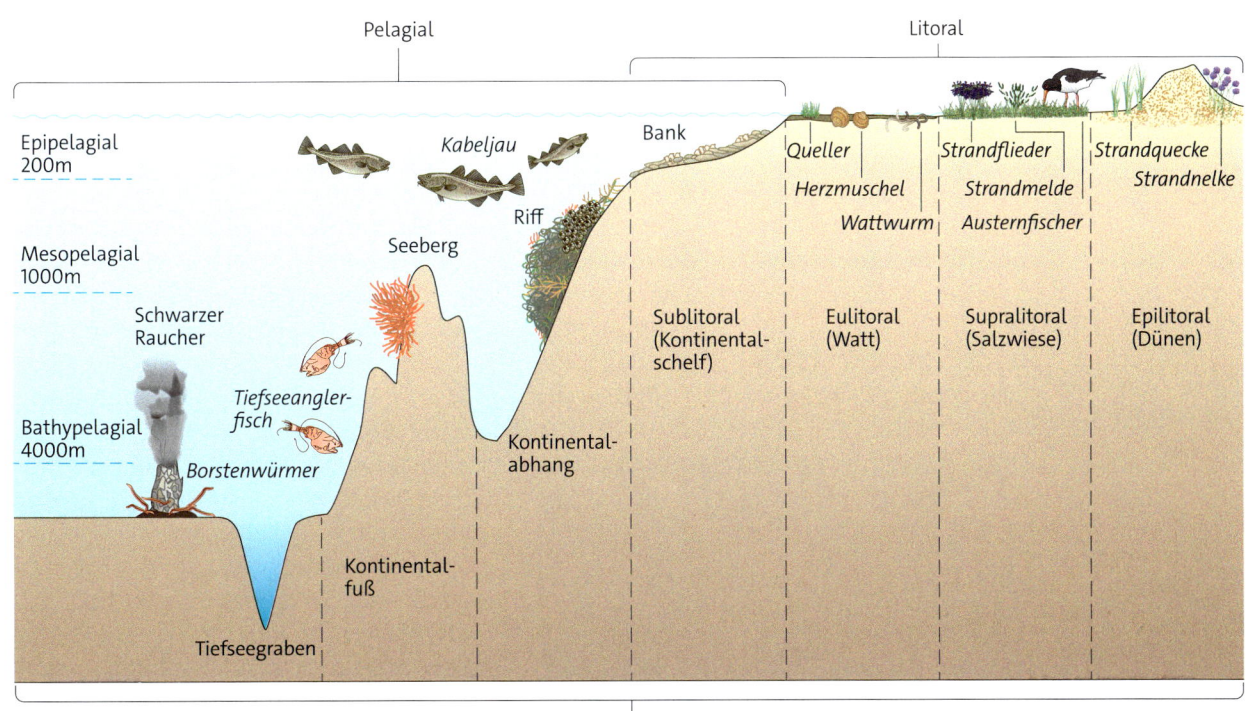

02 Zonierung des Meeres

OSMOREGULATION · Der Salzgehalt des Meeres beträgt durchschnittlich 3,5 Prozent. Die Salzkonzentration der Körperflüssigkeiten von Stachelhäutern, Krebstieren und Knorpelfischen stimmt weitgehend mit der Salzkonzentration des umgebenden Meereswassers überein. Sie sind also dem Meerwasser *isotonisch*. Diese Organismen bezeichnet man als **Osmokonformer.** Knochenfische hingegen haben in ihren Körperflüssigkeiten einen geringeren Salzgehalt als das Meerwasser. Sie sind *hypotonisch*. Das hat zur Folge, dass die Tiere durch Osmose ständig Wasser an die Umgebung verlieren. Der entstehende Wasserverlust wird durch Aufnahme von Meerwasser ausgeglichen. Die dabei aufgenommenen Salze werden über die Kiemen oder die Nieren aktiv ausgeschieden. Durch spezielle Reglungsvorgänge halten die Organismen den Salzgehalt in ihren Zellen konstant. Diese **Osmoregulierer** haben die Fähigkeit, unabhängig von den Umweltbedingungen annähernd gleiche Bedingungen innerhalb ihres Körpers zu erhalten. Diese energieintensive Aufrechterhaltung eines Gleichgewichtszustandes durch Regelungsvorgänge bezeichnet man als *Homöostase*. Auch Meeresvögel gehören zu den Osmoregulierern und scheiden überschüssige Ionen über spezielle Drüsen aus. Tiere, die wie die Miesmuschel in der Gezeitenzone leben, sind in Folge von Hoch- und Niedrigwasser einer sich ständig verändernden Umgebung ausgesetzt. Viele der an das Eulitoral angepassten Arten sind Osmokonformer. Die Aufrechterhaltung eines konstanten Salzgehaltes ihrer Körperflüssigkeiten wäre unter diesen Bedingungen sehr energieaufwendig.

BEDROHTES ÖKOSYSTEM · Kohlenstoffdioxid gelangt aus der Atmosphäre über Diffusion und chemische Lösungsprozesse in das Meer. Ein Teil des CO_2 wird zudem von der Meeresfauna aufgenommen und mittels Fotosynthese in organisches Material gebunden. Die Weltmeere speichern etwa 50-mal mehr Kohlenstoff als in der Atmosphäre vorhanden ist. Daher bezeichnet man sie auch als *Kohlenstoffsenken*. Schätzungen zufolge nehmen sie 50 Prozent des durch Verbrennung fossiler Brennstoffe verursachten CO_2-Ausstoßes auf. So-mit reduzieren Meere beträchtlich die Konzentration des *Treibhausgases* CO_2 in der Atmosphäre und minimieren den von Menschen verursachten, also den *anthropogenen Treibhauseffekt.*

Jedoch ergeben sich hieraus große Probleme für das Ökosystem selbst. Das gelöste CO_2 reagiert mit Wasser zu HCO_3^- und H^+, was den pH-Wert der Meere senkt. Es kommt zur Versauerung der Meere. Dies hat gravierende Folgen für kalkhaltige Organismen. Zum einen ist für die Bildung von Kalkschalen und -skeletten die Löslichkeit von $CaCO_3$, also Kalk, in den Meeren entscheidend. Kalk löst sich allerdings nur im basischen Milieu. Zum anderen beeinflusst ein erhöhter CO_2-Gehalt in den Meeren die bei der Kalkbildung ablaufende Gleichgewichtsreaktion so, dass erstens weniger Kalk gebildet wird und zweitens sich bereits gebildete Kalkstrukturen auflösen: $CO_2 + CaCO_3 + H_2O \rightleftharpoons 2\,HCO_3^- + Ca^{2+}$. Da das Kalkskelett der Korallenpolypen die Grundlage des Lebensraums Riff bildet, ist dieses komplexe Ökosystem stark gefährdet. Obwohl Korallenriffe nur etwa 0,2 Prozent der globalen Meeresfläche bedecken, leben in ihnen etwa ein Drittel aller im Meer bekannten Arten. Neben der Meeresversauerung wirkt sich auch die durch den Treibhauseffekt steigende Temperatur der Ozeane negativ auf die Riffe aus.

Jährlich gelangen rund 10 Millionen Tonnen Plastikmüll in die Weltmeere und gefährden das Ökosystem Meer. Die Menge an Abfällen aus Kunststoff hat sich innerhalb von 20 Jahren um etwa 94 Prozent erhöht. Tiere verfangen sich im Müll, verenden dort oder verwechseln ihn mit Nahrung. Jedes Jahr sterben so etwa eine Million Seevögel und 100 000 Meeressäuger. In Form von Mikroplastik gelangen die Schadstoffe über Meeresfische auch in unsere Nahrungskette.

CO_2
= Kohlenstoffdioxid

$CaCO_3$
= Kalziumkarbonat
(Kalk)

H_2O
= Wasser

$Ca2+$
= Kalzium-Ionen

HCO_3^-
= Hydrogenkarbonat-Ionen

H^+
= Wasserstoff-Ionen

03 Meeresschild-kröte frisst Plastik

Material A ▸ Flohkrebse in der Ostsee

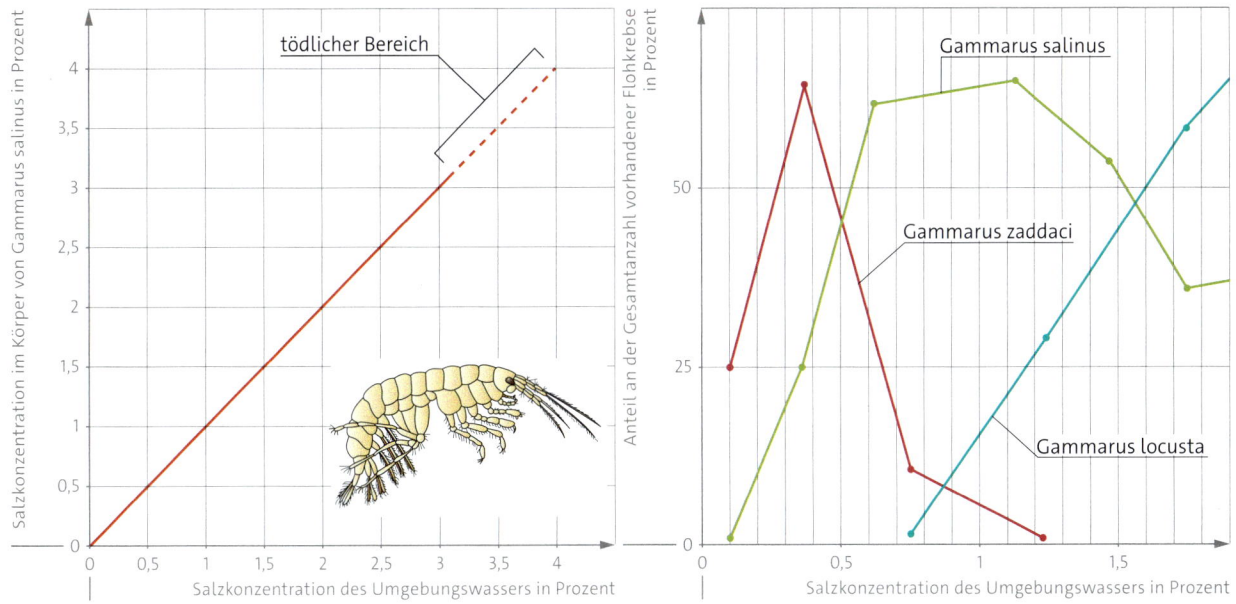

Der Salzgehalt der Ostsee schwankt zwischen 0,3 und 1,9 Prozent. Flohkrebse der Gattung *Gammarus* sind in der Ostsee weit verbreitet; das Vorkommen der einzelnen Arten unterscheidet sich aber deutlich.

A1 Begründen Sie, ob es sich bei *Gammarus salinus* um einen Osmokonformer oder einen Osmoregulierer handelt! Stellen Sie Vor- und Nachteile dieser Lebensweise dar!

A2 Werten Sie das Diagramm zum Vorkommen verschiedener Flohkrebsarten der Gattung *Gammarus* in Abhängigkeit vom Salzgehalt der Ostsee aus!

Material B ▸ Das CO_2-Sink-Projekt

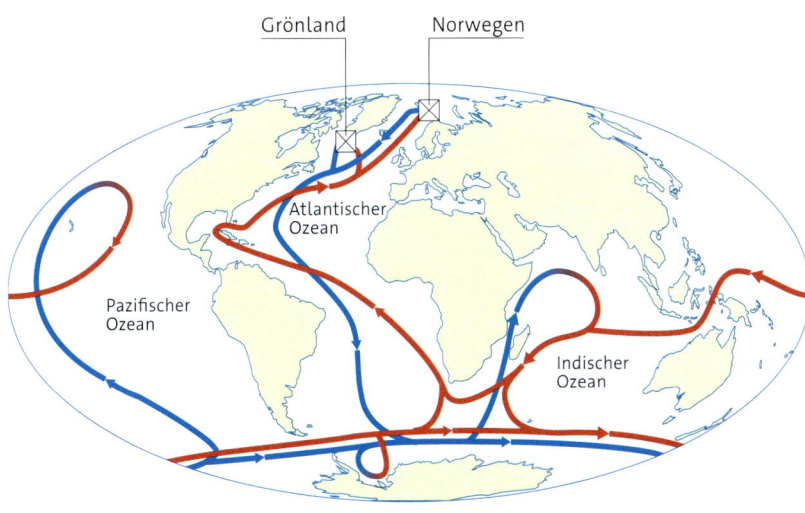

⊠ = geplante Lagerstätten für flüssiges Kohlenstoffdioxid

Um den anthropogenen Treibhauseffekt zu minimieren, gibt es verschiedene Überlegungen, die Freisetzung von Kohlenstoffdioxid aus der Verbrennung fossiler Brennstoffe in industriellen Anlagen zu verringern. Eine der möglichen Maßnahmen besteht darin, das anfallende Kohlenstoffdioxid aufzufangen und zu verflüssigen. Dieses flüssige Kohlenstoffdioxid könnte dann in der Tiefsee am Meeresgrund gelagert werden. Aufgrund des dort herrschenden hohen Drucks und der tiefen Temperaturen bleibt das Kohlenstoffdioxid zunächst flüssig. Allerdings wurde in Tests beobachtet, dass es sich auch in diesen Tiefen allmählich im Wasser löst und mit der Meeresströmung des „Ozeanischen Förderbandes" verdriftet.

B1 Beurteilen Sie die Maßnahmen des CO_2-Sink-Projekts im Hinblick auf zeitliche und räumliche Fallen!

01 Fließgewässer

Fließgewässer

Von der Quelle bis zur Mündung fließt Wasser talwärts. Dabei ändert sich der Charakter des Wasserlaufs vom lebhaften Sprudeln im Gebirge bis zum trägen Fließen in der Ebene. Welche Folgen haben die sich fortlaufend ändernden Bedingungen für die Lebewesen in den Fließgewässern?

EINTEILUNG VON FLIESSGEWÄSSERN · Fließgewässer entstehen durch oberflächlich abfließendes Wasser. Im Gegensatz zu stehenden Gewässern entspringt ein Fließgewässer einer Quelle und mündet in der Regel in ein Meer. Dabei durchquert es verschiedene Lebensräume, und es kommt zu fortlaufenden Änderungen von abiotischen Faktoren. Durch unterschiedliche Wassermengen, verschiedene Untergründe und Zuläufe wandeln Fließgewässer stetig ihren Charakter.

Aber bereits die Quellen der Fließgewässer unterscheiden sich voneinander. Quellen sind Austrittsorte von Wasser, die je nach Ursprung durch Regenwasser, Grundwasser oder Gletscherwasser gespeist werden. Entspringt versickertes Regenwasser dem Boden, ist es klar, weil es beim Durchfließen des Bodens gefiltert wurde. Zudem enthält das Quellwasser viele Mineralstoffe, die es aus dem Gestein aufnimmt. Gletscherwasser hingegen ist trübe, weil es auch ungelöstes Material aus dem Gletscher mitführt.

Im weiteren Verlauf zeigen Fließgewässer je nach durchflossenem Gestein und durchquertem Lebensraum eine große Vielfalt und lassen sich schwer klassifizieren. Dennoch ergeben sich sinnvolle Einteilungen anhand der Größe, der Chemie des Wasserkörpers, des Gehalts an organischen Substanzen oder nach der möglichen Primärproduktion. Anhand der Größe des Einzugsgebiets kann man ein Fließgewässer gliedern in einen Bach, einen kleinen und großen Fluss sowie in einen Strom.

DAS FLIESSGEWÄSSER ALS KONTINUUM · Je nach Typ können Fließgewässer von unterschiedlichen Lebewesen besiedelt werden. Manche Arten besiedeln nur spezielle Regionen, andere besiedeln das ganze Fließgewässer. Lachse zum Beispiel können in allen Bereichen des Flusses leben. Sie sind Wanderfische, die in Fließgewässern aufwachsen, später ins Meer wandern und schließlich zur Fortpflanzung wieder genau an ihren Geburtsort zurückkehren.

Zur Eiablage und Paarung graben die Lachsweibchen eine Laichgrube in den oberen Regionen eines Flusses, dem **Oberlauf.** Hier herrschen aufgrund des starken Gefälles eine starke Strömung und eine gute Sauerstoffversorgung. Der Boden ist steinig und durch starke Erosion geprägt. Wasserpflanzen sowie Phytoplankton kommen kaum vor. Die Lachse schlüpfen also in kalten, sauerstoffreichen Flussabschnitten mit kiesigem Untergrund. Sie ernähren sich von Kleinstlebewesen wie zum Beispiel Steinfliegenlarven, die ihrerseits überwiegend von Detritus leben.

Nach etwa ein bis zwei Jahren verlassen die Lachse ihren Geburtsort und wandern flussabwärts. Dabei durchqueren sie einen weiteren Flussabschnitt, den oberen und unteren **Mittellauf.** Dabei nimmt das Gefälle ab, dementsprechend wird die Fließgeschwindigkeit geringer und der Sauerstoffgehalt sinkt. Im Vergleich zum Oberlauf findet weniger Erosion, aber mehr Sedimentation statt. Kies, Sand und Ton bleiben je nach Korngröße teilweise liegen. Im natürlichen Zustand mäandert der Fluss, wodurch die Gewässerstruktur besonders vielfältig wird. Entsprechend nimmt die Artenanzahl zu und die Lachse finden deutlich mehr Nahrung.

Im weiteren Verlauf ihrer Wanderung erreichen die Lachse den **Unterlauf.** In diesem Flussabschnitt ist das Land flacher, das Gefälle und damit auch die Fließgeschwindigkeit des Wassers geringer. Im Flussbett wird daher auch feines Material abgelagert und der Boden wird schlammig. Die im Wasser vorhandenen Mineralstoffe unterstützen planktische Primärproduktion. Darauf folgende Sekundärproduktion führt wieder zu höherer Sauerstoffzehrung. Im weiteren Verlauf ihrer Wanderung erreichen die Lachse schließlich über die **Mündung** das Meer, wo sie vielfältige Nahrung finden. Nach etwa drei Jahren kehren die Lachse zum Laichplatz zurück.

Am Beispiel der Lachswanderung werden die kontinuierlichen Veränderungen im Fluss deutlich: Von der Quelle bis zur Mündung ändern sich ständig sowohl die abiotischen Faktoren wie Strömung, Sauerstoff- und Nährstoffgehalt als auch die biotischen Faktoren wie die

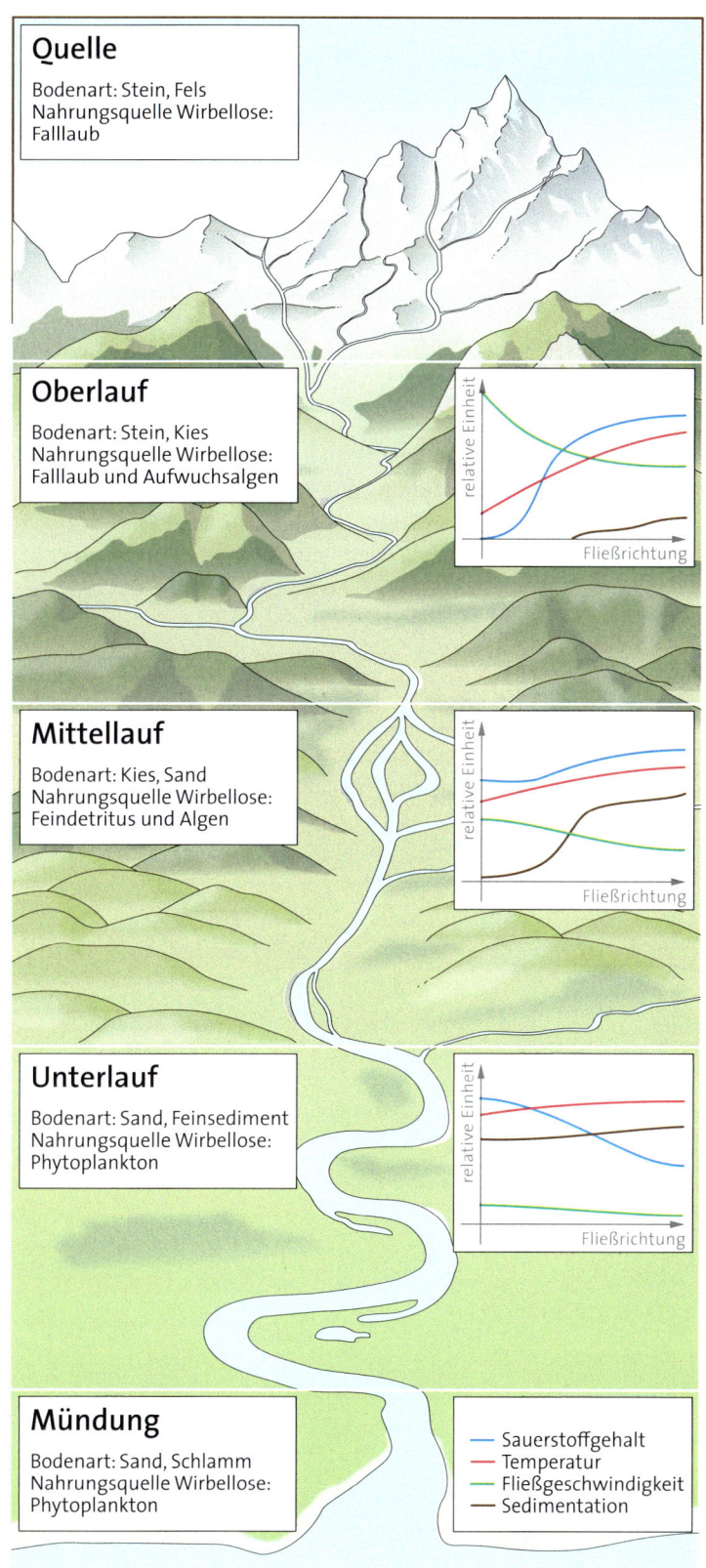

Quelle
Bodenart: Stein, Fels
Nahrungsquelle Wirbellose:
Falllaub

Oberlauf
Bodenart: Stein, Kies
Nahrungsquelle Wirbellose:
Falllaub und Aufwuchsalgen

Mittellauf
Bodenart: Kies, Sand
Nahrungsquelle Wirbellose:
Feindetritus und Algen

Unterlauf
Bodenart: Sand, Feinsediment
Nahrungsquelle Wirbellose:
Phytoplankton

Mündung
Bodenart: Sand, Schlamm
Nahrungsquelle Wirbellose:
Phytoplankton

— Sauerstoffgehalt
— Temperatur
— Fließgeschwindigkeit
— Sedimentation

02 Gliederung eines Fließgewässers

A

B

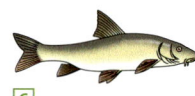
C

D

E

F

03 Fischarten:
A Forelle,
B Äsche,
C Barbe,
D Brachse,
E Kaulbarsch,
F Flunder

Lebensgemeinschaften. Fließgewässer bilden also ein **Kontinuum.** Lebewesen wie die Lachse nutzen in ihrem Lebenszyklus das gesamte Fließgewässer. Sie sind euryök. Andere Fischarten hingegen wie die Forelle leben nur in spezifischen Abschnitten. Solche stenöken Arten bezeichnet man als **Leitarten** für die jeweiligen Flussabschnitte. Ihr Vorkommen bestimmt in Europa die Unterteilung und Bezeichnung verschiedener Flussabschnitte in Forellen-, Äschen-, Barben-, Brachsen- und Kaulbarsch-Flunder-Region.

Auch im Querschnitt weisen Fließgewässer kontinuierliche Übergänge sowie eine typische Gliederung auf. So leben beispielsweise Brachsen im Unterlauf in schlammigen Uferregionen. Solche Zonen entstehen bevorzugt bei starken Regenfällen oder Schneeschmelzen, wenn Fließgewässer über ihre Ufer treten. Dadurch bilden sich vom wechselnden Hoch- und Niedrigwasser geprägte Niederungen entlang eines Fließgewässers, die **Auen.** Uferseitig ergibt sich eine Zonierung: Die **amphibische Zone** steht so häufig unter Wasser, dass Bäume gänzlich fehlen. Die darauffolgende **Weichholzaue** ist durch weniger als 200 Überschwemmungen pro Jahr geprägt. **Hartholzauen** sind flussfernere Wälder, die nur bei Spitzenhochwasser überflutet werden.

SELBSTREINIGUNG UND EINFLUSS DES MENSCHEN · Die Zusammensetzung vieler Biozönosen von Fließgewässern wird maßgeblich durch den Gehalt an organischen Verbindungen bedingt. Diese stammen vorwiegend aus der Umgebung, da im Oberlauf kaum Nährstoffproduktion stattfindet. Anschließend werden sie mit der Strömung flussabwärts transportiert. Dies hat eine Nährstoffanreicherung in Fließrichtung zur Folge. Im Oberlauf ist dagegen die Nahrungsgrundlage für Konsumenten geringer. Erst wenn sich mit abnehmender Strömung auch Produzenten ansiedeln, verbessern sich die Ernährungsbedingungen. Die beschriebenen Verhältnisse führen dazu, dass Nährstoffe zeitlich und räumlich entfernt umgesetzt werden. Daher spricht man bei Fließgewässern von *Stoffspiralen* und nicht von Stoffkreisläufen.

Viele Fließgewässer sind durch Abwässer beeinflusst. Werden Gifte eingetragen, sterben viele Lebewesen. Nach Einleitung von organischen Stoffen vermehren sich zersetzende Mikroorganismen. Beim Durchlaufen der Stoffspiralen werden Nährstoffe genutzt und Mineralstoffe unter Sauerstoffzehrung freigesetzt. Verunreinigungen des Fließgewässers können so auf natürlichem Weg abgebaut werden, was als **Selbstreinigung** bezeichnet wird. Dieser Selbstreinigung sind aber natürliche Grenzen gesetzt: Durch Eingriffe des Menschen, wie zum Beispiel Flussbegradigungen oder Randbefestigung, wird die Selbstreinigung eingeschränkt. Dadurch ändern sich die Fließgeschwindigkeit, die Temperatur oder der Sauerstoffgehalt und somit auch die Artenzusammensetzung.

Ursächlich für langfristige Störungen sind vor allem Schwermetallbelastungen und Versauerung. Manche Lebewesen sind so wenig tolerant gegenüber solchen Störungen, dass schon einmalige Abwassereinleitungen zum sofortigen Verschwinden der Arten führen können.

1 Erörtern Sie die Auswirkungen einer Kanalisierung auf Fließgewässer!

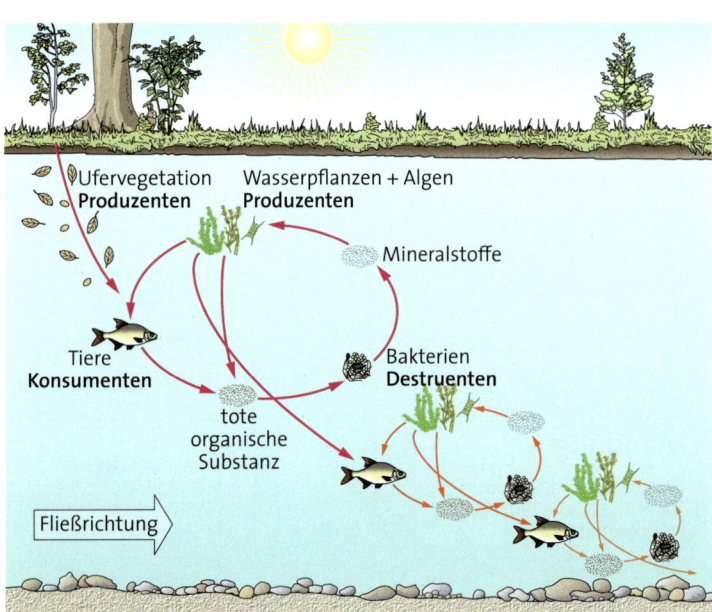
04 Stoffspirale im Fließgewässer

Material A ▸ Selbstreinigung von Fließgewässern

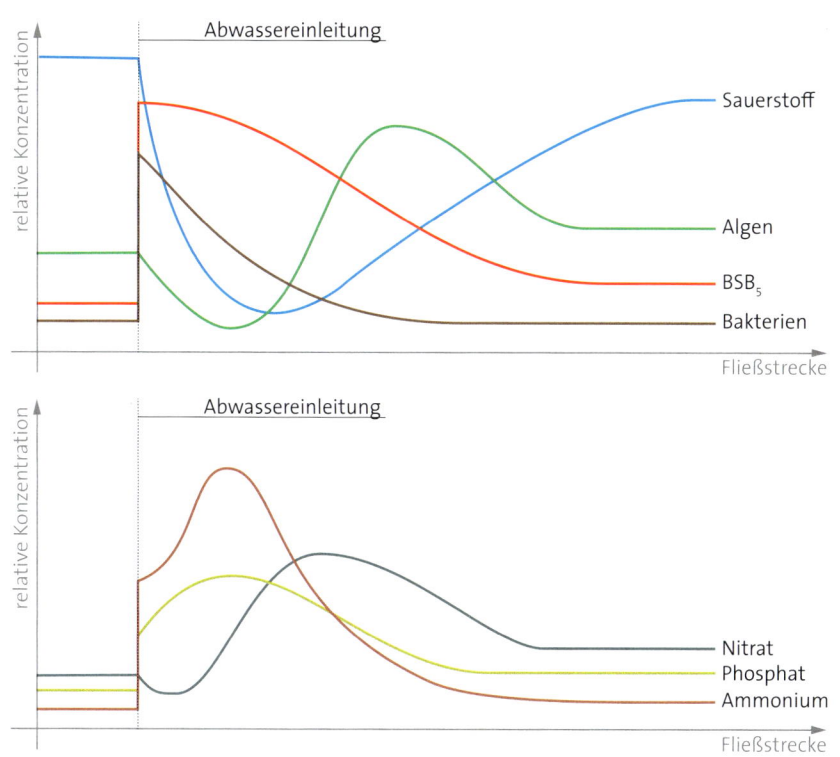

In einen Bach werden organische Abwässer eingeleitet. Der biochemische Sauerstoffbedarf, kurz BSB$_5$, gibt die Sauerstoffmenge an, die zum biotischen Abbau organischer Stoffe innerhalb von fünf Tagen benötigt wird.

A1 Beschreiben Sie, was man unter dem Konzept der Selbstreinigung von Fließgewässern versteht!

A2 Erklären Sie anhand der Diagramme den Verlauf der Parameter nach der Abwassereinleitung! Berücksichtigen Sie auch die Beziehungen untereinander!

A3 Entwickeln Sie Strukturmaßnahmen zur Revitalisierung eines Bachs unter Bezug auf seine Fähigkeit zur Selbstreinigung!

Material B ▸ Bachmuschel

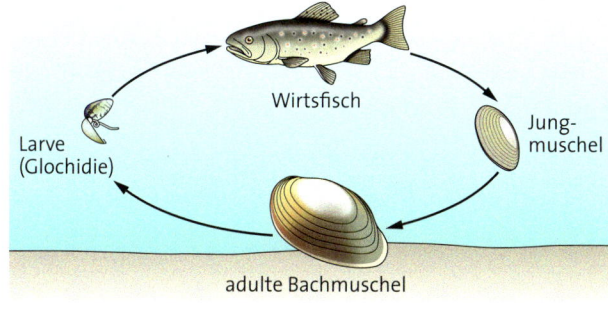

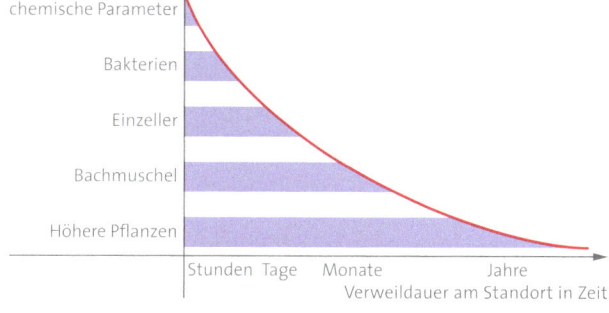

Bachmuscheln können bis zu 80 Jahre alt werden. Mit etwa drei bis vier Jahren sind sie geschlechtsreif. Die Fortpflanzungszeit ist im Frühjahr: Männchen geben Sperma ins Wasser ab, wo es von den Weibchen durch die Kiemen aufgenommen wird. Die Entwicklung der Larven dauert je nach Wassertemperatur zwischen drei bis sechs Wochen. Zwischen April und August werden die Larven ausgeschieden.

Für die weitere Entwicklung der Jungmuscheln ist eine parasitäre Phase an einem Wirtsfisch wie der Bachforelle erforderlich. Die Larven setzen sich in den Kiemen fest und werden durch den Fisch ernährt. Nach einer Metamorphose lassen sich die Jungmuscheln in den freien Wasserkörper fallen und ernähren sich dann als Filtrierer von Phytoplankton und Detritus. Eine erwachsene Muschel filtert etwa 400 Liter Wasser pro Tag.

B1 Formulieren Sie eine Hypothese, weshalb Bachmuscheln vom Aussterben bedroht sind!

B2 Erörtern Sie die ökologische Bedeutung von Süßwassermuscheln für die Selbstreinigung!

B3 Beurteilen Sie die Qualität der Bachmuschel als Bioindikator im Vergleich zu den anderen im Diagramm aufgeführten Parametern und Lebewesen!

Praktikum A ▶ Charakterisierung eines Fließgewässers

A1 Kartierung eines Fließgewässers

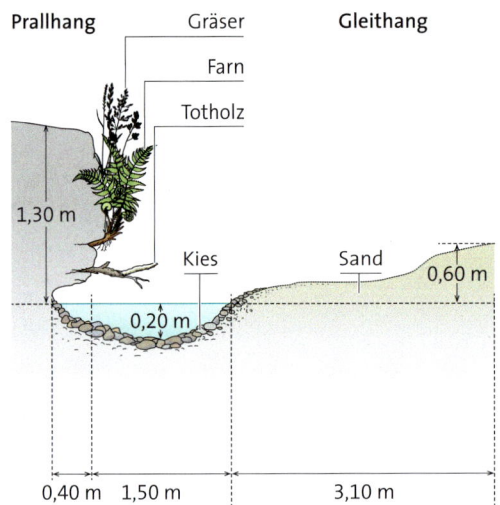

Suchen Sie Fließgewässer mit einer Breite von 0,5 bis 10 Metern auf. Sinnvoll ist die Untersuchung unterschiedlicher Gewässerabschnitte oder der Vergleich von zwei Fließgewässern.

a Erstellen Sie Skizzen nach vorgegebenem Beispiel im Maßstab 1:50 oder 1:100!

b Charakterisieren Sie Ufervegetation, Gewässerquerschnitt und Gewässerboden!

c Vergleichen Sie Ihre Ergebnisse mit dem vorgegebenen Schema!

d Vergleichen Sie ihre verschiedenen Gewässerabschnitte tabellarisch!

A2 Bestimmung ausgewählter abiotischer Faktoren

a Ermitteln Sie die Fließgeschwindigkeit, indem Sie die Zeit stoppen, in der Kreidepulver eine Strecke von zehn Metern durchfließt!

b Messen Sie Luft- und Wassertemperaturen!

c Füllen Sie eine Wasserprobe in einen Glasbehälter und ermitteln Sie nach Schütteln der Probe zunächst den Geruch und dann vor einem weißen Blatt Papier Trübung und Farbe!

d Messen Sie mithilfe eines Luxmeters die Lichtintensität über dem Gewässer!

e Setzen Sie die gemessenen Werte in Beziehung zu einer eventuell vorhandenen Unterwasservegetation!

A3 Bestimmung des BSB_5-Wertes

Mit dem BSB_5-Wert wird der biochemische Sauerstoffbedarf der im Wasser lebenden Kleinstlebewesen während einer festgelegten Zeit von fünf Tagen angegeben.

Den Sauerstoffgehalt bestimmt man entweder mithilfe von Sauerstoffelektroden oder chemisch nach den Untersuchungsvorschriften im Gewässerkoffer. Dazu füllt man eine Probenflasche vor Ort zur Hälfte mit Flusswasser, sättigt es durch Schütteln mit Sauerstoff und füllt es anschließend luftblasenfrei in zwei Flaschen. Der Sauerstoffgehalt der ersten Probe wird sofort gemessen. Die andere Flasche wird bei 20 Grad Celsius fünf Tage im Dunkeln aufbewahrt. Nach fünf Tagen wird der Sauerstoffgehalt der zweiten Probe bestimmt. Die Differenz der beiden Werte ist der BSB_5-Wert. Die Angaben erfolgen in Milligramm Sauerstoff pro Liter ($mg\ O_2/l$).

a Messen Sie den BSB_5-Wert des von Ihnen untersuchten Gewässers!

b Erläutern Sie Ihren Messwert in Bezug auf die im Gewässer vorhandenen Lebewesen!

Praktikum B ▸ Untersuchung und Beurteilung der Gewässergüte

B1 Chemische Gewässeruntersuchung

Die Bestimmung der Gewässergüte kann mit unterschiedlichen Methoden erfolgen. Bei der Bewertung eines Gewässers werden die Gewässerstruktur (morphologischer Aspekt), die Wasserbeschaffenheit (chemischer Aspekt) und die Biozönosen (biologischer Aspekt) bestimmt. Die Strukturgüte gibt unter anderem Auskunft über die Lebensraumvielfalt im Gewässer. Die chemische Gewässergütebestimmung erfolgt auf der Grundlage gemessener Inhaltsstoffe des Wassers. Da die Benthos-Tiere im Fließgewässer in der Regel langfristig an einem Standort leben, müssen sie die dort vorhandenen Umweltbedingungen längere Zeit aushalten. Ihre Anwesenheit charakterisiert daher einen dauerhaften Zustand eines Gewässers. Die erfassten chemischen Parameter erlauben hingegen ausschließlich Aussagen über den Istzustand des Gewässers zum Zeitpunkt der Messung.

a Bestimmen Sie nach der Anleitung der Testkits folgende Faktoren des Gewässers vor Ort: pH-Wert, Ammoniumgehalt, Nitratgehalt, Nitritgehalt, Phosphatgehalt, Leitfähigkeit und Carbonathärte!

b Legen Sie eine Tabelle zu Ihren Messwerten an!

c Vergleichen Sie Ihre gemessenen Werte mit den Werten in der Tabelle zur Bestimmung der Güteklasse!

B2 Biologische Gewässeruntersuchung

Bezugspunkt für die biologische Gewässergütebestimmung ist die Intensität des Abbaus organischer Substanz, die **Saprobie**. Es ist üblich, den Grad der Saprobie in vier Stufen anzugeben. Je höher der Gehalt an organischer Substanz ist, die durch Lebewesen abgebaut werden kann, desto höher ist in der Regel die Saprobiestufe.

Bestimmte Arten sind für einzelne Saprobiestufen charakteristisch. Die Zugehörigkeit zur Saprobiestufe wird für jede Art durch eine Zahl ausgedrückt, den *Saprobiewert*. Mit den Saprobiewerten der Arten und deren Häufigkeit lässt sich ein *Saprobienindex* für das Gewässer berechnen. Ein hoher Saprobienindex korreliert mit einem hohen BSB_5-Wert, einer niedrigen Sauerstoffsättigung und einer schlechten Gewässergüte. Wenn die Saprobie zunimmt, treten solche Arten häufiger auf, die Sauerstoffmangel besser tolerieren können. Dies trifft besonders auf Arten zu, die im Feinsediment leben, denn dort gibt es in der Regel wenig Sauerstoff.

Bewertet man die Gewässergüte mithilfe eines Saprobienindex, sollte beachtet werden, dass dieser ursprünglich anhand von Tieren in Bergbächen ermittelt wurde. Da Bäche aber regional sehr unterschiedliche physikalische und chemische Eigenschaften besitzen, ist die Saprobienbestimmung in anderen Bachtypen anhand der Richtwerte aus der Saprobientabelle nur eingeschränkt möglich. Trotzdem hat sich der Saprobienindex in der Praxis bewährt.

Um den Saprobienindex zu ermitteln, wird zunächst durch Keschern, Sieben und Umdrehen der Steine ein ausgewählter Gewässerabschnitt von 10 bis 15 Meter Länge nach allen vorhandenen Tierarten abgesucht. Die Tiere werden gefangen und in getrennten Gläsern kühl und bei guter Sauerstoffversorgung aufbewahrt. Sie werden bestimmt und ihre Anzahlen geschätzt. Nach der Bestimmung werden alle Tiere wieder in den Bach zurückgesetzt. Jede gefundene Art wird einer Häufigkeitsstufe, der Abundanz (A), mit folgender Einteilung zugeordnet: 1 = vereinzelt, 2 = wenig, 3 = häufig, 4 = massenhaft. Der Saprobiewert (s) ist aus der Liste der Indikatororganismen abzulesen.

Zur Berechnung wird zunächst für jeden Zeigerorganismus die Abundanz mit dem dazugehörigen Saprobienwert multipliziert. Das Ergebnis wird in der letzten Spalte im Protokollbogen notiert. Danach werden alle Abundanzen und Produkte addiert und daraus der Saprobienindex (S) berechnet:

$$S = \frac{\Sigma_{\text{alle Arten}} (A \cdot s)}{\Sigma_{\text{alle Arten}} A}$$

a Ermitteln Sie für Ihr Untersuchungsgewässer den Saprobienindex und bestimmen Sie mithilfe der Tabelle die Güteklasse!

Protokollbogen Saprobienindex

Gewässername: Kleine Schwentine
Gewässertyp: Tieflandbach
Untersuchungsort: Uferrand in Höhe Parkplatz
Protokollanten: Bio-LK
Datum: 19. 06. 2011

Indikatororganismen	Abundanz (A)	Saprobienwert (s)	Produkt (A x s)
Dreieckstrudelwurm	1	1,5	1,5
Zweiäugiger Plattwurm	2	2,6	5,2
Eintagsfliegenlarve (Gattung Ephemera)	3	2,0	6,0
Eintagsfliegenlarve (Fam. Baetidae)	2	2,1	4,2
Flussschwimmschnecke	1	1,7	1,7
Eiförmige Schlammschnecke	2	2,3	4,6
Bachflohkrebs	4	2,0	8,0
Gesamthäufigkeit:	**15**	**Gesamtsumme:**	**31,2**

Berechnung:
Gesamtsumme 31,2: Gesamthäufigkeit 15 =
Saprobienindex 2,08 entspricht Güteklasse II bzw. 2

Gütekl. nach WRRL	Grad der organischen Belastung	Saprobienindex	Kennzeichnung	Chemische Richtwerte (in mg/l)						bisherige Güteklasse
				O_2	NH_4^+	NO_2^-	NO_3^-	PO_4^{3-}	BSB_5	
1	unbelastet bis sehr gering belastet	1,0–< 1,5	Wasser kaum verunreinigt, klar und sauerstoffgesättigt; vollendete Oxidation, Mineralisation	8	minimal	< 0,01	< 1	< 0,01	< 1	I
2	gering belastet	1,5–< 1,8		8	0,1	< 0,01	um 1	< 0,1	1–2	I-II
	mäßig belastet	1,8–< 2,3	Wasser mäßig verunreinigt und noch sauerstoffreich; fortschreitende Oxidation; Mineralisation;	6	< 0,3	< 0,1		< 0,3	2–4	II
3	kritisch belastet	2,3–< 2,7		4	< 1	< 0,3	< 5		4–7	II-III
4	stark verschmutzt	2,7–<3,2	Wasser stark verunreinigt und sauerstoffarm; starke Oxidationsprozesse; Faulschlammbildung	2	0,5 – 1,5	< 0,5		Verunreinigungen	7–10	III
5	sehr stark verschmutzt	3,2–< 3,5		2	> 2	≥ 0,5	> 5		> 10	III-IV
	übermäßig verschmutzt	3,5–< 4,0	Wasser außerordentlich stark verunreinigt und sauerstoffarm; Fäulnisprozesse; Bildung von H_2S und CH_4; hoher Gehalt an organischen Stoffen	> 2	> 2	≥ 1	> 10	mehrere mg/l	> 10	IV

Einteilung der Güteklassen

Gütekl. nach WRRL	Indikatororganismen mit Saprobiewert (s)	bisherige Güteklasse

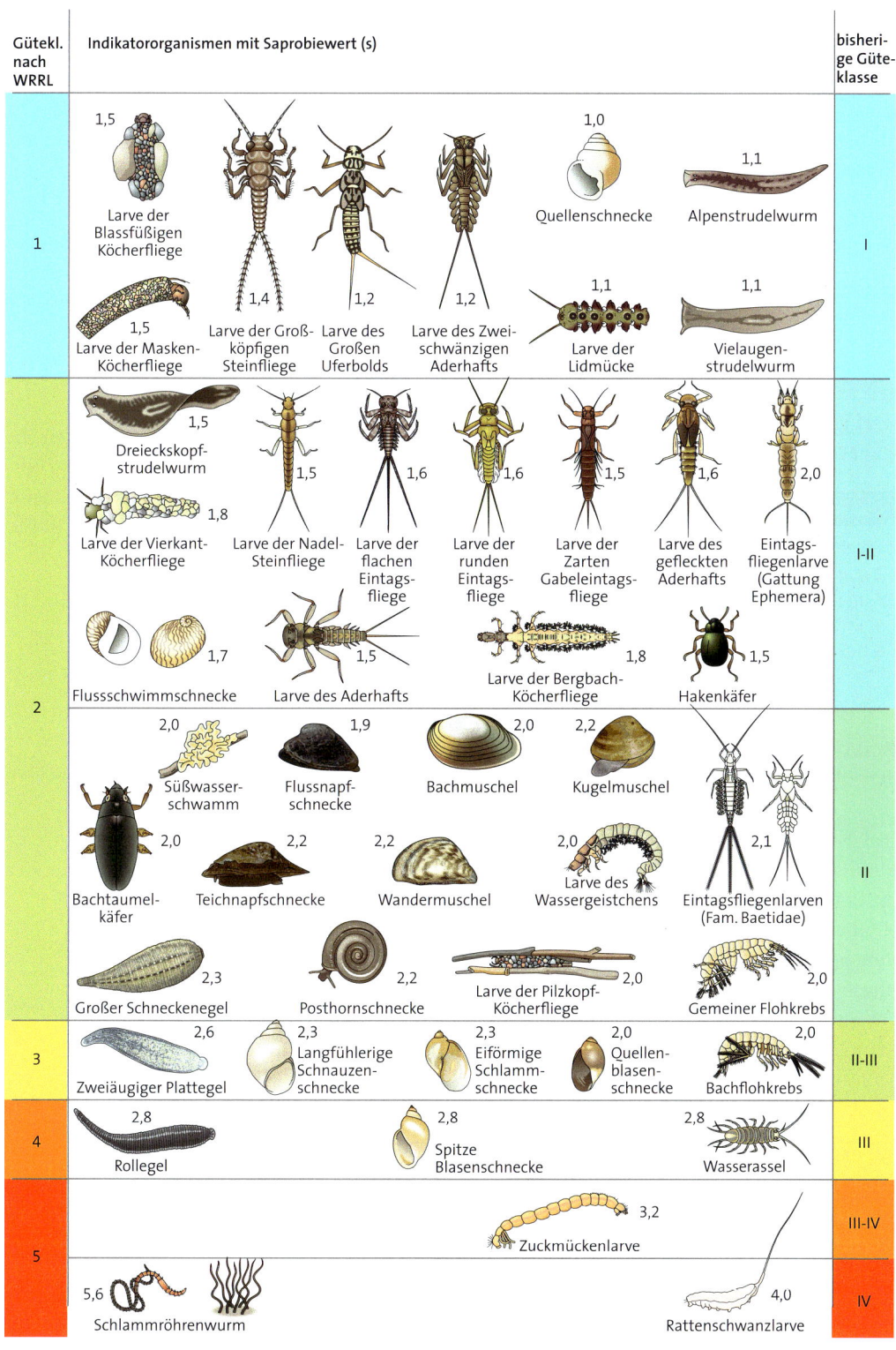

Häufige Lebewesen in Fließgewässern

Praktikum C ▸ Gewässerstrukturgüte

Die Bestimmung der Strukturgüte liefert einen Ansatz, mit dem Schädigungen im Gewässerbau schnell erkannt werden können.

Zur Erfassung der Strukturgüte wählt man zunächst einen etwa 100 Meter langen und 0,5 bis 10 Meter breiten Abschnitt eines kleinen Fließgewässers im Flachland aus. Nach der Tabelle werden alle zehn Einzelparameter getrennt bewertet. Dazu wird anhand der Leitfragen in der ersten Spalte jedem Parameter eine entsprechende Bewertungsstufe zugeordnet.

Zur Auswertung werden alle Einzelbewertungen der letzten Spalte addiert und der Mittelwert gebildet. Dieser wird anhand der Tabelle einer Gewässerstrukturgüte zugeordnet:

Gewässerstrukturgüte	Mittelwert
1 sehr gut	1,0 – 1,6
2 gut	1,7 – 2,4
3 mäßig	2,5 – 3,4
4 unbefriedigend	3,5 – 4,4
5 schlecht	4,5 – 5,0

Wesentliches Ziel der Strukturgütebestimmung ist es allerdings nicht, Mittelwerte zu berechnen. Vielmehr erlaubt die Methode einen Vergleich von unterschiedlichen morphologischen Strukturen der Fließgewässer anhand von definierten Kriterien.

Zudem sind die Grenzen des Ansatzes zu beachten: Einerseits hat die hier abgebildete Tabelle nur Gültigkeit für Flachlandbäche und kann für andere Gewässertypen nicht direkt übernommen werden. Die Bewertungskriterien der Strukturgüte sind also lediglich Hinweise für weitergehende Untersuchungen.

Darüber hinaus können die zu erfassenden Strukturelemente in Fließgewässern sehr unterschiedlich ausgeprägt sein. Prinzipiell sind die verwendeten Kriterien aber für alle Bäche einsetzbar.

a Ermitteln Sie differenziert und als Mittelwert die Strukturgüte Ihres Untersuchungsgewässers!

Praktikum D ▸ Zusammenfassung und Bewertung

In diesem Praktikum wurden drei vereinfachte Methoden zur Abschätzung des ökologischen Zustandes kleinerer Fließgewässer vorgestellt. Hierbei stehen unterschiedliche Aspekte im Vordergrund: die Wasserqualität (chemisch-physikalische Parameter des Baches), die Lebensgemeinschaften (Biozönosen und Saprobienindex im Bach) und die Gewässerstruktur (geologisch-morphologische Struktur eines Flachlandbaches).

Die mit den Verfahren erhobenen Daten stehen dabei nicht in Konkurrenz zueinander, sondern ergänzen sich, um eine sinnvolle Gesamtbewertung zu erreichen. Ziel ist es festzustellen, ob es sich um ein ökologisch intaktes Gewässer handelt oder ob ein verbesserungsbedürftiger Zustand vorliegt. Die verwendeten Methoden liefern hierfür gute Hinweise. Da mit ihnen je-

doch unterschiedliche Aspekte untersucht werden, können die ermittelten Werte voneinander abweichen.

a Fassen Sie Ihre Ergebnisse zur Gewässerökologie nach Untersuchungsmethode getrennt in Berichtform zusammen!

b Vergleichen Sie die aus verschiedenen Untersuchungen ermittelten Ergebnisse!

c Diskutieren Sie Ihre Ergebnisse!

d Erörtern Sie Vor- und Nachteile der Untersuchungsmethoden!

e Entwickeln Sie Vorschläge zur Strukturverbesserung Ihres Untersuchungsgewässers!

f Diskutieren Sie Ihre Ergebnisse mit Experten einer Wasserbehörde!

Gewässer:	1 natürlich / sehr gut	2 natürlich / gut	3 wenig naturnah / mäßig	4 naturfern / unbefriedigend	5 schlecht
Abschnitt:					
Gewässerstruktur und Gewässerumfeld (bewertet wird ein ca. 100 m langer, repräsentativer Gewässerabschnitt)					
1. Nutzung der Aue Wie wird die Aue im überschaubaren Umfeld des Gewässers überwiegend genutzt?	☐ naturnaher Wald (Laubbäume), Auwald	☐ extensive Nutzung oder Brache: nicht gedüngte oder wenig beweidete Wiesen	☐ kleinere Äcker, Weiden oder Gärten ☐ Nadelwald	☐ intensive Landwirtschaft, Äcker ☐ stellenweise Bebauung	☐ geschlossene Ortschaft ☐ Industriegebiet
2. Gewässerrandstreifen Gibt es einen naturbelassenen Gewässerrandstreifen?	☐ > 20 m	☐ ca. 5–20 m	☐ ca. 2–5 m	☐ < 2 m	☐ nicht vorhanden
3. Gewässerverlauf Wie ist der überwiegende Verlauf des Gewässers?	☐ mäandrierend, nicht begradigt	☐ stark geschwungen, wenig begradigt	☐ geschwungen, mäßig begradigt	☐ leicht gekrümmt, überwiegend begradigt	☐ gerade, vollständig begradigt
4. Uferbewuchs In welchem Ausmaß ist eine standorttypische Ufervegetation vorhanden?	☐ Auwald, durchgehender Weiden- und / oder Erlensaum von mehreren Metern Breite	☐ schmaler, aber durchgehender Weiden- oder Erlensaum ☐ Feuchtwiese, Hochstauden oder Röhrichte	☐ lückiger Weiden- oder Erlensaum mit Krautflur ☐ Krautflur aus Brennnesseln u. a. Mineralstoffzeigern	☐ Einzelbäume, evtl. Krautflur ☐ standortfremde Vegetation (z. B. Nadelbäume oder Ziersträucher) ☐ gemähtes Ufer	☐ keine Uferbäume, keine Krautflur, befestigter Uferrand
5. Uferstruktur Wie ist das Ufer beschaffen?	☐ keine festgelegte Uferlinie, viele Einbuchtungen, Gewässer kann sich ungehindert in die Breite ausdehnen	☐ Ufer begradigt, aber nicht sichtbar befestigt. Mit einigen Einbuchtungen und Aufweitungen	☐ Ufer stellenweise befestigt < 50 %, doch sind Uferabbrüche möglich	☐ Ufer überwiegend befestigt (durch Steinschüttungen oder Holzpfähle)	☐ gerade Uferlinie, Ufer steil abfallend, befestigt (Pflaster, Beton o. ä.)
6. Gewässerquerschnitt Wie ist der Bach eingetieft?	☐ sehr flach Breite : Tiefe-Verhältnis > 10 : 1	☐ flach Breite : Tiefe-Verhältnis > 5 : 1	☐ mäßig tief Breite : Tiefe-Verhältnis > 3 : 1	☐ tief Breite : Tiefe-Verhältnis > 2 : 1	☐ sehr tief Breite : Tiefe-Verhältnis < 2 : 1
7. Strömungsbild Wie deutlich ist ein Wechsel von unterschiedlichen Fließgeschwindigkeiten anhand der Strömung erkennbar?	☐ unterschiedliche Fließgeschwindigkeiten auf engem Raum zu erkennen		☐ unterschiedliche Fließgeschwindigkeiten auf längeren Strecken erkennbar	☐ Strömung einheitlich, aber Fließen des Wassers deutlich zu erkenne	☐ Strömung kaum erkennbar, glatte Wasseroberfläche
8. Tiefenrelevanz Wie groß ist die Variation von tiefen und flacheren Gewässerbereichen?	☐ sehr groß bis groß		☐ mäßig	☐ gering	☐ keine
9. Gewässersohle Wie ist die Gewässersohle beschaffen? (ggf. mit Stock sondieren)	☐ Gewässersohle abwechslungsreich (Kies/Sand/ Lehm oder andere Feinsubstrate), viel Totholz		☐ Gewässersohle gleichmäiger, unterschiedliche Strukturen in großen Abständen	☐ Gewässersohle über größere Strecken verschlammt und / oder befestigt	☐ gleichförmige Gewässersohle, vollständig verschlammt und / oder befestigt
10. Durchgängigkeit Gibt es natürlich Hindernisse im Wasser, die Wanderungen von Tieren im Gewässer einschränken?	☐ keine Hindernisse ☐ natürlicher Wasserfall/ Kaskade	☐ Verrohrung < 2 m ☐ künstliche Stufe aus einzelnen Steinen, kann von Fischen und Wirbellosen überwunden werden	☐ Verrohrung 2–5 m ☐ Stufe < 30 cm, kann von Fischen überwunden werden, ggf. Fischtreppe	☐ Verrohrung > 5 m ☐ Stufe oder andere Barriere 30–100 cm	☐ Verrohrung > 10 m ☐ Stufe oder andere Barriere > 1 m

Erfassung der Gewässerstrukturgüte für Flachlandbäche

01 Hochmoor in Norddeutschland

Ökosystem Moor

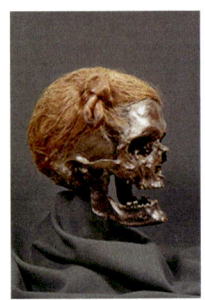

02 Schädel einer Moorleiche

Mit Mooren verbinden die meisten Menschen vor allem schaurige Erzählungen über Moorleichen oder geisterhafte Erscheinungen. Weniger bekannt sind die besonderen ökologischen Bedingungen in Mooren, die sie zu einem wertvollen Lebensraum für viele bedrohte Tier- und Pflanzenarten machen. Zudem können Moore einen beachtlichen Beitrag zum Klimaschutz leisten. Doch worin bestehen die besonderen Bedingungen in einem Moor?

MOORTYPEN UND IHRE ENTSTEHUNG · Moore sind Ökosysteme, die durch eine hohe Feuchtigkeit gekennzeichnet sind. Stammt diese Feuchtigkeit vor allem aus dem Grundwasser, bilden sich **Niedermoore,** während **Hochmoore** ausschließlich durch den Eintrag von Regenwasser entstehen. Der dauerhaft hohe Wasserstand führt zu einem geringen Sauerstoffgehalt in den Moorböden. Die aerobe Zersetzung der pflanzlichen Biomasse ist hierdurch stark vermindert. Deshalb bestehen Moorböden überwiegend aus unvollständig zersetztem, faserigen Pflanzenmaterial. Diesen an Pflanzenfasern reichen und brennbaren Boden nennt man **Torf.** Pro Jahr entsteht in einem ökologisch intakten Moor etwa ein Millimeter neuer Torf.

	Niedermoore	Hochmoore
Terrain	flach	hoch, gewölbt
Tiefe	1 bis 3 Meter	1 bis 8 Meter
pH-Wert	4 bis 7 (sauer bis neutral)	2,5 bis 5 (sauer)
Nährstoffgehalt	hoch	niedrig
Vegetation	Schilf, Wassergräser, Erlen	Gräser, Torfmoose
Wasserversorgung	Grundwasser, Flusswasser	Niederschläge
Artenreichtum	hoch	gering
Moorwachstum	langsam	sehr langsam
Nutzung	Landwirtschaft, Viehwirtschaft	Torfabbau

03 Eigenschaften von Niedermooren und Hochmooren

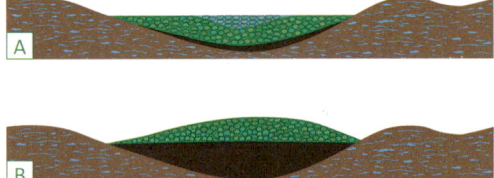

04 Struktur von Mooren: **A** Niedermoor, **B** Hochmoor

LEBENSBEDINGUNGEN IM MOOR · Obwohl alle Moore stets feucht sind, unterscheiden sich Hochmoore und Niedermoore bezüglich weiterer Lebensbedingungen. Durch den hohen Eintrag von Grundwasser in Niedermoore sind diese reich an Mineralstoffen. Stoffeinträge in Hochmoore erfolgen hingegen überwiegend über Regenwasser, sodass diese arm an Mineralsalzen sind. Dies wird dadurch verstärkt, dass die von Pflanzen aufgenommenen Stoffe durch die geringen Zersetzungsprozesse kaum wieder freigesetzt werden. Ähnlich wie Seen oder Wälder werden auch Moore je nach Mineralstoffangebot als oligo-, meso- oder eutroph bezeichnet. Stickstoffverbindungen, die oft das Pflanzenwachstum begrenzen, sind im Hochmoor nur in besonders geringem Umfang verfügbar.

Ein weiteres Merkmal von Hochmooren ist ihr geringer pH-Wert von unter 3,5. Für diesen sauren Boden sind **Torfmoose** verantwortlich.

ANGEPASSTHEITEN IM HOCHMOOR · Die Entwicklung von Hochmooren ist wesentlich abhängig vom Wachstum der Torfmoose, die kontinuierlich an ihrer oberen Spitze wachsen, während ihre unteren Pflanzenteile absterben. Hierdurch tragen sie erheblich zur Torfbildung bei.

Die kleinen Blättchen der Torfmoose bestehen sowohl aus fotosynthetisch aktiven Zellen, den **Chlorozyten,** als auch aus wasserspeichernden Zellen. Durch diese **Hyalozyten** können Torfmoose das etwa 25-Fache ihres Trockengewichts an Wasser speichern und tragen damit zur hohen Feuchtigkeit in Hochmooren bei. Torfmoose haben zudem die Fähigkeit, Kationen trotz geringer Verfügbarkeit effektiv aufzunehmen. Dies erfolgt über einen Austauschmechanismus, bei dem Kationen aufgenommen und Wasserstoffionen abgegeben werden. Hierdurch wird der pH-Wert des Bodens abgesenkt.

Eine besondere Angepasstheit an die geringe Stickstoffverfügbarkeit in Hochmooren zeigen fleischfressende Pflanzen wie der **Sonnentau.** Diese fangen Insekten über tentakelbesetzte Blätter. Nach Zersetzung des Insektenkörpers durch Proteasen und andere Enzyme dienen die so freigesetzten Verbindungen als reiche Stickstoffquelle im stickstoffarmen Hochmoor.

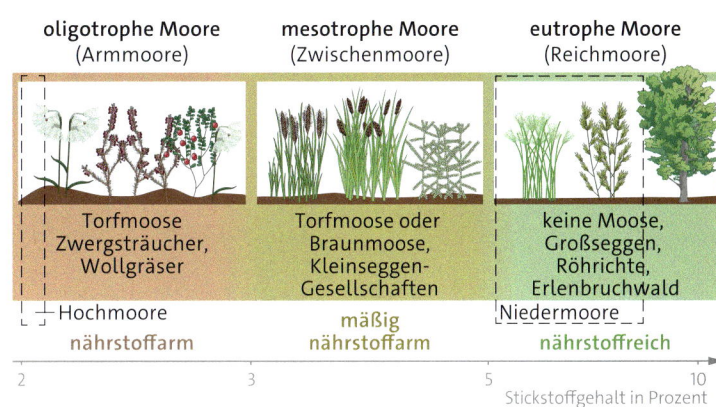

05 Hochmoore und Niedermoore im Spektrum von Oligotrophie, Mesotrophie oder Eutrophie

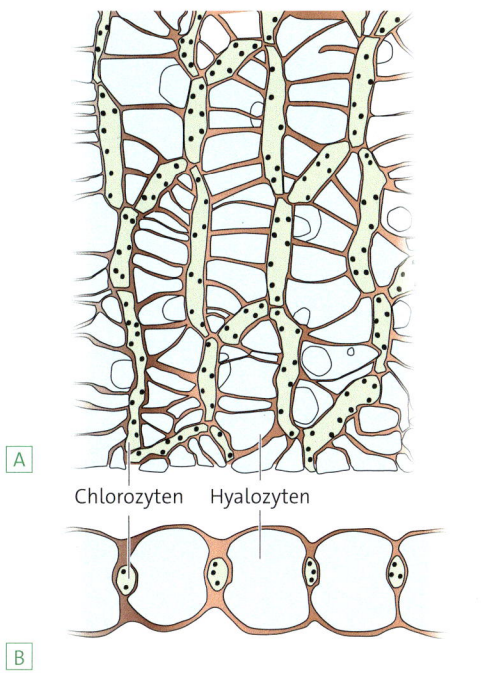

06 Schematischer Aufbau eines Torfmoosblattes: **A** Aufsicht, **B** Querschnitt

07 Einzelne Torfmoospflanze

08 Rundblättriger Sonnentau

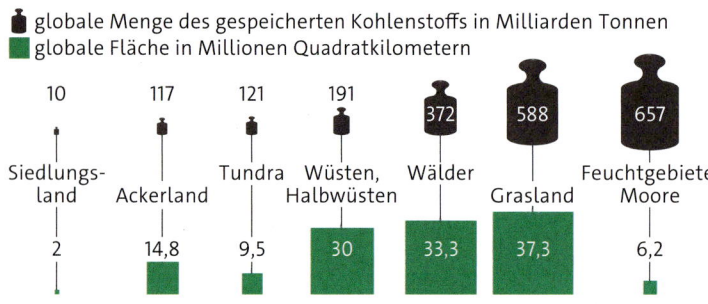

■ globale Menge des gespeicherten Kohlenstoffs in Milliarden Tonnen
■ globale Fläche in Millionen Quadratkilometern

10	117	121	191	372	588	657
Siedlungs-land	Ackerland	Tundra	Wüsten, Halbwüsten	Wälder	Grasland	Feuchtgebiete, Moore
2	14,8	9,5	30	33,3	37,3	6,2

09 Moore und andere Ökosysteme als Kohlenstoffspeicher

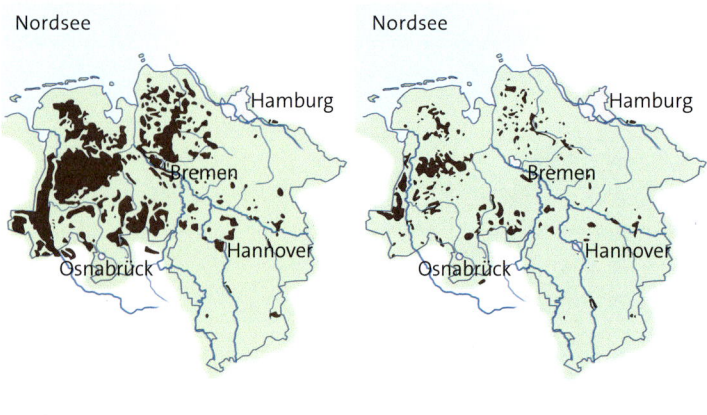

Ende des 18. Jahrhunderts   Mitte des 20. Jahrhunderts

10 Moorflächen in Niedersachen – früher und heute

MOORE ALS KOHLENSTOFFSENKEN · Ein großer Teil des fotosynthetisch fixierten Kohlenstoffs bleibt in Mooren im Boden gebunden. In den tiefen anaeroben Schichten wird die kohlenstoffreiche Biomasse nur teilweise abgebaut. In den oberen Schichten entstehen unter aeroben Bedingungen zudem anorganische Karbonate. Trotz ihrer geringen Fläche sind in Mooren daher große Kohlenstoffmengen gespeichert. Man bezeichnet sie daher als *Kohlenstoffsenken.*

NUTZUNG UND RENATURIERUNG VON MOOREN · Die Funktion von Mooren als Kohlenstoffsenken hängt von ihrem ökologischen Zustand ab. Durch ihre Nutzung als landwirtschaftliche Flächen oder zum Torfabbau sind Moore vielfach trockengelegt und dadurch stärker belüftet worden. Hierdurch wird der als Karbonat gebundene Kohlenstoff in Kohlenstoffdioxid umgewandelt. Aus den organischen Kohlenstoffverbindungen entstehen die hochwirksamen Treibhausgase Methan und Lachgas. Daher gibt es Bemühungen, geschädigte Moorflächen durch Anhebung des Wasserstandes wieder in einen naturnahen Zustand zu versetzen. Man spricht von **Renaturierung.**

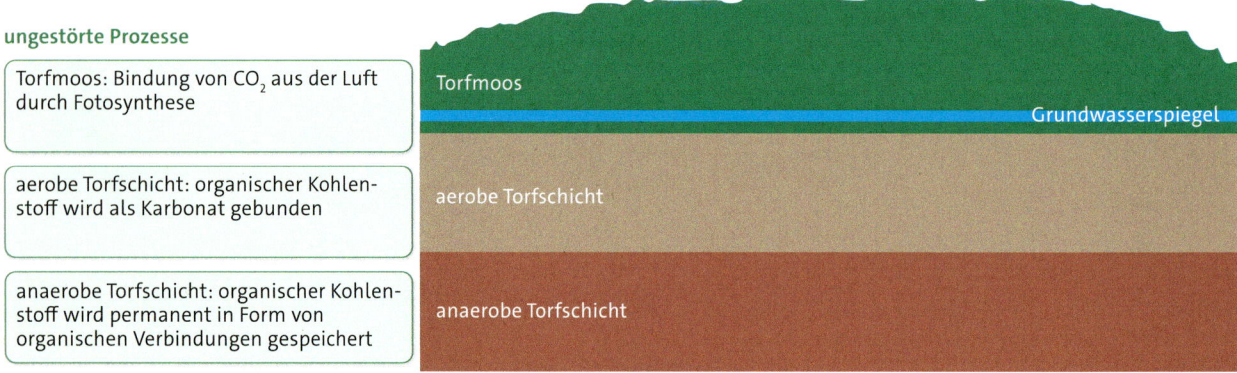

ungestörte Prozesse

Torfmoos: Bindung von CO_2 aus der Luft durch Fotosynthese

aerobe Torfschicht: organischer Kohlenstoff wird als Karbonat gebunden

anaerobe Torfschicht: organischer Kohlenstoff wird permanent in Form von organischen Verbindungen gespeichert

Torfmoos
Grundwasserspiegel
aerobe Torfschicht
anaerobe Torfschicht

gestörte Prozesse

Durch den niedrigen Grundwasserspiegel verwittert das Karbonat und setzt CO_2 frei.

Luft dringt bis in die anaerobe Torfschicht vor, was zur Freisetzung von Methan und Lachgas in die Atmosphäre führt.

Torfmoos
aerobe Torfschicht
anaerobe Torfschicht
Grundwasserspiegel

11 Prozesse in ungestörten und gestörten Hochmooren

Material A ▸ Kohlenstoffdioxid-Fluss im Tagesverlauf

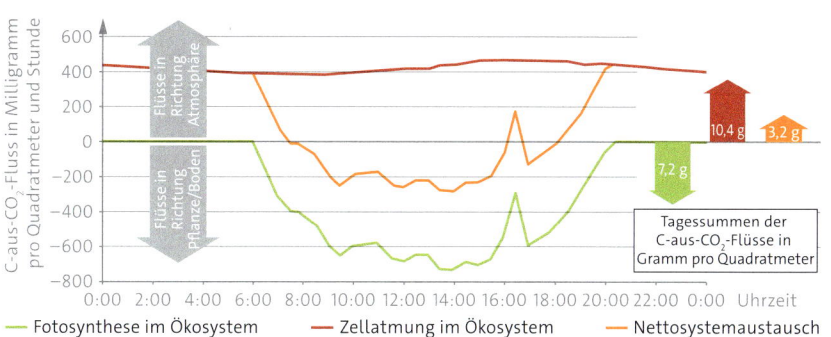

— Fotosynthese im Ökosystem — Zellatmung im Ökosystem — Nettosystemaustausch

Als Nettosystemaustausch bezeichnet man die Bilanz aus fixierenden und freisetzenden Prozessen in einem Ökosystem. Zur Bestimmung dieses Wertes für Kohlenstoff aus Kohlenstoffdioxid (C aus CO_2) wird dessen Fixierung durch Fotosynthese bestimmt, um hiervon den Wert der Freisetzung von C aus CO_2 durch die gesamte Zellatmung im Ökosystem zu subtrahieren.

A1 Beschreiben Sie die im Diagramm dargestellten C-aus-CO_2-Flüsse im Tagesverlauf!

A2 Bestimmen Sie die Tageszeiten, in denen mehr Kohlenstoffdioxid fixiert als freigesetzt wird!

A3 Erläutern Sie den Tagesverlauf des Nettoökosystemaustausches!

A4 Nennen Sie mögliche ökologische Gründe für die Gesamttagesbilanz!

Material B ▸ Kohlenstoffdioxid-, Methan- und Lachgas-Emissionen in Mooren

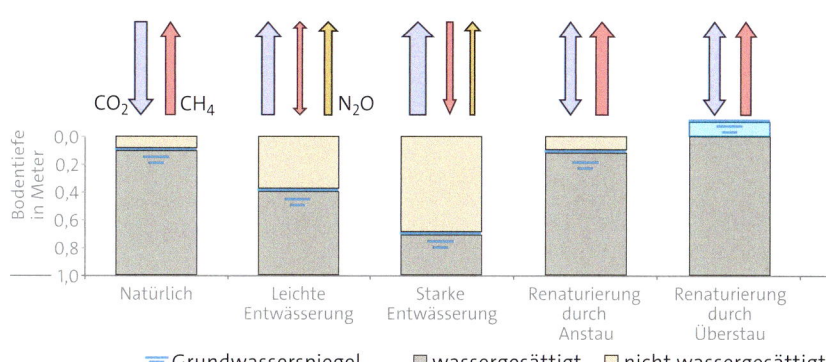

▽ Grundwasserspiegel ▨ wassergesättigt ▢ nicht wassergesättigt

Um die ökologischen Auswirkungen von Moorentwässerungen und Moorrenaturierungen einschätzen zu können, wurden Moore in verschiedenen Zuständen hinsichtlich der Fixierung und Freisetzung von Treibhausgasen analysiert. Die entsprechenden Prozesse sind neben dem Wasserstand von weiteren Einflussfaktoren abhängig.

B1 Vergleichen Sie die Emissionen von Kohlenstoffdioxid, Methan und Lachgas aus Mooren unterschiedlicher Zustände!

B2 Erklären Sie die im Diagramm erkennbaren Effekte einer leichten und starken Entwässerung! Berücksichtigen Sie hierzu die Bedingungen in der Tabelle!

B3 Beurteilen Sie das Klimaschutzpotenzial von Moorrenaturierungen bezüglich der unterschiedlichen Treibhausgas-Emissionen!

B4 Diskutieren Sie die Aussage „Moorschutz ist Klimaschutz!"

Treibhausgas	Treibhauspotenzial [kg CO_2 pro kg Molekül]	Wichtige Prozesse	Bedingungen für hohe Emissionen	Bedingungen für niedrige Emissionen
Kohlenstoffdioxid (CO_2)	1	Nettobilanz zwischen Fotosynthese und Atmung der Pflanzen und Mikroorganismen im Boden	starke Entwässerung	naturnahe Wasserstände, Torfbildung
Lachgas (N_2O)	265	mikrobielle Prozesse im Boden: Nitrifikation, Denitrifikation	Stickstoffdüngung, mittlere Bodenfeuchte	naturnahe Wasserstände
Methan (CH_4)	28	mikrobielle Prozesse im Boden: Methanbildung, Methanabbau	ganzjährig wassergesättigte oder überstaute Verhältnisse	mindestens 5 bis 10 cm hohe Bodenschicht, die nicht ganzjährig wassergesättigt ist

01 Kohleabbau

Stoffkreisläufe im Ökosystem

Im heutigen Ruhrgebiet fand einer Sage nach vor langer Zeit ein Schweinehirt glühende schwarze Steine in einer Feuerstelle. Dies soll der erste Fund von Steinkohle gewesen sein. Inzwischen werden weltweit jährlich etwa 5,7 Milliarden Tonnen dieses „schwarzen Goldes" abgebaut. Steinkohle wird beim Hochofenprozess, zur Erzeugung von elektrischer Energie und zur Wärmegewinnung genutzt. Woher aber stammt diese Kohle?

KREISLÄUFE IN ÖKOSYSTEMEN · In der Fotosynthese wird der Kohlenstoff des gasförmigen Kohlenstoffdioxids von Pflanzen in Kohlenhydrate eingebaut. Primärproduzenten binden anorganische Stoffe in Biomasse ein. Konsumenten und Destruenten setzen sie wieder frei. Wird sie jedoch nicht zersetzt, entsteht unter Druck und bei anaeroben Bedingungen Kohlenstoff. Dieser kann im Boden langfristig gespeichert werden. Auch durch andere Prozesse können chemische Elemente dem Kreislauf entzogen und in Stoffspeichern wie den Ozeanen oder in Sedimenten langfristig eingelagert werden. Andere Elemente wie Stickstoff durchlaufen ebenfalls je nach biotischen und abiotischen Faktoren einen solchen Kreislauf. So löst sich bei Temperaturanstieg in den Ozeanen weniger der gasförmige Stickstoff aus der Atmosphäre. An diesen Beispielen zeigt sich, dass chemische Elemente in unterschiedlichen Formen auf der Erde vorkommen. Kohlenstoff, Stickstoff und andere chemische Elemente werden bei diesen Prozessen aber nicht verbraucht. Vielmehr durchlaufen sie einen von der Sonnenenergie angetriebenen **Stoffkreislauf.**

02 Kreisläufe in Ökosystemen

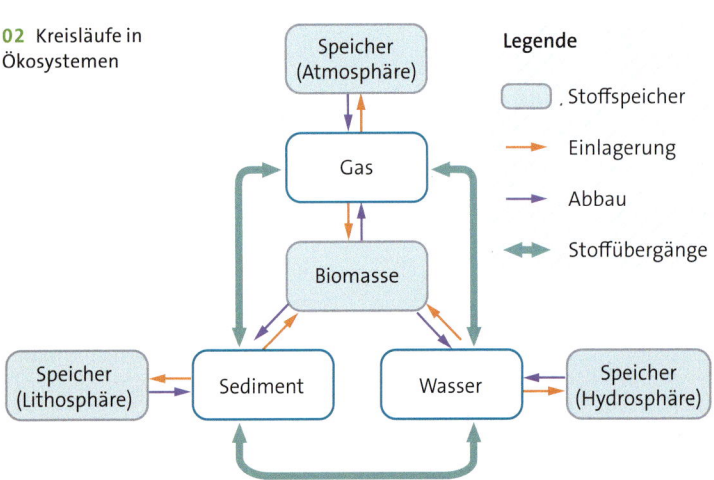

KOHLENSTOFFKREISLAUF · Eine 80-jährige Buche mit einer Höhe von 25 Metern besitzt eine Trockenmasse von etwa 12 Tonnen. Darin enthalten ist die Menge von etwa 6 Tonnen Kohlenstoff, die aus 22 Tonnen Kohlenstoffdioxid gebildet wurde. Die Biomasse der Buche und anderer Pflanzen wird aus anorganischem Kohlenstoffdioxid aus der Luft aufgebaut. Konsumenten und Destruenten bauen daraus durch Fraß oder Abbau eigene Biomasse auf oder nutzen sie als Energiequelle, wobei wieder Kohlenstoffdioxid gebildet wird. Die Aufnahme und Abgabe von Kohlenstoffdioxid entsprechen sich bei dieser Kreislaufvorstellung weitestgehend. Da diese Prozesse innerhalb von Jahrzehnten stattfinden, spricht man von einem **Kurzzeitkreislauf.**

Tatsächlich wird ein Großteil der Kohlenstoffverbindungen auf dem Land oder in den Ozeanen langfristig fixiert. So entstehen in langen geologischen Prozessen aus den Kohlenstoffverbindungen der abgestorbenen Organismen Torf, Erdöl, Kohle oder Erdgas. Weiterhin kann Kohlenstoffdioxid auch in Kalk eingebaut werden. Insbesondere im Meer sind etwa 80 Prozent des Kohlenstoffes der Erde durch Bildung von Kalkgestein festgelegt. Dieser Kreislauf, der Jahrmillionen beansprucht, heißt **Langzeitkreislauf.**

Innerhalb des Kohlenstoffkreislaufes stellt sich nur dann ein Fließgleichgewicht zwischen der Atmosphäre, Hydrosphäre und Lithosphäre ein, wenn sich Assimilation und Dissimilation als gegenläufige Prozesse entsprechen. Global gesehen zeigt sich aber momentan ein anderes Bild: Die Menschen verbrennen immer mehr fossile kohlenstoffhaltige Brennstoffe und auch rezente kohlenstoffhaltige Brennstoffe wie Holz. Bei diesen Verbrennungsprozessen wird mehr Kohlenstoffdioxid freigesetzt, als in der gleichen Zeit durch Fotosynthese und Lösung von Kohlenstoffdioxid im Meerwasser gebunden wird. So werden durch die Verbrennung fossiler Brennstoffe jährlich etwa 6 Gigatonnen Kohlenstoff in die Atmosphäre abgegeben. Der Gehalt an Kohlenstoffdioxid in der Atmosphäre steigt pro Jahr um etwa 3 Gigatonnen. Dieser menschliche Eingriff hat den globalen Kohlenstoffumsatz erheblich verändert. Insbesondere mit der Verbrennung von Kohle, Öl und Erdgas werden der Langzeitkreislauf verändert und erhebliche Mengen Kohlenstoffdioxid freigesetzt. Diese Veränderung ist problematisch, da sie den Gehalt an Kohlenstoffdioxid in der Atmosphäre beeinflusst und damit auch eine Klimaveränderung bewirkt. Durch Fotosynthese und Aufbau von Biomasse kann ein Ökosystem diesen Kohlenstoff zurückgewinnen. Dieser Prozess benötigt aber sehr viel Zeit.

1 | Erörtern Sie anhand der Abbildung 04, wie Menschen in den globalen Kohlenstoffkreislauf eingreifen!

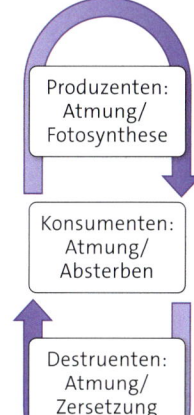

03 Kurzzeitkreislauf

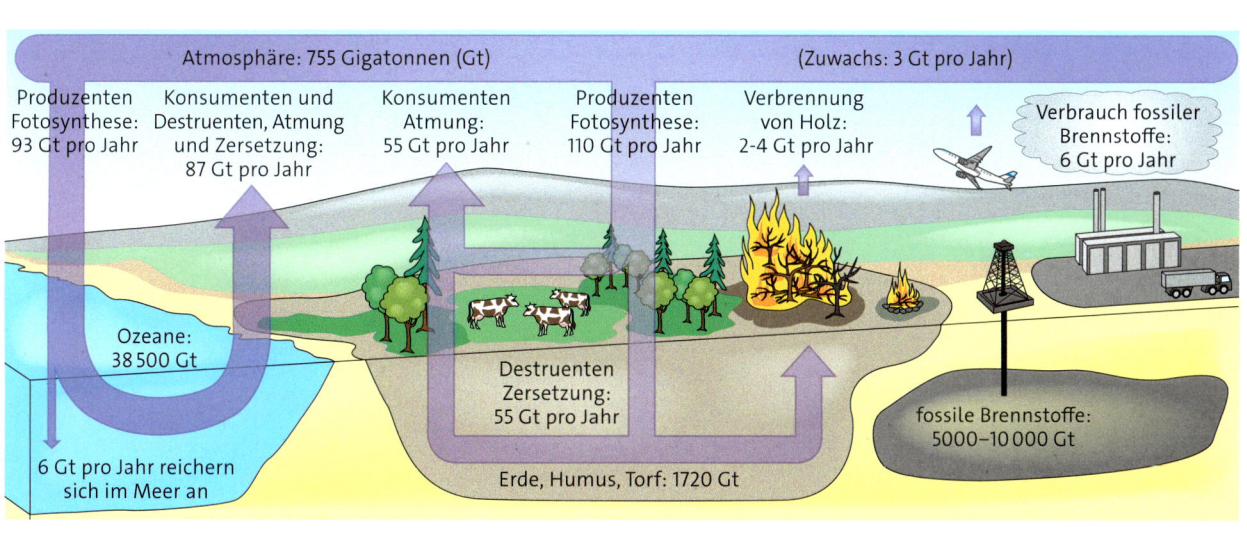

04 Globaler Kohlenstoffkreislauf

STICKSTOFFKREISLAUF · Als wesentliches Bauelement von Proteinen, Aminosäuren und Nukleotiden wird Stickstoff in großen Mengen von Lebewesen benötigt. So bestehen zwar 78 Prozent der erdnahen Atmosphäre aus gasförmigen Stickstoff, dieser ist für Pflanzen und Tiere aufgrund seiner chemischen Eigenschaften aber nicht nutzbar. Zugänglich sind hingegen mineralische Stickstoffverbindungen des Bodens, die von Ausscheidungen von Tieren stammen. Wie kommen Pflanzen also zu ihrem dringend benötigten Stickstoff?

Produzenten nehmen aus dem Boden Nitrat, NO_3^-, oder Ammonium, NH_4^+, auf. Durch diesen Prozess werden jährlich etwa 175 Millionen Tonnen Stickstoff assimiliert. Tiere scheiden überschüssigen Stickstoff meistens in Form von Harnstoff oder Harnsäure aus. Konsumenten und Destruenten mineralisieren die Aminogruppe der Proteine, $-NH_2^-$, zu Ammonium. Diesen Prozess nennt man **Ammonifikation.**

In Gegenwart von Sauerstoff können bestimmte aerobe Mikroorganismen das Ammonium zu Nitrit, NO_2^-, und andere des Nitrit zu Nitrat, NO_3^-, oxidieren. Diesen Prozess nennt man **Nitrifika-**

Knöllchenbakterien siehe Seite 133

tion. Dabei gewinnen diese nitrifizierenden Bakterien Energie und binden so Kohlenstoffdioxid in organische Substanz ein. Sie betreiben also *Chemosynthese.* Ist kein Sauerstoff vorhanden, können bestimmte denitrifizierende Bakterien Nitrat- oder Nitritverbindungen für ihren eigenen Stoffwechsel benutzen. Sie reduzieren aus Nitraten wieder elementaren Stickstoff, N_2. Durch diese Umwandlung verarmt die Biosphäre sukzessiv an für die Lebewesen verfügbaren Stickstoffverbindungen.

Stickstoff fixierende Symbionten, wie zum Beispiel Cyanobakterien, wirken diesem Prozess entgegen. Manche dieser Bakterien leben auch in Symbiose mit höheren Pflanzen. So besitzen Schmetterlingsblütler oder Erlen Stickstoff fixierende *Knöllchenbakterien.* Sie können elementaren Stickstoff aufnehmen und verbinden somit den **Stickstoffkreislauf** mit der Atmosphäre.

2 Begründen Sie, weshalb Stickstoff für Pflanzen in der Regel einen Minimumfaktor darstellt, obwohl er hinreichend in der Atmosphäre vorhanden ist!

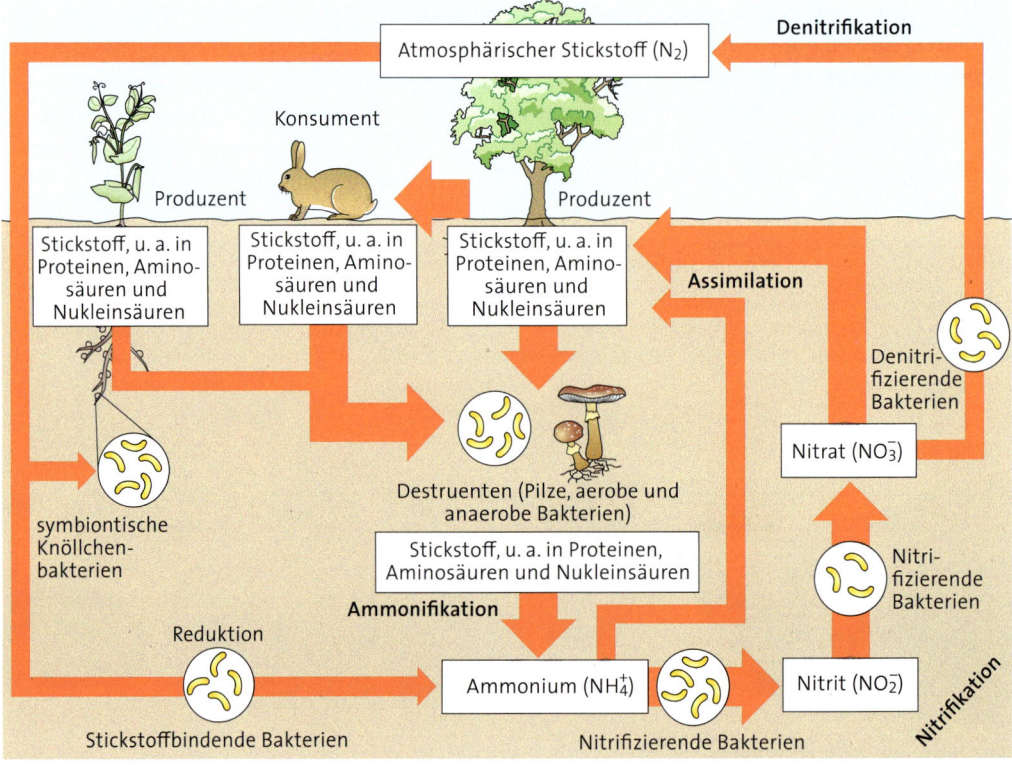

04 Stickstoff-kreislauf

Material A ▸ Leguminosen im Landbau

In der ökologischen Landwirtschaft wird auf Mineraldünger verzichtet. Stattdessen gibt es häufig Felder, die mit Linsen und anderen Leguminosen bepflanzt sind. Sie sollen insbesondere für eine Anreicherung des Bodens mit Stickstoff sorgen.

A1 Erklären Sie die Funktion der Leguminosen für die Anreicherung des Bodens mit Stickstoff!

A2 Informieren Sie sich über Möglichkeiten, Ackerböden Stickstoff zuzuführen. Nennen Sie Vor- und Nachteile der jeweiligen Methode gegenüber dem Anbau von Leguminosen!

Material B ▸ Experiment zur Anreicherung der Kohlenstoffdioxidkonzentration

Graslandökosystem auf Sandstein

Mithilfe von Experimenten untersuchten Forscher, wie sich eine höhere Kohlenstoffdioxidkonzentration in der Atmosphäre auf die Aufnahme und Speicherung von Kohlenstoffdioxid ober- und unterirdisch in Ökosystemen auswirkt.

Dazu wurde drei Jahre lang in einem Graslandökosystem in getrennten, oben offenen Kammern so lange kohlenstoffdioxidreiche Luft eingeleitet, bis die Konzentration 720 ppm betrug. In andere Kammern wurde als Kontrolle reine Luft eingeleitet.

Nach drei Jahren wurde in jeder Kammer die Biomasse der Schösslinge und der Streuschicht gemessen. Zusätzlich wurde aus jeder Kammer eine Bodenprobe entnommen und der Kohlenstoffgehalt der Wurzeln und des Detritus bestimmt.

Diagramm-Achse: Kohlenstoffgehalt in Gramm pro Quadratzentimeter

oberirdisch — Detritus, Schösslinge (200, 100, 0)

unterirdisch — Wurzeln, Detritus, Mikroorganismen (100)

■ natürliche CO$_2$-Konzentration (Kontrolle)
■ erhöhte CO$_2$-Konzentration (Experiment)

B1 Formulieren Sie eine Hypothese dazu, ob bei einer erhöhten Kohlenstoffdioxidkonzentration in der Atmosphäre mehr Kohlenstoff ober- und unterirdisch gespeichert wird!

B2 Beschreiben Sie das Experiment und die Ergebnisse!

B3 Deuten Sie die Ergebnisse des Experiments und geben Sie an, welche Erklärung sich für die Aufnahme und Speicherung von Kohlenstoffdioxid im Ökosystem finden lässt!

B4 Beschreiben Sie, welche Rückschlüsse das Experiment auf den globalen Kohlenstoffkreislauf erlaubt!

Material C ▸ Phytoplankton bei verschiedenen Kohlenstoffdioxidkonzentrationen

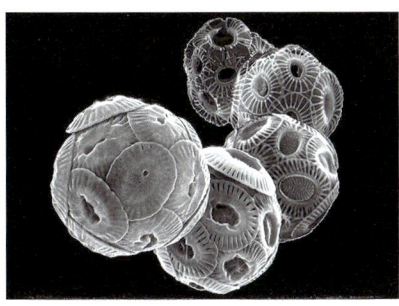

Die im Meer lebende Kalkalge *Emiliania huxleyi* ist mit kalkigen Plättchen umhüllt. Diese bildet die Alge aus Kohlenstoff, den sie als Hydrogencarbonat aus dem Wasser aufnimmt und als Kalzit ausfällt. Das Foto zeigt im Vordergrund eine Kalkalge bei normaler CO$_2$-Konzentration im Wasser. Die CO$_2$-Konzentration nimmt nach hinten ab.

C1 Beschreiben Sie die Auswirkungen des globalen CO$_2$-Anstieges für die Atmosphäre und die Ozeane!

C2 Erläutern Sie anhand der Abbildung mögliche Effekte, die sich aus der Erhöhung der CO$_2$-Konzentration im Ozean ergeben!

01 Die Erde bei Nacht

Bevölkerungswachstum und Nutzung der natürlichen Ressourcen

Betrachtet man die Erde aus dem Weltall bei Nacht, wird offensichtlich, wie stark der Mensch die Erde verändert hat: Durch die riesige Anzahl an einzelnen Lichtern, vor allem in den Ballungszentren der Industrie- und Schwellenländer, leuchtet die Erde bei Nacht im Ganzen. Allein diese Beleuchtung setzt gewaltige Energieumsätze voraus – von den am Tag genutzten Energieressourcen ganz zu schweigen. Was bedeuten dieser extreme Energiebedarf und Ressourcenverbrauch für die Menschheit?

GESCHICHTE DER RESSOURCENNUTZUNG · Vor etwa 10 000 Jahren lebte der Mensch in kleineren Gruppen als **Jäger und Sammler.** Hierbei erbeutete er Tiere und sammelte Pflanzenteile und Pilze. Seit der Jungsteinzeit lernte der Mensch, an immer mehr Stellen der Erde Pflanzen anzubauen und Tiere zu halten. Diese sesshafte Lebensweise mit **Ackerbau und Viehhaltung** setzte sich immer mehr durch. Dabei stieg der Bedarf an Holz als Heizmittel, Baumaterial und Rohstoff deutlich an. Zusätzlich wurde für die Gewinnung von Eisen aus Eisenerz sehr viel Holz benötigt. Nach dem Ende der Völkerwanderungszeit und der Zunahme von festen Siedlungen mit einer einhergehenden sichereren Lebensweise stieg die Bevölkerungszahl in Mitteleuropa erheblich. Dies führte zur Verknappung landwirtschaftlicher Nutzflächen und großen Rodungsaktivitäten. Es gab immer weniger Wälder und Holz wurde schließlich zu einem knappen Gut.

Mit der Industrialisierung wandelte sich die Energiequelle der Menschheit grundlegend. Bisher versorgten sich die Menschen durch Holz, also erneuerbare Ressourcen, deren Energiequelle die Sonne ist. Mit der Förderung der als unerschöpflich erscheinenden „unterirdischen Wälder" – zuerst Kohle, später Erdöl und Erdgas – begann das **Zeitalter der fossilen Energienutzung,** das bis heute anhält. Die Gewinnung von Eisen mithilfe von Steinkohle und die Erfindung der Dampfmaschine waren treibende Kräfte für die **industrielle Revolution.**

Mit dem Kohlenbergbau und den Hochöfen entstanden neue Industrie- und Siedlungszentren, die allmählich durch Eisenbahnen miteinander vernetzt wurden. Der Verbrennungsmotor und die Erdölförderung symbolisieren weitere technische Innovationen im 20. Jahrhundert. Die Verstädterung führte zur Notwendigkeit der materiellen Versorgung der Stadtbevölkerung durch das Umland mit Trinkwasser, Nahrungsmitteln bis hin zu Kleidung. Besonders die Metropolen, die viel Energie benötigen und deren Lichter bei Nacht ins Weltall strahlen, verdeutlichen die extreme Zunahme des Energiebedarfs. Die täglich genutzten Transportwege von Rohstoffen und Gütern sind weltumspannend. Im Rahmen des weltweiten Handels verändern sich Schwellenländer wie China oder Indien ökonomisch, ökologisch und gesellschaftlich rasant. Die Energienutzung, der Ressourcenverbrauch und die Umweltbelastung steigen hierbei weltweit enorm.

„GRENZEN DES WACHSTUMS" · 1972 erschien der Weltbestseller „Limits to Growth". Ein internationales Forscherteam um den Ökonomen und Systemforscher Dennis MEADOWS untersuchte mithilfe eines Modellprogramms samt Computersimulationen Entwicklungsszenarien der Erde für die nächsten 100 Jahre. Fünf weltweit wirkende Trends und deren Wechselwirkungen wurden hierbei in verschiedenen Szenarien betrachtet: das exponentielle Bevölkerungswachstum, die beschleunigte Industrialisierung, die weltweite Unterernährung, die Ausbeutung der Rohstoffreserven und die Zerstörung des Lebensraums. In allen Durchgängen kam es deutlich vor Ablauf der 100 Jahre trotz simulierter Maßnahmen zu einem katastrophalen Abfall der Weltbevölkerung und des Lebensstandards.

Die Forscher schlussfolgerten, dass bei Fortsetzung aller Trends die Wachstumsgrenzen der Erde innerhalb der nächsten 100 Jahre erreicht werden. Um die Lebensbedingungen der Menschheit zu erhalten, sprachen sie sich für die Kontrolle des Bevölkerungswachstums sowie für eine Reduzierung des Ressourcenverbrauchs und der Umweltverschmutzung aus.

Durch die Ölkrisen in den 1970er- und 1980er-Jahren mit autofreien Sonntagen war die Studie in aller Munde. Dann erholte sich die Weltwirtschaft und die Studie wurde als unnötig abgetan.

Heute sind die Thesen von MEADOWS aktueller denn je: Nach herrschender Meinung ist der Klimawandel in vollem Gange und wichtige Energieträger wie Öl können nicht mehr in beliebiger Menge gefördert werden.

EXPONENTIELLES BEVÖLKERUNGSWACHSTUM · Die Bevölkerungszahl wird von zwei Regelkreisen gesteuert: Die Geburtenrate, das heißt die jährliche Anzahl an Geburten auf 1000 Einwohner, führt als **positive Rückkopplung** zu Bevölkerungswachstum. Die Sterberate, das heißt die jährliche Anzahl an Todesfällen auf 1000 Einwohner, bewirkt als **negative Rückkopplung** einen Rückgang der Bevölkerungszahl.

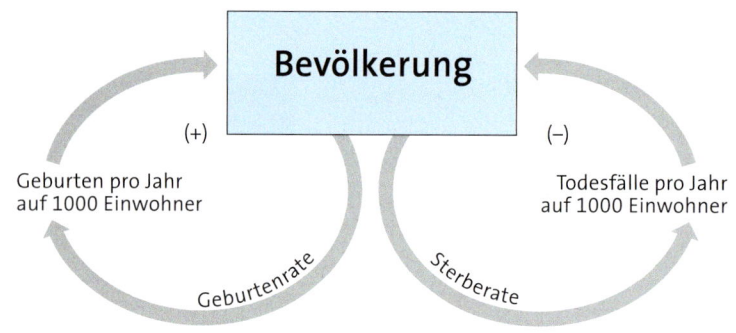

02 Regelkreis zur Weltbevölkerung (aus: MEADOWS)

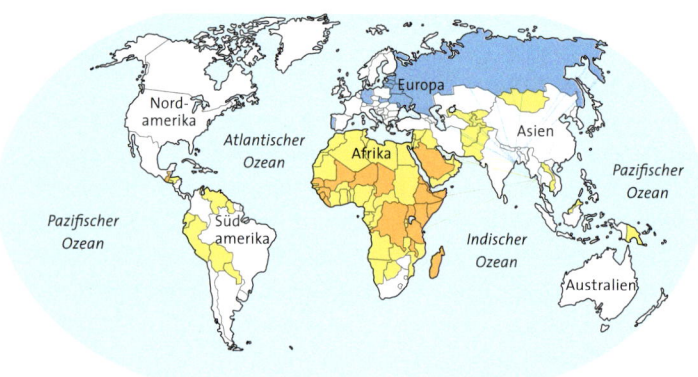

Wachstumsrate
in Prozent

☐ – 0,5 bis 0 %
☐ > 0 bis 1,5 %
☐ > 1,5 bis 2,5 %
☐ > 2,5 bis 3,6 %

0 ▬▬▬▬ 6800 km

03 Weltbevölkerungswachstum 2010

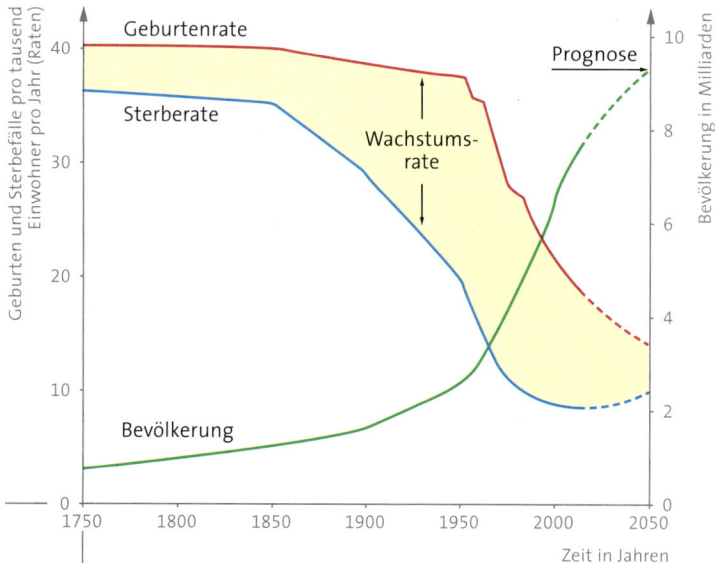

04 Demografischer Übergang der Weltbevölkerung (aus: MEADOWS)

Die Differenz zwischen Geburten- und Sterberate ergibt die *Wachstumsrate* der Bevölkerung. Eine konstante Wachstumsrate führt zu exponentiellem Wachstum.

Die Weltbevölkerung stieg von etwa 10 Millionen Menschen vor etwa 10 000 Jahren auf 600 Millionen Menschen in der Mitte des 19. Jahrhunderts. 1965 betrug die Gesamtbevölkerung der Erde etwa 3,3 Milliarden bei einer Wachstumsrate von 2 Prozent und einer Verdopplungszeit der Bevölkerung von 36 Jahren. Das exponentielle Wachstum der Weltbevölkerung hält aufgrund erfolgreicher Bemühungen, die Sterberate zu senken, bis heute an. Seit 1965 ist die Sterberate weiter rückläufig. Gleichzeitig nimmt die Geburtenrate aber noch schneller ab. Daher sinkt die Wachstumsrate auf 1,2 Prozent. Die Bevölkerungszahl stieg bis ins Jahr 2000 auf etwas mehr als 6 Milliarden Menschen. Mit dem weltweiten Rückgang der Geburtenrate hat sich die Verdopplungszeit zwar auf 60 Jahre verlängert, aufgrund der größeren Bevölkerungszahl ergibt sich für das Jahr 2000 aber ein höherer absoluter Zuwachs als 1965. Zurzeit bewohnen mehr als 7 Milliarden Menschen die Erde. Jede Sekunde werden zwei bis drei Menschen geboren und in vielen Entwicklungsländern, besonders in Afrika und in den Metropolen Asiens, mit Ausnahme Chinas, wächst die Bevölkerung weiterhin erheblich.

MODELL DES DEMOGRAFISCHEN ÜBERGANGS · Nach Beobachtungen der UN ist in nicht industrialisierten Gesellschaften sowohl die Geburtenrate als auch die Sterberate hoch. Durch Verbesserung der Nahrungsgrundlage und der medizinischen Versorgung im Rahmen der Industrialisierung sinkt die Sterberate, die Geburtenrate bleibt aber etwa noch für zwei Generationen hoch. Dies führt zu einem raschen Bevölkerungswachstum. Mit der Übernahme der Lebensweise voll industrialisierter Gesellschaften fällt schließlich auch die Geburtenrate und das Bevölkerungswachstum verlangsamt sich. Die Sterbe- und Geburtenrate nähern sich zeitlich verzögert auf einem niedrigen Niveau an. Dieser Rückgang wird **demografischer Übergang** genannt und kann auf eine Kombination verschiedener Folgeerscheinungen der Industrialisierung zurückgeführt werden, die als

Millenniumziele der UN für Entwicklungsländer bekannt sind:

- Familienplanung mit sexueller Aufklärung und Zugang zu Verhütungsmitteln
- bessere Ausbildung von Mädchen sowie Gleichberechtigung und Berufstätigkeit der Frauen
- medizinische Grundversorgung und geringe Kindersterblichkeit
- gerechtere Einkommensverteilung, Chancengleichheit und soziale Absicherung der Familien

ÜBERNUTZUNG DER UMWELTRESSOURCEN ·

Parallel zur Weltbevölkerung wachsen auch die Industrie sowie der Rohstoff- und Energiebedarf und die Emission von Schadstoffen exponentiell. Zur Gewinnung pflanzlicher und tierischer Produkte wird der Boden immer intensiver bewirtschaftet. Dabei werden deutlich steigende Mengen an Düngemitteln und Pestiziden zum Wachstum und Schutz von Monokulturen eingesetzt. Die Landwirtschaft dient vor allem der Ernährung der Menschheit, aber auch der Gewinnung von Rohstoffen wie beispielsweise Baumwolle oder Biosprit. Der Energiebedarf der Landwirtschaft steigt ebenfalls.

Die Nutzung des Bodens für die Nahrungsmittelproduktion hat sich in den letzten 20 Jahren in allen Regionen der Südhalbkugel extrem ausgeweitet und intensiviert. Aufgrund des raschen Bevölkerungswachstums hat sich aber die Versorgungslage pro Kopf kaum verbessert oder sogar, wie beispielweise in vielen Ländern Afrikas, beständig verschlechtert. Insgesamt hat eine Milliarde Menschen zu wenig Nahrung. Von der Nahrungsmittelkrise merkt man in den Industrieländern beim alltäglichen Einkauf allerdings nichts.

Die Befriedigung des enormen Fleischbedarfs in den Industrieländern führt zu einem hohen Verbrauch von pflanzlichen Futtermitteln und Trinkwasser sowie ethisch bedenklichen Massentierhaltungen. Sauberes Wasser ist ein entscheidender Rohstoff für das Leben. Aber täglich muss mehr als eine Milliarde Menschen verschmutztes Wasser trinken. Dem Wasserkreislauf wird an vielen Orten mehr Wasser entnommen, als er nachliefern kann. Sehr viel Wasser wird beispielsweise für die Produktion von Industriegütern, die Kühlung von Kraftwerken oder die Massenproduktion von Gemüse und Obst eingesetzt. Dies führt zu sinkenden Grundwasserständen, Schrumpfung vieler Seen, Austrocknung von Flüssen und Versteppung von Landstrichen. Wasser wird vielerorts verschwendet und es ist weltweit ungleich verteilt. Um Wasser drohen in naher Zukunft politische Konflikte wie um Öl oder Erdgas.

Die massive Ölförderung verschmutzt die Ozeane. Die ökologischen Folgeerscheinungen der bisher größten Ölkatastrophe bei Tiefseebohrungen nach dem Untergang einer Plattform im Golf von Mexiko im Jahr 2010 sind noch nicht absehbar.

Insgesamt verbrauchen die Einwohner der Industrieländer fast 85 Prozent der Ressourcen. Menschen in Entwicklungsländern leben dagegen am oder unter dem Existenzminimum, weil fast 85 Prozent der Menschheit nur 15 Prozent der Ressourcen zur Verfügung stehen.

Solange weltweite Wirtschaftsprozesse über Preise geregelt werden, die auf Kosten der Umwelt gering gehalten werden, und die Überzeugung an die Notwendigkeit von Wirtschaftswachstum und kurzfristigem Profit bei Entscheidungsträgern anhält, bleiben Grenzen des Wachstums überschritten. Dies wird aber erst mit Verzögerung wahrnehmbar sein. Auch die enorme Anzahl an Menschen auf der Erde wird zum Problem, denn sie alle benötigen Trinkwasser, Nahrung und Energie zum Leben. Seit Erscheinen der „Grenzen des Wachstums" im Jahr 1972 und insbesondere seit Beginn des 21. Jahrhunderts hat in Teilen der Wirtschaft, der Wissenschaften und der Gesellschaft ein Nach- und Umdenken stattgefunden, das zu umweltverträglicherem Handeln führen soll.

ÖKOLOGISCHER FUSSABDRUCK ·

Ausgehend von diesen Menschheitsproblemen entwickelte der Ingenieur Mathis WACKERNAGEL 1997 eine Methode zur Berechnung der Fläche, die notwendig wäre, um alle von der Weltbevölkerung genutzten Ressourcen zu liefern und deren Emissionen aufzunehmen. Diese Fläche nannte er **ökologischen Fußabdruck.** Vergleicht man

/// **STECKBRIEF** ///

Mathis WACKERNAGEL (1962 geboren)

Mathis WACKERNAGEL wurde in Basel in der Schweiz geboren. Nach dem Ingenieurstudium in Zürich entwickelte er im Rahmen seiner Dissertation 1997 in Vancouver, Kanada, zusammen mit William REES das Konzept des ökologischen Fußabdrucks. Seitdem ist er weltweit in Forschung und Lehre tätig, berät Regierungen und Nichtregierungsorganisationen. WACKERNAGEL versucht, die Begrenztheit ökologischer Rohstoffe greifbar zu machen und konkrete Zielvorstellungen für nachhaltige Entwicklung zu entwerfen. Er ist Präsident der Organisation „Global Footprint Network", einer internationalen Forschungsgruppe in Oakland, Kalifornien.

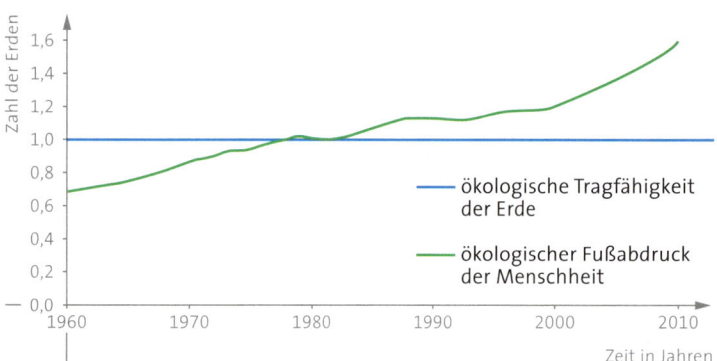

05 Ökologischer Fußabdruck

diesen mit der verfügbaren Gesamtfläche der Erde, stellt man fest, dass der ökologische Fußabdruck der Menschheit zur Zeit etwa 40 Prozent über der ökologischen Tragfähigkeit der Erde liegt und weiter steigt. Seit den 1960er-Jahren hat sich die Nutzung der Biosphäre durch den Menschen mehr als verdoppelt. Nach WACKERNAGEL befand sich die Weltbevölkerung zuletzt in den 1980er-Jahren auf einem nachhaltigen Niveau. Zurzeit verbraucht die Menschheit die Ressourcen von etwa 1,6 Erden.

Das Konzept WACKERNAGELs wurde mehrfach übernommen und umgewandelt. So lässt sich der ökologische Fußabdruck einzelner Individuen, bestimmter Unternehmen oder ganzer Nationen ermitteln und vergleichen. Beispielsweise liegt der ökologische Fußabdruck eines durchschnittlichen Amerikaners bei 8,1 Hektar, der eines durchschnittlichen Äthiopiers bei

1,4 Hektar und der eines durchschnittlichen Deutschen bei 4,8 Hektar. Die Aufgabe der Weltgesellschaft liegt darin, einerseits die Armut der Menschen in Entwicklungsländern zu bekämpfen und damit deren Wohlstand zu erhöhen, andererseits den ökologischen Fußabdruck der Menschen in Industrieländern zu verkleinern, ohne deren Wohlstand zu vermindern.

NACHHALTIGE ENTWICKLUNG · Das ursprünglich aus der Forstwirtschaft stammende Prinzip der **nachhaltigen Entwicklung** lässt sich verallgemeinern: Es besteht darin, die heutigen Bedürfnisse nach wirtschaftlichem Wohlstand, intakter Umwelt und sozialer Gerechtigkeit zu befriedigen, ohne dabei das Leben zukünftiger Generationen zu beschränken. Um dies weltweit zu erreichen, ist eine Revolution zur Nachhaltigkeit unabdingbar. Politisch gefordert sind eine deutliche Erhöhung des Anteils an erneuerbaren Energien und nachwachsenden Rohstoffen sowie der Einsatz effizienterer Technologien und die Einführung weitgehend geschlossener Wertstoffkreisläufe. Dazu ist weltweite Zusammenarbeit notwendig. Jedoch gilt weiterhin das Prinzip „Global denken, lokal handeln!".

Eine Politik, die alle Freiheitsrechte zugunsten einer strengen Umweltpolitik opfert, ist nicht wünschenswert. Aber die Weltgesellschaft muss einen maßvollen Umgang mit Ressourcen der Erde auf der Basis einer weltweiten Entwicklungspartnerschaft erlernen. Daher liegt es in der Handlungskompetenz jedes einzelnen Bürgers und politischer Entscheidungsträger auf unterschiedlichen Ebenen, die Revolution zur Nachhaltigkeit einzuleiten. Dies kann nicht Aufgabe der Ökologie als Wissenschaft sein.

1 ⌡ Fassen Sie die wesentlichen Gründe für die Übernutzung der Ressourcen durch die Menschheit zusammen!

2 ⌡ Beschreiben Sie die globale Verteilung der Energienutzung nach Abbildung 01 auf Seite 194 in Relation zum Bevölkerungswachstum gemäß Abbildung 03 auf Seite 196!

Material A ▸ Demografische und soziale Daten zur Weltbevölkerung

	Bevölkerung Mitte 2011 in Millionen	Geburten-rate	Sterberate	Wachstums-rate in %	Geburten pro Frau	Lebens-erwartung in Jahren	Jahreseink. pro EW in US-Dollar
Welt	6 987	20	8	1,2	2,5	70	10 240
Afrika	1 051	36	12	2,4	4,7	58	2 720
USA	312	13	8	0,5	2,0	78	45 640
Europa	740	11	11	0,0	1,6	76	26 390
Deutschland	82	8	10	- 0,2	1,4	80	36 850
Indien	1 241	23	7	1,5	2,6	64	3 280
China	1 346	12	7	0,5	1,5	74	6 890

Die Deutsche Stiftung Weltbevölkerung, kurz DSW, gibt jährlich den DSW-Datenreport heraus. Dieser liefert aktuelle Daten zu allen wichtigen Indikatoren der Bevölkerungsentwicklung für über 180 Länder und die einzelnen Regionen der Erde.

Die Ermittlung der Daten erfolgt durch internationale Zusammenarbeit, zum Beispiel mit der statistischen Abteilung der Vereinten Nationen.

Die Tabelle zeigt ausgewählte Daten aus dem DSW-Datenreport von 2011.

A1 Geben Sie zu jedem Indikator die Extremwerte an und setzen Sie diese zueinander in Beziehung!

A2 Berechnen Sie die bei konstanter Wachstumsrate zu erwartende Einwohnerzahl in der Welt und in Afrika für die nächsten fünfzehn Jahre!
Stellen Sie Ihre Ergebnisse grafisch dar und vergleichen Sie diese!

A3 Erläutern Sie wesentliche Gründe für das weltweit anhaltende exponentielle Bevölkerungswachstum!

Material B ▸ Ökologischer Fußabdruck

	Ökologischer Fuß-abdruck in Hektar pro Person
Welt	2,4
Afrika	1,2
USA	8,1
Europa	4,6
Deutschland	4,8
Indien	0,9
China	2,4

(Stand: 2007/08)

Vorschläge zur Verkleinerung des ökologischen Fußabdrucks:
- Iss weniger Fleisch!
- Wechsle zu einem Ökostromanbieter!
- Tanke mehr Biosprit!
- Kaufe nur Produkte aus dem Bioladen!
- Kaufe saisonale Lebensmittel aus der Region!
- Benutze das Flugzeug, aber fordere eine Kerosinsteuer für Flugzeuge!
- Iss Fisch aus Aquakulturen!

B1 Ermitteln Sie mithilfe von Programmen aus dem Internet ihren persönlichen Fußabdruck!

B2 Vergleichen Sie ihren ökologischen Fußabdruck mit den Durchschnittswerten in der Tabelle!

B3 Diskutieren Sie, ob die angegebenen Vorschläge sinnvoll sind, um den ökologischen Fußabdruck zu verkleinern!

01 Hausboot treibt
auf dem Wasser

Globale Klimaveränderungen

Ein Haus treibt auf dem Wasser. Dieses alternative Wohnkonzept kann eine Antwort auf die Erhöhung des Meeresspiegels infolge der globalen Erwärmung sein. Es zeigt einen gelassenen Umgang mit möglichen Veränderungen auf. Können wir uns also auf die drohenden Klimaveränderungen einstellen oder droht vielmehr eine Katastrophe?

ENTWICKLUNG DER ERDATMOSPHÄRE · Prognosen zur Klimaentwicklung sind aufgrund vielfältiger Einflussfaktoren und deren Wechselwirkungen extrem schwer zu stellen. Um klimatische Zusammenhänge zu verstehen, ist die Betrachtung erdgeschichtlicher Erkenntnisse nützlich. Hinweise darauf liefern Bohrkerne aus der Erdkruste.

Die Uratmosphäre bestand aus Kohlenstoffdioxid und Wasserdampf sowie in deutlich geringeren Mengen aus Stickstoff, Methan, Schwefeldioxid und weiteren Gasen. Diese werden auch heute noch bei Vulkanausbrüchen und anderen Ausgasungen des Erdmantels freigesetzt. Sauerstoff kam in der Frühgeschichte der Erde noch nicht in freier Form vor, sondern gebunden in Oxiden und Silicaten.

Die Sonnenstrahlung wurde von der Erdoberfläche als Wärmestrahlung zurückgeworfen und im unteren Teil der Atmosphäre durch Wasserdampf und Kohlenstoffdioxid festgehalten. Dies führte zu einer Erwärmung der Erdoberfläche, die als **natürlicher Treibhauseffekt** bezeichnet wird. Durch den günstigen Abstand zur Sonne konnte im Verlauf der Zeit der Wasserdampf als flüssiges Wasser kondensieren. Dadurch wurde der Atmosphäre nicht nur Wasser entzogen, sondern aufgrund der guten Löslichkeit auch Kohlenstoffdioxid, sodass hauptsächlich freier Stickstoff übrig blieb. Das Kohlenstoffdioxid reagierte im Urozean mit Calcium- und Magnesium-Ionen weiter zu schwer löslichen Carbonaten. So entstehen seit vier Milliarden Jahren Kalksteinsedimente. In ihnen sind bis heute etwa 80 Prozent des ursprünglichen Kohlenstoffdioxids der Uratmosphäre gebunden. Die abnehmende Konzentration an Kohlenstoffdioxid verminderte den Treibhauseffekt, was zu einer weiteren Abkühlung und weiterer Kondensation von Wasser führte. Diese Abkühlung war eine wichtige Voraussetzung für die Bildung organischer Stoffe und damit der Entwicklung des Lebens auf der Erde.

Die ersten Lebewesen lebten anaerob. Die große Menge an Sauerstoff in der heutigen Atmosphäre ist Folge der Fotosynthese. Diese wurde zuerst von Cyanobakterien betrieben. Der frei werdende Sauerstoff wurde unter Wasser in Sedimenten gebunden, sodass bis vor 2 Milliarden Jahren der in die Atmosphäre entweichende Anteil an Sauerstoff nur etwa ein Prozent des heutigen Wertes betrug. Allmählich reicherte sich der Sauerstoff auch in den Ozeanen weiter an. Im weiteren Verlauf der Evolution entwickelten sich Eukaryoten, die keine Fotosynthese betrieben, sondern Sauerstoff aus dem Wasser für energieliefernde Stoffwechselprozesse aufnahmen und im Gegenzug Kohlenstoffdioxid freisetzten.

Die Wechselwirkungen von Fotosynthese und Atmung und damit der Auf- und Abbau von Biomasse liefen schließlich wesentlich schneller ab als die Umwandlung in Sedimente. Vor etwa 600 Millionen Jahren war so viel Sauerstoff in der Atmosphäre, dass durch Fotooxidation Ozon entstehen konnte, das den größten Teil der lebensfeindlichen UV-Strahlung zurückhielt. So wurde Leben auch außerhalb des Wassers möglich. In der Folgezeit entwickelten sich die Lebewesen kontinuierlich und zügig. Vor 400 Millionen Jahren gab es die ersten Landpflanzen, die zusätzlich Sauerstoff produzierten. Seit 350 Millionen Jahren entspricht der Sauerstoffgehalt der Atmosphäre dem heutigen Wert von etwa 21 Prozent. Diese Entwicklung und die Evolution der Lebewesen sind also eng aneinandergekoppelt.

DER WÄRMEHAUSHALT DER ERDE · Von der auf die Atmosphäre treffenden Strahlungsenergie der Sonne werden bereits 26 Prozent von der Atmosphäre und etwa 4 Prozent von der Erdoberfläche unmittelbar wieder ins All reflektiert. 20 Prozent werden jedoch von der Atmosphäre und 50 Prozent von der Erdoberfläche absorbiert. Einen Teil davon reflektiert die Erde als Wärmestrahlung im Infrarotbereich. Kohlenstoffdioxid, Wasserdampf, Ozon, aber auch Methan absorbieren diese Wärmestrahlung. Es kommt zu Mehrfachreflexionen zwischen der Erdoberfläche und diesen Gasen wie zwischen Boden und Glasdach in einem Treibhaus. Daher werden diese Gase als **Treibhausgase** bezeichnet.

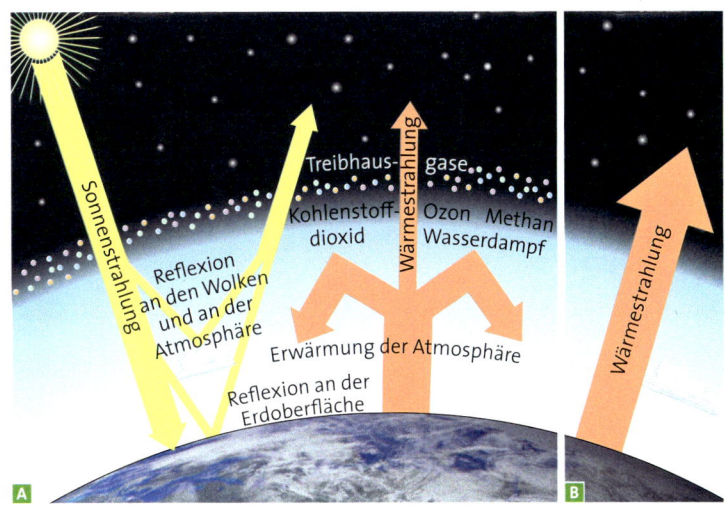

02 Treibhauseffekt: **A** mit Treibhausgasen, **B** ohne Treibhausgase

Alle Gase, deren Moleküle aus zwei verschiedenen oder mindestens drei Atomen zusammengesetzt sind, absorbieren die Infrarotstrahlung und wirken somit als Treibhausgas. Den Beitrag der verschiedenen Gase zum Treibhauseffekt kann man aufgrund der unterschiedlichen Absorptionsbereiche nicht einfach aus ihrem Anteil an der Atmosphäre her bewerten. Hochrechnungen zeigen, dass Wasserdampf mit 22 Grad Celsius, Kohlenstoffdioxid mit 5 Grad Celsius zum natürlichen Treibhauseffekt beitragen. Demnach wäre die Temperatur auf der Erde ohne Treibhauseffekt 33 Grad Celsius niedriger und damit eher lebensfeindlich.

KLIMAVARIABILITÄT · Blieben die Randbedingungen wie Einstrahlungsintensität der Sonne, die Rückstrahlung von der Erdoberfläche und die Konzentration der treibhausaktiven Klimagase konstant, würde sich ein ebenso gleichmäßiges Klima mit nur seltenen Wetterextremen einstellen. Dies ist jedoch nicht der Fall. Durch eine schräge Achsenlage der Erde zur Sonne, die schwankende Sonnenaktivität, Vulkaneruptionen, die Eintrübung der Atmosphäre, Konzentrationsschwankungen der Treibhausgase und abweichende Meeresströmungen wird das Erdklima beeinflusst. Seit etwa 2 Millionen Jahren wechseln sich Warm- und Eiszeiten ab. Vor etwa 120 000 Jahren war die mittlere Temperatur um 4,5 Grad Celsius höher und Elefanten streiften durch Europa.

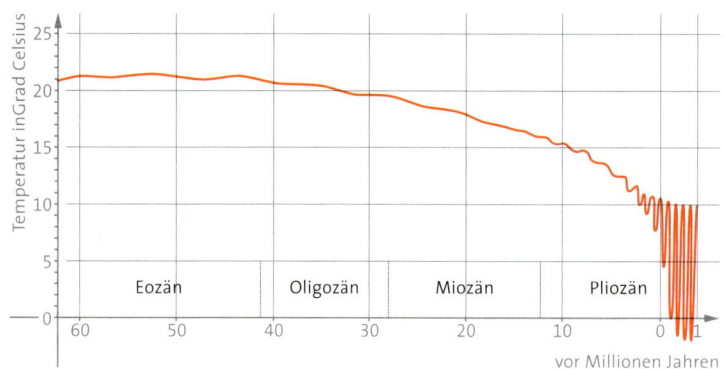

03 Temperaturverlauf seit dem Tertiär

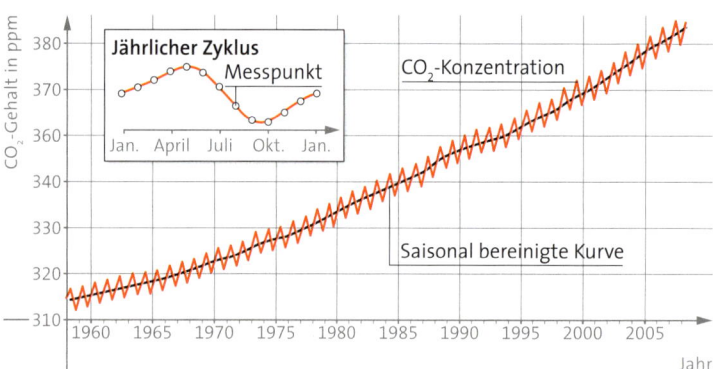

04 Entwicklung des Kohlenstoffdioxidgehalts am Mauna Loa, Hawaii

05 Zukunftsszenario

1 ⌡ Beschreiben Sie die Rolle klimarelevanter Gase für die Entwicklung des Lebens auf der Erde!

2 ⌡ Erklären Sie die in Abbildung 03 dargestellten Zusammenhänge!

3 ⌡ Erläutern Sie, in welcher Weise sich der Wärmehaushalt der Erde vom Menschen beeinflussen lässt!

KLIMAVERÄNDERUNGEN UND PROGNOSEN ·

In den letzten hundert Jahren ist unser Klima um etwa ein Grad Celsius wärmer geworden. Diese Entwicklung wird je nach Berechnungsgrundlage auch für die nächsten 150 Jahre prognostiziert. Ursache dafür sind Gase, die durch das menschliche Wirken zusätzlich freigesetzt werden, zum Beispiel Kohlenstoffdioxid, Methan aus der intensiven Landwirtschaft, bodennahes Ozon und CFKW. Prognosen sind aufgrund der komplexen Zusammenhänge schwierig zu erstellen, wie das Beispiel Kohlenstoffdioxid zeigt. Zum einen wird es beispielsweise in den Ozeanen gebunden. Zum anderen ist die Wärmeabsorption durch das vorhandene Kohlenstoffdioxid weitgehend gesättigt, sodass zusätzliches Kohlenstoffdioxid zu keiner entsprechenden Absorptionssteigerung führt. Eine angenommene Verdopplung der Kohlenstoffdioxidemission führt damit nicht zu einer Verdopplung des Wärmeanteils und damit zu einer geringeren Temperaturerhöhung als 5 Grad Celsius.

Dagegen absorbieren Methan und CFKW in Strahlungsbereichen, die bislang von der Erde weitgehend ins All reflektiert wurden. Ihre Anreicherung bewirkt eine deutliche Erwärmung. Bereits eine globale Erwärmung von 1 bis 2 Grad Celsius hat weitreichende Folgen: Eis schmilzt, Flüsse treten über die Ufer, extreme Wetterereignisse häufen sich und Dürrezonen weiten sich aus. Damit wird die landwirtschaftliche Nutzfläche immer kleiner. Diesen anthropogenen Anteil an der globalen Erwärmung kann man mithilfe von Klimamodellen ermitteln. Die dabei erstellten Szenarien kommen je nach berücksichtigten Faktoren zu unterschiedlichen Ergebnissen, zeigen meistens aber übereinstimmende Tendenzen auf.

KLIMASCHUTZ ·

Schutzmaßnahmen für das Klima sind unmittelbar mit Maßnahmen zur Luftreinhaltung und zum nachhaltigen Energieumsatz verbunden. Die Nutzung von Sonnen- und Windenergie spielt dabei ebenso eine Schlüsselrolle wie die Entwicklung von Speicher- und Verwertungstechniken für Kohlenstoffdioxid und Methan. So könnten zum Beispiel in Zukunft Windräder und riesige chemische Kohlenstoffdioxidfänger unsere Fernstraßen säumen.

Material A ▸ Stadien der Erdatmosphäre

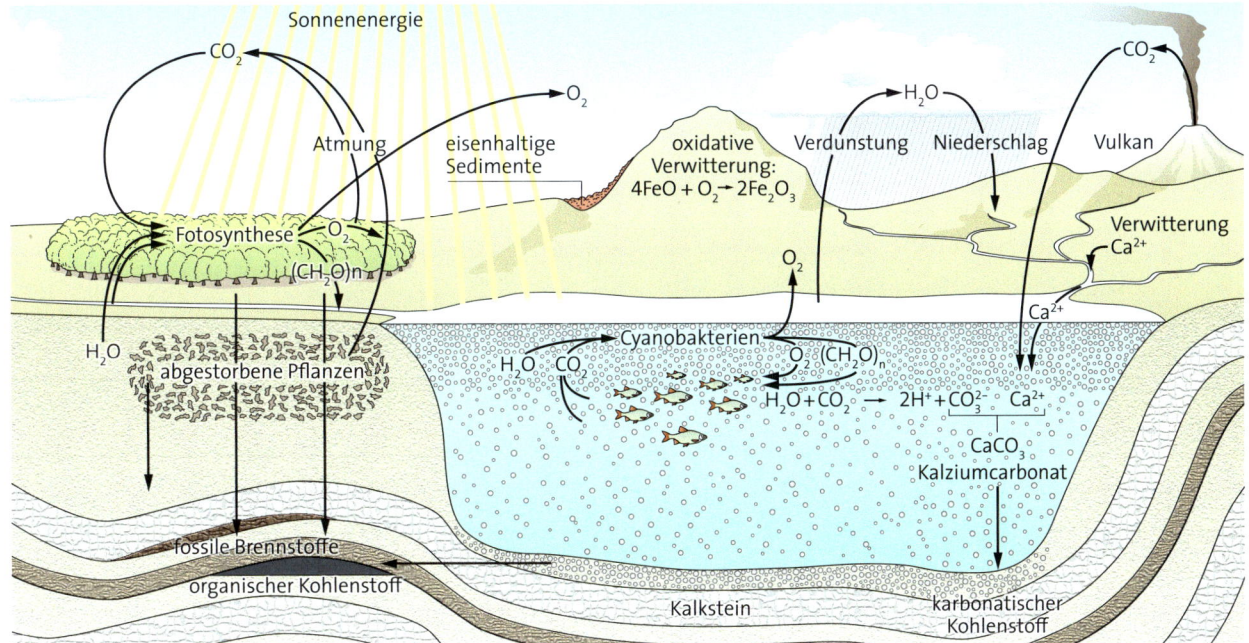

Die Abbildung zeigt Prozesse, die sich im Laufe der Erdgeschichte ohne Einfluss des Menschen entwickelten und in Wechselwirkung zueinander traten.

A1 Erläutern Sie die Auswirkung der dargestellten Prozesse auf die Erdatmosphäre!

A2 Vergleichen Sie die Abbildung mit den heutigen Einflussfaktoren auf die Erdatmosphäre!

Material B ▸ Einfluss von Rindern auf das Klima

In einem geschlossenen Versuchsstall wird durch Messungen eine komplette Stoffwechselbilanz des Rindes erstellt. Es soll die umstrittene Frage geklärt werden: Verändern Rinder das Klima? Bei ihrem Stoffwechsel als Wiederkäuer setzen sie Methan frei. Weitläufiges Grasland, das große Kohlenstoffdioxidmengen speichert, wird zu ihrer Fütterung erhalten. Es gibt Hinweise, dass die Beweidung auch zu einer höheren Speicherkapazität des Bodens für Lachgas, kurz N_2O, führt. Zudem beeinflusst die Ernährung die Bilanz. Getreidehaltiges Kraftfutter kann zum Beispiel die Methanfreisetzung reduzieren.

B1 Nennen Sie Gründe, weshalb das Rind als „Klimakiller" betitelt wird! Recherchieren Sie dazu beispielsweise auf der Internetseite der Welternährungsorganisation FAO!

B2 Erstellen Sie eine Stoffwechselbilanz klimarelevanter Stoffe des Rindes und beurteilen Sie die Klimawirksamkeit!

B3 Entwickeln Sie Vorschläge zur Verbesserung der Klimabilanz in der Viehhaltung!

Training A ►Physiologische Angepasstheit

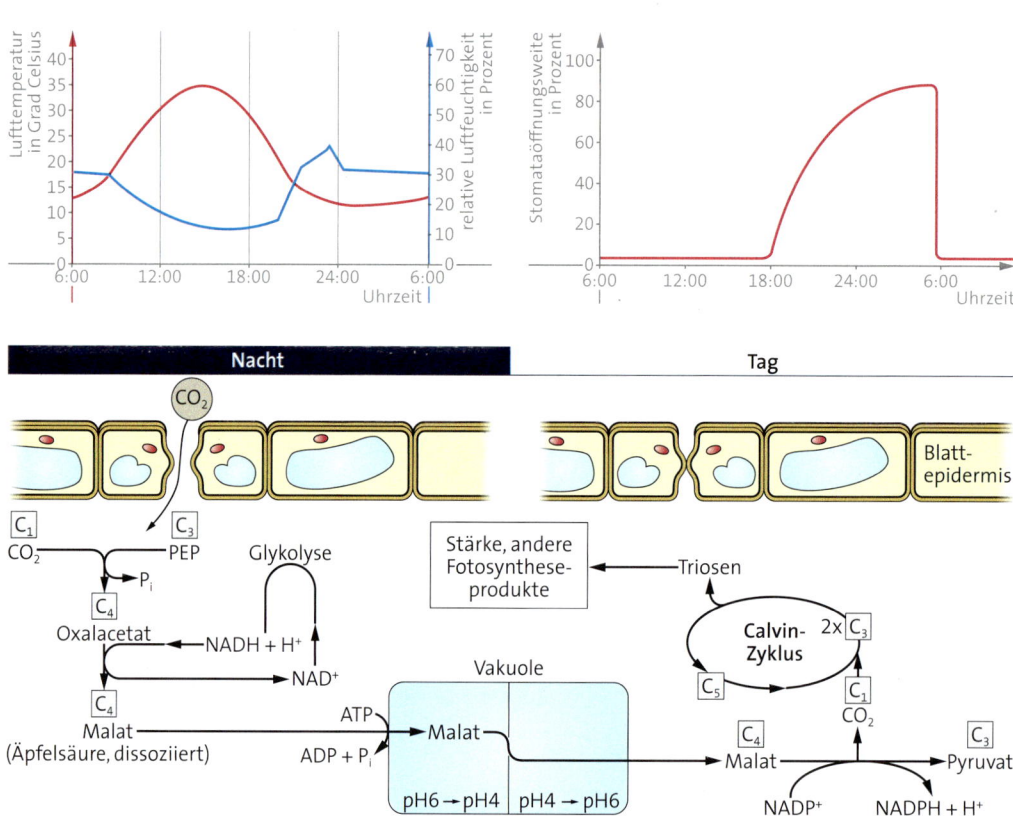

Ablauf der CO₂-Fixierung bei CAM-Pflanzen

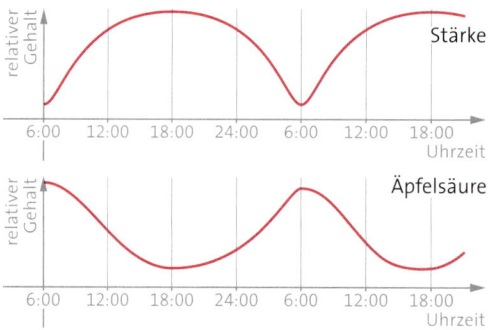

Außer den in gemäßigten Breiten heimischen C_3-Pflanzen gibt es in trockeneren Regionen häufiger C_4-Pflanzen. Zu ihnen zählen auch die CAM-Pflanzen, weil bei ihnen Malat, ein C_4-Körper, bei der Kohlenstoffdioxidfixierung entsteht. Die Abkürzung CAM stammt aus dem Englischen und steht für *Crassulacean Acid Metabolism*, was auf deutsch Crassulaceen-Säurestoffwechsel heißt. CAM-Pflanzen, die in der Regel sehr langsam wachsen, fixieren nachts Kohlenstoffdioxid. Das so entstandene Zwischenprodukt ist Malat, das in Form von Äpfelsäure in den Vakuolen der Zellen gespeichert wird. Tagsüber wird die Äpfelsäure wieder ins Cytoplasma transportiert und das gebundene Kohlenstoffdioxid freigesetzt. Dieses diffundiert schließlich in die Chloroplasten und wird dort im Calvin-Zyklus fixiert. Bei CAM-Pflanzen findet also eine zeitliche Trennung der Kohlenstoffdioxidaufnahme über die Stomata von der Fixierung in den Calvin-Zyklus statt.

a Formulieren Sie zu allen Abbildungen im Material das Ergebnis!

b Erklären Sie auf der Basis der Ergebnisse das langsame Wachstum von CAM-Pflanzen!

c Erläutern Sie anhand der Zusammenhänge die spezielle Angepasstheit der CAM-Pflanze an trockenere Standorte!

Training B ▸ Biomassenumsatz in Ökosystemen

B1 Nahrungsbeziehungen

	Zwerg-spitz-maus	Mensch (40 Jahre)
Körpermasse in Kilogramm	ca. 0,01	ca. 70
Kopf-Rumpf-Länge in Zentimetern	ca. 6	ca. 75
Herzschläge pro Minute (Herzschlagfrequenz)	ca. 1000	ca. 80
Energieumsatz in Kilojoule pro Kilogramm und Stunde	ca. 160	ca. 4

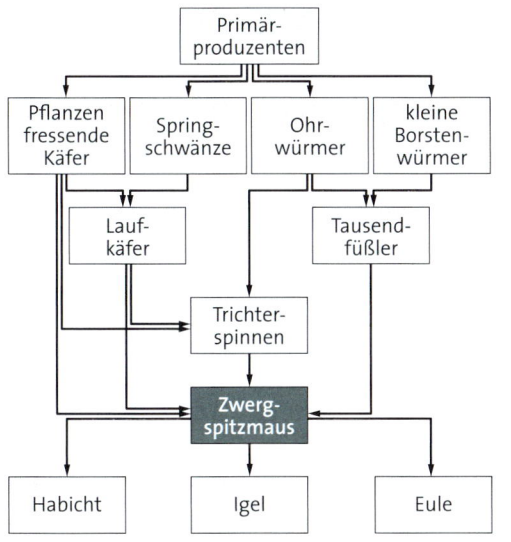

Die Zwergspitzmaus ist das kleinste Säugetier nördlich der Alpen. Ihre Nahrung besteht vorwiegend aus Insekten, aber auch anderen Wirbellosen. Die tägliche Nahrungsmenge der Tiere ist größer als das eigene Körpergewicht.

a Ordnen Sie die Angaben aus dem Nahrungsnetz in ein allgemeines Schema zur funktionalen Gliederung von Ökosystemen ein!

b Werten Sie die Tabelle aus!

c Charakterisieren Sie das Ökosystem, in dem Zwergspitzmäuse leben!

B2 Biomassenproduktion im Silver-Springs-Ökosystem

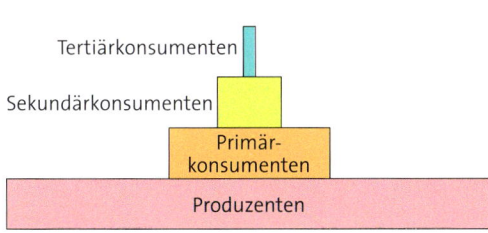

	gebildete Biomasse	Verluste durch	
		Atmung	Ausscheidung
Feuersala-mander	49	32	19
Kurz-schwanz-spitzmaus	1,5	89	9,5

Biomassenumsatz von Kurzschwanzspitzmaus und Feuersalamander in Prozent der aufgenommenen Nahrung

Die Kurzschwanzspitzmaus, eine verwandte Art der Zwergspitzmaus, lebt im Ökosystem von Silver Springs in Nordamerika. Beide Arten haben ein ähnliches Nahrungsspektrum. Ein weiterer Bewohner in Silver Springs ist der Feuersalamander, der sich vorwiegend von Wirbellosen wie Insekten, Ringelwürmern oder Schnecken ernährt.

a Erklären Sie unter Einbezug der Abbildung die Konstruktion von Biomassenpyramiden!

b Erläutern Sie die dargestellten Ergebnisse!

c Entwerfen Sie ausgehend vom Original zwei Biomassenpyramiden, bei denen die Sekundärkonsumenten ausschließlich entweder homoiotherme oder poikilotherme Tiere sind!

Abiotische Umweltfaktoren

RGT-Regel: Reaktionsgeschwindigkeits-Temperatur-Regel, die besagt, dass die meisten Stoffwechselprozesse bei einer Steigerung der Temperatur um 10 °C etwa zwei bis dreimal so schnell ablaufen.

physiologisches Optimum: Wertebereich eines ökologischen Faktors, bei dem sich eine Art im Laborversuch optimal entwickelt.

Toleranzbereich: Gesamtbereich der Werte eines ökologischen Faktors, die eine Art längerfristig aushält.

poikilotherm: Eigenschaft einer Art, dass die eigene Körpertemperatur der Außentemperatur passiv folgt.

homoiotherm: Eigenschaft einer Art, die eigene Körperkerntemperatur aktiv und meist dauerhaft auf einen bestimmten Wert einzustellen.

Wärmestarre: Zustand, in den poikilotherme Organismen verfallen, wenn die Temperatur für Lebensprozesse erträgliche Werte übersteigt. Sie führt sehr bald zum Hitzetod.

Kältestarre: Zustand poikilothermer Organismen bei niedrigen Temperaturen, den die Tiere nicht aktiv unterbrechen können.

tiergeographische Regeln: Hypothesen, nach denen es eine Regel ist, dass die Körpergröße bei nahe verwandten homoiothermen Arten zu den Erdpolen hin zunimmt und die Größe der Körperanhänge abnimmt. Sie sollen durch den unterschiedlichen Wärmeaustausch mit der Umgebung erklärbar sein. Es gibt viele Ausnahmen.

Gegenstromprinzip: Gesetzmäßigkeit, nach der das Gegenstromverfahren funktioniert. Stoffe und Wärme werden effektiv in einem Körper gehalten, wenn sie vom Gegenstrom wieder zurücktransportiert werden, sobald sie mit einem Strom aus ihm hinausbefördert werden. Stoff- und Wärmeübertragung finden dabei statt, bevor der Auswärtsstrom die Peripherie des Körpers erreicht hat.

Nettofotosyntheserate: Anteil an assimilierten organischen Stoffen, der netto nach Abzug wieder veratmeter Anteile in einer Pflanze verbleibt.

Transpiration: Wasserabgabe aus einem belebten Körper. Sie bewirkt unter anderem Kühlung.

Schattenblatt: spezielles Laubblatt einer Pflanze, das bei niedrigen Lichtintensitäten Fotosynthese betreiben kann, aber schon bei mittlerer Lichtstärke weniger leistungsfähig ist. Solche Blätter befinden sich in Bereichen einer Pflanze, die nur wenig Licht erhalten. Sie sind häufig dünner und haben größere Blattspreiten als Lichtblätter.

Lichtblatt: auch Sonnenblatt genannt. Spezielles Laubblatt einer Pflanze, das bei niedrigen Lichtintensitäten keine Fotosynthese betreiben kann, aber bei hoher Lichtstärke eine hohe Leistung erbringt. Es ist meistens der vollen Sonne ausgesetzt, besitzt ein mehrschichtiges Palisadenparenchym und eine verdickte Kutikula.

Fototropismus: Fähigkeit einer Pflanze, Teile ihres Körpers als Reaktion auf die Richtung des eingestrahlten Lichts auszurichten. Das Licht induziert in der Pflanze eine ungleiche Produktion von Wachstumshormonen, sodass es zu einem gerichteten Wachstum kommt.

Minimumgesetz: Erkenntnis, dass derjenige ökologische Faktor wachstumsbegrenzend wirkt, der im Minimum vorliegt.

Bioindikator: Art, die lediglich bei bestimmten Werten eines ökologischen Faktors in der Natur vorkommt und damit diese Werte anzeigen kann. Synonym wird auch der Begriff Zeigerart verwendet.

Biotische Umweltfaktoren

Population: Gruppe von Lebewesen, die in einem bestimmten Areal eine Fortpflanzungsgemeinschaft bilden.

Populationsgröße: Gesamtzahl aller Individuen einer Population.

Populationsdichte: Anzahl der Individuen einer Population pro Flächeneinheit.

Geburtenrate und Sterberate: Anteil der Lebendgeburten beziehungsweise Sterbefälle in einer Population in Bezug auf eine bestimmte Individuenzahl pro Zeiteinheit.

Zuwachsrate: Differenz zwischen Geburten- und Sterberate. Sie ist im Falle eines Geburtenüberschusses positiv.

Umweltkapazität (K): maximale Anzahl von Individuen einer Art, die in einem bestimmten Gebiet vorkommt. Sie hängt ab von abiotischen und biotischen Faktoren.

exponentielles Wachstum: Wachstum einer Population mit einer konstanten Zuwachsrate in jeweils gleichen Zeitabständen.

logistisches Wachstum: durch die Umweltkapazität begrenztes exponentielles Wachstum. Dabei nimmt die Zuwachsrate mit steigender Populationsgröße ab.

Fortpflanzungsstrategie: Eigenschaft einer Art, den zur Verfügung stehenden Lebensraum auf eine bestimmte Weise zu besiedeln.

r-Strategen und K-Strategen: r-Strategen produzieren in kurzer Zeit viele Nachkommen, in deren Aufzucht sie nur wenig investieren. K-Strategen besiedeln den Lebensraum nahe ihrer Umweltkapazität. Sie besitzen nur wenige Nachkommen, in deren Aufzucht sie viel investieren. Zwischen beiden Strategien gibt es Übergänge.

Intraspezifische und interspezifische Beziehungen: Beziehungen zwischen Individuen einer Art beziehungsweise zwischen Individuen verschiedener Arten.

Dichteabhängige und dichteunabhängige Faktoren: zwei Gruppen von Faktoren, die die Populationsgröße regulieren. Diese sind dichteabhängig oder dichteunabhängig, je nachdem ob die Populationsdichte entscheidend für die Regulation ist oder nicht.

Ressourcen: Umweltgegebenheiten, die Organismen zum Leben benötigen. Dazu gehören Raum, Nahrung oder Nistplatz.

Interspezifische Konkurrenz: Beanspruchung der gleichen Ressourcen durch Individuen verschiedener Arten.

Ökologische Nische: Gesamtheit aller Beziehungen einer Art zu ihrer Umwelt.

Nahrungskette: vereinfachte Darstellung von Nahrungsbeziehungen als Abfolge von Lebewesen oder Gruppen von Lebewesen in einem Ökosystem.

Nahrungsnetz: Modellhafte Darstellung miteinander verbundener Nahrungsketten aufgrund meist vielfältiger Nahrungsbeziehungen in einem Ökosystem.

Produzent: Lebewesen, das aus anorganischen Stoffen organische Substanzen aufbauen kann. Wichtige Produzenten sind grüne Pflanzen.

Konsument: Lebewesen, das darauf angewiesen ist, organische Substanz mit der Nahrung aufzunehmen. Zu den Konsumenten zählen Menschen, Tiere und Pilze.

Destruent: Lebewesen, der organische Substanz aufnimmt und in anorganische Stoffe überführt, die Produzenten für die Synthese organischer Stoffe benötigen. Der Begriff ist nicht eindeutig, weil Destruenten gleichzeitig auch Konsumenten sind.

ökologische Pyramiden: Verknüpfung der verschiedenen Trophiestufen, mit deren Hilfe Stoff- und Energieumsätze im Ökosystem bilanziert werden können.

Räuber-Beute-Beziehung: Beziehung zwischen Populationen verschiedener Arten, bei denen die Beutepopulation als Nahrung für die Räuberpopulation dient.

Lotka-Volterra-Regeln: Drei Regeln zur quantitativen Beschreibung von Räuber-Beute-Beziehungen. Sie gelten als Modell für idealisierte Ein-Räuber-Eine-Beute-Systeme und sind für jeden realen Fall zu überprüfen.

Symbiose: räumlich nahes Zusammenleben von Lebewesen zweier Arten zu gegenseitigem Nutzen. Man unterscheidet obligate und fakultative Symbiose.

Parasitismus und Parasit: Zusammenleben zweier Arten, bei dem die eine auf Kosten der anderen einseitigen Nutzen zieht. Der Nutznießer heißt Parasit und der Geschädigte Wirt.

Ekto- und Endoparasiten: Formen des Parasitismus, bei denen der Parasit entweder auf oder im Körper des Wirtes lebt.

Wirtsspezifität: spezifische Angepasstheiten eines Parasiten an seinen Wirt.

Ökosysteme und Nachhaltigkeit

Forst: forstlich aufgebauter, gepflegter und genutzter Wald, der unter Aufsicht eines Försters steht.

Niederwald: im Abstand von einigen Jahrzehnten immer wieder zur Brennholzgewinnung geschlagener Wald, in dem die Bäume aus Baumstümpfen regelmäßig wieder austreiben und ein buschartiges Aussehen annehmen.

Mittelwald: ein Wald, in dem ein Teil der Bäume wie im Niederwald genutzt wird. Ein anderer Teil der Bäume bleibt zum Beispiel für die Nutzholzgewinnung stehen.

Hochwald: ein Wald, der nur aus hoch gewachsenen Bäumen besteht.

Bodenhorizonte: übereinander liegende Schichten eines Bodens mit unterschiedlichen Eigenschaften.

Edaphon: Gesamtheit der Lebewesen in einem Boden.

Humus: Abbauprodukte im Boden, die vor allem aus abgestorbenem und unterschiedlich zersetztem pflanzlichem Material bestehen.

Stockwerke des Waldes: Schichten in der Vegetation eines Waldes. Man unterscheidet ein oder zwei Baumschichten, Strauchschicht, Krautschicht und Moosschicht.

Frühjahrsgeophyten: krautige Pflanzen, die im Frühjahr vor der Belaubung der Bäume im Wald blühen.

Waldsterben: Absterben von zahlreichen Bäumen infolge von Umweltschäden, das erstmals in den 1980er-Jahren beobachtet wurde.

Kulturlandschaft: Landschaft, die durch menschliche Einflüsse geprägt ist.

Biodiversität: Vielfalt unterschiedlicher Arten in einem Lebensraum.

Magerrasen: Ökosystem geprägt von Gräsern und krautigen Pflanzen, die auf sehr nährstoffarmen Böden wachsen.

Urwiesen: Wiesen, die ohne den Einfluss des Menschen entstanden sind. Vor allem in Küstengebieten und Gebirgen zu finden.

Epilimnion: über der Sprungschicht liegender Bereich eines Wasserkörpers im See.

Hypolimnion: unter der Sprungschicht liegender Bereich eines Wasserkörpers im See.

Metalimnion: Grenzbereich zwischen Epi- und Hypolimnion, der durch einen Temperatursprung charakterisiert sein kann und auch Sprungschicht genannt wird.

Vollzirkulation: vollständiger Austausch von Wasser in einem See und Temperaturausgleich im gesamten Wasserkörper.

Stagnation: Stillstand des Wassers im See. Im Sommer betrifft dies nur das Hypolimnion, unter Eis den gesamten Wasserkörper eines Sees.

Kompensationstiefe: Bereich eines Sees, in dem der Stoffaufbau genauso groß ist wie der Stoffabbau. Oberhalb befindet sich die trophogene Zone mit Stoffaufbau, unterhalb überwiegen in der tropholytischen Zone Abbauprozesse.

Plankton: im Wasser schwebende beziehungsweise treibende Organismen, die pflanzlich (Phytoplankton) oder tierisch (Zooplankton) sein können.

Algenblüte: zeitweilige Massenvermehrung von Algen, die durch einen Eintrag von Mineralstoffen ausgelöst worden sein kann.

oligotroph: mineralstoffarmes Gewässer.

mesotroph: Gewässer mit einer mittleren Konzentration an Mineralstoffen.

eutroph: mineralstoffreiches Gewässer. Solche Gewässer können natürlicherweise bestehen. Viele eutrophe Gewässer gingen aber auch durch Überdüngung aus oligo- oder mesotrophen Gewässern hervor.

Benthal: Bezeichnung für den Bodenbereich eines Gewässers.

Pelagial: Bezeichnung für den Freiwasserbereich von Seen oder Meeren.

Litoral: Bezeichnung für den Uferbereich von Seen, Flüssen oder Meeren.

Halophyten: Pflanzen, die an Standorte mit hohem Salzgehalt angepasst sind.

Osmoregulation: Die Fähigkeit eines Lebewesens die Konzentration an gelösten Stoffen in seinen Körperflüssigkeiten zu regulieren.

Osmokonformer: Lebewesen, die die Konzentration an gelösten Stoffen in ihren Körperflüssigkeiten der Konzentration ihrer Umgebung anpassen.

Osmoregulierer: Lebewesen, die die Konzentration an gelösten Stoffen in ihren Körperflüssigkeiten unabhängig von der Konzentration ihrer Umgebung nahezu konstant halten.

Oberlauf: oberer, oft schmaler Abschnitt eines Fließgewässers mit einem starken Gefälle, dessen Wasser meistens gut mit Sauerstoff versorgt ist.

Mittellauf: Bereich nachlassender Erosion in einem Fließgewässer, in dem das Gefälle geringer wird.

Unterlauf: breiter Bereich eines Fließgewässers mit geringem Gefälle und geringer Fließgeschwindigkeit, oft reich an Schwebstoffen und arm an Sauerstoff.

Mündung: Übergangsbereich zwischen einem Fluss und einem Meer oder See.

Aue: Periodisch überschwemmter Bereich am Rand eines Fließgewässers mit häufig unter Wasser stehender Weichholz- und seltener überfluteter Hartholzaue. Auen werden mit vielen Mineralstoffen versorgt.

Saprobie: Maß für den Gehalt organischer, unter Sauerstoffverbrauch abbaubarer Substanz in einem Gewässer.

Niedermoor: sehr nährstoffreiches Moor, das vom Grund- und Oberflächenwasser gespeist wird. Niedermoore werden bei Hochwasser oft zeitweise überflutet und erhalten dabei eine große Menge an Mineralstoffen. Im Sommer trocknen sie nicht selten aus. Niedermoore sind oft durch große Erlen- oder Röhrichtbestände geprägt.

Hochmoor: sehr nährstoffarmes Moor mit niedrigem pH-Wert, das meist allein durch Regenwasser gespeist wird. Typisch für Hochmoore ist eine fast vollständige Bedeckung durch Torfmoose.

Torf: Sediment aus pflanzlichen Überresten, das durch saures Grundwasser und unter Sauerstoffentzug am Grund von Mooren entsteht.

Torfmoose: Moosarten, die an nährstoffarme und saure Bedingungen angepasst sind. Sie sind maßgeblich an der Bildung von Torf beteiligt.

Kohlenstoffsenke: Ökosysteme, die große Mengen an Kohlenstoff binden und vorübergehend oder dauerhaft dem Kohlenstoffkreislauf entziehen.

Renaturierung: aktive Wiederherstellung natürlicher Zustände in der Umwelt durch den Menschen wie die Wiederherstellung natürlicher Flussverläufe.

Stoffkreislauf: Kreislauf, in dem Produzenten, Konsumenten und Destruenten anorganische und organische Stoffe auf-, um- und abbauen.

Modell des demografischen Übergangs: Modell, nach dem sich durch Folgeerscheinungen der Industrialisierung in Entwicklungsländern zunächst die Sterberate und später die Geburtenrate auf ein niedriges Niveau einstellen. Ursachen sind verbesserte Lebensbedingungen, ein höherer Bildungsgrad und die Wirtschaftsentwicklung.

ökologischer Fußabdruck der Menschheit: Fläche in Hektar, die notwendig ist, um die von der Weltbevölkerung genutzten Ressourcen bereitzustellen und deren Emissionen aufzunehmen.

nachhaltige Entwicklung: Entwicklung, die den Bedürfnissen der heutigen Generation entspricht, ohne dabei die Möglichkeit zukünftiger Generationen zu beeinträchtigen, ihren eigenen Bedürfnissen gerecht zu werden. Sie umfasst ökologische, ökonomische und soziale Dimensionen.

Treibhauseffekt: Erwärmung der bodennahen Atmosphäre durch langwellige Infrarotstrahlung, die hier nach Reflexion an bestimmten Molekülen absorbiert wird.

Evolution

In diesem Kapitel beschäftigen Sie sich mit

- dem Zusammenhang von Variabilität und natürlicher Auslese sowie deren Bedeutung für die Evolution;

- verschiedenen Artkonzepten und der Entstehung neuer Arten;

- Vorstellungen zum Mechanismus der Evolution nach Lamarck, Darwin und der heutigen sythetischen Theorie sowie anderen Vorstellungen zur Entstehung der Lebewesen;

- der Entstehung und der Bedeutung von Fossilien;

- dem Zusammenhang von Verwandtschaft und Körpermerkmalen sowie Ähnlichkeiten aufgrund von Lebensbedingungen;

- dem Verstehen, Überprüfen und Konstruieren von Stammbäumen;

- der Entstehung des Lebens auf der Erde;

- dem Ursprung des Menschen und seiner systematischen Stellung im Stammbaum der Primaten;

- der Ausbreitung des Menschen auf der Erde und der Bedeutung der Kultur für die Evolution.

Der Große Fetzenfisch *Phycodurus eques* lebt vor den Küsten Australiens in algenbewachsenen Felsriffen.

01 Tiere in ihrem jeweils typischen Lebensraum: **A** Okapi, **B** Giraffe

Variabilität und Selektion

Das Okapi ist ein waldbewohnendes Huftier, das sich von Laub, Farnen und Früchten ernährt. Es ähnelt in vielen Merkmalen den nah verwandten Giraffen und erscheint mit seiner Schulterhöhe von nur etwa 1,5 Metern wie deren kleinere Variante. Insbesondere sein Hals ist kürzer als der der Giraffen. Wie sind diese ähnlichen und zugleich so unterschiedlichen Formen entstanden?

VARIABILITÄT UND VERERBUNG · Giraffen und Okapi sind Beispiele für ein grundsätzliches Phänomen allen Lebens: Lebewesen zeigen eine große Vielfalt und weisen dennoch immer wieder beachtliche Ähnlichkeiten auf. Diese Ähnlichkeiten sind ein wichtiger Hinweis für die Mechanismen der Entstehung biologischer Vielfalt. Denn Ähnlichkeit verweist auf die genetische Verwandtschaft zwischen Lebewesen und damit auf die Bedeutung der Weitergabe von Erbanlagen von einer Generation zur nächsten. Dabei kann man beobachten, dass Nachkommen ihren Eltern generell sehr ähnlich sind, aber auch Varianten des einen oder anderen Merkmals zeigen. Durch diese Merkmalsvariation in jedem Generationsübergang existiert in Populationen stets eine gewisse Vielfalt von Phänotypen, die man als *intraspezifische Variabilität* bezeichnet. So weisen sowohl Giraffen als auch Okapis einer Population stets Unterschiede in ihren Halslängen oder ihrer Körpergröße auf. Diese intraspezifische Variabilität bildet eine zentrale Voraussetzung für die Entstehung biologischer Vielfalt.

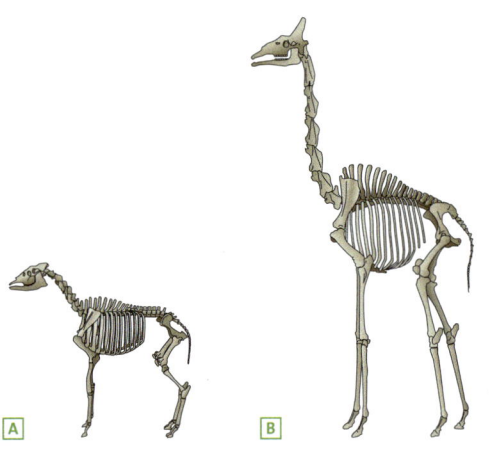

02 Skelett: **A** Okapi, **B** Giraffe

VARIABILITÄT UND ANGEPASSTHEIT · Die erblich bedingte Variabilität jeder neuen Generation ist **ungerichtet.** So zeigen Okapi-Nachkommen sowohl längere als auch kürzere Hälse im Vergleich zur Elterngeneration. Diese Variabilität kann zwar das Entstehen von Vielfalt erklären, aber nicht die Angepasstheit von Lebewesen an ihren Lebensraum. Eine Angepasstheit der Giraffen ist ihr auffällig langer Hals, der ihnen das Laub der oberen Baumkronen der Savanne als Nahrungsquelle erschließt. Für Okapis ist hingegen ihre geringere Körpergröße und Halslänge vorteilhaft, da sie ihnen eine bessere Bewegung in ihrem Lebensraum Wald ermöglicht. Die letzten gemeinsamen Vorfahren beider Arten haben vor wenigen Millionen Jahren gelebt und hatten bezogen auf heutige Okapis und Giraffen eine mittlere Körpergröße und Halslänge. Wie haben sich aus diesen Vorfahren die Angepasstheiten von Okapis und Giraffen entwickelt?

Ausgehend von einer ungerichteten Variabilität entwickeln sich Angepasstheiten dadurch, dass jene Individuen innerhalb einer Population durch angepasste Merkmale die vorhandenen Ressourcen besser nutzen können als andere. Besonders kleine Individuen innerhalb einer ursprünglichen Okapi-Population konnten zum Beispiel dicht bewachsene Gebiete im Wald und die dort verfügbare Nahrung besser erreichen. Die kleineren Individuen hatten folglich einen besseren Ernährungszustand als größere Individuen. Zudem waren sie auf der Flucht vor Fressfeinden im Dickicht des Waldes schneller, wurden seltener erbeutet und lebten länger. Diese und weitere Faktoren haben dazu beigetragen, dass kleinere Okapis mehr Nachkommen hatten als die größeren Individuen ihrer Population. Sie konnten daher häufiger ihre Erbanlagen an Nachkommen weitergeben. Hierdurch erhöhte sich der Anteil ihrer Erbanlagen im Genpool der Population, sodass die durchschnittliche Größe in der Population sank. Diese Reduktion oder „Auslese" von Erbanlagen für wenig angepasste Merkmale sowie die Verstärkung angepasster Varianten bezeichnet man als **natürliche Selektion.** Die abiotischen oder biotischen Faktoren, die den Fortpflanzungserfolg entscheidend begrenzen, bezeich-

net man als **Selektionsdruck.** Angepasste Merkmale führen zu **Selektionsvorteilen.** Da für die evolutionäre Entwicklung die Weitergabe von Erbanlagen entscheidend ist, bestimmt man den evolutionären Erfolg eines Individuums anhand der Anzahl seiner fortpflanzungsfähigen Nachkommen, seiner **reproduktiven Fitness.**

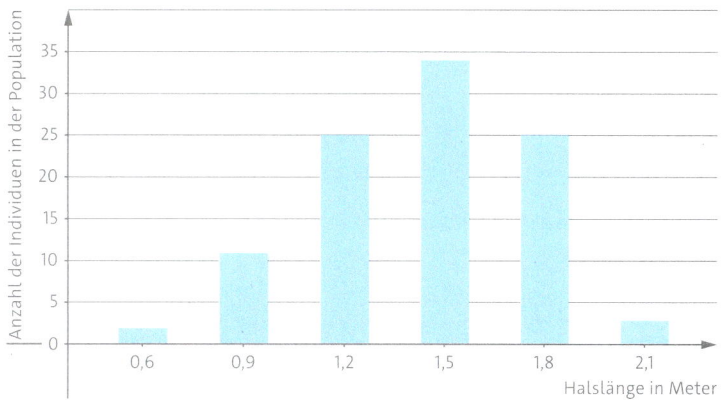

03 Halslänge der Individuen einer Giraffenpopulation

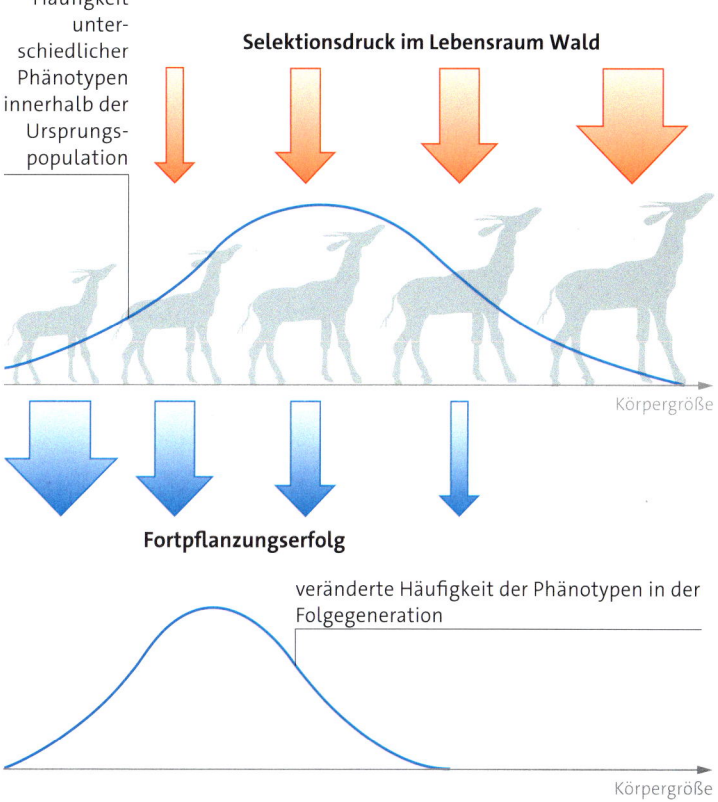

04 Auswirkungen von Selektionsdruck und Fortpflanzungserfolg auf die Häufigkeit von Phänotypen in einer Population am Beispiel der Vorfahren von Okapis im Lebensraum Wald

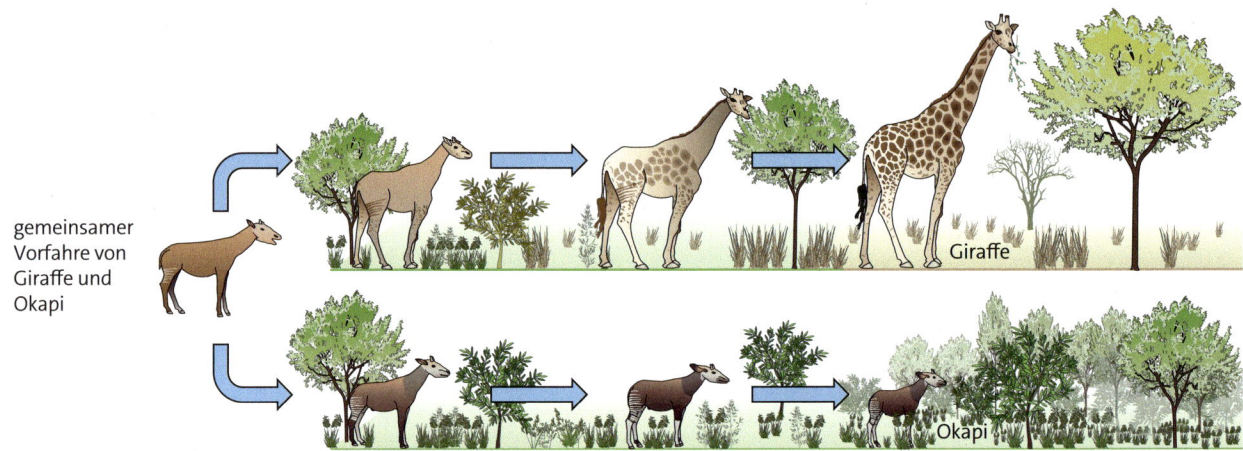

gemeinsamer
Vorfahre von
Giraffe und
Okapi

Giraffe

Okapi

05 Graduelle Entwicklung von Okapi und Giraffen unter Einfluss der jeweiligen Selektionsbedingungen

SELEKTION UND UMWELT · Obwohl natürliche Selektion kontinuierlich wirksam ist, kann man im Verlauf einer evolutionären Entwicklung verschiedene Formen der Selektion unterscheiden. Verändern sich zum Beispiel durch Klimawandel oder andere Ereignisse die Umweltbedingungen in einem Ökosystem, sind die dort lebenden Populationen in der Regel nicht mehr an ihre Umwelt angepasst. Meist verringert sich hierdurch die Populationsdichte. In Folge dessen führen die Mechanismen Variabilität und natürliche Selektion nach und nach zu einer Veränderung des Genpools der Population und entsprechend des durchschnittlichen Phänotyps. Diesen Prozess bezeichnet man als **transformierende Selektion.** Er kann sowohl durch Veränderungen der Umwelt als auch durch Migration einer Teilpopulation in ein neues Ökosystem einsetzen. Durch transformierende Selektion entwickeln sich Individuen, die die vorhandenen Ressourcen effektiv nutzen können. Dieser schrittweise Prozess hin zu einer höheren Angepasstheit bezeichnet man als **Gradualismus.**

Durch die graduell steigende Angepasstheit der Individuen erhöht sich meist deren Dichte und damit auch ihre **intraspezifische Konkurrenz.** So konnten beispielsweise die wenigen kleinen Okapis in einer frühen Population den dichtbewachsenen Wald noch ungestört nutzen. Nach mehreren Generationen mussten sie sich diese Areale mit den vielen anderen kleinen Okapis teilen, sodass der Selektionsdruck durch intraspezifische Konkurrenz zu einer andauernden Transformation führt.

Hat sich der durchschnittliche Phänotyp in einer Population so weit verändert, dass der stärkste Selektionsdruck auf jene Individuen wirkt, die von dem mittleren Phänotyp am stärksten abweichen, kommt es bei konstanten Umweltbedingungen zu keiner weiteren Verschiebung. Diesen Zustand bezeichnet man als **stabilisierende Selektion.** Hierbei erhöht sich der Anteil der Erbanlagen für die mittlere Merkmalsausprägung, während das Auftreten hiervon abweichender Merkmale selektiert wird.

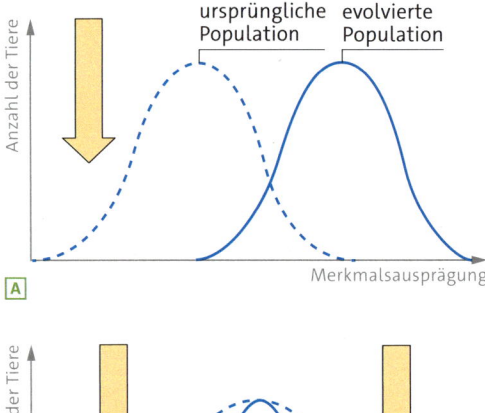

06 Selektionsformen: **A** transformierende Selektion, **B** stabilisierende Selektion

EVOLUTION DES GIRAFFENHALSES · Der ungewöhnliche Körperbau der Giraffen mit ihrem auffällig verlängerten Hals wurde schon früh als evolutionäre Angepasstheit interpretiert, die es den Giraffen ermöglicht, die oberen Blätter von Akazienbäumen in der Savanne zu fressen. Unabhängig davon kann man beobachten, dass rivalisierende Männchen bei Rangkämpfen ihre Hälse und Köpfe heftig gegeneinanderschlagen. Damit bietet ein kräftiger und langer Hals auch hier Selektionsvorteile, da sich die Sieger dieser Kämpfe häufiger paaren können. Somit wurde alternativ zur Akazien-Hypothese die „Hals-für-Sex"-Hypothese aufgestellt, zu deren Überprüfung verschiedene Studien durchgeführt wurden. So konnte in Freilandexperimenten gezeigt werden, dass der lange Hals den Giraffen deutliche Vorteile in der interspezifischen Nahrungskonkurrenz mit anderen Huftieren in der Savanne bietet. Gleichzeitig belegen anatomische Analysen, dass der Hals von Giraffenmännchen aus mehr Biomasse besteht und damit den Einsatz von mehr Ressourcen fordert als bei den Weibchen. Dies wird als wichtiges Indiz für einen geschlechtsspezifischen Selektionsdruck interpretiert. Daher versucht man heute, beide Hypothesen zu verbinden. Man geht davon aus, dass die evolutionäre Entwicklung zunächst durch die Nahrungskonkurrenz vorangetrieben wurde. Als sich dann das ausschließlich von Giraffen praktizierte Aneinanderschlagen der Hälse als Kampfverhalten entwickelte, wirkte dies als weiterer und nun geschlechtsspezifischer Selektionsdruck.

SEXUELLE SELEKTION · Das Beispiel des Giraffenhalses zeigt, dass neben der natürlichen Selektion durch Nahrungsverfügbarkeit oder andere Faktoren auch ein Selektionsdruck wirksam sein kann, der sich durch erhöhte Paarungschancen direkt auf den Fortpflanzungserfolg auswirkt, die **sexuelle Selektion.** Hierdurch können stark verlängerte Schwanzfedern, auffällige Färbungen oder große Geweihe selektiert werden. Der Selektionsdruck durch sexuelle Selektion wirkt der natürlichen Selektion häufig entgegen. So sind beispielsweise die Schwanzfedern der Männchen des Hahnschweif-Widafinken bis zu 50 Zentimeter lang,

obwohl die für die Flugfähigkeit der Finken optimale Schwanzfederlänge etwa 5 Zentimeter beträgt. Die Merkmalsausprägung bildet hier das Ergebnis des entgegengesetzten Wirkens von natürlicher und sexueller Selektion.

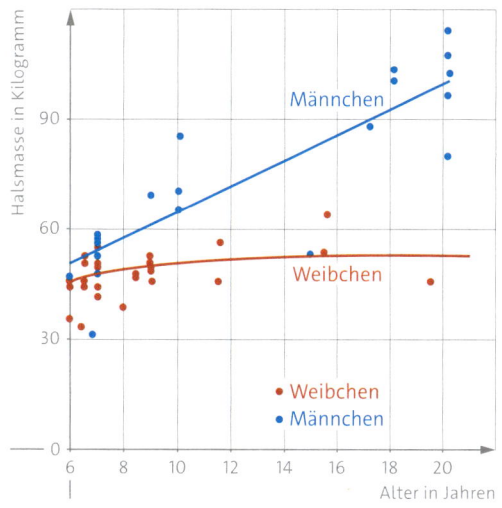

07 Zusammenhang zwischen Alter und Halsmasse bei männlichen und weiblichen Giraffen

08 Kämpfende Giraffenmännchen

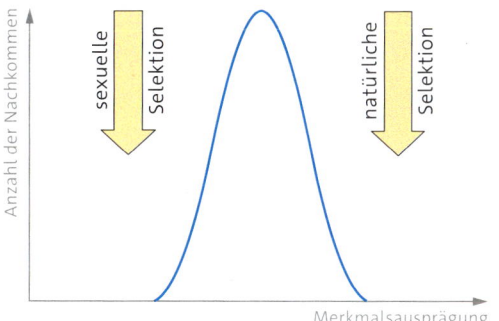

09 Zusammenwirken von sexueller und natürlicher Selektion

10 Hahnschweif-Widafink mit langen Schwanzfedern

1) Beschreiben Sie die Bedeutung der Mechanismen Variabilität und Selektion zur Erklärung der Phänomene biologischer Diversität und Angepasstheit! Stellen Sie die Zusammenhänge hierzu als Schaubild dar!

2) Erklären Sie, weshalb es nur unter konstanten Umweltbedingungen zu einer stabilisierenden Selektion kommen kann!

3) Erläutern Sie die Unterschiede zwischen natürlicher und sexueller Selektion!

Material A ▸ Evolution im Labor

Versuchsansätze mit Beutegreifern		Versuchsansätze ohne Beutegreifer	
Versuch 1: fein gekörnter Kies	Versuch 2: grob gekörnter Kies	Versuch 3: fein gekörnter Kies	Versuch 4: grob gekörnter Kies

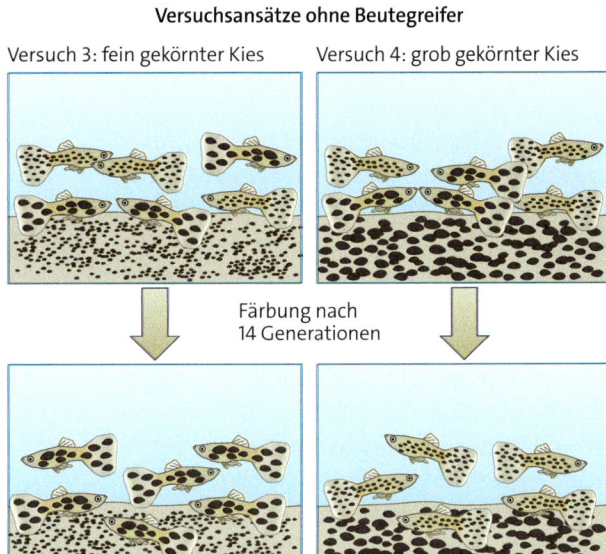

Färbung nach 14 Generationen

Färbung nach 14 Generationen

Um die Wirksamkeit der natürlichen Selektion direkt nachzuweisen, führte der Evolutionsbiologe John ENDLER im Jahre 1980 im Labor Simulationsversuche durch. Hierzu hielt er weibliche und männliche Guppys in Aquarien mit grob und fein gekörntem Kies. Männliche Guppys weisen eine hohe genetische Variabilität ihrer gefleckten Färbung auf. Die Weibchen zeigen keine gefleckte Färbung. Neben der Variation zwischen grobem und feinem Kies setzte ENDLER in manche Aquarien Beutegreifer, in andere nicht. Nach 14 Generationen bestimmte er die Färbung der männlichen Guppys in den vier Versuchen.

A1 Stellen Sie die Ergebnisse der Versuche 1 bis 4 in Form einer Tabelle dar!

A2 Deuten Sie die Versuche 1 und 2!

A3 Stellen Sie eine begründete Vermutung zur Erklärung der Ergebnisse zu den Versuchen 3 und 4 auf!

A4 Entwickeln Sie ein Experiment zur Überprüfung Ihrer Hypothese!

Material B ▸ Disruptive Selektion

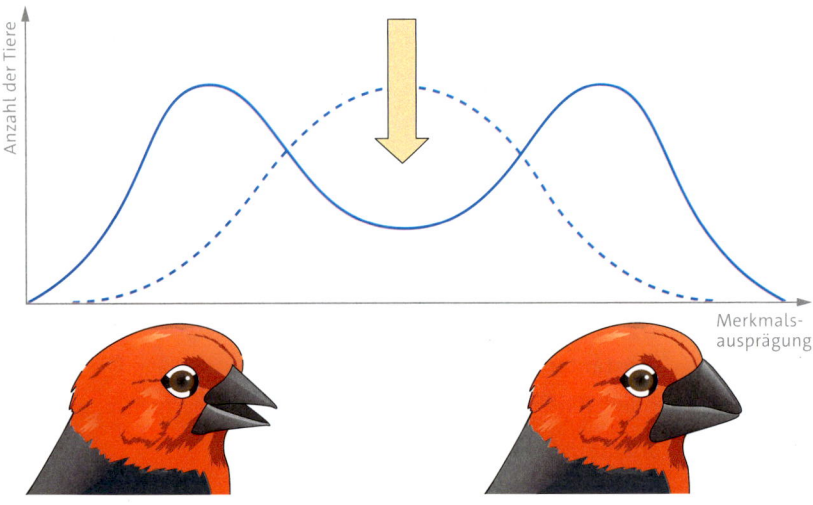

Anzahl der Tiere

Merkmalsausprägung

Neben der transformierenden und stabilisierenden Selektion gibt es eine weitere, selten wirksame Form der Selektion, die man als disruptive oder aufspaltende Selektion bezeichnet. Ein Beispiel hierfür ist die Schnabelgröße des Purpurastrilds.

B1 Beschreiben Sie die Häufigkeit der Schnabelgrößen in der ursprünglichen und der evolvierten Population!

B2 Erläutern Sie die Entwicklung und mögliche Bedingungen im Lebensraum der Vögel!

Material C ▸ Kosten-Nutzen-Analyse

Stunde lang nicht in der Lage ist, die Beute zu fressen. In dieser Zeit verliert er sie häufig an Konkurrenten wie Hyänen. Die Angepasstheit eines Verhaltens lässt sich durch Kosten-Nutzen-Analysen bestimmen. Hierzu wird ermittelt, wie hoch die Kosten des Verhaltens durch Energieaufwand oder Zeit sind. Zudem bestimmt man den jeweiligen Nutzen im Hinblick auf die reproduktive Fitness. Diese Analyse des Verhaltens vergleicht man mit einer hypothetischen Variante des Verhaltens und bestimmt, welche der Varianten vorteilhafter ist.

Auch Verhaltensweisen sind das Ergebnis evolutionärer Selektionsprozesse. Ein Beispiel hierfür ist das Jagdverhalten des Gepards. Er schleicht sich an seine Beute heran und hetzt sie mit hoher Geschwindigkeit. Ist die Beute nach 600 Metern nicht gefangen, endet die Jagd. Hatte der Gepard aber doch Erfolg, ist er so erschöpft, dass er oft eine halbe

C1 Bestimmen Sie Kosten und Nutzen des Jagdverhaltens des Gepards und vergleichen Sie es mit der Variante einer längeren Jagddauer! Wählen Sie für ihren Vergleich eine geeignete Darstellung!

Material D ▸ Wanderungsverhalten von Daphnien

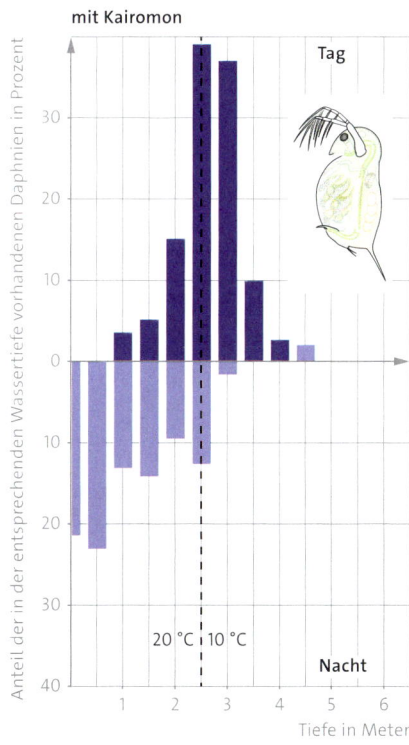

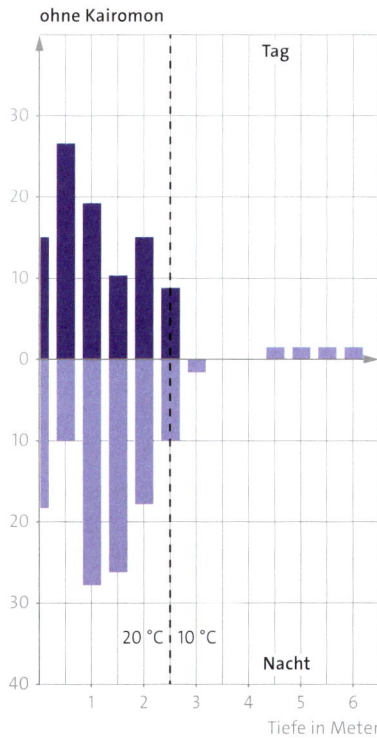

Daphnien zeigen eine Tag-Nacht-Wanderung zwischen den Wasserschichten. In den oberen Wasserschichten befindet sich ihre Nahrung, das Phytoplankton. Hier werden Daphnien von räuberischen Fischen gejagt.
In einem Versuch werden Daphnien in Kultur gehalten, die mit einem Signalstoff der räuberischen Fische, dem Kairomon, versetzt sind. In einem Vergleichsansatz wird kein Kairomon hinzugegeben

D1 Werten Sie die Versuchsdaten aus!

D2 Führen Sie zu dem Wanderungsverhalten eine systematische Kosten-Nutzen-Analyse durch!

01 Wildpferdherde

Rekombination und Mutation

Wildpferde leben in großen Herden zusammen. Von Weitem lassen sich kaum Unterschiede zwischen den Tieren erkennen, da sie sich in ihrer Gestalt sehr ähneln. Schaut man jedoch genauer hin, werden trotz aller Ähnlichkeiten deutliche Unterschiede in der Körpergröße, der Fellfarbe und der Dichte des Fells sichtbar. Die charakteristischen Wildpferdmerkmale liegen also in ganz unterschiedlicher Ausprägung vor. Welche Ursachen gibt es dafür?

VARIABILITÄT · Besonders bei Fohlen und ihren Elterntieren kann man oft viele Ähnlichkeiten im äußeren Erscheinungsbild, dem *Phänotyp,* feststellen. In manchen Merkmalen wie Fellzeichnung oder Körperform erkennt man eher den Hengst oder eher die Stute wieder. Einige Merkmale wie zum Beispiel die Fellfarbe können als Mischformen zwischen Hengst und Stute vorkommen. Die Grundlage für die Ausprägung der phänotypischen Merkmale ist die Information im Erbmaterial eines jeden Lebewesens, der *Genotyp.* Diese Erbinformation erhalten die Nachkommen von den Eltern. Einzelne Gene sind dabei für die Ausbildung von Merkmalen verantwortlich.

Ein Gen, das ein Merkmal codiert, kann in verschiedenen Zustandsformen vorliegen. Eine solche Zustandsform nennt man **Allel.** So gibt es bei Pferden zum Beispiel Allele für eine rötliche, braune oder graue Fellfarbe. Das Vorkommen verschiedener Allele eines Gens bezeichnet man als *genetische Variabilität.*

Die Allele eines Gens werden infolge der *geschlechtlichen Fortpflanzung* immer wieder neu kombiniert. Diesen Vorgang nennt man **Rekombination.** Immer neue Allelkombinationen führen zu unterschiedlichen Ausprägungen von Merkmalen, zum Beispiel auch zu neuen Fellfarben. Es treten *Variationen* der Merkmale auf.

INTERCHROMOSOMALE REKOMBINATION · Bei der sexuellen Fortpflanzung von Pflanzen und Tieren verschmelzen der Zellkern einer Eizelle und der einer Spermienzelle miteinander. Dabei entsteht eine befruchtete Eizelle, die Zygote. Beim Pferd zum Beispiel entsteht bei der Verschmelzung der Zellkerne von Eizelle und Spermienzelle ein Zellkern mit 64 Chromosomen. Das Fohlen trägt dann einen Chromosomensatz vom Hengst und einen von der

Stute. Bei der Bildung der Geschlechtszellen, der Gameten, müssen die diploid vorliegenden Chromosomensätze auf einen einfachen Chromosomensatz reduziert werden. Anderenfalls würde sich die Chromosomenanzahl mit jeder Generation verdoppeln. Die Reduktion zum haploiden Chromosomensatz einer Geschlechtszelle erfolgt in der *Meiose*. Dabei ordnen sich zunächst die homologen Zwei-Chromatiden-Chromosomen in der Äquatorialebene der Zelle an. Anschließend wandert jeweils ein Chromosomensatz zu den beiden Zellpolen. So entstehen beim Pferd aus einer diploiden Zelle mit 64 Chromosomen zwei haploide Geschlechtszellen mit jeweils 32 Chromosomen. Danach werden in einem mitoseähnlichen Vorgang die Zwei-Chromatiden-Chromosomen getrennt. Dabei entstehen vier Geschlechtszellen mit je 32 Ein-Chromatid-Chromosomen im Zellkern.

Die Anordnung der homologen Chromosomen in der Äquatorialebene erfolgt zufällig. Chromosomen mütterlicher und väterlicher Herkunft liegen beliebig ober- oder unterhalb der Äquatorialebene. So ergeben sich viele unterschiedliche Möglichkeiten der Chromosomenaufteilung auf die beiden Tochterzellen. Für einen diploiden Satz mit n Chromosomen gibt es 2^n verschiedene Möglichkeiten von Geschlechtszellen mit haploidem Chromosomensatz. Den Vorgang der zufälligen Verteilung kompletter Chromosomen nennt man *interchromosomale Rekombination*.

INTRACHROMOSOMALE REKOMBINATION ·
Beim Zusammenlagern der homologen Chromosomen in der Äquatorialebene liegen die einzelnen Stränge eng aneinander. Es kommt zu Überkreuzungen, den *Chiasmen*. Dabei werden Chromosomenstücke zwischen den homologen Chromosomen enzymatisch ausgetauscht. Durch dieses *Crossing-over* gibt es noch mehr Kombinationsmöglichkeiten von Allelen. Den Austausch von Chromosomenstücken zwischen homologen Chromosomen nennt man *intrachromosomale Rekombination*.

Inter- und intrachromosomale Rekombination sind wichtige Ursachen für die Merkmalsvariationen innerhalb einer Art. Deshalb sind sie entscheidende Vorgänge für die Evolution.

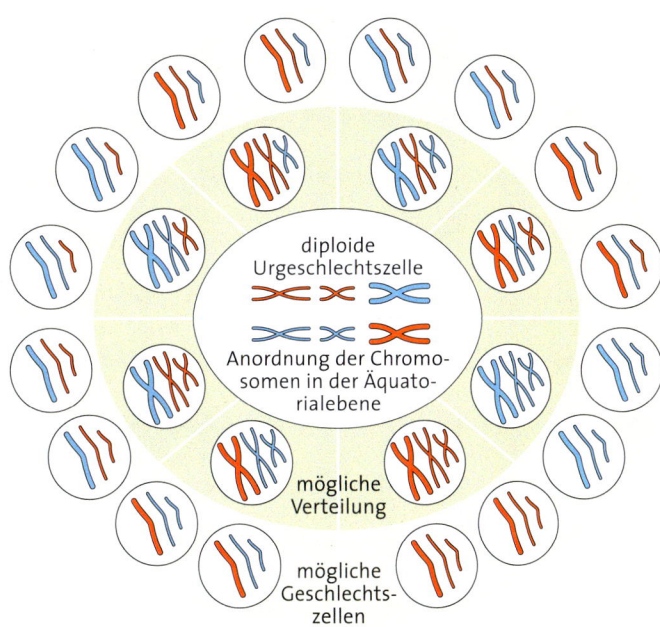

Die Kombinationsmöglichkeiten resultieren aus der Anzahl homologer Chromosomenpaare (n). Aus beispielsweise drei homologen Chromosomenpaaren (n = 3) können sich acht verschiedene Kombinationen (2^n = 8) ergeben.

02 Interchromosomale Rekombination am Beispiel von drei homologen Chromosomenpaaren

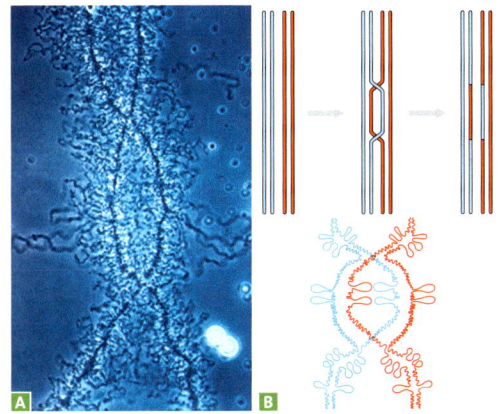

03 Intrachromosomale Rekombination:

A lichtmikroskopisches Bild einer Chiasmabildung,

B Schema eines Crossing-over

1 Vergleichen Sie interchromosomale und intrachromosomale Rekombination miteinander!

2 Erläutern Sie, weshalb die Rekombination Grundlage für eine hohe Variationsbreite innerhalb einer Art ist!

3 Ermitteln Sie die Kombinationsmöglichkeiten der Chromosomen in den Geschlechtszellen von Wildpferden durch interchromosomale Rekombination!

MUTATION · Einige Küstenmäuse der Art *Peromyscus polionotus*, die an den hellen Stränden des Golfes von Florida leben, haben eine „blonde" Fellfarbe. Dieses helle Fell ist eine gute Tarnung. Mäuse mit dunkler Fellfarbe fallen Greifvögeln eher auf und werden zuerst gefressen, während viele „blonde" Mäuse überleben. Ursache für die helle Fellfarbe ist eine Veränderung im Genotyp der Küstenmäuse. Die Allele für das Merkmal der Fellfarbe veränderten sich spontan, sodass Mäuse mit heller Fellfarbe auftraten.

Spontane Veränderungen des Erbgutes werden *Mutationen* genannt. Häufig sind sie an Veränderungen phänotypischer Merkmale wie der Fellfarbe zu erkennen. Mutationen verändern die Sequenz der DNA-Basen. Am häufigsten kommt es zur Veränderung eines Nukleotids, einer **Punktmutation.** Viele Punktmutationen werden phänotypisch gar nicht sichtbar. **Chromosomenmutationen** verursachen Veränderungen in der Genanordnung der Chromosomen. Durch Deletion, Duplikation, Inversion oder Translokation wird die Struktur der Chromosomen stark verändert. **Genommutationen** führen zur Veränderung der Anzahl der Chromosomen oder ganzer Chromosomensätze.

04 „Blonde" Küstenmaus

MUTATIONSRATE · Da Mutationen zufällig passieren, lässt sich die Anzahl der Mutationen eines Lebewesens pro Generation nur schätzen. Bei Eukaryoten liegt die Mutationsrate weit höher als bei Prokaryoten. Man geht davon aus, dass zum Beispiel beim Menschen etwa fünf bis 50 Mutationen pro 10^6 Zellteilungen stattfinden. Die Anzahl wirksamer Mutationen wird allerdings vom Reparaturmechanismus der DNA beeinflusst. Für die Evolution haben nur die Mutationen bei der Bildung der Geschlechtszellen eine Bedeutung.

Durch Mutationen entstehen Veränderungen im genetischen Material. Dadurch erweitert sich der Informationsgehalt im Genotyp. Im Phänotyp können daher Variationen von Merkmalen auftreten.

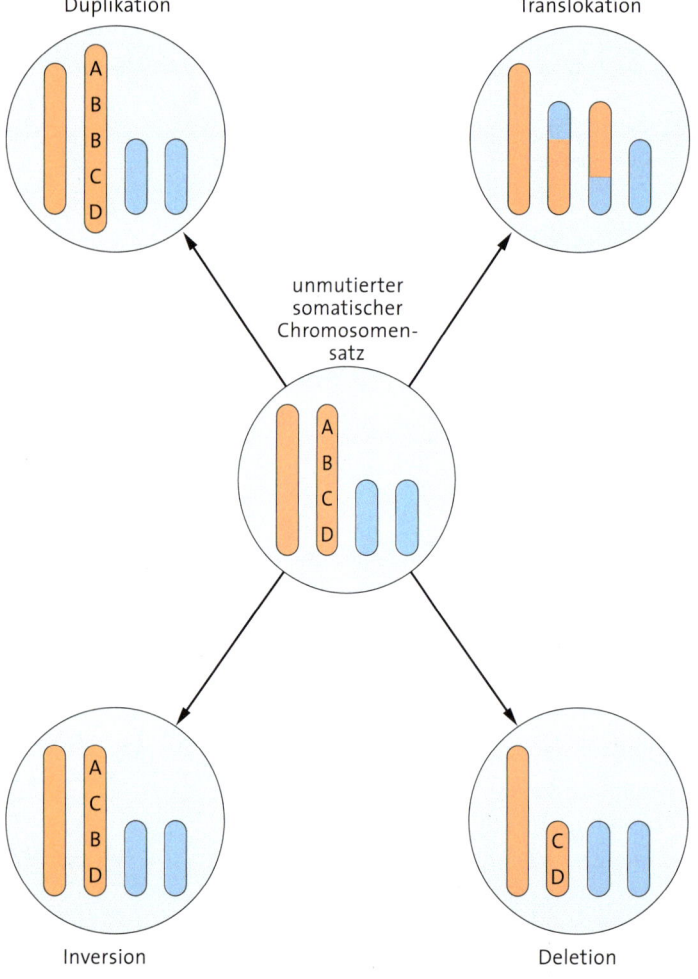

05 Chromosomenmutationen

4 ⌡ Beschreiben Sie die Abbildung 05 und erläutern Sie die Bedeutung von Mutationen für die Evolution!

Material A ▸ Dritte MENDELsche Regel

Eltern-Generation (P)

Phänotyp

Genotyp   GG RR   gg rr

Geschlechtszellen   GR   gr

F_1-Generation

Phänotyp

Genotyp   Gg Rr

F_2-Generation

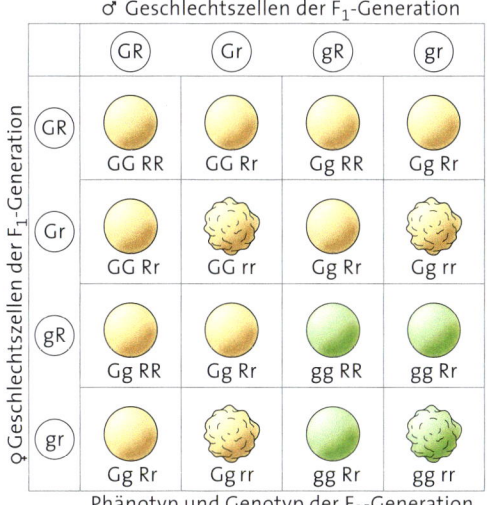

♂ Geschlechtszellen der F_1-Generation

	GR	Gr	gR	gr
GR	GG RR	GG Rr	Gg RR	Gg Rr
Gr	GG Rr	GG rr	Gg Rr	Gg rr
gR	Gg RR	Gg Rr	gg RR	gg Rr
gr	Gg Rr	Gg rr	gg Rr	gg rr

♀ Geschlechtszellen der F_1-Generation

Phänotyp und Genotyp der F_2-Generation

Der tschechische Mönch Gregor MENDEL (1822 bis 1884) veröffentlichte 1866 die Ergebnisse von Kreuzungsexperimenten mit Saaterbsen. Im Jahr 1900 wurden daraufhin allgemeingültige Kreuzungsregeln formuliert. Nach der dritten MENDELschen Regel werden Gene unabhängig voneinander verteilt, wenn man zwei Lebewesen einer Art miteinander kreuzt, die sich in mehr als einem Merkmal reinerbig unterscheiden. Auf diese Weise entstehen neue Kombinationen von Merkmalsausprägungen.

A1 Beschreiben Sie das dargestellte Kreuzungsschema!

A2 Geben Sie die statistische Verteilung aller Phänotypen in der F_2-Generation an!

A3 Erläutern Sie den Zusammenhang zwischen dritter MENDELscher Regel und interchromosomaler Rekombination!

Material B ▸ Mammuthaare

Mammuts gab es mit dunklem und hellem Fell. Das zeigen Überreste dieser Tiere, die viele Jahrtausende im Dauerfrostboden Sibiriens eingefroren waren. In dieser Zeit zerfiel ihre DNA in Fragmente. Dadurch wurde die DNA-Analyse im Vergleich zur Untersuchung der DNA lebender Tiere erschwert. In einem aufwendigen Verfahren wurde das *MC1R-Gen* aus den DNA-Fragmenten zusammengesetzt. Es codiert die Fellfarbe der Mammuts. Bei zwei von vier untersuchten Tieren war ein Nukleotid des MC1R-Gens ausgetauscht. Dadurch war an der 67. Stelle des codierten Proteins die Aminosäure Cystein anstelle von Arginin einge-

baut. Dies verursachte die helle Fellfarbe. Beide Mammuts mit dieser Mutation wurden in einem Abstand von 14 000 Jahren geboren.

B1 Beschreiben Sie den Zusammenhang zwischen mutiertem Gen und Fellfarbe! Berücksichtigen Sie dabei die Translation!

B2 Erläutern Sie anhand des Beispiels der Mammuthaare, welche Auswirkung eine Mutation auf die Merkmalsausprägung haben kann!

B3 Stellen Sie eine Hypothese auf, weshalb die Mutation bei zwei Mammuts gefunden wurde, die in einem Abstand von 14 000 Jahren lebten!

01 Asiatische Marienkäfer

Populationsgenetik

Der Asiatische Marienkäfer wurde 1982 als Schädlingsbekämpfer in Frankreich eingesetzt und breitet sich seitdem sehr schnell aus. Die Färbung seines Chitinpanzers tritt in unterschiedlichen Varianten von gelb-orange über rot bis schwarz mit unterschiedlich vielen Punkten auf. Was sind die Ursachen für diese phänotypische Variabilität des Asiatischen Marienkäfers?

GENETISCHE VARIABILITÄT · Trotz ihres unterschiedlichen Aussehens gehören die abgebildeten Marienkäfer zu einer Art: *Harmonia axyridis.* Sie bilden eine natürliche Fortpflanzungsgemeinschaft. Leben mehrere Individuen einer Art zur gleichen Zeit in einem begrenzten Gebiet, bezeichnet man diese Gruppe als **Population**. Die Gesamtheit aller genetischen Informationen der Individuen einer Population nennt man **Genpool**. Dabei besteht die genetische Information eines Individuums nur aus einem Teil der im gesamten Genpool verfügbaren Allele. Tritt ein Allel, das für eine Merkmalsausprägung wie zum Beispiel die rote Färbung bei den Asiatischen Marienkäfern codiert, häufig auf, hat es eine hohe

Allelfrequenz. Sie bestimmt die Häufigkeit eines Genotyps in der Population und beeinflusst damit die Anzahl der Tiere mit einem bestimmten Phänotyp, zum Beispiel einem roten Chitinpanzer. Marienkäfer mit verschiedener Färbung im Phänotyp haben also auch einen unterschiedlichen Genotyp. Das Auftreten verschiedener Genotypen innerhalb einer Population wird **Polymorphismus** genannt. Rekombination und Mutation sind die Ursachen für das Vorhandensein verschiedener Allele eines Gens, das ein Merkmal codiert. Doch welche Faktoren beeinflussen die Allelfrequenz einer Population?

Äußere Faktoren wie klimatische Veränderungen oder ein verstärkter Migranteneinstrom von neu eingeschleppten Asiatischen Marienkäfern können die Allelfrequenz einer Käferpopulation stark verändern. Ebenso führt die Wirkung von Evolutionsfaktoren zur Veränderung von Allelfrequenzen. Aber auch innere Faktoren, wie zum Beispiel ungleiche Paarungswahrscheinlichkeiten der Marienkäfer aufgrund ihrer Größe und Färbung, machen sich in der Allelfrequenz stark bemerkbar.

Durch das ständige Wirken dieser Faktoren ist es sehr schwierig, die Allelfrequenz einer Population genau zu bestimmen. Sie ist einer ständigen Veränderung unterworfen.

HARDY-WEINBERG-GLEICHGEWICHT · Die Vielfalt von Einflüssen auf die Entstehung neuer Allele und deren Häufigkeit verdeutlicht, dass die Allelfrequenz einer Population nur unter idealisierten Bedingungen statistisch exakt berechnet werden kann. Solche *Idealpopulationen* wurden vom britischen Mathematiker Godfrey HARDY und dem deutschen Arzt Wilhelm WEINBERG unter folgenden Voraussetzungen untersucht: Die Population ist so groß, dass Zufallsschwankungen keine Rolle spielen. Für Marienkäferpopulationen trifft dies häufig zu. Innerhalb der Käferpopulation findet weder Mutation noch Selektion statt. Es dürfen keine Käfer zu- oder abwandern. Alle Marienkäfer haben unabhängig von ihrer Färbung die gleiche Fortpflanzungswahrscheinlichkeit.

Nach dem *HARDY-WEINBERG-Gleichgewicht* stehen die Häufigkeiten der Allele, die ein Merkmal codieren, in einer Population in einem stabilen Gleichgewicht zueinander. Betrachtet man das dominante Allel A mit seiner Häufigkeit p und das rezessive Allel a mit seiner Häufigkeit q, dann gilt $p^2 + 2pq + q^2 = 1$. Dabei ist p^2 die Häufigkeit des Genotyps AA, pq die Häufigkeit des Genotyps Aa und q^2 die Häufigkeit des Genotyps aa. Vereinfacht gilt dann $p + q = 1$.

Mit dem Wert 1 sind in der Gleichung 100 Prozent der Population gemeint.

Unter idealen Bedingungen durchmischen sich die Allele A und a ständig neu. Die Anzahl der Allele bleibt jedoch gleich. Allein durch Rekombination ändert sich die genetische Struktur von Populationen nicht. Unter diesen Bedingungen treten damit auch keine evolutionären Veränderungen auf.

Reale Populationen können durch das HARDY-WEINBERG-Gleichgewicht jedoch nur begrenzt betrachtet werden. So findet man zum Beispiel unter natürlichen Bedingungen kaum Populationen, in denen alle Individuen die gleiche Fortpflanzungschance haben, in denen also Panmixie herrscht. Selektion, Mutation und genetische Isolation können ebenfalls nie ganz ausgeschlossen werden. Dieses Gleichgewicht ist also ein Modell und hat seine Grenzen, wenn sich die Bedingungen innerhalb einer Population stark vom idealen Zustand unterscheiden.

1 Erläutern Sie die Begriffe Population, Genpool und Allelfrequenz!

2 Erläutern Sie am Beispiel des Asiatischen Marienkäfers den Begriff Polymorphismus!

3 Begründen Sie, weshalb HARDY und WEINBERG von Idealpopulationen ausgehen mussten!

4 Beschreiben und erläutern Sie die Abbildung 02!

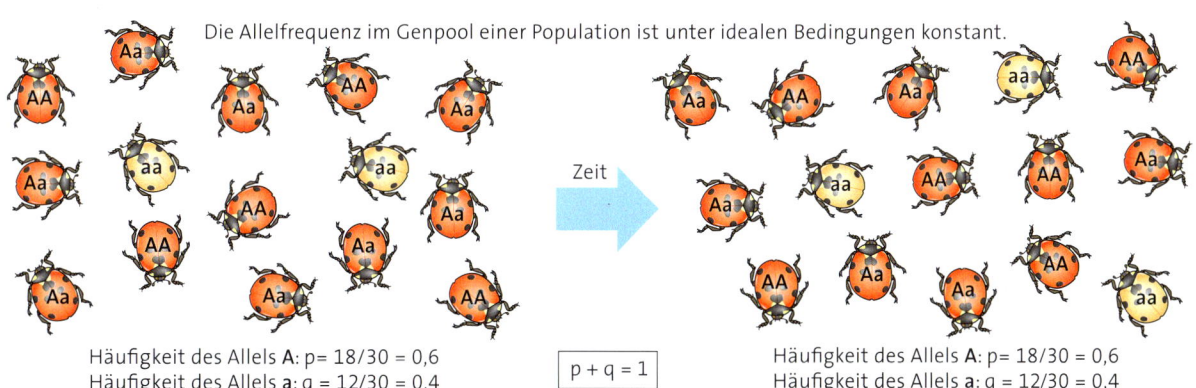

Die Allelfrequenz im Genpool einer Population ist unter idealen Bedingungen konstant.

Häufigkeit des Allels **A**: p= 18/30 = 0,6
Häufigkeit des Allels **a**: q = 12/30 = 0,4

$p + q = 1$

Häufigkeit des Allels **A**: p= 18/30 = 0,6
Häufigkeit des Allels **a**: q = 12/30 = 0,4

A dominantes Allel codiert für rote Farbe   **a** rezessives Allel codiert für orange Farbe

02 HARDY-WEINBERG-Gleichgewicht am Beispiel der roten und orangen Farbe des Asiatischen Marienkäfers

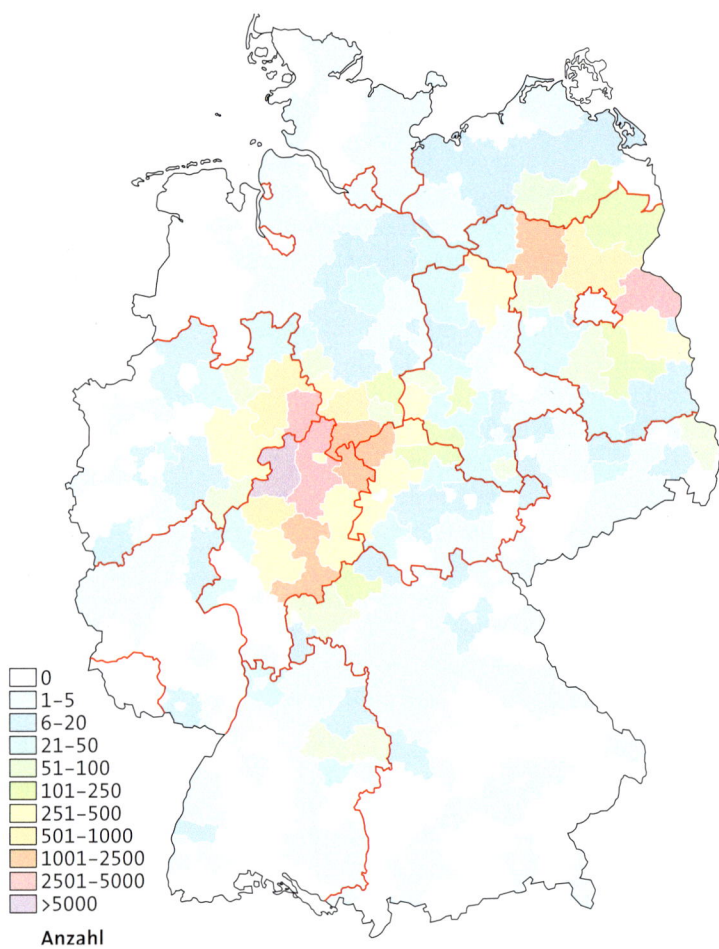

03 Verbreitung der Waschbären in Deutschland anhand der Anzahl erlegter Tiere in den Jahren 2000 bis 2003

Legende:
- 0
- 1–5
- 6–20
- 21–50
- 51–100
- 101–250
- 251–500
- 501–1000
- 1001–2500
- 2501–5000
- >5000

Anzahl

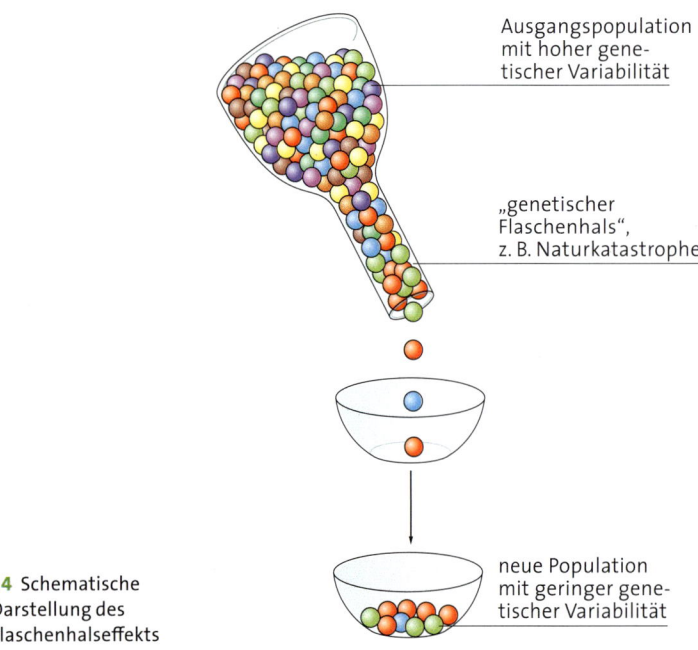

Ausgangspopulation mit hoher genetischer Variabilität

„genetischer Flaschenhals", z. B. Naturkatastrophe

neue Population mit geringer genetischer Variabilität

04 Schematische Darstellung des Flaschenhalseffekts

GENETISCHE DRIFT · Gelangen wenige Lebewesen einer Art in neue Regionen, wie zum Beispiel der Asiatische Marienkäfer nach Deutschland, entsteht eine neue Population. Sie enthält nur noch einen Bruchteil des Genpools der Ausgangspopulation. Das heißt, die Variabilität ist anfänglich sehr gering. Dieser Effekt wird **Gründereffekt** genannt. Eine neue Gründerpopulation kann im Extremfall aus nur zwei Tieren bestehen. Bei günstigen Umweltbedingungen kommt es zu einer rasanten Entwicklung der neuen Population. So wurden zum Beispiel 1934 einige Waschbären in Nordhessen ausgesetzt, mehrere Tiere flohen 1945 aus zerbombten Zuchtgehegen bei Berlin. Von diesen Tieren stammen sämtliche heute in Deutschland lebenden Waschbären ab. Durch das Fehlen von Beutegreifern und durch ein großes Nahrungsangebot leben so viele Waschbären in Deutschland, dass sie sogar bejagt werden müssen.

Wenn äußere Faktoren wie zum Beispiel Naturkatastrophen oder menschliche Einflüsse eine starke Dezimierung einer Population bewirken, spricht man von einem **Flaschenhalseffekt.** Ein Beispiel dafür sind die vom Aussterben bedrohten Przewalskipferde. Ihre Population wurde durch starkes Bejagen auf weltweit zehn Tiere dezimiert, die in Zoos überlebten. Von ihnen stammen alle Tiere ab, die inzwischen wieder ausgewildert wurden. Aufgrund des kleinen Genpools der wenigen überlebenden Tiere ist die genetische Variabilität dieser Population sehr gering.

Verringert sich die Anzahl verschiedener Allele innerhalb einer Population allein durch äußere Zufallsereignisse wie beim Gründereffekt oder beim Flaschenhalseffekt, spricht man von *genetischer Drift* oder Gendrift. Faktoren, die unabhängig von der Angepasstheit einzelner Lebewesen an die Umwelt wirken, führen dabei zu kleinen Populationen mit geringer Variabilität, auf die sich die Evolutionsfaktoren schnell auswirken. Dabei kann es zu einem rasanten Wachstum einer neuen Population kommen, deren genetische Variabilität jedoch nur langsam zunimmt.

5 Erläutern Sie die Wirkung des Gründereffekts und des Flaschenhalseffekts!

Material A ▸ Ausbreitung der Phönizier

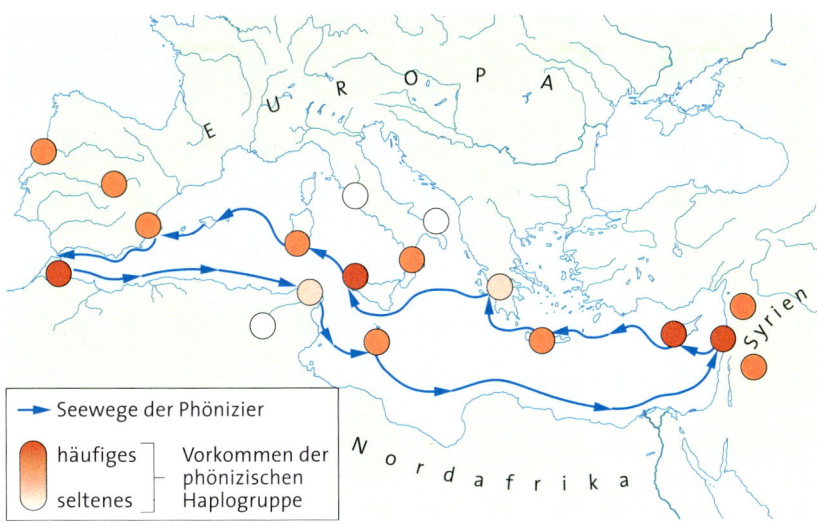

Seewege der Phönizier

häufiges ⎤ Vorkommen der
⎟ phönizischen
seltenes ⎦ Haplogruppe

Die Phönizier waren ursprünglich in mehreren Stadtstaaten des syrischen Küstenstreifens beheimatet. Im ersten Jahrtausend vor Christus führte der Ausbau der Fernhandelswege zu einer Ausbreitung dieses Volkes in den Mittelmeerraum. Auf der Suche nach sicheren Belegen dafür haben Forscher das Erbgut von heute am Mittel-

meer lebenden Männern untersucht. Dabei fand man heraus, dass im mediterranen Raum viele Männer auf dem Y-Chromosom typische minimale Basenabweichungen besitzen. Diese SNPs, *single nucleotide polymorphisms*, unterscheiden sie von den übrigen Menschen. Mehrere solcher SNPs bilden eine Haplogruppe, mit der

Gruppen von Menschen charakterisiert werden können. Tatsächlich trägt die heutige männliche Bevölkerung in den Siedlungsgebieten der Phönizier häufiger als an anderen Orten typische Varianten dieser Haplogruppe. Mehr als sechs Prozent des Genpools der in ehemaligen Phöniziernieder-lassungen lebenden Männer stammen demnach aus den alten Linien der antiken Händler. Statistisch gesehen hat heute jeder 18. Mann im Mittelmeerraum direkte phönizische Vorfahren.

A1 Beschreiben Sie die Abbildung!

A2 Erläutern Sie den Zusammenhang zwischen der Häufigkeit der phönizierspezifischen Haplogruppe, der Veränderung des Genpools und den Handelswegen!

A3 Stellen Sie Hypothesen auf, welche Evolutionsfaktoren hier gewirkt haben könnten!

Material B ▸ Wapitis

	Anteil polymorpher Genloci an der Gesamtanzahl der Genloci	Mittelwert der Anzahl verschiedener Allele pro Genlocus	Anteil der heterozygoten Gene an der Gesamtanzahl der Gene
Wapiti	10 %	1,14	< 2,00 %
Weißwedelhirsch	40 %	> 2,00	9,70 %
Hirsche allgemein	20 %	1,30	4,00 %

Der Wapiti ist eine unter anderem in Nordamerika lebende Hirschart. Aufgrund unkontrollierter Jagd sank dort die Anzahl der Tiere um 1900 auf ein Minimum. Wenige überlebende Tiere wurden in Reservaten gehalten und später ausgewildert. Bei Untersuchungen ihrer DNA betrachtete man besonders die Orte auf einem Chromosom, an denen jeweils ein

Gen für ein bestimmtes Merkmal vorliegt. Einen solchen Ort nennt man Genlocus. Sind an diesem Genlocus bei verschiedenen Tieren unterschiedliche Allele eines Gens vorhanden, spricht man von einem polymorphen Genlocus. Zudem untersuchte man, wie viele Gene bei einem Tier in zwei verschiedenen Allelen, also heterozygot, vorliegen. Die Tabelle zeigt die

Ergebnisse dieser genetischen Untersuchungen der Wapitis im Vergleich zu anderen Hirscharten. Anhand der Daten lassen sich Aussagen über die genetische Variabilität verschiedener Hirscharten treffen.

B1 Werten Sie die Tabelle aus!

B2 Erklären Sie den Unterschied der genetischen Variabilität von Wapitis im Vergleich zum Durchschnitt aller Hirsche!

B3 Stellen Sie eine Hypothese zur Populationsentwicklung von Weißwedelhirschen auf!

B4 Erläutern Sie an diesem Beispiel das Basiskonzept Reproduktion!

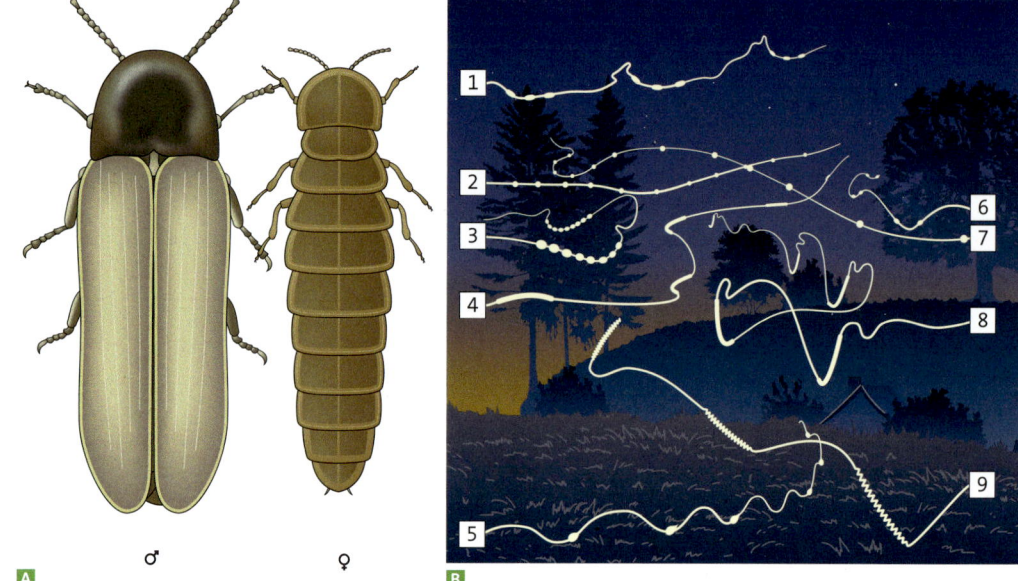

01 Leuchtkäfer:

A Großer Leuchtkäfer,

B Leuchtmuster von neun Leuchtkäfer- arten

♂   ♀

A   B

Artbildung

Leuchtkäfer paaren sich nachts. In der Dunkelheit lassen sich im Sommer die Leuchtspuren verschiedener Käfer beobachten. Wenn diese Leuchtspuren mit einer Kamera bei Langzeitbelichtung aufgenommen werden, erkennt man ein Muster. Verschiedene Leuchtkäferarten erzeugen unterschiedliche Muster. Untersuchungen haben gezeigt, dass es ausschließlich Männchen sind, die im Flug als „Glühwürmchen" diese Muster erzeugen. Wie finden die Männchen in der Dunkelheit die Weibchen zur Paarung?

BIOLOGISCHES ARTKONZEPT · Leuchtkäfer zeigen einen ausgeprägten Sexualdimorphismus: Im Gegensatz zu den Männchen besitzen die Weibchen der verschiedenen Leuchtkäferarten keine Flügel beziehungsweise nur Stummelflügel. Auch Deckflügel fehlen ihnen, weshalb ihr Körper ein eher wurmähnliches Aussehen hat. Die Weibchen sind also flugunfähig. Beide Geschlechter produzieren jedoch Licht mithilfe des Leuchtorgans an der Bauchseite ihres Körpers. Die Weibchen sitzen im Gras und erzeugen das gleiche Leuchtmuster wie die fliegenden Männchen. Mithilfe dieses Leuchtmusters finden sich Männchen und Weibchen einer Art, paaren sich und bringen so Nachkommen hervor.

Das Leuchtmuster stellt also einen Erkennungsmechanismus dar. Auch bei anderen Arten wird durch solche Mechanismen sichergestellt, dass sich nur Männchen und Weibchen der gleichen Art paaren. Überlistet man im Experiment die Weibchen einer Leuchtkäferart, indem man ihnen das artgleiche Leuchtmuster präsentiert, sie jedoch mit artfremden Männchen zusammenbringt, so entstehen zwar Nachkommen, diese sind jedoch selbst nicht fruchtbar. Eine ähnliche Situation findet man bei den Paarungen von Pferd und Esel oder von Löwe und Tiger, die in der Gefangenschaft unfruchtbare Nachkommen erzeugen. Dies ist die Grundlage für das *biologische Artkonzept: Alle Lebewesen, die sich untereinander fortpflanzen und fruchtbare Nachkommen hervorbringen, gehören zu einer Art.* Die Mitglieder einer Art leben in Populationen und stellen eine Fortpflanzungsgemeinschaft dar. Zu den Mitgliedern von Populationen anderer Arten existieren Fortpflanzungsbarrieren. Ihre Genpools sind gegeneinander isoliert.

TYPOLOGISCHES ARTKONZEPT · Bevor das biologische Artkonzept sich durchsetzen konnte, war man davon überzeugt, dass die Lebewesen einer Art eine Reihe von besonderen Kenn-

02 Weibchen des Großen Leuchtkäfers mit Leuchtorgan

zeichen aufweisen, anhand derer man sie von anderen Arten unterscheiden kann. *Eine Art stellt danach einen Typus dar, der relativ unveränderlich und von anderen Typen klar getrennt ist.* Dieser Artbegriff musste aufgegeben werden, nachdem deutlich wurde, dass bei den Lebewesen einer Art Merkmalsvariationen beobachtbar sind. Darüber hinaus gibt es Arten, wie die Leuchtkäfer, bei denen ein großer Sexualdimorphismus zu beobachten ist. Weibchen und Männchen sind nicht durch übereinstimmende Merkmale ihres Aussehens gekennzeichnet. Manche Arten wie der Gartenbaumläufer und der Waldbaumläufer, zwei in Mitteleuropa beheimatete Singvogelarten, sind äußerlich kaum zu unterscheiden. Sie werden als Zwillingsarten bezeichnet. Eine Kreuzung zwischen diesen Arten wird jedoch durch einen unterschiedlichen Gesang verhindert.

PHYLOGENETISCHES ARTKONZEPT · Das typologische Artkonzept wurde also durch das biologische Artkonzept abgelöst. Auch dieses kann jedoch nicht alle Beobachtungen erklären, die in der Natur gemacht werden können. Wenn eine Art in mehrere Populationen aufgespalten ist, die keinen Kontakt untereinander haben, so kann unter natürlichen Bedingungen nicht mehr von einer Art gesprochen werden. Diese Situation findet man zum Beispiel beim Alpenschneehuhn, das während der letzten Eiszeit eine einheitliche Population bildete. Diese spaltete sich jedoch mit dem Zurückweichen des Eises in Teilpopulationen. In Untersuchungen lassen sich Vertreter aller Populationen noch fruchtbar miteinander kreuzen, in der Natur findet jedoch kein Genfluss mehr statt. Zudem werden Arten, die sich ausschließlich ungeschlechtlich vermehren, durch das biologische Artkonzept nicht erfasst. Das gilt vor allem für Prokaryoten, die sich hauptsächlich durch Zweiteilung vermehren. Durch horizontalen Gentransfer findet außerdem ein Austausch genetischen Materials zwischen verschiedenen Arten statt. Die Kritik am biologischen Artkonzept führte zur Formulierung des *phylogenetischen Artkonzeptes: Eine Art ist eine Abstammungsgemeinschaft von Populationen in einer bestimmten evolutionären Zeitspanne. Eine Art*

/// **STECKBRIEF** /////////////////////////////////////

Ernst MAYR (1904–2005)

Ernst MAYR wurde 1904 in Kempten im Allgäu geboren. Er studierte in Berlin Zoologie, wo er mit 21 Jahren promovierte. Er profilierte sich als Vogelexperte und wechselte 1931 nach New York zum American Museum of Natural History, dem damals größten naturwissenschaftlichen Museum der Welt. 1953 wurde er Professor an der Harvard Universität

in Cambridge. Nach der Emeritierung 1975 arbeitete und lehrte er weiter an der Universität bis zu seinem Tod 2005. MAYR war maßgeblich an der Ausarbeitung der Synthetischen Theorie beteiligt, die Erkenntnisse aus verschiedenen biologischen Wissensgebieten, besonders der Genetik, mit DARWINs Selektionstheorie verband. Er entwickelte das heute allgemein anerkannte Konzept der biologischen Art sowie Vorstellungen zur Artbildung durch Isolationsmechanismen.

beginnt bei der Artspaltung und endet beim Aussterben aller Vertreter oder bei einer erneuten Artspaltung. Eine solche zeitliche Abgrenzung erklärt jedoch noch nicht, welche Populationen zu einer Art gehören. Darüber hinaus ist die Abstammung vieler Arten unbekannt. Aufgrund dieser Schwierigkeiten wird das phylogenetische Artkonzept in der Praxis kaum angewendet.

Obwohl das biologische Artkonzept nicht alle Beobachtungen in der Natur erklären kann, wird es am häufigsten benutzt. Die Lebensweise und die Evolution vielzelliger Lebewesen kann durch dieses Konzept am besten abgebildet werden. Die Entwicklung des biologischen Artkonzeptes ist eng mit dem Namen Ernst MAYR verbunden, einem herausragenden Evolutionsbiologen des 20. Jahrhunderts.

1 J Erläutern Sie die drei Artkonzepte und die Kritik an den Konzepten!

2 J Ordnen Sie den heutigen Menschen in die drei Artkonzepte ein und nennen Sie die dabei auftretenden Schwierigkeiten!

3 J Nennen Sie ein Basiskonzept, das mit dem biologischen Artkonzept im Zusammenhang steht!

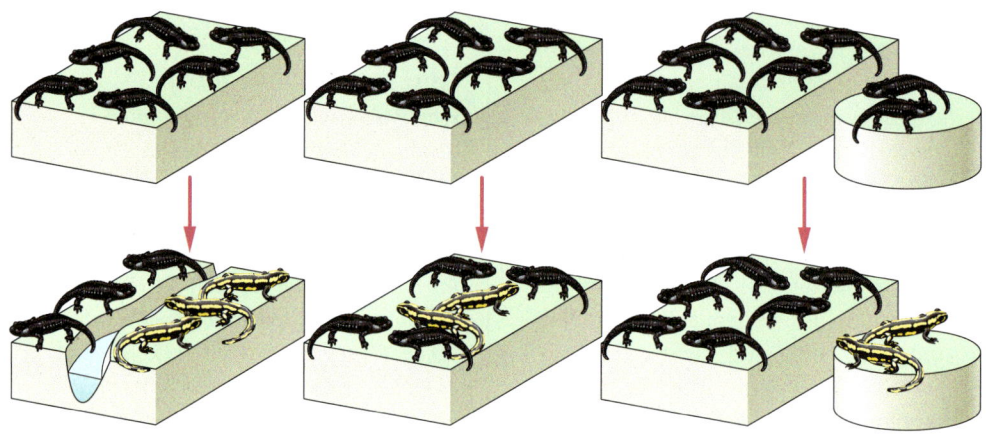

Allopatrische Artbildung:
Eine Population bildet durch geografische Isolation von ihrer Ausgangsart eine neue Art.

Sympatrische Artbildung:
Eine kleine Population bildet ohne geografische Trennung von ihrer Ausgangsart eine neue Art.

Peripatrische Artbildung:
Eine kleine Population siedelt sich außerhalb des Verbreitungsgebietes der Ausgangsart an. Aus ihr geht eine neue Art hervor.

03 Formen der Artbildung

griech. allos
= anders

lat. patria
= Heimatland

griech. syn
= zusammen

griech. peri
= um ... herum

ALLOPATRISCHE ARTBILDUNG · Nicht alle Populationen einer Art stehen in ständigem Kontakt miteinander. Sie können durch Gebirge, Flüsse, Wüsten, Seen oder andere Barrieren geografisch voneinander getrennt sein. In den getrennten Populationen laufen zahlreiche Vorgänge ab, die zu Unterschieden zwischen den Populationen führen: Es können Mutationen auftreten, Gene können durch zufällige Ereignisse wie Gendrift verloren gehen, Rekombination führt zur Entstehung vielfältiger neuer Phänotypen, die anders sind als in der Ausgangspopulation. Der Genpool der isolierten Population verändert sich im Vergleich zum Genpool der Ausgangspopulation. Da die isolierte Population in einer anderen Umwelt lebt und deshalb anderen Selektionsbedingungen ausgesetzt ist, wird sie sich im Laufe der Zeit in eine andere Richtung als die Ausgangsart entwickeln. Die Abweichungen werden irgendwann so groß sein, dass man bei der isolierten Population von einer neuen Art sprechen kann. Die beiden Populationen sind nun durch Fortpflanzungsbarrieren voneinander getrennt und können sich nicht mehr vermischen. Die Fortpflanzungsbarrieren sorgen somit für den Zusammenhalt der Art.
Dieser Mechanismus der Artbildung wird als *allopatrische Artbildung* bezeichnet. Sie wird als die häufigste Form der Artbildung angesehen.

SYMPATRISCHE ARTBILDUNG · Daneben ist jedoch auch eine Spaltung von Arten an einem Ort möglich. In einem kleinen Kratersee in Kamerun hat man Buntbarsche gefunden, die aus dem umgebenden Flusssystem in den See gewandert sind. Zwei eng verwandte Arten besitzen untereinander größere Ähnlichkeiten als mit den Buntbarschen in den benachbarten Flüssen. Diese Beobachtung ist wohl nur so zu erklären, dass aus der Ursprungsart, dem Fluss-Buntbarsch, am gleichen Ort zwei Arten von See-Buntbarschen entstanden sind.

PERIPATRISCHE ARTBILDUNG · Eine Sonderform der allopatrischen Artbildung ist die *peripatrische Artbildung,* bei der sich eine Gründerpopulation außerhalb des bisherigen Verbreitungsgebietes der Ursprungspopulation ansiedelt. Diese Population ist klein und genetisch verarmt, daher kann sie sich aufgrund veränderter Selektionsbedingungen schnell zu einer neuen Art entwickeln.

4 Beschreiben Sie die drei Mechanismen der Artbildung!

5 Ordnen Sie die Verbreitungssituation des Alpenschneehuhns einem Artbildungsmechanismus zu! Nehmen Sie die Seite 227 zu Hilfe!

Material A ► Artbildung

Die letzte Eiszeit ging vor etwa 12 000 Jahren zu Ende. Die Eismassen waren in Mitteleuropa weit vorgedrungen und hatten das Verbreitungsgebiet vieler Tier- und Pflanzenarten nach Süden zurückgedrängt. Einige Tierarten teilten sich bei diesen Wanderungen in eine westliche und in eine östliche Teilpopulation, die keinerlei Kontakt miteinander hatten. Mit dem Zurückweichen des Eises dehnte sich das Verbreitungsgebiet dieser Arten nordwärts aus. Es bildeten sich häufig Überschneidungszonen.

Gelbbauchunken und Rotbauchunken werden fünf bis sechs Zentimeter groß und leben in ähnlichen Lebensräumen. Beide ernähren sich von Wasserinsekten und pflanzen sich im Wasser fort. Im Überschneidungsgebiet paaren sich die verschiedenen Unken und haben Nachkommen. Diese sind jedoch unfruchtbar.

Rabenkrähe und Nebelkrähe werden etwa 47 Zentimeter groß und leben in ähnlichen Lebensräumen. Auch ihre Nahrung ist ähnlich. Nur im Überschneidungsgebiet findet man eine fruchtbare Mischform, die eine grau-schwarze Farbe aufweist.

Gelbbauchunke

Rotbauchunke

Rabenkrähe

Nebelkrähe

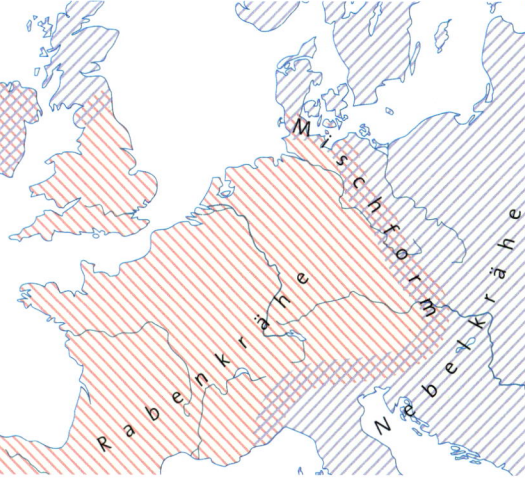

A1 Beschreiben Sie die Verbreitungsgebiete der beiden Unken und der beiden Krähen!

A2 Erläutern Sie, wie die Populationen der Unken und Krähen im Verlauf der Evolution zustande gekommen sind!

A3 Begründen Sie, inwieweit es sich bei den beiden Unken und bei den beiden Krähen um getrennte Arten handelt!

A4 Erläutern Sie an diesem Beispiel das typologische, biologische und phylogenetische Artkonzept!

A5 Erläutern Sie an diesem Beispiel das Basiskonzept Geschichte und Verwandtschaft!

Eselhengst × Pferdestute	Eselstute × Pferdehengst
▼	▼

01 Mischformen aus Esel und Pferd:
A Maultier,
B Maulesel

Isolationsmechanismen

Bereits vor 5000 Jahren züchteten Menschen aus Pferden und Eseln Mischformen, das Maultier und den Maulesel. Beide sind wegen ihrer hohen Belastbarkeit, ihrer großen Ausdauer und ihrer Gutmütigkeit dem Pferd und dem Esel als Nutztier überlegen. Auch heute noch werden in vielen Gegenden der Welt Maultiere und Maulesel als Zug- und Tragtiere verwendet. Die Tiere müssen immer wieder aus Eseln und Pferden nachgezüchtet werden, weil Maultiere und Maulesel selbst keine Nachkommen hervorbringen. Sie sind Mischlinge, Hybriden, und stellen daher keine eigenständige Art dar. Weshalb können Maultiere und Maulesel keine Nachkommen hervorbringen?

GENETISCHE ISOLATION · Untersuchungen des Erbgutes von Pferden und Eseln ergaben, dass Pferde einen Chromosomensatz von 64 Chromosomen besitzen, Esel jedoch einen Chromosomensatz von 62 Chromosomen. Maultiere und Maulesel besitzen daher einen Chromosomensatz von 63 Chromosomen. Die ungerade Anzahl macht die Meiose bei der Geschlechtszellenbildung unmöglich. Diese genetische Artschranke verhindert die Vermischung der Arten

Pferd und Esel. Ihre beiden Genpools bleiben getrennt. Solche Mechanismen, die die Trennung der Genpools verschiedener Arten sicherstellen, werden *Isolationsmechanismen* genannt. In diesem Beispiel handelt es sich um einen genetischen Isolationsmechanismus.

ISOLATIONSMECHANISMEN · Neben dem genetischen Isolationsmechanismus, der zum Beispiel die Genpools von Pferd und Esel trennt, gibt es viele weitere Mechanismen, die die Entstehung von fruchtbaren Mischformen aus verschiedenen Arten verhindern. Sie werden in zwei Gruppen eingeteilt: *Präzygotische Isolationsmechanismen* bewirken, dass keine befruchtete Eizelle entsteht. Dies kann erreicht werden, indem ein Zusammentreffen der möglichen Paarungspartner verhindert wird oder indem eine Paarung mit anschließender Befruchtung unmöglich ist. *Postzygotische Isolationsmechanismen* bewirken das Absterben der sich entwickelnden Zygote, eine verminderte Lebensfähigkeit der entstandenen Hybriden oder deren Unfruchtbarkeit. Auch in diesen Fällen bleiben die Genpools der beteiligten Arten getrennt.

Besonders häufig sind Isolationsmechanismen, die verhindern, dass mögliche Paarungspartner zueinandergelangen. Wenn zwei Populationen durch geografische Barrieren voneinander getrennt sind und wenn sie sich nicht mehr fruchtbar untereinander fortpflanzen können, spricht man von *geografischer Isolation*. Eine solche Situation findet man zum Beispiel bei vielen Insektenarten, die durch große Flüsse oder Bergketten voneinander getrennt leben.

Zeitliche Isolation liegt vor, wenn die Aktivitätszeiten der Paarungspartner getrennt sind, beispielsweise der Blühzeitpunkt mancher Blütenpflanzen. So blühen der Schwarze und der Weiße Holunder im Frühjahr beziehungsweise im Herbst. In der Natur treten daher keine fruchtbaren Nachkommen auf. Experimentell lassen sich jedoch fruchtbare Nachkommen der zwei Holunderarten erzeugen.

Von *ethologischer Isolation* spricht man, wenn das Zusammentreffen der möglichen Partner durch Verhaltenseigentümlichkeiten wie einen speziellen Verlauf der Balz verhindert wird. Solche Beobachtungen kann man bei vielen Entenvögeln machen.

Wenn die möglichen Paarungspartner in unterschiedlichen ökologischen Nischen leben und deshalb nicht zueinanderfinden, spricht man von *ökologischer Isolation*. Die nordamerikanischen Schaufelfußkröten beispielsweise verbringen trockene Jahreszeiten eingegraben in der Erde. Erst wenn die Umgebung feucht genug ist, kommen sie zur Nahrungsaufnahme und zur Fortpflanzung an die Oberfläche. Verschiedene Arten der Schaufelfußkröten bevorzugen unterschiedliche Bodentypen, sodass sich Paarungspartner verschiedener Arten nicht treffen können.

1 Erläutern Sie den Begriff Isolationsmechanismus!

2 Erläutern Sie die Isolationswirkung der Beispiele in Abbildung 02!

Isolationsmechanismus	Beispiel
Präzygotische Isolationsmechanismen	
1 Potenzielle Paarungspartner werden am Zusammentreffen gehindert.	Auf beiden Seiten des Grand Canyon leben Erdhörnchen unterschiedlicher Art: Nordhörnchen und Südhörnchen.
2 Potenzielle Paarungspartner treffen sich, paaren sich aber nicht.	Die Weibchen verschiedener Nachtschmetterlingsarten geben unterschiedliche Duftstoffe ab, die nur die arteigenen Männchen näher heranlocken.
3 Trotz Paarungsversuch werden keine Spermienzellen übertragen.	Bei vielen Insekten- und Spinnenarten passen nur die arteigenen Geschlechtsorgane nach dem Schlüssel-Schloss-Prinzip zueinander.
4 Spermienzellen werden übertragen, es findet jedoch keine Befruchtung statt.	Bei vielen Blütenpflanzen wächst artfremder Pollen auf dem Stempel bis zur Embryoanlage aus, es kommt jedoch nicht zur Befruchtung der Eizelle.
Postzygotische Isolationsmechanismen	
1 Die Eizelle wird befruchtet, der entstehende Keim stirbt jedoch ab.	Mischformen der beiden Froscharten *Rana pipiens* und *Rana sylvatica* entwickeln sich nicht weit über die ersten Teilungsschritte hinaus.
2 Der Keim entwickelt sich, der entstandene F1-Hybride besitzt jedoch eine verminderte Lebensfähigkeit.	Hybriden der beiden Hahnenfußarten *Ranunculus mielanii* und *Ranunculus dissectifolius*, die an feuchte beziehungsweise an trockene Habitate angepasst sind, können mit den elterlichen Pflanzen nicht erfolgreich konkurrieren und sterben schnell ab.
3 Die F1-Hybriden entwickeln sich, sind jedoch teilweise oder vollständig steril, sodass keine F2-Generation zustande kommt.	Maultier und Maulesel bringen keine fruchtbaren Nachkommen hervor.

02 Isolationsmechanismen

Adaptive Radiation

Kurzkopfgleitbeutler leben in Australien auf Eukalyptusbäumen. Sie ernähren sich von Früchten, Insekten und Baumsäften. Mehrere Tiere leben in großen Baumhöhlen zusammen. Die Gruppenmitglieder erkennen sich am Geruch. Mithilfe ihrer Flughaut, die zwischen den Vorder- und den Hinterbeinen gespannt werden kann, können die Tiere kurze Entfernungen im Gleitflug überwinden. Kurzkopfgleitbeutler gehören zu den etwa 240 Arten von Beuteltieren, die fast ausschließlich in Australien leben. Wie kam es zu dieser Vielfalt von Beuteltieren in Australien?

EVOLUTION DER SÄUGETIERE · Die ersten Säugetiere entstanden aus säugetierähnlichen Reptilien vor etwa 250 Millionen Jahren. Es waren meistens kleine Tiere, die als nachtaktive Insektenfresser lebten. Erst mit dem Aussterben der vorherrschenden großen Reptilien vor etwa 65 Millionen Jahren konnten die Säugetiere ebenfalls große Formen hervorbringen. Vor etwa 220 Millionen Jahren verbreiteten sich die frühen Säugetiere über alle Kontinente. Sie besaßen vermutlich bereits einige der charakteristischen Säugetiermerkmale: ein Haarkleid, ein Milchzahngebiss sowie Milchdrüsen. Diese frühen Säugetiere sind ausgestorben. Vor etwa 120 Millionen Jahren entwickelten sich die heute noch lebenden Großgruppen der Säugetiere: Die Kloakentiere, von denen heute nur noch der Schnabeligel und das Schnabeltier leben, traten in Australien auf. Plazentatiere und Beuteltiere entstanden in Asien und verbreiteten sich über die Kontinente. Da Südamerika, die Antarktis und Australien damals miteinander verbunden waren, gelangten die Beuteltiere bis nach Australien. Im heutigen Asien und in Nordamerika starben die Beuteltiere aus. Sie besiedelten jedoch den nordamerikanischen Kontinent erneut, nachdem eine Landbrücke zu Südamerika entstanden war. Heute leben nur noch wenige Beuteltierarten auf dem amerikanischen Kontinent, ihr Vorkommen ist weitgehend auf Australien beschränkt. Plazentatiere gelangten wahrscheinlich nur in geringer Anzahl nach Australien, da sich der Kontinent von der restlichen Landmasse abtrennte.

DIE BEUTELTIERE IN AUSTRALIEN · Die ursprünglichen Beuteltiere in Australien ähnelten dem heute lebenden Opossum. Sie lebten vermutlich nachtaktiv und ernährten sich von Insekten. Sie verbreiteten sich über ganz Australien. Durch die Zunahme der Populationsgröße verstärkte sich die innerartliche Konkurrenz zum Beispiel um Nahrung und um Lagerplätze. Varianten der ursprünglichen Beuteltiere mit leicht verändertem Nahrungsspektrum und veränderten Ansprüchen an die Umgebungsbedingungen hatten Vorteile und konnten sich erfolgreicher fortpflanzen. So entstanden zunächst Unterarten und später neue Arten. Dieser Vorgang der Artbildung durch die Bildung neuer ökologischer Nischen in relativ kurzer Zeit wird **adaptive Radiation** genannt. Heute leben in Australien so unterschiedliche Formen wie das fast zwei Meter große Rote Riesenkänguru oder die nur wenige Zentimeter großen Beutelmäuse. Sie unterscheiden sich in ihrer Ernährungsweise und in ihrer Lebensweise. Das Rote Riesenkänguru lebt in offenen Savannenlandschaften. Es bewegt sich auf den langen Hinterbeinen springend fort. Dabei benötigen Kängurus bei gleicher Geschwindigkeit weniger Energie als ein gleich großer Vierfüßer, weil bei jedem Sprung die sehr dehnbaren Sehnen Energie aufnehmen und anschließend wieder abgeben können. Das Rote Riesenkänguru ist ein Grasfresser. Es verdaut das Gras ähnlich wie die in Europa lebenden Wiederkäuer. Beutelmäuse sehen äußerlich wie Mäuse aus, es handelt sich jedoch um räuberisch lebende Tiere wie die Flachkopfbeutelmaus. Sie lebt im offenen Grasland in Erdspalten und ernährt sich von Insekten und anderen kleinen Tieren. Gemeinsam ist allen Beuteltieren die Art der Individualentwicklung: Nach der Befruchtung der Eizelle bildet sich im Mutterleib ein Keim, der durch eine einfache Plazenta versorgt wird. Nach einer kurzen Tragzeit wird das noch unentwickelte Jungtier geboren. Es kriecht mithilfe der bereits gut entwickelten Vordergliedmaßen auf die Vorderseite des mütterlichen Körpers in einen Beutel. Dort befindet sich die Zitze einer Milchdrüse, über die das Jungtier nun für den Rest der Entwicklungszeit ernährt wird.

1 ⌡ Beschreiben Sie die Evolution der Säugetiere!

2 ⌡ Erläutern Sie die ökologischen Nischen des Roten Riesenkängurus und der Flachkopfbeutelmaus!

3 ⌡ Beschreiben Sie die adaptive Radiation der Beuteltiere!

Adaptive Radiation:

Ursprungsart
↓
Vermehrung
↓
Innerartliche Konkurrenz
↓
Vorteile für Varianten
↓
Unterarten
↓
Nischenbildung
↓
Arten

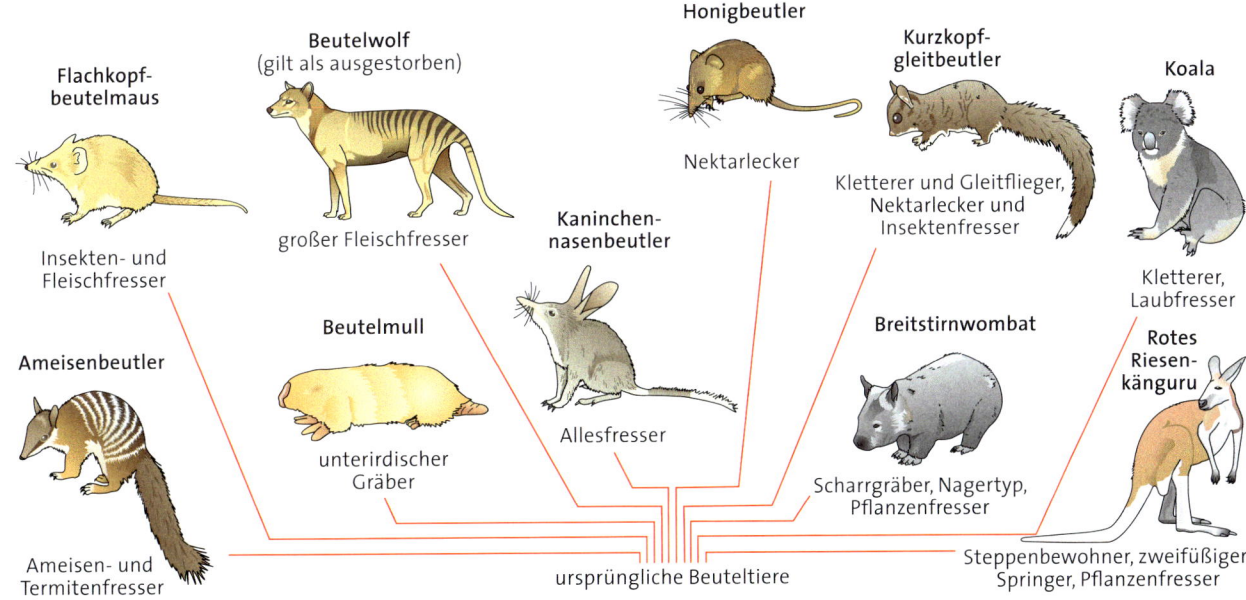

Flachkopf-beutelmaus
Insekten- und Fleischfresser

Beutelwolf (gilt als ausgestorben)
großer Fleischfresser

Ameisenbeutler
Ameisen- und Termitenfresser

Beutelmull
unterirdischer Gräber

Kaninchen-nasenbeutler
Allesfresser

Honigbeutler
Nektarlecker

Kurzkopf-gleitbeutler
Kletterer und Gleitflieger, Nektarlecker und Insektenfresser

Koala
Kletterer, Laubfresser

Breitstirnwombat
Scharrgräber, Nagertyp, Pflanzenfresser

Rotes Riesen-känguru
Steppenbewohner, zweifüßiger Springer, Pflanzenfresser

ursprüngliche Beuteltiere

02 Adaptive Radiation der Beuteltiere in Australien

Material A ▸ Unterarten der Kohlmeise

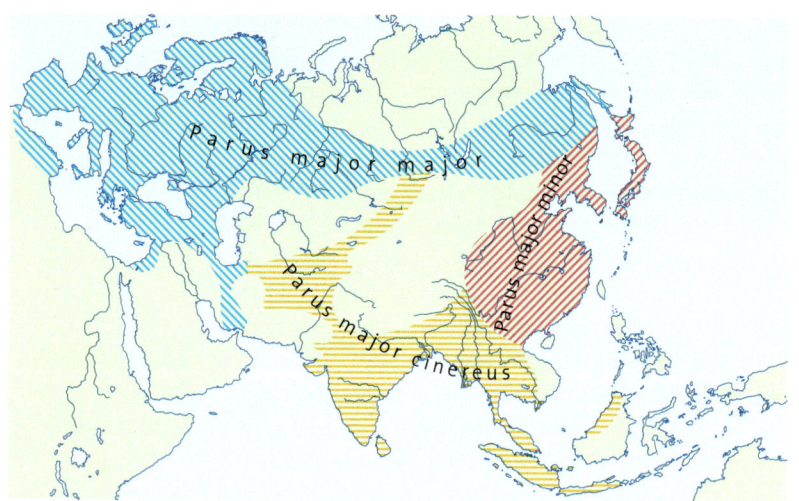

A1 Beschreiben Sie das Verbreitungsgebiet der Kohlmeise!

A2 Stellen Sie eine Hypothese auf, weshalb sich die Unterarten der Kohlmeise in Ostasien nicht fruchtbar miteinander fortpflanzen!

A3 Ordnen Sie dieses Beispiel einem Isolationsmechanismus zu und begründen Sie Ihre Zuordnung!

A4 Stellen Sie eine Beziehung zwischen diesem Beispiel und einem Basiskonzept her!

A5 Zum Verbreitungsgebiet von *P. m. cinereus* gehören auch Inseln, auf denen eine von der Gesamtpopulation unabhängige Entwicklung stattfinden kann. Erläutern Sie, welcher Artbildungsmechanismus hier vorliegt!

Die Kohlmeise *Parus major* hat sich über weite Teile Europas und Asiens verbreitet. Dabei sind drei verschiedene Unterarten entstanden: die europäisch-sibirische, die südasiatische und die chinesische Unterart. Wo sich die Verbreitungsgebiete berühren, pflanzen sich die Unterarten fruchtbar miteinander fort. Nur beim Aufeinandertreffen der Populationen von *P. m. major* und *P. m. minor* in Ostasien gelingt dies nicht.

Material B ▸ Gesang bei Zwillingsarten

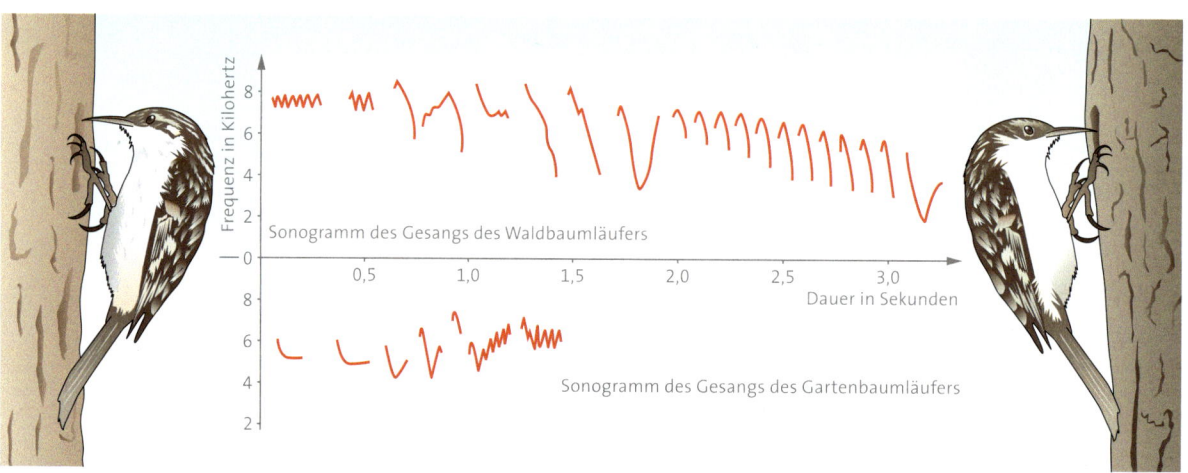

Die Populationen von Waldbaumläufer und Gartenbaumläufer wurden während der letzten Eiszeit voneinander getrennt. Nach dem Zurückweichen des Eises vereinigten sich die Populationen in Mitteleuropa.

Die Arten leben in sehr ähnlichen ökologischen Nischen, pflanzen sich jedoch nicht fruchtbar miteinander fort.

B1 Beschreiben Sie die äußeren Kennzeichen des Waldbaumläufers und des Gartenbaumläufers!

B2 Ermitteln Sie, weshalb sich die beiden Arten nicht fruchtbar miteinander paaren!

B3 Ordnen Sie dieses Beispiel einem Isolationsmechanismus zu und begründen Sie Ihre Zuordnung!

Material C ▶ Buntbarsche in ostafrikanischen Seen

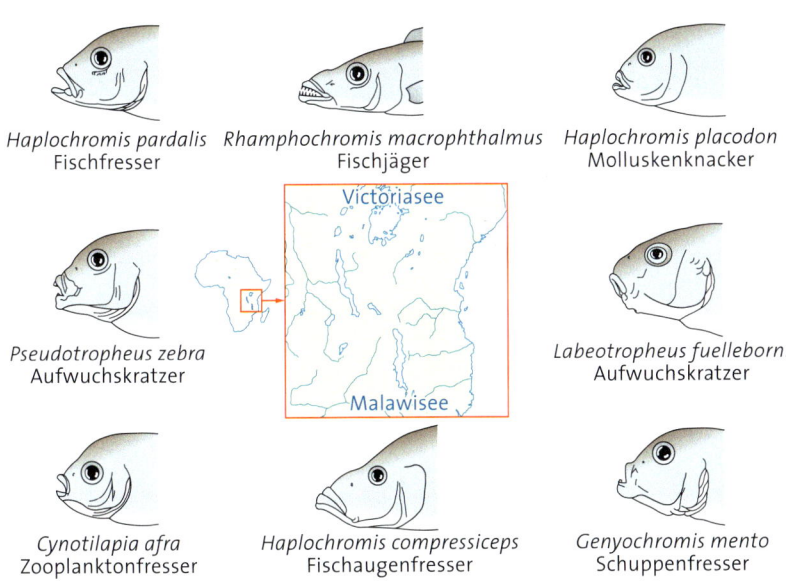

Haplochromis pardalis
Fischfresser

Rhamphochromis macrophthalmus
Fischjäger

Haplochromis placodon
Molluskenknacker

Pseudotropheus zebra
Aufwuchskratzer

Labeotropheus fuelleborni
Aufwuchskratzer

Cynotilapia afra
Zooplanktonfresser

Haplochromis compressiceps
Fischaugenfresser

Genyochromis mento
Schuppenfresser

In den Seen Ostafrikas lebt eine große Vielzahl von meist endemisch in dem jeweiligen See vorkommenden Buntbarscharten. Jede Buntbarschart besetzt eine ökologische Nische, die durch Nahrungsaufnahme, Art der Eiablage oder durch den Grad der Brutfürsorge gekennzeichnet ist.

Genetische Analysen haben gezeigt, dass die Buntbarscharten eines Sees aus einer oder wenigen Stammformen hervorgegangen sind, die in den umliegenden Flüssen leben. Ihre Kopfform und die Form der Nahrungsaufnahme sind wenig spezialisiert.

C1 Beschreiben Sie an zwei Beispielen die Angepasstheit der Kopfform der dargestellten Buntbarsche an die Form der Nahrungsaufnahme!

C2 Erläutern Sie die evolutionäre Entwicklung der Buntbarscharten in einem See und benennen Sie das Phänomen!

C3 Stellen Sie einen Zusammenhang zwischen diesem Beispiel und einem Basiskonzept her!

Material D ▶ Darwinfinken auf den Galapagosinseln

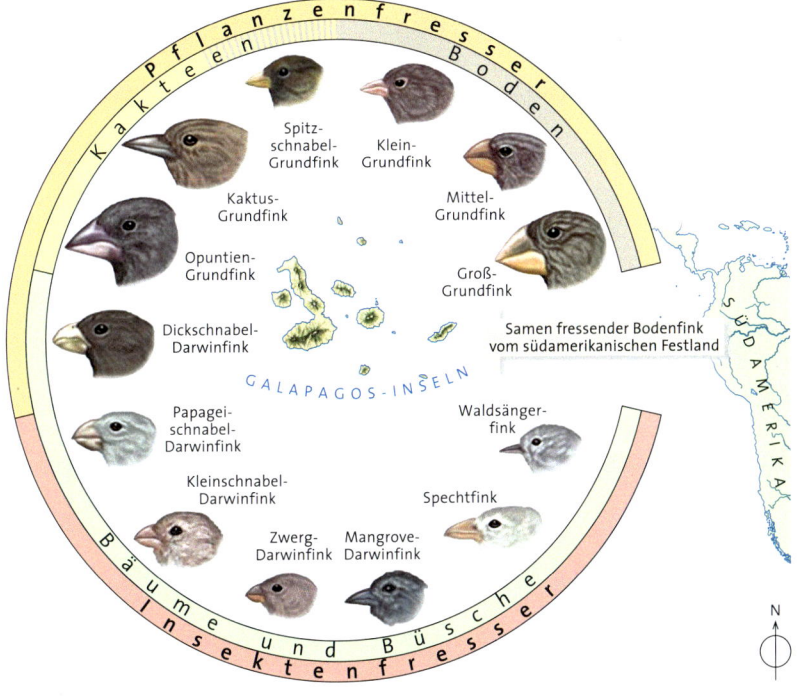

Während seiner Forschungsreise mit der „Beagle" besuchte Charles DARWIN auch die Galapagosinseln. Er sammelte und präparierte eine Vielzahl von Vögeln, die nach seiner Rückkehr von Vogelkundlern in England untersucht und verschiedenen Finkenarten zugewiesen wurden. DARWIN zu Ehren wurden die Vögel Darwinfinken genannt.

D1 Beschreiben Sie die in der Abbildung dargestellten Sachverhalte!

D2 Erläutern Sie diese Sachverhalte mithilfe Ihres Wissens über adaptive Radiation!

D3 Stellen Sie an diesem Beispiel die Bedeutung der adaptiven Radiation für die Stammesgeschichte dar!

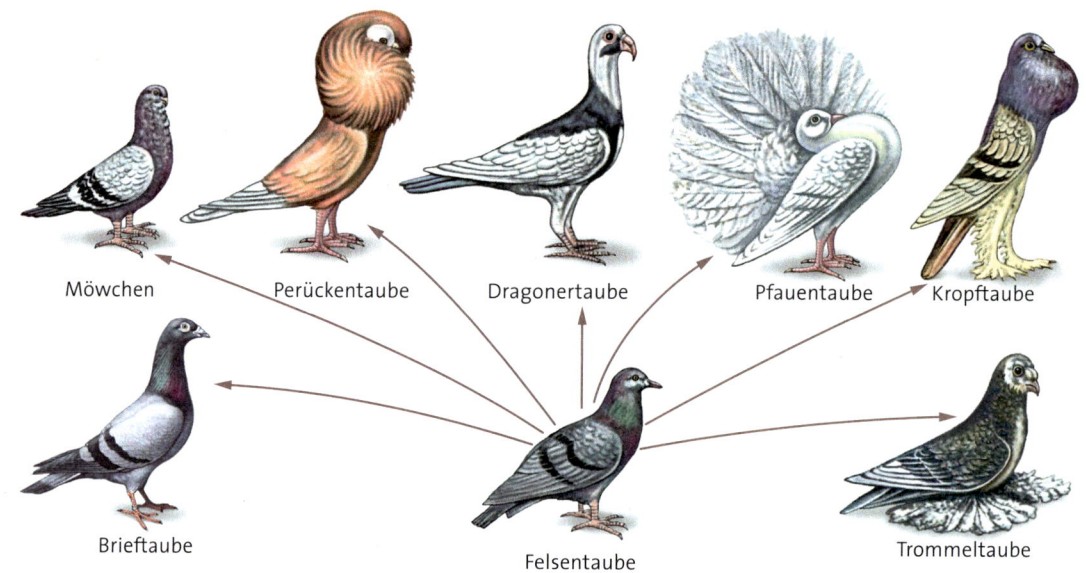

Möwchen   Perückentaube   Dragonertaube   Pfauentaube   Kropftaube

Brieftaube   Felsentaube   Trommeltaube

01 Taubenrassen

LAMARCK und DARWIN im Vergleich

Haustauben gehören zu den ältesten Haustie-ren des Menschen. Ausgehend von der Felsen-taube, deren Überreste bereits in über 7000 Jahre alten menschlichen Siedlungen gefunden wurden, züchtete der Mensch viele verschiedene Taubenrassen, die unterschiedlichen Zwecken dienten. Heute existieren etwa 350 Taubenras-sen, die alle auf Züchtungen zurückzuführen sind. Obwohl der Mensch nicht nur Haustauben nach seinen Zielen gezüchtet hat, sondern auch viele andere Tiere, ist die Parallele zur Abstam-mung der Arten erst Charles DARWIN aufgefal-len. Was fand er heraus?

LAMARCK · Nachdem es im 19. Jahrhundert im-mer deutlicher wurde, dass die verschiedenen Arten von Lebewesen nicht konstant, sondern wandelbar sind, wurde es notwendig, einen Me-chanismus zu bestimmen, der diese Wandelbar-keit erklärte und der die Konsequenzen dieses Effektes beschrieb. Solche Mechanismen wur-den von Jean Baptiste de LAMARCK und Charles DARWIN entwickelt.

LAMARCK war von der Veränderbarkeit der Lebewesen überzeugt. Er konzipierte eine Stu-fenleiter des Lebens, die von einfachen Formen bis zu komplexen Lebewesen reichte. Für die einfachen Formen nahm LAMARCK eine Urzeu-

gung an. Den Fortschritt zu komplexen Lebens-formen führte er auf ein inneres Bedürfnis zur Vervollkommnung zurück. Änderten sich die Le-bensbedingungen eines Lebewesens, so verän-derten sich auch die Bedürfnisse. Dies sollte zu verändertem Gebrauch von Organen und damit zu veränderten Merkmalen führen. LAMARCK erklärte auf diese Weise die Entstehung des lan-gen Giraffenhalses. Giraffen mit kurzen Hälsen fraßen zunächst an niedrigen Bäumen. Als die Bäume immer höher wuchsen, entstand in den Giraffen das Bedürfnis, die Blätter der hoch wachsenden Bäume zu fressen, und ihre Hälse streckten sich durch den häufigen Gebrauch. LAMARCK bezeichnete dies als erstes Naturge-setz. Das neu erworbene Merkmal konnten die Giraffen nun an ihre Nachkommen weiterge-ben, sofern beide Geschlechter dieses Merkmal besaßen. Dies bezeichnete LAMARCK als zwei-tes Naturgesetz. Organe, die nicht genutzt wur-den, verkümmerten seiner Meinung nach. Über viele Generationen hinweg könnten so neue Arten entstehen.

LAMARCKs Vorstellungen gehen zwar von der beobachtbaren Unterschiedlichkeit der Lebe-wesen einer Art untereinander aus, seine vor-geschlagene Theorie ist jedoch spekulativ, weil sie durch keinerlei Beobachtungen gestützt wird. Heute ist besonders seine Annahme widerlegt, erworbene Eigenschaften könnten vererbt werden.

DARWIN · DARWIN hatte als junger Mann auf der fünfjährigen Reise an Bord des Vermessungsschiffes „Beagle" eine Fülle von biologischem Material gesammelt und 1836 mit nach England gebracht. Besonders reichhaltig waren die Funde aus Südamerika. Auf den Galapagosinseln wie auch auf dem südamerikanischen Festland sammelte DARWIN unterschiedliche Finkenarten, die viele Ähnlichkeiten untereinander aufwiesen, sich aber in ihrer Schnabelform unterschieden. Die Analyse von Vogelkundlern in London ergab eine abgestufte Ähnlichkeit zwischen den Finkenarten des Kontinents und den Finken der verschiedenen Inseln. Die geringste Ähnlichkeit wiesen die Kontinentfinken zu denjenigen Finken auf, die auf einer Insel weit entfernt vom Festland lebten. Es lag nahe, dass die Finken des Kontinents nach und nach die Gruppe der Galapagosinseln besiedelt hatten und sich dabei zu unterschiedlichen Arten veränderten. DARWIN war nun von der Wandelbarkeit der Arten überzeugt. Die weitere Entwicklung und Ausformulierung seiner Evolutionstheorie wurde von drei Einflüssen maßgeblich mitbestimmt.

Der Geologe **Charles LYELL** veröffentlichte 1832 ein Grundlagenwerk, in dem er darlegte, dass die geologischen Einflüsse wie Sedimentation oder Erosion während aller Zeiten der Erdgeschichte die gleiche Kraft und das gleiche Ausmaß gehabt haben. Um kilometerdicke Sedimente aufzuhäufen, braucht es demnach die Zeit von Jahrmillionen. Er entzog damit jeglichem Katastrophendenken und dem biblischen Glauben an ein Erdalter von knapp 6000 Jahren die Diskussionsgrundlage. Sein angenommener Zeitrahmen bot genügend Raum für eine allmähliche Veränderung der Arten.

1838 las DARWIN einen Essay des Ökonomen **Robert MALTHUS.** Er legte dar, dass die Produktion von Nahrungsmitteln nicht mit dem Bevölkerungswachstum mithalten konnte. Es musste daher seiner Meinung nach unweigerlich zu Hungersnöten und zum Tod vieler

Menschen kommen. DARWIN übertrug diese Beobachtung auf Pflanzen und Tiere: Sie produzieren viel mehr Nachkommen, als für das Überleben der Art notwendig ist. Unter diesen Nachkommen muss es daher zu Konkurrenz, zu einem **Kampf ums Dasein,** kommen.

02 Reiseroute der „Beagle"

03 Galapagos-Darwinfinken

04 Evolutionstheorien im Vergleich: **A** nach LAMARCK, **B** nach DARWIN

1 , Beschreiben Sie die Evolutionstheorien von LAMARCK und DARWIN!

2 , Erläutern Sie die Entstehung des langen Giraffenhalses nach den Vorstellungen von LAMARCK und DARWIN!

3 , Erläutern Sie, inwiefern die Einflüsse von LYELL, MALTHUS und der Tierzüchtung für DARWINs Evolutionstheorie wichtig waren!

Ein dritter Einflussfaktor bildete für DARWIN die Beobachtung der **Tierzüchtung.** Seit Jahrtausenden züchtet der Mensch Haustiere, um bestimmte Zuchtziele zu erreichen. Er wählt dazu geeignete Tiere aus und bringt sie zur Fortpflanzung. So entstehen Zuchtformen mit Eigenschaften, die sich von denen der Ursprungstiere unterscheiden. DARWIN übertrug diesen Mechanismus auf die Abstammungslehre und nannte ihn natürliche Zuchtwahl, die **Selektion.**

Die Theorie zur Abstammungslehre, die DARWIN aus der Analyse seines Materials entwickelte, besteht aus mehreren Teilen. Zunächst konnte er nachweisen, dass **Populationen** von Lebewesen einer Art zahlenmäßig relativ stabil bleiben, wobei eine hohe Nachkommensrate durch eine hohe Sterblichkeit ausgeglichen wird. Weil die lebensnotwendigen Ressourcen knapp sind, kommt es zu einer **Konkurrenzsituation** unter den Individuen einer Population. Da diese Individuen untereinander angeborene unterschiedliche Merkmale aufweisen, haben diejenigen Vorteile, die am besten mit den Umgebungsbedingungen zurechtkommen. DARWIN sprach hier von „erblichen Varietäten". Diese natürliche Selektion sorgt dafür, dass sich die am besten angepassten Individuen fortpflanzen können. Als Konsequenz ergibt sich, dass alle Lebewesen durch allmähliche Änderungen auseinander hervorgegangen sein müssen. Sie sind durch eine gemeinsame Abstammung miteinander verbunden.

DARWINs Vorstellungen sind heute noch weitgehend gültig. Sie wurden durch neuere Forschungsergebnisse aus anderen biologischen Wissenschaftsgebieten ergänzt und erweitert. Vergleicht man die Evolutionstheorien von LAMARCK und DARWIN, so fällt bei DARWIN der Verzicht auf spekulative Aussagen auf: Sein Vorgehen war wissenschaftlich begründet. DARWINs Theorie fußt zudem auf der Analyse von Populationen von Lebewesen. LAMARCK betrachtete ein einzelnes Lebewesen und seine inneren Bedürfnisse. Laut DARWIN entsteht die Angepasstheit durch die Auswahl bestimmter Lebewesen aus einer großen Population, die individuelle Unterschiede aufweist.

Material A ▸ Gebiss beim Beutelwolf und beim Wolf

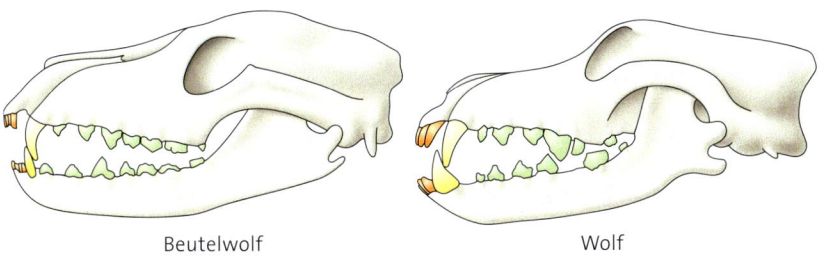

Beutelwolf   Wolf

A1 Beschreiben Sie das Gebiss des Beutelwolfes und des Wolfes!

A2 Erläutern Sie die Entstehung der beiden Gebisse in der Evolution nach den Theorien von LAMARCK und DARWIN!

A3 Erläutern Sie am Beispiel der beiden Gebisse die Begriffe Analogie und Homologie!

Zahnformel des Beutelwolfes: **4 1 3 4** (**4** Schneidezähne, **1** Eckzahn, **3** vordere und **4** hintere Backenzähne); Zahnformel des Wolfes: **3 1 4 2**

Material B ▸ Der vorhergesagte Schwärmer

Auf Madagaskar wächst die Orchidee *Angraecum sesquipe-dale* mit einem etwa 30 Zentimeter langen Sporn. Als Charles DARWIN diese Orchidee um 1860 vorgelegt wurde, vermutete er aufgrund seiner Selektionstheorie sogleich, dass es auf Madagaskar ein Blüten besuchendes Insekt mit einem ebenso langen Rüssel geben müsse.

Tatsächlich wurde 1903 auf Madagaskar ein Schwärmer entdeckt, der einen etwa 30 Zentimeter langen Rüssel besitzt. Als Erinnerung an die Vorhersage DARWINs erhielt der Schwärmer den Namen *Xanthopan morgani praedicta* (lat. praedicta = vorhergesagt).

B1 Erläutern Sie mithilfe DARWINs Theorie, weshalb diese Vorhersage gemacht werden konnte!

B2 Entwickeln Sie eine Hypothese, wie der lange Sporn und der lange Rüssel in der Evolution entstanden sein könnten!

B3 Erläutern Sie an diesem Beispiel das Basiskonzept Variabilität und Angepasstheit!

Material C ▸ Haustauben

„Zur Erforschung [...] hielt ich es für das Beste, eine bestimmte Gruppe zu studieren [...]. So könnte man eine Menge Tauben auswählen, die ein Ornithologe sicher als wohlumschriebene Arten gelten ließe, wenn es wilde Vögel wären [...]. Wie groß aber auch die Unterschiede zwischen den Taubenrassen sein mögen, so bin ich doch völlig überzeugt, dass sie sämtlich von der Felsentaube, *Columba liva,* abstammen. Wären die verschiedenen Rassen nicht Varietäten und stammten sie nicht von der Felsentaube ab, so müssten sie wenigstens von sieben oder acht Stammformen herrühren. Die

angenommenen wilden Stammformen müssten sämtlich Tauben gewesen sein, die nicht freiwillig auf Bäumen brüten [...]. Aber außer der *Columba liva* sind mir zwei oder drei Felsentaubenarten bekannt, und diese haben keine einzige der charakteristischen Eigenschaften der Haustauben [...]. Als ich ferner einige Nachkömmlinge der Berber- und der Pfautauben mit einem Nachkömmling der Berber- und Blesstaube kreuzte, kam ein Vogel von schöner blauer Farbe zustande, mit weißen Weichen, doppelter schwarzer Flügelbinde und schwarzer Schlussbinde mit weißen Rändern der Steuerfeder, alles wie bei der Felsentaube [...].

Obgleich [viele Züchter] wissen, dass jede Rasse etwas variiert (denn sie gewinnen ja ihre Preise durch Herauszüchtung solcher geringen Unterschiede), so lassen sie doch die allgemeinen Beweise außer acht und rechnen nicht den ganzen Betrag zusammen, der sich durch die Anhäufung kleiner Unterschiede im Verlauf der Generationen ergibt." (DARWIN 1859)

C1 Erläutern Sie DARWINs Vorgehensweise bei der Ermittlung der Stammform der Haustauben!

C2 Erläutern Sie die Bedeutung der Züchtung für DARWINs Evolutionstheorie!

01 Geografische Verbreitung von Königspinguin und Eisbär

Die synthetische Theorie der Evolution

Am nördlichen und am südlichen Pol der Erde sind die klimatischen Bedingungen besonders lebensfeindlich. Weite Bereiche sind von Schnee und Eis bedeckt, die auch im Sommer nicht abschmelzen. Die Temperaturen bleiben weit unter der Nullgradgrenze. Nur wenige Tierarten wie der Eisbär und bestimmte Pinguinarten können in der Eiswüste trotz der lebensfeindlichen Bedingungen überleben. Trotz ähnlicher Lebensbedingungen kommt der Eisbär ausschließlich auf der Nordhalbkugel vor, Pinguine dagegen ausschließlich auf der Südhalbkugel. Wie ist das zu erklären?

BIOGEOGRAFIE · Untersuchungen zum geografischen Vorkommen von Tier- und Pflanzenarten lieferten die ältesten Hinweise auf eine Evolution. Ausgangspunkt der Betrachtung ist die Beobachtung, dass viele Lebewesen nur in einem begrenzten Gebiet vorkommen. Da die verschiedenen Arten jeweils besondere Anforderungen an Nahrung, Temperatur, Wasser und andere Umweltfaktoren stellen, überrascht diese Beobachtung nicht. Ökologisch gleichartige Lebensräume, wie beispielsweise die Arktis und die Antarktis, müssten demnach gleichartige Lebewesen aufweisen. Dies ist jedoch nicht der Fall. Diese Beobachtung ist nur dadurch zu erklären, dass in den verschiedenen Regionen nach ihrer Besiedelung ein jeweils unabhängiger Artbildungsprozess stattgefunden hat

und ein Austausch von Lebewesen über die jeweiligen Regionsgrenzen hinaus nicht möglich war. Diese *geografische Isolation* ist auch die Ursache für die unterschiedliche Verbreitung von Eisbär und Pinguin.

Das Vorkommen derselben fossilen Arten auf verschiedenen Kontinenten der Südhalbkugel wie Antarktis, Südamerika und Afrika schließlich konnte durch die *Kontinentalverschiebung* erklärt werden: Heute weit voneinander entfernt und isoliert liegende Erdteile waren in früheren Zeiten der Erdgeschichte miteinander verbunden und boten für damals lebende Arten von Lebewesen einen einheitlichen Lebensraum.

PALÄONTOLOGIE · Die Paläontologie ist die Wissenschaft, die sich mit Fossilien beschäftigt. Sie besitzt für die Evolutionstheorie eine besondere Bedeutung, weil ihre Ergebnisse Aussagen über den Verlauf der Stammesgeschichte erlauben. Mithilfe der Methoden der Altersbestimmung von Gesteinen konnte nachgewiesen werden, dass die Erde ein Alter von 4,5 Milliarden Jahren aufweist. Eine genaue Untersuchung von Fossilien aus unterschiedlichen Erdschichten ergab, dass es keinen abrupten Wechsel von Lebensformen gegeben hat. Je älter Flora und Fauna sind, desto stärker weichen sie von den heutigen Lebewesen ab. Sie nähern sich in ihren Merkmalen den heutigen Lebewesen stufenweise und allmählich an. Rezente, heute lebende, Formen finden sich nicht fossil in alten Erdschichten. In diesen Schichten fand man jedoch Arten, die heute ausgestorben sind. Diese Entdeckungen bedeuteten das endgültige wissenschaftliche Ende der Katastrophentheorie.

Es wurden auch Fossilien von Lebewesen gefunden, die Merkmale verschiedener systematischer Gruppen aufweisen und die deshalb als **Mosaikformen** bezeichnet werden. Das bekannteste Beispiel ist *Archaeopteryx,* dessen Fossilien etwa 150 Millionen Jahre alt sind. Weitere Beispiele für Mosaikformen sind der Schnabeligel und das Schnabeltier, die in Australien leben. Es handelt sich um Säugetiere, die auch Merkmale von Reptilien aufweisen: Sie legen Eier und besitzen eine Kloake. Die Jungtiere werden jedoch gesäugt und beide Tierarten sind behaart. Dies sind typische Säugetiermerkmale. Inzwischen sind viele weitere Mosaikformen gefunden worden, die verdeutlichen, dass auch die Lebewesen der verschiedenen systematischen Gruppen, die große Unterschiede zueinander aufweisen, im Laufe der Stammesgeschichte allmählich auseinander hervorgegangen sind. Gegner der Evolutionstheorie haben dies lange bestritten: Für sie war die Variation der Lebewesen auf bestimmte „Typen" beschränkt, beispielsweise auf Vögel oder Reptilien, sie bestritten jedoch eine Übergangsmöglichkeit zwischen diesen Gruppen. *Archaeopteryx* und viele weitere Mosaikformen belegen, dass solche Übergänge existieren.

ENTWICKLUNGSBIOLOGIE · Die Entwicklung von Lebewesen von der befruchteten Eizelle bis zur erwachsenen Form unterliegt ganz bestimmten Gesetzmäßigkeiten. Organe werden meist auf direktem Wege aus einfachen Vorstadien gebildet. Manchmal machen die Lebewesen in ihrer Entwicklung jedoch auch Umwege. Manche Umwegsentwicklungen sind nur durch die Annahme einer gemeinsamen Abstammung zu erklären. So bilden beispielsweise Bartenwale, die als erwachsene Lebewesen keine Zähne besitzen, während ihrer Embryonalentwicklung Zahnanlagen aus, die im weiteren Verlauf der Entwicklung wieder verschwinden. Diese Beobachtung ist nur durch die Annahme zu erklären, dass Bartenwale von Vorfahren ab-

02 Schnabeltier

Archaeopteryx
siehe Seite 252 und 253

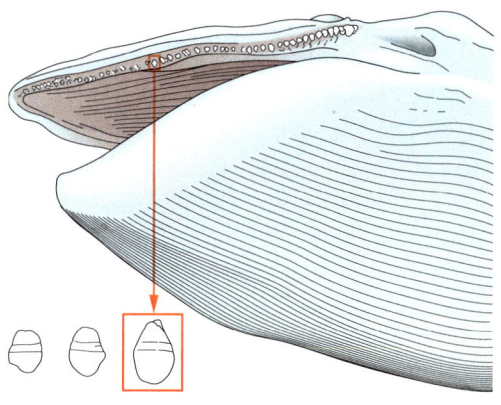

03 Walembryo

stammen, die Zähne besaßen, und dass sie in ihrer eigenen Entwicklung die Entwicklung der Vorfahren in Teilen rekapitulieren. Das vorübergehende Auftreten vieler weiterer embryonaler Merkmale hat zur Formulierung der **biogenetischen Grundregel** geführt: *Während der Individualentwicklung einer Art werden Entwicklungsstadien stammesgeschichtlicher Vorfahren rekapituliert.*

Eine ähnliche Situation findet sich bei **rudimentären Organen.** Der flugunfähige Strauß besitzt wie alle flugunfähigen Vögel noch Flügel, Wale zeigen noch Reste von Beckenknochen, obwohl sie keine Hinterextremitäten besitzen, seit Langem unterirdisch lebende Wirbeltiere wie beispielsweise Höhlenfische besitzen noch Augenreste. Auch diese Beobachtungen sind nur erklärbar, wenn man annimmt, dass die betroffenen Lebewesen von Formen abstammen, die funktionsfähige Formen des rudimentären Organs besessen haben.

ATAVISMEN · Für die Rekonstruktion der Stammesgeschichte spielen auch *Atavismen* eine große Rolle. Atavismen sind Rückschläge auf die Merkmale eines Ahnen, die als einzelne Varianten innerhalb einer Art auftreten. Sie beruhen auf Mutationen oder auf Anomalien während der Individualentwicklung. Menschen mit Vollbehaarung des Körpers, mit ausgeprägten Schwanzwirbeln, mit einer Kiemenspalte am Hals, Frauen mit überzähligen Brustwarzen oder mit Vollbart sind Beispiele für Atavismen. Im Tierreich sind beispielsweise dreizehige Pferde oder Wale mit Hinterextremitäten beobachtet worden.

BIOCHEMIE UND ZELLBIOLOGIE · Auch auf molekularer Ebene lassen sich Hinweise für die Richtigkeit der Evolutionsvorstellung finden. Alle Lebewesen weisen einen ähnlichen Bau der *Biomembranen* auf, alle Lebewesen nutzen für den Aufbau der Proteine den gleichen Satz von 20 *Aminosäuren*, der Aufbau der Erbsubstanz, der *DNA*, erfolgt bei allen Lebewesen nach dem gleichen Grundprinzip. Der *genetische Code*, der die Übersetzung der genetischen Information in Proteine festlegt, ist bei nahezu allen Lebewesen gleich. Wären die einzelnen Gruppen von Lebewesen unabhängig voneinander entstanden, so könnte man diese Übereinstimmungen kaum erklären. Auch Stoffwechselwege in den Zellen zeigen weitgehende Übereinstimmungen: Die Dissimilation über *Glykolyse*, *Citratzyklus* und *Atmungskette* findet in nahezu allen Lebewesen

statt, auch die Fotosynthese ist offenbar nur ein Mal entstanden und wurde dann weitgehend unverändert in der Stammesgeschichte weitergegeben. Der Bau der Zellen folgt trotz aller Spezialisierungen einem einheitlichen Prinzip: Sie werden durch eine Biomembran nach außen abgegrenzt, im Inneren entstehen durch Biomembranen einheitliche und abgegrenzte Reaktionsräume, sie besitzen Erbmaterial und vermehren sich durch Zweiteilung. Es wird deshalb sogar angenommen, dass das Leben auf der Erde nur ein einziges Mal entstanden ist.

GENETIK · Den wichtigsten Beitrag zur Bestätigung der Evolutionstheorie lieferte die Genetik. Der „Vater" der Genetik Johann Gregor MENDEL (1822 bis 1884) hatte durch Untersuchungen an Erbsenpflanzen wichtige Grundregeln der Vererbung herausgefunden, die jedoch nicht beachtet und vergessen wurden. Erst um 1900 hatte man seine Veröffentlichungen wiederdeckt und als MENDELsche Regeln bezeichnet. Auf dieser Grundlage wurde später der Nachweis geführt, dass Erbanlagen in Form von Chromosomen organisiert sind und chemisch aus Desoxyribonukleinsäure – DNA – bestehen. Der *genetische Code* wurde entschlüsselt, die Mechanismen der *Proteinbiosynthese* und *Replikation* wurden nachgewiesen. Die Bedeutung der Genetik für die Evolutionsforschung besteht vor allem darin, dass die Verwandtschaft von Lebewesen auf die DNA und ihre Produkte zurückgeführt werden kann. Durch den Vergleich von DNA, RNA und Proteinen bei verschiedenen Lebewesen kann deren verwandtschaftliche Nähe bestimmt werden.

SYNTHETISCHE THEORIE · Die Beiträge anderer Wissenschaftsbereiche zur Evolutionstheorie gehen weit über DARWINs ursprüngliche Selektionstheorie hinaus. Die *synthetische Theorie* führt die Aussagen dieser Wissenschaftsbereiche zur heute gültigen Evolutionstheorie zusammen.

Die Genetik lieferte auf der *molekularen Ebene* die Erklärung für die **Variation** von Lebewesen. Chromosomen und die DNA sind durch **Mutationen** veränderbar, weshalb die Nachkommen eines Elternpaares weder untereinan-

04 Der genetische Code

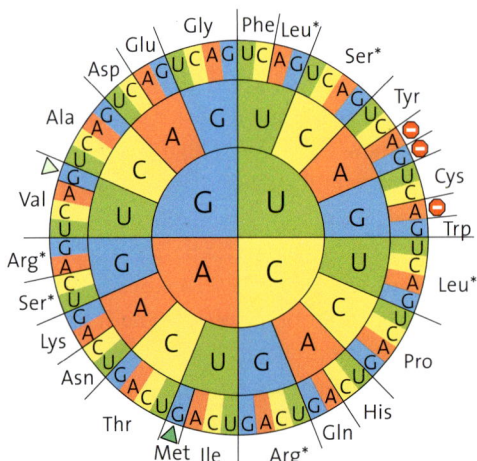

▶ Start
▷ Start (selten)
⊖ Stopp
* mehrfach codiert

der noch mit den Eltern identisch sind. Auch durch **Rekombination** entsteht bei den Nachkommen eine veränderte genetische Ausstattung. Hauptsächlich bei Bakterien besteht noch ein weiterer Mechanismus, der das genetische Material verändern kann. Bakterien sind in der Lage, DNA anderer Bakterienarten aufzunehmen und in ihr eigenes genetisches System einzubauen. Hierzu bestehen verschiedene Möglichkeiten: Bakterien können über ein besonderes Transportsystem in ihrer Zellmembran frei im Medium vorliegende DNA aufnehmen, sie können über Plasmabrücken mit anderen Bakterien DNA austauschen und sie können aufgrund der Infektion mit Viren ebenfalls Fremd-DNA erhalten. Diese DNA kann Gene enthalten, die im Rahmen des folgenden Stoffwechsels der Bakterien abgelesen und in Proteine umgesetzt werden. Bei manchen Bakterienarten erreicht der Anteil dieser Fremd-DNA 30 Prozent. Diese Zahl verdeutlicht, dass der Erwerb von Fremd-DNA für die Evolution von Bakterien von großer Bedeutung ist. Man spricht von **horizontalem Gentransfer.** Bei Eukaryoten ist dieses Phänomen bisher nur vereinzelt nachgewiesen worden.

Auf der *Ebene des Organismus* lässt sich die Variation der Merkmale unter den Lebewesen einer Art beobachten. Nachkommen entstehen im Überschuss, dies ist der Ansatzpunkt der äußeren **Selektion,** wie sie von DARWIN ausführlich beschrieben wurde. Wie biochemische und zellbiologische Untersuchungen deutlich gemacht haben, unterliegen auch die Vorgänge innerhalb von Zellen einer – inneren – Selektion: Falls Mutationen beispielsweise zu einem gestörten Verlauf der Fotosynthese führen, so sind die betroffenen Zellen nicht lebensfähig. Der Organismus sorgt für ihre Beseitigung.

Rekombination siehe Seite 218 und 219

In einem Ökosystem leben die Lebewesen einer Art in einer *Population*. Sie pflanzen sich untereinander fort und tauschen dabei genetisches Material aus. Die Gesamtheit des genetischen Materials einer Population wird als **Genpool** bezeichnet. Der Genpool einer Art kann sich verändern, wenn einzelne Vertreter auswandern – **Migration** – oder durch Katastrophen vernichtet werden. Dieses Phänomen wird als **Gendrift** bezeichnet. Wird die zunächst einheitliche Population in einem Ökosystem durch **Isolationsmechanismen** in zwei Gruppen getrennt, so wird jede Gruppe einer separaten Entwicklung unterliegen: Aus den getrennten Populationen bilden sich **Unterarten** und schließlich **Arten,** die sich untereinander nicht mehr fruchtbar fortpflanzen können.

1 ⌡ Beschreiben Sie die Abbildung 05!

2 ⌡ Ordnen Sie die einzelnen Inhalte der Abbildung 05 fünf biologischen Wissenschaftsbereichen zu!

3 ⌡ Nennen Sie zur Biogeografie, Paläontologie, Entwicklungsbiologie, Zellbiologie und Genetik weitere Beispiele, die die Evolutionstheorie stützen!

05 Die synthetische Theorie

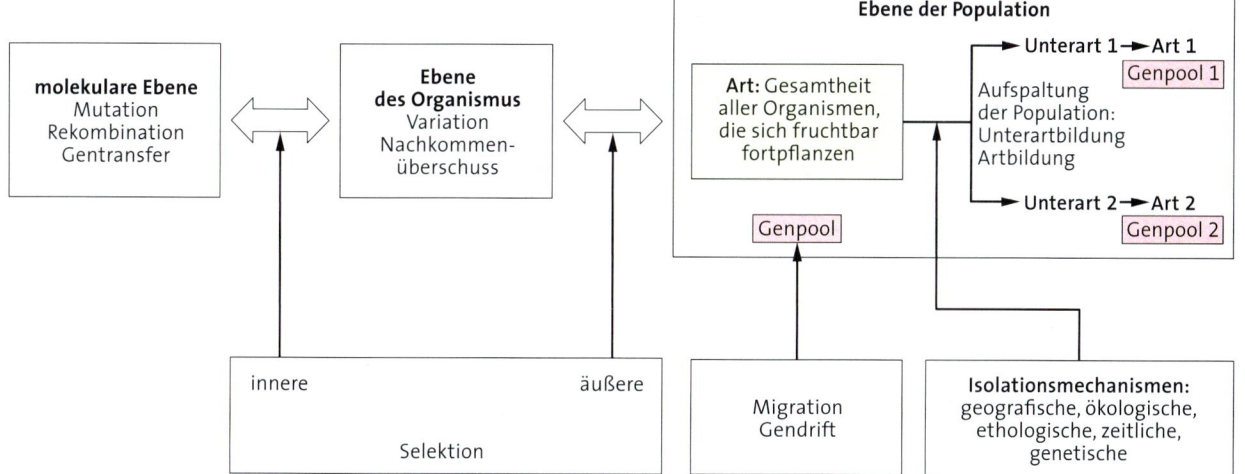

Material A ▸ Keimbahntheorie

August WEISMANN (1834–1914)

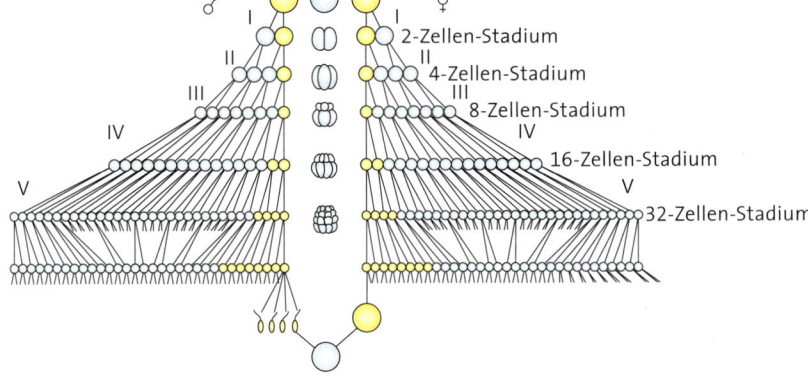

August WEISMANN war Professor für Zoologie in Freiburg. Er war von DARWINs Selektionstheorie überzeugt und versuchte, sie zu belegen. Seine Untersuchungen an Zygoten verschiedener Tierarten zeigten, dass sich bereits sehr früh in der Entwicklung eines Lebewesens Zellen im Keim absondern, aus denen die späteren Geschlechtszellen entstehen. Sie haben während der gesamten Lebenszeit keinen näheren Kontakt zu Körperzellen. WEISMANN nannte diese Abfolge von Zellen Keimbahn.

A1 Beschreiben Sie die Keimbahn!

A2 Erläutern Sie, inwiefern die Keimbahntheorie die Selektionstheorie gegenüber LAMARCKs Vorstellungen stützt!

A3 Erläutern Sie den Zusammenhang zwischen der Keimbahntheorie und der synthetischen Theorie!

Material B ▸ Der Punktualismus

Stephen Jay GOULD (1941–2002)

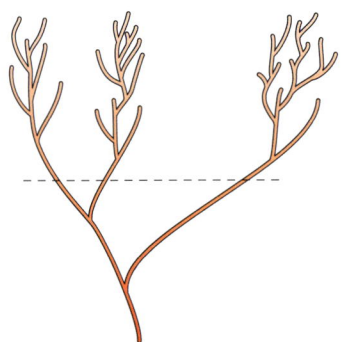

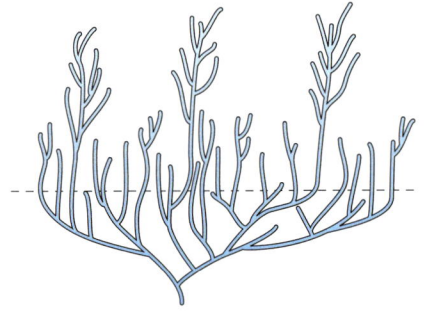

Der Paläontologe Stephen Jay GOULD fand durch die Interpretation von Fossilien bestimmter Fundplätze heraus, dass häufig besonders viele neue Arten in kurzen geologischen Zeiträumen entstanden. Solche Zeiten schnellen evolutionären Wandels wechselten sich mit Zeiten relativen Stillstands ab. GOULD übertrug diese Beobachtung auf den Evolutionsverlauf insgesamt und nannte das Phänomen Punktualismus.

B1 Erläutern Sie die Theorie des Punktualismus anhand der abgebildeten Stammbäume!

B2 Übertragen Sie die Theorie auf die Evolution des Menschen! Nehmen Sie dazu die Seite 294 zu Hilfe!

B3 Beurteilen Sie, ob die Theorie des Punktualismus der synthetischen Theorie widerspricht!

Material C ▸ Ein lamarckistisches Experiment?

Der österreichische Genetiker Paul KAMMERER war ein Gegner des Darwinismus und glaubte an LAMARCKs Erklärung für die Veränderung der Arten. Er führte ein Experiment mit Geburtshelferkröten durch, mit dem er den Darwinismus widerlegen wollte. Die auf dem Land lebende Geburtshelferkröte stammt von im Wasser lebenden Vorfahren ab, die aufgeraute Schwielen an ihren Daumen besaßen, die Hochzeitsschwielen. Die Männchen verwendeten diese Schwielen, um die Weibchen während der Paarung in der glitschigen Umgebung festzuhalten. Geburtshelferkröten begatten sich auf dem Festland und haben diese Schwielen verloren, obwohl einige anomale Individuen sie in rudimentärer Form entwickeln und damit anzeigen, dass die genetische Fähigkeit zur Schwielenbildung nicht vollständig verloren gegangen ist. KAMMERER zwang einige Helferkröten, sich im Wasser fortzupflanzen, und züchtete die nächste Generation aus den wenigen Eiern, die in dieser unwirtlichen Umgebung überlebt hatten. Nachdem er diesen Vorgang über mehrere Generationen hinweg wiederholt hatte, erhielt KAMMERER Männchen mit Hochzeitsschwielen. Er schloss daraus, dass er ein lamarckistisches Resultat erzielt hatte: Er hatte eine Geburtshelferkröte in ihre alte Umgebung zurückversetzt; sie hatte ihre frühere Umweltangepasstheit wiedererworben und sie in genetischer Form an ihre Nachkommen weitergegeben. In Wirklichkeit aber hatte KAMMERER ein darwinistisches Experiment durchgeführt.

C1 Beschreiben Sie das Experiment von Paul KAMMERER!

C2 Begründen Sie seine Schlussfolgerung mithilfe der Theorie LAMARCKs!

C3 Begründen Sie, weshalb die Ergebnisse des Experimentes DARWINs Vorstellungen zur Evolution unterstützen!

Material D ▸ Neutrale Theorie

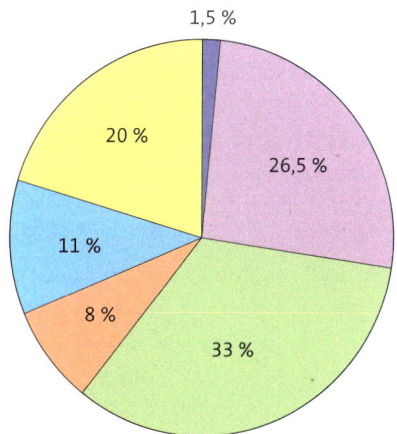

1,5 %
26,5 %
20 %
11 %
8 %
33 %

DNA-Anteile im menschlichen Genom

▪ codierende Sequenzen (Proteine)
▪ transkribierte Sequenzen (Gene)
▪ repetitive Elemente (lang)
▪ humane endogene Retroviren
▪ DNA-Wiederholungen (kurz)
▪ unbekannte Funktion

Im Jahre 1968 postulierte der japanische Genetiker Motoo KIMURA, dass ein Großteil der Mutationen, die die DNA verändern, ohne größeren Effekt auf beobachtbare Merkmale wie beispielsweise die Funktionsweise eines Enzyms bliebe. Er nannte diese Vorstellung die neutrale Theorie der Evolution.

D1 Beschreiben Sie die Zusammensetzung der DNA nach dem dargestellten Kreisdiagramm! Ermitteln Sie den für den Menschen unverzichtbaren Anteil!

D2 Nennen Sie die wesentliche Aussage der neutralen Theorie und beurteilen Sie ihre Plausibilität!

D3 Überprüfen Sie, ob die neutrale Theorie der synthetischen Theorie widerspricht!

Material E ▸ Körperhaare

E1 Nennen Sie die Bezeichnung für dieses Phänomen!

E2 Erläutern Sie die Ursachen, die zu der Entstehung dieses Phänomens führen!

E3 Nennen Sie weitere Beispiele und erläutern Sie ihre Bedeutung für die Evolutionstheorie!

01 Der göttliche
Einfluss

Evolution und Schöpfungsglaube

Es gibt Menschen, die wesentliche Aussagen der Evolutionstheorie für falsch halten. Sie glauben, dass die Entstehung des Lebens und die Entwicklung der Lebewesen auf der Erde ausschließlich durch den Einfluss eines Schöpfers stattgefunden haben. Solche Auffassungen werden unter dem Oberbegriff **„Kreationismus"** zusammengefasst. Welche Positionen vertreten Kreationisten und wie sind diese zu beurteilen?

*lat. creare
= erschaffen*

GRUNDPOSITIONEN DER KREATIONISTEN ·
Als Reaktion auf DARWINs Selektionstheorie entwickelte sich eine Gegenströmung, die darauf abzielte, die Aussagen der biblischen Schöpfungserzählung der wissenschaftlichen Betrachtung der Evolution entgegenzustellen. Nach dieser durch christlich-fundamentalistische Vorstellungen geprägten Auffassung sollte ein Schöpfer die Entwicklungsgeschichte der Lebewesen entscheidend beeinflusst haben. Natürliche Evolutionsprozesse sollten, wenn überhaupt, nur von geringer Bedeutung gewesen sein.
Ältere kreationistische Vorstellungen gehen davon aus, dass die Lebewesen als „Typen" in einem einmaligen Schöpfungsakt gleichzeitig entstanden und dass Aussterbeereignisse auf die Wirkung von Katastrophen zurückzuführen

*engl.
intelligent design
= intelligenter
Entwurf*

seien. Innerhalb der verschiedenen Typen wie beispielsweise des Menschen sei Variation möglich, die Evolution könne jedoch nicht zu neuen Typen führen. Bedeutsame Fossilien wie „Lucy", *Archaeopteryx* oder *Ichthyostega* sind nach diesen Vorstellungen gefälscht. Das Alter der Erde wird nach den biblischen Vorgaben mit höchstens 10 000 Jahren angegeben. Ergebnisse aus Datierungsuntersuchungen mit radioaktiven Stoffen, die für ein viel höheres Alter der Erde sprechen, werden von den Kreationisten abgelehnt. Sie behaupten, dass die Zerfallsrate von Atomen in der Frühzeit der Erde anders gewesen sein könnte als heute. Auch andere Belege für die Evolutionstheorie werden als gefälscht oder fehlinterpretiert zurückgewiesen.

INTELLIGENT DESIGN · Moderne Kreationisten äußern sich weniger radikal, gehen jedoch ebenfalls davon aus, dass das Leben und seine Ausprägungsformen zu komplex sind, als dass sie Produkte des Zufalls sein könnten. Sie nehmen daher an, dass das Leben selbst sowie komplexe Strukturen wie die Vogelfeder oder die Bakteriengeißel durch einen direkten schöpferischen Eingriff eines Designers entstanden sein müssten. Auch von den Vertretern des „Intelligent Design" werden die Belege für die Evolutionstheorie negiert oder ignoriert. Die Evolution konnte nach dieser Annahme nicht ohne die Einflussnahme eines „intelligenten Designers" stattfinden.

BEDEUTUNG DER KREATIONISTEN · Besonders in den USA bildete sich eine breite Bewegung, die es sich zum Ziel gemacht hatte, im Schulunterricht die Evolutionslehre DARWINs zurückzudrängen. Im Zuge dieser Auseinandersetzungen kam es im 20. Jahrhundert in vielen amerikanischen Bundesstaaten zu Gerichtsprozessen, wobei die kreationistischen Absichten durchweg untersagt wurden. 1989 wurde von einem Bundesgericht in den USA verboten, im Zusammenhang mit der Evolutionstheorie von einem „Schöpfer" zu sprechen. Dies war der Anlass zur Gründung der neuesten und heute modernsten Variante des Kreationismus, des „Intelligent Design". Seine Anhänger nehmen an, dass auch übernatürliche Ursachen als Antrieb der Evolution möglich seien. Evolutionsbiologen lehnen solche Auffassungen als unwissenschaftlich ab, weil diese Grundannahme keinerlei Überprüfung zulässt. Auch „Intelligent Design" darf in amerikanischen Schulen nicht gleichberechtigt neben der Evolutionstheorie gelehrt werden. Gerichte sind davon überzeugt, dass die kreationistischen Vorstellungen lediglich in andere Begriffe gekleidet wurden. Nicht nur in den USA, auch in anderen außereuropäischen und europäischen Ländern hält ein nennenswerter Anteil der Bevölkerung nach einer Umfrage aus dem Jahr 2007 die Evolutionstheorie für falsch.

SCHLUSSFOLGERUNG · Die Standpunkte von Evolutionsforschern, die das Leben mit naturwissenschaftlichen Theorien erklären, und christlichen Theologen, die die biblischen Schöpfungserzählungen als Glaubensdokumente verstehen, können nebeneinander existieren und zu einem fruchtbaren Dialog führen. Ein Gegeneinander entsteht erst durch die kreationistische Position, da sie den Glauben an einen allmächtigen Schöpfer zu einer wissenschaftlichen Theorie erhebt und diese der Evolutionstheorie als scheinbare Alternative gegenüberstellt.

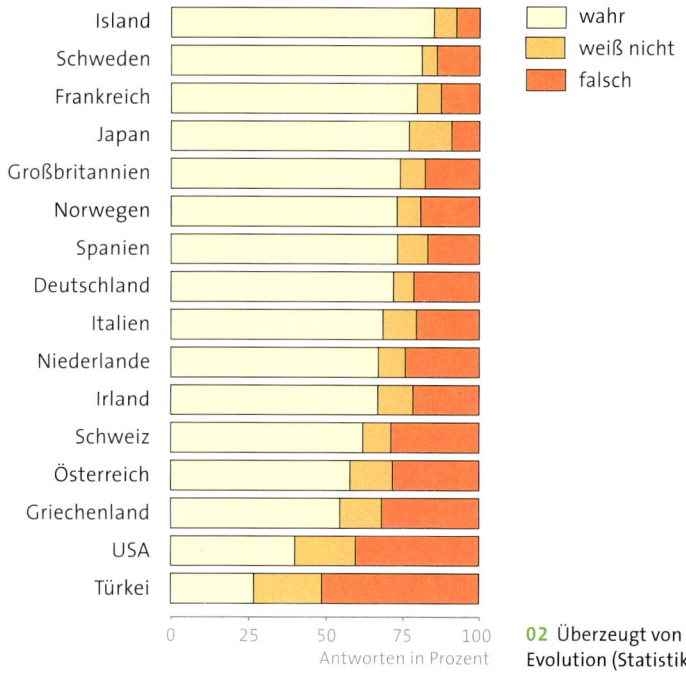

02 Überzeugt von Evolution (Statistik)

1. Die Evolution ist nur eine Theorie. Eine Theorie kann aber nicht als bewiesene Tatsache gelten.
2. „Intelligent Design" ist der Evolutionstheorie gleichwertig.
3. Geologische Schichten lagen ursprünglich nebeneinander, deshalb sind die Evolutionssaussagen falsch, die sich aus der Schichtung ergeben.
4. Heutige Lebewesen waren schon immer vorhanden. Ihre Spuren wurden durch die Sintflut verwischt.
5. Der Mensch ist ein Grundtyp. Er stammt nicht von affenähnlichen Vorfahren ab.
6. Es fehlt ein Nachweis für die Entstehung neuer Arten.
7. Das Ziel der Schöpfung ist der Mensch.
8. Die komplexen Strukturen der Lebewesen funktionieren nur, wenn sie vollständig sind. Fehlt ein einziges Teil, so sind sie unbrauchbar. Sie können daher nicht aus einfacheren Vorstufen entstanden sein.
9. Glaube bestimmt, was wissenschaftlich wahr sein kann.

03 Grundpositionen der Kreationisten

1 ⌡ Beschreiben Sie die Entwicklung und die Bedeutung kreationistischer Vorstellungen seit der Zeit DARWINs!

2 ⌡ Diskutieren Sie die Kernaussagen des Kreationismus in Abbildung 03 und im Text auf der Basis wissenschaftlicher Realität!

01 Fossilien:

A Mücke in Bernstein,

B Trilobit,
Hartteilfossil,

C Ammonit,
Steinkern,

D Pflanzenabdruck

Fossilien

*lat. fossum
= ausgegraben*

Eine Mücke wurde vor ungefähr 50 Millionen Jahren von klebrigem Baumharz eingeschlossen, das im Laufe der Zeit zu Bernstein erhärtete. Mit etwas Glück findet man solche und andere Überreste von Lebewesen vergangener Erdzeitalter. Sie werden gesammelt und sind dann in Museen zu bewundern. Man bezeichnet solche erhalten gebliebenen Überreste von Pflanzen und Tieren als Fossilien. Doch wie sind die verschiedenen Fossilienformen entstanden?

KÖRPERFOSSILIEN · Nur wenn ein Lebewesen zufällig an einem Ort stirbt, an dem es nicht zersetzt werden kann, bleibt der gesamte Körper einschließlich der Weichteile erhalten. Das Harz erhärtete nach dem Einschluss des Insekts zu Bernstein und konnte die Mücke vollständig konservieren. Aus der Tertiärzeit vor 65 bis 1,8 Millionen Jahren gibt es zahlreiche solcher Einschlüsse von Gliedertieren, sodass man über die *Bernsteinfauna* auf die damalige Artenvielfalt schließen kann. Extreme Umweltbedingungen können ebenso die Entstehung von Körperfossilien bewirken. So konnten im Eis der Arktis vollständig erhaltene Mammuts gefunden wer-

den. In sauren Mooren verzögert das anaerobe Milieu die Zersetzung organischen Materials stark. Diese Fossilien liefern über ihren Mageninhalt oder die Analyse noch erhaltenen Erbmaterials wichtige Informationen für die Wissenschaft. Wegen ihrer Seltenheit geben sie jedoch wenig Aufschluss über die Entwicklung des Lebens auf der Erde.

SEDIMENTFOSSILIEN · Wesentlich häufiger findet man Fossilien in Gesteinen. Diese bildeten sich aus dem vom Land eingetragenen Sand und Schlamm, der sich am Grund von Meeren oder Seen ablagerte. Diese Ablagerungen nennt man *Sedimente*. Als ein Trilobit, ein Vertreter einer vor etwa 250 Millionen Jahren ausgestorbenen Gliedertierklasse, im Meer starb, wurden seine organischen Weichteile von Aasfressern ausgeweidet und von Destruenten rasch abgebaut. Die anorganischen Überreste wie sein Außenskelett blieben länger erhalten und sanken auf den Meeresboden. Dann senkte sich feiner Schlamm auf das Außenskelett, sodass es im Sediment eingebettet wurde. Nur wenn dieses dann schnell erhärtete, war der Panzer vor

Zerstörung durch Umlagerung und weiterer Zersetzung geschützt. Im Laufe der Zeit setzte sich immer mehr Schlamm ab. Unter dem stetig steigenden Druck des Schlamms sank die Sedimentschicht immer tiefer, das enthaltene Wasser wurde herausgepresst und das Sediment allmählich dicht und hart. In den Kalkpanzer des Trilobiten lagerten sich Mineralsalze ein, sodass er zu einem **Hartteilfossil** versteinerte und in dem entstandenen Schiefer erhalten blieb.

Bei Ammoniten konnte der Prozess der Fossilbildung oder die **Fossilisation** auch anders ablaufen. Hier füllten sich die Hohlräume der Schalen mit Sediment, das versteinerte. Der so entstandene **Steinkern** zeigt den inneren Abdruck der spiraligen vielkammerigen Schale in allen Einzelheiten. Auch bei Abdrücken findet man nicht die tatsächlichen Überreste von Lebewesen. **Abdruckfossilien** entstehen, wenn zum Beispiel ein abgestorbenes Teil einer Pflanze in Sediment eingeschlossen und dennoch zersetzt wurde. Denn es hinterlässt dann im schon erhärteten Sediment eine leere Gussform, die mit Mineralsalzen gefüllt wird. Solche Gussformen können auch von Tieren hinterlassen werden. Zum Beispiel werden ihre Fußspuren mit Sediment gefüllt und erhärten. Diese **Spurenfossilien** geben Aufschluss über die Fortbewegung und Lebensweise ausgestorbener Tiere. Doch nur, wenn all diese Fossilien die durch Bewegungen der Erdkruste bewirkten Auffaltungen oder Verschiebungen der Sedimentschichten sowie die Verwitterungsprozesse unbeschadet überstehen, können sie viele Millionen Jahre später freigelegt werden.

BEDEUTUNG DER FOSSILIEN · Von der Entstehung bis zur Entdeckung eines Fossils bedarf es einer Reihe von Zufällen, sodass man aus der Analyse von Fossilien kaum ein vollständiges Bild des Evolutionsablaufes gewinnen kann. Lebewesen, die lange existierten, sehr häufig waren und über harte Schalen oder Skelette verfügten, findet man oft als Fossilien, andere fehlen. Dennoch zeigen Fossilien den Paläontologen deutliche Abläufe in der Evolution des Lebens auf. So ist zu erkennen, dass die verschiedenen Tier- und Pflanzengruppen nacheinan-

der aufgetreten sind, nicht alle Lebewesen von Beginn an vorhanden waren und viele Lebewesen ausgestorben sind. Durch den Vergleich mit **rezenten,** heute lebenden, Tieren oder Pflanzen ist es möglich, ausgestorbene Lebewesen zu rekonstruieren und Entwicklungslinien aufzuzeigen.

1 Vergleichen Sie Körper- und Sedimentfossilien miteinander!

2 Beschreiben Sie die Entstehung der verschiedenen Sedimentfossilientypen!

3 Erläutern Sie die Bedeutung der Fossilien für die Evolutionstheorie!

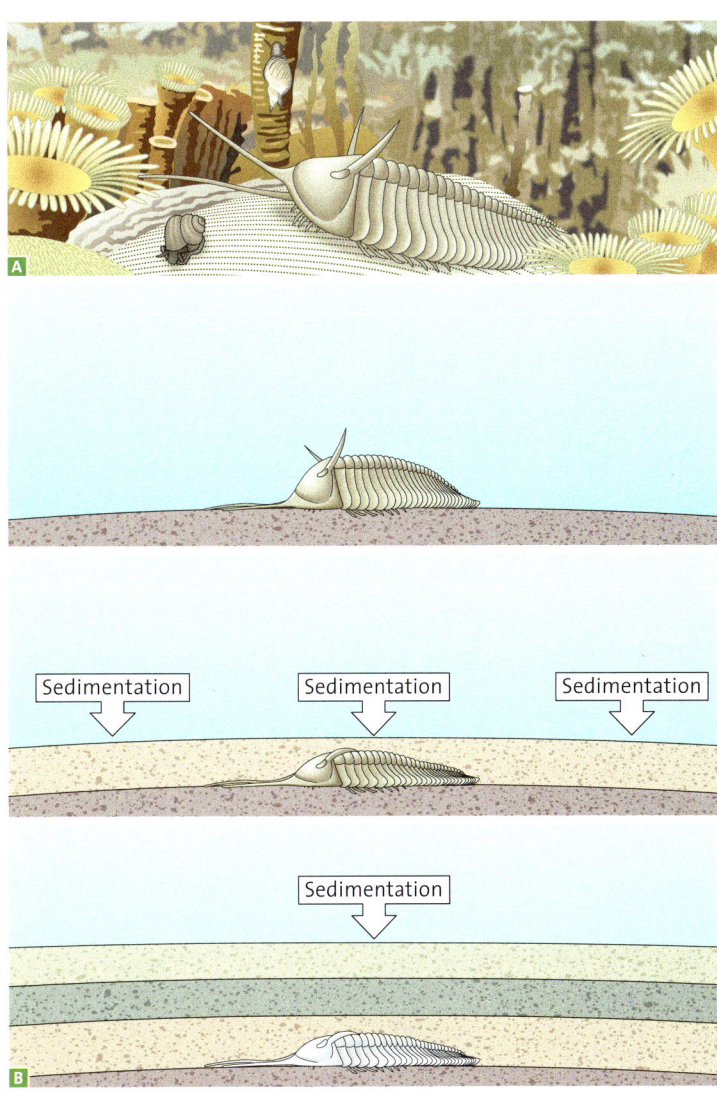

02 Trilobit: **A** Rekonstruktion, **B** Fossilisation

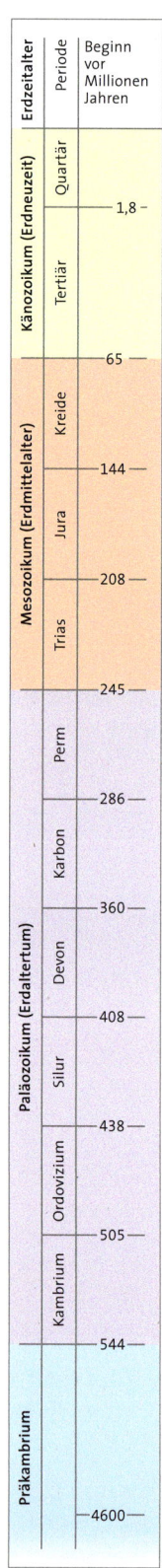

RELATIVE ALTERSBESTIMMUNG · Um Fossilien in ihrer Bedeutung für evolutionäre Zusammenhänge und Entwicklungslinien einordnen zu können, muss ihr Alter bestimmt werden. Dazu bedient man sich der Entstehungsgeschichte der Fossilien, die in Sedimentschichten, den Strata, zu finden sind. In „ungestörten" Sedimentgesteinen ist immer die unterste Schicht die älteste. Um Gesteinsschichten an unterschiedlichen Orten oder nach geologischen Verwerfungen vergleichen zu können, orientiert man sich an den Fossilien, die in der jeweiligen Schicht enthalten sind. Einige Fossilien, vor allem marine Tiere mit Schalen oder Panzern, kennzeichnen wegen ihres zeitlich begrenzten, aber stark verbreiteten Auftretens bestimmte Epochen der Erdgeschichte. Man nennt sie **Leitfossilien.** Ammoniten sind zum Beispiel im Paläozoikum und Mesozoikum nachzuweisen. Alle Schichten, in denen diese Fossilien zu finden sind, und damit auch sämtliche weitere darin enthaltene Fossilien müssen etwa gleich alt sein. Diese Methode nennt man **Biostratigrafie.** Bei dieser *relativen Altersbestimmung* ist die Ermittlung des exakten Alters jedoch nicht möglich.

Nach dem Vorkommen bestimmter Fossilien entwickelten Wissenschaftler die geologische Skala der vier Erdzeitalter, deren Grenzen durch das Aussterben zahlreicher Tier- und Pflanzenarten und der nachfolgenden Entstehung neuer Lebensformen markiert sind. Jeder Abschnitt der Erdgeschichte kann durch eine nie zuvor vorhandene und nie wiederkehrende Gesellschaft von fossilen Lebewesen definiert werden.

ABSOLUTE ALTERSBESTIMMUNG · Um das Alter eines Fossils exakt bestimmen zu können, nutzt man die physikalische Methode der radiometrischen Datierung. Sie basiert auf der konstanten Zerfallsrate radioaktiver Isotope. Die Zeit, in der die Hälfte einer bestimmten Menge eines Radioisotops zerfallen ist, bezeichnet man als *Halbwertzeit.* Diese ist für jedes Radioisotop charakteristisch und unabhängig von äußeren Einflüssen wie Temperatur, Druck und anderen Umwelteinflüssen. Das Kohlenstoffisotop ^{14}C hat eine Halbwertzeit von 5730 Jahren. Da ein Lebewesen nach seinem Tod keine Kohlenstoffverbindungen mehr aufnimmt, sinkt der ^{14}C-Anteil durch den Zerfall kontinuierlich. Da das Verhältnis von ^{14}C zu nicht radioaktivem ^{12}C in der Biosphäre konstant ist, kann man das Alter von Fossilien, die jünger als 50 000 Jahre alt sind, recht genau bestimmen. Diese Methode bezeichnet man als **Radiokarbonmethode.** Um ältere Fossilien datieren zu können, muss man Radioisotope mit höherer Halbwertzeit heranziehen. Bei der **Kalium-Argon-Methode** berücksichtigt man den Zerfall des radioaktiven Kaliumisotops ^{40}K mit einer Halbwertzeit von 1,3 Milliarden Jahren zu Argon (^{40}Ar) in vulkanischem Gestein. Denn bei einem Vulkanausbruch entweicht Argon aus dem geschmolzenen Gestein, erst in der frisch erstarrten Lava entsteht es wieder durch den Zerfall des radioaktiven Kaliums. Mittels einer Laseruntersuchung bestimmt man den Kalium- und Argongehalt und kann daraus das Alter errechnen.

Eine Datierungslücke ergab sich bei jungen Fossilien aus dem frühen Quartär. Für das Zeitalter der Entstehung des Menschen stießen nämlich beide radiometrischen Methoden an ihre Grenzen. Daher wandte man das Verfahren der **Elektronenspinresonanz** an. Es basiert darauf, dass im Laufe der Zeit immer mehr Elektronen in das Gestein eindringen und sich dort ansammeln. Diese Elektronen werden durch das Magnetfeld angeregt und reagieren mit Resonanz, das heißt, sie ändern ihre Drehrichtung, den Spin. Die Resonanzenergie kann gemessen und damit das Alter der Probe abgeschätzt werden.

03 Zeitskala (nicht maßstabsgetreu)

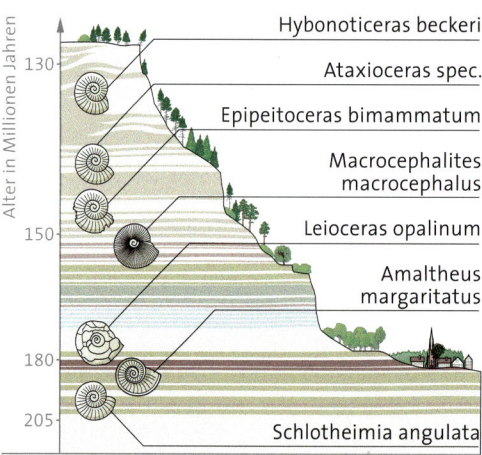

04 Fossilien einer Schichtstufenlandschaft

4 Erläutern Sie die Bedeutung der Ammoniten als Leitfossilien!

Material A ▸ Säbelzahnkatze

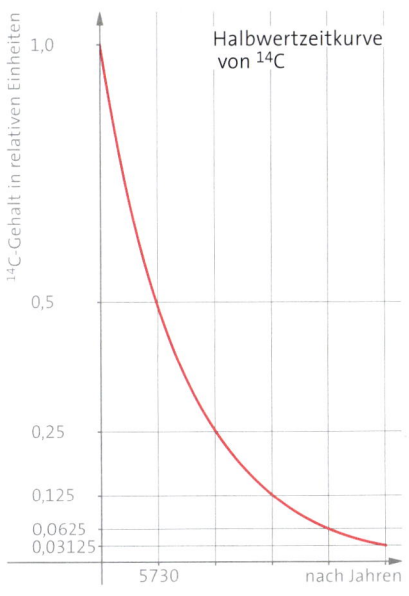

In Kalifornien wurden Überreste einer Säbelzahnkatze der Gattung *Smilodon* gefunden, die mithilfe der Radiokarbonmethode datiert wurden.
Die Grundlage der Berechnungen ist, dass in einem Gramm Kohlenstoff eines Lebewesens in der Minute 15,3 Atome des ¹⁴C-Isotops zerfallen. Bei dem Fossil der Säbelzahnkatze wurde ermittelt, dass noch 3,8 Atome pro Gramm und Minute zerfallen.

A1 Beschreiben Sie das Verfahren zur Bestimmung des Alters von Fossilien mittels der Radiokarbonmethode!

A2 Ermitteln Sie das Alter des Fossils der Säbelzahnkatze nach der Radiokarbonmethode!

A3 Begründen Sie, weshalb die Radiokarbonmethode nur für die Datierung relativ junger Fossilien geeignet ist!

Material B ▸ Stegosaurus

Stegosaurus stenops war ein Pflanzenfresser der Jurazeit mit Rückenplatten und vier Stacheln am Schwanz. Die Platten waren knochige Auswüchse der Haut und eventuell mit einer Hornschicht überzogen. Zur Funktion dieser Platten gibt es viele Hypothesen:

1) Die Platten schützten *Stegosaurus* im Bereich der Wirbelsäule vor großen Raubsauriern.
2) Die Platten dienten der Wärmeregulation: Im Innern der Platten wurden große Kanäle entdeckt, bei denen es sich um Blutgefäße handeln könnte. Über aufrechte und stark durchblutete Platten könnte Sonnenwärme schnell aufgenommen und umgekehrt Körperwärme abgegeben werden.
3) Die Platten dienten der Identifikation von Artgenossen. Nur einer Art, die sich von den anderen Sauriern in ihrer Umgebung abhob, gelang dauerhaft die Kontaktaufnahme und Paarung mit Artgenossen.
4) *Stegosaurus* war durch die Platten besser getarnt, da sein Umriss nicht mehr die typische Saurier-Silhouette aufwies.
5) Mit den Platten sollten potenzielle Sexualpartner beeindruckt werden.

Den Theorien stehen folgende Untersuchungsergebnisse gegenüber:
   a) Es konnte kein Sexualdimorphismus festgestellt werden.
   b) Untersuchungen der inneren Knochenstruktur der Platten zeigen, dass die auffälligen Kanäle häufig blind enden.
   c) Die Platten sind weniger stabil als ursprünglich angenommen.
   d) Ein Vergleich mit Hörnern lebender Tiere zeigt, dass diese häufig große Gefäße aufweisen, um die für schnelles Wachstum benötigte Blutversorgung zu gewährleisten.
   e) Die Seiten des Tieres bleiben verwundbar.
   f) Durch die Platten erschien *Stegosaurus* größer, eindrucksvoller und respekteinflößender.

B1 Ordnen Sie den fünf Hypothesen jeweils ein, zwei oder kein Untersuchungsergebnis zu!

B2 Beurteilen Sie die einzelnen Aussagen und entwickeln Sie eine eigene Hypothese zur Funktion der Knochenplatten des *Stegosaurus*!

B3 Beurteilen Sie Möglichkeiten und Grenzen der Interpretation von Saurierfossilien! Berücksichtigen Sie auch die Abbildung!

01 *Archaeopteryx*,
Berliner Exemplar
von 1876

Besondere Fossilienformen

griech. archaios = alt
griech. pteryx = Feder

Im Jahre 1876 wurde das Fossil eines Archae-opteryx in einem Steinbruch bei Eichstätt in Bayern gefunden. Da es 1881 in den Besitz des heutigen Berliner Museums für Naturkunde überging, spricht man vom Berliner Exemplar. Die ersten Funde dieses als Urvogel bezeichne-ten Fossils wühlten die Fachwelt auf und waren lange Zeit Anlass für erbitterten Streit zwischen Wissenschaftlern, je nachdem, ob sie Anhänger oder Gegner der Evolutionstheorie nach DARWIN waren. Doch worin besteht überhaupt die Besonderheit dieser Fossilfunde?

MOSAIKFORM · Das auffälligste und spekta-kulärste Merkmal des *Archaeopteryx* ist die Befiederung. Dieses eigentlich vogeltypische Merkmal bei einem etwa 150 Millionen Jahre alten Fossil aus dem Jura zu finden, war sen-sationell, da die ältesten bis dahin bekannten fossilen Vögel etwa 100 Millionen Jahre jünger waren. Hinzu kommen weitere Vogelmerkmale wie das aus den Schlüsselbeinen verwachsene Gabelbein, eine Teilverwachsung der Mittelfuß-knochen zum Laufknochen, die flügelähnliche Gestaltung der Ober- und Unterarmknochen sowie die vogelähnliche Schädelform. Gleich-zeitig finden sich aber charakteristische Repti-lienmerkmale wie die lange Schwanzwirbel-säule mit nicht verschmolzenen Wirbeln, Kiefer mit Zähnen, Krallen an den drei freien Fingern der Vordergliedmaßen, ein schwach entwickel-tes Brustbein und Bauchrippen ohne Verbin-dung zum übrigen Skelett. Arten, die wie der *Archaeopteryx* Merkmale zweier systematischer Großgruppen aufweisen, nennt man *Mosaik-formen.* Damit avancierte der *Archaeopteryx* zum Indiz der Gültigkeit der Evolutionstheorie im Sinne DARWINs nur zwei Jahre nach ihrer Veröffentlichung. In dieser hatte er ebensolche Übergangsformen gefordert.

Paläontologen ordnen *Archaeopteryx* heute im Lichte neuer Funde vogelähnlicher Saurier und urtümlicher Vögel in eine von mehreren Sauriergruppen ein, die immer mehr vogel-ähnliche Merkmale aufwiesen. Die systemati-sche Zuordnung als Urvogel ist auf die Federn zurückzuführen. Doch da in den letzten Jahren weitere Saurierfossilien mit Federn gefunden wurden, ist diese Zuordnung zu überdenken.

FORTBEWEGUNG · *Archaeopteryx* verfügte über hoch entwickelte Schwung- und Steuerfedern, die zum Flügelschlag geeignet waren. Computertomografische Untersuchungen des Schädels zur Rekonstruktion des Gehirns lassen eine den heutigen Vögeln ähnliche Flugfähigkeit vermuten. Ein wesentliches Skelettmerkmal der flugfähigen Vögel allerdings, das stark ausgeprägte Brustbein als Ansatzstelle der Flugmuskulatur, fehlt *Archaeopteryx*. Ebenso sind hohle Knochen zur Aufnahme von Luftsäcken, einem typischen Merkmal der Vogellunge, nicht vorhanden. Ein aktiver Flug über größere Strecken ist somit ausgeschlossen. Doch das vorhandene Gabelbein lässt wiederum eine eingeschränkte Flugfähigkeit vermuten. Denn bei heutigen Vögeln entspringt hier ein Teil der Flugmuskulatur. Das früher als vogeltypisch eingestufte Gabelbein gab es auch schon bei Theropoden, zweibeinigen Raubsauriern. Wie diese war *Archaeopteryx* ein guter Läufer: Das saurierähnliche Becken und die Konstruktion der Hinterbeine sowie die durch den langen zweiten Zeh vergrößerten Füße lassen auf ein hervorragendes Laufvermögen schließen. Die scharfen gekrümmten Krallen an Vorder- und Hintergliedmaßen liefern zudem Hinweise auf gute Klettereigenschaften. Daraus ergibt sich folgende Hypothese: *Archaeopteryx* konnte sich auf ebenem Boden schnell fortbewegen und verschiedene höher gelegene Objekte seiner Umwelt als Starthilfe nutzen, um gleitend hinunterzufliegen. Ob er auf Bäume kletterte und sich dort aufhalten konnte, wird aufgrund der Untersuchungen am zehnten gefundenen Exemplar im Jahr 2005 infrage gestellt, bei dem das Fußskelett außergewöhnlich gut erhalten war. Der erste Zeh war nicht nach hinten, sondern zur Seite gerichtet und daher nicht opponierbar. Somit war ein Sitzen und Festhalten auf Ästen wahrscheinlich nicht möglich.

BEDEUTUNG DER MOSAIKFORMEN · Fossilien der 365 Millionen Jahre alten Uramphibien *Acanthostega* und *Ichthyostega* weisen Merkmale von Fischen und Amphibien auf. Diese Tiere konnten sich vierfüßig an Land fortbewegen. Auch sie sind Mosaikformen, aber ebenfalls keine direkten *Übergangsformen*. Sie belegen modellhaft, dass der Bauplan neuer Arten nicht aus dem Nichts entsteht, sondern auf vorhandene Strukturen zurückgreift.

1 ⌡ Vergleichen Sie das Skelett des *Archaeopteryx* mit denen des *Compsognathus* und des Huhns!

2 ⌡ Nehmen Sie Stellung zu der Bezeichnung des *Archaeopteryx* als Urvogel!

3 ⌡ Begründen Sie, weshalb die Bezeichnung „Mosaikform" treffender ist als „Übergangsform" oder „Brückentier"!

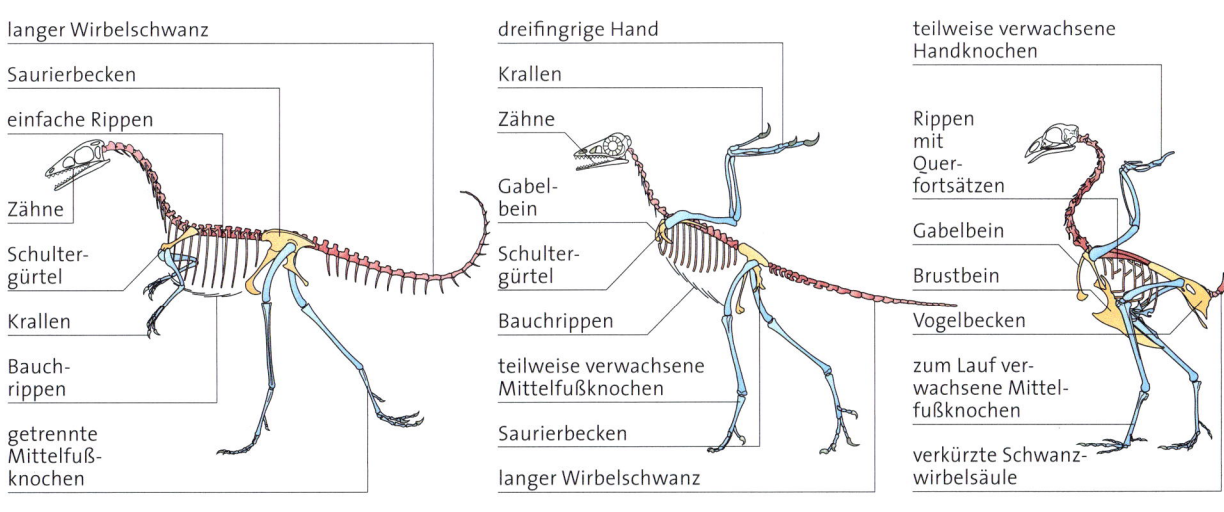

A (Compsognathus)

langer Wirbelschwanz
Saurierbecken
einfache Rippen
Zähne
Schultergürtel
Krallen
Bauchrippen
getrennte Mittelfußknochen

B (Archaeopteryx)

dreifingrige Hand
Krallen
Zähne
Gabelbein
Schultergürtel
Bauchrippen
teilweise verwachsene Mittelfußknochen
Saurierbecken
langer Wirbelschwanz

C (Huhn)

teilweise verwachsene Handknochen
Rippen mit Querfortsätzen
Gabelbein
Brustbein
Vogelbecken
zum Lauf verwachsene Mittelfußknochen
verkürzte Schwanzwirbelsäule

02 Skelette: **A** *Compsognathus*, **B** *Archaeopteryx*, **C** Huhn

03 Schwertschwanz: **A** 150 Millionen Jahre altes Fossil,
B rezente Art *Limulus polyphemus*

04 Ginkgobaum: **A** rezente Art *Ginkgo biloba*, **B** einzelnes Blatt,
C 220 Millionen Jahre alte Blattfossilien

LEBENDE FOSSILIEN · Schwertschwänze sind Meeresbewohner der Atlantikküste Nordamerikas und der Küsten Südostasiens. Sie gehören zu den Spinnentieren. Schwertschwänze werden bis zu 70 Zentimeter lang und tragen einen großen hufeisenförmigen Kopfschild und einen langen festen Schwanzstachel. *Limulus polyphemus* als eine von fünf rezenten Arten gehört zu den Überresten einer ehemals großen Tiergruppe, deren erste Vertreter bereits vor 440 Millionen Jahren vorkamen und die in ihrer Blütezeit während des Jura weltweit vertreten war. In ihrem Erscheinungsbild sind die rezenten Arten fast identisch mit ihren frühen Verwandten, wie der fossile Fund aus dem bayerischen Solnhofen belegt. Schwertschwänze durchpflügen den Meeresboden im Flachwasser und in bis zu 40 Meter Tiefe auf der Suche nach Nahrung. Zur Fortpflanzung wandern sie in sandige Küstenabschnitte, die durch starke Schwankungen der Temperatur und des Salzgehaltes gekennzeichnet sind. Diese Umweltbedingungen sind für viele andere Tiere tödlich und haben sich im Laufe von Jahrmillionen kaum verändert. Stabile Umweltbedingungen sind neben fehlenden Konkurrenten und Feinden eine notwendige Voraussetzung für das Überleben über viele Millionen Jahre. Daher spricht man von *lebenden Fossilien*.

Der Quastenflosser *Latimeria* galt als ausgestorben, bis 1938 ein rezentes Exemplar entdeckt wurde. Sein Vorkommen beschränkt sich auf größere Meerestiefen und zwei kleine Seegebiete in der Nähe von Madagaskar und im Norden Indonesiens. Der Ginkgobaum kam lange nur isoliert in einem Gebiet in China vor, bevor er weltweit als Zierpflanze verbreitet wurde. Die Art *Ginkgo biloba* ist der einzige rezente Vertreter einer Gruppe urtümlicher Nacktsamer, die im Tertiär weit verbreitet und artenreich war. Quastenflosser und Ginkgobaum zählen zu den lebenden Fossilien.

4 Erläutern Sie anhand eines Beispiels den Begriff „lebendes Fossil"!

5 Nennen Sie Ursachen dafür, dass sich Lebewesen über Jahrmillionen kaum verändert haben!

Material A ▸ Velociraptor mit Federn

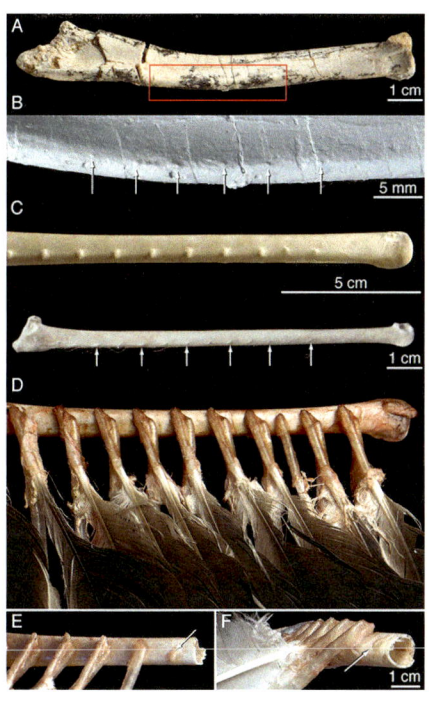

A Fossile Elle eines 1998 in der Mongolei gefundenen *Velociraptor*

B Vergrößerter Ausschnitt der *Velociraptor*-Elle mit regelmäßig angeordneten höckerartigen Erhebungen (Pfeile)

C Oberarmknochen des Truthahngeiers *Cathartes* mit ähnlichen Höckern

D–F Beim Truthahngeier stellen diese Höcker die Ansatzstellen für die Federkiele dar.

Velociraptor mongolensis war mit einer Hüfthöhe von einem halben Meter, einer Gesamtlänge von 1,5 Meter und einer Körpermasse von 15 Kilogramm etwa so groß wie ein Truthahn. Seine vogelähnliche Lunge lässt darauf schließen, dass er beim Laufen hohe Geschwindigkeiten erreichen konnte, doch seine Vordergliedmaßen waren so kurz, dass er trotz der Befiederung wahrscheinlich nicht fliegen konnte.

A1 Fassen Sie zusammen, zu welcher Schlussfolgerung die genaue Untersuchung der *Velociraptor*-Elle geführt hat!

A2 Entwickeln Sie Hypothesen zur Funktion der Federn bei *Velociraptor*!

Material B ▸ Vom Wasser zum Land

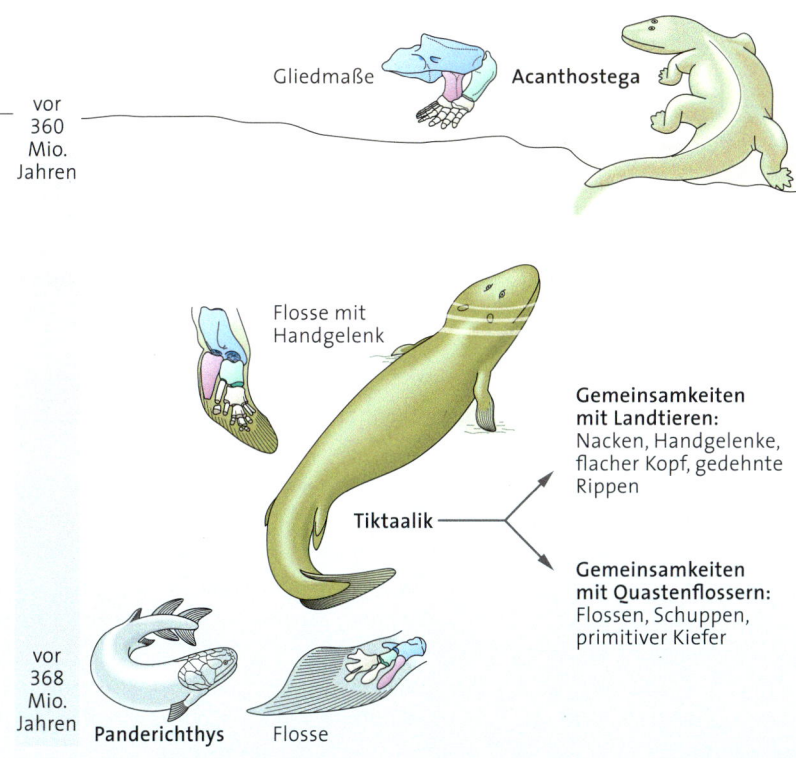

vor 360 Mio. Jahren

Gliedmaße · **Acanthostega**

Flosse mit Handgelenk

Tiktaalik

Gemeinsamkeiten mit Landtieren: Nacken, Handgelenke, flacher Kopf, gedehnte Rippen

Gemeinsamkeiten mit Quastenflossern: Flossen, Schuppen, primitiver Kiefer

vor 368 Mio. Jahren · **Panderichthys** · Flosse

2006 wurden im Norden Kanadas die fossilen Überreste von *Tiktaalik roseae* entdeckt. Das Tier lebte vor ungefähr 375 Millionen Jahren im Süßwasser und füllt eine Lücke in der Dokumentation der Gliedmaßenentwicklung der Wirbeltiere beim Übergang vom Wasser zum Land. Bisher bekannt waren die knochenverstärkten Flossen urtümlicher Quastenflosser wie *Panderichthys* und die bereits umgeformten Gliedmaßen primitiver Vierfüßer wie *Acanthostega*.

B1 Erläutern Sie, weshalb *Tiktaalik* eine Mosaikform darstellt!

B2 Erklären Sie, inwiefern *Tiktaalik* die Lücke in der Dokumentation der Gliedmaßenentwicklung bei Wirbeltieren füllt!

B3 Die Merkmalsausprägung erfolgt in der Evolution nicht zielgerichtet. Erläutern Sie diese Aussage!

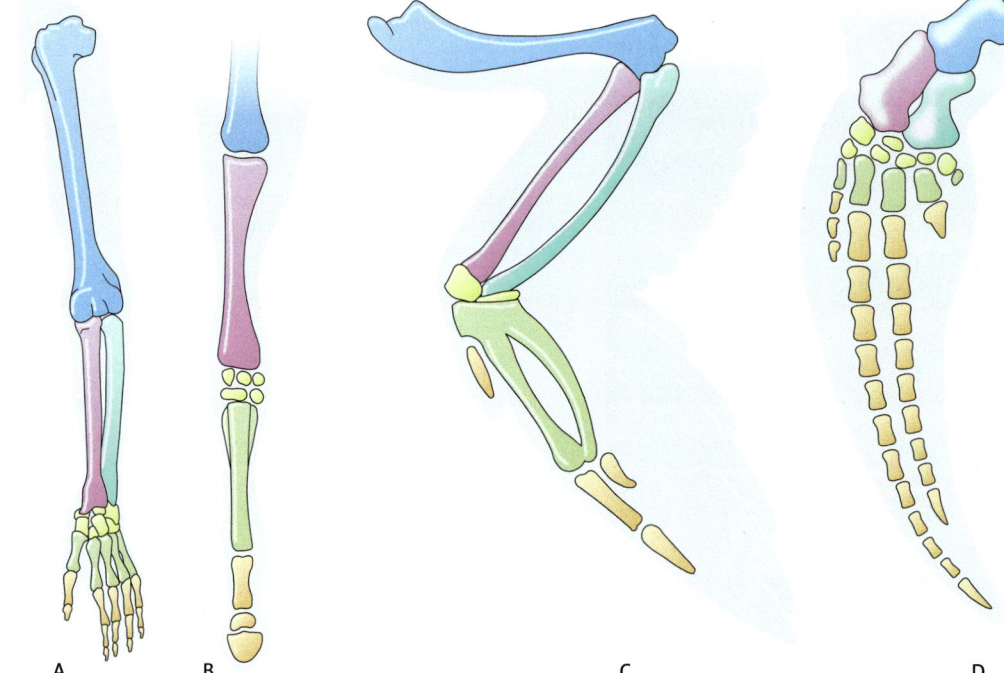

01 Vorderextremitäten von Wirbeltieren:
A Mensch,
B Pferd,
C Vogel,
D Wal

A   B   C   D

Homologie

Die Vorderextremitäten verschiedener Wirbeltiere sehen sehr unterschiedlich aus und dienen verschiedenen Zwecken. Der Mensch begreift seine Umwelt, die Tiere bewegen sich auf verschiedene Weise fort: Das Pferd galoppiert über die trockene Ebene, der Vogel fliegt durch die Luft und der Wal gleitet durch das Wasser. Bei genauerer Untersuchung ergeben sich aber trotz der enormen Unterschiede in der Funktion deutliche Übereinstimmungen im Bau. Die Vorderextremitäten sind aus den gleichen Skelettelementen aufgebaut: Oberarmknochen, zwei Unterarmknochen, Handwurzel-, Mittelhand- und Fingerknochen. Wie sind diese anatomischen Ähnlichkeiten zu erklären?

griech. homologia = Übereinstimmung

HOMOLOGIEN · Die Ähnlichkeiten dieser komplexen anatomischen Grundstruktur der Vordergliedmaßen lassen sich nur durch eine übereinstimmende genetische Information erklären, die im Laufe der Evolution verschiedene Abwandlungen erfahren hat. Die übereinstimmende genetische Information wiederum legt den Schluss einer Abstammung der Wirbeltiere von gemeinsamen Vorfahren nahe.

Adolf REMANE 1898 – 1976

Arme, Beine, Flügel und Flossen der Wirbeltiere sind Variationen eines Grundmusters. Derartige ähnliche Merkmale, die bei verschiedenen Lebewesen aufgrund übereinstimmender Erbinformationen infolge gemeinsamer Abstammung auftreten, bezeichnet man als *Homologien* oder *homologe Merkmale*. Doch da die Abwandlung vom Grundbauplan stets mit einem Funktionswechsel einhergeht, sind die Übereinstimmungen nicht immer leicht zu erkennen. Bei den Vorderextremitäten gibt weniger die äußere Gestalt als vielmehr die schematische Darstellung des Skeletts Hinweise auf homologe Strukturen. Sie zeigt nämlich, dass die einzelnen Skelettelemente immer in der gleichen Abfolge und Lage zueinander zu finden sind: Dem Oberarm folgen die zwei Unterarmknochen, danach die Handwurzel-, Mittelhand- und Fingerknochen. Der Zoologe Adolf REMANE hat 1952 diese Lagebeziehung innerhalb eines Gefügesystems als erstes seiner drei Homologiekriterien formuliert.

Kriterium der Lage: *Strukturen sind dann homolog, wenn sie in einem vergleichbaren Gefügesystem die gleiche Lage einnehmen.*

Auch wenn sich die Lage im Gefügesystem innerhalb der stammesgeschichtlichen Entwicklung verändert hat, können Merkmale homologisiert werden. So zeigt der Vergleich einer Haischuppe mit einem menschlichen Schneidezahn auffällige Übereinstimmungen im Aufbau und in der Lage der einzelnen Teile. Beide Strukturen sind in Ober- und Lederhaut eingebettet und bestehen aus einer Schuppen- oder Zahnhöhle, dem diese umgebenden Dentin und dem aufgelagerten Schmelz. Hier greift das zweite Homologiekriterium.

Kriterium der spezifischen Qualität: *Komplexe, aus vielen Einzelelementen bestehende Strukturen sind homolog, wenn sie in zahlreichen Einzelmerkmalen auffallend übereinstimmen.*

Eine Homologisierung ist auch möglich, wenn sich die Merkmale im Laufe der Stammesentwicklung stark verändert haben, aber durch eine Reihe von Zwischenformen eine Entwicklung von einer Form zu einer anderen erkennbar ist. Diese Zwischenformen können bei verwandten Arten, in der Individualentwicklung oder durch Fossilien belegt sein. Die drei Gehörknöchelchen der Säugetiere beispielsweise sind bestimmten Kieferknochen von Fischen und Reptilien homolog. Das Kiefergelenk wurde ursprünglich von den Knochen *Hyomandibulare, Quadratum* und *Articulare* gebildet. Bei den Reptilien übernimmt die dem *Hyomandibulare* homologe *Columella* bereits Aufgaben der akustischen Wahrnehmung. Das Fossil eines säugerähnlichen Reptils zeigt eine schrittweise Ausbildung eines sekundären Kiefergelenks, wie es bei Säugetieren zu finden ist, und den Funktionswandel der Gehörknöchelchen. Die homologen Knochen sind stets in der gleichen relativen Lage angeordnet und lassen durch Zwischenformen eine stete Entwicklung erkennen.

Kriterium der Stetigkeit: *Unterschiedlich gestaltete Strukturen sind homolog, wenn sie durch eine Reihe von Zwischenformen verknüpft werden können.*

1 ⌡ Erläutern Sie, weshalb die Vorderextremitäten der Wirbeltiere einen gemeinsamen Grundbauplan aufweisen, aber unterschiedlich aussehen!

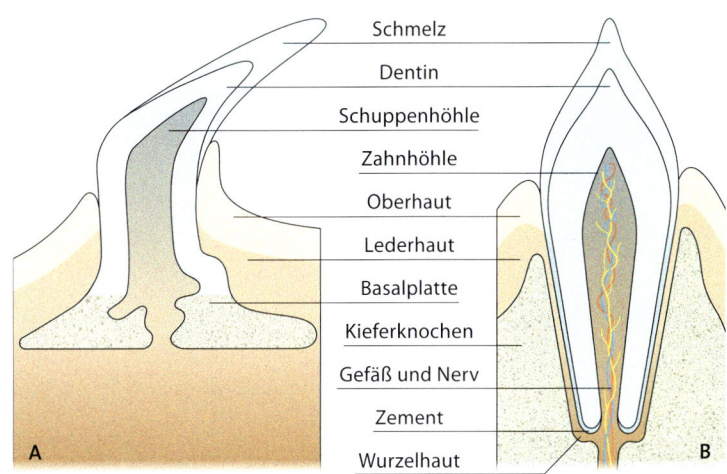

02 Homologe Organe: **A** Hautschuppe eines Hais, **B** Schneidezahn eines Menschen

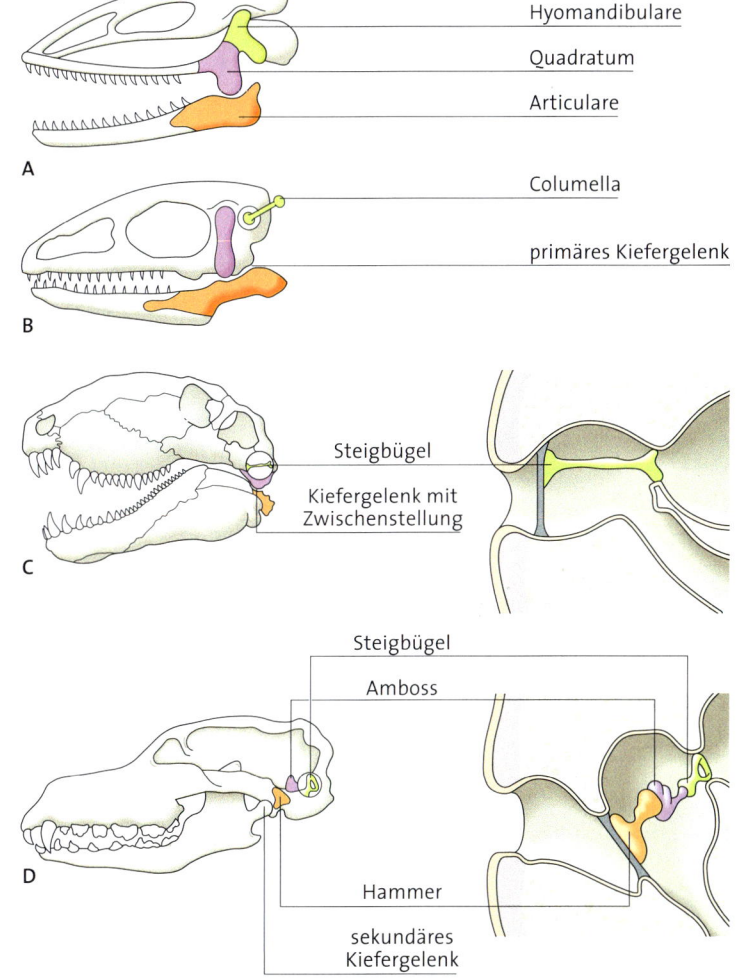

03 Funktionswechsel von Kiefergelenkknochen zu Gehörknöchelchen: **A** Fisch, **B** Reptil, **C** säugerähnliches Reptil, **D** Säugetier

04 Blutkreisläufe der Wirbeltiere

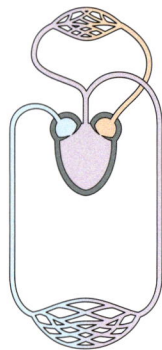
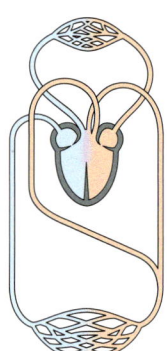
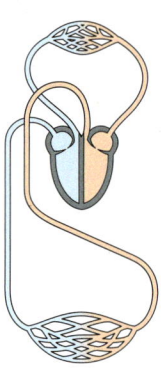
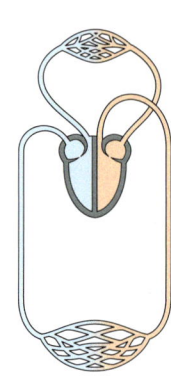

Knochenfische   Amphibien   Reptilien   Vögel   Säugetiere

Innenschale
(Längsschnitt)

Kammern

Schulp
(Längsschnitt)   Kalkschichten

Gladius
(Längsschnitt)

05 Kopffüßer und ihre Schalen (Schema):
A *Nautilus*, **B** Belemnit (Rekonstruktion), **C** *Sepia*, **D** *Loligo*

PROGRESSIONSREIHE · Wirbeltiere verfügen über ein geschlossenes Kreislaufsystem und ein Herz. Das Herz der Fische pumpt das Blut in die Kiemen. Nach der Anreicherung mit Sauerstoff sammelt es sich in der Aorta und wird über kleinere Arterien zu allen Organen geleitet, wo in den Kapillaren wiederum ein Gasaustausch stattfindet. Das nun sauerstoffarme Blut gelangt über die Venen zurück zum Herzen. Mit dem Übergang von der Kiemen- zur Lungenatmung gestaltete sich das Kreislaufsystem um. Bei den Landwirbeltieren wird das Blut von der Lunge wieder zum Herzen geleitet. Es entsteht ein doppelter Kreislauf. Durch die Ausbildung der Herzscheidewand werden Lungen- und Körperkreislauf vollständig getrennt. Eine solche stammesgeschichtliche Entwicklung homologer Organe von einfachen zu komplexen Strukturen nennt man *Progressionsreihe*.

REGRESSIONSREIHE · Der rezente *Nautilus* ist der einzige Kopffüßer, der eine äußere Schale aufweist. Die übrigen Vertreter der Kopffüßer haben eine innere oder keine Schale. So ist die Schale bei den Belemniten, einer im Tertiär ausgestorbenen Gruppe von Kopffüßern, ins Körperinnere verlagert. Sie ist aber noch gekammert. Der Schulp der *Sepia* zeigt nur noch Ansätze der Kammerung. Die Innenschale des Kalmars *Loligo* ist zum Gladius reduziert. Bei den meisten achtarmigen Kopffüßern ist sie vollständig reduziert. Auch hier kann über den Vergleich homologer Merkmale die Entwicklungsgeschichte rekonstruiert werden. Wegen der schrittweisen Vereinfachung oder Reduktion spricht man von einer *Regressionsreihe*.

2 Beschreiben Sie, welche Hinweise die Regressionsreihe für die Evolution der Kopffüßer liefert!

Material A ▸ Mundwerkzeuge der Insekten

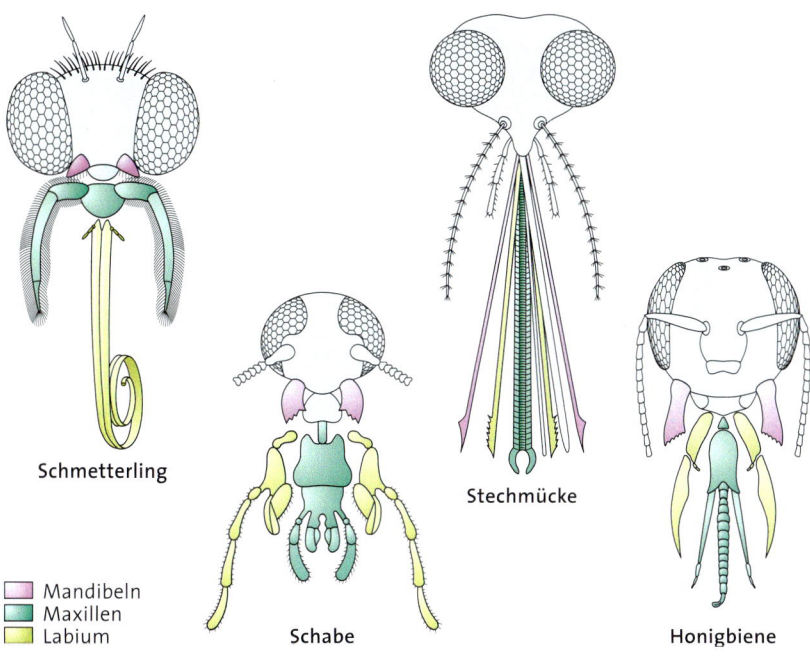

Schmetterling

Stechmücke

Schabe

Honigbiene

☐ Mandibeln
☐ Maxillen
☐ Labium

Die Mundwerkzeuge der Insekten sind sehr unterschiedlich gestaltet. Schaben benagen zum Beispiel Brot. Ihre kauend-beißenden Mundwerkzeuge gelten als ursprünglich. Schmetterlinge und Bienen saugen Nektar. Die Weibchen der Stechmücken bohren ihre Mundwerkzeuge in die Haut zum Beispiel des Menschen und saugen Blut.

A1 Beschreiben Sie den Aufbau der Mundwerkzeuge!

A2 Erläutern Sie unter Anwendung der Homologiekriterien, weshalb die Mundwerkzeuge homolog sind!

A3 Erläutern Sie an diesem Beispiel das Basiskonzept Struktur und Funktion!

Material B ▸ Berberitze

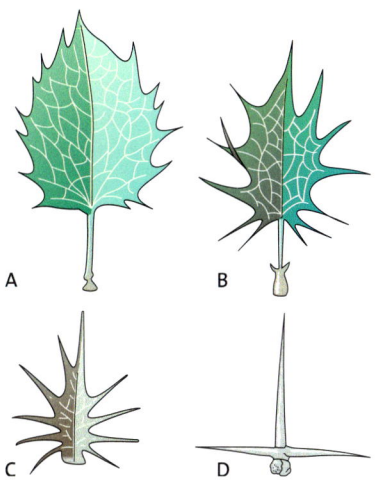

A

B

C

D

Die Blätter der Berberitze sind je nach Alter unterschiedlich gestaltet. Das Alter nimmt von A bis D zu.

B1 Beschreiben Sie die Blätter unterschiedlichen Alters!

B2 Erläutern Sie unter Bezug auf die Homologiekriterien, weshalb die Dornen den Blättern der Berberitze homolog sind!

Material C ▸ Wale

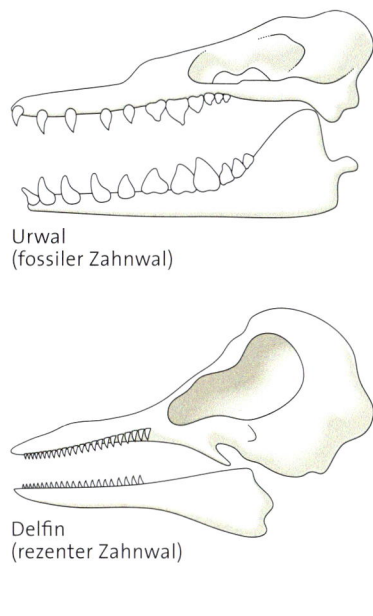

Urwal
(fossiler Zahnwal)

Delfin
(rezenter Zahnwal)

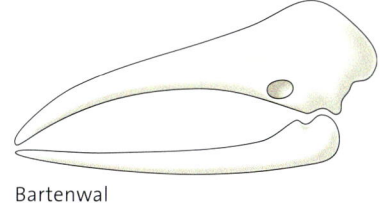

Bartenwal

Wale sind meeresbewohnende Säugetiere. Die Zahnwale wie Delfine oder der Pottwal besitzen Zähne und jagen Fische, Tintenfische und Seehunde. Die Bartenwale wie der Grauwal oder der Blauwal besitzen keine Zähne, sondern Hunderte bis zu vier Meter lange Barten im Oberkiefer. Barten bestehen wie unsere Haare und Fingernägel aus der Hornsubstanz Keratin. Sie dienen der Nahrungsaufnahme. Sie funktionieren wie ein Sieb, sodass die im Wasser enthaltene Nahrung, vor allem Krill, im Maul zurückbleibt. Zähne besitzen Bartenwale nur als Embryos.

C1 Beschreiben Sie Kiefer und Gebiss der drei Walschädel!

C2 Erläutern Sie die aus dieser Entwicklungsreihe ableitbare Tendenz!

C3 Erläutern Sie, weshalb die Barten den Zähnen nicht homolog sind!

01 Sukkulente
Pflanzen:
A Kaktus,
B Wolfsmilchgewächs

Analogie

Im Volksmund werden beide Pflanzen häufig als Kaktus bezeichnet. Doch nur die in Amerikas Trockengebieten heimischen Sukkulenten gehören zu den Kakteen, während die Wolfsmilchgewächse Afrikas eine eigene Gruppe bilden. Namensgebend für diese Pflanzenfamilie ist eine weiße Flüssigkeit, die bei Verletzung zum Wundverschluss austritt und als Fraßschutz dient. Doch wie kommt die auffällige Ähnlichkeit der beiden Pflanzen zustande?

*Sukkulenz
= Verdickung von
Geweben zur
Wasserspeicherung*

ANALOGE ORGANE · Die Ähnlichkeit ergibt sich vor allem aus der Ausbildung von Wasser speicherndem Gewebe im stark verdickten Spross. Man spricht von *Stammsukkulenz.* Außerdem sind die Blätter jeweils zu Blattdornen reduziert. Beide Phänomene stellen eine Angepasstheit an einen trockenen Standort dar. Denn die Reduktion der Blätter zu Dornen geht einher mit einer Verkleinerung der Transpirationsoberfläche. Dies bewirkt eine Verringerung des Wasserverlustes durch Transpiration. Die Sukkulenz ermöglicht die Nutzung eines Wasserspeichers in Trockenzeiten. Bei Kakteen übernimmt allerdings das Rindengewebe die Aufgabe der Wasserspeicherung, während bei Wolfsmilchgewächsen das Mark verdickt ist. Es handelt sich

also nicht um eine Homologie. Die Sukkulenz ist im Laufe der Entwicklungsgeschichte dieser Pflanzen unabhängig voneinander entstanden. Dies ist damit zu erklären, dass mit den Trockengebieten Amerikas und Afrikas beide Pflanzen Lebensräume besiedeln, in denen ähnliche Bedingungen herrschen. Bei ähnlichen Umwelteinflüssen sind demnach unabhängig voneinander parallel gleiche Merkmale entstanden. Das Ergebnis stellen die in Gestalt und Funktion weitgehend übereinstimmenden Organe dar. Man spricht von *analogen Organen.* Diese sind kein Beleg für eine Verwandtschaft, denn sie sind nicht das Ergebnis gemeinsamer Erbanlagen. Dennoch zeigen sie, dass eine Entwicklung und Veränderung der Arten in Abhängigkeit von den Umweltbedingungen stattfindet. Dieses Phänomen bezeichnet man als **Analogie.**

LEBENSRAUMTYPEN · Wenn wie im Falle der Sukkulenten die gesamte Erscheinung viele Merkmalsähnlichkeiten als Angepasstheit an bestimmte Umweltbedingungen aufweist, spricht man von *Lebensraumtypen.* Ein weiteres Beispiel dafür ist die Ausbildung von Flossen und eines stromlinienförmigen Körpers bei Wirbeltieren, die als Angepasstheit an den Lebensraum Wasser unabhängig voneinander bei Fischen, Ichthyosauriern, Pinguinen und Walen entstanden ist.

PARALLELISMUS · Auch bei der Eroberung des Luftraums entwickelten sich bei den Wirbeltieren spezielle Angepasstheiten. Neben den ausgestorbenen Flugsauriern besitzen die Vögel und als Vertreter der Säugetiere die Fledertiere die Fähigkeit zu fliegen. Ihnen gemeinsam ist, dass ihre Vorderextremitäten zu Flügeln umgewandelt sind. Nach den Homologiekriterien handelt es sich bei diesen Vorderextremitäten um homologe Strukturen, denn die Skelettelemente sind immer in der gleichen Abfolge und Lage zueinander zu finden. Allerdings sind an der Konstruktion des Gliedmaßenskeletts und der Flügelfläche deutliche Unterschiede festzustellen. So ist der vierte Finger der Flugsaurier stark verlängert und bildet die Stützkonstruktion für die große Flughaut. Die drei übrigen Finger sind normal ausgebildet, mit Krallen versehen und dienen dem Festklammern. Ober- und Unterarmknochen sind als Ansatzstelle für die Flugmuskulatur kräftig ausgeprägt.

Auch bei den Fledertieren bildeten sich Flughäute als Tragfläche aus. Diese überspannen die stark verlängerten Mittelhand- und Fingerknochen und den verlängerten Unterarmknochen. Nur der Daumen bleibt zum Festklammern frei. Während des Fluges sind die Flughäute zwischen den gestreckten Knochen der Vordergliedmaßen wie bei einem Regenschirm gespannt und können aufgrund der Konstruktion über mehrere gelenkig verbundene Stützelemente zusammengeklappt werden.
Bei den Vögeln bilden die Federn und nicht die Haut selbst die Flügelfläche. Das Skelett der Vordergliedmaßen ist so umgebaut, dass es als Stütze der Flügelfläche mit den Schwungfedern dienen kann. Die Anzahl der Handknochen ist stark reduziert, denn Mittelhandknochen und Fingerknochen sind miteinander verwachsen. Unterarmknochen und Hand sind verlängert.

Der Vergleich der drei Vordergliedmaßen zeigt, dass die Gliedmaßenskelette einander homolog und damit durch einen gemeinsamen geneti-

schen Ursprung gekennzeichnet sind. Die Flugfähigkeit hat sich jedoch innerhalb der drei Tiergruppen unabhängig voneinander entwickelt. Dies belegen die Unterschiede in der Flügelfläche und der Gestaltung der Gliedmaßenskelette. Diese haben sich als Angepasstheit an die Umweltbedingungen unabhängig voneinander entwickelt. Ihre Ähnlichkeiten sind auf den Funktionswechsel zur Flugfähigkeit zurückzuführen. Eine solche *parallele Entwicklung* ähnlicher analoger Strukturen auf der Basis homologer, aus gemeinsamer Abstammung hervorgegangener Organe bezeichnet man als *Parallelismus* oder **Homoiologie.**

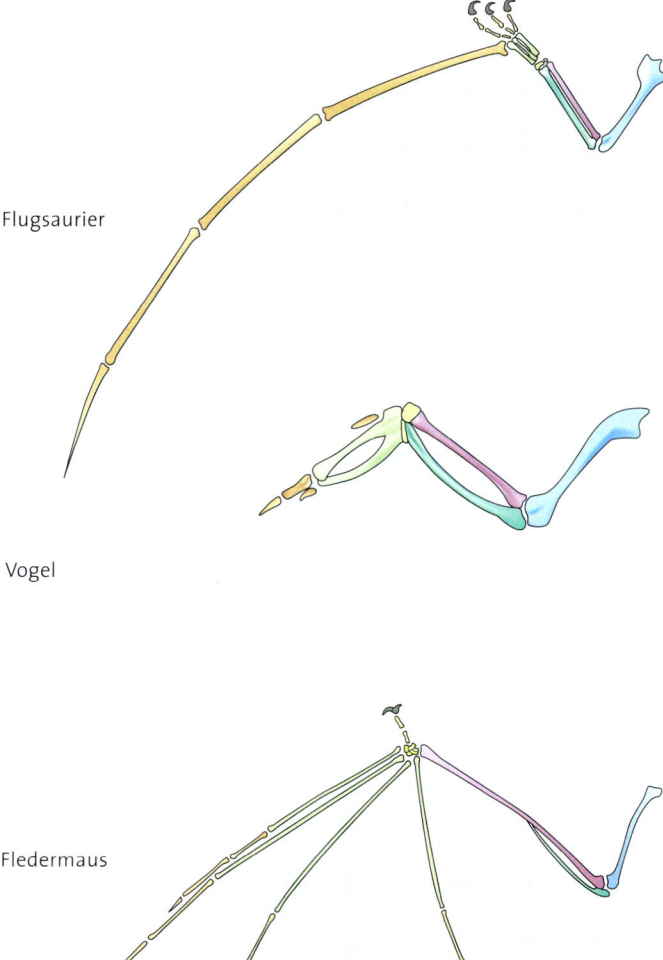

Flugsaurier

Vogel

Fledermaus

02 Flügel verschiedener Wirbeltiere

03 Maulwurf mit Grabhänden

04 Maulwurfsgrille mit Grabbeinen

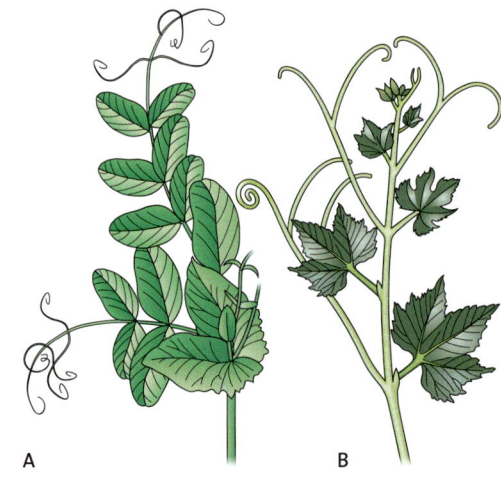

05 Ranken:
A Blattranke,
B Sprossranke
A   B

KONVERGENZ · Am Körper des Europäischen Maulwurfs fallen besonders die seitlich abstehenden Vorderpfoten auf, die mit ihren langen Krallen als Grabhände dienen. Sie sind wie viele weitere Merkmale seines Körperbaus vorteilhaft für die unterirdische Lebensweise. Eine solche bevorzugt auch die bis zu fünf Zentimeter lange Europäische Maulwurfsgrille. Durch ihre zu schaufelförmigen Grabbeinen umgebildeten Vorderextremitäten und die Panzerung des wuchtigen Kopfes ist sie unverwechselbar.

Beim Vergleich der Vorderextremitäten der beiden Tiere fallen die große funktionelle Übereinstimmung und auch die Ähnlichkeit der Gestalt der Grabbeine auf. Doch insgesamt unterscheiden sich die Grundbaupläne des Insektenbeins und der Säugetierhand sehr. So besteht zum Beispiel die Grabschaufel der Maulwurfsgrille aus einem chitinhaltigen Außenskelett, wohingegen die Maulwurfshand durch ein knöchernes Innenskelett gestützt wird. Maßgeblich für die Ausprägung derartiger Grabbeine sind auch hier die sehr ähnlichen Umweltbedingungen der unterirdischen Lebensweise. Da die Grabbeine von Maulwurf und Maulwurfsgrille aus verschiedenen Bauelementen bestehen, spricht man von einer *konvergenten Entwicklung* oder einer *Konvergenz,* die zur Ausprägung der *analogen Organe* geführt hat.

Erbse und Wein besitzen Ranken als Halteorgane und Kletterhilfe. Bei den Erbsen erkennt man anhand der Lage und Struktur der Ranken, dass es sich um umgewandelte Blätter handelt. Die Ranken der Weinrebe sind dagegen Sprossranken, also Abwandlungen des Sprosses. Auch hier hat eine *konvergente Entwicklung* dazu geführt, dass unterschiedliche Pflanzenteile ähnliche Funktionen übernommen haben. Blatt- und Sprossranken sind analoge Organe.

1) Erklären Sie die Ähnlichkeit der Stammsukkulenten trotz unterschiedlicher Abstammung!

2) Erläutern Sie am Beispiel der Stammsukkulenz den Begriff der Homoiologie!

3) Erklären Sie die Analogie der Grabbeine von Maulwurf und Maulwurfsgrille!

Material A ▸ Ameisen und Termiten als Hauptnahrungsquelle

Schuppentier

Ameisenbär

Erdferkel

Schnabeligel

Die vier Säugetiere fressen Ameisen beziehungsweise Termiten und gehören verschiedenen seltenen Säugetierordnungen an. Der Ameisenbär kommt in den offenen Savannen Südamerikas vor. Im Gegensatz zu ihm sind die übrigen drei Tiere nachtaktiv. Das Vorkommen der Schuppentiere erstreckt sich auf Wälder und Buschland in Südostasien und Afrika südlich der Sahara. Das Erdferkel bewohnt vor allem die Steppen südlich der Sahara. Der Schnabeligel lebt in Australien und Neuguinea.

A1 Vergleichen Sie den Körperbau der vier Säugetiere!

A2 Erläutern Sie, weshalb die Tiere sich ähneln!

Material B ▸ Tiere gehen Wände hoch

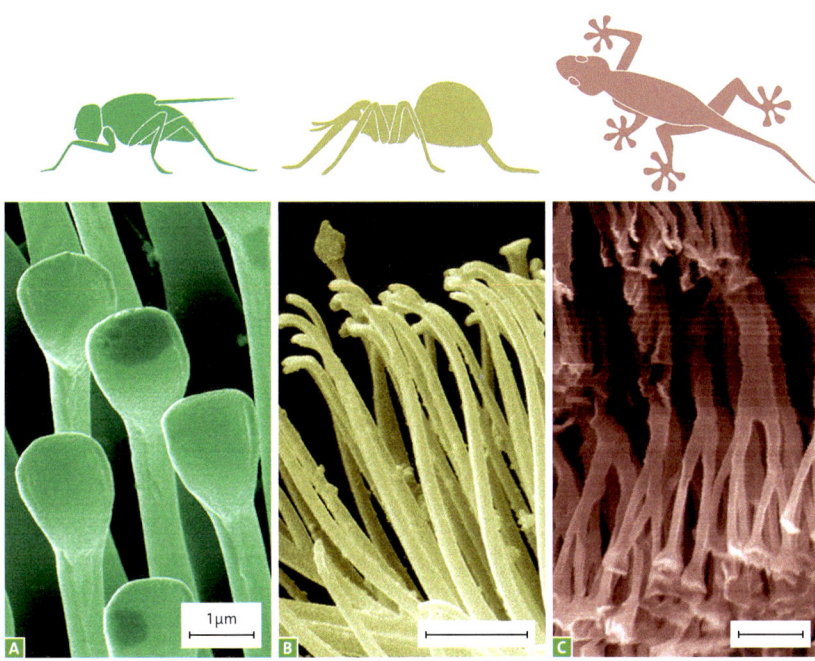

Insekten, Spinnen und sogar Geckos können kopfüber an der Decke entlanglaufen. Elektronenmikroskopische Bilder der Fußsohlen dieser Tiere zeigen, dass diese mit feinsten Härchen, *Setae,* bedeckt sind, die sich an ihrer Spitze wiederum in winzige spatenförmige Blättchen aufspalten.

Diese sogenannten Schäufelchen sind nur rund zweihundert Nanometer breit. Dadurch, dass die Kontaktfläche zwischen Oberfläche und Fuß in zahllose kleine Kontaktflächen aufgesplittet wurde, erhöht sich ihr Gesamtumfang. Je größer der Umfang, desto höher ist die vor allem auf der Van-der-Waals-Kraft beruhende Haftkraft. Einzeln sind diese Kräfte zwar sehr schwach, doch über die vielen Blättchen summieren sie sich zu enormen Werten auf. Der Gecko kann sich mit einer Kraft, die zehnmal größer ist als seine Körpermasse, unter eine Glasplatte heften.

B1 Erklären Sie, weshalb Geckos die Wand hochlaufen können!

B2 Begründen Sie, ob es sich bei der Entwicklung der Setae um eine parallele oder konvergente Entwicklung handelt!

Stammbäume verstehen

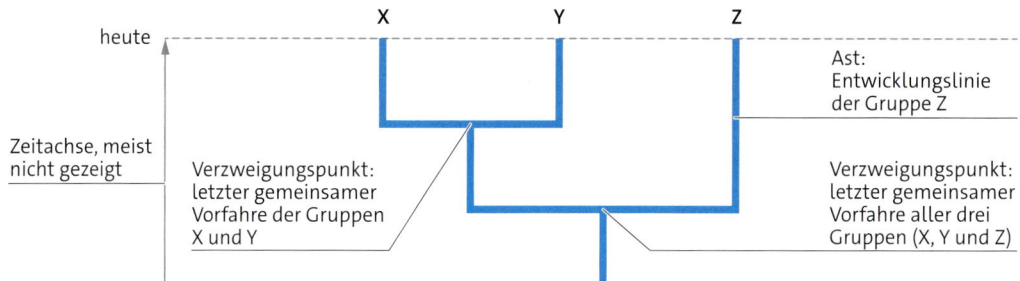

01 Struktur eines typischen Stammbaums

STRUKTUR VON STAMMBÄUMEN · *Stammbäume bestehen aus **Ästen** und deren **Verzweigungen.** Die Ausrichtung der Äste orientiert sich meist an einer vertikalen, aber nicht immer dargestellten Zeitachse. Die an der Oberseite des Stammbaums endenden Äste repräsentieren die heute lebenden, rezenten, Vertreter der gezeigten Gruppen. Der Ast am unteren Ende des Stammbaums entspricht dem Ursprung der im Stammbaum gezeigten Gruppen. Kommt es zur Aufspaltung in zwei sich voneinander unabhängig entwickelnde Gruppen, wird dies durch eine Verzweigung dargestellt. Verzweigungspunkte in Stammbäumen repräsentieren somit jeweils den **letzten gemeinsamen Vorfahren** der hieraus hervorgehenden Entwicklungsäste. Der Verwandtschaftsgrad zwischen zwei Gruppen lässt sich entsprechend dadurch ablesen, wie weit ihre gemeinsame Verzweigung zurückliegt. Da ihre Aufspaltung in zwei unabhängige Äste vergleichsweise spät erfolgte, sind die Gruppen X und Y in Abbildung 01 relativ nah verwandt. Gruppe X ist mit Gruppe Z hingegen erst über einen weiter zurücklie-*

genden Verzweigungspunkt verbunden, sodass X und Z entfernter verwandt sind. Es gilt: Je weiter die Aufspaltung zweier Gruppen zurückliegt, desto älter ist ihr letzter gemeinsamer Vorfahre und desto geringer ist ihre verwandtschaftliche Nähe. Auch wenn sich die Äste eines Stammbaums häufig an einer gedachten Zeitachse orientieren, liefern viele Stammbäume keine genaue Zeitskala. Die Lage der Verzweigungspunkte ist dann lediglich als zeitliche Abfolge der Aufspaltungsereignisse zu verstehen.

VARIANTEN DER STAMMBAUMDARSTELLUNG · *Die Struktur von Stammbäumen ermöglicht verschiedene Varianten der Darstellung. Alternativ zum **Rechtwinkeltyp** können die Äste in einem Stammbaum auch diagonal verlaufen. Dieser Stammbaum wird als **Gabeltyp** bezeichnet. Varianten der Darstellung entstehen auch dann, wenn die Äste an einem Verzweigungspunkt gedreht werden. Auch hierdurch verändern sich nicht die dargestellten Zusammenhänge.*

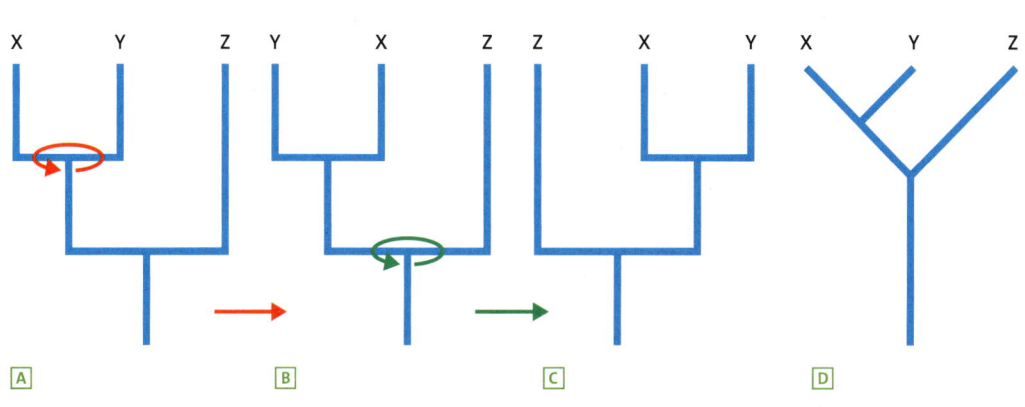

02 Darstellungsvarianten von Stammbäumen: **A–C** durch Drehung an Verzweigungspunkten erzeugte Varianten des Rechtwinkeltyps, **D** Gabeltyp

HOMOLOGIE UND ANALOGIE IN STAMMBÄUMEN ·

Stammbäume stellen evolutionäre Verwandtschaftsgrade dar, die aus homologen Merkmalen abgeleitet werden. Diese homologen Merkmale sind jeweils vor der Aufspaltung in die Gruppen entstanden, die dieses Merkmal tragen. So kann die Entstehung der homologen Vorderextremität im Stammbaum der Vögel und Fledermäuse vor deren Aufspaltung eingeordnet und entsprechend in einen Stammbaum eingetragen werden.

Analogien als Ergebnis einer konvergenten Entwicklung bieten hingegen keinen Hinweis auf gemeinsame Abstammung. Deren Entstehung muss daher nach der Aufspaltung in die das Merkmal tragenden Gruppen eingeordnet werden. Demzufolge liegt die Entstehung des analogen Merkmals Flügel im Stammbaum nach der Aufspaltung in die Gruppen Vögel und Fledermäuse und ist entsprechend zweimal einzutragen.

MONO- UND PARAPHYLETISCHE GRUPPEN ·

In Stammbäumen kann man geschlossene Gruppen gemeinsamer Abstammung identifizieren, die man als monophyletisch bezeichnet. Deren Geschlossenheit bedeutet, dass alle damit bezeichneten Teilgruppen von einem gemeinsamen Vorfahren abstammen, aus dem sich auch keine weiteren Gruppen entwickelt haben. So bildet jedes Ende eines Stammbaumastes eine monophyletische Gruppe.

Mehrere solcher Gruppen können zu größeren monophyletischen Gruppen zusammengefasst werden. So stellen Reptilien und Vögel zusammen eine monophyletische Gruppe dar, aber auch die Gesamtheit der Amphibien, Reptilien, Vögel und Säugetiere. Der Umfang monophyletischer Gruppen kann unterschiedlich gewählt werden und aus wenigen Arten bestehen oder wie hier im Beispiel mehrere Wirbeltierklassen umfassen. Da sich taxonomische Benennungen wie Arten, Gattungen oder Klassen stets auf monophyletische Gruppen beziehen, bezeichnet man diese auch als Taxa.

Gruppen, die keine geschlossene Abstammungsgemeinschaft bilden, nennt man paraphyletische Gruppen. Ein Beispiel hierfür sind die Amphibien und Reptilien, da kein Vorfahre existiert, aus dem nur diese beiden Gruppen hervorgingen.

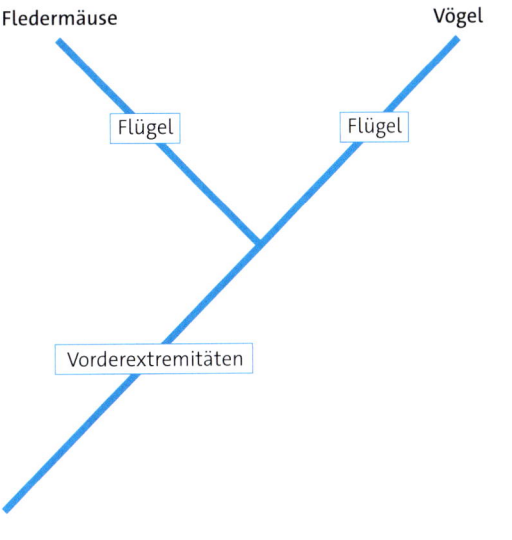

03 Stammbaum von Fledermäusen und Vögeln mit Entstehung des homologen Merkmals Vorderextremität und dessen analoger Weiterentwicklung zu Flügeln

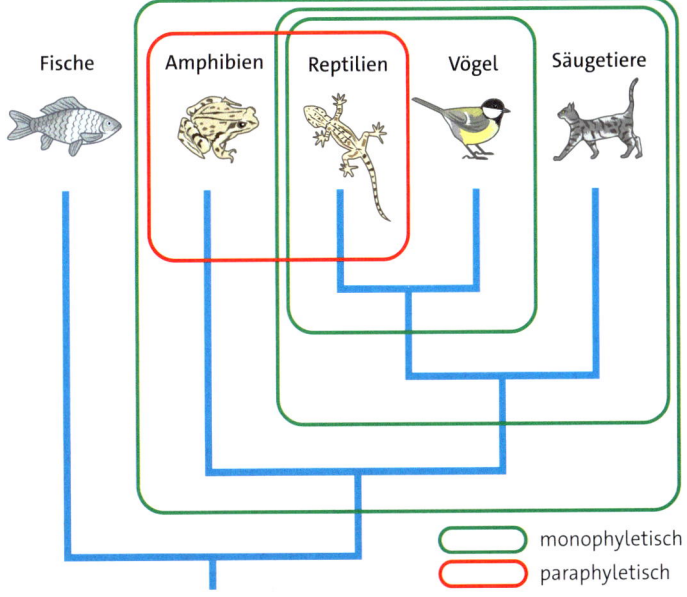

04 Stammbaum der Wirbeltiere mit beispielhaften monophyletischen und paraphyletischen Gruppen

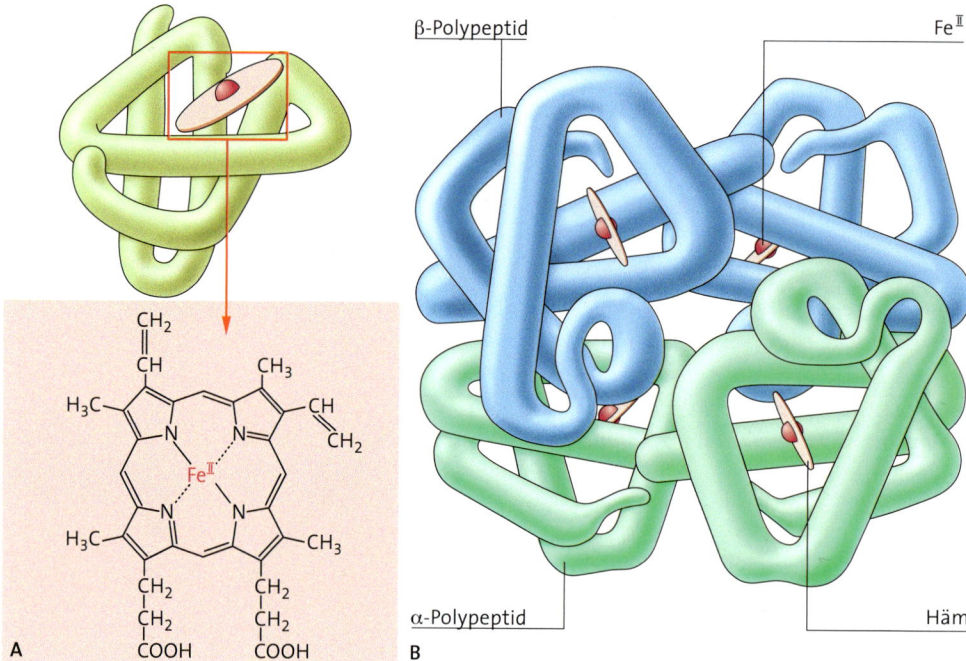

β-Polypeptid

Fe^{II}

α-Polypeptid

Häm

01 Moleküle für den Sauerstofftransport:

A Myoglobin und Strukturformel des Häms,

B Hämoglobin

A

B

Molekulare Verwandtschaft

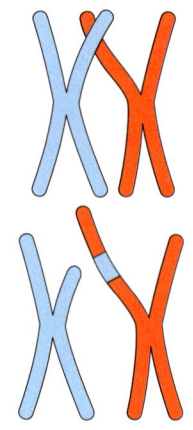

02 Inäquales Crossing-over

> *Myoglobin und Hämoglobin sind für den Sauerstofftransport bei Wirbeltieren zuständig. Während Hämoglobin im Blut in den Erythrozyten enthalten ist, fungiert Myoglobin als das primäre Sauerstoffspeicherprotein in der Muskulatur. Bei beiden Molekülen ist der Sauerstoff an einem Eisen(II)-Atom einer prosthetischen Hämgruppe reversibel gebunden. Während Myoglobin aus einem Polypeptid besteht, ist Hämoglobin ein Tetramer aus vier Polypeptiden: zwei α- und zwei β-Untereinheiten. Jede dieser vier Untereinheiten der Quartärstruktur des Proteins ähnelt dem Myoglobin. Worauf ist die Ähnlichkeit dieser Moleküle in Bau und Funktion zurückzuführen?*

GENDUPLIKATION · Myoglobin und Hämoglobin sind Proteine. Die Proteinstruktur ergibt sich aus der Abfolge der Aminosäuren, die wiederum über bestimmte Nukleotidsequenzen der DNA codiert werden. Im Genom aller bekannten Lebewesen finden sich Gene, die eine überdurchschnittlich große Ähnlichkeit in der Abfolge der Nukleotidsequenzen kennzeichnet. Solche Gene werden zu Gruppen, den **Genfamilien,** zusammengefasst. Auch die Glo-

bingene gehören wegen ihrer großen Sequenzübereinstimmung zu einer solchen Genfamilie. Der Vergleich der Aminosäuresequenzen der bei Wirbeltieren vorkommenden Globine zeigt einen auffällig hohen Anteil sich wiederholender Aminosäureabfolgen. Diese repetitiven Elemente legen den Schluss nahe, dass die Proteine durch *Genduplikationen* entstanden sind. Der wahrscheinlich wichtigste Prozess zur Entstehung von Genkopien ist die Duplikation durch ein *inäquales Crossing-over* in der Meiose. Hierbei wird ein DNA-Abschnitt zwischen zwei homologen Chromosomen nicht vollständig ausgetauscht, sodass ein Chromatid einige Gene doppelt enthält, während sie auf dem anderen fehlen. Während der Evolution der Wirbeltiere haben wahrscheinlich auch Duplikationen des gesamten Genoms stattgefunden. Durch solche Genduplikationen erhöhte sich die Größe des Genoms und damit die Komplexität der Lebewesen. Sofern die ursprüngliche Basensequenz einmal erhalten bleibt und das korrekte Protein codiert, können die duplizierten Gene durch Mutationen ohne Nachteil für das Individuum verändert werden. Sollte sich ein mutiertes Gen als vorteilhaft erweisen, kann es im Genpool der nachfolgenden Generationen vermehrt auftreten. So entwickelte sich aus dem einfachen Myoglobin mit hoher Sauerstoffaffinität das Hämoglobin, das vier Sauerstoffmoleküle, aber auch Kohlenstoffdioxid reversibel binden kann. Gene, die bei verschiedenen Arten einzeln oder durch Genduplikation als Genfamilie vorliegen und auf ein Gen eines gemeinsamen Vorfahren zurückgehen, bezeichnet man als **homologe Gene**.

GENSTAMMBAUM · Vergleicht man die homologen Gene verwandter Arten miteinander, kann man aus den mutationsbedingten Unterschieden der Basensequenz einen Stammbaum erstellen. Dazu wird zunächst die Anzahl der Aminosäureaustausche ermittelt und dann die Anzahl der für diese Veränderungen in der Aminosäuresequenz erforderlichen Basensubstitutionen in den Nukleotiden der DNA geschätzt. Je mehr Unterschiede in der Abfolge der Aminosäuren bestehen, desto länger liegt die Abspaltung von einem gemeinsamen Vorfahren zurück. Die Anzahl der ausgetauschten Aminosäuren je Zeiteinheit wird als **Evolutionsrate** bezeichnet. Unter der Annahme, dass diese über lange Zeiträume relativ konstant ist, kann man anhand einer solchen **molekularen Uhr** Aussagen über phylogenetische Beziehungen von Lebewesen treffen. Geeicht wird die molekulare Uhr mithilfe genau datierbarer Fossilfunde. Bei einer Rate von etwa 100 Aminosäuresubstitutionen in 500 Millionen Jahren zeigt der Stammbaum der Globingenfamilie, dass sich das Myoglobin durch eine Genduplikation vor etwa 490 Millionen Jahren von der Hämoglobingenfamilie getrennt hat. Die Vorläufer der α- und β-Hämoglobin-Polypeptide haben sich vor etwa 450 Millionen Jahren, also etwa zur Zeit der Entstehung der Wirbeltiere, auseinanderentwickelt. Die γ-, ε- und ζ-Polypeptide gibt es nur bei Säugetieren. Sie gewährleisten in unterschiedlichen Stadien ihrer Individualentwicklung den Gasaustausch und werden schließlich vom adulten α-/β-Typ abgelöst. δ-Polypeptide kommen nur bei Hominiden vor.

KONSERVATIVE MOLEKÜLE · Dass Globine von Bakterien über Einzeller, Pilze und Pflanzen bis zu den Tieren vorkommen, zeigt, dass es sich um eine sehr alte Genfamilie handelt. Im Vergleich zu anderen Molekülen ist der Sauerstofftransport mittels Globinen effektiver. Da es sich um eine lebenswichtige Funktion handelt, haben Veränderungen der zugrunde liegenden DNA dieses Proteins oft eine letale Wirkung. So blieb es über Jahrmillionen in seiner Struktur und Funktion erhalten. Daher bezeichnet man die Globine und die codierenden Gene als *konservativ*. Gleiches gilt auch für das Chlorophyll, das dem Häm in seiner komplexen Struktur sehr ähnelt, aber statt des Eisen(II)-Atoms ein Magnesium(II)-Atom trägt. Chlorophylle fungieren bei allen fotosynthetisch aktiven Lebewesen als Fotosynthesepigmente. Dieser für das Leben auf der Erde wichtige Stoffwechselweg ist bereits mehr als drei Milliarden Jahre alt.

03 Chlorophyll a

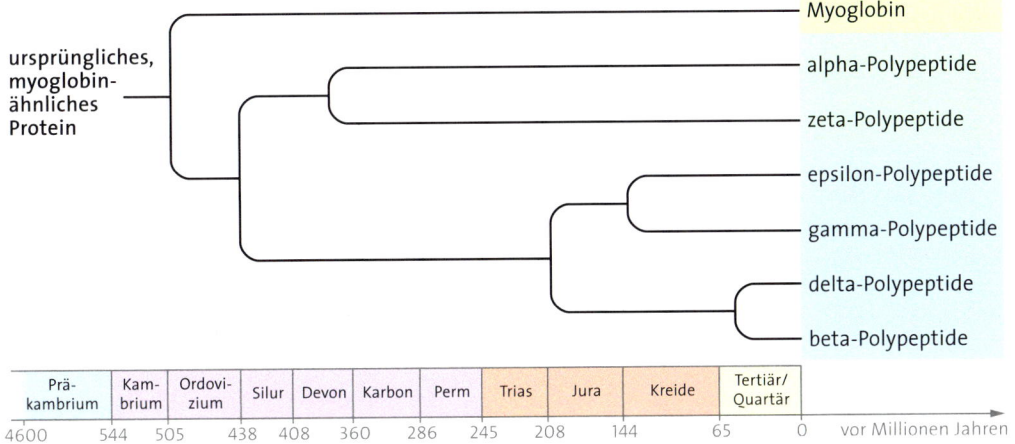

	Prä-kambrium	Kam-brium	Ordovi-zium	Silur	Devon	Karbon	Perm	Trias	Jura	Kreide	Tertiär/Quartär	
4600		544	505	438	408	360	286	245	208	144	65	0 vor Millionen Jahren

ursprüngliches, myoglobinähnliches Protein

Myoglobin
alpha-Polypeptide
zeta-Polypeptide
epsilon-Polypeptide
gamma-Polypeptide
delta-Polypeptide
beta-Polypeptide

04 Stammbaum der Globingenfamilie

*engl. RNA
= ribonucleic acid*

RIBONUKLEINSÄURE · Alle Lebewesen bestehen aus Zellen. Alle Zellen enthalten verschiedene Typen der Ribonukleinsäure, der **RNA.** Bei der Transkription wird eine mRNA als transportable Kopie des umzusetzenden Gens hergestellt. Danach docken bei der Translation tRNAs, die mit Aminosäuren beladen sind und ein spezifisches Anticodon tragen, an speziellen Bindungsstellen der Ribosomen an das passende Codon der mRNA an. Anschließend werden die Aminosäuren enzymatisch verknüpft. Ohne RNA-Moleküle kann die Proteinbiosynthese nicht stattfinden. Dies legt die Vermutung nahe, dass sich das Leben aus einer **RNA-Welt** entwickelt haben könnte. Bestimmte RNA-Moleküle, die **Ribozyme,** können nämlich auch die Aufgabe der Katalyse chemischer Reaktionen übernehmen. Dies schien vor der Entdeckung der Ribozyme den Enzymen, also Proteinen, vorbehalten zu sein. Experimente haben gezeigt, dass Ribozyme andere RNA-Moleküle replizieren und tRNAs mit Aminosäuren beladen können. Demnach ist es möglich, dass RNA-Moleküle zu Beginn der Entwicklung des Lebens auf der Erde Aufgaben erfüllt haben, die später von Proteinen übernommen wurden, die ihrerseits von RNA-Molekülen hergestellt wurden.

*Hyperzyklus
siehe Seite 279*

GENETISCHER CODE · Nukleinsäuren sind die Träger der genetischen Information. Sie verfügen aber nur über vier verschiedene organische Basen zur Verschlüsselung. Erst ein Triplettcode aus drei Basen, ein *Codon*, ergibt eine ausreichende Anzahl an Möglichkeiten zur Codierung 20 verschiedener Aminosäuren. Darüber hinaus stehen überzählige Triplettkombinationen zur Verfügung, sodass die meisten Aminosäuren über mehrere Tripletts codiert werden. Daher bezeichnet man den genetischen Code als *degeneriert*. Die synonymen Codons für eine Aminosäure unterscheiden sich meist nur in einer, und zwar der dritten Base. Sollte durch die Veränderung der dritten Base nicht dieselbe Aminosäure codiert werden, so verschlüsselt das Triplett eine Aminosäure mit ähnlichen Eigenschaften. Man spricht deshalb von einer konservativen Mutation. So unterscheiden sich die Codons für die beiden sauren Aminosäuren Aspartat und Glutamat in der dritten Base. Die Codons für hydrophobe Aminosäuren wie Phenylalanin, Valin, Isoleucin und Leucin weisen jeweils Uracil als zweite Base auf. Eine Mutation an der dritten Stelle des Codons wird die Eigenschaften einer Aminosäurekette daher nicht wesentlich verändern. Eine solche ähnliche Eigenschaft ist für die räumliche Struktur des Proteins bedeutsam. Da also ähnliche Codons für ähnliche Aminosäuren genutzt werden, haben Punktmutationen oder Translationsfehler eher selten Auswirkungen auf das Protein. Der genetische Code ist also *fehlertolerant*.

UNIVERSALITÄT · Der genetische Code gilt abgesehen von wenigen Ausnahmen für alle bekannten Lebensformen. Er ist nahezu *universell*. Sequenzanalysen belegen die Vermutung, dass der genetische Code seinen Ursprung vor etwa 3,5 Milliarden Jahren hatte, also bevor sich die drei phylogenetischen Linien der Archaea, Bacteria und Eukarya aufspalteten. Demnach ist die Universalhomologie des genetischen Codes ein deutlicher Hinweis darauf, dass das Leben auf der Erde auf einen gemeinsamen Ursprung zurückgeht.

*U = Uracil

C = Cytosin

A = Adenin

G = Guanin*

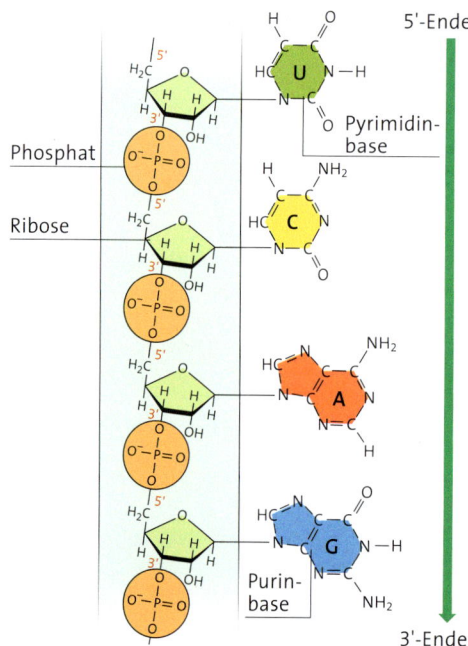

Phosphat

Ribose

5'-Ende

Pyrimidinbase

Purinbase

3'-Ende

05 RNA-Molekül

1 Erläutern Sie, inwiefern Hämoglobin und RNA Hinweise auf die Evolution liefern!

Material A ► Myoglobin

Amino-säure	1	2	3	4	5	6	7	8	9	10	11	12	13	14	15	16	17	18	19	20	21	22	23	24	25
Mensch	Gly	Leu	Ser	Asp	Gly	Glu	Trp	Glu	Leu	Val	Leu	Asp	Val	Trp	Gly	Lys	Val	Glu	Ala	Asp	Ile	Pro	Gly	His	Gly
Gibbon	Gly	Leu	Ser	Asp	Gly	Glu	Trp	Glu	Leu	Val	Leu	Asp	Val	Trp	Gly	Lys	Val	Glu	Ala	Asp	Ile	Pro	Ser	His	Gly
Pferd	Gly	Leu	Ser	Asp	Gly	Glu	Trp	Glu	Glu	Val	Leu	Asp	Val	Trp	Gly	Lys	Val	Glu	Ala	Asp	Ile	Ala	Gly	His	Gly
Hund	Gly	Leu	Ser	Asp	Gly	Glu	Trp	Glu	Leu	Val	Leu	Asp	Ile	Trp	Gly	Lys	Val	Glu	Thr	Asp	Leu	Val	Gly	His	Gly
Huhn	Gly	Leu	Ser	Asp	Glu	Glu	Trp	Glu	Glu	Val	Leu	Thr	Ile	Trp	Gly	Lys	Val	Glu	Ala	Asp	Ile	Ala	Gly	His	Gly
Pinguin	Gly	Leu	Asp	Asp	Glu	Glu	Trp	Glu	Glu	Val	Leu	Thr	Met	Trp	Gly	Lys	Val	Glu	Ala	Asp	Ile	Ala	Gly	His	Gly

Myoglobin ist ein Protein, das bei allen Wirbeltieren vorkommt. Es dient im Muskel dem Transport und der Speicherung von Sauerstoff und färbt ihn rot. Die Tabelle zeigt die ersten 25 Aminosäuren des Myoglobins von sechs Wirbeltierarten.

A1 Vergleichen Sie die Aminosäuresequenzen miteinander!

A2 Stellen Sie Hypothesen zu den verwandtschaftlichen Beziehungen der Wirbeltierarten auf und zeichnen Sie einen möglichen Stammbaum!

Material B ► Präzipitintest

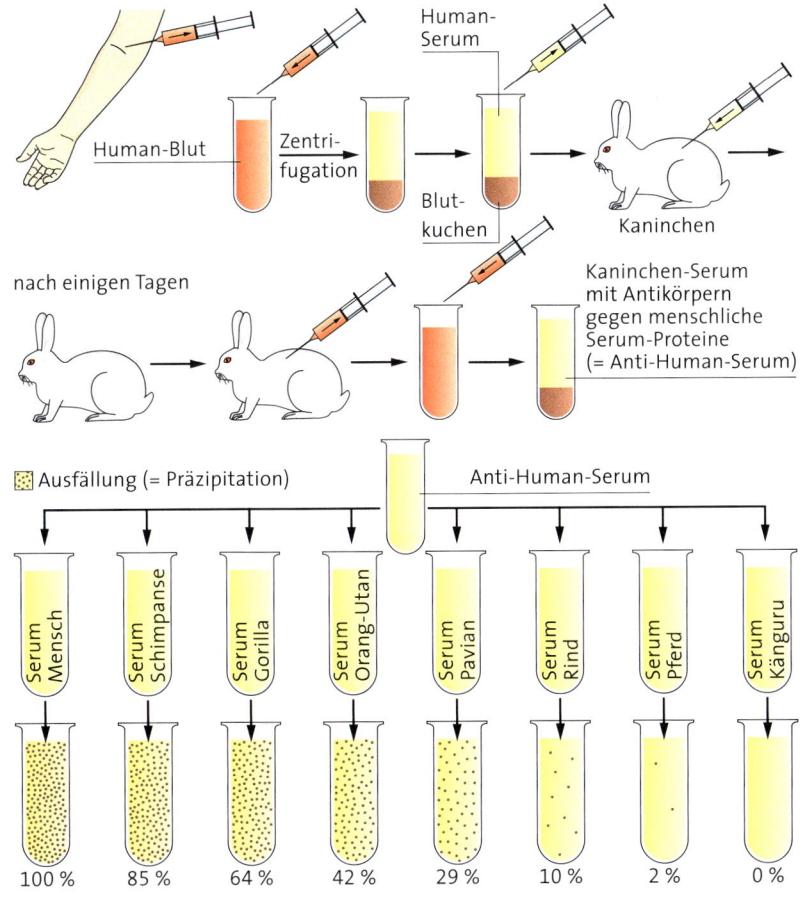

Das Immunsystem der Wirbeltiere reagiert auf artfremde Proteine, indem spezielle Leukozyten, die Lymphozyten, Antikörper bilden. Diese Antikörper, die *Präzipitine*, wirken spezifisch gegen ein bestimmtes Fremdprotein, das Antigen. Antigen und Antikörper bilden den Antigen-Antikörper-Komplex, sodass die artfremden Proteine verklumpen und ausgefällt werden. Diese Antigen-Antikörper-Ausfällung nennt man *Präzipitat*. Der Präzipitintest hat mit dem Fortschritt gentechnischer Methoden an Bedeutung verloren.

B1 Beschreiben Sie die Gewinnung des Anti-Human-Serums!

B2 Erklären Sie die unterschiedliche Ausfällung des Anti-Human-Serums mit den Seren verschiedener Wirbeltiere!

B3 Erläutern Sie, welche evolutionsbiologische Bedeutung diesem Verfahren zukam!

01 Mammuts

Molekularbiologische Methoden

Im sibirischen Permafrost fand man Mammuthaare unterschiedlicher Färbung von dunkel bis rötlich blond. Erst vor Kurzem ist es gelungen, die DNA-Sequenz eines der Gene für die Haut- und Fellfarbe dieser vor etwa 10 000 Jahren ausgestorbenen Säugetiere zu entschlüsseln. Die voll funktionsfähige Version des Melanocortin-Typ-1-Rezeptor-Gens, des MC1R-Gens, bewirkt eine dunkle Färbung, während die nur eingeschränkt funktionsfähige oder funktionslose Version zu einer Aufhellung der Färbung führt. Wie aber können Aussagen über die genetische Information längst ausgestorbener Lebewesen getroffen werden?

*engl. PCR
= polymerase chain
reaction*

ANALYSE ALTER DNA · In Fossilien enthaltene DNA wird biologisch durch Bakterien und Pilze sowie durch chemische Vorgänge abgebaut. Diese Prozesse laufen unter feuchtwarmen klimatischen Bedingungen deutlich schneller ab als unter kalten und trockenen. Daher ist die DNA der Fossilien aus Permafrostböden am besten erhalten. Dennoch lag auch die Mammut-DNA nur in relativ kleinen Mengen und in Fragmenten von geringer Länge vor. Um wie beim MC1R-Gen Aussagen über die Funktion treffen zu können, muss aus den zahlreichen Fragmenten das gesamte Gen oder zumindest ein wesentlicher Teil der Sequenz rekonstruiert werden. Dazu ist ein guter Erhaltungszustand der fossilen DNA notwendig. Doch zunächst wurde die DNA gereinigt und vervielfältigt.

POLYMERASE-KETTEN-REAKTION · Die Vervielfältigung der DNA-Fragmente erfolgt über die Polymerase-Ketten-Reaktion, kurz PCR. Diese Reaktion läuft automatisiert in einem aus drei Schritten bestehenden Zyklus ab, der mehrfach wiederholt wird. Zunächst wird die DNA durch Erhitzen auf eine Temperatur von 95 Grad Celsius denaturiert. Dies bedeutet, dass sich die Wasserstoffbrückenbindungen lösen, sodass Einzelstränge entstehen. An diese Einzelstränge lagern sich anschließend bei 60 Grad Celsius spezifische Primer an, die zuvor synthetisiert wurden. Damit diese Hybridisierung an beiden Strängen gleichzeitig erfolgen kann, setzt man gegenläufig orientierte Primer ein. Im letzten Schritt, der Polymerisation, synthetisiert die hitzebeständige Taq-Polymerase bei 72 Grad

Celsius den zum ursprünglichen DNA-Abschnitt komplementären Strang nach den Gesetzen der komplementären Basenpaarung an das 3'-Ende der Primer.

ZWEI-SCHRITT-MULTIPLEX-PCR · Um die Effizienz dieses Verfahrens speziell zur Analyse alter DNA zu steigern, verwendeten die Wissenschaftler eine größere Menge Knochensubstanz der Mammuts. So konnten sie aus vielen Zellkernen die Reste der DNA isolieren und die Wahrscheinlichkeit erhöhen, dass ein möglichst großer Teil der Erbinformation für die Analyse zur Verfügung steht. Die vielen Fragmente der Mammut-DNA vervielfältigten sie in einem ersten Schritt gleichzeitig. In einem zweiten Schritt vermehrten sie jedes Bruchstück einzeln. Zusätzlich teilten sie jedes Bruchstück und amplifizierten diese Stücke separat, weil so die Wahrscheinlichkeit geringer ist, dass sich die zwei Enden längerer Einzelstrangfragmente miteinander verbinden. Dies würde eine Anlagerung der Primer verhindern.

Durch den automatisierten Vergleich der Fragmente war es möglich, die relativ lange Sequenz des kompletten MC1R-Gens aus sehr vielen kurzen Bruchstücken zu rekonstruieren. Dieses erweiterte Verfahren zur Amplifizierung von DNA nennt man *Zwei-Schritt-Multiplex-PCR*.

MITOCHONDRIALE DNA · Neben dem Zellkern enthalten auch Mitochondrien DNA, die mt-DNA. Diese wird beispielsweise bei Säugetieren mit kleinen Spermienzellen und deutlich größeren Eizellen nur über die Eizelle weitergegeben. Das mitochondriale Genom ist mit 16 000 Basenpaaren vergleichsweise klein. Es kann aber in jeder Zelle in tausendfacher Ausfertigung vorliegen, sodass eine größere Wahrscheinlichkeit besteht, dass es in Fossilien erhalten bleibt. Auch mt-DNA-Fragmente müssen zunächst isoliert, gereinigt und durch die PCR vervielfältigt werden, bevor die Sequenz rekonstruiert werden kann. Mithilfe des mitochondrialen Genoms konnte beispielsweise nachgewiesen werden, dass der nächste Verwandte des Wollhaarmammuts der Asiatische Elefant ist und nicht der Afrikanische Elefant, obwohl anatomische Ähnlichkeiten zu beiden bestehen.

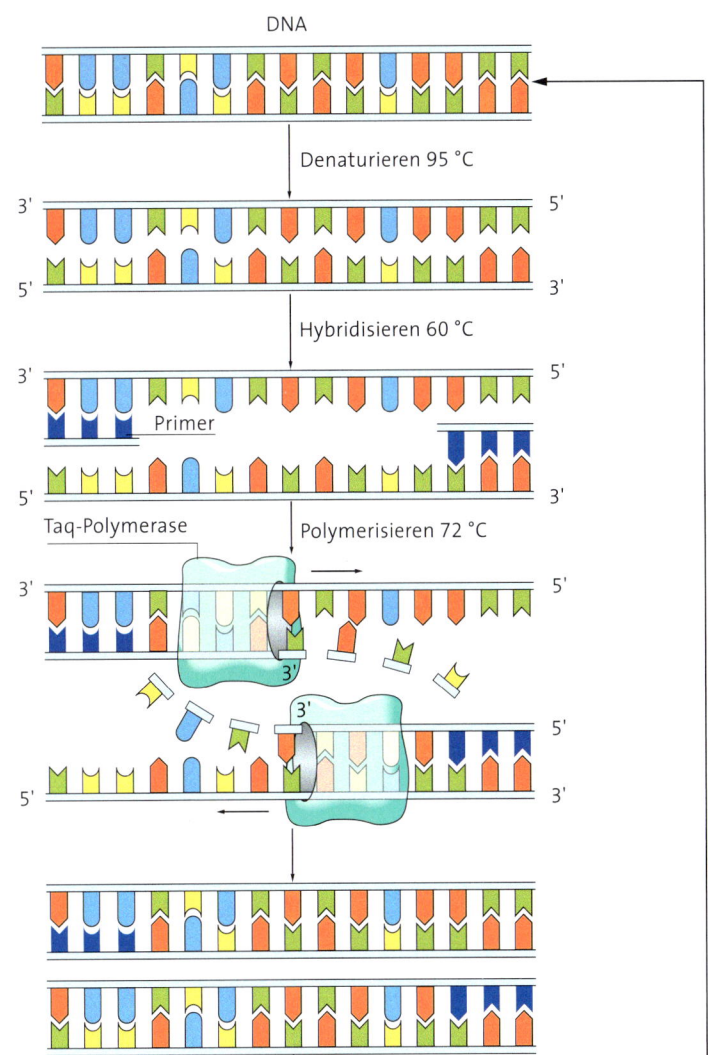

02 Ablauf der PCR

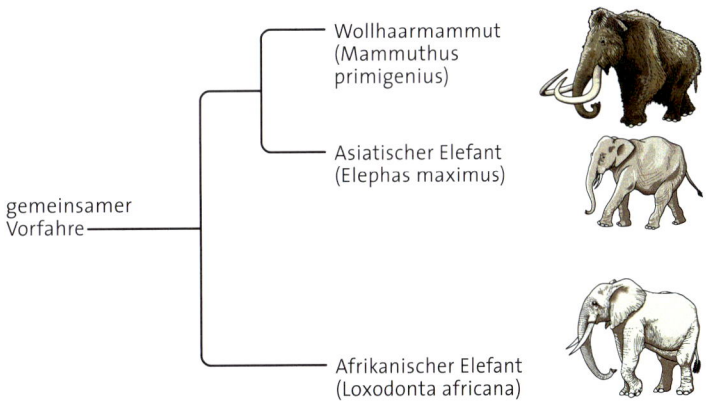

03 Ausschnitt aus dem Stammbaum der Elefanten

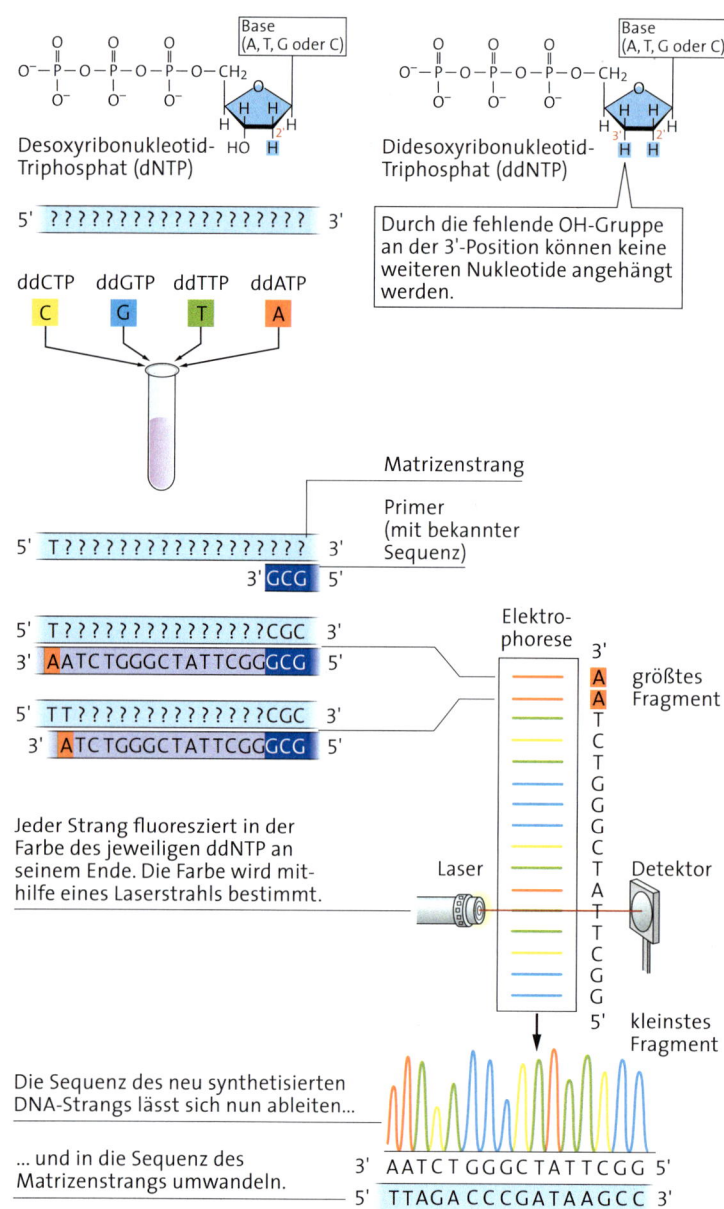

Desoxyribonukleotid-Triphosphat (dNTP)

Didesoxyribonukleotid-Triphosphat (ddNTP)

Base (A, T, G oder C)

Base (A, T, G oder C)

Durch die fehlende OH-Gruppe an der 3'-Position können keine weiteren Nukleotide angehängt werden.

5' ??????????????????? 3'

ddCTP   ddGTP   ddTTP   ddATP
C   G   T   A

Matrizenstrang

Primer (mit bekannter Sequenz)

5' T??????????????????? 3'
3' GCG 5'

5' T??????????????????CGC 3'
3' AATCTGGGCTATTCGGGCG 5'

5' TT??????????????????CGC 3'
3' ATCTGGGCTATTCGGGCG 5'

Elektrophorese

größtes Fragment

3'
A
A
T
C
T
G
G
G
C
T
A
T
T
C
G
G
5'

kleinstes Fragment

Laser

Detektor

Jeder Strang fluoresziert in der Farbe des jeweiligen ddNTP an seinem Ende. Die Farbe wird mithilfe eines Laserstrahls bestimmt.

Die Sequenz des neu synthetisierten DNA-Strangs lässt sich nun ableiten...

... und in die Sequenz des Matrizenstrangs umwandeln.

3' AATCTGGGCTATTCGG 5'
5' TTAGACCCGATAAGCC 3'

04 Ablauf der DNA-Sequenzierung

DNA-SEQUENZIERUNG · Die Rekonstruktion fossiler DNA erfolgt nach der Vervielfältigung der Fragmente über die Bestimmung der Basensequenz des DNA-Moleküls. Zunächst wird die DNA zu Einzelsträngen denaturiert und mit geeigneten Primern, DNA-Polymerasemolekülen und den vier verschiedenen Desoxyribonukleotid-Triphosphaten, kurz dNTP, versetzt. Die vier Triphosphate dienen als Substrate der DNA-Replikation: dATP, dGTP, dCTP und dTTP. Außerdem werden in geringer Menge Didesoxyribonukleotid-Triphosphate, kurz ddNTP, dem Ansatz hinzugefügt. Diesem Molekül fehlt am 3'-Kohlenstoffatom der Desoxyribose die OH-Gruppe. Das Molekül kann daher zwar in die wachsende DNA-Kette eingebaut werden, aber eine Verknüpfung mit einem nächsten Nukleotid findet nicht statt. Deshalb bricht die Synthese an der Position ab, an der eines der vier ddNTP in die DNA-Sequenz eingebaut wurde. Die vier ddNTP sind jeweils mit unterschiedlichen Fluoreszenzmarkern versehen.

Mit voranschreitender Replikation enthält der Ansatz neben den Matrizenfragmenten unterschiedlich lange DNA-Stücke, die jeweils mit einem fluoreszierenden ddNTP enden. Durch Erhitzen werden die neuen Stränge von der Matrize getrennt und mittels Elektrophorese der Länge nach sortiert. Per Laserstrahl wird die Farbe der Fluoreszenzmarker bestimmt, die angibt, welches ddNTP sich am Ende eines Fragments befindet. Aus dieser Abfolge errechnet ein Computer die Nukleotidsequenz des synthetisierten DNA-Stranges und wandelt diese in die Sequenz des Matrizenstranges um.

FUNKTIONELLE GENETIK · Durch die Sequenzierung eines Gens allein kann dessen Funktion nicht bestimmt werden. Dazu wird das codierte Protein benötigt. Daher wurde das MC1R-Gen, das bei allen Säugetieren die gleiche Funktion erfüllt, in kultivierte menschliche Zellen eingebracht. Dabei konnte gezeigt werden, dass ein funktionsloses MC1R-Gen zu einer helleren Färbung der Haut und Haare führt. Dies wird auch für Mammuts angenommen. Gestützt wird diese Annahme dadurch, dass im Permafrostboden Sibiriens unterschiedlich gefärbte Mammuthaare gefunden wurden.

1 ⌐ Erläutern Sie, was bei der Analyse alter DNA zu beachten ist!

2 ⌐ Nennen Sie Vorteile der Untersuchung fossiler mt-DNA im Vergleich zur Kern-DNA!

3 ⌐ Beschreiben Sie detailliert den Ablauf der DNA-Sequenzierung!

4 ⌐ Beschreiben Sie die Schritte zur Funktionsbestimmung des MC1R-Gens!

DNA-DNA-HYBRIDISIERUNG · Bevor die technischen Möglichkeiten der automatisierten DNA-Sequenzierung zur Verfügung standen, konnte nicht die genaue Sequenz zu Vergleichszwecken herangezogen werden. Doch mit dem Wissen über den Aufbau der DNA aus zwei komplementären Einzelsträngen, deren Basen durch Wasserstoffbrücken miteinander verbunden sind, wurde die Methode der *DNA-DNA-Hybridisierung* entwickelt. Diese basiert darauf, dass sich DNA-Einzelstränge auch verschiedener Lebewesen in ihren komplementären Bereichen zusammenlagern. Je größer die komplementäre Übereinstimmung ist, desto näher verwandt sind die untersuchten Lebewesen. Um den Grad der Übereinstimmung vergleichbar und wiederholbar festlegen zu können, nutzte man den Schmelzpunkt der DNA. Erhitzt man nämlich das DNA-Molekül auf über 70 Grad Celsius, beginnt es zu denaturieren. Nach einer anschließenden Abkühlung lagern sich die Einzelstränge wieder zu einem Doppelstrang zusammen, sie renaturieren.

Vermischt man DNA-Abschnitte zweier Lebewesen unterschiedlicher Arten, lässt sie denaturieren und sich wieder zusammenlagern, entstehen auch Doppelstränge, die aus Einzelsträngen der zwei Arten bestehen. Man spricht dann von einer Hybrid-DNA. Der Grad der komplementären Übereinstimmung in diesen Molekülen kann bei erneuter Erwärmung aus der Schmelztemperatur abgeleitet werden. Denn je geringer die komplementäre Übereinstimmung ist, desto weniger Wasserstoffbrücken wurden ausgebildet und desto geringer ist die Schmelztemperatur im Vergleich zu der Schmelztemperatur reiner DNA einer Art. Aus dieser Differenz lässt sich zwar die Ähnlichkeit zweier Genome abschätzen, sie liefert jedoch keine exakten Informationen über die Ähnlichkeiten verschiedener Nukleotidsequenzen. Dennoch konnten auch auf diese Weise systematische Streitfälle, die allein auf morphologisch-anatomische Erkenntnisse gestützt waren, beigelegt werden.

Das Verfahren wurde beispielsweise zur systematischen Einordnung des Großen Pandas durchgeführt. Lange wurde er wegen seiner herbivoren Lebensweise und des charakteristischen zusätzlichen Daumens den Kleinbären zugeordnet, da der Kleine Panda auch über ebendiese und weitere Angepasstheiten an die Verwertung pflanzlicher Nahrung verfügt. Die Ergebnisse der DNA-DNA-Hybridisierung legen jedoch nahe, dass der Große Panda zu den Großbären zu zählen ist, während der Kleine Panda zur Familie der Kleinbären gehört. Die Ähnlichkeiten müssen also unabhängig voneinander entstanden sein. Es handelt sich um Analogien.

5 ⌡ Werten Sie die Daten in Abbildung 05 aus!

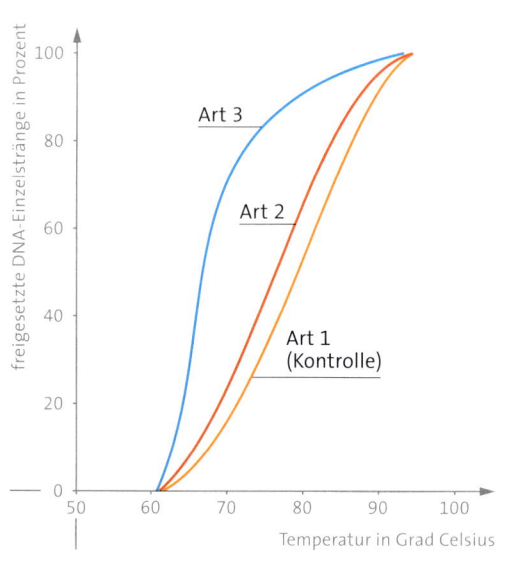

05 Ergebnis einer DNA-DNA-Hybridisierung

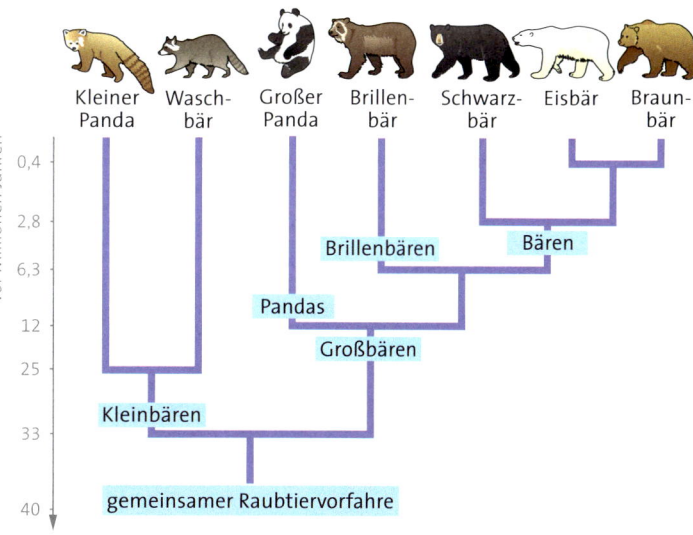

06 Ausschnitt aus dem Stammbaum der Bären

AMINOSÄURESEQUENZANALYSE · Die Struktur eines Proteins und dessen Aminosäuresequenz sind genetisch festgelegt. Der britische Biochemiker Frederick SANGER spaltete um das Jahr 1950 Proteine durch abbauende Enzyme, die Proteasen, in kürzere Fragmente und analysierte diese. Er machte sich zunutze, dass die Proteasen Proteine stets hinter festgelegten Aminosäuren spalten. Durch eine kombinierte Anwendung verschiedener Proteasen konnte er die Sequenz der Aminosäuren erschließen. 1958 erhielt er für die Sequenzierung des Insulins den Nobelpreis für Chemie.

Durch die Kenntnis der Aminosäuresequenz war es möglich, Proteine verschiedener Lebewesen zu vergleichen und daraus auf eine Verwandtschaft zu schließen. Auf dieser Basis konnte man einen Stammbaum erstellen. Aus mehreren Gründen ist das Protein Cytochrom c für diesen Zweck sehr geeignet.

Zum Ersten ist es als Enzym der Endoxidation in den Mitochondrien phylogenetisch sehr alt und kommt bei allen Lebewesen mit aerobem Stoffwechsel vor. So bietet es die Möglichkeit, Verwandtschaftsbeziehungen zwischen völlig verschiedenen Lebewesen von Bakterien bis hin zu Pflanzen und Tieren zu beurteilen. Allerdings sind im Gegensatz zur DNA-Sequenzierung stumme Mutationen in der DNA nicht zu erkennen, da trotz einer Veränderung der Basensequenz die Aminosäuresequenz gleich bleibt. Zum Zweiten ist Cytochrom c mit 104 bis 112 Aminosäuren ein relativ kleines Protein, welches kaum Spielraum für stumme Mutationen bietet. Drittens ist es in weiten Teilen sehr konservativ, da ein Austausch bestimmter Aminosäuren die Funktion des Enzyms verändert. Für ein Lebewesen mit aerobem Stoffwechsel gibt es jedoch meist keine Alternative zu einem funktionierenden Cytochrom-c-Molekül, da dieses für die Synthese von Adenosintriphosphat, kurz ATP, zuständig ist. Eine Veränderung des aktiven Zentrums oder der Raumstruktur des Enzyms führt dazu, dass das betroffene Lebewesen nicht lebensfähig ist, sodass eine derartige Mutation durch die natürliche Selektion sofort ausgelöscht wird. Daher hat sich die Aminosäuresequenz und die Raumstruktur des Proteins in den letzten zwei Milliarden Jahren nur wenig verändert.

MOLEKULARE UHR · Aus der Altersdatierung von Fossilien lässt sich schließen, dass die Evolutionsrate des Cytochrom-c-Moleküls relativ konstant ist. Demnach hat es ungefähr alle 24 Millionen Jahre einen Aminosäureaustausch gegeben. Auf dieser Basis wurde das ursprüngliche Konzept der molekularen Uhr entwickelt. Je mehr Unterschiede in der Aminosäureabfolge des Cytochrom-c-Moleküls zweier Arten bestehen, desto länger liegt die Trennung der beiden Arten zurück und desto geringer ist der Grad ihrer Verwandtschaft.

6 ⌡ Erläutern Sie, welchen Vorteil die DNA-Sequenzierung gegenüber der Aminosäuresequenzanalyse bietet!

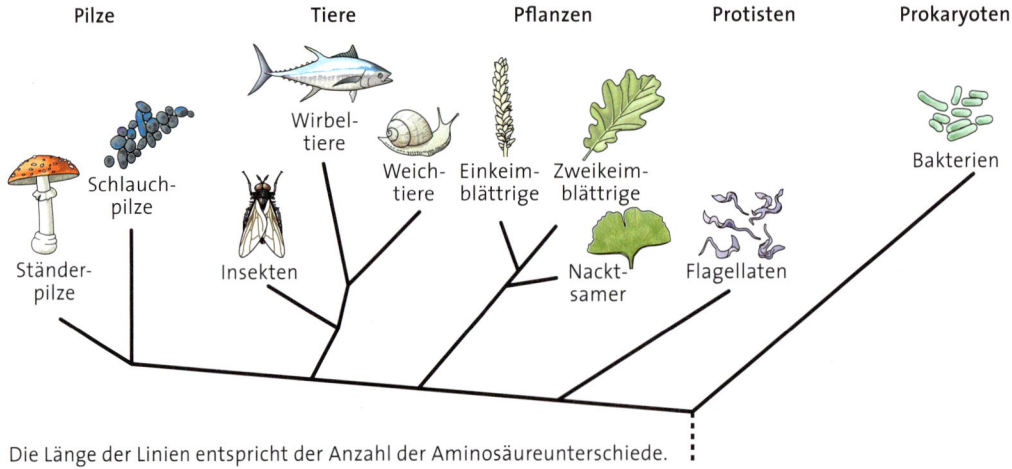

07 Cytochrom-c-Stammbaum aus dem Jahr 1973

Die Länge der Linien entspricht der Anzahl der Aminosäureunterschiede.

Material A ▸ Evolution der Hypophysenhinterlappenhormone

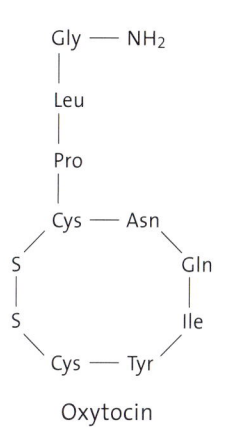

Oxytocin

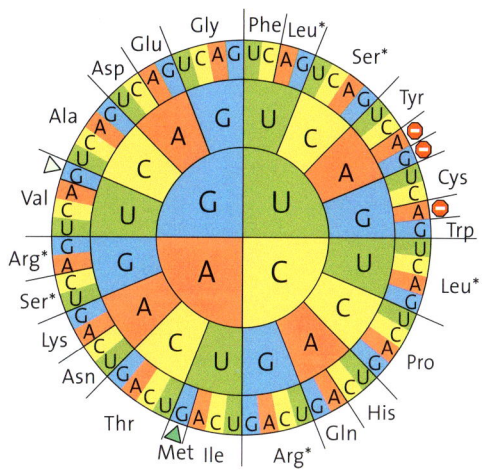

▷ Start
▷ Start (selten)
⊖ Stopp
* mehrfach codiert

Neurohormon	Aminosäuresequenz	Vorkommen
Vasotocin	Cys-Tyr-Ile-Gln-Asn-Cys-Pro-Arg-Gly	bei allen Wirbeltieren außer Säugern
Valitocin	Cys-Tyr-Ile-Gln-Asn-Cys-Pro-Val-Gly	bei Haien
Isotocin	Cys-Tyr-Ile-Ser-Asn-Cys-Pro-Ile-Gly	bei Knochenfischen
Mesotocin	Cys-Tyr-Ile-Gln-Asn-Cys-Pro-Ile-Gly	bei Lungenfischen, Amphibien, Reptilien
Oxytocin	Cys-Tyr-Ile-Gln-Asn-Cys-Pro-Leu-Gly	bei Reptilien, Vögeln und Säugern
Arginin-Vasopressin	Cys-Tyr-Phe-Gln-Asn-Cys-Pro-Arg-Gly	bei Säugern
Lysin-Vasopressin	Cys-Tyr-Phe-Gln-Asn-Cys-Pro-Lys-Gly	bei Säugern
	1 2 3 4 5 6 7 8 9	

Die Hypophyse bildet Neurohormone, die bei allen Wirbeltieren in ihrer Bildungsweise und chemischen Struktur weitgehend übereinstimmen. Bei Säugetieren bildet sie in ihrem Hinterlappen Oxytocin und die Vasopressine. Oxytocin löst bei Säugetieren während der Geburt die Wehen aus. Die Vasopressine sind an der Blutdruckregulation und der Wasserresorption in der Niere beteiligt. Arginin-Vasopressin und Lysin-Vasopressin kommen nebeneinander bei denselben Säugern vor. Auch sehr ursprüngliche Wirbeltiergruppen wie die Rundmäuler, eine sehr

alte fischähnliche Gruppe, verfügen bereits über das Neurohormon Vasotocin. Sie sind vermutlich die Vorfahren der Knochenfische und Knorpelfische, zu Letzteren zählen die Haie.

A1 Vergleichen Sie die Aminosäuresequenz der Neurohormone!

A2 Stellen Sie anhand des Oxytocins eine Hypothese auf, weshalb die Cysteinmoleküle bei allen Wirbeltiergruppen unverändert blieben!

A3 Stellen Sie dar, welche Rückschlüsse auf die stammesgeschichtliche Verwandtschaft der Wirbeltier-

gruppen aus der Aminosäuresequenz abgeleitet werden können!

A4 Erklären Sie die Ursachen der Unterschiede in der Aminosäureabfolge der verschiedenen Neurohormone mithilfe der Codesonne!

A5 Stellen Sie eine Hypothese zur Evolution der Neurohormone auf und diskutieren Sie diese vor dem Hintergrund des Wirbeltierstammbaums!

A6 Erläutern Sie am Beispiel der Neurohormone das Basiskonzept Geschichte und Verwandtschaft!

/// **METHODE** //

Stammbäume beurteilen und konstruieren

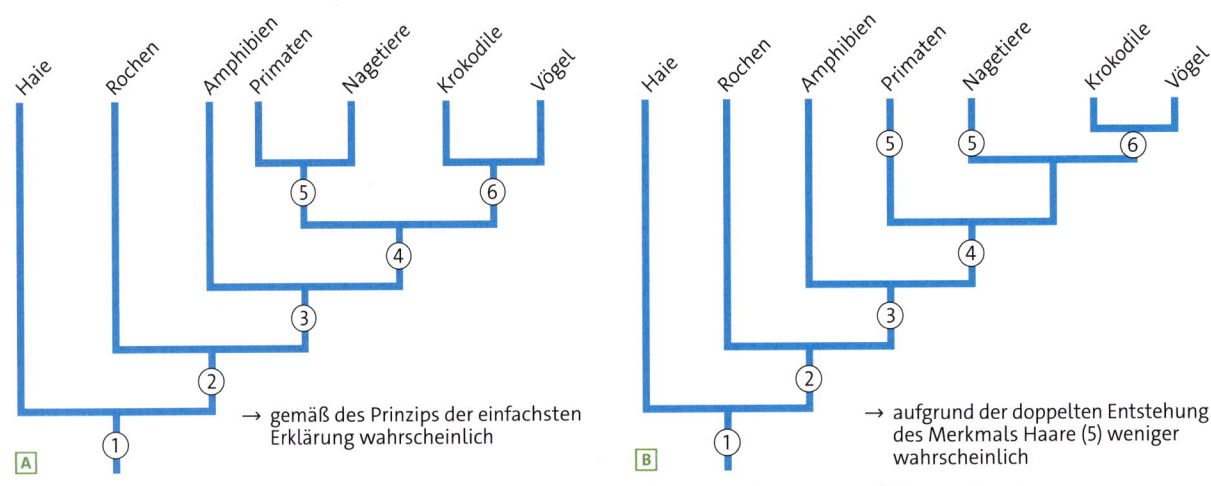

01 Alternative Stammbäume einiger Wirbeltiergruppen mit der jeweiligen Entstehung ausgewählter Merkmale

STAMMBÄUME BEURTEILEN · *Stammbäume sind Modelle evolutionärer Verwandtschaftsbeziehungen. Diese Modelle können durch Belege weitgehend gesichert sein oder eher hypothetischen Charakter haben. Stammbäume sind daher auch geeignete Modelle, um Hypothesen zur evolutionären Verwandtschaft von Gruppen zu entwickeln. Diese hypothetischen Modelle sind entsprechend durch Belege zu überprüfen. Hierzu können Homologien in Form von morphologisch-anatomischen Merkmalen oder auch molekulare Daten herangezogen werden.*

Zur Beurteilung hypothetischer Stammbäume anhand anatomisch-morphologischer Daten können Merkmalstabellen genutzt werden, um die Entstehung homologer Merkmale jeweils vor dem letzten gemeinsamen Vorfahren jener Gruppen einzuordnen, die dieses Merkmal aufweisen. So zeigen Primaten, Nagetiere, Krokodile und Vögel alle das ursprüngliche, plesiomorphe, Merkmal einer amniotischen Eihülle. Dessen Entstehung kann somit vor dem letzten gemeinsamen Vorfahren dieser Gruppen im Stammbaum eingetragen werden.

*Wird in einem hypothetischen Stammbaum dargestellt, dass ein Merkmal mehrfach entstanden ist, erhöht sich die Anzahl der im Stammbaum angenommenen evolutionären Ereignisse im Vergleich zu einem Stammbaum ohne mehrfache Merkmalsentstehungen. Kann diese Erhöhung der Ereignisse nicht gerechtfertigt werden, indem das Merkmal beispielsweise als Analogie identifiziert wird, wird der Stammbaum aufgrund der erhöhten Anzahl angenommener Ereignisse als unwahrscheinlicher eingestuft als ein Stammbaum mit weniger Ereignissen. Dies beruht auf der Annahme, dass die einfachste Erklärung die wahrscheinlichste ist, und wird als **Prinzip der einfachsten Erklärung** bezeichnet.*

STAMMBÄUME KONSTRUIEREN · *Stammbäume können anhand von Merkmalstabellen nicht nur überprüft, sondern auch konstruiert werden. Hierzu analysiert man systematisch, in welchem Um-*

Wirbeltier-gruppe	Merkmalsausprägung					
	Wirbel-säule (1)	Knochen-skelett (2)	Extremi-täten (3)	Eihülle/ Amnion (4)	Haare (5)	Schläfen-fenster (6)
Haie	+	–	–	–	–	–
Rochen	+	+	–	–	–	–
Amphibien	+	+	+	–	–	–
Primaten	+	+	+	+	+	–
Nagetiere	+	+	+	+	+	–
Krokodile	+	+	+	+	–	+
Vögel	+	+	+	+	–	+

02 Ausgewählte Merkmale einiger Wirbeltiergruppen

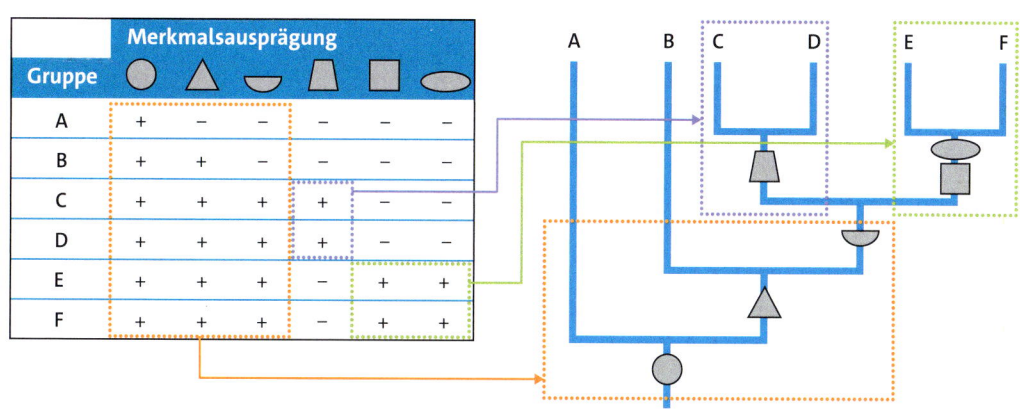

Gruppe	Merkmalsausprägung					
	◯	△	◡	⬝	▢	⬭
A	+	–	–	–	–	–
B	+	+	–	–	–	–
C	+	+	+	+	–	–
D	+	+	+	+	–	–
E	+	+	+	–	+	+
F	+	+	+	–	+	+

03 Exemplarische Merkmalstabelle und daraus abgeleiteter Stammbaum

fang die jeweiligen Gruppen gemeinsame Merkmale aufweisen. Die Gruppen mit den meisten gemeinsamen Merkmalen werden im Sinne einer nahen Verwandtschaft als Endlinien der letzten Verzweigung gesetzt. Dies trifft in der in Abbildung 03 gezeigten Merkmalstabelle auf die Gruppenpaare C und D sowie E und F zu.

MOLEKULARBIOLOGISCHE STAMMBÄUME ·
Molekularbiologische Analysen zu DNA- oder Aminosäuresequenzen bieten eine große Datenmenge für die Konstruktion von Stammbäumen. Diese Datenmengen ermöglichen Aussagen zur relativen Ähnlichkeit zwischen Gruppen. Im Gegensatz zu Stammbäumen, die nur die Abfolge von Aufspaltungen zeigen, kann evolutionäre Verwandtschaft mit molekularen Daten quantitativ dargestellt werden. Hierzu werden molekulare Unterschiede zwischen Gruppen in Linienlängen umgerechnet und im Stammbaum wiedergeben.

Stammbäume zur molekularen Ähnlichkeit weisen häufig keinen Zeitachsenbezug auf. Mithilfe **molekularer Uhren** kann jedoch die zeitliche Dimension der Linien bestimmt werden. Diese Methode geht davon aus, dass die Mutationsrate über lange Zeiträume konstant ist. Anhand von Sequenzunterschieden kann somit berechnet werden, wie weit die Aufspaltung zweier Gruppen zurückliegt, und dies in die Stammbäume mit aufgenommen werden.

Die weitere Konstruktion erfolgt mit den Gruppen, die sukzessive weniger Merkmale mit diesen beiden

Paaren teilen. Hierzu zeigt die Merkmalstabelle, dass Gruppe B ein Merkmal mehr mit den anderen Gruppen teilt als mit A. Gruppe A ist daher mit allen anderen Gruppen am entferntesten verwandt und bildet die früheste Entwicklungslinie. Die Abzweigung zu B folgt darauf. Die Linien aller rezenten Gruppen reichen gemäß einer gedachten, vertikalen Zeitskala bis zum oberen Ende des Stammbaums.

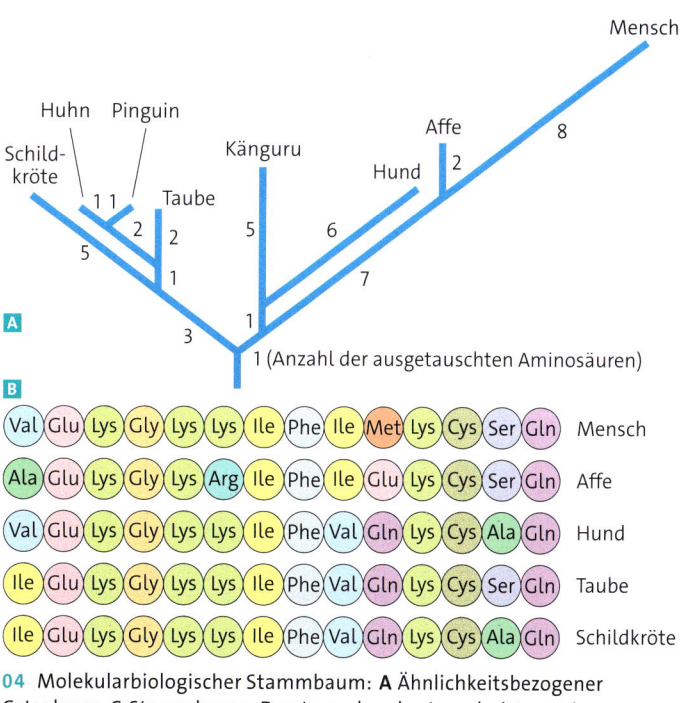

04 Molekularbiologischer Stammbaum: **A** Ähnlichkeitsbezogener Cytochrom-C-Stammbaum, **B** entsprechender Ausschnitt aus einem Aminosäuresequenzvergleich

01 Stromatolithen:
A rezent, **B** fossil

Das Leben entsteht

Stromatolithen sind Lebensgemeinschaften verschiedener Bakterienarten. Diese Bakterien, überwiegend fotosynthetisch aktive Cyanobakterien, überziehen den Untergrund als Filz, scheiden Kalk ab und binden darin Sand. Die untere Schicht der Bakterien stirbt ab, darüber bildet sich jedoch eine neue, sodass Matten von Bakterien und schließlich bis zu einem Meter hohe Kuppeln entstehen, die heute an warmen Meeresküsten vorkommen. Fossil gehören Stromatolithen zu den ältesten Lebensspuren auf der Erde. Sie wurden in 3,6 Milliarden Jahre alten Gesteinen gefunden. Wie konnten auf der unbelebten Erde lebende Zellen entstehen?

ENTSTEHUNG DER ERDE · Die Erde entstand vor etwa 4,6 Milliarden Jahren und bestand zunächst aus glühend heißem Gestein. Die junge Erde war einem Dauerregen aus Gesteinen und Eisbrocken aus dem Weltraum ausgesetzt. Nach und nach kühlte das glühende Gestein ab, verfestigte sich und bildete an der Oberfläche der Erde eine feste Kruste. Die herabstürzenden Eisbrocken aus dem Weltraum schmolzen auf der Erde und füllten die Ozeanbecken mit Wasser. Durch das unablässige Einschlagen von Meteoriten nahm die Masse der Erde zu. Die Schwer-

kraft wurde größer, sodass die Erde schließlich in der Lage war, die meisten aus den Gesteinen austretenden und durch Vulkanismus abgegebenen Gase festzuhalten und eine Atmosphäre zu bilden. Diese *Uratmosphäre* hatte eine gänzlich andere Zusammensetzung als unsere heutige Luft: Kohlenstoffdioxid (CO_2) war das am häufigsten vorkommende Gas, gefolgt von Stickstoff (N_2) und Wasserdampf (H_2O). In Spuren kamen Ammoniak (NH_3), Schwefeldioxid (SO_2), Methan (CH_4), Wasserstoff (H_2) und Chlorwasserstoff (HCl) vor – Sauerstoff jedoch fehlte.

CHEMISCHE EVOLUTION · Der Student Stanley MILLER ahmte 1953 die Bedingungen der Uratmosphäre in einem Experiment nach. Er füllte die Substanzen der Uratmosphäre in einen Kolben, erhitzte das Gemisch und setzte die Dämpfe elektrischen Entladungen aus, die Blitze simulieren sollten. Nach einigen Stunden wurden die Produkte analysiert. Es fanden sich eine Vielzahl organischer Stoffe, darunter verschiedene Aminosäuren, weitere Amine, Cyanwasserstoff, Formaldehyd sowie bestimmte Lipide. Bemerkenswert ist, dass fast alle diese Stoffe in Lebewesen oder in deren Stoffwechsel vorkommen. Die Menge der im Versuch entstandenen Stoffe reicht aus, um unter damaligen Verhältnissen – hochgerechnet auf 100 000 Jahre – den gesamten Erdball mit einer 90 Zentimeter dicken Schicht organischer Substanz zu bedecken. In den Ozeanen muss eine etwa zehnprozentige und damit sehr konzentrierte Lösung entstanden sein, die *Ursuppe*.

ENTSTEHUNG VON MAKROMOLEKÜLEN · Für die Existenz von Lebewesen sind Makromoleküle wie Proteine und Nukleinsäuren kennzeichnend. Die in der Ursuppe vorfindbaren Monomere müssen also in einem zweiten Schritt auf dem Weg zum Leben miteinander verknüpft worden sein. Durch Experimente, die auf den Versuchen von MILLER aufbauten, konnte nachgewiesen werden, dass einfache Proteine, Nukleotide und Polynukleotide sowie verschiedene Einfachzucker und komplexere Kohlenhydrate entstehen, wenn man die Ursuppe auf heißes Gestein tropft oder wenn man sie mit Tonmineralien oder Pyrit in Verbindung bringt, die als Katalysatoren wirken können. Des Weiteren konnte im Experiment gezeigt werden, dass in Lösungen aus Polypeptiden, Nukleinsäuren und Kohlenhydraten kleine Tröpfchen aggregieren, die abgeschlossene chemische Reaktionsräume darstellen. Diese Tröpfchen werden *Koazervate* genannt. Auch die einfachen Proteine selbst können zu abgeschlossenen Reaktionsräumen, den *Mikrosphären,* zusammentreten. Lipide aggregieren in Wasser zu *Liposomen* genannten kugelförmigen Tröpfchen. Die Lipide ordnen sich dabei zu einer molekularen Doppelschicht auf der Oberfläche der Tröpfchen an. Koazervate, Mikrosphären und Liposomen werden unter dem Oberbegriff **Protobionten** zusammengefasst.

HYPERZYKLUS · Auch wenn die Protobionten durch ihre Abgrenzung von der Außenwelt und die dadurch entstandene Möglichkeit des separaten Stoffwechsels einen wichtigen Schritt auf dem Weg zum Leben darstellen, so fehlt doch die Kombination von Nukleinsäuren und Proteinen, die sich gegenseitig vervielfältigen. Heute ist die Funktion der Katalyse den Enzymproteinen zugeordnet und die Funktion der Replikation der DNA. Man nimmt jedoch an, dass in der

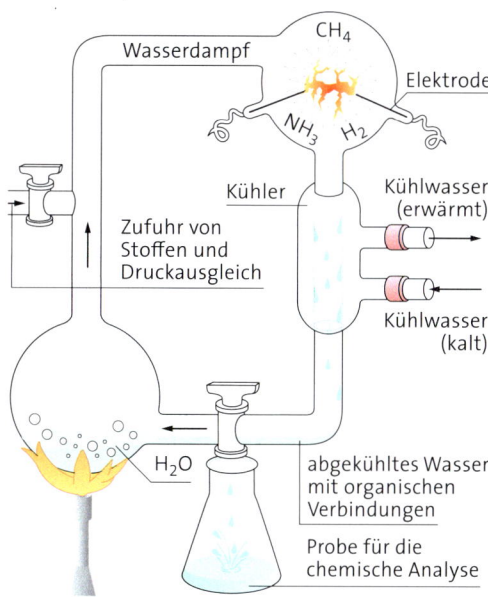

02 Das MILLER-Experiment

Frühzeit des Lebens beide Funktionen durch RNA erfüllt wurden. Diese Hypothese wurde durch die Entdeckung vieler RNA-Abschnitte mit katalytischer Aktivität, der *Ribozyme,* gestützt. Ribozyme und katalytisch wirksame, einfache Proteine könnten in einem Kreislauf miteinander verknüpft gewesen sein, in dem beide repliziert wurden, dem **Hyperzyklus.**

PRIMÄRE HETEROTROPHIE · Treten katalytisch aktive Proteine und RNA-Moleküle mit Protobionten zusammen, so könnte dies der entscheidende Schritt zum Vorläufer von Prokaryotenzellen gewesen sein. Die für die Syntheseleistungen notwendige Energie könnten diese Protobionten aus der mit organischen Molekülen gesättigten Umgebung aufgenommen haben. Dies entspricht einer heterotrophen Ernährungsweise. Durch Veränderungen der RNA, *Mutationen,* konnten Veränderungen der Protobionten eintreten, die die katalytische Aktivität, die Abgrenzung nach außen oder die Reproduktion verbesserten. Je effektiver diese Vorgänge vonstattengingen, desto erfolgreicher waren die Protobionten als Individuen. Sie unterlagen also der Selektion: Die erfolgreichsten unter ihnen konnten wachsen, sich teilen und Kopien ihrer Gene an ihre Nachkommen weitergeben. Auf diesem Weg müssen die ersten Prokaryotenzellen entstanden sein.

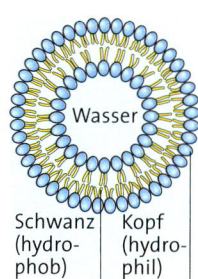

03 Liposom

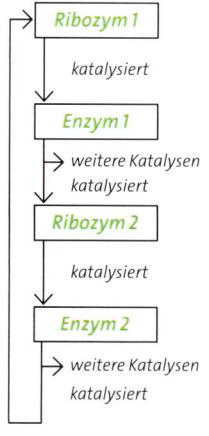

04 Hyperzyklus

ENTSTEHUNG DER FOTOSYNTHESE · Trotz der in der Ursuppe reichlich vorhandenen organischen Stoffe, die für die Energieversorgung genutzt werden konnten, wird es einige Zeit nach der Entstehung der Prokaryoten zu einer Nahrungsknappheit gekommen sein. Diese Stoffe konnten nicht in der Geschwindigkeit nachgeliefert werden, mit der sich die Protobionten vermehrten. Die 3,6 Milliarden Jahre alten Stromatolithen belegen, dass die *Fotosynthese* bereits relativ früh in der Entwicklung der Erde entstanden sein muss. Sie beendete die Nahrungsknappheit. Der bei der Fotosynthese gebildete Sauerstoff reagierte zunächst mit Substanzen in Sedimenten und Gesteinen und reicherte sich später in der Atmosphäre an. Sauerstoff ist ein sehr reaktives Element: Seine Anreicherung in der Atmosphäre war für die meisten damaligen Lebewesen tödlich. So wurde das erste Mas-

Fotosynthese:

Kohlenstoffdioxid + Wasser

↓

Glukose + Sauerstoff

sensterben der Erdgeschichte ausgelöst. Nachkommen der anaerob lebenden Bakterien konnten sich nur in Biotopen halten, in denen es auch heute noch keinen Sauerstoff gibt. Einige Bakterien entwickelten die Fähigkeit, den Sauerstoff in ihrem Stoffwechsel zu nutzen. Es entstand die Fähigkeit, aufgenommene organische Substanz aerob abzubauen und mithilfe der *Zellatmung* Energie freizusetzen.

ENDOSYMBIOSE · Die Zellatmung ermöglichte den betreffenden Zellen eine effektivere Energieumwandlung gegenüber ihren rein zur Gärung befähigten Konkurrenten. Ihre Zellen wurden größer und es bildeten sich durch Einstülpungen der Plasmamembranen im Zellinneren abgegrenzte Reaktionsräume, die für besondere Stoffwechselaufgaben genutzt werden konnten. So entwickelte sich das innere Membransystem, das besonders heutige eukaryotische Zellen kennzeichnet. Große Zellen konnten außerdem Bakterien aufnehmen, die selbst zur Fotosynthese und zur Atmung befähigt waren. Einige wurden nicht verdaut und entwickelten sich zu Endosymbionten und später zu den heute bekannten Chloroplasten und Mitochondrien. Auf diese Weise bildeten sich aus den ursprünglichen Prokaryotenzellen Eukaryotenzellen. Älteste fossile Belege sind etwa 2,1 Milliarden Jahre alt. Für die Richtigkeit dieser Endosymbiontentheorie gibt es eine Fülle von Belegen. So zeigen Chloroplasten und Mitochondrien viele Gemeinsamkeiten mit Bakterien: Sie besitzen etwa die gleiche Größe, ihr Genom ist vergleichbar organisiert und eigenständig, ihre Ribosomen sind ähnlich gebaut. Beide Zellbestandteile sind von einer Doppelmembran umgeben, von denen die äußere der aufnehmenden Zelle ähnelt und die innere wie eine Bakterienmembran gebaut ist.

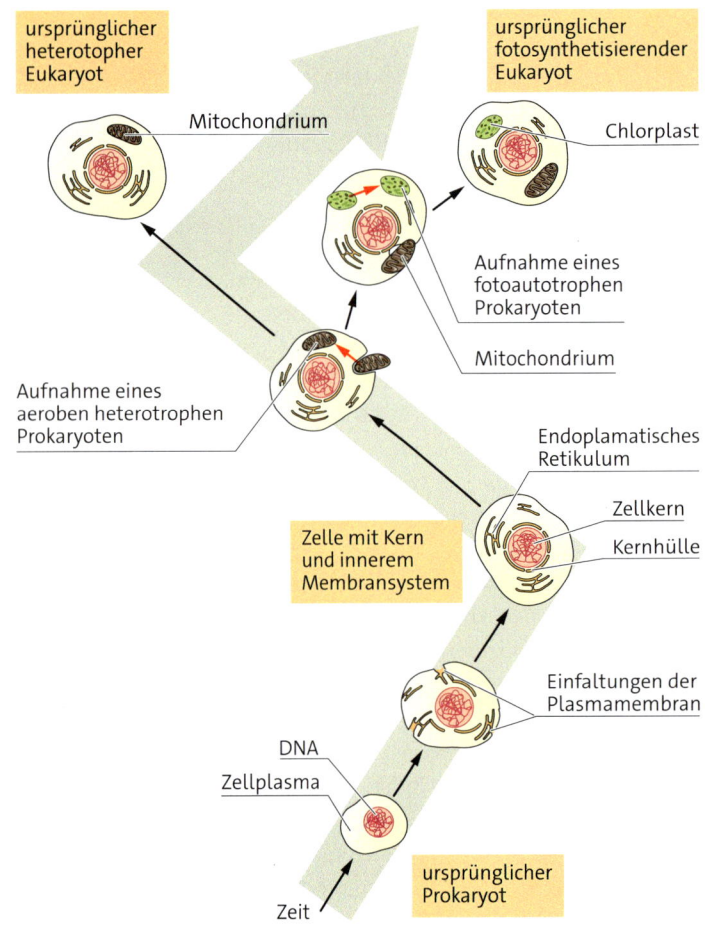

ursprünglicher heterotopher Eukaryot

Mitochondrium

ursprünglicher fotosynthetisierender Eukaryot

Chlorplast

Aufnahme eines fotoautotrophen Prokaryoten

Mitochondrium

Aufnahme eines aeroben heterotrophen Prokaryoten

Endoplamatisches Retikulum

Zellkern

Kernhülle

Zelle mit Kern und innerem Membransystem

Einfaltungen der Plasmamembran

DNA

Zellplasma

ursprünglicher Prokaryot

Zeit

1 ⌡ Beschreiben Sie die Vorstellungen zur Entstehung des Lebens auf der Erde bis zur Entwicklung von Protobionten!

2 ⌡ Abgesehen von den Stromatolithen fehlen fossile Belege zur Frühentwicklung des Lebens. Erläutern Sie diesen Befund!

Material A ▸ Entstehung des Lebens

Schwarzer Raucher

Lost City

Neben der „Ursuppentheorie", die am Anfang des 20. Jahrhunderts entwickelt wurde, gibt es noch weitere Vorstellungen zur Entstehung des Lebens auf der Erde. Dabei spielen Hydrothermalquellen am Meeresgrund eine besondere Rolle. Die am Ende des 20. Jahrhunderts zuerst entdeckten Quellen wurden als *Schwarze Raucher* bezeichnet. Sie befinden sich am Rande der auseinanderweichenden Kontinentalplatten. Meerwasser dringt tief in die Erdkruste ein und wird dort stark erhitzt. Aus meterhohen Schloten quillt schwarz gefärbtes Wasser in das umgebende Meer. Die schwarze Farbe wird von verschiedenartigen Metallsulfiden verursacht, die bei der Abkühlung im Meer als Feststoffe ausfallen. Innerhalb der Schlote ist das Wasser etwa 360 Grad Celcius heiß, es hat einen pH-Wert von zwei bis drei und enthält eine große Menge an Wasserstoff, Kohlenstoffdioxid und Schwefelwasserstoff. In etwas weiterer Entfernung vom Kontinentalplattenrand wurden weitere Schlote entdeckt, aus denen erhitztes

Wasser ins Meer eintritt. Es hat eine Temperatur von etwa 60 Grad Celcius und einen leicht alkalischen pH-Wert. Es enthält ebenfalls Wasserstoff, jedoch kaum Metallsulfide oder Schwefelwasserstoff. Diese *Lost City* genannten Schlote besitzen deshalb eine helle Farbe, die von Kalkablagerungen stammt. Während Schwarze Raucher etwa 1000 Jahre bestehen, können Lost-City-Schlote mehr als 100 000 Jahre aktiv sein.

Beide Typen von Hydrothermalquellen sind dicht besiedelt. Bei Schwarzen Rauchern findet man Garnelen, Schnecken, Krebse und Röhrenwürmer. Diese Tiere ernähren sich von Bakterien, die Energie aus der Umwandlung der Metallsulfide gewinnen und Kohlenstoffdioxid als Kohlenstoffquelle zur Bildung körpereigener Stoffe nutzen. Lost-City-Schlote enthalten in ihrem Inneren Bakterien, die Wasserstoff als Energiequelle und ebenfalls Kohlenstoffdioxid als Kohlenstoffquelle nutzen. Bei beiden Typen von Quellen wurde im Inneren

eine Vielzahl von Mikrokompartimenten entdeckt. Diese Reaktionsräume könnten vor etwa vier Milliarden Jahren die für die Lebensentstehung notwendigen chemischen Reaktionen im Meer begünstigt haben.

A1 Beschreiben Sie, wie Hydrothermalquellen entstehen!

A2 Erläutern Sie, weshalb an Hydrothermalquellen Lebewesen vorkommen!

A3 Vergleichen Sie tabellarisch die drei Vorstellungen zur Entstehung des Lebens anhand folgender Kriterien: Zeitspanne für die Lebensentstehung, Temperatur, Entstehung organischer Moleküle, Entstehung von Makromolekülen, Entstehung erster Zellen, Energiequelle und Kohlenstoffquelle der ersten Lebensformen!

A4 Beurteilen Sie die Plausibilität der drei Vorstellungen!

A5 Stellen Sie eine Beziehung zu einem Basiskonzept her!

01 Blood Falls

Evolution der Zellen

Der Taylor-Gletscher liegt in der Ostantarktis. Er ist etwa 400 Meter dick und bedeckt seit Millionen von Jahren einen See, der trotz der niedrigen Temperatur nicht einfriert. Von Zeit zu Zeit wird Wasser aus dem See herausgepresst und dringt durch Klüfte und Spalten im Eis nach außen. Das Wasser ist blutrot gefärbt – Blood Falls. Analysen haben gezeigt, dass das Wasser des Sees sehr salzreich ist, aufgrund von Eisenverbindungen die beobachtete rote Farbe zeigt, keinen Sauerstoff enthält und doch von Bakterien besiedelt ist. Wie können Bakterien unter diesen Bedingungen überleben?

HORIZONTALER GENTRANSFER · Prokaryoten leben seit mehr als drei Milliarden Jahren auf der Erde und haben nahezu jeden Lebensraum besiedelt. Unter günstigen Umweltbedingungen vermehren sich Prokaryoten durch Zweiteilung. Unter ungünstigen Umweltbedingungen sind bei vielen Bakterienarten Zellen beobachtbar, die eine Plasmabrücke zwischen sich aufbauen. Die Plasmabrücke besteht aus einem besonderen Protein, das einen Kanal bildet. Durch den Kanal kann genetisches Material von einem Bakterium, dem Spender, zu dem anderen Bakterium, dem Empfänger, geschleust werden. Das genetische Material liegt im Spenderbakterium zumeist als kleiner DNA-Ring vor, der *Plasmid* genannt wird. Plasmide können in die ringförmige DNA des Bakteriums eingebaut und zum Genaustausch aus ihr herausgelöst werden. Prokaryoten sind also die „Erfinder" des Austausches von genetischem Material, von Sexualität und Rekombination. Der Mechanismus des Austausches wird *Konjugation* genannt. Die Übertragung von genetischem Material über Plasmabrücken ist dabei nicht auf Zellen beschränkt, die einer Art angehören, sondern kann auch zwischen Individuen unterschiedlicher Arten stattfinden. Auf diese Weise können Gene übertragen werden, die in unterschiedlichen Entwicklungslinien entstanden sind und die zu neuartigen Stoffwechselwegen im Empfängerbakterium führen können. Fremdgene können noch auf zwei weiteren Wegen aufgenommen werden: Bakterien können frei im Substrat vorliegende DNA aufnehmen und in ihre zelleigene DNA einbauen. Sie besitzen dafür ein besonderes DNA-Transportersystem in ihrer Zellwand. Dieser Vorgang wird *Transformation* genannt. Wenn Bakterien von Viren, den Bakteriophagen, befallen werden, so kann das Genom des Phagen in die DNA des befallenen Bakteriums eingebaut werden. Das Genom kann Gene des ursprünglichen Wirtes enthalten. Dieser Vorgang wird *Transduktion* genannt. Sobald durch Konjugation, Transformation und Transduktion artfremde DNA ausgetauscht wird, spricht man vom *horizontalen Gentransfer*. Er ist die Grundlage für eine Intensivierung des genetischen Austausches und für variablere Möglichkeiten, unterschiedliche Lebensräume zu besiedeln. Neben den fotoautotrophen Bakterien sind durch den horizontalen Gentransfer auch viele Lebensformen entstanden, die anorganische Stoffe wie Schwefelwasserstoff oder bestimmte Eisenverbindungen als Energiequelle nutzen. Zu dieser Gruppe gehören auch die Bakterien, die unter dem Taylor-Gletscher in der Ostantarktis vorkommen. Sie sind sauerstoffempfindlich, nutzen die im See reichlich vorkommenden Eisenverbindungen zur Energieumwandlung und ernähren sich von den im Seewasser vorkommenden organischen Verbindungen.

STAMMBAUM · Genetische Untersuchungen der ribosomalen RNA von Prokaryoten zeigten, dass sich aus den prokaryotischen Vorläufern aus der Frühzeit der Lebensentwicklung sehr schnell zwei unterschiedliche Gruppen herausgebildet haben: die *Bacteria* und die *Archaea*. Sie werden als **Domänen** bezeichnet. Die Vorläufer dieser beiden Domänen sind nicht genau bestimmbar, weil an der Basis der Aufspaltung der Prokaryoten aufgrund des horizontalen Gentransfers nur ein Geflecht verschiedener Arten zu identifizieren ist. Zu den Archaea gehören Lebewesen, von denen viele Forscher annehmen, dass sie Nachkommen der ersten Prokaryoten auf der Erde sind. Sie leben oft in extremen Lebensräumen wie heißen Quellen oder extrem salzreichen Seen und viele sind sehr sauerstoffempfindlich. Zu den Bacteria gehören Lebewesen, die häufiger vorkommen als die Archaea und die deshalb auch bekannter sind: Krankheitserreger für Tuberkulose, Lepra, Syphilis oder Pest; Streptokokken, die heute für die Produktion von Antibiotika genutzt werden; und auch Cyanobakterien, die zu den ersten fotosynthetisch aktiven Lebensformen auf diesem Planeten gehören.

1 Beschreiben Sie die Varianten des horizontalen Gentransfers!

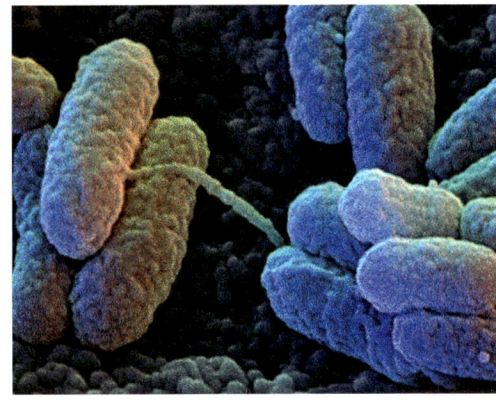

02 Konjugation bei Bakterien

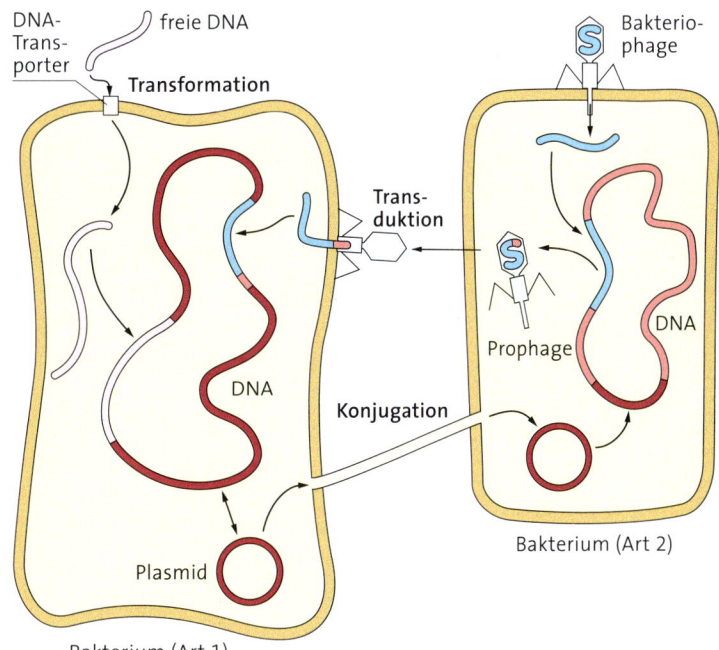

03 Horizontaler Gentransfer bei Bakterien

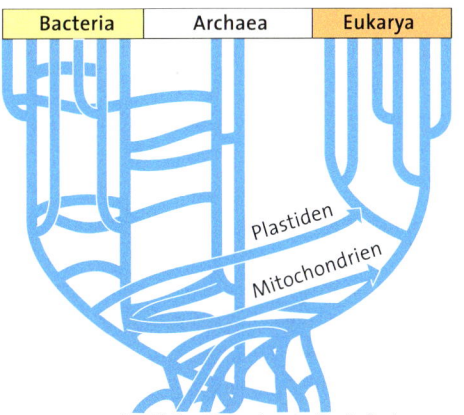

ursprüngliche Gemeinschaft einfach gebauter Zellen (Progenoten)

04 Stammbaum der Lebewesen

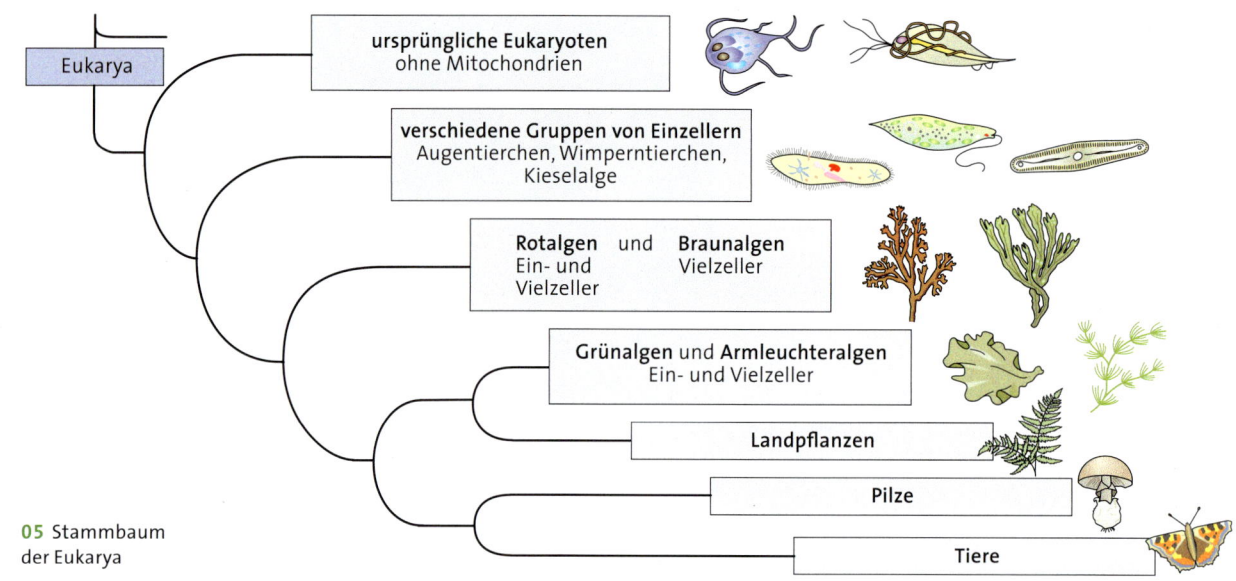

EUKARYA UND VIELZELLER · Auch die Domäne der *Eukarya*, Lebewesen mit eukaryotischem Zellaufbau, ist aus dem Artengeflecht prokaryotischer Vorläuferzellen hervorgegangen. Durch Endosymbiose nahmen große Zellen kleinere, zur Zellatmung sowie zur Fotosynthese befähigte Bakterien auf, die sich später zu Mitochondrien beziehungsweise zu Chloroplasten entwickelten. Im Gegensatz zu den Domänen der Bacteria und der Archaea findet bei den Eukarya kein nennenswerter horizontaler Gentransfer statt.

Zu den Eukaryoten gehören Tiere, Pflanzen und Pilze, jedoch auch noch eine Vielzahl anderer Lebewesen, die ebenfalls durch den eukaryotischen Aufbau ihrer Zellen gekennzeichnet sind, die aber nicht in diese drei Gruppen eingeordnet werden können. Sie werden unter dem Sammelbegriff **Protisten** zusammengefasst. Dazu zählen manche der ältesten Eukaryoten sowie die Vorfahren von Tieren, Pflanzen und Pilzen. Einige Protisten sind näher mit diesen Lebewesen verwandt als mit anderen Protisten. Protisten werden daher nicht als stammesgeschichtlich einheitliche Gruppe angesehen. Trotzdem wird der Sammelbegriff beibehalten, weil die Abstammung vieler Vertreter unklar ist. Manche Zellen enthalten keine Mitochondrien und werden deshalb als besonders ursprüngliche Eukarya angesehen. Zu den Protisten gehören viele Einzeller wie die Augentierchen der Gat-

tung *Euglena* sowie Wimperntierchen, Kieselalgen oder Geißeltierchen. Zwei weitere Gruppen sind die Rotalgen und die Braunalgen, zu denen zumeist vielzellige Arten gehören. Der meterlange Riesenkelp, der vor der Gezeitenzone vieler Meeresküsten ausgedehnte Unterwasserwälder bildet, wird zu den Braunalgen gezählt. Aus einer Gruppe der Grünalgen sind die Landpflanzen hervorgegangen. Eine weitere Gruppe von Protisten ist der Vorläufer vieler Pilze und Tiere. Diese Auflistung macht deutlich, dass vielzellige Lebewesen unter den Eukaryoten mehrfach in verschiedenen Entwicklungslinien entstanden sind. Zunächst bildeten sich Kolonien von Einzelzellen, in denen später eine Arbeitsteilung der Zellen stattfand. Die Vielzelligkeit ermöglichte die Entwicklung einer enormen Vielfalt von Lebensformen in den Linien der Pflanzen, Tiere und Pilze.

2 ⌡ Erläutern Sie die Bedeutung des horizontalen Gentransfers für die Evolution der Prokaryoten und für den Stammbaum der Lebewesen!

3 ⌡ Überprüfen Sie, ob die Selektionstheorie DARWINs auf die Evolution der Prokaryoten anwendbar ist!

4 ⌡ Nennen Sie die Entwicklungslinien der Protisten, in denen Vielzelligkeit entstanden ist!

Material A ▸ Volvox

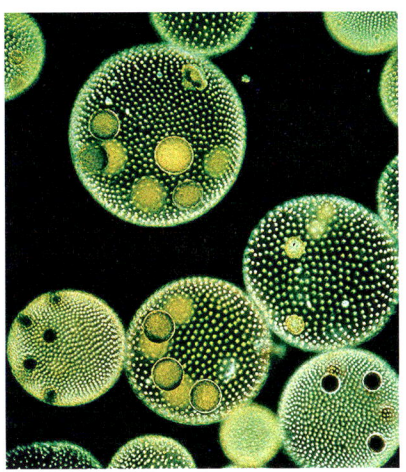

Volvox ist eine koloniebildende Grünalge und lebt im Süßwasser. *Volvox* besteht aus einem Ball, dessen Wand von Tausenden zweigeißeliger Zellen gebildet wird und dessen Innenraum von einer gelatinösen Matrix ausgekleidet ist. Die Zellen stehen durch Plasmabrücken in Verbindung. Am hinteren Pol befindliche Zellen können sich zu Geschlechtszellen differenzieren und eine Befruchtung eingehen. Die entstehenden Tochterkolonien entwickeln sich im Inneren der Kugel. Wenn sie frei

werden, stirbt die Mutterkugel ab. *Volvox* wird als ein Lebewesen angesehen, das an der Schwelle zum Vielzeller steht.

A1 Beschreiben Sie die Lebensweise von *Volvox*!

A2 Erläutern Sie, welche Eigenschaften von *Volvox* eher Vielzellern entsprechen!

A3 Erläutern Sie den Stellenwert von *Volvox* im Hinblick auf die Stammesgeschichte der Pflanzen!

Material B ▸ Hatena

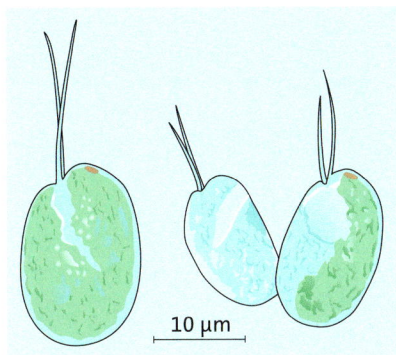

10 µm

Hatena ist ein Geißeltierchen, das eine einzellige Alge der Gattung *Nephroselmis* als Endosymbionten beherbergt. Es wurde im Meerwasser vor Japans Küste entdeckt. *Hatena* vermehrt sich durch Zweiteilung. Dabei erhält jedoch nur eine der beiden Tochterzellen den Symbionten, die andere geht leer aus. Letztere entwickelt einen Fressapparat und geht auf die Jagd. Findet sie eine Alge der Gattung *Nephroselmis,* so

verleibt sie sich diese ein und bildet den Fressapparat zurück. Gleichzeitig wächst der Chloroplast der Alge auf etwa das Zehnfache der Ursprungsgröße an.

B1 Beschreiben Sie den Lebenszyklus von *Hatena*!

B2 Ordnen Sie die beschriebenen Vorgänge im Hinblick auf die Endosymbiontentheorie ein!

Material C ▸ Eukaryoten

Bei eukaryotischen Zellen findet man folgende Besonderheiten:

- Mitochondrien und Chloroplasten sind von einer zweifachen Membran umgeben.
- Mitochondrien und Chloroplasten vermehren sich durch Zellteilung.
- Die DNA von Mitochondrien und Chloroplasten ist ringförmig und wird nicht durch Histone stabilisiert.
- Glykolyse findet im Zellplasma, Fotosynthese in Chloroplasten, Zellatmung in Mitochondrien statt.

- Mitochondrien und Chloroplasten besitzen wie Bakterien kleine Ribosomen (70S-Typ), Eukaryotenzellen große (80S-Typ).

C1 Begründen Sie anhand der dargestellten Fakten die Endosymbiontentheorie!

C2 Erläutern Sie die Bedeutung der Endosymbiose für die Evolution der Lebewesen!

C3 Erläutern Sie an diesem Beispiel das Basiskonzept Geschichte und Verwandtschaft!

Material D ▸ Stammbaum

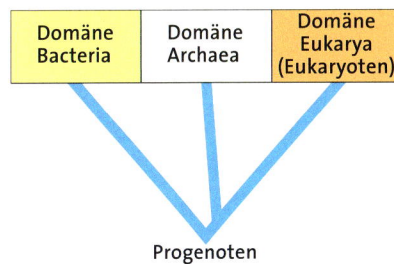

D1 Beschreiben Sie den dargestellten Stammbaum und vergleichen Sie ihn mit dem in Abbildung 04 auf Seite 283!

D2 Erläutern Sie die Ursachen für die unterschiedliche Darstellung!

Das System der Lebewesen

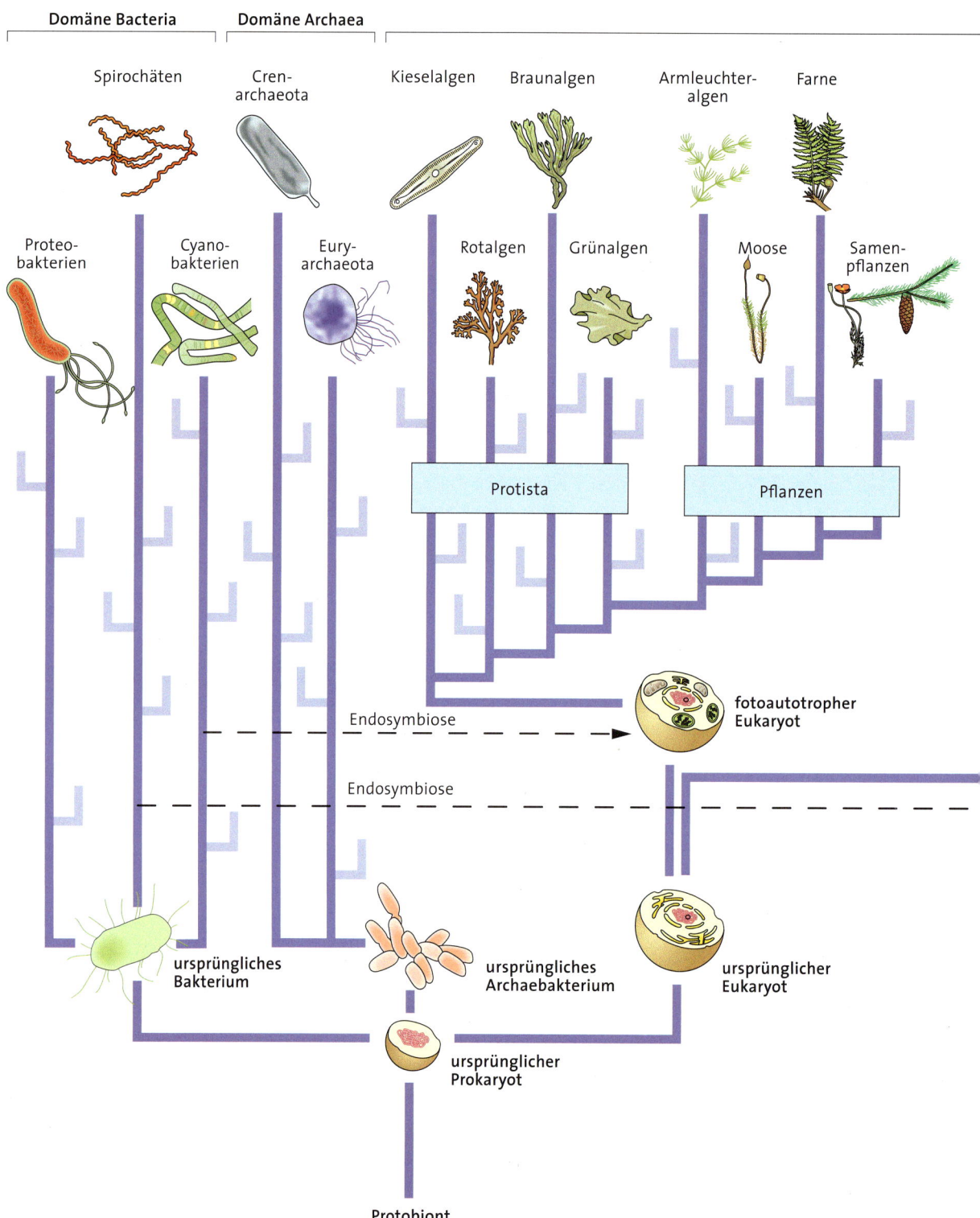

Domäne Bacteria

Domäne Archaea

Spirochäten

Cren-archaeota

Kieselalgen

Braunalgen

Armleuchter-algen

Farne

Proteo-bakterien

Cyano-bakterien

Eury-archaeota

Rotalgen

Grünalgen

Moose

Samen-pflanzen

Protista

Pflanzen

Endosymbiose

fotoautotropher Eukaryot

Endosymbiose

ursprüngliches Bakterium

ursprüngliches Archaebakterium

ursprünglicher Eukaryot

ursprünglicher Prokaryot

Protobiont

Domäne Eukarya

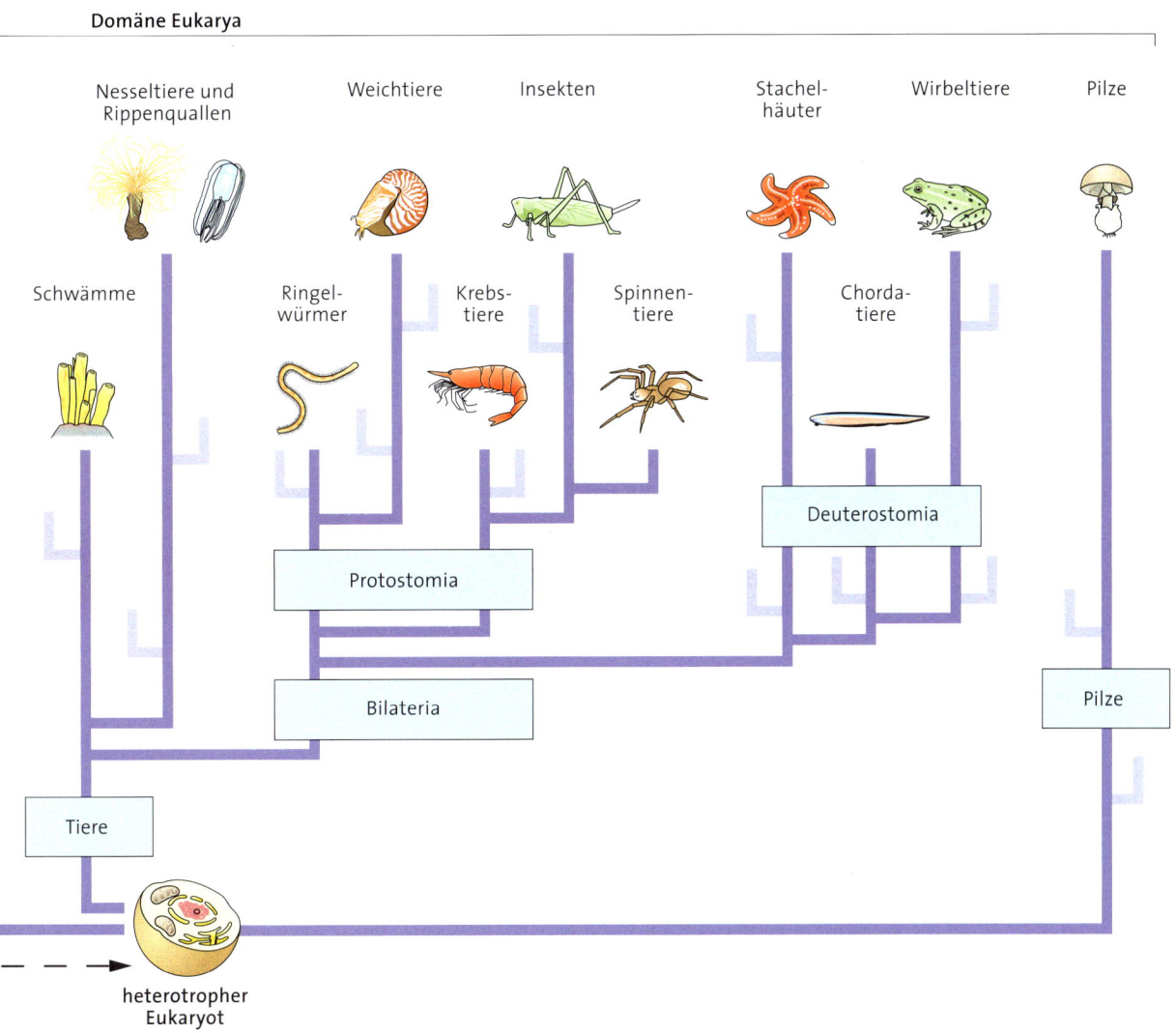

Nesseltiere und Rippenquallen

Weichtiere

Insekten

Stachelhäuter

Wirbeltiere

Pilze

Schwämme

Ringelwürmer

Krebstiere

Spinnentiere

Chordatiere

Protostomia

Deuterostomia

Bilateria

Pilze

Tiere

heterotropher Eukaryot

1 ⌡ Begründen Sie folgende Aussage: Alle Lebewesen sind miteinander verwandt!

01 DARWIN in einer Karikatur aus dem Jahre 1871

Ausspruch der Lady des Bischofs
von Worcester aus dem 19. Jahrhundert:

*„Du meine Güte! Wir sollen vom Affen
abstammen?! Wir wollen hoffen, dass das
nicht stimmt. Aber wenn es wahr ist,
dann wollen wir beten, dass es nicht bekannt
wird!"*

Der Mensch ist ein Primat

In seinem 1871 erschienenen Buch „The Descent of Man" äußerte DARWIN erstmalig, dass der Mensch von affenähnlichen Lebewesen abstamme. Die vornehme Londoner Gesellschaft war schockiert und Karikaturisten zeichneten DARWIN in der Körperhaltung eines Affen mit „äffischen" Gesichtszügen. Viele Zeitgenossen waren darüber empört, dass der Mensch das Ergebnis eines natürlichen Evolutionsprozesses sein sollte. Wo wird der Mensch in der Systematik der Lebewesen heute eingeordnet?

DER URSPRUNG DES MENSCHEN · Schon mit der Veröffentlichung der zehnten Auflage seines „Systema naturae" im Jahre 1758 erschütterte Carl von LINNÉ das damalige Weltbild, das den Menschen als Krone der Schöpfung sah. Er stellte den Menschen neben Affen, Halbaffen, Fledertieren und Riesengleitern in die Säugetierordnung der *Primaten*, der „Herrentiere". Für seine Klassifizierung orientierte er sich an äußeren Merkmalen, zum Beispiel zwei brustständigen Milchdrüsen oder der Anordnung der oberen Schneidezähne. Als Christ war LINNÉ jedoch von der Konstanz der Arten überzeugt. Dem widersprach DARWIN, als er 1859 in „The

Origin of Species" schrieb: „Licht wird auch fallen auf den Ursprung des Menschen und seine Geschichte." In dem folgenden wissenschaftlichen Disput vertrat Ernst HAECKEL vehementer als DARWIN die Ansicht, dass sich der Mensch „aus einem Zweig der Primatenordnung" entwickelt habe. 1868 stellte er die Hypothese auf, es müsse ein fossiles Bindeglied zwischen einer ausgestorbenen Menschenaffenart und dem Menschen geben, einen sprachlosen Affenmenschen: *Pithecanthropus alalus*. Im Jahr 1891 fand der Niederländer Eugene DUBOIS fossile Knochen des Affenmenschen auf der indonesischen Insel Java. Er nannte seinen Fund *Pithecanthropus erectus*, den aufrecht gehenden Affenmenschen. Während dieser Fund für DUBOIS eine Bestätigung der jahrzehntealten Hypothese HAECKELs war, lehnten die meisten Fachleute seine Deutung ab. Ähnliches widerfuhr dem Südafrikaner Raymond DART, der 1925 Teile eines kindlichen Schädels bei Taung in Südafrika entdeckte. In seinem Fund, den er als *Australopithecus africanus* bezeichnete, sahen andere Wissenschaftler nur einen jungen Gorilla. Die Bedeutung dieser beiden Funde erkannte man erst sehr viel später.

*lat. australis
= südlich
griech. pithecos
= Affe*

SYSTEMATISCHE STELLUNG DES MENSCHEN ·

Aus heutiger Sicht ist es unumstritten, dass der Mensch der Ordnung der Primaten angehört. Während LINNÉ noch 25 Arten auflistete, kennt man heute mehr als 600 Arten und Unterarten. Die ältesten eindeutigen Fossilfunde eines Primaten wurden in einer Gesteinsschicht gefunden, deren Alter auf ungefähr 65 Millionen Jahre datiert ist, also die Grenze zwischen Kreidezeit und Tertiär. Bei diesen ersten Primaten handelte es sich um kleine Baumbewohner, die sich aus Insektenfressern entwickelt hatten. Früher gliederte man die heutigen Primaten in Halbaffen und Echte Affen. Heute unterteilt man sie nach neueren Befunden in folgende zwei Unterordnungen: **Feuchtnasenaffen** haben einen vorstehenden, mit Drüsen besetzten Nasenspiegel. Zu ihnen zählt man die auf Madagaskar beheimateten Lemuren sowie die Loriartigen, deren Verbreitungsgebiete der afrikanische Regenwald und Südostasien sind. **Trockennasenaffen** sind durch eine flache und behaarte Nase gekennzeichnet. Zu ihnen gehören die Koboldmakis, die Altweltaffen Afrikas und Asiens sowie die Neuweltaffen Südamerikas. Unter den Altweltaffen stellen die Menschenartigen, die *Hominoidea*, die jüngste Entwicklungsstufe dar. Die Gibbons, die *Hylobatidae*, sind die einzigen Vertreter der kleinen Menschenaffen. Noch vor wenigen Jahren galten die großen Menschenaffen als eine Familie, *Pongidae*. Nur der Mensch sowie dessen Vorfahren gehörten zu den *Hominidae*. In einem derzeit diskutierten Modell der phylogenetischen Systematik werden Gorilla, Schimpanse und Mensch als *Homininae* dem Orang-Utan als einzigem Vertreter der *Ponginae* gegenübergestellt.

BESONDERE KENNZEICHEN DER PRIMATEN ·

Primaten zeigen vielfältige Erscheinungsbilder. So beträgt zum Beispiel die Körpermasse von Mausmakis nur etwa 50 bis 60 Gramm, während Gorillamännchen bis zu 250 Kilogramm schwer werden können. Dennoch gibt es einige typische gemeinsame Kennzeichen. So ist das Auge das wichtigste Sinnesorgan. Mit der Tagaktivität hat sich die Fähigkeit der Farbwahrnehmung entwickelt. Nach vorne gerichtete Augen mit überlappenden Sehfeldern dienen

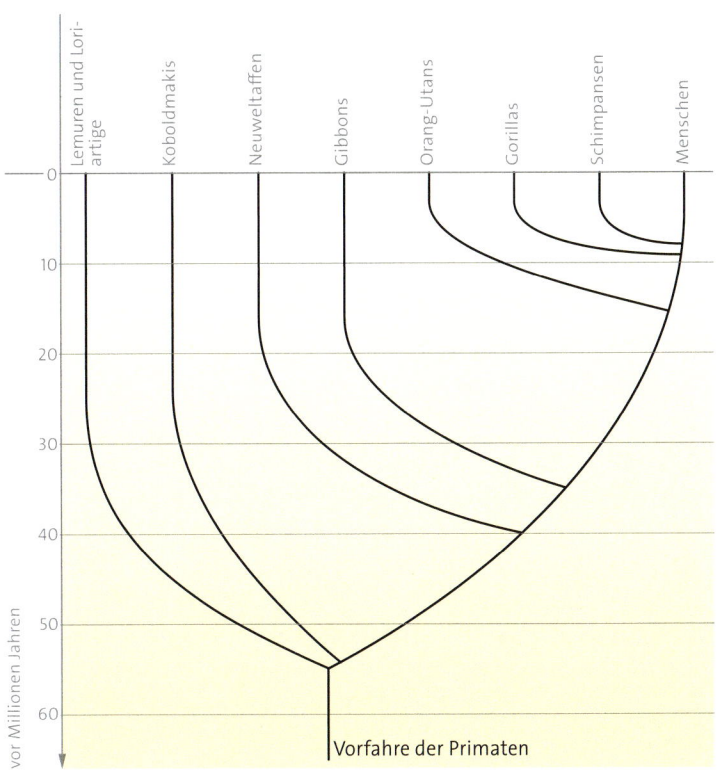

02 Möglicher Stammbaum der Primaten nach heutigem Kenntnisstand

gleichzeitig der räumlichen Wahrnehmung. Ein umgekehrter evolutionärer Trend zeigt sich beim Sinnesorgan Ohr. Während die Ohrmuscheln bei den nachtaktiven Feuchtnasenaffen noch eine bedeutende Rolle spielen, haben alle tagaktiven Affen unbewegliche Ohrmuscheln. Hände und Füße werden zunehmend als Greifwerkzeuge verwendet. Die *Opponierbarkeit* des Daumens und des Großzehs, also die Fähigkeit, sie den anderen Fingern gegenüberzustellen, erlaubt ein pinzettenähnlich präzises Greifen. Ein weiteres Merkmal der Primaten ist das verhältnismäßig große Gehirn und die damit einhergehende Intelligenz sowie ein komplexes Sozialverhalten. Sie haben eine geringe Fortpflanzungsrate und bekommen meist nur ein einzelnes Jungtier, für das ein großer Brutpflegeaufwand betrieben wird.

1) Nennen Sie die Kennzeichen der Primaten!

2) Beschreiben und begründen Sie die systematische Stellung des Menschen!

Systematische Stellung des Menschen

Stamm: Chordata

Unterstamm: Vertebrata

Klasse: Mammalia

Ordnung: Primates

Überfamilie: Hominoidea

Familie: Hominidae

Unterfamilie: Homininae

Gattung: Homo

Art: Homo sapiens

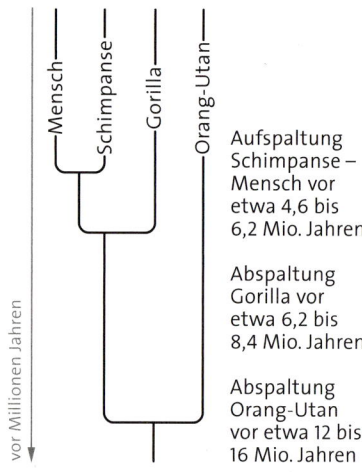

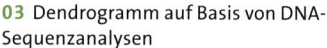

Aufspaltung Schimpanse – Mensch vor etwa 4,6 bis 6,2 Mio. Jahren

Abspaltung Gorilla vor etwa 6,2 bis 8,4 Mio. Jahren

Abspaltung Orang-Utan vor etwa 12 bis 16 Mio. Jahren

03 Dendrogramm auf Basis von DNA-Sequenzanalysen

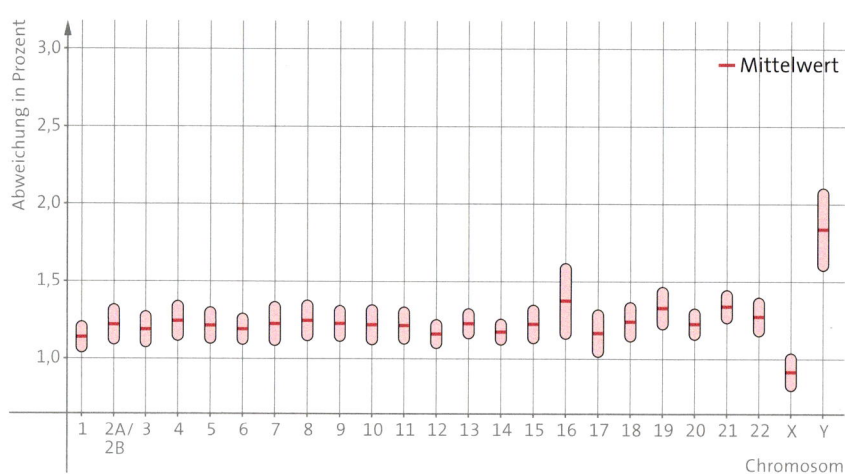

04 Abweichungen in den Nukleotidsequenzen von Mensch und Schimpanse bezogen auf die Chromosomen

ZYTOLOGISCHE UND MOLEKULARBIOLOGISCHE METHODEN · Bis weit ins 20. Jahrhundert waren morphologische und anatomische Hinweise die Grundlage für die Erstellung eines Stammbaums des Menschen. Von großer Bedeutung ist hierbei nach wie vor das Gebiss, da insbesondere die Zähne zu den besterhaltenen Fossilien ausgestorbener Arten gehören.

In den letzten Jahrzehnten wurden jedoch zunehmend zytologische und molekularbiologische Methoden zur Analyse evolutionärer Beziehungen eingesetzt. So zeigt der Aufbau der Chromosomen der Menschenaffen und der Menschen große Übereinstimmungen. Allerdings weisen die Zellkerne des Menschen 46 Chromosomen auf, die der Menschenaffen dagegen 48. Dies ist offenbar darauf zurückzuführen, dass zwei Chromosomen des haploiden Chromosomensatzes verschmolzen sind. Auffallend sind auch die serologischen Ähnlichkeiten. So stimmen beispielsweise die Aminosäuresequenzen des Cytochrom-c-Moleküls bei Mensch und Menschenaffen genau überein.

DNA-DNA-Hybridisierung siehe Seite 273

Mit der DNA-DNA-Hybridisierung war es in den 1980er-Jahren möglich, verwandtschaftliche Beziehungen durch DNA-Vergleiche aufzuzeigen. Als Maß für die evolutionäre Nähe wird die Differenz der Schmelzpunkte artreiner und hybridisierter DNA ermittelt. Je kleiner der Wert ist, umso größer ist die Verwandtschaft der beiden untersuchten Arten. Die mithilfe dieser Methode bestimmten Distanzwerte zwischen Mensch und Schimpanse liegen bei etwa 1,6 Prozent, die zwischen Schimpanse und Gorilla bei 2,3 Prozent. Ein aus diesen Werten erstelltes Dendrogramm gibt wieder, vor wie vielen Jahren sich zwei Arten von einem gemeinsamen Vorfahren abgespalten haben. Obwohl man die Ähnlichkeit zweier Genome mit der DNA-DNA-Hybridisierung relativ genau bestimmen kann, erhält man keine genaue Aussage über die Unterschiede in den Nukleotidsequenzen.

Im Jahr 2005 gelang es einer Forschergruppe, die DNA des Schimpansen zu sequenzieren und mit der des Menschen zu vergleichen. Die durchschnittliche Abweichung beträgt demnach nur 1,23 Prozent. Trotz dieser großen Übereinstimmung bedeutet dies, dass von unserem gemeinsamen Urahnen ausgehend im Verlauf der Evolution 40 Millionen Mutationen erfolgten.

3 Erläutern Sie die zytologischen und molekularbiologischen Methoden, die zur Analyse von Verwandtschaftsbeziehungen herangezogen werden!

4 Nehmen Sie Stellung zu folgender Klassifizierung:
Überfamilie: Hominoidea
Familien: Pongidae (Orang-Utan, Gorilla, Schimpanse), Hominidae (Mensch)!

5 Erläutern Sie am Beispiel von Mensch und Menschenaffen das Basiskonzept Geschichte und Verwandtschaft!

Material A ► Primaten

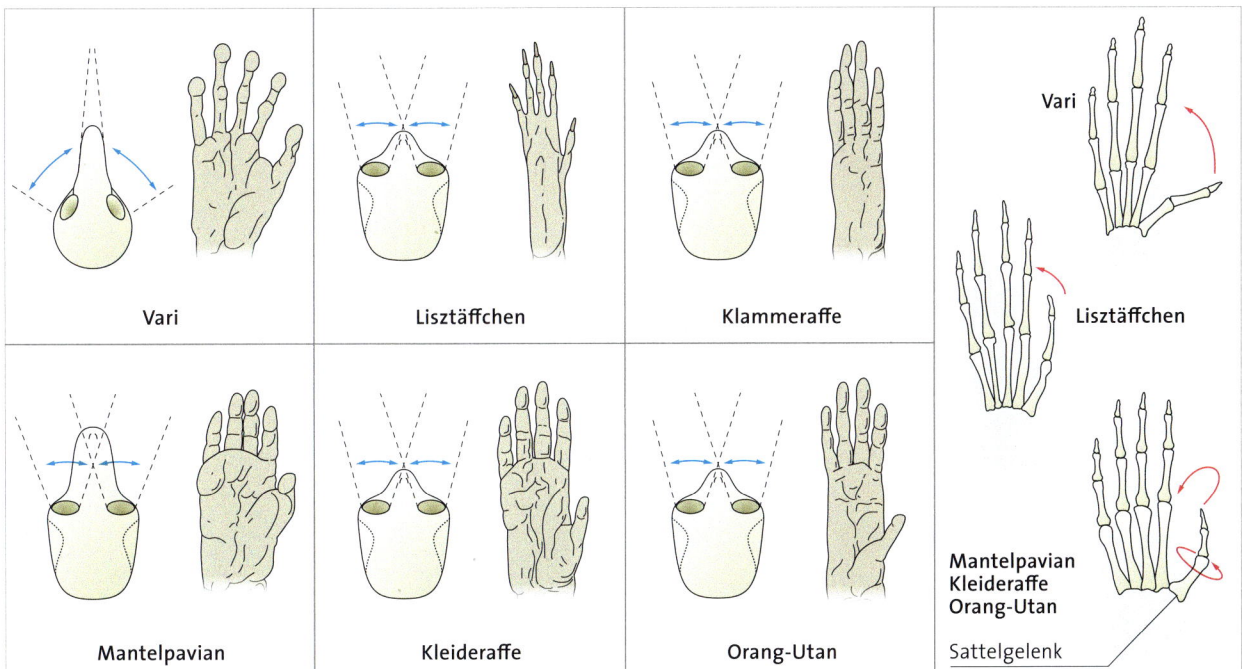

Die Opponierbarkeit des Daumens ist für die Ausbildung des Pinzettengriffs notwendig. Feuchtnasenaffen und Neuweltaffen haben nicht das erforderliche Sattelgelenk. Sie sind nur zu einem Kraftgriff fähig.

A1 Augenstellung und Greiffähigkeit geben Hinweise auf evolutionäre Entwicklungen. Beschreiben Sie die dargestellten Arten bezüglich der genannten Kriterien!

A2 Erklären Sie, welche Auswirkungen diese evolutionären Entwicklungen für die dargestellten Arten haben! Zur Lösung dieser Aufgabe recherchieren Sie die Lebensweise der dargestellten Arten!

Material B ► Hypothetischer Stammbaum der Affen

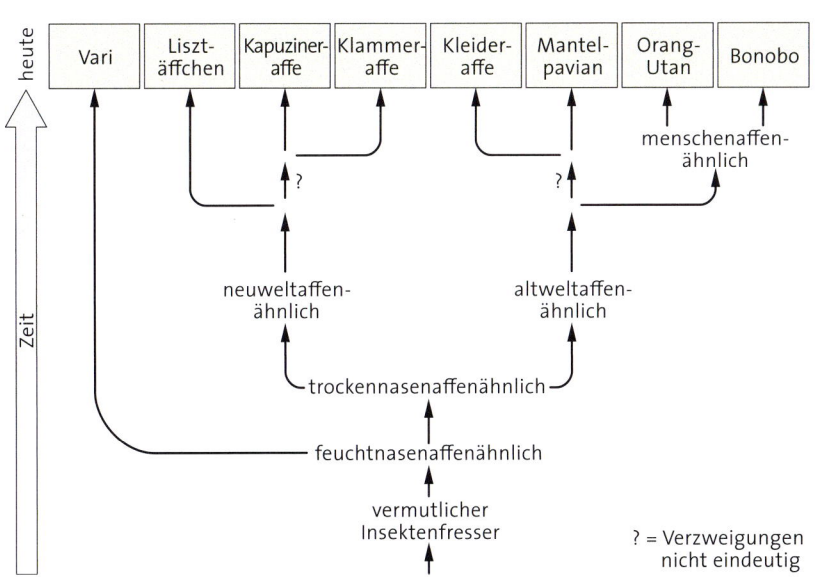

B1 Ordnen Sie den acht Affen des Stammbaums die Begriffe Feuchtnasenaffen, Altweltaffe, Neuweltaffe und Menschenaffe zu!

B2 Begründen Sie unter Berücksichtigung des hier abgebildeten Stammbaums und des Stammbaums auf Seite 289, in welchen Zeiträumen die Veränderungen der Augenstellung und der Greiffähigkeit stattgefunden haben müssen!

01 Lebensbild von *Sahelanthropus tchadensis*

Die frühen Hominiden

Es war im Juli 2002, als eine Gruppe französischer Paläoanthropologen einen Schädel mit ausgeprägten Oberaugenwülsten und einer nur wenig vorspringenden Schnauze der Öffentlichkeit vorstellte. Gefunden hatten die Forscher den Schädel ein Jahr zuvor in der Djurab-Wüste im nördlichen Tschad in Zentralafrika und ihn deshalb Sahelanthropus tchadensis genannt. Sein Alter wird mit fast sieben Millionen Jahren angegeben. Da es bisher keine Fossilien von Hominiden gab, die älter als 4,4 Millionen Jahre waren, hatten die Wissenschaftler geglaubt, die ersten Vormenschen wären vor ungefähr fünf bis sechs Millionen Jahren in Ostafrika entstanden. Doch nun ist ein neuer Streit entbrannt: Wer waren die ersten Hominiden?

DIE FUSSSPUREN VON LAETOLI · In der Entwicklungslinie einer systematischen Gruppe muss es mindestens ein früh entstandenes gemeinsames Merkmal geben, welches sie von den Angehörigen anderer Gruppen unterscheidet. Bei den Hominiden ist es insbesondere der aufrechte Gang, durch den man sie eindeutig von den Menschenaffen abgrenzt. Als man 1978

in Laetoli im heutigen Tansania etwa 3,7 Millionen Jahre alte Fußspuren aufrecht gehender Hominiden entdeckte, war dies somit eine der aufregendsten Entdeckungen auf der Suche nach den Vorfahren des Menschen. Ein Vulkan südlich der Olduvai-Schlucht hatte große Mengen Asche ausgestoßen, die sich wie ein Teppich in der Umgebung ausbreitete. Dies musste genau zu Beginn der Regenzeit geschehen sein. Denn nur in feuchter Asche werden die Spuren nicht verweht. Wasser ist außerdem notwendig, um die Vulkanasche in einem chemischen Prozess zu einer harten Masse werden zu lassen. Einige Hominiden ließen ihre Fußabdrücke in der regenfeuchten Asche zurück, die kurze Zeit später erstarrte und damit die Spuren konservierte.

KLIMATISCHE VERÄNDERUNGEN · Ein Blick auf die Karte Afrikas verdeutlicht, dass die Fundorte der Vormenschen fast ausschließlich in Ostafrika liegen.
Vor etwa 20 Millionen Jahren entstand ein Riss in der Erdkruste entlang des afrikanischen Kontinents. Er ließ einen Graben entstehen, an dessen Rändern es zu Landhebungen kam. Vor

02 Fußspuren von Laetoli

etwa acht Millionen Jahren entwickelten sich die neu entstandenen Gebirge zur Klimabarriere. Der Osten Afrikas wurde immer trockener. Aus dem ursprünglich zusammenhängenden Regenwald entwickelte sich eine Savannenlandschaft mit Galeriewäldern, in der die Nahrung ungleichmäßig verteilt war.

Genau in dieser Region befinden sich die meisten Fundstellen aufrecht gehender Vormenschen. Obwohl sie sich weniger schnell fortbewegen konnten als Vierbeiner, mussten sie in dieser Landschaft dennoch einen Vorteil gehabt haben. So hat man berechnet, dass sich mit der zweibeinigen Fortbewegung bei vergleichbarem Energieaufwand doppelt so lange Strecken zurücklegen lassen wie mit der vierbeinigen Fortbewegung. Außerdem können Kinder oder auch Nahrung leichter getragen werden. In aufrechter Haltung ist es zudem leichter möglich, größere Flächen zu überblicken, und man bietet der sengenden Sonne weniger Körperoberfläche.

DIE AUSTRALOPITHECINEN · Als Raymond DART im Jahr 1925 den von ihm gefundenen Schädel als *Australopithecus africanus* beschrieb, stieß er auf Ablehnung. Wissenschaftlich anerkannt wurde er erst 1950, nachdem man in Südafrika Reste einer weiteren Hominidenart entdeckte, *Australopithecus robustus*. Wesentlich mehr Aufsehen erregte der Paläoanthropologe Donald JOHANSON am 30. November 1974. Er fand in der Afar-Region in Äthiopien gut erhaltene Teile eines 3,2 Millionen Jahre alten weiblichen Hominidenskeletts. Berühmter als der wissenschaftliche Name *Australopithecus afarensis* wurde jedoch ein anderer Name. JOHANSON berichtete über die ausgelassene Stimmung, die nach der Entdeckung im Lager herrschte. Auf einem Tonbandgerät lief immer wieder der Beatles-Titel „Lucy in the Sky with Diamonds", der Fund wurde kurzerhand „Lucy" getauft.

„Lucy" war etwa einen Meter groß und hatte ein Gehirn, das mit einem Volumen von weniger als 500 Kubikzentimetern kaum größer als das eines Schimpansen war. Kiefer und Gebiss ähnelten jedoch mehr denen des Menschen als denen der Menschenaffen. Die Anatomie von Becken-

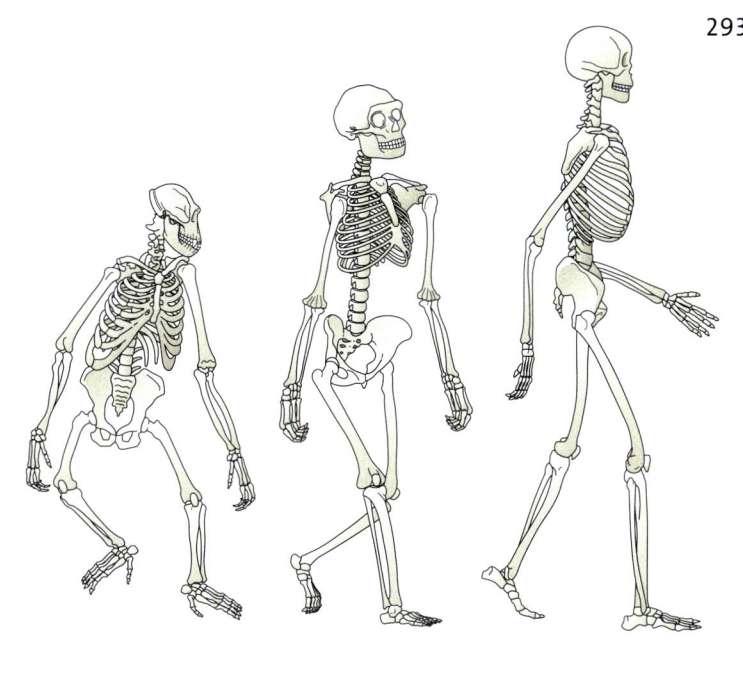

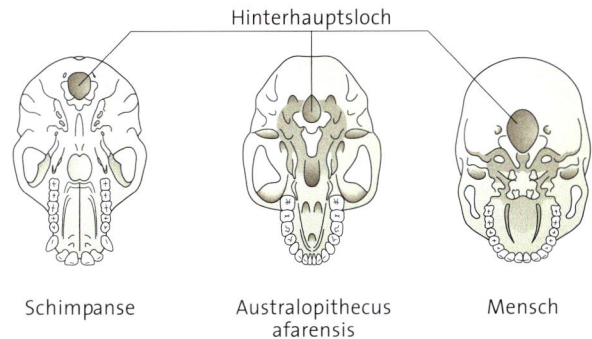

Hinterhauptsloch

Schimpanse · Australopithecus afarensis · Mensch

03 Vergleich der Skelette von Schimpanse, „Lucy" und Mensch

und Beinknochen wies eindeutig darauf hin, dass „Lucy" aufrecht gehen konnte. Weitere *Australopithecus-afarensis*-Funde zeigen, dass diese Art über 700 000 Jahre existierte, von 3,6 bis 2,9 Millionen Jahre vor unserer Zeit.

In den letzten Jahrzehnten fand man in Ost- und Südafrika weitere Fossilien verschiedener *Australopithecinen*. Sie verfügten alle über den aufrechten Gang und ihr Gebiss hatte kleine Eck- und große Backenzähne – ein weiterer wichtiger Unterschied gegenüber den Menschenaffen.

In der Zeit um die Entdeckung „Lucys" glaubten die Anthropologen, die Evolution der Hominiden folge einer mehr oder weniger geradlinigen Entwicklung. Die Australopithecinen wären demnach aus den Menschenaffen hervorgegangen und aus diesen schließlich die Gattung *Homo*.

Australopithecus afarensis = der Südaffe aus dem Afar-Gebiet

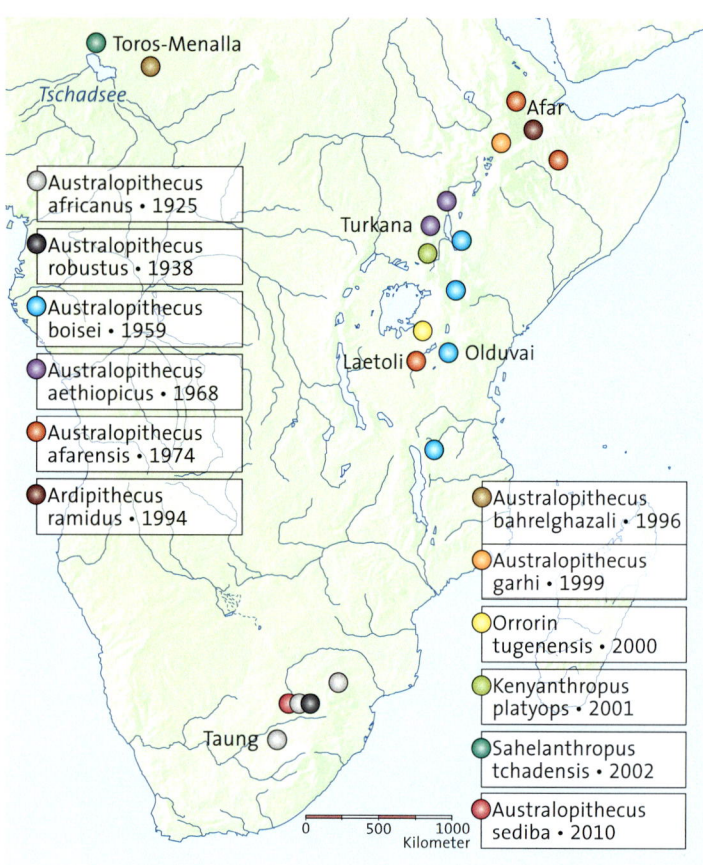

04 Fossilfundstätten von Australopithecinen und älteren Hominiden mit Jahr der Entdeckung

Map labels:
- Toros-Menalla
- Tschadsee
- Afar
- Australopithecus africanus · 1925
- Australopithecus robustus · 1938
- Australopithecus boisei · 1959
- Australopithecus aethiopicus · 1968
- Australopithecus afarensis · 1974
- Ardipithecus ramidus · 1994
- Turkana
- Laetoli
- Olduvai
- Australopithecus bahrelghazali · 1996
- Australopithecus garhi · 1999
- Orrorin tugenensis · 2000
- Kenyanthropus platyops · 2001
- Sahelanthropus tchadensis · 2002
- Australopithecus sediba · 2010
- Taung
- 0 500 1000 Kilometer

VOM STAMMBAUM ZUM STAMMBUSCH ·
Doch im Jahr 1994 änderte sich das Bild einer geradlinigen Stammesgeschichte des Menschen, als man in der Afar-Wüste ein 4,5 Millionen Jahre altes Fossil, *Ardipithecus ramidus*, fand. Zunächst glaubte man, es handele sich um den letzten gemeinsamen Vorfahren von Schimpanse und Mensch. Doch in den folgenden Jahren entdeckte man die Überreste einer Vielzahl von Arten, die teilweise im gleichen Zeitraum gelebt haben, aber auch einige weitere sehr alte Arten. Aus dem Stammbaum wurde ein Stammbusch. Hierzu zählen *Ardipithecus ramidus kadabba*, von dem etwa 5,8 Millionen Jahre alte Knochenfragmente und Zähne gefunden wurden, der sechs Millionen Jahre alte *Orrorin tugenensis* und der mit annähernd sieben Millionen Jahren bisher älteste Fund *Sahelanthropus tchadensis*. Diese alten Funde sind unter den Wissenschaftlern umstritten. *Ardipithecus* und

Orrorin waren Waldbewohner. Das würde bedeuten, dass der Klimawandel am ostafrikanischen Graben nicht die Bedeutung für die Hominidenevolution gehabt hat wie bisher angenommen. Deshalb stellte der Paläoanthropologe LOVEJOY in den 1980er-Jahren die Hypothese auf, allein die frei werdenden Hände seien der entscheidende evolutionäre Vorteil des aufrechten Ganges. Die besseren Möglichkeiten der Nahrungsbeschaffung bedeuteten, mehr Energie für den Nachwuchs bereitstellen zu können und damit den Fortpflanzungserfolg zu maximieren.

Am Beispiel von *Sahelanthropus tchadensis* wird noch ein anderes Problem deutlich. Es gibt keine Knochenreste, die den aufrechten Gang dieser Art belegen. Die Hinweise auf einen Hominiden finden sich vielmehr in der Gesichtsform und im Gebiss. So sind die Oberaugenwülste typisch für frühe Menschen. Außerdem ist das Gesicht flacher als bei Affen. Die Eckzähne sind viel kleiner, die Backenzähne haben einen stärkeren Schmelz als bei Menschenaffen. Andererseits stehen die Augen relativ weit auseinander, was eher affentypisch ist.

Insgesamt zeigt der Schädel ein Mosaik ursprünglicher und neuer Merkmale. Eine eindeutige Zuordnung von *Sahelanthropus* steht noch aus. Ein wichtiger Aspekt ist, dass der Fundort 2500 Kilometer westlich vom afrikanischen Grabenbruch liegt; vor sieben Millionen Jahren war hier Regenwald. Somit war der Lebensraum von *Sahelanthropus* ebenfalls nicht die Savanne. Es ist also durchaus möglich, dass der aufrechte Gang gar nicht das erste entscheidende Merkmal ist, mit dem die Linie der Hominiden beginnt.

1 Erläutern Sie die Vor- und Nachteile des aufrechten Ganges in der Savanne!

2 Westlich des afrikanischen Grabens wurden Fossilien der Vorfahren der Menschenaffen gefunden. Erläutern Sie diesen Sachverhalt!

3 Diskutieren Sie die Hypothese, dass der durch den ostafrikanischen Graben verursachte Klimawandel verantwortlich für die Evolution der Hominiden sei!

Material A ▸ Stammbusch der Hominiden

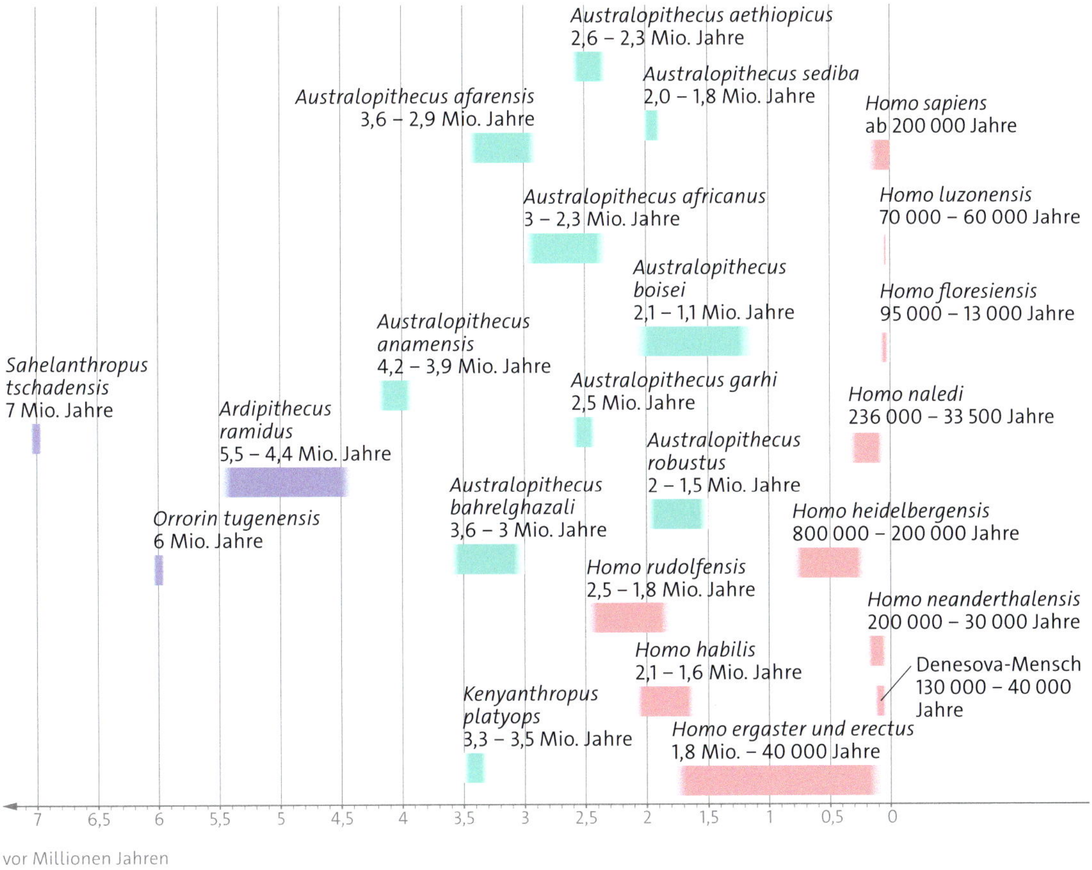

Australopithecus aethiopicus
2,6 – 2,3 Mio. Jahre

Australopithecus sediba
2,0 – 1,8 Mio. Jahre

Australopithecus afarensis
3,6 – 2,9 Mio. Jahre

Homo sapiens
ab 200 000 Jahre

Australopithecus africanus
3 – 2,3 Mio. Jahre

Homo luzonensis
70 000 – 60 000 Jahre

Australopithecus
boisei
2,1 – 1,1 Mio. Jahre

Homo floresiensis
95 000 – 13 000 Jahre

Sahelanthropus
tschadensis
7 Mio. Jahre

Australopithecus
anamensis
4,2 – 3,9 Mio. Jahre

Australopithecus garhi
2,5 Mio. Jahre

Homo naledi
236 000 – 33 500 Jahre

Ardipithecus
ramidus
5,5 – 4,4 Mio. Jahre

Australopithecus
robustus
2 – 1,5 Mio. Jahre

Orrorin tugenensis
6 Mio. Jahre

Australopithecus
bahrelghazali
3,6 – 3 Mio. Jahre

Homo heidelbergensis
800 000 – 200 000 Jahre

Homo rudolfensis
2,5 – 1,8 Mio. Jahre

Homo neanderthalensis
200 000 – 30 000 Jahre

Homo habilis
2,1 – 1,6 Mio. Jahre

Denesova-Mensch
130 000 – 40 000
Jahre

Kenyanthropus
platyops
3,3 – 3,5 Mio. Jahre

Homo ergaster und erectus
1,8 Mio. – 40 000 Jahre

7   6,5   6   5,5   5   4,5   4   3,5   3   2,5   2   1,5   1   0,5   0

vor Millionen Jahren

A1 Erklären Sie anhand der Abbildung, weshalb Paläoanthropologen heute nicht
mehr von einem Stammbaum, sondern von einem Stammbusch sprechen!

Material B ▸ Stammbäume im Vergleich

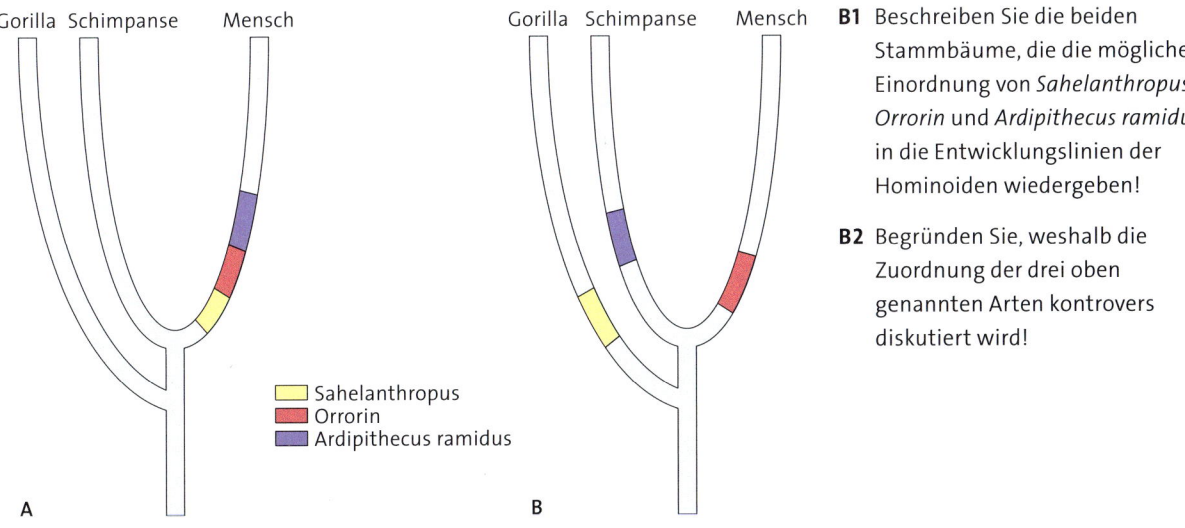

Gorilla Schimpanse Mensch

Gorilla Schimpanse Mensch

Sahelanthropus
Orrorin
Ardipithecus ramidus

A

B

B1 Beschreiben Sie die beiden
Stammbäume, die die mögliche
Einordnung von *Sahelanthropus*,
Orrorin und *Ardipithecus ramidus*
in die Entwicklungslinien der
Hominoiden wiedergeben!

B2 Begründen Sie, weshalb die
Zuordnung der drei oben
genannten Arten kontrovers
diskutiert wird!

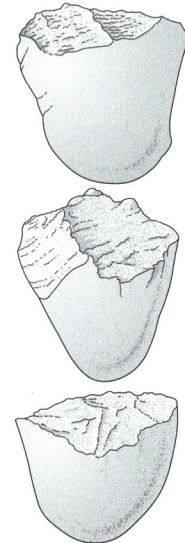

01 Der Lebensraum wurde vor 1,8 Millionen Jahren von vier Hominidenarten besiedelt.

Australopithecus boisei | Homo rudolfensis | Homo habilis | Homo ergaster

Die Wiege der Menschheit

Auf der Suche nach den Vorfahren der heutigen Menschen organisierten Louis und Mary LEAKEY in den 1960er-Jahren umfangreiche Grabungen in der Olduvai-Schlucht in Tansania. Ihren wohl berühmtesten Fund machten sie im Jahr 1964. Es handelte sich um Skelettreste eines neuen Hominiden, dessen Schädel mit einem Volumen von etwa 650 Kubikzentimetern erheblich größer war als der von Australopithecinen. War dieser Hominide der erste Mensch und wer waren seine Vorfahren?

HOMO HABILIS · In der Umgebung der Skelettreste wurde eine Vielzahl grob behauener Faustkeile gefunden. Offensichtlich war dieser Hominide in der Lage, Werkzeug herzustellen. Die LEAKEYs gaben ihrem Fund daher den Namen *Homo habilis* – der geschickte Mensch. Die ihm zugeordnete Fähigkeit der Werkzeugher-

02 Verschiedene Steinwerkzeuge von *Homo habilis*

stellung wird Oldowan-Kultur genannt. *Homo habilis* lebte vor 2,4 bis 1,65 Millionen Jahren. Er wurde etwa 140 Zentimeter groß und hatte einen grazilen Körperbau. Das Fußskelett ähnelte schon sehr dem des heutigen Menschen. So rückte der große Zeh mit den anderen Zehen in eine Reihe und war nicht mehr abspreizbar. Auch der Schädel zeigte einige Veränderungen gegenüber den frühen Hominiden. Der Zahnbogen war geschlossen, Überaugenwülste waren kaum noch vorhanden, dafür aber eine erkennbare Stirn. Innenausgüsse des Schädels weisen darauf hin, dass das *Homo-habilis*-Gehirn eine größere Ähnlichkeit mit dem des heutigen Menschen hatte, als dies bei den Australopithecinen der Fall war. Bemerkenswert sind insbesondere zwei Hirnwindungen, die als *Broca*- und als *Wernicke*-Areal bezeichnet werden. Diese Areale sind für die Sprachverarbeitung wichtig.

Trotz dieser neurologischen Voraussetzungen können jedoch keine Aussagen über die sprachlichen Fähigkeiten von *Homo habilis* gemacht werden, da die Anatomie des Kehlkopfs nicht bekannt ist.

DIE VORFAHREN DES HOMO HABILIS? · Man geht heute davon aus, dass die Gattung *Homo* vor ungefähr 2,5 Millionen Jahren in Ostafrika entstand. *Homo rudolfensis* als erste frühe Menschenform zeigte viele Übereinstimmungen mit *Homo habilis.*

Umfangreiche morphologische Vergleiche legen nahe, dass *Homo* auf eine einzige Ursprungsart zurückzuführen ist. Als mögliche Ursprungsarten kommen *Australopithecus africanus* oder *Australopithecus garhi* infrage.
Die Funde von *Australopithecus africanus* weisen auf ein durchschnittliches Gehirnvolumen von etwa 560 Kubikzentimetern hin. Auch das Gebiss ist schon menschenähnlich. Die Extremitäten deuten aber an, dass *Australopithecus africanus* sich sowohl zweibeinig am Boden als auch auf Bäumen kletternd fortbewegte. Viele Anthropologen sehen *Australopithecus africanus* allerdings als Vorfahr der robusten Australopithecinen.
Als im Jahr 1999 im Awash-Fluss in Äthiopien etwa 2,5 Millionen Jahre alte Überreste einer bisher unbekannten Australopithecinen-Art, *Australopithecus garhi,* entdeckt und beschrieben wurden, galt dies als große Überraschung. Sein Gehirn war mit etwa 450 Kubikzentimetern verhältnismäßig klein. Der verlängerte Oberschenkelknochen entsprach aber eher den Verhältnissen bei der Gattung *Homo.* Von besonderer Bedeutung ist aber, dass in seiner Umgebung gefundene Knochenreste anderer Säugetiere eindeutige Schnittspuren aufwiesen, die nur von Werkzeugen stammen konnten.

LEBENSRAUM TURKANA-SEE · Aus dem Zeitraum zwischen zwei und 1,6 Millionen Jahren vor unserer Zeit stammt eine große Anzahl unterschiedlicher Fossilien, die belegen, dass neben *Homo habilis* mindestens drei Arten der Gattungen *Australopithecus* und *Homo* nebeneinander denselben Lebensraum bevölkerten:

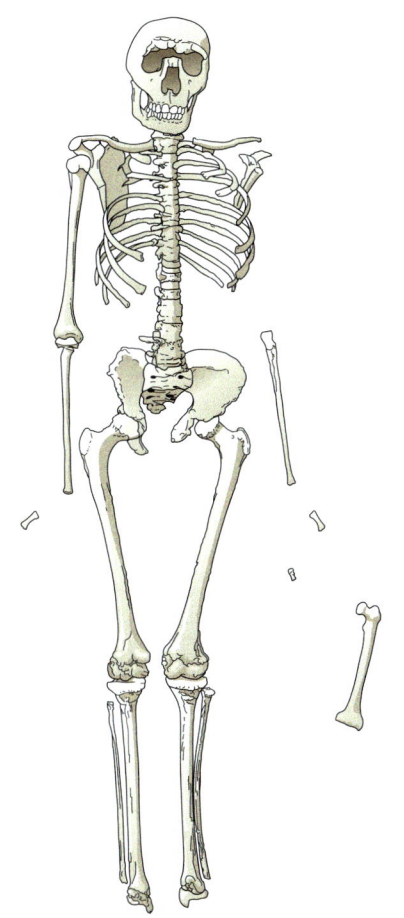

03 Der Junge vom Turkana-See

Australopithecus boisei, Homo rudolfensis und *Homo ergaster.* Man weiß jedoch nicht, ob diese Arten Kontakt zueinander hatten.
Australopithecus boisei gehörte zu den robusten Australopithecinen. Er besaß einen kräftigen Schädel mit einem Knochenkamm in der Mitte des Schädeldachs. Mit seinen Zähnen war er in der Lage, harte Pflanzennahrung wie Samen und Nüsse zu zermalmen. Er aß aber auch tierische Nahrung. *Homo rudolfensis* war größer als *Homo habilis* und hatte mit etwa 800 Kubikzentimetern ein größeres Gehirnvolumen.

1] Beschreiben Sie die Eigenschaften von *Homo habilis,* anhand derer er der Gattung Mensch zugeordnet wird!

2] Erläutern Sie, welche Fakten für *Australopithecus africanus* und welche für *Australopithecus garhi* als Ursprungsart der Gattung *Homo* sprechen!

Garhi heißt in der Afar-Sprache Überraschung.

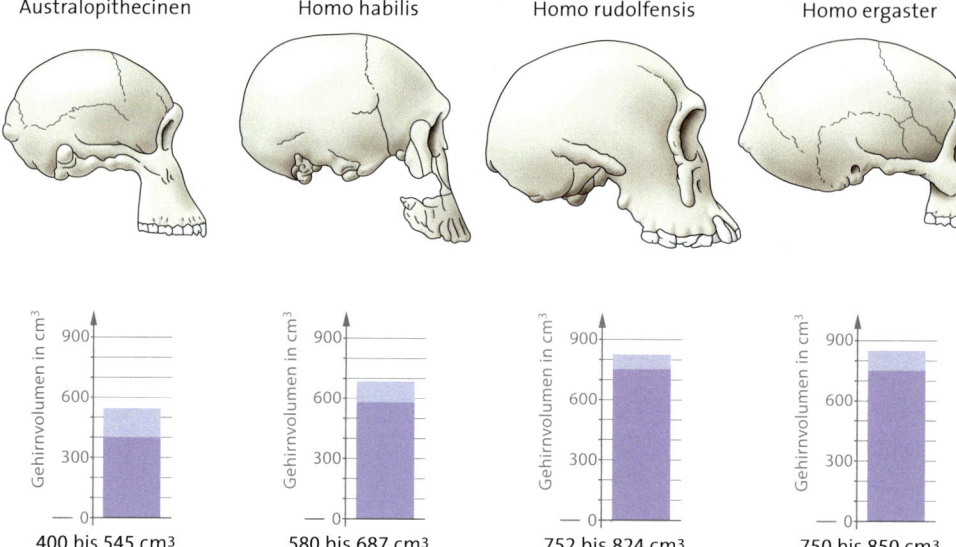

Australopithecinen   Homo habilis   Homo rudolfensis   Homo ergaster

400 bis 545 cm³   580 bis 687 cm³   752 bis 824 cm³   750 bis 850 cm³

04 Die Entwicklung des Gehirnvolumens

05 Steinwerkzeuge von *Homo ergaster*: Acheuléen-Kultur

HOMO ERGASTER · Im Jahr 1984 entdeckte Richard LEAKEY, ein Sohn des Ehepaars LEAKEY, am Turkana-See das fast vollständige, 1,6 Millionen Jahre alte Skelett eines 162 Zentimeter großen Jugendlichen, der als Erwachsener wahrscheinlich 180 Zentimeter groß geworden wäre. Nach der heutigen Klassifizierung wird er der Art *Homo ergaster* zugeordnet.

Die ältesten Fossilien von *Homo ergaster* sind 1,9 Millionen Jahre alt, die jüngsten eine Million Jahre. Der Körperbau war groß und schlank und ähnelte dem des modernen Menschen. Sein Gesichtsschädel war aber noch durch deutliche Oberaugenwülste geprägt. Das Schädelvolumen betrug zwischen 750 und 850 Kubikzentimeter. Seine Werkzeuge waren differenzierter als die des *Homo habilis* und dienten verschiedenen Zwecken wie Schneiden, Schaben, Durchbohren oder Zertrümmern. Mit Steinbeilen konnte er größere Tiere töten. Eine Fundstelle am Turkana-See ist durch eine auffällig „verbackene" Erde gekennzeichnet. Dies deutet darauf hin, dass *Homo ergaster* bereits über Feuerstellen verfügte. Er gilt als Vorfahr des *Homo erectus* und aller weiteren Arten der Gattung *Homo*.

WO „BEGINNT" EINE FOSSILE ART UND WO „ENDET" SIE? · Unter den Paläoanthropologen wird diskutiert, ob *Homo ergaster* eine eigenständige Art ist. Es könnte sich auch um frühe Formen von *Homo erectus* handeln, der wahrscheinlich bis vor ungefähr 40 000 Jahren gelebt hat. Auch Richard LEAKEY identifizierte den Turkana-Jungen zunächst als *Homo erectus*. Insbesondere die Abweichungen im Bereich des Schädels führten jedoch zu der heute verbreiteten Ansicht, *Homo ergaster* als eigenständige Art zu bezeichnen. Dieses Beispiel zeigt, wie schwierig die Zuordnung eines Fossilfunds zu einer Art ist.

ZUNAHME DES GEHIRNVOLUMENS · Bei einem Vergleich der frühen Menschen fällt besonders die Zunahme des Gehirnvolumens auf. Aufgrund der zweibeinigen Fortbewegung werden die Hände frei für den Werkzeuggebrauch. Das soziale Zusammenleben und die Kooperation bei der Jagd sind Faktoren, die kognitive Fähigkeiten begünstigen und damit die Selektion hin zu größeren Gehirnen fördern. Noch können keine klaren Aussagen getroffen werden, zu welcher Zeit der Sprachgebrauch einsetzte. Dass die Verwendung abstrakter Begriffe einen Einfluss auf die Gehirnentwicklung hat, ist jedoch unumstritten.

3 Vergleichen Sie die Eigenschaften von *Homo habilis* und *Homo ergaster*! Erstellen Sie dazu eine Tabelle!

4 Beschreiben Sie die Kriterien, die für die Beurteilung des Entwicklungsstandes der Hominiden herangezogen werden!

Material A ▶ Schimpansen und der Stammbaum des Menschen

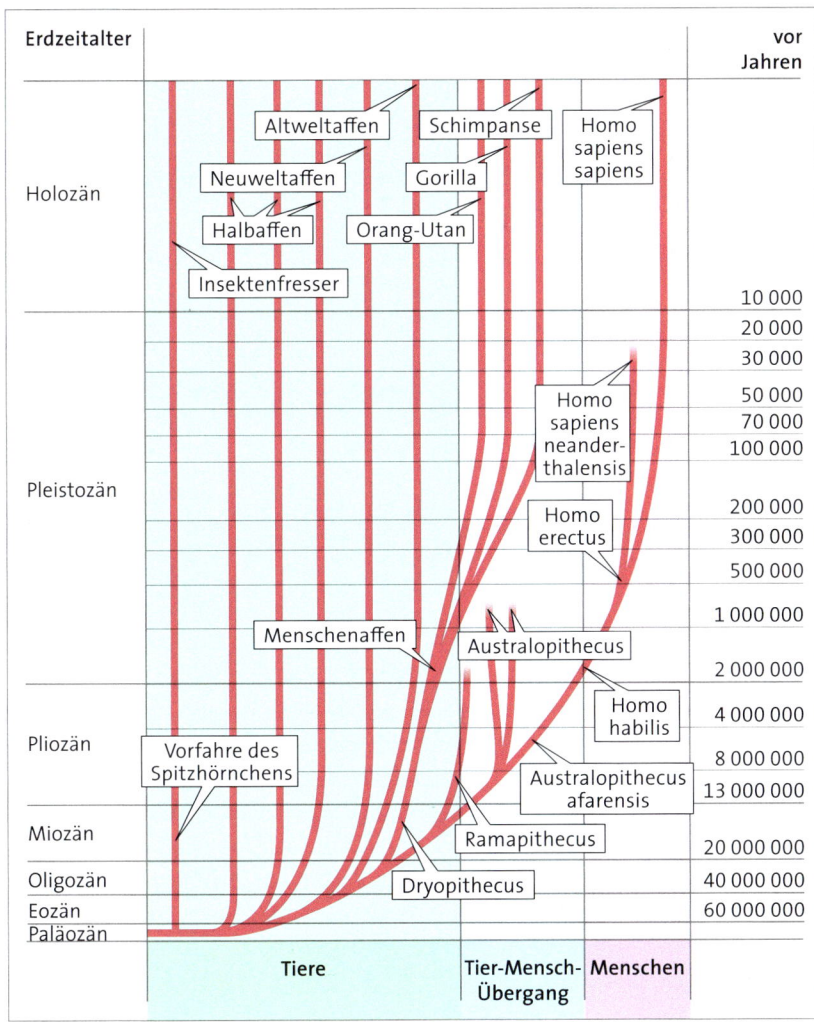

Bei ihren Langzeitbeobachtungen von Schimpansen im Gombe Nationalpark stellte Jane GOODALL fest, dass Schimpansen verschiedene Werkzeuge benutzen. Nüsse werden beispielsweise mit Hammer und Amboss aufgeschlagen, Termiten mit geschälten Zweigen geangelt.

Louis LEAKEY ging bis dahin von der Annahme aus, dass der Werkzeuggebrauch kennzeichnend für die Gattung *Homo* sei.

Noch in den 1980er-Jahren stellte man den Stammbaum des Menschen wie in der gegenüberliegenden Abbildung dar.

A1 Beschreiben Sie die wesentlichen Inhalte des abgebildeten Stammbaums!

A2 Begründen Sie, weshalb diese Darstellung aus der heutigen Sicht fehlerhaft ist!

A3 Diskutieren Sie die Überlegung, den Schimpansen aufgrund des Werkzeuggebrauchs der Gattung *Homo* zuzuordnen!

Material B ▶ Menschliche Stammesgeschichte

B1 Beschreiben Sie die Abbildung zur menschlichen Stammesgeschichte!

B2 Erläutern Sie, welche Vorstellungen zur Evolution dieser Darstellung zugrunde liegen!

B3 Erläutern Sie, welche irreführende Assoziation die Abbildung zur Evolution des Menschen wecken kann!

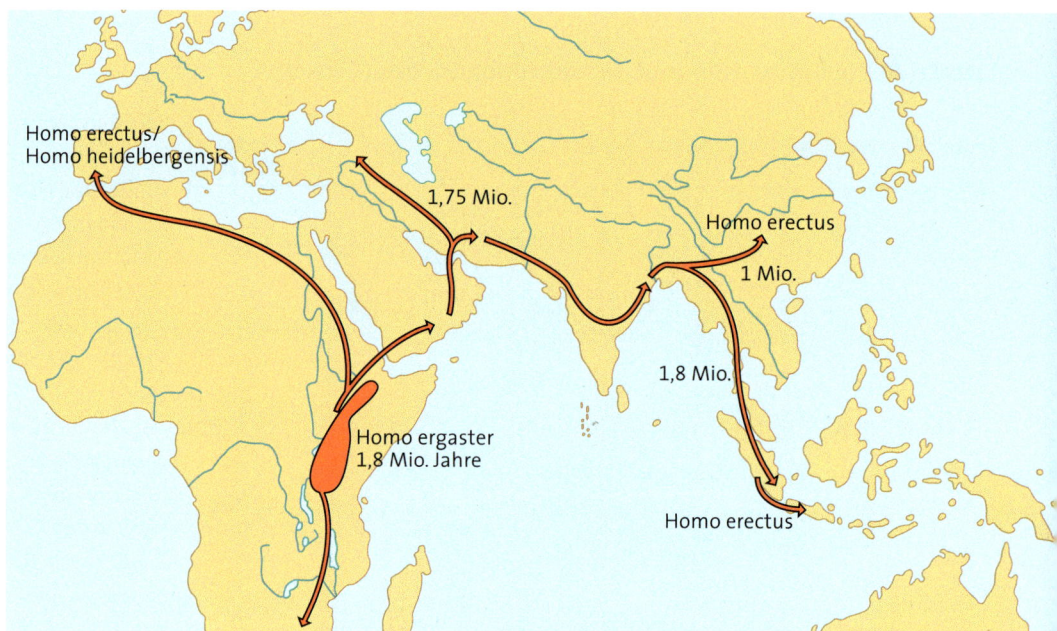

01 Die Ausbreitung von *Homo ergaster* und *Homo erectus*

Homo erobert die Erde

Im Jahr 1891 fand Eugene DUBOIS an einer Ufer-böschung auf der indonesischen Insel Java Fossilien, die er einem „aufrecht gehenden Affenmenschen", Pithecanthropus erectus, zuordnete. Die Aufmerksamkeit der Paläoanthropologen richtete sich zeitweise nicht auf Afrika, sondern auf Ostasien. In den 1930er-Jahren fand man in der Nähe Pekings und auf Java weitere vormenschliche Fossilien. Ein Vergleich aller Funde offenbarte, dass es sich um dieselbe Art, Homo erectus, handelte. Altersbestimmungen ergaben, dass die ältesten Funde von Homo erectus auf Java mit etwa 1,8 Millionen Jahren ähnlich alt sind wie die von Homo ergaster in Afrika. Wie lässt sich dieser Befund erklären?

HOMO VERLÄSST AFRIKA · Die Rekonstruktion der Wanderungsbewegungen der frühen Menschen wird durch eine Vielzahl an Funden gestützt. Man vermutet, dass sich *Homo ergaster* entlang der Küste des Roten Meeres zunächst von Afrika über den Nahen Osten in Richtung Georgien und anschließend über die arabische Halbinsel nach Südostasien ausgebreitet hat. Viele Forscher gehen davon aus, dass sich *Homo ergaster* während dieser Zeit zu *Homo erectus* weiterentwickelte. Andere Paläoanthropologen

nehmen an, dass die Skelettunterschiede zwischen den beiden Arten – *Homo ergaster* ist graziler als *Homo erectus* – nur auf Angepasstheiten an die unterschiedlichen klimatischen Verhältnisse zurückzuführen sind. Nach dieser Ansicht handelt es sich demnach nur um zwei Varianten der einen Art *Homo erectus*.

Es ist bemerkenswert, dass die ältesten Fossilien mit 1,7 bis 1,8 Millionen Jahren ein ähnliches Alter aufweisen, obwohl sie in weit voneinander entfernten Erdteilen gefunden wurden. Die Wissenschaftler deuten dies damit, dass die Wanderungen relativ rasch erfolgten. Aber was bedeutet „rasch"?

AUSBREITUNG DER FRÜHEN MENSCHEN · Genetiker und Archäologen haben am Beispiel von *Homo sapiens* berechnet, dass sich Jäger und Sammler mit einer Geschwindigkeit von mehreren Kilometern pro Jahr in ein neues Gebiet ausbreiten konnten. Nimmt man an, dass die Expansion von *Homo erectus* mit einer durchschnittlichen Geschwindigkeit von nur einem Kilometer pro Jahr erfolgte, so wird deutlich, dass die Erschließung von Gebieten, die mehr als 10 000 Kilometer von Afrika entfernt liegen, in einer evolutionsbiologisch kurzen

Zeitspanne möglich war. Erstaunlich ist auch, dass *Homo erectus* die Inselwelt des heutigen Indonesiens besiedeln konnte. Dies gelang insbesondere aufgrund der verschiedenen Eiszeiten, die ein Absinken des Meeresspiegels um bis zu 130 Meter zur Folge hatten. Somit entstanden Landbrücken, die eine Erschließung der Inseln erleichterten. Zudem wird angenommen, dass *Homo erectus* bereits Flöße oder andere einfache Wasserfahrzeuge bauen konnte.

DER NEANDERTALER · Im August 1856 fanden zwei Arbeiter in einem Steinbruch in der Nähe von Düsseldorf einige ungewöhnliche Knochen. Doch erst drei Jahre später, nachdem DARWIN sein Werk zur Entstehung der Arten veröffentlicht hatte, wurde der Fund für die Forscher interessant. Woher stammen diese Knochenreste?

Der Lehrer und Hobbyarchäologe Johann Carl FUHLROTT glaubte, dass es sich bei diesen Knochen um Überreste eines eiszeitlichen Menschen handelte. Man überließ die Untersuchung dem bedeutenden Professor der Medizin Rudolf VIRCHOW, der den Fund jedoch für irrelevant hielt. Er behauptete, es handele sich um einen anatomisch modernen Menschen, dessen Knochen krankheitsbedingt deformiert gewesen seien. Die Autorität VIRCHOWs verhinderte für Jahrzehnte die Anerkennung der Erkenntnisse von FUHLROTT.

Heute weiß man, dass der Neandertaler von 200 000 Jahre bis ungefähr 30 000 Jahre vor unserer Zeit in Europa und im Nahen Osten lebte. Er wurde in Europa bis 1,65 Meter groß und war stämmig gebaut. Der Neandertaler hatte einen kinnlosen Kiefer und kräftige Oberaugenwülste. Das Gehirnvolumen lag mit bis zu 1500 Kubikzentimetern sogar über dem des heutigen Menschen. Ein 1983 in der Kebra-Höhle in Israel freigelegtes Zungenbein ist ein wichtiges Indiz für die Sprachfähigkeit der Neandertaler. Werkzeuge und Waffen waren bereits wesentlich differenzierter als bei ihren Vorfahren. So benutzten sie Speere, die mit Knochenspitzen versehen waren. Sie deckten ihren Nahrungsbedarf überwiegend als Jäger. An einigen Funden ließen sich ausgeheilte Verletzungen erkennen, die

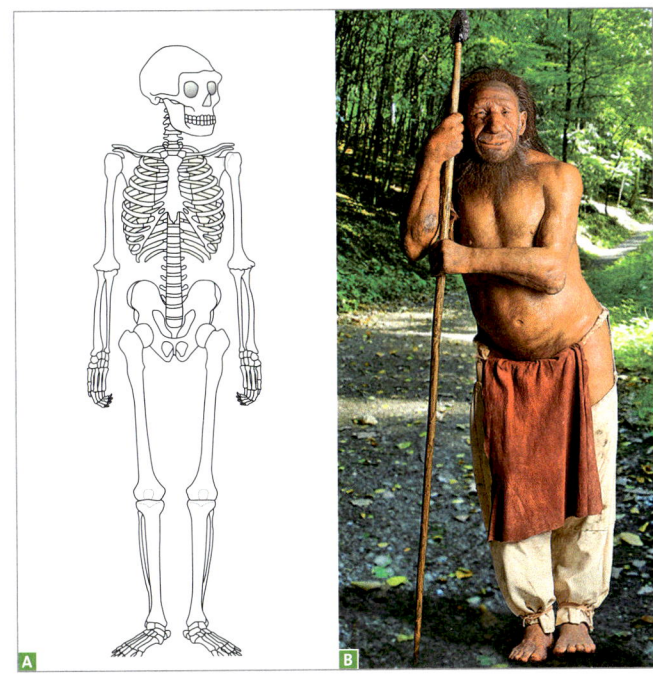

02 *Homo neanderthalensis:* **A** Skelett, **B** Rekonstruktion

offensichtlich medizinisch behandelt worden waren. Grabbeigaben deuten auf die Anwendung von Bestattungsritualen hin.

Von wem stammt der Neandertaler ab? Als direkter Vorfahr gilt *Homo heidelbergensis,* der bis vor ungefähr 200 000 Jahren lebte. In einer Kiesgrube am Neckar fand man einen 600 000 Jahre alten Unterkiefer dieses Vormenschen. Anhand von Werkzeugen und Wurfspeeren sowie Knochenresten konnte man die Lebensweise und die Jagdtechniken von *Homo heidelbergensis* rekonstruieren. Es ist jedoch umstritten, ob *Homo heidelbergensis* als eigenständige Art bezeichnet werden kann.

Weitgehende Einigkeit besteht in der Annahme, dass *Homo erectus* vor ungefähr einer Million Jahren von Nordafrika nach Südeuropa einwanderte. Ein Teil der Wissenschaftler deutet die Skelettmerkmale der in Europa gemachten Funde als ökologische Angepasstheiten an das kältere Klima der nördlichen Breiten. Demnach war *Homo heidelbergensis* nur eine Unterart des *Homo erectus.* Andere Wissenschaftler sehen in *Homo heidelbergensis* den europäischen Nachfahren des *Homo erectus* und damit eine eigenständige Art.

Multiregionale Hypothese

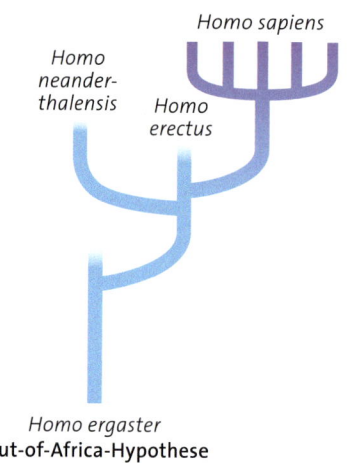

Out-of-Africa-Hypothese

03 Der Ursprung des modernen Menschen

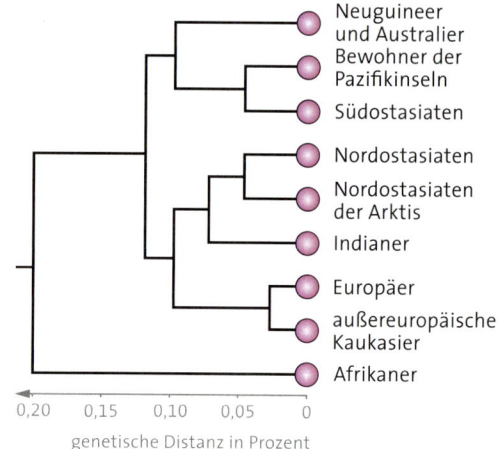

04 Kladogramm auf Basis der mt-DNA

URSPRUNG DES HOMO SAPIENS · Unter den Wissenschaftlern ist die Herkunft des heutigen Menschen umstritten. Die Anhänger der **multiregionalen Hypothese** gehen davon aus, dass die Populationen von *Homo erectus* gut an die regionaltypische Umwelt ihres Lebensraums angepasst waren und sich innerhalb der letzten eine Million Jahre weiterentwickelt hatten. Dabei kam es in den Kontaktzonen zwischen den jeweiligen Populationen zu einem kontinuierlichen Genaustausch. Während dieses langen Zeitraums erschien *Homo sapiens* in den heutigen ethnischen Gruppen mit ihren charakteristischen Merkmalen.

Die meisten Wissenschaftler hingegen vertreten die Ansicht, dass *Homo sapiens* allein in Afrika entstand. Diese **Out-of-Africa-Hypothese** wird durch Fossilmaterial und genetische Untersuchungen gestützt. Die ältesten Fossilien, die eindeutig *Homo sapiens* zuzuordnen sind, stammen aus dem heutigen Äthiopien und sind 160 000 Jahre alt.

Genetische Befunde basieren auf einer Besonderheit der *mitochondrialen DNA, der mt-DNA.* Sie ist ringförmig und wird nur über die Eizelle der Mutter vererbt. Das bedeutet, dass diese DNA nicht rekombiniert. Unterschiede in den Basenpaaren der mt-DNA verschiedener Populationen sind somit ausschließlich auf Mutationen zurückzuführen. Unter Annahme einer konstanten Mutationsrate entsprechen die Basenunterschiede einer molekularen Uhr. Je größer die genetische Distanz ist, umso län-

mt-DNA
siehe Seite 271

ger liegt die Trennung zwischen den Populationen zurück. Im Jahr 1987 untersuchte die Genetikerin Rebecca CANN die mt-DNA von 147 Menschen aus verschiedenen Erdteilen. Sie berechnete anhand der genetischen Distanzen, dass der gemeinsame weibliche Urahn der heutigen menschlichen mt-DNA vor ungefähr 200 000 Jahren lebte. Außerdem zeigte sich, dass die Abweichungen der Afrikaner gegenüber den ethnischen Gruppen der anderen Kontinente am größten sind. Die Trennung der afrikanischen Linie und der anderen Linien musste also sehr früh erfolgt sein. Die zwischen den afrikanischen Populationen festgestellten mt-DNA-Unterschiede sind auffallend groß. Daraus folgte nach der molekularen Uhr, dass die afrikanische Entwicklungslinie älter sein muss als alle anderen. *Homo sapiens* ist nach diesen Befunden in Afrika entstanden.

Anhand des genetischen Vergleichs konnte man zudem die Ausbreitungsgeschichte von *Homo sapiens* rekonstruieren. Bis vor ungefähr 100 000 Jahren lebte er nur auf dem afrikanischen Kontinent. Erst dann besiedelte er zunächst Asien und später die anderen Kontinente. Vor ungefähr 40 000 bis 35 000 Jahren erreichte der moderne Mensch Europa. Französische Paläontologen nannten ihn *Cro-Magnon-Mensch.* Namensgebend war eine Höhle in der Dordogne, in der 1868 die ersten Fossilfunde dieses Menschentyps gemacht wurden. Er ist wahrscheinlich von Afrika über Vorderasien einge-

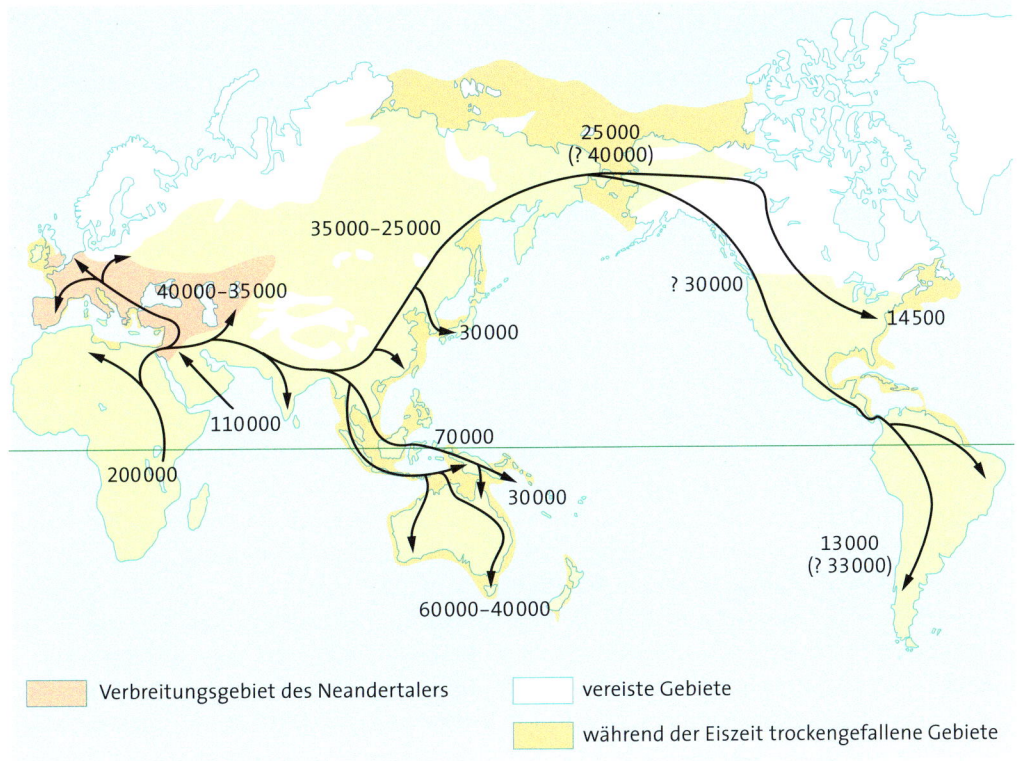

Verbreitungsgebiet des Neandertalers

vereiste Gebiete

während der Eiszeit trockengefallene Gebiete

05 Die Ausbreitung von *Homo sapiens*

wandert. Dies deuten relativ alte Fossilien aus Rumänien an. Seine Fähigkeit im Umgang mit dem Feuer und das Errichten von festen Unterkünften erlaubte es dem Cro-Magnon-Menschen, sich auf das damalige kalte Klima in Europa einzustellen. Der Zeitraum der Besiedlung Amerikas war bisher unklar. Neue Erkenntnisse deuten auf zwei Einwanderungswellen hin.

HOMO FLORESIENSIS · Eine Überraschung erlebten australische Forscher, als sie im Jahr 2004 auf der Insel Flores Skelettreste von Hominiden fanden, die nur 106 Zentimeter groß waren. Das Gehirnvolumen betrug etwa 400 Kubikzentimeter. Aufgrund ihrer Größe wurden sie unter dem Namen „Hobbit" bekannt. Ihr wissenschaftlicher Name ist *Homo floresiensis*. Die Fossilien sind zwischen 95 000 Jahre und 12 000 Jahre alt. Man glaubte zunächst eine Zwergform des *Homo erectus* entdeckt zu haben, der zu dieser Zeit als längst ausgestorben galt. Eine eindeutige Erklärung für diese Hominidenart gibt es noch nicht. Da auf Flores auch Überreste des *Stego-*

dons, einer kleinwüchsigen Elefantenart, gefunden wurden, begründen einige Wissenschaftler die geringe Körpergröße mit dem begrenzten Nahrungsangebot auf der Insel. Andere nehmen an, „Hobbit" stamme von einer frühen Menschenform ab, die schon vor *Homo ergaster* Afrika verlassen habe.

1 Beschreiben Sie die Ausbreitung von *Homo erectus!*

2 Ermitteln Sie mithilfe eines Atlasses, innerhalb welcher Zeiträume die Frühmenschen die jeweiligen Siedlungsgebiete bei einer Ausbreitungsgeschwindigkeit von einem Kilometer pro Jahr erreicht haben könnten!

3 Beschreiben Sie die multiregionale Hypothese und die Out-of-Africa-Hypothese!

4 Begründen Sie, weshalb die Daten des mt-DNA-Vergleichs die Out-of-Africa-Hypothese stützen!

Neandertaler und Denisova-Mensch

Die ältesten Funde des Neandertalers stammen aus der Zeit von vor ungefähr 200 000 Jahren, die jüngsten sind etwa 38 000 Jahre alt. Die Neandertaler lebten also über einen Zeitraum von mehr als 160 000 Jahren. Es ist immer noch nicht eindeutig geklärt, warum die Neandertaler ausgestorben sind. Könnten Klimaschwankungen für das Aussterben der Neandertaler verantwortlich sein?

HEINRICH-EVENTS · In den 1980er-Jahren wurden bei Tiefseebohrungen im nördlichen Atlantik ungewöhnliche Ablagerungen entdeckt. Das Merkwürdige an diesen Sedimenten ist ihre Zusammensetzung. Sie enthalten vulkanisches Gestein und Kalkschalen von in Süßwasser vorkommenden Kleinstlebewesen. Aber wie gelangten die Überreste von Süßwasserlebewesen in den Atlantik?

Eine Erklärung liefert das damalige durch die Eiszeit geprägte Klima. Nordamerika war von einer mehrere Kilometer mächtigen Eisschicht bedeckt. In größeren zeitlichen Abständen brachen vom amerikanischen Festland viele gewaltige Eisberge ab, die mit dem Wind nach Osten abgetrieben wurden. Sie führten Bodenmaterial vom Festland mit, das während des langsamen Abschmelzens über dem Nordatlantik zum Meeresboden rieselte. Jedes dieser Ereignisse führte zu einer von insgesamt sieben Sedimentschichten. Die nach ihrem Entdecker als *Heinrich-Events* bezeichneten Ereignisse werden auf ein Alter von 69 000 bis 10 000 Jahren datiert.

Jedes Heinrich-Event führte zu einem Versiegen des atlantischen Golfstroms mit gravierenden Auswirkungen auf das Klima in Europa. In Grönland durchgeführte Eisbohrungen bestätigten, dass es während der Heinrich-Events nördlich der Alpen äußerst kalt wurde. Im Mittelmeergebiet breiteten sich aufgrund der Trockenheit Wüsten aus.

Nach aktuellen Messungen ereignete sich Heinrich-Event-4 vor ungefähr 38 000 Jahren. Diese Klimaveränderung hatte zur Folge, dass das europäische Festland nördlich der Alpen von Eis bedeckt war. Die Kälte und fehlende Nahrung hatten wahrscheinlich das Aussterben der Neandertalerpopulation zur Folge. Während sich Europa langsam wieder erwärmte, kam es nach dieser Theorie zur ersten Einwanderungswelle von *Homo sapiens*.

ANALYSE DER KERN-DNA · Nachdem *Homo sapiens* nach Vorderasien und Europa einge-

A   B

01 Meeresströmung: **A** Meeresströmung während der Eiszeit, **B** Ausbleiben der Strömung während eines Heinrich-Events

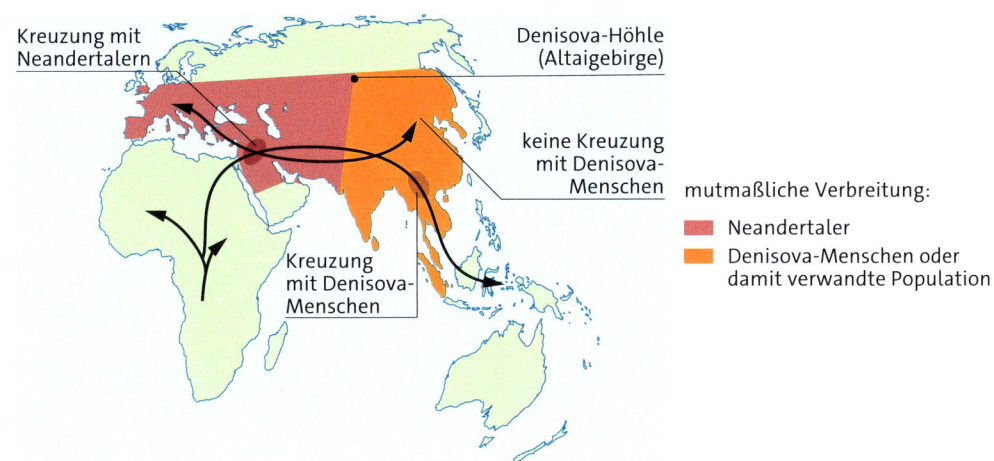

02 Verbreitungsgebiete von Neandertaler und Denisova-Mensch sowie Ausbreitung des *Homo sapiens*

wandert war, lebte er gemeinsam mit dem Neandertaler mehrere Jahrtausende im selben Lebensraum. Könnte es zu einer Durchmischung gekommen sein? Wenn dies der Fall war, müssten sich Ähnlichkeiten im Erbgut nachweisen lassen. Im Mai 2010 wurde das Ergebnis einer vierjährigen Forschungsarbeit veröffentlicht. Man hatte einen Großteil der Kern-DNA des Neandertalers sequenziert. Sie entstammte einigen 38 000 Jahre alten Knochenfunden aus Kroatien und war bereits in Stücke von durchschnittlich 50 Basenpaaren zerfallen. Ein Vergleich mit der DNA heutiger Menschen enthüllte, dass ein bis vier Prozent der Neandertaler-DNA mit der DNA von Europäern und Asiaten, nicht aber mit der DNA von Afrikanern identisch sind. Dies deutet darauf hin, dass vor etwa 50 000 bis 80 000 Jahren im Mittleren Osten ein Genfluss vom Neandertaler zu *Homo sapiens* erfolgt ist. Eine Durchmischung zwischen beiden Menschengruppen hat offensichtlich stattgefunden, bevor *Homo sapiens* Europa besiedelte.

GENFLUSS · Russische Forscher fanden im Zeitraum zwischen den Jahren 2000 und 2015 in der Denisova-Höhle im Altaigebirge in Sibirien mehrere Backenzähne und Knochenreste, die zwischen 130 000 und 40 000 Jahre alt waren. Die Analyse der Kern-DNA zeigte, dass es

sich um Vormenschen handelte, die näher mit dem Neandertaler verwandt waren als mit *Homo sapiens*. Sie wurden nach der Höhle als **Denisova-Menschen** bezeichnet. Ein weiterer Knochen stammt von einem 13-jährigen Mädchen, deren Mutter eine Neandertalerin und deren Vater ein Denisova-Mensch war. Dies belegt, dass es einen *Genfluss* zwischen Neandertaler und Denisova-Mensch gegeben hat. Anhand weiterer Erbgutvergleiche wurde festgestellt, dass die australischen Ureinwohner sowie Polynesier und Melanesier bis zu sechs Prozent Denisova-Erbgut tragen, Europäer und Afrikaner dagegen nicht. Offensichtlich hat in Asien ein Genfluss vom Denisova-Menschen zu *Homo sapiens* stattgefunden. Die Wissenschaftler diskutieren derzeit, welche Bedeutung der Genfluss zu *Homo sapiens* haben könnte. So konnte man nachweisen, dass die Tibeter eine Denisova-Genvariante besitzen, die es ihnen erleichtert, in großer Höhe zu leben, da sich ihr Blut in großer Höhe nicht so leicht verdickt.

1 」 Begründen Sie, weshalb ein Heinrich-Event zu einer erheblichen Abkühlung auf dem europäischen Kontinent führte!

2 」 Erläutern Sie, welche Hinweise für und welche gegen eine Durchmischung von *Homo sapiens* und Neandertaler sprechen!

Material A ▸ Fossilienvergleich Neandertaler – moderner Mensch

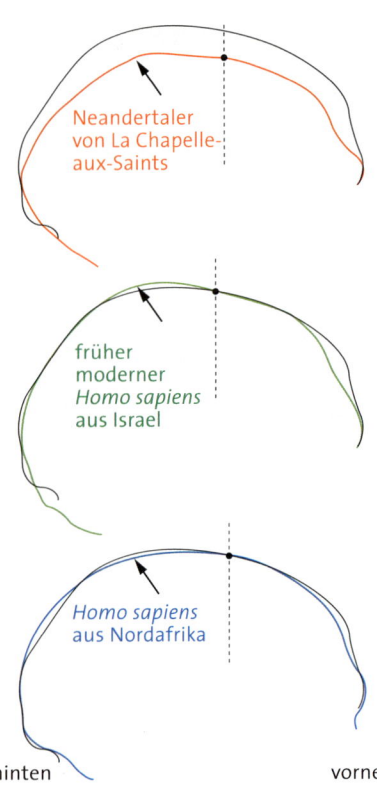

Neandertaler von La Chapelle-aux-Saints

früher moderner *Homo sapiens* aus Israel

Homo sapiens aus Nordafrika

hinten   vorne

Die Frage, ob sich Neandertaler und *Homo sapiens* durchmischt haben, wird von den Paläoanthropologen kontrovers diskutiert.
Befürworter einer Durchmischung begründen ihre Hypothese unter anderem mit anatomischen Befunden: In den Höhlen des Karmalgebirges in Israel fand man eindeutige fossile Belege dafür, dass in diesem Gebiet bereits vor 100 000 Jahren Neandertaler und anatomisch moderne Menschen nebeneinanderlebten. Sie benutzten offenbar die gleichen Werkzeuge. Man fand bei Grabungen das Zungenbein eines Neandertalers, das von dem eines heute lebenden Menschen nicht zu unterscheiden ist. In Lagar Velho in Portugal fand man ein 24 500 Jahre altes, anatomisch modernes Kinderskelett. Dieses Kind war jedoch stämmig und hatte kurze Unterschenkel wie der Neandertaler.

A1 Nennen Sie die Argumente, die von den Anhängern einer Durchmischung beider Menschengruppen angeführt werden!

Im tschechischen Mladeč wurde ein Schädel gefunden, der von einigen Forschern als Mischform beider Menschengruppen angesehen wird. Um diese Hypothese zu überprüfen, verglich man ihn mit drei anderen Schädeln. Die schwarze Linie entspricht der Kontur des Mladeč-Schädels.

A2 Vergleichen Sie die abgebildeten Schädel mit dem Mladeč-Schädel!

A3 Beurteilen Sie anhand der genannten Beispiele, ob die Frage einer Durchmischung mithilfe fossiler Belege eindeutig beantwortet werden kann!

Material B ▸ Molekulare Uhr

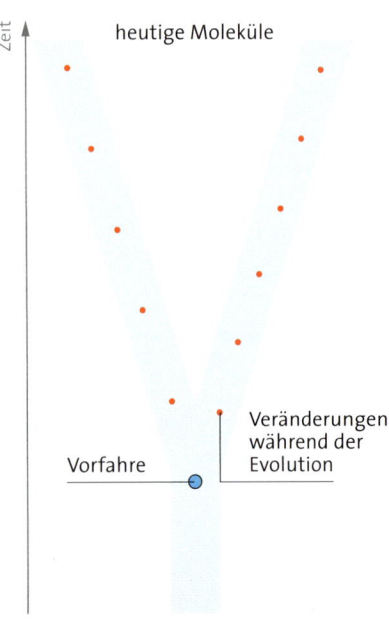

Zeit

heutige Moleküle

Veränderungen während der Evolution

Vorfahre

Jeder Punkt auf den Abstammungslinien kennzeichnet eine Sequenzveränderung.

Das Konzept der molekularen Uhr wurde entwickelt, um Aminosäuresequenzen von Proteinen zu vergleichen. Heute wendet man es bei der Analyse von DNA-Sequenzen an. Es basiert auf der Annahme einer konstanten Mutationsrate. Außerdem müssen die Mutationen selektionsneutral sein. In den 1990er-Jahren entdeckte man, dass es nicht nur auf der mt-DNA, sondern auch auf dem Y-Chromosom selektionsneutrale Regionen gibt, die sogenannten Y-Polymorphismen. Auf dieser Basis wurden Männer aus mehreren Bevölkerungsgruppen aller Kontinente untersucht. Das Ergebnis zeigte, dass der männliche Urahn aller heutigen Menschen demnach vor 140 000 bis 40 000 Jahren vor unserer Zeit gelebt hat. Die Wissenschaftler halten es für am wahrscheinlichsten, dass er vor etwa 59 000 Jahren lebte und erst zu dieser Zeit aus Afrika auswanderte.

B1 Begründen Sie, weshalb es für das Konzept der molekularen Uhr bedeutend ist, dass Mutationen gleichmäßig und nicht schubweise auftreten!

B2 Begründen Sie, weshalb nur selektionsneutrale DNA-Regionen untersucht werden können!

B3 Bewerten Sie die hier beschriebenen Ergebnisse im Vergleich zu den Befunden, die auf Seite 302 dargestellt sind!

B4 Erläutern Sie an diesem Beispiel das Basiskonzept Reproduktion!

Material C ▸ Stammbaummodelle

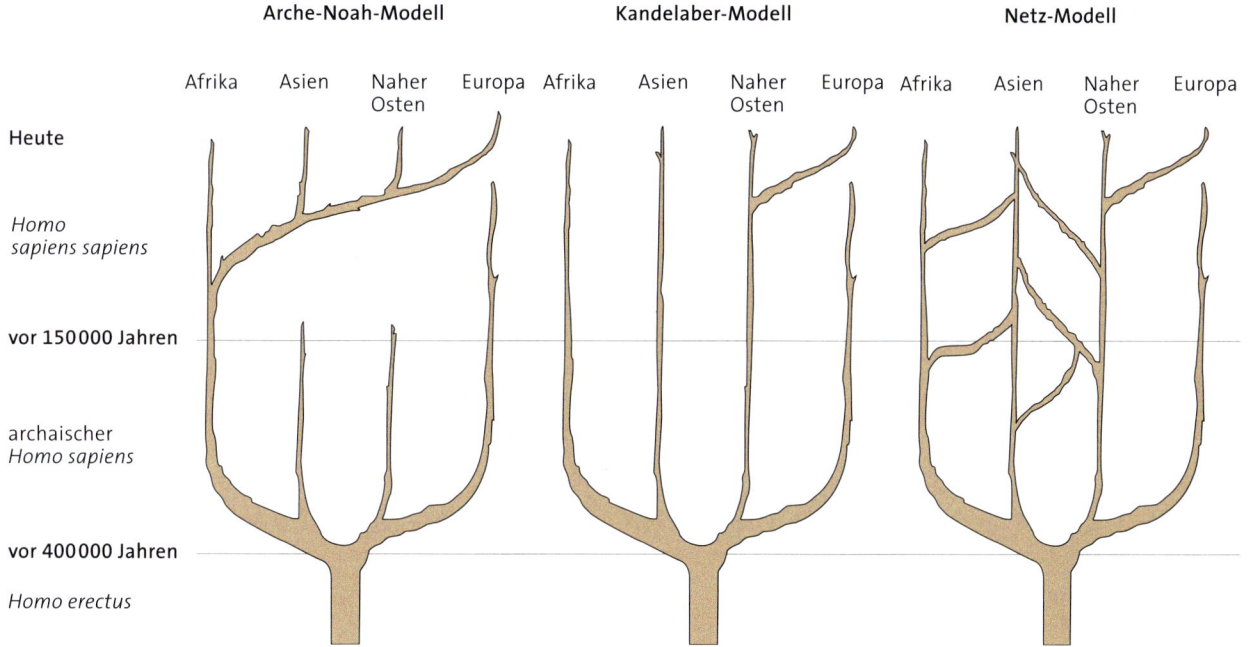

Mit dem Arche-Noah-Modell, dem Kandelaber-Modell und dem Netz-Modell werden drei konkurrierende Hypothesen zur Evolution des heutigen Menschen verbildlicht.

C1 Beschreiben Sie die drei dargestellten Modelle!

C2 Vergleichen Sie diese Modelle mit der Out-of-Africa-Hypothese und der multiregionalen Hypothese zur Entstehung des heutigen Menschen!

C3 Bewerten Sie die drei Modelle anhand der Ihnen bekannten Befunde!

Material D ▸ Vergleich der mt-DNA

A	B	C
Neandertaler	1	0
Europäer	510	28,2
Afrikaner	478	27,1
Asiaten	498	27,7
Indianer	167	27,4
Australier, Ozeanier	20	28,3

Die Tabelle zeigt die Ergebnisse eines mt-DNA-Vergleichs. Hierzu wurden 994 mt-DNA-Proben ausgewertet.
A Population
B Anzahl der getesteten Personen
C durchschnittliche Abweichung von der Neandertalersequenz

D1 Beschreiben Sie den in der Tabelle dargestellten Sachverhalt!

D2 Deuten Sie die Ergebnisse hinsichtlich einer möglichen Durchmischung von Neandertaler und *Homo sapiens* in Europa!

Material E ▸ Hypothesen zum Aussterben des Neandertalers

Seitdem zweifelsfrei feststeht, dass der moderne Mensch und der Neandertaler mehrere Tausend Jahre den gleichen Lebensraum bevölkerten, wurden unterschiedliche Hypothesen zum Aussterben des Neandertalers entwickelt. Eine Hypothese geht von der Überlegung aus, dass beide Menschenformen die gleiche ökologische Nische beanspruchten und *Homo sapiens* den Neandertaler durch Konkurrenzausschluss verdrängte.

E1 Nennen Sie Argumente, die für beziehungsweise gegen diese Hypothese sprechen!

E2 Bewerten Sie die Hypothese auf der Basis ihrer Argumente!

01 Höhlenmalerei
in der Grotte Chauvet

Evolution der Kultur

Im Tal der Ardèche in Südfrankreich wurde im Jahr 1994 eine Höhle entdeckt, deren Wandmalereien sofort das wissenschaftliche Interesse weckten. Die abgebildete Pferdedarstellung ist eine von mehr als 500 Zeichnungen aus dieser Höhle. Mithilfe der Radiokarbonmethode wurden deren älteste Bilder auf etwa 33 000 Jahre datiert. Sie sind etwa doppelt so alt wie die bekannten Höhlenmalereien von Lascaux und damit die ältesten Höhlenmalereien weltweit. Welche Beweggründe könnten steinzeitliche Menschen gehabt haben, die Wände mit solchen Darstellungen auszuschmücken?

*Neolithikum
= Jungsteinzeit*

HÖHLENMALEREI · Prähistorische Malereien zeigen häufig Tierdarstellungen und Jagdszenen. Man nimmt an, dass die Abbildungen einen praktischen Nutzen für die Menschen hatten. So könnten Jagdtechniken und Wanderrouten festgehalten worden sein. Außerdem wird vermutet, dass die Tierdarstellungen eine mythologische Bedeutung hatten. Sie befinden sich zudem in tief gelegenen, nur schwer zugänglichen Bereichen der Höhle. Das deutet darauf hin, dass die Malereien vor anderen Menschengruppen verborgen bleiben sollten.

*griech. mythos
= Legendenbildung*

Die zugrunde liegende Fähigkeit zum abstrakten und symbolischen Denken bedeutete einen enormen Entwicklungssprung in der Evolution des *Homo sapiens.* Man spricht deshalb von einer *kreativen Explosion,* die vor ungefähr 40 000 Jahren begann. Auch die Bestattungsrituale der Neandertaler waren komplexe kulturelle Leistungen. Blüten und Schmuck als Grabbeigaben lassen die Annahme zu, dass dabei bereits religiöse Rituale angewendet wurden.

NEOLITHISCHE REVOLUTION · Vor ungefähr 10 000 Jahren erfolgte im Vorderen Orient in einem Gebiet zwischen dem Mittelmeer und dem Persischen Golf, das als *Fruchtbarer Halbmond* bezeichnet wird, der Übergang von einer nomadischen zu einer sesshaften Lebensweise. Diese von Ackerbau und Viehzucht geprägte Lebensform breitete sich bald nach Europa und Südostasien aus. Ähnliche Strukturen entstanden unabhängig davon vor ungefähr 8500 Jahren in Süd- und Mittelamerika. Diese *Neolithische Revolution* führte zur Entstehung der ersten Hochkulturen mit eigener Gesetzgebung, Kunst, Religion und Wissenschaft.

02 Tontafel mit Keilschrift aus Mesopotamien

03 Badekultur bei Makaken

Ein weiterer Schub für die kulturelle Evolution war die Erfindung der Schrift. Vor 5000 Jahren entwickelten die Sumerer in Mesopotamien und die Ägypter unabhängig voneinander erste Schriftformen. Das heißt, die bisher gebräuchliche Bildsprache wich einer „geschriebenen Sprache". Kulturtechniken konnten nun schriftlich überliefert und gespeichert werden.

DER KULTURBEGRIFF · Bis weit ins 20. Jahrhundert galt die Auffassung, Kultur sei ein komplexes Phänomen von Sitte, Moral, Kunst und Recht, das der menschlichen Gesellschaft vorbehalten sei. In der modernen Biologie versteht man unter Kultur die Weitergabe von Erkenntnissen und Verhaltensweisen, die nicht genetisch festgelegt sind. Voraussetzung ist ein zentrales Nervensystem, das diese Informationen speichern kann.

Nach dieser Definition zeigen auch Tiere kulturelle Leistungen. Ein Beispiel hierfür ist eine Gruppe von Japanmakaken, die in der Nähe heißer Quellen lebt. In den 1960er-Jahren ahmte ein Affenweibchen menschliche Badegäste nach, die ins heiße Wasser stiegen. Die Experimentierfreudigkeit dieses Weibchens veränderte das Leben des ganzen Clans. Alle Tiere dieser Gruppe wärmen sich seitdem im Winter in den heißen Quellen. Andere Makakengruppen zeigen dieses Verhalten nicht.

GEHIRNGRÖSSE UND NAHRUNG · Die kulturelle Evolution des Menschen steht im engen Zusammenhang mit der Leistungsfähigkeit des Gehirns. Das Gehirn entspricht mit einer Masse von ungefähr 1350 Gramm etwa zwei Prozent der Gesamtmasse des Menschen. Es benötigt aber 20 Prozent des gesamten Energiebedarfs des Körpers. Dies bedeutet insbesondere bei Nahrungsmangel einen Nachteil. Damit stellt sich die Frage, welche Selektionsvorteile in der Evolution zur Entwicklung des verhältnismäßig großen Gehirns führten.

Ein Vergleich zweier in Mittelamerika beheimateten Affenarten liefert Hinweise zur Bedeutung der Ernährung für die Gehirnentwicklung. *Mantelbrüllaffen* leben von anspruchsloser, jederzeit verfügbarer Nahrung. *Geoffroy-Klammeraffen* suchen anspruchsvolle, leicht verdauliche Nahrung. Da die Nahrung teilweise schwer zugänglich ist und die Früchte zu unterschiedlichen Zeiten reifen, benötigen die Tiere eine mentale Landkarte, in der räumliche und zeitliche Vorstellungen abgespeichert werden. Man kann deshalb gut begründen, dass die Gehirnmasse der Klammeraffen bei gleicher Körpermasse etwa doppelt so groß ist wie die der Brüllaffen.

1 Beschreiben Sie die wesentlichen Schritte der kulturellen Evolution des Menschen!

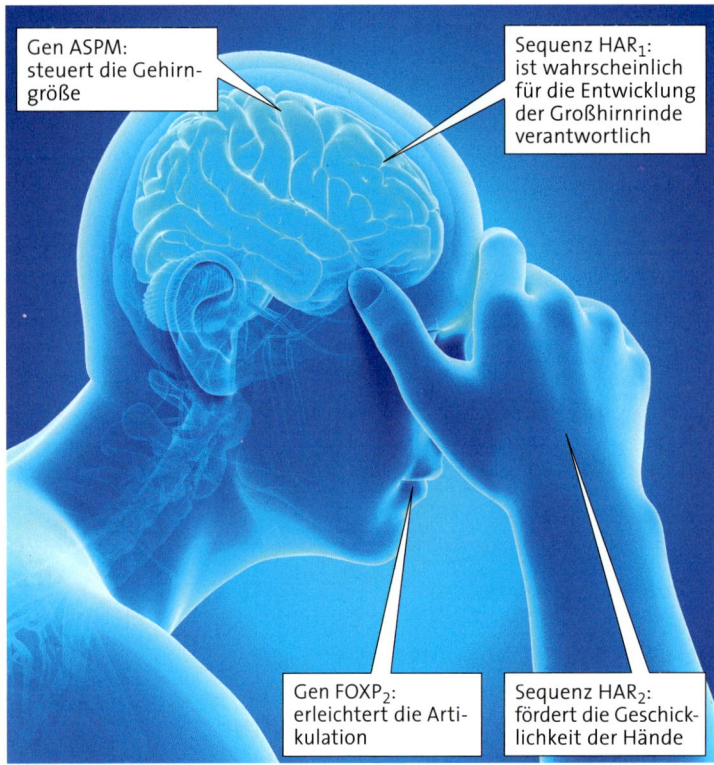

Gen ASPM: steuert die Gehirngröße

Sequenz HAR_1: ist wahrscheinlich für die Entwicklung der Großhirnrinde verantwortlich

Gen $FOXP_2$: erleichtert die Artikulation

Sequenz HAR_2: fördert die Geschicklichkeit der Hände

04 Gene und Evolution der Kultur

Gehirngrößen siehe Seite 298

GRUPPENGRÖSSE · Die ökologischen Bedingungen in der Savanne stellten die frühen Hominiden vor ähnliche Herausforderungen. Auch sie mussten ihre Nahrung in einem großen Territorium beschaffen. Während Australopithecinen sich ausschließlich herbivor ernährten, lebte *Homo habilis* auch von tierischer Nahrung. Sie ist energiereicher und leichter verdaulich als pflanzliche Kost. Die Länge des Darms, der von allen Organen mit Ausnahme des Gehirns die meiste Energie benötigt, reduzierte sich. Energiereiche Kost und kürzerer Darm sind beides Faktoren, die die Vergrößerung des Gehirns begünstigten.

Homo habilis lebte in größeren sozialen Verbänden. Die Fitness eines einzelnen Gruppenmitglieds war davon abhängig, ob es in der Lage war, ausreichend Nahrung für seine Nachkommen zu beschaffen. Eine höhere Intelligenz erleichterte die Nahrungssuche und bedeutete somit einen evolutionären Vorteil gegenüber den Artgenossen. Außerdem stellte das Leben in der Gruppe hohe Anforderungen an die soziale Kompetenz. Für das Überleben war es wichtig,

verschiedene Fakten zu einzelnen Mitgliedern speichern und deren Bedeutung richtig einschätzen zu können. Derartige Denkleistungen werden von einem bestimmten Areal der Großhirnrinde, dem *Neokortex*, gesteuert. Ein Vergleich rezenter Primaten zeigt, dass Tiere, die in größeren Gruppen leben, einen größeren Neokortex aufweisen.

SPRACHE · Die Vergrößerung der Großhirnrinde war eine Voraussetzung für die Entwicklung der Sprache. *Homo habilis* verfügte bereits über die für die Sprachverarbeitung notwendigen Hirnregionen, die als *Broca-* und als *Wernicke-Areal* bezeichnet werden. Doch zusätzlich bedurfte es einer besonderen Koordination der Mund- und Gesichtsmuskeln. Im Jahr 1988 entdeckte man das $FoxP_2$-Gen, welches dieses Merkmal codiert. Zwei Mutationen innerhalb dieses Gens haben zur Folge, dass sich Mensch und Schimpanse in nur zwei Aminosäuren des resultierenden Proteins unterscheiden. Auch beim Neandertaler wurden die der Sprache zugrunde liegenden $FoxP_2$-Mutationen nachgewiesen. Sie sind wahrscheinlich mehr als 500 000 Jahre alt und führten dazu, dass Gebärden von Lautfolgen abgelöst wurden. Man konnte kommunizieren, ohne sich zu sehen.

In den letzten Jahren gelang es, weitere DNA-Sequenzen zu bestimmen, die für die Gehirnentwicklung des Menschen bedeutsam sind. Eine andere spezifische DNA-Sequenz fördert im Verlauf der Embryonalentwicklung Genaktivitäten zur Steuerung von Daumen und Handgelenk. Vergleiche mit der Schimpansen-DNA zeigten, dass diese Gen-Abschnitte auch erst nach der Trennung vom Schimpansen in der Abstammungslinie der Hominiden mutierten. Einige bedeutsame Mutationen sind somit die Voraussetzung für die geistige und kulturelle Evolution der Hominiden.

2 ⌡ Nennen Sie die Faktoren, die eine Selektion zur Vergrößerung des Gehirnvolumens der Hominiden begünstigten!

3 ⌡ Erläutern Sie die der kulturellen Evolution zugrunde liegenden genetischen Veränderungen!

Material A ▸ Kulturtechniken von Menschenaffen

Im Nouabalé-Ndoki Nationalpark im Norden des Kongo beobachteten Biologen ein Gorillaweibchen. Es versuchte, durch einen Teich zu waten, sank jedoch nach nur wenigen Schritten tief ein. Daraufhin kletterte es aus dem Wasser, holte sich einen langen Stock und prüfte damit die Wassertiefe an einer anderen Stelle. Anschließend nutzte es den Stock als Gehhilfe.

Schon seit Längerem ist bekannt, dass Schimpansen Stöcke zum Angeln von Termiten nutzen. In Zentralafrika beobachtete man eine Gruppe von Tieren, die die Stöcke an einem Ende pinselartig ausfransten, um damit die Termiten noch wirksamer aufzunehmen.

An der Elfenbeinküste beobachtete man Schimpansen, die Werkzeug benutzten, um hartschalige Nüsse zu knacken. Hierbei dienten Baumwurzeln oder größere Steine als Amboss und andere Steine als Hammer. Jungtiere benötigen mehrere Jahre, um diese Technik zu erlernen. An gleicher Stelle entdeckten Forscher 4300 Jahre alte einfache Steinwerkzeuge, die wahrscheinlich von Schimpansen benutzt wurden.

Die entsprechende Technik wurde demnach über 200 Generationen weitergegeben.

A1 Erläutern Sie anhand der dargestellten Beispiele den biologischen Kulturbegriff!

A2 Erklären Sie, weshalb die unterschiedlichen Gebräuche verschiedener Menschenaffenpopulationen lokal begrenzt sind!

A3 Bewerten Sie die Auffassung, dass der Kulturbegriff nur auf den Menschen anzuwenden sei!

Material B ▸ Mem-Theorie

Die biologische Evolution basiert darauf, dass Informationen über das Erbmaterial, die *Gene,* an die direkten Nachkommen weitergegeben werden. Einer in den 1970er-Jahren entwickelten Theorie zufolge werden kulturelle Informationen in Analogie hierzu als *Meme* bezeichnet. Meme können sowohl horizontal an andere Mitglieder der Gruppe weitergegeben werden, als auch vertikal, also von einer Generation an die folgende. In der modernen Welt dominiert die horizontale Memweitergabe (Freunde, Schule,

Fernsehen, Internet). Es können symbiotische, schwierige und parasitäre Meme unterschieden werden: *Symbiotische Meme* (Verwendung der Muttersprache oder Radfahren) sind gängige Verhaltensmuster, die für ihre Befolger vorteilhaft sind und sich leicht verbreiten. *Schwierige Meme* (Fremdsprachengebrauch, Klavierspielen) sind Verhaltensmuster, die ebenfalls ihren Befolgern nützen, sich aber wegen des mit ihnen verbundenen Lernaufwands nur selten und langsam verbreiten. *Parasitäre Meme*

(intensives Sonnen, Drogen) sind nachteilig für ihre Befolger, verbreiten sich aber dennoch sehr erfolgreich.

B1 Nennen Sie weitere Beispiele für symbiotische, schwierige und parasitäre Meme!

B2 Vergleichen Sie die kulturelle Evolution mit der biologischen Evolution!

B3 Nehmen Sie Stellung zu der Aussage: „Die Fortpflanzungsinteressen der Gene geraten in Konflikt mit denen der Meme"!

Menschliche Rassen – gestern und heute

01 Eine Welt

RASSENTHEORIE · Die Herkunft des Rassebegriffs ist unklar. Er wurde wahrscheinlich schon im Mittelalter verwendet. Im 16. Jahrhundert nutzten ihn Adelige, um auf ihre edle Herkunft hinzuweisen. 1684 verwendete der Naturforscher François BERNIER den Rassebegriff in einem neuen Zusammenhang. Er schlug vor, die Menschen nach körperlichen Merkmalen zu ordnen. Carl von LINNÉ ging später von drei „Urtypen" menschlicher Rassen aus. Der französische Schriftsteller Arthur de GOBINEAU veröffentlichte in den Jahren 1852 bis 1854 vier Bände über die „Ungleichheit der Menschenrassen". Darin hieß es, die Eigenschaften der Rassen seien verantwortlich für ihre kulturelle Entwicklung. Eine Vermischung der Rassen führe zu ihrem Niedergang.

Nachdem Charles DARWIN seine Evolutionstheorie veröffentlichte, übertrugen verschiedene Autoren seine Ausführungen auf die menschliche Gesellschaft und begründeten damit den **Sozialdarwinismus.** Sie

nahmen an, auch kulturelle und soziale Veränderungen seien durch natürliche Selektion bedingt. DARWIN distanzierte sich von solchen Überlegungen. Sein Vetter Francis GALTON hingegen prägte im Jahr 1883 den Begriff der **Eugenik** oder **Erbhygiene**. Er behauptete, negative Einflüsse auf das Erbgut innerhalb einer Rasse sollten unterbunden werden. Dazu gehöre auch, die Fortpflanzung erbkranker Menschen zu verhindern. Diese Geisteshaltung hatte zur Folge, dass in vielen Ländern Europas bis Mitte des 20. Jahrhunderts behinderte Menschen zwangssterilisiert wurden.

Viele Biologen und Mediziner unterstützten damals in Deutschland die Rassentheorie und die Eugenik. So schrieb Ernst HAECKEL zu diesem Thema: „Die Menschen werden in Rassen unterteilt. Im Allgemeinen sind die kraushaarigen und schwarzen Menschen auf einer viel tieferen Entwicklungsstufe stehen geblieben und den Affen viel näher als die glatthaarigen und weißen Menschen."

MISSBRAUCH IM NATIONALSOZIALISMUS · Im Jahre 1905 gründete der Mediziner Alfred PLOETZ die Gesellschaft für Rassenhygiene. Diese Gesellschaft beriet später die Nationalsozialisten und nahm Einfluss auf deren Gesetzgebung.

Zur NS-Zeit mündete diese Ideologie in der Judenverfolgung und wurde sogar zum Unterrichtsinhalt. In einem Biologiebuch für das achte Schuljahr hieß es: „Das Judentum bedeutet nicht nur eine politische Gefahr, sondern in erhöhtem Grade auch eine Gefahr für das Erbgut unseres Volkes. Rassenmischung mit

dem jüdisch-parasitären Rassengemenge ist besonders verderblich." Mit diesen Worten wurde ein Buchkapitel eingeleitet, das eines der Nürnberger Rassengesetze von 1935 erklärte: „Das Gesetz des Deutschen Blutes und der Deutschen Ehre". Das NS-Regime rechtfertigte hiermit später seine Massenmorde.

ÜBERWINDUNG DES RASSISMUS · Im Jahr 1950 veröffentlichte die UNESCO eine Erklärung, nach der Menschenrassen nur durch physische und physiologische Unterschiede gekennzeichnet sind. Es gibt keine Belege für Unterschiede geistiger Eigenschaften wie Intelligenz und für rassisch bedingte kulturelle Besonderheiten. Dennoch wurde in den Südstaaten der USA die Rassentrennung bis in die 1960er-Jahre aufrechterhalten, in Südafrika sogar bis 1990.

Im Artikel drei des Grundgesetzes der Bundesrepublik Deutschland steht hierzu: „Niemand darf wegen seines Geschlechtes, seiner Abstammung, seiner Rasse, seiner Sprache, seiner Heimat und Herkunft, seines Glaubens, seiner religiösen oder politischen Anschauungen benachteiligt oder bevorzugt werden. Niemand darf wegen seiner Behinderung benachteiligt werden."

ES GIBT KEINE RASSEN · Biologen war es bis heute nicht möglich, verschiedenen „Menschenrassen" eindeutige Unterscheidungsmerkmale zuzuordnen. Molekulargenetische Analysen zeigten, dass die genetischen Unterschiede zwischen verschiedenen Populationen sogar geringer sind als innerhalb einer

Population. Aufgrund dieser Erkenntnisse erklärte die UNESCO im Jahr 1995, dass die Anwendung des Rassebegriffs auf den Menschen wissenschaftlich nicht haltbar sei.

Weitere Untersuchungen, die im Jahr 2008 veröffentlicht wurden, bestätigen diesen Sachverhalt. Es konnte nachgewiesen werden, dass es auf der DNA Bereiche gibt, in denen sich einzelne Nukleotide häufiger unterscheiden. Genetiker bezeichnen diese Varianten als *single nucleotide polymorphisms*, die *SNPs*. Man analysierte das Genom von mehr als 1000 menschlichen Zelllinien aus 51 Populationen im Hinblick auf den Austausch dieser einzelnen Nukleotide. Anhand der ermittelten genetischen Unterschiede wurden die Verwandtschaftsbeziehungen verschiedener Bevölkerungsgruppen bestimmt. Je größer die Anzahl der übereinstimmenden Nukleotide ist, umso näher sind die Populationen miteinander verwandt. Die Wissenschaftler stellten fest, dass eine scharfe räumliche Abgrenzung einzelner Populationen nicht möglich ist. Man beobachtet lediglich geografische Gradienten, also sehr feine Abstufungen in den Genomen von Menschen verschiedener Regionen. Rassen gibt es nicht.

Die Ergebnisse bestätigen außerdem die Verbreitungswege der frühen Menschen nach der Out-of-Africa-Hypothese. Wenn eine Menschengruppe ihre Heimat verlässt, nimmt sie in ihrem Genpool nur einen kleinen Teil des ursprünglichen genetischen Materials mit. Die größte Variabilität verbleibt in der Stammgruppe. So erklärt sich, dass in Afrika die genetische Vielfalt am größten

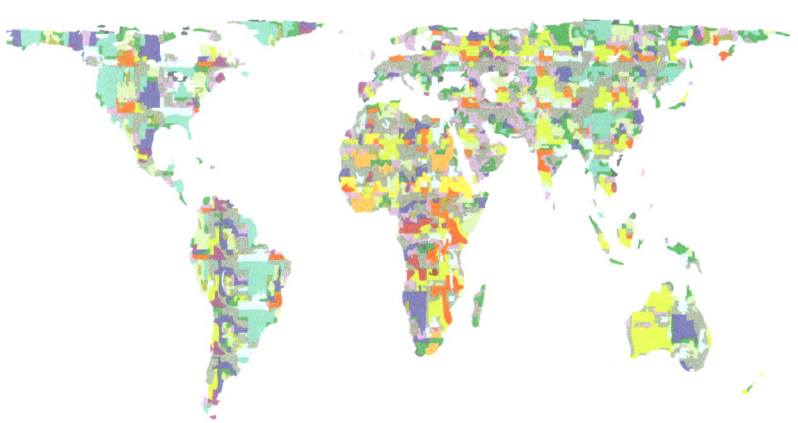

Die Karte stellt die genetische Vielfalt der Menschen farbig dar. Einige Genvarianten kommen nur in Afrika vor.

02 Weltkarte der genetischen Vielfalt

ist. Da Amerika der letzte Kontinent war, der von einer ursprünglich relativ kleinen *Homo-sapiens*-Gruppe besiedelt wurde, weist dessen Urbevölkerung die geringsten genetischen Unterschiede auf.

HAUTFARBE · Ein wichtiges Kriterium der Rassentheorie war die Hautfarbe. Aber welche Bedeutung hat die Hautfarbe für die Evolution des Menschen?
Wissenschaftler nehmen an, dass die dunkle Hautfarbe bei den frühen Menschen entstand, nachdem sie ihre dichte Körperbehaarung verloren hatten. Die Pigmentierung der Haut durch Melanin schützt vor der UV-Strahlung des Sonnenlichts und verringert das Hautkrebsrisiko. Außerdem verhindert die Pigmentierung den Abbau der zu den B-Vitaminen gehörenden lichtempfindlichen Folsäure in der Haut. Folsäure wird bei der Zellteilung zur Synthese neuer DNA benötigt. Ein Mangel an Folsäure führt zu Unfruchtbarkeit und Missbildungen. Andererseits benötigt der Mensch eine geringe Dosis

UV-Strahlung zur Vitamin-D-Synthese. Vitamin D ist für die Kalziumeinlagerung bei der Knochenbildung wichtig.
Im Jahr 2005 entdeckten Wissenschaftler zwei Varianten eines für die Pigmentsynthese wichtigen Enzyms, die sich nur geringfügig unterscheiden. Bei hellhäutigen Menschen enthält es an Position 111 die Aminosäure Threonin statt Alanin. Die Wirkung des Enzyms ist hierdurch stark herabgesetzt.
Die zugrunde liegende Mutation trat wahrscheinlich erst vor 6000 bis 5300 Jahren in Europa auf. Unser direkter Vorfahre, der Cro-Magnon-Mensch, war also dunkelhäutig.

1 Beurteilen Sie die Formulierung des Artikels drei im Grundgesetz der Bundesrepublik Deutschland aus damaliger und aus heutiger Sicht!

2 Erklären Sie, weshalb die geringe Pigmentierung in Europa einen evolutionären Vorteil bedeutete!

Training A ▸ Natürliche Selektion

A1 Angepasstheit an den Salzgehalt

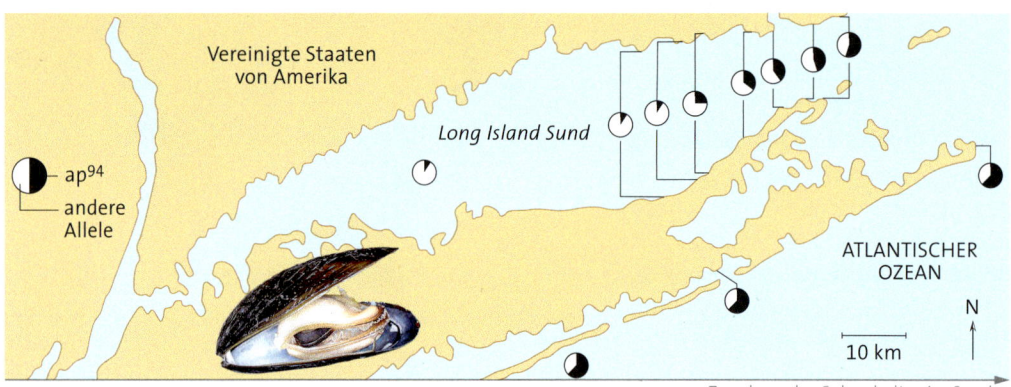

Zunahme des Salzgehaltes im Sund

Genetische Untersuchungen an Miesmuscheln im Long Island Sund zeigten, dass das für die Bildung des Enzyms Aminopeptidase I codierende Gen in verschiedenen Allelen wie zum Beispiel dem Allel ap⁹⁴ vorliegt. Außerdem fand man heraus, dass sich die Frequenz des Allels ap⁹⁴ der verschiedenen Miesmuschelpopulationen in Abhängigkeit von ihrem Fundort im Sund ändert. Aminopeptidase I spaltet endständige Aminosäuren von Proteinen ab und beeinflusst so das osmotische Gleichgewicht in den Zellen der Muschel. Durch die Erhöhung der Konzentration an Aminosäuren gleicht die Muschel den osmotischen Wert in ihrem Inneren dem des Salzwassers an. Die durch das Allel ap⁹⁴ codierte Aminopeptidase I besitzt eine höhere Aktivität als Varianten, die von anderen Allelen codiert werden. Muscheln mit dem Allel ap⁹⁴ weisen jedoch eine höhere Sterblichkeitsrate auf als Muscheln mit anderen Allelen.

a Werten Sie die Abbildung hinsichtlich der Verteilung der Muschelpopulationen aus!

b Erläutern Sie die natürliche Selektion der Miesmuschel im Long Island Sund!

c Diskutieren Sie die Folgen dieser evolutionären Veränderung für die Muschel!

A2 Experiment zur Selektion beim Wiesenrispengras

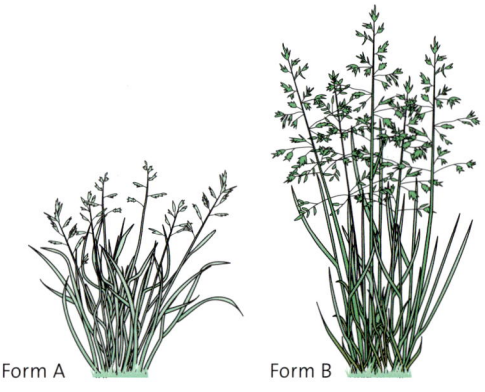

Form A   Form B

Es sind zwei verschiedene Wuchsformen des Wiesenrispengrases *Poa pratensis* bekannt: die kleinwüchsige Form A und die großwüchsige Form B. Form A findet man oft auf Weiden, auf denen das Gras einem ständigen Tierfraß ausgesetzt ist. Form B dominiert auf Wiesen, die nur ein- bis zweimal jährlich gemäht werden. Verpflanzt man Gras der Form A auf Wiesen, behält es seine Wuchsform. Nachkommen dieser Pflanzen variieren jedoch in der Wuchshöhe. Einige erreichen die Größe von Form B.

a Erläutern Sie den Selektionsvorgang bei *Poa pratensis* und stellen Sie ihn schematisch dar!

b Stellen Sie eine Hypothese auf, unter welchen Bedingungen aus den beiden Formen neue Arten entstehen können!

Training B ▸ Stammbäume der Primaten

B1 Hypothesen zum Stammbaum der Primaten

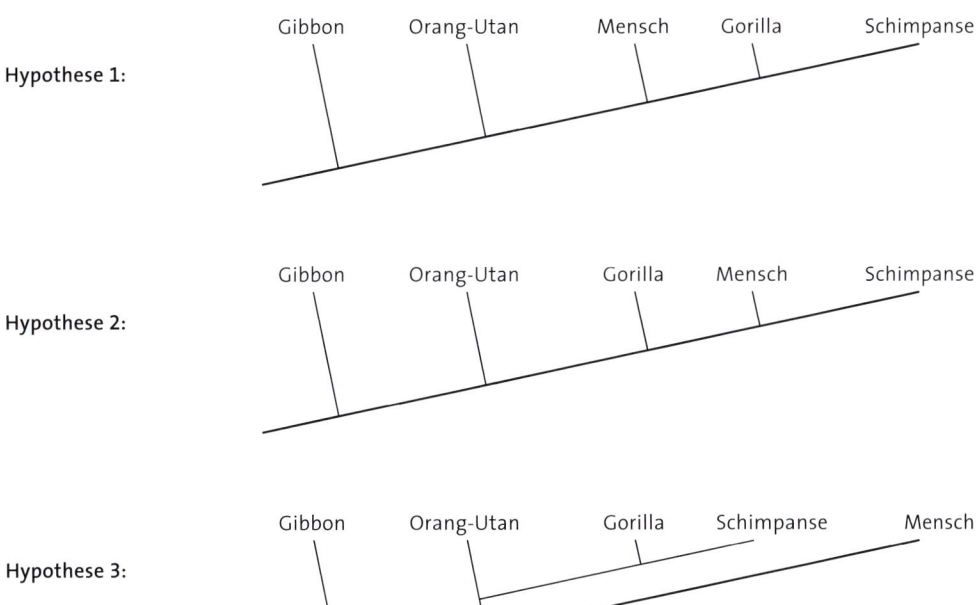

Hypothese 1:

Gibbon Orang-Utan Mensch Gorilla Schimpanse

Hypothese 2:

Gibbon Orang-Utan Gorilla Mensch Schimpanse

Hypothese 3:

Gibbon Orang-Utan Gorilla Schimpanse Mensch

B2 Vergleich der Gensequenzen für das Enzym NAD-Dehydrogenase

	Schimpanse	Gorilla	Mensch	Orang-Utan
Schimpanse	100,0 %	87,7 %	89,0 %	76,4 %
Gorilla		100,0 %	86,5 %	74,7 %
Mensch			100,0 %	75,5 %
Orang-Utan				100,0 %

(Übereinstimmungen in Prozent)

B3 Vergleich der Karyotypen

gemeinsamer Vorfahre	2n = 42 (Annahme)
Gibbon	2n = 38
Orang-Utan	2n = 48; 3 Aufspaltungen; 4 Inversionen
Gorilla	2n = 48; 3 Aufspaltungen; 4 Inversionen
Schimpanse	2n = 48; 3 Aufspaltungen; 4 Inversionen
Mensch	2n = 46; 3 Aufspaltungen; 1 Fusion; 3 Inversionen

a Vergleichen Sie die drei hypothetischen Stammbäume miteinander!

b Erläutern Sie die in B2 und B3 dargestellten Befunde!

c Begründen Sie anhand des vorliegenden Materials, welcher der drei Stammbäume mit der höchsten Wahrscheinlichkeit zutrifft!

Evolutionsmechanismen

intraspezifische Variabilität: ungerichtete Vielfalt von Phänotypen in einer Population durch Merkmalsvariation beim Übergang von Generation zu Generation.

Angepasstheit: bestimmte Merkmalsausprägung aufgrund der gegebenen Umweltfaktoren. In einer Population können angepasste Individuen Ressourcen besser nutzen als nicht angepasste. Sie haben dadurch einen höheren Fortpflanzungserfolg.

natürliche Selektion: Auslese von Lebewesen einer Population aufgrund individueller Unterschiede in Überlebenschance und Fortpflanzungserfolg.

Selektionsdruck: Umweltfaktoren, die den Fortpflanzungserfolg begrenzen. Angepasste Lebewesen haben einen Selektionsvorteil und somit einen größeren Fortpflanzungserfolg.

reproduktive Fitness: Anzahl der fortpflanzungsfähigen nachkommen eines Individuums als Maß für dessen evolutionären Erfolg.

transformierende Selektion: Selektionsform, bei der die Ausprägung eines Merkmals in Richtung einer anderen Ausprägung desselben Merkmals verändert wird. Diese neue Ausprägung bietet Lebewesen einen Selektionsvorteil.

disruptive Selektion: Selektionsform, die dazu führt, dass ein Merkmal bei den Lebewesen einer Population in mehreren Ausprägungen vorkommt, die nebeneinander bestehen können.

stabilisierende Selektion: Selektionsform, bei der sich die Ausprägung eines Merkmals durchsetzt, die den Lebewesen in einer Population gegenüber anderen Ausprägungen desselben Merkmals einen Selektionsvorteil bietet.

sexuelle Selektion: Auslese von Lebewesen einer Population aufgrund von Merkmalsausprägungen, die zu einem erhöhten Fortpflanzungserfolg führen. Weibchen bevorzugen häufig Männchen mit besonders auffälligen Merkmalen, die

auf eine besondere genetische Ausstattung und eine gute gesundheitliche Verfassung schließen lassen.

Gradualismus: stufenweise Entwicklung von Angepasstheiten an sich ändernde Umweltfaktoren über viele Generationen.

interchromosomale Rekombination: Neukombination der mütterlichen und väterlichen Chromosomen während der Meiose. Dadurch kommt es zu neuen Merkmalskombinationen.

intrachromosomale Rekombination: Stückaustausch zwischen homologen Chromosomen während der Meiose. Durch dieses Crossing-over erhöht sich die Anzahl der Kombinationsmöglichkeiten der Allele in den entstehenden Geschlechtszellen.

Genpool: Gesamtheit der genetischen Information aller Individuen einer Population.

Allelfrequenz: Häufigkeit eines Allels in einem Genpool.

Polymorphismus: Vorliegen eines Gens in mehreren Allelen. Diese Variabilität des Genotyps zeigt sich häufig in den Variationen des Phänotyps.

HARDY-WEINBERG-Gleichgewicht: mathematische Beschreibung der Allelfrequenz in einer Idealpopulation. Da Selektion, Mutation und Isolation sowie eine Zu- oder Abwanderung von Lebewesen nicht stattfinden, ist die Allelfrequenz in einer solchen Idealpopulation stabil.

genetische Drift: Veränderung der Allelfrequenz in einer Population durch äußere Zufallsereignisse.

Gründereffekt: Form der genetischen Drift, bei der eine kleine Gründerpopulation einen Lebensraum neu besiedelt und sich unter neuen Umweltbedingungen entwickelt.

Flaschenhalseffekt: Form der genetischen Drift, bei der drastische Umwelteinflüsse zu einer starken Dezimierung einer Population führen.

biologisches Artkonzept: Alle Lebewesen, die sich untereinander fortpflanzen und fruchtbare Nachkommen hervorbringen können, gehören zu einer Art.

typologisches Artkonzept: Eine Art stellt einen Typus dar, der relativ unveränderlich und von anderen Typen klar getrennt ist.

phylogenetisches Artkonzept: Eine Art ist eine Abstammungsgemeinschaft von Populationen in einer evolutionären Zeitspanne. Eine Art beginnt bei einer Artspaltung und endet mit dem Aussterben aller Vertreter oder bei einer erneuten Artspaltung.

allopatrische Artbildung: Form der Artbildung, bei der sich eine Population durch die geografische Trennung von ihrer Ausgangsart zu einer neuen Art entwickelt.

sympatrische Artbildung: Form der Artbildung, bei der eine kleine Population ohne geografische Trennung von ihrer Ausgangsart eine neue Art bildet. Es kommt zu einer Artspaltung an einem Ort.

peripatrische Artbildung: Sonderform der allopatrischen Artbildung, bei der sich eine sehr kleine Population außerhalb des bisherigen Verbreitungsgebietes der Ausgangsart ansiedelt und sich zu einer neuen Art entwickelt.

Isolation: Trennung der Genpools zweier Arten durch Isolationsmechanismen.

Isolationsmechanismus: Mechanismus, der die Entstehung von fruchtbaren Mischformen aus verschiedenen Arten verhindert. Dies kann durch geografische, ethologische, mechanische, zeitliche, ökologische oder genetische Isolation erreicht werden. Auch Artschranke und Fortpflanzungsbarriere genannt.

adaptive Radiation: Auffächerung einer wenig spezialisierten Art in viele Arten durch Entwicklung von Angepasstheiten an die Umweltfaktoren und durch Ausbildung ökologischer Nischen.

Belege für die Evolution

Fossilien: erhaltene Reste oder Spuren von Lebewesen vergangener Erdzeitalter.

Körperfossilien: Fossilien, bei denen der ganze Körper eines Lebewesens einschließlich der Weichteile erhalten bleibt zum Beispiel durch Einschluss in Baumharz oder in Eis.

Sedimentfossilien: Fossilien, die durch Ablagerungen von Sand oder Schlamm gebildet wurden. Bei einem Hartteilfossil versteinert zum Beispiel ein Kalkpanzer durch Einlagerung von Mineralsalzen. Ein Steinkern bildet sich durch in Hohlräume eingedrungenes und dann versteinertes Sediment. Abdruckfossilien und Spurenfossilien entstehen, wenn Teile eines Lebewesens in Sediment eingeschlossen, dennoch zersetzt wurden und nur der Abdruck oder eine Spur erhalten bleibt.

Leitfossilien: Fossilien, die nur in geologischen Schichten eines bestimmten Alters vorkommen und sich daher zu deren Datierung eignen.

Mosaikform: Arten mit Merkmalen verschiedener systematischer Gruppen.

lebendes Fossil: rezente Art, die sich über Jahrmillionen nur wenig verändert hat.

Homologie: Strukturen unterschiedlicher Funktion, die auf einem gemeinsamen Bauplan und einer gemeinsamen genetischen Information basieren. Zur Feststellung der Homologie werden die Homologiekriterien angewandt.

Kriterium der Lage: Strukturen sind dann homolog, wenn sie in einem vergleichbaren Gefügesystem die gleiche Lage einnehmen.

Kriterium der spezifischen Qualität: Komplexe, aus vielen Einzelelementen bestehende Strukturen sind homolog, wenn sie in zahlreichen Einzelmerkmalen auffallend übereinstimmen.

Kriterium der Stetigkeit: Unterschiedlich gestaltete Strukturen sind homolog, wenn sie durch eine Reihe von Zwischenformen verknüpft sind.

Progressionsreihe: Entwicklung homologer Organe von einfachen zu komplexen Strukturen.

Regressionsreihe: Reduzierung oder Rückentwicklung homologer Organe von komplexen zu einfachen Strukturen.

Analogie: aus der Angepasstheit an ähnliche Lebensbedingungen resultierende ähnliche Struktur, die aber auf einem verschiedenartigen Bauplan und unterschiedlicher genetischer Information basiert.

Parallelismus oder Homoiologie: Entwicklung ähnlicher analoger Strukturen auf der Basis homologer Organe.

Konvergenz: Entwicklung ähnlicher analoger Strukturen bei systematisch nicht näher verwandten Arten.

Genfamilie: Gruppen von Genen mit einer überdurchschnittlich hohen Ähnlichkeit in der Abfolge der Nukleotidsequenzen.

Homologe Gene: bei verschiedenen Arten vorliegende Gene, die auf ein Gen eines gemeinsamen Vorfahren zurückgehen.

Genstammbaum: Darstellung von Verwandtschaftsbeziehungen auf der Grundlage mutationsbedingter Unterschiede in der Nukleotidsequenz.

Evolutionsrate: Anzahl der ausgetauschten Aminosäuren je Zeiteinheit.

molekulare Uhr: Methode der Altersbestimmung aufgrund von Sequenzabweichungen unter der Annahme konstanter Mutationsraten.

Evolution der Lebewesen

Chemische Evolution: Bezeichnung für die Entstehung von Biomolekülen am Anfang der Entwicklung des Lebens auf der Erde. Stanley Miller wies experimentell nach, dass unter den Bedingungen der Uratmosphäre Biomoleküle auf chemischem Wege entstehen konnten.

Protobionten: erste Lebensformen, die aus Biomolekülen während der Frühentwicklung der Erde entstanden. Aus den Protobionten entwickelten sich die ersten Prokaryoten. Über den Mechanismus der Entstehung der Protobionten existieren unterschiedliche Theorien (Ursuppentheorie, Theorie der Schwarzen Raucher und Lost-City- Hydrothermalquellen).

Hyperzyklus: Theorie über die Entstehung des Stoffwechsels und der Replikation bei frühen Lebensformen. Spontan entstandene Proteine mit katalytischer Aktivität könnten RNA synthetisiert haben. Die RNA speichert die Information für diese Proteine. Es wird diskutiert, ob RNA sowohl die katalytische als auch die replikative Funktion ausgeführt haben könnte.

Endosymbiose: Aufnahme heterotropher und fotoautotropher Bakterien als Endosymbionten in Ur-Eukaryotenzellen. Die Endosymbiontentheorie ist eine Erklärung der Herkunft eukaryotischer heterotropher und fotoautotropher Zellen.

horizontaler Gentransfer: Weitergabe genetischen Materials bei Bakterien durch die Mechanismen Transformation, Konjugation und Transduktion. Bei Eukaryoten kommt horizontaler Gentransfer selten vor.

Domäne: systematische Bezeichnung einer Gruppe von Lebewesen. Man unterscheidet die drei Domänen Bacteria, Archaea und Eukarya. Diese Aufteilung beruht auf DNA-Analysen. Die Eukarya sind demnach näher mit den Archaea verwandt als mit den Bacteria.

Vielzeller: Lebewesen, die aus vielen differenzierten Zellen mit Aufgabenteilung bestehen. Man nimmt an, dass die ersten Vielzeller aus Kolonien mehrerer Einzeller bestanden, die sich später differenzierten.

Protisten: Sammelbegriff für Lebewesen, deren Stammesgeschichte nicht geklärt ist. Sie bilden daher keine stammesgeschichtlich einheitliche Gruppe. Innerhalb der verschiedenen Protistengruppen entstand mehrfach unabhängig voneinander die Vielzelligkeit, zum Beispiel bei Rotalgen oder Grünalgen. Aus verschiedenen Protistengruppen sind die Tiere, die Pflanzen und die Pilze hervorgegangen.

Humanevolution

Primaten: Ordnung der Säugetiere, die auch als Herrentiere bezeichnet wird. Man unterscheidet zwei Unterordnungen: die Halbaffen und die Echten Affen.

Hominoidea: Überfamilie der Menschenaffen und des Menschen. Sie besteht aus zwei Familien. Gibbons werden als Hylobatidae und die großen Menschenaffen mit Gorilla, Schimpanse, Orang-Utan und Mensch als Hominidae bezeichnet.

Homininae: Unterfamilie der afrikanischen Menschenaffen, des Menschen und verwandter Fossilformen.

Ponginae: Unterfamilie des Orang-Utans und verwandter Fossilformen.

Sahelanthropus tchadensis: etwa sieben Millionen Jahre alter Vormensch, dessen Name sich vom Fundort im Tschad ableitet. Seine systematische Stellung ist umstritten.

Homo habilis: bedeutet wörtlich übersetzt „geschickter Mensch". Er lebte 2,4 bis 1,6 Millionen Jahre vor unserer Zeit und besaß die Fähigkeit zur Werkzeugherstellung. Da er eine halbe Million Jahre neben *Homo erectus* lebte, wird er nicht als dessen Vorfahr angesehen.

Homo ergaster: Er gilt als Vorfahr des Menschen. Aufgrund von Ähnlichkeiten mit *Homo erectus* nehmen einige Wissenschaftler an, dass es sich nicht um eine eigene Art handelt, sondern um regionale Angepasstheiten.

Homo erectus: Dieser Frühmensch entstand vor ungefähr 1,8 Millionen Jahren und lebte wahrscheinlich bis vor 40 000 Jahren. Er besiedelte Afrika, Asien und Europa. Aus *Homo erectus* entwickelte sich in Afrika *Homo sapiens* und in Europa der Neandertaler.

Homo neanderthalensis: Er lebte 200 000 bis etwa 30 000 Jahre vor unserer Zeit in Europa und im Nahen Osten. Sequenzanalysen von Mitochondrien- und Kern-DNA weisen darauf hin, dass er sich nicht mit *Homo sapiens* vermischte, obwohl beide mehrere Tausend Jahre nebeneinander lebten.

Homo sapiens: Der heutige Mensch entstand vor ungefähr 200 000 Jahren in Afrika und besiedelte von dort aus die gesamte Welt. Europa erreichte er vor ungefähr 40 000 bis 35 000 Jahren.

Out-of-Africa-Hypothese: Nach dieser Vorstellung entstand *Homo sapiens* ausschließlich in Afrika. Vor ungefähr 100 000 Jahren begann seine Ausbreitung über die anderen Kontinente. Diese Hypothese wird durch molekularbiologische Befunde gestützt.

Multiregionale Hypothese: Sie geht davon aus, dass sich *Homo sapiens* an verschiedenen Orten der Erde parallel aus *Homo erectus* entwickelt hat. In Kontaktzonen kam es regelmäßig zum Genaustausch. Diese Hypothese wird nur von wenigen Wissenschaftlern vertreten.

Neolithische Revolution: Entwicklung erster Hochkulturen vor ungefähr 10 000 Jahren. Sie ging einher mit dem Übergang von einer nomadischen zu einer sesshaften Lebensweise und führte zu einem sprunghaften Anstieg kultureller Leistungen und zu ersten Gesetzgebungen.

biologischer Kulturbegriff: Weitergabe von Fähigkeiten und Erkenntnissen, die nicht genetisch festgelegt sind.

Rassentheorie: im 17. Jahrhundert entstandene Vorstellung, dass Menschen aufgrund körperlicher Merkmale in verschiedene Rassen eingeteilt werden können. Molekulargenetische Untersuchungen widerlegen diese Theorie, da die Unterschiede zwischen verschiedenen Bevölkerungsgruppen geringer sind als die innerhalb einer Gruppe.

Sozialdarwinismus: Ende des 19. Jahrhunderts entwickelter Versuch, die Evolutionstheorie DARWINs auf die menschliche Gesellschaft anzuwenden.

Eugenik: Gesundheitspolitik mit dem Ziel, den Anteil negativ eingeschätzter Erbanlagen in der Bevölkerung zu verringern.

Genetik

In diesem Kapitel beschäftigen Sie sich mit

- ► der Realisierung der genetischen Information sowie der Aktivierung und Inaktivierung von Genen;

- ► der Erzeugung gentechnisch veränderter Lebewesen;

- ► Methoden zur Bestimmung der Basensequenzen von DNA-Abschnitten;

- ► dem Einsatz von Gentechnik in der Pflanzenzucht und in der Medizin;

- ► der Bedeutung von Umwelteinflüssen für die Ausbildung von Merkmalen;

- ► Nachweisverfahren zur Funktion einzelner Gene.

Die Maus trägt ein Gen der Qualle *Aequorea victoria* in ihrem Genom, das für das grün fluoreszierende Protein codiert.

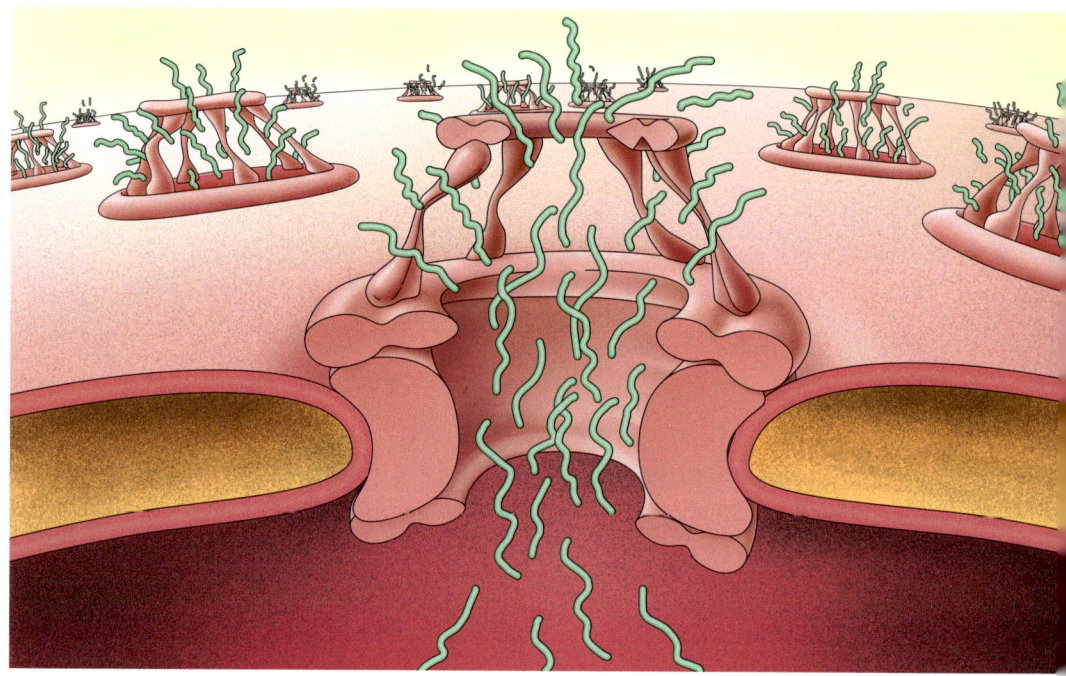

01 Export von mRNA-Molekülen durch den Kernporenkomplex

Proteinbiosynthese bei Eukaryoten

Bei Eukaryoten ist die genetische Information in der DNA in Chromosomen verpackt, die sich im Zellkern befinden. Dieser ist durch eine Membran vom Zytoplasma abgetrennt. Im Zytoplasma findet die Proteinbiosynthese an den Ribosomen statt. Es müssen daher informationstragende Moleküle durch die Poren der Zellkernmembran den Nukleus verlassen und ins Zytoplasma gelangen. Wie bewerkstelligt eine Eukaryotenzelle die Proteinbiosynthese?

TRANSKRIPTION · Das Chromatin im Zellkern ist unterschiedlich stark kondensiert. In den dicht gepackten Bereichen des Heterochromatins findet keine Transkription statt. Lediglich im locker gepackten Euchromatin ist eine Synthese von mRNA zu beobachten. Dieser Vorgang wird auch bei Eukaryoten von einer RNA-Polymerase durchgeführt, wobei es drei verschiedene Typen gibt. Die Transkription von Genen, die für Proteine codieren, wird von der RNA-Polymerase II durchgeführt. Die RNA-Polymerasen I und III synthetisieren rRNA- und tRNA-Moleküle. Bevor die RNA-Polymerase II an die Promotorregion binden kann, müssen sich zunächst zusätzliche Proteine, die *Transkripti-*

onsfaktoren, an den Promotor heften. Ein Abschnitt dieser Promotorregion ist reich an alternierenden Thymin- und Adeninnukleotiden. Er wird deshalb als TATA-Box bezeichnet.

Vor dem Promotor in 5'-Richtung liegt eine regulatorische Region, der *Enhancer*, an den Aktivatorproteine binden. Dadurch wird eine zell-, gewebe- oder entwicklungsspezifische Transkription der Gene gewährleistet. Wenn die RNA-Polymerase II an die DNA gebunden hat, ist die **Initiation** abgeschlossen. Das Enzym liest den Matrizenstrang in 3'→5'-Richtung ab. Die mRNA-Synthese erfolgt durch Verknüpfung der komplementären Ribonukleotide in 5'→3'-Richtung. Diese **Elongation** findet mit einer Geschwindigkeit von etwa 40 bis 50 Nukleotiden pro Sekunde statt. Ein einzelnes Gen kann gleichzeitig von mehreren Polymerasen transkribiert werden, wodurch die Anzahl gebildeter mRNA-Moleküle und damit entsprechend auch die Menge des Polypeptids nach erfolgter Translation ansteigt. Die RNA-Polymerase II transkribiert über den codierenden Bereich hinaus eine Erkennungssequenz für die weitere enzymatische Modifizierung der mRNA. Assoziierte Proteine trennen jetzt das Transkriptions-

engl. to enhance = verstärken

Transkriptionskontrolle siehe Seite 331

produkt von der RNA-Polymerase ab. So erfolgt die **Termination.** Die gebildete RNA wird als **Prä-mRNA** bezeichnet.

RNA-PROCESSING · Bevor die RNA aus dem Zellkern ausgeschleust werden kann, wird sie auf verschiedene Weise modifiziert. An das 5'-Ende wird kurz nach Transkriptionsbeginn ein methylierter Guanosylrest angehängt, die **5'-Cap-Struktur.** Das 3'-Ende wird ebenfalls verändert. Hier knüpft ein Enzym 50 bis 250 Adeninnukleotide an die transkribierte Basensequenz an, den **Poly-A-Schwanz.** Diese beiden Strukturen zeigen an, dass die mRNA nach erfolgtem *Processing* in das Zytoplasma ausgeschleust werden kann. Außerdem verhindern sie, dass die mRNA vorzeitig durch Nukleasen abgebaut wird, und sie ermöglichen die korrekte Anlagerung der Ribosomen an die mRNA im Zytoplasma.

Die translatierten mRNA-Moleküle sind sehr viel länger, als für die Synthese durchschnittlich langer Polypeptide nötig wäre. Forscher stellten fest, dass jede mRNA viele Abschnitte enthält, die nicht codierend sind. Diese Bereiche liegen zwischen den Abschnitten der mRNA, die für Polypeptide codieren. Die Abschnitte mit Information werden als **Exons** bezeichnet, die nicht codierenden Abschnitte als **Introns.** Die DNA-Moleküle und somit auch die RNA-Moleküle aller Eukaryoten weisen Introns und Exons auf.

Die Introns werden aus dem Primärtranskript herausgeschnitten und die Exons an den richtigen Stellen miteinander verknüpft. Dieser Prozess, das **Spleißen** der Prä-mRNA, wird durch einen Enzymkomplex, das **Spleißosom,** durchgeführt. Es bindet an die Erkennungssequenz, eine spezifische Basensequenz auf der mRNA, und trennt diese auf. Die Introns werden entfernt und die Exons aneinandergebunden.

Die so entstandene **reife mRNA** ist das Transkriptionsprodukt eines einzigen Gens und codiert damit auch nur für ein Polypeptid. Die eukaryotische RNA wird daher als **monocistronisch** bezeichnet. Im Gegensatz dazu kann die mRNA der Prokaryoten für unterschiedliche Polypeptide codieren, da sie mehrere Ribosomenbindungsstellen enthalten kann. Diese mRNA wird deshalb als **polycistronisch** bezeichnet.
Die reife mRNA wird mit einer Proteinhülle umgeben und wandert zu den Poren in der Zellkernmembran. Vor dem Austritt durch die Kernporen ins Zytoplasma verweilen die mRNA-Moleküle an der Kernmembran, werden einer Art Qualitätskontrolle unterzogen und richten sich passend an den Kernporen aus. Nur jedes vierte mRNA-Molekül verlässt tatsächlich den Zellkern.

Cistron ist ein Synonym für Gen.

1 Beschreiben Sie den Vorgang der Transkription bis zur Bildung der reifen mRNA!

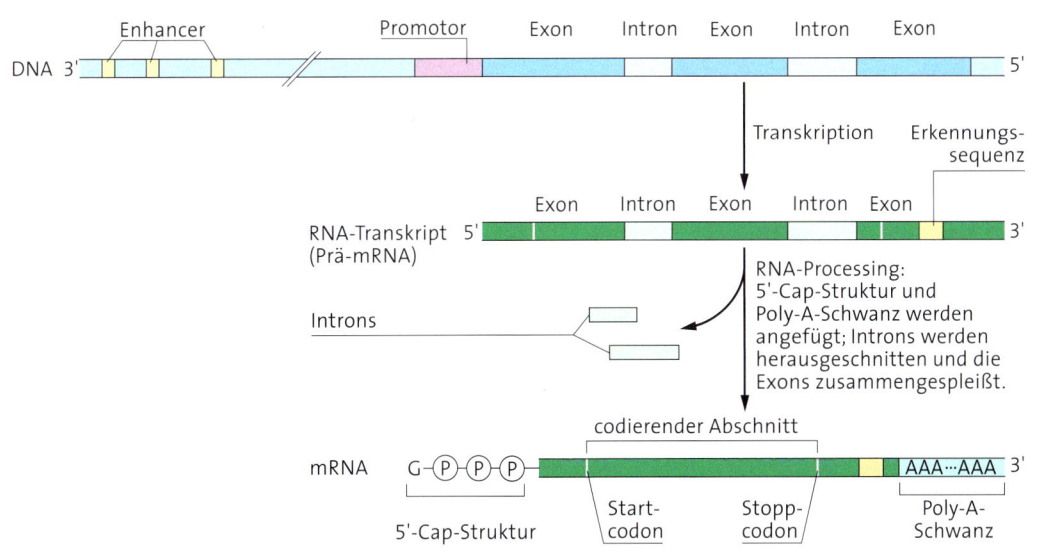

02 Organisation des eukaryotischen Gens und seine Transkription

TRANSLATION · Die 80S-Ribosomen der Eukaryoten bestehen aus zwei unterschiedlich großen Untereinheiten, der kleineren 40S- und der größeren 60S-Untereinheit. Sie enthalten jeweils eine größere Anzahl von Proteinen und rRNA-Molekülen als die Ribosomen in Bakterienzellen. Für die **Initiation** der Translation ist die 5'-Cap-Struktur notwendig. Das Startcodon AUG ist in die Initiationssequenz 5'-ACCAUGG eingebettet. Ohne diese Sequenz können die Start-tRNA sowie die kleine ribosomale Untereinheit nicht an die mRNA binden. Erst dann wird die große ribosomale Untereinheit an den Initiationskomplex gebunden.

Die Translation beginnt am Startcodon AUG und als erste Aminosäure wird nicht modifiziertes Methionin eingebaut. Die Start-tRNA besitzt eine andere Struktur als die mit Methionin beladene tRNA während der Elongation. Die **Elongation** erfolgt durch die Bewegung der mRNA mit dem 5'-Ende voran, sodass die Translation in 5'→3'-Richtung verläuft. Die dafür nötige Energie stammt aus der Spaltung eines GTP-Moleküls. Die **Termination** erfolgt bei Erreichen eines der drei Stoppcodons. Das Ribosom dissoziiert in seine beiden Untereinheiten. Es löst sich von der mRNA und das Polypeptid wird freigesetzt. Bereits während des Translationsvorgangs faltet sich die Primärstruktur des Polypeptids in die Sekundär- und Tertiärstruktur. Zum Teil geschieht dies spontan aufgrund chemischer Wechselwirkungen zwischen den verschiedenen Aminosäuren. Zusätzlich gibt es Proteine, die **Chaperone,** die diesen Prozess katalysieren und damit für die richtige Ausbildung der Tertiärstruktur notwendig sind.

In eukaryotischen Zellen lassen sich Ribosomen an unterschiedlichen Orten beobachten. Eine Gruppe befindet sich frei im Zytoplasma und synthetisiert Polypeptide, die hier verbleiben und ihre Funktion ausüben. Die andere Gruppe ist an die äußere Membran des Endoplasmatischen Retikulums, kurz ER, gebunden. Die Ribosomen dieses rauen ER stellen die Proteine des zelleigenen Membransystems her sowie solche, die von der Zelle mithilfe des Golgiapparats nach außen abgegeben werden. Ribosomen können zeitweise der einen oder der anderen Gruppe angehören.

Die Proteinbiosynthese beginnt immer an freien Ribosomuntereinheiten im Zytoplasma. Proteine, die Bestandteil von Membranen sind oder durch die Membran geschleust werden, besitzen am N-terminalen Ende eine Signalsequenz. Diese veranlasst das translatierende Ribosom, sich an die Membran des ER anzuheften.

03 Genexpression bei Eukaryoten

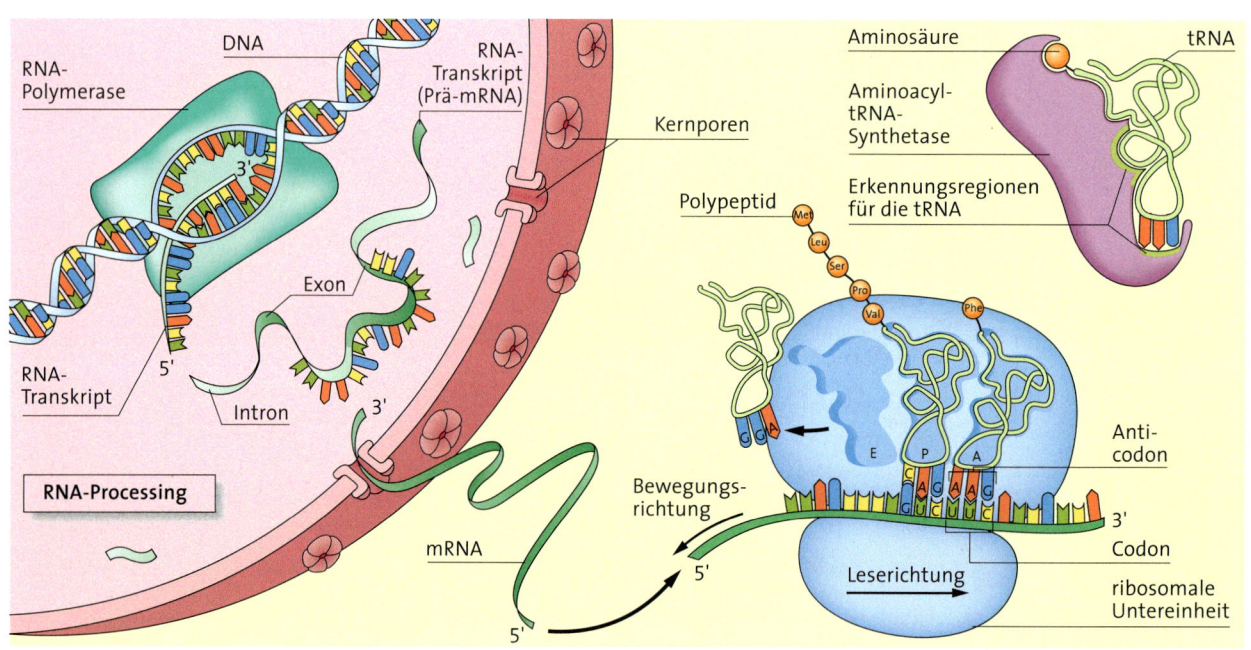

RNA-Polymerase · DNA · RNA-Transkript (Prä-mRNA) · Kernporen · Exon · RNA-Transkript · 5' · Intron · 3' · RNA-Processing · mRNA · Bewegungsrichtung · 5' · 5' · Aminosäure · tRNA · Aminoacyl-tRNA-Synthetase · Erkennungsregionen für die tRNA · Polypeptid · Anticodon · Codon · ribosomale Untereinheit · Leserichtung

Material A ▶ Vergleich der Proteinbiosynthese bei Pro- und Eukaryoten

	Prokaryoten
Aufbau der DNA	Die DNA ist ringförmig und enthält keine Histone.
räumliche Organisation (Kompartimentierung)	Transkription und Translation finden im Zytoplasma statt.
zeitliche Organisation	Die Translation beginnt, bevor die Transkription beendet ist.
Aufbau der Gene	Die Gene enthalten fast nur codierende Sequenzen.
Reifung der mRNA	Die mRNA wird ohne Modifizierung translatiert.
Aufbau der Ribosomen	Die 70S-Ribosomen bestehen aus jeweils einer 30S- und einer 50S-Untereinheit.

In der Tabelle sind verschiedene Aspekte der Proteinbiosynthese bei Prokaryoten aufgeführt. Die entsprechenden Aussagen zur Proteinbiosynthese bei Eukaryoten fehlen.

A1 Übertragen Sie die Tabelle in Ihre Mappe und ergänzen Sie die Aussagen für Eukaryoten!

Material B ▶ Bestimmungsorte der Polypeptide in einer eukaryotischen Zelle

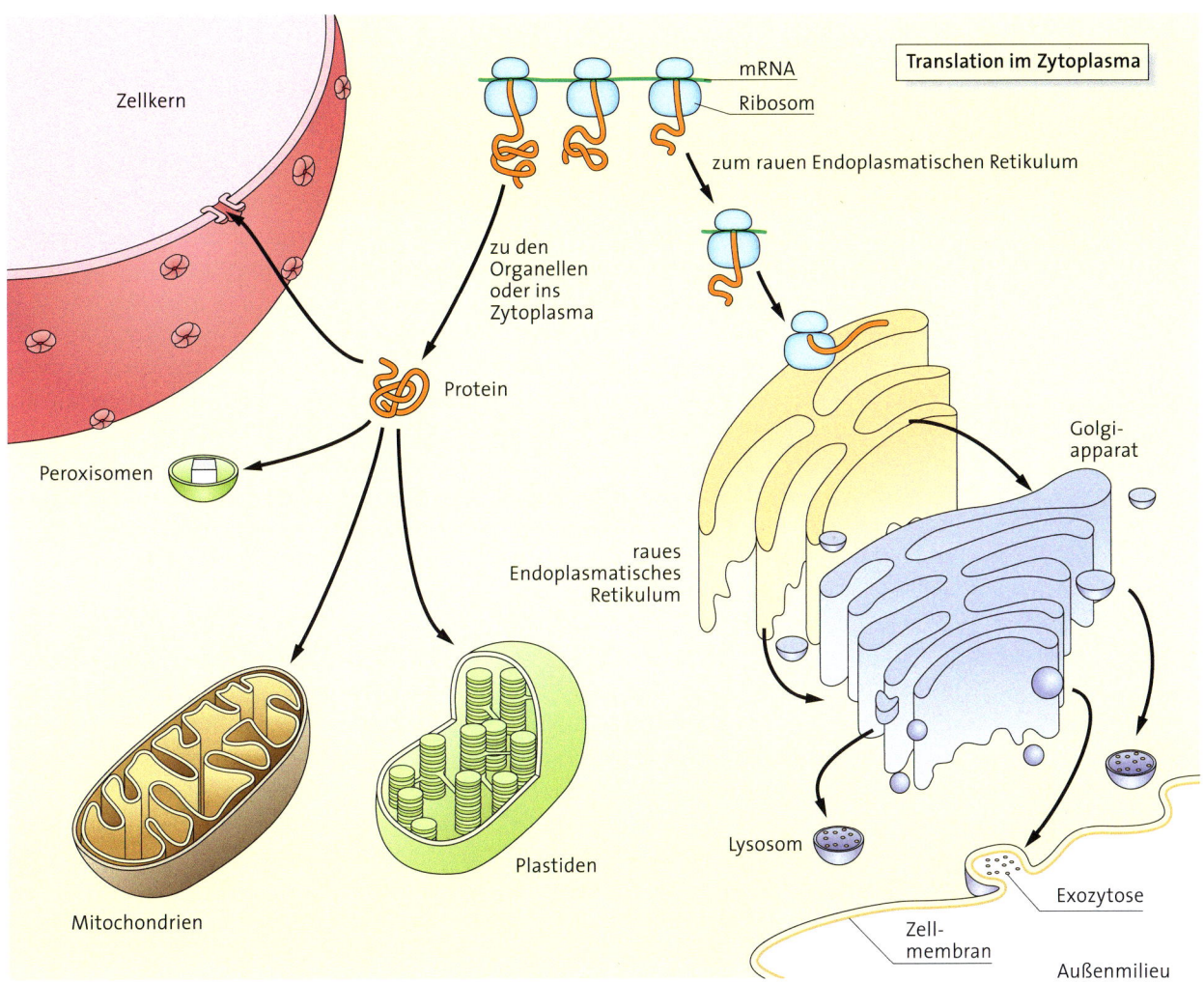

B1 Beschreiben Sie die Abbildung!

B2 Erläutern Sie, auf welche Weise Proteine in die entsprechenden Zellorganellen gelangen!

01 Entdeckung der Genregulation bei Prokaryoten:

A Kolonien von *E. coli,*

B Jacques MONOD (1910–1976),

C François JACOB (1920–2013)

Genregulation bei Prokaryoten

Bei der Kultivierung von Escherichia coli nehmen die Zellen Nährstoffe aus dem Medium auf, wachsen und teilen sich. Nach kurzer Zeit lassen sich viele Kolonien der Bakterien erkennen. In einer Versuchsreihe von Jacques MONOD und François JACOB wurde den Bakterien entweder Glukose oder Laktose im Nährmedium angeboten und die jeweilige Enzymausstattung der Zellen untersucht. Den Zellen, denen Glukose angeboten wurde, fehlte das Enzym Galaktosidase nahezu vollständig, während die Zellen, denen Laktose angeboten wurde, eine zehntausendfach höhere Galaktosidase-Menge aufwiesen. Wie regulieren Bakterienzellen diese unterschiedliche Enzymausstattung?

SUBSTRATINDUKTION · In einem Labor der Universität Paris wurde von Jacques MONOD und François JACOB 1961 die Regulation der Enzymsynthese bei Bakterien untersucht. Ist Laktose im Medium vorhanden, gelangen einige Moleküle in die Zellen und werden von den Bakterien erkannt. Kurze Zeit später findet man in den Zellen große Mengen von Enzymen, die die Laktose durch die Zellwand und die Zellmembran ins Zellinnere schleusen und dort in Glukose und Galaktose spalten.

An diesen Vorgängen sind neben der Galaktosidase noch zwei weitere Enzyme beteiligt.

Deren codierende Gene sind auf der Bakterien-DNA hintereinander angeordnet. JACOB und MONOD nannten sie *Strukturgene Z, Y* und *A.* Diesen Genen ist eine DNA-Region vorangeschaltet, an die ein Protein binden kann. Das gebundene Protein verhindert, dass die RNA-Polymerase die Strukturgene abliest, wenn Laktose im Kulturmedium der Bakterien fehlt. JACOB und MONOD nannten diese DNA-Region *Operator* und das bindende Protein *Repressor.* Für den Repressor codiert ebenfalls eine bestimmte DNA-Region. Sie wird als *Regulatorgen I* bezeichnet. Befindet sich nun Laktose in der Zelle, so bindet sie an den Repressor. Dadurch verändert sich seine Raumstruktur, sodass er nicht mehr am Operator gebunden wird. Die RNA-Polymerase kann nun an den *Promotor* andocken und die Strukturgene ablesen. Wenn die Laktosekonzentration aufgrund des Abbaus in der Zelle sinkt, löst sich die Laktose von dem Repressor. Der Repressor bindet erneut an den Operator und blockiert die Transkription.

Der Promotor, der Operator und die Strukturgene bilden eine Einheit, das *Operon.* Dieses Modell der Enzymregulation wird als **Operon-Modell** bezeichnet. Das Regulatorgen liegt außerhalb des Operons. Die Neusynthese eines Proteins auf ein äußeres Signal hin heißt **Induk-**

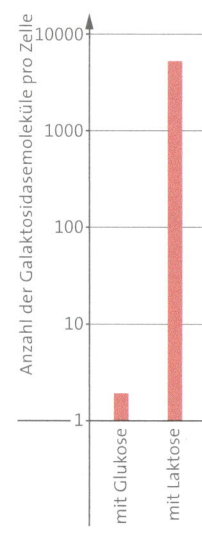

02 Galaktosidasemenge auf Glukose und Laktose

tion. Da Laktose das signalgebende Substrat ist, das abgebaut wird, spricht man auch von Substratinduktion beim **lac-Operon**. Diese Form der Regulation stellt sicher, dass die Enzyme für den Abbau eines Substrats nur dann gebildet werden, wenn dieses Substrat auch vorhanden ist.

ENDPRODUKTREPRESSION · Neben der Regulation der Genaktivität durch Substratinduktion kann auch das Endprodukt einer Synthesekette die Transkription unterbinden. Ein Beispiel ist das Tryptophan-Operon, kurz **trp-Operon**. Tryptophan ist eine Aminosäure, die von Bakterienzellen selbst synthetisiert werden kann. Die Synthese wird von fünf Enzymen katalysiert, die von den Strukturgenen A bis E codiert werden. Wenn aufgrund dieser Synthese die Menge des Tryptophans in der Zelle steigt, kann es an einen zunächst inaktiven Repressor binden. Dadurch ändert sich die Raumstruktur des Repressors, sodass er aktiviert wird und an den Operator der DNA binden kann. Der Operator ist den Strukturgenen A bis E vorgelagert. So wird die Transkription dieser Gene blockiert. Da das Produkt einer Synthese die Bildung der dafür notwendigen Enzyme abschaltet, spricht man von *Endproduktrepression*. Sie stellt sicher, dass die Enzyme für die Synthese eines Produkts nicht mehr gebildet werden, wenn dieses Produkt bereits in ausreichendem Maße vorhanden ist.

Seit den 1960er-Jahren wurde eine Vielzahl weiterer Regulationsmechanismen gefunden. So gibt es beispielsweise die Möglichkeit, dass ein Signal von außen zur Aktivierung eines Faktors führt, der die Bindung der RNA-Polymerase an den Promotor der DNA ermöglicht. Bei Stoffwechselprozessen, an denen viele Enzyme beteiligt sind, lässt sich meist eine Kombination mehrerer Regulationsmechanismen beobachten.

1) Beschreiben Sie den Verlauf der Substratinduktion und der Endproduktrepression! Erstellen Sie an einem Beispiel eine Concept-Map!

2) Erläutern Sie den biologischen Nutzen der beiden Regulationstypen!

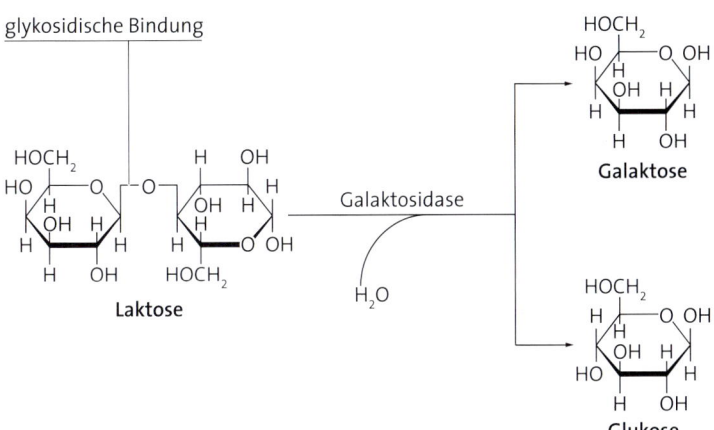

03 Laktosespaltung

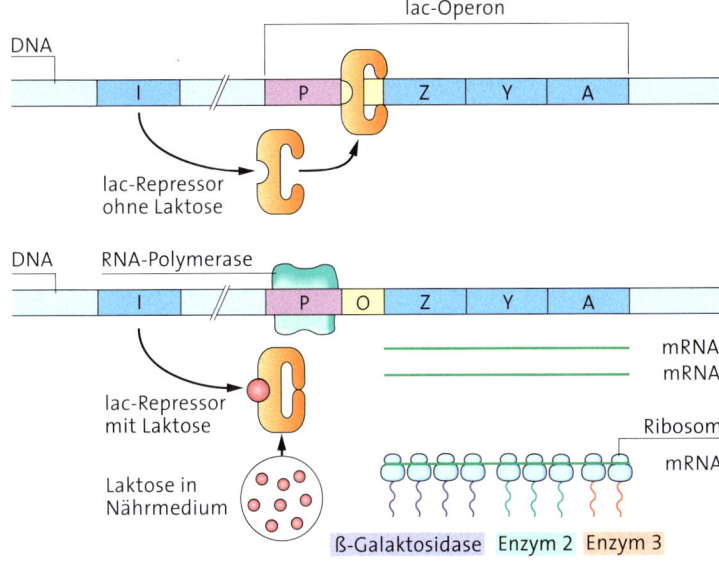

04 Substratinduktion

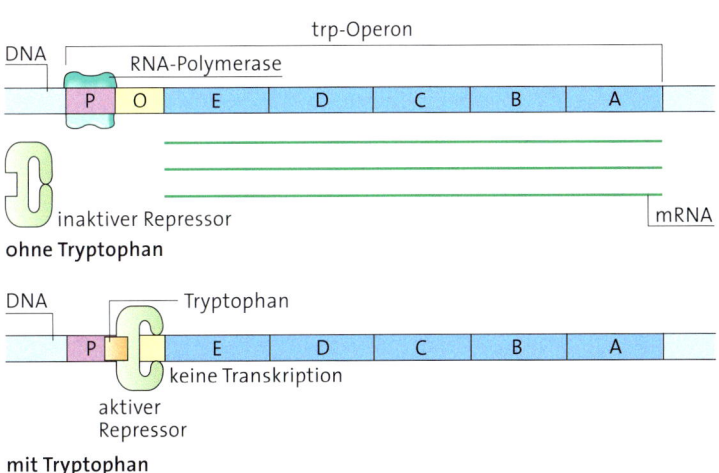

05 Endproduktrepression

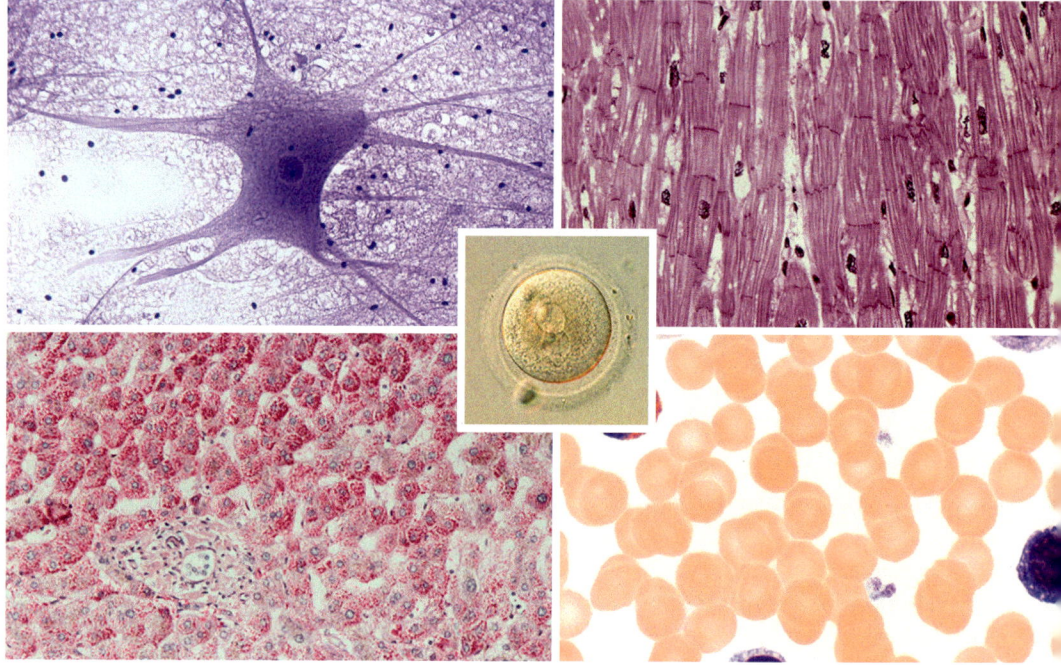

01 Zelldifferen-
zierung

Genregulation bei Eukaryoten

*Spleißen
siehe Seite 323*

Aus einer befruchteten Eizelle entwickelt sich ein vielzelliges Lebewesen mit vielen differenzierten Zelltypen. Nervenzellen, Muskelzellen, Leberzellen oder Blutzellen sehen sehr unterschiedlich aus und erfüllen unterschiedliche Funktionen. Und doch besitzen alle Zellen eines Lebewesens dieselbe genetische Information. Die verschiedenen Zelltypen unterscheiden sich jedoch durch ihre RNA- und Proteinausstattung. Wie lassen sich diese Unterschiede erklären?

EBENEN DER REGULATION · Die RNA- und Proteinausstattung einer Zelle und die Aktivität dieser Moleküle kann auf verschiedenen Ebenen reguliert werden. Die erste Regulationsebene betrifft die Aktivität der DNA. Sie kann durch verschiedene Mechanismen beeinflusst werden. Gene können nicht nur „an-" oder „ausgeschaltet" sein, sie können auch unterschiedlich stark aktiv sein, sodass in einer Zelle mehr, in einer anderen weniger des Genprodukts hergestellt wird. Außerdem kann die DNA in vielfacher Kopie vorliegen, sodass sich die Anzahl der entsprechenden Genprodukte erhöht. Diese Prozesse werden insgesamt als Regulation der Transkription bezeichnet.

Eine zweite Ebene der Regulation betrifft die RNA, die als Transkript der DNA gebildet wird. Es können viele oder wenige RNA-Moleküle gebildet werden und sie können unterschiedlich lange in der Zelle existieren, bevor sie abgebaut werden. Dieser RNA-Umsatz beeinflusst die Menge des gebildeten Genprodukts. Darüber hinaus kann die RNA verändert und modifiziert werden, beispielsweise durch Spleißen. Damit wird der Informationsgehalt der RNA verändert. Diese Vorgänge werden als Regulation der Translation bezeichnet.

Schließlich unterliegen auch die gebildeten Proteine der Regulation. Sie können nach der Translation verändert werden und damit in einen aktiven oder inaktiven Zustand versetzt werden. Andere Proteine unterliegen dem Abbau, der unterschiedlich schnell ablaufen kann. Die Gesamtmenge aktiven Proteins kann durch diesen Proteinumsatz in der Zelle variieren.

Alle zu einem bestimmten Zeitpunkt in einer Zelle oder in einem Lebewesen vorliegenden Proteine werden als **Proteom** bezeichnet. Mit ihrer Erforschung befasst sich die **Proteomik.** Sie unterscheidet zwischen Strukturproteinen, Stoffwechselproteinen, Signalproteinen und regulatorischen Proteinen. Um den Bau und die Funktionsweise einzelner Proteine zu untersuchen, werden sie zunächst aus dem Proteingemisch einer Zelle isoliert und anschließend analysiert. Die Proteomforscher arbeiten nach dem Vorbild der Genomforscher in einer weltweiten Kooperation zusammen.

CHROMOSOMENTERRITORIEN · Während einer Zellteilung sind Chromosomen lichtmikroskopisch sichtbar. Die DNA ist stark spiralisiert und dicht gepackt. Zwischen den Zellteilungen liegt die DNA aufgelockert als Chromatinfäden vor. Jedes Chromosom besitzt charakteristische DNA-Sequenzen, die es von anderen Chromosomen unterscheidet. Färbt man solche DNA-Sequenzen mit verschiedenen Farbstoffen an, so zeigt sich, dass die Chromosomen im Zellkern bestimmte, gegeneinander abgegrenzte Regionen belegen, die *Chromosomenterritorien*. Wendet man diese Methode bei unterschiedlichen Zelltypen an, so erkennt man, dass die Chromosomen in den verschiedenen Zelltypen oft ganz unterschiedlich angeordnet sind. Dies hängt mit der Aktivität bestimmter Gene im Zellkern zusammen: Im Zentrum des Zellkerns befinden sich Chromosomenabschnitte, deren Gene gerade abgelesen werden. Das Chromatin der Chromosomen liegt als Euchromatin vor. Am Rand des Zellkerns liegt das Chromatin als Heterochromatin dicht gepackt vor. Es ist inaktiv, weil die Enzyme, die für die Transkription verantwortlich sind, die DNA

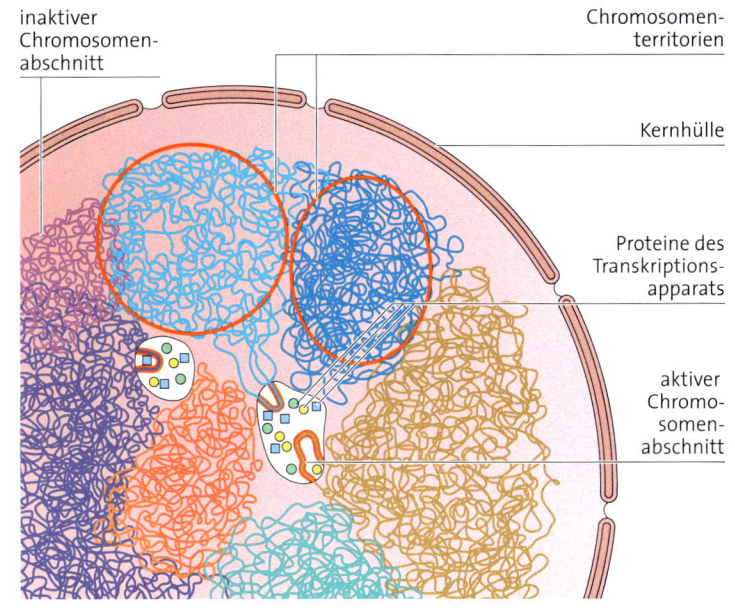

02 Lage der Chromosomen im Zellkern

im Heterochromatin nicht erreichen können. Im Zentrum des Zellkerns befindet sich dagegen eine große Menge dieser Enzyme. Man vermutet, dass die verschiedenen Chromosomen je nach Ausmaß der Transkriptionsaktivität zum Zentrum dieses Transkriptionsapparats transportiert werden oder von ihm weg. Auf diese Weise kann die durch die Transkription entstehende RNA-Menge reguliert werden.

1 Beschreiben Sie die Verteilung der Chromosomen im Zellkern und die Folgen dieser Verteilung!

03 Regulationsebenen bei Eukaryoten

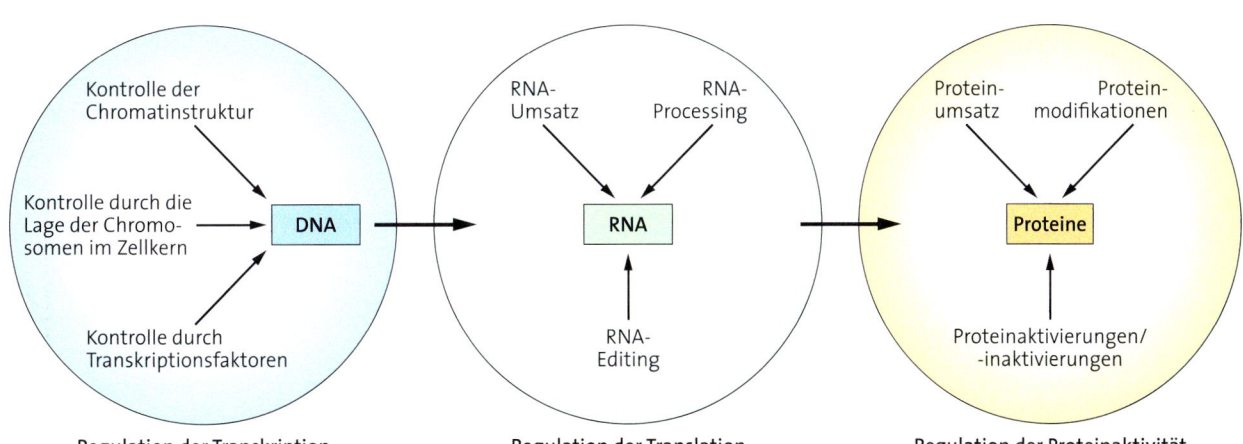

Regulation der Transkription   Regulation der Translation   Regulation der Proteinaktivität

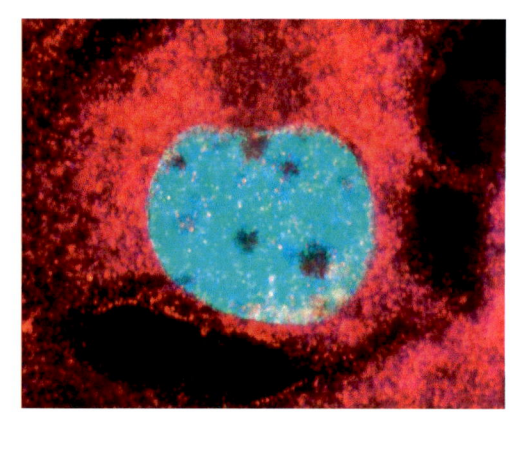

*lat. amplificare
= vermehren*

04 Zellkern mit
Nukleoli

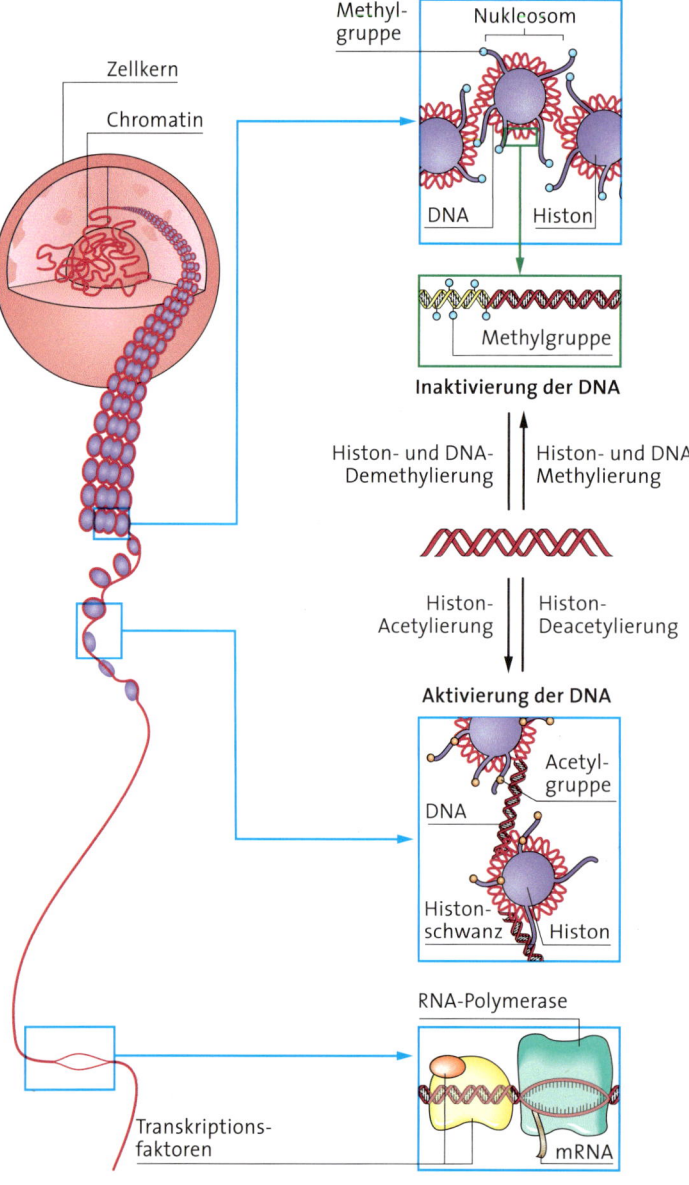

05 Regulation der Chromatinstruktur

GENAMPLIFIKATION · Betrachtet man ein lichtmikroskopisches Bild reifender Eizellen von Amphibien, zum Beispiel des Krallenfrosches, so erkennt man im Zellkern viele dunkel gefärbte Bereiche, die Nukleoli. Eine Untersuchung dieser Bereiche zeigte, dass hier DNA in erhöhtem Maße in ribosomale RNA transkribiert wird. Da die Gene für die rRNA in den Nukleoli um den Faktor 1000 vermehrt vorliegen, spricht man von *Genamplifikation*. Die rRNA wird in Ribosomen eingebaut, die in einer Eizelle sowohl während der Eizellreifung als auch nach einer Befruchtung in großer Menge aktiv sind. Eine ähnliche Amplifikation findet man auch in den Eizellen von Insekten. In anderen Zelltypen können für Proteine codierende Gene amplifiziert vorliegen.

REGULATION DER CHROMATINSTRUKTUR · Nur etwa 2000 Gene werden in allen Zellen eines Lebewesens zu jedem Zeitpunkt transkribiert. Alle anderen Gene werden zumindest zeitweilig stillgelegt, indem die DNA in diesen Bereichen besonders dicht gepackt wird. Dieser Übergang vom *Euchromatin* zum *Heterochromatin* bei der Inaktivierung von DNA-Bereichen kann auf verschiedene Weise ausgelöst werden. Durch eine Methylierung von Cytosinbasen der DNA wird eine dichtere Verpackung der DNA bewirkt. So wird verhindert, dass sich Transkriptionsfaktoren und die RNA-Polymerase an die DNA anlagern können. Daher unterbleibt eine Transkription. Einen ähnlichen Effekt hat die Methylierung der freien, aus den Nukleosomen herausragenden Histonschwänze. Diese Methylgruppen dienen als Signalsequenzen für weitere Proteine, die die DNA verdichten und so ein Anheften von Transkriptionsfaktoren oder der RNA-Polymerase verhindern. Bei der Aktivierung der DNA werden diese Methlygruppen abgespalten, sodass die DNA in den aufgelockerten Zustand des Euchromatins übergeht. Darüber hinaus können an den Histonschwänzen Acetylgruppen angeheftet werden, die aufgrund ihrer Größe dafür sorgen, dass die Nukleosomen in einem größeren Abstand zueinander lagern als im Heterochromatin. So ist die DNA für die transkribierenden Enzyme gut zugänglich.

TRANSKRIPTIONSKONTROLLE · Auch wenn ein Gen im Euchromatin vorliegt und somit seine Transkription prinzipiell möglich ist, so unterliegt seine Expression strengen Kontrollen, an denen mehrere regulatorische Elemente beteiligt sind. Dem codierenden Genbereich der DNA ist auch bei Eukaryoten ein Promotor vorgeschaltet. Der Promotor enthält die Basen Thymin und Adenin in großer Anzahl. Dieser Bereich des Promotors wird daher als TATA-Box bezeichnet. Besondere regulatorische Proteine, die Transkriptionsfaktoren, heften sich an den Promotor, wobei das TATA-Box-bindende Protein stets zuerst gebunden wird. Der Zusammenbau des Komplexes aus Transkriptionsfaktoren ist ein stufenweiser Vorgang, an dessen Ende die Bindung der RNA-Polymerase steht. Weitere regulatorische Proteine können in mehr oder weniger großer Entfernung vom abzulesenden Gen an die DNA gebunden werden. Diese regulatorischen Proteine können mit dem eigentlichen Transkriptionskomplex mithilfe einer Schleifenbildung der DNA in Verbindung treten. Durch diese Verbindung kann die Geschwindigkeit und das Ausmaß der Transkription durch *Enhancer* beschleunigt oder durch *Silencer* verlangsamt werden. Als Produkt der Transkription entsteht eine mRNA, die anschließend dem *Processing* unterliegt.

RNA-EDITING · Nach dem Processing kann bei vielen Lebewesen der Informationsgehalt der entstandenen mRNA durch das Einfügen von Basen in die vorliegende RNA-Sequenz verändert werden. Dieser Vorgang wird *RNA-Editing* genannt. Ein Beispiel hierfür ist das Uracil-*Editing* in Mitochondrien. Hierbei wird das RNA-Transkript mit einer Leit-RNA, die an anderer Stelle der DNA transkribiert wurde, gepaart. Die Leit-RNA weist nicht komplementäre Bereiche zu der zu verändernden mRNA auf. Die mRNA wird in diesen Bereichen geschnitten und anhand der Leit-RNA verändert, wobei jeweils am 3'-Ende der Schnittstellen ein U-Nukleotid eingefügt wird. Andere Formen des *Editing* ersetzen bestimmte Basen, wodurch neue Bindungseigenschaften entstehen, zum Beispiel beim Cytosin-zu-Uracil-*Editing*. Diese Form kommt besonders häufig bei Säugetieren

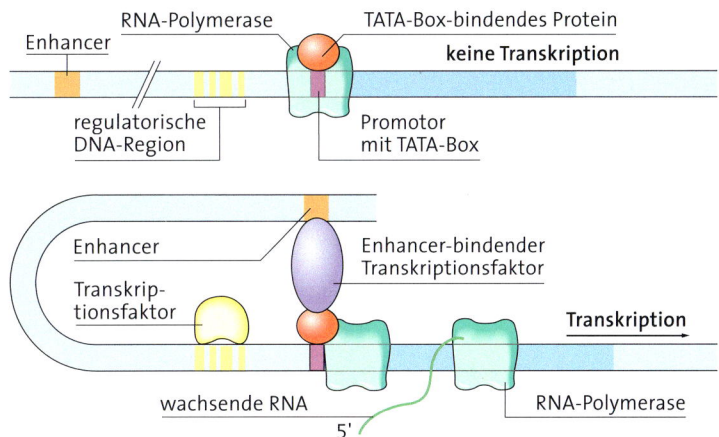

06 Transkriptionskontrolle

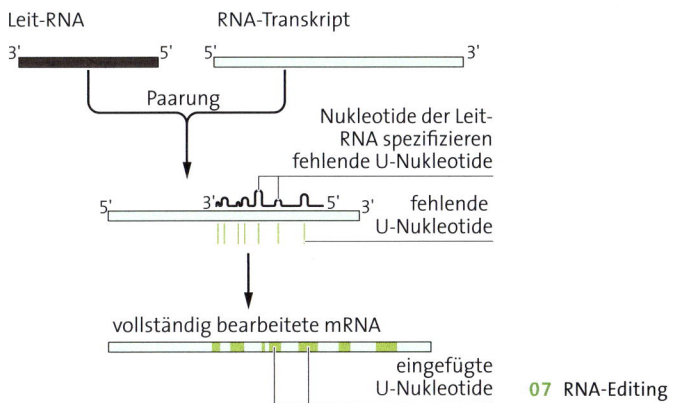

07 RNA-Editing

vor. Die biologische Bedeutung des RNA-*Editing* ist noch unbekannt.

PROTEIN-REGULATION · Auch bei Proteinen kann durch das Einfügen von Aminosäuren nach erfolgter Translation der genetisch festgelegte Informationsgehalt verändert werden. Erst durch diese Modifikationen entstehen biologisch aktive Proteine. Das Zusammenspiel der verschiedenen Regulationsmechanismen in der Zelle ist bis heute nicht vollständig aufgeklärt.

RNA-Processing siehe Seite 323

2 ⌡ Beschreiben Sie Regulationsmechanismen, durch die in verschiedenen Zellen eine unterschiedliche RNA- und Proteinausstattung zustande kommen kann!

3 ⌡ Erläutern Sie den Zusammenhang zwischen den Mechanismen der Regulation und der Zelldifferenzierung!

Material A ▸ Regulation der Tryptophansynthese

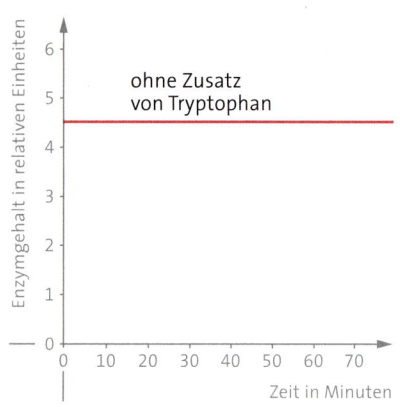

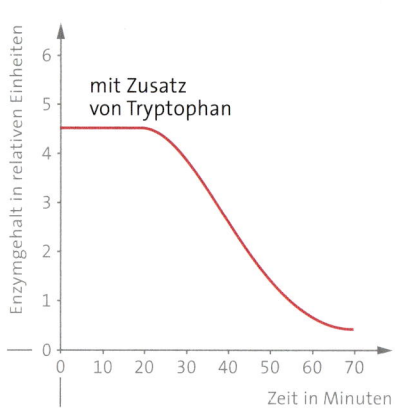

Bei *Escherichia coli* wurde in verschiedenen Versuchsansätzen der Gehalt von Enzymen für die Synthese von Tryptophan gemessen.

A1 Beschreiben Sie die Ergebnisse der beiden Versuchsreihen A und B!

A2 Erläutern Sie die Ergebnisse anhand des Operon-Modells!

Material B ▸ Forschungen zum Operon-Modell

JACOB und MONOD formulierten das Operon-Modell, indem sie verschiedene Formen von mutierten Bakterien analysierten. Im Einzelnen machten sie folgende Beobachtungen:

1. Mutierte Bakterien erzeugten dauerhaft die Enzyme für den Laktoseabbau. Nach der Zugabe des Repressors verschwanden diese Enzyme langsam aus der Zelle.

2. Mutierte Bakterien erzeugten dauerhaft die Enzyme für den Laktoseabbau, obwohl in ihren Zellen intakte Repressoren nachzuweisen waren.

3. Mutierte Bakterien erzeugten keine Enzyme für den Laktoseabbau. Diese Bakterien zeigten folgende Merkmale: Es konnten intakte Repressoren nachgewiesen werden. Nach der Inkubation mit Laktose wurden mit

Laktose assoziierte Repressoren gefunden.

B1 Geben Sie für jede Beobachtung an, in welchem DNA-Bereich, der mit dem Laktoseabbau im Zusammenhang steht, eine Mutation stattgefunden hat!

B2 Begründen Sie Ihre Angabe!

Material C ▸ Wachstum von Escherichia coli auf verschiedenen Kulturmedien

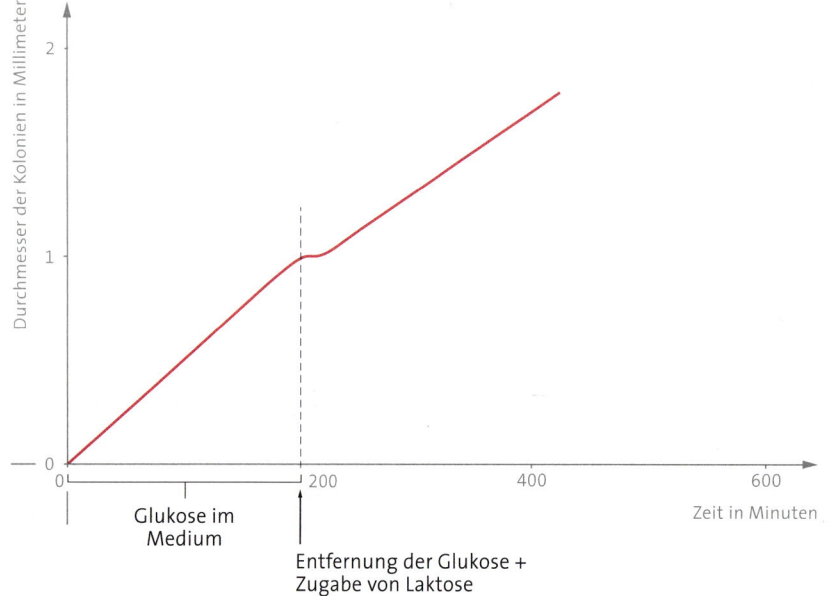

C1 Beschreiben Sie den dargestellten Versuch und sein Ergebnis!

C2 Erläutern Sie das Ergebnis mithilfe des Operon-Modells!

Material D ▸ Autoradiografie

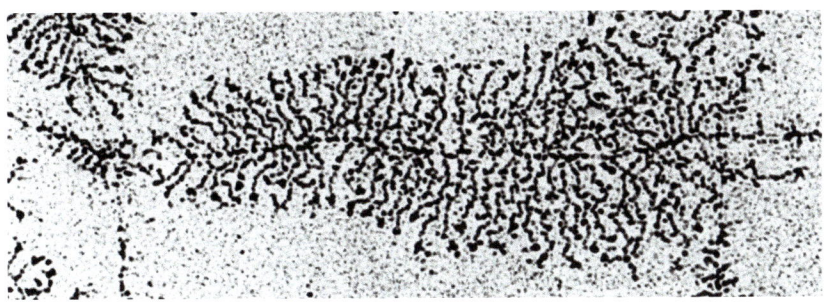

Eine wachsende Bakterienkultur wird in ein Medium gegeben, welches unter anderem radioaktiv markiertes Uridin enthält. Die Zellen können nicht zwischen markiertem und unmarkiertem Uridin unterscheiden und bauen das markierte Uracil bei der Transkription in ihre mRNA ein. Nach einer bestimmten Zeit werden Proben von Zellen entnommen. Die DNA wird isoliert und auf eine Filmemulsion übertragen. Die radioaktive Strahlung aus dem markierten Uracil belichtet den Film. Diese Stellen erscheinen nach der Entwicklung des Films schwarz.

D1 Beschreiben Sie die Methode der Autoradiografie sowie das in der Abbildung dargestellte Versuchsergebnis!

D2 Erläutern Sie das Ergebnis!

D3 Geben Sie an, in welche Richtung die in der Abbildung gezeigte Transkription verläuft!

Material E ▸ Polytänchromosomen und Puffs

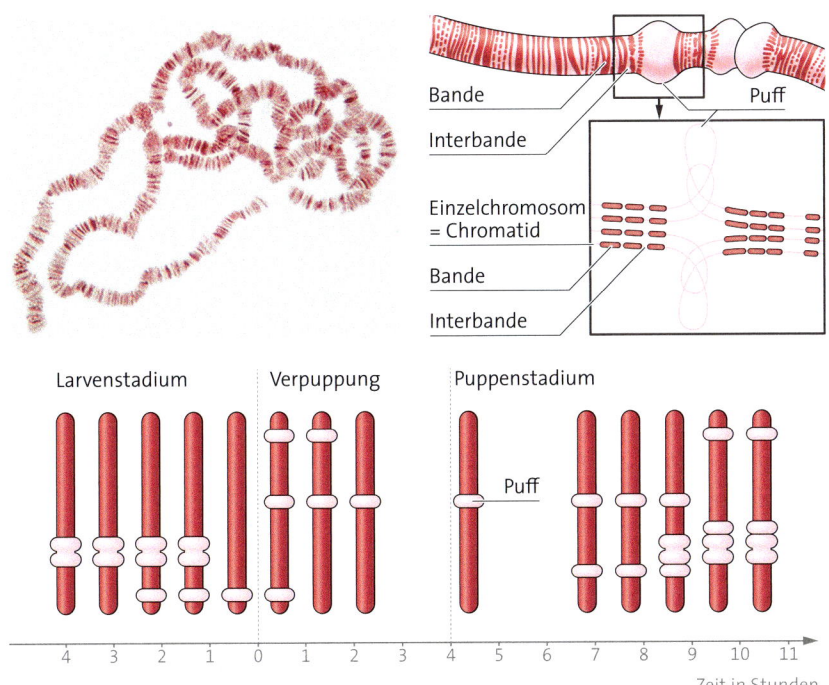

Bande
Interbande

Puff

Einzelchromosom = Chromatid
Bande
Interbande

Larvenstadium   Verpuppung   Puppenstadium

Puff

4 3 2 1 0 1 2 3 4 5 6 7 8 9 10 11
Zeit in Stunden

Die DNA der Banden besteht aus bis zu 200 000 Nukleotidpaaren, in den Interbanden sind es etwa 3000. Untersuchungen zeigten, dass die DNA der Interbanden schleifenartig aus dem Polytänchromosom herausragt. Diese Struktur nennt man Puff. Verfolgt man das Muster von Banden und Interbanden während der Entwicklung eines Insekts, so zeigt sich, dass im Larvenstadium und bei der Verpuppung verschiedene Muster auftreten.

E1 Beschreiben Sie die Entstehung von Polytänchromosomen!

E2 Erläutern Sie die Beobachtung von Banden und Interbanden mithilfe Ihrer Kenntnisse zur Regulation der Genaktivität!

E3 Analysieren Sie das Auftreten unterschiedlicher Puffmuster an Polytänchromosomen während der Entwicklungszeit von Insekten!

E4 Erläutern Sie die Bedeutung des Vorkommens von Polytänchromosomen in den Speicheldrüsenzellen von *Drosophila*!

Bei manchen Insekten durchlaufen einige Zellen viele Zyklen der DNA-Replikation, ohne dass eine Zellteilung erfolgt. Ein Beispiel hierfür sind die Speicheldrüsenzellen von *Drosophila*. Die so entstehenden Riesenzellen sind polyploid. Bei einigen Arten werden die durch die DNA-Replikation entstandenen homologen Chromosomen zusammengehalten wie Trinkhalme in einer Dose. So entsteht ein großes Chromosom, ein Polytänchromosom. Im Lichtmikroskop sind dunkle Banden mit stark kondensierter DNA und hellere Interbanden zu erkennen.

01 Schildpatt-Katze

Epigenetik und Zellgedächtnis

Einige Katzen besitzen ein rot und schwarz gefärbtes Fell, die Schildpatt-Katzen. Der Genlocus für die Ausbildung der roten beziehungsweise schwarzen Fellfarbe liegt auf dem X-Chromosom. Während der frühen Embryonalentwicklung wird in den Zellen der weiblichen Katzen eines der beiden X-Chromosomen inaktiviert. Es ist stark kondensiert und wird nach seinem Entdecker BARR-Körperchen genannt. Die Inaktivierung erfolgt zufällig und wird über alle Zellgenerationen beibehalten. Da Schildpatt-Katzen für die Fellfarbe heterozygot sind, zeigen die unterschiedlichen Farbflecken des Fells das jeweils aktive X-Chromosom an. Wie wird sichergestellt, dass über alle folgenden Zellgenerationen hinweg immer das gleiche X-Chromosom stillgelegt wird?

INAKTIVIERUNG DES X-CHROMOSOMS · Die Kondensation des X-Chromosoms wird von einem bestimmten DNA-Abschnitt in der Mitte des Chromosoms eingeleitet. Diese DNA-Region wird XIC genannt. Sie codiert für eine bestimmte RNA, die XIST-RNA. Diese überzieht nach und nach das gesamte X-Chromosom und sorgt für dessen Stilllegung. Parallel zu diesen Vorgängen finden weitere Veränderungen der DNA-Struk-

tur statt, die vermutlich von der XIST-RNA ausgelöst werden. Viele Cytosinbasen in GC-reichen Regionen der DNA werden methyliert, sodass ein typisches Methylierungsmuster entsteht. Die Histone der DNA werden ebenfalls methyliert, ihre Acetylgruppen werden abgespalten. Als Folge dieser Prozesse ist eine sehr starke Kondensation des X-Chromosoms zu beobachten.

Darüber hinaus wird ein bestimmtes Histon der Nukleosomen ausgetauscht. An das neue Histon wird ein Protein gebunden, das die Anheftung von Transkriptionsfaktoren verhindert. Am vollständig kondensierten X-Chromosom findet keine Transkription mehr statt.

ZELLGEDÄCHTNIS · Während der Embryonalentwicklung finden besonders viele Zellteilungen statt. Für die damit im Zusammenhang stehenden Replikationen der DNA muss die Kondensation des X-Chromosoms wieder aufgehoben werden. Die Information darüber, welches X-Chromosom im Anschluss an die Replikation wieder inaktiviert werden soll, bleibt jedoch erhalten.

Eine Ursache dafür ist, dass das Methylierungsmuster der DNA während der Replikation nicht verloren geht. Nach der Replikation besteht die DNA der Tochterzellen daher aus einem methylierten Strang und einem unmethylierten Strang. Bestimmte Enzyme, die Erhaltungsmethylasen, erkennen nach der Replikation das Methylierungsmuster des einen Strangs und ergänzen es am anderen. Auch die Veränderungen an den Histonen werden anhand der Informationen des Matrizenstrangs auf den neu synthetisierten Strang übertragen. Die Informationen über das stilllegende X-Chromosom bleiben so über alle folgenden Zellgenerationen erhalten. Diesen Erhalt bezeichnet man als *Zellgedächtnis*. Die Mechanismen der Informationsweitergabe umfassen keine Veränderung der Nukleotidsequenz der DNA. Deshalb spricht man von einer epigenetischen Vererbung. Das betreffende Fachgebiet der Genetik wird **Epigenetik** genannt.

Die für alle weiblichen Säugetiere typische Inaktivierung eines X-Chromosoms ist ein extremes Beispiel für epigenetische Vererbung, weil ein ganzes Chromosom davon betroffen ist. Das Zellgedächtnis spielt beispielsweise auch bei den Teilungen von Leberzellen oder Hautzellen eine wichtige Rolle. Immer werden die Muster der Genexpression an die Tochterzellen weitergegeben.

UMWELTEINFLÜSSE UND DNA-METHYLIERUNG ·

In einem Bienenstaat lässt sich die Bienenkönigin leicht von den Arbeiterinnen unterscheiden. Die große, langlebige Bienenkönigin ist zeitlebens damit beschäftigt, Eier zu legen. Die wesentlich kleineren Arbeiterinnen dagegen sind unfruchtbar und arbeiten im Stock nacheinander als Ammenbiene, Baubiene, Honigbiene und Sammelbiene. Etwa 550 Gene sind bei den Königinnen im Vergleich zu den Arbeiterinnen anders methyliert. Das unterschiedliche Methylierungsmuster der Königinnen-DNA wird durch ein besonderes Futter ausgelöst, das manche Bienenlarven erhalten: Gelee Royale. Hemmt man bei einer beliebigen Anzahl von Bienenlarven die Aktivität des Methylgruppen übertragenden Enzyms, so entwickeln sich alle Larven zu Königinnen – ganz ohne Gelee Royale. Das Futter ist also nur der

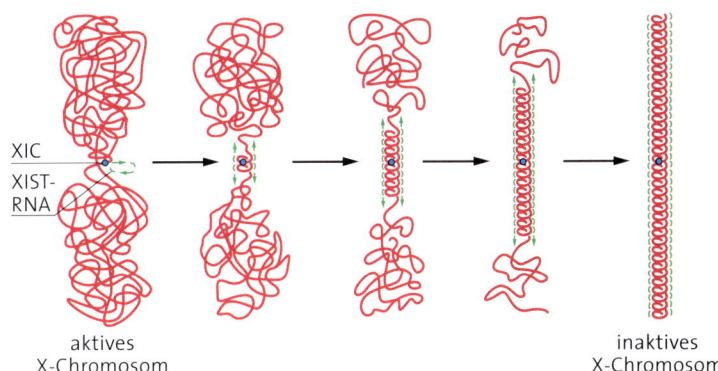

02 Inaktivierung des X-Chromosoms

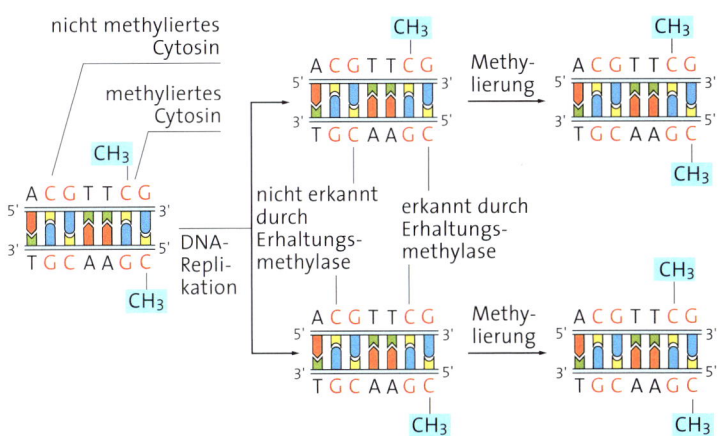

03 Weitergabe des Methylierungsmusters

Auslöser, nicht die Ursache für die unterschiedliche Entwicklung. Auch die Arbeiterinstadien unterscheiden sich in der Aktivität ihrer Gene. Bei den älteren Sammelbienen werden im Vergleich zu den jüngeren Bienen bis zu 40 Prozent andere Gene exprimiert. Der Wechsel der Tätigkeiten der Arbeiterinnen ist jedoch nicht genetisch festgelegt. Er wird durch Pheromone ausgelöst, die von den älteren Sammelbienen abgegeben werden. Wenn nur wenige Sammelbienen im Stock sind, so sinkt die Pheromonkonzentration und jüngere Bienen werden zu Sammelbienen. Bei hoher Pheromonkonzentration werden die Gene für das Sammelverhalten abgeschaltet.

griech. epi = darüber

1 Beschreiben Sie die Mechanismen der epigenetischen Vererbung!

2 Erläutern Sie am Beispiel der Honigbiene den Begriff Zellgedächtnis!

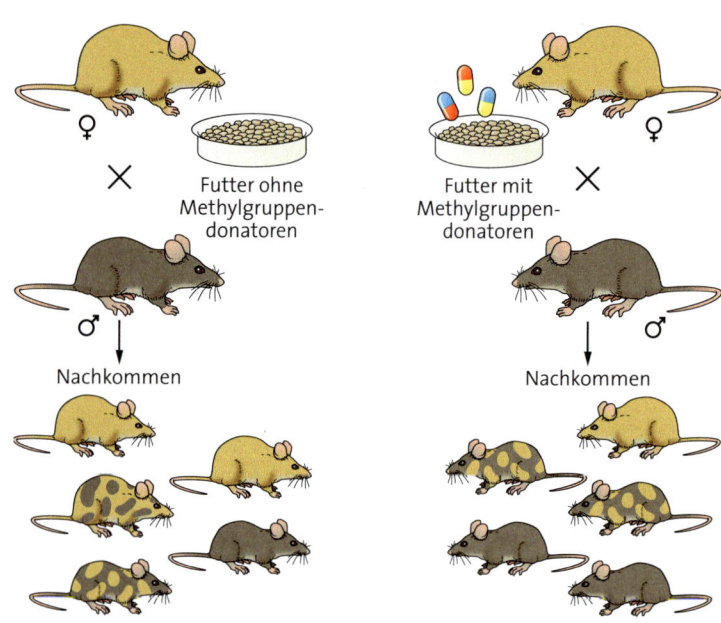

04 Ernährungsfolgen bei Agouti-Mäusen

*Zwillingsforschung
und Epigenetik siehe
Seite 366 und 367*

EPIGENETISCHE VERERBUNG · Agouti-Mäuse besitzen eine gelbe statt einer braunen Fellfarbe. Diese beruht auf einer bestimmten Variante des für die Ausprägung der Fellfarbe verantwortlichen Allels, die Agouti-Gen genannt wird. Das Agouti-Gen hat nicht nur Auswirkungen auf die Fellfarbe. Homozygote Träger sind gefräßig und neigen zur Ausbildung von Übergewicht, Diabetes und Krebs. Bekommen Agouti-Mäuse Nachwuchs, so ist dieser normalerweise ebenso gelb, fett und krankheitsanfällig wie die Elterntiere.

Füttert man weibliche Agouti-Mäuse vor und während einer Schwangerschaft vorwiegend mit Nahrungsmitteln, die als Methylgruppendonatoren dienen, so ist der Anteil der gelben und dicken Nachkommen gegenüber einer Kontrollgruppe deutlich verringert. Es treten braune und schlanke Nachkommen auf sowie Übergangstypen mit gelb-braunem Fell. Die Ausbildung dieser Phänotypen ist abhängig vom Methylierungsgrad im Agouti-Gen: Ein geringer Methylierungsgrad wird bei gelb gefärbten Tieren gefunden, ein mittlerer bei gelb-braunen und ein hoher bei braunen Tieren. Das durch die spezifische Ernährung ausgelöste Methylierungsmuster ist auch bei den Nachkommen dieser Tiere stabil. Die Ernährung der weiblichen Tiere der Parentalgeneration beeinflusst also die Fellfarbe und den Gesundheitszustand der Tiere der zweiten Filialgeneration.

Wissenschaftler überprüften, ob sich ein ähnlicher Zusammenhang auch beim Menschen nachweisen lässt. In einer abgelegenen Stadt Nordschwedens, Överkalix, wurden etwa bis ins Jahr 1800 zurückreichende Aufzeichnungen über Ernteerträge, Lebensmittelpreise und Sterbefälle ausgewertet. Dabei zeigte sich, dass die Enkelsöhne von Männern, deren Kindheit in eine Zeit des Überflusses fiel, mit größerer Wahrscheinlichkeit erkrankten und früh verstarben. Die Enkeltöchter waren wiederum betroffen, wenn die Großmütter im Überfluss lebten. In diesem Fall blieben die männlichen Enkel gesund. Man nimmt an, dass die überreiche Versorgung mit Nahrung epigenetische Spuren auf den Geschlechtschromosomen X und Y hinterließ. Genauere Analysen zeigten, dass der Zeitraum, in dem die Großeltern im Nahrungsüberfluss lebten, eine entscheidende Rolle spielte: Bei den Großmüttern war dies ihre Embryonalzeit, bei den Großvätern die Zeit kurz vor ihrer Pubertät. Während dieser Lebensphasen beginnt bei beiden Geschlechtern die Geschlechtszellenbildung.

Ob epigenetische Vererbung beim Menschen über Generationen hinweg tatsächlich stattfindet, ist bisher jedoch nicht nachgewiesen. Während der Bildung der Geschlechtszellen werden alle Methylgruppen von der DNA entfernt und anschließend durch neue ersetzt. Nach einer Befruchtung ist eine erneute Demethylierung zu beobachten. Die anschließende Neumethylierung erfolgt an bestimmten Genen geschlechtsspezifisch und wird als **genomische Prägung** bezeichnet. Es wird erforscht, ob im Rahmen dieser Vorgänge individuelle Erfahrungen das Meythlierungsmuster der DNA beeinflussen können.

3 Beschreiben Sie die Untersuchungen zur epigenetischen Vererbung bei Agouti-Mäusen!

4 Ziehen Sie eine Schlussfolgerung aus der möglichen epigenetischen Vererbung beim Menschen!

Material A ▸ Bau und Funktion des Zentromers

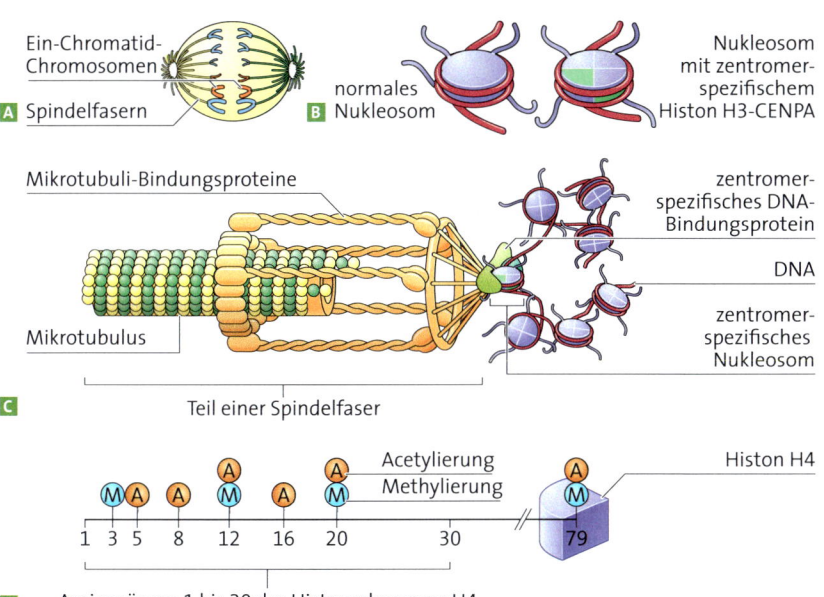

Ein-Chromatid-Chromosomen

A Spindelfasern

B normales Nukleosom

Nukleosom mit zentromerspezifischem Histon H3-CENPA

Mikrotubuli-Bindungsproteine

zentromerspezifisches DNA-Bindungsprotein

DNA

zentromerspezifisches Nukleosom

Mikrotubulus

C Teil einer Spindelfaser

Acetylierung
Methylierung

Histon H4

D Aminosäuren 1 bis 30 des Histonschwanzes H4

sierten Region der Chromatiden, dem Zentromer, verbunden.

A1 Beschreiben Sie anhand der Abbildungen A bis C den Bau des Kontaktbereichs zwischen Chromosom und Spindelfaser!

A2 Erläutern Sie die Bedeutung des Histons H3-CENPA!

A3 Beschreiben Sie die Abbildung D!

A4 Erläutern Sie, weshalb sich die Aminosäuresequenz der Histone im Laufe der Evolution kaum geändert hat!

A5 Erläutern Sie die Bedeutung der in den Abbildungen A bis D dargestellten Sachverhalte für das Zellgedächtnis!

Während der Mitose werden die Ein-Chromatid-Chromosomen voneinander getrennt und von den Fasern des Spindelapparats zu den entgegengesetzten Polen der Zelle gezogen. Die Spindelfasern bestehen aus Mikrotubuli. Sie sind über besondere Bindungsproteine mit einer speziali-

Material B ▸ Stress bei Ratten

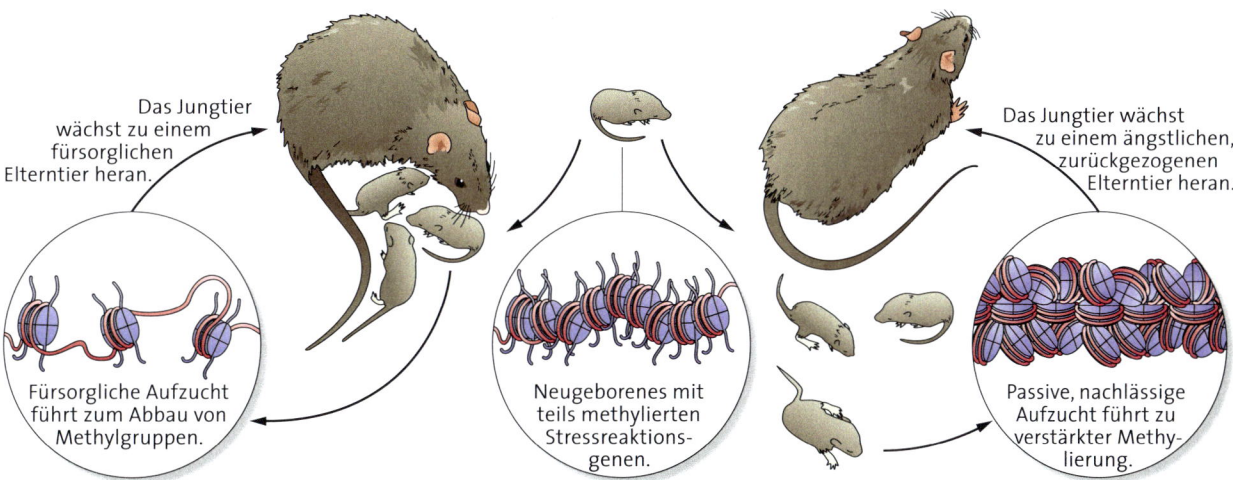

Das Jungtier wächst zu einem fürsorglichen Elterntier heran.

Das Jungtier wächst zu einem ängstlichen, zurückgezogenen Elterntier heran.

Fürsorgliche Aufzucht führt zum Abbau von Methylgruppen.

Neugeborenes mit teils methylierten Stressreaktionsgenen.

Passive, nachlässige Aufzucht führt zu verstärkter Methylierung.

Bestimmte Situationen wie eine neue Umgebung lösen bei Ratten eine Stressreaktion aus. Dabei werden Stresshormone wie Kortisol frei. Spezifische Rezeptormoleküle binden Kortisol und bremsen die Stressreaktion.

B1 Beschreiben Sie die dargestellten Untersuchungsergebnisse!

B2 Begründen Sie, dass es sich hier um einen Fall von generationsübergreifender epigenetischer Vererbung handelt!

B3 Methylierungsmuster sind flexibel. Erläutern Sie diese Aussage anhand des dargestellten Beispiels!

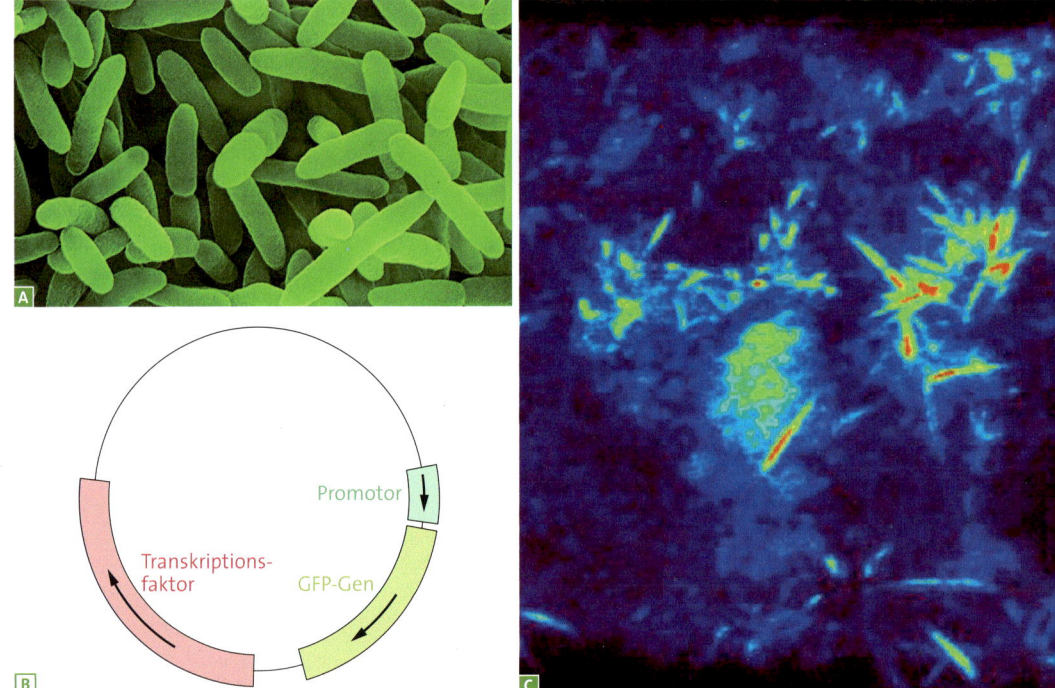

01 *Pseudomonas putida:*

A fluoreszierende Form,

B TOL-Plasmid,

C Testfeld im UV-Licht

Künstliche DNA-Rekombination

Ein drei mal vier Meter großes Testfeld zur Landminendetektion wird mit UV-Licht bestrahlt. Die grüne Fluoreszenz ist auf die Aktivität eines grün fluoreszierenden Proteins, kurz GFP, zurückzuführen. Dieses wird ursprünglich von der pazifischen Qualle Aequorea victoria synthetisiert. Doch auf dem Testfeld gibt es keine Quallen, sondern Ansammlungen von Pseudomonas putida, einem begeißelten Stäbchenbakterium, welches auf das Testfeld ausgebracht wurde. Denn das Bakterium baut Trinitrotoluol, kurz TNT, ab und nutzt es als Stickstoffquelle. TNT ist als Sprengstoff in Landminen vorhanden. Aber weshalb fluoreszieren Bakterien durch das Quallenprotein GFP, wenn sie TNT abbauen?

TOL-PLASMID · Die für den Abbau von TNT notwendigen Enzyme sind auf Plasmiden codiert, welche *TOL-Plasmide* genannt werden. Treten TNT-Moleküle mit einem Transkriptionsfaktor in Kontakt, aktiviert dieser einen Promotor. Der Promotor initiiert die Transkription eines bestimmten DNA-Abschnitts, sodass die für den TNT-Abbau notwendigen Enzyme her-gestellt werden. Wenn nun nach dem Promotor die für GFP codierende DNA-Sequenz eingebaut wird, sorgt der Transkriptionsfaktor für die Herstellung des fluoreszierenden Proteins. Es wird also synthetisiert, sobald die Bakterien auf TNT treffen. Die GFP-Sequenz muss aus dem Quallengenom in das Bakterienplasmid transferiert werden.

RESTRIKTIONSENZYME · Bakterien verfügen über DNA-spaltende Enzyme, die Restriktionsendonukleasen, mit deren Hilfe sie eingedrungene Viren-DNA in kleine Stücke zerlegen. Diese Restriktionsenzyme schneiden DNA an spezifischen Sequenzen von meist vier bis acht Basen. Immer wenn sie diese Basenabfolge innerhalb eines DNA-Moleküls erkennen, schneiden sie es, sodass viele unterschiedlich lange DNA-Stücke mit gleichen Enden entstehen und die Virus-DNA somit unschädlich gemacht wird. Damit die eigene Bakterien-DNA nicht von den Restriktionsenzymen zerschnitten wird, ist sie an den Erkennungsstellen der Restriktionsenzyme methyliert. Die gebundenen Methylgruppen verhindern den enzymatischen Abbau.

02 Trinitrotoluol

GENTRANSFER · Mithilfe der Restriktionsenzyme können Gene gezielt aus ihrem Herkunftsgenom isoliert und in andere DNA eingebaut werden. Häufig ist die Erkennungssequenz am komplementären Strang in der entgegengesetzten Richtung gelesen identisch. Dies bezeichnet man als *Palindrom*. Dort spalten die von Gentechnikern verwendeten Enzyme den DNA-Doppelstrang versetzt, sodass die Stücke an den Enden kurze einsträngige Nukleotidsequenzen tragen. Da diese leicht an komplementäre Nukleotide binden, nennt man sie *sticky ends*, klebrige Enden. Damit diese Enden bei der Quallen-DNA und dem Bakterienplasmid komplementär sind, verwendet man dasselbe Restriktionsenzym. Dieses darf den Plasmidring nur an einer Stelle öffnen, im Fall von *Pseudomonas* hinter der Promotorregion. Nach der Isolation der DNA-Sequenzen mischt man die Suspensionen der geöffneten Plasmide und des GFP-Gens. Nach Zugabe von DNA-Ligase, welche die DNA-Stränge kovalent verknüpft, entsteht *rekombinante DNA*, wenn das GFP-Gen in das Plasmid eingebaut wird. Es entstehen aber auch geschlossene Plasmidringe oder Ringe aus GFP-Sequenzen. Eine Suspension dieser Moleküle wird mit plasmidfreien *Pseudomonas*-Bakterien vermengt, die zur Aufnahme von DNA angeregt wurden. Nach der erfolgten Aufnahme von

⟋⟋ STECKBRIEF ⟋⟋⟋⟋⟋⟋⟋⟋⟋⟋⟋⟋⟋⟋⟋⟋⟋⟋⟋⟋⟋⟋

Osamu SHIMOMURA (1928–2018)

Der 1928 im japanischen Kyoto geborene Biochemiker Osamu SHIMOMURA beschrieb erstmals im Jahr 1961 das grün fluoreszierende Protein, das heute aus dem Bereich der Zellbiologie nicht mehr wegzudenken ist. Wissenschaftler machen sich seine Eigenschaft zunutze, bei Bestrahlung mit ultraviolettem Licht grün zu leuchten. Dadurch, dass das GFP sich

beliebig mit anderen Proteinen fusionieren lässt, ist es als Marker auch in isolierten Zellen und in Lebewesen geeignet. Für seine Grundlagenforschung erhielt SHIMOMURA zusammen mit M. CHALFIE und R. Y. TSIEN 2008 den Nobelpreis für Chemie.

DNA-Abschnitten in die Bakterien, der **Transformation,** erfolgt eine Selektion der Bakterien, die ein rekombinantes Plasmid enthalten. Diese Zellen erkennt man nach Zugabe von Toluol daran, dass sie im UV-Licht fluoreszieren. Das GFP-Gen dient hier auch als *Reportergen*. Die fluoreszierenden Bakterien werden in eine Nährlösung übertragen und vermehren sich dort durch Zweiteilung. Da dabei auch die Plasmide kopiert werden, entstehen durch diese *Klonierung* große Mengen rekombinanter Bakterien.

Zugabe eines Restriktionsenzyms

Palindrom

5'

3'

klebrige Enden

Zugabe eines DNA-Fragments

5'

3'

Zugabe von Ligase

5'

3'

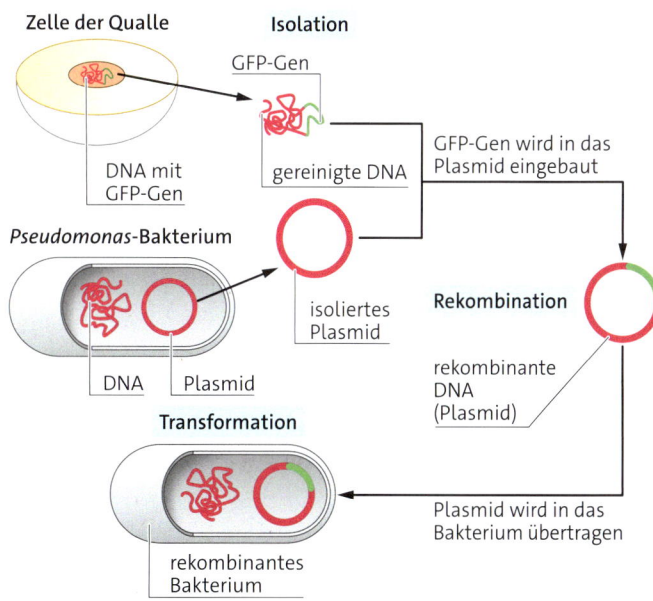

03 Wirkungsweise eines Restriktionsenzyms

04 Schema des Gentransfers

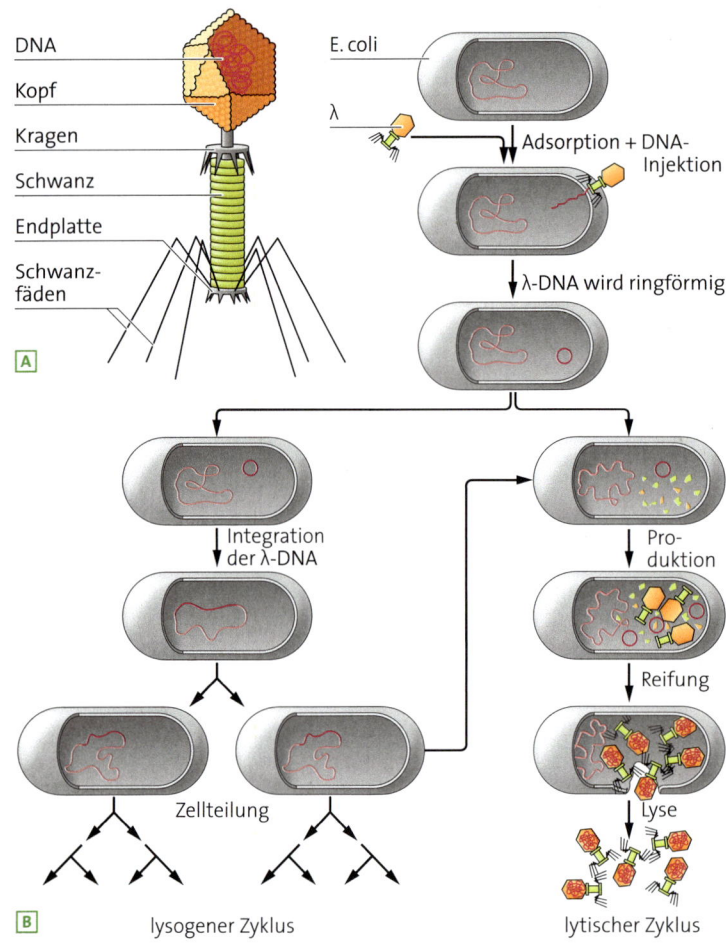

DNA
Kopf
Kragen
Schwanz
Endplatte
Schwanz-
fäden

A

E. coli

λ

Adsorption + DNA-
Injektion

λ-DNA wird ringförmig

Integration
der λ-DNA

Pro-
duktion

Reifung

Lyse

Zellteilung

B

lysogener Zyklus

lytischer Zyklus

05 Bakteriophage λ: **A** Schema, **B** Vermehrung

*lat. vector
= Träger*

*griech. lysis
= Zellauflösung*

*λ = griech. Buchstabe,
gesprochen lambda*

VEKTOREN · Da Plasmide genutzt werden können, um einen DNA-Abschnitt in Bakterienzellen einzuschleusen, gehören sie zu den *Vektoren* und fungieren als *Genfähren*. Der Vorteil der bakteriellen Plasmidvektoren besteht darin, dass sie über nur eine Schnittstelle für ein Restriktionsenzym verfügen. Zudem sind sie in der Lage, sich in der Wirtszelle zu replizieren, sodass viele Kopien der rekombinanten DNA gebildet und an die Tochterzellen weitergegeben werden. Allerdings ist die Größe des zu klonierenden DNA-Fragments auf sechs bis sieben Kilobasenpaare beschränkt. Um größere DNA-Fragmente von bis zu 25 Kilobasenpaaren zu klonieren, nutzt man daher Bakteriophagen. Dies sind Viren, die spezifisch Bakterien infizieren. Der Bakteriophage λ war einer der ersten jemals verwendeten Phagenvektoren. Er besteht aus einem relativ kleinen DNA-Molekül

und einer schützenden Proteinhülle, dem Kapsid, das die Nukleinsäure umschließt. Er ist in Kopf, Kragen, kontraktilen Schwanz und Endplatte mit kurzen Spikes und langen Fäden gegliedert.

Beim Einsatz der Bakteriophagen als Klonierungsvektoren macht man sich deren Vermehrungszyklus zunutze. Nach der Adsorption am Bakterium injiziert der Phage λ seine lineare DNA in die Bakterienzelle. Die leere Hülle bleibt auf der Zelloberfläche zurück. Die λ-DNA schließt sich durch die Verknüpfung der kohäsiven Enden, kurz *cos*, zu einem Ring und wird in die Bakterien-DNA eingebaut. Die in die Bakterien-DNA integrierte Virus-DNA trägt die Bezeichnung **Prophage.** Bei jeder Zellteilung wird die Virus-DNA zusammen mit der Bakterien-DNA verdoppelt und an die Tochterzellen weitergegeben. Diese Art der Vermehrung wird als **lysogen** bezeichnet.

Das Phagengenom kann aber auch wieder aus dem Bakteriengenom herausgelöst werden. Dann werden die Phagengene in einer festgelegten Reihenfolge abgelesen und alle Virusbausteine separat im Zellinneren produziert. Die Virus-DNA wird durch Replikation vervielfältigt. In der Phase der Reifung finden die Bausteine von selbst zu neuen Phagen zusammen. Dies nennt man *selfassembly*. Nachdem etwa 200 Phagen gebildet wurden, wird das Enzym Lysozym synthetisiert, welches die Bakterienzellwand auflöst, sodass das Bakterium platzt und die Phagen freisetzt. Da die Bakterienzelle in diesem Vermehrungszyklus aufgelöst wird, spricht man vom **lytischen** Zyklus.

Viren, die sich wie der Phage λ als Prophagen verhalten, bezeichnet man als *temperent*. Der Befall eines Bakteriums mit Viren zum Beispiel vom Typ T4 führt stets zur *Lyse*. Diese Phagen sind *virulent*.

In der Reifungsphase können bei virulenten wie bei temperenten Phagen Teile der Bakterien-DNA mit in den Phagenkopf aufgenommen und auf weitere Bakterien übertragen werden. Die Übertragung eines DNA-Abschnitts mittels Phagen bezeichnet man als **Transduktion.**

1 Erklären Sie, weshalb sich Plasmide und Bakteriophagen als Vektoren eignen!

Material A ▸ Lambda als Klonierungsvektor

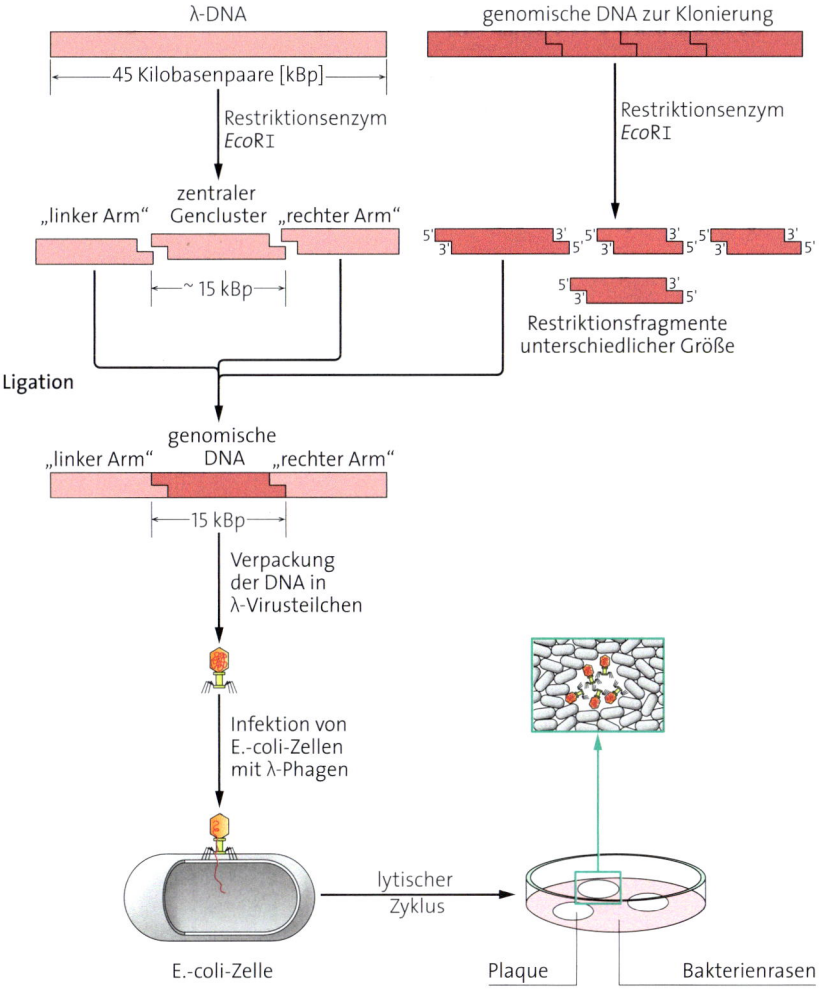

Für den Einsatz des Bakteriophagen λ als Vektor müssen folgende Erkenntnisse berücksichtigt werden:

- Das DNA-Molekül ist so groß, dass das Hinzufügen zusätzlicher DNA dazu führen würde, dass die DNA nicht mehr im Phagenkopf verpackt werden könnte.
- Der zentrale Gencluster enthält die genetischen Informationen, die es ermöglichen, dass sich die Phagen-DNA als Prophage im Bakteriengenom „verstecken" kann.
- Die Arme enthalten die Gene für die Replikation, sind aber zu klein, um verpackt zu werden.
- Phagenbausteine und für *self-assembly* notwendige Enzyme können isoliert werden.
- Plaques sind durchsichtige Bereiche abgestorbener Bakterienzellen im Bakterienrasen auf Agarplatten.

A1 Beschreiben Sie die Schritte der Klonierung mit dem Vektor λ!

A2 Erläutern Sie, inwiefern man sich die Eigenschaften des Bakteriophagen für die Klonierung zunutze macht!

Material B ▸ Resistenzgene

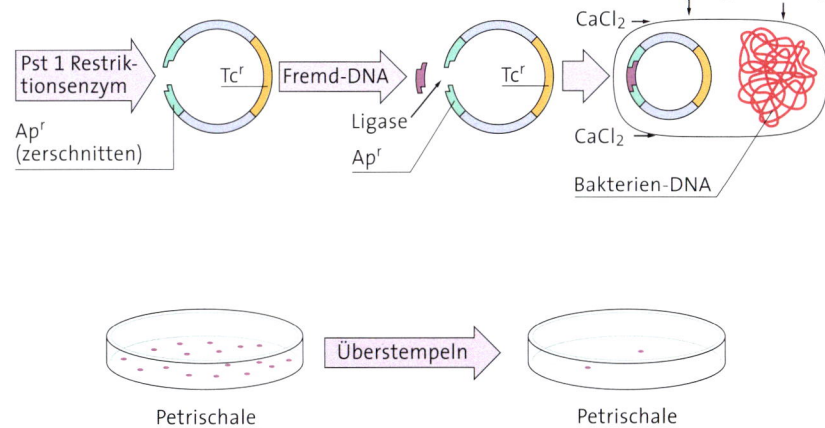

Künstlich erzeugte Plasmide, die als Klonierungsvektoren eingesetzt werden, tragen häufig Resistenzgene gegen Antibiotika. Ap^r bezeichnet das Ampicillin-Resistenzgen, Tc^r das Tetrazyklin-Resistenzgen. Die Behandlung mit Calciumchlorid, $CaCl_2$, macht die Bakterienzellen kompetent, das heißt aufnahmebereit.

B1 Beschreiben und erläutern Sie die dargestellten Vorgänge!

B2 Erläutern Sie die Funktion der Resistenzgene!

01 Kalifornischer Highway

Polymerasekettenreaktion

Als sich Kary MULLIS im Jahr 1985 auf der dreistündigen Fahrt von seinem Labor nach Hause befand, ließ ihn die Arbeit nicht los. Er dachte die ganze Zeit darüber nach, wie ein einziges Stück DNA millionenfach kopiert werden könnte. Man könnte DNA in Plasmide einbauen, diese in Bakterien übertragen, die Bakterien züchten, um anschließend die Plasmide mit der gewünschten DNA zu gewinnen und die DNA herauszuschneiden. Dieses Verfahren schien aber sehr aufwendig. Während der Fahrt sah MULLIS die Lichter der Autos auf beiden Seiten der Fahrbahn aufeinander zubewegen, aneinander vorbeigleiten. Er beobachtete, wie Autos vom Highway abbogen und hinzukamen. Beim Anblick dieser Lichtspuren kam ihm die Idee, die Wissenschaftsgeschichte schreiben sollte. Er hielt an, zeichnete Linien auf ein Blatt Papier, um seinen so genialen wie einfachen Einfall festzuhalten. Was haben diese Lichtbänder mit der DNA-Vervielfältigung zu tun?

engl. PCR = polymerase chain reaction

POLYMERASEKETTENREAKTION · Die Lichtbänder stehen für DNA-Stränge, die sich *in vitro* verdoppeln. Wenn das Produkt jeder Verdopplung wiederum als Vorlage für eine weitere Vervielfältigung genutzt wird, reichen 20 Zyklen

lat. in vitro = im Reagenzglas

aus, um aus einem doppelsträngigen DNA-Molekül eine Million identische Kopien zu erzeugen. Das Vorbild für die Vervielfältigung liefert die Replikation der DNA, durch die während der Synthesephase des Zellzyklus eine identische Kopie der genetischen Information hergestellt wird. Dabei werden die Stränge der Doppelhelix voneinander getrennt. Die Einzelstränge dienen als Matrizen für zwei neue Stränge. Katalysiert wird diese Reaktion von DNA-Polymerasen. Daher nannte Mullis dieses Verfahren *Polymerasekettenreaktion*, kurz PCR.

Die Reaktion läuft heute automatisiert in einem Thermocycler ab, in dem ein Reaktionsansatz aus isolierter DNA, Primer, Polymerasemolekülen und Nukleotiden bei verschiedenen Temperaturen inkubiert wird. Dort vollzieht sich ein aus drei Schritten bestehender Zyklus, der mehrfach wiederholt wird.

DENATURIEREN · Zunächst wird die DNA auf 90 bis 95 Grad Celsius erwärmt. Bei dieser Temperatur lösen sich die Wasserstoffbrückenbindungen, welche die beiden Stränge der DNA zusammenhalten. Das Molekül dissoziiert innerhalb weniger Minuten in Einzelstränge, das heißt, es *denaturiert*.

HYBRIDISIEREN · Die Temperatur wird auf 50 bis 60 Grad Celsius gesenkt. Unter diesen Bedingungen binden synthetische Oligonukleotide mit einer Länge von 15 bis 30 Nukleotiden an die einzelsträngige DNA. Diese als Primer fungierenden Moleküle sind komplementär zu den Bereichen, die die zu kopierende DNA-Sequenz auf beiden Seiten flankieren. Sie dienen als Ausgangspunkte der Synthese neuer DNA-Stränge. Damit diese *Hybridisierung* an beiden Strängen gleichzeitig erfolgen kann, werden gegenläufig orientierte Primer eingesetzt.

POLYMERISIEREN · Die Temperatur wird auf 70 bis 75 Grad Celsius erhöht. In diesem Bereich hat die *Taq-Polymerase* ihr Temperaturoptimum. Deren Bezeichnung leitet sich von dem in heißen Quellen lebenden Bakterium *Thermus aquaticus* ab, dessen DNA-Polymerase für die PCR gentechnisch modifiziert wurde. Die Taq-Polymerase synthetisiert den zum ursprünglichen DNA-Abschnitt komplementären Strang nach den Regeln der Basenpaarung an das 3'-Ende der Primer. So verdoppelt sich die Anzahl der DNA-Stränge in jedem Zyklus in weniger als zehn Minuten. Die Klonierung von DNA über Plasmide und Bakterienkulturen dauert dagegen mehrere Tage. Allerdings kann man mit der PCR nur DNA-Sequenzen begrenzter Länge kopieren und auch nur solche, für die Primersequenzen bekannt sind. Längere und unbekannte DNA-Sequenzen müssen weiterhin auf Zellbasis kloniert werden.

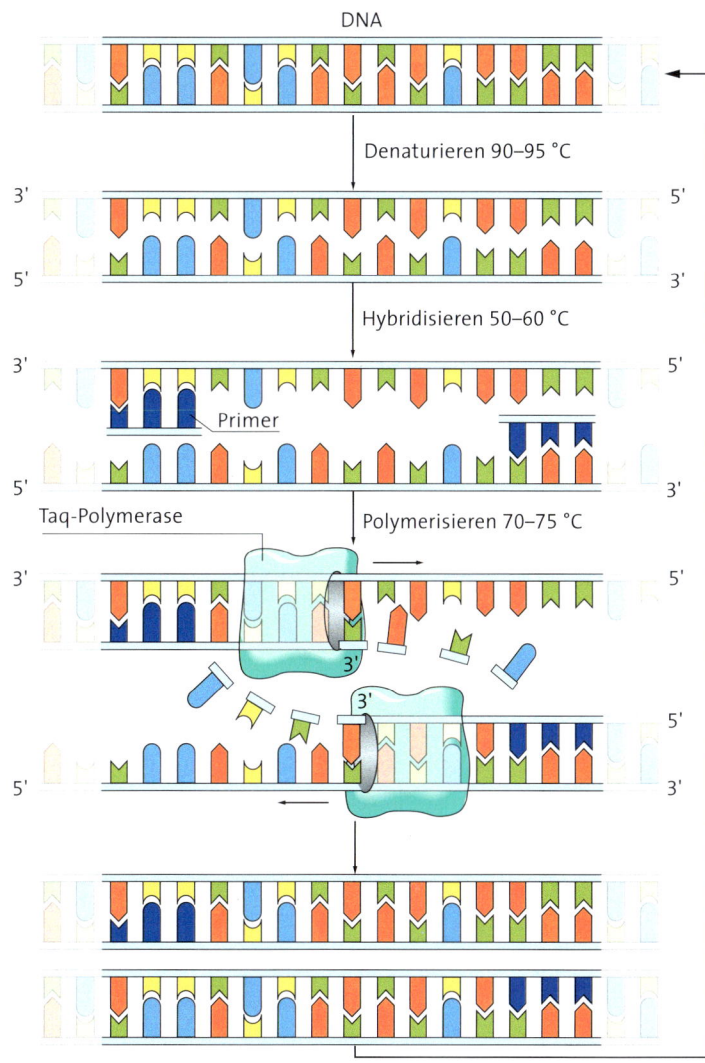

02 Ablauf der PCR

⧗⧗ STECKBRIEF ⧗⧗

Kary Banks MULLIS (*1944)

Kary Banks MULLIS wurde 1944 in Lenoir im US-amerikanischen Bundesstaat North Carolina geboren. Er studierte Chemie am Georgia Institute of Technology und promovierte 1972 an der Universität von Kalifornien, Berkeley. 1979 ging er als DNA-Chemiker zur Cetus Cooperation in Kalifornien und betrieb Forschungen zur Oligonukleotidsynthese. Seine genial einfache Idee zur PCR schlug bei seinen Kollegen im Labor zunächst nicht ein, obwohl sie funktionierte. Man war der Überzeugung, dass ein so simples Verfahren bereits von anderen Wissenschaftlern ausprobiert worden sei. Bei der Vorstellung auf einem Kongress erhielt er dann die wissenschaftliche Anerkennung und wurde zusammen mit Michael SMITH 1993 mit dem Nobelpreis für Chemie geehrt.

RESTRIKTIONSKARTE · Nach der Klonierung eines bisher unbekannten DNA-Abschnitts lässt sich untersuchen, welche Restriktionsenzyme die Sequenz an welchen Stellen schneiden können. Dazu wird der DNA-Abschnitt von verschiedenen Restriktionsenzymen einzeln und in Kombination geschnitten, sodass jeweils ein Gemisch aus DNA-Fragmenten unterschiedlicher Größe entsteht. Um die Fragmente der Größe nach aufzutrennen, nutzt man die Methode der **Gelelektrophorese.** Das aus einer Meeresalge gewonnene Polysaccharid Agarose wird in einer Lösung erhitzt und in flüssiger Form in eine Elektrophoresekammer gegossen. Beim Abkühlen entsteht ein Gel mit einem Wasseranteil von 98 bis 99 Prozent, dessen Konsistenz an Wackelpudding erinnert. In die Kammer wird anschließend eine Pufferlösung gegeben, die Ionen enthält, damit elektrischer Strom hindurchfließen kann. An den Enden der Kammer liegen Elektroden für die Stromversorgung. Kleine Vertiefungen im Gel im Bereich der Kathode, die Taschen, werden mit den DNA-Proben befüllt. Wenn der Strom eingeschaltet wird, wandern die DNA-Fragmente wegen der negativen Ladungen an den Phosphatgruppen zur Anode. Bei ihrer Wanderung durch die netzartige Struktur des Agarosegels kommen die Fragmente abhängig von ihrer Molekülgröße in einer bestimmten Zeit unterschiedlich weit. Je kleiner die Fragmente sind, desto weiter ist ihre Laufstrecke. In eine der Taschen des Gels wird

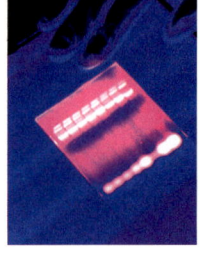

03 Gel unter UV-Licht

ein Gemisch von DNA-Fragmenten bekannter Größe gegeben. Dieser Größenvergleichsstandard hilft, die Größe der zu untersuchenden DNA-Stücke anhand des Vergleichs der Laufstrecken abzuschätzen. Nach der Auftrennung wird das Gel mit einem Farbstoff angefärbt. Die Farbstoffmoleküle lagern sich zwischen die Basen der Nukleinsäuremoleküle ein und fluoreszieren bei ultraviolettem Licht. Die sichtbare Bandenstruktur wird fotografiert.

Aus dieser Bandenstruktur kann man Rückschlüsse auf die Anzahl, Reihenfolge und den Abstand zwischen den Schnittstellen der Restriktionsenzyme ziehen. Das ungeschnittene Fragment ist laut Größenvergleichsstandard neun Kilobasenpaare lang. Beim Schneiden mit den Enzymen *Bam*HI oder *Pst*I ergeben sich jeweils zwei Banden. Also hat jedes Enzym eine Schnittstelle in diesem Fragment. Das zeitgleiche Schneiden mit beiden Enzymen ergibt drei Fragmente, aus deren Größe man die Reihenfolge und den Abstand der Schnittstellen schlussfolgern kann. So erhält man eine *Restriktionskarte,* die ein charakteristisches Erkennungsmerkmal eines klonierten DNA-Abschnittes darstellt.

1 Beschreiben und erklären Sie die Abbildung 02 auf Seite 343!

2 Erklären Sie die Ableitung der Restriktionskarte aus dem Bandenmuster!

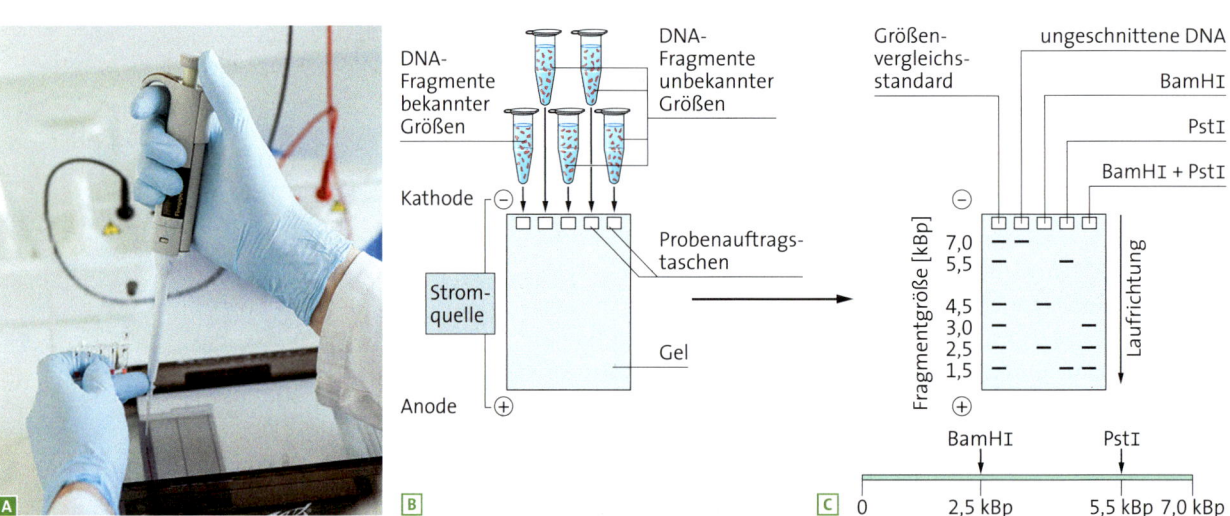

04 Gelelektrophorese: **A** Aufbau, **B** Versuchsansatz, **C** Restriktionskarte

Material A ▸ Restriktionskarte

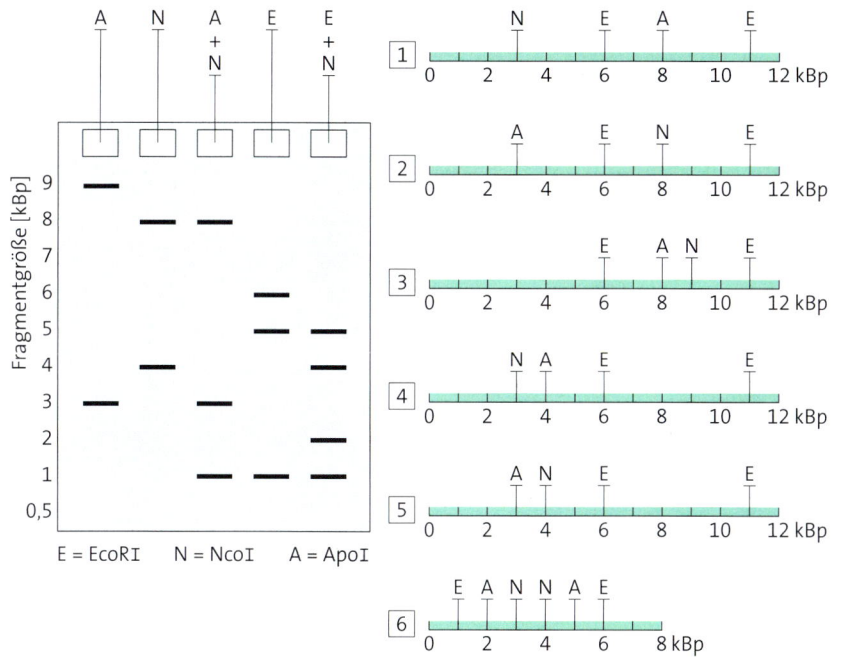

Ein kloniertes DNA-Segment wurde isoliert. Nun soll eine Restriktionskarte für die Restriktionsenzyme *ApoI*, *NcoI* und *EcoRI* erstellt werden. In drei Versuchsansätzen wurde das Fragment mit dem Enzym *ApoI*, *NcoI* beziehungsweise *EcoRI* behandelt. Im vierten und fünften Ansatz wurde das Fragment mit *ApoI* und *NcoI* beziehungsweise mit *EcoRI* und *NcoI* behandelt. Nach einer gelelektrophoretischen Auftrennung erstellten Laboranten verschiedene Restriktionskarten.

A1 Geben Sie an, welche der Restriktionskarten aus dem Bandenmuster der Gelelektrophorese abgeleitet werden kann, und begründen Sie Ihre Auswahl!

Material B ▸ Glasknochenkrankheit

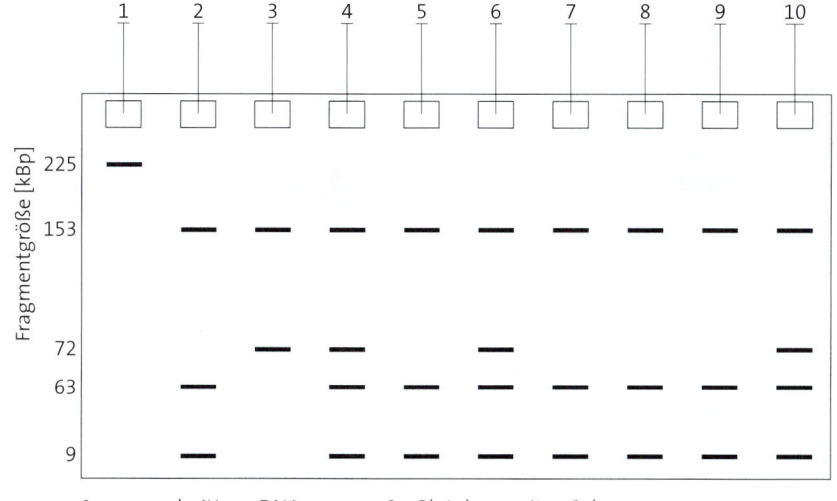

1 = ungeschnittene DNA
2 = normales Allel *Col*1A1
3 = mutiertes Allel *Col*1A1
4 = Blut des ersten Sohnes
5 = Blut des Vaters
6 = Blut des zweiten Sohnes
7 = Blut der Mutter
8 = Blut der Tochter
9 = Spermienzellen einer gesunden Person
10 = Spermienzellen des Vaters

Dazu wurden allen Familienmitgliedern Zellen entnommen und die darin enthaltene DNA mit einem Restriktionsenzym geschnitten. Wenn das normale Allel vorliegt, entstehen so Fragmente von 153, 63 und 9 Basenpaaren. Das mutierte Allel ergibt Fragmente von 153 und 72 Basenpaaren. Eine gelelektrophoretische Auftrennung der behandelten DNA-Proben zeigt das Ergebnis dieser Untersuchung.

B1 Erläutern Sie den Unterschied in der Größe des DNA-Fragments eines normalen und mutierten Allels nach Behandlung mit einem Restriktionsenzym!

B2 Werten Sie das Ergebnis der Untersuchung aus!

B3 Erläutern Sie, ob das Allel für die Glasknochenkrankheit dominant oder rezessiv vererbt wird!

Die Glasknochenkrankheit beruht auf einer Mutation des Gens *Col1A1*, das für die Bildung des Kollagens in den Knochen verantwortlich ist. In einer Familie, deren Söhne von der Krankheit betroffen sind, trat diese Krankheit weder in der Verwandtschaft noch bei ihren Vorfahren auf. Daher sollte eine molekulargenetische Untersuchung das plötzliche Auftreten der Erkrankung klären.

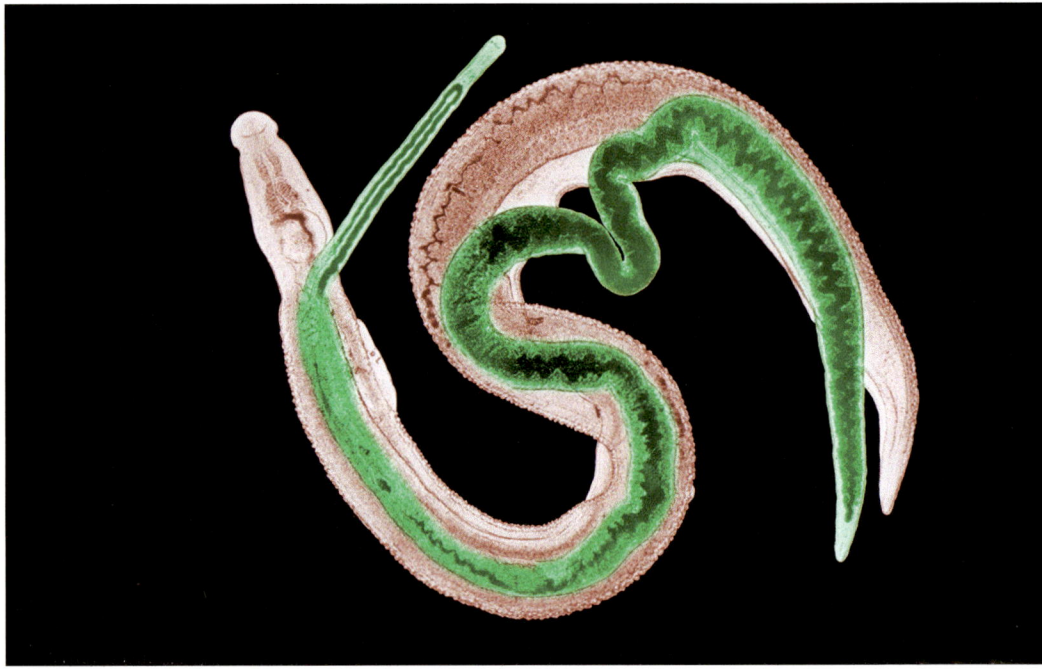

01 Pärchenegel

DNA-Sequenzierung

Plattwürmer der Gattung Schistosoma tragen den Namen Pärchenegel, weil das kleinere Weibchen in der Bauchfalte des Männchens lebt. Es handelt sich um Parasiten, die das menschliche Darm- und Urogenitalsystem befallen. An der aus dem Befall resultierenden Krankheit Schistosomiasis oder Bilharziose erkranken jährlich 200 Millionen Menschen in tropischen Ländern. Allein in Afrika sterben daran pro Jahr 280 000 Menschen. Damit ist die Bilharziose neben der Malaria die häufigste parasitäre Erkrankung. Auf der Suche nach einer möglichen medikamentösen Behandlung der Menschen wurde das Genom von Schistosoma mansoni analysiert. Man kennt nun die Basensequenz der ungefähr 12 000 Gene, die etwa 360 Millionen Basenpaare umfassen. Wie gelang es, das Genom zu sequenzieren?

Urogenitalsystem = Harnwege und Fortpflanzungsorgane

SANGER-SEQUENZIERUNG · Das Prinzip der DNA-Sequenzierung geht zurück auf Frederick SANGER, der diese Methode in den 1970er-Jahren entwickelt hat. Dabei wird die DNA zu Einzelsträngen denaturiert und mit geeigneten Primern, DNA-Polymerasemolekülen und den vier verschiedenen Desoxyribonukleosid-Triphosphaten, kurz dNTP, versetzt. Diese vier Triphosphate dienen als Substrate der DNA-Replikation: dATP, dGTP, dCTP und dTTP. Außerdem werden in geringer Menge Didesoxyribonukleosid-Triphosphate, kurz ddNTP, dem Ansatz hinzugefügt. Diesen Molekülen fehlt am 3'-Kohlenstoffatom der Desoxyribose die Hydroxylgruppe. Ein solches Molekül kann daher zwar in die wachsende DNA-Kette eingebaut werden, aber eine Verknüpfung mit einem nächsten Nukleotid findet nicht statt, weil die für die Verlängerung notwendige Hydroxylgruppe am 3'-C-Atom fehlt und keine Phosphordiesterbindung ausgebildet werden kann.

Die DNA-Polymerase synthetisiert am 3'-Ende des Primers beginnend aus den vorhandenen Desoxyribonukleotid-Triphosphaten einen komplementären Strang. Wird aber zufällig eines der vier ddNTP in die DNA-Sequenz eingebaut, wird die Synthese an dieser Position gestoppt. Da die Verlängerung der Nukleotidkette hier abgebrochen wird, spricht man von der **Kettenabbruchmethode.**

Die vier ddNTP sind jeweils mit unterschiedlichen Fluoreszenzmarkern versehen. Mit voranschreitender Replikation enthält der Ansatz neben den Matrizenfragmenten unterschiedlich lange DNA-Stücke, die jeweils mit einem fluoreszierenden ddNTP enden. Durch Erhitzen werden die neuen Stränge von der Matrize getrennt und mittels Elektrophorese der Länge nach sortiert. Per Laserstrahl wird der Markerfarbstoff zur Fluoreszenz angeregt. Das Fluoreszenzlicht wird von einer Fotozelle erfasst und anhand der Wellenlänge den Basen zugeordnet. So kann bestimmt werden, welches ddNTP sich am Ende eines Fragments befindet. Aus dieser Abfolge wird die Nukleotidsequenz des synthetisierten DNA-Strangs bestimmt und in die Sequenz des Matrizenstrangs umgewandelt. Anders als zu SANGERs Zeiten stehen allerdings heutzutage für die Sequenzierung Laborroboter und Computer mit entsprechender Software zur Verfügung. Aber auch diese vollautomatisierten Verfahren basieren auf dem Prinzip der Erkennung unterschiedlich markierter Fragmente.

SHOTGUN-METHODE · Auch automatisierte Sequenzierroboter können nur DNA-Stücke mit weniger als 1000 Kilobasenpaaren entschlüsseln. Daher wird zur Analyse eukaryotischer Genome wie dem des Pärchenegels die DNA zunächst durch Restriktionsenzyme oder durch Ultraschall in Fragmente zerlegt. Weil diese Fragmentierung ungerichtet erfolgt, spricht man von der *Schrotschuss-* oder *Shotgun-Methode*.

Dazu verwendet man mehrere Ansätze: Bei dem ersten Ansatz sind die Fragmente nur etwa zwei Kilobasenpaare groß, beim zweiten und dritten jeweils um den Faktor zehn größer. Jeder Ansatz umfasst die gesamte DNA, die sequenziert werden soll. Sie wird mit geeigneten Vektoren kloniert. Dann werden zufällig Klonsequenzen aus den Ansätzen genommen und einzeln sequenziert, ohne zunächst die Anordnung der Einzelsequenzen zueinander in der DNA zu kennen. Erst später werden auf der Grundlage der größeren Fragmente überlappende Bereiche ermittelt. Mithilfe spezieller Software werden die überlappenden Abschnitte der einzelnen Fragmente bestimmt, sodass die Gesamtsequenz stückweise zusammengesetzt werden kann.

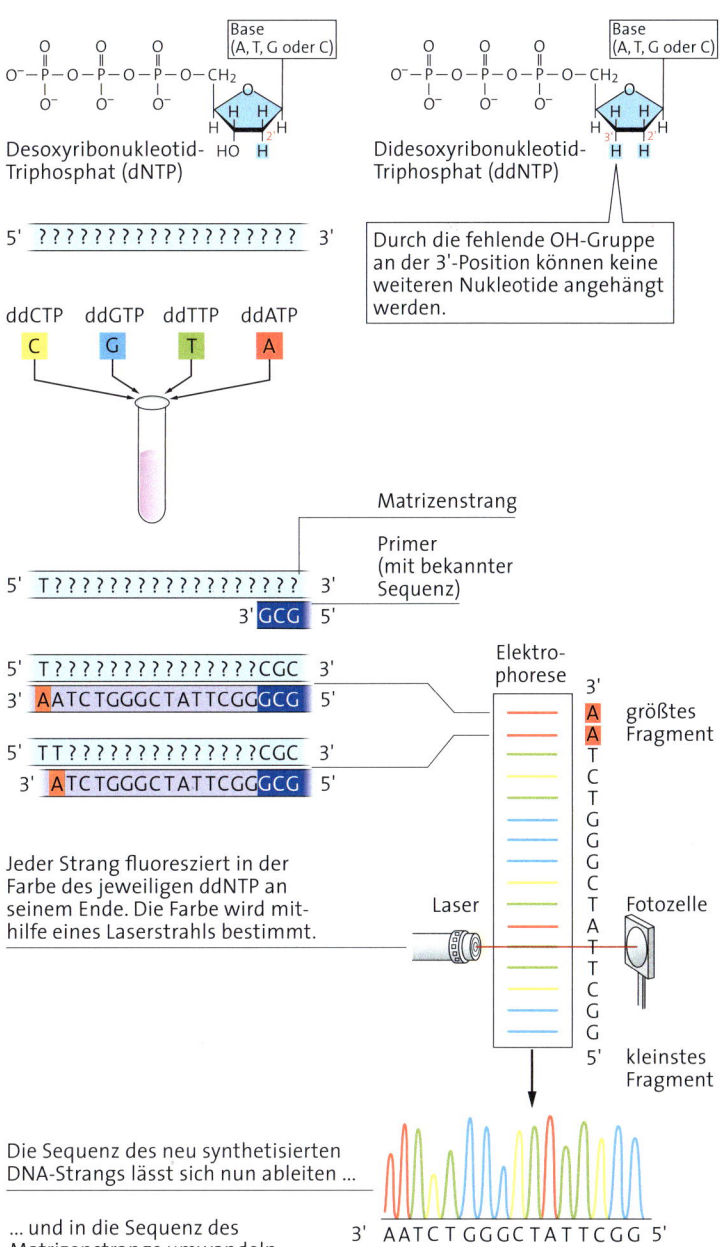

02 Ablauf der DNA-Sequenzierung

1 Beschreiben Sie detailliert den Ablauf der DNA-Sequenzierung!

2 Geben Sie die Funktion der ddNTP-Moleküle an!

3 Erläutern Sie, weshalb bei der Schrotschuss-Sequenzierung die Fragmente mehrerer Ansätze parallel sequenziert werden!

Humangenomprojekt

AUSGANGSSITUATION · Mitte der 1980er-Jahre steckten sich Wissenschaftler das ehrgeizige Ziel, das gesamte menschliche Genom zu sequenzieren, die Gene auf den 24 verschiedenen Chromosomen zu kartieren und ihre Funktion zu klären. So wurde 1990 in den USA das *Human Genome Project* unter der Leitung von James WATSON, dem Mitentdecker der DNA-Doppelhelix, in Angriff genommen. Wenig später erwuchs daraus nach der Idee von Sidney BRENNER eine internationale Kooperation unter der Leitung der *Human Genome Organization,* kurz HUGO, an der ab 1995 auch deutsche Forschungslabore beteiligt waren. 1998 trat das Privatunternehmen Celera Genomics in Konkurrenz zu der staatlich geförderten Organisation. Der Gründer dieses Unternehmens Craig VENTER wollte die Genomsequenzierung mithilfe der Schrotschuss-Methode schneller und kostengünstiger durchführen. Seine Absicht, sich die kommerziell interessanten Ergebnisse patentieren zu lassen, war in der wissenschaftlichen Welt sehr umstritten. Sie widerspricht dem freien Austausch wissenschaftlicher Erkenntnisse und wirft die ethische Frage auf, ob man Anspruch auf ein schon vorhandenes natürliches Gen erheben darf.

ERGEBNISSE · Zu Beginn des Jahres 2001 legten die beiden Konkurrenten gemeinsam ein vorläufiges Ergebnis vor. Bis dahin waren 90 Prozent der genreichen, *euchromatischen* Abschnitte analysiert. Dies entspricht etwa 70 Prozent des gesamten Genoms, das aber noch 150 000 Lücken aufwies. Erst 2003 wurde das Humangenomprojekt für beendet erklärt. 99 Prozent der euchromatischen Abschnitte sind bekannt, die Anzahl der Lücken hat sich auf 341 reduziert. Damit liegt nun die Sequenz von 2 851 330 913 Nukleotiden der 24 menschlichen Chromosomen vor. Neben der reinen Basensequenz konnte man auch wesentliche Informationen über die Gene herausfinden: Das menschliche Genom weist entgegen den vorherigen Prognosen nur ungefähr 25 000 Gene auf, die für Proteine codieren. Die Funktion von 40 Prozent dieser Gene ist unbekannt. 37 Gene haben ihre Funktion durch eine Mutation verloren. Man nennt sie daher *Pseudogene.* 1183 Gene sind erst vor stammesgeschichtlich relativ kurzer Zeit durch Genverdopplung entstanden. Des Weiteren wurde deutlich, dass die Gene nicht gleichmäßig auf die 24 Chromosomen verteilt sind. Die genärmeren, *heterochromatischen* Bereiche liegen in repetitiven Abschnitten innerhalb und an den Enden der Chromosomen. Dieses Fünftel des menschlichen Genoms bleibt bislang unerschlossen. Auch wenn nicht alle kühnen Ziele erreicht wurden, hat das Humangenomprojekt durch die insgesamt erfolgreiche Arbeit ein neues Teilgebiet der Genetik mitbegründet, die **Genomik.**

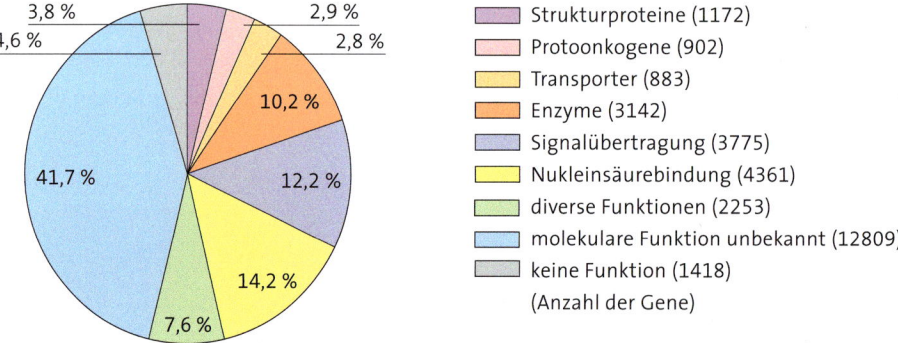

- Strukturproteine (1172)
- Protoonkogene (902)
- Transporter (883)
- Enzyme (3142)
- Signalübertragung (3775)
- Nukleinsäurebindung (4361)
- diverse Funktionen (2253)
- molekulare Funktion unbekannt (12809)
- keine Funktion (1418)
  (Anzahl der Gene)

3,8 % 2,9 %
4,6 % 2,8 %
10,2 %
12,2 %
41,7 %
14,2 %
7,6 %

01 Genfunktionen

Material A ► Sanger-Sequenzierung

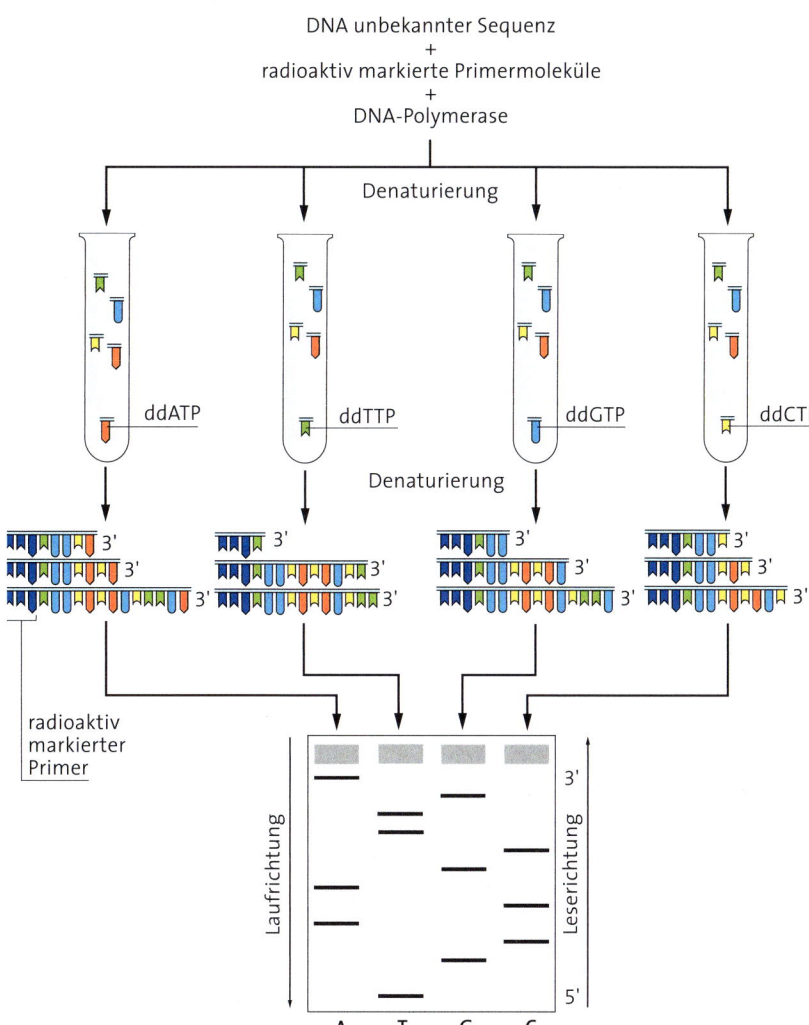

Frederick SANGER entwickelte die Kettenabbruchmethode in den 1970er-Jahren, also zu einer Zeit, in der noch keine Sequenzierrobotor zur Verfügung standen. Als Ergebnis erhielt er ein Autoradiogramm. Bei der Autoradiografie werden radioaktiv markierte Stoffe durch Schwärzung eines Röntgenfilms nachgewiesen. Das Prinzip der Sequenzierung liegt aber bis heute allen verwendeten Verfahren zugrunde. Hätte SANGER ein Patent auf seine Erfindung angemeldet, wäre er heute Multimillionär.

A1 Beschreiben Sie den Ablauf der ursprünglichen Sanger-Sequenzierung!

A2 Vergleichen Sie die ursprüngliche Methode mit der automatisierten Vorgehensweise! Nehmen Sie die Seiten 346 und 347 zu Hilfe!

A3 Geben Sie die Basensequenz des untersuchten DNA-Abschnitts an!

Material B ► Repetitive Sequenzen

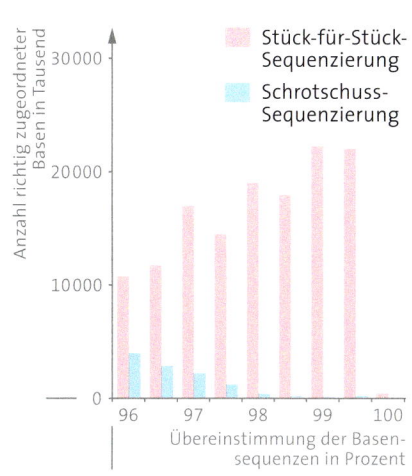

Die Forscher des Humangenomprojekts nutzten lange die im Vergleich zur Schrotschuss-Methode aufwendigere Stück-für-Stück-Sequenzierung. Dabei findet vor der Sequenzierung ein Arbeitsschritt statt, bei dem überlappende DNA-Fragmente in die richtige Reihenfolge gebracht werden.

Mit der Schrotschuss-Sequenzierung ist es bisher nicht gelungen, das menschliche Genom vollständig zu sequenzieren. Teile dieser unbekannten Bereiche sind durch Genduplikation entstanden und enthalten daher einen hohen Anteil sich wiederholender nahezu identischer Basensequenzen.

B1 Vergleichen Sie die Effektivität beider Verfahren bei der Untersuchung repetitiver DNA-Sequenzen!

B2 Entwickeln Sie eine Hypothese, die die unterschiedliche Effektivität beider Verfahren erklärt!

01 Reis:
A goldener Reis,
B normaler Reis

„Grüne" Gentechnik

*In Ländern, in denen Reis als Grundnahrungs-
mittel dient, leiden weltweit schätzungsweise
140 Millionen Kinder an Vitamin-A-Mangel.
Dieser Mangel bewirkt eine Schwächung des Immunsystems, die zu einer erhöhten Anfälligkeit
für Infektionskrankheiten führt, sowie eine Be-
einträchtigung des Sehsinns. Mehr als 500 000
Kinder in Afrika und Asien erblinden pro Jahr infolge dieses Mangels. Die Hauptursache dafür
besteht darin, dass geschälter Reis nur über sehr
geringe Mengen β-Carotin verfügt, das im
Körper zu Vitamin A umgewandelt wird. Gentechnisch hergestellter „goldener Reis" hingegen enthält erhöhte Mengen β-Carotin, das
zu der namensgebenden Färbung führt. Wie
gelingt diese gentechnische Veränderung?*

BIOFORTIFIKATION · In allen Teilen der Reispflanze wird β-Carotin synthetisiert, zum Beispiel in den Laubblättern und auch in der
mehrschichtigen Samenschale. Diese wird aber
bei der Verarbeitung von Reis entfernt, weil
polierter Reis als Endprodukt der Verarbeitung
zwar den größten Teil der Mineralstoffe und
Vitamine verloren hat, aber wesentlich halt-
barer ist. Da es in der Natur keine Reisart gibt,
die auch im Reiskorn β-Carotin synthetisiert,
begannen Ingo POTRYKUS und Peter BEYER zu
Beginn der 1990er-Jahre mit der Entwicklung
einer gentechnisch veränderten Reissorte. Der

Biosyntheseweg des β-Carotins geht von einer
Vorstufe des Carotins Phytoen aus und wird von
drei Enzymen katalysiert.

Da diese Enzyme im Reiskorn unter natürlichen
Bedingungen deaktiviert sind, wurden die
codierenden DNA-Abschnitte aus dem Genom
der Narzisse mit der Technik der rekombinanten DNA in das Genom der Reispflanze eingeschleust. Die DNA-Abschnitte wurden an Pro-
motoren gekoppelt, die nicht in den übrigen
Teilen der Pflanze, sondern nur im Reiskorn aktiv werden, sodass die β-Carotin-Synthese nur
dort stattfindet. Ein solches Verfahren der gentechnischen Veränderung einer Pflanze mit
dem Ziel, diese mit bestimmten Inhaltsstoffen
wie Vitaminen oder Mineralstoffen anzureichern, bezeichnet man als *Biofortifikation*.

AGROBACTERIUM TUMEFACIENS · Für das
Einschleusen der Fremd-DNA in die Reispflanze
macht man sich einen natürlichen Vektor zunutze. Das Bodenbakterium *Agrobacterium
tumefaciens* infiziert Pflanzen an verletzten
Stellen. Es enthält ein doppelsträngiges DNA-
Plasmid, das an der infizierten Stelle eine
unkontrollierte Teilung der Pflanzenzellen her-
vorruft. Man nennt es daher tumorinduzierendes Plasmid, kurz **Ti-Plasmid.** Das tumorartige
Zellwachstum kommt zustande, da ein Teil des

Phytoen-Vorstufe
↓ *Phytoen-Synthase*
Phytoen
↓ *Phytoen-
Desaturase*
Lycopin
↓ *Lycopin-β-Zyklase*
ß-Carotin

02 Schema der
ß-Carotin-Synthese

Ti-Plasmids, die Transfer-DNA oder **T-DNA,** in die DNA der Pflanze integriert wird. Die T-DNA bleibt in der Pflanzenzelle erhalten und wird auch an Tochterzellen weitergegeben. In der Pflanzenzelle bewirkt die T-DNA, dass Phytohormone und Opine synthetisiert werden. Die Phytohormone stimulieren die Zellteilung und das Wachstum. Opine sind spezielle Aminosäuren, die nur von *Agrobacterium* genutzt werden können. Das Bakterium programmiert die Zelle also genetisch zu seinem eigenen Nutzen um.

TRANSFEKTION · Um die Ti-Plasmide für die Übertragung von DNA in eine eukaryotische Zelle, die *Transfektion,* nutzen zu können, wurden die Phytohormon- und Opingene entfernt. So entsteht Platz für die Fremd-DNA und eine Zellwucherung kann vermieden werden. In diese „gezähmten" Ti-Plasmide können nun Fremdgene integriert werden. Zusätzlich wird als Selektionsmarker ein Kanamycinresistenzgen eingebaut. Das rekombinante Plasmid kann nun entweder direkt in Pflanzenzellen übertragen oder erneut in *Agrobacterium tumefaciens* eingeschleust werden, welches dann im Labor mit Pflanzenzellen inkubiert wird.
Anschließend werden die Bakterien durch Antibiotikazugabe getötet und die Pflanzenzellen auf einen kanamycinhaltigen Nährboden gegeben. Die rekombinanten Zellen sind resistent gegen Kanamycin und überleben. Durch bestimmte Hormongaben wird nun die Spross- und Wurzelbildung eingeleitet, sodass die rekombinanten Pflanzenzellen zu vollständigen Pflanzen regeneriert werden.

GOLDEN RICE 2 · Nach der Herstellung des ersten Prototyps wurde in weiteren Forschungsarbeiten der noch immer geringe β-Carotingehalt in den Reiskörnern durch Einsatz eines Synthetasegens aus dem Mais statt aus der Narzisse gesteigert. Eine durchschnittliche Reisration soll nun den Tagesbedarf an Vitamin A zur Hälfte decken. 2013 soll eine zur Aussaat freigegebene Golden-Rice-Sorte auf den Philippinen und in Bangladesch für Kleinbauern zur Verfügung stehen. Untersuchungen zur Verfügbarkeit des β-Carotins haben ergeben, dass der gesamte Gehalt des Reiskorns vom menschlichen Verdauungssystem verarbeitet werden kann. Kritiker monieren, dass mit dem finanziellen Aufwand für die jahrzehntelange Forschung die Lage der betroffenen Menschen hätte verbessert werden können und dass der vorgegebene humanitäre Einsatz nur dazu dienen soll, das Ansehen der Gentechnologie zu verbessern.

1 Erläutern Sie die Funktion von *Agrobacterium tumefaciens* bei der Transfektion!

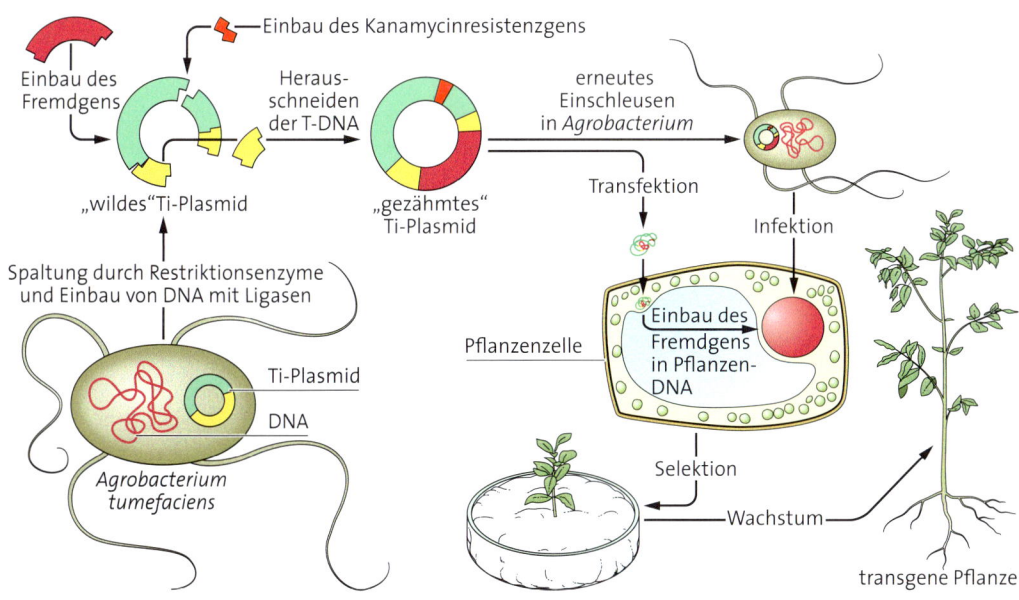

03 Transfektion mit *Agrobacterium tumefaciens*

GENTECHNISCH ERZEUGTE INSEKTIZIDE · In der Landwirtschaft stellen Insekten und ihre Larven ein großes Problem als Schädlinge dar. Das ideale Insektizid wirkt spezifisch gegen Schädlinge, ist leicht biologisch abbaubar und unschädlich gegen alle anderen Lebewesen. Am nächsten kommt dieser Vorstellung das Endotoxin des Bodenbakteriums *Bacillus thuringensis*, kurz Bt. Das Bakterium wird in großen Mengen auf Feldern ausgebracht. Es stellt ein inaktives Endotoxin her, das im Insektendarm aktiviert wird, das Darmepithel schädigt und das Insekt verhungern lässt. Die Larve des Maiszünslers ist der häufigste Schädling der Maispflanze. Sie bohrt sich in Laubblätter und Stängel und entgeht so Insektiziden, die durch Spritzen aufgebracht werden. Zur Abwehr wird die Maispflanze gentechnisch manipuliert, ein spezifisches Bt-Toxin zu synthetisieren. Dazu stellt man nach dem Vorbild des *Bacillus thuringensis* ein künstliches Gen mit maisspezifischen Merkmalen her und koppelt es mit einer geeigneten Promotorsequenz. Diese künstliche DNA wird auf winzige Metallkügelchen übertragen, die mit einer **Genkanone** mit hoher Geschwindigkeit in Maisembryonen hineingeschossen werden. Die transfizierten Pflanzen können das Bt-Toxin synthetisieren und sind weniger anfällig für die Maiszünsler. Seit 2003 steigt der Anteil des Bt-Maises am weltweiten Maisanbau kontinuierlich. Es gibt kaum anderes Saatgut auf dem Markt. Allerdings wird ein weiterer Schädling, der Maiswurzelbohrer, zunehmend unempfindlich gegen die gebräuchlichste Variante des Bt-Toxins. Wie Bakterien gegen Antibiotika entwickeln auch Insekten Resistenzen gegen häufig auftretende Gifte.

ANTI-MATSCH-TOMATE · Reife Tomaten verderben schnell. Sie produzieren das Enzym Polygalakturonase, welches das Pektin in den Zellwänden abbaut und damit den natürlichen Verrottungsprozess einleitet. Dieser Prozess sollte verlangsamt werden. Dazu wurde das Polygalakturonase-Gen identifiziert und isoliert. Anschließend stellte man eine Kopie dieses Gens her und schleuste diese mit dem Vektor *Agrobacterium tumefaciens* in eine Tomatenzelle und damit in das Tomatengenom ein. Wenn die DNA der Tomatenzelle transkribiert wird, entsteht einmal die natürliche mRNA, die für die Translation der Polygalakturonase genutzt wird, sowie durch die eingeschleuste DNA eine komplementäre sinnwidrige mRNA, die Antisense-mRNA. Da die beiden mRNA-Moleküle zueinander komplementär sind, hybridisieren sie. Dies bezeichnet man als **Antisense-Technik.** Die Translation wird so verhindert und die sinnvolle mRNA inaktiviert. Daher wird keine Polygalakturonase synthetisiert und der Verrottungsprozess der Tomate um bis zu drei Wochen hinausgezögert. Die **FlavrSavr-Tomate** war eines der ersten kommerziellen transgenen Pflanzenprodukte, brachte aber nicht den erwarteten wirtschaftlichen Erfolg. Gründe hierfür sind die nicht vollständig erfüllten Erwartungen und die Zurückhaltung der Verbraucher gegenüber gentechnisch veränderten Lebensmitteln.

04 Genkanone

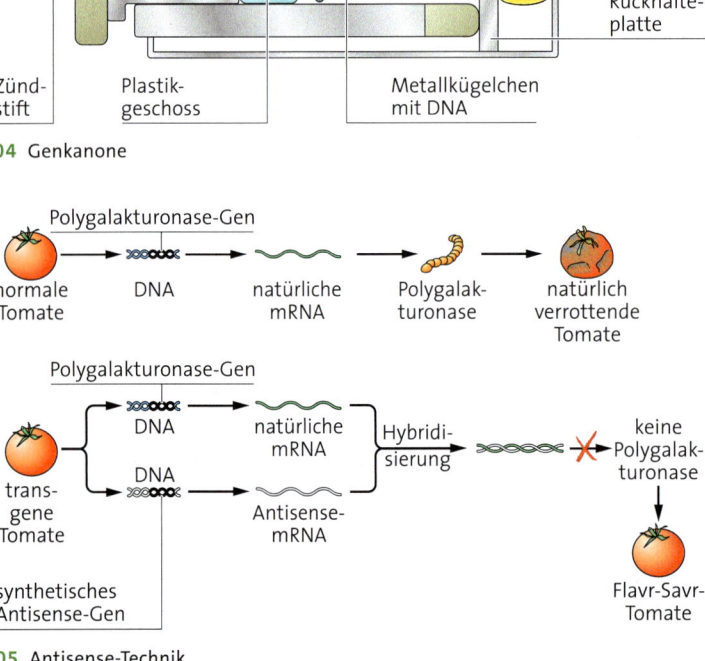

05 Antisense-Technik

2 ⌡ Stellen Sie Hypothesen auf, wie die Resistenzentwicklung gegen das Bt-Toxin verhindert werden kann!

3 ⌡ Erläutern Sie die Antisense-Technik!

Material A ▸ Herbizidresistenz

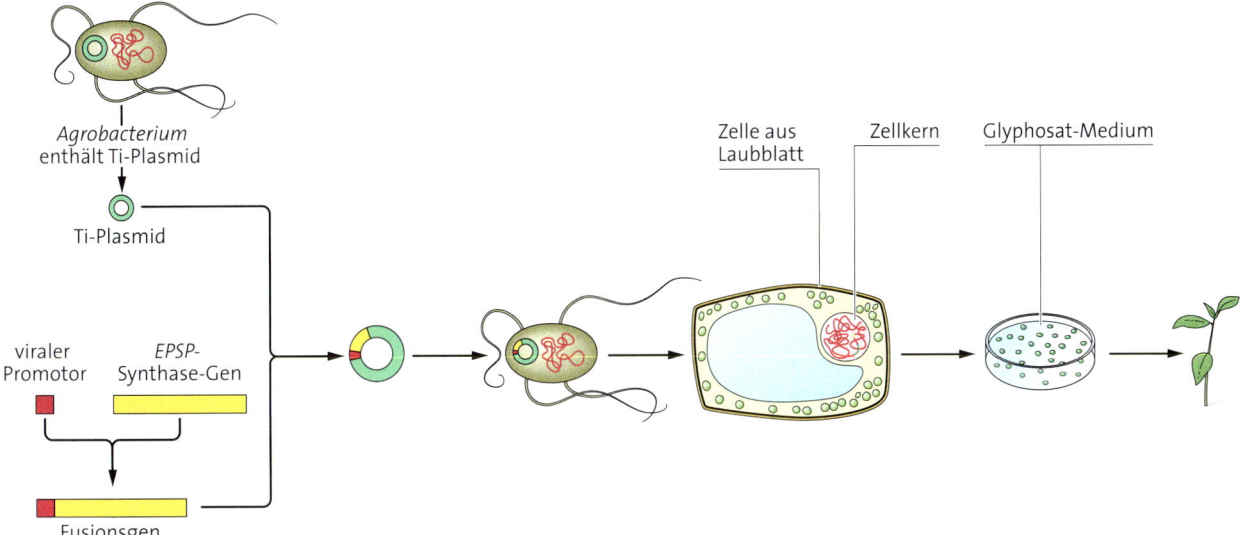

Agrobacterium enthält Ti-Plasmid

Ti-Plasmid

viraler Promotor

EPSP-Synthase-Gen

Fusionsgen

Zelle aus Laubblatt

Zellkern

Glyphosat-Medium

Herbizide werden eingesetzt, weil durch das Wachstum von Wildkräutern, die beispielsweise mit der Sojapflanze um die Bodennährstoffe konkurrieren, der Anbau konventioneller Soja erschwert wird. Üblicherweise werden mehrere kombinierte Herbizide eingesetzt. Das Herbizid Glyphosat wirkt dagegen gleichermaßen auf nahezu alle unerwünschten Wildkräuter. Es ist für den Menschen nicht toxisch, wirkt in geringer Konzentration und wird im Boden schnell von Mikroorgansimen abgebaut. Bei Pflanzen hemmt es die Wirkung des Enzyms EPSP-Synthase, das für die Biosynthese von Aminosäuren wichtig ist. Wenn dieses Enzym nicht gebildet wird, wächst die Pflanze nicht weiter und stirbt. Dies trifft natürlich auch auf konventionelle Soja zu. Gentechnisch veränderte Sojapflanzen enthalten ein EPSP-Synthasegen aus glyphosatresistenten Bakterien.

Bei verschiedenen Wildkräutern sind inzwischen Resistenzen gegenüber Glyphosat aufgetreten, sodass die ausgebrachte Menge erhöht werden muss und teilweise andere Herbizide in Kombination eingesetzt werden. Die Hersteller gentechnisch veränderter

Soja raten zu diesem Vorgehen. Sie liefern passend zu dem gentechnisch veränderten Saatgut neben Glyphosat auch weitere Herbizide. Alle diese aufeinander abgestimmten Produkte sind patentgeschützt.

Der Sojaanbau floriert, jährlich werden 220 Millionen Tonnen Soja angebaut, mehr als die Hälfte ist gentechnisch verändert. In den Hauptanbauländern für Soja in Nord- und Südamerika sind in den letzten Jahren mehrere Millionen Hektar neue Anbauflächen geschaffen worden, in Südamerika zum Teil auf Kosten ökologisch wertvoller Waldgebiete. Die industriell bewirtschafteten Flächen gehören meist großen Firmen. Die Menge eingesetzter Düngemittel hat sich in Argentinien verfünffacht. Das Land hat mithilfe des Sojaanbaus eine wirtschaftliche Krise überstanden. Sojaanbau ist unter wirtschaftlichen Gesichtspunkten lohnenswerter als Viehzucht.

Studien zur Verträglichkeit gentechnisch veränderter Soja geben einerseits keine Hinweise auf eine gesundheitsschädliche Wirkung, andererseits werden morphologische Veränderun-

gen und eine erhöhte Stoffwechselaktivität bei Leberzellen von Versuchstieren festgestellt. Daher meinen viele Wissenschaftler, dass noch keine abschließenden Aussagen getroffen werden können.

Bei geringem Abstand der Felder mit konventioneller Soja zu gentechnisch veränderter Soja wurden Kreuzungen festgestellt.

A1 Stellen Sie die Herstellung einer gegenüber Glyphosat resistenten Sojapflanze in einem Flussdiagramm dar!

A2 Geben Sie an, welche Vorteile Glyphosat als Herbizid aufweist!

A3 Beurteilen Sie den Anbau gentechnisch veränderter Soja aus der Sicht argentinischer Bauern, von Umweltschützern und Vertretern eines Saatgutkonzerns!

A4 Nehmen Sie Stellung zum Anbau gentechnisch veränderter Soja!

A5 Beurteilen Sie, ob die gentechnische Veränderung der Sojapflanze ein Beispiel für das Basiskonzept Variabilität und Angepasstheit darstellt!

01 Radrennen

Anwendung in der Medizin

Radrennen sind in den letzten Jahren in Verruf geraten, weil Teilnehmer sich verbotener Substanzen bedienen, um ihre Leistungsfähigkeit zu steigern. Dazu gehört auch das normalerweise in der Niere gebildete Hormon Erythropoietin, kurz EPO. Es handelt sich um einen Wachstumsfaktor, der die Bildung von Erythrozyten induziert. Je mehr Erythrozyten vorhanden sind, desto besser ist die Sauerstoffversorgung der Muskeln und damit auch die Ausdauer im Wettkampf. Woher stammt diese eigentlich körpereigene Substanz, die von Sportlern zu Dopingzwecken missbraucht werden kann?

engl. CHO = chinese hamster ovary

engl. cDNA = complementary DNA

CHINESISCHE HAMSTER · Menschen mit chronischem Nierenversagen leiden wegen eines gleichzeitigen Mangels an körpereigenem Erythropoietin häufig an einer zu geringen Anzahl Erythrozyten, einer Anämie. Zur Anregung der Vermehrung der Erythrozyten wird gentechnisch erzeugtes Erythropoietin als Medikament bei diesen Patienten eingesetzt. Wegen der Schwierigkeiten bei der Herstellung eukaryotischer Proteine durch Bakterien nutzt man zur Herstellung von EPO eukaryotische Zellen. Allerdings ist EPO ein Glykoprotein mit einer komplexen Struktur. Daher scheiden auch Hefezellen als Proteinproduzenten aus. Denn nur in Säugetierzellen können die für die Funktion des EPO wichtigen Zuckerketten und Disulfidbrücken korrekt synthetisiert werden. Man nutzt daher Zellen aus den Ovarien chinesischer Hamster, kurz **CHO-Zellen.**

REVERSE TRANSKRIPTASE · Zunächst wird das EPO-Gen oder die entsprechende mRNA aus menschlichen Zellen isoliert. Das Enzym *Reverse Transkriptase* nutzt die mRNA als Matritze und synthetisiert eine komplementäre DNA-Kopie, kurz **cDNA.** Der RNA-Anteil des entstandenen Doppelstrangs wird enzymatisch abgebaut, die verbleibenden Reste dienen der DNA-Polymerase als Primer. So entsteht eine doppelsträngige cDNA.

PLASMIDVEKTOR · Die cDNA wird nun mit der Polymerasekettenreaktion vervielfältigt, um eine ausreichend große Menge zur Verfügung zu haben. Als Vektor zur Übertragung der fremden DNA in die CHO-Zellen dienen bakterielle Plasmide. Diese verfügen für die spätere Selektion der erfolgreich transformierten Zellen sowohl über ein Antibiotikumresistenzgen als auch über ein Enzymgen, das einen Stoffwechseldefekt der verwendeten CHO-Zellen kompensiert. Mit Restriktionsenzymen und DNA-Ligasen wird das EPO-Gen in das Plasmid eingebaut und mit einem tierischen Promotor verknüpft. Dieser bewirkt in der Säugetierzelle die Expression des Gens. Die rekombinanten Plasmide werden in Bakterien eingeschleust. Durch den Einsatz eines antibiotikumhaltigen Nährbodens wachsen nur die Bakterien zu Kolonien heran, die das Plasmid aufgenommen haben. Durch die Klonierung wird das Plasmid vervielfältigt und danach aus den Bakterienzellen extrahiert.

TRANSFEKTION · Die Einschleusung der rekombinanten Plasmide in die Zellkerne der CHO-Zellen kann über eine **Mikroinjektion** erfolgen, bei der unter dem Mikroskop mit einer sehr feinen Nadel das Plasmid in den Zellkern injiziert wird. Eine weitere Möglichkeit besteht darin, mithilfe eines starken elektrischen Impulses die Poren der Zellmembran so zu weiten, dass Plasmide leicht die Membran passieren können. Diese Methode bezeichnet man als **Elektroporation.** Alternativ können die Plasmide auch mit schwer löslichem Kalziumphosphat umgeben werden, sodass winzige körnige Strukturen entstehen, die sich auf die Zellen legen. Die Kalzium-Ionen beschleunigen dann die Aufnahme dieser DNA-haltigen Körnchen in die CHO-Zelle. Bei dieser **Kalziumphosphatfällung** wird ein kleiner Teil der aufgenommenen DNA stabil in die chromosomale DNA integriert.

Nach Einschleusung der fremden DNA in den Zellkern, nach der *Transfektion,* werden die CHO-Zellen vermehrt. Aufgrund des Enzymgens für die Selektion im Plasmid überleben nur die Zellen, bei denen die Transfektion erfolgreich war. Diese Zellen wachsen in Bioreaktoren heran und produzieren EPO, das aus dem Medium gewonnen und zur Verabreichung aufgearbeitet wird.

DOPINGNACHWEIS · Seit Ende der 1980er-Jahre gibt es Erythropoietin als Medikament zum Beispiel für Nierenpatienten. Der EPO-Umsatz im Jahr 2011 überstieg den therapeutischen

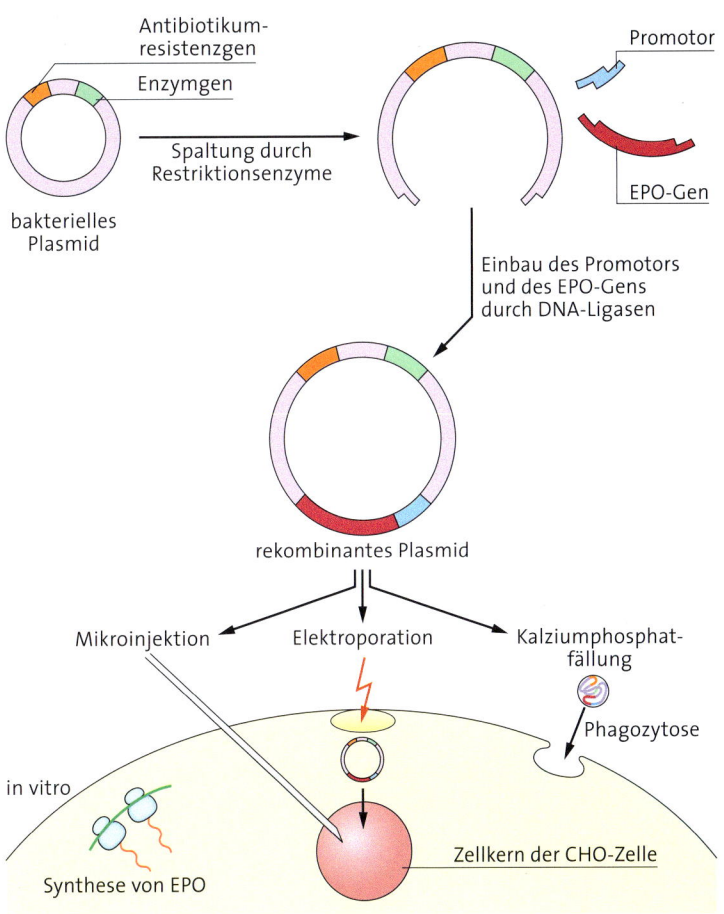

02 Herstellung rekombinanter CHO-Zellen

Bedarf jedoch um etwa das Fünffache. Die Verwendung von EPO bei Ausdauersportlern war bis zum Jahr 2000 nur indirekt durch eine Veränderung bestimmter Blutwerte nachzuweisen, da menschliches EPO kaum von der rekombinanten Form zu unterscheiden ist. So lässt EPO das Blut beispielsweise zähflüssiger werden. Darin liegt auch eine der gefährlichen Nebenwirkungen, da dies zu einem erhöhten Risiko von Herz- und Hirninfarkten führen kann. Seit 2001 gibt es einen direkten Nachweis, der auf der artspezifischen Ausprägung des Glykolisierungsmusters basiert und EPO-Moleküle menschlicher Zellen von denen unterscheidet, die in Hamsterzellen produziert wurden.

1 ⌋ Stellen Sie die Herstellung rekombinanten Erythropoietins in einem Flussdiagramm dar!

GENTHERAPIE · Wenn man genetisches Material in den Körper eines Patienten einbringt, um einen Krankheitszustand zu heilen, der auf der Fehlfunktion eines Gens oder mehrerer Gene beruht, spricht man von *Gentherapie*. Diese Behandlungsmethode wurde erstmals 1990 bei einem jungen Mädchen angewandt, das an dem schweren kombinierten Immundefekt, kurz SCID, leidet. Diese genetisch bedingte Erkrankung führt dazu, dass die Betroffenen an den Folgen kleinster Infektionen sterben. Verantwortlich dafür ist die Mutation eines Gens, das das Enzym Adenosindesaminase, kurz ADA, codiert. Dieses Enzym bewirkt den Abbau von Adenosin. Fehlt das Enzym, kommt es zu hohen Adenosinkonzentrationen, die für Zellen giftig sind. Besonders empfindlich reagieren Leukozyten, sodass nahezu die gesamte Immunabwehr zum Erliegen kommt.

griech. soma = Körper

EX-VIVO-GENTRANSFER · Zur Behandlung der Patientin wurde aus deren Blut ein bestimmter Typ von Leukozyten, die T-Zellen, isoliert. Das ADA-Gen wurde kloniert und in ein Retrovirus als Vektor eingebaut. Die Viren infizierten viele T-Zellen und übertrugen so das ADA-Gen in deren Genom. Da der Gentransfer außerhalb des Körpers stattfand, spricht man von *Ex-vivo-Gentransfer*. Die transfizierten Zellen wurden selektiert und vermehrt, bevor sie der Patientin in den Blutkreislauf injiziert wurden. Einige T-Zellen wanderten ins Rückenmark und begannen sich zu teilen.

Nach mehrfacher Wiederholung der Therapie war ein Viertel der T-Zellen transgen und produzierte ausreichend ADA, sodass die Patientin seitdem ein normales Leben führen kann. Da aber nur die Körperzellen der Patientin behandelt wurden, also eine **somatische Gentherapie** durchgeführt wurde, kann die Patientin die Veranlagung für die SCID an ihre Nachkommen weitergeben. Der Gentransfer in Geschlechtszellen, die **Keimbahntherapie,** die eine Weitergabe ausschließen würde, ist ethisch problematisch und in Deutschland verboten.

RISIKEN · In jüngerer Zeit wurde das Vertrauen in die Gentherapie durch einige Rückschläge stark vermindert. Die meisten Probleme gehen auf die Vektoren zurück, da die Integration des viralen Genoms in das Genom der Wirtszelle nicht ausreichend zielgerichtet erfolgt. So können die falschen Zelltypen getroffen werden oder Insertionen dazu führen, dass wichtige Gene inaktiviert werden oder mutieren. Außerdem verursachen virale Vektoren oft eine Immunreaktion und die Rekombination mit anderen viralen Bestandteilen in der Zelle, die zu einem infektiösen Virus führen kann, ist nicht auszuschließen. Laborversuche mit einem neu entwickelten Virus führten nicht zu einer Immunantwort und wecken Hoffnung auf eine sichere Durchführung der Gentherapie.

GENDOPING · Mit der für die Gentherapie entwickelten Methodik können auch Gene für leistungsfördernde Stoffe mit viralen Vektoren in die Muskeln von Sportlern eingeschleust werden. Man spricht von **In-vivo-Gentransfer.** In den Muskelzellen wird dann das Gen für EPO oder einen Muskelwachstumsfaktor in das Genom integriert und abgelesen, sodass die Sauerstoffversorgung oder das Wachstum des Muskels verbessert wird. Neuerdings ist *Gendoping* nachweisbar, da die künstlichen Gene auf cDNA basieren und im Gegensatz zu den natürlichen Genen über keine Introns verfügen. Für eine PCR wurden Primer entwickelt, die sich nur an nicht von Introns unterbrochene Gene anlagern.

Plasmid mit kloniertem menschlichen *ADA*-Gen

Bakterienzelle

Retrovirus

ADA-Gen wird in Virus eingebaut

T-Zellen werden aus SCID-Patientin isoliert

Injektion der transfizierten T-Zellen

Retrovirus infiziert T-Zellen und überträgt das *ADA*-Gen

Vermehrung der transfizierten T-Zellen

03 ADA-Gentherapie

2 Beschreiben Sie den Ablauf einer somatischen Gentherapie!

Material A ▸ Gendoping

Olympia 2036: Gendoping lässt Artgrenzen verschwimmen

Wertepool:

Glück	Freiheit	Bildung	Sicherheit
Unabhängigkeit	Gerechtigkeit	Frieden	Liebe
Wohlstand	Umweltschutz	Lebensqualität	Forschungsfreiheit
Verantwortung	Leistung	Gesundheit	Freundschaft
Wahrheit	Eigentum	Gehorsam	Respekt
Artenschutz	Wahlfreiheit	Menschenwürde	...

Informationsbox Werte:

Werte sind Eigenschaften, die der Mensch Objekten, Ideen oder Beziehungen zuordnet. Werte sind Kriterien, die der Mensch hat, um seine Umwelt zu bewerten. Diese Kriterien beziehen sich dabei auf erwünschte Zielzustände wie materieller Wohlstand oder auf erwünschtes Verhalten, zum Beispiel den Schutz der Natur.

Informationsbox Normen:

Im Gegensatz zu Werten, die Menschen besitzen, stellen Normen Regelungen unserer Gesellschaft dar, die allgemein akzeptiertes Verhalten definieren. Sie dienen zum Schutz gesellschaftlicher Werte und sind oftmals in Form von Regelungen und Gesetzen niedergeschrieben, zum

Beispiel das Leitbild der nachhaltigen Entwicklung in der Agenda 21. Für den Einzelnen dienen sie somit als Handlungsorientierung. Normen sind dabei nicht ewig gesetzt, sondern bedürfen der fortwährenden Legitimation durch die Gesellschaft.

Informationsbox Moral:

Moral umfasst individuelle und gesellschaftliche Vorstellungen über das, was als gut oder schlecht bewertet wird. Handlungen jedes Einzelnen werden demnach durch die Gesellschaft an moralischen Maßstäben gemessen, die auf gesellschaftlichen Werten und Normen beruhen.

Nach dem Ende der Olympischen Spiele 2012 in London sind zehn

Dopingfälle bekannt geworden. Routinemäßig werden Urinproben aller Medaillengewinner für spätere Untersuchungen eingefroren. Fachleute gehen davon aus, dass viele Dopingfälle unentdeckt blieben.

A1 Nennen Sie zentrale Werte, die durch Doping betroffen werden, und nehmen Sie Stellung zum Doping!

A2 Nehmen Sie Stellung zu der Behauptung, dass zu viele aufgeklärte Dopingfälle dem Ansehen der Olympischen Spiele schadeten!

A3 Interpretieren Sie die Karikatur!

DNA-Chips

HERSTELLUNG · DNA-Chips oder Microarrays sind kleine Glasplättchen, die einem Objektträger aus der Mikroskopie ähneln und in Felder unterteilt sind. Jedes Feld ist halb so breit wie ein menschliches Haar. In jedem Feld werden Kopien einer spezifischen, synthetisch hergestellten, einzelsträngigen DNA-Sonde mit einer Länge von ungefähr 20 Nukleotiden auf dem Glas befestigt. Dies geschieht mit einem computergesteuerten Laborroboter, der ähnlich arbeitet wie ein Tintenstrahldrucker. Feine Düsen werden in eine Lösung mit Kopien der Sonden-DNA für ein bestimmtes Feld getaucht. Dann trägt der Roboter diese Moleküle in dem Feld auf und befestigt sie auf dem Glas. So entsteht ein Punktmuster auf dem Glasträger mit über 500 000 Feldern, in denen jeweils eine kleine Gruppe DNA-Moleküle eine bestimmte Sequenz aufweist.

GENANALYSE · Wenn man DNA eines Individuums extrahiert und ausgewählte Gene mit der PCR vermehrt, können die PCR-Produkte mit Fluoreszenzfarbstoffen markiert und in Einzelstränge denaturiert werden. Dann werden diese markierten DNA-Fragmente auf einen DNA-Chip gegeben. Die Fragmente, die komplementär zu einer der DNA-Sonden sind, hybridisieren mit der Sonde. Markierte Fragmente, die nicht zu einer Sonde passen, werden abgewaschen. Anschließend tastet ein Laser den DNA-Chip ab und regt die gebundenen DNA-Moleküle zur Fluoreszenz an, die gemessen wird. So entsteht mithilfe von Software ein Muster von Punkten, das per Computer analysiert wird.

TRANSKRIPTOMANALYSE · DNA-Chips werden eingesetzt, um Hunderte oder Tausende Gene gleichzeitig in einer Untersuchungsreihe zu testen. So werden in der Krebsforschung Genexpressionsmuster untersucht. Denn das Genom vieler Krebszelltypen zeigt ein spezifisches Expressionsmuster, das sich von dem Genom anderer Krebszelltypen und von dem gesunder Zellen unterscheidet.
Für die Untersuchung eines Genexpressionsmusters wird die mRNA aus gesunden Zellen und Krebszellen desselben Typs isoliert. Mithilfe der Reversen Transkriptase wird die mRNA in cDNA umgewandelt und dann mit Fluoreszenzfarbstoffen markiert: cDNA ge

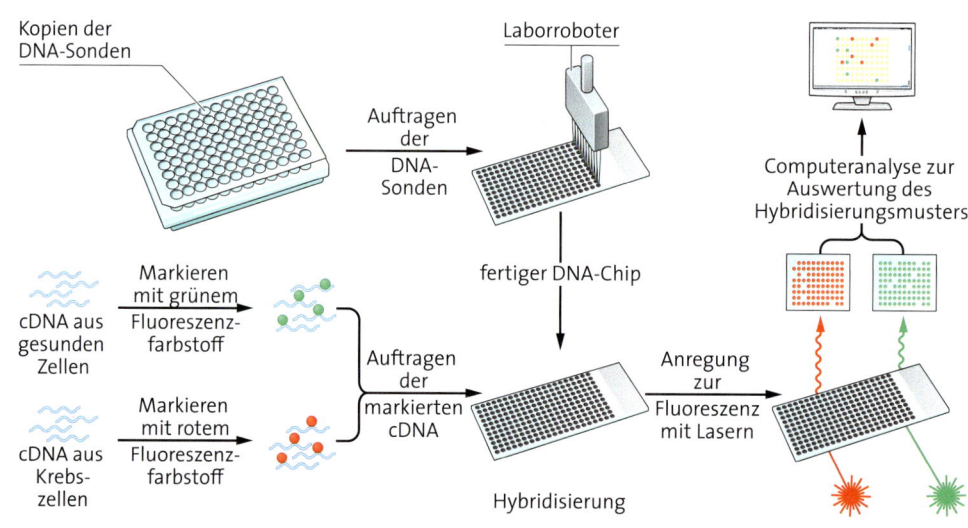

01 Herstellung und Anwendung eines DNA-Chips

sunder Zellen beispielsweise mit einem grünen, die der Krebszellen mit einem roten Farbstoff. Die gemischten cDNA-Moleküle werden auf einen DNA-Chip gegeben, der Sonden für exprimierte Gene der normalen und der Krebszellen trägt. Das Hybridisierungsmuster zeigt grün markierte Felder, die für die Genexpression normaler Zellen stehen, sowie rot markierte Felder, die anzeigen, dass diese Gene in Krebszellen exprimiert werden. Außerdem sind gelbe Felder erkennbar. Hier hybridisierten cDNA-Moleküle sowohl der normalen als auch der Krebszellen. Diese Erkenntnisse können für die Entwicklung von Medikamenten und für die Früherkennung von Krebs genutzt werden. Solche Medikamente können zum Beispiel die Transkription spezifischer Krebsgene in einem Zelltyp hemmen. Auch in anderen Bereichen wird die Analyse der Genexpression eine Rolle spielen. Zukünftig wird es möglich sein, alle mRNA-Moleküle einer Zelle, das *Transkriptom,* zu untersuchen, sodass die Genaktivität von Zellen in sämtlichen medizinischen Zusammenhängen beobachtet werden kann.

GENOMSCANNING · Es gibt bereits DNA-Chips, die alle Gene des menschlichen Genoms tragen. Damit kann man die DNA eines Menschen auf verschiedene Allele oder Genexpressionsmuster untersuchen und feststellen, ob genetisch bedingte Krankheiten wie Diabetes, Alzheimer und Herzinfarkt oder die Anlagen dafür vorliegen. Die Untersuchung des menschlichen Genoms mit solchen DNA-Chips bezeichnet man als *Genomscanning*. Es ist zu erwarten, dass dieses heute noch recht teure Verfahren in Zukunft die medizinische Diagnose verändern wird. Untersuchte man bereits Neugeborene, könnten Prognosen für zukünftige Erkrankungen aufgestellt werden. Diese bergen einerseits die Chance auf rechtzeitige Vorsorge, andererseits könnten aber auch unerträgliche Ängste geschürt werden. Die daraus resultierenden rechtlichen und ethischen Pro-

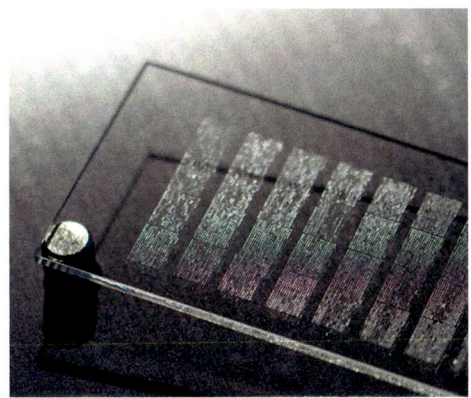

02 DNA-Chip

bleme wird unsere Gesellschaft lösen müssen, wenn es darum gehen wird, genetische Diskriminierung zu verhindern, die freiwillige Entscheidung für ein Genomscanning zu garantieren und die ermittelten Daten zu schützen. Problematisch wird sein, dass der Zuwachs an wissenschaftlichem Erkenntnisgewinn und die praktische Umsetzbarkeit biotechnologischer Forschung rasant voranschreiten, während gesellschaftliche und politische Stellungnahmen und Diskussionsprozesse viel mehr Zeit erfordern, als es die Situation zulässt.

LEBENSMITTELHERSTELLUNG · Auch in anderen Bereichen wie beispielsweise der Lebensmittelproduktion werden DNA-Chips eingesetzt. Bei der Herstellung von Joghurt schreibt das deutsche Lebensmittelrecht Qualitätskontrollen zum Schutz der Verbraucher vor bakteriellen Krankheitserregern vor. Bisher dauern diese Untersuchungen wegen der Inkubation der Bakterien mehrere Tage. Mithilfe der DNA-Chips kann die DNA schädlicher Bakterien direkt und daher viel schneller nachgewiesen werden. Dazu werden Sonden mit spezifischen DNA-Abschnitten bestimmter Darmkeime oder anderer Krankheitserreger erzeugt. Zeigt das Punktmuster dann Hybridisierungen an, ist die produzierte Menge Joghurt verunreinigt und darf nicht in den Handel gelangen.

01 Ein DNA-Stück wird ausgeschnitten

CRISPR/Cas9 – Die Genschere

Als die beiden Molekularbiologinnen Emmanuelle CHARPENTIER und Jennifer DOUDNA am 17. August 2012 ihre Forschungsergebnisse veröffentlichten, war dies eine wissenschaftliche Sensation. Man sprach von einer Revolution in der Gentechnik. Die beiden Forscherinnen hatten eine Methode entwickelt, mit der Gene auf einfache Weise gezielt geschnitten werden können. Wie funktioniert diese Methode und wofür kann sie genutzt werden?

BAKTERIENIMMUNITÄT · In den 1980er-Jahren entdeckten japanische Wissenschaftler im ringförmigen Chromosom von *Escherichia coli* clusterartig angeordnete DNA-Abschnitte sich wiederholender Sequenzen, die in beide Richtungen das gleiche Leseraster aufwiesen. Man nennt solche DNA-Abschnitte *Palindrome*. Diese waren durch kurze Abschnitte von etwa 30 Nukleotiden unterbrochen, die als Spacer bezeichnet wurden. Ähnliche Genabschnitte wurden in den folgenden beiden Jahrzehnten in vielen anderen Bakterienarten entdeckt. Aufgrund ihrer merkwürdigen Basenfolge gab man ihnen die Bezeichnung *Clustered Regularly Interspaced Short Palindromic Repeats,* kurz **CRISPR**. Die Funktion dieser Genabschnitte war zunächst jedoch unklar.

Im Jahr 2005 entdeckte man, dass bestimmte Abschnitte der CRISPR-Sequenzen identisch sind mit DNA-Abschnitten von Bakteriophagen und zwar genau die Abschnitte, die man als Spacer bezeichnet hatte. In weiteren Experimenten konnte nachgewiesen werden, dass Bakterien gegen Phagen immer dann immun sind, wenn ein Spacer-Abschnitt und ein Abschnitt der Phagen-DNA übereinstimmen. Fehlt der passende Spacer-Abschnitt, wird das Bakterium infiziert und stirbt meist. Aber wie kann ein Bakterium den eindringenden Phagen mithilfe des Spacers unschädlich machen?

Auf der Bakterien-DNA entdeckte man in der Nähe der CRISPR-Sequenz weitere Gene, die mit ihr in Beziehung stehen. Diese Gene nannte man *CRISPR-associated,* kurz **Cas.** Eines dieser Gene, **Cas9,** codiert für ein Enzym, welches DNA schneiden kann, also für eine *Endonuklease*. Damit konnte die Immunabwehr von Bakterien gegenüber Bakteriophagen erklärt werden. Einige Bakterien einer Bakterienkultur überleben den Angriff von Bakteriophagen. Diese Bakterien integrieren in ihre DNA ein kurzes Stück der Phagen-DNA, den Spacer. Wird ein solches Bakterium zu einem späteren Zeitpunkt wieder von einem gleichartigen Phagen ange-

engl. cluster = Bündel, Ballung

Vermehrungszyklus von Bakteriophagen siehe Seite 340

griffen, trägt es bereits einen passenden Spacer-Genabschnitt. Dadurch kann das Bakterium eine spezifische RNA transkribieren, die *CRISPR-RNA*, kurz *crRNA*. Sie besteht aus zwei Teilen, dem passenden Spacer-Bereich und einem Leitstrang. Mit diesem Leitstrang lagert sich die crRNA an die Endonuklease, das Genprodukt des Cas9-Gens, an. Der Spacer-Bereich der crRNA verbindet sich dann mit den komplementären Basen der DNA des Phagen. Dadurch bringt die crRNA das Enzym in Kontakt mit der Phagen-DNA. Im letzten Schritt dieses Prozesses durchtrennt die Endonuklease die Phagen-DNA, weshalb das Enzym mit einer Schere verglichen wird. Damit ist die Phagen-DNA für das Bakterium unschädlich und die Immunreaktion gegen den Phagen entsprechend erfolgreich.

NEUES WERKZEUG DER GENTECHNIK · Noch zu Beginn des 21. Jahrhunderts versuchten Molekularbiologen, maßgeschneiderte Enzyme herzustellen, die in der Lage sind, das Genom von Lebewesen an spezifischen Stellen zu schneiden. Für jede Modifikation war somit die aufwendige Herstellung eines anderen Enzyms notwendig. CHARPENTIER und DOUDNA erkannten hingegen, dass das Cas9-Enzym an jeder Stelle im Genom schneiden kann. Die beiden Wissenschaftlerinnen stellten eine künstliche Leit-RNA her mit Sequenzanteilen, die zu einer von ihnen ausgesuchten Zielsequenz in der DNA eines Bakteriums passten. Diese RNA verknüpften sie mit dem Cas9-Enzym und schleusten dieses Werkzeug in eine Bakterienzelle ein. Dort verhielt es sich wie erwartet. Die Zielsequenz wurde geschnitten.

Alle Zellen verfügen über die natürliche Fähigkeit, DNA-Brüche zu reparieren. Dabei werden einzelne Basen entfernt oder ausgetauscht. Deshalb ist ein durch CRISPR/Cas erzeugter Schnitt im Nachhinein nicht von einer natürlichen Mutation zu unterscheiden.

Innerhalb des folgenden Jahres erzielte man weltweit mit der neuen Methode CRISPR/Cas9 enorme Fortschritte. Sie lässt sich nicht nur bei Bakterien anwenden, sondern auch in eukaryotischen Zellen, also bei Pflanzen, Tieren und Menschen.

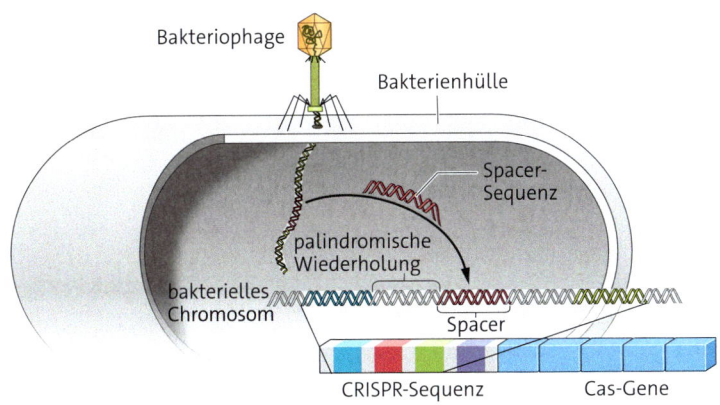

02 Immunisierung eines Bakteriums

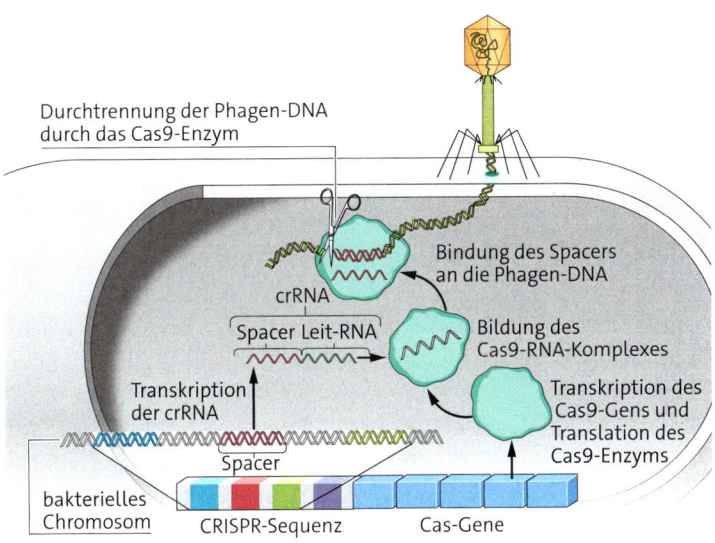

03 Immunabwehr eines Bakteriums

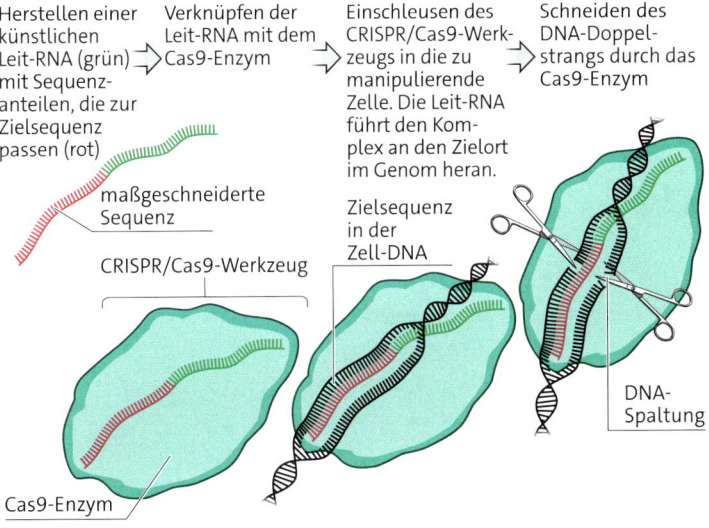

04 CRISPR/Cas9 in der Gentechnik

05 Champignons: **A** normale Reifung, **B** durch CRISPR/Cas9 veränderte Reifung

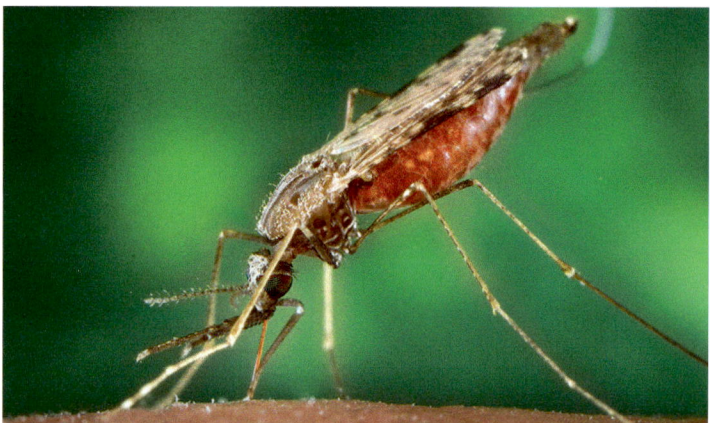

06 Malaria-resistente Mücke durch CRISPR/Cas9

ANWENDUNG VON CRISPR/CAS9 · Im Jahr 2016 kam in den USA ein Champignon auf den Markt, der nicht so schnell braun und unansehnlich wird wie herkömmliche Champignons. Man hatte mithilfe von CRISPR/Cas9 ein Gen ausgeschaltet, das für die Verfärbung verantwortlich ist. Das für die Zulassung verantwortliche US-Landwirtschaftsministerium verglich die neue Methode mit anderen gentechnischen Verfahren, bei denen durch Einbau eines neuen Gens aus einem anderen Organismus ein *gentechnisch veränderter Organismus* entsteht. Da bei dem Champignon durch das Schneiden eines Gens nur dessen Funktion ausgeschaltet, aber kein neues Gen eingefügt wurde, stufte man diesen lediglich als einen *Genom-editierten Organismus* ein. Das US-Landwirtschaftsministerium ist der Ansicht, das Schneiden eines Gens führe nicht zu einem gentechnisch veränderten Organismus, wenn keine Fremd-DNA eingeschleust werde. Der Champignon sei Pilzen aus konventioneller Züchtung gleichzustellen und ein Zulassungsverfahren deshalb nicht nötig.

Der Europäische Gerichtshof ist anderer Auffassung. Er entschied im Juli 2018, dass durch Genom-Editierung erzeugte Lebewesen unter die geltenden Gentechnik-Gesetze fallen.

Trotz dieser Diskussion entwickelt sich die Forschung rasant weiter. Tomaten- und Weizenpflanzen beispielsweise hat man durch das Ausschalten bestimmter Gene so verändert, dass sie gegen Mehltau, eine Pilzkrankheit, und gegen verschiedene Virusinfektionen resistent sind. Auch der Ertrag vieler Nutzpflanzen kann mit der neuen Technik gesteigert werden. So gelang es Forschern, Genom-editierte Sojabohnen zu erzeugen, deren Gehalt an Ölsäure um ein Vielfaches höher ist als bei herkömmlichen Sojapflanzen.

Weitere vielversprechende Veränderungen im Erbgut sind nun denkbar. So könnte CRISPR/Cas9 bei der Bekämpfung tropischer Krankheiten wie Malaria erfolgreich sein. Es ist bereits gelungen, die Malaria übertragenden Mücken gegen den Malariaerreger resistent zu machen. Ein Freilandversuch mit diesen Genom-editierten Mücken ist jedoch umstritten, da ihr Einfluss auf das Ökosystem nicht abzuschätzen ist. Auch in der Transplantationsmedizin zeichnen sich Fortschritte ab. Man versucht, die Abstoßungsreaktion gegenüber Spenderorganen durch Ausschalten der die Immunreaktion auslösenden Antigene zu reduzieren. In Neuseeland entwickelte man beispielsweise ein Verfahren, bei dem das Gewebe der insulinproduzierenden Inselzellen aus Schweinen in Diabetiker transplantiert werden, ohne dass es zu einer Abstoßungsreaktion kommt. Die Patienten sind nicht mehr auf Insulinspritzen angewiesen. Noch befindet sich das Verfahren in einer klinischen Studie.

Der Einsatz von CRISPR/Cas9 und insbesondere dessen Einsatz zur Veränderung des Erbguts bei Menschen wird weltweit kontrovers diskutiert.

1 〉 Erklären Sie den Unterschied zwischen einem gentechnisch veränderten Organismus und einem Genom-editierten Organismus!

2 〉 Recherchieren Sie weitere Beispiele für die Anwendung von CRISPR/Cas9!

Material A ▸ Genom-editierte Babys

Im November 2018 berichtete der chinesische Forscher He JIANKUI von der Geburt der weltweit ersten genmanipulierten Zwillinge. Er hatte einem Paar, bei dem der Mann HIV-positiv war, für eine künstliche Befruchtung Eizellen beziehungsweise Spermienzellen entnommen. Mithilfe der Genschere CRISPR/Cas entfernte er anschließend aus den befruchteten Eizellen durch Schneiden des entsprechenden Gens den Zellrezeptor CCR5, über den das HI-Virus in die Zellen gelangt. Aufgrund des fehlenden Rezeptors sollen die Babys vor einer möglichen Infektion mit dem AIDS-Erreger geschützt sein.

> **Infobox**
>
> *Bei der Anwendung der CRISPR/Cas-Technik kann es zu ungewünschten Nebenwirkungen kommen, wenn das Cas-Enzym nicht an der richtigen Stelle schneidet, sondern an einer anderen Stelle im Genom. Man bezeichnet diese Nebenwirkungen als Off-Target-Effekte. In einigen Fällen wurden Deletionen von mehreren Tausend Basenpaaren nachgewiesen, aber auch Umlagerungen von Genen.*
>
> *Wissenschaftler arbeiten daran, die Genscheren weiterzuentwickeln und ihre Zielgenauigkeit zu erhöhen.*

Stellungnahmen

Prof. Dr. Toni Cathomen, Direktor des Instituts für Transfusionsmedizin und Gentherapie der Universität Freiburg:

„He scheint nicht beachtet zu haben, dass eine CCR5-Inaktivierung das Immunsystem gegen die meisten HIV-Stämme resistent macht, aber nicht gegen alle. Einige HI-Viren nutzen eine andere Pforte, um in die Zellen einzudringen. Zudem ist bekannt, dass CCR5 eine wichtige Rolle in der Abwehr anderer Virusinfektionen einnimmt. Die Mädchen sind gegen bestimmte HI-Viren resistent, tragen aber ein höheres Risiko, an einer Infektion mit dem Grippevirus zu versterben."

Prof. Dr. Peter Dabrock, Vorsitzender des Deutschen Ethikrats und Theologie-Professor an der Universität Erlangen-Nürnberg:

„Das kann ja fast nur als Affront gegenüber dem Ansinnen verantwortlicher Wissenschaft gewertet werden."

Tedros Adhanom Ghebreyesus, Generaldirektor der Weltgesundheitsorganisation (WHO):

„Genome-Editing wirft ethische, soziale und Sicherheitsfragen auf. Wir müssen sehr vorsichtig sein. Wir können Genommanipulierung nicht anfangen ohne ein Verständnis unbeabsichtigter Konsequenzen."

Prof. Dr. Jochen Taupitz, Medizinrechtsexperte an den Universitäten Heidelberg und Mannheim:

„Aber bei aller Empörung muss man sich vor Augen führen, dass weltweit eben kein einheitliches rechtliches Verbot von Keimbahninterventionen beim Menschen existiert."

Chancen

Das Zeugen von Wunschkindern ist möglich. Die körperliche Leistungsfähigkeit kann gesteigert und das Erscheinungsbild optimiert werden.

Mithilfe von CRISPR/Cas besteht die Möglichkeit, menschliches Leid durch genetisch bedingte Krankheiten wie Mukoviszidose zu eliminieren. Das Ausschalten bestimmter Gene, senkt das Risiko an Krebs zu erkranken, zum Beispiel BRCA1 bei Brustkrebs.

Hohe Behandlungskosten lassen sich ausschließen, wenn bestimmte Krankheiten gar nicht erst ausbrechen.

A1 Recherchieren Sie weitere Argumente im Internet!

A2 Nennen Sie Pro- und Kontra-Argumente zur Erzeugung Genom-editierter Babys!

A3 Diskutieren und gewichten Sie die Argumente! Versuchen Sie, mit Ihren Mitschülerinnen und Mitschülern einen Konsens zur Beantwortung oder Ablehnung Genom-editierter Babys zu erzielen!

Proteomik

Genom
DNA
↓
Transkriptom
mRNA
↓
Proteom
Proteine
↓
Metabolom
**Stoffwechsel-
produkte**

BEDEUTUNG DER PROTEINE · In zellulären Prozessen spielen Proteine eine zentrale Rolle. Jede Zelle des menschlichen Körpers enthält mindestens 100 000 verschiedene Proteine. Im Gegensatz zum weitgehend unveränderlichen Genom ist die Gesamtheit der Proteine einer Zelle, das **Proteom,** in den verschiedenen Zelltypen und zu unterschiedlichen Zeitpunkten in einer Zelle sehr variabel. Denn Proteine werden ständig auf- und abgebaut, getrennt, aneinandergebunden oder verändert. Sie übernehmen vielfältige Aufgaben im Stoffwechsel der Zelle, dem *Metabolismus,* indem sie beispielsweise als Signalproteine, regulatorische Proteine, Enzyme, Antikörper oder Sauerstofftransporter wirken. Aufgrund dieser Fülle an Funktionen ist das Zusammenwirken der Proteine einer Zelle unüberschaubar. Daher beschäftigt sich eine relativ junge Wissenschaft mit der Struktur, der Funktion und den Interaktionen der Proteine, die **Proteomik.** Die gewonnenen Erkenntnisse können zur Erforschung von Krankheiten und ihrer Therapie herangezogen werden.

PROTEOMANALYSE · Um einen Überblick über das Proteom zu erhalten, werden alle im menschlichen Körper vorkommenden Proteine aufgelistet. Basierend auf diesen Erkenntnissen wird das Proteom verschiedener Zellen systematisch in Abhängigkeit von der Zeit und bestimmten Einflüssen untersucht. Werden beispielsweise die Proteome einer kranken und einer gesunden Person unter gleichen Bedingungen verglichen, können mögliche Unterschiede Hinweise auf Ursachen und Wirkungen von Krankheiten darstellen.

Dazu werden Proteine aus Probenmaterial wie Blut oder Gewebe extrahiert und anschließend auf ein viereckiges Kunststoffgel aufgetragen. Im ersten Schritt werden sie der Ladung nach elektrophoretisch getrennt. Für den zweiten Schritt wird das Gel um 90 Grad gedreht und Natriumdodecylsulfat, kurz SDS, hinzugegeben. Je größer die Proteinmoleküle sind, desto mehr SDS-Moleküle lagern sich an. Wird nun eine Spannung angelegt, bestimmt die Ladung des SDS-Moleküls, also die Größe der Proteine die

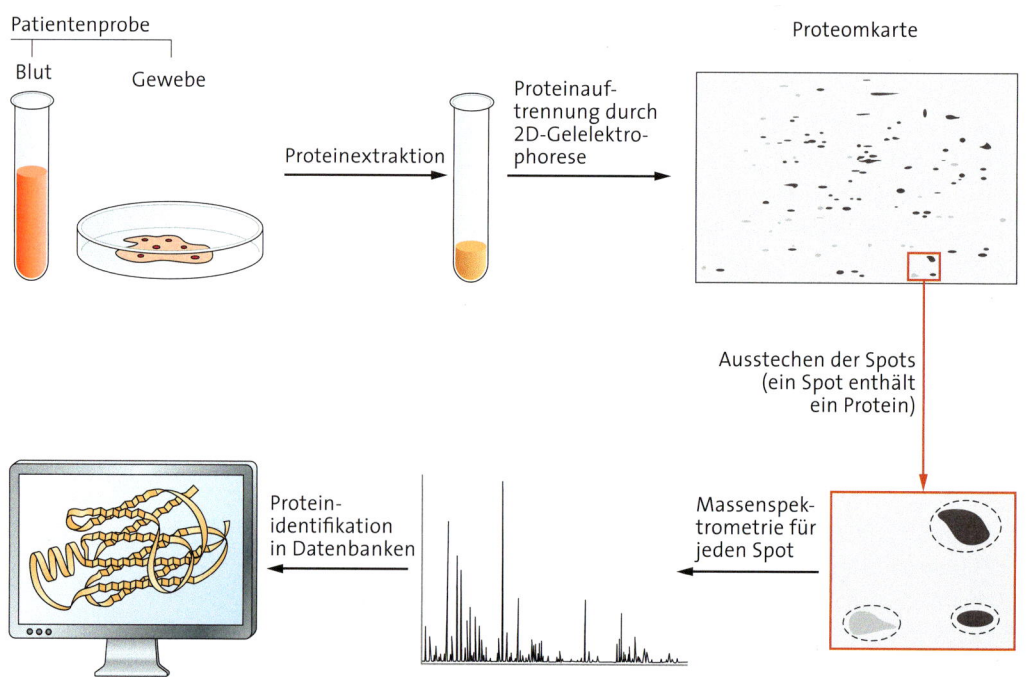

01 Arbeitsabläufe bei einer Proteomanalyse

Wanderungsgeschwindigkeit. Da die Auftrennung in zwei Richtungen erfolgt, spricht man von **2D-Gelelektrophorese.** Nach Anfärbung entsteht eine **Proteomkarte,** auf der jeder Fleck ein bestimmtes Protein darstellt. Je größer der Farbfleck ist, desto mehr Moleküle des jeweiligen Proteins waren in der Probe.

Zur weiteren Untersuchung wird der Fleck aus dem Gel ausgeschnitten und die Proteinmoleküle durch Enzyme, die Proteine an definierten Stellen spalten, zerschnitten. Durch den Einsatz dieser **Proteasen** erhält man eine Mischung unterschiedlich großer Peptide. Diese Peptidmischung wird auf ein Trägermaterial, eine Matrix, aufgetragen und in einem Massenspektrometer mit einem Laser beschossen. Dadurch werden die Peptide ionisiert und fliegen entlang einer starken Spannung in einem luftleeren Flugrohr, bis sie auf eine Messplatte treffen. Je kleiner die Peptide sind, desto schneller fliegen sie. Diese Technik heißt *Matrix-Assisted Laser Desorption Ionisation Time-Of-Flight Mass Spectrometry,* kurz MALDI-TOF MS. Das Ergebnis ist ein einzigartiges Spektrum, anhand dessen man das Protein zweifelsfrei identifizieren kann. Jeder Strich steht für ein Signal bestimmter Stärke und Zeit.

Heute können Überlegungen zur Struktur von Proteinen am Computer simuliert und mit Untersuchungsergebnissen verglichen werden. Weitere Forschungsergebnisse zur Identifizierung der Aminosäuresequenz, zur dreidimensionalen Struktur und zur Funktion der Proteine bündelt die Human Proteome Organisation, kurz HUPO.

KREBSFORSCHUNG · Alle neuen Erkenntnisse auf dem Gebiet der Proteomik bieten potenzielle Ansatzpunkte für die medizinische Forschung. So kann die Zusammensetzung des Proteoms in einer Krebszelle im Vergleich zu einer gesunden Zelle möglicherweise Aufschluss über Ursachen der Krebsentstehung und Anknüpfungspunkte für eine Therapie bieten. In einem Versuch mit Lymphozyten der Maus erkannte man bei einem solchen Vergleich, dass das Protein ICE 3 in den

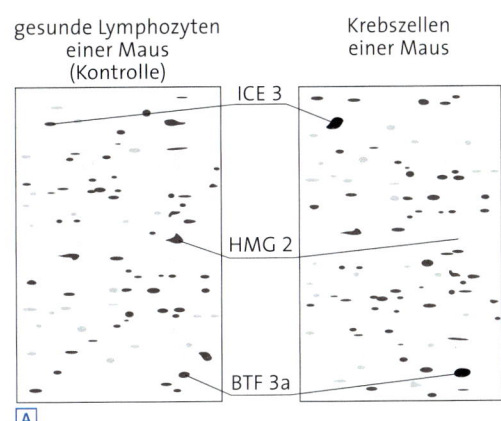

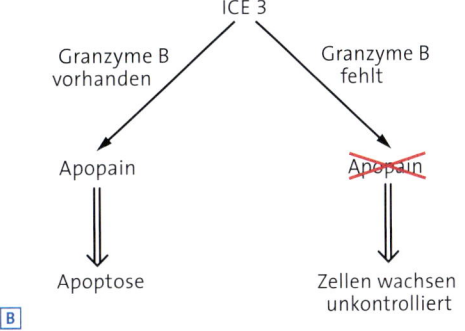

02 Krebs:

A Ausschnitt aus einer Proteomkarte von gesunden und von Krebszellen einer Maus,

B Signalweg in der Zelle

Krebszellen vermehrt vorhanden war. In gesunden Zellen wird ICE 3 von dem Enzym Granzyme B zu Apopain umgewandelt, welches den programmierten Zelltod, die Apoptose, einleitet. Dies ist eine Schutzfunktion, die bei mutiertem Genom einer Zelle die Umwandlung zu Krebszellen verhindern soll. Eine große Menge ICE 3 deutet auf eine Krebsentstehung hin. Ein weiterer Hinweis auf Krebs ist eine große Menge des Transkriptionsfaktors BTF3a, der als DNA-bindendes Protein die korrekte Transkription unterstützt. Dieses Protein wurde bisher nur in Krebszellen gehäuft vorgefunden. Der dritte Hinweis auf Krebs ergibt sich aus dem Fehlen des ebenfalls an die DNA bindenden Proteins HMG2. Dieses ist an der Reparatur von Doppelstrangbrüchen beteiligt, sodass sein Fehlen auf eine Schädigung des Genoms hindeutet. Solche Erkenntnisse über typische Merkmale von Krebszellen könnten in Zukunft für die Frühdiagnose genutzt werden.

01 Eineiige Zwillinge

Zwillingsforschung und Epigenetik

Eineiige Zwillinge sehen sich meist zum Verwechseln ähnlich. Charakterlich unterscheiden sie sich jedoch häufig sehr. Die genetische Ausstattung eineiiger Zwillinge ist identisch. Aber die Ausbildung von Merkmalen kann bedingt durch Umwelteinflüsse unterschiedlich sein. Welchen Einfluss hat die Umwelt?

KONKORDANZWERTE · Eineiige Zwillinge entstehen durch Teilung und Aufspaltung einer befruchteten Eizelle, der Zygote. Sie sind genotypisch identisch. Unterschiede zwischen eineiigen Zwillingen werden deshalb ausschließlich auf Umwelteinflüsse zurückgeführt. Mit der 1979 begonnenen Minnesota-Studie sollte überprüft werden, ob Gene Einfluss auf das Verhalten haben. Man interviewte hierzu eineiige Zwillinge, die als Kleinkinder getrennt voneinander in verschiedenen Adoptivfamilien aufwuchsen. Viele Zwillingspaare wiesen erstaunliche Übereinstimmungen auf. Sie hatten zum Beispiel den gleichen Beruf und die gleichen Hobbys. Auch geistige Fähigkeiten und Krankheitsgeschichten waren häufig ähnlich. Heutzutage vergleicht man eineiige und zweieiige Zwillinge, die früh voneinander getrennt wurden, mit Zwillingen, die gemeinsam aufwuchsen. Zweieiige Zwillinge ähneln sich wie andere Geschwister. Wenn Zwillinge dieselbe Merkmalsausprägung aufweisen, wird dies als *konkordant* bezeichnet. Hohe *Konkordanzwerte* sind ein Hinweis darauf, dass das betreffende Merkmal genetisch bedingt ist.

EPIGENETIK · Die Konkordanzwerte eineiiger Zwillinge liegen theoretisch für alle vererbten Merkmale bei 100 Prozent. Es zeigen sich jedoch Abweichungen im Phänotyp, die offensichtlich auf den Einfluss der Umwelt zurückzuführen sind. Wie lässt sich dies erklären? *Zytogenetische* Untersuchungsmethoden machen Unterschiede zwischen den Chromosomen sichtbar. So lässt sich der Methylierungsgrad der DNA durch Anfärben der Chromosomen er-

Merkmal	eineiig	zweieiig
Blutgruppe	100	66
Augenfarbe	99	28
Diabetes	65	18
identische Allergie	59	5
Brustkrebs	6	3

02 Konkordanzwerte eineiiger und zweieiiger Zwillinge in Prozent

kennen. DNA-Bereiche, die einen besonders hohen Methylierungsgrad gegenüber der Methylierung während der Embryonalentwicklung aufweisen, werden als *hypermethyliert* bezeichnet. Die entsprechenden Chromosomenabschnitte sind im mikroskopischen Bild grün. Gegenüber der Embryonalentwicklung unveränderte Abschnitte erscheinen gelb. *Hypomethylierte* Abschnitte mit einem geringeren Methylierungsgrad werden in roter Färbung dargestellt.

Vergleicht man die Methylierung der Chromosomen von 3 Jahre alten und von 50 Jahre alten eineiigen Zwillingen miteinander, zeigen sich auffällige Abweichungen. In den ersten Lebensjahren unterscheiden sich die Methylierungsmuster der Chromosomen nur wenig. Mit zunehmendem Alter verändert sich die DNA-Methylierung. Je unterschiedlicher die Lebensweisen sind, umso deutlicher weichen die Methylierungsmuster voneinander ab.

Die Methylierung der DNA beeinflusst deren Bindungskraft zu DNA-bindenden Proteinen. Dadurch wird die Genexpression verändert. Verschiedenfarbige Bereiche der angefärbten Chromosomen sind also Hinweise auf eine unterschiedliche Genexpression.

POSTZYGOTISCHE EINFLÜSSE · Nach der Befruchtung wird ein großer Teil der elterlichen Methylierungen entfernt. Bis zur Einnistung der Blastozyste in die Gebärmutter erfolgt eine Neumethylierung des Genoms. Dieser Vorgang wird als **genomische Prägung** bezeichnet. Noch bevor eine Schwangerschaft feststellbar ist, können die Lebensbedingungen der Mutter die Entwicklung des Embryos beeinflussen. Dazu gehören auch Alkohol, Nikotin und Umweltgifte.

Aufzeichnungen über eine Hungersnot 1944 in den Niederlanden belegen, dass eine Mangelernährung der Mutter innerhalb der ersten drei Schwangerschaftsmonate eine erhöhte Krankheitsanfälligkeit der Kinder zur Folge hat. Im Fetus werden Gene exprimiert, die das Nahrungsangebot in der Mangelsituation optimal ausschöpfen. Steht den Nachkommen später ein reichliches Nahrungsangebot zur Verfügung, so steigt die Anfälligkeit für Diabetes oder Herz-Kreislauf-Erkrankungen.

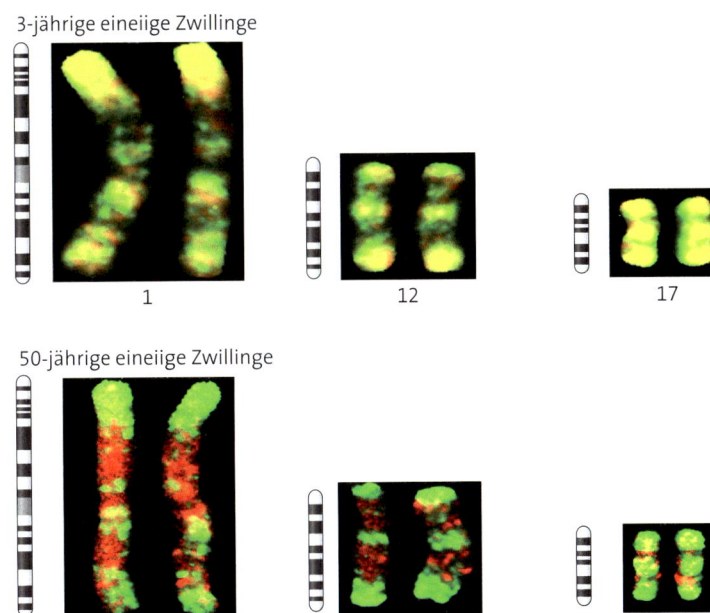

3-jährige eineiige Zwillinge

1   12   17

50-jährige eineiige Zwillinge

1   12   17

03 Methylierungsmuster der Chromosomen 1, 12 und 17 von Zwillingen

PRÄZYGOTISCHE EINFLÜSSE · In verschiedenen Untersuchungen wurde festgestellt, dass Kinder von Männern, die schon als Jugendliche rauchten, häufiger Übergewicht hatten als Kinder von Nichtrauchern. Auch hier wird ein epigenetischer Zusammenhang angenommen. Mit Eintritt der Pubertät reifen beim Jungen die männlichen Geschlechtszellen heran. Umwelteinflüsse in dieser Zeit verändern die Methylierung in den Geschlechtszellen und nehmen Einfluss auf die Entwicklung künftiger Kinder. Die für Umwelteinflüsse sensible Phase der Geschlechtszellreifung liegt bei Mädchen bereits vor der Geburt. Deshalb sind die Umweltbedingungen und das Verhalten der schwangeren Mutter für die Methylierung der Geschlechtszellen des ungeborenen Kindes von Bedeutung. Die Lebensumstände einer schwangeren Frau wirken sich also nicht nur auf die eigenen Kinder, sondern auch auf deren Geschlechtszellen und damit auf die Enkelkinder aus.

DNA-Methylierung siehe Seite 334 und 335

1 ⌡ Erklären Sie die unterschiedlichen Konkordanzwerte bei ein- und zweieiigen Zwillingen!

2 ⌡ Erläutern Sie prä- und postzygotische epigenetische Einflüsse!

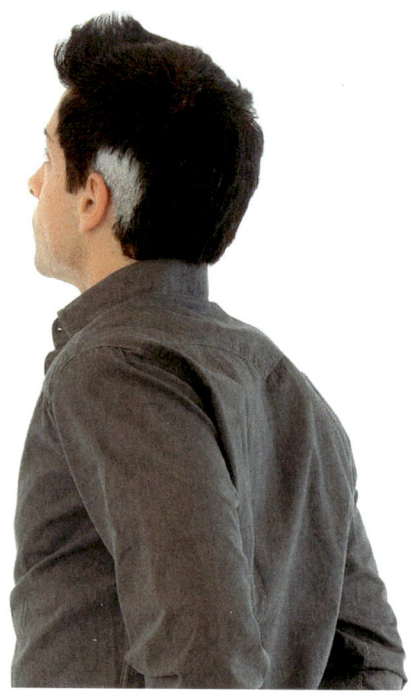

Molekulare Untersuchungsmethoden

Der Mann und die Maus haben am Kopf einen ähnlichen hellen Fleck. Ursache für diese Pigmentstörung ist jeweils eine Genmutation. Die betroffenen Zellen können die für die Pigmentierung notwendigen Farbstoffe nicht herstellen. Wie lässt sich erklären, dass Mensch und Maus eine derartige Ähnlichkeit aufweisen?

MODELLORGANISMUS MAUS · Die Genome von Mensch und Maus weisen große Ähnlichkeiten auf. Beide umfassen ungefähr drei Milliarden Basenpaare mit etwa 25 000 Genen. Für ungefähr 85 Prozent der menschlichen Gene finden sich die entsprechenden Gene bei der Maus, oft sogar in der gleichen Anordnung auf den Chromosomen. Aufgrund der ähnlichen DNA-Sequenzen werden viele biologische Prozesse bei der Maus und beim Menschen in gleicher Weise gesteuert. Dies gilt auch für die Pigmentierung der Haut und der Körperbehaarung. So lässt sich erklären, dass die gleiche Mutation bei beiden Lebewesen vergleichbare Auswirkungen hat.

ZIELGERICHTETE GENETIK · Wenn man verstehen will, welche und wie viele Gene ein bestimmtes Merkmal beeinflussen, ist es notwendig, die beteiligten Gene zu finden und ihre Funktion zu entschlüsseln.

Um ein Gen zu charakterisieren, wird es sequenziert und die Anordnung der Nukleotide mit bekannten Sequenzen aus DNA-Datenbanken verglichen. So ist es möglich, Mutationen auf der DNA zu lokalisieren. Auch für die translatierten Aminosäuresequenzen gibt es Datenbanken, die einen Vergleich der Genprodukte zulassen. Damit lässt sich jedoch keine Aussage darüber treffen, welche Funktion ein bestimmtes Gen im Stoffwechselprozess eines Lebewesens hat.

GEN-KNOCKOUT · Um feststellen zu können, welche Funktion ein bestimmtes Gen im Organismus erfüllt, züchtet man homozygote, genetisch identische Mäusestämme. Wenn eine Maus sich von den anderen Tieren nur durch den Verlust eines einzelnen Gens unterscheidet, kann die Funktion dieses Gens eindeutig bestimmt werden.

Hierzu entfernt man zunächst Zellen aus der Blastozyste eines Mäuseembryos. Diese Embryoblastenzellen werden so kultiviert, dass sie sich ohne Zelldifferenzierung vermehren. Auf diese Weise erhält man eine Kultur embryonaler Stammzellen.

Gleichzeitig wird ein Vektor des zu untersuchenden Gens X vorbereitet. Dazu wird das Antibiotikaresistenzgen *neo* in ein Exon des Gens X eingefügt. Es bewirkt die Resistenz gegen das Antibiotikum Neomycin. In kurzer Entfernung zum Gen X wird zusätzlich das virale *tk*-Gen als Marker für eine spätere negative Selektion in die DNA eingefügt. Da der vorbereitete Vektor auf ein bestimmtes Gen und damit ein Ziel in der Empfängerzelle ausgerichtet ist, wird er als **Targeting-Vektor** bezeichnet.

Im nächsten Schritt schleust man den Targeting-Vektor, bestehend aus dem Gen X, dem Gen *neo* und dem *tk*-Gen, in die Zellen der Stammzellkultur ein. Dazu muss die Membran der embryonalen Stammzellen für den Vektor permeabel gemacht werden. Durch Stromstöße erzeugt man kurzzeitig Löcher in der Zellmembran. Diese Methode wird als *Elektroporation* bezeichnet.

Der eingeschleuste Vektor wird von den Empfängerzellen durch Rekombination in die DNA eingebaut. Dabei soll der Stückaustausch am Ort des entsprechenden Gens X im Genom der embryonalen Stammzelle erfolgen. Nur diese *homologe Rekombination* führt dazu, dass das Gen X funktionsunfähig, also ausgeschaltet wird. Damit wird das Gen zu einem *Knockout-Gen*.

Da ausschließlich Zellen von Interesse sind, in denen eine Rekombination stattgefunden hat, wird die Zellkultur anschließend mit Neomycin behandelt. Dadurch überleben nur die Stammzellen, die den Vektor aufgenommen haben.

Häufig kommt es jedoch zu einer nicht homologen Rekombination an einer anderen Stelle im Genom. Obwohl in diesem Fall das Zielgen nicht ausgeschaltet ist, sterben die Zellen meist ab. Zellen, in denen eine nicht homologe

Rekombination stattfand, können auch gezielt durch Zugabe des Medikaments *Ganciclovir* abgetötet werden. Das in ihre DNA eingeschleuste tk-Gen codiert für das Enzym Thyminkinase. Ganciclovir wird von diesem Enzym in ein *Nukleosidanalogon* umgewandelt und in die DNA eingebaut. Es bewirkt den Abbruch der DNA-Replikation und somit den Tod der Stammzelle.

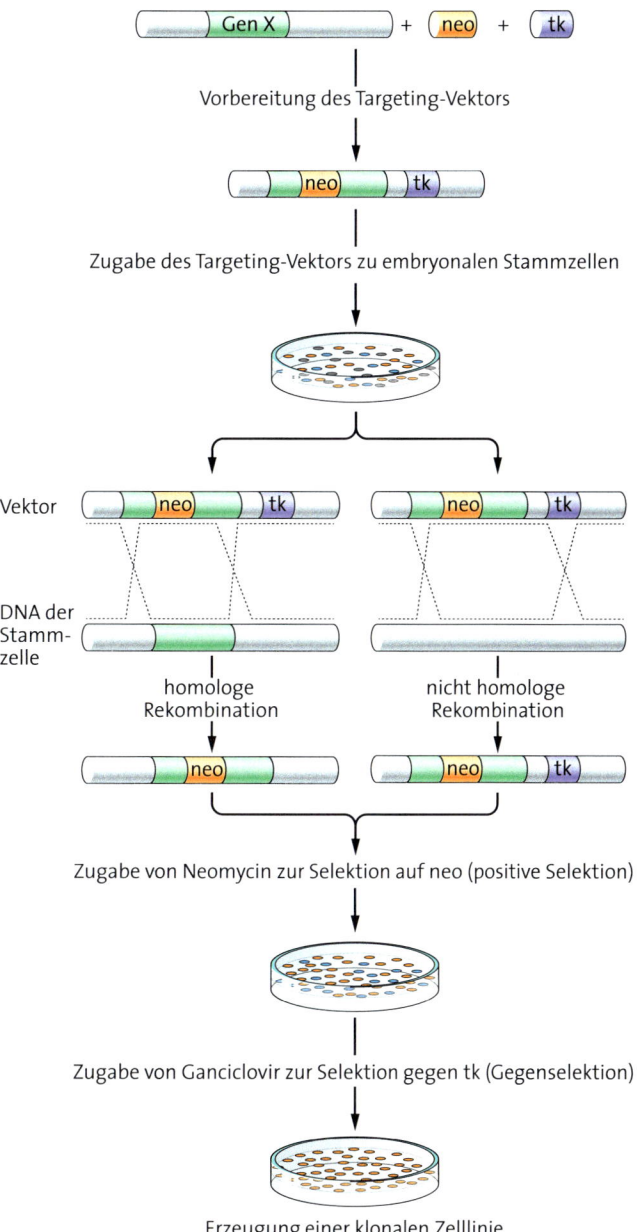

02 Herstellung eines Knockout-Gens

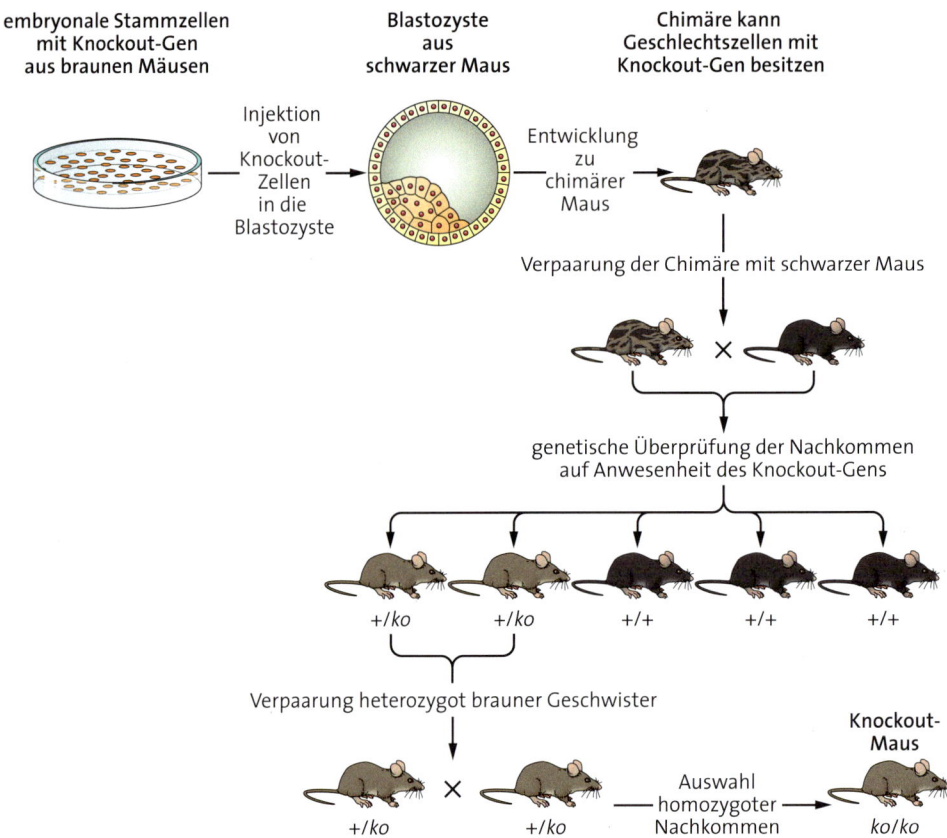

embryonale Stammzellen
mit Knockout-Gen
aus braunen Mäusen

Injektion
von
Knockout-
Zellen
in die
Blastozyste

Blastozyste
aus
schwarzer Maus

Entwicklung
zu
chimärer
Maus

Chimäre kann
Geschlechtszellen mit
Knockout-Gen besitzen

Verpaarung der Chimäre mit schwarzer Maus

×

genetische Überprüfung der Nachkommen
auf Anwesenheit des Knockout-Gens

+/ko   +/ko   +/+   +/+   +/+

Verpaarung heterozygot brauner Geschwister

Knockout-
Maus

+/ko   ×   +/ko   Auswahl
homozygoter
Nachkommen   →   ko/ko

03 Erzeugung von
Knockout-Mäusen

*Chimäre
= Ungeheuer der
griechischen Mytho-
logie, bestehend
aus Löwe, Ziege und
Schlange*

KNOCKOUT-MÄUSE · In einem weiteren Verfahren werden die Knockout-Zellen in andere Mäuse integriert. Man erzeugt zum Beispiel Knockout-Zellen aus Mäusen, deren Fell braun gefärbt ist. Das Allel für die braune Fellfarbe wird dominant vererbt.

Vorbereitend werden Mäuse mit schwarzem Fell miteinander verpaart. Das Allel für die schwarze Fellfarbe wird rezessiv vererbt. Kurz nach der Befruchtung entnimmt man die Blastozysten. Im ersten Schritt werden Knockout-Zellen in die Blastozysten injiziert und diese wieder in die Gebärmutter eingesetzt. Während der weiteren Entwicklung werden die Knockout-Zellen zum Bestandteil der wachsenden Embryonen. Da sie sich aus Zellen zweierlei Herkunft, elterlicher und nicht elterlicher, entwickeln, bezeichnet man die heranwachsenden Mäuse als **Chimären**. Alle Fellbereiche, die aus den Knockout-Zellen hervorgehen, sind braun gefärbt, die anderen Fellbereiche sind schwarz. Einige Knockout-Zellen gelangen während der Embryonalentwicklung auch in die Keimbahn.

Die chimären Mäuse bilden deshalb Eizellen mit und ohne Knockout-Gen.

Im zweiten Schritt werden die Chimären mit homozygot schwarzen Mäusen gekreuzt. Da das Allel für die braune Fellfarbe dominant vererbt wird, entstehen heterozygot braune und homozygot schwarze Nachkommen. Durch die Verpaarung mischerbiger Nachkommen im dritten Schritt lassen sich entsprechend den MENDELschen Regeln homozygote Mäuse erzeugen, die das Knockout-Gen tragen. Diese Tiere bezeichnet man als *Knockout-Mäuse.*

1 Erläutern Sie den Begriff „zielgerichtete Genetik"!

2 Erklären Sie, weshalb es notwendig ist, Knockout-Mäuse aus reinerbigen Mäusestämmen zu entwickeln!

3 Erläutern Sie am Beispiel der Knockout-Maus das Basiskonzept Struktur und Funktion!

ALS-GENTHERAPIE · Stephen HAWKING litt an einer seltenen Krankheit, die als amyotrophe Lateralsklerose, kurz *ALS*, bezeichnet wird. Sie führt zu einer vollständigen Lähmung des Körpers, da die motorischen Nervenzellen absterben und das Gehirn keine Muskelbewegungen mehr steuern kann. Intellektuelle Fähigkeiten und Sinnesleistungen sind von der Krankheit nicht betroffen.

Bei einem Teil der ALS-Patienten konnte eine Mutation im Superoxiddismutasegen *SOD*1 festgestellt werden. Das von diesem Gen codierte Enzym ist dafür verantwortlich, dass für die Zelle giftige Peroxide in Sauerstoff und Wasser zerlegt werden. Die Mutation des Gens hat zur Folge, dass die Aminosäure Alanin durch Glycin substituiert wird.

Um die Auswirkung des mutierten Gens untersuchen zu können, wurde es in das Genom von SOD-Knockout-Mäusen integriert. Bei den so behandelten Mäusen entwickelten sich Symptome wie bei ALS-Patienten: Die motorischen Nervenzellen starben ab.

In einer weiteren Versuchsreihe wurden die SOD-Knockout-Mäuse mit einem Gen therapiert, das für den Nervenwachstumsfaktor *IGF*-1 codiert. Als Vektor nutzte man ein ungefähr-

liches Adenovirus, das in den Muskel injiziert wurde. Das Adenovirus transportierte das Gen in den Zellkern der Nervenzellen. Die DNA der Nervenzellen integrierte das *IGF*-1-Gen. Im Anschluss verbesserte sich der Gesundheitszustand der so behandelten SOD-Knockout-Mäuse deutlich. Derzeit werden klinische Tests für diese Gentherapie entwickelt.

04 Stephen HAWKING (1942–2018)

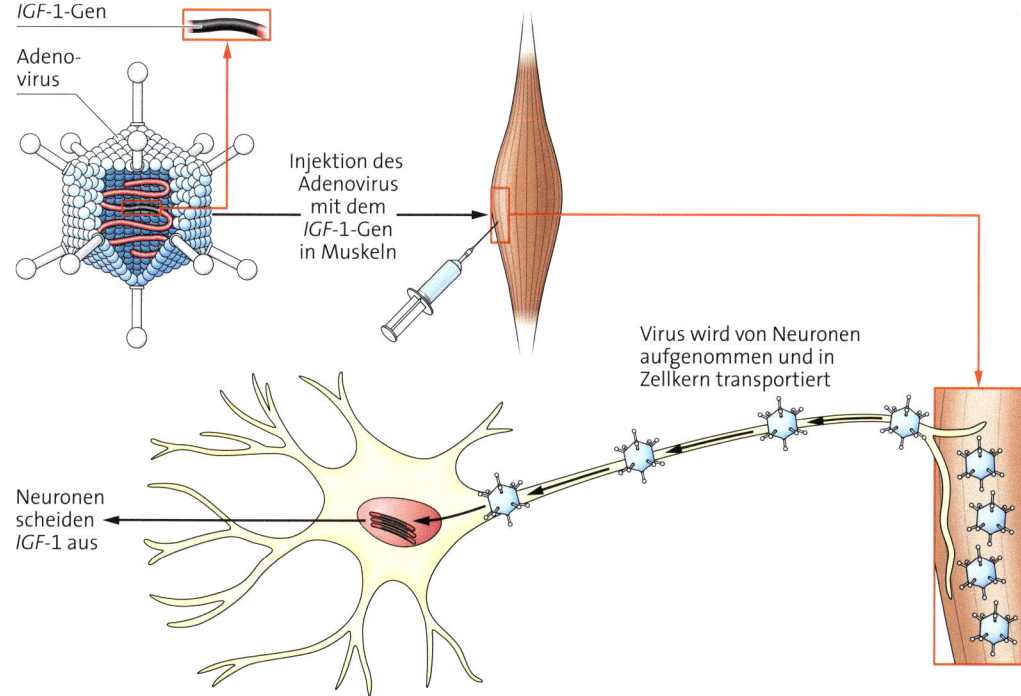

IGF-1-Gen

Adenovirus

Injektion des Adenovirus mit dem IGF-1-Gen in Muskeln

Virus wird von Neuronen aufgenommen und in Zellkernen transportiert

Neuronen scheiden IGF-1 aus

05 Gentherapie bei einer transgenen SOD-Knockout-Maus

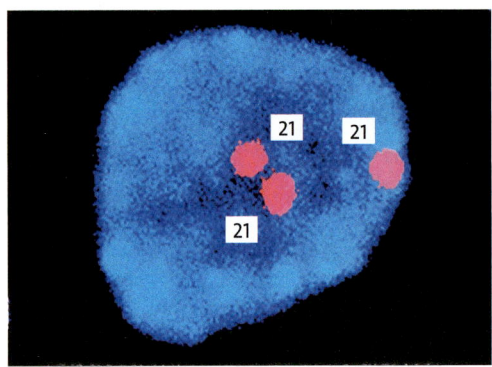

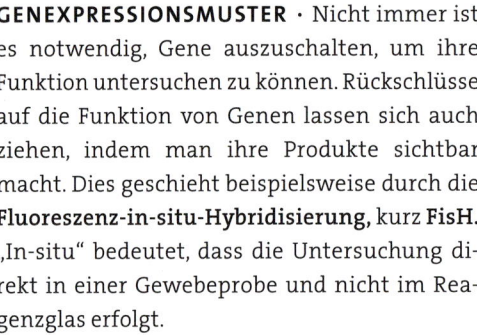

06 Ergebnis eines FisH-Tests bei Trisomie 21 (diploider Chromosomensatz)

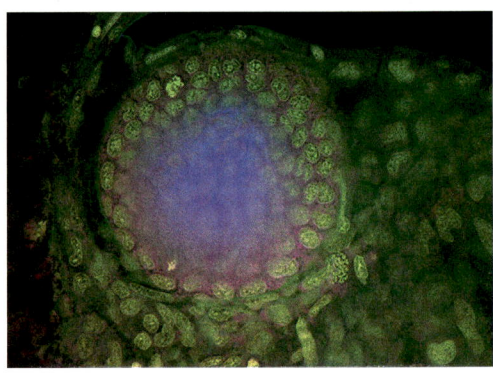

07 Immunfluoreszenzfärbung eines embryonalen Amphibienauges

FSH = Follikelstimulie-rendes Hormon

GENEXPRESSIONSMUSTER · Nicht immer ist es notwendig, Gene auszuschalten, um ihre Funktion untersuchen zu können. Rückschlüsse auf die Funktion von Genen lassen sich auch ziehen, indem man ihre Produkte sichtbar macht. Dies geschieht beispielsweise durch die **Fluoreszenz-in-situ-Hybridisierung,** kurz **FisH.** „In-situ" bedeutet, dass die Untersuchung direkt in einer Gewebeprobe und nicht im Reagenzglas erfolgt.

Zunächst erstellt man eine künstliche RNA, deren Basensequenz komplementär zur mRNA des zu überprüfenden Gens ist. Die künstliche RNA wird mittels eines Fluoreszenzfarbstoffs markiert und dient dadurch als Sonde. Vom zu untersuchenden Gewebe wird ein dünner Schnitt angefertigt. Die RNA-Sonde wird direkt zur Gewebeprobe gegeben und hybridisiert dort in den Zellen mit der einzelsträngigen mRNA. Nach Auswaschen der überschüssigen Sonden-RNA sieht man unter dem Mikroskop, in welchen Zellen das Zielgen aktiv ist. Mithilfe der FisH kann man das zeitliche Muster der *Genexpression* während der Embryonalentwicklung genau verfolgen, indem man Gewebeproben verschieden alter Embryonen untersucht. Der *FisH-Test* ist auch ein wichtiges Instrument der Pränataldiagnostik im Rahmen einer *Amniozentese* oder *Chorionzottenbiopsie.* Allerdings setzt man hier DNA-Sonden ein, um Veränderungen im Genom wie Trisomien oder Chromosomenstückverluste im Zellkern sichtbar zu machen.

Um eine Aussage über die Menge der in einem Gewebe aktiven mRNA treffen und damit auf die Aktivität des codierenden Gens schließen zu können, wird die mRNA isoliert und gereinigt. Anschließend trennt man die RNA-Moleküle mittels Gelelektrophorese voneinander und überträgt sie auf eine Nitrozellulosemembran. Durch Zugabe spezifischer DNA-Sonden hybridisiert die RNA und wird somit quantitativ sichtbar. So kann man zum Beispiel untersuchen, ob ein Gen, wie bei der FSH-Knockout-Maus, ausgeschaltet ist. In Anlehnung an das Southern-Blotting bezeichnet man diese Methode zur Messung der Genaktivität als **Northern-Blotting.**

IMMUNFLUORESZENZFÄRBUNG · Wenn die Expression eines Gens auf der Ebene der Proteine reguliert wird, kann die Aktivität eines Gens nicht durch eine In-situ-Hybridisierung überprüft werden. Sie ist jedoch indirekt nachzuweisen, indem das vom Gen codierte Protein markiert wird.

Zunächst wird ein Dünnschnitt des zu untersuchenden Gewebes angefertigt. Als Sonde dienen bei dieser Vorgehensweise proteinspezifische Antikörper, die mit einem Fluoreszenzfarbstoff markiert werden. Behandelt man den Gewebedünnschnitt mit den Antikörpersonden, so docken diese nur an den Rezeptoren der gesuchten Proteine an. Überschüssige Antikörper werden aus dem Präparat herausgewaschen. Die markierten Proteine werden nun in einem Fluoreszenzmikroskop sichtbar.

4) Erklären Sie, weshalb bei Knockout-Zellen ein Northern-Blotting durchgeführt wird!

Material A ▸ Reverse Genetik

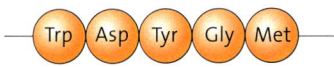

Aminosäuresequenz eines Ausschnitts des mutierten Gerinnungsfaktors VIII

Zur Analyse genetisch bedingter Erkrankungen wie der Hämophilie wird häufig das Verfahren der Reversen Genetik angewandt, um die mutierten Gene ausfindig machen zu können. Die genetische Analyse beginnt mit dem Genprodukt, also der gereinigten Aminosäuresequenz. Wenn diese Sequenz bekannt ist, wird sie zunächst in Oligopeptide zerlegt. Für jedes Oligopeptid bestimmt man die möglichen DNA-Sequenzen, die das jeweilige Peptid codieren können. Danach synthetisiert man die dazu passenden Antisense-Oligonukleotide. Sie werden entweder mit einem Fluoreszenzfarbstoff oder radioaktiv markiert. Anschließend werden die markierten Oligonukleotide als Sonden in einer DNA-Datenbank eingesetzt.

A1 Ermitteln Sie die möglichen Codons der mRNA und die möglichen Sequenzen des codogenen Strangs für die dargestellte Aminosäuresequenz!

A2 Bestimmen Sie die möglichen Antisense-Oligonukleotide zu den ermittelten DNA-Sequenzen!

A3 Erklären Sie, weshalb es bei diesem Analyseverfahren notwendig ist, verschiedene Antisense-Oligonukleotide herzustellen und diese zu markieren!

Material B ▸ RNA-Interferenz und Gene-Silencing

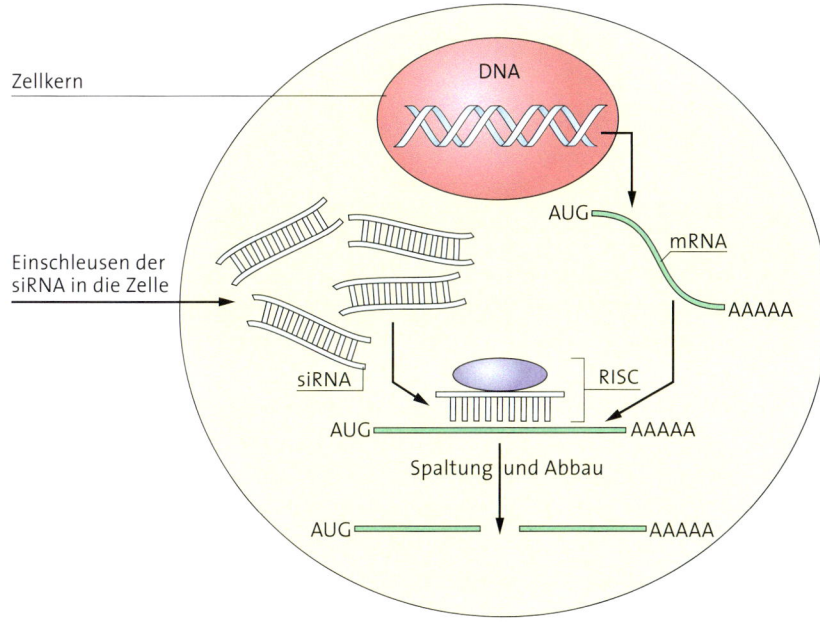

stränge hybridisieren mit komplementären mRNA-Molekülen der Zelle, werden hierdurch markiert, dann durch Enzyme gespalten und abgebaut.

Diesen Trick macht sich die Gentechnik zunutze. Mittels eines Vektors werden doppelsträngige kurze siRNA-Fragmente in die Zelle eingeschleust, deren Antisense-Stränge komplementär zu einem Abschnitt der transkribierten mRNA des Zielgens sind. Auf diesem Weg wird die Genexpression durch Stilllegung der mRNA verhindert. Man nennt die Technik daher **Gene-Silencing.**

B1 Erläutern Sie, wie durch Einschleusen künstlicher RNA-Fragmente ein Gen stillgelegt werden kann!

B2 Erklären Sie, weshalb es für die Anwendung dieser Technik notwendig ist, die Basensequenz des Zielgens zu kennen!

B3 Die RNA-Interferenz-Technologie wird als „Genetik ohne Mutationen" bezeichnet. Erklären Sie diesen Sachverhalt!

Bei vielen Zellen hat sich ein wirksamer Mechanismus entwickelt, der vor eindringenden RNA-Viren schützt: Die doppelsträngige RNA wird von einem Enzym, das als *Dicer* bezeichnet wird, zunächst in kleine Fragmente von etwa 21 Nukleotiden zerlegt. Die Fragmente nennt man *short interfering RNA,* kurz siRNA. Anschließend werden die siRNA-Moleküle an einen Enzymkomplex gebunden, den *RNA-induced silencing complex,* kurz RISC. Dieser trennt die siRNA zu einem Sense-Strang und einem Antisense-Strang. Die Einzel-

Training A ▸ Das zentrale Dogma der Molekularbiologie

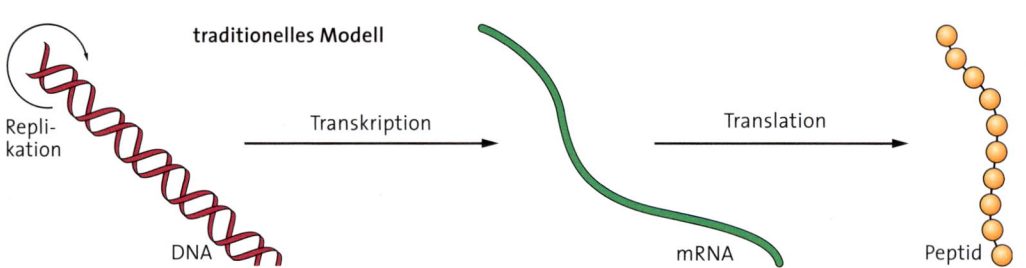

Nachdem im Jahr 1953 durch WATSON und CRICK die Struktur der DNA entdeckt worden war, wurden viele weitere molekulargenetische Prozesse aufgeklärt. Diese Forschungen führten zur Formulierung des zentralen Dogmas der Molekularbiologie: Der Prozess der Informationsübertragung verläuft immer von der DNA über mRNA zum Protein, nicht umgekehrt.

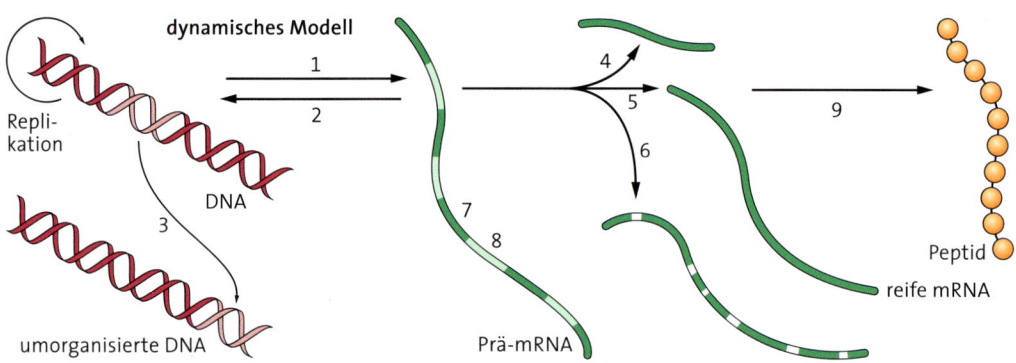

Weitere Untersuchungen erschütterten in den Folgejahren das zentrale Dogma. Barbara McCLINTOCK entdeckte 1947 beim Mais Vererbungsmuster, die sie nicht mithilfe der MENDELschen Regeln erklären konnte. Sie vermutete, dass bestimmte Gene keinen festen Platz haben, ihren Standort auf dem Chromosom von Replikation zu Replikation verändern und dadurch andere Gene abschalten können. Zunächst wurde sie ausgelacht. Untersuchungen in den 1970er-Jahren erwiesen die Existenz solcher springender Gene oder Transposons.

Bestimmte Viren besitzen keine DNA als genetisches Material, sondern RNA. Wenn sie Zellen befallen, wird die RNA zunächst durch das Enzym Reverse Transkriptase in DNA umgewandelt und erst dann in das Genom der Zelle eingebaut. 1982 wurde entdeckt, dass in der Prä-mRNA Exons mit Introns abwechseln. Während des Spleißens werden die Introns aus der Prä-mRNA herausgeschnitten, sodass eine reife mRNA entsteht. Aus einer Prä-mRNA können durch alternatives Spleißen verschiedene mRNAs unterschiedlicher Länge hervorgehen.

Bei dem am Ende der 1980er-Jahre entdeckten RNA-Editing werden einzelne Basen aus der mRNA gezielt herausgeschnitten oder in andere Basen umgewandelt, oder es werden Basen hinzugefügt. Seit 1990 werden Proteine entdeckt, die autokatalytisch nach der Translation eine Spleißreaktion ausführen. Dabei schneiden sich Teile der Aminosäurekette selbst aus dem Protein heraus und fügen die freien Enden in einer Peptidbindung zusammen.

a Erläutern Sie das zentrale Dogma der Molekularbiologie und beschreiben Sie die damit verbundenen Prozesse!

b Benennen Sie die Strukturen und Prozesse 1 bis 9 mit den Fachbegriffen!

c Erläutern Sie für jedes der neueren Forschungsergebnisse, weshalb es sich um eine Verletzung des zentralen Dogmas handelt!

Regulation der Genaktivität

RNA-Typen: In Zellen treten drei verschiedene RNA-Typen auf: messenger-RNA, ribosomale RNA und transfer-RNA, abgekürzt mRNA, rRNA und tRNA. Die RNA ähnelt in ihrem grundsätzlichen Aufbau der DNA, liegt jedoch meist als Einzelstrang vor. Im Unterschied zur DNA enthalten die Nukleotide der RNA Ribose als Zuckermolekül und die Base Thymin ist durch Uracil ersetzt.

Transkription: Bei der Transkription wird die DNA-Sequenz eines Gens durch die RNA-Polymerase in eine einzelsträngige mRNA übertragen. Die Transkription beginnt an einer spezialisierten DANN-Region, dem Promotor. Nur ein DNA-Strang, der Matrizenstrang oder codogene Strang, enthält die genetische Information. Die Synthese der mRNA erfolgt in $5' \rightarrow 3'$-Richtung.

Translation: Bei der Translation wird die genetische Information, die in der Basenabfolge der mRNA codiert ist, in eine Abfolge von Aminosäuren übersetzt. Das Ribosom bewegt sich in 3'-Richtung auf der mRNA und überträgt alle Codons in eine Aminosäuresequenz. Dabei wird jedes Triplett der mRNA mit dem passenden Anticodon einer tRNA gepaart. Die Aminosäuren der tRNA-Moleküle werden miteinander verbunden.

Gene bei Eukaryoten: Im Gegensatz zu den Prokaryoten liegen Gene bei Eukaryoten gestückelt vor. Die bei der Transkription gebildete mRNA enthält nicht codierende Abschnitte, die Introns, und codierende Abschnitte, die Exons. Die Introns werden beim Spleißen aus dieser prä-mRNA herausgeschnitten und die Exons werden zusammengefügt.

Substratinduktion: Ein Substrat bindet an einen Repressor und inaktiviert ihn. Er kann nicht mehr am Operator gebunden werden, sodass die RNA-Polymerase nun an den Promotor binden und die Strukturgene ablesen kann.

Operon-Modell: Modellvorstellung zur Erklärung der unterschiedlichen Genaktivität bei Prokaryoten. Ein Operon besteht aus dem Promotor, dem Operator und den Strukturgenen.

Endproduktrepression: Das Endprodukt einer Synthesekette bindet an einen Repressor und aktiviert ihn. Er besetzt nun den Operator, sodass die RNA-Polymerase nicht mehr an den Promotor binden kann.

Genamplikfikation: Vermehrung bestimmter DNA-Bereiche, für deren Genprodukte ein erhöhter Bedarf besteht.

DNA-Methylierung: Durch die Methylierung von Cytosinbasen und Histonen wird die Bildung von Heterochromatin ausgelöst.

Enhancer: Regulationsfaktor, der die Geschwindigkeit der Transkription erhöht.

Silencer: Regulationsfaktor, der die Geschwindigkeit der Transkription senkt.

RNA-Editing: Veränderungen der reifen mRNA, die zu einer Veränderung des Informationsgehaltes führen.

Zellgedächtnis: Es beruht auf Methylierungen der DNA, die ein Expressionsmuster erzeugen. Sie bleiben nach Zellteilungen erhalten und werden am neu synthetisierten DNA-Strang ergänzt. Ein Meythlierungsmuster der DNA kann auch durch Umwelterfahrungen zustande kommen.

Werkzeuge und Anwendungsgebiete der Gentechnik

Plasmid: ringförmiges DNA-Molekül in Bakterienzellen, das unabhängig vom übrigen Genom ist.

Promotor: DNA-Region mit regulatorischer Funktion, an die vor der Initiation der Transkription die RNA-Polymerase bindet.

Transkriptionsfaktor: regulatorisches Protein, das an die eukaryotische DNA bindet und so die Transkription durch die RNA-Polymerase ermöglicht.

Restriktionsenzym: auch Restriktionsendonuklease. Enzym, das eine spezifische Nukleotidsequenz in der DNA erkennt und die DNA an dieser Stelle spaltet. Der Schnitt ist entweder glatt oder es entstehen kurze einsträngige Enden, die sticky ends.

Transformation: Übertragung von DNA in Bakterien.

Reporter-Gen: Gen, dessen Expression im transgenen Lebewesen beispielsweise durch Fluoreszenz oder eine Farbreaktion direkt sichtbar wird.

GFP: grün fluoreszierendes Protein, das von der Qualle *Aequorea victoria* synthetisiert wird.

Vektor: auch Genfähre. Mit Vektoren wie Viren oder Plasmiden kann man FremdDNA in Zellen einschleusen.

Bakteriophagen: Viren, die spezifisch Bakterien infizieren und daher als Vektoren genutzt werden.

lysogener Zyklus: Vermehrungszyklus eines Bakteriophagen, bei dem die Virus-DNA in die Bakterien-DNA eingebaut und bei jeder Zellteilung mit dieser verdoppelt wird. Die integrierte Virus-DNA nennt man Prophage. Da die Bakterienzelle nicht negativ beeinflusst wird, bezeichnet man den Phagen als temperent.

lytischer Zyklus: Vermehrungszyklus eines Bakteriophagen, bei dem die Virus-DNA im Bakterium abgelesen und vervielfältigt wird, sodass neue Phagen durch selfassembly entstehen. Da nach der Bildung der Phagen die Bakterienzelle lysiert wird, nennt man den Phagen virulent.

Transduktion: Übertragung von DNA durch Viren.

Klonieren: Vervielfältigung eines DNA-Moleküls.

Polymerasekettenreaktion, PCR: Methode zur gezielten Vermehrung bestimmter DNA-Abschnitte mithilfe mehrerer Durchläufe des Dreischritts von Denaturierung, Hybridisierung spezieller Primer und Polymerisierung durch die Taq-Polymerase.

Gelelektrophorese: Verfahren zur Trennung von Molekülen, die unter Einfluss eines elektrischen Feldes durch ein Gel in einer Pufferlösung wandern. Je nach Ladung und Größe der Moleküle wandern sie in einer bestimmten Geschwindigkeit durch das Gel in Richtung Anode. Da das Gel als Molekularsieb wirkt, wandern kleine Moleküle schneller als große.

DNA-Sequenzierung: Methode zur Bestimmung der Basenabfolge der DNA. Die zu sequenzierenden DNA-Abschnitte werden denaturiert. Nach der Primeranlagerung werden mithilfe der DNA-Polymerase komplementäre DNA-Stränge synthetisiert, bis der Einbau eines Didesoxyribonukleosid-Triphosphats zum Kettenabbruch führt. So entstehen unterschiedlich lange Fragmente, die der Größe nach getrennt und deren endständige ddNTP durch Fluoreszenzanalyse detektiert werden.

Shotgun-Methode: Zur Sequenzierung längerer DNA-Abschnitte werden diese in kleinere Fragmente zerlegt. Diese werden dann sequenziert und die Informationen zu den Teilsequenzen werden mithilfe spezieller Computerprogramme zur Gesamtsequenz zusammengefügt.

Genomik: Teilgebiet der Genetik, das sich mit der systematischen Analyse des Genoms beziehungsweise aller aktiven Gene einer Zelle, eines Gewebes oder eines Lebewesens beschäftigt.

Biofortifikation: gentechnische Veränderung einer Pflanze mit dem Ziel, diese mit bestimmten Inhaltsstoffen wie Vitaminen oder Mineralstoffen anzureichern.

Agrobacterium tumefaciens: Bodenbakterium, das Pflanzen an verletzten Stellen infiziert und dort zu Gewebewucherungen führt. Es kann DNA in pflanzliche Zellen übertragen.

Ti-Plasmid: tumorinduzierendes Plasmid. Dieses Plasmid wird von *A. tumefaciens* in pflanzliche Zellen übertragen und ruft deren unkontrollierte Teilung hervor.

T-DNA: Transfer-DNA. Sie ist ein Teil des Ti-Plasmids, der in das Pflanzengenom integriert wird und zur Produktion von Phytohormonen führt, sodass ein Zellwachstum ausgelöst wird.

Transfektion: Übertragung von DNA in eine eukaryotische Zelle.

Bt-Toxin: Endotoxin des Bodenbakteriums *Bacillus thuringensis*, das eine insektizide Wirkung hat.

Genkanone: Gerät, mit dem DNA, die auf Metallkügelchen übertragen wurde, in Zellen geschossen wird.

Antisense-Technik: Methode zur gezielten Inaktivierung eines Polypeptids in der Zelle. Dazu wird ein DNA-Abschnitt in die Zelle eingeschleust, der zur Transkription einer der mRNA des Zielproteins komplementären sinnwidrigen mRNA führt. Beide Moleküle hybridisieren, sodass keine Translation erfolgt.

Erythropoietin: kurz EPO. Wachstumsfaktor, der die Bildung von Erythrozyten induziert und daher für die Steigerung der Ausdauerleistung bei Sportlern missbraucht werden kann.

CHO-Zellen: Zellen aus den Ovarien chinesischer Hamster, die zur Produktion rekombinanter Proteine genutzt werden.

Reverse Transkriptase: eine Polymerase, die zu einer RNA-Matrize ein einsträngiges DNA-Molekül bildet, die cDNA.

Mikroinjektion: Injektion von Plasmiden in einen Zellkern mithilfe einer sehr feinen Nadel.

Elektroporation: Durch einen starken elektrischen Impuls werden die Poren der Zellmembran geweitet, sodass Plasmide in die Zelle gelangen können.

Kalziumphosphat-Fällung: Erleichterte Aufnahme von Plasmiden über die Zellmembran durch Kalziumphosphat, welches die Plasmide umgibt.

Bioreaktor: biotechnologische Anlage zur Produktion transgener Mikroorganismen wie Bakterien oder Hefe.

Gentherapie: medizinische Behandlung einer Erkrankung, die auf der Fehlfunktion von Genen beruht, durch genetische Veränderungen von Zellen. Wenn Körperzellen verändert werden, spricht man von somatischer Gentherapie. Die Veränderung von Geschlechtszellen, die Keimbahntherapie, ist verboten.

DNA-Chip: auch Microarray. Es handelt sich um kleine Glasplättchen mit zahlreichen fixierten kurzen DNA-Sonden, mit denen parallel zahlreiche Moleküle analysiert werden können.

Transkriptom: Gesamtheit der mRNA-Moleküle einer Zelle.

Proteom: Gesamtheit der Proteine einer Zelle.

Humangenetik

Konkordanz: Gleichartigkeit hinsichtlich der Ausprägung eines Merkmals bei Zwillingen.

Postzygotische Einflüsse: epigenetischer Einfluss der Lebensweise der Mutter während einer Schwangerschaft auf die genomische Prägung des Embryos.

Präzygotische Einflüsse: Umwelteinflüsse während der sensiblen Phase der Geschlechtszellreifung der Eltern wirken auf die Entwicklung späterer Kinder.

Zielgerichtete Genetik: gezielte Bestimmung eines Gens und seiner Genprodukte.

Gen-Knockout: gezieltes Ausschalten eines Gens im Organismus zur Überprüfung seiner Funktion im Stoffwechsel.

Gentherapie: Einschleusen bestimmter Gene zur Heilung erkrankten Gewebes mithilfe eines Vektors.

Fluoreszenz-in-situ-Hybridisierung, FisH: Das Genprodukt mRNA wird durch Markierung mit einem Fluoreszenzfarbstoff sichtbar gemacht.

Genexpressionsmuster: mit der FisH-Methode mikroskopisch sichtbar gemachte Genprodukte.

Immunfluoreszenzfärbung: Sichtbarmachung von Proteinen durch Färbung mit markierten Antikörpern.

Neurobiologie

In diesem Kapitel beschäftigen Sie sich mit

- ▶ der Stammesgeschichte und dem Aufbau von Nervensystemen;

- ▶ der Struktur und der Funktion von Gehirn und Rückenmark;

- ▶ dem Bau von Neuronen und der Entstehung von Membranpotenzialen;

- ▶ der Leitung von Informationen innerhalb von Neuronen;

- ▶ der Übertragung von Informationen zwischen Neuronen;

- ▶ der Wirkung von Nervengiften auf die Erregungsleitung;

- ▶ der Umwandlung von Reizen aus der Umwelt in körpereigene Signale durch die Sinnesorgane;

- ▶ der regulatorischen Funktion von Hormonen.

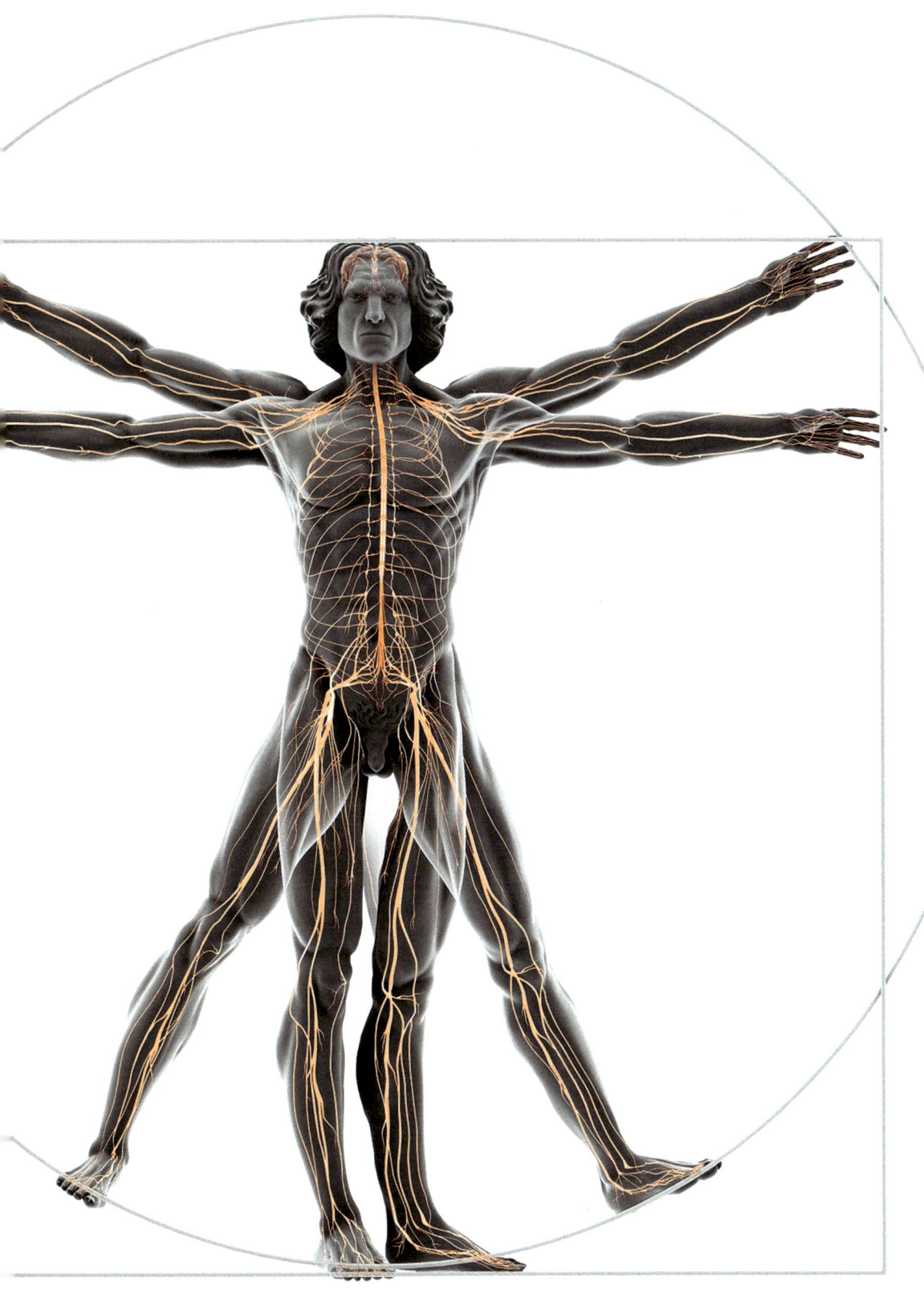

Die Erforschung des menschlichen Nervensystems begann
bereits in der Antike.

01 Kompassqualle

Nervensysteme

Die Kompassqualle ist sowohl im Mittelmeer als auch in der Nordsee anzutreffen. Ihren Namen verdankt sie der rötlichen Bänderung ihres Schirms, der an eine Kompassrose erinnert. Ihr Körper besteht aus einer Gallertmasse, die von einer inneren und einer äußeren Zellschicht umschlossen ist. Obwohl sie kein Gehirn hat, kann sie auf Licht und Schwerkraft reagieren. Wie steuert die Kompassqualle dieses Verhalten und wie unterscheiden sich die Nervensysteme im Tierreich?

Singular: Ganglion

WIRBELLOSE TIERE · Die stammesgeschichtlich ältesten Tiere sind die Schwämme. Sie haben kein Nervensystem, sitzen am Meeresgrund und filtrieren Nährstoffe aus dem Wasser. Wenn keine Nährstoffe vorhanden sind, sterben sie.

Vor ungefähr 670 Millionen Jahren entstanden die ersten Nesseltiere, zu denen auch die Quallen gehören. Sie haben gegenüber den Schwämmen einen bedeutenden evolutionären Vorteil: Quallen können sich aktiv bewegen und auf Nahrung zuschwimmen. Sie verfügen über spe-

kephalo = Kopf

zialisierte Zellen, die **Neuronen,** die in einfachen **Nervennetzen** miteinander kommunizieren und damit einfaches Verhalten ermöglichen. Das Grundprinzip der Informationsübertragung ist so erfolgreich, dass es sich im Verlauf der Evolution kaum noch veränderte.

Bei Ringelwürmern wie dem Regenwurm besteht das Nervensystem aus zwei längs verlaufenden Nervensträngen, dem *Bauchmark*. Zudem erkennt man kleine, aus Neuronen bestehende Knoten, die **Ganglien.** Beide Nervenstränge sind über die Ganglien miteinander verknüpft. Daraus leitet sich die Bezeichnung **Strickleiternervensystem** ab. Es ermöglicht komplexere Verhaltensweisen als einfache Nervennetze, zum Beispiel gezielte Bewegungen.

Insekten wie die Taufliege und Weichtiere wie der Kalmar weisen eine zunehmende Konzentration der Sinnesorgane im vorderen Bereich auf. Auch die Steuerung des Nervensystems ist zunehmend im Kopf zentralisiert. Die Ganglien sind zu einer komplexeren Struktur, dem **Gehirn,** verschmolzen. Dieser evolutionäre Prozess wird als **Cephalisation** bezeichnet.

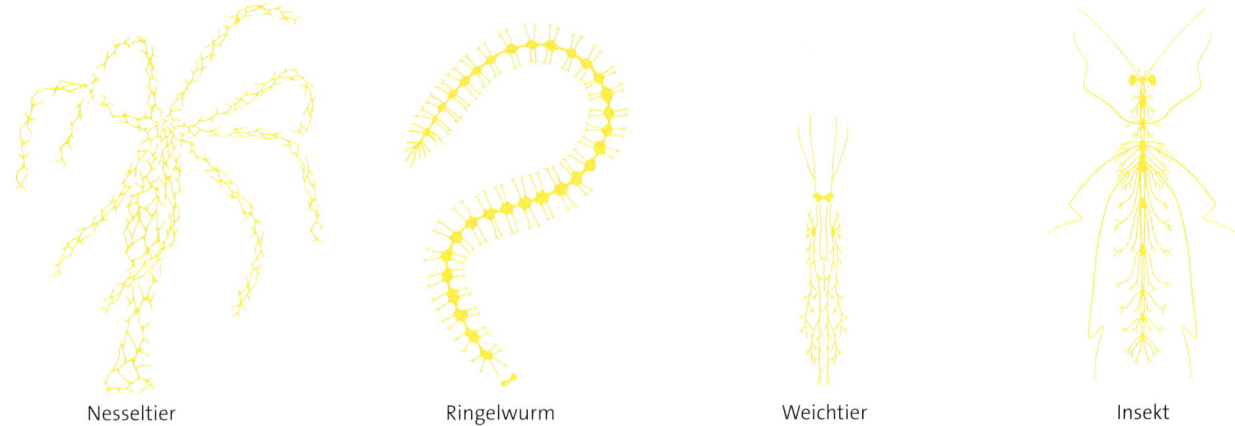

Nesseltier · Ringelwurm · Weichtier · Insekt

02 Nervensysteme wirbelloser Tiere

WIRBELTIERE · Die Grundstruktur des Nervensystems der Wirbeltiere leitet sich von dem der Wirbellosen ab, ist aber wesentlich komplizierter aufgebaut. Im *Gehirn* und im *Rückenmark* befinden sich die meisten Neuronen. Da hier die wichtigen Steuerungsprozesse stattfinden und alle Informationen verarbeitet werden, bilden Gehirn und Rückenmark das **zentrale Nervensystem,** kurz **ZNS.**

Alle Nerven, welche die verschiedenen Körpergewebe mit dem ZNS verbinden und Signale zum ZNS leiten oder vom ZNS erhalten, werden als **peripheres Nervensystem,** kurz **PNS,** zusammengefasst.

Das PNS gliedert sich in zwei Untereinheiten. Alle Informationen von den Sinneszellen und Sinnesorganen sowie Informationen über den Zustand der Eingeweide werden über *sensorische* Bahnen, die *afferenten* Neuronen, zum ZNS geleitet. Vom ZNS werden die einlaufenden Informationen verarbeitet und entsprechende Signale über *motorische* Bahnen, die *efferenten* Neuronen, weitergeleitet.

Die motorischen Bahnen untergliedern sich nochmals. Für alle Prozesse, die willkürlich gesteuert werden, beispielsweise muskelkoordinierte Bewegungsabläufe, sind efferente Neuronen verantwortlich, die als **somatisches Nervensystem** zusammengefasst werden. Demgegenüber kann die Steuerung der Eingeweide nicht willentlich beeinflusst werden. Die efferenten Neuronen, die das ZNS mit den Eingeweiden verbinden, werden deshalb als **autonomes Nervensystem** bezeichnet.

lat. afferens = hinführend

lat. efferens = herausführend

griech. autós = selbst

griech. nómos = Gesetz

A

```
                    ┌─────────────────┐
                    │  Nervensystem   │
                    └─────────────────┘
              ┌───────────────┴───────────────┐
     ┌─────────────────┐           ┌─────────────────┐
     │    zentrales    │           │   peripheres    │
     │  Nervensystem   │           │  Nervensystem   │
     └─────────────────┘           └─────────────────┘
        ┌──────┴──────┐          ┌────────┴────────┐
  ┌──────────┐ ┌──────────┐ ┌──────────┐ ┌──────────┐
  │  Gehirn  │ │Rückenmark│ │sensorische│ │motorische│
  └──────────┘ └──────────┘ │(afferente)│ │(efferente)│
                            │ Neuronen  │ │ Neuronen │
                            └──────────┘ └──────────┘
                         ┌──────┴──────┐       │
                   ┌──────────┐ ┌──────────┐
                   │ autonomes│ │somatisches│
                   │(vegetatives)│ │Nervensystem│
                   │Nervensystem│ └──────────┘
                   └──────────┘
                ┌──────┴──────┐
          ┌──────────┐ ┌──────────────┐
          │Sympathikus│ │Parasympathikus│
          └──────────┘ └──────────────┘
```

B

03 Nervensystem des Menschen: **A** Übersicht, **B** Gliederung

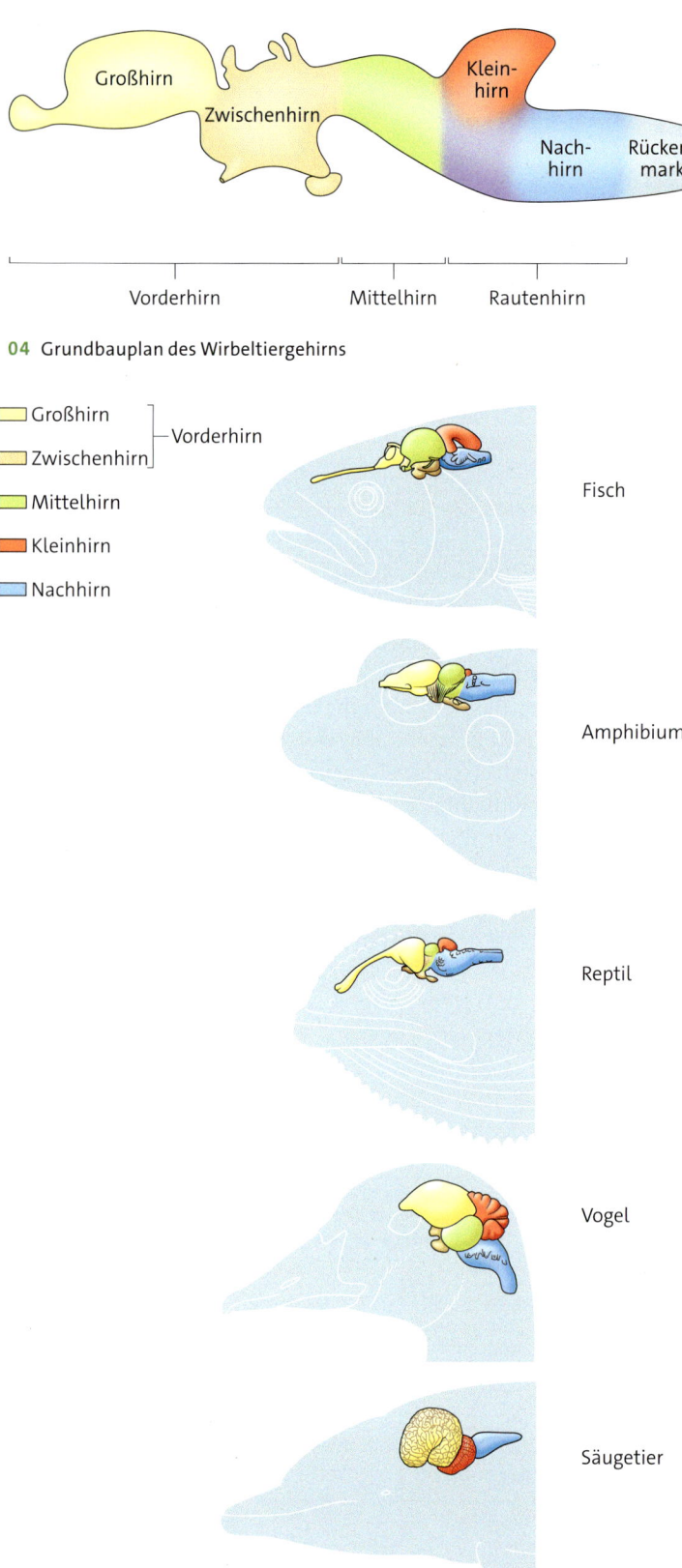

04 Grundbauplan des Wirbeltiergehirns

Großhirn
Zwischenhirn ⎱ Vorderhirn
Mittelhirn
Kleinhirn
Nachhirn

Fisch

Amphibium

Reptil

Vogel

Säugetier

05 Wirbeltiergehirne

EVOLUTION DES WIRBELTIERGEHIRNS

EVOLUTION DES WIRBELTIERGEHIRNS · Auf den ersten Blick erkennt man zwischen den verschiedenen Wirbeltiergehirnen erhebliche Unterschiede. Dennoch sind sie auf einen gemeinsamen Grundbauplan zurückzuführen. Das Wirbeltiergehirn bildet sich im Verlauf der Embryonalentwicklung aus drei bläschenartigen Vorstülpungen des Rückenmarks. Ein Bläschen entwickelt sich zum *Vorderhirn,* das sich in *Großhirn* und *Zwischenhirn* gliedert, und eins zum *Mittelhirn.* Das dritte Bläschen bildet sich zum *Rautenhirn* mit *Nachhirn* und *Kleinhirn* aus. Ein Vergleich der Wirbeltiere zeigt mehrere evolutionäre Trends der Gehirnentwicklung:

Die relative Größe des Gehirns nimmt im Verhältnis zur Körpermasse innerhalb der Wirbeltierklassen vom Fisch zum Säugetier zu. Doch auch unter den Säugetieren gibt es große Unterschiede. So ist die relative Größe des Delfingehirns fünfmal so groß wie das einer Katze. Neuere Forschungsergebnisse weisen aber darauf hin, dass die Gehirngröße allein kein Maß für die kognitive Leistungsfähigkeit eines Lebewesens ist.

Das Nachhirn hat sich im Verlauf der Evolution am wenigsten verändert. Demgegenüber ist das für die Bewegungskoordination verantwortliche Kleinhirn insbesondere beim Vogel stark ausgeprägt. Dieses Beispiel zeigt ausgehend vom ursprünglichen Grundbauplan eine zunehmende Differenzierung und Segmentierung.

Das Vorderhirn der Fische verarbeitet hauptsächlich Geruchseindrücke und ist somit ein *Riechhirn.* Bei Amphibien und Reptilien wird es zum Zentrum für die Verarbeitung aller Sinneseindrücke. Daraus resultiert eine Zunahme der Komplexität des Vorderhirns.

Die *Großhirnrinde*, der **Kortex,** hat sich bei Säugetieren zum übergeordneten sensorischen und motorischen Zentrum entwickelt. Einfurchungen bewirken eine Zunahme der Oberfläche der Großhirnrinde. Dies ist ein weiterer Trend in der Evolution des Wirbeltiergehirns.

1 ⌡ Erläutern Sie am Beispiel der Cephalisation das Basiskonzept Struktur und Funktion!

2 ⌡ Beschreiben Sie den Aufbau des Nervensystems der Wirbeltiere!

Material A ▸ Wirbeltiergehirne und Gehirnentwicklung

Adulte Gehirne von Wirbeltieren

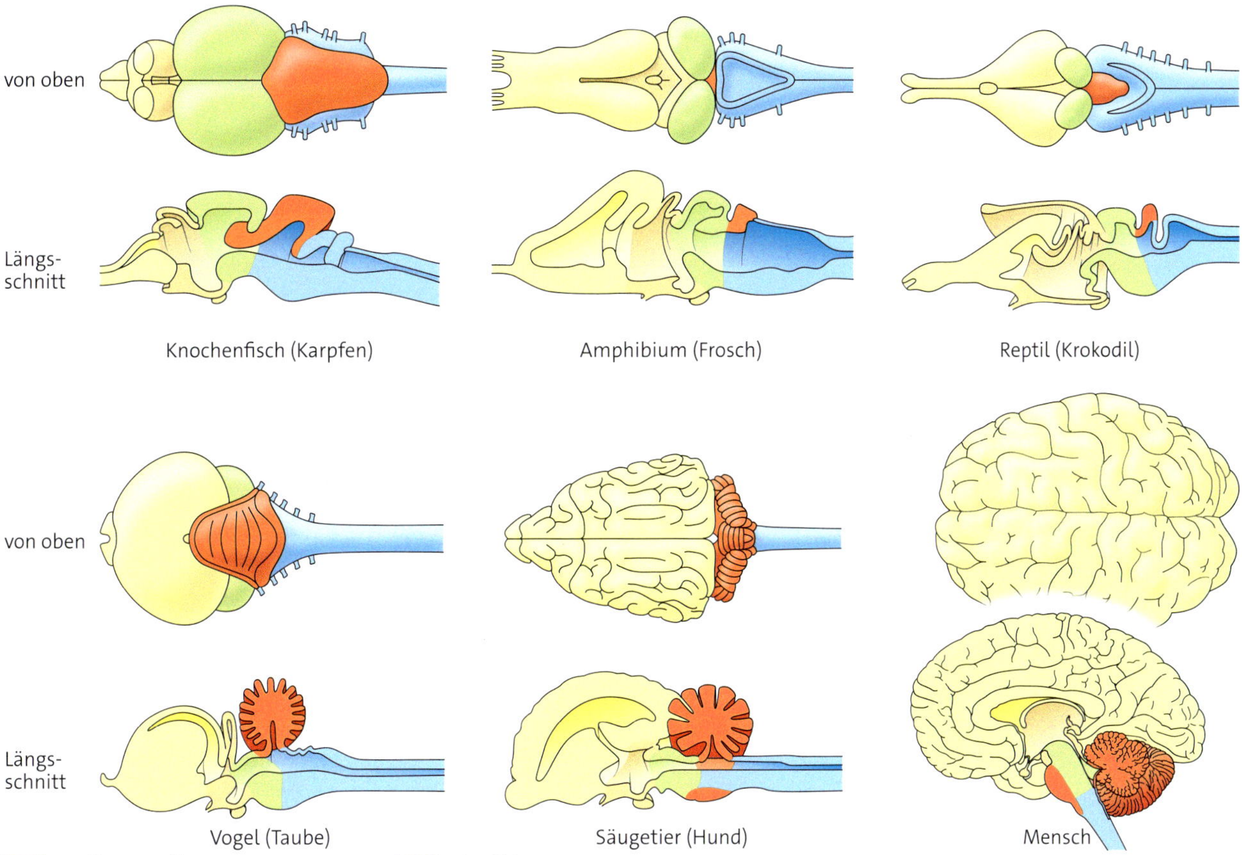

von oben

Längs-schnitt

Knochenfisch (Karpfen)   Amphibium (Frosch)   Reptil (Krokodil)

von oben

Längs-schnitt

Vogel (Taube)   Säugetier (Hund)   Mensch

	Großhirn	
☐	Großhirn	⎤ Vorderhirn
☐	Zwischenhirn	⎦

☐ Mittelhirn

☐ Kleinhirn ⎤
☐ Nachhirn ⎦ Rautenhirn

Das Kleinhirn koordiniert die Bewegungsabläufe und die Orientierung im Raum. Das Zwischenhirn gliedert sich in den Thalamus, wo sensorische und motorische Informationen auf dem Weg zum Großhirn verarbeitet werden, und den Hypothalamus, der das autonome Nervensystem reguliert.

Das stammesgeschichtlich aus dem Vorderhirn der Fische hervorgehende Großhirn der anderen Wirbeltiere steuert zunehmend die Funktionen der anderen Gehirnteile.

Entwicklung des Gehirns im menschlichen Embryo

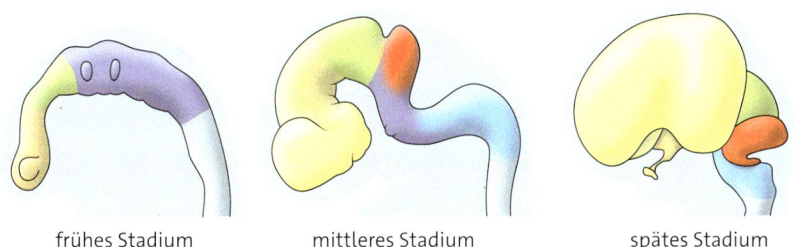

frühes Stadium   mittleres Stadium   spätes Stadium

Während der Embryonalentwicklung entwickeln sich bei allen Wirbeltieren am vorderen Ende des Rückenmarks die Gehirnabschnitte Vorderhirn (bestehend aus Großhirn und Zwischenhirn), Mittelhirn und Rautenhirn (bestehend aus Kleinhirn und Nachhirn). Im Nachhirn werden wichtige Körperfunktionen wie Kreislauf und Atmung reguliert, während das Mittelhirn als Vermittler zwischen Rückenmark und den anderen Teilen des Gehirns dient.

A1 Beschreiben Sie die drei Stadien der Embryonalentwicklung des Gehirns!

A2 Vergleichen Sie den Bau der Wirbeltiergehirne in Bezug auf den Differenzierungsgrad und deuten Sie die Unterschiede!

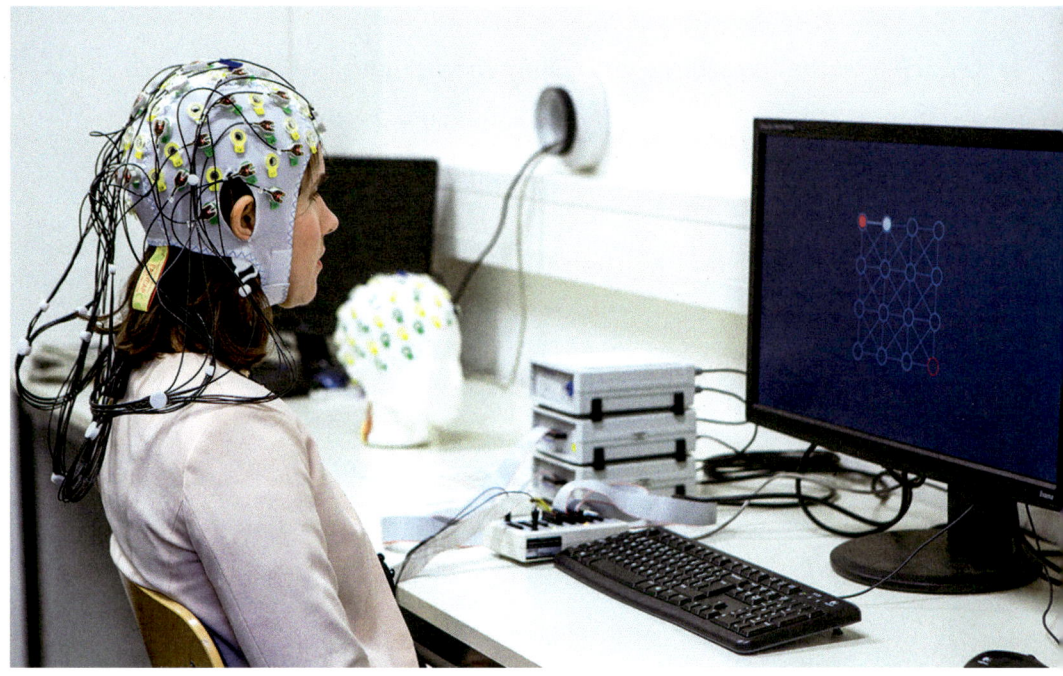

01 Computer spielen nur mit Gedanken

Vorderhirn und Rückenmark

Die Probandin beobachtet auf dem Monitor einen hin und her hüpfenden Cursor. Die Elektroden auf ihrem Kopf empfangen die vom Gehirn ausgehenden Signale und senden sie an einen Computer. Eine Software analysiert die Hirnsignale und setzt sie in Anweisungen für den Computer um. Auf diese Weise steuert die Probandin den Cursor. Wie ist es möglich, die Gehirnaktivitäten des Menschen zu lokalisieren und mit einem Computer auszuwerten?

VORDERHIRN · Vergleicht man das Gehirn des Menschen mit dem anderer Säugetiere, fällt sofort die im Verhältnis zum Körper enorme Größe auf. Die durchschnittlichen Gehirnmasse des Menschen beträgt 1,35 Kilogramm. Es ist eines der größten Organe des menschlichen Körpers. Ein Teil des Vorderhirns, das **Großhirn,** überdeckt mit etwa 80 Prozent der Gehirnmasse fast alle anderen Gehirnteile.

Das Großhirn lässt sich in eine linke und eine rechte Großhirnhälfte unterteilen. Beide *Hemisphären* bestehen aus einer äußeren, wenige Millimeter dicken, grauen Schicht, der *Großhirnrinde,* und einer darunter liegenden weißen Schicht.

Im Vergleich zu anderen Wirbeltieren sind bei den Säugetieren und insbesondere beim Menschen Einfaltungen der Großhirnrinde zu erkennen, wodurch ihre Oberfläche stark vergrößert ist. Sie beträgt etwa einen Quadratmeter und hat zur Folge, dass die Nervenzellen der Großhirnrinde sehr gut mit Sauerstoff versorgt werden können. Beide Hemisphären sind durch ein dickes Nervenbündel, den *Balken*, miteinander verbunden.

Unterhalb des Großhirns liegt das ebenfalls zum Vorderhirn gehörende **Zwischenhirn.** Es gliedert sich in *Thalamus* und *Hypothalamus.* Im Thalamus wird ein Teil der Informationen des ZNS, die zur Großhirnrinde gelangen, verarbeitet. Der Hypothalamus ist für die Regulation des Hormonhaushalts und der Drüsen verantwortlich. Weiterhin steuert er unseren Biorhythmus und damit unsere innere Uhr.

GROSSHIRNRINDE · Untersuchungen an Patienten mit lokalen Gehirndefekten, etwa durch einen Schlaganfall, erlaubten erste Einblicke in die Funktionsbereiche der Großhirnrinde. So zeigte sich, dass die linke Körperseite von der rechten Hemisphäre und die rechte Körperseite von der linken Hemisphäre gesteuert wird.

Die Großhirnrinde, der **Kortex,** gliedert sich in vier *Hirnlappen.* Der vordere Teil des Großhirns ist der *Stirnlappen.* Direkt dahinter liegt der *Scheitellappen.* Beide Teile werden durch eine quer liegende Furche, die *Zentralfurche,* voneinander getrennt. Vor der Zentralfurche befindet sich ein Streifen, dessen Neuronen die Muskeln aller Körperteile koordinieren. Deshalb bezeichnet man diesen Streifen als **motorisches Rindenfeld.** Mit einer elektrischen Sonde kann man einzelne Neuronen stimulieren und damit bestimmte Muskeln zum Zucken bringen.

Im Scheitellappen hinter der Zentralfurche findet die Verarbeitung aller Berührungsinformationen statt. Erregt man bei einer Versuchsperson einen Punkt dieser Region mit einer Sonde, empfindet sie dies, als ob sie an einer bestimmten Körperstelle berührt worden sei. Man bezeichnet den Bereich deshalb als **somatosensorisches Rindenfeld.** Mithilfe der Stimulation lassen sich die Rindenfelder kartieren. Man erhält eine Darstellung der Größe der Rindenfelder, in denen die Körperteile unterschiedlich repräsentiert sind. Eine solche Darstellung bezeichnet man als *Homunkulus.*

Auf beiden Seiten des Großhirns liegen die *Schläfenlappen.* Sie sind für das Erkennen von Gesichtern, das Hören und das Sprachverständnis zuständig. Im *Hinterhauptlappen* werden visuelle Eindrücke verarbeitet.

Bei jeder Gehirnaktivität entstehen messbare elektrische Signale. Anhand der Elektroden auf

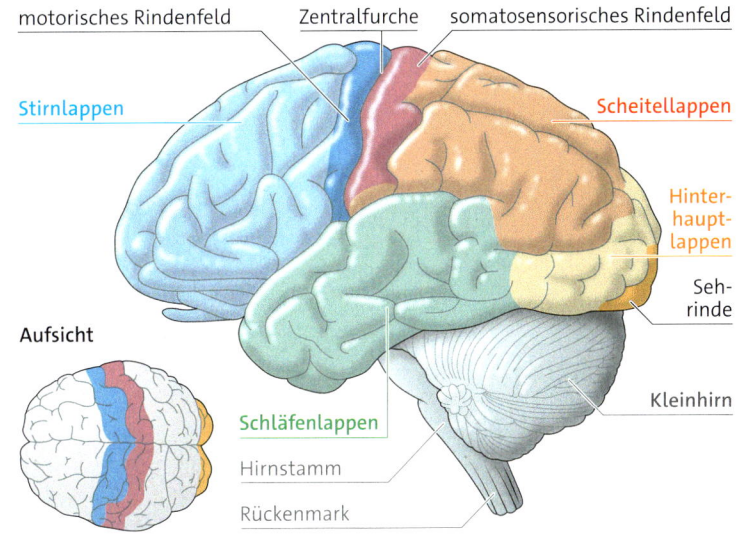

02 Rindenfelder des Großhirns

dem Kopf der Probandin und der Kartierung der Großhirnrinde kann der Computer die elektrischen Signale verrechnen und damit den Cursor steuern.

LIMBISCHES SYSTEM · Unterhalb der Großhirnrinde befindet sich der evolutionär ursprüngliche Teil des Vorderhirns, das *limbische System.* Es nimmt Einfluss auf das Gedächtnis sowie auf Emotionen wie Lustempfinden, Wut und Angst. Eine Ratte, die das Lustzentrum ihres limbischen Systems mit einem Hebel selbst stimulieren kann, betätigt diesen Hebel bis zur Erschöpfung und ignoriert sogar Wasser und Futter.

Überblick über das Gehirn siehe Seite 388 und 389

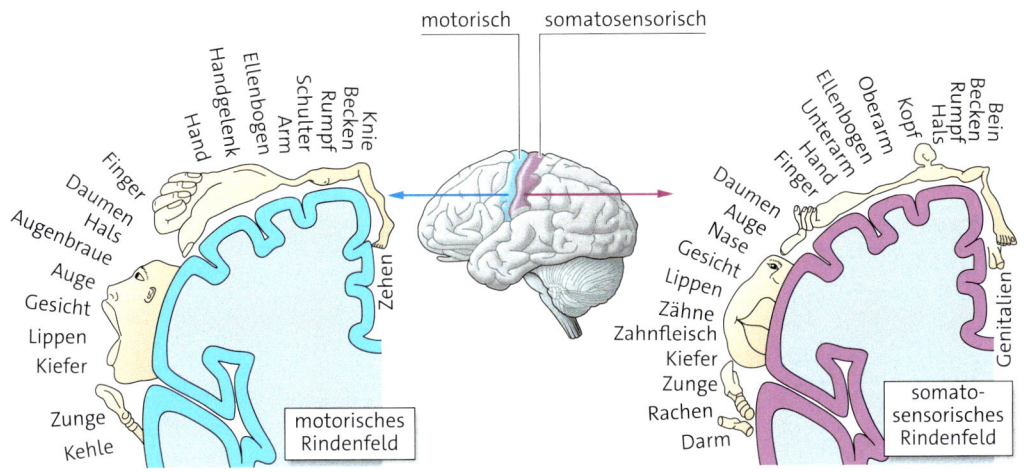

03 Karte des motorischen und des somatosensorischen Rindenfelds (Homunkulus)

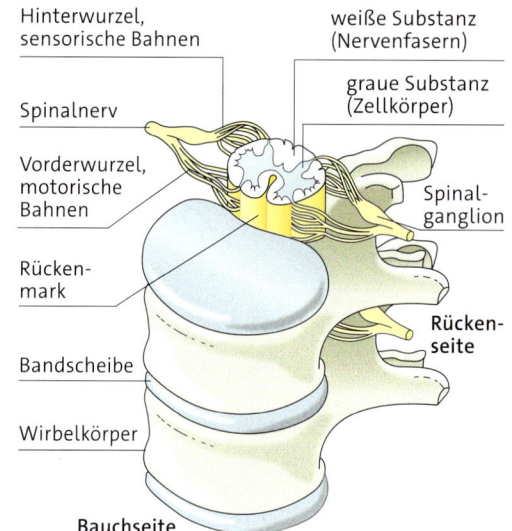

Hinterwurzel, sensorische Bahnen

weiße Substanz (Nervenfasern)

graue Substanz (Zellkörper)

Spinalnerv

Vorderwurzel, motorische Bahnen

Spinalganglion

Rückenmark

Rückenseite

Bandscheibe

Wirbelkörper

Bauchseite

04 Querschnitt durch das Rückenmark

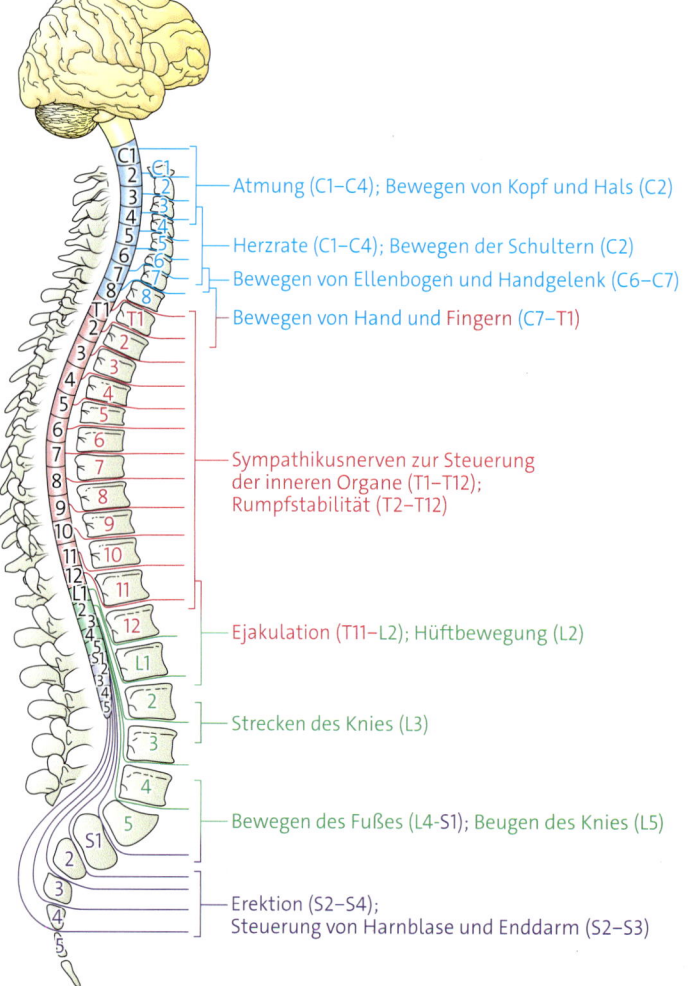

Atmung (C1–C4); Bewegen von Kopf und Hals (C2)

Herzrate (C1–C4); Bewegen der Schultern (C2)

Bewegen von Ellenbogen und Handgelenk (C6–C7)

Bewegen von Hand und Fingern (C7–T1)

Sympathikusnerven zur Steuerung der inneren Organe (T1–T12); Rumpfstabilität (T2–T12)

Ejakulation (T11–L2); Hüftbewegung (L2)

Strecken des Knies (L3)

Bewegen des Fußes (L4-S1); Beugen des Knies (L5)

Erektion (S2–S4); Steuerung von Harnblase und Enddarm (S2–S3)

05 Rückenmark und Körperfunktionen

RÜCKENMARK · Ein schwerer Unfall, der zu einer Verletzung der Wirbelsäule führt, kann auch eine Querschnittlähmung zur Folge haben. Wie lässt sich das erklären?

Ein wichtiger Bestandteil des ZNS ist das *Rückenmark*. Es schließt sich an den Hirnstamm an und verläuft innerhalb der Wirbelsäule. Die Wirbellöcher der einzelnen Wirbel bilden einen Kanal, durch den das Rückenmark von außen geschützt ist.

Im Querschnitt erscheint das Rückenmark schmetterlingsförmig. Die innere graue Substanz enthält überwiegend die Zellkörper der Nervenzellen, die äußere weiße Substanz Nervenfasern. Zwischen den Wirbeln erkennt man auf beiden Seiten *Spinalnerven*. Sie treten durch Öffnungen zwischen den einzelnen Wirbeln aus dem Rückenmark heraus und bilden über zwei Äste die Verbindung zum PNS. Die sensorischen Bahnen münden in ein Spinalganglion. Von dort leiten sie ihre Signale über die *Hinterwurzel* des Spinalnervs zum Hinterhorn des Rückenmarks. Die motorischen Neuronen im Vorderhorn des Rückenmarks empfangen ihre Signale über die *Vorderwurzel* des Spinalnervs. Somit können die Informationen der afferenten Bahnen zum Gehirn geleitet werden und die Informationen vom Gehirn über die efferenten Bahnen zu den jeweiligen Muskeln. Eine Verletzung des Rückenmarks hat zur Folge, dass die Verbindungen zwischen den jeweiligen sensorischen sowie motorischen Bahnen und dem Gehirn unterbrochen werden. Ein Patient kann beispielsweise seine Beine weder fühlen, noch bewegen, obwohl die Muskeln intakt sind.

1 Beschreiben Sie, wie man mithilfe einer elektrischen Sonde die Großhirnrinde kartieren kann!

2 Erläutern Sie, weshalb es möglich ist, einen Cursor nur mit seinen Gedanken zu steuern!

3 Erläutern Sie unter Berücksichtigung der Abbildung 05, weshalb Querschnittlähmungen unterschiedlich starke Auswirkungen haben können!

Material A ▸ Somatosensorische Rindenfelder

Kaninchen   Katze   Affe   Mensch

In den somatosensorischen Rindenfeldern verschiedener Säugetiere werden die Körperoberflächen in unterschiedlicher Weise repräsentiert.

A1 Beschreiben Sie die Gemeinsamkeiten und die Unterschiede der vier Abbildungen!

A2 Deuten Sie die Besonderheiten, die sich aus den somatosensorischen Rindenfeldern der vier Lebewesen ableiten lassen!

Material B ▸ Rindenfelder und Sprache

Gehirnaktivität während des Aussprechens von Worten (PET-Aufnahme)

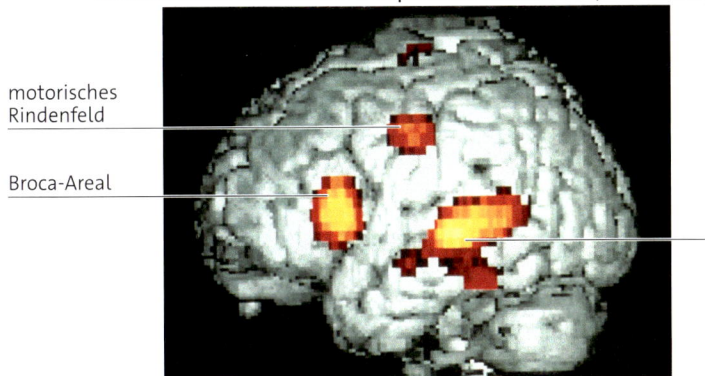

motorisches Rindenfeld

Broca-Areal

Wernicke-Areal

ein gehörtes Wort nachsprechen   ein geschriebenes Wort aussprechen

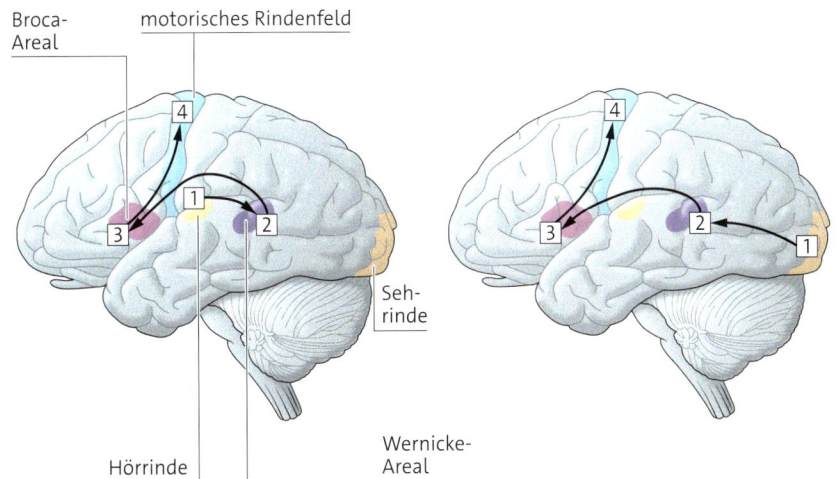

Broca-Areal

motorisches Rindenfeld

Sehrinde

Hörrinde

Wernicke-Areal

Mithilfe moderner bildgebender Verfahren wie der Positronen-Emissions-Tomografie, kurz PET, kann man sichtbar machen, welche Teile des Gehirns gerade aktiv sind. Weitere Untersuchungen führten zu einer Modellvorstellung, in welcher Reihenfolge die Gehirnregionen beim Nachsprechen eines gehörten Wortes oder beim Vorlesen aktiviert werden.

Bei Patienten, deren Sprachvermögen nach einem Schlaganfall beeinträchtigt war, wurden folgende Beobachtungen gemacht:

Ist das Broca-Areal betroffen, sind die Patienten in der Lage, Sprache zu verstehen, können aber keine Worte aussprechen. Ist das Wernicke-Areal betroffen, können die Menschen Sprache nicht verstehen, obwohl sie deutlich sprechen können.

B1 Beschreiben Sie den Signalfluss im Gehirn beim Nachsprechen und Vorlesen von Worten!

B2 Erklären Sie die unterschiedlichen Beeinträchtigungen der Sprachfähigkeit anhand der dargestellten Modellvorstellung!

Bau des Gehirns

Rechte Hirnhälfte (Längsschnitt) und Vergrößerungsausschnitt des Hirnstamms mit Thalamus und Kleinhirn

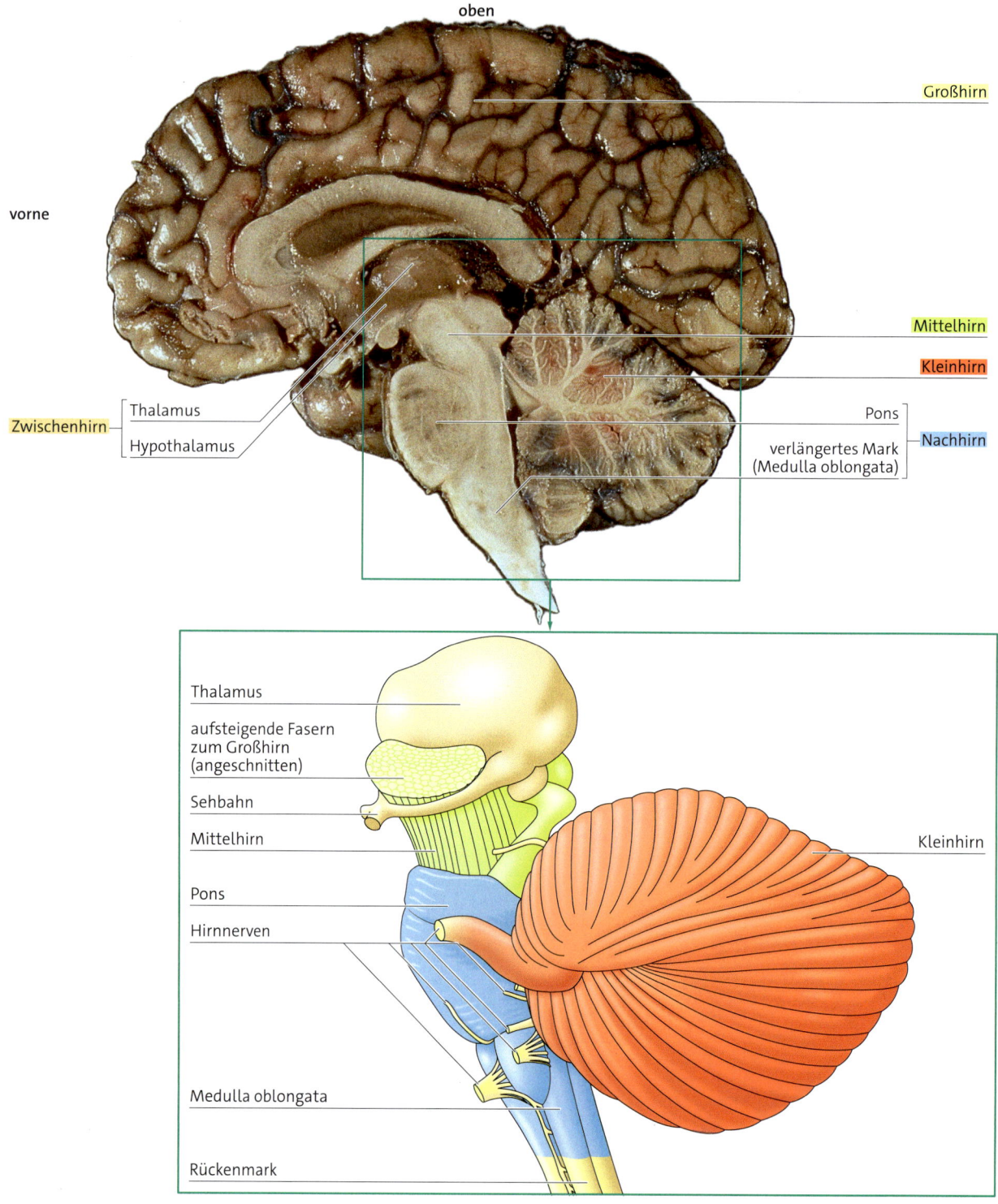

oben

vorne

Großhirn

Mittelhirn

Kleinhirn

Thalamus

Zwischenhirn

Hypothalamus

Pons

verlängertes Mark (Medulla oblongata)

Nachhirn

Thalamus

aufsteigende Fasern zum Großhirn (angeschnitten)

Sehbahn

Mittelhirn

Pons

Hirnnerven

Kleinhirn

Medulla oblongata

Rückenmark

Areale und Rindenfelder des Großhirns

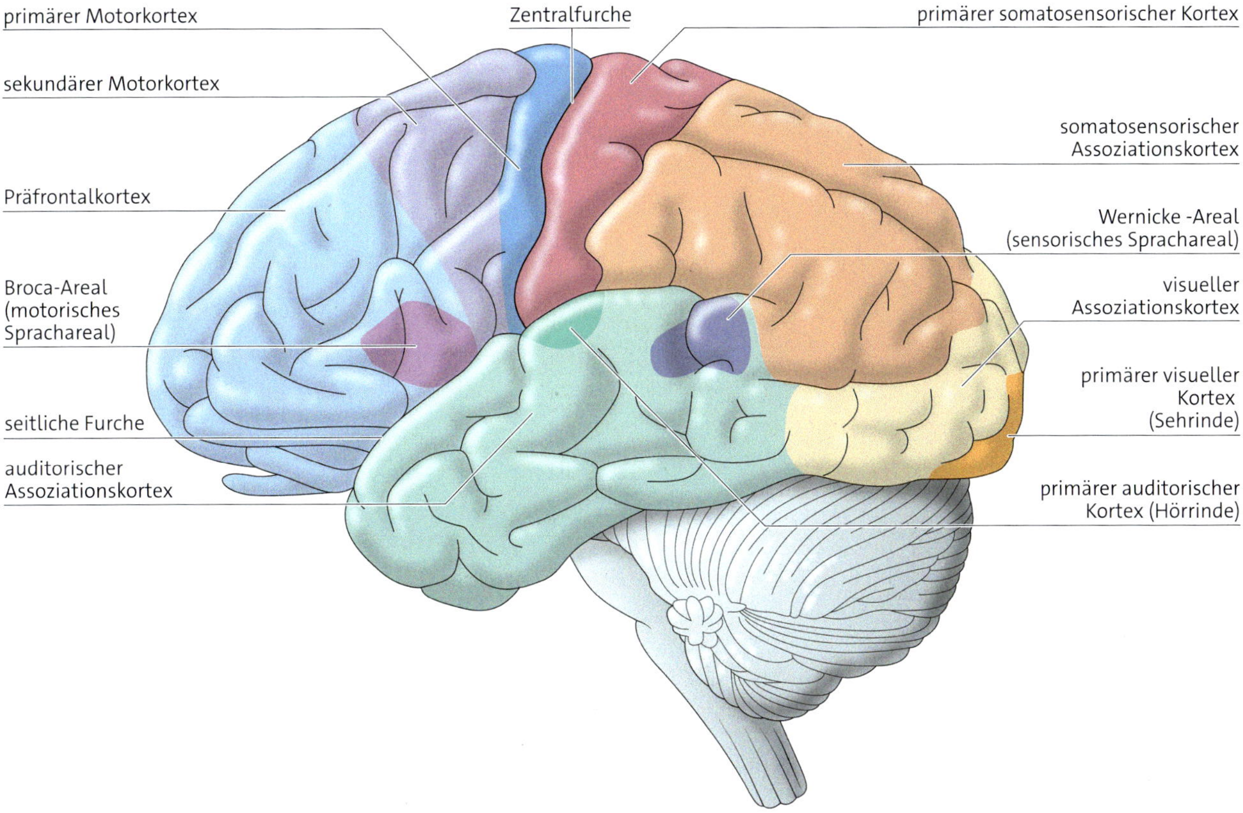

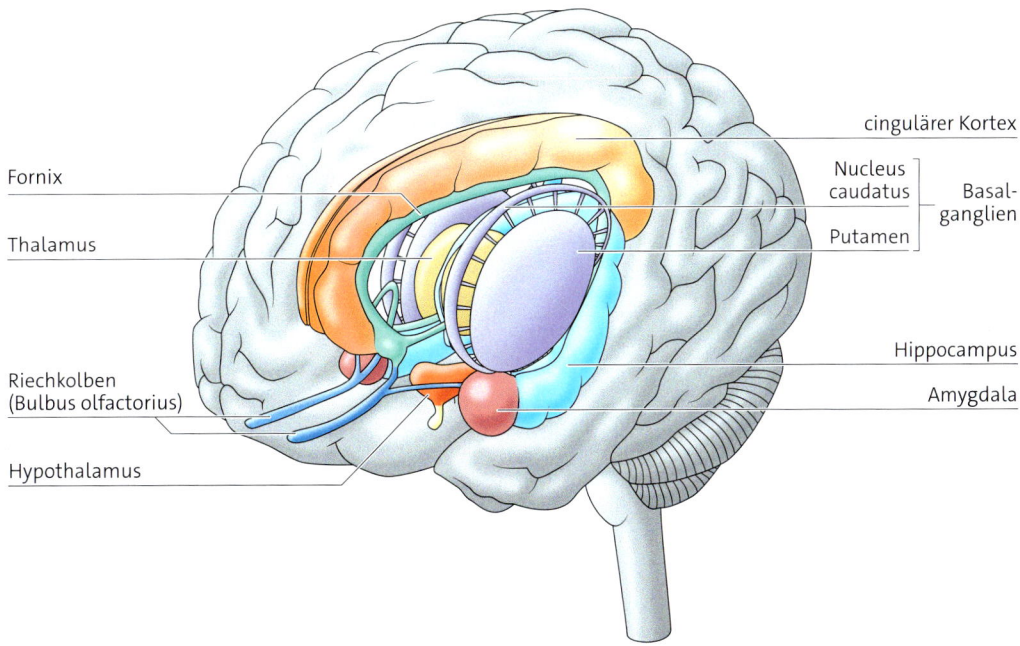

primärer Motorkortex

sekundärer Motorkortex

Präfrontalkortex

Broca-Areal
(motorisches
Sprachareal)

seitliche Furche

auditorischer
Assoziationskortex

Zentralfurche

primärer somatosensorischer Kortex

somatosensorischer
Assoziationskortex

Wernicke -Areal
(sensorisches Sprachareal)

visueller
Assoziationskortex

primärer visueller
Kortex
(Sehrinde)

primärer auditorischer
Kortex (Hörrinde)

Limbisches System

Fornix

Thalamus

Riechkolben
(Bulbus olfactorius)

Hypothalamus

cingulärer Kortex

Nucleus
caudatus

Putamen

Basal-
ganglien

Hippocampus

Amygdala

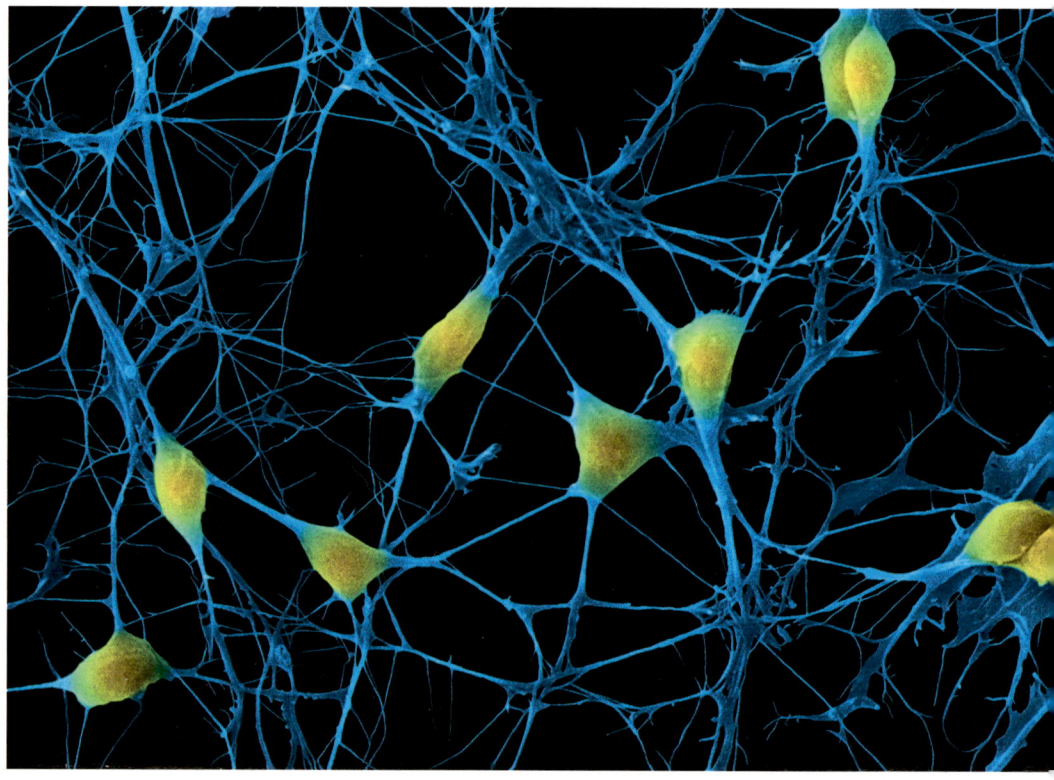

01 Zellkultur von
Neuronen aus dem
Kortex

Neuronen und Gliazellen

*Das mit einem Rasterelektronenmikroskop auf-
genommene Foto zeigt Neuronen der Großhirnrinde, die in einer Zellkultur wachsen. Sie
unterscheidet sich erheblich von Zellkulturen
anderer Gewebe. Man erkennt gelb eingefärbte
Zellkörper und blau hervorgehobene Fortsätze,
die ein kompliziertes Netzwerk bilden. Um verstehen zu können, wie ein solches Netzwerk zustande kommt, muss die Struktur seiner Bestandteile bekannt sein. Wie ist ein Neuron
aufgebaut?*

BAU DES NEURONS · Alle Neuronen des Nervensystems weisen einen ähnlichen Bauplan auf.
Das elektronenmikroskopische Bild der Zellkultur lässt erkennen, dass der Zellkörper eines
Neurons, der als **Soma** bezeichnet wird, nur
einen Teil der Nervenzelle ausmacht. Bei einem
typischen Neuron hat er einen Durchmesser von
etwa 20 Mikrometern. Im Soma befinden sich die
für Körperzellen charakteristischen Organellen
wie Zellkern und Mitochondrien sowie alle für
die Proteinbiosynthese notwendigen Strukturen.

Dort werden das Wachstum des Neurons und
alle Stoffwechselprozesse gesteuert.

Der auffälligste Unterschied von Neuronen gegenüber anderen Zelltypen ist ein schmaler, bis
zu einem Meter langer Zellfortsatz, das **Axon**.
An den häufig verzweigten Axonenden sind
verdickte Strukturen erkennbar, die **Synapsenendknöpfchen.** Der Übergang zwischen Soma
und Axon wird aufgrund seiner Verdickung als
Axonhügel bezeichnet. Dieser besondere Aufbau des Neurons dient der Informationsübertragung über größere Strecken.
Auch am Soma befinden sich häufig stark verzweigte Zellfortsätze. Da die Struktur dieser
Fortsätze an einen Baum erinnert, werden sie
als **Dendriten** bezeichnet. Über die Synapsenendknöpfchen stehen die Neuronen mit den
Dendriten der Nachbarneuronen in Kontakt.
Die Kontaktstellen heißen **Synapsen.** Im Gehirn
eines erwachsenen Menschen ist jedes einzelne
Neuron durchschnittlich über 10 000 Synapsen
mit Nachbarneuronen verbunden.

*griech. dendron
= Baum*

*griech. synapsis
= Verbindung*

GLIAZELLEN · Im Nervensystem der Wirbeltiere befinden sich neben den Neuronen weitere Zelltypen, die *Gliazellen*. Häufigste Gliazellen sind die **Astrozyten.** Sie haben einen unregelmäßig geformten Zellkörper und relativ lange Fortsätze. Über ihren engen Kontakt zu den Neuronen beeinflussen sie deren Wachstum. Außerdem regulieren sie die chemische Zusammensetzung der extrazellulären Umgebung der Neuronen. Andere Astrozyten haben Kontakt zu den Blutgefäßen. Sie verhindern als Bestandteil der *Blut-Hirn-Schranke* das Eindringen giftiger Substanzen aus dem Blut in das Gehirn. Man nimmt an, dass sie wichtig für die Ernährung der Neuronen sind. **Mikrogliazellen** sind zuständig für die Beseitigung abgestorbener oder degenerierter Neuronen, andere Gliazellen sind an der Gehirnentwicklung beteiligt.

Die Axone der meisten Wirbeltierneuronen weisen gegenüber den Nervenzellen anderer Tierstämme eine Besonderheit auf. Sie sind von einer *Myelinscheide* umgeben. Sie wird von spezifischen Gliazellen, den **Schwann-Zellen,** gebildet. Sie umwickeln das Axon mehrfach. Dadurch entsteht ein dichter Membranstapel, der das Axon umhüllt und elektrisch isoliert. Schwann-Zellen bilden die Myelinscheide nur im PNS. Im ZNS wird diese Aufgabe von einem anderen Typ Gliazellen, den **Oligodendrozyten,** übernommen. In regelmäßigen Abständen ist die Myelinscheide unterbrochen, sodass die Axonmembran dort freiliegt. Diese freien Stellen bezeichnet man als *Ranvier-Schnürringe*. Sie sind für die Erregungsleitung der elektrischen Signale von Bedeutung.

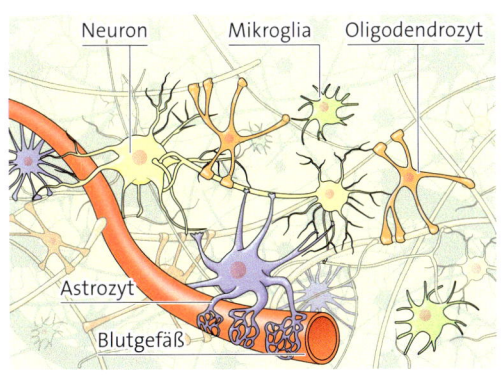

02 Gliazellen im Gehirn des Menschen

Soma · Zellkern · Axonhügel · Myelinscheide · Synapsenendknöpfchen · Dendrit

Axon · Ranvier-Schnürring · Mikrotubuli · Myelinscheide · Schwann-Zelle · Zellkern der Schwann-Zelle

03 Aufbau eines Wirbeltierneurons: **A** Grundbauplan (Schema), **B** Zellkörper (EM-Aufnahme), **C** Axon mit Myelinscheide (Schema), **D** Querschnitt durch ein Axon (EM-Aufnahme)

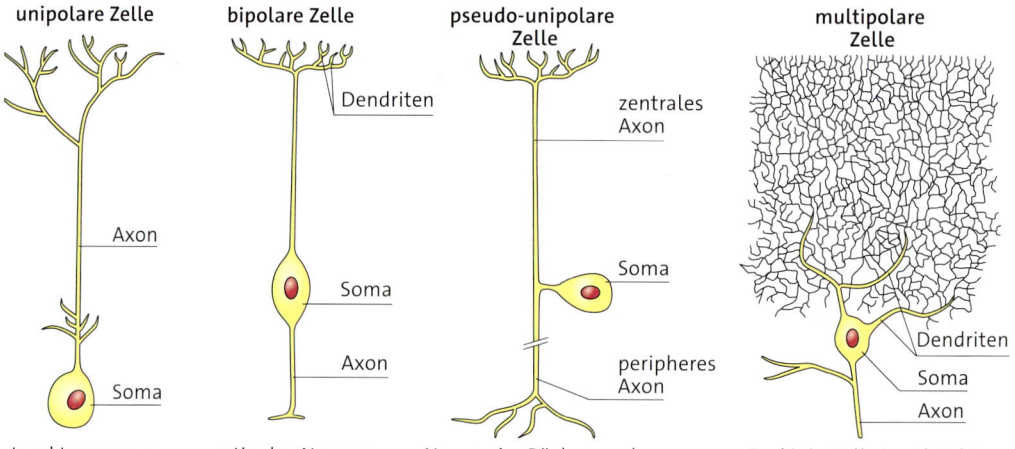

unipolare Zelle   bipolare Zelle   pseudo-unipolare Zelle   multipolare Zelle

Dendriten

Axon

zentrales Axon

Soma

Soma

Soma

Axon

peripheres Axon

Dendriten

Soma

Axon

04 Neuronentypen   Insektenneuron   retinales Neuron   Neuron im Rückenmark   Purkinje-Zelle im Kleinhirn

NEURONENTYPEN · Obwohl alle Neuronen eine vergleichbare Grundstruktur haben, kann man einige Unterschiede beobachten: Bei wirbellosen Tieren haben die Neuronen meist nur einen einzigen Fortsatz. Sie werden deshalb als *unipolar* bezeichnet. In der Netzhaut des Wirbeltierauges befinden sich Neuronen mit zwei Fortsätzen, die *bipolaren* Zellen. Sie erhalten ihre Informationen von den Sinneszellen und leiten diese zum Sehnerv weiter.

Die Neuronen der sensorischen Bahnen zum Rückenmark entstehen während der Embryonalentwicklung aus bipolaren Zellen, deren Fortsätze miteinander verschmelzen. Sie werden deshalb als *pseudo-unipolare* Zellen bezeichnet.

Die Purkinje-Zellen im Kleinhirn weisen eine starke Verästelung der Dendriten auf und können als *multipolare* Zellen besonders viele Synapsen ausbilden.

TRANSPORT IM AXON · Da sich der Zellkern der Neuronen im Soma befindet, war lange Zeit unbekannt, wie die Produkte der Proteinbiosynthese zu den weit entfernten Synapsenendknöpfchen gelangen. Um diese Frage zu klären, experimentierten amerikanische Neurobiologen in den 1940er-Jahren mit Neuronen. Sie wollten überprüfen, ob Proteine aus dem Soma ins Axon transportiert werden. Hierzu schnürten sie das Axon direkt hinter dem Axonhügel mit einer Schlinge aus einem dünnen Faden ab. Sie konnten beobachten, dass sich auf der dem Soma zugewandten Seite Proteine und andere Stoffwechselprodukte anhäuften. Nach Lösen der Schlinge löste sich der Stau und die Proteine bewegten sich entlang des Axons.

Anhand neuerer Untersuchungen konnte ermittelt werden, wie der Stofftransport im Axon funktioniert. Die im Soma produzierten Moleküle werden über den Golgi-Apparat zunächst in Vesikel eingeschlossen. Innerhalb des Axons verlaufen in Längsrichtung Mikrotubuli. Ein spezifisches Protein, das *Kinesin,* bindet an ein Vesikel und bewegt sich mithilfe beinartiger Fortsätze unter Verbrauch von ATP entlang der Mikrotubuli. Der Transport verläuft vom Soma in Richtung der Synapsenendknöpfchen. Er wird als *anterograder Transport* bezeichnet.

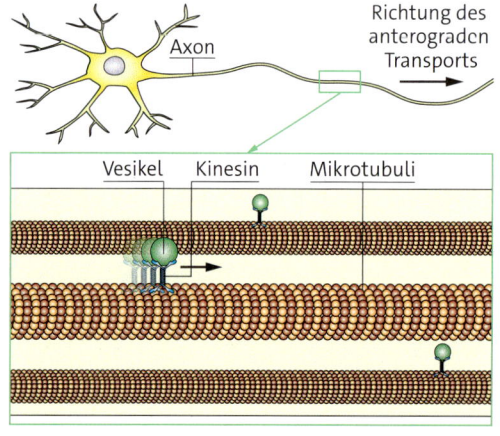

Axon

Richtung des anterograden Transports

Vesikel   Kinesin   Mikrotubuli

05 Vesikeltransport im Axon

1 Vergleichen Sie Struktur und Funktion von Neuronen und Gliazellen!

2 Erläutern Sie den Transport von Stoffwechselprodukten durch das Axon!

Material A ▸ Gliazellen im Gehirn

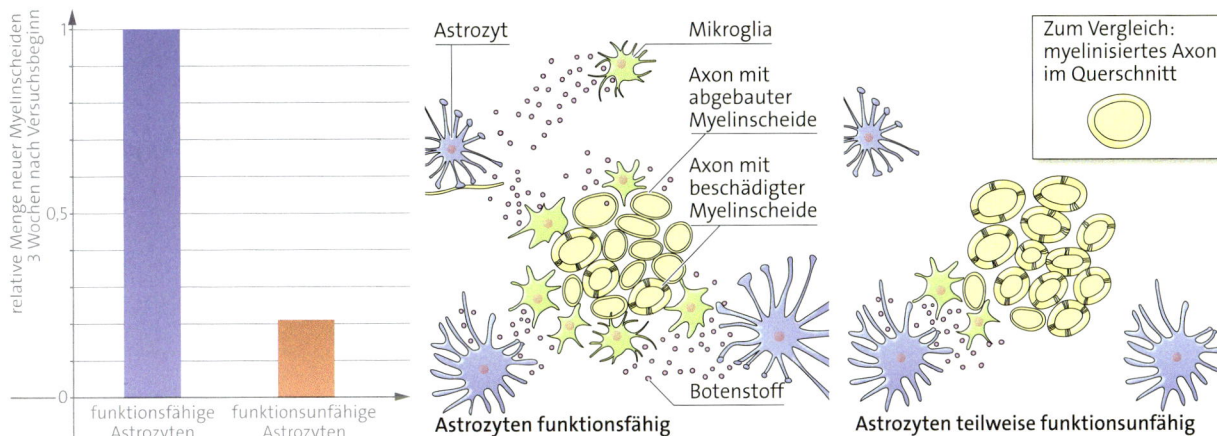

Astrozyten funktionsfähig

Astrozyten teilweise funktionsunfähig

Zum Vergleich:
myelinisiertes Axon
im Querschnitt

Astrozyt — Mikroglia — Axon mit abgebauter Myelinscheide — Axon mit beschädigter Myelinscheide — Botenstoff

Beschädigte Myelinscheiden von Gehirnneuronen werden von Mikrogliazellen durch Phagozytose entfernt. Danach können Oligodendrozyten eine neue Myelinscheide bilden. Um herauszufinden, welche Bedeutung Astrozyten für die Bildung der Myelinscheiden der Neuronen im Gehirn haben, wurde das Gehirngewebe von Mäusen mit einem Gift behandelt, das die Myelinscheiden beschädigt.

In einem weiteren Versuch wurden gleichzeitig die Astrozyten funktionsunfähig gemacht. Nach drei Wochen überprüfte man den Abbau der beschädigten Myelinscheiden und erhielt die im Diagramm gezeigten Ergebnisse.
Es konnte experimentell nachgewiesen werden, dass die Astrozyten einen Botenstoff freisetzen, der Mikrogliazellen in geschädigtes Gewebe einwandern lässt.

A1 Erläutern Sie anhand des Balkendiagramms die Bedeutung der Astrozyten für die Regeneration der Myelinscheide!

A2 Beschreiben Sie anhand der schematischen Darstellungen den Ablauf der Entfernung beschädigter Myelinscheiden!

A3 Erklären Sie, welche Bedeutung der Gliazellen für das Gehirn aus diesen Befunden ableitbar ist!

Material B ▸ Proteintransport im Axon

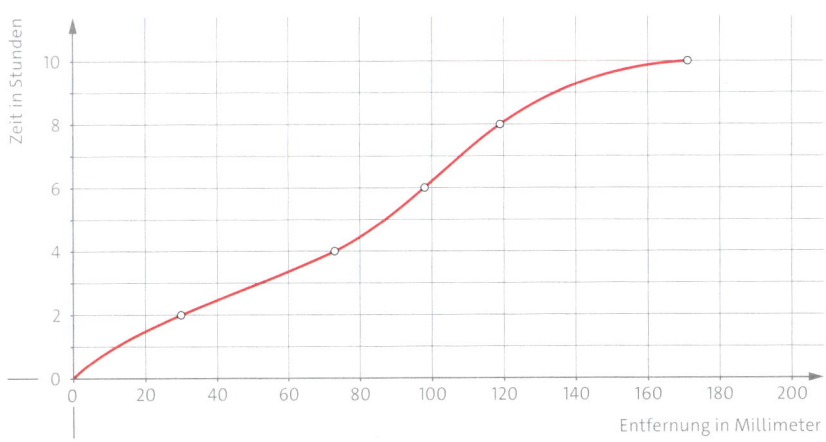

anschließend am Axon, in welcher Entfernung vom Soma die Radioaktivität messbar war.

B1 Ermitteln Sie anhand der Ausbreitung der radioaktiv markierten Proteine die Transportrate im Axon pro Tag!

B2 Erklären Sie den geringeren Wert der Ausbreitung radioaktiv markierter Proteine innerhalb der ersten beiden Stunden!

B3 Begründen Sie, weshalb es bei diesem Experiment notwendig ist, die radioaktiv markierte Aminosäure in das Soma zu injizieren und nicht direkt in das Axon!

Um nachzuweisen, mit welcher Geschwindigkeit Proteine im Axon durch Kinesin transportiert werden, wurde die Aminosäure Leucin radioaktiv markiert und in das Soma des Ischiasnervs einer Katze injiziert. Die Aminosäure wird in der Zelle sofort in Proteine eingebaut, die damit ebenfalls radioaktiv markiert sind. In verschiedenen Zeitabständen überprüfte man

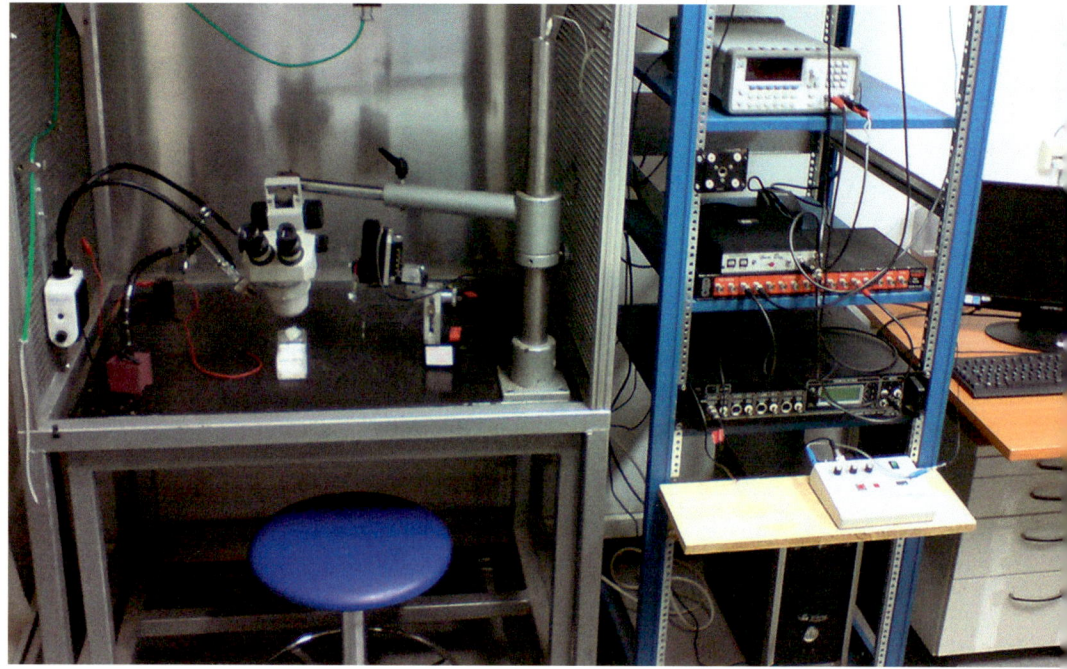

Entstehung des Membranpotenzials

Die modernen Untersuchungsmethoden zur Funktionsweise von Neuronen sind mit einem hohen technischen Aufwand verbunden. Man benötigt einen Mikromanipulator mit Mikroelektroden, die über ein Mikroskop gesteuert werden. Der Arbeitstisch ist vibrationsfrei aufgehängt. Zudem wird die Apparatur durch einen Faraday-Käfig von äußeren elektrischen Einflüssen abgeschirmt. Gemessene Werte werden über einen Verstärker zu einem Computer geleitet, der die Daten grafisch darstellt. Weshalb ist solch ein Aufwand bei der Forschung an Nervenzellen notwendig?

GELADENE TEILCHEN IM NEURON · Im Zytoplasma eines Neurons sind unterschiedlich geladene Ionen gelöst. Dies sind insbesondere positiv geladene Kaliumionen und negativ geladene organische Aminosäurereste und Proteine. Aufgrund der ungerichteten Eigenbewegung der Ionen verteilen sich die geladenen Teilchen gleichmäßig in der Lösung. Es handelt sich um einen Konzentrationsausgleich durch *Diffusion*. Taucht man zwei Elektroden in die Zelle ein, so ist keine Spannung messbar, da sich die unterschiedlichen Ladungen der Ionen gegenseitig

aufheben. Das Zytoplasma leitet jedoch elektrischen Strom. Legt man eine Stromquelle an, so wandern die positiv geladenen Kaliumionen zur negativ geladenen Kathode. Sie werden deshalb als *Kationen* bezeichnet. Die negativ geladenen organischen *Anionen* wandern zur positiv geladenen Anode.

TRENNUNG VON LADUNGEN · Das Neuron ist von der Lipiddoppelschicht der Zellmembran umhüllt. Sie ist nur etwa zehn Nanometer dick und bildet eine natürliche Barriere für Ionen. Ein Konzentrationsausgleich der geladenen Ionen durch die Zellmembran hindurch ist nicht möglich. Die Zellmembran wirkt also wie ein elektrischer Isolator. In der Membran der Neuronen befinden sich jedoch Tunnelproteine. Sie sind selektiv für bestimmte Ionen durchlässig und werden als **Ionenkanäle** bezeichnet. Die Kanäle können sich öffnen und schließen und beeinflussen auf diese Weise den Ionenfluss durch die Membran.
Anhand einer vereinfachten Modellvorstellung lässt sich die Wirkung der Ionenkanäle verdeutlichen. Es wird angenommen, dass sich in einer Zelle gleiche Konzentrationen positiv geladener

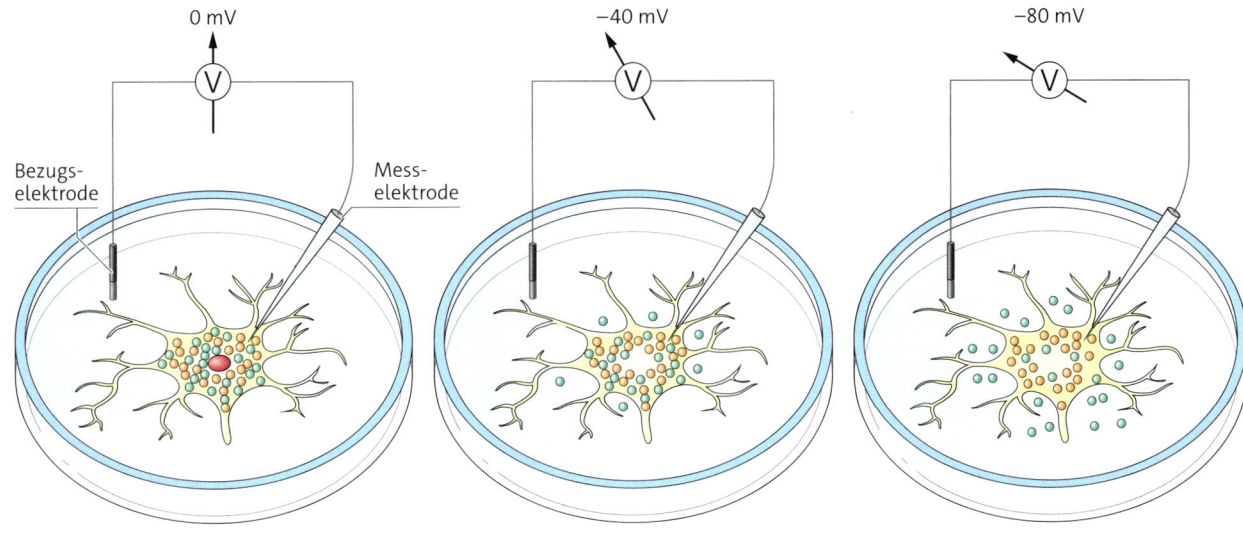

● K⁺-Ionen   ● Anionen, z.B. Cl⁻-Ionen

02 Modellvorstellung zur Potenzialdifferenz

Kaliumionen, K⁺, und negativ geladener organischer Anionen, A⁻, befinden. Zunächst ist keine Spannung messbar. Sobald sich die Kaliumionenkanäle öffnen, strömen Kaliumionen nach außen. Je höher der Konzentrationsgradient ist, umso größer ist die Nettodiffusion. Außen nimmt die Anzahl der positiven Ladungen zu, während innen ihre Anzahl abnimmt.

Da die organischen Anionen die Membran nicht passieren können, überwiegen im Zellinneren die negativen Ladungen. Es entsteht eine Potenzialdifferenz zwischen innen und außen, die man als Spannung messen kann. Hierbei wird das Potenzial der Zellaußenseite willkürlich auf den Wert null gesetzt. Je mehr Kaliumionen aus der Zelle hinaus diffundieren, desto größer wird die Potenzialdifferenz, und die gemessene Spannung steigt.

Die Anziehungskräfte der im Zellinneren zurückbleibenden Anionen auf die Kaliumionen wachsen. Dies hat zur Folge, dass bei einer bestimmten Potenzialdifferenz kein Nettoausstrom der Kaliumionen mehr erfolgt und die Spannung sich nicht mehr verändert. Damit wirken diese Kräfte entgegengesetzt zum Konzentrationsgradienten. Die bei dem entstandenen Gleichgewicht gemessene Spannung wird als **Gleichgewichtspotenzial** bezeichnet. Man kann sie für jedes neurophysiologisch wichtige Ion berechnen.

///, IM BLICKPUNKT PHYSIK ////////////////////////////

Elektrische Stromstärke

*Die Bewegung von elektrischen Ladungen wird als elektrischer Strom bezeichnet. Je größer die Ladungsmenge ist, die in einer bestimmten Zeit zum Beispiel durch den Querschnitt eines Ionenkanals fließt, desto höher ist die **Stromstärke I**. Sie wird in **Ampere**, kurz **A**, gemessen.*

Elektrische Spannung

*Die Zellmembran bewirkt eine Ladungstrennung zwischen der Zellinnen- und der Zellaußenseite. Dabei hat jede Seite ein bestimmtes elektrisches Potenzial. Die Differenz zwischen beiden Potenzialen wird als elektrische **Spannung U** bezeichnet. Sie steigt mit dem Ladungsunterschied zwischen der Zellinnenseite als Anode und der Zellaußenseite als Kathode. Die elektrische Spannung wird in **Volt**, kurz **V**, gemessen.*

Ionenart	extrazelluläre Konzentration in Millimol/Liter	intrazelluläre Konzentration in Millimol/Liter	Verhältnis außen : innen	Gleich-gewichts-potenzial in Millivolt
Kalium-ionen, K⁺	5	100	1 : 20	− 80
Natrium-ionen, Na⁺	150	15	10 : 1	+ 62
Kalzium-ionen, Ca²⁺	2	0,0002	10 000 : 1	+ 123
Chlorid-ionen, Cl⁻	150	13	11,5 : 1	− 65

03 Ionenkonzentrationen und Gleichgewichtspotenziale

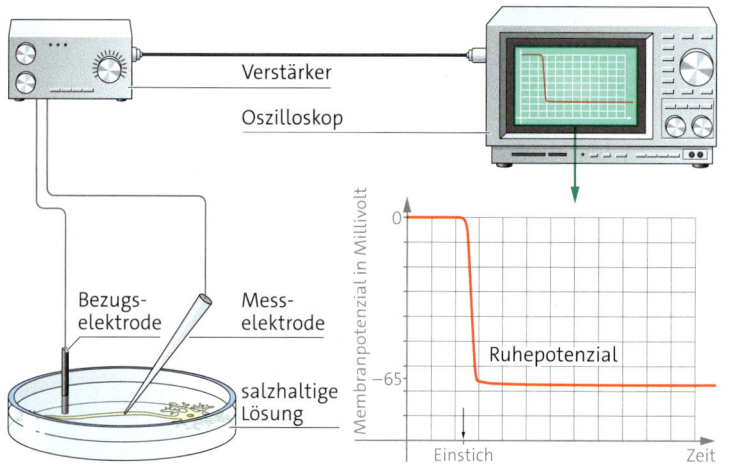

04 Voltage-Clamp-Technik

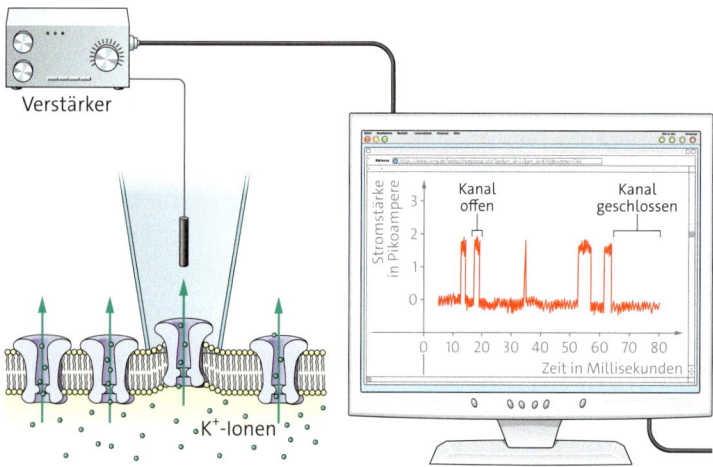

05 Patch-Clamp-Technik

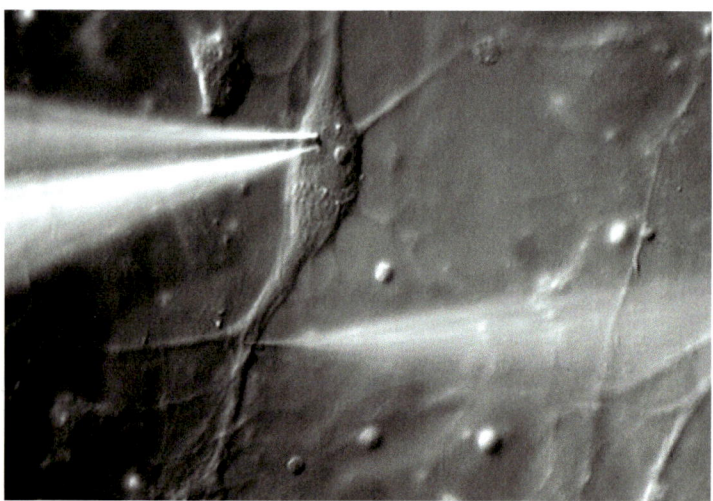

06 Patch-Clamp-Elektrode (EM-Aufnahme)

MESSUNG VON MEMBRANPOTENZIALEN · Bereits Ende der 1940er-Jahre wurde die noch heute gebräuchliche Methode zur Messung elektrischer Potenziale an Zellmembranen entwickelt. Als *Messelektrode* verwendet man eine Mikropipette aus Glas, die mit einer Salzlösung gefüllt ist. Ein in die Mikropipette eingeführter Draht ist mit einem Verstärker und einem Oszilloskop verbunden, das die gemessenen Spannungen gegenüber einer weiteren Elektrode, der *Bezugselektrode*, anzeigt. Das Verfahren wird als **Voltage-Clamp-Technik** bezeichnet.

In den 1970er-Jahren gelang es, diese Methode zu verfeinern. Die Forscher entwickelten eine Glasmikropipette, deren Spitze einen Durchmesser von nur einem Mikrometer und besonders glatte Ränder hat. Die Mikropipette ist mit einer Salzlösung gefüllt, die der Extrazellularflüssigkeit entspricht. Dort hinein taucht ein sehr feiner Silberdraht, der über einen Verstärker mit einem Computer verbunden ist. Mithilfe eines leichten Unterdrucks ist es möglich, einen einzelnen Ionenkanal anzusaugen. Die Methode wird als **Patch-Clamp-Technik** bezeichnet. Sie erlaubt es, die Ionenströme durch einen geöffneten Ionenkanal exakt zu messen. Die Stromstärken liegen in einem Bereich von wenigen Pikoampere, das heißt 10^{-12} Ampere.

Bei beiden Messverfahren würden selbst kleinste Erschütterungen, zum Beispiel durch Schritte im Raum, verhindern, dass die Mikropipetten zielgenau gesteuert werden können. Daher ist ein schwingungsgedämpfter Labortisch bei diesen Experimenten unbedingt notwendig. Die extrem geringen Stromflüsse sind nur mithilfe einer aufwendigen Verstärkung messbar, wenn alle elektromagnetischen Umgebungseinflüsse wie das Telefonieren mit einem Handy durch einen Faraday-Käfig abgeschirmt werden.

1 ⌡ Erklären Sie anhand von Abbildung 02 auf Seite 395 die Entstehung eines Gleichgewichtspotenzials!

2 ⌡ Erläutern Sie, weshalb innerhalb eines Neurons keine Spannung messbar ist!

3 ⌡ Beschreiben Sie die Methoden zur Messung von Membranpotenzialen!

Material A ► Modellversuch zum Gleichgewichtspotenzial

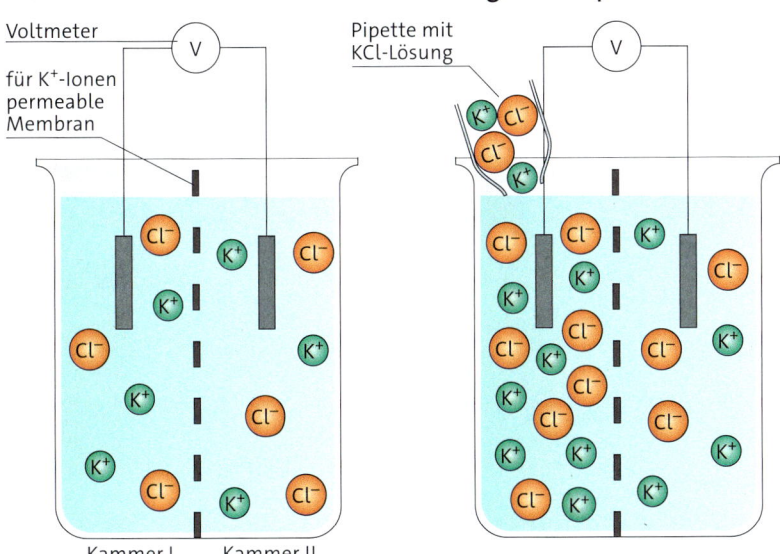

Voltmeter
für K⁺-Ionen permeable Membran
Pipette mit KCl-Lösung

Kammer I   Kammer II

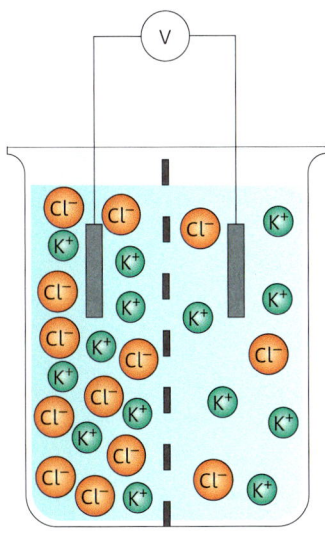

Ein Becherglas wird durch eine semipermeable Membran, die nur für Kaliumionen durchlässig ist, in zwei Kammern geteilt. Das Gefäß wird zunächst mit einer Kaliumchloridlösung gefüllt, sodass in beiden Kammern die gleichen Ionenkonzentrationen vorliegen. In einem weiteren

Versuch erhöht man in der linken Kammer die Kaliumchloridkonzentration um das Zehnfache.

A1 Erläutern Sie die Vorgänge im Becherglas nach Erhöhung der Kaliumchloridkonzentration in der linken Kammer!

A2 Beschreiben und erklären Sie die elektrische Spannung in den drei Bechergläsern!

A3 Erklären Sie, weshalb es in diesem Modellversuch nicht zu einem Konzentrationsausgleich zwischen den Kammern kommt!

Material B ► Membranpotenzial für Kaliumionen

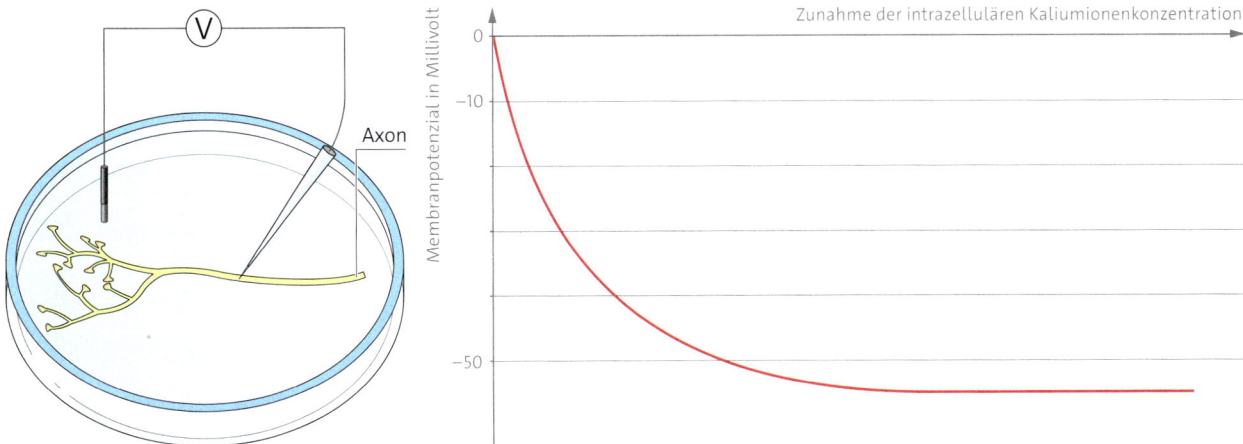

Axon

Zunahme der intrazellulären Kaliumionenkonzentration

Membranpotenzial in Millivolt

0

−10

−50

Das Axon eines Tintenfischneurons wird isoliert und in eine physiologische Kochsalzlösung gelegt, deren Ionenkonzentrationen denen der intrazellulären Flüssigkeit entsprechen.

Anschließend wird die Zellflüssigkeit des Axons nach und nach gegen eine Flüssigkeit ausgetauscht, deren Kaliumionenkonzentration immer stärker zunimmt.

B1 Beschreiben Sie die Veränderung des Membranpotenzials während des Versuchs!

B2 Erklären Sie den Verlauf des Membranpotenzials!

01 Tintenfisch *Loligo*

Vom Ruhe- zum Aktionspotenzial

Als Neurophysiologen erste experimentelle Messungen an Neuronen durchführten, gab es noch keine Mikroelektroden, mit denen die nur 0,5 bis 20 Mikrometer dünnen Axone von Wirbeltieren untersucht werden konnten. Die Axone des Tintenfischs Loligo hingegen haben einen Durchmesser von bis zu zwei Millimetern und sind deshalb leicht zu präparieren. So wurde Loligo zu einem der wichtigsten Modellorganismen für Neurophysiologen.

Als man die Spannungsverhältnisse am Loligo-Axon erforschte, beobachtete man, dass sich das Potenzial an der Membran nach einer Reizung spontan änderte. Wie lassen sich diese Potenzialveränderungen erklären?

SPANNUNG AM AXON IM RUHEZUSTAND · Sticht man eine Messelektrode in ein nicht erregtes Axon von *Loligo* und taucht die Bezugselektrode in die Umgebungsflüssigkeit, kann man eine Potenzialdifferenz messen. Diese bezeichnet man als **Ruhepotenzial.** Das Innere des Neurons ist gegenüber der extrazellulären Seite negativ geladen. Für Wirbeltierneuronen im Ru-

hezustand gelten ähnliche Bedingungen. Je nach Zelltyp werden Werte zwischen –40 und –90 Millivolt gemessen.

Die Zellmembran des Neurons trennt unterschiedliche Ladungen. Im Zellinneren befinden sich hauptsächlich Kaliumionen und organische Anionen wie Aminosäurereste und Proteine. In nur geringen Konzentrationen kommen Natrium- und Chloridionen vor. Auf der Zellaußenseite hingegen finden sich hohe Natrium- und Chloridionenkonzentrationen, aber nur verhältnismäßig wenige Kaliumionen. Die Gleichgewichtspotenziale der verschiedenen Ionenarten tragen in unterschiedlicher Weise zum Ruhepotenzial bei. Je größer die Permeabilität der Zellmembran für eine Ionenart ist, umso stärker wird das gemessene Potenzial durch deren Gleichgewichtspotenzial bestimmt. Bei Säugetierneuronen ist dies insbesondere das Gleichgewichtspotenzial für Kaliumionen. Ein Teil der Kaliumionenkanäle ist ständig geöffnet. Sie werden deshalb auch *Kaliumionenhintergrundkanäle* genannt. Aufgrund des Konzentrationsgefälles diffundieren Kaliumionen durch

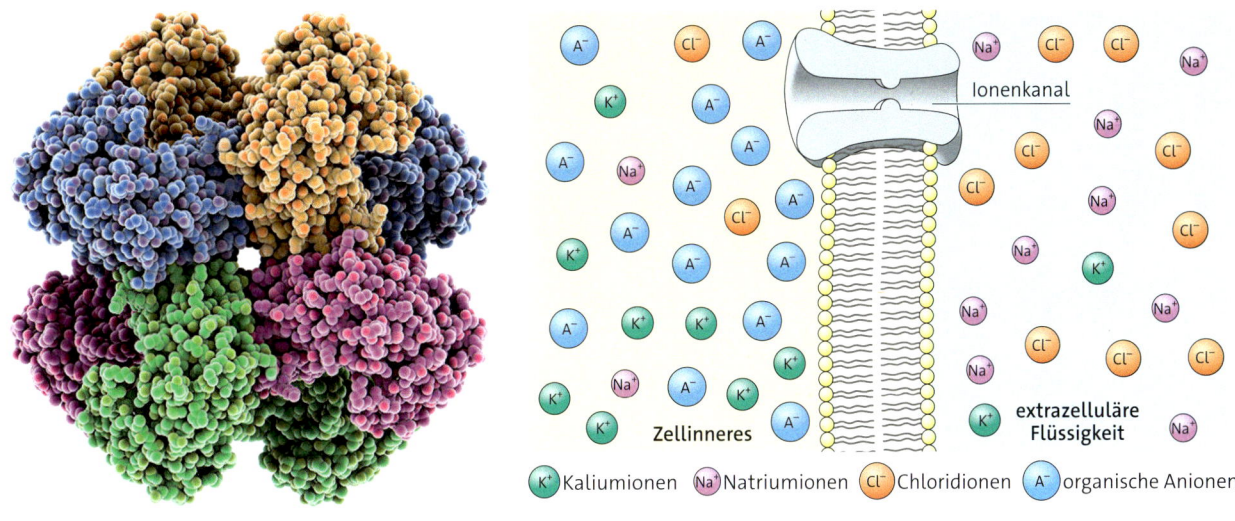

02 Aufsicht eines Kaliumionenkanals

03 Ionenverteilung an der Membran eines Neurons

die geöffneten Kanäle von innen nach außen. Wenn die Membran nur für Kaliumionen durchlässig wäre, müsste das Ruhepotenzial den gleichen Wert haben wie das Gleichgewichtspotenzial von Kaliumionen, also etwa −80 Millivolt. Beim Säugetierneuron wird jedoch ein Wert von ungefähr −65 Millivolt gemessen. Diese Abweichung ist darauf zurückzuführen, dass in geringerem Umfang Natriumionen von außen in die Zelle diffundieren.

ERHALTUNG DES RUHEPOTENZIALS · Da Natriumionen fortwährend in das Neuron ein-

strömen, müsste die Konzentration an positiven Ladungen in der Zelle langsam steigen und damit die Spannung abnehmen. Das Ruhepotenzial bleibt in der lebenden Nervenzelle jedoch konstant. Ursache hierfür ist ein Protein in der Zellmembran, das Natriumionen gegen das Konzentrationsgefälle aus der Zelle heraus- und gleichzeitig Kaliumionen in die Zelle hineinpumpt. Der aktive Transport durch diese **Natrium-Kalium-Pumpe** geschieht unter ATP-Verbrauch und ist für etwa 70 Prozent des Energieverbrauchs des Gehirns verantwortlich.

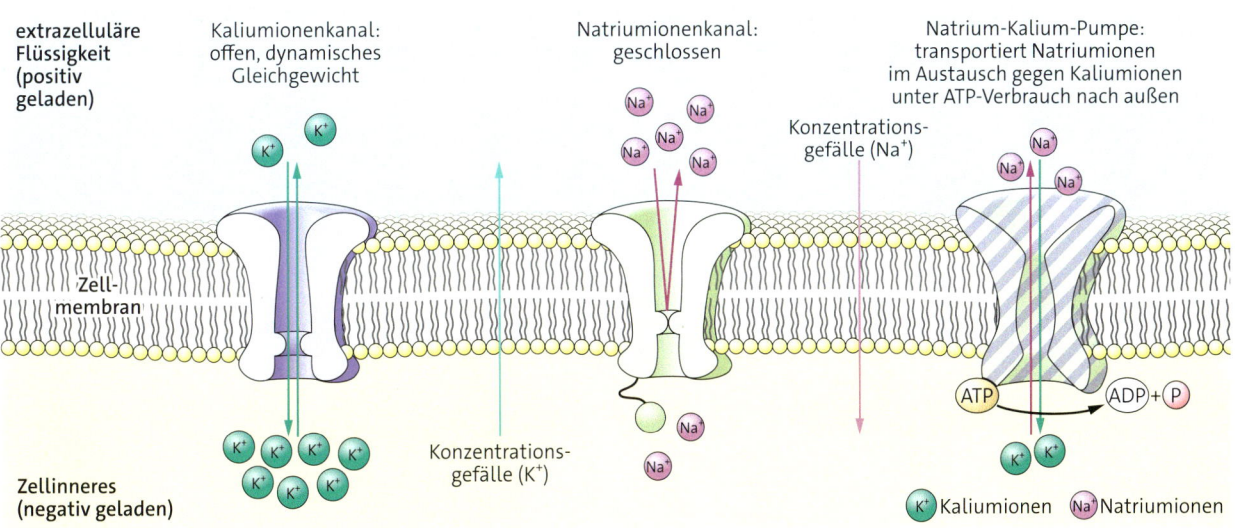

04 Modell zur Entstehung und Erhaltung des Ruhepotenzials

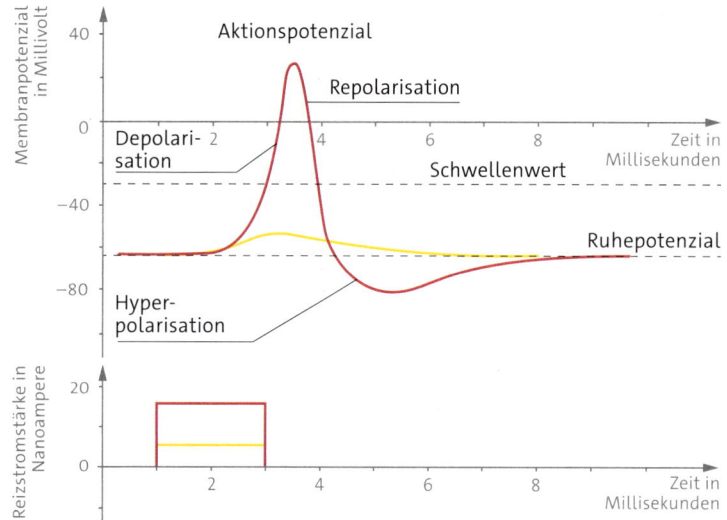

05 Reaktion eines Axons auf Reize

POTENZIALVERÄNDERUNGEN DURCH REIZE ·

Wenn man in einem Experiment eine Stelle des Axons geringfügig reizt, sodass sich das Membranpotenzial kurzzeitig von −65 auf −50 Millivolt verringert, kehrt das Membranpotenzial rasch zum Ausgangszustand zurück. Man beobachtet keine weiteren Auswirkungen auf das Axon. Erreicht das Membranpotenzial durch einen stärkeren Reiz einen bestimmten **Schwellenwert,** beispielsweise −30 Millivolt, führt dies jedoch zu einer spontanen Reaktion, bei der sich die Spannungsverhältnisse an der gereizten Stelle der Membran des Axons innerhalb einer Millisekunde umkehren. Ein **Aktionspotenzial** wird ausgelöst. Am Oszilloskop lässt sich der Verlauf der Potenzialumkehr beobachten.

ABLAUF EINES AKTIONSPOTENZIALS ·

Im Ruhezustand entspricht die extrazelluläre Konzentration der positiv geladenen Natriumionen etwa dem Zehnfachen der Konzentration im Zellinneren. Das Membranpotenzial von −65 Millivolt ist aber im Verhältnis zum Natriumionengleichgewichtspotenzial von +62 Millivolt negativ. Da sich entgegengesetzte Ladungen anziehen und die Natriumionenkanäle geschlossen sind, ist die Anziehungskraft für die Natriumionen, die *elektrostatische Anziehungskraft,* beträchtlich.

1. Wird die Axonmembran so stark gereizt, dass der Schwellenwert erreicht wird, werden Spannungssensoren der Natriumionenkanäle aktiviert und die Kanäle öffnen sich. Der daraus resultierende Natriumioneneinstrom führt zur **Depolarisation** der Axonmembran. Da sich auf einer Membranfläche von einem Mikrometer mehrere Tausend Natriumionenkanäle befinden, die sich gleichzeitig öffnen, verändert sich das Membranpotenzial sehr schnell bis zu einem Wert von etwa +30 Millivolt. Das Zellinnere ist gegenüber dem Extrazellularraum positiv geladen, es kommt zur Spannungsumkehr, dem *Overshoot.* Bereits nach einer Millisekunde werden die Natriumionenkanäle wieder geschlossen.

2. Die Depolarisation der Axonmembran löst mit einer zeitlichen Verzögerung von ungefähr einer Millisekunde das Öffnen spannungsgesteuerter Kaliumionenkanäle aus. Da der Zellaußenraum zu diesem Zeitpunkt

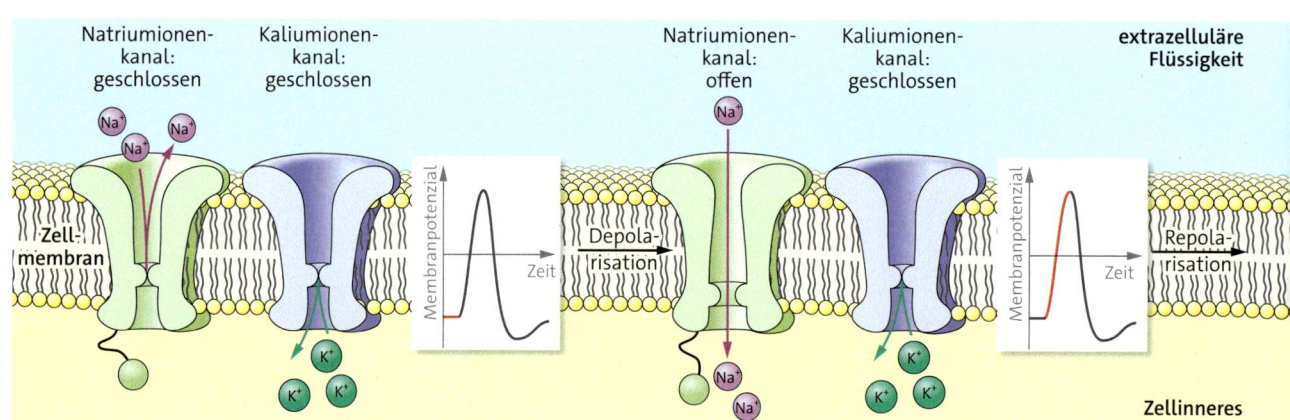

06 Ionenkanäle steuern den Ablauf des Aktionspotenzials

negativ geladen ist, ist die elektrostatische Anziehungskraft, die einen Ausstrom der Kaliumionen aus der Zelle bewirkt, sehr hoch. Die Kaliumionen strömen deshalb schnell aus dem Axon heraus und führen dazu, dass das Membranpotenzial innen äußerst schnell wieder negativ wird. Es findet eine **Repolarisation** statt.

3. Da für einen sehr kurzen Zeitraum sowohl die spannungsgesteuerten Kaliumionenkanäle als auch die Kaliumionenhintergrundkanäle geöffnet sind, strömen mehr Kaliumionen aus dem Axon als notwendig sind, um das Ruhepotenzial wieder zu erreichen. Deshalb sinkt die Kurve des Aktionspotenzials tiefer ab. Es kommt zur **Hyperpolarisation,** die auch als *Undershoot* bezeichnet wird.

VERMINDERTE ERREGBARKEIT · Jeder Natriumionenkanal hat einen kugelförmigen Proteinteil, der in das Zellinnere hineinragt. Bei der Inaktivierung des Kanals durch die Spannungsumkehr klappt die Kugel in die Pore und verschließt sie wie ein Tor. Dadurch wird verhindert, dass ein weiteres Aktionspotenzial ausgelöst wird. Diese Phase nennt man **absolute Refraktärzeit.** Wenn das Membranpotenzial wieder das Ruhepotenzial erreicht, löst sich die Proteinkugel vom Kanal und die spannungsgesteuerten Natriumionenkanäle schließen sich. Jetzt kann wieder ein Aktionspotenzial ausgelöst werden. Da die Kaliumionenkanäle noch geöffnet sind und die Membran hyperpolarisiert ist, ist jedoch ein stärkerer depolarisie-

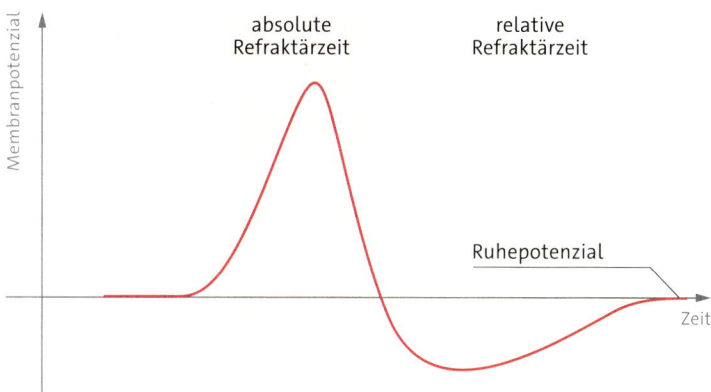

07 Absolute und relative Refraktärzeit

render Stromimpuls notwendig, um den Schwellenwert zu erreichen. Diese Phase wird deshalb als **relative Refraktärzeit** bezeichnet. Aufgrund der spezifischen Reaktion der spannungsgesteuerten Ionenkanäle auf einen überschwelligen Reiz entstehen immer gleich starke Ionenströme. Das bedeutet, dass ein Aktionspotenzial eines jeden Neurontyps immer die gleiche Höhe, also die gleiche Amplitude hat. Aktionspotenziale funktionieren wie ein Schalter, der ein- oder ausgeschaltet ist. Es handelt sich somit um ein *Alles-oder-nichts-Prinzip.*

1. Erläutern Sie, wie das Ruhepotenzial zustande kommt!

2. Beschreiben Sie den Ablauf eines Aktionspotenzials!

3. Erläutern Sie, weshalb während der absoluten Refraktärzeit kein Aktionspotenzial ausgelöst werden kann!

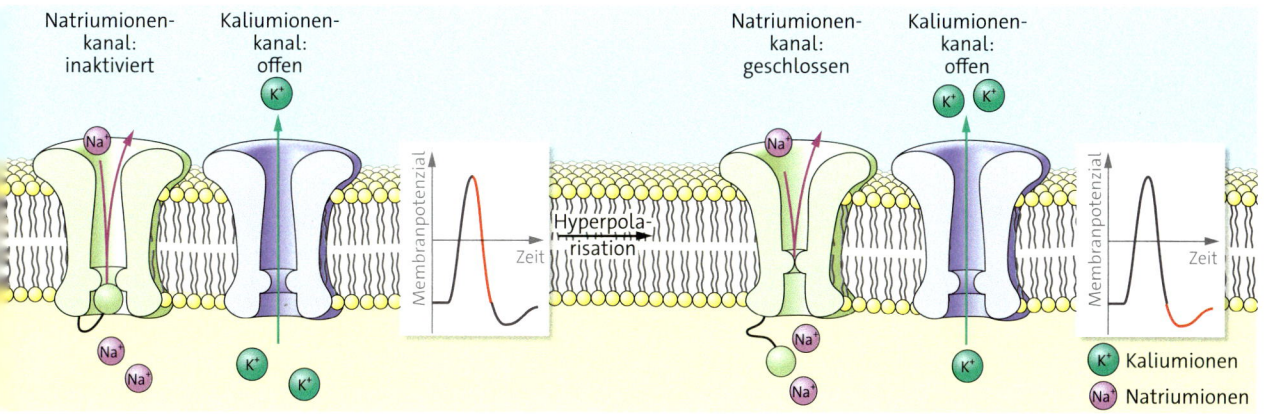

Material A ▸ Messung des Membranpotenzials

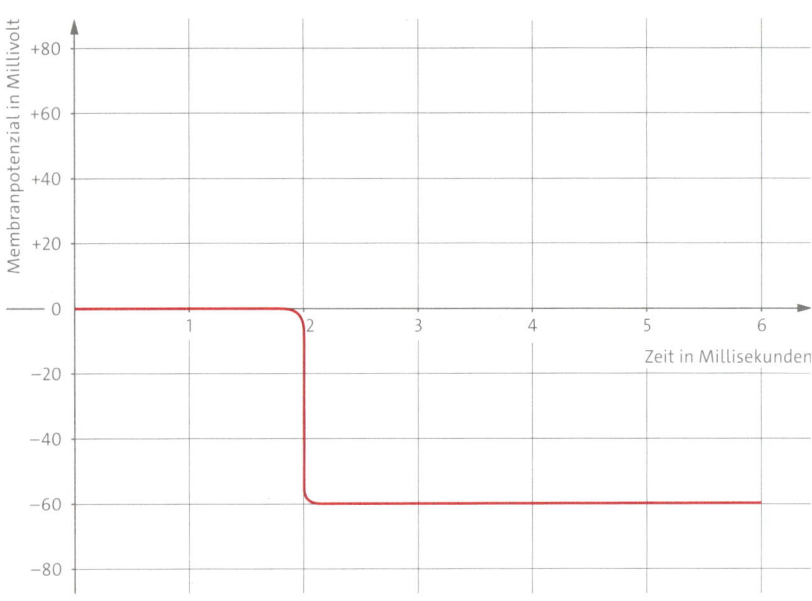

Die Aufzeichnung des Membranpotenzials beim Tintenfisch *Loligo* zeigt die in der Abbildung dargestellten Messergebnisse.

A1 Beschreiben Sie die Versuchsanordnung, die zur Gewinnung der Messergebnisse benötigt wird!

A2 Erklären Sie die Veränderung der Spannung zum Zeitpunkt t = 2 Millisekunden!

Material B ▸ Austrittsrate für Natriumionen bei *Loligo*

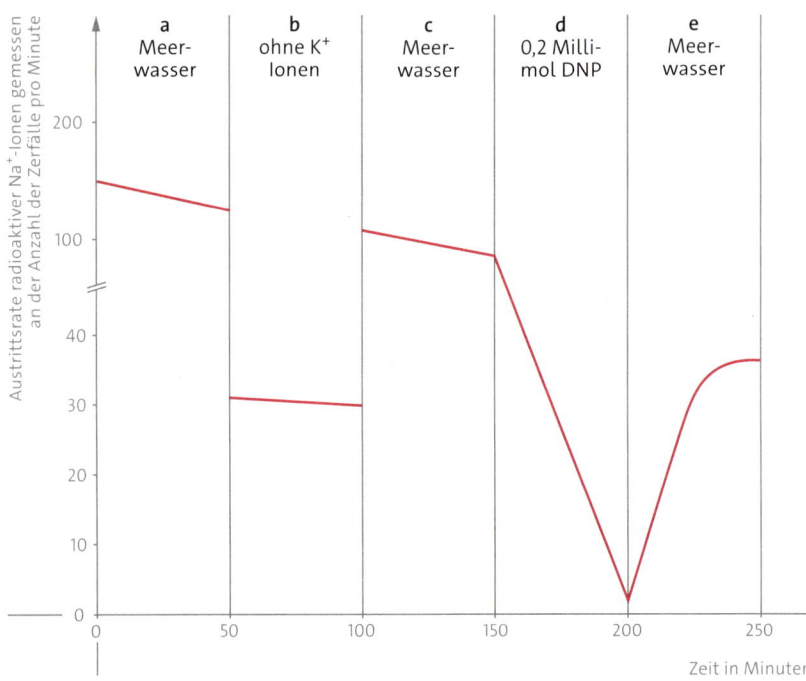

b) Anschließend wird das Axon in eine Lösung gelegt, die keine Kaliumionen enthält.

c) Das Axon wird in normales Meerwasser überführt.

d) Dem Meerwasser wird Dinitrophenol, kurz DNP, zugegeben. DNP blockiert die ATP-Synthese in den Mitochondrien.

e) Das Axon wird in normales Meerwasser gelegt.

B1 Beschreiben Sie die Ergebnisse der Teilversuche a bis e anhand der Abbildung!

B2 Erklären Sie die jeweiligen Ergebnisse zu den Teilversuchen unter Berücksichtigung Ihrer Kenntnisse zur Aufrechterhaltung des Ruhepotenzials!

B3 In einem weiteren Versuch wird das Axon im Verlauf von Stadium d elektrisch gereizt. Begründen Sie, welche Auswirkungen zu erwarten sind!

Ein Riesenaxon von *Loligo* wird über längere Zeit in Meerwasser gelegt, dessen Natriumionen durch radioaktive Natriumionen ersetzt worden sind. Dadurch wird erreicht, dass die Natriumionen im Axon radioaktiv markiert sind.

Erst dann beginnt die eigentliche Versuchsreihe:

a) Das Axon wird in normales Meerwasser gelegt und die Austrittsrate der radioaktiven Natriumionen gemessen.

Material C ▸ Reize und Aktionspotenziale

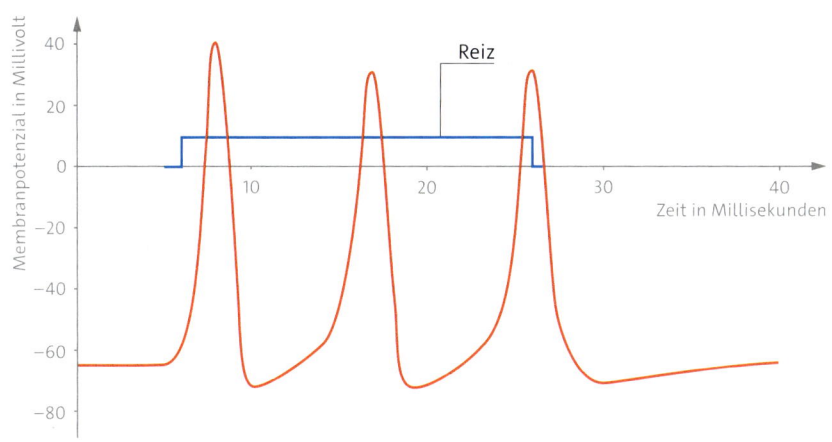

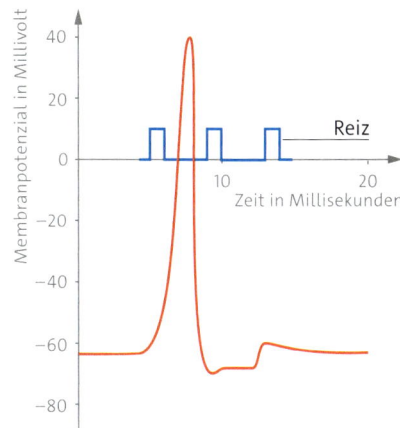

In einem Experiment wird untersucht, wie das Axon eines Neurons auf eine Dauerreizung über einen Zeitraum von 20 Millisekunden reagiert.

In einem zweiten Experiment wird das Axon drei kurzen Reizen mit einer Dauer von jeweils einer Millisekunde ausgesetzt.

C1 Vergleichen Sie die Beobachtungen der beiden Experimente!

C2 Deuten Sie die unterschiedlichen Reaktionen des Axons!

Material D ▸ *Fugu* – gefährlich und delikat

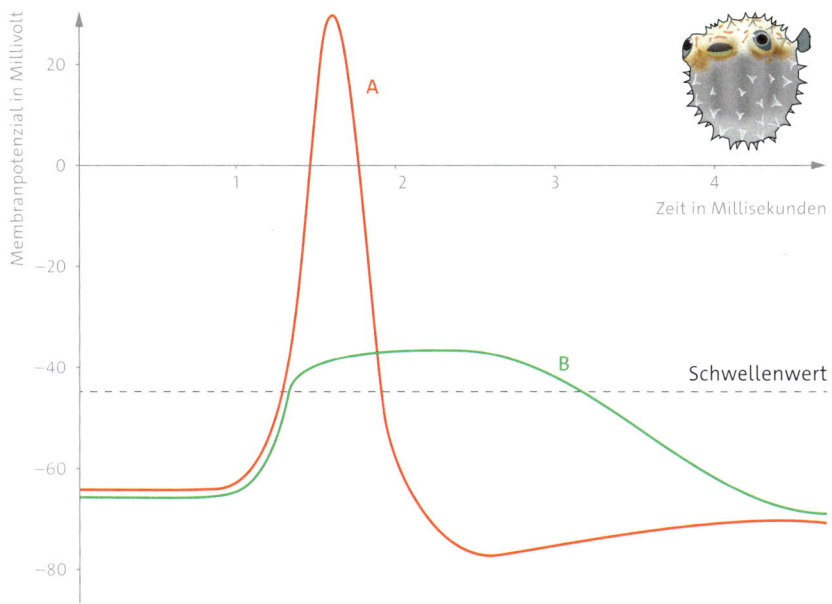

krogramm pro Kilogramm Körpermasse ist bereits tödlich.

Obwohl *Fugu* extrem giftig ist, steht er in Japan ganz oben auf der Delikatessenliste. Wer in Japan einen *Fugu* zubereiten möchte, muss mithilfe eines speziellen Kochkurses eine Lizenz dafür erwerben, da es jährlich zu etwa 150 Todesfällen durch eine *Fugu*-Vergiftung kommt. Wichtig bei der Zubereitung ist, dass die giftigen Keimdrüsen sowie Gallenblase, Leber und Darm schnell und sauber entfernt werden, da das Gift sonst in die ungiftige Muskulatur gelangt.

Der *Fugu* ist der bekannteste Vertreter der Kugelfische. Er ist ein Knochenfisch, dessen Schuppen zu Stacheln umgewandelt sind. Bei Gefahr können die Kugelfische sich aufblähen, indem sie Wasser in eine sackartige Erweiterung des Magens pumpen. Dadurch vergrößert sich ihr Volumen und die

Stacheln stehen nach außen ab, was bei Kontakt für Raubfische äußerst unangenehm werden kann. Ein weiterer Schutzmechanismus des *Fugu* ist die Anreicherung des Gifts Tetrodotoxin in seinen Organen. Es ist eines der stärksten bekannten nicht proteinartigen Nervengifte. Eine Dosis von zehn Mi-

D1 Vergleichen Sie die Verläufe der abgebildeten Membranpotenziale A und B!

D2 Begründen Sie anhand des Verlaufs der Kurve B die Wirkungsweise von Tetrodotoxin auf Neuronen!

D3 Stellen Sie Hypothesen zu den Folgen der Vergiftung mit Tetrodotoxin für den Organismus auf!

01 Zungenschuss
eines Chamäleons

Erregungsleitung

Ein Chamäleon sitzt scheinbar regungslos auf einem Ast. Während es seine Beute mit den Augen fixiert, ragt seine Zunge ein wenig aus dem leicht geöffneten Maul. Plötzlich schleudert die Zunge innerhalb von wenigen Millisekunden in Richtung Beute. Bei diesem Zungenschuss kann die Chamäleonzunge eine Geschwindigkeit von sechs Metern pro Sekunde erreichen. Das getroffene Beutetier wird von der Zungenspitze angesaugt und anschließend ins Maul des Chamäleons gezogen. Wie erfolgt die neuronale Erregungsleitung für diese extrem schnelle Bewegung?

WEITERLEITUNG VON AKTIONSPOTENZIALEN · Wird an einem Axon durch einen elektrischen Impuls ein Aktionspotenzial ausgelöst, lassen sich anhand von Messelektroden innerhalb kürzester Zeit Aktionspotenziale in immer größeren Abständen vom Ursprungsort nachweisen. Das bedeutet, dass die Erregung entlang des Axons kontinuierlich weitergeleitet wird. Da bei einem Aktionspotenzial zunächst Natriumionen in die Zelle einströmen, ist das Zellinnere in diesem Bereich kurzfristig gegenüber der Au-

ßenseite positiv geladen. In der direkten Umgebung befindet sich das Axon im Ruhezustand. Dort ist das Zellinnere gegenüber außen negativ geladen. Aufgrund dieser Ladungsunterschiede kommt es zu einem seitlichen Stromfluss, den *lokalen Strömchen*. Sie haben eine Depolarisation der Axonmembran in der Umgebung des Aktionspotenzials zur Folge. Erreicht dort die Depolarisation den Schwellenwert, öffnen sich die spannungsgesteuerten Natriumionenkanäle und lösen ein neues Aktionspotenzial aus. Somit wird die Erregung entlang des Axons weitergeleitet.

In der Nervenzelle entstehen Aktionspotenziale am Axonhügel und breiten sich nur in Richtung der präsynaptischen Endigungen aus. Obwohl die lokalen Strömchen in beide Richtungen fließen, ist eine gegenläufige Ausbreitung nicht möglich, da sich die Natriumionenkanäle nach einem Aktionspotenzial in der Refraktärphase befinden und nicht auf die Depolarisation reagieren.

VERSCHIEDENE LEITUNGSGESCHWINDIG-KEITEN · Die Riesenaxone des Tintenfischs leiten sensorische Erregungen, die den Fluchtreflex steuern. Da Schnelligkeit für die Tiere einen Selektionsvorteil bedeutet, haben sich im Verlauf der Evolution Axone mit einer höheren Leitungsgeschwindigkeit entwickelt. Offensichtlich besteht ein Zusammenhang mit dem Durchmesser dieser Axone.

In dünnen Axonen ist der Innenwiderstand relativ hoch, die lokalen Strömchen können sich nicht weit ausbreiten. Mit zunehmendem Durchmesser des Axons sinkt der Innenwiderstand. Damit erhöht sich die Reichweite der lokalen Strömchen. Eine den Schwellenwert übersteigende Depolarisation erfolgt aufgrund der höheren Stromstärke schneller und in größeren Abständen. Ein größerer Durchmesser erhöht also die Leitungsgeschwindigkeit.

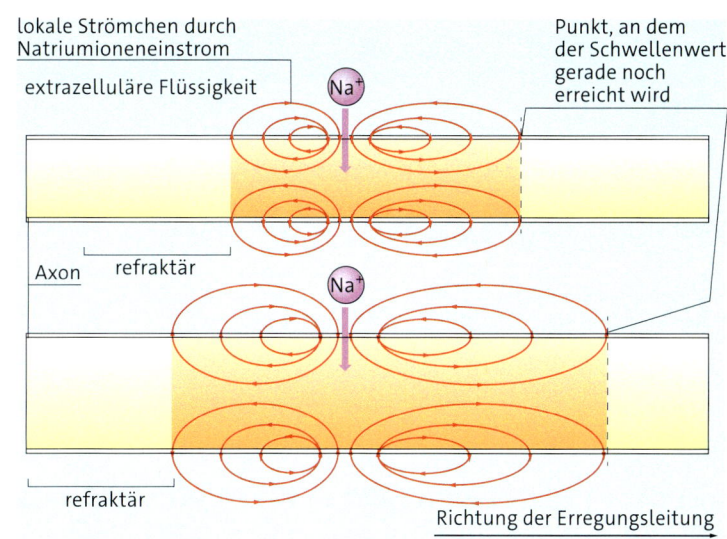

02 Einfluss des Axondurchmessers auf lokale Strömchen

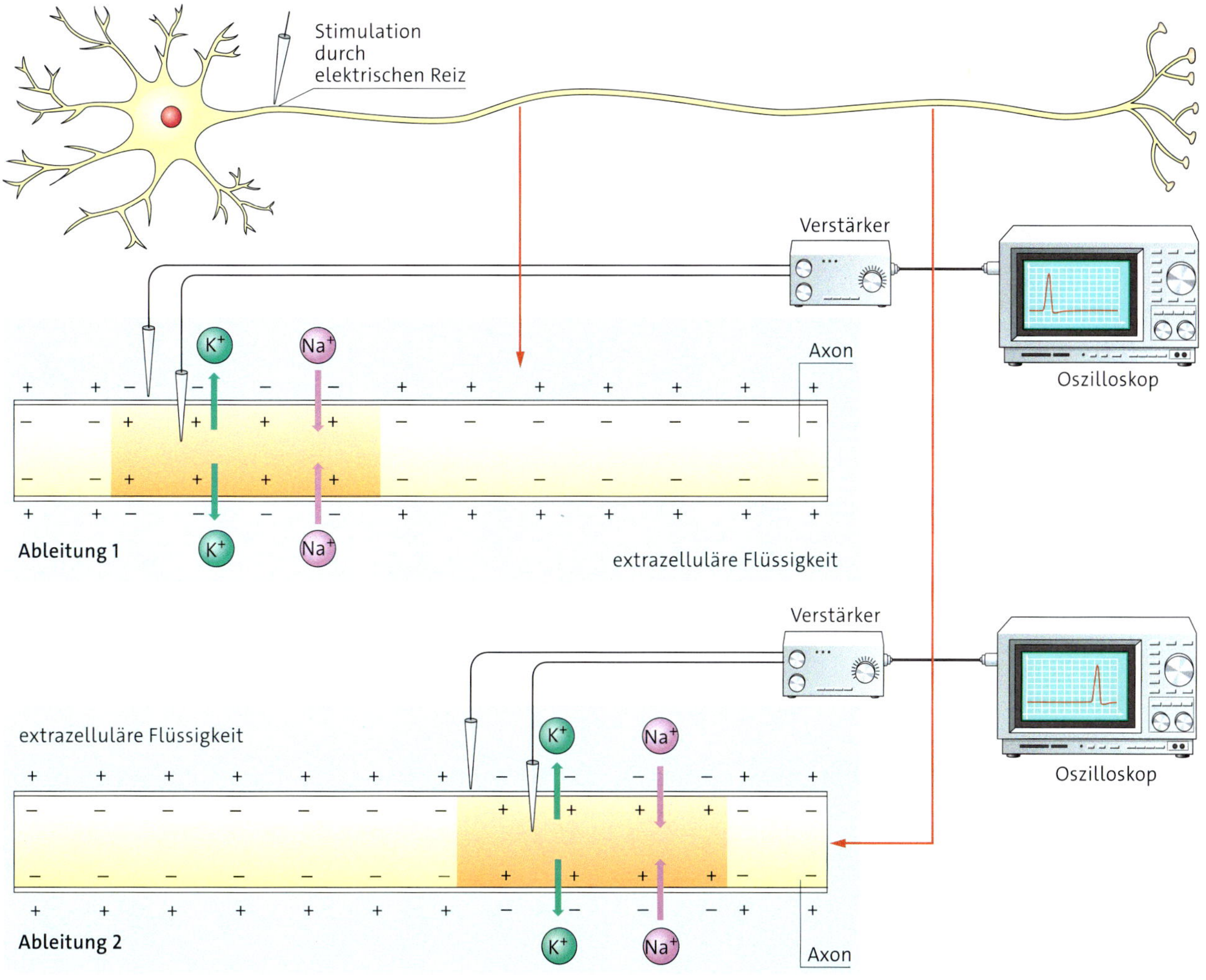

03 Ausbreitung eines Aktionspotenzials

Lebewesen	Axondurchmesser in µm	Leitungsgeschwindigkeit in m/s
Qualle	6 bis 12	0,5
Schabe, Bauchmark	50	7
Loligo, Riesenaxon	650	25
Mensch, sensorische Aδ-Nervenfaser	2 bis 5	10 bis 30
Mensch, sensorische Aβ-Nervenfaser	7 bis 15	40 bis 90
Mensch, C-Nervenfaser, ohne Myelinscheide	0,5 bis 1,5	0,5 bis 2,0

04 Leitungsgeschwindigkeiten verschiedener Axone

lat. saltare = springen

SALTATORISCHE ERREGUNGSLEITUNG ·
Höhere Leitungsgeschwindigkeiten durch größere Axondurchmesser wie beim Tintenfisch haben einen erheblichen Nachteil: Das Nervensystem benötigt viel Raum. Bei den Wirbeltieren, zu denen auch das Chamäleon gehört, entwickelte sich im Lauf der Evolution ein anderer, raumsparender Weg. Die Axone, auch Nervenfasern, der Wirbeltiere sind von einer Myelinscheide umgeben, die in Abständen von 0,2 bis 2,0 Millimetern von Ranvier-Schnürringen unterbrochen ist. Die Myelinscheide wirkt wie

Axon mit Myelinscheide siehe Seite 391

die Isolierung eines Stromkabels und verstärkt den Stromfluss im Inneren des Axons. Dadurch erhöht sich die Reichweite der lokalen Strömchen erheblich. Nur in den frei liegenden Bereichen der Ranvier-Schnürringe befinden sich spannungsgesteuerte Natriumionenkanäle und nur hier werden Aktionspotenziale ausgelöst. Dies hat zur Folge, dass die Aktionspotenziale von Schnürring zu Schnürring springen. Die Geschwindigkeit dieser *saltatorischen Erregungsleitung* ist erheblich höher als die der kontinuierlich weitergeleiteten Erregung der nicht myelinisierten Fasern. Ein weiterer Vorteil der saltatorischen Erregungsleitung ergibt sich daraus, dass sie weniger Energie benötigt, da weniger Ionenpumpen notwendig sind.

1) Erläutern Sie die Bedeutung der lokalen Strömchen für die Erregungsleitung!

2) Vergleichen Sie die kontinuierliche und die saltatorische Erregungsleitung!

3) Nehmen Sie Stellung zu der Aussage, dass das Gehirn eines Menschen ohne Myelinscheide größer als ein Scheunentor sein müsste!

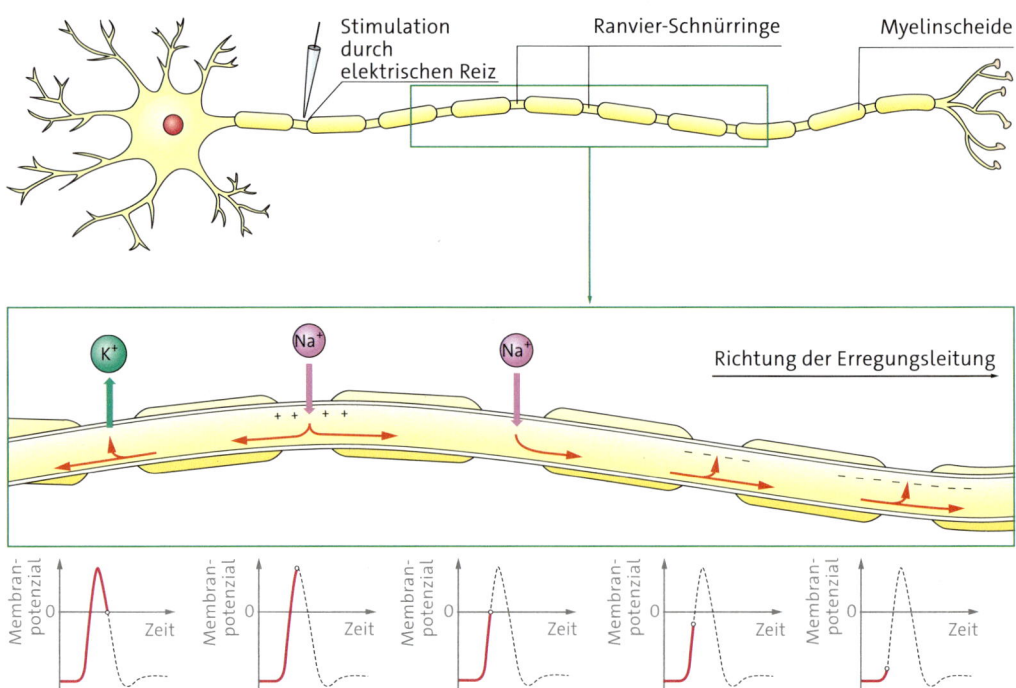

05 Saltatorische Erregungsleitung

Phase des Aktionspotenzials am jeweiligen Schnürring

Material A ▸ Lokalanästhesie

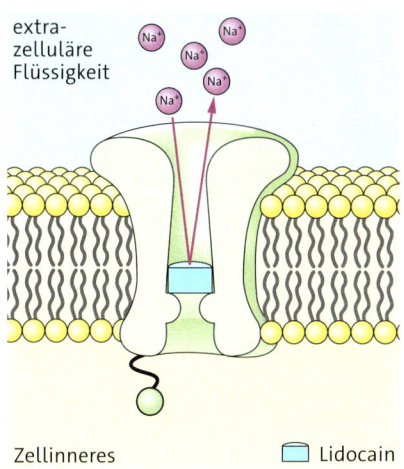

extrazelluläre Flüssigkeit

Zellinneres   ☐ Lidocain

Schmerz- und Berührungsreize werden von verschiedenen Neuronen verarbeitet. Die Signalübertragung von Schmerzen läuft über sehr aktive, dünne Aδ-Neuronen und marklose C-Neuronen. Die Signale von Berührungen werden von weniger aktiven, dicken Aβ-Neuronen übertragen. Diesen Umstand macht man sich in der medizinischen Praxis bei der Lokalanästhesie mit dem Wirkstoff Lidocain zunutze. So kann ein Zahnarzt mit einer Injektion von Lidocain in den Gaumen die schmerzassoziierten Bahnen des umliegenden Gewebes betäuben. Die Wirkung des Lidocains beruht darauf, dass es durch die Axonmembran in die Axone der schmerzassoziierten Neuronen diffundiert und die Natriumionenkanäle blockiert.

A1 Erläutern Sie, weshalb Lidocain zu einer lokalen Betäubung führt!

A2 Stellen Sie anhand der Prinzipien der Erregungsleitung eine Hypothese auf, weshalb ein Patient zwar keine Schmerzen, aber Berührungen wahrnehmen kann!

Material B ▸ Multiple Sklerose

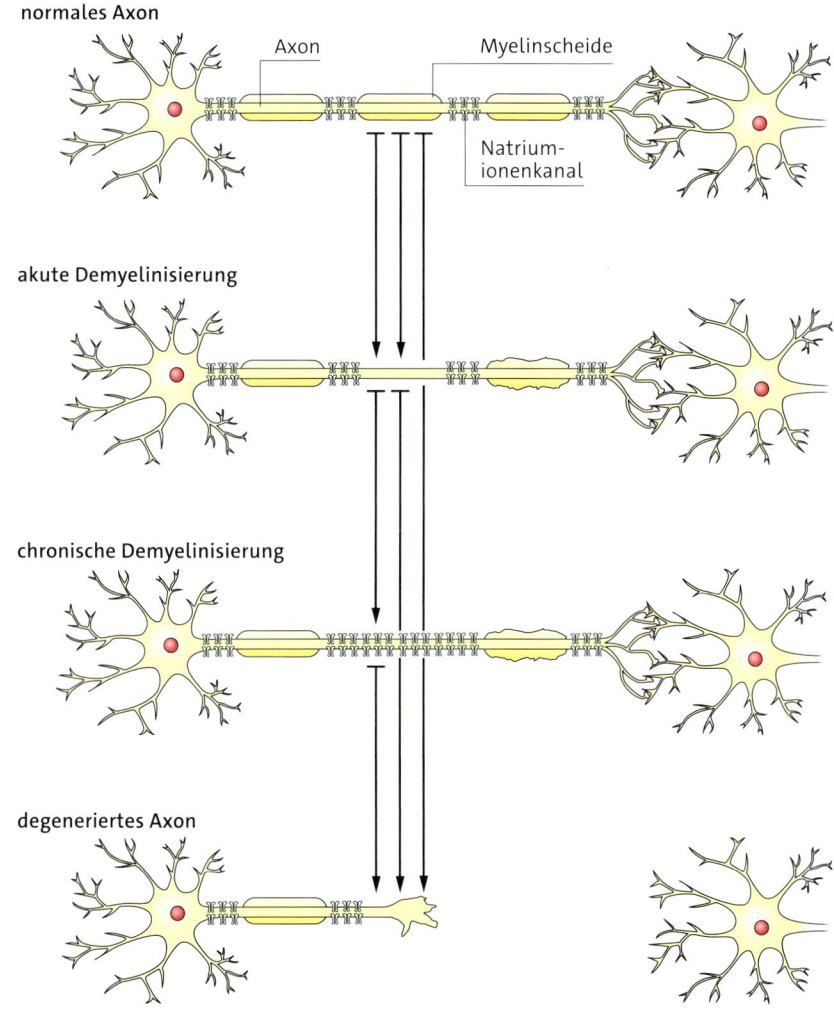

normales Axon

Axon   Myelinscheide

Natriumionenkanal

akute Demyelinisierung

chronische Demyelinisierung

degeneriertes Axon

Multiple Sklerose, kurz MS, ist eine Erkrankung des ZNS. Erste Anzeichen einer Multiplen Sklerose sind häufig Bewegungs- und Empfindungsstörungen sowie Lähmungserscheinungen, Seh- oder Sprachstörungen.

Multiple Sklerose entwickelt sich aufgrund einer Störung des Immunsystems. Die Abwehrzellen, deren Aufgabe die Bekämpfung von Krankheitserregern ist, greifen die Myelinscheiden der Axone an. Die Myelinscheiden werden abgebaut und durch verhärtetes Narbengewebe ersetzt.

B1 Beschreiben Sie die durch Multiple Sklerose verursachten Veränderungen am Axon!

B2 Erklären Sie die Auswirkungen der verschiedenen Stadien der Demyelinisierung auf die Erregungsleitung!

B3 Begründen Sie, weshalb das Krankheitsbild bei der Multiplen Sklerose sehr uneinheitlich sein kann!

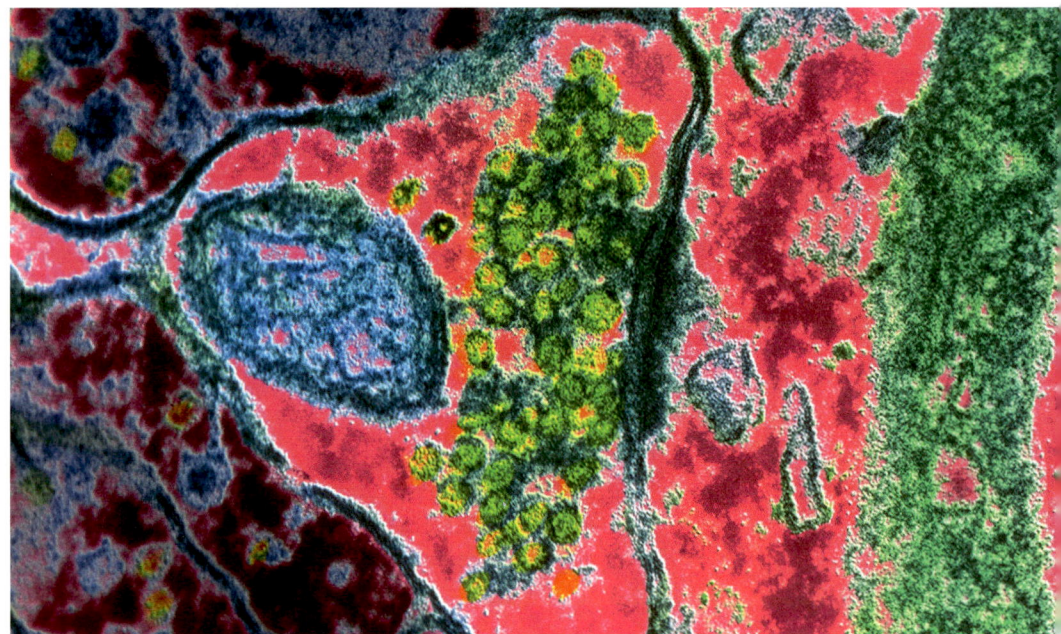

01 Elektronenmikroskopische Aufnahme einer Synapse

Informationsübertragung an Synapsen

Im elektronenmikroskopischen Bild erkennt man ein Synapsenendknöpfchen dicht am Soma einer anderen Nervenzelle anliegend. Deutlich sichtbar sind die kleinen grünen Vesikel im Bereich der präsynaptischen Endigung und die Zellmembranen, die beide Nervenzellen voneinander trennen. Trotz dieser Trennung werden Aktionspotenziale vom Synapsenendknöpfchen an das nachfolgende Neuron übermittelt. Wie geschieht dies und welche Rolle spielen dabei die synaptischen Vesikel?

CHEMISCHE SYNAPSEN · Zwischen den beiden Nervenzellen befindet sich ein schmaler Spalt mit einer Breite von ungefähr 20 bis 40 Nanometern. Die an diesen **synaptischen Spalt** angrenzende Membran des Synapsenendknöpfchens wird als *präsynaptische Membran* und die der nachgeschalteten Nervenzelle als *postsynaptische Membran* bezeichnet. Astrozyten in der direkten Umgebung der Synapsen produzieren eine aus faserförmigen Proteinen bestehende Matrix, die den Kontakt zwischen beiden Nervenzellen im synaptischen Spalt verstärkt.

In den Vesikeln des Synapsenendknöpfchens befindet sich ein chemischer Botenstoff, zum Beispiel der Neurotransmitter **Acetylcholin.** Er ist für die Signalübertragung über den synaptischen Spalt hinweg verantwortlich. Derartige Synapsen werden deshalb als *chemische Synapsen* bezeichnet.

ABLAUF DER INFORMATIONSÜBERTRAGUNG ·
1. Erreicht ein Aktionspotenzial das Synapsenendknöpfchen, wird dessen Membran durch die Öffnung der Natriumionenkanäle depolarisiert. Diese Depolarisation hat zur Folge, dass sich spannungsgesteuerte Kalziumionenkanäle öffnen. Da die Kalziumionenkonzentration im Bereich des synaptischen Spalts bis zu 500-mal höher als im Zellinneren ist, strömen Kalziumionen durch die geöffneten Kanäle in die präsynaptische Endigung ein. Wie viele Kanäle sich öffnen, ist abhängig von der Anzahl der ankommenden Aktionspotenziale.
Die Zunahme der Kalziumionenkonzentration ist ein Signal für die Vesikel im Synapsenendknöpfchen: Je höher die Kalziumionenkonzentration steigt, umso mehr Vesikel verschmelzen mit der Zellmembran der präsynaptischen Endigung. Bei dieser *Exozytose* werden die in den Vesikeln enthaltenen Neurotransmitter, mehrere Tausend Acetylcholin-Moleküle pro Vesikel, in den synapti-

schen Spalt ausgeschüttet. Die Freisetzung des Acetylcholins wird sehr präzise gesteuert und erfolgt extrem schnell, beim Riesenaxon des Tintenfischs innerhalb von 0,2 Millisekunden nach Öffnung der Kalziumionenkanäle.

2. Die Acetylcholin-Moleküle diffundieren durch den synaptischen Spalt zur postsynaptischen Membran. Dort befinden sich *transmittergesteuerte Ionenkanäle,* die für Natriumionen permeabel sind. Sie öffnen sich, sobald Acetylcholin an einen spezifischen **Acetylcholin-Rezeptor** bindet. Durch die einströmenden Natriumionen wird das Neuron im Bereich der postsynaptischen Membran depolarisiert. Es entsteht ein **postsynaptisches Potenzial,** kurz **PSP**. Die Stärke der Depolarisation ist davon abhängig, wie groß die Menge der einströmenden Natriumionen ist, also davon, wie viele Natriumionenkanäle durch Acetylcholin geöffnet werden. Somit bestimmt die Anzahl der freigesetzten Acetylcholin-Moleküle die Veränderung des postsynaptischen Potenzials. Wenn dieses einen bestimmten Schwellenwert überschreitet, entsteht am Axonhügel des nachgeschalteten Neurons ein neues Aktionspotenzial.

3. Eine weitere synaptische Signalübertragung ist nur möglich, wenn die Ionenkanäle der postsynaptischen Membran wieder geschlossen sind. Dafür ist es notwendig, dass das Acetylcholin schnell inaktiviert wird. Dies geschieht durch das Enzym *Acetylcholin-Esterase,* welches Acetylcholin hydrolytisch in Cholin und Acetat, den Säurerest der Essigsäure, spaltet. Die Acetylcholin-Rezeptoren werden nun nicht mehr aktiviert und die Natriumionenkanäle sind geschlossen. Cholin diffundiert zurück zur präsynaptischen Endigung und wird dort über ein aktives Transportsystem wieder aufgenommen. Im Synapsenendknöpfchen erfolgt die Rückgewinnung von Acetylcholin mithilfe eines Enzyms, das eine neue Acetatgruppe an das Cholin bindet. Die Vesikel werden neu gebildet und im Synapsenendknöpfchen wieder mit Acetylcholin beladen.

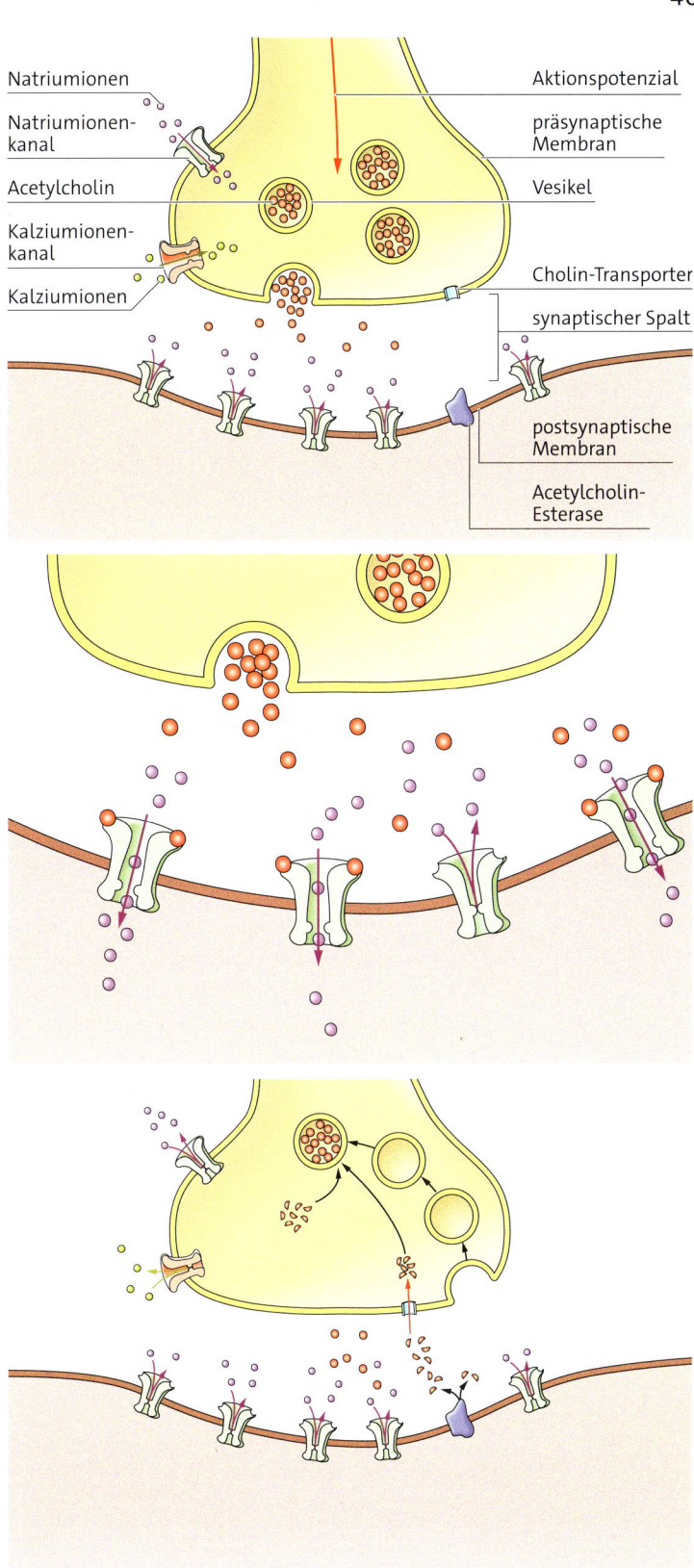

Natriumionen
Natriumionenkanal
Acetylcholin
Kalziumionenkanal
Kalziumionen

Aktionspotenzial
präsynaptische Membran
Vesikel
Cholin-Transporter
synaptischer Spalt
postsynaptische Membran
Acetylcholin-Esterase

02 Signalübertragung an einer chemischen Synapse

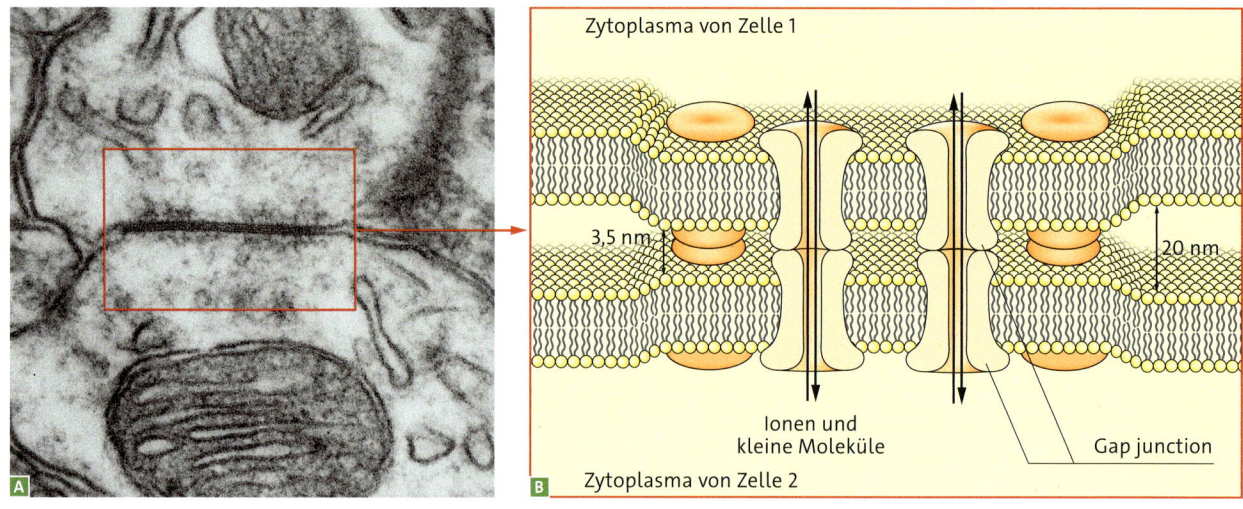

03 Elektrische Synapse: **A** EM-Aufnahme, **B** Neuronen sind über *Gap junctions* verbunden (Schema)

ELEKTRISCHE SYNAPSEN · In den 1950er-Jahren untersuchten amerikanische Wissenschaftler Riesensynapsen des Flusskrebses und machten dabei eine interessante Entdeckung: Wenn sie das Axon vor der Riesensynapse elektrisch reizten, konnten sie fast verzögerungsfrei ein postsynaptisches Potenzial messen. Eine solch hohe Übertragungsgeschwindigkeit ließ sich mit der Wirkungsweise chemischer Synapsen nicht erklären. Anhand elektronenmikroskopischer Aufnahmen stellte man weiterhin fest, dass der Abstand zwischen der präsynaptischen und der postsynaptischen Zellmembran an einigen Kontaktstellen nur 3,5 Nanometer beträgt. Spezielle Proteinkanäle, die als *Gap junctions* bezeichnet werden, verbinden beide Zellen miteinander. Ihre Poren sind so groß, dass die im Zytoplasma gelösten Ionen in beide Richtungen passieren können.

ELEKTRISCHE KOPPLUNG · Ein Aktionspotenzial im präsynaptischen Neuron löst sofort ein Aktionspotenzial im postsynaptischen Neuron aus. Auch nach einer unterschwelligen Reizung des präsynaptischen Neurons kann man im Nachbarneuron eine Veränderung des Membranpotenzials nachweisen. Aufgrund der direkten Verbindung beider Zellen kommt es zu einer passiven Weiterleitung des elektrischen Signals durch den Ionenstrom. Die Nervenzellen sind *elektrisch gekoppelt*.

Ein besonderer Unterschied gegenüber der chemischen Synapse zeigt sich, wenn man das postsynaptische Neuron elektrisch reizt. Unmittelbar danach lässt sich im präsynaptischen Neuron eine Potenzialveränderung messen. Elektrische Ströme können demnach in beide Richtungen, also *bidirektional* fließen.
Elektrische Synapsen steuern bestimmte Neuronen von Wirbellosen, die Fluchtreaktionen auslösen. Im ZNS der Säugetiere synchronisieren sie die Aktivität von Neuronen.

1) Erstellen Sie ein Flussdiagramm, das den Ablauf der Informationsübertragung an einer chemischen Synapse übersichtlich darstellt!

2) Vergleichen Sie die Informationsübertragung an der chemischen und an der elektrischen Synapse!

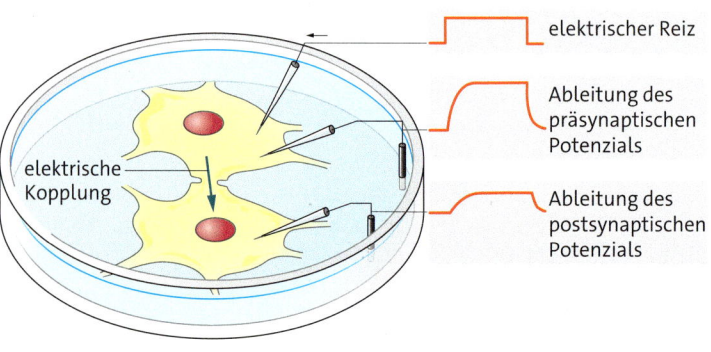

04 Elektrische Kopplung

Material A ▸ Der Vagusstoff

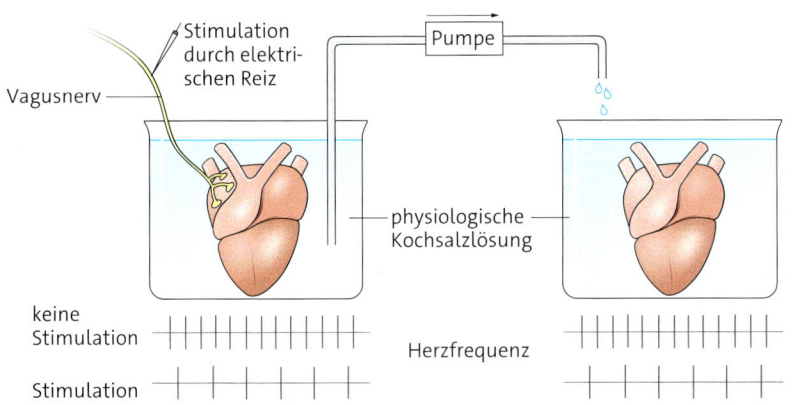

Stimulation durch elektrischen Reiz

Vagusnerv

Pumpe

physiologische Kochsalzlösung

keine Stimulation

Herzfrequenz

Stimulation

Zu Beginn des 20. Jahrhunderts hatte man noch keine konkrete Vorstellung von der Informationsübertragung an der Synapse. Deshalb experimentierte der deutsch-österreichische Pharmakologe Otto LOEWI mit Froschherzen, indem er das Herz und den Vagusnerv, der das Herz innerviert, isolierte – zunächst ohne Erfolg. Die Idee für das entscheidende Experiment kam LOEWI in einem Traum. Im Jahr 1921 wachte er in der Nacht von Ostersonntag auf und kritzelte seine Gedanken auf ein Stück Papier. Am nächsten Morgen überfiel ihn das Gefühl, dass er etwas sehr Wichtiges aufgeschrieben hatte. Doch er konnte es nicht mehr lesen. Für LOEWI war dieser Sonntag der hoffnungsloseste Tag in seinem ganzen Leben als Wissenschaftler. In der darauffolgenden Nacht fiel ihm wieder ein, um was es sich handelte. Diesmal ging er sofort ins Labor.

A1 Beschreiben Sie das von LOEWI durchgeführte Experiment!

A2 Erklären Sie, welche Vorstellung zur Informationsübertragung an der Synapse mit diesem Experiment bestätigt wurde!

A3 Deuten Sie anhand der Herzfrequenzen die Funktion des Vagusnervs!

Material B ▸ Chemische und elektrische Synapse im Vergleich

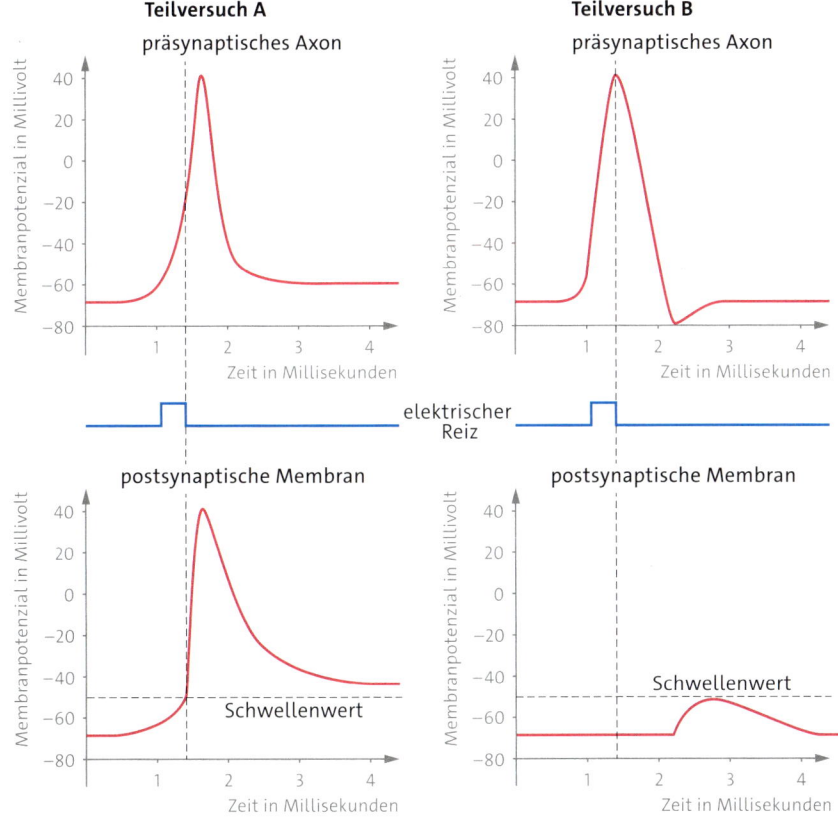

Teilversuch A
präsynaptisches Axon

Teilversuch B
präsynaptisches Axon

elektrischer Reiz

postsynaptische Membran

Schwellenwert

postsynaptische Membran

Schwellenwert

In einem Experiment untersuchte man die Membranpotenziale an zwei verschiedenen Synapsentypen. Hierzu wurde das präsynaptische Axon beider Neuronen elektrisch gereizt.

Mithilfe zweier Elektroden wurden gleichzeitig die Membranpotenziale am präsynaptischen Axon und an der postsynaptischen Membran gemessen.

B1 Vergleichen Sie die Membranpotenziale des präsynaptischen Axons und der postsynaptischen Membran in den beiden Teilversuchen!

B2 Begründen Sie, welche postsynaptische Reaktion der elektrischen und welche der chemischen Synapse zuzuordnen ist!

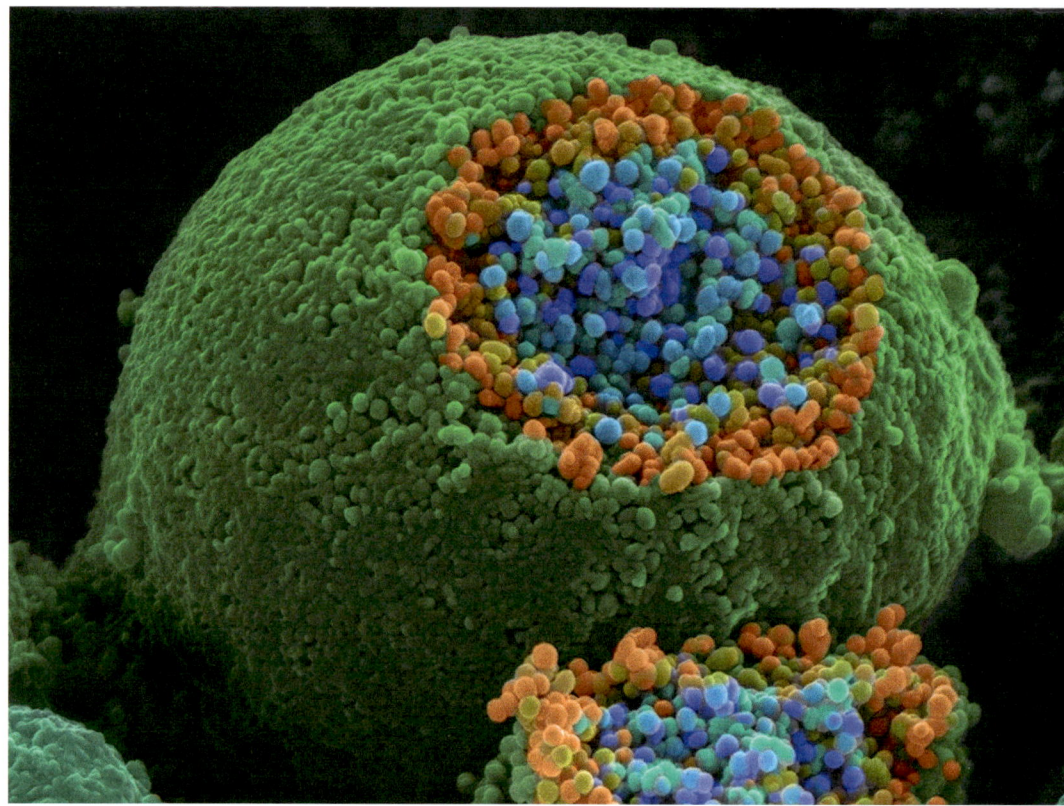

01 Aufgebrochenes
Synapsenendknöpf-
chen mit Vesikeln

Neurotransmitter

Ein Synapsenendknöpfchen wird auf −196 Grad Celsius abgekühlt und mit einem tiefgekühlten Messer im Vakuum aufgebrochen. Anschließend wird das Präparat für die Untersuchung im Rasterelektronenmikroskop vorbereitet. Zur Veranschaulichung wird das fertige Bild gefärbt. Darauf erkennt man, dass ein Teil der Zellmembran des Synapsenendknöpfchens herausgebrochen ist. Auffällig sind die vielen Vesikel im Zellinneren und am abgelösten Bruchstück. Sie alle sind mit Neurotransmittern gefüllt. Aber welche Stoffe dienen als Neurotransmitter?

UNTERSCHIEDLICHE NEUROTRANSMITTER ·
Nachdem zunächst entdeckt worden war, dass die Informationsübertragung zwischen zwei Neuronen in den meisten Fällen an chemischen Synapsen erfolgt, versuchte man die Moleküle zu identifizieren, die in unserem Nervensystem als wichtige Neurotransmitter dienen. Dabei zeigte sich, dass die verschiedenen Neuronen insbesondere im Gehirn jeweils unterschiedli-

che Neurotransmitter aufweisen. Deren Funktionen und Wechselwirkungen werden in der aktuellen medizinischen Forschung zunehmend entschlüsselt.

Die häufigsten Neurotransmitter zeigen in ihrer Struktur auffällige Ähnlichkeiten mit anderen chemischen Verbindungen in der Zelle. Es sind entweder Aminosäuren, von Aminosäuren abgeleitete Amine oder aus Aminosäuren aufgebaute Peptide. Man nimmt daher an, dass sie sich im Verlauf der Evolution aus den Aminosäuren entwickelt haben.

Die meisten Neuronen besitzen nur einen spezifischen Neurotransmitter. Man bezeichnet die Neuronen deshalb nach diesem Transmitter, beispielsweise als *cholinerg,* wenn sie Acetylcholin ausschütten, oder als *GABAerg,* wenn sie *γ-Aminobuttersäure,* kurz *GABA,* ausschütten. In den letzten Jahren entdeckte man allerdings auch Neuronen, die unterschiedliche Transmitter freisetzen können.

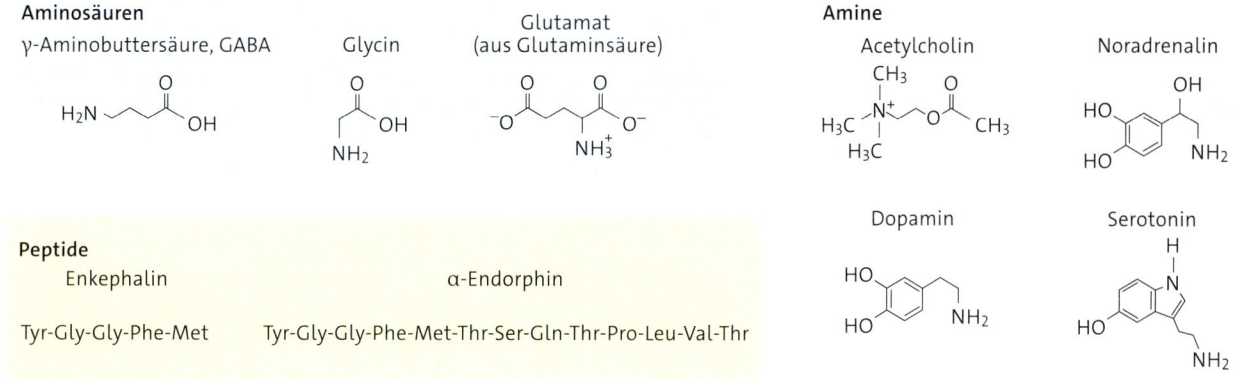

Aminosäuren

γ-Aminobuttersäure, GABA

Glycin

Glutamat
(aus Glutaminsäure)

Amine

Acetylcholin

Noradrenalin

Dopamin

Serotonin

Peptide

Enkephalin

α-Endorphin

Tyr-Gly-Gly-Phe-Met

Tyr-Gly-Gly-Phe-Met-Thr-Ser-Gln-Thr-Pro-Leu-Val-Thr

02 Wichtige Neurotransmitter

SYNTHESE UND SPEICHERUNG VON NEUROTRANSMITTERN

· Für die Informationsübertragung an der Synapse werden große Mengen an Neurotransmittern benötigt, die nur teilweise über Transporterproteine durch die präsynaptische Membran wieder aufgenommen werden können. Deshalb ist die Synthese von Transmittermolekülen ein wichtiger Prozess zur Erhaltung der Funktion der Neuronen.

Die Synthese langkettiger Vorläuferpeptide erfolgt im Soma an den Ribosomen des *rauen Endoplasmatischen Retikulums*, kurz *ER*. Im Golgi-Apparat werden die Vorläufer anschließend in kleinere Peptidfragmente, die aktiven Neurotransmitter, gespalten und dann in Vesikeln zur Synapse transportiert und dort gespeichert. Auf die gleiche Weise gelangen die Enzyme für die Synthese von Aminosäuren und Aminen zum Synapsenendknöpfchen. Diese Transmitter werden somit vor Ort produziert und anschließend durch Transporterproteine in die Vesikel befördert.

anterograder Transport siehe Seite 392

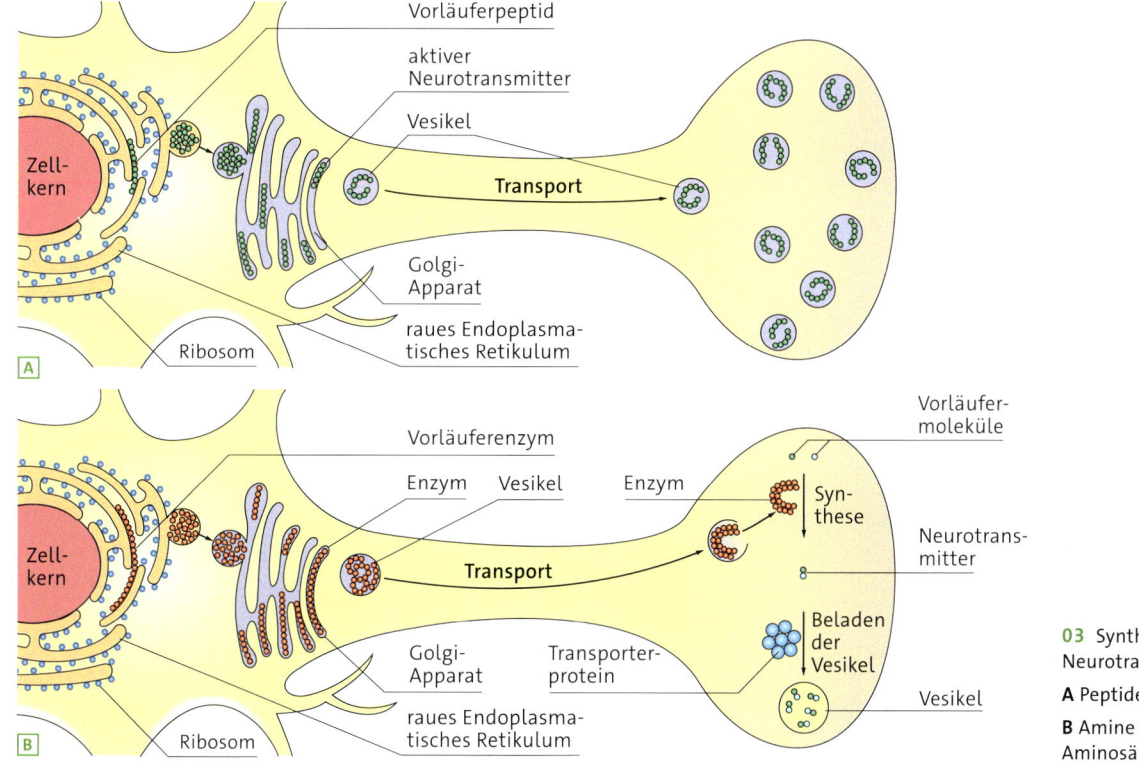

03 Synthese von Neurotransmittern:

A Peptide,

B Amine und Aminosäuren

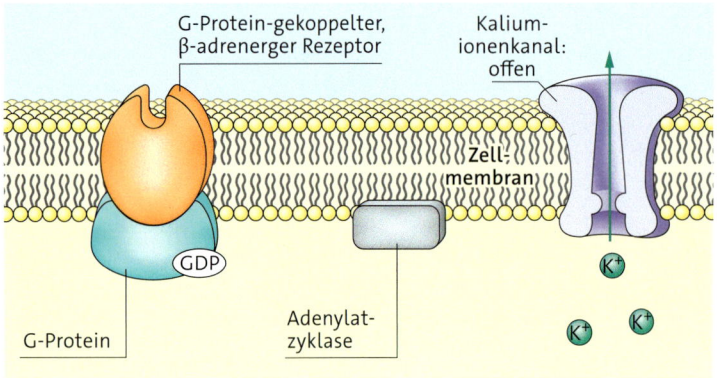

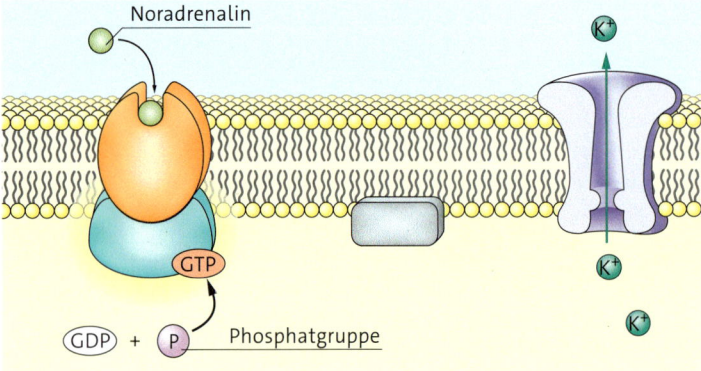

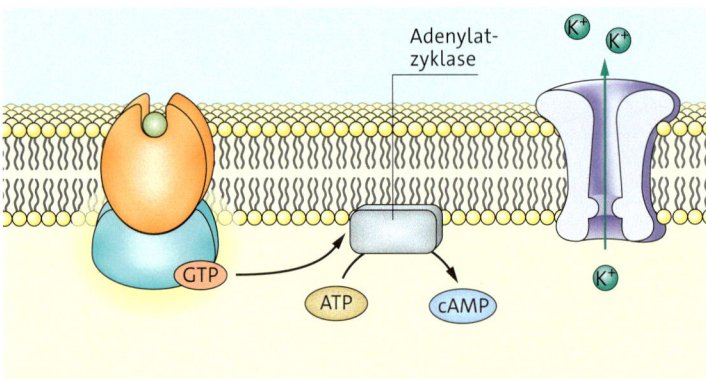

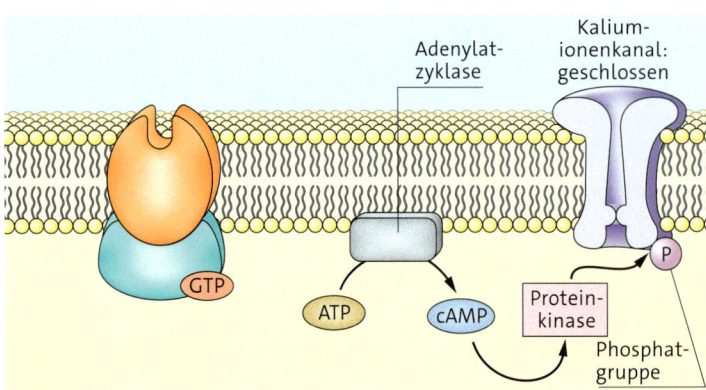

04 Modulation des postsynaptischen Potenzials über ein Second-Messenger-System

SECOND-MESSENGER-ÜBERTRAGUNGS-WEG ·

In den meisten Fällen bewirken die Transmitter nach der Bindung an einen spezifischen Rezeptor die Öffnung von Ionenkanälen an der postsynaptischen Membran. Es gibt jedoch auch Rezeptoren, die nicht an einen Ionenkanal gebunden sind. Ein Beispiel hierfür ist der Rezeptor für den Transmitter Noradrenalin. Dieser β-adrenerge Rezeptor ist in der postsynaptischen Membran an ein zunächst inaktives Enzym gekoppelt, dessen Kosubstrat Guanosindiphosphat, kurz GDP, ist und das deshalb als **G-Protein** bezeichnet wird. Sobald Noradrenalin an den Rezeptor bindet, wird am G-Protein das GDP durch ein Guanosintriphosphat, kurz GTP, ersetzt. Damit ist das G-Protein aktiviert.

Im nächsten Schritt aktiviert es ein weiteres Enzym, die Adenylatzyklase. Sie wandelt ATP in zyklisches Adenosinmonophosphat, kurz **cAMP,** um. cAMP stimuliert eine *Proteinkinase,* die Phosphatgruppen auf Kaliumionenkanäle überträgt. Diese werden dadurch geschlossen.

Das Schließen der Kaliumionenkanäle hat zur Folge, dass keine positiv geladenen Kaliumionen aus dem Neuron herausströmen können und sich dadurch der Wert des postsynaptischen Potenzials verringert. Das Neuron ist aufgrund dessen leichter erregbar als zuvor. Die Wirkung hält länger an als die direkte Reaktion des Ionenkanals auf einen Transmitter.

Man kennt bereits mehr als 100 an G-Proteine gekoppelte Rezeptoren mit unterschiedlichen Wirkungen auf das Neuron. Da bei der Signalübertragung neben dem eigentlichen Transmitter das cAMP eine besondere Rolle als weiterer Botenstoff spielt, bezeichnet man diese Informationsweiterleitung als *Second-Messenger-Übertragungsweg.*

1 ⌡ Beschreiben Sie die Abläufe der Synthese von Neurotransmittern!

2 ⌡ Stellen Sie den Second-Messenger-Übertragungsweg in einem Flussdiagramm dar!

3 ⌡ Erklären Sie, weshalb man einen an ein G-Protein gekoppelten Signalweg als Second-Messenger-Übertragungsweg bezeichnet!

Material A ▸ Der verkürzte Signalweg

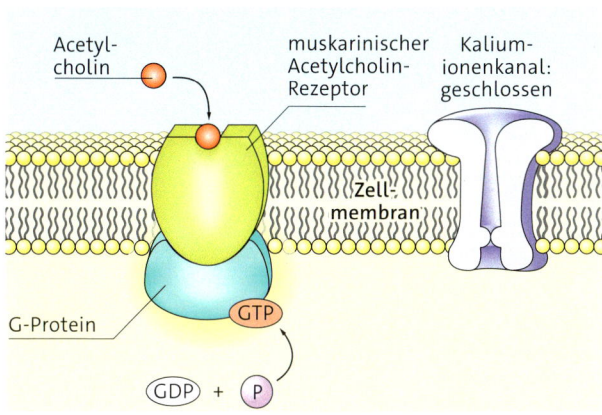
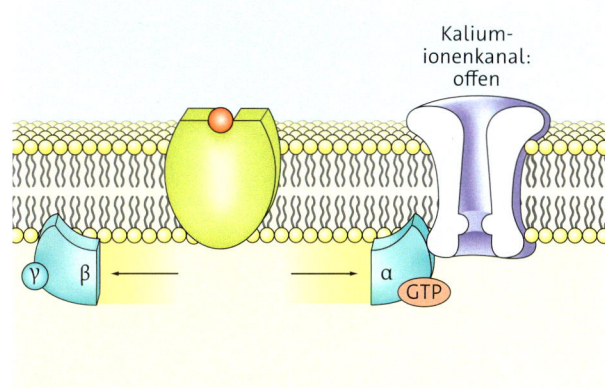

In den Neuronen, die den Herzmuskel steuern, befinden sich Rezeptoren für den Transmitter Acetylcholin. Sie sind über G-Proteine mit jeweils einem Kaliumionenkanal verbunden. Die Reaktionszeit dieses als verkürzter Signalweg bezeichneten Prozesses liegt bei 30 bis 100 Millisekunden.

Pharmakologische Analysen haben gezeigt, dass das im Fliegenpilz vorkommende Gift Muskarin am Acetylcholin-Rezeptor bindet. Es entfaltet aber eine erheblich stärkere Wirkung als Acetylcholin. Der Rezeptor wird deshalb als muskarinischer Acetylcholin-Rezeptor bezeichnet.

A1 Beschreiben Sie den Ablauf des verkürzten Signalwegs!

A2 Erläutern Sie die Wirkung des Acetylcholins an der postsynaptischen Membran des Herzmuskels!

A3 Bereits wenige Milligramm Muskarin wirken tödlich. Erklären Sie diesen Sachverhalt!

Material B ▸ Second-Messenger-Kaskade

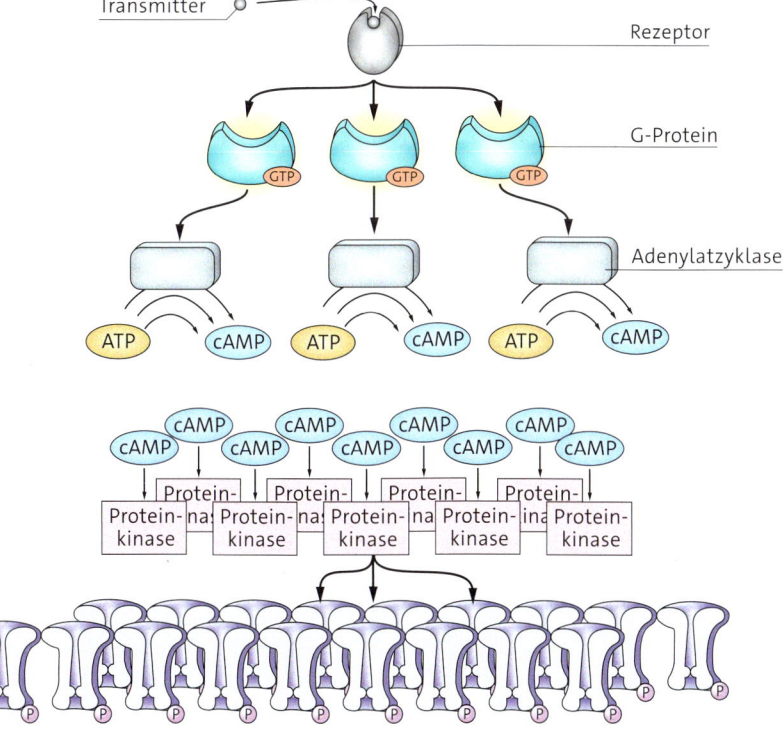

Bei der Signalübertragung durch G-Protein-gekoppelte Second-Messenger-Kaskaden aktiviert ein Transmittermolekül zunächst einen Rezeptor. Daraufhin läuft eine mehrstufige Kaskade ab, die zu einer Verstärkung der Messenger-Wirkung führt. So bewirkt ein Transmittermolekül das Schließen von Kaliumionenkanälen in einem größeren Membranbereich. Dieser Prozess verläuft langsam, kann aber bis zu mehreren Minuten andauern. Man nimmt an, dass er bei der neuronalen Entwicklung und für das Langzeitgedächtnis von Bedeutung ist.

B1 Beschreiben Sie den Ablauf der Second-Messenger-Kaskade!

B2 Erläutern Sie Gemeinsamkeiten und Unterschiede zwischen verkürztem Signalweg und Second-Messenger-Kaskade!

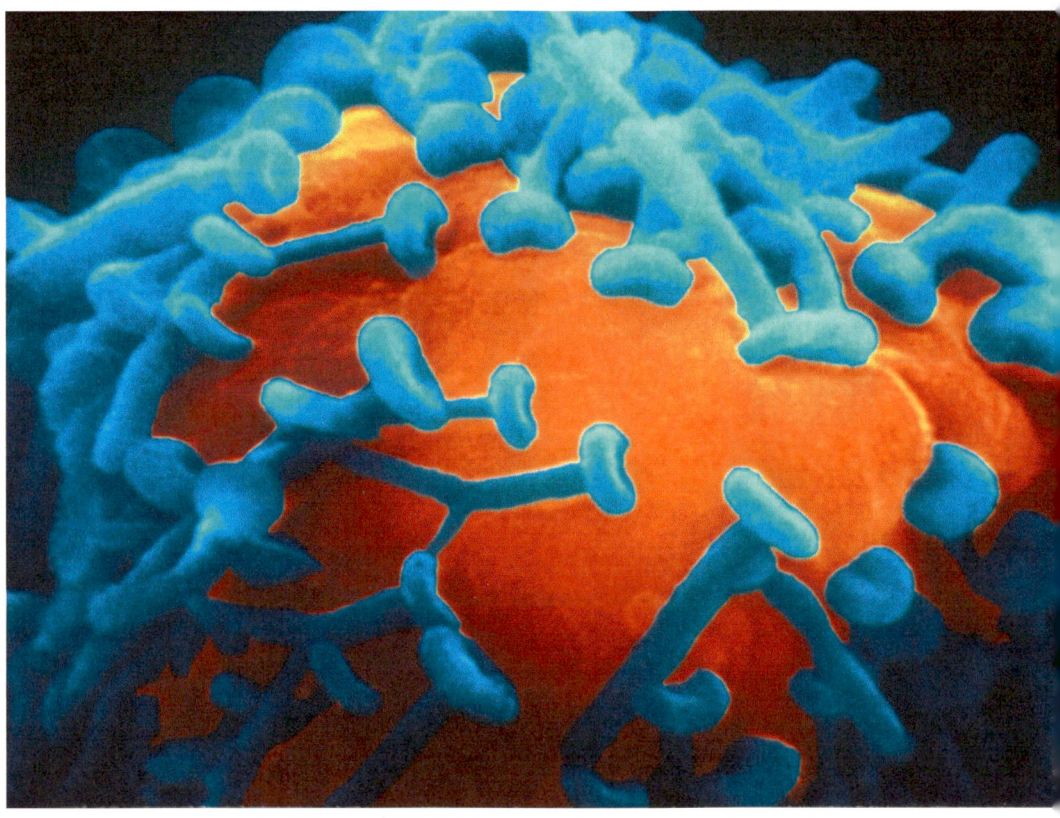

01 Soma eines Neurons mit zahlreichen Synapsen

Erregende und hemmende Synapsen

> *Die Neuronen des ZNS stehen in einem ständigen Informationsaustausch. Bis zu 10 000 Synapsen am Soma und an den Dendriten eines einzigen Neurons empfangen Signale, die das Neuron verarbeitet und an andere Neuronen weiterleitet. Wie werden diese teilweise unterschiedlichen Signale verrechnet?*

POSTSYNAPTISCHE POTENZIALE · Viele Transmitter haben eine ähnliche Wirkung wie Acetylcholin, beispielsweise Glutamat, Serotonin und Dopamin. Wenn sie an spezifische Rezeptoren binden, veranlassen sie das Öffnen von Natriumionenkanälen an der postsynaptischen Membran. Das Einströmen der positiv geladenen Natriumionen hat zur Folge, dass sich das Potenzial an dieser Membran verringert, sie wird *depolarisiert*. Wenn die Depolarisation der postsynaptischen Membran den Schwellenwert erreicht, wird am Axonhügel des postsynaptischen Neurons ein neues Aktionspotenzial ausgelöst. Deshalb bezeichnet man eine derartige Synapse als *erregende Synapse* und die Veränderung des Membranpotenzials als **exzitatorisches postsynaptisches Potenzial,** kurz **EPSP.**

Andere Neurotransmitter wie γ-Aminobuttersäure und Glycin binden an Rezeptoren von Chloridionenkanälen an der postsynaptischen Membran. Die Chloridionenkanäle öffnen sich und negativ geladene Chloridionen strömen in das Neuron ein. Dies hat zur Folge, dass das postsynaptische Potenzial negativer wird, die Membran wird *hyperpolarisiert*. Der Abstand zum Schwellenwert ist nun größer und damit ist das Auslösen eines Aktionspotenzials am Axonhügel des postsynaptischen Neurons unwahrscheinlicher. Daher handelt es sich bei solch einer Synapse um eine *hemmende Synapse* und bei der Hyperpolarisation um ein **inhibitorisches postsynaptisches Potenzial,** kurz **IPSP.** Während sich erregende Synapsen meist auf die Dendriten verteilen, kommen hemmende Synapsen häufiger auf dem Soma und dem Axonhügel vor.

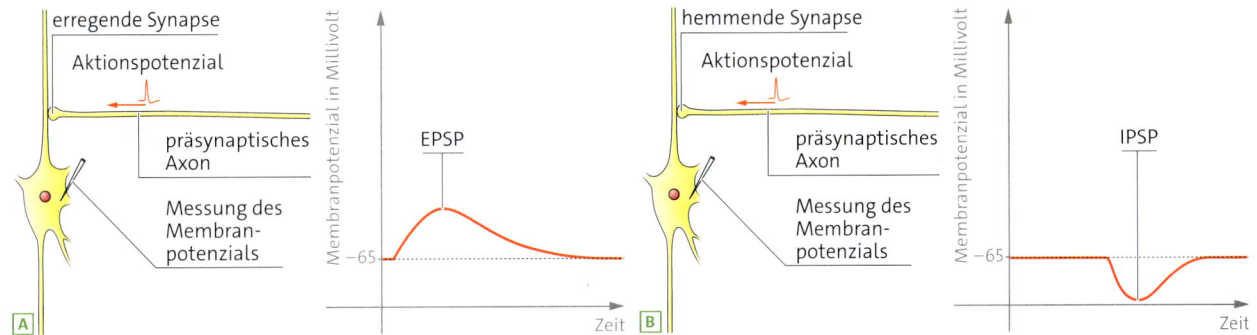

02 Postsynaptisches Potenzial: **A** exzitatorisch, **B** inhibitorisch

SYNAPTISCHE INTEGRATION · An der motorischen Endplatte eines Muskels verursacht ein einziges präsynaptisches Aktionspotenzial die Freisetzung der Transmittermoleküle aus 200 Vesikeln. Dies führt zu einem EPSP von etwa 40 Millivolt. Demgegenüber setzt ein präsynaptisches Aktionspotenzial im ZNS nur ein einzelnes Vesikel frei und erzeugt ein EPSP von wenigen Millivolt. Diese Depolarisation ist zu gering, um am Axonhügel des Neurons ein Aktionspotenzial zu erzeugen. Sind hingegen an einem Dendriten mehrere erregende Synapsen gleichzeitig aktiv, so addieren sich die Amplituden der EPSP. Diese **räumliche Summation** hat zur Folge, dass am Axonhügel der Schwellenwert überschritten wird und dort neue Aktionspotenziale gebildet werden.

Treffen an einer Synapse viele Aktionspotenziale nacheinander innerhalb weniger Millisekunden ein, addieren sich die von dieser Synapse erzeugten Amplituden der EPSP ebenfalls. Dieser Vorgang wird als **zeitliche Summation** bezeichnet. Auch die IPSP hemmender Synapsen beeinflussen die Erregung des Neurons. Die von ihnen erzeugte Hyperpolarisation der Membran schwächt die Depolarisation erregender Synapsen ab und kann sie sogar auslöschen. Dies führt dazu, dass durch das postsynaptische Neuron weniger oder gar keine Aktionspotenziale weitergeleitet werden.

Die Erregung eines Neurons ist das Ergebnis der Verrechnung der durch die verschiedenen Synapsen erzeugten Potenziale. Anhand dieses als *synaptische Integration* bezeichneten Vorgangs der Informationsverarbeitung bestimmt das Neuron, wie viele Aktionspotenziale weitergeleitet werden.

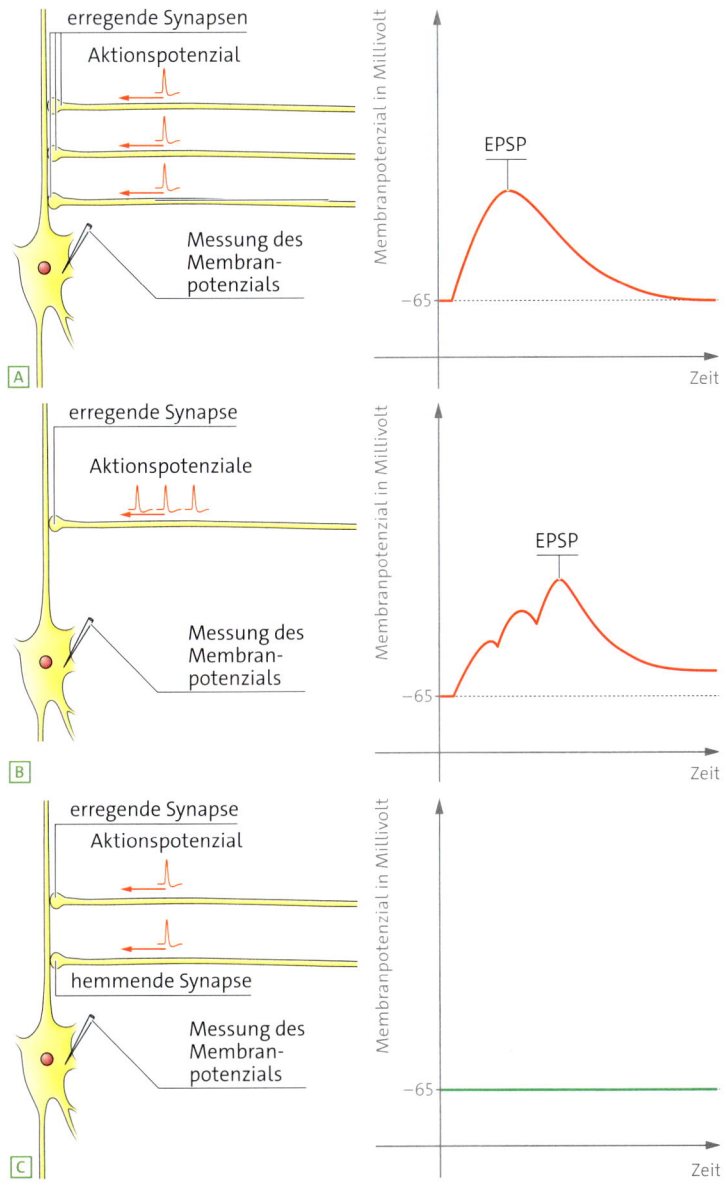

03 Synaptische Integration: **A** räumliche Summation, **B** zeitliche Summation, **C** Summation erregender und hemmender Synapsen

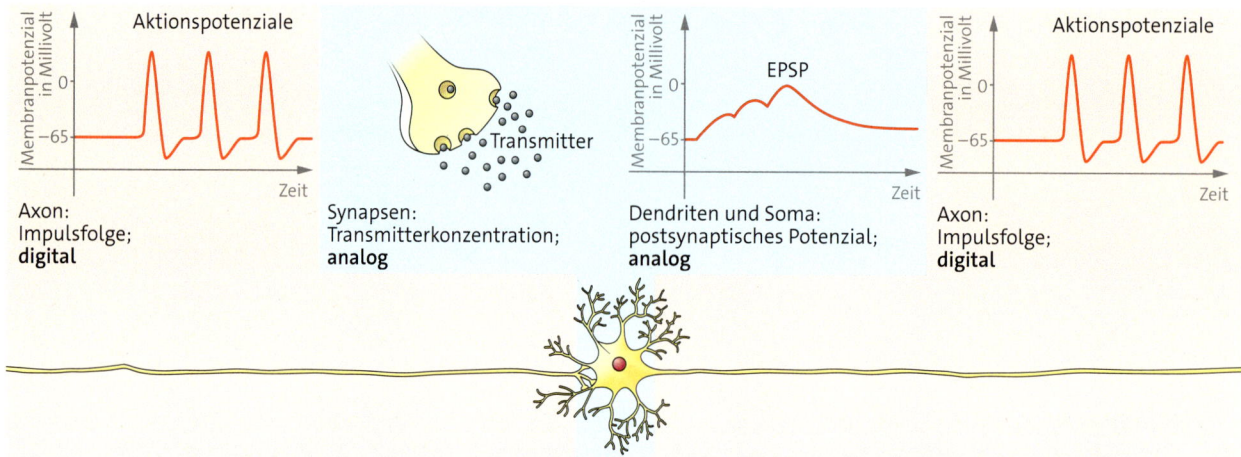

04 Codewechsel bei der Informationsweiterleitung

CODIERUNG NEURONALER INFORMATIONEN · Wenn eine Nervenzelle bis zum Schwellenwert erregt wird, erzeugt sie am Axonhügel ein Aktionspotenzial. Jedes Aktionspotenzial hat die gleiche Amplitude. Es handelt sich also um ein Alles-oder-nichts-Signal. Bei einer stärkeren Erregung erhöht sich nur die Impulsfolge. Es werden somit mehr Aktionspotenziale pro Zeiteinheit gebildet als bei einer schwächeren Erregung. Die Informationen werden somit **digital** codiert.

Am Synapsenendknöpfchen veranlassen die einlaufenden Aktionspotenziale die Exozytose der mit Transmittern gefüllten Vesikel und damit die Ausschüttung der Transmitter in den synaptischen Spalt. Je höher die Frequenz der Aktionspotenziale ist, desto mehr Vesikel entleeren sich und desto mehr Transmittermoleküle werden freigesetzt. Auf diese Weise erfolgt eine Umcodierung der Information: Die ausgeschüttete Transmittermenge ist **analog** zur Frequenz der Aktionspotenziale.

Die Amplitude der an der postsynaptischen Membran erzeugten Potenziale hängt davon ab, wie viele Transmittermoleküle ausgeschüttet wurden. Je stärker beispielsweise der Reiz ist, umso größer ist die Amplitude eines EPSP. Die Codierung der Information erfolgt also ebenfalls analog.

Am Axonhügel wird die Information wieder digital in Form von Aktionspotenzialen codiert. Somit erfolgt bei der Erregungsleitung im Nervensystem eine mehrfache Umcodierung.

MODULATION · Ob ein Neuron im ZNS Aktionspotenziale weiterleitet, hängt nicht nur von der synaptischen Integration der erregenden und hemmenden Synapsen ab. Einen weiteren entscheidenden Einfluss haben die Second-Messenger-Übertragungswege. Sie sind zwar langsamer, können jedoch die Erregbarkeit des Neurons über einen längeren Zeitraum beeinflussen. So führt beispielsweise die durch den β-adrenergen Rezeptor gesteuerte Öffnung der Kaliumionenkanäle zu einer Verringerung des postsynaptischen Potenzials. Dies hat zur Folge, dass die von erregenden Synapsen ausgehenden EPSP eher den Schwellenwert erreichen, das Neuron also leichter erregbar ist.

Da Signalübertragungen über Second-Messenger-Kaskaden jeweils unterschiedliche Ionenkanäle beeinflussen können, besteht auch die Möglichkeit, dass die postsynaptische Membran, beispielsweise durch das Öffnen von Chloridionenkanälen, hyperpolarisiert wird. Das Neuron ist dann nur durch eine erhöhte Anzahl an EPSP erregbar. Obwohl Second-Messenger-Signale kein EPSP oder IPSP auslösen, beeinflussen sie die synaptische Integration. Dies wird als *Modulation* bezeichnet.

1 J Erläutern Sie den Unterschied zwischen einem EPSP und einem IPSP!

2 J Vergleichen Sie die räumliche und die zeitliche Summation!

Material A ▸ Passive Erregungsleitung

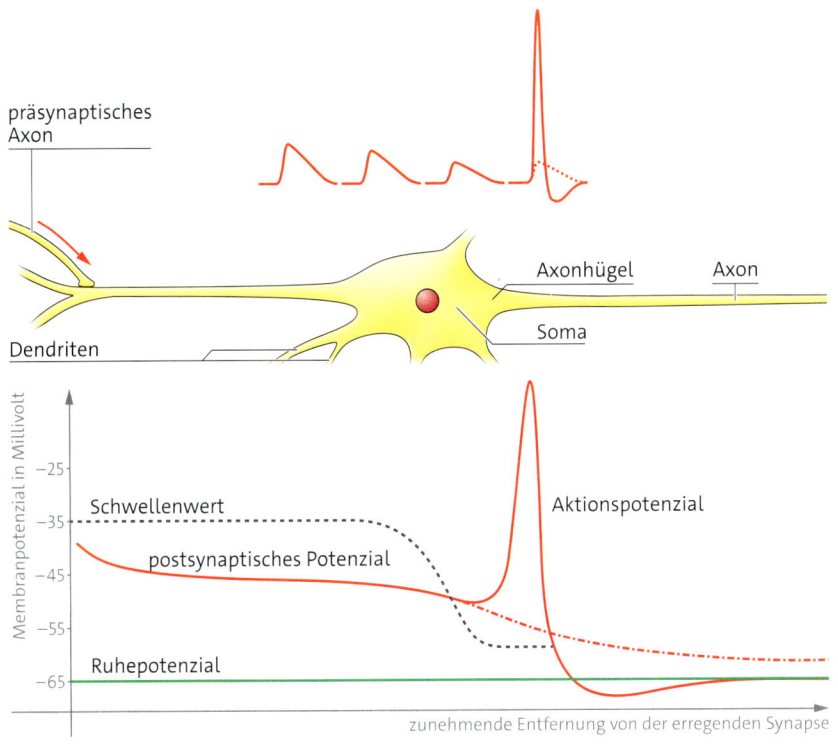

Der elektrische Widerstand der Zellmembran beeinflusst die passive Erregungsleitung an einem Neuron. Um diesen Einfluss zu untersuchen, wird in einem Experiment an einer Synapse ein EPSP erzeugt und die Depolarisation der Zellmembran in verschiedenen Abständen von der Synapse gemessen.

Die Ergebnisse der Messungen werden in einem Koordinatensystem festgehalten. Im Bereich des Axonhügels ist die Dichte der spannungsgesteuerten Natriumionenkanäle besonders hoch.

A1 Erläutern Sie anhand der gemessenen postsynaptischen Potenziale die Besonderheit der passiven Erregungsleitung!

A2 Beschreiben und erklären Sie die im Koordinatensystem dargestellten Kurvenverläufe!

Material B ▸ Kurzschlusshemmung

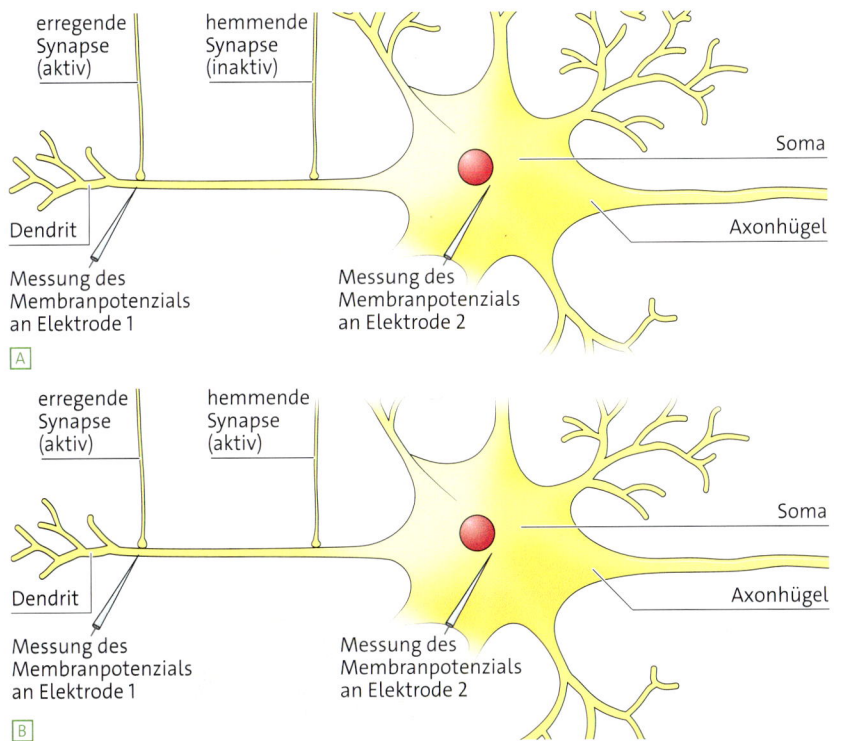

Bei der genetisch bedingten Schreckkrankheit, der Hyperekplexie, kommt es zu übersteigerten Schreckreaktionen wie unkontrolliertem Muskelzittern. Ursache hierfür sind defekte inhibitorische Glycin-Rezeptoren.

Ein wichtiger Bestandteil der synaptischen Integration ist die Kurzschlusshemmung. Direkt hinter einer erregenden Synapse liegt am selben Dendriten eine hemmende Synapse.

B1 Stellen Sie die Potenzialverhältnisse an den Elektroden 1 und 2 für die beiden dargestellten Fälle A und B unter Berücksichtigung der biochemischen Vorgänge dar!

B2 Erklären Sie am Beispiel der Schreckkrankheit die Bedeutung der Kurzschlusshemmung für die synaptische Integration!

01 Jivaro-Indianer
mit Blasrohr

Synapsengifte

Während der dritten Entdeckungsreise von Christoph KOLUMBUS nach Südamerika von 1498 bis 1500 ruderten etwa 30 Spanier auf einem Fluss in das Landesinnere. Plötzlich wurden sie von Indianern aus einem Kanu mit Pfeilen angegriffen. Zwei Spanier wurden getroffen. Innerhalb kurzer Zeit starben die beiden, obwohl ihre Verletzungen eher harmlos erschienen. Die Spitzen der Pfeile waren mit einer braunen Paste bestrichen, die aus dem Saft der Früchte verschiedener Lianenarten hergestellt wurde. Die Indianer nannten ihr Pfeilgift, das sie noch heute zur Jagd verwenden, Curare. Weshalb wirkt Curare tödlich und warum kann man mit Curare erlegte Tiere bedenkenlos verzehren?

lat. botulus = Wurst

NATÜRLICHE NEUROTOXINE · Verschiedene Bakterien-, Pflanzen- und Tierarten produzieren Giftstoffe, die das Nervensystem insbesondere im Bereich der Synapse angreifen und damit die Informationsübertragung stören. Sie wirken *neurotoxisch*. Neurotoxine sind nützlich bei der Abwehr von Beutegreifern oder beim Beutefang. Das Gift der Schwarzen Witwe, das α-Latrotoxin, entfaltet seine tödliche Wirkung, indem es an Proteine auf der Außenseite der präsynaptischen Membran bindet und die Öffnung der **Kalziumionenkanäle** veranlasst. Die mit Acetylcholin gefüllten Vesikel der neuromuskulären Synapse werden schlagartig entleert. Die Folge sind starke Muskelkrämpfe.

Bakteriengifte gehören zu den wirksamsten Neurotoxinen. In verdorbenen Lebensmitteln gedeiht das Bakterium *Clostridium botulinum*. Intravenös verabreicht wirken bereits 0,001 Mikrogramm seines Botulinumtoxins beim Menschen tödlich. Es verhindert die Freisetzung von Acetylcholin, indem es die **Verschmelzung der Vesikelmembran** mit der präsynaptischen Membran unterbindet. Dies führt zur Lähmung der Skelettmuskulatur und der Atemmuskeln.

Das zweitstärkste Bakteriengift, das Tetanustoxin, wird von dem Erreger des Wundstarrkrampfes, dem Bakterium *Chlostridium tetani*, gebildet. 0,01 Mikrogramm dieses Neurotoxins führen beim Menschen zum Tod. Es verhindert die Freisetzung der inhibitorischen Neurotransmitter Glycin und GABA. Motoneurone werden nicht mehr gehemmt, sodass es zu einer Dauerdepolarisation der postsynaptischen Membran und damit zu Krämpfen der Muskulatur kommt. Der Tod erfolgt durch Aussetzen der Atmung.

Andere Neurotoxine wirken auf die **Rezeptoren der postsynaptischen Ionenkanäle.** Das Gift der Königskobra, das α-Bungarotoxin, bindet an die Acetylcholin-Rezeptoren und verhindert die Öffnung der Natriumionenkanäle und damit die Ausbildung eines erregenden postsynaptischen Potenzials. Es kommt zur Muskel- und Atemlähmung.

Curare besteht aus einer Mixtur verschiedener Alkaloide und hemmt kompetitiv die Rezeptoren der Natriumionenkanäle. Es bindet aber nicht so stark an die Rezeptoren wie α-Bungarotoxin und kann deshalb durch Erhöhung der Acetylcholinkonzentration verdrängt werden. Da Curare beim Erhitzen zerfällt, können mit Curare erlegte Beutetiere nach dem Garen bedenkenlos verzehrt werden.

Verschiedene Nachtschattengewächse produzieren das Nervengift Atropin. Es verdankt seinen Namen der Schwarzen Tollkirsche, *Atropa belladonna.* Das Gift blockiert die *muskarinischen* Acetylcholin-Rezeptoren des Herzens und beschleunigt deshalb die Herzfrequenz. Bei einer höheren Dosis werden auch die Acetylcholin-Rezeptoren der motorischen Endplatte blockiert. In früheren Zeiten träufelten sich Frauen Tollkirschsaft in die Augen, um die Pupillen zu erweitern. Daher die Artbezeichnung *belladonna.*

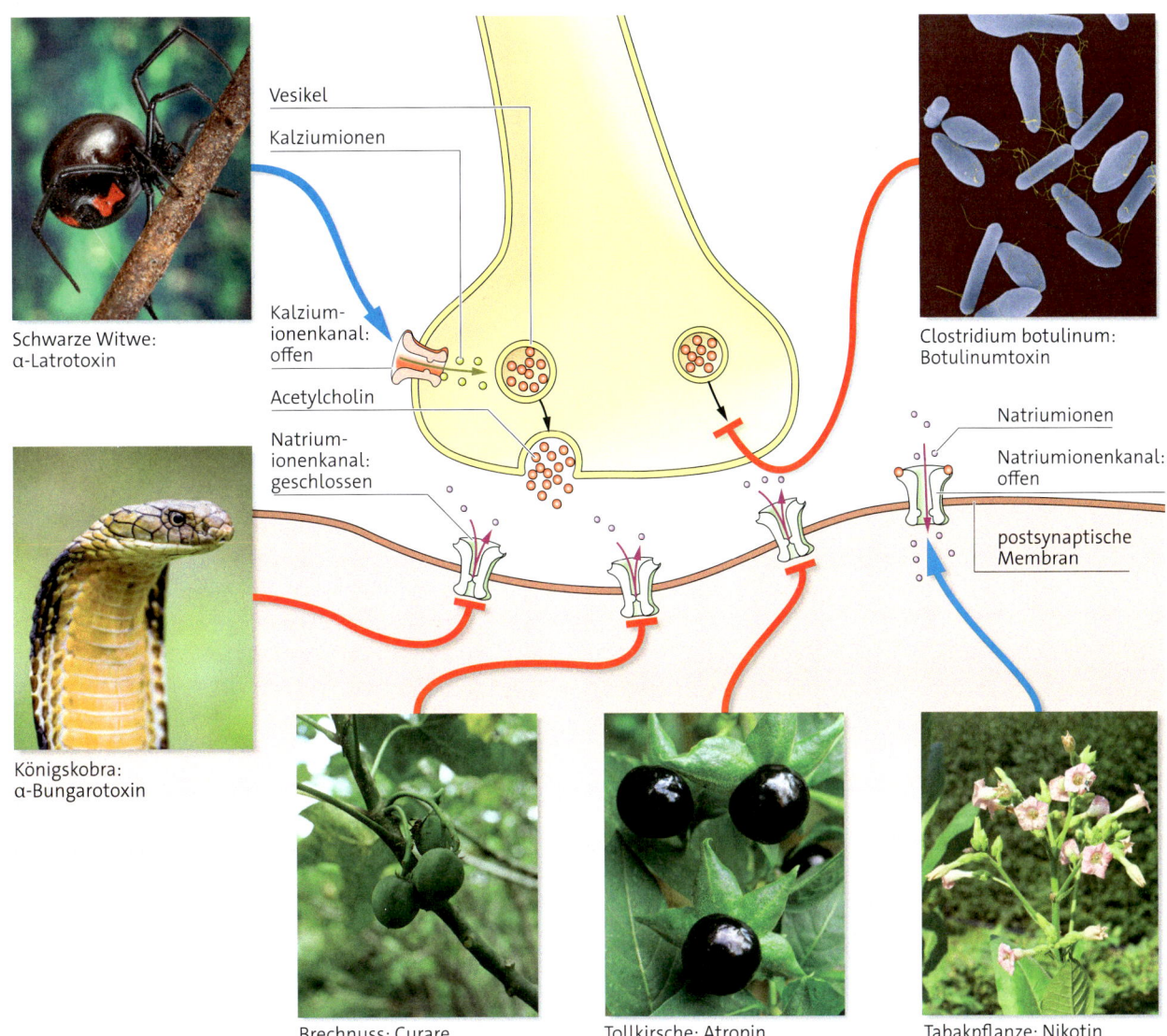

Schwarze Witwe:
α-Latrotoxin

Vesikel
Kalziumionen
Kalzium-
ionenkanal:
offen
Acetylcholin
Natrium-
ionenkanal:
geschlossen

Clostridium botulinum:
Botulinumtoxin

Natriumionen
Natriumionenkanal:
offen

postsynaptische
Membran

Königskobra:
α-Bungarotoxin

Brechnuss: Curare

Tollkirsche: Atropin

Tabakpflanze: Nikotin

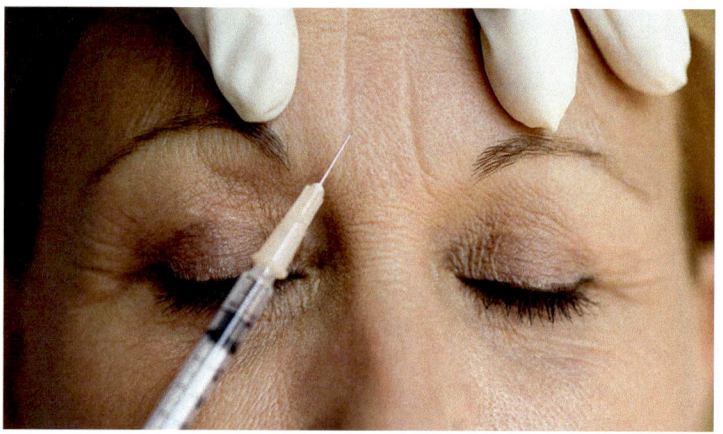

03 Anwendung von Botox

BOTOX · Da Botulinumtoxin in geringer Dosierung eine glättende Wirkung auf Hautfalten hat, wurde dieses Neurotoxin zur kosmetischen Faltenbehandlung eingesetzt und bald als Botox bekannt.

Lach- oder Stirnfalten entstehen durch die Aktivität der mimischen Gesichtsmuskeln. Nach einer Injektion des Neurotoxins in den Muskel wird dieser nicht mehr innerviert. Seine Lähmung führt zur Entspannung der entsprechenden Hautregion. Viele Beispiele bekannter Persönlichkeiten verdeutlichen jedoch, dass die Behandlung eine unnatürliche Gesichtsmimik zur Folge hat. Die Wirkung hält ungefähr vier bis sechs Monate an.

NIKOTIN · Das im Tabak enthaltene Nikotin gilt ebenfalls als Neurotoxin. Es bindet an Acetylcholin-Rezeptoren und wirkt wie der Neurotransmitter Acetylcholin. Es entfaltet im Präfrontalkortex eine stimulierende Wirkung. In Kombination mit anderen Tabakstoffen beeinflusst es das dopaminerge Belohnungssystem der Großhirnrinde durch Hemmung des Enzyms *Monoaminooxidase*. Neurotransmitter wie Dopamin und Serotonin werden nicht mehr abgebaut. Dies gilt als Ursache für die hohe Suchtwirkung des Nikotins.

CHEMISCHE KAMPFSTOFFE · Im Jahr 1936 stellte die IG Farben ein sehr giftiges Insektizid mit der Bezeichnung *Tabun* vor. In der Folgezeit entwickelte man auf Basis dieses Phosphorsäureesters weitere Gifte: *Sarin*, *Soman* und *Parathion*. Nur Parathion wurde als E 605 in der Folgezeit als Pflanzenschutzmittel eingesetzt, während die anderen Gifte als chemische Kampfstoffe von militärischem Interesse waren. Ab 1945 erforschte man die Wirkung der Phosphorsäureester und erkannte, dass sie das Enzym Acetylcholin-Esterase hemmen und damit den Abbau des Acetylcholins im synaptischen Spalt verhindern. Muskelkrämpfe und Aussetzen der Atmung sind die Folge. Soldaten führen deshalb stets einen Injektor mit dem Gegengift Atropin mit sich.

Auf Basis der Kenntnisse zum Wirkmechanismus entwickelte man das erheblich giftigere *VX*, das erst beim Abschuss einer Chemiewaffe als Binärkampfstoff aus zwei mindergiftigen Komponenten gemischt wird.

Nachdem der Irak noch in den 1980er-Jahren im Ersten Golfkrieg Chemiewaffen in menschenverachtender Weise eingesetzt hatte, wurde im Jahr 1993 ein Chemie-Waffen-Übereinkommen beschlossen, laut dem sich 160 Staaten verpflichtet haben, auf die Produktion, Lagerung und den Gebrauch chemischer Waffen zu verzichten. Trotzdem gibt es Hinweise, dass noch im Jahr 2015 chemische Kampfstoffe im Syrienkrieg eingesetzt wurden.

1 Nennen Sie die verschiedenen Neurotoxine und ihre Wirkorte an der Synapse!

2 Erläutern Sie, weshalb Atropin als Gegengift für chemische Kampfstoffe genutzt werden kann!

04 Umgang mit chemischen Kampfstoffen

Material A ▸ Mungos und Kobras

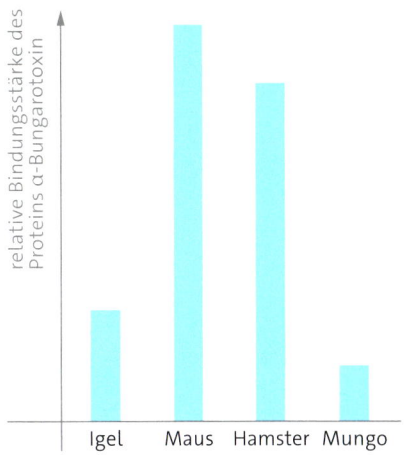

Verschiedene Arten der Familie der Mangusten werden als Mungos bezeichnet. Sie sind in Afrika und Asien verbreitet und ernähren sich unter anderem von giftigen Schlangen, wie Kobras. Bei den Mungos haben sich Schutzmechanismen gegen Neurotoxine wie das α-Bungarotoxin entwickelt. Zur Aufklärung eines solchen Schutzmechanismus untersuchte man die Bindungsstärke des α-Bungarotoxins am Acetylcholin-Rezeptor der Muskulatur der Mungos und verglich sie mit den Werten anderer kleiner Säugetiere.

A1 Erläutern Sie die Wirkung von α-Bungarotoxin!

A2 Erklären Sie anhand der Messwerte, weshalb Mungos gegen das Schlangengift unempfindlich sind!

Material B ▸ Der Tod des SOKRATES

Der griechische Philosoph SOKRATES wurde im Jahr 399 vor Christus wegen angeblicher Einführung neuer Götter und verderblichen Einflusses auf die Jugend zum Tode durch den Schierlingsbecher verurteilt. Dieser Trank wird aus einer giftigen Pflanze, dem Gefleckten Schierling, gewonnen. Oral aufgenommen wirken 0,5 bis 1,0 Gramm des darin enthaltenen Giftes Coniin tödlich. PLATON, ein Schüler von SOKRATES, beschrieb die einsetzende Lähmung: „Daraufhin berührte ihn eben dieser, der ihm das Gift gegeben hatte, von Zeit zu Zeit und untersuchte seine Füße und Schenkel. Dann drückte er ihm den Fuß stark und fragte, ob er es fühle; er sagte nein. Und darauf die Knie, und so ging es immer höher hinauf." Schließlich starb SOKRATES bei vollem Bewusstsein durch Atemlähmung.

B1 Stellen Sie Hypothesen zur möglichen Wirkung von Coniin an der Synapse auf!

B2 Planen Sie ein Experiment am Neuron zur Überprüfung Ihrer Hypothesen!

B3 Recherchieren Sie die Wirkung von Coniin und vergleichen Sie diese mit den von Ihnen aufgestellten Hypothesen!

01 Roboy, ein Roboter mit künstlichen Sinnesorganen

Aufnahme und Verarbeitung von Sinnesreizen

Forscher der Universität Zürich haben im Jahr 2012 den humanoiden Roboter Roboy entwickelt. Er sieht aus und bewegt sich ähnlich wie ein Mensch. Mithilfe von Sensoren und spezieller Kameratechnik nimmt er Informationen aus der Umwelt auf. Kabel ersetzen Nerven und Hochleistungsrechner verarbeiten schließlich die einlaufenden Informationen, sodass Roboy fühlen, hören und sehen kann. Damit verfügt Roboy über die Fähigkeit, Informationen aufzunehmen, zu verarbeiten und darauf zu reagieren. Doch wie funktioniert diese Informationsverarbeitung bei Lebewesen?

*lat. recipere
= aufnehmen*

Die Bezeichnung Rezeptor wird für mehrere Strukturen verwendet:

– als Kurzbezeichnung für Rezeptorzelle

– für Rezeptorproteine in der Zellmembran

REIZAUFNAHME · Alle Lebewesen sind darauf angewiesen, Informationen aus der Umwelt aufzunehmen. Um diese Aufgabe zu erfüllen, verfügen sie über unterschiedliche Sinnesorgane wie das Auge oder das Ohr, die den Kontakt zwischen der Außenwelt und der Innenwelt ermöglichen. Reizaufnahme und Reizumwandlung sind Aufgaben der Sinneszellen oder *Rezeptor-*zellen in den Sinnesorganen. Die Reize der Umwelt werden dort in die Sprache des Nervensystems, also in elektrische Erregung umgewandelt. Die Sinneszellen zeichnen sich durch spezifische Membranstrukturen aus, die der Reizaufnahme dienen. Sie sind auf unterschiedliche Reizarten oder *Reizmodalitäten* spezialisiert:

- **Chemorezeptoren** reagieren auf bestimmte chemische Stoffe. Sie sind Grundlage für den Geruchs- und Geschmackssinn.
- **Fotorezeptoren** werden durch Licht angeregt.
- **Thermorezeptoren** sind temperaturempfindliche Sinneszellen.
- **Mechanorezeptoren** reagieren auf mechanische Reize wie Berührung, Druck und Vibration. Sie sind für den Tastsinn, den Hörsinn und den Gleichgewichtssinn grundlegend.
- **Elektro- und Magnetorezeptoren** registrieren elektrische beziehungsweise magnetische Felder. Sie kommen zum Beispiel bei Haien und Zitteraalen vor, nicht jedoch bei Menschen.

REIZVERARBEITUNG · Obwohl die verschiedenen Sinneszellen auf unterschiedliche Reize ansprechen, besitzen sie Gemeinsamkeiten: Alle Sinneszellen sind hochselektiv. So reagieren Fotorezeptoren zum Beispiel nur auf Licht, nicht jedoch auf Schall oder auf Temperaturveränderungen. Die Reizmodalität, für die ein Rezeptor empfindlich ist, nennt man den *adäquaten Reiz*. Auf einen adäquaten Reiz reagieren die Sinneszellen mit einer dem postsynaptischen Potenzial vergleichbaren Veränderung des Rezeptorpotenzials. Nur wenige Moleküle reichen beispielsweise bei Chemorezeptoren für eine *Rezeptorantwort* aus. Sinneszellen können schwache Reize verstärken und ausschließlich in elektrische Signale umwandeln. Die Weitergabe einer Information aus der Umwelt ins Zellinnere über einen Verstärkungsmechanismus wird als **Signaltransduktion** bezeichnet.

Unabhängig von der Reizmodalität erfolgt die Signaltransduktion bei allen Sinneszellen ähnlich: Die Zellmembranen enthalten spezielle Rezeptorproteine. Diese reagieren auf den eintreffenden Reiz und verändern dadurch ihre räumliche Struktur. Daraufhin öffnen sich Natriumionenkanäle in der Zellmembran und Natriumionen strömen in die Zelle. Dadurch wird die Zellmembran depolarisiert, was zur Öffnung spannungsgesteuerter Kalziumionenkanäle führt. Die erhöhte Kalziumionenkonzentration im Inneren der Zelle bewirkt die Exozytose der transmittergefüllten Vesikel in den synaptischen Spalt. Über nachgeschaltete Neuronen gelangt das Signal schließlich ins Gehirn. Dort werden die einlaufenden sensorischen Informationen interpretiert und lösen geeignete Reaktionen wie Bewegung oder Sprechen aus. Im Fall von Roboy übernehmen spezielle technische Sensoren die Signaltransduktion, elektrische Kabel leiten die Informationen weiter und sehr leistungsstarke Computer im Kopf ermöglichen schließlich das Sehen, Hören oder Sprechen.

1 ⌡ Erstellen Sie ein Flussdiagramm, das die Vorgänge der Signaltransduktion wiedergibt!

2 ⌡ Vergleichen Sie die Signaltransduktion der verschiedenen Sinneszellen!

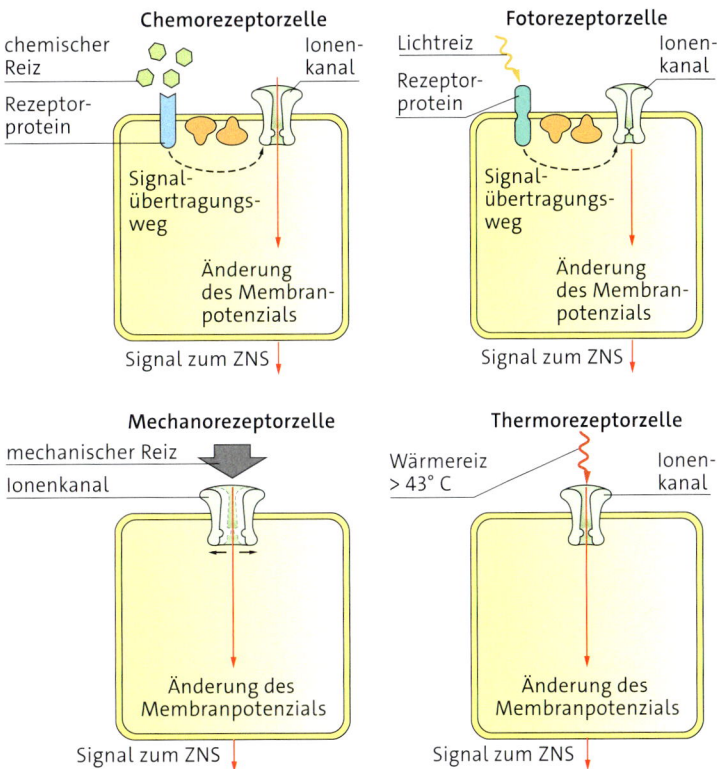

02 Reizverarbeitung in verschiedenen Sinneszellen (Schema)

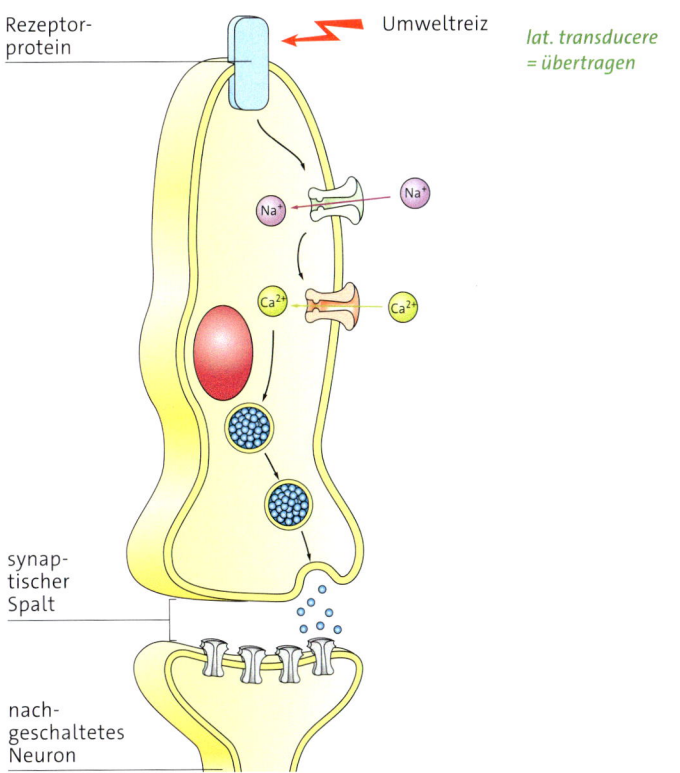

lat. transducere = übertragen

03 Allgemeiner Aufbau und Funktion einer Sinneszelle

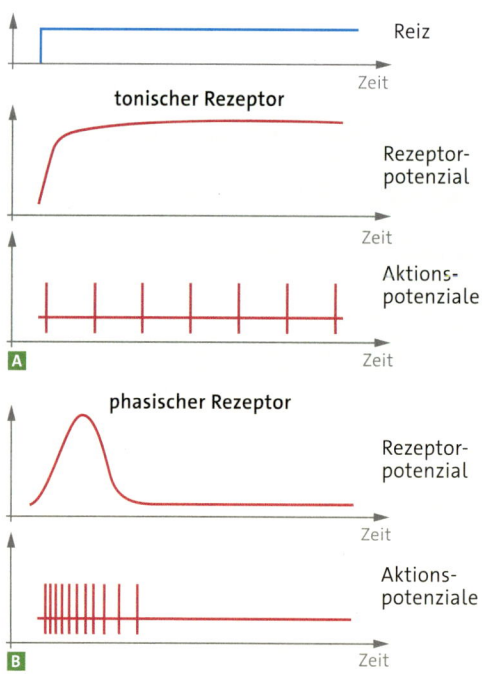

Reiz

hyperpolarisierendes
Rezeptorpotenzial

Aktionspotenzial

Axonhügel

primäre Sinneszelle

hyperpolarisierendes
Rezeptorpotenzial

Aktionspotenzial

Synapse

Axonhügel

sekundäre Sinneszelle

04 Primäre und sekundäre Sinneszellen

Reiz
Zeit

tonischer Rezeptor

Rezeptor-potenzial
Zeit

Aktions-potenziale
Zeit

A

phasischer Rezeptor

Rezeptor-potenzial
Zeit

Aktions-potenziale
Zeit

B

05 Rezeptor-antworten:

A tonische Rezeptoren,

B phasische Rezeptoren

umgewandelt wird. Dabei bestimmt die Stärke des Rezeptorpotenzials die Frequenz der Aktionspotenziale, die *Rezeptorantwort*. Über nachgeschaltete afferente Neuronen wird die Information über den Reiz und die Reizstärke zum Gehirn weitergeleitet.

Haarzellen, die sich in den Dreh-, Schwere- und Hörsinnesorganen der Wirbeltiere befinden, sind ein Beispiel für **sekundäre Sinneszellen.** Sie besitzen kein Axon und bilden selbst keine Aktionspotenziale. Das Rezeptorpotenzial breitet sich bis zur Synapse aus und bewirkt dort die Ausschüttung eines Neurotransmitters. Erst in den nachgeschalteten Neuronen werden Aktionspotenziale erzeugt, die als Impulsfolgen die Information des ursprünglichen Reizes weiterleiten. Bei beiden Sinneszelltypen ist die Stärke des Rezeptorpotenzials von der eintreffenden Reizstärke abhängig.

REIZCODIERUNG · Beim Verweilen in einem muffig riechenden Raum bemerken wir, dass intensive Gerüche nach einer gewissen Zeit nicht mehr wahrgenommen werden. Dieses Phänomen wird als *Rezeptoradaptation* bezeichnet. Die Impulsfrequenz einer Sinneszelle sinkt, wenn die Reizintensität auf einem konstanten Niveau bleibt. **Phasische Rezeptoren** reagieren nur zu Beginn oder am Ende des Reizes. Diese Rezeptoren codieren Veränderungen in der Reizstärke, nicht jedoch die Reizdauer. Riechsinneszellen sind ein Beispiel für phasische Rezeptoren. **Tonische Rezeptoren** reagieren so lange, wie der Reiz anhält und übermitteln daher Informationen über die Reizdauer. Zu diesem Typ gehören Hörsinneszellen. Bei **phasisch-tonischen Rezeptoren** wie den Fotorezeptoren ist am Anfang die Impulsfrequenz hoch, bis sie schließlich auf einen niedrigen, konstanten Wert fällt.

3 ‖ Vergleichen Sie Bau und Funktion von primären und sekundären Sinneszellen!

4 ‖ Beschreiben und erläutern Sie die unterschiedlichen Rezeptorantworten im Hinblick auf den Zusammenhang zwischen Reiz und Rezeptorpotenzial!

5 ‖ Nennen Sie für das Phänomen der Rezeptoradaptation Beispiele aus dem Alltag!

PRIMÄRE UND SEKUNDÄRE SINNESZELLEN · Je nachdem, wie die Signalweiterleitung in den Sinneszellen erfolgt, unterscheidet man verschiedene Zelltypen. Zu den **primären Sinneszellen** gehören beispielsweise die Tastborsten der Insekten und die Geruchsrezeptoren der Insekten und Wirbeltiere. In Bau und Funktion ähneln sie Neuronen. Als Reaktion auf einen Reiz bilden sie ein Rezeptorpotenzial, das sich bis zum Axonhügel ausbreitet und bei Überschreiten eines Schwellenwerts in Aktionspotenziale

Material A ▸ Der Infrarotsensor des Schwarzen Kiefernprachtkäfers

Infrarotsensor

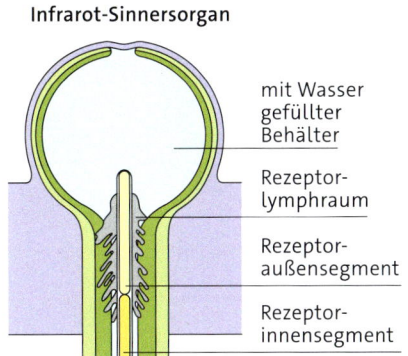

Infrarot-Sinnesorgan

mit Wasser gefüllter Behälter

Rezeptorlymphraum

Rezeptoraußensegment

Rezeptorinnensegment

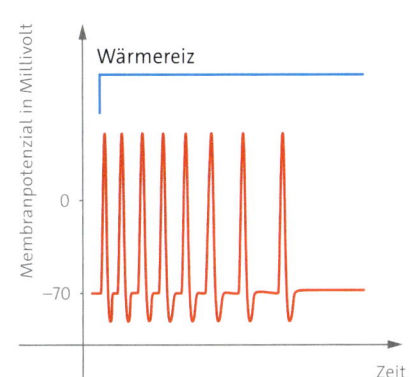

Wärmereiz

Membranpotenzial in Millivolt

0

−70

Zeit

Der Schwarze Kiefernprachtkäfer legt seine Eier unter die Rinde gerade abgebrannter Bäume. Er verfügt über ein spezielles Sinnesorgan, den Infrarotsensor in den Hüftgruben der Mittelbeine. Mit diesem Sinnesorgan kann der Käfer die Wärme des Feuers wahrnehmen. Die im Sinnesorgan enthaltenen Sinneszellen sind sensorische Haare, die auf Druckerhöhung reagieren. Eingebettet sind die Sinneszellen in einen winzigen, mit kleinsten Mengen Wasser gefüllten Behälter. Bei einem Waldbrand wird die Flüssigkeit erhitzt, wodurch sie sich ausdehnt und gegen die Sinneszelle drückt. Diese Verformung löst den Einstrom von Ionen aus. Der Käfer registriert die Spannungsänderung und fliegt in Richtung Waldbrand. Bemerkenswert ist, dass der Infrarotsensor des Schwarzen Kiefernprachtkäfers fünfmal schneller reagiert als jedes käufliche Infrarotmessgerät.

A1 Beschreiben Sie den Infrarotsensor des Käfers und erläutern Sie dessen biologische Bedeutung!

A2 Ordnen Sie die Infrarotsinneszellen einem Rezeptortyp zu und begründen Sie Ihre Zuordnung!

A3 Beschreiben Sie das Antwortverhalten einer Infrarotsinneszelle und begründen Sie, um welche Art der Reizcodierung es sich hierbei handelt!

Material B ▸ Der sechste Sinn der Haie

Lorenzinische Ampulle

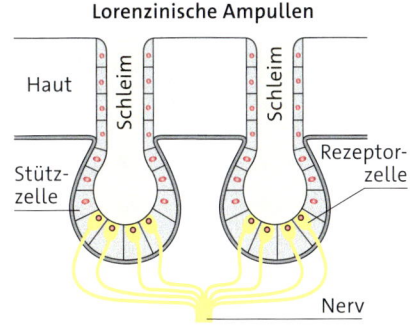

Lorenzinische Ampullen

Haut

Schleim

Schleim

Rezeptorzelle

Stützzelle

Nerv

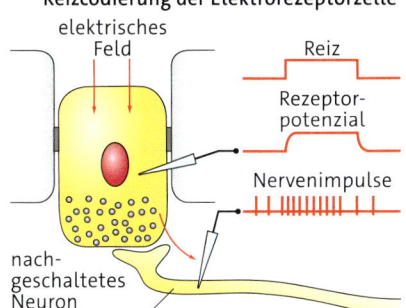

Reizcodierung der Elektrorezeptorzelle

elektrisches Feld

Reiz

Rezeptorpotenzial

Nervenimpulse

nachgeschaltetes Neuron

Durch Muskelaktivität werden bioelektrische Felder erzeugt. Haie erkennen diese schwachen elektrischen Felder mit einem speziellen Sinnesorgan, den Lorenzinischen Ampullen. Es ermöglicht Haien, ihre Beute auch bei schlechter Sicht zu finden und in der Schlussphase eines Angriffs gezielt zuzubeißen. Die Lorenzinischen Ampullen sind in die Unterhaut des Kopfes eingebettet. Sie bestehen aus winzigen, mit elektrisch leitfähigem Schleim gefüllten Kanälen, die mit dem Außenmedium über kleine Hautporen verbunden sind. Am Grunde der Ampullen befinden sich jeweils mehrere Elektrorezeptoren. Diese reagieren selbst auf kleinste Spannungsänderungen in der Umgebung.

B1 Beschreiben Sie den Aufbau der Lorenzinischen Ampullen und erläutern Sie an diesem Beispiel das Basiskonzept Struktur und Funktion!

B2 Erläutern Sie die Reizcodierung in Elektrorezeptoren!

B3 Erläutern Sie die biologische Bedeutung des sechsten Sinns von Haien!

01 Ein Parfümeur
kreiert einen neuen
Duft

Wahrnehmung von Gerüchen

Weltweit gibt es nur etwa 2000 Parfümeure. Ihr überdurchschnittlich ausgeprägter Geruchssinn versetzt sie in die Lage, mehr als eine Billion Düfte zu unterscheiden, sie zu kombinieren und einzigartige Parfüme zu kreieren. Wie ist es möglich, diese unfassbar große Anzahl von Gerüchen zu unterscheiden? Und wie erzeugt das Gehirn daraus einen für uns unverwechselbaren Duft?

RIECHEPITHEL · Der Riechvorgang wird durch Duftstoffe eingeleitet, die mit der eingeatmeten Luft über den Mund oder die Nase in die Nasenhöhle gelangen. Dort liegt im oberen Bereich das etwa fünf Quadratzentimeter große *Riechepithel*. Es besteht aus 10 bis 100 Millionen Geruchsrezeptorzellen sowie den Stützzellen und den Basalzellen. Die Stützzellen schützen die Rezeptorzellen, indem sie Schleim absondern. Die Basalzellen bilden ständig neue Rezeptorzellen. Das Riechepithel ist der einzige Ort des Körpers, wo Neuronen durch die Gewebeoberfläche hindurch Kontakt zur Außenwelt haben. Die Rezeptorzellen strecken dazu einen Schopf feiner Sinneshärchen, die *chemosensorischen Zilien*, aus der Oberfläche heraus. Eine einzelne Zilie hat einen Durchmesser von etwa 0,1 Mikrometer.

Ein kleiner Teil der eingeatmeten Luft streicht über die Zilien, die von Schleim bedeckt sind. Duftstoffmoleküle aus der Luft diffundieren in die Schleimschicht, sodass die Rezeptoren in der Zilienmembran in direkten Kontakt mit ihnen kommen und sie binden können. Da jede Rezeptorzelle jedoch nur einen einzigen Typ von Rezeptorproteinen ausbildet, reagiert auch die Rezeptorzelle nur auf bestimmte Duftstoffe, auf andere aber nicht. Menschen besitzen über 380 verschiedene Rezeptoren, Hunde über 900 und Nagetiere über 1200. Erst vor wenigen Jahren gelang es, die weitaus größte Genfamilie im Genom der Säugetiere zu entdecken, die die Informationen für den Bau der Rezeptorproteine codiert.

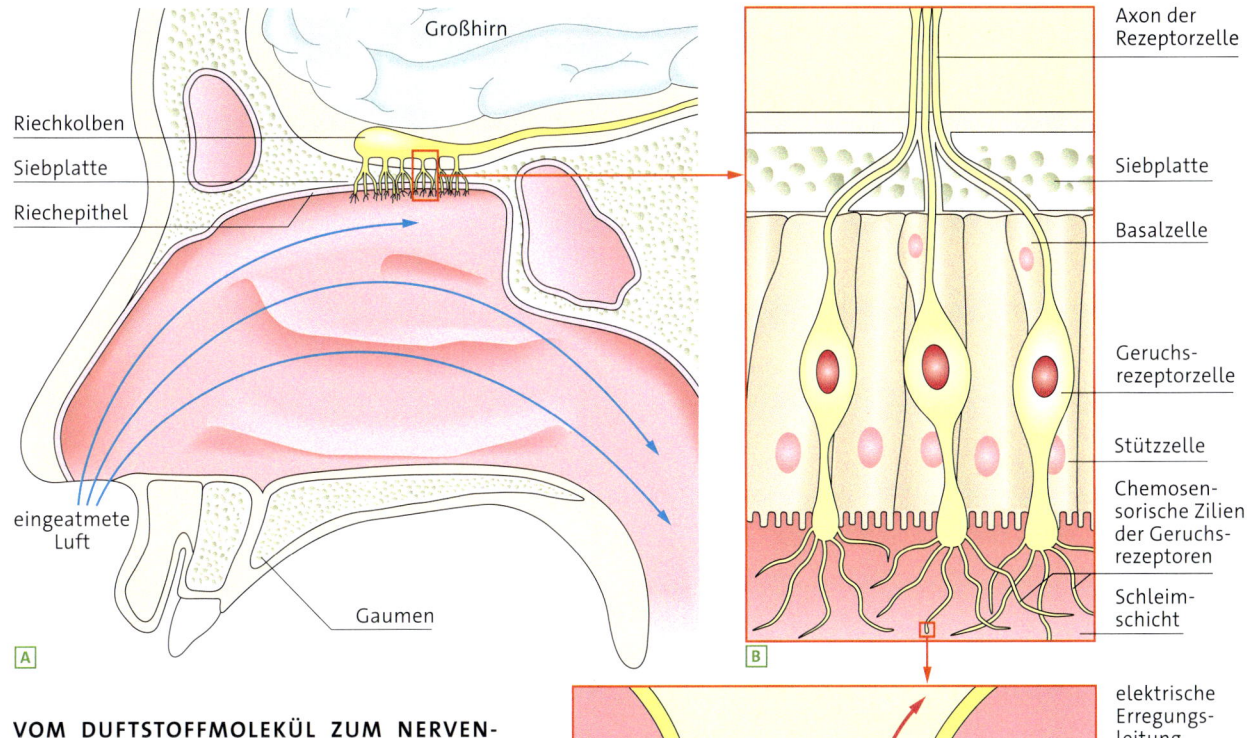

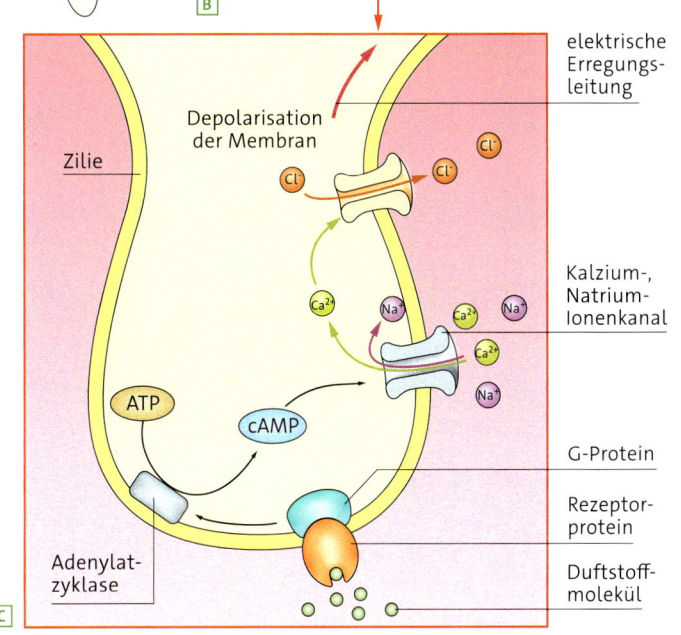

02 Riechsystem des Menschen: **A** Längsschnitt der Nase, **B** Aufbau des Riechepithels, **C** Transduktionsmechanismus in den Geruchsrezeptorzellen

VOM DUFTSTOFFMOLEKÜL ZUM NERVEN-IMPULS

· Bindet ein Duftstoffmolekül an das entsprechende Rezeptorprotein in der Membran, wird eine für Chemorezeptorzellen typische Signalkaskade ausgelöst, die letztendlich zu einem elektrischen Signal führt. Die Bindung des Duftstoffmoleküls führt zur Aktivierung eines G-Proteins, welches die Bildung von cAMP veranlasst. Das cAMP wiederum öffnet spezifische Kalzium- und Natriumionenkanäle, sodass Kalzium- und Natriumionen aus der Schleimschicht einströmen und dadurch ein depolarisierendes Rezeptorpotenzial erzeugen. Diese beginnende Depolarisation wird anschließend etwa zehnfach verstärkt, indem Kalziumionen an Chloridionenkanäle binden, woraufhin sich diese öffnen und Chloridionen aus der Rezeptorzelle strömen. Erst dieser Chloridionenausstrom führt zur elektrischen Erregung der Rezeptorzelle und zur Ausbildung von Aktionspotenzialen. Sie werden über das Axon der Rezeptorzelle an den **Riechkolben** oder *Bulbus olfactorius* gesendet. Dabei führen die Axone durch Öffnungen des über der Nasenhöhle liegenden Knochens, der Siebplatte, hindurch.

Jede der beiden Nasenhöhlen ist mit einem Riechkolben verbunden. Er hat engen Kontakt mit dem *limbischen System*, einem Teil des Ge-hirns, der für die Verarbeitung von Emotionen, Bedürfnissen und Instinkten und für die Gedächtnisbildung zuständig ist. Gerüche können daher starke Gefühle und Erinnerungen auslösen. Nach erster Verarbeitung im Riechkolben gelangen die Informationen über die **Riechbahn,** den *Tractus olfactorius,* zur **Riechrinde,** dem *olfaktorischen Kortex*, wo sie weiterverarbeitet werden.

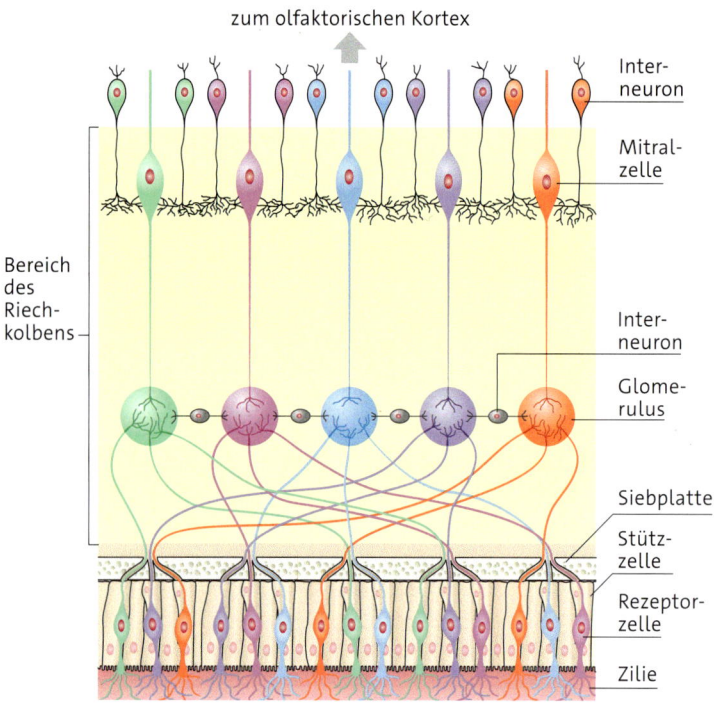

zum olfaktorischen Kortex

Inter-
neuron

Mitral-
zelle

Bereich
des
Riech-
kolbens

Inter-
neuron

Glome-
rulus

Siebplatte

Stütz-
zelle

Rezeptor-
zelle

Zilie

03 Prinzip der Ver-
schaltung im Riech-
system (Rezeptorzel-
len derselben Farbe
haben das gleiche
Rezeptorprotein)

Interneuronen zwischen Mitralzellen und zwischen Glomeruli helfen dabei, das Aktivitätsmuster deutlich zu machen. Die Mitralzellen
leiten die vorverarbeitete Information schließlich an die nächste Station im Gehirn, den olfaktorischen Kortex. Der Gesamteindruck ist ein-
zigartig: Im Gehirn entsteht aus der Aktivität
Millionen einzelner Rezeptorzellen ein konkre-
tes Geruchsbild. Die unglaublich hohe Anzahl
von Kombinationen unterschiedlicher Aktivitätsmuster in den verschiedenen Verarbeitungsebenen des Riechsystems ermöglicht es
uns, eine Billion Düfte wahrzunehmen. Parfümeure sind nach jahrelangem Training in der
Lage, diese Geruchsbilder zu schärfen.

VOM SINN DES RIECHENS · Der Geruchssinn
galt lange Zeit als einer der rätselhaftesten der
fünf Sinne. Er ist jedoch, wie Forscher inzwischen
belegen konnten, überlebenswichtig, da er zum
Beispiel Tiere vor gefährlichen Substanzen in der
Umwelt warnt oder die Partnersuche ermöglicht.
Die vielfältigen Verbindungen mit dem limbischen System zeugen ebenfalls von der elementaren Bedeutung von Gerüchen. Sie können zum
Beispiel direkt hormonelle Prozesse beeinflussen. Geruchssignale werden dabei sowohl bewusst als auch unbewusst verarbeitet. Denn für
das Überleben ist es oft weniger wichtig, den
Geruch eines gefährlichen Tieres auf seine
chemischen Bestandteile hin zu analysieren, als
so schnell wie möglich die Flucht zu ergreifen.

GERÜCHE ENTSTEHEN IM GEHIRN · Menschen
besitzen nur etwa 380 verschiedene Geruchsrezeptoren, können jedoch eine Billion Düfte
unterscheiden. Ein Rezeptor kann also nicht für
einen Geruch zuständig sein. Jedes Rezeptorprotein weist mehrere Bereiche auf, an die
unterschiedliche Duftstoffmoleküle binden
können. Außerdem kann das gleiche Duftstoffmolekül an unterschiedliche Rezeptorproteine
binden. Die Rezeptorzellen verarbeiten Duftrei-
ze demnach relativ unspezifisch. Doch wie kann
ein Duft dennoch identifiziert werden?
Die Axone von Rezeptorzellen mit gleichem Rezeptorprotein ziehen zu gemeinsamen Kontakt-
punkten im Riechkolben. Diese kleinen Knäuel
von Nervenfasern bezeichnet man als **Glomeruli.** Die Geruchsinformation wird dadurch
räumlich geordnet. Gelangen nun unterschiedliche Duftstoffe in die Nasenhöhle, entsteht ein
charakteristisches Aktivitätsmuster im Riechkolben. Auch der zeitliche Verlauf der Aktivität
eines Glomerulus spielt bei der Duftstoffwahr-
nehmung eine Rolle. Die Identität eines Duft-
stoffs wird also durch das räumliche und zeitliche Aktivitätsmuster der Glomeruli bestimmt.
Jede der weiterführenden *Mitralzellen* erhält ihre Signale nur aus einem Glomerulus.

1 ▸ Beschreiben Sie den Weg eines Duftstoffmoleküls bis zu einer Geruchsrezeptor-
zelle und begründen Sie das Zustande-
kommen eines Rezeptorpotenzials!

2 ▸ Begründen Sie, warum Hunde oder
Ratten über einen stark ausgeprägten
Geruchssinn verfügen!

3 ▸ Erläutern Sie, wie es zur Wahrnehmung
eines komplexen Geruchs kommt!
Berücksichtigen Sie hierbei die verschiedenen Verarbeitungsebenen!

4 ▸ Fassen Sie die Bedeutung des Geruchs-
sinns für den Menschen übersichtlich
zusammen!

Material A ▸ Wie wir schmecken

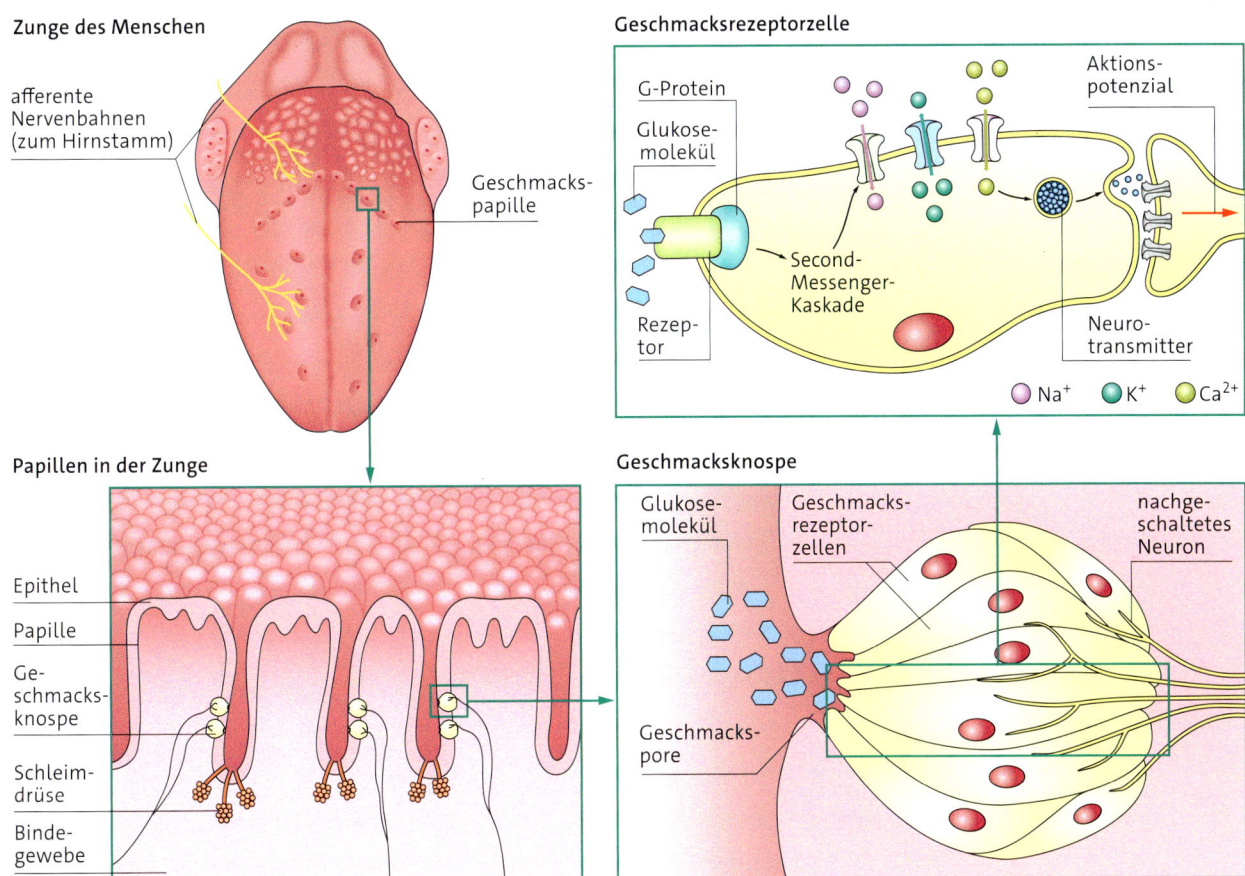

Zunge des Menschen

afferente
Nervenbahnen
(zum Hirnstamm)

Geschmacks-
papille

Geschmacksrezeptorzelle

G-Protein

Glukose-
molekül

Rezep-
tor

Second-
Messenger-
Kaskade

Aktions-
potenzial

Neuro-
transmitter

○ Na⁺   ● K⁺   ○ Ca²⁺

Papillen in der Zunge

Epithel

Papille

Ge-
schmacks-
knospe

Schleim-
drüse

Binde-
gewebe

Geschmacksknospe

Glukose-
molekül

Geschmacks-
rezeptor-
zellen

nachge-
schaltetes
Neuron

Geschmacks-
pore

Der Geschmackssinn wird ebenso wie der Geruchssinn durch chemische Verbindungen angeregt. Derzeit geht man von fünf Geschmacksqualitäten aus: salzig, sauer, süß, bitter und umami. Das ist japanisch für fleischig, herzhaft, wohlschmeckend. Vermutlich gibt es beim Menschen auch noch die Geschmacksqualität fettig. Mithilfe des Geschmackssinns sind Tiere in der Lage, die Qualität der Nahrung zu prüfen. Denn giftige Substanzen oder unbekömmliche Pflanzeninhaltsstoffe schmecken oft bitter, genießbare oder energiereiche Nahrung dagegen angenehm, also süß oder herzhaft.
Das Hauptgeschmacksorgan ist die Zunge. Über die Zunge verstreut liegen beim Menschen rund 2000 bis 5000 Geschmacksknospen, die in Geschmackspapillen eingebettet sind.

In jeder Geschmacksknospe liegen jeweils 10 bis 50 Geschmacksrezeptorzellen dicht nebeneinander. Die Rezeptorzellen sind auf eine Geschmacksqualität spezialisiert, beispielsweise auf Süß. Über eine mit Flüssigkeit gefüllte Geschmackspore können Geschmacksmoleküle wie Glukosemoleküle die Rezeptorproteine in den Rezeptorzellen erreichen. Die Bindung eines Glukosemoleküls an das Rezeptorprotein führt über eine Second-Messenger-Kaskade zur Depolarisation der Rezeptorzellmembran. Dies löst in den postsynaptischen Axonen Aktionspotenziale aus, die dann in den Hirnstamm weitergeleitet und dort verarbeitet werden. In den auf andere Geschmacksqualitäten spezialisierten Rezeptorzellen kommen auch andere Mechanismen der Transduktion vor.

A1 Beschreiben Sie den Aufbau der Zunge und einer Geschmacksknospe!

A2 Erläutern Sie den Transduktionsmechanismus bei einer Geschmacksrezeptorzelle, die süß „registriert"!

A3 Obwohl wir auf der Zunge nur fünf Geschmacksqualitäten erkennen können, unterscheiden wir dennoch einen süßen Apfel von einer süßen Birne. Stellen Sie eine Vermutung auf, die dies erläutert!

A4 Bilden Sie Hypothesen über evolutionäre Vorteile, die mit dem Schmecken der fünf Geschmacksqualitäten verbunden sind!

01 Augen von
Wirbeltieren:
A Mensch,
B Katze,
C Knoblauchkröte,
D Bartgeier

Struktur und Funktion des Auges

*Die Fähigkeit zu sehen ist bei vielen Tiergruppen
verbreitet. Wenn wir uns im Tierreich umschau-
en, entdecken wir eine Vielfalt von unterschiedlichen Augenformen, -größen und -farben. Doch
wie sind diese unterschiedlichen Augen von Wirbeltieren grundsätzlich aufgebaut und wie
funktionieren sie?*

AUFBAU DES MENSCHLICHEN AUGES · Beim
Sehen fallen zunächst Lichtstrahlen auf die
Hornhaut des Auges. Sie schützt nicht nur das
Auge, sondern bündelt auch die Lichtstrahlen.
Die Hornhaut besitzt keine Blutgefäße und wird
vom Kammerwasser der Augenkammer mit
Nährstoffen versorgt. Der Lichteinfall ins Auge
wird durch die *Iris* geregelt. Die dahinterliegen-
de transparente *Linse* ist ebenso wie die Iris mit
der Ziliarmuskulatur verbunden, durch deren
Kontraktion der Lichteinfall und die Schärfe des
Bildes reguliert werden. Nachdem die Lichtstrahlen die zentrale Lichtöffnung, die *Pupille*,
durchdrungen haben, gelangen sie durch den
Glaskörper auf die *Netzhaut* oder **Retina**. Nach
außen wird das Auge schließlich durch die
Aderhaut und die *Lederhaut* begrenzt. Tatsächlich ist die Retina ein vorgeschobener Teil des
Gehirns, der sich schon früh in der Embryonalentwicklung absondert, durch die Faserbündel
des Sehnervs aber mit ihm verbunden bleibt.
Das Auge mit der Retina bildet also fast den einzigen unmittelbaren Kontakt mit der Umwelt.
Vielleicht entstand so das Empfinden, dass man
durch die Augen eines Menschen direkt in sein
Inneres und seine Seele schauen könne.

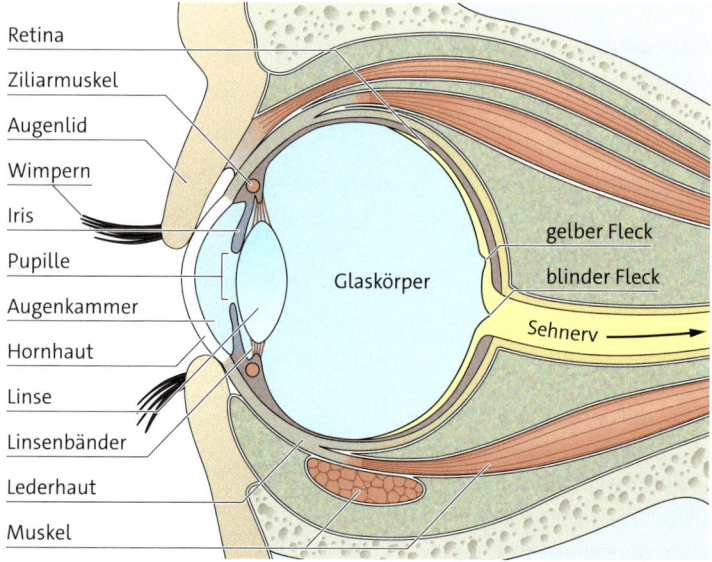

Retina
Ziliarmuskel
Augenlid
Wimpern
Iris
Pupille
Augenkammer
Hornhaut
Linse
Linsenbänder
Lederhaut
Muskel

Glaskörper

gelber Fleck
blinder Fleck
Sehnerv

02 Längsschnitt durch das Auge

ZELLULÄRER AUFBAU DER RETINA · Die Retina des Wirbeltierauges besteht aus mehreren Zellschichten, die scheinbar verkehrt herum, also *invers*, angeordnet sind. Das Licht muss vom Glaskörper erst durch mehrere Schichten von Nervenzellen gelangen – den Müllerzellen, den Ganglienzellen, den amakrinen Zellen, den Bipolarzellen und den Horizontalzellen – bevor es auf die lichtempfindlichen *Lichtsinneszellen* oder **Fotorezeptoren** fällt. Nur dort erfolgt schließlich die Umwandlung des Lichtreizes in elektrische Signale.

Die von den Fotorezeptoren umgewandelten elektrischen Signale werden an die vorgelagerten Zellschichten weitergeleitet. Die *Bipolarzellen* dienen als Vermittler zwischen den Fotorezeptoren und den *Ganglienzellen*. Diese vereinen sich zum **Sehnerv,** der das Auge verlässt und die Signale an das Gehirn weiterleitet. Da an der Austrittsstelle des Sehnervs lichtempfindliche Zellen fehlen, wird dieser Bereich als *blinder Fleck* bezeichnet. Dennoch ist das wahrgenommene Bild lückenlos, weil das Gehirn mit den Informationen des anderen Auges den fehlenden Bereich ergänzt.

Zwei weitere Zelltypen beeinflussen die Signalweiterleitung in der Retina. Die *Horizontalzellen* erhalten Informationen von den Fotorezeptoren und verändern über seitliche Fortsätze die Signale der Bipolarzellen und der Fotorezeptoren. Die *amakrinen Zellen* bekommen Informationen von Bipolarzellen und beeinflussen benachbarte Ganglienzellen, Bipolarzellen und andere amakrine Zellen durch seitliche Verbindungen. Durch diese Verschaltungen unterschiedlicher Nervenzellen erhält eine Ganglienzelle Signale von einer Vielzahl von Fotorezeptoren. *Müllerzellen*, die zu den Gliazellen gehören, durchziehen die Retina und stützen, ernähren und versorgen die übrigen Zellen.

In der Retina befinden sich Regionen mit unterschiedlicher Qualität in der Bildauflösung. So fällt das Zentrum des von der Linse erzeugten Bildes auf eine kleine, gelb erscheinende Fläche, die aus besonders dünnen und durchscheinen-

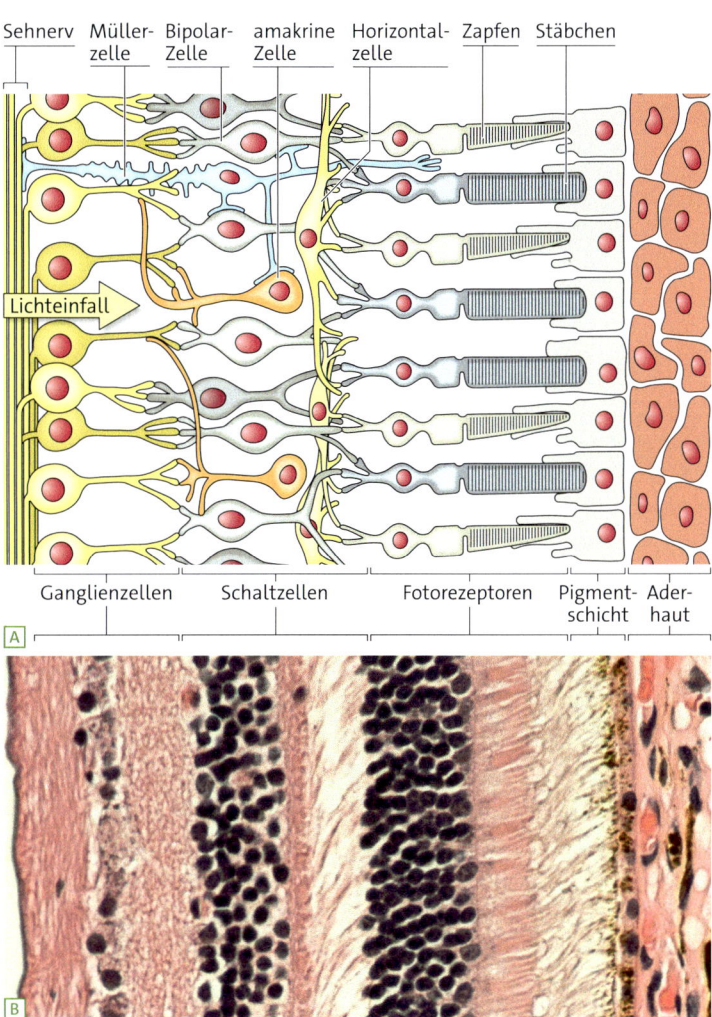

03 Aufbau der Retina: **A** schematisch, **B** lichtmikroskopische Aufnahme

den Zellschichten besteht. Weil die Dichte der Zapfen dort sehr hoch ist, handelt sich um den Bereich des schärfsten Sehens, der als *gelber Fleck* oder **Fovea** bezeichnet wird.

Der Aufbau der Netzhaut mit den verschiedenen Zellschichten ermöglicht es, die von den Fotorezeptoren abgegebenen elektrischen Signale miteinander zu verrechnen, bevor die entstehenden Signalmuster in entsprechenden Hirnzentren zu einer visuellen Wahrnehmung verarbeitet werden.

Grundsätzlich unterscheiden sich alle Wirbeltieraugen nur in der Anzahl einzelner Zelltypen wie der Fotorezeptoren. Die Anordnung der jeweiligen Zelltypen jedoch ist bei allen Wirbeltieraugen gleich.

Rezeptives Feld siehe Seite 440 und 441

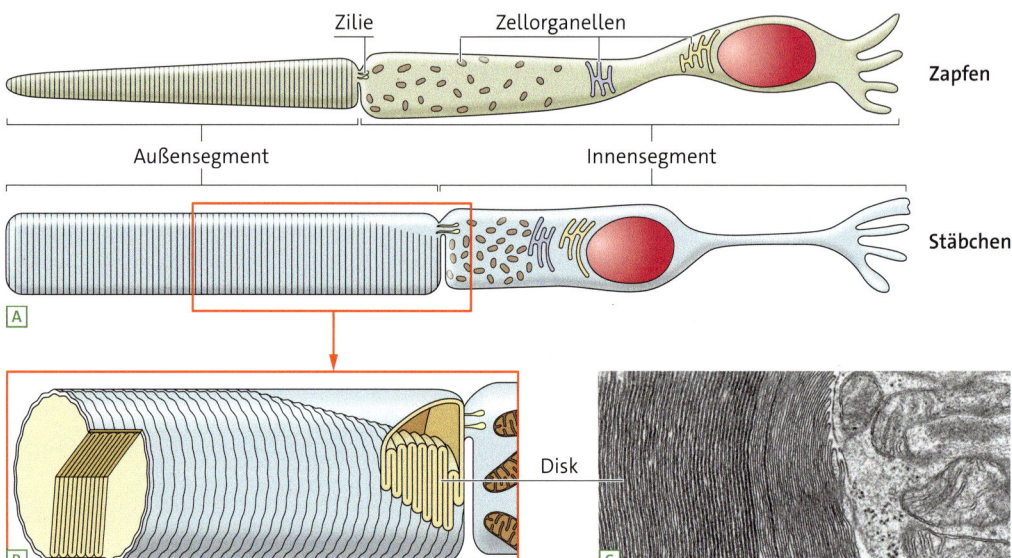

04 Aufbau der Fotorezeptoren:
A Schema,
B Stapel von Disks,
C EM-Aufnahme

FOTOREZEPTOREN · In der Retina gibt es zwei Arten von Fotorezeptoren, von denen der Mensch etwa 125 Millionen besitzt. Sie lassen sich leicht durch ihre Erscheinungsform unterscheiden: die *Stäbchen* und die *Zapfen*.

Jeder Fotorezeptor besteht aus einem Außensegment und einem Innensegment. Das Innensegment enthält den Zellkern und alle Zellorganellen, die für die Aufrechterhaltung des Zellstoffwechsels notwendig sind. Es besitzt außerdem eine synaptische Endigung, über die die nachgeschalteten Zellen aktiviert werden. Das Außensegment enthält einen Stapel aus membranförmigen Scheibchen, den **Disks.** In den Membranabschnitten dieser Disks befinden sich lichtempfindliche Farbstoffmoleküle, die **Fotopigmente,** die das Licht absorbieren und dabei eine Veränderung des Membranpotenzials auslösen.

Stäbchen haben ein langes zylindrisches Außensegment mit vielen Disks. Zapfen besitzen dagegen ein kürzeres, sich zuspitzendes Außensegment mit weniger Disks. Die strukturellen Unterschiede zwischen Stäbchen und Zapfen gehen mit ihrer Funktion einher. Die Stäbchen sind durch eine größere Anzahl der Disks und damit der Fotopigmente über 1000-mal lichtempfindlicher als die Zapfen. Sie ermöglichen das Sehen bei geringen Lichtintensitäten, beispielsweise in der Dämmerung und nachts. Die Zapfen sind dagegen für das Sehen bei Tageslicht zuständig. Während alle Stäbchen das glei-che Fotopigment enthalten, gibt es drei verschiedene Arten von Zapfen mit jeweils einem anderen Pigment. Die Zapfen können deshalb verschiedene Wellenlängen absorbieren und sind für die Farbwahrnehmung verantwortlich.

Die Ausbildung zweier Fotorezeptortypen im Laufe der Evolution ermöglicht das Sehen bei unterschiedlichen Umweltbedingungen. So können bei guten Lichtverhältnissen am Tag auch geringe Farbunterschiede, beispielsweise zwischen unreifen und reifen Früchten, wahrgenommen werden, was die Nahrungssuche erleichtert. Gleichzeitig ermöglicht das hochempfindliche Dämmerungssehen selbst bei äußerst schwachem Sternenlicht noch die Orientierung in der Umwelt.

Einige Arten von Fischen, Amphibien, Reptilien und Vögeln besitzen einen zusätzlichen Zapfentyp, der für ultraviolettes Licht empfindlich ist. So entdecken Falken die Spur ihrer Beute anhand deren Markierungen, da Urin und Kot ultraviolettes Licht reflektieren.

1 Geben Sie die Unterschiede zwischen Stäbchen und Zapfen tabellarisch an!

2 Erstellen Sie ein Flussdiagramm, das den Strahlengang im Auge wiedergibt!

3 Erklären Sie, weshalb die Sehschärfe im gelben Fleck am höchsten ist!

Material A ▸ Lichtsinnesorgane im Tierreich

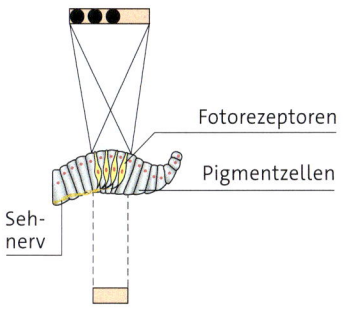

Flachauge

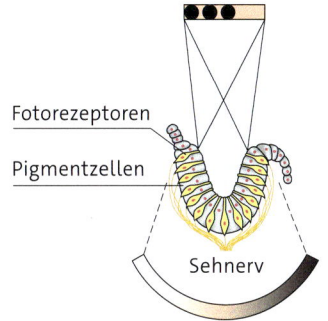

Grubenauge

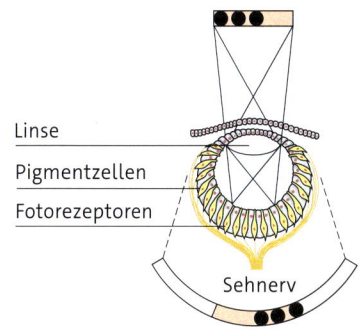

Linsenauge Tintenfisch

Viele Tiere reagieren auf Licht. Selbst einfach gebaute Lebewesen wie der Regenwurm besitzen Lichtsinneszellen, die über die Körperoberfläche verstreut sind. Bei den meisten Tieren treten Lichtsinneszellen jedoch nicht einzeln auf, sondern kommen in größerer Anzahl in den Lichtsinnesorganen, den Augen, vor.

Quallen besitzen beispielsweise Flachaugen, bei denen lichtundurchlässige Pigmentzellen die Lichtsinneszellen vor Streulicht abschirmen.
Bei Grubenaugen, die bei Schnecken vorkommen, sind die Lichtsinneszellen in die Körperoberfläche eingesenkt. Das Linsenauge von Tintenfischen oder Wirbeltieren ist mit einer Linse aus-

gestattet, die sich in einer Sehöffnung befindet.

A1 Vergleichen Sie den Aufbau der verschiedenen Lichtsinnesorgane!

A2 Stellen Sie den Zusammenhang zwischen Aufbau und Funktion der verschiedenen Lichtsinnesorgane dar!

Material B ▸ Bedeutung der Müllerzellen

Linsenauge des Tintenfischs

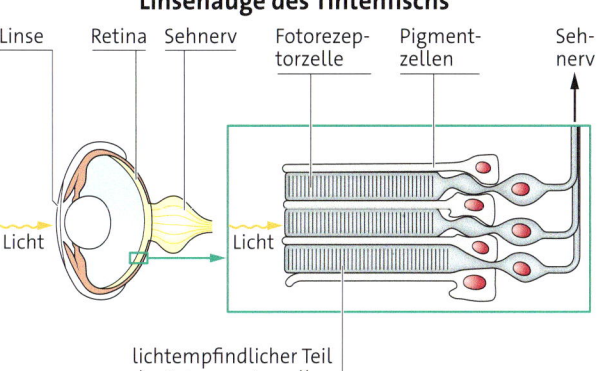

Retina des Menschen

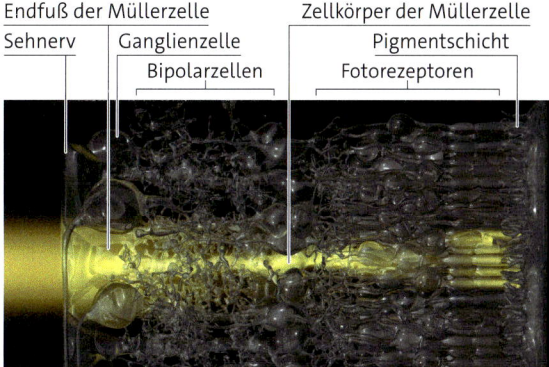

Die Retina des Menschen scheint falsch herum gebaut zu sein: Die Fotorezeptoren liegen hinter den signalverarbeitenden Nervenzellen. Dieser nicht everse, sondern inverse Aufbau müsste zu Brechung, Streuung und Reflexion der Lichtstrahlen auf ihrem Weg durch die Retina zu den Fotorezeptoren führen. Dadurch würden sich die räumliche Auflösung, Lichtausbeute und Bildqualität erheblich verschlechtern.

Trotz der inversen Netzhaut können die meisten Wirbeltiere erstaunlich gut sehen. Einen wesentlichen Anteil daran haben die Müllerzellen, die früher als reine Stütz- und Versorgungszellen verkannt waren. Seit einigen Jahren weiß man, dass sie als längliche Zylinder die gesamte Retina durchspannen.
Mit modernen neurobiologischen und optischen Methoden konnte man die Bedeutung der Müllerzellen aufklären.

B1 Vergleichen Sie den Aufbau der Retina des Menschen mit der eines Tintenfischs! Nehmen Sie dazu die Abbildung 03 auf Seite 433 zu Hilfe!

B2 Erläutern Sie die Funktion der Müllerzellen!

B3 Fassen Sie die Vorteile und die Nachteile beider Retinatypen zusammen!

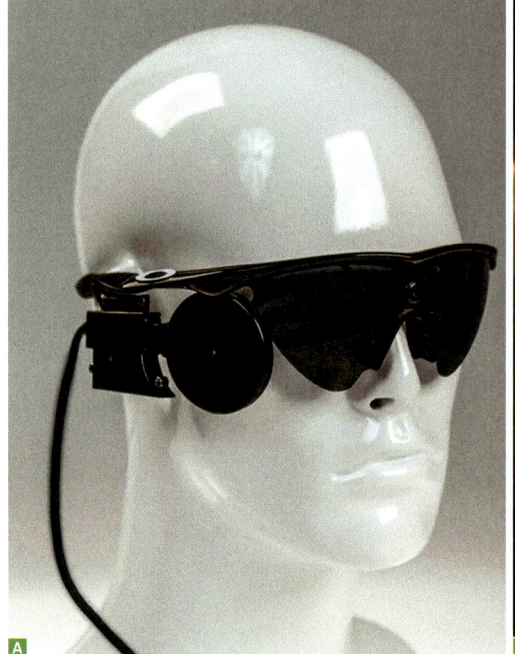
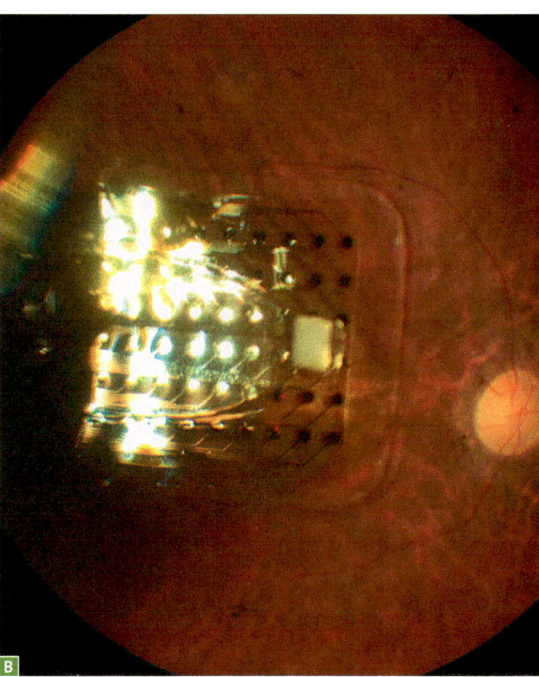

01 Sehprothese:
A Brille mit Kamera,
B auf die Retina implantiertes Elektrodenarray (mit freundlicher Genehmigung von Second Sight Medical Products)

Fototransduktion und Farbensehen

Weltweit gibt es mehr als 30 Millionen Menschen, die infolge einer Augenerkrankung erblindet sind. Mithilfe einer Sehprothese können diese Blinden seit einigen Jahren wieder Seheindrücke verarbeiten. Als Kernstück dieser Apparatur fungiert eine Brille, die eine winzige Kamera enthält. Die Kamera sendet über einen kleinen Computer Bilder an einen auf das Auge implantierten Chip. Dieser leitet dann Signale über ein auf die Retina implantiertes Elektrodenarray an die noch funktionsfähigen Sehnerven. Aber wie werden Lichtreize im gesunden Auge in elektrische Signale umgewandelt?

SEHFARBSTOFFE · Die lichtempfindlichen Disks der Stäbchen und Zapfen enthalten eine große Anzahl von Sehfarbstoffen, die aus einem lichtabsorbierenden Farbstoff, dem *Retinal,* und dem Membranprotein *Opsin* bestehen. Retinal und Opsin bilden zusammen das **Rhodopsin.**
Bereits ein einziges Photon verändert die räumliche Struktur des Retinals: Aus dem 11-cis-Retinal entsteht das all-trans-Retinal. Innerhalb einer Millisekunde reagiert daraufhin das fotoangeregte Rhodopsin zum **Metarhodopsin II.** Dieser Vorgang wird auch als *Bleichung* bezeichnet, da das violette Rhodopsin seine Farbe zum gelben Metarhodopsin verändert. Das Metarhodopsin II wird in all-trans-Retinal und Opsin gespalten, welches dann im Dunkeln wieder zu Rhodopsin reagiert.

Photon = Lichtteilchen

VOM LICHTREIZ ZUM NERVENIMPULS · Die Spannungsverhältnisse an den Membranen der Fotorezeptoren unterscheiden sich von denen anderer Rezeptorzellen. In einem Neuron liegt das Ruhepotenzial normalerweise bei etwa −65 Millivolt. Im Gegensatz dazu beträgt das Membranpotenzial der Disks von Stäbchen in völliger Dunkelheit etwa −40 Millivolt. Es wird durch den ständigen Einstrom von Natriumionen durch spezifische Kanäle in der Membran der Disks verursacht. Die Bewegung von Kationen in der Dunkelheit wird als *Dunkelstrom* bezeichnet. Die Natriumionenkanäle werden im unerregten Zustand durch zyklisches Guanosinmonophosphat, kurz cGMP, offen gehalten. Die Folge ist eine permanente Abgabe des Neurotransmitters Glutamat am Synapsenendknöpfchen des Stäbchens.
Die eigentliche Umwandlung des Lichtreizes in einen Nervenimpuls, die **Fototransduktion,**

wird von der Reaktion des Metarhodopsins II mit dem Membranprotein *Transducin* eingeleitet. Das Transducin aktiviert wiederum das Enzym *Phosphodiesterase*. Dieses katalysiert den Abbau von cGMP. Die Abnahme der Konzentration des cGMP durch einen Lichtreiz hat eine Schließung der Natriumionenkanäle und damit eine **Hyperpolarisation** der Stäbchenmembran auf etwa −70 Millivolt zur Folge. Das Rezeptorpotenzial ist also beim Sehvorgang von Wirbeltieren keine Depolarisation wie bei anderen Erregungsvorgängen, sondern eine Hyperpolarisation. Diese führt in den Zellen der Retina zu Nervenimpulsen, die letztlich ins Gehirn geleitet werden.

Der Vorgang der Fototransduktion hat den Vorteil, dass das Lichtsignal millionenfach verstärkt wird: Jedes Rhodopsinmolekül aktiviert eine Vielzahl von Transducinmolekülen und jede Phosphodiesterase baut mehr als ein cGMP ab. Dank dieses Mechanismus genügt ein einziges Photon, um den Fluss von mehr als einer Million Natriumionen zu blockieren.

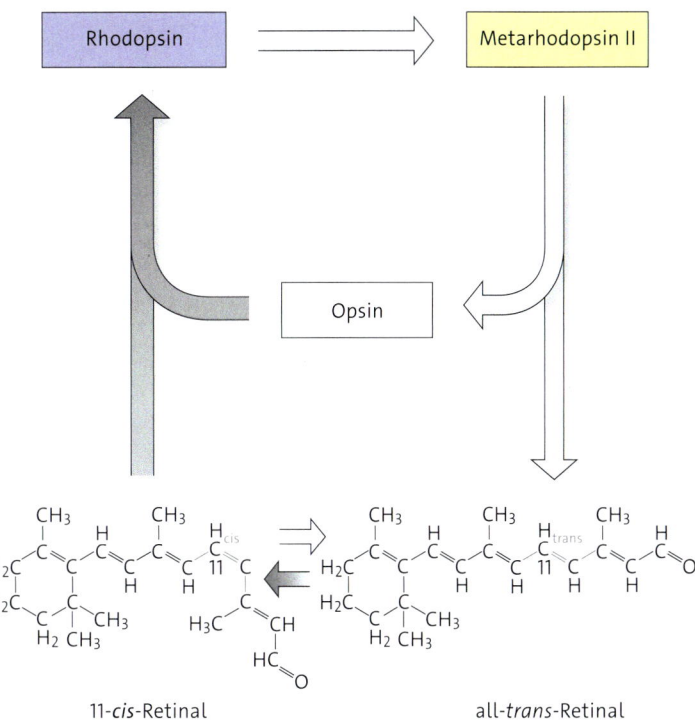

11-*cis*-Retinal   all-*trans*-Retinal

02 Schema des Retinalzyklus beim Sehvorgang

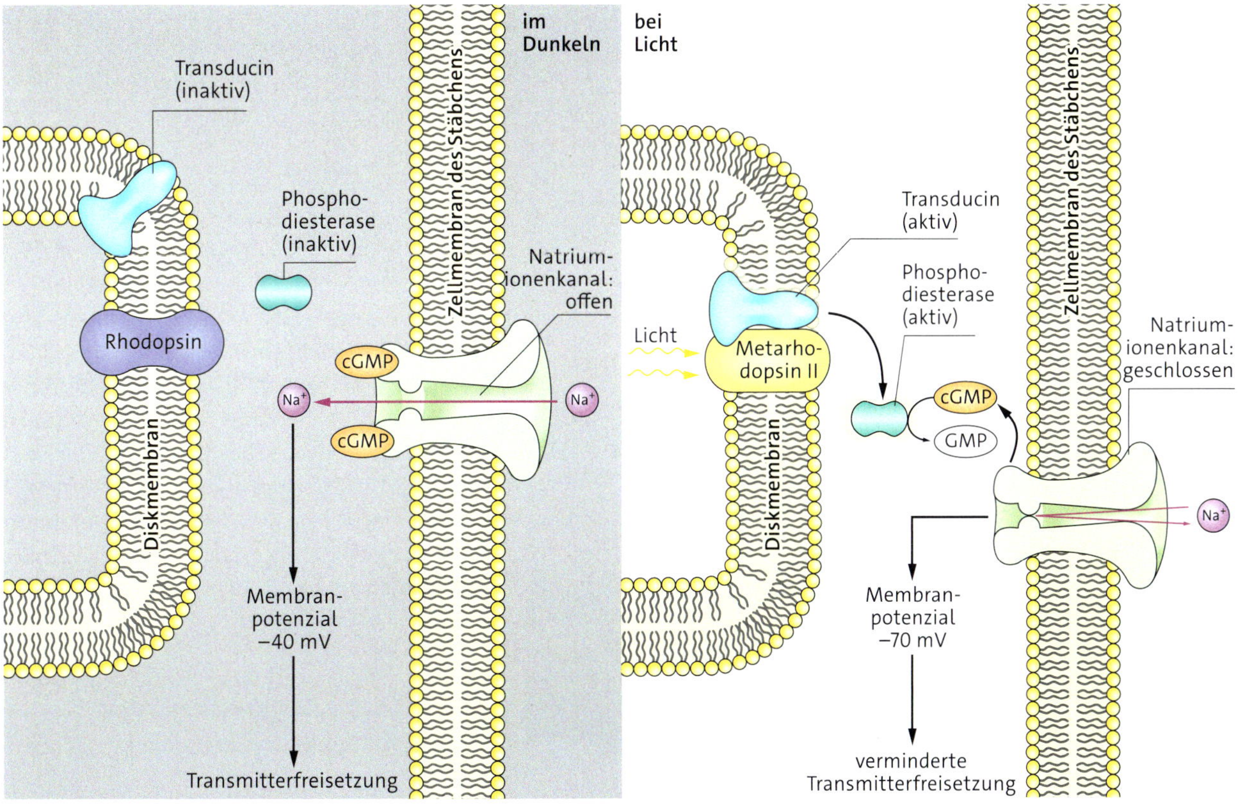

03 Schema der Fototransduktion

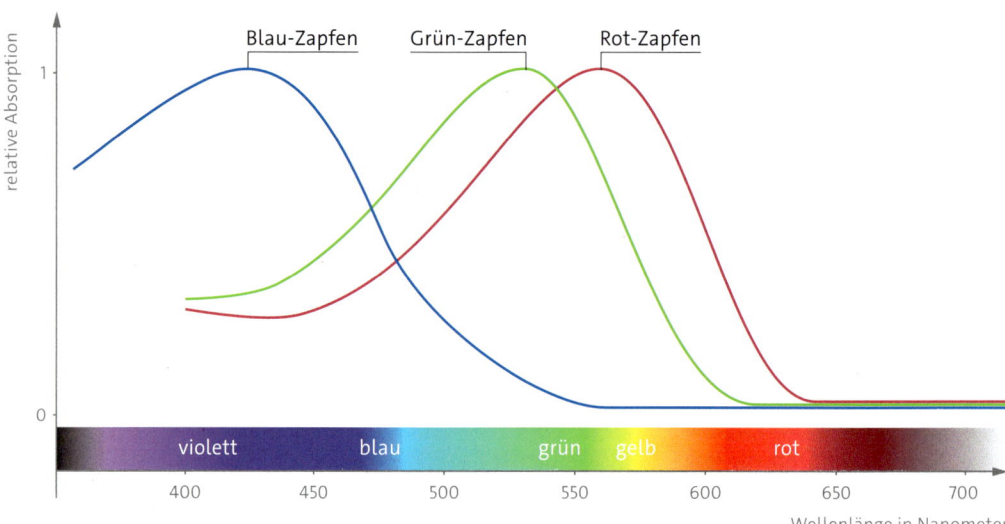

04 Absorptionsspektren der Opsine in den Zapfen

FARBENSEHEN · Der Prozess der Fototransduktion in den Zapfen ist nahezu der gleiche wie der in den Stäbchen. Der einzige Unterschied ist die Art des Opsins in den Disks der Zapfen. Sie enthalten einen von drei Opsintypen, die gegenüber unterschiedlichen Wellenlängen des Lichts empfindlich sind.

In Abhängigkeit vom Absorptionsspektrum des eingelagerten Opsins unterscheidet man zwischen Blau-Zapfen, Grün-Zapfen und Rot-Zapfen. Im Gegensatz zu den Zapfen können Stäbchen nur Licht eines Wellenlängenbereichs absorbieren. Das Farbensehen wird daher ausschließlich von den Zapfen ermöglicht.

HELL-DUNKEL-SEHEN · Auch der Sehsinn während des Tages hängt vollständig von den Zapfen ab, deren Rhodopsin mehr Energie benötigt, um gebleicht zu werden. Auch hohe Lichtintensitäten führen in den Zapfen immer noch zu Nervenimpulsen. Die cGMP-Konzentration fällt in den Stäbchen dagegen auf einen Wert, bei dem keine weitere Hyperpolarisation entstehen kann. Bei geringer Lichtintensität ist die Rhodopsinkonzentration in den Zapfen und Stäbchen hoch und die Lichtempfindlichkeit höher als am Tag.

Der Übergang vom Tagessehen mit den Zapfen zum Sehen in der Dämmerung mit den Stäbchen erfolgt nicht augenblicklich. Es dauert einige Minuten, in denen das ungebleichte Rhodopsin regeneriert wird. Wenn wir aus dem hellen Tageslicht in einen abgedunkelten Raum treten, sind wir deshalb erst nach einigen Minuten wieder in der Lage, auch bei geringen Lichtintensitäten zu sehen. Die Empfindlichkeit gegenüber Licht steigt in diesem Zeitraum auf das Millionenfache. Die **Hell-Dunkel-Adaptation** ermöglicht es, dass das Sehen bei Lichtverhältnissen vom hellen Tag bis zu fast stockfinsterer Nacht funktioniert.

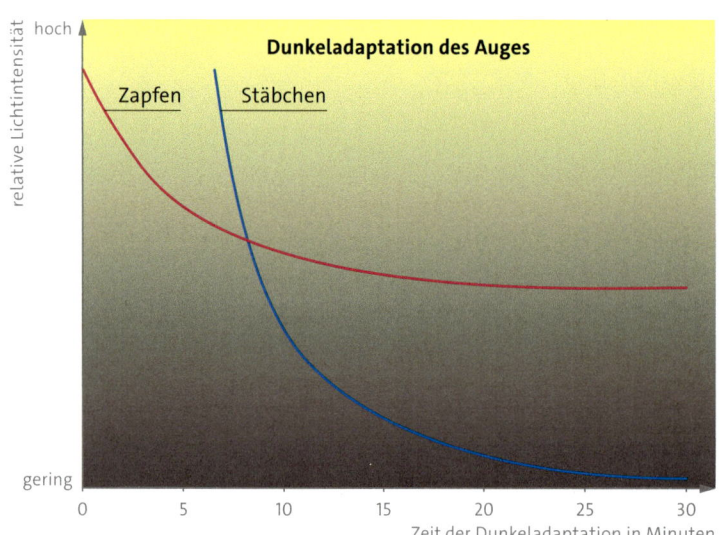

05 Zeitlicher Verlauf der Dunkeladaptation von Stäbchen und Zapfen

1⟩ Fassen Sie die wichtigsten Schritte der Fototransduktion zusammen!

2⟩ Erklären Sie das Sprichwort: „Nachts sind alle Katzen grau"!

Material A ▸ Potenzialverhältnisse bei Zellen der Retina

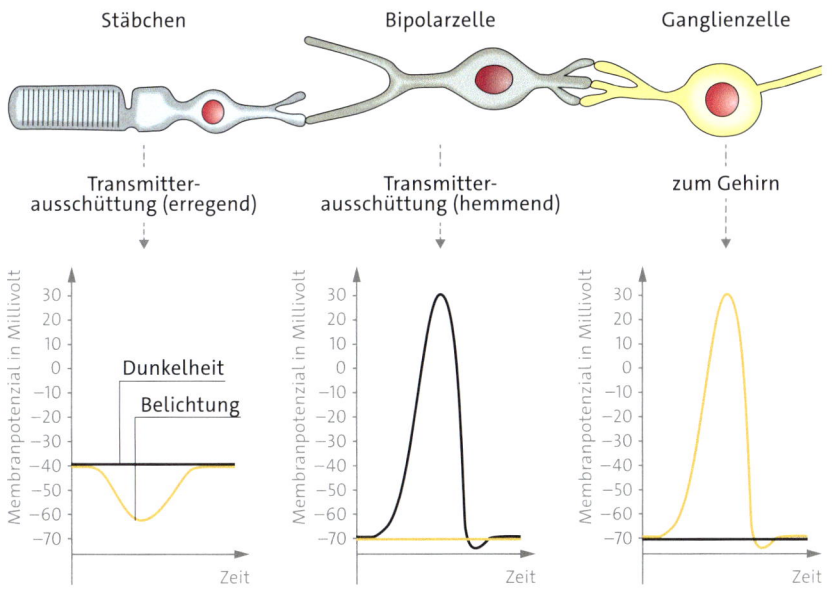

Stäbchen — Bipolarzelle — Ganglienzelle

Transmitterausschüttung (erregend) — Transmitterausschüttung (hemmend) — zum Gehirn

Die Abbildung zeigt die Membranpotenziale aufgrund der Transmitterausschüttung von Stäbchen und Bipolarzellen innerhalb der Retina bei Dunkelheit und bei Belichtung. Amakrine und Horizontalzellen wurden zur Vereinfachung weggelassen.

A1 Beschreiben Sie die Membranpotenziale in den einzelnen Zellen der Retina bei Dunkelheit und bei Belichtung!

A2 Erläutern Sie, wie es zu den dargestellten Membranpotenzialen bei Dunkelheit und bei Belichtung in den Zellen der Retina kommt!

Material B ▸ Retinitis pigmentosa

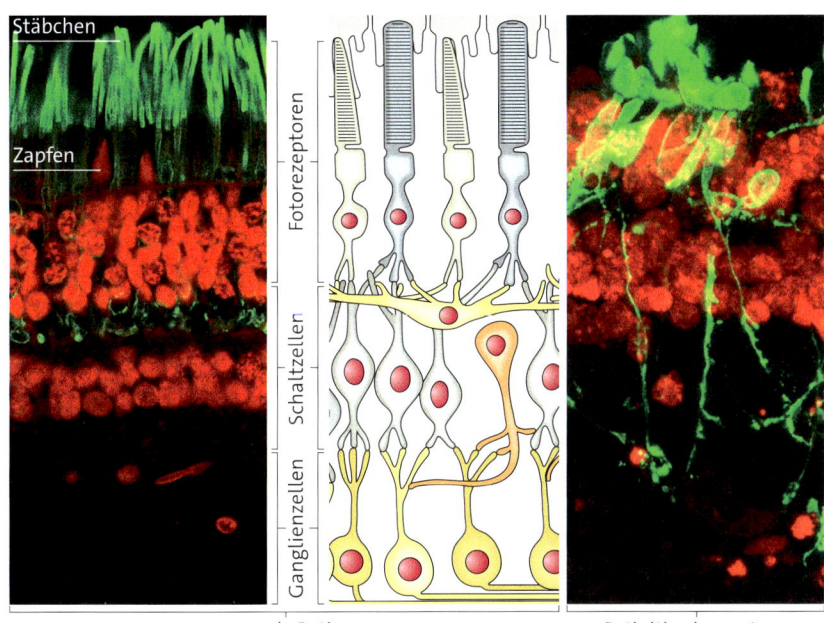

gesunde Retina — Retinitis pigmentosa

Eine der häufigsten Ursachen für eine Sehbehinderung ist die genetisch bedingte Erkrankung Retinitis pigmentosa. Weltweit wird die Anzahl der Erkrankten auf etwa drei Millionen geschätzt. Sie ist gekennzeichnet durch einen fortschreitenden Funktionsverlust der Retina. Das erste Anzeichen ist oft der Verlust des seitlichen Sehens, der Tunnelblick, und einsetzende Nachtblindheit. Retinitis pigmentosa kann zur vollständigen Erblindung führen. Ursache sind Mutationen in Genen, deren Genprodukte in den Fotorezeptoren exprimiert werden. Bisher konnten mehr als 30 Gene identifiziert werden, die betroffen sein können. So wurden zum Beispiel rezessive Mutationen in den Genen der cGMP-spezifischen Phosphodiesterase gefunden. In der Regel liegt nur eine Mutation in einem Gen vor. Derzeit gibt es keine Heilungsmöglichkeit. Die Einnahme von Vitamin A kann den Krankheitsverlauf verlangsamen.

B1 Beschreiben Sie die anatomischen Veränderungen der Retina bei einer an Retinitis pigmentosa erkrankten Person!

B2 Stellen Sie eine Vermutung zur Reizantwort der Fotorezeptoren einer an Retinitis pigmentosa erkrankten Person im Vergleich zu einer gesunden Person auf!

B3 Begründen Sie, weshalb eine Mutation in den Genen für die cGMP-spezifische Phosphodiesterase eine Retinitis pigmentosa verursachen kann!

01 Rotierende
Scheiben

Vom Reiz zur Wahrnehmung

> *Bei Betrachtung der Abbildung hat man den Eindruck, dass sich die Scheiben drehen – tatsächlich bewegt sich aber nichts. Wie wir Dinge wahrnehmen, hängt davon ab, wie unser Gehirn die vom Auge weitergeleiteten Informationen verarbeitet. Dabei lassen sich unsere Sinne durch optische Täuschungen aber auch in die Irre führen. Wie gelangen die Informationen eines Seheindrucks von der Retina ins Gehirn? Wie werden sie dort verarbeitet? Und warum lassen sich unsere Sinne täuschen?*

REZEPTIVE FELDER · Auf der Retina gibt es kreisförmige Funktionseinheiten, in denen mehrere bis viele Fotorezeptoren zusammengefasst sind. Eine solche Einheit bezeichnet man als *Rezeptives Feld*. Die Signale der Fotorezeptoren eines Rezeptiven Feldes werden über Bipolarzellen an eine gemeinsame Ganglienzelle gesendet. Die Erregung von knapp 130 Millionen Fotorezeptoren wird so von etwa einer Million Ganglienzellen verrechnet.

Ein Rezeptives Feld besitzt ein Zentrum und ein Umfeld. Trifft ein Lichtpunkt auf Fotorezeptoren im Zentrum, werden diese hyperpolarisiert. Diese Potenzialänderung wird dann an die Bipolarzellen weitergeleitet. Man unterscheidet zwei Typen: Erregende Bipolarzellen reagieren auf die Hyperpolarisation mit einer Depolarisation, was dazu führt, dass die Ganglienzelle viele Aktionspotenziale für die Dauer des Lichtreizes aussendet. Hemmende Bipolarzellen werden wie die Fotorezeptoren hyperpolarisiert, wodurch die Ganglienzelle keine Aktionspotenziale während des Lichtreizes erzeugt. Werden Fotorezeptoren im Umfeld des Rezeptiven Feldes beleuchtet, reagieren die Bipolarzellen genau umgekehrt. Die erregenden Bipolarzellen werden hyperpolarisiert, wodurch die Ganglienzelle keine Aktionspotenziale für die Dauer des Lichtreizes aussendet. Bei den hemmenden Bipolarzellen führt eine Depolarisation zur Erregung der Ganglienzelle, die während des Lichtreizes viele Aktionspotenziale erzeugt.

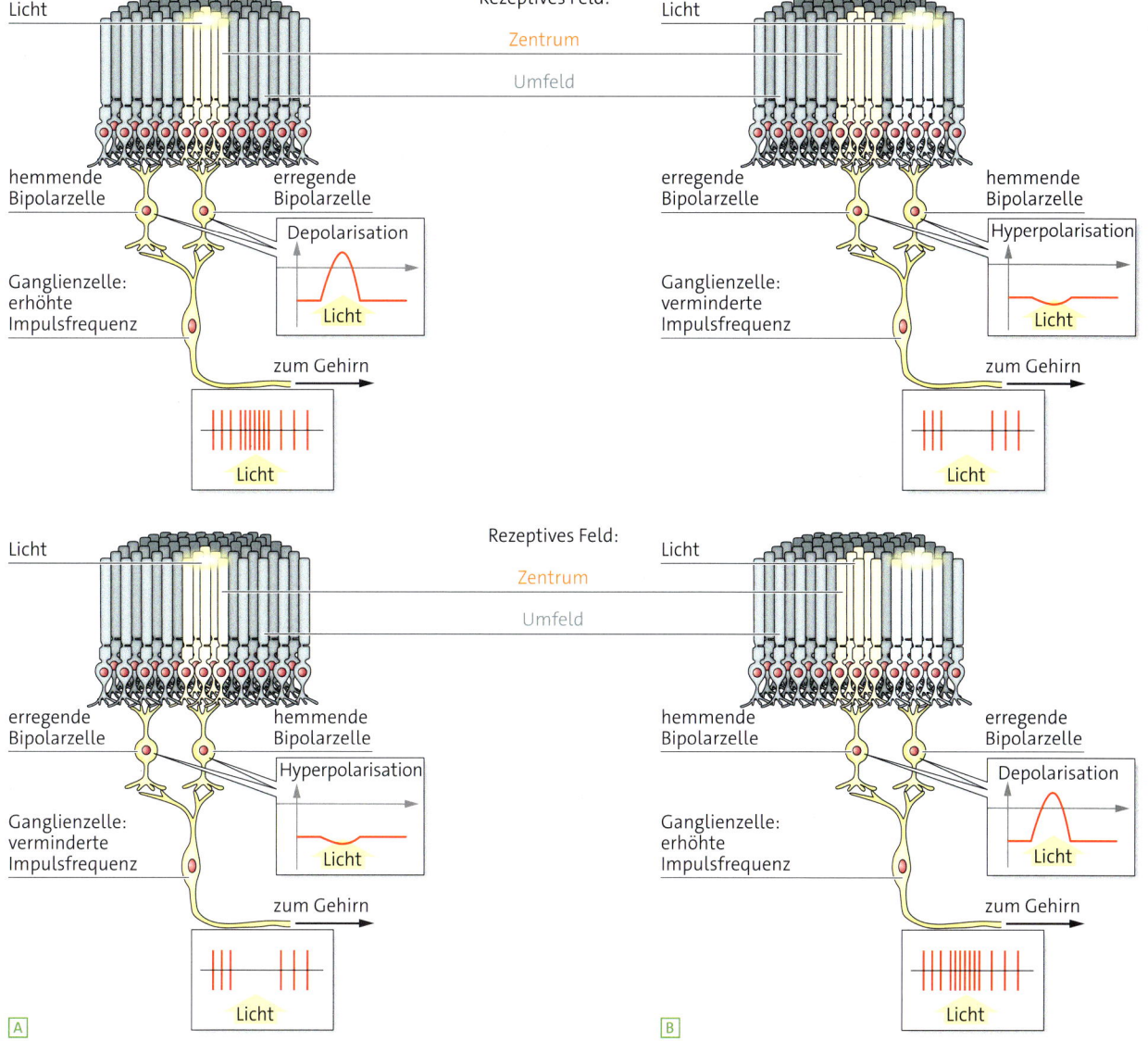

02 Rezeptive Felder: **A** Zentrum beleuchtet, **B** Umfeld beleuchtet

Solange die Helligkeit im Zentrum und im Umfeld gleich ist, reagiert die Ganglienzelle nicht, da sich die Aktivitäten der erregenden und hemmenden Bipolarzellen aufheben. Erst wenn Zentrum und Umfeld unterschiedlich hell beleuchtet werden, reagiert die Zelle, und zwar umso heftiger, je stärker der Unterschied ist: Die Ganglienzellen reagieren daher am stärksten auf helle Flecken vor dunklem Hintergrund.

Die Ganglienzellen liefern dem Gehirn also keine Informationen über die tatsächliche Helligkeit, sondern über Hell-Dunkel-Kontraste. Dem-

nach erfolgen bereits in der Retina erste Schritte der Bildverarbeitung. Die aus der Umwelt aufgenommenen Informationen werden gewichtet, indem besonders bedeutsame Informationen verstärkt und unwichtige vernachlässigt werden. Dies ist eine der wichtigsten Aufgaben der Retina.

1 ⌡ Erklären Sie mithilfe von Abbildung 02 die unterschiedlichen Reaktionen von Ganglienzellen auf Lichtreize in den Rezeptiven Feldern!

KONTRASTVERSTÄRKUNG · Die Ganglienzellen erhalten die Informationen von den Fotorezeptoren entweder auf direktem Weg über die Bipolarzellen oder über einen indirekten Weg: Die Horizontalzellen können Informationen von den Fotorezeptoren an benachbarte Fotorezeptoren weiterleiten, sodass deren Aktivität miteinander verrechnet wird. Ein Lichtreiz führt in den Fotorezeptoren zu einer Hyperpolarisation. Das Ausmaß der Hyperpolarisation hängt von der Reizstärke ab. Bei Fotorezeptoren, die von einem Lichtpunkt getroffen werden, hat die Hyperpolarisation eine Stärke von zum Beispiel 8. Bei benachbarten Fotorezeptoren beträgt sie zum Beispiel 4. Diese Aktivität wird auf die vorgeschalteten Bipolarzellen übertragen. Gleichzeitig hemmt jeder Fotorezeptor die Bipolarzellen der benachbarten Rezeptoren über die Horizontalzellen. Dabei ist die hemmende Wirkung umso größer, je stärker ein Fotorezeptor hyperpolarisiert wurde. Wenn die hemmende Wirkung zum Beispiel 25 Prozent beträgt, ergibt sich eine Erregungsstärke der Bipolarzellen im Lichtpunkt von $8-2-2=4$. Die Erregungsstärke der Bipolarzellen außerhalb des Lichtpunktes beträgt $4-1-1=2$. An der Grenzlinie zwischen Lichtpunkt und Dunkelheit beträgt die Erregungsstärke der Bipolarzellen $8-2-1=5$ beziehungsweise $4-1-2=1$. Diese hemmende Beeinflussung benachbarter Fotorezeptoren durch die Horizontalzellen wird als **laterale Inhibition** bezeichnet. Sie senkt zwar die Erregungsstärke, erhöht jedoch den Kontrast. Vor der lateralen Hemmung beträgt der Kontrast $8:4$, also $2:1$. Danach hat der Kontrast einen Wert von $5:1$.

Die laterale Inhibition führt letztendlich dazu, dass an den Trennlinien von dunklen und hellen Flächen die dunkle Fläche noch dunkler und die helle Fläche noch heller wahrgenommen wird. Inzwischen weiß man, dass es neben den Rezeptiven Feldern für Hell-Dunkel-Kontraste auch Rezeptive Felder gibt, die richtungsspezifisch auf Bewegungen reagieren. Farbunterschiede werden wiederum von anderen Ganglienzellen verarbeitet. Man kann sich die Ganglienzellen als neuronale Filter vorstellen, die aus der visuellen Information einer Szene bereits bestimmte Aspekte herausfiltern, zum Beispiel Kontrast, Bewegung und Farbe. Informationen über dasselbe Objekt werden also schon in der Retina auf unterschiedlichen Wegen parallel verarbeitet und getrennt an das Gehirn weitergeleitet.

VON DER RETINA INS GEHIRN · Die Axone aller Ganglienzellen verlassen gemeinsam durch die Austrittsstelle am Augapfel, den blinden Fleck, das Auge und bilden Bündel von

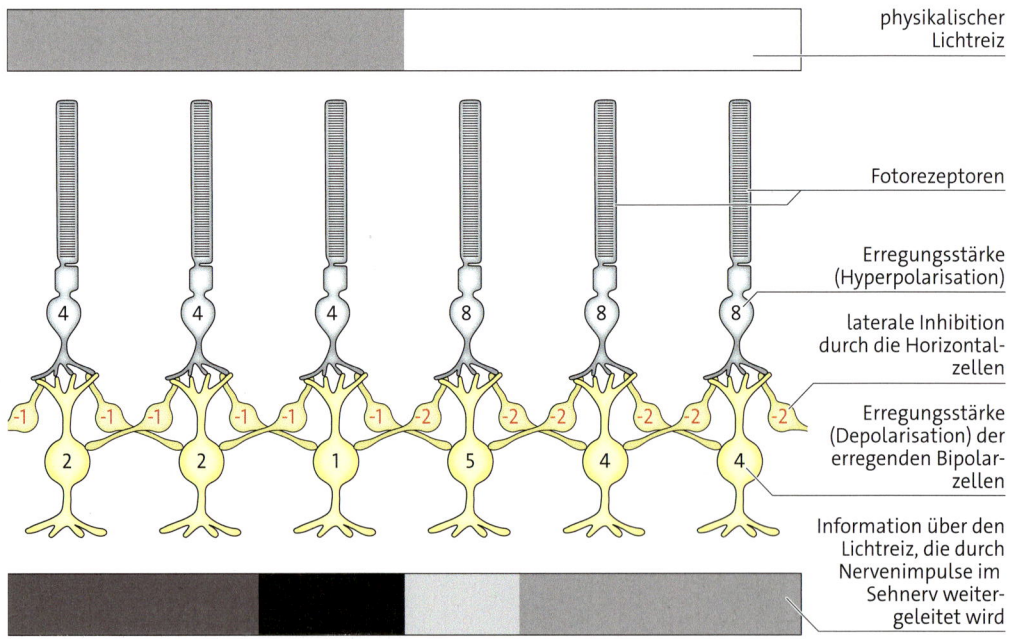

physikalischer
Lichtreiz

Fotorezeptoren

Erregungsstärke
(Hyperpolarisation)

laterale Inhibition
durch die Horizontal-
zellen

Erregungsstärke
(Depolarisation) der
erregenden Bipolar-
zellen

Information über den
Lichtreiz, die durch
Nervenimpulse im
Sehnerv weiter-
geleitet wird

03 Laterale
Inhibition

etwa einer Million Nervenfasern. Diese gebündelten Nervenfasern nennt man *Nervus opticus* oder **Sehnerv.** Er ist etwa 4,5 Zentimeter lang. Die Sehnerven beider Augen treten in einer Region in das Gehirn ein, die als Sehnervenkreuzung oder *Chiasma opticum* bezeichnet wird. Sobald die Nervenfasern aus den Sehnerven in das Gehirn eintreten, werden sie als **Sehbahn** bezeichnet.

Im Chiasma opticum kreuzen Teile der Nervenfasern zur gegenüberliegenden Seite des Gehirns. Die Aufteilung erfolgt so, dass alle Nervenfasern, deren Ursprung in den rechten Retinahälften beider Augen liegt, in die rechte Großhirnhälfte führen und umgekehrt. So gelangen die Informationen der linken Hälfte der Gesichtsfelder von beiden Augen in die rechte Hirnhälfte, die der rechten Hälfte der Gesichtsfelder in die linke Hirnhälfte. Jede Hirnhälfte erhält also Informationen von beiden Augen. Aufgrund der unterschiedlichen Blickwinkel erzeugt das Gehirn aus diesen Informationen ein räumliches, also ein dreidimensionales Bild.

Ausgehend vom Chiasma opticum führt die Sehbahn zum *Thalamus*. Ein Teil der Fasern zweigt jedoch schon vorher zu Reflexzentren im Mittelhirn ab. Diese lösen den Pupillenreflex und den Akkomodationsreflex aus. Die Sehbahn selbst verläuft zur **Sehrinde** im Hinterhauptlappen des Großhirns. Dieser Teil des Gehirns ist für die abschließende Verarbeitung der visuellen Information zuständig.

Bemerkenswert ist, dass benachbarte Orte der Retina im Thalamus und in der Sehrinde auch benachbart abgebildet werden. In den Hirnregionen, die an der Verarbeitung visueller Informationen beteiligt sind, entstehen auf diesem Wege neuronale Karten aus mehreren Zellschichten von bis zu 100 000 Neuronen. Das auf die Retina fallende Bild erfährt damit im Gehirn eine räumliche Rekonstruktion.

VERARBEITUNG VISUELLER INFORMATIONEN IM GEHIRN · Die besondere Bedeutung der visuellen Wahrnehmung für Menschen und andere Primaten kann man an der Größe und der Anzahl der an der Bildanalyse beteiligten Gehirnareale ablesen. Neben der Sehrinde, die

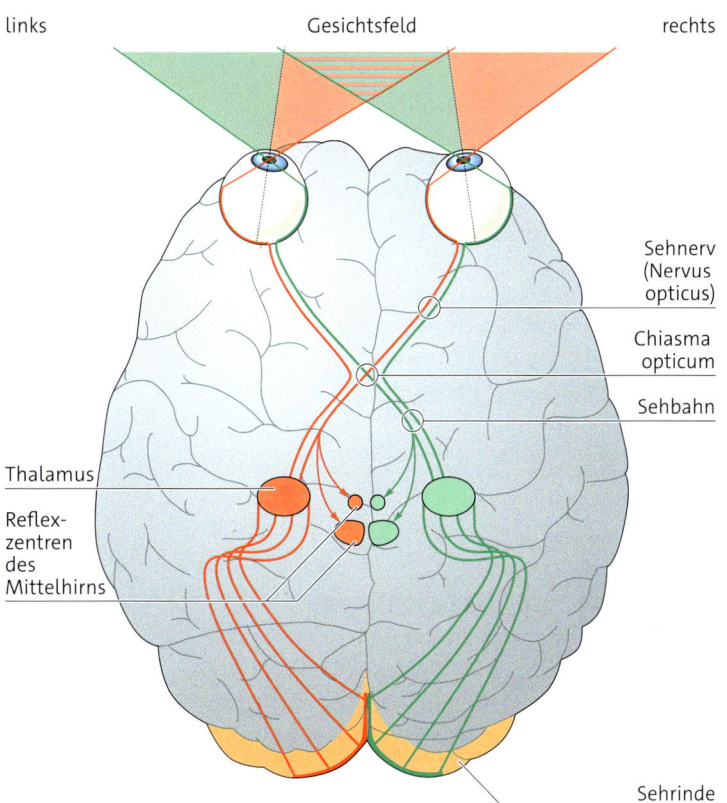

links Gesichtsfeld rechts

Sehnerv (Nervus opticus)

Chiasma opticum

Sehbahn

Thalamus

Reflexzentren des Mittelhirns

Sehrinde

04 Übersicht über die Sehbahn

etwa 15 Prozent der gesamten Großhirnrinde ausmacht, wurden bisher mehr als 30 weitere visuelle Areale beschrieben, die nicht alle im visuellen Kortex lokalisiert sind. Insgesamt sind etwa 60 Prozent der Großhirnrinde an der Wahrnehmung und Interpretation visueller Reize sowie an der Reaktion darauf beteiligt.

Analysiert man die Informationsverarbeitung des visuellen Systems auf der Ebene einzelner Neuronen, stellt man fest, dass die Zellen in der Retina die im visuellen Reiz enthaltene Information zerlegen, abstrahieren und in geordneter Form an die nächste Verarbeitungsstufe weiterleiten. Die Informationen vom Auge werden dann nochmals vom Thalamus gefiltert. Er besteht aus Nervenzellschichten, die jeweils nur auf Reize von einem Auge reagieren. Wie Versuche mit Affen ergeben haben, sind gewisse Zellen in jedem Areal nur dann aktiv, wenn sich das Tier eines visuellen Stimulus bewusst wird. Der Thalamus ist damit sozusagen das Tor zum Bewusstsein.

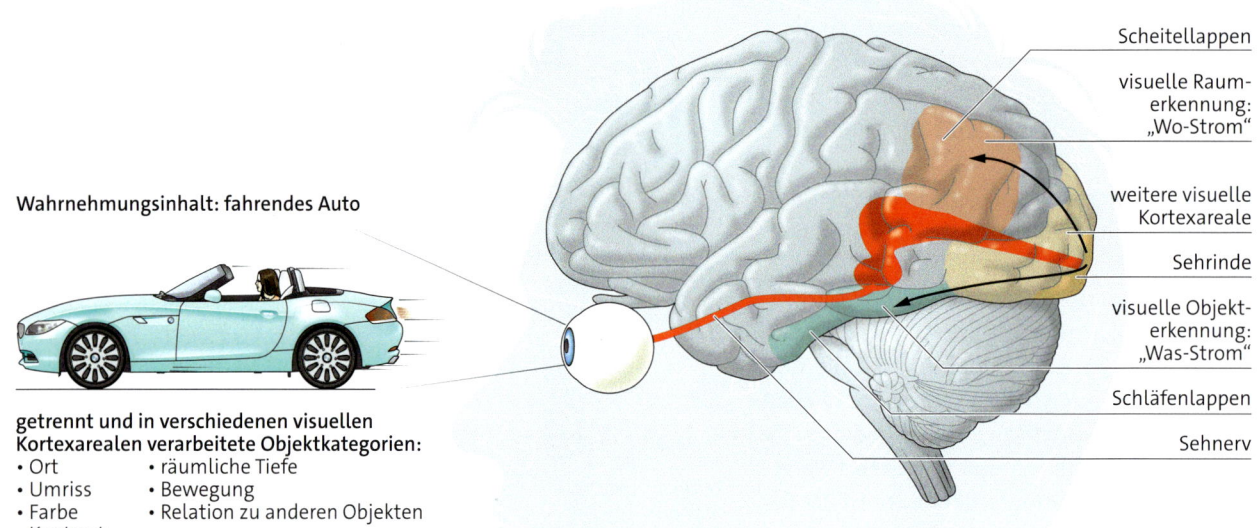

Wahrnehmungsinhalt: fahrendes Auto

getrennt und in verschiedenen visuellen
Kortexarealen verarbeitete Objektkategorien:
- Ort
- Umriss
- Farbe
- Kontrast
- räumliche Tiefe
- Bewegung
- Relation zu anderen Objekten
- ...

Scheitellappen

visuelle Raum-
erkennung:
„Wo-Strom"

weitere visuelle
Kortexareale

Sehrinde

visuelle Objekt-
erkennung:
„Was-Strom"

Schläfenlappen

Sehnerv

05 An der Verarbeitung visueller Informationen beteiligte Gehirnareale

KORTIKALE VERARBEITUNG · Vom primären visuellen Kortex, der Sehrinde, im Hinterhauptlappen ausgehend scheint die kortikale Verarbeitung visueller Informationen über zwei Hauptpfade zu verlaufen: Der eine führt zu einem Teil des Scheitellappens und der andere zu einem Teil des Schläfenlappens. Der Verarbeitungsstrom über den Scheitellappen dient der Steuerung von Handlungen beziehungsweise der Bewegungs- und Positionswahrnehmung. Er wird daher auch „Wo-Strom" genannt. Der Strom über den Schläfenlappen ist für das Erkennen von Objekten, also für die Farb-, Muster- und Formwahrnehmung von besonderer Bedeutung. Er wird daher auch „Was-Strom" genannt.

Eines der wesentlichen Prinzipien der visuellen Informationsverarbeitung, wenn nicht sogar der gesamten Informationsverarbeitung im Gehirn, ist dabei die **Modularität:** Neuronen, die für bestimmte Eigenschaften visueller Reize empfindlich sind, bilden funktionale Netzwerke, die als Module bezeichnet werden. Diese Module unterscheiden sich von anderen durch ihre Eingangssignale, ihr Antwortverhalten und ihre Verschaltungen. Die parallele Bildverarbeitung in den Modulen, ausgehend von der Retina über den Thalamus bis hin zur Sehrinde, bietet den Vorteil, dass sich große Informationsmen-

gen gleichzeitig verarbeiten lassen. Diese Informationen sind, bevor sie in unser Bewusstsein dringen, bereits gefiltert, in Einzelteile zerlegt, analysiert und interpretiert worden. Erst im Großhirn erfolgt dann die Neukonstruktion der Informationen zu einem einheitlichen Bild, wie zum Beispiel die Wahrnehmung eines vorbeifahrenden Autos.

Die interpretierende Wahrnehmung kann allerdings auch zu Fehlleistungen führen, wie an optischen Täuschungen deutlich wird. Bei den rotierenden Scheiben entsteht der Effekt durch die vielen verschiedenfarbenen Elemente, aus denen sich das Bild zusammensetzt. Das Gehirn erfasst das Gesehene und versucht es einzuordnen, findet hier allerdings keinen Orientierungspunkt. Die räumliche Lage der Objekte kann nicht zugeordnet werden, sodass sie verschwimmen. Und obwohl wir die Sinnestäuschung durchschauen, können wir sie nicht verhindern.

2 ⌡ Beschreiben Sie mithilfe eines Flussdiagramms, wie im Gehirn aus einem Seheindruck eine bewusste Wahrnehmung wird!

3 ⌡ Diskutieren Sie, welche Vorteile und Nachteile die Modularität der visuellen Informationsverarbeitung im Gehirn hat!

Material A ▶ **Das Halle-Berry-Neuron**

Halle Berry beim AFI Fest 2010 präsentiert von Audi

Halle Berry beim 4th Annual Celebrity Golf Classic im Wilshire Country Club, Los Angeles am 16.04.2012

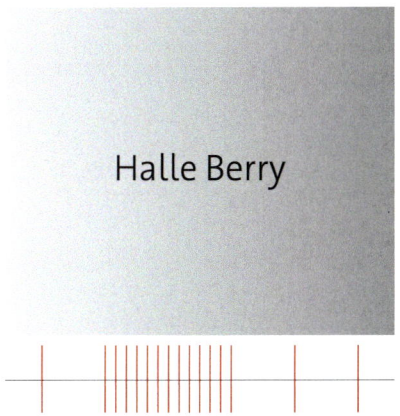

Halle Berry

Julia Roberts bei der Premiere von Larry Crowne in Los Angeles am 27.06.2011

Julia Roberts bei den 19. Critics Choice Awards am 16.01.2014 in Santa Monica

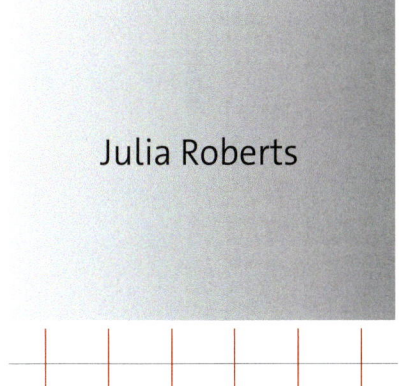

Julia Roberts

Jedes Bild, jeder Begriff oder jede Zahl wird im Gehirn durch Neuronen repräsentiert. Doch wie viele Zellen sind dafür nötig?

Ein umstrittenes Konzept ist die „Großmutterzellen"-Theorie. Sie besagt, dass eine einzige Nervenzelle ausreicht, um unsere Großmutter zu erkennen. Wissenschaftler untersuchten zur Überprüfung dieser Hypothese acht Epilepsiepatienten, denen im Verlauf ihrer Behandlung Tiefenelektroden ins Gehirn implantiert worden waren. Von besonderem Interesse für die Forscher waren dabei die Nervenströme in vier Regionen des limbischen Systems, das der Verarbeitung von Emotionen und der Entstehung von Triebverhalten dient. Die Wissenschaftler zeigten den Patienten verschiedene Bilder von berühmten Personen, Tieren, Objekten und Gebäuden. Bei einem Patienten reagierte ein bestimmtes Neuron auf alle Bilder der Schauspielerin Jennifer Aniston – aber nur, wenn diese allein abgebildet war. Wurde dem Patienten ein Bild von Jennifer Aniston zusammen mit dem Schauspieler Brad Pitt gezeigt, konnten die Forscher keine Reaktion dieser Nervenzelle feststellen. Zudem wurde das Neuron auch nicht durch Bilder anderer Persönlichkeiten, Gebäude, Tiere oder Objekte angeregt.

In einem anderen Experiment wurden einem Patienten Bilder der Schauspielerin Halle Berry gezeigt, woraufhin ebenfalls ein bestimmtes Neuron reagierte. Dieses wurde auch dann erregt, wenn Halle Berry als Catwoman verkleidet war – eine Rolle, die sie in einem Film verkörperte. Bilder von anderen Personen wie der Schauspielerin Julia Roberts aktivierten das Neuron jedoch nicht. Zusätzlich zeigte man den Patienten nur den Namen der Schauspielerinnen als Schriftzug.

Von 132 untersuchten Neuronen zeigten 51 eine Beständigkeit gegenüber einer bestimmten Person beziehungsweise einem bestimmten Tier, Gebäude oder Objekt.

A1 Erläutern Sie die Methode der elektrophysiologischen Ableitung an Epilepsiepatienten!

A2 Beschreiben und erklären Sie das Ergebnis der Ableitungen!

A3 Diskutieren Sie, inwiefern die entdeckten „Großmutterzellen" von Vorteil für unsere Wahrnehmung sein könnten!

Signaltransduktion und Rezeptorklassen

Der Empfang eines äußeren Signals löst in den Zellen eine Kette unterschiedlicher Reaktionen aus, welche die Information ins Zellinnere leiten und dabei verstärken. Ein Ligand aktiviert hierbei ein Rezeptorprotein in der Zellmembran. Dadurch wird eine Signalkette in Gang gesetzt, die zu einer x-fachen Verstärkung des ursprünglichen Signals führt. Diesen Vorgang nennt man **Signaltransduktion.**

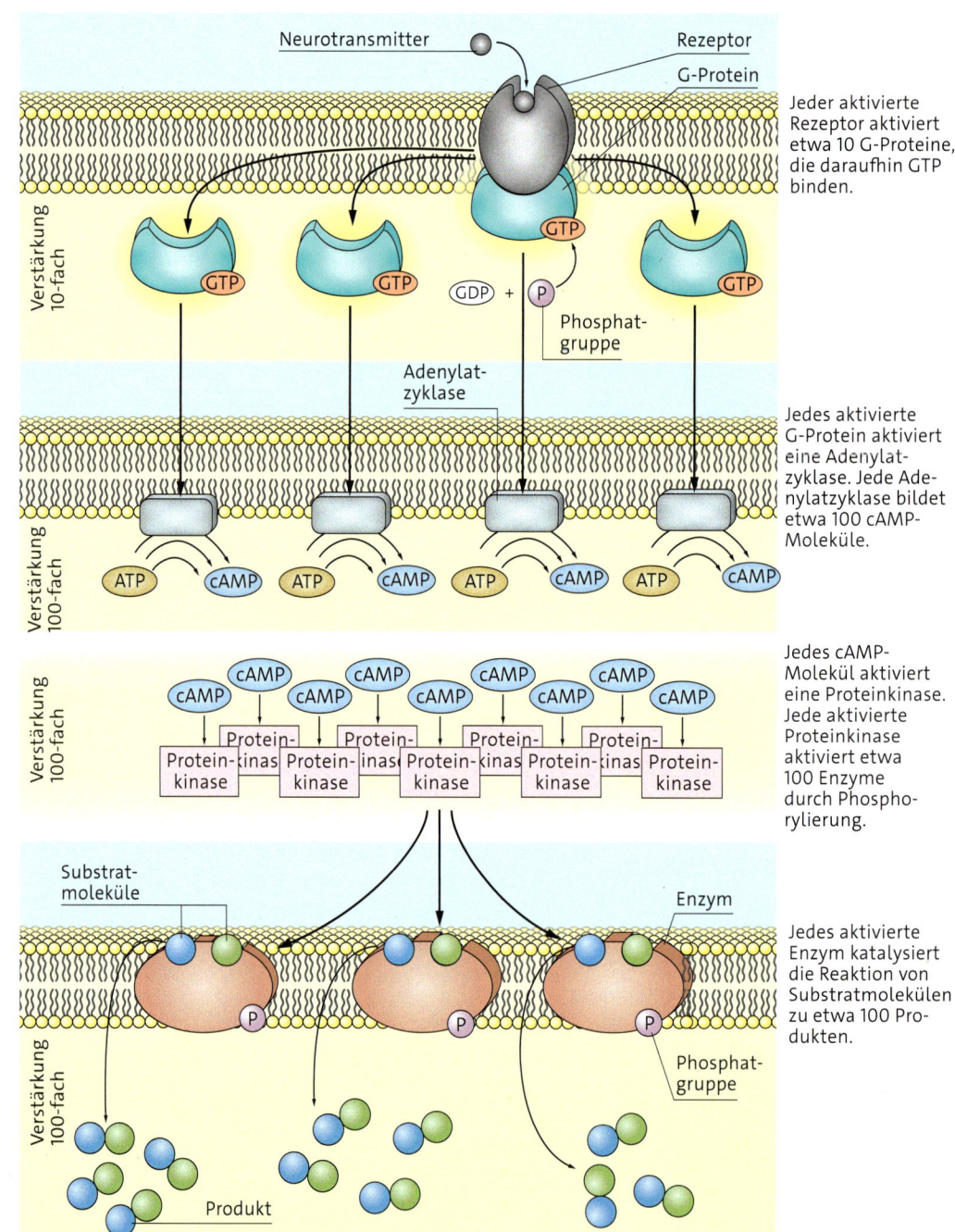

Jeder aktivierte Rezeptor aktiviert etwa 10 G-Proteine, die daraufhin GTP binden.

Jedes aktivierte G-Protein aktiviert eine Adenylatzyklase. Jede Adenylatzyklase bildet etwa 100 cAMP-Moleküle.

Jedes cAMP-Molekül aktiviert eine Proteinkinase. Jede aktivierte Proteinkinase aktiviert etwa 100 Enzyme durch Phosphorylierung.

Jedes aktivierte Enzym katalysiert die Reaktion von Substratmolekülen zu etwa 100 Produkten.

Es gibt drei Klassen von Rezeptoren auf der Zelloberfläche, die die Signale von außen ins Zellinnere transportieren:

1. Ionenkanal-gekoppelte Rezeptoren. Zu dieser Klasse gehören beispielsweise der Acetylcholin-Rezeptor oder der NMDA-Rezeptor.
2. G-Protein-gekoppelte Rezeptoren. Hierzu zählen unter anderem die Rezeptoren, die durch Adrenalin aktiviert werden, oder die Rezeptoren, die für die Verarbeitung von Licht-, Geruchs- und Geschmacksreizen verantwortlich sind.
3. Enzym-gekoppelte Rezeptoren. Diesen Rezeptortyp findet man zum Beispiel bei Wachstumsfaktoren, die in der Entwicklung eines Lebewesens oder bei der Reparatur von Geweben eine zentrale Rolle spielen. Auch der Insulin-Rezeptor gehört zu dieser Klasse.

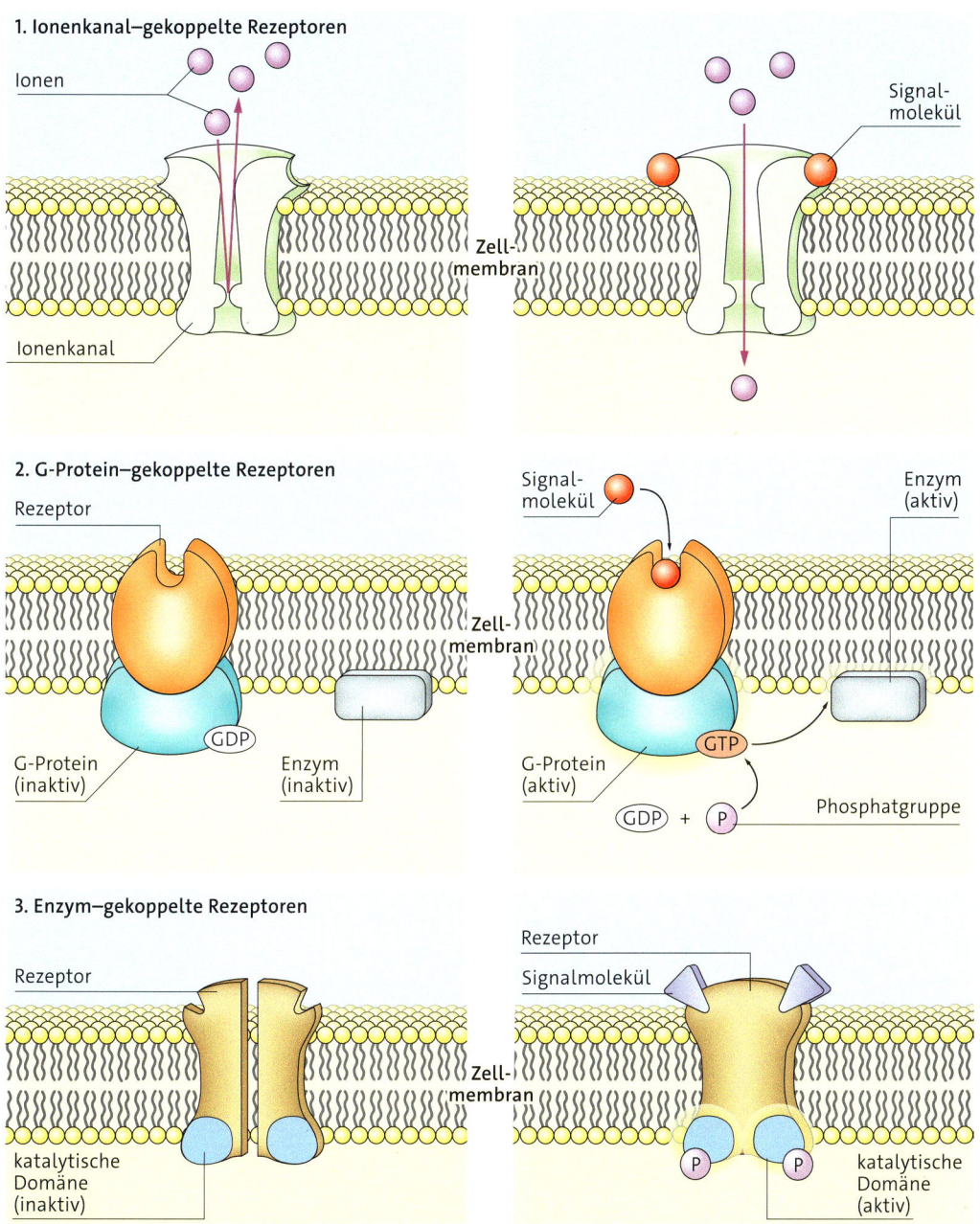

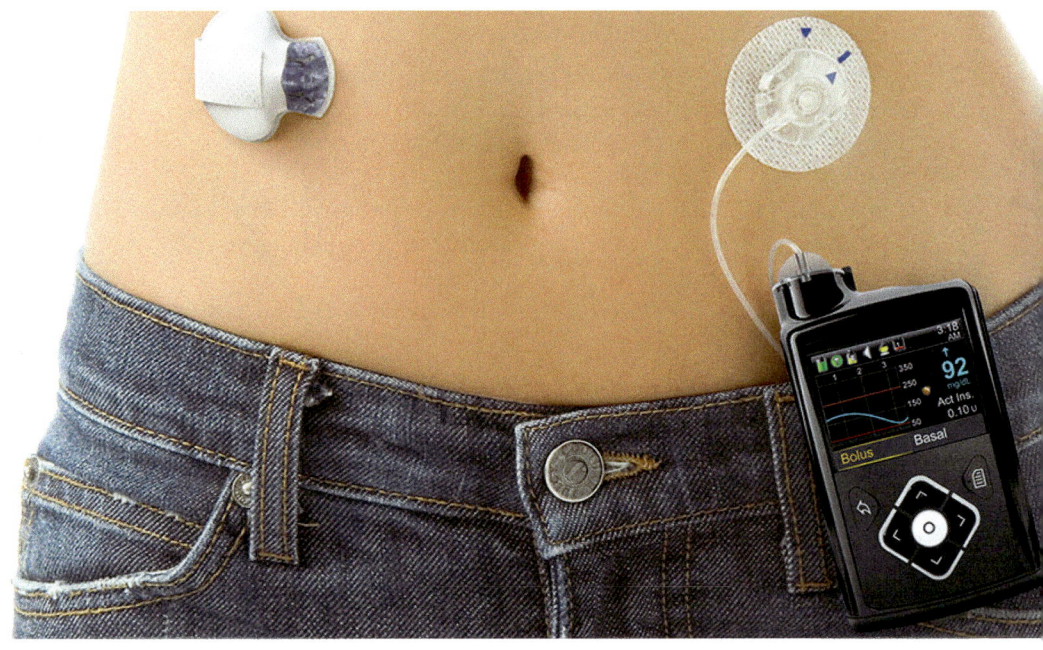

01 Insulinpumpe

Hormone regeln Lebensfunktionen

Eine junge Frau trägt an ihrem Gürtel ein kleines elektronisches Gerät, das mit einem Infusions set und einem Sensor in Verbindung steht. Der Sensor misst den aktuellen Glukosegehalt des Blutes und über das Infusionsset wird Insulin bei Bedarf mit der Pumpe injiziert. Die junge Frau ist Diabetikerin und auf die Insulingabe angewiesen. Was ist Insulin und welche Rolle spielt es in unserem Organismus?

Der Blutglukosespiegel wird umgangssprachlich als Blutzucker bezeichnet.

lat. secernere = absondern

PROTEOHORMONE · Diabetes mellitus ist eine der häufigsten Zivilisationskrankheiten. Es handelt sich um eine Stoffwechselerkrankung, bei welcher der Blutglukosespiegel ständig zu hoch ist, weil die Menge der nach Nahrungsaufnahme im Blut zirkulierenden Glukose nicht reduziert werden kann. Ursache für den Diabetes Typ I ist ein Mangel an Insulin. Als Behandlung hat sich die Injektion von Insulin etabliert, die manuell vor den Mahlzeiten erfolgt oder automatisch von Insulinpumpen gesteuert wird.

Bei Insulin handelt es sich um ein Protein aus 51 Aminosäuren, welches in den ß-Zellen der *Langerhans'schen Inseln* der Bauchspeicheldrüse sezerniert wird. Da es von spezialisierten Zellen produziert und abgegeben wird und eine spezifische Wirkung oder regulatorische Funktion erfüllt, gehört es zur Gruppe der chemischen Botenstoffe oder **Hormone.** Aufgrund der Zugehörigkeit zur Stoffklasse der Proteine oder Peptide bezeichnet man Insulin als *Proteohormon* oder **Peptidhormon.**

Wird Insulin über die Bauchspeicheldrüse abgegeben, gelangt es ins Blut und wird darüber leicht weitertransportiert, da es wasserlöslich ist. Zellmembranen stellen aber eine unüberwindliche Barriere dar. Daher entfalten alle Pep-

Schema der Insulinwirkung (Abbildung 02)

Insulin — Insulin-Rezeptor — Glukosetransport-protein — **extrazellulär**

Glukose

P — P — Tyrosinkinase

Insulin-Rezeptor-substrat

Protein-kinase B — P

ATP — ADP

Glykogen-synthese

Vesikel mit Glukose-transport-protein

intrazellulär

02 Schema der Insulinwirkung

tidhormone ihre Wirkungen indirekt, indem das Hormon zunächst extrazellulär an einen Rezeptor bindet. Durch die Bindung des Insulins an den spezifischen Rezeptor zum Beispiel einer Leber- oder Muskelzelle wird intrazellulär eine Tyrosinkinase aktiviert, die wiederum Insulin-Rezeptorsubstratproteine phosphoryliert. Darüber werden weitere kaskadenartige Reaktionswege eingeleitet und das Hormonsignal wird verstärkt. Die Aktivierung der Proteinkinase B bewirkt schließlich, dass Vesikel mit Glukosetransportproteinen mit der Zellmembran verschmelzen, Glukose in die Zelle gelangt und dort zu dem Speicherkohlenhydrat Glykogen synthetisiert wird. So sinkt schließlich durch die regulatorische Wirkung des Insulins der Glukosespiegel im Blut.

BLUTGLUKOSEREGULATION · Registrieren Glukoserezeptoren im Hypothalamus und in der Bauchspeicheldrüse, dass der Blutglukosewert unterhalb des Sollwerts von etwa 90 Milligramm pro Deziliter liegt, wird aus den α-Zellen der Langerhans'schen Inseln das Peptidhormon *Glukagon* ausgeschüttet. Es wirkt als Gegenspieler oder **Antagonist** zum Insulin. Bindet Glukagon an spezifische Rezeptoren der Leberzellen, wird der Kohlenhydratspeicher Glykogen zu Glukose abgebaut. Diese wird ins Blut abgegeben, sodass der Blutglukosespiegel steigt. Unterstützt wird dieser Prozess durch *Adrenalin*, ein Hormon, das vom Nebennierenmark produziert wird. Es gehört zur zweiten Stoffklasse der Hormone, den *Aminosäurederivaten*, weil es sich von der Aminosäure Tyrosin ableitet. Die Ausschüttung wird vom Hypothalamus über den Sympathikus des vegetativen Nervensystems gesteuert, der gleichzeitig auch die Insulinsynthese hemmt. Außerdem regt der Hypothalamus die Hypophyse zur Abgabe eines Hormons an, das in der Nebennierenrinde die Ausschüttung des Hormons *Cortisol* bewirkt. Es gehört zur dritten Stoffklasse der Hormone, den *Steroidhormonen*, und fördert die Glukosesynthese aus Aminosäuren.

Die Blutglukoseregulation erfolgt also über zwei Regelkreise, die einerseits von den Zellen der Langerhans'schen Inseln und andererseits vom Hypothalamus als Regler gesteuert werden.

Während die Erhöhung des Blutglukosespiegels über zwei Systeme geregelt wird, ist dessen Senkung allein vom Insulin abhängig. Daher ist ein Insulinmangel durch eine Fehlfunktion der ß-Zellen wie beim Diabetes Typ I oder ein Mangel an Insulin-Rezeptoren in den Zielzellen wie beim Diabetes Typ II mit schwerwiegenden Folgen für den Organismus wie Arteriosklerose, Infarktrisiko und Nervenschädigungen verbunden und war bis 1923 eine tödliche Krankheit.

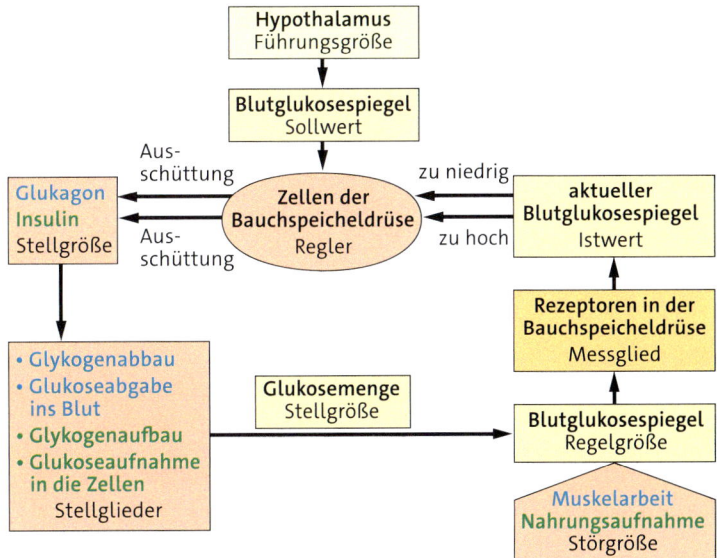

03 Regelung des Blutglukosespiegels durch Insulin und Glukagon

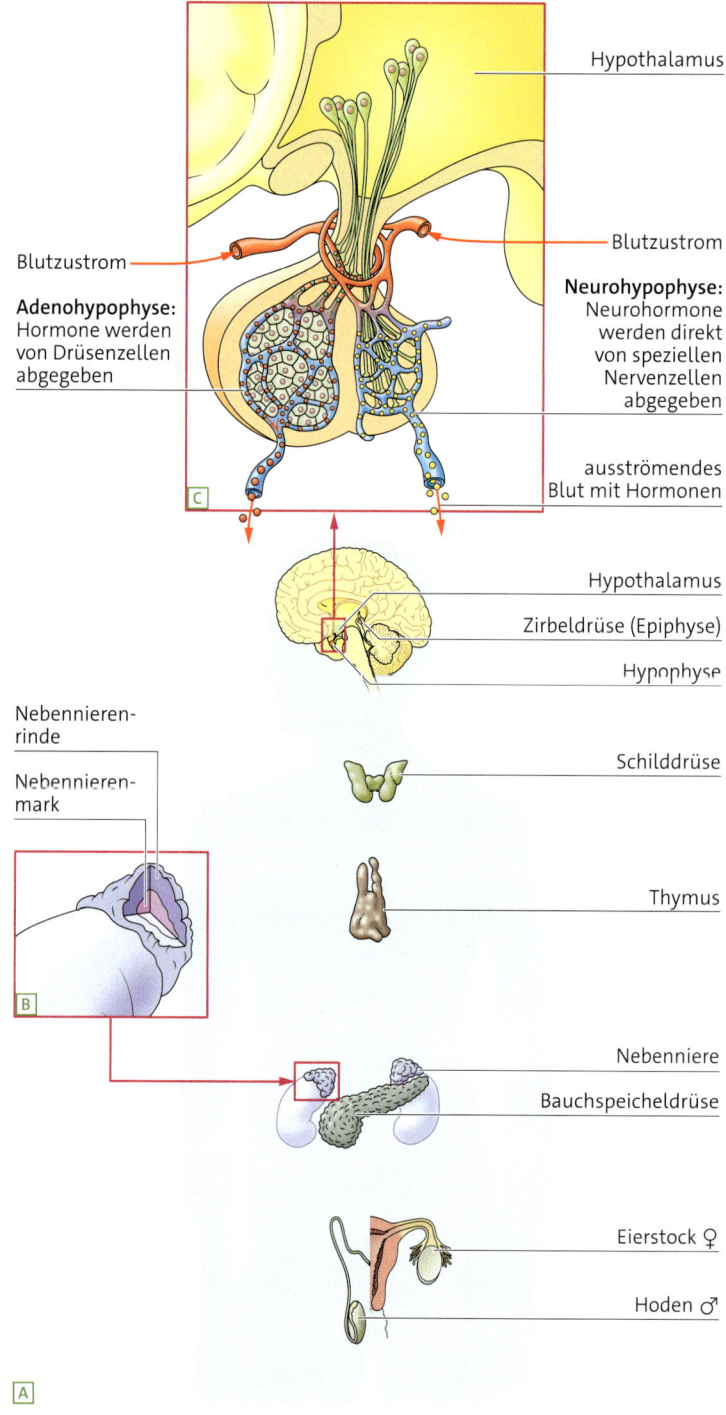

Hypothalamus

Blutzustrom

Blutzustrom

Adenohypophyse: Hormone werden von Drüsenzellen abgegeben

Neurohypophyse: Neurohormone werden direkt von speziellen Nervenzellen abgegeben

ausströmendes Blut mit Hormonen

C

Hypothalamus

Zirbeldrüse (Epiphyse)

Hypophyse

Nebennierenrinde

Nebennierenmark

Schilddrüse

Thymus

B

Nebenniere

Bauchspeicheldrüse

Eierstock ♀

Hoden ♂

A

04 Hormondrüsen des Menschen: **A** Lage im Körper, **B** Nebenniere, **C** Hypophyse

1 ⌡ Recherchieren Sie die Funktion des Thymus und der Epiphyse!

2 ⌡ Erklären Sie die besondere Bedeutung der Hypophyse!

ENDOKRINE DRÜSEN · Nur wenige Hormone werden von einzelnen Zellen sezerniert. Sie gelangen häufig über Diffusion zu ihren Zielzellen in der näheren Umgebung und werden nur selten im Blut transportiert. Man bezeichnet sie als Gewebehormone.

Die meisten Hormone werden von komplexen Drüsen gebildet und über das Blutgefäßsystem im Körper verbreitet. Da die Drüsen ihr Sekret nicht wie beispielsweise Schweißdrüsen nach außen, sondern ins Körperinnere abgeben, werden sie *endokrine Drüsen* genannt. Der Mensch verfügt über neun Hormondrüsen, von denen die nur kirschkerngroße Hypophyse aufgrund ihrer Funktion als Kontrollinstanz für viele Regelkreise eine besondere Rolle einnimmt.

HYPOPHYSE · Die Hypophyse ist durch einen Stiel mit einem Teil des Gehirns, dem Hypothalamus, verbunden und stellt die Verknüpfung zwischen Nerven- und Hormonsystem dar. Sie besteht aus zwei Teilen: Der Hinterlappen wird als *Neurohypophyse* bezeichnet. Dort enden Axone von Neuronen aus dem Hypothalamus, die an den Synapsenendknöpfchen an einem Blutkapillarsystem Adiuretin zur Regulation der Nierentätigkeit und Oxytocin zur Auslösung von Wehen abgeben. Da diese Hormone von Neuronen produziert werden, bezeichnet man sie als **Neurohormone.** Sie gelangen über die feinen Kapillaren in die Blutbahn. Der Vorderlappen ist die *Adenohypophyse.* Die in ihr enthaltenen Drüsenzellen werden über winzige Mengen von Freisetzungshormonen oder hemmenden Hormonen reguliert, die von neurosekretorischen Zellen des Hypothalamus an ein feines netzartiges Blutgefäßsystem abgegeben werden. Jeder Hypophysenzelltyp sezerniert ein anderes Hormon. Einige, wie das Follikelstimulierende Hormon, kontrollieren die Aktivität anderer Hormondrüsen, wie in diesem Falle die der Geschlechtsdrüsen. Solche Hormone werden als **glandotrope Hormone** bezeichnet. Andere in der Adenohypophyse produzierte Hormone beeinflussen direkt Zellen oder Gewebe wie die Endorphine oder das Wachstumshormon Somatotropin.

Material A ▸ Glukosetoleranztest

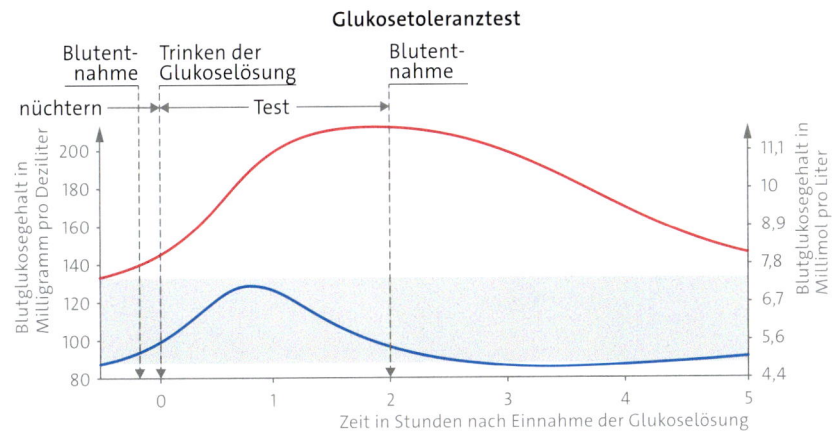

Vor einem Glukosetoleranztest darf ein Patient ungefähr zehn Stunden lang keine Nahrung aufnehmen. Der Test dient dazu, einen Diabetes Typ II, beispielsweise bei stark Übergewichtigen oder bei Schwangeren, zu erkennen.

A1 Beschreiben Sie, wie der Test durchgeführt wird!

A2 Deuten Sie die Kurvenverläufe und ordnen Sie die Kurven einer gesunden Person und einem Diabetiker zu!

Material B ▸ Blutglukoseregulation

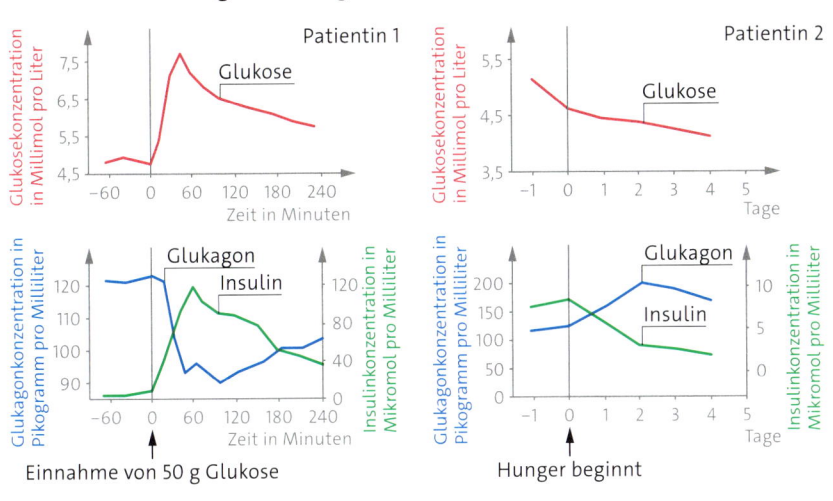

Bei Patientin 1 wurden vor und nach der oralen Aufnahme von 50 Gramm Glukose, bei Patient 2 vor und während eines viertägigen Fastens die grafisch dargestellten Werte bestimmt.

B1 Werten Sie die Ergebnisse der Glukose- und Insulinkonzentration im Blut nach oraler Aufnahme von Glukose aus!

B2 Erklären Sie den Verlauf der Glukagonkonzentration nach Glukoseaufnahme und während der Fastenzeit!

Material C ▸ Adrenalin

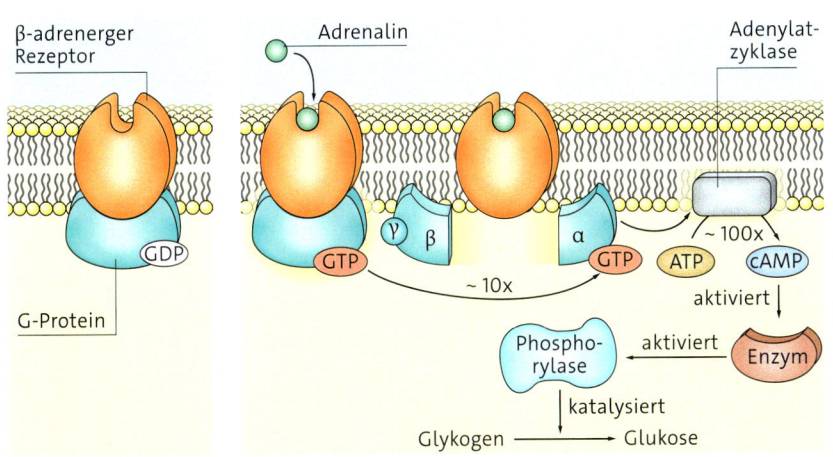

Adrenalin bewirkt in Leberzellen einen Abbau des Glykogens zu Glukose.

C1 Beschreiben Sie den Prozess von der Bindung des Adrenalins an den Rezeptor bis zum Glykogenabbau!

C2 Erläutern Sie die Funktion des Second-Messenger-Systems mit G-Protein und cAMP!

01 Bodybuilder

Steroidhormone

Muskelaufbau durch Training und gesunde Ernährung nötigt Sportlern viel Disziplin und Geduld ab. Deutlich schneller geht das Muskelwachstum vonstatten, wenn man illegale Substanzen einnimmt, die den Aufbaustoffwechsel fördern. Sie werden anabole Steroide oder Anabolika genannt. Es handelt sich dabei um synthetische Abkömmlinge des männlichen Sexualhormons Testosteron. Wie wirkt Testosteron?

WIRKUNG DES TESTOSTERONS · Testosteron gehört zu den männlichen Sexualhormonen, den *Androgenen*, kommt aber in geringerer Menge auch beim weiblichen Geschlecht vor. Denn über ein nur bei Frauen vorkommendes Enzym wird Testosteron zu Östradiol synthetisiert, das zu einer Gruppe der weiblichen Sexualhormone, den *Östrogenen*, gehört. Es gibt eine zweite Gruppe weiblicher Sexualhormone, die *Gestagene*. Alle Sexualhormone gehören aufgrund ihrer chemischen Struktur zu den **Steroidhormonen.** Sie alle haben einen ähnlichen Wirkmechanismus und sind lipidlöslich. Um im Blut zu den Zielzellen zu gelangen, benötigen Steroidhormone im Gegensatz zu den wasserlöslichen Peptidhormonen einen Transporter. Beispielsweise bindet Testosteron an ein globuläres Transportprotein. Nach der Abkopplung

vom Transporter gelangt es leicht durch die Lipiddoppelschicht in die Zielzelle und aktiviert dort einen Transkriptionsfaktor. Nur zusammen mit Testosteron bindet der Transkriptionsfaktor an die DNA und initiiert die Synthese eines bestimmten Proteins. Wenn auch in verschiedenen Geweben unterschiedliche Wirkungen erzielt werden, wirkt Testosteron grundsätzlich männliche Merkmale ausprägend, also *androgen*, und induziert den Aufbau körpereigener Substanz, es wirkt also *anabol*.

WEIBLICHER ZYKLUS · Sexualhormone werden vor allem in den *Gonaden*, den Hoden und Eierstöcken, produziert. Im Laufe der Entwicklung bewirken sie die Ausbildung der primären und sekundären Geschlechtsmerkmale und ab der Pubertät die Bildung und Reifung der *Gameten*, der Spermien- und Eizellen.
Der Prozess der Eizellenreifung wird vom Hypothalamus gesteuert, der über ein Freisetzungshormon, das Gonadotropin-Releasing-Hormon, kurz **GnRH,** die Adenohypophyse stimuliert. Diese schüttet das Follikelstimulierende Hormon, kurz **FSH,** und das Luteinisierende Hormon, kurz **LH,** aus. Da diese auf die Gonaden wirken, gehören sie zu den *gonadotropen Hormonen*. Nach Ausschüttung dieser beiden Hormone reift eine Eizelle zusammen mit den sie umgebenden Fol-

likelzellen heran, die daraufhin beginnen, Östradiol zu produzieren. Dies stimuliert die weitere Reifung der Eizelle und den Aufbau, die *Proliferation,* der Uterusschleimhaut. Das Ende dieser Follikelphase wird erreicht, wenn die Konzentration an Östradiol im Blut so hoch ist, dass über eine nur unter diesen Bedingungen vorkommende positive Rückkopplung die FSH- und LH-Ausschüttung über die Adenohypophyse gefördert wird. Der hohe LH-Spiegel löst den Eisprung, die **Ovulation,** aus und bewirkt, dass sich der Follikelrest zum Gelbkörper entwickelt. Er fungiert in der Lutealphase als endokrine Drüse und gibt Östradiol und **Progesteron** ab. Diese Hormone stimulieren während der Sekretionsphase die weitere Verdickung der Uterusschleimhaut und die Einlagerung von Nährstoffen als Vorbereitung auf die Einnistung eines Embryos. Zugleich hemmen sie die Freisetzung der gonadotropen Hormone, sodass sich kein weiterer Follikel entwickeln kann.

Nach 14 Tagen degeneriert der Gelbkörper, wenn sich kein Embryo in die verdickte Uterusschleimhaut eingenistet hat. Daher löst sich die Schleimhaut ab, und es kommt zur Menstruationsblutung. Die hemmende Wirkung des Gelbkörpers auf den Hypothalamus und die Hypophyse entfällt, sodass ein neuer Zyklus eingeleitet wird.

Für die hormonelle **Empfängnisverhütung** macht man sich diese negativ rückkoppelnde Wirkung der Östrogene und des Progesterons zunutze und verhindert mit der dosierten Hormongabe die Follikelentwicklung und den Eisprung.

RISIKEN DER ANABOLIKA · Die Einnahme anaboler Steroide ist gefährlich, weil die Hoden sich verkleinern und ihre Hormonproduktion einstellen und Männer ihre Zeugungsfähigkeit verlieren können. Außerdem ist das Muskelwachstum nicht nur auf die Skelettmuskulatur beschränkt. Eine Verdickung des Herzmuskels kann zu lebensgefährlichen Herzrhythmusstörungen bis hin zum Herztod führen. Auch Probleme mit der Nierenfunktion und der Psyche, zum Beispiel durch Depressionen, sind häufige Folgen des Missbrauchs. Bei Frauen können sich die sekundären Geschlechtsmerkmale verändern und der Menstruationszyklus kann gestört werden, sodass auch sie steril werden können.

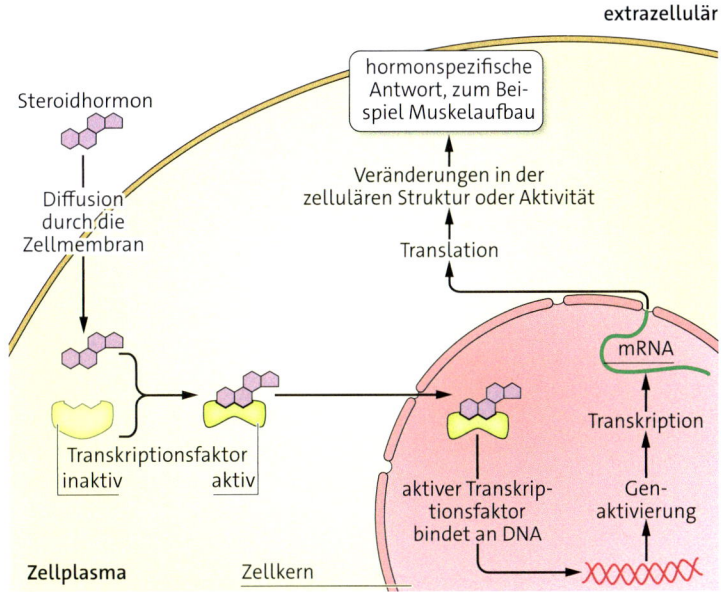

02 Wirkung eines Steroidhormons

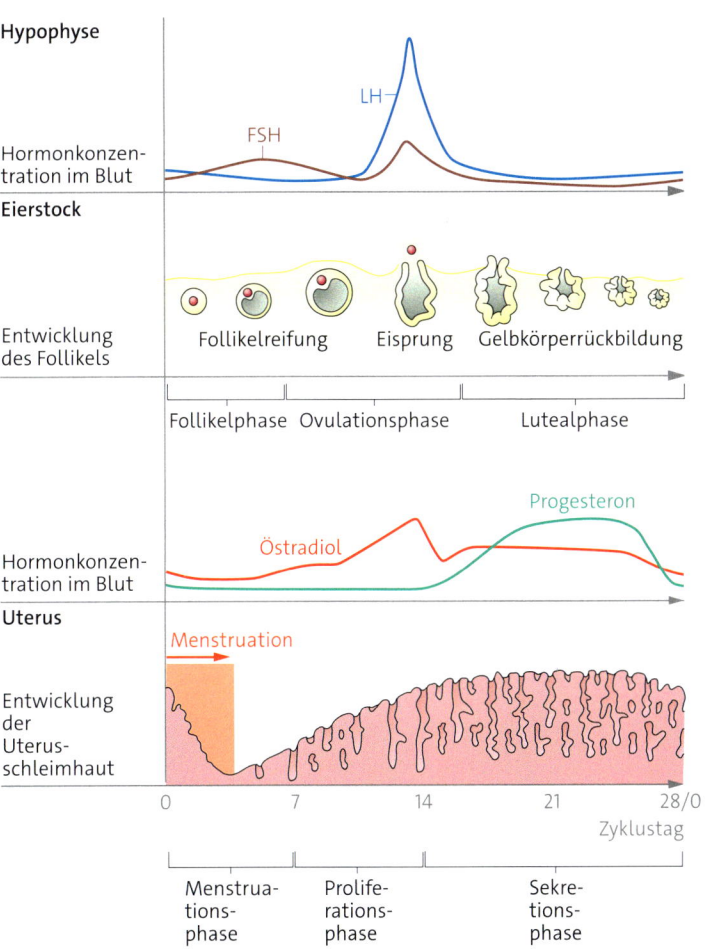

03 Weiblicher Zyklus

WIRKUNG DES THYROXINS · Die menschliche Schilddrüse besteht aus zwei Lappen, die unterhalb des Kehlkopfs vor der Luftröhre liegen. In ihren Epithelzellen werden die Hormone Triiodthyronin und Thyroxin produziert. Sie werden ins Blut abgegeben und beeinflussen an vielen Stellen im menschlichen Organismus den Stoffwechsel. Denn sie regen die Transkription einer Vielzahl von Genen in den verschiedensten Geweben an. So werden Enzyme für den Energie- und Baustoffwechsel hergestellt und insgesamt die Proteinbiosynthese stimuliert. Daher spielen die beiden Hormone beispielsweise bei Wachstums- und Entwicklungsprozessen eines Fetus und eines heranwachsenden Kindes eine besonders wichtige Rolle.

REGULATION DER THYROXINPRODUKTION · Durch äußere Einflüsse wie Temperatur oder Tageslänge wird im Hypothalamus die Bildung des *Thyreotropin-Releasing-Hormons*, kurz *TRH*, angeregt. Nach der Ausschüttung wird es über ein feines netzartiges Blutgefäßsystem zu den Drüsenzellen der Adenohypophyse transpor-

tiert. Dort regt es die Produktion von *Thyreotropin*, kurz *TSH*, an. Dieses Hormon gelangt über das Blut zur Schilddrüse und aktiviert die Schilddrüsenzellen, die Thyroxin herstellen. Wenn die Thyroxinkonzentration im Blut hoch ist, wird die Wirkung des TRH auf die Hypophysenzellen gehemmt und auch die Herstellung und Abgabe des TRH im Hypothalamus etwas reduziert. Zirkuliert also viel Thyroxin im Blut, wird weniger TSH hergestellt, sodass die Thyroxinproduktion verringert wird. Thyroxin hat somit eine **negativ rückkoppelnde Wirkung.** Ebenso inhibiert TSH die eigene Freisetzung in der Hypophyse und in geringem Maße die TRH-Herstellung und -Freisetzung im Hypothalamus.

SZINTIGRAFIE · Thyroxin wird aus zwei Tyrosinmolekülen gebildet, an die jeweils zwei Iodatome gebunden sind. Daher kann ohne Iod kein Thyroxin produziert werden, sodass die TSH-Konzentration hoch bleibt und immer mehr Schilddrüsenzellen produziert werden, um den Thyroxinmangel auszugleichen. Iodmangel in der Nahrung führt zu einer Schilddrüsenunterfunktion und durch das Zellwachstum zu einer Knoten- und Kropfbildung in der Schilddrüse. Um zwischen einem bösartigen Tumor und den häufiger vorkommenden gutartigen Schilddrüsenknoten zu unterscheiden, wird radioaktives Iod ins Blut injiziert, das sich im Körper ausbreitet und im Bereich der Schilddrüse vermehrt anreichert. Über eine spezielle Kamera werden diese Bereiche sichtbar gemacht. Man nennt dieses Verfahren *Szintigrafie*. Bei der Schilddrüse sind besonders solche Gebiete verdächtig, in denen wenig Strahlung zu erkennen ist: Bösartige Tumore verstoffwechseln das radioaktive Iod vergleichsweise schlecht. Diese Gebiete nennt man *kalte Knoten*. Dahinter kann sich eine Krebserkrankung verbergen. *Heiße Knoten* sind Gebiete, in denen das radioaktive Iod vermehrt angereichert wird. Sie deuten eher auf eine gutartige Schilddrüsenveränderung hin.

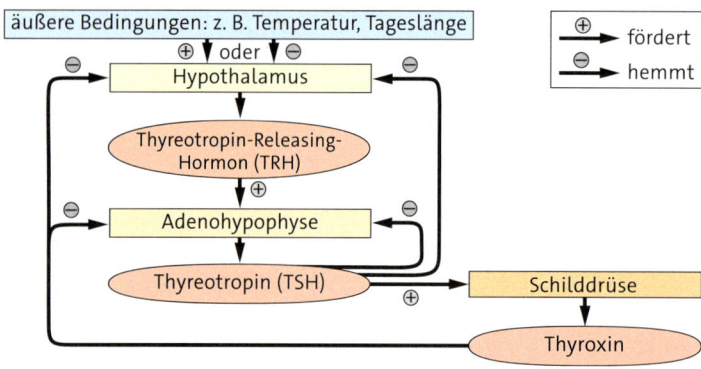

04 Regulation der Thyroxinproduktion

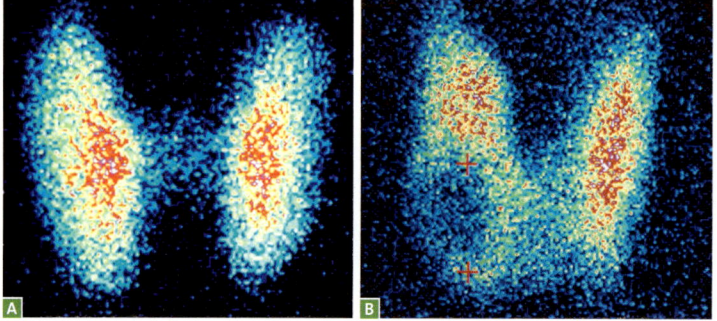

05 Szintigramm einer Schilddrüse: **A** gesund, **B** mit kaltem Knoten

1 ⌡ Beschreiben Sie die Wirkung des Testosterons!

2 ⌡ Beschreiben Sie das Regulationsprinzip bei der Thyroxinherstellung!

Material A ▸ Regulation des Wasserhaushalts

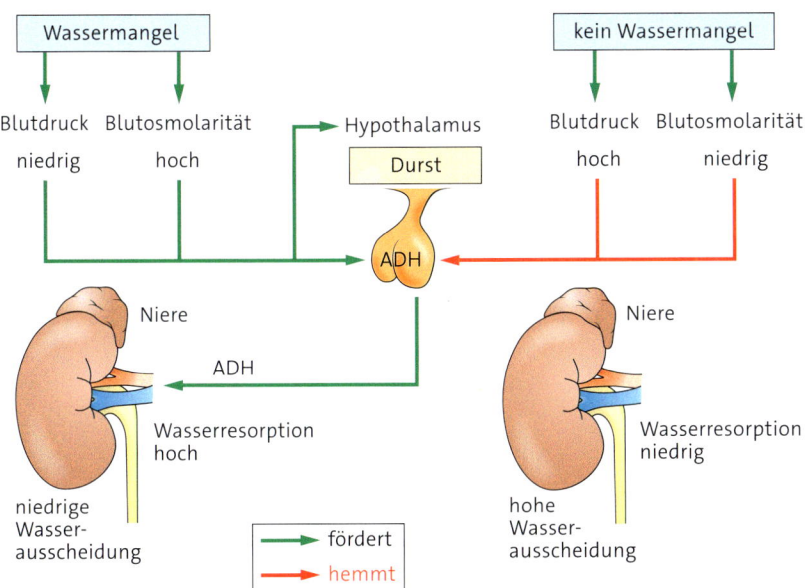

Die Regulation des Wasserhaushalts wird vom Hypothalamus gesteuert. Dieser reagiert auf Signale von Dehnungsrezeptoren der Aorta und der Halsschlagader, die bei starker Gefäßdehnung eine hohe Aktivität zeigen. Außerdem verfügt der Hypothalamus über sensorische Zellen, welche die Konzentration osmotisch wirksamer Substanzen messen.

A1 Beschreiben Sie die Mechanismen zur Regulation des Wasserhaushalts!

Material B ▸ Männliches Fortpflanzungssystem

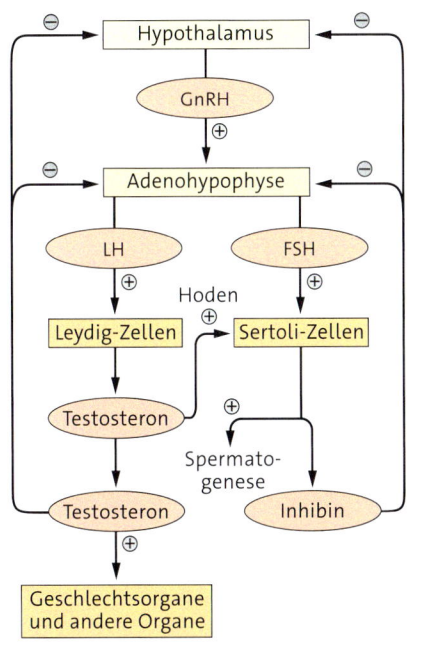

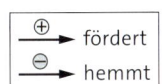

Die Spermienzellbildung und die Ausbildung sekundärer männlicher Geschlechtsmerkmale sind abhängig von Testosteron, das in den Leydig-Zellen der Hoden produziert wird.

B1 Beschreiben Sie die Regulation des Testosteronspiegels!

B2 Erklären Sie, welche Auswirkungen es hat, dass der Hypothalamus in der Pubertät weniger empfindlich gegenüber Testosteron ist!

Material C ▸ Rennechsen

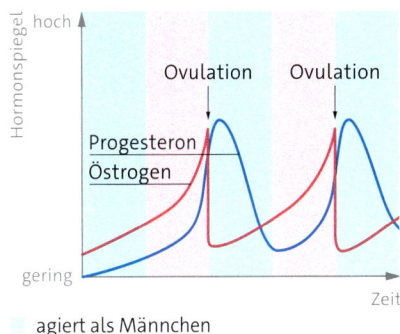

▢ agiert als Männchen
▢ agiert als Weibchen

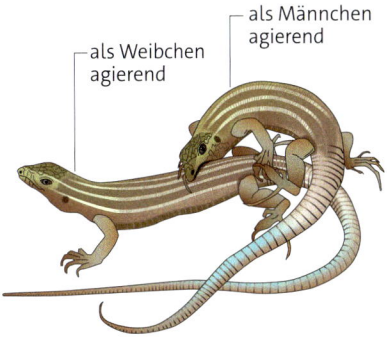

Innerhalb der Wirbeltiergruppen gibt es einige Vögel und Reptilien, die sich asexuell fortpflanzen können. Ein Beispiel ist die Sechsstreifen-Rennechse, *Cnemidophorus uniparens*, bei der die Population nur aus Weibchen besteht. Die Nachkommen entwickeln sich aus unbefruchteten diploiden Eizellen. Man nennt dies Parthenogenese.
Obwohl Spermienzellen weder produziert, noch übertragen werden, vollziehen die Echsen bei der Fortpflanzung ein Verhalten mit Werbung und Paarung, wie es bei zweigeschlechtlichen Echsen bekannt ist.

C1 Erklären Sie den Einfluss des Hormonspiegels auf das Sexualverhalten!

C2 Stellen Sie eine Hypothese auf, wie das Verhalten evolutionsbiologisch zu erklären ist!

01 Sprint zum Bus

Steuerung der Organe

autonomes
Nervensystem
siehe Seite 381

Der Bus steht schon an der Haltestelle. Trotz schwerer Tasche und müder Beine laufen die Schüler so schnell sie können. Als sie den Bus in letzter Sekunde erreichen, lassen sie sich keuchend und erhitzt auf die noch freien Plätze fallen. Es fühlt sich so an, als würde das Herz bis zum Hals schlagen, die Beine zittern. Kurze Zeit später wirken die Schüler wieder völlig erholt: Sie lachen und rangeln, als ob nichts gewesen sei. Wie stellt sich der Körper auf besondere Belastungen ein und wie erholt er sich wieder?

VEGETATIVES NERVENSYSTEM · Alle lebenswichtigen Funktionen des Körpers werden ohne unsere bewusste Kontrolle automatisch aufrechterhalten und ständig den jeweiligen Erfordernissen angepasst. So schwitzen wir, wenn der Körper durch Bewegung oder Sonneneinstrahlung erhitzt ist, oder atmen schneller, wenn wir uns anstrengen. Tag und Nacht werden zum Beispiel die Drüsen der Haut und des Verdauungstrakts, die glatte Muskulatur der inneren Organe und des Blutkreislaufs sowie das Herz mit Informationen versorgt und gesteuert. Diese Steuerung der inneren Organe wird von einem speziellen Teil des PNS geleistet. Es wird *vegetatives Nervensystem* genannt, da es für die grundlegenden Lebensfunktionen notwendig ist.

lat. vegetare
= beleben

Es hält die Funktion der Organe auch ohne unseren Willen, im Schlaf und sogar bei Bewusstlosigkeit selbstständig aufrecht. Deshalb heißt es auch autonomes Nervensystem. Durch seinen Einfluss werden die Körperfunktionen den unterschiedlichen Anforderungen von Ruhe und Belastung angepasst. Das vegetative Nervensystem ist somit entscheidend für die Regelung der Konstanthaltung innerer Zustände trotz äußerer Veränderungen, der **Homöostase.**

BAU DES VEGETATIVEN NERVENSYSTEMS · Das vegetative Nervensystem besteht aus dem *Sympathikus,* dem *Parasympathikus* und dem *Darmnervensystem,* das in der Darmwand liegt und die Aktivität von Magen und Darm völlig autonom steuert. Sympathikus und Parasympathikus innervieren die meisten Organe mit jeweils zwei synaptisch verknüpften, efferenten Neuronen. Die Zellkörper der *präganglionären Neuronen* liegen im Hirnstamm und Rückenmark. Ihre Axone ziehen zu Ansammlungen von Nervenzellkörpern, den *Ganglien,* außerhalb des Rückenmarks. Dort haben sie synaptischen Kontakt zu jeweils einem *postganglionären Neuron,* das das jeweilige Zielorgan innerviert. Die Ganglien des Sympathikus bilden links und rechts der Wirbelsäule eine Ganglienkette, den *Grenzstrang.*

SYMPATHIKUS UND PARASYMPATHIKUS ·
Alle Organe, mit Ausnahme der Schweißdrüsen, der Blutgefäße und des Nebennierenmarks, werden sowohl vom Parasympathikus als auch vom Sympathikus innerviert. Die meisten postganglionären Axone des Sympathikus setzen den Transmitter *Noradrenalin* frei, die Neuronen des Parasympathikus dagegen *Acetylcholin*. An den Zielorganen haben die beiden neuronalen Systeme deshalb entgegengesetzte Effekte. Zum Beispiel reagiert das Herz auf Noradrenalin mit einer Steigerung der Schlagfrequenz, auf Acetylcholin mit einer Absenkung. Im Verdauungstrakt hyperpolarisiert Noradrenalin die Muskelzellen der Darmwand, woraufhin die Darmtätigkeit gehemmt wird. Acetylcholin dagegen steigert die Aktivität dieser Muskeln. Die Aktivierung des Sympathikus führt somit zur Mobilisierung von Energie und ermöglicht eine rasche Anpassung an Leistungssituationen. Die Versorgung der Muskeln wird verbessert, indem der Herzschlag beschleunigt und die Atmung vertieft wird. Gleichzeitig wird der Glykogen- und Fettabbau in der Leber gesteigert, sodass genügend Energiereserven zur Verfügung stehen. Da diese leistungssteigernde Reaktion den Organismus auf Flucht oder Angriff vorbereitet, wird sie als *Flight-or-fight-Reaktion* bezeichnet.

Kommt der Körper nach der Belastung zur Ruhe, so unterstützt der Parasympathikus alle Veränderungen, die zur Erholung und zur Regenerierung der Energiereserven führen: Die Magen- und Darmtätigkeit wird gefördert, Herzschlag und Atmung verlangsamt. Da die Wirkung der beiden Teile des vegetativen Nervensystems an den meisten Organen gegenläufig ist, bezeichnet man sie als **Antagonisten.** In ihrer Gesamtwirkung für die Anpassung des Organismus an die jeweiligen Bedingungen ergänzen sich die Wirkungen von Sympathikus und Parasympathikus. Sie wirken im Gesamtorganismus als **Synergisten.**

1 Fassen Sie tabellarisch die leistungs- und erholungsfördernden Wirkungen des Sympathikus und des Parasympathikus zusammen!

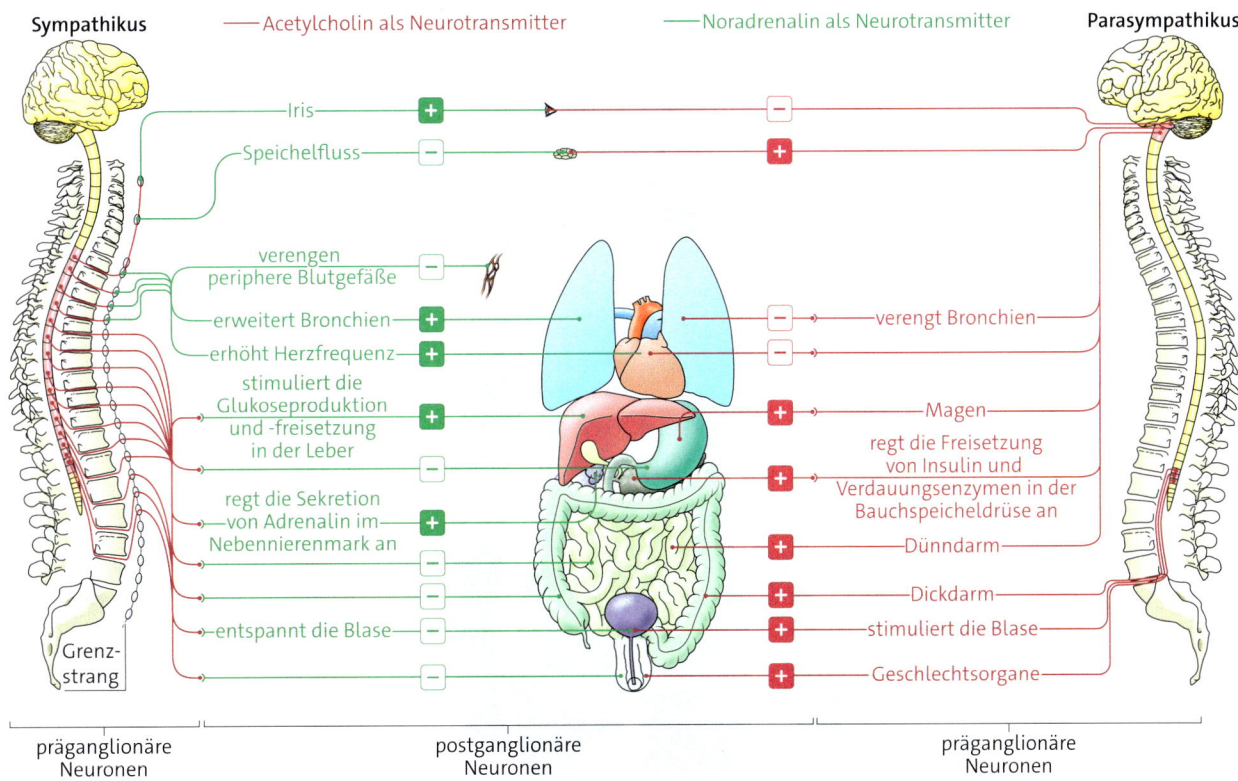

Sympathikus ——Acetylcholin als Neurotransmitter ——Noradrenalin als Neurotransmitter Parasympathikus

Iris + −
Speichelfluss − +
verengen periphere Blutgefäße −
erweitert Bronchien + − verengt Bronchien
erhöht Herzfrequenz + −
stimuliert die Glukoseproduktion und -freisetzung in der Leber + + Magen
− + regt die Freisetzung von Insulin und Verdauungsenzymen in der Bauchspeicheldrüse an
regt die Sekretion von Adrenalin im Nebennierenmark an +
− + Dünndarm
− + Dickdarm
entspannt die Blase − + stimuliert die Blase
− + Geschlechtsorgane

Grenz-strang

präganglionäre Neuronen | postganglionäre Neuronen | präganglionäre Neuronen

02 Wirkung von Sympathikus und Parasympathikus auf verschiedene Organe

03 Stresssituation im Straßenverkehr

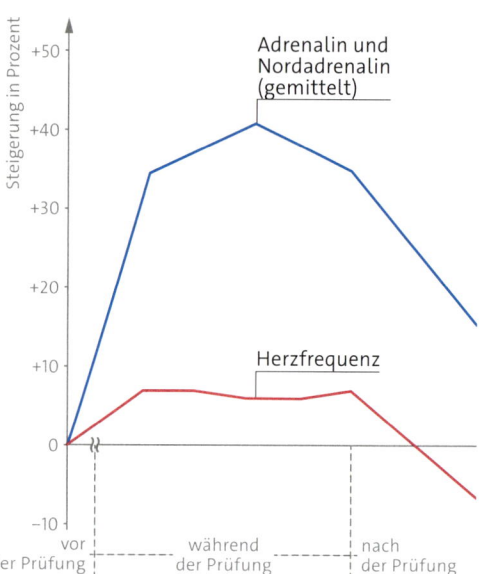

04 Körperliche Reaktionen während einer Prüfungssituation

STRESSREAKTION · Eine plötzlich auftauchende Gefahr wie ein schnell herannahendes Auto, psychischer Stress zum Beispiel während einer Prüfungssituation, aber auch ein Bungee Jump lösen eine typische, immer wieder ähnliche physiologische Reaktion aus, die erstmals vom österreichischen Mediziner Hans SEYLE **Stress** genannt wurde. Diese Stressreaktion versetzt den Körper in einen aktivierten Zustand, einen Alarmzustand. Typische Anzeichen sind erweiterte Pupillen, Blutdruckanstieg, bleiche Haut, Muskelanspannung und kalter Schweiß. Die Aufmerksamkeit ist ganz auf die tatsächliche oder vermeintliche Bedrohung gerichtet, wir sind hellwach. Die inneren oder äußeren Reize, die die Stressreaktion bewirken, werden **Stressoren** genannt. Durch die sehr rasche physiologische Reaktion auf Stressoren wird der Organismus auf Flucht oder Kampf vorbereitet, um die Gefahr zu bewältigen. Die Stressreaktion entwickelte sich im Laufe der Evolution als rasche Anpassungsreaktion in der Auseinandersetzung mit gefährlichen Situationen und plötzlichen Belastungen.

Während die physiologischen Abläufe einer Stressreaktion genetische Grundlagen besitzen, lernt der Organismus durch Erfahrung, welche Situationen stressauslösend sind und wie intensiv sie wirken. Bewertet das Gehirn einen

engl. stress = Druck, Anspannung, Beanspruchung

Reiz als Stressor, so lässt sich eine Aktivierung des Hypothalamus, der zum limbischen System gehört, nachweisen. Der Hypothalamus hat neuronale Verbindungen zum vegetativen Nervensystem und über die Hypophyse hormonellen Kontakt zum Hormonsystem des Körpers. Der Hypothalamus steuert so die Zusammenarbeit des ZNS, des vegetativen Nervensystems und des Hormonsystems.

STRESSSYSTEM · Der Hypothalamus bewirkt die Stressreaktion über zwei Wege, die beiden Stressachsen. Die **neuronale Stressachse** verläuft über Nervenverbindungen zu Neuronen im Hirnstamm, die Noradrenalin als Transmitter ausschütten. Dadurch wird der Sympathikus aktiviert. Die Nerven des Sympathikus innervieren das Nebennierenmark, das daraufhin die Hormone **Adrenalin und Noradrenalin** ins Blut ausschüttet. Durch die Zunahme des Adrenalin- und Noradrenalinspiegels im Blut wird die leistungsfördernde Wirkung des Sympathikus deutlich gesteigert. Die Versorgung von Herz, Gehirn und Muskulatur mit Sauerstoff und energiereicher Glukose wird verbessert, indem Herzfrequenz, Blutdruck und Blutglukosespiegel steigen. Gleichzeitig werden alle anderen Funktionen des Körpers reduziert. Der Organismus befindet sich in der *Alarmphase*.

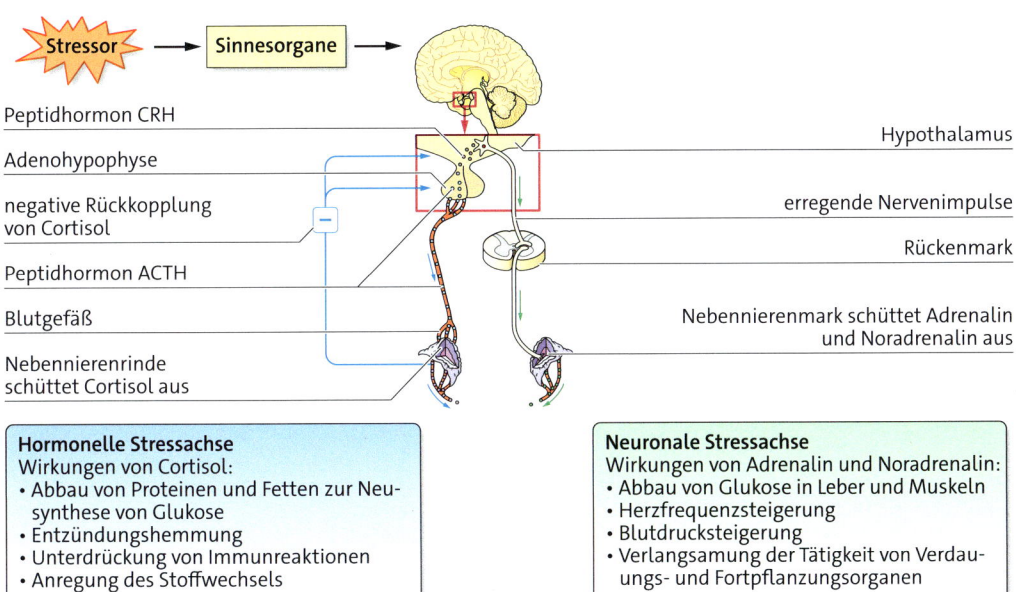

Stressor → **Sinnesorgane** →

Peptidhormon CRH

Adenohypophyse

negative Rückkopplung
von Cortisol

Peptidhormon ACTH

Blutgefäß

Nebennierenrinde
schüttet Cortisol aus

Hypothalamus

erregende Nervenimpulse

Rückenmark

Nebennierenmark schüttet Adrenalin
und Noradrenalin aus

Hormonelle Stressachse
Wirkungen von Cortisol:
• Abbau von Proteinen und Fetten zur Neu-
  synthese von Glukose
• Entzündungshemmung
• Unterdrückung von Immunreaktionen
• Anregung des Stoffwechsels

Neuronale Stressachse
Wirkungen von Adrenalin und Noradrenalin:
• Abbau von Glukose in Leber und Muskeln
• Herzfrequenzsteigerung
• Blutdrucksteigerung
• Verlangsamung der Tätigkeit von Verdau-
  ungs- und Fortpflanzungsorganen

05 Neuronale
und hormonelle
Steuerung der
Stressreaktion

Über die **hormonelle Stressachse** bewirkt der Hypothalamus durch die Freisetzung des Peptidhormons CRH die Ausschüttung des Peptidhormons ACTH aus der Hypophyse. ACTH gelangt in den Blutkreislauf und regt die Nebennierenrinde an, das Steroidhormon **Cortisol** ins Blut abzugeben. Cortisol beeinflusst nahezu alle Organe unseres Körpers. Es unterstützt die Energiebereitstellung, indem es durch den Abbau von Proteinen auch längerfristig das Vorhandensein von Glukose im Blut sichert. Gleichzeitig werden Entzündungsprozesse und die spezifische Immunabwehr unterdrückt. Durch die hormonelle Stressachse werden die Widerstandskraft und Leistungsfähigkeit des Körpers in belastenden Situationen über eine etwas längere Zeit aufrechterhalten. Der Organismus befindet sich in der *Widerstandsphase*.

Da Adrenalin, Noradrenalin und Cortisol typischerweise in einer Stresssituation ausgeschüttet werden, bezeichnet man sie als *Stresshormone*. Cortisol wirkt hemmend auf die Hormonfreisetzung im Gehirn. Gleichzeitig werden Stresshormone abgebaut. Dadurch sinkt die Stresshormonmenge im Blut und die Stressreaktion lässt nach. Wird die stressauslösende Situation bewältigt, zeigt das Belohnungszentrum eine höhere Aktivität und Dopamin wird ausgeschüttet. Die Anspannung sinkt, ein Zufriedenheitsgefühl entsteht.

LANGZEITSTRESS · Werden Menschen und Tiere dauerhaft Stressoren ausgesetzt, so bleibt die Aktivierung der Stressachsen erhalten und die Menge an Stresshormonen im Blut hoch. Dies führt zu einer *Erschöpfungsphase*, in der die hormonelle Regulation der Stressreaktion zusammenbricht.

Die Funktion der Nebennierenrinde kann im Laufe der Zeit beeinträchtigt werden. Dies hat auf Dauer schwerwiegende gesundheitliche Folgen, wie zum Beispiel Bluthochdruck oder eine erhöhte Anfälligkeit für Infektionskrankheiten. Auch verschiedene Krebserkrankungen werden mit Langzeitstress in Zusammenhang gebracht.

CRH = Corticotropin-Releasing-Hormon

ACTH = adrenocorticotropes Hormon; Synonym Corticotropin

2 Beschreiben Sie am Beispiel des Sprints zum Bus, wie das vegetative Nervensystem Phasen der Leistung und der Erholung steuert!

3 Erklären Sie die Zusammenarbeit von Nervensystem und Hormonsystem an einem selbst gewählten Beispiel einer Stresssituation!

4 Erläutern Sie, weshalb das Stresshormon Cortisol bei Gesunden auch als Stressbremse bezeichnet werden kann!

Material A ▸ Adrenalin

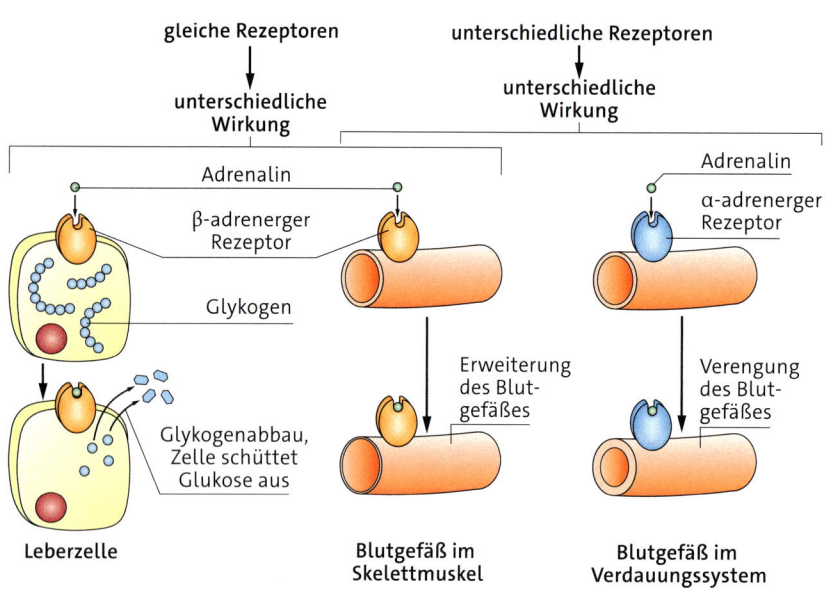

gleiche Rezeptoren
↓
unterschiedliche Wirkung

unterschiedliche Rezeptoren
↓
unterschiedliche Wirkung

Adrenalin

β-adrenerger Rezeptor

Glykogen

Glykogenabbau, Zelle schüttet Glukose aus

Leberzelle

Erweiterung des Blutgefäßes

Blutgefäß im Skelettmuskel

Adrenalin

α-adrenerger Rezeptor

Verengung des Blutgefäßes

Blutgefäß im Verdauungssystem

Die Zellen verschiedener Organe des menschlichen Körpers weisen unterschiedliche Typen von Adrenalin-Rezeptoren auf.

A1 Beschreiben Sie die Wirkung von Adrenalin an den verschiedenen Zielorganen!

A2 Erläutern Sie, weshalb die Ausschüttung von Adrenalin durch das Nebennierenmark bei Stress die Wirkung des Sympathikus unterstützt!

Material B ▸ Blutdruck- und Pulsregulation

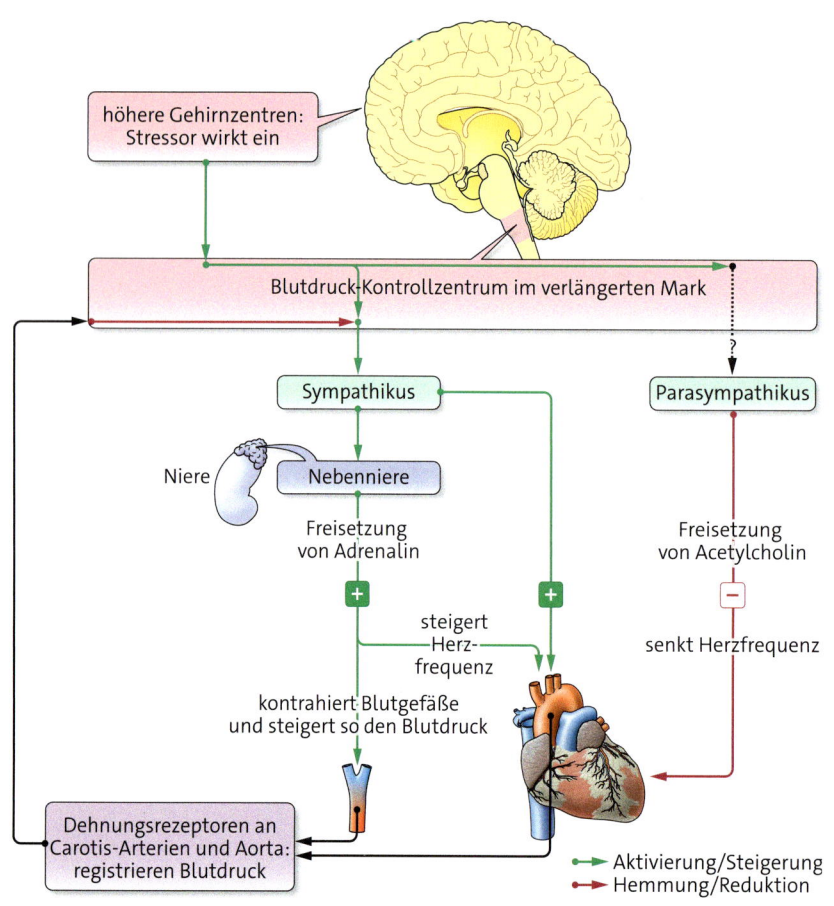

höhere Gehirnzentren: Stressor wirkt ein

Blutdruck-Kontrollzentrum im verlängerten Mark

Sympathikus

Parasympathikus

Niere

Nebenniere

Freisetzung von Adrenalin

Freisetzung von Acetylcholin

+ steigert Herzfrequenz

+

− senkt Herzfrequenz

kontrahiert Blutgefäße und steigert so den Blutdruck

Dehnungsrezeptoren an Carotis-Arterien und Aorta: registrieren Blutdruck

→ Aktivierung/Steigerung
→ Hemmung/Reduktion

Bei jeder körperlichen und psychischen Belastung wird die Durchblutung von Gehirn und Muskeln durch Herzfrequenz- und Blutdruckveränderungen angepasst. Ein Fahranfänger zum Beispiel sieht im Rückspiegel ein Auto heranrasen, hört lautes Hupen und quietschende Reifen hinter sich. Sofort verändern sich seine Herzfrequenz und sein Blutdruck.

B1 Beschreiben Sie die Wirkung des Stressors auf Blutdruck und Herzfrequenz anhand der Abbildung!

B2 Erläutern Sie die Selbstregulation des Blutdrucks und der Herzfrequenz nach einer kurzen Belastung als ein Beispiel der Zusammenarbeit von Hormonsystem und Nervensystem!

B3 Stellen Sie Hypothesen über die Wirkung von Stressoren auf den Parasympathikus auf!

Material C ▸ Stressreaktion

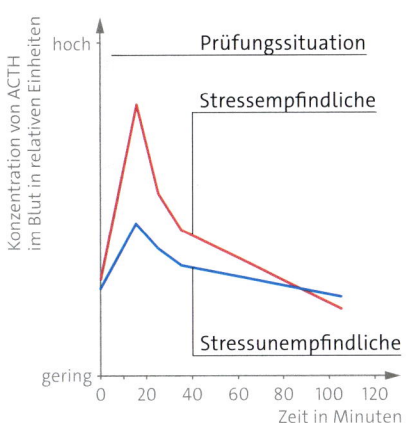

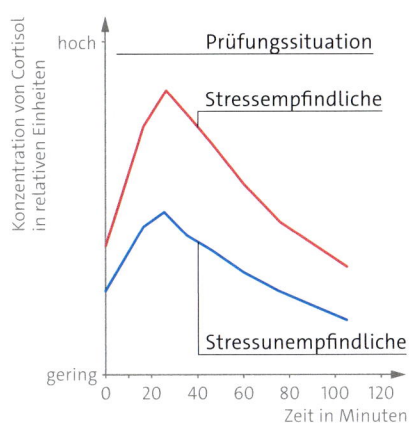

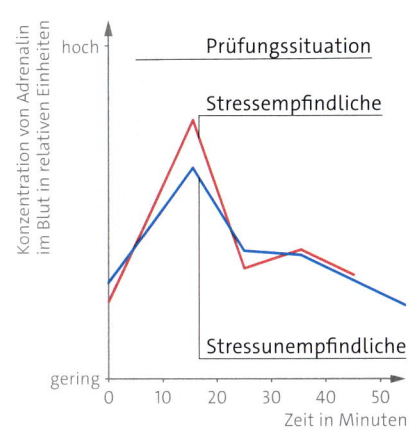

Forscher setzten Versuchsteilnehmer einer Prüfungssituation aus und bestimmten die Konzentrationen von ACTH, Cortisol und Adrenalin im Blut zu verschiedenen Zeitpunkten.

In der Untersuchung konnten die Forscher zwei Reaktionstypen auf Stress im Verhältnis von etwa 1:1

identifizieren: Stressempfindliche, die starke Reaktionen auf Stress zeigen, und Stressunempfindliche, deren körperliche Reaktionen auf Stress deutlich geringer waren.

C1 Vergleichen Sie die Kurvenverläufe von Stressempfindlichen und Stressunempfindlichen!

C2 Erklären Sie die Konzentrationsveränderungen von ACTH, Cortisol und Adrenalin im Blut während des Versuchs mithilfe der Wirkung der beiden Stressachsen!

C3 Stellen Sie Vermutungen zu möglichen Ursachen unterschiedlicher Stressempfindlichkeit an!

Material D ▸ Chronischer Stress

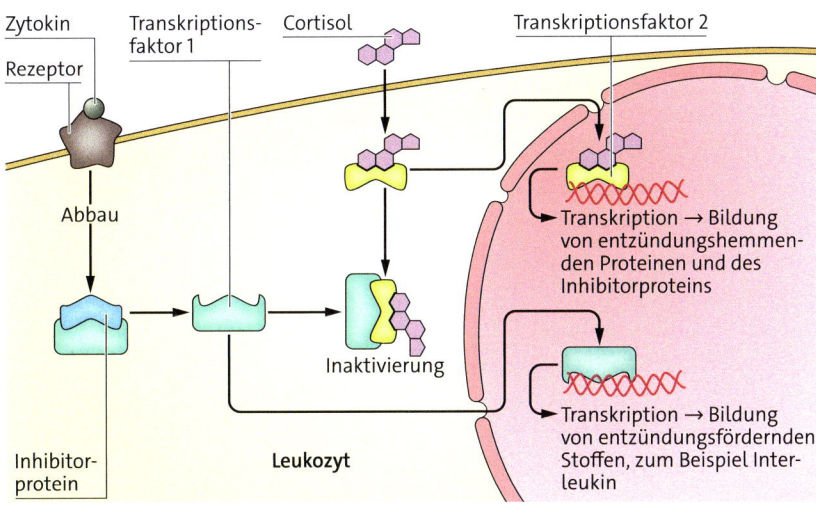

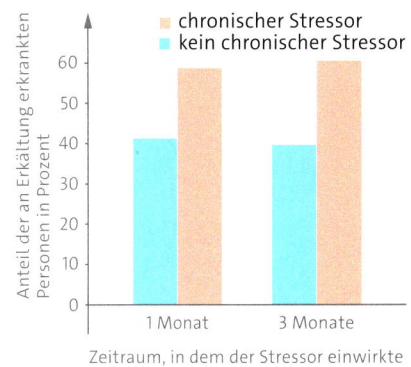

In verschiedenen Studien hat man versucht, Zusammenhänge zwischen der Stressbelastung und der Häufigkeit von Infektionskrankheiten herzustellen.

Die Schemazeichnung zeigt ein Modell der zellulären Wirkung von Zytokinen

und Cortisol. Zytokine sind Proteine, die zum einen das Zellwachstum regulieren. Zum anderen haben sie eine immunstimulierende Wirkung, indem sie die Transkription von Genen bewirken, die für entzündungsfördernde Proteine codieren.

D1 Beschreiben Sie die Wirkung von Zytokinen und Cortisol!

D2 Stellen Sie Hypothesen über den Zusammenhang zwischen Stress, Cortisol und Infektionskrankheiten auf!

D3 Diskutieren Sie die Aussage, dass chronischer Stress Infektionskrankheiten verursacht!

Training A ▸ Toxine der Kegelschnecke

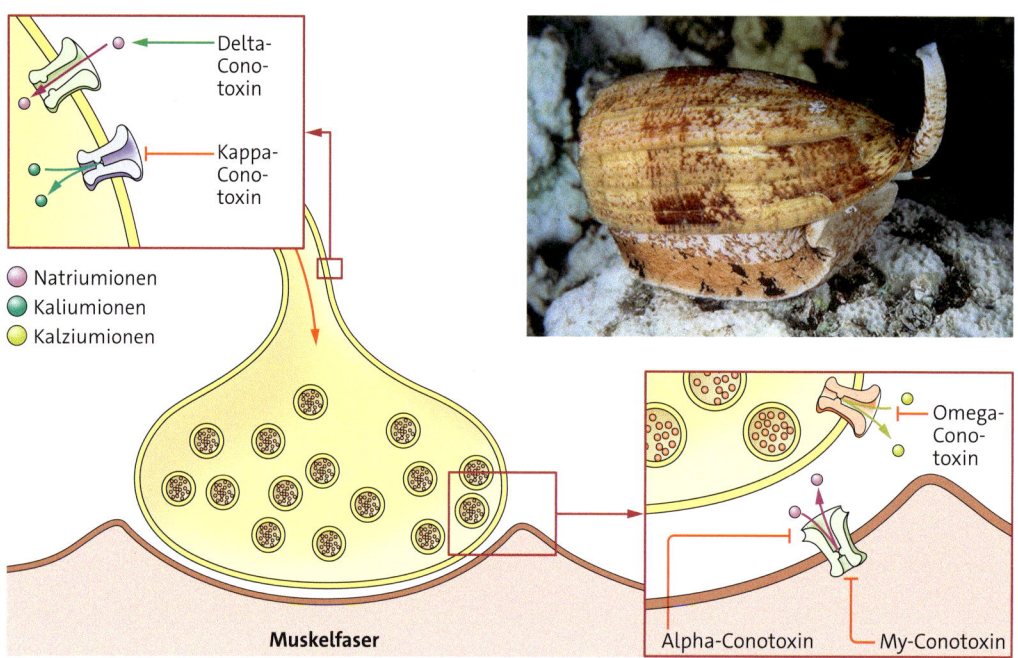

Toxin	Wirkung/Ort
Alpha-Conotoxin	blockiert die Acetylcholin-Rezeptoren an der motorischen Endplatte
Delta-Conotoxin	verhindert das Schließen der spannungsgesteuerten Natriumionenkanäle des Axons
Kappa-Conotoxin	blockiert die Kaliumionenkanäle des Axons
Omega-Conotoxin	blockiert die Kalziumionenkanäle an der präsynaptischen Membran
My-Conotoxin	blockiert die Öffnung postsynaptischer Natriumionenkanäle

Kegelschnecken leben im Meer und ernähren sich von Würmern und kleineren Fischen. Sie sind deutlich langsamer als ihre Beute. Im Verlauf der Evolution hat sich bei ihnen ein spezielles Jagdverhalten entwickelt: Sie graben sich im sandigen Meeresboden ein, bis nur noch ihr Schlundrohr aus dem Boden ragt. Fische halten das Schlundrohr für einen Wurm und werden dadurch angelockt. Wenn sich ein Fisch nähert, schießt die Schnecke einen Giftpfeil ab. Die gelähmte Beute wird anschließend in das dehnbare Schlundrohr gezogen und verdaut. Das Gift der Kegelschnecken besteht aus einem Cocktail verschiedener Peptide, der Conotoxine.

Obwohl die Conotoxine auch für Menschen gefährlich werden können, wird Omega-Conotoxin in der Humanmedizin erfolgreich zur Schmerztherapie eingesetzt. Neuronen leiten die Schmerzinformation über das Rückenmark zum Gehirn, wo der Schmerz wahrgenommen wird. Bei der Schmerztherapie wird Omega-Conotoxin in geringer Dosierung in die Rückenmarksflüssigkeit injiziert.

a Erläutern Sie die Wirkung des Delta- und des Kappa-Conotoxins am Axon!

b Erläutern Sie die Wirkung der anderen Conotoxine an der Synapse!

c Erklären Sie die Auswirkung des Giftcocktails hinsichtlich des Beutefangs der Kegelschnecke!

d Stellen Sie eine Hypothese auf, weshalb Omega-Conotoxin bei der Schmerztherapie direkt in die Rückenmarkflüssigkeit und nicht intravenös verabreicht wird!

Training B ▸ Nachtaktive Säugetiere

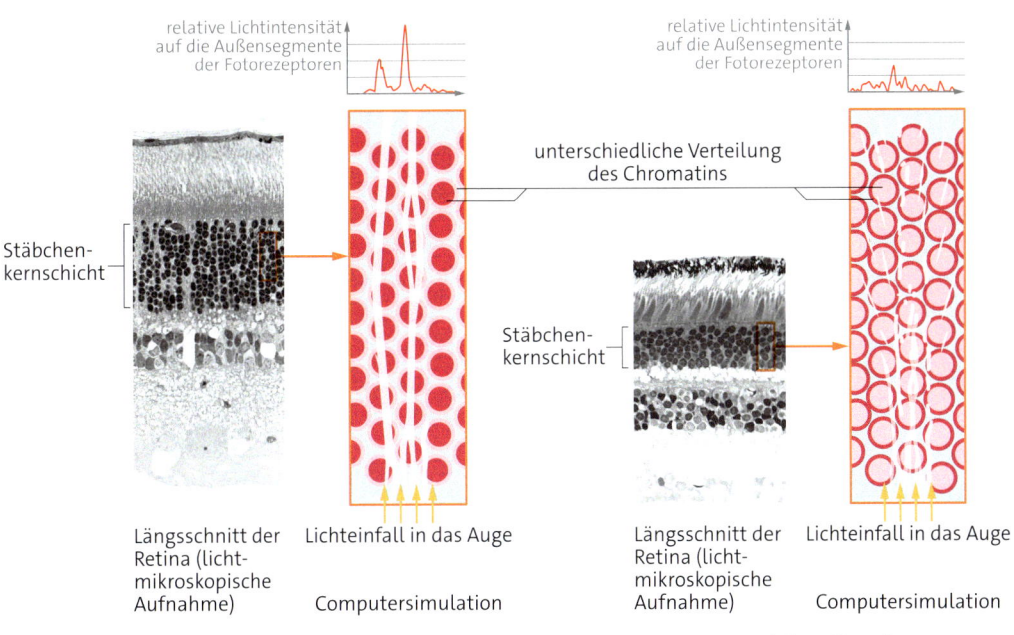

relative Lichtintensität auf die Außensegmente der Fotorezeptoren

unterschiedliche Verteilung des Chromatins

Stäbchen-kernschicht

Stäbchen-kernschicht

Längsschnitt der Retina (licht-mikroskopische Aufnahme)

Lichteinfall in das Auge

Computersimulation

nachtaktives Säugetier

Längsschnitt der Retina (licht-mikroskopische Aufnahme)

Lichteinfall in das Auge

Computersimulation

tagaktives Säugetier

Tierart	Anzahl der Stäb-chen pro Quadrat-millimeter	Anzahl der Foto-rezeptorzell-schichten	Anteil der Zapfen an der Anzahl der Fotorezeptoren in Prozent	Lebensweise der Tierart
Mausmaki	850 000	14	1	nachtaktiv
Katze	460 000	12	9	nachtaktiv
Schwein	115 000	7	16	tagaktiv
Streifenhörnchen	65 000	3	80	tagaktiv

Nachtaktive Wirbeltiere, zum Beispiel Katzen, weisen als Angepasstheit an ihre Lebensweise besondere Merkmale auf: Sie haben im Vergleich zu ihrer Körpergröße viel größere Augen als tagaktive Tiere. Außerdem können sich ihre Pupillen im Dämmerlicht sehr weit öffnen. Manche nachtaktive Tiere weisen hinter der Retina eine spiegelähnliche Schicht auf, das *Tapetum lucidum,* durch die die Lichtstrahlen reflektiert werden und die Retina ein zweites Mal passieren. Das ist auch der Grund, warum Katzenaugen im Dunkeln leuchten.

Zudem unterscheidet sich die Organisation der Zellkerne in den Stäbchen zwischen tag- und nachtaktiven Tieren. Durch die veränderte Verteilung des Chromatins in den Zellkernen der Stäbchen nachtaktiver Säugetiere besitzt es einen anderen Brechungsindex für die einfallenden Lichtstrahlen als das Chromatin tagaktiver Tiere. Hierdurch wird der Lichtweg durch die Zellkerne der Stäbchen beeinflusst, die in der Stäbchenkernschicht angeordnet sind. Diese Eigenschaft lässt sich mithilfe von Computersimulationen untersuchen.

a Fassen Sie die visuellen Angepasstheiten nachtaktiver Tiere zusammen!

b Erläutern Sie den Lichtweg durch die Stäbchenkernschicht nachtaktiver Tiere im Vergleich zu tagaktiven Tieren!

c Begründen Sie, inwiefern die anatomischen Angepasstheiten eine Lebensweise in der Dunkelheit begünstigen!

Nervensystem und Nervenzellen

Neuron: Das Neuron oder auch Nervenzelle ist ein spezialisierter Zelltyp für die Erregungsleitung.

Nervennetz: ermöglicht einfache Verhaltensreaktionen durch die Verknüpfung und Kommunikation von Neuronen, beispielsweise bei Quallen.

Ganglion: ein aus Neuronen bestehender Knoten.

Strickleiternervensystem: zwei Nervenstränge sind über Ganglien miteinander verknüpft.

Cephalisation: evolutionärer Entwicklungsprozess, bei dem sich der Kopf zunehmend vom Körper abgrenzt.

zentrales Nervensystem, ZNS: gliedert sich in Gehirn und Rückenmark. Hier werden alle wichtigen Informationen verarbeitet und finden wichtige Steuerungsprozesse statt.

peripheres Nervensystem: Bezeichnung für alle Neuronen, die Informationen von den Körpergeweben zum ZNS oder vom ZNS zu den Geweben leiten.

afferente Neuronen: leiten Informationen von den Sinneszellen oder Sinnesorganen zum ZNS.

efferente Neuronen: leiten Signale vom ZNS zu den jeweiligen Muskeln.

somatisches Nervensystem: ist für alle Prozesse zuständig, die willkürlich gesteuert werden, wie muskelkoordinierte Bewegungsabläufe.

autonomes Nervensystem: auch vegetatives Nervensystem. Es ist für alle Prozesse zuständig, die nicht willentlich beeinflusst werden können, wie die Steuerung der Eingeweide.

Wirbeltiergehirn: besteht aus fünf Gehirnabschnitten, die sich während der Embryonalentwicklung bilden: Großhirn, Zwischenhirn, Mittelhirn, Kleinhirn und Nachhirn.

Großhirn: übergeordnetes Zentrum für die Verarbeitung von Sinneseindrücken und des Bewusstseins.

Zwischenhirn: gliedert sich in Thalamus und Hypothalamus. Der Thalamus verarbeitet sensorische und motorische Informationen und leitet sie zum Großhirn. Der Hypothalamus reguliert das autonome Nervensystem und ist für die Regulation des Hormonhaushalts verantwortlich.

Mittelhirn: Vermittler zwischen Rückenmark und den anderen Gehirnteilen. Es ist an der Bewegungskontrolle beteiligt.

Kleinhirn: koordiniert alle Bewegungsabläufe und ist für die Orientierung im Raum zuständig.

Nachhirn: reguliert alle grundlegenden Körperfunktionen wie Kreislauf und Atmung. Es wird mit der Brücke und dem Mittelhirn als Stammhirn zusammengefasst.

Großhirnrinde, Kortex: übergeordnetes sensorisches und motorisches Zentrum der Säugetiere. Diese Gehirnstruktur hat sich im Verlauf der Humanevolution am stärksten ausgedehnt und gliedert sich in Stirnlappen, Scheitellappen, Schläfenlappen und Hinterhauptlappen.

Hemisphären: Unterteilung des Großhirns in eine rechte und eine linke Hälfte.

Balken: Nervenbündel, das die beiden Hemisphären miteinander verbindet.

Rindenfelder: Gliederung der Großhirnrinde in verschiedene sensorische und motorische Funktionsbereiche.

Rückenmark: Es schließt sich an den Hirnstamm an und verläuft innerhalb der Wirbelsäule. Das Rückenmark leitet alle afferenten Signale zum Gehirn und alle efferenten Signale zu den Muskeln.

Spinalnerven: liegen auf beiden Seiten des Rückenmarks. Sie treten zwischen den Wirbeln aus dem Rückenmark heraus und bilden die Verbindung zum peripheren Nervensystem.

Soma: Zellkörper eines Neurons.

Axon: schmaler, bis zu einem Meter langer Zellfortsatz eines Neurons. Axone werden auch als Neuriten oder Nervenfasern bezeichnet.

Axonhügel: verdickter Bereich des Axons am Übergang vom Soma zum Axon. Dort entsteht bei ausreichender Erregung ein Aktionspotenzial.

Synapsenendknöpfchen: verdickte Struktur am Ende eines Axons. Da Axone häufig verzweigt sind, weisen sie eine Vielzahl an Synapsenendknöpfchen auf.

Dendriten: stark verzweigte Zellfortsätze eines Neurons, die eine baumkronenähnliche Struktur aufweisen.

Synapse: Kontaktstelle zwischen zwei Neuronen. Meist besteht der Kontakt zwischen einem Synapsenendknöpfchen eines Neurons und einem Dendriten des Folgeneurons.

Gliazellen: Zellen des Nervensystems, die kleiner als Neuronen sind und diese unterstützen.

Astrozyten: sind die häufigsten Gliazellen. Sie regulieren die chemische Zusammensetzung der Zellumgebung der Neuronen und beeinflussen ihr Wachstum.

Blut-Hirn-Schranke: Barriere zwischen dem Blutkreislauf und dem zentralen Nervensystem. Sie hat die Aufgabe, das Eindringen giftiger Substanzen in das ZNS zu verhindern.

Mikroglia: Bezeichnung für Gliazellen, die für die Beseitigung abgestorbener oder degenerierter Neuronen zuständig sind.

Myelinscheide: Lipidschicht um die Axone von Wirbeltieren, die sie elektrisch isoliert. Sie wird von spezifischen Gliazellen gebildet. Die Gliazellen umwickeln das Axon so, dass ihre Zellmembranen dicht aneinander liegen.

Schwann-Zellen: Gliazellen, die die Myelinscheide im peripheren Nervensystem bilden.

Oligodendrozyten: Gliazellen, die die Myelinscheide im zentralen Nervensystem bilden.

Ranvier-Schnürringe: freiliegende Abschnitte der Axone zwischen den Myelinscheiden. Sie ermöglichen eine schnelle Erregungsleitung.

Vesikel: runde, von einer Membran umgebene Bläschen in der Zelle. Im Axon dienen sie dem Stofftransport.

Kinesin: Motorprotein im Axon, das für den Transport der Vesikel zum Synapsenendknöpfchen zuständig ist.

anterograder Transport: Bezeichnung für die Transportrichtung vom Soma zum Synapsenendknöpfchen.

retrograder Transport: Bezeichnung für die Transportrichtung vom Synapsenendknöpfchen zum Soma.

Ionenkanäle: Kanäle in der Zellmembran, die für bestimmte Ionen selektiv permeabel sind.

Konzentrationsgradient: Maß für das Gefälle des Konzentrationsunterschieds eines gelösten Stoffes, hier in einem biologischen System.

Potenzialdifferenz: gemessene Spannung zwischen der Zellinnenseite und der Zellaußenseite aufgrund der unterschiedlichen Verteilung geladener Ionen.

Gleichgewichtspotenzial: berechnetes Potenzial für eine Ionenart am Neuron. Es resultiert aus dem elektrischen Potenzial und den entgegengesetzt gerichteten Anziehungskräften aufgrund des Konzentrationsgradienten.

Membranpotenzial: gemessene Spannung am Neuron zwischen Zellaußenseite und Zellinnenseite.

Voltage-Clamp: Ende der 1940er-Jahre entwickelte Methode zur Messung von Membranpotenzialen, bei der eine Mikropipette aus Glas in das Neuron eingeführt wird.

Patch-Clamp-Technik: In den 1970er-Jahren entwickelte Methode zur Messung der Spannung an einzelnen Ionenkanälen.

Ruhepotenzial: gemessene Spannung zwischen dem Axoninneren und der extrazellulären Umgebung im Ruhezustand eines Neurons.

Kaliumionenhintergrundkanäle: ständig geöffnete Kaliumionenkanäle, die das Ruhepotenzial eines Axons besonders bestimmen.

Natrium-Kalium-Pumpe: Pumpe in der Axonmembran, die Kaliumionen in das Neuron und Natriumionen aus dem Neuron unter ATP-Verbrauch herausbefördert.

Schwellenwert: Bezeichnung für die Spannung, die das Membranpotenzial mindestens erreichen muss, damit ein Aktionspotenzial ausgelöst wird.

Aktionspotenzial: schnelle Potenzialveränderung an der Membran eines Axons, die durch einen Reiz ausgelöst wird, nachdem der Schwellenwert erreicht oder überschritten wurde.

elektrostatische Anziehungskraft: Anziehungskraft unterschiedlich geladener Ionen aufeinander.

Depolarisation der Axonmembran: kurzfristige Umkehr der Spannungsverhältnisse an der Axonmembran aufgrund der Öffnung spannungsgesteuerter Natriumionenkanäle und dadurch einströmende Natriumionen im Verlauf eines Aktionspotenzials.

Repolarisation: Rückkehr zu den ursprünglichen Spannungsverhältnissen am Axon durch Ausströmen der Kaliumionen nach Öffnen der spannungsgesteuerten Kaliumionenkanäle während eines Aktionspotenzials.

Hyperpolarisation: kurzfristig erhöhte Spannung am Ende eines Aktionspotenzials über das Ruhepotenzial hinaus.

Refraktärzeit: Zeitraum verminderter Erregbarkeit eines bestimmten Bereichs der Axonmembran nach Durchlauf eines Aktionspotenzials.

absolute Refraktärzeit: Das Axon ist in einem bestimmten Bereich nicht erregbar.

relative Refraktärzeit: Das Axon ist in einem bestimmten Bereich nur durch einen stärkeren Reiz erregbar.

saltatorische Erregungsleitung: Aktionspotenziale springen an myelinisierten Neuronen von Ranvier-Schnürring zu Ranvier-Schnürring und werden deshalb erheblich schneller weitergeleitet als an nicht myelinisierten Neuronen.

chemische Synapsen: Synapsen, bei denen die Informationsübertragung durch einen chemischen Botenstoff, einen Neurotransmitter, erfolgt.

spannungsgesteuerte Ionenkanäle: Ionenkanäle, die sich öffnen, sobald an der **Axonmembran eine bestimmte Spannung erreicht wird.**

transmittergesteuerte Ionenkanäle: Ionenkanäle, die sich nur öffnen, wenn bestimmte Neurotransmitter an ihren spezifischen Rezeptoren binden.

Acetylcholin-Rezeptor: spezifischer Rezeptor der Natriumionenkanäle an der postsynaptischen Membran cholinerger Synapsen.

Acetylcholin-Esterase: Enzym, das Acetylcholin durch Spaltung in Cholin und einen Acetatrest inaktiviert.

elektrische Synapsen: Synapsen, die über Proteinkanäle, die Gap junctions, gebildet werden.

elektrische Kopplung: passive Weiterleitung des elektrischen Signals aufgrund des Ionenstroms an einer elektrischen Synapse.

G-Protein: Protein mit dem Cosubstrat GDP. Es wird durch einen Neurotransmitter aktiviert und wirkt indirekt als Second-Messenger auf Ionenkanäle.

exzitatorisches postsynaptisches Potenzial, EPSP: entsteht durch Depolarisation der postsynaptischen Membran an einer erregenden Synapse.

inhibitorisches postsynaptisches Potenzial, IPSP: entsteht durch Hyperpolarisation der postsynaptischen Membran an einer hemmenden Synapse.

räumliche Summation: An mehreren erregenden Synapsen kommt es zeitgleich zu Depolarisationen, die miteinander verrechnet werden.

zeitliche Summation: Die an einer Synapse entstehenden postsynaptischen Potenziale werden miteinander verrechnet.

synaptische Integration: Verrechnung aller an einer Synapse erzeugten Potenziale.

digitale Codierung: Alles-oder-Nichts-Prinzip bei Aktionspotenzialen. Die Stärke des Reizes wird durch die Frequenz codiert.

analoge Codierung: Die Stärke des Reizes wird durch die Menge des ausgeschütteten Neurotransmitters codiert.

Modulation: Beeinflussung der Erregbarkeit von Neuronen durch Second-Messenger-Übertragungswege.

Neurotoxine: Giftstoffe, die das Nervensystem angreifen und die Informationsüber-tragung stören.

Vom Reiz zur Reaktion

adäquater Reiz: spezifischer Reiz, für den ein Rezeptor empfindlich ist.

Signaltransduktion: Verarbeitung eines Reizes über einen Verstärkungsmechanismus zu elektrischen Signalen.

phasischer Rezeptor: codiert die Veränderungen in der Reizintensität.

tonischer Rezeptor: übermittelt Informationen über die Reizdauer.

phasisch-tonische Rezeptoren: codieren die Reizintensität und feuern auch bei langanhaltenden, konstanten Reizintensitäten (tonisch) und reagieren besonders stark auf Änderungen der Reizintensität (phasisch).

Riechkolben, Bulbus olfactorius: vorderster, verdickter Teil des zum Großhirn gehörenden Riechhirns.

blinder Fleck: Austrittsstelle des Sehnervs in der Netzhaut ohne Fotorezeptoren.

gelber Fleck, Fovea: Bereich des schärfsten Sehens auf der Netzhaut mit sehr hoher Zapfendichte.

Fotorezeptor: Es gibt zwei Typen von Lichtsinneszellen in der Netzhaut: Stäbchen sind lichtempfindlicher und für das Sehen bei Dämmerung, Zapfen für das Farbensehen zuständig.

Rhodopsin: Sehfarbstoff bestehend aus dem lichtabsorbierenden Farbstoff Retinal und dem Membranprotein Opsin.

Fototransduktion: Verarbeitung des Lichtreizes zu einem Nervenimpuls.

Interaktion von Hormon- und Nervensystem

Hormon: chemischer Botenstoff mit regulatorischer Funktion, der von spezialisierten Zellen produziert und über Blut und Lymphe zu spezifischen Zielzellen transportiert wird.

Proteohormon: Es gehört zu den Proteinen, ist wasserlöslich und bindet extrazellulär an die Zielzelle.

Aminosäurederivat: Hormon, welches sich von einer Aminosäure ableitet.

Steroidhormon: Es ist lipidlöslich, gelangt daher im Blut mittels Transportprotein zu den Zielzellen, passiert leicht die Zellmembran und bindet intrazellulär an einen Transkriptionsfaktor.

Gewebehormon: wird nicht von einer Drüse, sondern von einer Einzelzelle produziert und gelangt meist über Diffusion zu Zielzellen in der näheren Umgebung.

endokrine Drüse: Sie gibt ihr Sekret ins Körperinnere ab.

glandotropes Hormon: Es kontrolliert die Aktivität einer anderen Hormondrüse.

gonadotropes Hormon: Es wirkt auf die Gonaden, also Hoden und Eierstöcke.

negative Rückkopplung: Wirkungsprinzip, bei dem ein Stoff hemmend auf die eigene Herstellung wirkt.

Szintigrafie: nuklearmedizinisches Verfahren zur Sichtbarmachung der Stoffwechselaktivität bestimmter Zellen.

vegetatives Nervensystem: Teil des peripheren Nervensystems, welches für die unwillkürliche Steuerung grundlegender Lebensfunktionen verantwortlich ist.

Homöostase: Konstanthaltung eines inneren Milieus durch Regulation.

Sympathikus: Teil des vegetativen Nervensystems, der grundsätzlich eine Leistungssteigerung des Organismus bewirkt.

Parasympathikus: Antagonist des Sympathikus, der grundsätzlich der Erholung und Regeneration dient.

Hinweise zum Umgang mit Gefahrstoffen und Gefahrenhinweise

Auf den Materialseiten werden Experimente vorgeschlagen, die im Rahmen des Biologieunterrichts üblicherweise durchgeführt werden. Dabei wurde darauf geachtet, dass möglichst wenig Gefahrstoffe und diese in möglichst geringen Mengen zum Einsatz kommen. Alle Experimente sind als Versuch im Material gekennzeichnet und mit einer Sicherheitsleiste versehen, die mithilfe von Symbolkästen auf mögliche Gefahren, Sicherheitsvorkehrungen und Entsorgungswege hinweist. Für ein sicheres Experimentieren ist es unerlässlich, dass jede Schülerin und jeder Schüler die in den Versuchsanleitungen verwendeten Kennbuchstaben und die zugehörigen Gefahrensymbole, wie sie auf Chemikalienetiketten zu finden sind, kennt und über entsprechende Sicherheitshinweise unterrichtet ist. Sollten diese Ihnen nicht aus dem Chemieunterricht geläufig sein, machen Sie sich bitte mit den auf der nächsten Seite aufgeführten Hinweisen gründlich vertraut.

Beachten Sie beim Experimentieren die speziellen Sicherheitshinweise Ihrer Lehrerin oder Ihres Lehrers genauestens und halten Sie die im Folgenden aufgelisteten allgemeinen Regeln für das praktische/experimentelle Arbeiten in Biologie ein.

Allgemeine Regeln für das praktische/experimentelle Arbeiten

– Informieren Sie sich über die Notfalleinrichtungen (Notausschalter, Feuerlöscher, Erste Hilfe) im Arbeitsraum.

– Halten Sie Ihren Arbeitsplatz sauber und ordnen Sie ihn übersichtlich.

– Essen und trinken Sie niemals während der praktischen/experimentellen Arbeit.

– Schützen Sie Ihre Augen beim Umgang mit Chemikalien grundsätzlich durch eine Schutzbrille.

– Pipettieren Sie niemals mit dem Mund, sondern immer mit einer Pipettierhilfe.

– Achten Sie außer auf Ihre eigene Sicherheit immer auch auf die Ihrer Mitschülerinnen und Mitschüler.

– Sollten Sie sich bei der Arbeit verletzen, informieren Sie bitte sofort Ihre Lehrerin/Ihren Lehrer.

– Für Experimente mit Mikroorganismen gelten besondere Sicherheitshinweise, über die Sie Ihre Lehrerin/Ihr Lehrer informiert.

– Waschen Sie sich nach praktischer/experimenteller Arbeit stets gründlich die Hände.

Einstufung von Gefahrstoffen nach der GHS-Verordnung

Mit dem neuen GHS *(Globally Harmonised System of Classification and Labelling of Chemicals)* werden die Kriterien für die Einstufung der Gefahrstoffe neu festgelegt und mit international einheitlichen Piktogrammen versehen. Neu ist auch die Verwendung der Signalwörter **Gefahr** und **Achtung** für das Ausmaß der Gefahr: „Gefahr" bei hoher Gefährdung oder „Achtung" bei geringerer Gefährdung. Das GHS gilt seit 2009. Die Übergangsfristen für die bisherigen Verordnungen sind seit dem 1. Juni 2017 ausgelaufen.

Gefahrenpikto-gramm und Piktogrammcode	Mit dem Gefahrenpiktogramm gekennzeichnete Stoffe und Gemische	Signal-wort
2 GHS02	entzündbare, selbsterhitzungsfähige und gefährliche selbstzersetzliche Stoffe und Gemische, pyrophore Stoffe sowie Stoffe und Gemische, die bei Berührung mit Wasser entzündbare Gase entwickeln	Gefahr oder Achtung
5 GHS05	Stoffe und Gemische, die schwere Verätzungen der Haut und/oder schwere Augenschäden verursachen	Gefahr
7 GHS07	Stoffe und Gemische, die Haut- und/oder Augenreizungen verursachen und/oder allergische Hautreaktionen, Reizungen der Atemwege und/oder Schläfrigkeit und Benommenheit verursachen können	Achtung
8 GHS08	Stoffe und Gemische, die bei Verschlucken und Eindringen in die Atemwege tödlich sein können und/oder eine Gefahr für die Gesundheit darstellen. Diese Stoffe und Gemische schädigen bestimmte Organe und/oder können Krebs erzeugen, die Fruchtbarkeit beeinträchtigen, das Kind im Mutterleib schädigen und/oder genetische Defekte und/oder beim Einatmen Allergien, asthmaartige Symptome oder Atembeschwerden verursachen.	Gefahr oder Achtung

Hinweise auf Sicherheitsvorkehrungen beim Durchführen von Versuchen

 Schutzbrille tragen

 Schutzhandschuhe tragen

Hinweise auf die korrekte Entsorgung

 Abwasser nicht gefährliche und wasserlösliche Stoffe

 Behälter 1 Säuren und Laugen

Fotos:

Titelfoto: Imago Stock & People GmbH/Mint Images
action press: Sipa Press: S. 311/o.l., THE MEDIA CIRCUIT: S. 445/B
akg-images: Glasshouse/JT Vintage: S. 105/o.r., HesS. Landesmuseum: S. 296/1A-1C, Science Photo Library: S. 296/1D
American Museum of Natural History/Michael Ellison: S. 255/o.
blickwinkel/Held: S. 113/4
bpk: Hermann Buresch: S. 186/2, Staatliche Kunstsammlungen Dresden/Herbert Boswank: S. 140/M., Vorderasiatisches Museum, SMB/ Gudrun Stenzel: S. 309/2
Bridgeman Images: S. 423/M.l., Paleolithic: S. 308/1
Cornelsen/Volker Minkus minkusimages.de: S. 14/3a+3B
ddp images/Picture Press/Dietmar Heinz: S. 368/1B
Environmental Sciences Division Oak Ridge National Laboratorys/ Robert Burlage: S. 338/1C
F1online: AGE/Marevision: S. 104/1, docstock/CMSP: S. 50/6, docstock/ Cultura Images RF/Hybrid Images: S. 56/1, docstock/VisualsUnlimited: S. 50/5, Foodcollection/Lehmann Herbert: S. 23/4A, Radius/Radius Images: S. 342/1
Fotolia.com: Antonio Gravante: S. 78/1, ExQuisineRF: S. 124/1A, Michael Biche: S. 119/C
GlowImages: S. 6/l., S. 379
https://www.rcsb.org/pages/policies#References   Für die Katalase, die dieses Asset zeigt, ist die Quelle: PDB ID: 1 DGB; Active and inhibited human catalase structures: ligand and NADPH binding and catalytic mechanism. Putnam, C.D., Arvai, A.S., Bourne, Y., Tainer, J.A. (2000) J.Mol.Biol. 296: 295–309: S. 20/7
Image Source/Claire Keeley: S. 422/3
Imago Sportfotodienst GmbH/Lackovic: S. 32/4B
Imago Stock & People GmbH: S. 258/5D o., S. 427/o.l., S. 445/1D, S. 452/1, Anka Agency International: S. 12/1, S. 217/o., S. 432/1D, AP-ress: S. 445/E, Aurora Photos: S. 172/1, S. 282/1, blickwinkel: S. 48/1, S. 124/1B, S. 135/7, CTK Photo: S. 23/5A, Hans Blossey: S. 162/1, imagebroker: S. 8/5, S. 110/5, S. 119/A, S. 203/u., Joachim Sielski: S. 424/1, Science Photo Library/imago/Science Photo Library: S. 381/3A, UIG: S. 124/1D, S. 412/1, United Archives International: S.326/1C, Xinhua: S. 339/o.r.
interfoto e.k.: ARDEA/Steve Hopkin: S. 22/3A, Bjorn Ullhagen/FLPA/ Holt: S. 144/1, FLPA/Neil Bowman: S. 114/7, Reinhard Dirscherl: S. 7/1, Writer Pictures Ltd/Horst Friedrichs: S. 371/4

Jan Fridén, M.D., Ph.D, professor of Hand Surgery at the Sahlgrenska University Hospital, Göteborg, Sweden: S. 55/u.
Joachim Becker: S. 21/M.
juniors: D.Heuclin/Photoshot: S. 423/o.l., F.Banfi/Photoshot: S. 462/o.r., Giel, O.: S. 45/u.
Küster, Prof. Dr. Hansjörg (Autor Biosphäre): S. 153/o.+u.l.
laif: GAMMA-RAPHO/GAMMA/Bernard TABOUREAU: S. 244/u.l., Peter Hirth: S. 428/1
Luc Beaufort, CEREGE (Univ. Aix-Marseille/CNRS): S. 193/u.
Ifremer/Olivier-Dugornay/2002: S. 106/7
Landesforsten Rheinland-Pfalz, Forschungsanstalt für Waldökologie und Forstwirtschaft, Trippstadt: S. 151/2
MARUM/www.marum.de: S. 281/o.l.
Mauritius Images: S. 143/o.r., ACE: S. 312/1, age: S. 100/1, S. 138/1, S. 137/o.l., S. 229/B, S. 262/3, age fotostock: S. 143/o.l., S. 326/1A, Alamy: S. 97/4, S. 135/8, S. 140/4B, S. 193/l. A, S. 193/o., S. 205/o., S. 230/1B, S. 278/1B, S. 292/2, alamy stock photo/916 collection: S. 281/o.r., alamy stock photo/A & J Visage: S. 130/8, alamy stock photo/Anna Cinaroglu: S. 362/5A, alamy stock photo/Bill Gozansky: S. 215/8, alamy stock photo/blphoto: S. 456/1, alamy stock photo/BSIP SA: S. 454/5A+5B, alamy stock photo/Colin Roy Owen: S. 123/C, alamy stock photo/durk gardenier: S. 70/o., alamy stock photo/FLPA: S. 380/1, alamy stock photo/Frank Hecker: S. 95/u.l., alamy stock photo/Keystone Pictures USA: S. 40/1A, alamy stock photo/Krys Bailey: S. 129/5, alamy stock photo/Matthew Chattle: S. 30/1, alamy stock photo/Nature and Science: S. 220/4, alamy stock photo/Reinhard Dirscherl: S. 398/1, alamy stock photo/Roberto Cornacchia: S. 420/1, alamy stock photo/Sheila Fitzgerald: S. 334/1, alamy stock photo/Vyntage Visuals: S. 36/1, Alaska Stock: S. 8/4, Carolina Biological Supply Company/ Phototake: S. 328/1A, eye-press: S. 218/1, Hans Reinhard: S. 22/1A, imagebroker: S. 143/u.l., imagebroker/FLPA/Newman: S. 113/5, image-BROKER/Ingo Schulz: S. 252/1, imagebroker/Marko König: S. 3/r., S. 89/, Ludwig Mallaun: S. 176/1, Minden Pictures: S. 134/5A, S. 278/1A, Möbus: S. 113/6, nature picture library: S. 8/6b, Norbert Fischer: S. 140/4A, Oxford Scientific/Sinclair Stammers: S. 248/1B, photononstop: S. 230/1A, Photoshot: S. 130/7, Phototake: S. 117/4A, S. 390/1, S. 408/1, phototake/Carolina Biological: S. 254/4C, Pixtal: S. 64/1, Science Faction: S. 427/u.l., Science Source: S. 9/8, The Picture Art Collection/Alamy: S. 288/1, Thorsten Milse: S. 240/1C, United Archives: S. 123/A, S. 449/o.r.

Medtronic GmbH: S. 448/1

NASA: S. 194/1

Neanderthal Museum, Mettman: S. 301/2B

OKAPIA KG: Biophoto Associates/Science Source: S. 67/8A, BIOS/
Claude Guihard: S. 120/1, BIOS/M.&C. Denis-Huot: S. 116/1, BIOS/Mi-
chel Rauch: S. 229/A, David Scharf/P. Arnold, Inc.: S. 283/2, Dr. Frieder
Sauer: S. 262/4, Dr. Helmut Rüb: S. 258/5C o., FLPA/Gianpiero Ferrari:
S. 229/E, Hans Reinhard: S. 229/D, Holt Studios/Nigel Cattlin: S. 99/M.l.,
S. 133/2, imagebroker/Alfred Schauhuber: S. 129/6, imagebroker/Gu-
enter Fischer: S. 132/1, J-L Klein & M-L Hubert: S. 241/2, Johannes
Hofmann: S. 296/1E, Kevin Schafer/P. Arnold, Inc.: S. 240/1A, Manfred
& Christina Kage: S. 285/o.r., NAS/Don W. Fawcett: S. 333/o., NAS/
Douglas Faulkner: S. 258/5A l., NAS/Science Source/Pat & Tom Leeson:
S. 129/3, Olivier Born/BIOS: S. 96/1, OSF/Clive Bromhall: S. 311/o.r.,
OSF/Raymond Blythe: S. 226/2, Roland Birke: S. 117/4B+4C, SAVE/Ingo
Arndt: S. 254/4B, Winfried Wisniewski: S. 260/1B

Panther Media GmbH: Birgit Reitz-Hofmann: S. 366/1, Detlef Trede:
S. 354/1, Frank Windgassen: S. 314/B

picture alliance: akg-images/Bruni Meya: S. 227/o.r., Arco Images:
S. 432/1C, Beate Schleep: S. 157/6, blickwinkel/M: S. 112/1, S. 143/u.r.,
blickwinkel/P: S. 148/9, blickwinkel/S: S. 157/5, Breck P. Kent/Okapia/:
S. 248/1D, dpa: S. 4/r., S. 195/o.r., S. 210, S. 244/o.l., S. 326/1B,
S. 343/u.r., S. 422/4, dpa/dpaweb: S. 190/1, S. 350/1, dpa/ZB: S. 148/8,
Dr. Eckart Pott/OKAPIA: S. 139/2, Everett Collection/James Gathany:
S. 362/6, imageBROKER: S. 7/3, S. 8/6a, S. 133/3A, S. 200/1, Michael
Narte: S. 186/1, Newscom: S. 445/A, okapia/Manfred Danegger:
S. 147/7, OKAPIA/Rene Arnault: S. 248/1C, OKAPIA/Daryl & Sharna
Balfour: S. 254/3B, OKAPIA/Dr. Gary Gaugler: S. 109/3, OKAPIA/Fritz
Pölking: S. 108/1, OKAPIA/Hans Reinhard: S. 254/4A, OKAPIA/image-
broker/Siegfried Kuttig: S. 22/2A, OKAPIA/John Cancalosi: S. 254/3A,
OKAPIA/John Lewis: S. 94/10, OKAPIA/SAVE/Art Wolfe: S. 134/5B,
OKAPIA/Stephen J. Krasemann: S. 251/M., Vladimir Tref: S. 198/o.l.,
OKAPIA/Winfried Wisniewski: S. 260/1B

Prof. Dr. Stanislav N. Gorb/Universität Kiel: S. 263/u.

Prof. Jürg Streit, Universität Bern, Institut für Physiologie: S. 396/6

REUTERS: S. 18/1

Schütte, N., Berlin: S. 115/u.

Science Photo Library: Biophoto Associates: S. 67/7A, CC STUDIO:
S. 328/1E, CHRIS KNAPTON: S. 344/3, CHRISTIAN JEGOU PUBLIPHOTO
DIFFUSION: S. 292/1, DENNIS KUNKEL MICROSCOPY: S. 338/1A, DEPT.

OF CLINICAL CYTOGENETICS, ADDENBROOKES HOSPITAL: S. 372/6, DR.
E. WALKER: S. 328/1D, DR. GLADDEN WILLIS, VISUALS UNLIMITED:
S. 328/1B, DR JEREMY BURGESS: S. 133/4A, Eye Of Science: S. 5, S. 321,
LAGUNA DESIGN: S. 399/2, MARTIN OEGGERLI: S. 7/2, MICHAEL EICHEL-
BERGER, VISUALS UNLIMITED: S. 72/1, NANCY KEDERSHA: S. 330/4,
NIBSC: S. 346/1, Omikron: S. 219/3A, S. 416/1, OSCAR BURRIEL: S. 51/A,
PATRICK DUMAS/EURELIOS: S. 359/2, POWER AND SYRED: S. 333/M.l.,
STEVE GSCHMEISSNER: S. 328/1C, STEFANIE REICHELT: S. 372/7

Second Sight Medical Products, Inc: S. 436/1A+1B

Shutterstock.com: Aleksey Stemmer: S. 113/2B, Bjoern Wylezich:
S. 124/1 (Hintergrund), Bojan Milinkov: S. 60/1, Brian E Kushner:
S. 119/F, Busara: S. 24/1, Cathy Keifer: S. 404/1, Dewald Kirsten:
S. 140/4C, fotosav: S. 113/2A, GeK: S. 360/1, Henk Bogaard: S. 212/1B,
INTERTOURIST: S. 9/7, Jeffrey B. Banke: S. 119/B, Kokhanchikov:
S. 158/1, Kristala Graphics: S. 432/1B, Marek R. Swadzba: S. 119/E,
MattiaATH: S. 113/3A, nastaszia: S. 113/3B, Piotr Krzeslak: S. 432/1A,
Plus69: S. 75/u.l., Rudmer Zwerver: S. 110/4, scaners3d: S. 187/8, Sean
Pavone: S. 90/1, S. 309/3, shihina: S. 123/B, Simon_g: S. 215/10, SJ
Travel Photo and Video: S. 362/5B, sportpoint: S. 52/1, Tom Meaker:
S. 119/D, Willyam Bradberry: S. 174/3

SPIEGEL 47/1981: S. 150/1

SOFAROBOTNIK GbR, Augsburg & München: Collage S. 246/1, Weltku-
gel (ID 11.115759507): Copyright: Shutterstock.com/MarcelClemens,
Schaffung Adams (ID 3.5321790): Copyright: Bridgeman Images/Bild-
agentur-online//UIG

stock.adobe.com: alexzappa: S. 128/1, emer: S. 423/M.r., fotoduets:
S. 23/6A, Henrik Larsson: S. 131/o., hhelene: S. 187/7, Joachim Moebes
Claudino/sailer: S. 156/2, kungverylucky: S. 3/l., S. 11, michael luckett:
S. 212/1A, Mike Lane/Erni: S. 124/1C, M. Schuppich: S. 156/1, pio3:
S. 368/1A, vbaleha: S. 458/3, vector_maker: S. 440/1

TopicMedia: S. 260/1A, Asia Nature/Ocis, Ottobrunn: S. 222/1, austra-
lia: S. 232/1, Martin Siepmann: S. 248/1A

TU Berlin/PR/Oana Popa-Coste: S. 384/1

Ulrich Weber, Süßen: S. 99/o.

Universität Bayreuth, Didaktik der Chemie: S. 66/6

**Universität Bonn, Institut für Zoologie/Abteilung Neuroethologie und
Sensorische Ökologie/Tim Ruhl:** S. 394/1

yourphototoday/BURGER/PHANIE/BURGER/PHANIE: S. 344/4A

Illustrationen:

Cornelsen/Angelika Kramer: S. 57/2, S. 410/4, S. 411/o., S. 437/2, S. 445/C+F, S. 449/3, S. 452/3, S. 454/4, S. 455/o.l.+u.

Cornelsen/Bernhard A. Peter, newVision! GmbH: S. 25/2–4, S. 33/A+M., S. 51/B+C, S. 58/3, S. 59/M.+o.+u., S. 61/5, S. 62/6, S. 70/u., S. 74/4, S. 75/o.+u.r., S. 83/o.+u., S. 116/2+3, S. 145/3, S. 149/o.+u., S. 175/o.l.+o.r.+u., S. 188/11, S. 189/o., S. 191/3+4, S. 193/u. B, S. 213/3+4, S. 214/6, S. 215/7+9, S. 217/u., S. 264/1–4, S. 276/1, S. 277/3+4, S. 305/2, S. 392/5, S. 411/u., S. 423/o.r., S. 438/4+5, S. 439/o., S. 451/M.+o., S. 455/o.r., S. 458/4, S. 461/o.+u.r.

Cornelsen/Esther Welzel: S. 145/2

Cornelsen/Hannes von Goessel: S. 21/M., S. 29/M., S. 35/1A+1B+2A+2B+3, S. 38/5+6, S. 39/o., S. 40/1B, S. 44/o., S. 46/2, S. 47/4, S. 49/2+3, S. 77/3+4, S. 77/4, S. 82/l.+u., S. 83/M., S. 157/3+4, S. 173/2, S. 186/4, S. 187/5+6, S. 188/9+10, S. 189/M., S.212/2, S. 214/5, 216/o., S. 280/5, S. 339/4, S. 361/2–4, S. 455/M.r.

Cornelsen/Hannes von Goessel; Foto: imago/Jens Koehler: S. 50/4

Cornelsen/Karin Mall, Foto: dpa Picture-Alliance/Science Photo Library/SKX/Science Photo: S. 310/4

Cornelsen/Karin Mall, Foto: Kristen M. Harris, University of Texas – Austin: S. 410/3

Cornelsen/Karin Mall, Tom Menzel: S. 405/3

Cornelsen/Karin Mall: S. 13/2, S. 14/4, S. 14/5, S. 15/o.+u., S. 16/1–3, S. 17/4+5, S. 18/2, S. 19/3+4, S. 20/5, S. 21/u., S. 22/1B+2B+3B, S. 23/4B+5B+6B, S. 26/6, S. 27/7+8, S. 28/o., S. 29/u., S. 31/2, S. 32/4A+5, S. 33/B+C, S. 36/2, S. 37/3+4, S. 39/M.+u., S. 41/3+5, S. 42/5, S. 44/u., S. 45/o., S. 46/1, S. 47/3, S. 82/r., S. 106/5+6, S. 107/o.+u., S. 146/5, S. 147/6, S. 192/4, S. 196/2–4, S. 198/5, S. 216/u., S. 223/2, S. 224/4, S. 233/2, S. 234/u., S. 244/o.r.+u.r., S. 245/u.r.+u.l., S. 247/2, S. 261/2, S. 268/5, S. 269/o.+u., S. 271/2, S. 272/4, S. 273/5, S. 273/6, S. 275/o.l.+o.r., S. 279/2+3, S. 283/3+4, S. 284/5, S. 285/M.+u.r., S. 286, S. 287, S. 300/1, S. 301/2A, S. 302/3–5, S. 304/1, S. 306/o.l.+u.l., S. 307/u.r., S. 314/A+C, S. 323/2, S. 324/3, S. 325/u., S. 327/4+5, S. 330/5, S. 331/6, S. 332/o.+u., S. 335/2+3, S. 337/u., S. 339/3, S. 341/u., S. 343/2, S. 347/2, S. 348/1, S. 349/o.+u., S. 355/2, S. 364/1, S. 365/2, S. 373/o.+u., S. 374/M.+o., S. 381/3B, S. 386/4, S. 392/4, S. 393/u., S. 397/o.+u.r., S. 400/5, S. 401/7, S. 402/M.+o., S. 403/M.+o.l.+o.r., S. 405/2, S. 406/5, S. 407/o.+u., S. 413/2+3, S. 414/4, S. 415/o.+u., S. 425/2+3, S. 426/4+5, S. 427/o.M.+o.r.+u.M.+u.r., S. 429/2, S. 430/3, S. 431/o., S. 435/o., S. 437/3, S. 446/M., S. 447/M., S. 448/2, S. 451/u., S. 460/o.

Cornelsen/Matthias Pflügner: S. 357/o., S. 387/o.

Cornelsen/Tom Menzel, Foto: Science Photo Library/WELLCOME DEPT. OF COGNITIVE NEUROLOGY): S. 387/M.

Cornelsen/Tom Menzel, Foto oben Science Photo Library/THOMAS DEERINCK, NCMIR, unten: mauritius images/Photo Researchers: S. 391/3

Cornelsen/Tom Menzel, Foto: 2005 National Academy of Sciences, USA: S. 367/3

Cornelsen/Tom Menzel, Foto: OKAPIA KG/†NAS/Ralph Eagle: S. 433/3

Cornelsen/Tom Menzel, Foto: Science Photo Library/Biophoto Associates: S. 67/7B

Cornelsen/Tom Menzel, Foto: OKAPIA/Biophoto Associates/Science Source: S. 67/8B

Cornelsen/Tom Menzel, Fotos: Spinne: mauritius images/alamy stock photo/Scott Camazine, ID 9.CTP9E6 (SEM) of Clostridium botulinum: Science Photo Library/DENNIS KUNKEL MICROSCOPY, ID 12299882 Schlange: Shutterstock.com/CraigBurrows, ID 189770327 Brechnuss: dpa – Fotoreport, ID 2495840 Beeren: stock.adobe.com/vainillaychile, 2.74739436 Tabak Pflanze: Shutterstock.com/kanusommer, 82293565: S. 421/2

Cornelsen/Tom Menzel, Foto: Effigos AG Leipzig/Jens Grosche: S. 435/M.

Cornelsen/Tom Menzel, Foto: OKAPIA KG/M.M.Rotker/Science Source: S. 388/o.

Cornelsen/Tom Menzel, Fotos: National Eye Institute, National Institutes of Health (NEI/NIH): S. 439/u.

Cornelsen/Tom Menzel, Foto: Dr. Holger Jastrow/by Prof. H. Wartenberg: S. 434/4

Cornelsen/Tom Menzel, Fotos: Prof. Dr. Leo Peichl/MPI: S. 463/o.

Cornelsen/Tom Menzel: S. 31/3, S. 35/4, S. 43/6, S. 51/o., S. 53/2+3, S. 54/4, S. 55/A+B, S. 60/2, S. 61/4, S. 64/2, S. 65/3–5, S. 67/9+10, S. 68/11, S. 69/12, S. 70/M., S. 71/A+B+o., S. 73/2, S. 74/3+5, S. 75/M.l.+M.r., S. 76/1+2, S. 79/2, S. 80/3, S. 81/M.+o., S. 90/2, S. 91/3+4, S. 92/5+5, S. 93/7, S. 94/8+9, S. 95/M.+u.r., S. 97/2+3, S. 98/5, S. 99/M.r.+u., S. 100/2, S. 101/3+4, S. 102/5–7, S. 103/o.l.+o.r.+u., S. 104/2, S. 105/3, S. 105/4, S. 109/2, S. 111/u., S. 114/9, S. 115/o., S. 117/5, S. 118/6+7, S. 119/u.r., S. 121/2+3, S. 122/4+5A–5C, S. 123/D, S. 125/2, S. 126/3+4, S. 127/A+B+o., S. 128/2, S. 129/4, S. 130/9, S. 131/M.+u., S. 133/3B+4B, S. 134/6, S. 135/9, S. 136/10+11, S. 137/o.M.+o.r.+u., S. 139/3, S. 141/o.+u., S. 142/1, S. 146/4,

S. 163/2+3, S. 164/4, S. 165/5+6, S. 166/u., S. 167/o.+u., S. 168/o.+u., S. 169/A+B, S. 170/A+B+M., S. 171/o., S. 177/2, S. 178/3A–3F+4, S. 179/o.+u.l.+u.r., S. 180/o., S. 182/o., r.+u., S. 183/M., S. 190/2, S. 201/2, S. 202/3–5, S. 203/o., S. 204/M.+u.l.+u.r.+u.l., S. 205/M.+u.l., S. 219/2+3B, S. 220/5, S. 221/o.+u., S. 224/3, S. 225/o., S. 226/1A+1B, S. 228/3, S. 229/C+F, S. 234/o.l., S. 235/o.l.+u., S. 236/1, S. 237/2+3, S. 238/4, S. 239/M.+o., S. 240/1B+1D, S. 241/3, S. 242/4, S. 243/u., S. 249/2, S. 250/3+4, S. 251/o.l.+o.r., S. 253/2, S. 255/u., S. 256/1, S. 257/2+3, S. 258/4+5A r.+5B+5C u.+D u., S. 259/o.+u.l.+u.r., S. 262/5, S. 263/o., S. 266/1A+1B+2, S. 267/3+4, S. 270/1, S. 271/3, S. 274/7, S. 289/2, S. 290/3+4, S. 291/o., S. 293/3, S. 294/4, S. 295/o.+u., S. 296/2, S. 297/3, S. 298/4+5, S. 299/o.+u., S. 313/2, S. 315/o., S. 322/1, S. 326/2, S. 327, S. 329/2, S. 329/3, S. 331/7, S. 333/M.r.+u., S. 336/4, S. 337/o., S. 338/1B+2, S. 340/5, S. 341/o., S. 344/4B, S. 345/o.+u., S. 351/3, S. 352/4+5, S. 353/o., S. 356/3, S. 358/1, S. 369/2, S. 370/3, S. 371/5, S. 381/2, S. 382/4+5, S. 383/o.+u., S. 385/2+3, S. 386/5, S. 387/u., S. 388/u., S. 389/o.+u., S. 391/2, S. 393/o., S. 395/2, S. 396/4+5, S. 397/u.l., S. 399/3+4, S. 400/6, S. 409/2, S. 417/2+3, S. 418/4, S. 419/o.+u., S. 432/2, S. 441/2, S. 442/3, S. 443/4, S. 444/5, S. 450/4, S. 452/2, S. 457/2, S. 459/5, S. 460/u., S. 461/u.l., S. 462/o.l.

Texte:

Jochen Taupitz, Medizinrechtsexperte an den Universitäten Heidelberg und Mannheim, zit. nach: https://www.sueddeutsche.de/wissen/crispr-cas-unheimliche-kinder-1.4227105: S. 363

Peter Dabrock, Vorsitzender des Deutschen Ethikrats und Theologie-Professor an der Universität Erlangen-Nürnberg zit. nach: https://www.zeit.de/wissen/2018-11/crispr-china-geburt-zwillinge-erbanlage-genveraenderung-hiv-resistenz/seite-2: S. 363

Tedros Adhanom Ghebreyesus, Chef der Weltgesundheitsorganisation (WHO), zit. aus: https://www.derstandard.de/story/2000093129040/der-tabubruch-der-ersten-manipulierten-kinder: S. 363

Toni Cathomen, Direktor des Instituts für Gentherapie der Universität Freiburg: S. 363